URBANISM AND ARCHITECTURE PROCEEDINGS

《城市建筑》论文集

2004-2014

URBANISM AND ARCHITECTURE PROCEEDINGS

《城市建筑》论文集

2004-2014

城市建筑编辑部 编

黑龙江科学技术出版社

序

文字无声，叩击思想之门；文章有魂，写就时代之事。

整理过往十年刊发的文章，甄选出版，过程中总会被一些片段牵住思绪。于我，这本论文集是一个纪念，一次回顾，更是一种记录，记录了一个团队的勤恳与工作，记录了一个行业的积累与发展，更记录了一个时代的情怀与温度。

当进入新世纪的中国突然成为全球最受瞩目的“建筑试验场”，关于建筑与城市关系的讨论渐趋热烈。前所未有的经济发展激发了异常活跃的城市建设，但喧嚣的建筑表象之下隐匿着复杂的城市问题。《城市建筑》于其时创刊，以“城市”和“建筑”为刊名，意在探索建筑与城市相融共生的理性之路，除了依托自身学科积淀，秉持执着向前的勇气，更积极拓宽学术视野，博采广域学界的智慧。

纵览十年文章，时代的脉络清晰呈现：从在全球一体化趋势之下面对西方文化的冲击，反思如何在建筑领域传承中国的传统文化，到国家大剧院、北京奥运、上海世博等建设引发的关于建筑文化性、社会性、经济性、技术性与美学性的全面探讨，以及对给予本土设计同等机会的呼吁，再到基于老龄化社会、低收入人群、医疗体制改革、全民健身国家战略等社会现实的城市和建筑应对之道的探索，贯穿可持续设计、参数化设计等设计策略和工具的理性解析，更有可做他山之石的异域建筑理论及设计方法的批判性评述。

因此，这本论文集不仅仅是一次简单回顾与精选，更具有了记载近年中国建筑发展历程与脉搏，及其相关求索与批评的重要文献意义。

我们，作为中国城市建设的参与者，被记录其中，同时，又作为记录者，将我们对于城市建设的思考通过杂志传达。这种双重性使我们肩负了更为重要的责任。在同侪的学术指引及悉心关照之下，每期杂志都是倾力而为之作，只怕辜负众多殷殷期许。

感谢所有为《城市建筑》做出贡献的人。

梅洪元

目录 | CONTENTS

2004

009 新起点——访谈《城市建筑》主编梅洪元教授 | 《城市建筑》编辑部

010 “建筑文明”与“建筑文化” | 侯幼彬

014 “传统”与“现代”之间 | 徐千里

017 城市空间与体育建筑的契合——北京奥运会羽毛球馆建筑创作 | 孙一民 江泓

019 播种的历程——新疆国际大巴扎建筑群创作补记 | 王小东

022 有“石”之用——湖南大学法学院和建筑系馆群体设计 | 魏春雨 宋明星

2005

024 信息建筑美学的哲学内涵与理论拓展 | 曾坚 蔡良娃

027 历史建筑再利用之理论与实践 | 孙全文

030 进入新世纪的建筑创作与结构运用 | 布正伟

033 现代医院建筑的发展演变 | 黄锡璆

036 新世纪高层建筑发展趋势及其对城市的影响 | 梅洪元 陈剑飞

039 当代大学校园规划设计的理念与实践 | 何镜堂

041 中国“大学城”现象的思考 | 高冀生

044 MAD 建成之前 | 马岩松

046 建筑批评的创造性与增值性 | 徐千里

2006

048 光的刻印——天印艺术会馆设计实录 | 张彤

050 节约型社会与大型体育赛事 | 马国馨

054 主题事件与城市设计 | 金广君 刘堃

058 历史的转折点 | 李保峰 李钢

061 新疆地域建筑的过去与现在 | 王小东

066 地域性融合文化对盛京城空间格局的影响 | 陈伯超

069 海峡两岸大学校园规划建设比较研究 | 王建国 程佳佳

072 我国城市遗产保护民间力量的成长 | 阮仪三 丁枫

074 建筑遗产保护的若干问题探讨——保护文化遗产相关国际宪章的启示 | 张松

079 建立可持续发展的历史文化名城保护更新机制 | 夏青

2007

082 服务于公众的城市景观策略 | 魏浩波
085 全球化背景下中国建筑师的机遇与挑战 | 项秉仁 韩冰
087 重建全球化语境下的地域性建筑文化 | 徐千里
090 寂静的乡土——富阳市文化中心设计 | 汤桦
092 新世纪高层建筑形式表现特征解析 | 梅洪元 李少琨
095 和谐社会体育应惠及全民 | 马国馨
098 体育场馆建设刍议 | 梅季魁
101 奥运会城市重构 | 廖含文 大卫·艾萨克
104 赛训结合的双重功能及高校综合体育馆设计研究 | 庄惟敏
107 响应城市的建构 | 崔彤

2008

110 正确引导我国节能住宅的技术方向 | 开彦
112 浅议绿色建筑发展 | 刘加平 谭良斌
114 全球化语境中的中国城市与建筑发展策略 | 汤岳
117 功能与形式的完美结合——浅谈张家港市第一人民医院建筑创作体会 | 孟建民 侯军 王丽娟
120 为人的高层超高层建筑 | 戴复东
122 超高层建筑与城市空间互动关系研究 | 梅洪元 梁静
124 高层建筑设计的全球趋势研究 | 安托尼·伍德 菲利浦·欧德菲尔德
127 标志性体育建筑与功能性体育建筑——回顾北京奥运中心区三大场馆的设计与建设 | 付毅智
131 地铁·北京——三个话题…… | 单军 程晓曦
134 宏伟的蓝图 失控的时空——反思近年来天津的城市建设 | 杨昌鸣 张威 丁玮

2009

138 上海高层住宅的发展及平面类型特点 | 李振宇 孙建军
141 时间与空间矛盾之间的城市再生 | 翟辉 王丽红
143 回归建筑创作本原 | 张向宁 梅洪元
146 上山下乡——乡土实践的爆发力 | 魏浩波
149 作为文化活动的空间地域性守护 | 李凯生
152 历史环境与文化生态的关系研究 | 张松
155 美国高层建筑历史连续性图解 | 丁力扬 叶文婷

161　超高层建筑与城市竞逐的探讨——纽约、芝加哥、台北、高雄 ｜ 傅朝卿
164　关于现代城市与建筑“微型”与“适当”的思索 ｜ 阮庆岳
166　上海世博会的超级空间生产 ｜ 魏皓严

2010

170　城市滨水区物质空间形态的分析与呈现 ｜ 韩冬青　刘华
173　双重动力机制下的大学空间——我国当代大学校园规划的空间生产与空间形制 ｜ 魏皓严　郑曦
178　新构筑——迈向数码建筑的新理论 ｜ 刘育东　林楚卿
182　过程逻辑——“非线性建筑设计”的技术路线探索 ｜ 徐卫国　黄蔚欣　靳铭宇
187　数字现象 ｜ 陈寿恒
190　体育建筑一甲子 ｜ 马国馨
195　当代建筑及其趋向——近十年中国建筑的一种描述 ｜ 史建
199　当代中国建筑教育印象 ｜ 孔宇航
202　中国建筑杂志的当代图景（2000 ~ 2010） ｜ 支文军　吴小康

2011

208　中国养老居住对策及建设方向探讨 ｜ 周燕珉　王富青　柴建伟
210　城市设计与公众意志表达 ｜ 孙彤宇　管俊霖　方晨露
212　面向世界的清华建筑教育 ｜ 朱文一　刘健
215　从兼收并蓄到博采众长
——同济大学建筑与城市规划学院国际化办学历程与特色 ｜ 吴长福　黄一如　李翔宁
219　开放　交叉　融合——东南大学建筑学院的办学历程及思考 ｜ 王建国　龚恺
222　立足本土　务实创新——天津大学建筑设计教学体系改革的探索与实践 ｜ 张颀　许蓁　赵建波
224　西部地区建筑教育的国际合作教学模式探讨 ｜ 赵万民　卢峰　蒋家龙
227　引智　聚力　特色办学——哈尔滨工业大学建筑教育新思维 ｜ 梅洪元　孙澄
230　多元的建筑文化与多元的建筑教育——西安建筑科技大学建筑学专业办学思考 ｜ 刘克成　李岳岩
232　关于“建筑设计教学体系”构建的思考 ｜ 孙一民　肖毅强　王国光
235　求实与创新——南京大学建筑教育多元模式的探索 ｜ 丁沃沃
239　形态生成与建造体验——基础教学中的材料教学实践与思考 ｜ 俞泳

2012

242　依托住宅产业化推进公租房建设之思 ｜ 刘美霞　王洁凝
245　城市型大学的集约化发展模式观察 ｜ 许懋彦　刘铭
249　以老校园的更新助力城市的进步 ｜ 徐苏宁

252 工业遗产的核心价值与特殊利基 | 林崇熙

255 模板式设计优化医疗设计 | 马修·里克特 希瑟·钟 凌志强

259 当今美国医疗建筑发展的十大趋势 | 史蒂芬·魏德勃

263 材料选择的态度 | 贺勇

266 城市历史景观的启示
——从“历史城区保护”到“城市发展框架下的城市遗产保护” | 郑颖 杨昌鸣

270 机器过程 | 尼尔·里奇

273 机器人登陆月球建造建筑
——轮廓工艺的潜力 | 比洛克·霍什内维斯 安德斯·卡尔松 尼尔·里奇 马杜·唐格维鲁

2013

278 英国住房保障制度与政策评介 | 洪亮平 何艺方

281 北方寒冷地区古代大空间建筑室内热环境测试研究 | 张颀 徐虹 黄琼 刘刚

285 历史建筑保护的制度建构 | 刘晖 梁励韵

287 从文化遗产到创意城市——文化遗产保护体系的外延 | 徐苏斌

290 高密度人居环境下城市建筑综合体协同效应价值研究 | 王桢栋 佘寅

294 商业综合体购物中心设计关键要素探讨 | 王蕾 任慧强

296 面向永恒的建筑 | 玛塔·巴雷拉·阿德米 哈维·卡罗·多明戈斯 米格·亨迪·费尔南德斯

300 西班牙建筑中的结构理念 | 安东·加西亚·阿布里 德伯拉·梅萨

303 建筑展览：当代建筑文化的推进器 | 李翔宁 江嘉玮 曹晓弘 任少峰

307 在展览中发现建筑 | 唐克扬

2014

310 防控突发性传染病的基层医院建筑“联动网络”体系建构 | 张姗姗 刘男

313 城际（区域）轨道交通与大都市区新兴城镇协调发展案例研究 | 王睦 秦科 高媛婧

317 当代老年护理模式——期待中国未来十年 | 阿莱克斯·丹特 乔伊斯·波哈玛斯 丹尼斯·寇浦

320 城市设计与当代城市设计 | 金广君 金敬思

324 走向集群化的城市设计管理制度建设 | 王耀武 柳飏 郝健秋

328 城市五星级酒店功能区域设计导则研究 | 范佳山 张如翔 邹磊 郭东海

334 深圳高层建筑空间造型实态调研 | 覃力 刘原

339 库哈斯的宣言——第十四届威尼斯建筑双年展 | 何宛余

344 不一不异，与古为新——当代语境下对传统文明的批判性认同与包容性建构 | 周榕

346 何谓本土 | 童明

350 《城市建筑》2004 ~ 2014 年总目录

新起点
——访谈《城市建筑》主编梅洪元教授

《城市建筑》编辑部

公元二零零四年十月金秋，《城市建筑》杂志诞生了！在新世纪异彩纷呈的建筑领域，她像一缕清风，带着蓬勃的生机，吹入学术园地；她像一朵浪花，携着涌动的激情，汇入建筑热潮；她更像一个学步的孩童，满怀着希望和憧憬，勇敢而坚定地迈出了第一步。从此中国建筑领域又多了一个学术园地，一块交流平台，一扇对外窗口。今天，在《城市建筑》创刊的日子里，我们编辑部对主编进行了采访。

■UA：中国建筑行业正随着全球范围内的现代化进程欣欣向荣地发展，在这种快速发展的时代背景下，您创办《城市建筑》的初衷是什么？对未来的发展有什么目标和想法？

■梅：没错，中国建筑业的发展速度超过了每个人的想象，我们身边的建筑和所处的城市每一天都在发生日新月异的变化。可是相比较而言，无论从量上还是从质上，我们所赖以生存的环境与现实的需要和理想的目标都有不小的差距。如何在快速发展的建设过程中创造诗意的栖居环境，这个问题摆在了我们每位建筑学人的面前，对于这个问题的思考和回答是我们创办《城市建筑》的初衷。我们知道，回答这样的问题需要漫长的求索过程，因此，城市建筑的话题将随之无限展开。说到《城市建筑》的未来，我们充满信心，因为有无数人对其呵护备至，为之倾注心血。相信在我们的共同期待和努力之下，《城市建筑》将成为在国内外有影响力的建筑类专业期刊。

■UA：城市、建筑是两个相互关联的研究领域，您将期刊命名为《城市建筑》，希望赋予期刊怎样的特色？《城市建筑》栏目设置融合了城市、建筑两个研究领域，那么，您对每期报道的设计实例、理论文章的选择，有什么标准？

■梅：众所周知，建筑、城市及其相互关系是我们永远思考的建筑哲学命题。一方面，建筑学研究领域的不断细分使城市和建筑的研究更加独立；另一方面，城市和建筑的界限在理论上却逐渐消失。因此，我们可以说《城市建筑》期刊横跨了城市和建筑两个研究领域。实际上，我们刻意模糊了城市与建筑的界限，而这种模糊为我们的学术思考预留了探求空间。另外，每一种建筑类学术期刊都有其独特的学术视野，我们选择了城市，因为它和地域、时代一样，都是永恒的建筑主题。虽然城市建筑的栏目设置融合了城市、建筑两个研究领域，但从本质上看，学术刊物就是交流学术信息的平台。因此，无论是设计实例，还是理论文章，我们都要求它具有足够的创新性，保证信息的鲜明性和丰富性，能够引起读者的共鸣和思考。

■UA：《城市建筑》是哈尔滨工业大学建筑设计研究院和建筑学院联合编辑的，您希望通过这样的联合，发挥怎样的优势，弥补哪些不足？

■梅：事实上，哈尔滨工业大学的建筑设计研究院和建筑学院之间血脉相连。由于高等院校的特殊性，设计院有多位教师作为建筑学院的教授培养研究生，建筑学院的教师一直以设计院为平台开展工程设计活动。可以说，我们拥有相同的历史渊源和人脉环境，对于创办刊物我们又各自拥有独特的优势资源。联合建筑学院办刊，能够发挥各自优势，整合全部资源，突出学术性和实践性相统一的办刊特色。

■UA：针对杂志的现状，《城市建筑》的编辑主流群体都是博士和硕士研究生，您对他们寄予什么希望？

■梅：在学术科研领域，博士、硕士研究生一直是发挥重要作用的特殊群体，他们有许多自身优势：精力充沛、思维活跃、充满活力和激情。当然，他们缺少的只是经验和阅历，这是一项充满挑战性、发挥创造力、适合年轻人的事业。我希望他们能够充分利用《城市建筑》这个平台，投身自己选择的事业，获得砺练，逐渐成熟，为社会贡献自己的人生价值。我也相信，他们一定会不负众望，真诚为众多编委、作者和广大读者服务，用自己的辛勤耕耘为我们的建筑百花园增添靓丽的风景。

■UA：您是一位成功的建筑师，主持过哈尔滨国际会展体育中心、北京四季滑雪场、黑龙江省图书新馆等建筑项目。您又是一位建筑教育工作者，致力于寒地建筑学和技术建筑学两个主要的研究领域，同时您也是哈尔滨工业大学建筑设计研究院的院长，身兼多重工作角色，您对担当《城市建筑》主编的工作又是怎样理解和定位的？

■梅：在我看来，从事建筑创作、讲授专业课程、培养研究生和主编学术刊物都是在从事建筑学术工作，它们之间不但不存在明显的冲突，而且能够互补所长，只不过是需要多付出一些精力罢了。可能是身处高校的缘故吧，讲台和学生在我的生命中最值得留恋，我也从中获得了无限的快乐。再加上设计院的管理工作，确实要承受太多的压力，我也确实因此没有得到过一个完整的休息日，因为我们这一代人承担着太多的社会责任，"双肩挑"在各行业都是不得已的现实。但和设计管理相比，我更擅长并倾心于建筑创作和学术研究，付出的充实和收获的喜悦总是让我感到欣慰，因为我挚爱自己的事业，一如自己的生命。我仍然会坚持自己所走的路，无愧于时代、无悔于人生。■

“建筑文明”与“建筑文化”

侯幼彬
哈尔滨工业大学建筑学院

“建筑文明”“建筑文化”都是建筑学科的重要关键词，但是它们的概念及其内在关联却是含糊不清的。这是由于“文明”（civilization）和“文化”（culture）这两个术语自身内涵和外延的不确定所导致的。据统计“文化”的定义已接近200个；“文明”的含意，仅《韦氏国际大词典》（1976年版）就列出7种解释。“文明”“文化”都有广义、狭义之分。在拉丁语系和借用拉丁语词根的语言中，“文明”和“文化”曾是同义语。广义的“文明”“文化”概念常常有相互涵容的现象。这种词语的交混阻碍了我们对“建筑文明”“建筑文化”的研究。《学术月刊》2002年第2期发表陈炎《“文明”与“文化”》一文（该文载于《新华文摘》2002第6期），这篇文章没有纠缠于莫衷一是的概念纷争，而是对“文明”与“文化”做出界定并阐述其相互的关联性。陈炎认为：“所谓‘文明’是指人类借助科学、技术等手段来改造客观世界，通过法律、道德等制度来协调群体关系，借助宗教、艺术等形式来调节自身情感，从而最大限度地满足基本需要、实现全面发展所达到的程度。……所谓‘文化’，是指人在改造客观世界、协调群体关系、调节自身情感的过程中所表现出来的时代特征、地域风格和民族样式。”[1]陈炎界定的“文明”概念，与我们现在所强调的三大文明——物质文明、政治文明、精神文明是一致的。他所界定的“文化”概念较为狭窄，正是这个狭义的、核心的“文化”概念，方便了我们对“建筑文明”与“建筑文化”的分析。这里就以这种界定的“文明”“文化”概念，来考察“建筑文明”“建筑文化”及其关联性。

一、文明“内在价值”与文化“外在形式”

文明与文化是两个既相互联系又相互区别的概念。陈炎恰当地把两者的关系概括为：“文明是文化的内在价值，文化是文明的外在形式”，[1]建筑文明与建筑文化的关系正是如此。建筑的内在价值既体现于建筑的物质功能作用和精神功能作用，也体现于建筑的科学技术水平和经济运作水平。这种“作用”“水平”有它的文明价值。建筑布局的规模、尺度，建筑空间的组合、构成，建筑使用的安全、舒适，建筑构筑的合理、先进，建筑环保的洁净、可靠，建筑经济的耗费、效益，建筑意识的理念、倾向，等等，都关联着建筑文明所达到的价值尺度。

建筑中的这些内在价值，必然要通过建筑的外在形式才能落实和显现，也就是通过建筑载体的空间和实体来生成，通过建筑的组群环境与室内环境、建筑的整体与细部来表现。这自然涉及到建筑样式、建筑特征、建筑风格的问题，或浓或淡地，或显或隐地关联到建筑的时代性、地域性、民族性，关联到建筑创作的话语共性和言语个性。这些都是建筑文化层面最核心的东西。

建筑的物质文明、精神文明内涵是大家熟知的，这里说一下很可能被我们忽视的政治文明内涵。中国古代建筑中呈现的建筑等级制，就是关联建筑政治文明的典型事例。

以血缘为纽带、以等级分配为核心、以伦理道德为本位的中国古代思想体系和政治制度，建立了一整套维系等级制的典章、规制、仪式。它以权力的分配决定建筑物质消费和精神消费的分配，通过强制化、规范化的方式，深深地制约着中国古代建筑的诸多方面。建筑的占地规模、坐落方位、面阔间数、进深架数、台基制式、屋顶制式、用材规格、用色规格，以至门簪、门钉个数、仙人走兽件数等，全都纳入等级限定和等级表征。这给中国古代建筑，特别是官式建筑带来极大的影响。官式建筑的高度规范化、程式化是与它息息相关的。礼乐相济，中国古代匠师很善于把等级伦理要求与建筑的住居实用要求、怡情审美要求协调起来。四合院大宅的内向封闭、纵深串联、主从分明的空间格局，既是“辨贵贱，明等威”的伦理秩序、等级名分的需要，也是“结庐在人境，而无车马喧”的宁静、安居环境的需要和庭院深深、移步换景的时空动线审美观赏的需要。这里贯穿着中国建筑追求政治文明与物质文明、精神文明合拍的设计理念，追求“伦理理性”与“工具理性”协调的创作精神。我们还可以看到，凝固的建筑等级标志在历史长河中的持久延续，明显地束缚了不同时期官式建筑形制的时代性更新；划一的建筑等级标志在华夏大地的广泛实施，同样限制了不同地区官式建筑风貌的地域性差异。建筑形象的严格等级表征，还导致同等级的殿屋必须采用同样规制的建筑形式，形成了强化的等级类型性品格吞噬建筑功能性品格的现象。建筑匠师的创作个性在这种强化的等级类型性中更加难以施展。这些都是等级制的内涵给中国建筑带来的文化特色。我们从这里不难看到建筑内在价值的文明要素自身的相互制约及其与建筑外在形式的文化要素之间的密切关联。

二、文明尺度与文化品位

文明是人类的进步状态，自有它满足人的基本需要、实现全面发展的共同价值和共同尺度。因此，文明是一元的，有高低之分，有先进与落后之别。文化则以不同地域、不同民族、不同时代的不同条件为依据。它是多元的，就其样式、风格、特征而言，并没有什么高低之分，优劣之别。我们进餐，它的营养状况、卫生状况属于文明价值，可以判别其尺度高低；至于是吃西餐还是中餐，吃川菜还是粤菜，那是文化问题，没有孰优孰劣的事。建筑中的文明要素，无论是物质文明、政治文明、精神文明，都有它的文明尺度，都可以用我们今天所强调的“以人为本、全面、协调、可持续的发展观”来衡量其文明价值。建筑中的文化要素，它所表现的时代性、地域性、民族性的特征、风格、样式，是建筑文化多样性的展现，它本身没有高低、优劣之别。正是建筑文化的这种多样性，构成了整个人类建筑文化遗产五彩缤纷的丰富性。

建筑文化就其样式、风格、特征来说，没有高低之分，但是就其所关联的内在文明尺度的高低和创作能力、设计水平、艺术技法的优劣，则有“强势与弱势”“高品位与低品位”之别。

建筑文明价值较高的“强势建筑文化”，总是处在建筑发展的主导和支配地位。它自然会冲击、影响、改造以至取代建筑文明价值较低的“弱势建筑文化”。鸦片战争后，大批西方近代建筑、现代建筑相继涌入中国，这是西方工业文明的强势建筑文化与中国传统农耕文明的弱势建筑文化的碰撞。这个碰撞加速了中国建筑“现代转型”的步伐，推动了中国建筑文明含量的上升，但在文化层面上，也带来“西式建筑风貌”与“中式建筑风貌”的矛盾。20世纪30年代中国建筑领域风行的“中国固有形式”，就是这个矛盾的产物。当时的官方业主和建筑师都沿袭传统的“道器”观念，认为建筑的功能性、技术性属于“器”的问题，建筑的礼仪性、意识性属于“道”的问题。把“西式风貌”的输入这个本来属于建筑“风格”“样式”的传播问题，蜕变成了“道”的“保存国粹”、标志民族存亡的“政治”问题，夸大了建筑形象的政治作用，夸大了建筑传统形式标志“国粹”的象征作用。当时中国建筑师高呼“采用中国建筑之精神”“复兴中国建筑之法式”“发扬吾国建筑固有之色彩、以保存国粹为归结”等，都基于这个“道器”意识，因而推导出“中道西器”（建筑功能、技术采用西方现代的，建筑形式、风格保持中国传统的）的主张，展开了多种方式的“中国固有形式”的建筑活动。这是对建筑文明内在价值与建筑文化外在形式的密切关联性缺乏理解，也是对建筑文化多样性缺乏理解。建筑的风格、风貌是可以百花齐放、多元并举的。现在看得很清楚，当年上海外滩的洋式建筑、哈尔滨中央大街的洋式建筑，事实上都已融汇到近代中国建筑的文化构成，都已成为近代中国弥足珍贵的建筑文化遗产。

文化品位是关乎建筑创作成败的重大问题。表面上看，它涉及的是建筑师的建筑理念、艺术素养、创作方法、设计手法问题，实际上它与建筑的文明含量，特别是精神文明含量息息相关。汪正章曾经论析建筑创作的“品味”问题，指出改革开放以来，中国建筑中的一系列低品味现象：“或华而不实，表里不一；或哗众取宠，虚情假意；或粗制滥造，低级庸俗；或珠光宝气，故作奢糜；或大摆噱头，戏弄环境；或东拼西凑，生搬硬套”，以及“仿洋复古成性、追求时髦成风的低级‘舶来品’‘假古董’和‘冒牌货’之类”。[2]这些的确都是建筑文化不该有的品位沦丧。在这些现象的背后，正是建筑内涵精神文明的缺损，是对以人为本的文明精神的亵渎，是对理性创作思想的背离，是对健康审美意识的扭曲。著名文物专家王世襄写过两篇论析明式家具品位的文章，列出了明式家具的十二“品”（简练、厚拙、圆浑、秾华、文绮、妍秀、劲挺、柔婉、空灵、玲珑、典雅、清新）[3]和八“病”（繁琐、赘复、臃肿、滞郁、纤巧、悖谬、失位，俚俗）。[4]家具品位与建筑品位是相通的，对这些家具的“品”和“病”的细分析，有助于我们对建筑“品位”的深入认识和细腻琢磨。显然这些“品”和“病”都关联着建筑和家具设计的文明精神、美学意识、创作方法、设计手法和工艺水平。值得注意的是，在分析“第六病，悖谬”时，王世襄以“黄花梨攒牙子翘头案”为例，指出该案采用透空的牙条、牙头，无法像通常用夹头榫、插肩榫那样与四足紧密嵌夹。他说：“这是……不顾违反结构原理，去使用一种在外貌上似是而非的悖谬做法。”[4]的确，建筑上也常有这种违反结构原理的、似是而非的悖谬做法，它不仅是结构的“病”，也折射为品位的“病”。这表明建筑实用的合理性和建筑构筑的科学性，也是密切关联建筑品位的文明要素，我们要提升建筑的文化品位，务必充分关注制约着它的内在的建筑文明尺度。

三、文明价值转换与文化历史积淀

建筑是长寿的，它可以跨越百年、千年而成为大地的历史文化遗产。建筑反映的文明价值是在它的建造期奠定的。随着岁月的逝去，文明的进展，以及建筑中发生的历史事件的关联，遗存的历史建筑的文明尺度会发生种种变化，并转化、充实为建筑文化的历史积淀。这种“变化”和“积淀”很值得我们注意。

建造期的实用性文明尺度落后于当今的文明水平，它的住居功能、卫生质量、设备配置多已陈旧、过时。现在开辟为古村落游览点的老宅屋大部分都存在这些问题。这是历史建筑实用性物质功能不可避免的历时性下降，其实用价值只能勉强地再利用。但是这种下降并不是其文明价值的贬值，而是其文明价值的转换。它所蕴涵的住居文明价值，从当年的实用价值转换为当今的认识价值。建筑经历的年代越长，这种实用功能的文明尺度差就越大。而它作为住居文明历史记忆的功能则凝聚为建筑的文化积淀。物以稀为贵，年代积淀越长，这种历史印记的展示意义就越珍贵。这样的建筑就从原先的实用建筑转化成为历史文化建筑或文物建筑，从这个意义上说，它是建筑文化内在价值的重大升值。

历史建筑不可避免地存在历时性的工程折旧。它所蕴涵的科技文明价值，也呈现应用价值的下降和认识价值的上升。作为建筑科技文明的历史见证，它也同样凝聚为建筑的文化积淀。年代越长久，其展示历史、认知历史的价值就越高。这给历史建筑带来一个尖锐的矛盾：既要作为真实的历史见证而保持原构，又因工程折旧而需要改建、拆建。正是这个矛盾引发了欧洲与日本对文物建筑“原真性”保护的不同理解和对策。欧洲的石构建筑，易于保存原构，特别强调历史建筑原原本本的“原物”保存；日本的木构建筑，木质“原件”难以长期保存，对“原真性”的理解就不是非“原物”不可，而是强调其历史信息的可信性和真实性。历史建筑只要按原状严格地、毫无臆测地重建，就可以视为“原真性”的价值。中国古代在“重道轻器”的文化意识支配下，历来对建筑的历史文化价值都不重视。许多历史建筑在维修、拆建时，既没做到“原物”保存，也不重视“原式”延承，而是重建成时兴的新构。这使得许多早期创建的重要建筑组群，却只遗存晚期重建的建筑实物，这实在是中国建筑文化遗产的大不幸。

建筑场所经历的历史事件，建筑实用发生的功能性质转变，都关联着建筑文明价值的变化。一座普通的住宅会因住过重要人物而成为名人故居；一座不起眼的小庙会因当过重大战役指挥所而成为历史文物建筑；历史上许多亭台楼阁曾因名人的莅临和吟颂而名声大噪；北京天安门也是因为在这里举行“开国大典”，因为上了国徽图象，而成为首屈一指的国家级标志建筑。这些都是建筑认知历史的文明价值的增值。正是内在文明的历时性增值构成了历史建筑深厚的文化积淀。

历史建筑常常被贴上“政治标签”，这是因为这些建筑的建造关联着政治背景并为之所用。中国古代史上的改朝换代，除入关的满清政权外，新王朝总是把被推翻的王朝宫殿摧毁，宁可放弃对其实用价值的再利用，也要彻底铲除旧王朝的“气脉”，这就是“政治标签”意识的作用。近代中国建造的一大批与外国殖民主义活动相关联的建筑，也存在这个问题。清末北京东交民巷由不平等的《辛丑条约》而开辟的使馆区，就曾引起当时人们的激愤和困惑。当时有一位家住东交民巷近旁、“恶西学如仇”的大学士徐桐，愤慨地在家中大书“望洋兴叹，与鬼为邻”楹联，上下朝都不穿过使馆区，宁可绕道而行，反映出其对这些建筑的深痛恶绝。清末的一位官员陈宗蕃在他后来所著的《燕都丛考》一书中，回忆当时使馆区的情况，也说界内“俨若异国，……实我外交史上之一大耻”。[5]但他也看到界内“银行、商店栉比林立，电灯灿烂，道路夷平”，不免发出“在城市中特为异观”的感叹，[5]反映出当时许多人的普遍困惑心态。这批关联殖民主义的外来建筑，当时的确存在着先进的科学价值与其服务于殖民需要的社会价值的相悖，存在着外来建筑的传播与其不光彩的传播背景和强制性的传播方式的相悖。值得注意的是，“政治”是“风云”，“文化”是“积淀”。时过境迁，随着“政治风云”的变换，建筑产权的转移，不光彩的“政治标签”就成为历史的过去。它的原生的功能性质已失去现实价值，转变为再利用的实用价值。它的负面的不文明历史，也积淀为历史的记忆，转化为我们认知历史的正面价值。

这个现象几乎是历史建筑、文物建筑的普遍现象。

四、文明散布与文化增熵

文明的发展有两个规律性的现象: 一是历时性的“加速”发展；二是共时性的“趋同”发展。人类具有对自身落后方式的排斥力和改造力，先进文明对落后文明具有极大的吸引力和影响力。先进文明的散布，意味着落后地区文明的迈进和世界范围文明的普及，是历史的进步。但是文明散布越充分，文化的趋同就越显著，这就不可避免地伴随着文化的“增熵”。

“熵”的概念来自热力学第二定律，它指的是“能量在空间分布的均匀程度”。在孤立系统中，热总是从高温处流向低温处，直至整个系统温度均衡。这个温度趋于均衡的过程，就是熵的增值过程。当熵增到最大值时，温度达到完全均衡。把这个“熵”的概念引入到文化领域，就出现“文化增熵”这个用语。在这里“均衡”“均匀”都意味着无差别的同一性，也就是无序。因此，“熵”成了无序化的量度。值得注意的是，“熵”的数学式与申农推导的“信息”的数学式相同，只差“熵”是正号，“信息”是负号，所以“信息”就是“负熵”，也就是有序化的量度。

建筑文明的散布与建筑文化的“增熵”就是当前建筑领域面临的备受关注的“全球化”与“多元化”问题。国际建协《北京宪章》说：“技术和生产方式的全球化愈来愈使人与传统的地域空间相分离，地域文化的特色渐趋衰微，标准化的商品生产致使建筑环境趋同，建筑文化的多样性遭到扼杀。”《北京宪章》把这个问题列为当前建筑领域“盘根错节”的问题之一，称之为“建筑魂的失色”，并且指出：“在新的世纪里，全球化与多元化的矛盾、冲突将愈加尖锐”。

中国城市、中国建筑在现代化、城市化进程中，已经呈现“千城一面”的特色危机。经济发展，城乡开发，文明散布，生产、金融、技术全球化，是社会发展、地区发展、城市发展、建筑发展所需要的，也是不可避免的，全球意识已日益成为普遍的共同取向。现在的问题是如何面对它所引发的城市和建筑的“文化增熵”？针对这种“文化增熵”的无序化、雷同化，如何注入有效的文化“负熵流”？我们可以看到，对这一问题大体上形成三方面的对策：

一是强化“寻根”意识。“寻根”意识与“全球”意识是互为“负熵流”。全球化引发的建筑文化增熵，是一种共时性的“趋同”，有效的抗衡方式就是通过历时性的“寻根”来中和。既然城市之间的新城区、新建筑难免“趋同”，那么城市原有的历史地段、历史建筑所形成的“城市历史特色” 就显得尤为珍贵。“城市是一部具体的、真实的人类文化的记录簿”（刘易斯·芒福德语），现有城市风貌是不同历史阶段城市文化的积淀，它凝聚着历史的、地域的、民族的、文化的个性特色。这就是城市看得见、摸得着的有形的“根”，透过它还有看不见、摸不着，但可以意识到的无形的“根”。新城区、新建筑的“同质性”所导致的城市个性的信息缺损，可以通过尚存的历史地段、历史建筑所蕴涵的城市个性信息来弥补，以避免城市个性特色的全盘消失。因此，保护历史地段，保护历史建筑遗产，保护城市、建筑的历史文化积淀，具有极其重要的、深远的意义。我们在这方面有太多的沉痛教训，许多重要的历史地段、历史建筑被拆除、被湮没了，相反地却搞起"仿古一条街"之类的假古董。历史建筑、文物建筑都是历史的产物，都是不可再生、不可复制、不可臆造的，而假古董是一种非真实历史记忆的伪文化。泛滥成灾的"欧陆风"建筑，也是这种伪文化。一个个城市都冒出相似的假洋古董，不仅是建筑文化品位的低俗、沦落，也是城市风貌变本加厉的恶性趋同。这是对寻根意识的扭曲。破坏真文物，滥造假古董，与强化寻根"负熵流"的对策恰恰是背道而驰的。

二是做地域性文章。地域性的"多元"确实是抗衡全球化的"趋同"的有效"负熵流"。1997 年吴良镛在北京召开的"现代乡土建筑"国际学术讨论会上，提出了"乡土建筑现代化，现代建筑地区化"的命题。[6]这个命题写进了1999年国际建协《北京宪章》，吴先生对此做了精要诠释。他指出："全球化和多元化是一体之两面……文化的发展，无论是着眼于全球化，还是着眼于地方多样化，实际上都面临着同样的问题，即如何使民族、地区保持凝聚力和活力，为全球文明做出新的贡献，同时又使全球文明的发展有益于民族文化的发展，而不至于削弱或吞没民族、地区和地方的文化。"[7]正是基于对"全球文明"与"多元文化"的思索，吴先生发出了建立"全球——地区建筑学"的呼唤。

地域性建筑创作得到中国建筑师很大程度上的认同，在这方面已做了许多有成效的探索。邹德侬曾经评价说："地域性建筑是中国建筑师最具独立精神、创作水准最高的设计倾向。"[8] 我国的地域性建筑创作实践也遇到一些问题，有的建筑师指出："企求地域性首先在高层建筑面前碰了壁"。[9]的确，如果地域性只是着眼于"地域样式"，那对于高层建筑来说是注定要碰壁的。这就是邹德侬等几位一语中的指出的"我国地域性建筑的局限在'形式本位'"。[8]我们应该全面地从地域性相关的气候、生态、环境、技术、材料、人文、历史、文脉等诸多因子中，捕捉到与建筑合拍的、与时代合拍的东西予以强化，自然会凸显与地域有机关联的特色。在这方面，印度的柯里亚抓住当地的气候特点，创作出既契合地域特点又极具原创新意的建筑，对我们是很好的启迪。

三是突出时代性强因子。全球化引发的"文化增熵"，主要呈现在地域性层面和民族性层面。而在时代性层面，则是既带来"同质性"的增熵因子，也带来现代性的创新推力。当我们看到全球化导致民族文化特色、地域文化特色趋向衰微时，也应该看到它为现代性的多元创新提供了很大空间。在这里，地域性多元、民族性多元的淡出和设计观念多元、创作个性多元的凸显，构成了全球化文明散布背景下建筑多元性的方向转移。时代性的多元创新上升为文化多元的强因子。建筑师创作的言语个性和建筑师群体创作的话语特色成为现代建筑个性化特色的重要构成。看一看车展就有很大感触：小轿车是纯工业设计，基本上不涉及民族性、地域性因子，专门在时代性上做文章。汽车科技文明所带来的"同质性"应该说比建筑要大，而它的多样品牌和多元款式还是层出不穷，繁花似锦。一辆辆概念汽车的推出，其性能推进和款式创新都极具撼人的魅力。这是一种现代性的、新潮的美。建筑较之汽车，在科技制约和形体调度上要自由得多，其多元创新的空间更大。这里有足够建筑师驰骋的创作天地，也蕴涵着足够表现个性魅力的建筑潜能，理所当然地成为建筑师创作的主要着力点。文明尺度的推进也给建筑业主和大众带来文化接受的"期待视野"的变化，它正在从拘于民族性、地域性的封闭型审美，转向跟上时代脉动、追求前沿创新的开放型审美。这些都构成现代性多元创新的推力和环境。我国建筑师的"实验建筑"创作正是在这个背景下应运而生。一批资深建筑师正在探索"务实实验建筑"，一批新秀建筑师正在推动"先锋实验建筑"，这应该是应对"文化增熵"的一股强劲的"负熵流"。我们期待着当代中国建筑文明的挺进能够取得与其相称的建筑文化的繁荣。■

参考文献

[1] 陈炎．"文明"与"文化"[J]．学术月刊，2002（2）：65-70．

[2] 汪正章．论建筑品位——对改革开放以来建筑与城市设计有感[J]．新建筑，1997（2）：30-32．

[3] 王世襄．明式家具的"品"[J]．文物，1980（4）：76-83，107．

[4] 王世襄．明式家具的"病"[J]．文物，1980（6）：77-81．

[5] 陈宗蕃．燕都丛考[M]．北京：北京古籍出版社，2001．

[6] 吴良镛．乡土建筑的现代化，现代建筑的地区化——在中国新建筑的探索道路上[J]．华中建筑，1998（1）：9-12．

[7] 吴良镛．国际建协《北京宪章》——建筑学的未来[M]．北京：清华大学出版社，2002．

[8] 邹德侬，刘丛红，赵建波．中国地域性建筑的成就、局限和前瞻[J]．建筑学报，2002（5）：4-7．

[9] 杨国权．论建筑的地域性[J]．建筑学报，2004（1）：66-68．

“传统”与“现代”之间

徐千里
解放军后勤工程学院建筑系

在全球范围内的现代化进程中，面对西方强势文化的冲击，中国传统文化的命运和前途，是一个沉重而又扑朔迷离的话题。因为现代化作为一种新型文明，并不是某些现代性因素的简单集合，而是整个社会有机体的全面现代化。对于大多数发展中国家而言，其现代化进程大致都经历了这样一条路线：迫于外部的压力和挑战，首先从“器物层面”即物质技术层面启动现代化；由于物质技术的大力改进和发展有赖于社会制度的改革和完善，于是现代化进程又推进到制度层面；而无论物质技术的变革还是社会制度的变革，最终都离不开人们思想观念的变革，因而现代化最终必然要深入到思想文化层面。这样，现代化便不可避免地将会与传统文化发生种种碰撞，并最终导致文化的转型。这种文化碰撞和转型对于每一个国家和民族来说，既是一种机遇，又是一种挑战。有些国家借助这种机遇和挑战使现代化获得了巨大成功，也有一些国家则在这种机遇和挑战面前缺少反应能力，现代化进程没有多少起色。

很长一个时期以来，在我国建筑界，“传统”和“传统文化”成了一类使用频率颇高却又含义模糊的概念。有论者指出：“在中国建筑创作50 年的曲折进程中，有一种似断还连的创作努力……这就是中国的地域性建筑。很难把‘地域性’‘民族性’‘乡土（方言）性’和‘传统’这些概念分辨清楚，因为‘地域性’‘方言性’和‘民族性’之间是‘你中有我，我中有你’，而它们三者又都建立在‘传统’这个大平台上。如果说，中国建筑师群体在建筑创作方面历来有一个从不泯灭的主体情结——‘弘扬传统’，我们还可以说，同时还有一个萦系心怀的‘亚情结’，这就是‘发扬地域性’。前者往往是官方所倡导的主流倾向，后者普遍是自发现象，有意思的是，地域性经常在主流倾向碰见问题的时候接踵出场……。”[1]

其实，在我们近几十年的建筑创作中，无论是大家经常提倡的对“传统”的弘扬，还是对“地域性”（民族性、乡土性）的强调，往往有一个共同之处，就是人们经常只是把“归结”为“传统文化”的东西都理解为某种过去的，并且是固定的建筑风格或形式。所以，我们的创作虽长期持续地进行着这样的努力，却一直没有摆脱套用传统建筑外形而始终无所突破的窘境。实际上，这可以从我们的理论建设上找到原因。邹德侬等学者曾经指出：“追究20年间引进外国建筑理论负面教训的主要原因，就是对外国建筑理论的开放不够，研究更不够。如果有更广泛的建筑理论参照，如果有更深刻而严肃的研究，中国的建筑理论不至于在几个流派、几个作者和几个不明不暗的理论片段间兜圈子。之所以出现套用传统外形而无所突破的主要原因，也是因为对传统的研究不够甚至是鄙薄传统。传统的宝藏的最珍贵部分在于，有可能用于今天实现可持续发展的活的灵魂。发扬传统的最高境界是，来源于传统，不似传统。”[2]吴良镛先生也说过：“当前中国建筑师在国际竞赛中处于弱势，一个很重要的原因就在于‘西学’与‘中学’根基都不够宽厚。相比之下，‘中学’的根基犹为薄弱。”[3]在这种情况下，面对外来强势文化的冲击，我们的建筑师无法形成对于自身文化的正确的认识，因而也就不可能形成自己独立的思想。我们看到今天的许多建筑师在全球化的浪潮中，或主张“坚守传统”，或倡导“全面现代化”，却大多缺乏一种贯穿始终的明确而坚定的文化建设的理念，表现出思想的混乱和行为的盲目。我以为，追求现代，珍惜传统，同时坚持一种批判的立场，让反传统也成为我们的传统之一，是一种更为恰当的态度。基于这种认识，要真正实现文化的转型与重建，首先就需要澄清思想认识上几个前提的问题：

一、文化传统指向上的过去与未来

文化传统当然不等于传统文化，但一个国家、民族的文化传统主要还是深藏于传统文化之中的，因此常常容易产生一个误解，把民族文化传统归结为或者等同于“过去的东西”，认为只有古代的东西才能代表文化传统，这是一种将传统凝固化的观点。实际上，文化传统并不仅代表过去，同时也代表现在和未来。因为“传统”本身便要求和包含着文化发展中的累积性和继承性。每一代人的文化活动虽然不能从零开始，但也有其独特的创造，而且，每一代人作为文化活动的主体究竟对原有的传统保留什么、扬弃什么，也不是无目的的选择，而是按照现实要求和未来需要来确定的。这样，传统就不是一种静止的东西，而是一种只有在发展中才能流传和保持的东西； 发展不是原有东西的延续，而是不断地进行改造并增添新的内容。所以真正的“传统”实际上是“古”与“今”的统一。文化传统是对现代人仍然产生影响力和支配力的东西，现代人的活动，虽然受着既有文化和传统的支配，但决不是简单复制已有的东西。相反，它是指向未来的一种创造，其根本点在于反省和弥补我们文化传统中所缺乏的东西或曰“文化盲点”，创造出一种新的文化传统形态。因此，所谓文化传统，是受未来规定的。换句话说，优良传统的继承与发扬，总是由现在和未来提出来的，只有指向现代和未来的传统才是有生命力的传统，才是符合现代发展需要的传统。

二、文化发展的连续性与跃迁性

文化发展的连续性是一个国家、民族文化传统得以生生不息地延续和发展的保证； 文化发展的跃迁性则是使这一文化传统得以创新和提升的根据。两相比较，跃迁性的研究更值得重视。因为传统社会与现代社会是截然不同的两种社会，由此产生的传统文化与现代文化有着本质的差异。在研究文化建设问题时，只有首先承认跃迁性，承认两种文化精神之间的本质差异，才能构建新的文化精神，并有条件考虑对传统文化的继承性的问题。而在现代化文化基础没有澄明之前便抽象地谈论"传统文化的继承"，则难免流于空洞。因为继承的参照标准没有确定，需要继承什么、不应当继承什么便无法确定，这样谈继承，就必然是盲目的，甚至是为继承传统而继承。而以跃迁性的眼光来看待连续性，就突出了文化的批判性。文化发展的连续性虽然是以继承为其主线的，但继承决不是把过去的东西原封不动地拿来用于现在，而是需要经过批判改造。这样，否定便成为继承的必要环节。这里的否定是以扬弃的形式保持了传统文化的肯定因素。继承就是要有所超越，有所创新。没有否定性环节作为媒介，文化发展就只能在原有的水平上踏步，就不可能在新的起点上得到传承。

三、传统文化的基本精神与个别要素

任何文化发展本身都含有否定的意味，但究竟否定什么、怎么否定，就需要进一步深入研究，它涉及一个文化的构成问题。每一个国家或民族在一定历史时期的文化构成都比较复杂，但就其基本结构来说，主要是由文化的基本精神和各种具体要素（即各种具体的文化思想、观念等）构成的。新旧文化的区别主要不是表现在文化要素方面，而是表现在文化的基本精神方面。因为同样的文化要素，可以和不同的时代精神结合，而同样的文化精神则很难与不同性质的时代相融，不同的文化主要是由其不同的基本精神决定。

我们讲传统文化不能适应现代化，并不是说每一个文化要素都不适应，而是就其本质上来讲不适应，即在基本精神方面的不适应。这样说并不是贬低传统文化，而是道出一个客观事实：假如传统文化在其精神实质上有利于现代化，那么，中国早就有了好几千年传统文化的历史，为什么没有抢先进入现代化的行列？也许有人会反驳说：儒家传统文化虽然在中国没有获得现代化的成功，但并不等于它在任何地方都不利于现代化，其原因就在于传统文化与现代化在时代上就存在着"错位"。如中国传统文化是在以自然经济关系为基础、以血缘关系为纽带的宗法制度基础上形成和发展起来的，其基本精神体现了当时政治统治和社会发展的需要，并且是为满足这种需要服务的。所以，这种文化就其精神实质来说是很难与现代化相通和共容的。我们所要扬弃的恰恰就是传统文化中这种基本精神，而不是其中的所有因素，因为许多有利于现代化的要素还是需要大力弘扬和强化的。

综上所述，对于传统文化我们不能采取简单的抛弃或继承的态度，而是需要一个系统的改造。借用美国科学哲学家科恩的话来说，就是需要一个"范式转换"，即按照现代化的实际要求，探讨和确定一种与现代化相适应的新的文化模式，并以此模式来审视传统文化，吸纳或排斥传统文化的具体要素，从而实现文化转型。新的文化模式的确定，实际上为新文化的建设提供了一个参照系。按照这一参照系，要确定传统文化在现代化过程中的价值与意义，关键是要明了目前的文化选择和再造过程中最缺乏的文化因素是什么。明确问题之后，再以此来反观传统文化的基本素质，从而可以确定应当继承什么、抛弃什么，进而才有可能实现传统文化与现代化的合理对接。因此，传统文化与现代化的关系不仅是一个如何适应、如何在既有的"范式"中发挥作用的问题，而且是一个在现代化的过程中，传统文化如何被扬弃，如何实现自身转型的问题，这就意味着一种新的文化的建设。[4]

在我国近几十年的建筑理论和实践中，"传统与现代"的话题之所以经久不衰，并且始终歧见纷纭、莫衷一是，关键的问题是我们对于建筑的意义缺乏真正的关注。在一次次所谓"文化热潮"中，人们虽大谈文化，对各种文化进行概括、定性，并以此为基础对东西方建筑文化以及建筑中的"传统"与"现代"等，或提倡"弘扬"，或主张"批判"，却大多是主观随意和感情用事的，并不是从真正文化学的层面和角度比较、论辩中西文化或传统与现代。结果，文化研究只是停留于表面，甚至成为一种空泛的口号，并未获得实际的意义。在此情况下，无论是"传统"还是"现代"都常常只是被当作某种形式或风格的"标签"；人们对于"传统"和"现代"的态度，无论是提倡还是反对，都缺乏内在和真实的依据，而往往被一些外在的目的所牵引。

作为与人类生存密切相关的活动和领域，建筑与城市，建筑与使用者，与环境，与人的生活方式均有着深刻的联系，就决定了我们的建筑创作不仅应包括对建筑物质形态自律性的认识，且更要深入和关注作为主体的人及其文化活动。只有这样才有可能对现时代人类的生存境遇、行为根据、价值观念、生活意义、前途命运等同建筑活动的关系问题有一个合理的阐释和解答。这样，建筑活动才真正具有了人类文化行为的意义，从而成为一种价值的建构活动，成为人类应对其生存的现实问题的一种努力。显然，在这样的建筑活动中，"继承传统"决不意味着简单地回到过去的形式、风格或生活方式，而"崇尚现代"也不应仅以提供新奇为目标，它们的意义均在于发掘与我们的居住、生活、心灵、期待真切相关的东西。它们的目标均应当指向人类"诗意栖居"的理想。德里达曾经把诗性定义为关乎心灵和记忆的东西。实际上，这也应该是任何时代艺术性的必要内质。也许正是缺少了这种更为内在的东西，当代建筑中那些标榜"继承传统"的"文化标签"和"符号操作"才如此了无生气，而许多以"崇尚现代"自居的"新颖""时尚"给人的感觉也更多地只是依赖于表面的形式而非内在的生命，他们的目标更多地指向的是眼睛而非心灵。

在我们当前的文化和艺术领域中，对新奇无休止的迷恋已经成为一种劫难。现在该是整顿而非延续这一劫难的时候了。这里我们决不是反对创新和前卫，相反，正是因为中国传统文化中明显带有的保守倾向，因为在我们的文化思想领域中还有太多的桎梏，才特别需要我们解放思想，锐意创新。但是前卫和创新的精髓并不仅仅在于"新"，而更在于它对潮流所抱持的一种批评审视的眼光，这种眼光赋予其敏锐的洞察、内在的深度和逆潮流而动的勇气，由此方能缓解因其"新"而难免带上的浮躁和草率。

如果我们能够在更广泛的范围内思考传统与现代生活的联系，回顾和总结人们曾经走过的道路，对此问题就会有一个更深入的理解。就世界范围而言，自20世纪70年代以来，面对人类生活环境日益遭到破坏，建筑的意义日益丧失的困境，人们都在千方百计地寻求恢复建筑与生活关联的途径，其中许多人不约而同地把目光投向了历史和传统，这并非偶然。当人们置身于具有一定特色的历史城市或传统街区中，总会被那些亲切、温暖、充满生机和情趣的生活场景所吸引和打动，总会被某种强烈的场所感——某种个体和背景不可分割的整体意向——所笼罩。这种意向所依附的结构框架和意义体系来自同城市与生俱来的公共生活，来自那些具有清晰可识别性的街道、广场、建筑和城市轮廓线，以及生活其中的人们所共同承认的文化模式，因而具有明显的文化特征，这是显而易见的。[5]行走于这样的城市和街区中，令人不禁思索：为什么这些显然没有规划过的棚户区或者古老的旧市区与最新设计规划的市郊区或者公寓住宅工程相比较反而显得更加温暖和有趣？为什么我们的建筑师和规划师为改变现代城市的“千篇一律”绞尽脑汁，精心创造出的一个个“丰富”的空间形式，运用了各种色彩及构图技巧，却并不能赢得人们的喜爱，而公众仍然沉湎于怀旧的情绪之中，怀念昔日那种邻里交往的氛围和那些悠然自得亲切宜人的环境呢？这是耐人寻味的。它使我们看到，尽管社会的发展使旧有的生活方式不断地更新，但“作为人类最基本的生活内容之‘活的内核’，几千年来并没有因岁月的流逝而消失，相反，它演进着、发展着，或强化，或以其他形式表现出来——这是本质的东西。因而，在那些旧城区居住地段和古老的旧市区中的‘温暖而有趣’的氛围之背后，具有某种有机的组织和值得借鉴的成分。”[6]所以，当代建筑才呈现出了某种向传统和地方文化“回归”的趋向。

但是，这种“回归”却又容易使人产生一种错误的印象和认识，以为建筑的“意义”只能在传统和历史的环境中产生，甚至只有借助传统和地方性的建筑形式和城市风貌才能获得。于是，对意义的寻求往往变成了对传统建筑形式或城市片断的操作甚至抄袭，导致了新的形式主义。20 世纪80年代所谓“后现代主义”在我国的盛行以及今天许多地方城市建设中流行的所谓“传统风格”“地域文化”乃至“欧陆风”等，在一定程度上均与这种误解有关。

事实上，上述的这种“回归”是在当代城市与建筑不重视人的现实生活需要、不尊重人的生存价值的情况下，以城市的人文环境恶化、文化特征和内聚力丧失的教训为代价的。那么，作为对其反思后的一种探索，其目标便不应仅仅局限于新老建筑形式的协调和视觉连续，也不只是重新建立起某种延续、协调“文脉”关系的城市景观，而应是一种更高层次的建筑与城市（建筑与人的生活整体）关系的探索。如果说，这种建筑、规划思想以及公众的意愿是希望恢复并保持城市的传统风貌的话，则“风貌”的概念和意义就应当远远超越视觉和形象的范畴。实际上，任何城市的风貌都是特定社会文化的集中体现，它不仅显示着城市社会所创造的物质成果，更蕴藏着人及社会的内在素质，反映着人们精神文明的积累，因而有着深刻的社会文化内涵。人们之所以喜爱并试图接近那些他们所熟悉的、具有清晰可识别性的环境，是因为这种环境反映了他们的生活方式、行为心理和价值观念，蕴涵着他们活动的各种意义，是他们可以徜徉与生活的理想之境。同样，传统城市的成功是因为它们提供了人们各种有趣有益的场所、空间和实体，在那里人们可以自由、舒适地生活，放松和恢复精神与体力；可以拥有属于个人和集体的领域，从事私密和公共的活动，可以表现自己，也可以观赏别人；可以找到一个地方去突破传统的模式、扩展自身的体验、结识新的人群、学习其他观点，从而获得乐趣……总之，这种城市提供给人们的是一些他们愿意前往并发现它们有用、悦人和能够从中获益的场所。建筑的任务和目标就在于寻求和创造这样的场所，而这显然不是仅凭搬弄一些传统建筑形式或城市形象的片断所能做到的。

传统城市中建筑与建筑之间、建筑与环境之间那种历经世代而建立起来的、珍贵的、和谐的关系，的确为今天的发展树立了榜样，但真正值得我们认真研究并努力汲取的，乃是潜藏于这种和谐的城市和建筑环境背后的人文内涵——一种强烈的“场所精神”。正是这种“场所精神”形成城市与公众生活相互依存、契合、协力发展的内在动因，构成了城市建筑环境为文化所容纳、为人民所接受和认同的基础，这才是传统建筑文化的实质内容。显然，这里的传统是一个发展的范畴，它具有由过去出发，穿过现在并指向未来的生长性。它不是某种技巧规范，更不是固定的形式或风格，而是建筑文化更深层的结构（主要是特定建筑文化中人们的价值观念、审美取向、行为模式及环境、空间意向等），是一种建筑文化区别于其他建筑文化的内在标志。因此，我们重建建筑与传统文化的关联，就必须保持清醒的头脑，时刻不忘建筑的根本目标，它不是回到过去，不是崇尚某种古风或恢复一种过去式的生活态度，而是为了与此时此地人们的心灵沟通、共鸣，为人创造出真正满足他们生活需要的场所。因此，对待传统采取什么态度并不单纯是一个学术思想的问题，说到底，它是我们价值观念的直接反映。前些年，在我国建筑界出现的向传统和地方“回归”的“文化热潮”，虽然也给建筑创作带来了一些生机，但同时，在这股“热潮”的背后却潜藏着复古主义、唯美主义、形式主义的幽灵。也许是因为我国的建筑文化缺乏西方后现代主义文化中所保留的现代主义理性成分和物质基础，许多建筑师对传统文化的探寻并不是以满足现实生活的需要为己任，而只是出于对某种传统形式、符号的偏好和欣赏，或把“传统”作为某种可以任意搬用的点缀和装饰，试图以此为今天的建筑和城市生活加点“佐料”。陈志华先生在谈及我们的民居研究时，就曾多次批评某些民居研究者往往置民居的封闭、肮脏、拥塞、昏暗和不适应生活的发展于不顾，却津津乐道于民居的外观形态之美。[7]显然，这种态度与重视和尊重传统，强调建筑与文化的内在关联并锐意创造时代之新的严肃、认真的探索是不可同日而语的。实际上，无论什么时候、什么地方，也无论建筑师的名望和技巧多么高，只要他把建筑仅仅作为一种形式去对待，而置公众的现实需要于不顾，他就必然失去现实的支持，就决然产生不了真正受人喜爱的作品。

当代建筑的发展中存在着各种矛盾的现象和思想，似乎使人难以确立共同的方向和目标。对生活意义与价值的追求在无形中引导着我们对建筑进行探求，使我们在混乱和迷惘中尚有可能把握其发展的合理走向。今天，正是在这一目标的激励下，一些建筑师和理论工作者重新开始了一种严肃的工作。他们从人的需要、生活的需要和环境的需要出发，通过建筑的物质创造与表现，恢复并强化那些正在失去的人性和文化相关性的观念。由此产生的建筑才是充满人文精神的生命世界。赛弗迪说得好：“建筑师的工作就是创造物质的社区，从而使心灵上的社区在那里重新生长。”[8]■

参考文献

[1] 邹德侬，刘丛红，赵建波．中国地域性建筑的成就、局限和前瞻[J]．建筑学报，2002（5）：4-7．

[2] 邹德侬，赵建波，刘丛红．理论万象的前瞻性整合——建筑理论框架的建构和中国特色的思想平台[J]．建筑学报，2002（12）：4-7．

[3] 吴良镛．中国建筑文化研究文库总序（一）——论中国建筑文化的研究与创造[M]．武汉：湖北教育出版社，2002．

[4] 丰子义．现代化进程的矛盾与探求[M]．北京：北京出版社，1999．

[5] 王澍．皖南村镇巷道的内结构解析[J]．建筑师，1987（28）：62-66．

[6] 杨贵庆．从“住屋平面”的演变谈居住区创作[J]．新建筑，1991（2）：23-27．

[7] 陈志华．备课笔记——关于建筑艺术·北窗集[M]．北京：中国建筑工业出版社，1993．

[8] 许亦农．摩什·赛弗迪的建筑观点和艺术[J]．新建筑，1986（1）：19-25．

原文刊载于 2004年11期 页码 006 - 007

城市空间与体育建筑的契合
——北京奥运会羽毛球馆建筑创作

孙一民 江泓
华南理工大学建筑设计研究院

2004年4月，华南理工大学建筑设计研究院通过现场答辩资格预审，在40余个报名单位的竞争中取得了参加北京工业大学体育馆（2008年奥运会羽毛球比赛馆）方案竞赛的资格。在何镜堂院士的带领下，项目组全体成员经过两个月的努力完成方案，最终于2004年6月在11家国内外著名设计单位中脱颖而出，成为入围的三个优秀方案之一。目前，北京工业大学体育馆设计方案正在进一步修改和论证之中。

一、基地分析——多重性环境中的体育建筑定位

位于北京市朝阳区东南部的北京工业大学是一所不断发展的学校，校区从西北向东南逐步扩展。除了20世纪五六十年代形成的东西向轴线，正在形成校园南北新轴线。北京工业大学体育馆位于校园东南正在拆迁的新规划用地，在规划为教学区和运动区功能的校园新区中，体育馆处于学校边缘，是校园空间和城市空间的临界地带，现状杂乱，城市空间破碎而不确定。基地东临东四环路，南接京沈高速公路西延线，交通便利。

按照规划，北京工业大学体育馆将作为2008年北京奥运会羽毛球比赛馆，奥运会赛后将成为北京工业大学的学生文体活动中心，并向社会开放，同时，与国家体育总局乒羽中心签订协议，体育馆赛后将作为国家羽毛球队的训练基地。并且，作为全民健身中心的北京工业大学体育馆也将改变北京东南部地区设施建设落后的局面。

从城市区位看，北京工业大学体育馆所处的位置极其重要，四环路与京沈高速公路在这里立体交叉，该区域成为北京东南部的城市出入口，北京工业大学体育馆的兴建也构成北京东南部重要的城市景观节点，并为周边地区提供重要的发展契机。

基于其特殊的地理位置，我们认为北京工业大学体育馆的设计，已经超越了单独作一个体育馆单体建筑设计范畴，而应积极考虑城市设计问题。其建成的意义也不应该只是一个简单的体育场馆，而应该为城市提供出明确的、有活力的、有场所感的公共空间。北京工业大学体育馆将在环境中扮演多重的角色。作为校园建筑，它将是校园建筑群体的有机组成部分，由于位于校园边缘区，它也承担着限定校园边界的作用。在城市中它将是整个北京东南区的入口和全民健身中心，形象应该具有一定的标志性。而作为2008年奥运会的羽毛球项目的比赛馆，又赋予它另一层新的主题意义（图1）。

二、方案比较——总图概念的形成

鉴于体育馆所处的临界性位置，经过多种方案的比较，确定了总图的设计理念。

首先确定了把用地范围内100 m的城市绿化带作为体育公园来设计，体育公园界定了学校和城市的边界，为市民提供一个公共健身活动场所。体育馆的主体和附属建筑作为公园上的景观节点，和公园一起组成连续的景观，构成北京东南区的城市入口景观。

其次，根据功能要求，体育馆主要由比赛馆、训练馆和热身馆三个馆组成，这三个体量在总图上如何排布，将影响到整个建筑群体设计的质量。方案创作的过程中，我们花了很多时间去研究不同体型建筑的各种总图排布方式及其与周围环境的关系。从最后的结果来看，这种投入是必要的。最终我们把体育馆的主体建筑和邻近的两幢教学楼形成一个有机的建筑群体，三者之间围合一个广场，呼应校园的"体育轴线"，体育馆附属的训练馆和热身馆顺应地形，分列两侧，这样的总图布置既考虑到与校园的结合，又与城市呼应，使建筑和周围环境很好的融为一体（图2）。

最后是确定建筑体量与形状。由于用地形状多变，各种形式的建筑关系复杂，我们决定采用曲线形母题作为方案的形体构成要素，以平衡城市景观、校园空间等制约关系（图3）。

三、多因素的反映——体育馆形式的确定

其一，平面选型。根据奥运大纲要求，羽毛球馆为万人馆规模。自20世纪50年代起，我国老一辈体育建筑研究学者，梅季魁、葛如亮、魏敦山等人就对万人馆进行了研究。结合已有研究资料，在充分分析设计任务的基础上，考虑到视觉质量的基本要求，我们确定了以圆形平面为本体育馆最佳的平面选择。

其二，场地选型。作为羽毛球馆，场地的确定较为简单。但考虑到作为大学体育馆以及赛后多种功能结合的要求，我们以确保体育场馆最大的灵活性、适应性为原则，确定了40 m×70 m的比赛场地，以便在赛后满足包括国际体操在内的各种比赛要求。

其三，建筑形式。体育馆的造型设计，除了要反映体育馆本身的结构、功能形式之外，还要满足各种不同的心理需求。北京工业大学体育馆，本身就是一个具有多层意义的建筑，所以它的造型设计也应该满足

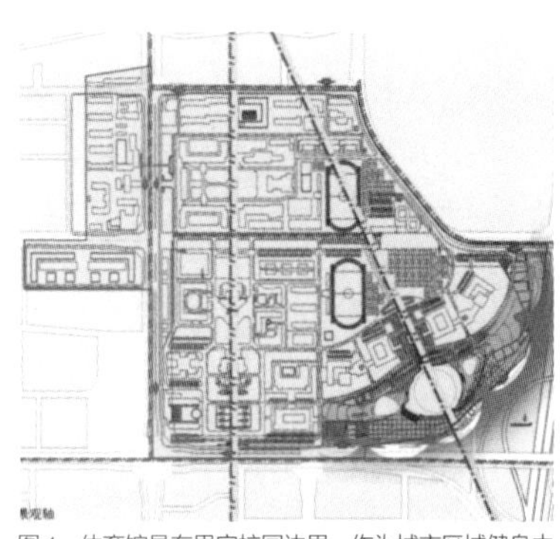

图1 体育馆具有界定校园边界、作为城市区域健身中心和奥运比赛场馆的多重主题意义

图2 体育馆的体量布局既考虑与校园的结合，又与城市呼应

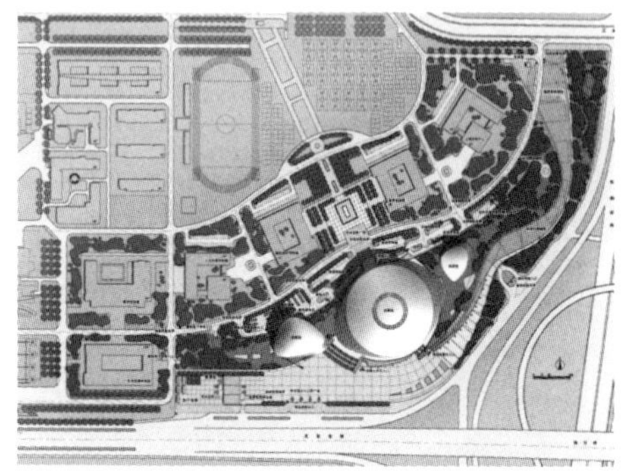

图3 总平面图

图4 体育馆采用球网壳结构

图5 结合环状玻璃光棚，形成独特的造型

多方面的心理需求。作为城市主入口的标志性建筑，必然要求建筑形体简洁、一目了然，而作为奥运会的羽毛球比赛馆，又必然要求我们在建筑造型上给予一定的诠释。另外，顺应总体设计的理念，协调建筑体量之间的关系，也制约着建筑造型的选择。

一直以来，体育建筑形象被要求具有太多的意义，许多"俗成"的压力给体育建筑设计带来了严重干扰，建筑师又不得不面对。羽毛球馆要像羽毛球或球拍、摔跤馆隐喻摔跤运动、游泳馆要有"水"的理念……凡此种种不一而足，其中也不乏成功的例子，如"水立方"的气氛渲染。北京工业大学体育馆的造型设计中，我们并没有在造型上刻意模仿羽毛球，只是在建筑形式上追求一种和羽毛球运动相暗合的飘逸、空灵、轻松、简洁、洁净的造型效果。由于有这种定位，最后的造型设计既体现了羽毛球运动的独特感觉，但又不会刻意去模仿，较为含蓄。而本次方案竞赛有不少单位都以模仿羽毛球或羽毛球拍的形状为设计主题，效果反而不尽人意。

（4）结构选型：由于众多的限制条件，在确定了形状体量之后，结构选型只好处于配合建筑构思的位置了。特别是考虑到造价的严格控制，本方案在投标阶段确定了采用球网壳的结构形式。在力学性能良好的球网壳结构上，经过切割，产生流畅的曲线。结合环状玻璃光棚，不仅满足了建筑功能的要求，也形成独特的造型效果（图4，图5）。

四、多样化的塑造——景观环境的设计

总的体量关系确定下来后，建筑和周围环境的融合，要依靠景观设计来进一步深化。本方案针对大的空间关系进行了深化设计，呼应规划的奥林匹克轴线，利用与体育馆相邻的两幢教学楼，围合成奥林匹克广场。另外，强化体育公园的理念，扩大涉及范围，将用地与城市绿化带作为一个体育公园来设计，构造了一条穿过用地和城市绿化带的景观轴线。沿着这条轴线，设置一系列的景观节点，使体育公园成为一个有机整体。

为了尽量扩大体育公园的范围，本方案把屋顶绿化引进建筑平台，通过适当的草坡，降低建筑体量，使建筑和环境很好地融为一体。■

本设计由何镜堂院士主持、孙一民负责，参加方案的建筑设计人员为：何镜堂、孙一民、江泓、申永刚、吴汉斌、邓芳、陈伟智、杜卫华、郑海砾；汪奋强参加了前期分析论证；建筑系周剑云、张春阳老师为方案提供了很好的意见。

播种的历程
——新疆国际大巴扎建筑群创作补记

王小东
新疆建筑设计研究院

2003年第11期《建筑学报》上曾刊登了我的一篇文章，题目是《特定环境及其建筑语言》，介绍了新疆国际大巴扎的建筑设计。由于篇幅有限，文章的内容仅包括介绍性的文字与图片。事过一年，经常碰到朋友问及大巴扎创作的一些问题，于是就把原文重新整理，补充关于设计手法及设计理念等方面详尽的内容。

一、困境中的心态

对于我国城市建设雷同化、逐渐失去自身特色的现象，见仁见智、众说纷纭。乌鲁木齐作为新疆维吾尔族自治区的首府，人们希望在其城市建设中体现民族地域文化。但是这种需求在两种建筑思潮的夹击下很难有存在的空间：一种是"拿来主义""欧陆风""克隆风"造成的建筑创作质量低下；一种是浮浅地理解民族、地域风格，符号和装饰滥用，造成格调不高、平庸、低俗的建筑泛滥。

以上两种建筑思潮的形成都来源于一点，即我国经济高速发展和国民文化素质水平的相对低下所产生的巨大反差。对于建筑，我们缺乏独立、自信的判断力和价值标准。这种现象在一部分官员、业主、建筑师、民众中都有不同程度的存在。因此在建筑创作中，对民族地域风格的追求处于进退两难的困境。这也是我在创作大巴扎建筑群之前的心态。尽管我也拒绝过"欧陆式"的设计，也曾几次想写一篇"告别建筑"的文章，但遇到"大巴扎"这样的课题，还是承担了设计任务，并做了一次新的尝试。

二、满足合理需求的职责

建筑的发展动力就是满足不断变化与增长的社会需求，这也是建筑师的职责。在2002年的乌鲁木齐，社会对大巴扎的设计项目的需求是：此时、此地，需要一批有格调的，摆脱目前流行的繁琐、杂乱装饰的，具有浓厚民族、地域风情的建筑群；90 000 m²的建筑群要在二道桥商圈中起举足轻重的领头作用；建筑群必须有强烈的吸引力和震撼力，成为人们来乌鲁木齐的必去之处；力求传统和现代相结合；"国际大巴扎"的主题要表现"西域"特色——即中西文化的交流。

建筑创作的过程，也就是对上述挑战的解答。

三、统一与主调的统帅作用

在经典建筑美学中，统一始终是首要性的原则。分析成功的作品，统一的主调是不可缺少的要素之一。主调的创意有高下、雅俗之分，成功的主调是建筑个性的表达，它起着统帅作用。它具有极强的排他性，也就是在建筑创作中一切局部要服从于它，不相容的、杂乱的诸元素都被排斥在外。我相信每一个建筑师在创作中都有过这种体验。

现状中二道桥一带的新建筑，不乏成功之作，但相当一部分建筑的装饰杂乱，格调不高，彼此之间互相抵消，减少了其影响力。所以我必须用超出常规的统一创意才能满足上文提出的种种要求。

多年来对伊斯兰建筑的考察与研究，使我从纷乱的现象中悟出伊斯兰建筑原本就没有什么特别的制式。它的生长基因是建筑空间满足宗教的需求和在地域因素的影响下形成的空间、装饰等构成手段。它在接受各种文化影响的同时，更能因地制宜，所以形成了地中海、两河、阿拉伯、中亚、印度等不同风格的文化圈。在大巴扎的创作构思中，我立足于中亚，摒弃宗教内容，着重吸收至今仍有生命力的传统空间与装饰的构成手段，如功能对空间的主导作用（在这一点上和现代主义非常相似），体量多变的几何形成丰富、强烈的光影，工艺砌砖的材质感等来构成大巴扎建筑群的整体性。大巴扎有90 000 m²的建筑面积，其中包括商场、餐饮、娱乐、地下车库、清真寺、露天广场等，但在我的心目中它们是一个整体，它们的形象在设计开始时已在心中形成并成为设计全过程中取舍的标准。只有这样，才能一气呵成，形成冲击力。这时，我觉得自己是一个乐队的指挥，决不允许出现不和谐的音符。把握全局不致失控，这可能对建筑师来说是最困难的一点。

在设计过程中由于计算机显示范围的限制，不易观察到建筑整体，我只得在大张纸上用手工绘制整体建筑的立面草图来控制位置，布置门窗洞口及凹凸等，尽管费力、费时，但对我来说也是必须的。没有统一性、整体性，也就不会有今天大巴扎的震撼力（图1）。

四、减法比加法更难

在大巴扎设计过程中，我始终遵循减法原则，直到不能再减为止。在建筑符号的选择上，只用了构成空间手段的半圆和平尖拱窗，色彩只有砖红和白色，这些已足够建筑师在90 000 m^2的建筑群中驰骋。通过位置的控制、虚实的交替、色彩的搭配而形成的每座建筑都不雷同，在统一而简约中透出丰富的变化。

五、细部也能决定成败

建筑细部是一个优秀建筑必备的特征，它表达出建筑师的素养、经验以及建筑的设计深度。建筑细部包括了构造的手段、构件的拼接、组装的方式、比例的推敲、材质和肌理的表现、加工的精致程度等无止境的要求。在大巴扎的设计中细部的重点是工艺砌砖和材料的衔接与形体的组装。

工艺砌砖始于两河流域，延至中亚达到其技艺的顶点。大巴扎的设计中外墙采用工艺砌砖，但考虑到今天的环境污染和耐久性便选择了耐火砖。其有变化的色泽及斑点形成的墙面有一种厚重的肌理感，凹凸排列形成的图案光影效果极强。在设计图纸中我们对砌砖的顺顶排列、

图1　沿解放南路一侧建筑的夜景

图2　局部的材质和光影

图3　清真寺和观景塔之间的空间和天际线

图4　观景塔

图5 步行街中光影和材质的变化

图6 工艺砌砖

图案的构成与组合，甚至拱券的每块砖的细部都给予详尽的表达。

在不同材质、构造、构件的交接和组装的手段中，我有意识地强调了现代手法，即加工的精致性、组装感、现代和传统材料的反差等，增强其现代感。例如建筑四角的圆柱状墙是传统的，但它和墙面衔接的地方却用了带形的玻璃幕墙使其更突出。在拱券和墙面洞口的处理中追求现代感不是偶然形成的，而是出于精心的安排。这些细节一般观众是看不到的，但它的的确确反映出建筑的格调和品质。作为伊斯兰建筑中的圆顶主题，在这里变成了金色玻璃的采光顶，这既是功能需要又是形象需要，但它已远远不是传统意义中的圆顶（图2~图6）。

六、传统不仅仅是形式

在以上论述中我并没有提到建筑的“民族形式”问题，因为民族地域文化的内涵不仅仅是形式问题。大巴扎最后形成的建筑风格，得到人们的认可，并被称为是具有民族的、传统的、地域的建筑风格。这种特色的形成是一系列的建筑、社会、历史、地域、人文、民俗等因素综合而成，它们包括：建筑传统定位于中亚、新疆，它们有共同的空间构成状态，易取得人们的认同；吸取维吾尔建筑形体多变、自由灵活的特点和巴扎街市的特色而引起人们对传统的回忆；色彩、材质用砖本色，既不是古罗马的砖红，也不是中原的青砖色，而是特定的地域特色，这本身就是一种人文、地域的宣言；建筑符号的半圆拱、圆顶、平尖拱的大量重复使用是人们对伊斯兰建筑的总体印象；建筑外墙的工艺砌砖的图案，直接来源于中亚和新疆的大量传统建筑。

塔在伊斯兰建筑中起到空间的控制作用，其功能是通风、宣礼、瞭望、纪念、心理上制高点的追求等综合需求。大巴扎中70 m高的观光塔成为建筑群中必不可少的中心点。塔顶的形状借鉴了乌兹别克斯坦布哈拉的卡梁塔，它是我国唐朝时期地方政权喀喇汗王朝建于1127年的重要建筑。观光塔的塔顶由于有现代化的楼梯、电梯以及观光功能而扩大（这也是古代的悬挑技术做不到的）。塔身的图案则直接借鉴了吐鲁番的额敏塔。这样，观光塔从功能组织、空间构成到历史文脉的切换有了更深一层的意义。

在大巴扎建筑群中有一座拆迁返建的清真寺，如果处理不好就会破坏建筑群的统一性。幸好清真寺的阿訇们对我的工作非常支持，建筑外形完全服从整体需要，所以清真寺成了大巴扎的最好背景。

建筑的夜晚亮化、照明在大巴扎群体中是非常成功的。总体的金黄色和窗口的淡紫蓝色赋予建筑非常统一的具有强烈感染力的夜晚形象。它隐退了大量不相干的干扰因素，最大限度地突出了主题。

由于大巴扎位于乌鲁木齐维吾尔族人集中的居住地，大巴扎给他们提供了摊位、商铺、街巷、广场、演艺、餐饮多种活动场所。当暮色降临时，灯光把大巴扎照成一片金色，人们在游览、用餐、观看民族歌舞、欣赏达瓦孜的空中表演时，便觉得乌鲁木齐太需要这样一个地方了！此时，此地，此建筑似乎就是满足这种需求而出现的。

以上建筑创作的过程与思想有些很难用语言表达。驾驭我创作的是一种动力和激情，有些是我钻研伊斯兰建筑悟出的无法无形的境界中的潜意识行为。总之这种创作也只是一种过程而已，它既不是终点，也不是目标，更不能再去重复。最后还需要说明的是在大巴扎创作过程中，基于对西域东西方文化交流的理解，我有意识地把古埃及、古希腊、罗马、西亚、中亚的建筑因素做了一些隐喻的应用。对于建筑的评论是见仁见智，建筑师的职责是只求播种而已。■

有“石”之用
——湖南大学法学院和建筑系馆群体设计

魏春雨　宋明星

湖南大学建筑系

2001年，湖南大学对进入校园后的第一个十字路口旁原东升楼地块进行整体组团建筑设计招标，内容包括法学院和学工部大楼（现为湖南大学建筑系新馆），基地位于通往国家级风景名胜岳麓山的干道上，位置非常重要。我们参加了此次设计，法学院中标后于2002年初完成施工图设计，2003年8月工程竣工。2002年为迎接建筑学专业评估，建筑系自筹部分资金，向学校申请将学工部大楼作为建筑系新馆，并获得批准。建筑系馆于2003年5月开工，2004年元月竣工，3月正式投入使用。

一、项目自述

从功能角度理解，两栋建筑都是办公、科研与教学结合的综合楼。法学院的特点在于需要较多的大型交流空间和模拟法庭，而建筑系馆则对在单一同质空间的形态下衍生出多种教与学的可能性更为关注，对空间品质的要求更甚于简单的追求面积。

1．法学院——内在逻辑性

法学院的平面布局采用了一个四合院和一个三合院为中心的环绕式。露天的四合院贯通上下，带采光顶的三合院则两层一封堵，二者以一条联系廊道发生关系，不同的明暗、不同的形态使两个庭院各具特色，并联式的排放又建立了一种黑与白的对比。为使庭院更具品质，避免简单走廊环绕庭院的布局，设计中采用了线性交通结合楼梯、办公紧邻庭院等处理方法。一条直跑楼梯将三层联系在一起，而楼梯本身又跨过了两个庭院，通过线性交通过程中对不同庭院的感知，为人提供了立体的空间体验，为交流提供了便捷。造型上运用不同向度的体块进行穿插、互相搭接，体块的构成反映结构逻辑，使人能直观感受到荷载清晰地通过板、梁、柱传递到大地深处，体现建构的严谨与稳定，从内在逻辑上隐喻法律的约束力，形成丰富的光影关系和形体关系。

2．建筑系馆——流动的空间

建筑系馆的平面更强调空间的流动性，以每层的大空间为中心，灵活布置内庭和各种交流场所，希望通过内与外的一致，塑造一个原朴的本原空间形态，使学生身在其中，不被框囿、不被强制，可以自由地创作与思考。造型上通过对立方体的切割和复合处理来强化建筑系馆的形象特征，借助流动的形象、变化的光影、穿插的形体来塑造多维的空间。当建筑系还位于老馆时，就考虑过在系内设立小型咖啡厅，营造学

图1　建筑西北侧全景

图2 建筑系馆西北透视

图3 廊桥和竹井

生和老师和谐的交流氛围，新系馆边庭的设计就顺理成章地成为咖啡厅之所在，只可惜到目前一直未能开张，希望不久的将来能够实现。

二、群体关系——群构与复合

应该说这并不是一个有规模的建筑群体，群体设计的原则在本设计中体现得也并不明显。但基于两者性格上的迥异，在有限的基地内如何既刻画二者各自的特点，又让建筑群与环境相融合是设计的难点所在。

1. 群构

群体构成的几个特点包括层次性、整体性、延续性等。本项目是属于整个湖南大学校园内的一个子层次，所以要考虑建筑与周边环境的协调，寻找自身与大学内部文脉的联系，同时建筑群本身也具有子级层次，保持二者间形式上的延续与完整尤为重要。在设计之初，作为学工部大楼，规模仅为法学院的一半，考虑到群体的统一效果，造型上以法学院主入口为中心，其余建筑包括学工部大楼都比较谦虚平实，可以很明显看出主次关系。待到学校批准将学工部大楼作为建筑系馆，并做施工调整时，设计者又要以业主的身份考虑问题。谦虚的形象似乎又显得不那么甘心，几经权衡，决定改变原设计中以体量穿插为主的风格，使用立方体切割的手法，强调建筑系馆自身的相对完整及标志性，在原建筑群体末端形成一个重点（图1）。

2. 复合

考虑建筑群体设计绝不仅是形式上某个符号的拷贝，空间的连通和形式上的连接是我们关注的重点。法学院东面与建筑系馆西面间距仅8 m，廊桥的连接固然建立了形体的联系，但二者间的通道将会是阴暗、压抑、生硬、无人性的。所以在处理中，把法学院的底层设计为架空车库，中部三层采用退后的阳台，在法学院一侧建立了一种虚的吸纳感，同时建筑系馆平面西侧逐步退后，把这条通道逐渐打开，二者在五层同时考虑设置空中花园，减小建筑的压迫感。整体看来，把硬的两个实面通过界面复合处理，形成虚与实的咬合关系，从形态上加强了二者的群体联系（图2，图3）。

三、水刷石——取自湘江

水刷石的采用有一个认识和思考的过程。面砖、涂料和素混凝土都曾是我们考虑的材料，但考虑到可预计的效果始终不甚满意。待到施工方催促最终确定材料时，我们想到了湘江的黄砂、岳麓山的红枫、樟树皮的虬劲（湖南大学校园内有上千棵香樟树），水刷石可以把所有红土地的情感包含在内。回头想来，其他材料一直不完全满意的一个原因就是它们的表达缺少一种情感，对湖南、岳麓山的独特情感，这份情感又以片段的形式隐匿于生活之中，积聚在内心深处，水刷石将片段串了起来，表达心中对本土的热爱，体现地域特征。决定后，我们又做了大量的工作说服施工方、校方，毕竟如此大面积地使用一种在人们脑海里快要淘汰的材料是很难被理解的，施工工艺也不易把握；另一方面对石子粒径大小和色泽的配比也需要反复的实验。经过多次模块的比较，最终确定了棕黄色基调。待到建筑主体施工完成后，石子奇异的漫反射效果让大家感到欣慰。前广场的铺地亦使用同色水刷石是另一个让各方难以接受的提议，但我们坚持为之，理由是：建筑的生命来自土地，让建筑与大地浑然一体是我们坚持的理念。之后，又把石子墙面延伸到室内，目的在于保持室内外空间的延续性。

整个建筑群体从设计到施工，还发生了很多故事，也让设计人员思考了很多原来没有想过的问题，我们获得的启示是，如果一味追求前沿与时尚，醉心于符号的拼贴，往往会邯郸学步；而关注那些看似不经意、微小的细节与情怀，分析常规材料的点点滴滴特性，用心为之，同样能够诠释深刻的思想。■

信息建筑美学的哲学内涵与理论拓展

曾坚　蔡良娃

天津大学建筑学院

天津市自然科学基金资助项目（03360311）

信息建筑美学是高新技术影响下逐渐形成的美学理论，综合考虑时间与建筑流派等因素，我们可以将它定位到当代建筑美学的一个分支中。从研究内容来看，信息建筑美学以信息论、系统论、控制论等科学理论为哲学依据，探索建筑与环境的美学规律，分析建筑艺术与社会、经济、文化的审美关系，把握建筑要素的审美信息的产生和构成特征。当前，随着信息技术的发展，它的研究内容已拓展到数字城市、虚拟社区等数字化审美领域。

一、信息建筑美学的哲学内涵

作为一种美学理论，信息建筑美学的哲学内涵包括本体论、认识论、方法论、价值论与实践论等层面的内容（图1）。

在本体论层面，信息建筑美学按照系统论、控制论与信息论的观念，研究建筑美起源、构成和发展规律，探索建筑之“美”“真”“善”三者间的相互关系等哲学内容，这也是建筑美学的核心课题之一。千百年来，由于人们对建筑美的本体解释不同，从而形成不同的建筑美学体系。尽管如此，大多数美学均认为“和谐”是建筑美的本体，并将和谐统一作为主要的美学原则。例如，西方古典形式美学以和谐为美，认为“美来自杂多的和谐统一”，这种和谐是“形式”或“数理”方面的和谐；中国传统建筑美学也以和谐为美，但这种和谐多侧重于社会和伦理关系方面的和谐；东方传统园林美学强调的是人对自然的依从，并表现出以建筑与自然的和谐统一为美的特点；现代建筑美学则将功能作为形式塑造的逻辑起点，认为建筑美来自于功能与形式的和谐统一，从而提出“形式追随功能”的口号。

在当代，数字社区、虚拟现实、网络空间等有别于传统概念的内容在建筑中大量出现，使传统美学概念中“真、善、美”的观念受到极大的挑战，但与上述建筑美学理论相同的是，信息建筑美学也强调建筑美来自于和谐。这种“美的和谐“更多侧重于信息构成要素的和谐，即新与旧、传统与现代、复杂与简单等要素的平衡与统一。信息建筑美学以系统论为指导，强调信息——能源——物质要素的和谐均衡发展，要求建筑体现系统和谐的原则，力求达到信息的均衡与和谐发展，以可持续性信息均衡与和谐作为美之本体（图2）。

在认识论层面，信息建筑美学遵循信息论原理，依照信息发生、传递、反馈等法则，强调用系统论和实践论的方法，去认识和研究各种环境、建筑空间形式中审美信息和人的审美感受的特点；探索人在欣赏建筑艺术及其环境的审美感知、审美理解、审美想象、审美情感的发生、发展和反馈过程。

在方法论层面，信息建筑美学强调运用数字技术手段研究建筑的审美规律，探索建筑审美信息构成的生态环境——地理、气候等自然环境以及网络社会、多媒体手段、虚拟时空等高科技环境的审美现象。

在价值论层面，信息建筑美学应用信息价值规律，并融会生态规律，分析研究信息时代建筑审美观念的变化，探索建筑的使用价值与审美价值、经济价值与文化价值、建筑内容与表现形式之间相互关系等方面的内容，以及数字技术影响下的建筑审美观念及审美规律的变化等内容。

在实践论层面，信息建筑美学一项重要内容是探索数字技术所带来城市和建筑形态的变化，研究数字技术给创作手段提供的可能性，以及建筑空间和形式变化的必要性及其实现手段。

建筑信息美学的关注焦点，与其他美学有所不同（表1）。例如，在审美内容上，古典建筑美学关注的是建筑形体的审美价值，强调的是视觉艺术；现代建筑美学探索的是建筑空间的使用价值，强调的是功能表现艺术；后现代建筑美学研究的是建筑符号的交流价值，强调的是建筑语言的表现艺术，它重视建筑与环境和历史文脉的关联；而信息建筑美学重视的是符号在信息传导的审美作用和价值，关注建筑及其环境的审美信息的交流与反馈的规律，致力于研究数字化技术影响下建筑和城市空间观念、空间结构所发生的种种变化，探索社会审美文化和人们的审美意识的演进与发展（图3）。另外，它与一般建筑美学最大的不同之处，就是除了探索现实建筑环境的审美现象外，另一主要任务是研究虚拟环境的美的本质规律，并据此形成信息建筑美学的另一分支——数字建筑美学。

二、信息建筑美学的审美原则

信息建筑美学作为技术美学的一种，是人们在信息技术影响下建筑审美观念的综合体现，它带有数字化时代人们对“真”的认识和“善”的要求，因而体现了新的审美原则：

1．知识创新和效益优先的原则

所谓知识创新的审美原则是指强调创新在艺术中的作用，要求建筑创作表述新颖的知识内涵；效益优先指的是强调创新的速度与产生的综合效益的美学原则。

在信息时代，全球竞争日益激烈，最有价值的不是获得资源、设备和资本，而是创新。创新是提高国家竞争力的基础，是实现可持续发展的有效途径，带有创新内容的知识体系可以激发经济发展的活性，有效提高市场竞争力，为社会发展提供新的机遇。

同时，由于数字化艺术产品具有无限的可复制性，原作与复制品的

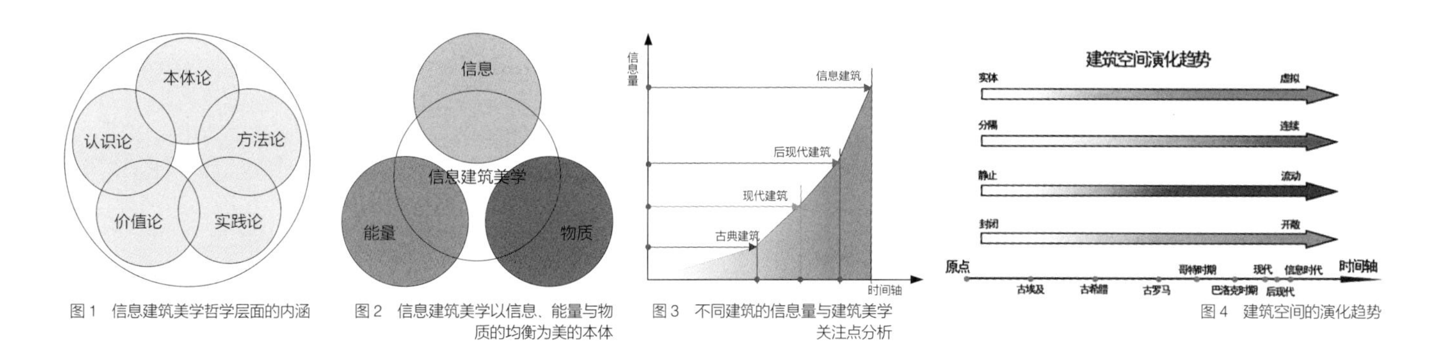

图 1 信息建筑美学哲学层面的内涵

图 2 信息建筑美学以信息、能量与物质的均衡为美的本体

图 3 不同建筑的信息量与建筑美学关注点分析

图 4 建筑空间的演化趋势

界限消失后，原作的价值地位受到极大的挑战。因此，人们进而强调观念的原创和独创，不断追求观念的创新，成为重要的审美需求。由于建筑的美学价值实际上是与使用价值密不可分的，因此，知识创新原则同样是信息建筑美学的重要原则。

另一方面，在信息社会中，技术创新速率的提高和产品生命周期不断缩短，使速度与效率成为第一生命，也使速度与效益成为一项重要的美学原则。信息时代不只比"谁能创新"，还要比"谁能更快地创新"，首次出现的创意才能创造价值，过时的信息是无效信息。因此，在建筑审美领域，快速体现创新理念和不断推出新的美学创意，是提高审美价值的一个重要手段。

2. 交互性与平等性原则

交互性与平等性美学原则是指摒弃以往单向信息传导的审美方式，强调建筑艺术欣赏和创作中作者与读者的平等对话地位。

在以往的建筑创作中，作者处于主动地位，读者只能被动地接受信息。在信息时代，数字技术使建筑师、用户与软件之间共时态的对话和交流成为可能。在创作中，用户的地位和角色转变成为既是创作者又是使用者。特别是互联网的出现，使人们的交流变得空前的快捷和实时，它以多媒体直观的形象突破数学或语言的障碍，极大地促进了交流的有效性。同时，网络在本质上不存在任何中心和权威。在网络世界里，人们摆脱了身份、职业以及交往规范的束缚，这种无中心化的加速发展，打破了传统社会的等级观念，迅速提升了公众在信息接受和传播过程中的地位。

数字化技术的运用也推进了建筑文化交流。借助信息通讯技术以及网络技术，各种建筑文化在全球得以迅速传播，降低了建筑技术获得的成本，缩小了落后国家与发达国家的差距，为建筑文化在全球的均衡发展提供了便利条件。而这一切，均确立了交流与对话在信息建筑美学中的地位。

3. 多元化与个性化原则

多元化的美学原则是指抛弃非此即彼、机械刻板的审美价值标准，采用"发散"而非"线性"的、灵活兼容的审美态度，从而表现出多种价值取向。个性化是指强调个人情感，具有个体风格与属性的状态。

传统的一元论强调的是世界的机械统一性，它坚持事物在时间上的永恒性和在空间上的不可分性，否认一切差异，反映的是一种封闭、保守的社会观念。在当代，多元化观念迅速兴起。科技的发展引起了社会生产方式的变革，即从大规模的标准化生产，向"量体裁衣"式的生产转变，它迎合了人们对多样性的更高要求。这些均在思想领域产生了极大地影响。

同时，在科学思维领域，测不准原理、突变理论、耗散结构理论和协同混沌理论等科学理论的出现，都得出稳定性、有序性、线性因果律等仅在一定条件下成立的结论。有限性和非连续性等观念，正日益深入人心，那种用固定不变的逻辑和普遍有效的规律来阐释世界的方式，受到了人们的质疑，从而在当代哲学中，出现反对本质主义的主张，肯定认识论的不确定性、本体论上的不稳定性和多元性的思潮。

个性化的出现也与互联网的飞速发展有关。互联网是以个性化精神为中心的创造过程，在虚拟社会中，每个成员都可以构筑个性化领域。这种发展趋势，不可避免地动摇了许多根深蒂固的传统和信仰，它也促使一元论思想的解体。这些均使建筑领域审美观念产生变异，从而出现审美需求个性化、审美情趣多样化和审美标准多元化的局面。

三、信息建筑美学的内涵拓展

信息建筑美学的内涵拓展包括：形式美学的维度拓展、空间美学的类型变异和技术美学的内涵延伸三个方面的内容。

1. 形式美学的维度拓展

传统西方建筑美学以古典的形式美为中心内容，其美学理论构筑在三维时空观念的基础上，它以欧氏几何学为理论基础，有着精确的关联点和易于认识的构成方式，并形成以黄金分割为代表的对称、均衡、韵律等艺术规律。

信息建筑美学拓展了虚拟时空观念，使非对称、反均衡、分形等新颖的美学概念大量出现，它把形式美拓展到非欧形式美学领域，表现出从三维到分维的审美倾向。

分维几何形状是在母体形状上进行不断添加与之相似的子体而形成的，它不能用传统的欧氏几何的方法（点、线、面）给予描述，其维度不是传统的欧式几何的整数维度，而是介于其间的分数。分维的方法为以数学规律描述自然有机形态提供方便。

分维几何的发展也带来分形艺术的出现，分形艺术的产生是数学家、艺术家和爱好者的探索结果。分形艺术是一种关心分形——在所有的尺度上用自相似（图形的部分与整体相似）描述的形状或集合，并具有无限细节结构的流派。

2. 空间美学的类型变异

从古至今，建筑空间的美学表现一直在变化，即从封闭到开敞、从静止到流动、从分隔到连续。例如，古埃及建筑以空间的封闭和阴暗为特征，古希腊建筑空间则表现出单纯和封闭的性质，古罗马时期建筑空

表1　信息建筑美学与其他美学的异同

美学类型 / 哲学特征	形式美学	自然主义美学	机器美学	生态美学	信息美学
本体论特征	数理本体论	万物有灵论	心物二元论	有机本体论	信息的生态均衡论
认识论特征	消极反映论	心物一体论	机械反映论	辩证反映论	科学的认识论
方法论特征	分析方法	直觉方法	逻辑方法	系统方法	数理的方法
价值观特征	理性中心论	自然中心主义	人类中心主义	生态价值论	知识价值论
科技观特征	机械的技术观	排斥性的技术观	狂热的技术观	辩证的技术观	理性的技术观
发展观特征	线性的发展观	循环的发展观	无限制的发展观	可持续的发展观	可持续的发展观

表2　技术审美的三个阶段比较

	早期高技建筑	后高技建筑	信息化建筑
空间形式	实体空间	实体空间	实体与虚拟空间
环境观念	忽视生态	物质环境生态化	物质、能量与信息的生态平衡
外界反应	对外界无应变	人为控制产生应变	自主应变、调试
结构特征	可装卸的结构体系	智能设备系统	网络、通信多媒体系统
经济观念	忽视经济性	注意经济性	提现信息经济效能
信息交流	被动接受外界信息	单向响应外界信息	互动传输信息
应用技术	机械技术、空调、升降机	电子通讯技术、生态技术、循环和资源替代技术、环保技术	网络技术、通信多媒体技术、虚拟现实技术

间是静态的多空间对称组合……现代建筑空间是以开放的平面为基础，以流动变化为特点的空间形式。它使隔绝变成连续，封闭变成渗透。后现代空间以复杂和多视点为追求目标，而解构主义的空间"有意暴露结构的非稳态，以向结构稳定性的设计原则质疑，或打破和谐统一的美学法则，用破碎和不完美的因素去拓展人们陌生的审美领域"（图4）。

在信息时代，人类生活世界的拓展，不仅表现为真实的地理疆域的扩张，更重要的是导致虚拟时空的出现。随着信息技术的飞速发展，储存、处理与传播信息的能力激增，虚拟场景、网上社区等大量出现，促使信息空间以前所未有的速度增长。在数字技术影响下，建筑师不仅追求时空的更迭与流动，也体现真实与虚幻时空的交织。

这种新的空间，一方面是现实空间的衍生物——世界的信息和数字化投影，另一方面，它又以非现实性的形式，相对独立于现实而存在。它使物理空间与信息空间、物质实体与信息表征、现实存在与虚拟建构之间的交互联系更加紧密，界限也渐趋模糊。

同时，信息网络的建立深刻地影响到城市结构，使大量的城市经济活动和社会交往，逐渐从物质空间转移至虚拟空间。它日益消解了土地成本、交通区位等城市约束条件，使传统的"距离""位置"和"空间"的概念发生了变化，从而使城市功能分区、用地模式、空间构成和社会构成等方面都将产生巨变，并使建筑设计从"非循环、高耗能、低信息"的单一功能的线性设计，走向"可循环再生、低耗能、高信息"动态与综合的绿色设计。这些均使空间美学的类型产生变异。

3．技术美学的内涵延伸

在工业时代，随着科技的发展，技术美学也应运而生。在追求实用的功能和效率的同时，机器造型审美也在建筑领域得以拓展。20世纪60年代，出现了高技建筑美学。具有广泛适应性和可变性，是此类建筑的功能特性，而冰冷的造型与巨大的尺度，以及严重耗能和高昂的造价，这一切又使"高技"建筑饱受批判。进入20世纪80年代，是"后高技"美学崭露头角的时期。在此时期，"高技"建筑对自身进行了修正——除了建筑中体现"技术美"外，在建筑节能、环境与生态以及关注情感等方面，进行了充实与提高。

在信息时代，智能建筑以数字化手段，使技术美学进入了一个全新的阶段。它以一种交互式的视觉手段和虚拟的空间图式，改变了传统建筑的空间审美体验，并从自身高度的协调性和圆满的角度，体现数字技术的美学内涵。

作为现代化管理与现代科技有机结合的成果，智能空间在建筑与人之间建立起一种全新的联系，它既扩展了建筑的功能，也扩展了人的效能，使各种可能性得到了最大的延伸和扩展，这正如表2所归纳的那样，信息化使建筑空间形式、结构特征等均发生了很大的变化。■

参考文献

[1] 杨永生．建筑百家言续编——青年建筑师的声音[M]．北京：中国建筑工业出版社，2003．

[2] 李泽厚．美学三书[M]．合肥：安徽文艺出版社，1999．

[3] 曾坚．当代世界先锋建筑的设计观念——变异、软化、背景、启迪[M]．天津：天津大学出版社，1995．

历史建筑再利用之理论与实践

孙全文
台湾成功大学建筑系

一、历史建筑再利用的定义

历史建筑再利用本质上包含保存的意义，因此从广义上讲，属于历史保存（historic preservation）的范畴。但是根据历史保存内容的不同，各国使用的词汇也有所不同，易产生混淆。如欧美国家用纪念物（monument）一词与历史建筑加以区别；日本与韩国则用"文化财"来区分等级；中国内地用"文物保护单位"区分等级；而中国台湾则采取"古迹"与历史建筑加以分别。但从战后具体的历史保存运动及威尼斯宪章中所揭示的内涵来讲，纪念物（monument）和考古遗址（site），与一般历史建筑的地位是有所不同的。尤其20世纪60年代以后，经过三十多年世界保存运动的发展，可以明显地看出保存对象从重要的国家级文化遗产逐渐扩大到地方性的历史建筑与聚落，甚至扩展至厂房等产业建筑。因此有关历史建筑再利用的探讨，必须将国家级重要文化遗产与一般城市及乡镇的历史建筑加以区别，才能有所依循，不至于混淆。历史建筑再利用的定义应该指，对于城市及乡镇所遗留下来的具有历史价值及特色的建筑遗产，加以维护及改造以符合现代的需要。

二、历史建筑再利用的理论基础

历史建筑再利用概念，实际上，与第二次世界大战后的主要建筑思潮的演变，有着密不可分的关系。首先要探讨战后出现的"场所（place）"一词所提示的概念。海德格在1958年所写的"Building Dwelling Thinking"一文中，提出了很重要的"场所"与"居住"的概念及其本质，以场所概念打破了狭隘的现代数学性的空间概念。他在文章中所举的场所的例子，不是伟大的建筑，而是乡村的小木屋、农庄、小桥流水以及道路等。同时，他强调一切建筑行为本质上都是以满足人的安居为目的。换句话说，如何维护与塑造场所，才是维护安居的最重要的工作。

另一个与历史建筑再利用颇有关联的理论是罗西（Aldo Rossi）在1966年所写的《城市建筑》（*The Architecture of the City*）中提出的概念——城市建筑（urban artifacts）以及城市形态（urban form）。其中城市建筑概念涵盖建筑物、街道及街区等代表城市中整体性以及个体性的建筑，它不仅包括伟大的纪念性建筑，也包括城市其他各式各样不同的建筑类型。

城市形态（urban form），也就是上述城市中各式各样建筑的独特的外在形式，最使人印象深刻，令人感动，因为它们代表个别的历史以及集体的记忆（图1，图2）。至于建筑物的使用，随时代的变迁而变化，如意大利佛洛伦萨的Santa Croce区，原来是罗马的圆形剧场（图3），而Lucca镇的圆形剧场后来变成市集广场。因此，罗西反对功能主义、形式跟随功能的理论，他在《城市建筑》中所主张的理论可以归纳为以下两点：

其一，城市中各种独特的建筑类型与形式是珍贵的，值得保护的；

其二，历史建筑的使用用途，可随时代及居民之需求而改变，不需固守其原始的使用功能。

战后所发展出来的城市设计理论，与历史建筑的再利用不无关系。凯文·林奇（Kevin Linch）的《城市意象》（*The Image of City*）对战后建筑与城市设计影响极大，书中所强调的最重要的概念是环境意象。人在城市环境中，对某一地区经过长时间的认识，形成个人心中的意象，而这意象引人沉醉于过去的回忆中，凡是内心里保存着良好的环境意象，就会获得情绪上的安全感。而这良好的环境意象来自于环境的自明性、结构和意义。这些自明性与意义不正是代表着城市里的有特色的建筑物，以及其所代表的历史意义吗？因此近代城市设计理论不外乎维护每个城市或乡镇环境的意象要素（如地标、地区、路径、边缘）以及各种影响意象的空间及视觉要素，包括各种历史元素。对一座特色鲜明的城市来说，历史保存与城市设计是相辅相成的。因此，从城市意象及城市设计的观点来说，历史建筑的保存与再利用对于塑造市民美好的环境意象最为重要。为了保留美好的市民意象，除了重要的纪念物外，与各环境地点的历史、活动、象征意义有关的所有历史元素，皆应加以重视及维护。历史建筑的再利用所涵盖的范围，包括传统聚落、历史街区、代表某种历史的建筑物及建筑群，以及有特殊形式与风貌的建筑物等（图4，图5）。德国当代著名城市设计家Michael Trieb教授提出从城市设计的观点出发，需要保存的历史元素或建筑，要具有下列特色：

其一，对于证明城市发展历史的连续具有价值的建筑；

其二，对于城市的方向感指引具有价值的建筑；

其三，具有审美价值的建筑；

其四，在形式上具有鼓舞性及吸引力的建筑；

其五，对当地居民认同感及意义具有价值的建筑。

三、产业建筑的保存与再利用

产业建筑，如旧厂房、仓库等闲置大型空间的保存与再利用，是20世纪70年代以来国际建筑保存工作者所关心的问题。首先，若将历史建筑视为一种时代演变的证明来看待时，产业建筑也是早期高度工业化时期的产物，是值得重视的城市发展过程当中的重要证物。另一种考虑是审美方面的。在推崇机械美学的时代里产业建筑曾经是工业时代最完美的象征，这种机械美学的审美观仍然流行在当今的一些建筑领域里。因此，产业建筑在审美上的潜力是不可忽视的。第三种考虑是环境与生态方面的。20世纪末期，人类面临着极为严重的环境污染及资源枯竭的问题。盲目地拆除废弃建筑而以新建筑来代替，将造成极大的环境污染及资源浪费。因此，应将产业建筑看成一种重要的资源，加以再利用，以达到资源再生及生态平衡的目的，产业建筑的改造再利用，兼具历史建筑保存及经济与生态等多方面的考虑在内（图6～图15）。

四、历史建筑再利用设计方法与原则

目前欧美国家进行历史建筑再利用的探索与实践，具体方式不外乎下列几项：

其一，修护与复原（restoration）；

其二，内部之改建（conversion）；

其三，核心之重塑（stoning）；

其四，重建（reconstruction）；

其五，新建（new-construction）。

以上五种方法中，修护与复原原则也在重要纪念物的保护中应用，其余四种手法在历史建筑再利用设计中交互或合并使用。维护与修复是所有纪念物及历史建筑保存的首要目标，修护历史建筑的内部与外部的原貌而改变使用功能是目前我国台湾较普遍的保存与再利用作法。

内部之改建的意思是将内部空间全然改变，以配合新的使用功能，是一种较为积极而有创意的作法，譬如将原来的宫殿改建成集合住宅等。

核心之重塑如同果实去核一般，将建筑物的核心部分拆除，重新塑造全新的内部空间，其实这也是一种内部空间改建，而这种手法常给历史建筑再利用带来戏剧性的效果。

重建的意思是将已被损毁或消失的历史建筑的全部或部分，照原貌复原。在中国内地以及台湾地区的古迹及历史建筑的修复常用此手法。对木构建筑解体修复，也算是一种重建。国际上不太鼓励这种重建方式，因为重建的历史建筑往往失去原貌及真实性（authenticity）。

新建即是增建（extension）。将历史建筑赋予新的功能加以利用时，原有建筑空间不符合现代使用功能的要求，往往需要增加新的空间。此新建部分，如何与历史建筑配合，是一项极为重要的考虑因素及原则。鉴于历史建筑再利用重要性，国际古迹遗址理事会（ICOMOS）于1972年在匈牙利首都布达佩斯召开的ICOMOS总会，针对古迹及历史建筑增建新建筑的原则加以明确的指示：

其一，增建建筑与历史建筑相配合时，不可伤害原历史建筑的结构安全与美学品质，并审慎处理其体量、尺度、韵律及外部形式；

其二，维护纪念物及历史建筑的真实性为最高原则，因而新建部分不可仿冒原历史建筑，以影响原有建筑的审美及历史价值；

其三，为纪念物及历史建筑寻找新的使用功能使其复苏，是容许且值得鼓励的，但这些新的功能，无论在内部及外部，不可伤害历史建筑的结构安全及整体感。

五、中国台湾地区在历史建筑再利用方面所面临的问题

近20年来，我国台湾地区在有关部门的大力推动下，展开全省的历史建筑修复与再利用工作，但目前仍有下列问题有待解决：

1. 历史建筑的定位问题

根据目前文化资产保存法中所规定的历史建筑的定义，历史建筑与地方性的古迹，如三级古迹及市定古迹间的差异，是相当模糊的。在台湾，古迹的保存是依法强制性的保存，而历史建筑的保存只是奖励性的保存，没有任何法律上的约束。由于古迹及历史建筑的定位不清，给维护及管理也带来不少问题。在欧美国家以及新加坡，对纪念物（古迹）保存的主管机构与历史建筑保存的主管机构是分开的，维护保存的标准也有区别。除了国家级或省级重要纪念物（古迹）的保存及维护专属于特定机构外，一般城镇的历史建筑、街区与聚落保存隶属于各县市及地方政府城市规划部分，并将历史建筑与聚落的保存与再利用列为城市规划的主要目标之一，并与城市发展做出适当的配合。改善历史建筑的周围环境及公共设施，如道路、停车场、景观等，使古老的历史地区

图1 意大利Siena城

图2 意大利Bologna城的保存与更新

图3 佛罗伦萨（Florence）的Santa Croce地区

图4 德国阿亨（Aachen）城内之历史元素与广场

图5 柏林地标Gedächnis教堂

图6 荷兰鹿特丹一处净水厂改建成集合住宅

图7 荷兰阿姆斯特丹市旧仓库改建成集合住宅

图8 德国柏林国会大厦的修护圆顶与核心空间之重塑

图9 德国 Bensberg 市政厅重建后新旧之间明显区别

图10 德国法兰克福市历史建筑改建成的历史博物馆内部

图11 德国法兰克福市历史建筑改建成历史博物馆

图12 德国中世纪古堡修护并改建成为餐厅

图13 历史建筑再利用与城市设计的结合——上海新天地

图14 台北北投温泉博物馆

图15 台南历史建筑再利用

能够复苏。历史建筑整体环境的改善，以及历史建筑再利用如何与城市发展和市民的现代生活相结合，若没有城市规划单位的主导，难以达到再利用的积极目标。

2. 历史建筑再利用与空间计划

一项积极的历史建筑再利用计划，如同建筑设计一般，设计之前必须要有完善的计划与空间内容。这必须由使用者与专业人员及建筑师经过长时间计划与研商，才能有所结果。台湾历史建筑的再利用多由非使用者即相关主管部门主导，与城市及地方发展脱节。修复计划与再利用的空间需求，先由修复计划主持人一人凭空构想而提出讨论，缺乏充分的时间与城市及地方发展相关人士进行专业性的评估与决策。这种历史建筑的再利用，多半是将历史建筑的外部与内部，按原貌修复之后，仅在内部加以简单的装修与保守的再利用，很难期待有积极且有创意的内部空间改造或增建空间以配合现代城市生活所需的、使之有生命力的再利用。

六、结语

国际古迹遗址理事会（ICOMOS）所主导颁布的一切宪章及公约影响全世界各国与地区的文化遗产相关法令的研拟与实施，台湾地区的文化保存当然也不例外。ICOMOS组织本身所代表的含义就是纪念物（monument）与文化遗址（site）的国际性保存组织。这里的纪念物指的是各国遗留的富有历史意义的重要文化遗产，依据其重要性分为世界级、国家级与地方级等不同等级。但自从20世纪70年代以来，欧洲各国对文化遗产的保存对象逐渐扩大。除了对重要的纪念物外，各城市中的历史建筑，如有特色及代表城市历史的个别旧建筑、建筑群以及聚落，甚至产业建筑也纳入了保存的对象。台湾当局颁布文化资产保存法后，由于当时社会经济及城市发展迅速，历史建筑保护统统被忽略，从重要的一级古迹的指定开始，逐渐扩大指定二级、三级古迹，所依据的保存原则几乎相同，皆依据威尼斯宪章所提示的纪念物保存的精神与原则。近年来有关部门认识到历史建筑保存与再利用的重要性，增设市定古迹及历史建筑之保存，其中历史建筑的保存只做登录及鼓励保存，而无法律上的规范。而且市定古迹与历史建筑及闲置空间（产业建筑、仓库），仍由文化单位来掌管，使各县市的文化单位疲于奔命，难以期待高品质的保存与再利用。应该掌管各县市历史建筑及闲置空间的城市规划部门，却站在配角的位置，使城市的保存工作无法与都市环境与发展配合，造成极度的浪费，也无法有效地提升城乡风貌与老市区居住环境品质。因此，欲改善目前保存与再利用之工作成效，我们必须重新检讨，回到历史保存最基本的精神，配合当地客观条件，重新调整古迹与历史建筑的定位及主管机构，并将历史建筑的保存与再利用问题与城市更新、城市设计结合在一起，才能提升我们的历史保存的品质，并能改善古老城市所面临的问题。■

进入新世纪的建筑创作与结构运用

布正伟
中房集团建筑设计事务所

建筑创作总是与材料、技术、结构联系在一起，而同时又与时代背景、社会发展紧密关联。由于建筑的复杂性与矛盾性，建筑创作中结构的运用，并不是一个仅以"物为人用"几个字就能说明的问题。然而，有一点是十分清楚的：结构在建筑中的地位与作用，并不因为建筑的发展变化而有所削弱或偏离。结构是传递荷载、支撑建筑的骨骼，也是社会物质产品用来构成建筑合用空间与视觉空间的骨架。因此，建筑结构要在满足安全要求的前提下，同时考虑建筑的经济要求、使用要求和审美要求。在当今充满生机又不免会遇到各种隐埋陷阱的情势下，我们该如何去把握好结构运用中的这些关系，这不能不说是进入新世纪后，建筑创作中应当格外关注的问题。

我们已经进入21世纪，结构理论、结构技术及其工程实践仍在继续向前发展。令人回味并具有讽刺意味的是，在天灾人祸面前，结构的"安全"——这个本不应该成为问题的问题，如今又为世人所担忧、所关注。正如一位西方学者指出的那样："使用者本身脆弱，建筑必须坚固，抵御自然气候和来犯之敌，让使用者得以生存。建筑伤害人的事难以让人接受。即使建筑中最次要的构件出事都会是头条新闻……严重塌楼事件会成为国际新闻。人们无法容忍建筑导致的死亡。"

首先，来自天灾的破坏，它是建筑结构安全的凶敌。继20世纪我国唐山大地震和日本阪神大地震之后，世界各地报导地震、海啸、台风、龙卷风、泥石流、洪水等给人类社会造成的灾难屡见不鲜，而巨大的人员伤亡和财产损失，在许多情况下都与各类建筑（特别是大量的住宅）倒塌相关。尽管有些损失难以避免，但结构的正确性、合理性对于抵抗自然灾害、保护人们生命财产的安全，却具有头等重要的意义。相对来说，发达国家（如美国、日本）由于十分重视工程结构的抗震能力，结构的安全度远远优于不发达国家（如土耳其、伊朗），因而，在相近似的地震条件下所造成的灾害损失就小得多。2001年3月1日美国西雅图发生7.0级强烈地震就未发生任何房屋倒塌和人员伤亡，堪称是一大奇迹，而2003年12月伊朗克尔曼发生的6.8级地震，将古丝绸之路的巴姆古城70%的住宅夷为平地。在尼加拉瓜遭遇大地震时，有两座相邻很近的银行大楼，由于结构的原因而出现了截然不同的后果。其中方形平面的美洲银行，将核心简体对称并置，充分考虑了结构受力的合理要求，因而在地震中只出现了轻微裂缝，震后勿需进行维修；而另一座中央银行将核心筒体靠矩形平面的一端布置，完全违背了结构运用中刚度均匀分布的力学原则，结果导致建筑主体在地震中遭到了严重破坏，用以修复的工程费用竟占到了原建筑工程投资的80%左右。

建筑创新往往与非常规结构的非线性设计相关，在这种情况下，"如果工程师对非线性机理认识不足，即使工程师以为自己采取了足够保守的设计手段，也可能在设计结果中潜伏着没有意识到的危险。"作为主创人的建筑师，对结构的安全性来不得一点儿含糊。要知道，由于掉以轻心，"漂亮、新奇的外形"在结构上栽跟斗已不是什么新鲜事了：上个世纪西柏林议会厅双曲抛物面悬挑屋盖就曾被大风吹倒，而进入新世纪不久（2004年5月），巴黎戴高乐机场便发生了2E候机厅坍塌事故。建筑师保罗·安德鲁在接受法国记者采访时说，戴高乐机场2E候机厅的设计从审美的角度来看很大胆，但在技术上这项工程并不是革命性的。尽管安德鲁表示，他尽可能追求在设计上走得更远，但从来不会鲁莽，拿人命和自己的名誉开玩笑。令人悲哀的是，这种表白在已经出了人命案的严酷事实面前（包括两名中国公民在内的4人死亡，3人受伤），已完全是多余的。事隔9个月之后的调查结果表明，由于设计时应对偶然性的安全系数不足，使得顶棚处于"濒临死亡"状态，再加上结构系统中的某些设计不当，使顶棚抗外力强度不断减弱，最终导致结构坍塌。这个事故刚一发生，便立即引起了众人对安德鲁设计的北京国家大剧院结构安全的莫大关心，以至新闻媒体纷纷出面报道。这也从一个侧面反映了，人们正在认同这样的建筑审美准则："安全是漂亮和新奇的绝对前提""越是漂亮、新奇，就越要关注结构系统的安全保障"。同样不可忽视的是，在国内大规模的城市建设中，即使是与"漂亮""新奇"无缘的桥梁、建筑，由于结构设计的失误而造成的毁灭性灾难也时有发生。

进入新世纪以来，还凸显出"人祸"，特别是恐怖主义破坏活动对结构安全的巨大威胁。2001年发生在美国纽约的"9·11"事件，便是从"人祸"方面给建筑结构的安全问题敲响了警钟。日本鹿岛公司最先对纽约世贸中心双塔[①]遭飞机撞击后的内部破坏过程和塔楼倒塌过程进行了详细的分析研究）。结果表明，尽管从概念上来说，所采用的超高层结构系统没有问题（也正因为如此，双塔遭到撞击后并没有立刻倒塌），但由于客机喷射引擎的燃油所引起的大火，使得钢结构在扩散燃烧产生的高温下弯曲，最终导致双塔先后倒塌，造成了有史以来人为破坏最为惨烈、最为严重的后果。这个惨痛的教训告诉我们，越是重要的建筑，越是要注意从设计一开始，就不放过任何会导致结构系统整体破坏的各种隐患。在"9·11"恐怖事件中，位于华盛顿市区的国防部五角大楼[②]，也遭到了几乎同样的撞击，但这座被称为"一座现代化小城市"的建筑，其损坏程度仅仅是一层50根柱子被毁，造成的只是一个小范围坍塌。事后，美国6名专家通过7个月时间的考察和研究，得出的结论是，与复杂的现代化建筑结构相比，正是五角大楼所采用的这种简单而实用的结构系统，能将飞机撞击带来的破坏程度降到最低。

在结构的安全性重新为世人关注的同时，结构的经济性也因受到巨大的冲击而被打上了问号。大家都知道，在通常情况下，一般建筑用于结构工程的费用，要占全部造价的40%乃至50%以上，居建筑、暖通、给排水、电气等各专业工程费用之首。在我国的大量民用建筑中，结构工程则要耗费55%~65%的建筑造价。这还是就一般情况而言，至于那些被圈为"重点"，甚至"重中之重"的民用或公共建筑，结构部分所要消耗的人力、物力和财力便可想而知了。

结构的经济性所受到的冲击主要来自以下几个方面：

第一，标新立异且又反结构逻辑的创作追求，使结构工程费用大幅度增加。所谓结构逻辑，就是结构系统受力合理、传力正确的逻辑，也就是我们通常所说的结构的正确性与合理性。撇开建筑艺术审美中的争论不谈，总体上合乎结构逻辑的创新，并不会给结构的设计与施工带来"额外的麻烦"，而违反结构逻辑，甚至为取得惊人的视觉效果而偏偏要跟结构逻辑"对着干"的奇异建筑，那就势必要用成倍增加的材料，去维持先天性脆弱的结构强度、结构刚度与结构稳定性，以求得这一类反结构逻辑的建筑能"安全地存在"。这样带来的后果，便是设计与施工的复杂、建设周期的延长，以及所需物力、人力与财力的剧增。

第二，不能得到有效利用而又一味追求巨大的"完形"或"整形"建筑体量的做法，不仅大大增加了结构的跨度和高度，而且还使得"多余的结构空间"（即由结构围合的已失去使用意义的那部分空间），要消耗掉长年运营所需要的能源和维护资金。建筑创作中的这种情况虽然也与"标新立异"有一定的联系，但从结构的力学概念上来讲，一般还算说得过去。也正因为如此，巨大结构本身多余的消耗，以及由此而造成的常年运营中的浪费，便习以为常，无人问津了。我们可以看到，现在一些公共建筑所追求的建筑艺术表现中，已经出现了以巨型结构包装建筑整体，即将各分项建筑"捆绑"在一起的设计倾向。诚然，大型公共建筑形象的巨构化与抽象化也是建筑美学中的新探索，具体情况要具体分析，不能一概否定。但有一点值得注意，回避建筑创作中的制约性与艰巨性，用一个巨大无比和相当复杂的结构外形将"难缠的建筑"一包了事，这与建筑创作中那些"易操作行为"并无本质的区别。

第三，完全脱离建筑性质和使用功能，纯粹是为了做一个具象的"形"而去摆布结构，这也使得结构工程的造价白白地消耗在形式主义的建筑表现上。现在，不仅国内的一些同行，国外的一些建筑师也常常喜欢搞龙凤、花鸟之类的造型，以求适应一些决策者和老百姓的"建筑口味"。殊不知，这种做法无异于削足适履，不仅会导致结构逻辑的混乱，而且，由于建筑体量失常、观赏视域极为有限，再加上材料、技术难以匹配等方面的原因，也无法取得完美的视觉艺术效果。

第四，由建筑创意带来的结构复杂性，不仅使结构材料消耗大幅度增加，而且也给结构外围的保温、防水、排水、清洁与维修造成了许多困难。尽管在许多情况下可以通过高新技术手段来加以解决，但无形之中都会加重建筑工程的经济负担。

第五，不顾建筑的整体形象，把失去承载作用的各种结构部件的造型，当作美化建筑空间形体的主要手段，这也成为一种建筑时尚。由于这种模仿、抄袭之风的盛行，使得许多建筑都给人留下了画蛇添足、不伦不类的印象，而这其中造成的浪费和损失也就不言而喻了。

20世纪60年代初，我曾结合研究课题，对国内建筑结构运用的经济性做过一些调研。回想起来，那个年代国内对结构运用中的经济分析与研究是相当深入和细致的。大到厂房的屋盖形式、公共建筑中的柱网布局，小到农村装配式住宅构架选型，乃至悬挑阳台不同的结构方案比较等，都体现了"一丝不苟，精打细算"的科学精神。诚然，那个时期国家经济底子薄，勤俭节约势在必行。然而近20年来，特别是进入新世纪以来，随着国家经济建设的蓬勃发展，建筑设计中的铺张浪费已不是个别现象。正如以上所分析的那样，结构的经济性问题，已经提到重新审视建筑创作的议事日程上来了。

结构的经济性，在很大程度上是与结构的安全性密切关联的，当然，也会受施工因素的影响。结构系统的不安全因素越多，就越需要过多地投入，自然越不经济。但归根结底，结构的安全性与经济性都取决于结构的正确性与合理性。由于建筑是一个复杂的综合体，要使所运用的结构达到理论上最为完美的境地是很困难的，但通过创作构思，特别是结构构思中的深入研究，我们还是可以找到相对合理的答案，这也正是我们将结构的正确性（从理论上去考虑的）与结构的合理性（从实践上去考虑的）同时并提的原因所在。

进入新世纪的建筑创作，结构的安全性与经济性受到挑战并不是偶然的，这与西方反理性主义建筑思潮中对结构正确性与合理性的"反叛"有着直接牵连。不论这一类"反叛的"建筑作品冠以怎样的创作理念的光环，也不论这一类作品在审美价值取向上会有怎样的区别，但有一点却是共同的：忽视甚至否认作为应用科学技术的工程结构在建筑中所具有的相对独立性，而是把它当作可以随意玩弄的建筑艺术表现手段。有人喜欢把这类"对结构反叛"的作品同"前卫建筑"相联系。这里，我们暂且不对"前卫建筑"的含义做过多地追究，需要我们认真思考的倒是，"前卫建筑是否就是纯粹的前卫艺术？""就前瞻性而言，

‘前卫建筑’在人类的建筑实践中是不是应当具有货真价实的领先意义？”换一个角度看，我们还可以从生活逻辑中得到启示。譬如说，现实生活中总有个别冒险家乐于在极端危险的境地中去经受生死的考验，这些壮举也确实证明了人类的生命力可以达到怎样的极限。然而，我们并不能因此而认为“在社会上提倡冒险”便是理所当然的事。不难理解，再“前卫”的建筑，再“惊险 ”（即危险）的结构，即使是因为我们拥有新材料、新技术以及所需要的雄厚资金而可以保证其安全，并得以实现，这也不能成为我们在当今和未来的建筑创作实践中，大行“结构反叛”之道的理由。

应当承认，建筑的复杂性与矛盾性使得建筑的文化形态多种多样，建筑的表现形式及其艺术风格也多姿多彩。正因为如此，在一些特定的条件下，异常价值的取向，也会使我们在某种可以接受的程度上做出牺牲结构正确性与合理性的选择。”但即便如此，基于理智的审慎思维的取舍也仍会比简单的拒绝或回避令人信服得多。换句话说，在我们建筑师的思维中，我们不应忘记结构正确性这一问题的存在……”。事实上，迄今为止，让结构完全屈从于极端化创作追求的建筑毕竟还是极个别的。在后现代主义建筑思潮中倍受推崇的西班牙建筑师高迪的作品，尽管在现代建筑史上独树一帜，但他的浪漫至极的建筑艺术风格并没有得以流行；被视为解构主义建筑大师的盖里，由于偏爱错综复杂的形体与结构，也使得难以有人“步其后尘”；再就库哈斯个性化设计趋向来说，北京CCTV新总部大楼的“惊险表演”，也就独此一幕……总之，如果我们能以求实的心态去观察五彩缤纷的建筑世界，我们就不会以偏概全，就会清楚地认识到，不管时代怎样发展，建筑思潮怎样演变，作为人类基本的生活与生产资料的建筑，都终归不能抛弃安全、适用与经济的要求。因此，具有结构正确性与合理性的建筑，永远是人类普遍需求的、符合持续发展理念的建筑。

那么，结构的正确性与合理性，是否就是与建筑创新或建筑个性的艺术表现格格不入呢？20世纪已载入建筑史册的许多优秀建筑作品，早已做出了明确的回答：在正确对待建筑与结构相互关系的前提下，将建筑构思与结构构思巧妙地结合起来，这是使建筑作品达到安全、适用、经济与美观（广义理解的美观）有机统一的有效途径。在这方面，许多工程师率先为我们做出了榜样：马雅和林同炎的现代桥梁设计，以构思巧妙、结构合理、造型优美而传为美谈；20世纪中叶，扬名世界的奈维（意大利）、托罗哈（西班牙）、康德拉（墨西哥）、萨尔瓦多里（美国）等结构工程师的作品，使结构的逻辑性与建筑的艺术性达到完美的统一。在世界建筑大师级的作品中，也不乏将结构巧妙地运用融于建筑艺术个性表现之中的优秀范例，如密斯·凡·德·罗的巴塞罗那展览馆（钢框架结构）、勒·柯布西埃的马赛公寓（底层V形支承结构）、夏隆的柏林爱乐音乐厅（自由式组合结构）、布洛伊尔的巴黎UNESCO会议厅（自由式折壳结构）、丹下健三的东京代代木体育中心（悬索结构）、富勒的蒙特利尔世界博览会美国馆（测地线穹顶网状结构）、SOM的芝加哥西尔斯塔楼（束筒体结构）等，这些作品至今都让人回味无穷。一些建筑大师未能实现的建筑创意及其结构构思也令人遐想、神往。此外，我们还可以看到，有一些工业建筑或市政建筑（如轻工业厂房、水电站、供热中心、水塔等）所具有的建筑艺术表现力，也都是与结构材料、结构技术以及结构形式的合理运用分不开的。

20世纪中期，国际建筑界曾经出现过一种很好的建筑创作风气——把推动结构技术的发展与推动建筑创作的进步协调起来，在建筑构思与结构构思彼此关联的互动过程中，扎扎实实地去研究问题、解决问题。我们从当时日本举办的有关结构技术运用的国际设计竞赛中，便可以感受到那种倡导建筑师正确对待结构、创造性地去运用结构的建筑文化氛围。这一类设计竞赛所展示的优胜答卷告诉我们，尊重工程结构所具有的内在规律，掌握结构构思的基本思路与技巧，这不但不会阻碍我们创造性的发挥，而且，还会更加激活我们在建筑创作中的想象力，更加提高我们在复杂条件下处理建筑与结构之间矛盾的实际工作效能。

社会在发展，时代在进步，我们固然要用新的眼光去看建筑世界，但这与继承和发扬世界建筑在发展进程中所形成的新优良传统并不抵触。温故而知新，失去对过去的把握，也将会失去对未来的把握。我们高兴地看到，不少具有真知灼见的建筑师和结构工程师，已在不同的设计课题中，将创作中建筑构思与结构构思的结合提高到了一个新的境界和新的水平。

当今和未来建筑领域中的许多课题——从常规建筑到生态建筑；从超大跨、超高层建筑到空间城市的巨型架空建筑；从抗自然灾害建筑到现代战争条件下的防卫性建筑；从地球上的“极地型”（南极、北极）建筑到月球上的“宇宙型”建筑……总之，为人类生存和发展所需要的一切形态的建筑，要想变成设计蓝图，要想得以实现，都离不开经过深思熟虑的、安全有效而又切实可行的结构工程系统的支撑。由此可见，在当今和未来建筑的创作实践活动中，正确对待与运用结构是充满着奇妙色彩的，是令人产生无限遐想的……

法国著名的种群遗传学家和人口学家阿尔贝·雅卡尔教授，从整个人类的生存出发，对人类行为进行了重新审视和定位，并由此向我们敲响了警钟：“有限世界”即将到来。面对地球资源即将耗尽的有限世界，未来建筑一方面会更加艰难地建造，另一方面还必需要更加有效地建造。因此，材料、技术与结构的运用，不能仅仅停留在“以人为本、物为人用”这一点上，更需要一丝不苟地贯彻到“物尽其用、用得其所”这一原则之中。新世纪的建筑创作任重而道远，正确对待与运用结构，已成为我们重新学习的重要课题，无论怎样去强调这一点，恐怕都不为过分吧。■

注释

①纽约世贸中心是20世纪60年代M.Yamasaki的建筑作品，1970年投入使用。大楼南塔高415 m，北塔高417 m，均为110层，采用筒中筒结构，地基深18 m。可容纳50 000人同时办公。在遭到飞机撞击后，南塔在1小时内倒塌，北塔在102分钟之后倒塌。这起袭击共造成2 800多人丧生，其中包括343名赶往救援的警察和消防人员 。

②美国国防部大楼平面外形为五边形，故又称五角大楼，可容纳40 000人同时办公，是世界上最大的一栋低层（共5层）办公建筑。与众不同的是，该办公楼除了在中心部位为五边形庭院外，还在各个方向上设置了层层内院，这种迷宫式的建筑布局与建筑物所要求的安全、保密的使用性质相适应。五角大楼内拥有污水处理、消防、直升机场、托幼、餐饮、商店、医疗、地铁等各种设施和设备。该建筑始建于1941年8月，1943年5月启用。

原文刊载于 2005年06期 | 页码 008-011

现代医院建筑的发展演变

黄锡璆

中国国际工程设计研究院

随着社会经济的快速发展，我国的医疗卫生事业有了长足的进步：一方面，广大城乡人民对医疗救治、卫生保健的要求不断提高；另一方面，政府对于医疗卫生事业高度关注，不断增大投入。国民经济发展水平的提高，为改善医疗卫生事业及其服务提供了更加坚实的保障与支持。与此同时，我国社会经济体制的改革也推动了医疗服务体系及体制的改革与发展。

医疗服务规划和医疗服务机构的设置与同时期的经济发展水平、医疗服务体系以及当时所能采纳的科学技术水平相适应。具体项目的实施过程都不同程度地反映出当前科学技术的发展对医院规划与设计理念的影响，而且这种影响不仅涉及医学与医疗装备技术，还涉及建筑与建筑装备技术。在众多学科中，信息技术的影响尤为明显。

一、医院建筑的发展历程

医院建筑的发展经历了漫长的历史过程，追踪其轨迹可以看出它是如何发展与演变的。首先它与科学技术（包括医学与医疗技术）的发展相呼应。19世纪末，巴斯德对细菌的发现、李斯特灭菌技术的发明大大促进了外科学的发展，从此医院开始出现专门的手术室。20世纪三四十年代，X射线的发现及其在医学上的应用促成了医院中放射影像科的成立。此后心电、脑电、内窥镜相继出现，20世纪八九十年代，CT，MRI，DSA等清晰度更高的大型影像设备层出不穷，大大丰富并增强了医院的检查装备。其次，人们对医疗环境的要求，对绿色生态的向往也体现在对医院内外良好的空间环境的追求。心理及社会环境对健康的影响受到高度重视，加上医疗服务体系的变革，医疗服务网络的建设，都从不同层面相互渗透，并反映到医院建筑形态之中。可以说，各个阶段的医院建筑（包括其构成、形态）都深刻反映出当时社会经济发展的程度、科学技术发展的水平、医疗服务理念以及设计规划人员对它们的理解。

在20世纪七八十年代，英国达顿·布劳恩及德国拉布列卡教授在其著述中对已存在或可能形成的医院模式进行了描述，并分别提出了不同的医院建筑形态组合图，但他们都侧重于不同组合形态基本原型的归纳与总结。

若将医院建筑放在历史发展的长河中予以描述，可以看出近代医院建筑是从19世纪初南丁格尔的分散式布局逐渐向集中与半集中布局演进。在经历几十年的集中发展阶段后，人们发现把医院作为治病工厂的理念存在许多弊端，检讨之余开始寻求与自然和谐发展，并探寻合理的、可持续发展的答案。比利时戴尔路教授与法国巴黎AP-HP中心安尼贝第洛特先生在他们各自提出的医院发展模式图中描述了相似的理念（图1，图2）。

二、医院设施的多元构成

当前我国广大地区都在进行不同类型与规模的医疗设施的规划与建设。非营利性医院的参与、民营资本的介入，使其呈现更加积极的发展态势，在类型方面也呈现出多元化的趋势。

1. 医院保健综合设施

加强预防保健，开展健康人群的定期体检，实施肌体、心理保健，促进全身心健康正逐渐成为社会各界的共识。鉴于此，一些策划者将医疗与保健功能联合建设，形成新型综合体，表达了医院建筑向综合医疗保健设施演进的理念。

日本东京都健康广场位于东京都新宿区，占地10 185 m^2，建筑面积83 524 m^2。在这幢地下4层、地上18层的建筑设施中，除设有日常体育健身、保健、体检设施之外，还包括有304张床位的综合性医院以提供检查、诊断及住院服务，并在在公共部分设置了配套的餐饮、咖啡茶座、小卖部、公用电话、书报亭等设施（图3）。

日本仁多町的仁多病院与仁多健康中心联合建设，占地14 870 m^2。建筑面积9 870 m^2的综合设施内设有144张病床，其中46张专门供作疗养性服务，体现了医疗服务的延伸。

北京郊区兴建的太阳城，占地183 hm^2，其功能组成包括老年公寓、低层老年住宅、老年医院、老年大学以及老年社区服务中心、老年康复中心，计划在用地范围内，为老年人提供生活、休闲、再学习、保健、医疗、康复等综合性服务，构筑老有所养、老有所医、老有所乐、老有所为的理想场所（图4）。

我国一些地区的医院（如深圳中心医院）设立体检保健中心，实际上也反映了医院方面为满足当地居民的需求所作的服务的延伸与回应。

2. 康复设施

医疗设施服务内容的另一类延伸是针对不同疾患者的康复治疗。这类综合设施中，在人口结构老龄化问题突出的日本、北欧等国家，老年病康复设施受到国家的重视，发展比较快。此外，城市化、工业化也隐含引发工业事故、交通事故等潜在危险的概率。针对这种意外伤害，患者前期救治后的康复治疗是康复设施所承担的另一项服务内容。

为不同类型患者提供康复治疗服务的设施具有不同特性，建筑设计与规划也必须采取相应的技术措施。例如世界卫生组织（WHO）针对老年人活动能力所需提供的介护程度做了5类划分，包括A类的能够自由活动直至E类的长期卧床。根据不同活动能力的患者，采取不同的介护器具与辅助措施（助拉手、坡道等），选配有效、简便、安全的运送工具、卫生洁具及家具等，使病人得到合适而安全的护理服务，以此提升医院的护理水平，提高护理效率并减轻护理工作的强度。这些要求

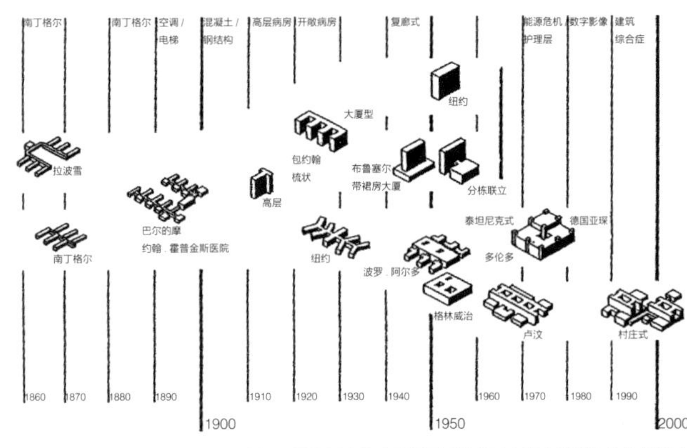

图 1　医院形态演变发展图（比利时卢汶大学戴尔路教授提出）

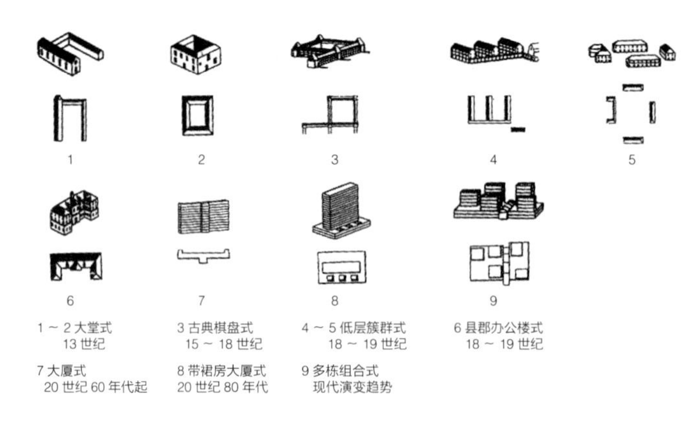

图 2　医院形态演变发展图（法国 AP-HP 研究中心提出）

不言而喻会影响建筑平面布局、剖面设计与构造节点设计等。

我国康复设施的发展相对缓慢。但随着人口老龄化，以及潜在的意外伤害概率可能增加，紧急救治后的康复治疗需求亦会上升，相应的设施建设也相继提到议事日程。位于北京的中国康复中心是我国目前为止设施比较齐全的康复机构，拥有人体机能评定、义肢制作、体疗、水疗、理疗等各类设施，面对所承担繁重任务及日益增多的服务需求，该中心正在着手进行改扩建。

3．专科医疗设施

除了综合性医疗设施之外，医院的专业化发展趋向也比较明显。有许多大型综合性医院，随着重点学科的发展，在其院址内分化建立相应的医疗中心； 也有围绕某一学科领域进行筹划，在独立地段中进行建设，形成独立的医疗中心。

综合性医院中的专科中心，如北京大学第三医院眼科中心与口腔科及耳鼻喉科合建大楼，形成五官科中心。眼科中心设有独立的门诊、诊断检查与治疗、手术部与住院部（图5）。

独立建设的各类中心实例更多，心血管医院如天津泰达国际心血管医院、武汉亚洲心血管中心等，肿瘤医院如上海复旦大学肿瘤医院、中国医学科学院肿瘤医院等。在这些专科医院中，不同科室的专业要求更加细化。

4．急救中心

在各类医疗设施的建设中，承担紧急救援与救治任务的各级急救中心受到前所未有的重视，公共卫生突发事件需要卫生服务救治体系应对处理。与传统急诊部规划设计概念不同，急救中心是作为救治体系网络的机构而存在。在紧急救治体系中，信息系统、各级网络组织以及与其他相关部门的协作配合与协同应对十分重要，从院前抢救到院内救治，急救中心中安全便捷的流程设计更显重要。

德国柏林外伤医院为急救车辆设计室内入口大厅，可同时容纳4~6辆急救车，设于屋顶层的直升飞机停机坪更为紧急救治提供安全快捷的病员运输通道，其垂直与水平交通的安排充分体现明晰、快捷的特点。接诊筛查部等其他诊室，对化验室、病理科等生物安全等级的要求也具有其特殊性（图6）。

5．数字化医院

与其他建筑一样，医院建筑也开始广泛应用信息技术与数字技术。数字化、信息化可以有效地提高医院工作效率，保障医疗环境安全。它不仅渗透到医院管理之中，还在医疗诊断与治疗、医院设备与装备各个方面发挥重要作用。

有资料认为综合性医院情报系统有助于体现患者第一、以病人为中心的理念，有利于保证病患者私密性、缩短病人就诊治疗等候时间。借助该系统可以合理组织人流，科学安排诊断程序，彻底提高工作效率，节省费用，最终达到提供高质量医疗服务的目的。

2000年建成的日本NTT东日本关东医院被称为情报时代的都市型医院，近年建成的国立汉城大学医院则被认为是韩国领先应用信息技术的医院。

在我国，许多医院都成立了信息网络部门并配备了专业人员，都在想方设法、不遗余力地推动医院的信息化、数字化进程。无片化、无纸化医院正在逐步实现。

三、构成部门的形式更新

手术部： 手术部的规划布置可以说是国内医院设计中受到高度关注的热点课题。现代外科手术的发展使一些过去不可能开展的手术成为可能。器官移植、心脏手术、人工髋关节置换等手术不仅手术本身难度高，对手术室的洁净要求也相当苛刻。生物洁净空调技术的出现为满足上述环境要求提供可能，但也带来了相应高昂的费用投入。从控制运行成本角度出发，如何在保证手术安全的情况下，尽量充分利用装备昂贵的手术室以提高其使用周转率，已成为发展新型手术部布局设计的方向。

此外，手术技术的发展还使过去需要住院开展的一般手术可以安排在日间施行，因此病人无需住院，不仅大大降低医疗费用，也有效节省了医院床位资源。近年更逐渐拓展为日间手术部，甚至形成日间医院。

重症监护单元： 在渐近护理制基础上发展建立起来的重症监护室（单元）几乎已被所有医院接受。以此为基础，按照不同专业的特殊需要，逐渐发展形成了外科重症监护（SICU）、心脏重症监护（CCU）、儿科重症监护（PICU）、急诊重症监护（EICU）、呼吸病重症监护（PICU）、新生儿重症监护（NICU）等。在重症监护的布局方面，许多专家及设计师进行了积极的尝试与探索。以新生儿重症监护为例，在2005年4月的德国医院建筑研讨会上玛丽·安德列弗尼尔提出了“以家庭为中心”的新生儿重症监护单元设计概念，其要点是重视患儿家属积极参与的作用，鼓励家属参与并使家属与医护人员间的合作与交流充分优化，这将改进婴儿的健康产出与康复速度，从而使家属增强对患儿康复的信心，也大大增加了对医护提供方的满意度。这个观点与日本及美国

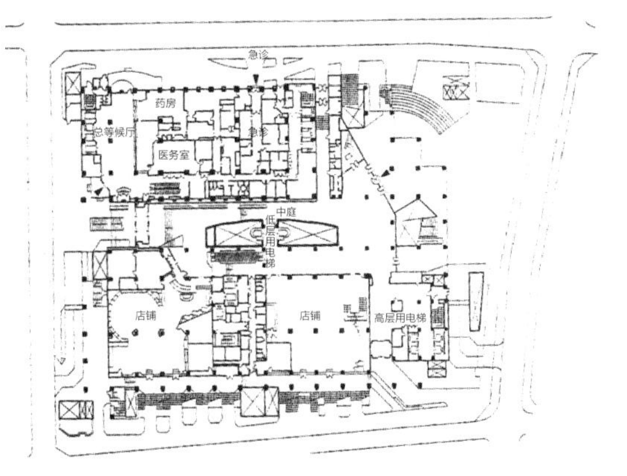

图3 日本东京都健康广场一层平面图

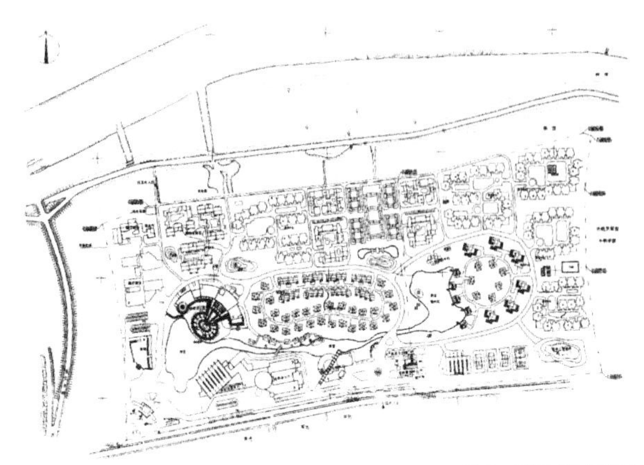
图4 北京太阳城总平面图

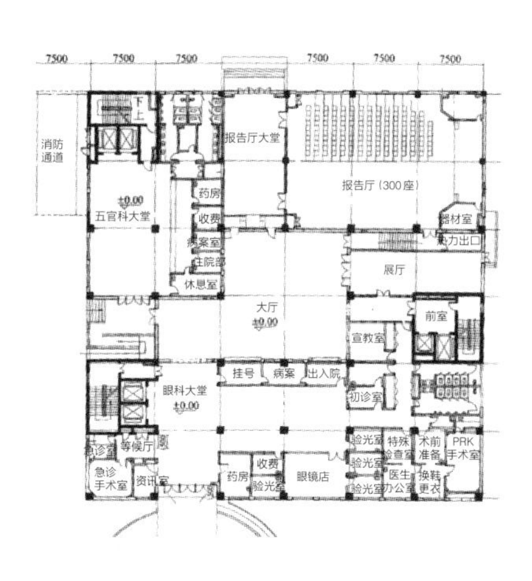

图5 北京大学第三医院眼科中心一层平面图

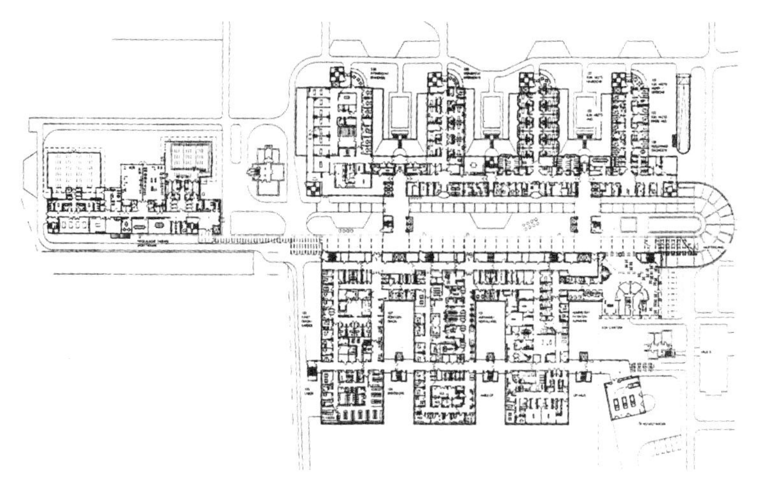
图6 德国柏林外伤医院一层平面图

同类研究的结论相一致。日本的一份研究报告说明，需要在新生儿重症监护室增加亲子间，为父母、家属与患儿间的亲密接触提供安全、宁静的空间；报告进一步提出需要在重症监护室附近安排一定的活动空间，专门对其家属进行相关日常护理常识培训。

除此以外，医院构成部门的发展实例还有许多：例如内窥镜中心，由于内窥镜技术与装备的发展，新型内窥镜不仅可以进行检查、诊断，还可以利用其附件开展治疗，拓展功能后成组布置形成了医院的内窥镜诊疗中心；再如医院物配中心，运用物流学概念，将医院中物品供应、洗衣房、中心供应、营养厨房统筹安排，并配置相关的物流传输系统形成全院的物配中心； 其他如新型概念的急诊中心，符合GMP标准的配流中心，等等。

从以上列举的一些实际案例可以看出，医院建筑不仅在其体系构成，而且在其总体布局、组成构架以及其构成内容等都在发生变化。其中有些变化比较明显，有些则孕育于初始状态，医院建筑必须具备的灵活适应性已被普遍认为是该类型建筑的重要特征之一。

建筑学的发展要求建筑师具备更宽领域的学识、掌握更多的技能，从事医院建筑规划与设计的人员也不例外。建筑师需要不断提高建筑设计能力，储备并增强相关技能，同时还必须不断地吸取相关知识以拓展自己的知识结构，并在规划计划过程中进行多学科、多专业合作。

面对如此量大面广的医疗工程建设任务，我们在前期策划、分析评估、规划设计方案的比较优化、功能配置计划、环境安全计划、空间平面设计、设备设计等各个方面都需要采取科学严谨的态度。各个阶段的科学化、合理化进程都需要有更多的规划师、设计师共同参与，而且需要建筑师更多的努力与付出。■

参考文献

[1] 中国卫生经济学会医疗卫生建筑专业委员会，中国建筑学会建筑师分会医院建筑专业委员会．中国医院建筑选编（第三辑）[M]．北京：清华大学出版社，2004.

[2] 中元国际工程设计研究院．建筑设计50例[M]．北京：机械工业出版社，2004.

[3] 日本建筑学会．建筑设计资料集成：福祉·医疗篇[M]．天津：天津大学出版社，2007.

新世纪高层建筑发展趋势及其对城市的影响

梅洪元[1] 陈剑飞[2]

1 哈尔滨工业大学建筑设计研究院

2 哈尔滨工业大学建筑学院

历经百年沧桑的高层建筑，近20年来在中国蓬勃发展、成就非凡，对我国城市环境和社会经济发展起到了极大的促进作用。随着20世纪的悄然离去，世界范围的社会经济结构调整方兴未艾，我国与广大第三世界国家继续携手向城市化进军。在特定的时代背景下，反思我国高层建筑的建设成就，不难看到其背后令人担忧的现实——高层建筑创作理论的匮乏和实践领域的"拿来主义"。尤其是在全球范围内关注生态问题和可持续发展的今天，我们更应客观地分析和评价高层建筑的创作和实践，使其走向健康发展之路。

一、高层建筑自身发展趋势

高层建筑是现代城市发展的产物，也是人类社会需求多样化、聚居环境高密度化的必然结果。随着工业社会向信息社会的转变，社会一体化发展、产业结构的改变，使得当代高层建筑更频繁、高效地介入到社会动态的循环系统中去，建筑规模越来越大，功能也渐趋复杂；同时，人们由于价值观、思维方式、社会心态等深层机制随社会发展而变化，对高层建筑的功能提出了更进一步的要求，从而推动其发展演变。审视新世纪我国相继涌现的高层建筑，无论是创作观念，还是建筑本体，都呈现出新的特点和趋势。

1. 技术表现综合化

信息时代，社会多学科的互相交融与多技术系统的综合集成构成了推动高层建筑发展的整合力量，使得高层建筑以更深、更广、更直观和更具综合性的方式，拓展功能内涵、空间模式和审美形态，从而增加新的功能维度、空间维度和审美维度。尤其是以现代结构技术、轻质高强建筑材料、抗震和防风等抗灾减灾技术的快速发展作为技术支持与现实条件，使得建筑高度不断攀升。有人预测，随着经济实力不断增强，21世纪的亚洲将会成为世界高层建筑发展中心和高度纪录竞争的热点地区。

然而建筑高度的迅猛发展也暴露出许多仍需解决的技术问题和负面影响，包括建筑需要承受更强烈的地震力以及风荷载、造成城市某一地区过分拥挤、增加火灾危险性……因此我们对于人类生存与生活空间向高空拓展的探索，应当采取审慎的态度，确定适宜的高层建筑技术发展战略，根据不同城市、地域的具体情况分别对待。注重技术表现的综合化与真实性，从技术视角对高层建筑创作理念进行深层研究，充分发挥技术对于人类文明进步的促进作用，避免因技术表现上的盲目、浮躁而导致设计水平低下。

多元综合已成为当今高层建筑技术表现的一大趋势，我们倡导对于创作中的技术理念在更深层次上的整合，使高层建筑更加能动地发挥其职能和功效，产生更大的经济效益，从而创造高质量、高情感、高和谐的居住环境。

2. 创作观念多元化

在高层建筑创作实践中，一些勇于探索的建筑师以其生机勃勃的创作观念和创新精神，充分把握技术发展给高层建筑的功能、空间、形式带来的新变化并提供了丰富可能性，积极融会当今世界科技发展的最新成果，并创造性地加以利用；注重高层建筑与自然生态的协调，维护环境的生态平衡，提高能源、资源的利用效益；注重高层建筑与城市文化的融合，并与具体经济条件、物质条件等地域基质相结合，在充分应用现代技术的基础上，发挥地区文化的特色与建筑师的创造才能，创造出许多个性化建筑作品。这些作品或者推崇商业化与俚俗化，追求含混与复杂；或运用极端逻辑性和高度夸张的手法，追求标新立异；或者突出现代技术、表现现代材料的精美，以突兀、纯净的建筑形体表达丰富的内涵；或者注重环境，用现代手法表达对地域、文化的关注。应该看到，文化的传承和技术进步使得人类探索形式和功能的可选择性加大，技术的表现手段也趋于多样化，同时由于不同地区的客观建设条件不同，经济、技术、文化发展的不平衡，必将促使建筑师进行多元化的探索。

但是同时我们也看到，中国建筑正又一次面对西方的全方位冲击，各种思潮和理论被大量引进，外国建筑师各种风格的作品在中国不断出现，尤其是处于转型期的高层建筑，在外部巨大冲击和内蕴的共同作用下，一方面呈现出数量的不断增长，另一方面也出现许多问题，比如盗版的"KPF"形式主义、"炒作"与"创作"之间的困惑、盲目的标新立异等。对于现阶段中国建筑界的困惑与混乱，我们应当将其视为一个必经的阶段和过程，要通过建筑师的共同努力，尽快走出彷徨，迈向成熟。"面对广阔的创作天地，要抛开表面的装饰性的浮躁解读，不应刻意追求所谓创造标志性的愉悦。"[1]中国目前正处于大建设时期，也是文化转型时期，建筑师只有保持平和的心态，才能回归建筑本原。建造高层建筑的目的是为了满足一定的功能要求，而高层建筑功能空间综合化的发展趋势要求我们采取相应综合化的设计观念。因此，在创作中必须本着系统的观点，把握形式与功能、建筑与环境的关系，创造出整体功能更加广泛和优越的高层建筑。

3. 建筑形象个性化

高层建筑作为城市生活的重要时空坐标，往往以其宏伟的尺度和巨大的体量给观者以强烈的视觉感受，同时也决定和影响着其所在城市区域的艺术风格和美学价值。建立高层建筑自身的形式和结构之间的协调关系是其形象创作的基础要素，同时恰当的结构体系和细部处理更可以激发建筑师的想象力和创作灵感，创造出富有表现力和时代特质的新形式。

中国有着悠久的历史和独特的文化传统，但快速的经济发展和城市化使许多地域文化传统正在消失。尤其是一些高层建筑形象设计更是违背了中国传统文化，丝豪不考虑城市肌理、尺度的限制，不注重建筑的经济性和技术表现的真实，片面追求高层建筑的标新立异，过于关注令人兴奋的视觉刺激。这样的建筑作品也许可以迎合大众一时的心理需求，但终究无法通过时间的考验，因为高层建筑的真正魅力并不在于其炫目的外表，而应在于其深刻的文化内涵和内在的逻辑性。建筑是一定时期和地域文化的缩影，高层建筑的发展与其文化背景也是相应的。每个城市都有自己的独特风貌，这些地域性因素是高层建筑形式创作的重要依据，认真研究其所在城市的建筑特征和地方风格并加以提炼、升华，结合当代先进技术，融入高层建筑语汇之中，这样创造出来的高层建筑才能被称作文化。

4．近地空间城市化

近年来，"城市及高层建筑的发展呈现出立体化、集约化、复合化的共同趋势"。[2]因此高层建筑近地空间设计越来越重视与基地范围外的城市空间的结合，逐渐趋于向社会开放，与相邻建筑外部空间的界限逐步消除，形成连续通畅的城市公共空间。高层建筑近地空间城市化可以缓解高层对城市空间的压力，为市民提供生活与交往的场所；同时又使底部的商业设施得以共用，把高层建筑与城市功能有机结合，从而发挥更大的整体效益。

高层建筑占据有限的土地，空间组织模式紧凑、高效，但其与外界的交往却是大量性的。如何处理好其内外功能的交叉与协调，保证建筑与外部环境之间交流的顺畅尤为重要。高层建筑近地空间一方面通过与城市交通网络的连接，使建筑自身乃至城市交通得到快速有序的集散，减轻城市交通负荷；另一方面通过与城市公共空间的结合，实现了高层建筑与城市环境的交流，在保留了地面的生态环境的前提下，将城市区域环境加以整合，从而建立完整的城市空间秩序。对于高层建筑来说，通过底部空间与街道、广场、庭院、踏步相结合、相互穿插、相互渗透，并与商场、餐馆等服务设施密切配合，实现了建筑空间与城市的有机串联；对于城市而言，高层建筑底部空间的开放，更加充分地体现城市对人的尊重关怀，丰富城市生活，改变城市概念，增加了城市活力，并使高层建筑从形式与内容的双重意义上，真正成为现代城市的"主角"。

二、高层建筑对城市的深层影响

高层建筑的产生是城市经济增长和土地资源紧张的必然结果，而高层建筑的急速发展又反过来对城市生态结构和城市文化产生威胁。我们回顾二者的发展演变历程，可以看出它们相同的进化趋势以及互动关系。尤其是近几年来，高层建筑因其巨大的体量促使建筑空间容量呈几何级数增加，这对于城市发展带来的冲击可想而知，给城市空间带来的压力也是空前的。因此，我们必须格外关注高层建筑与城市的深层关联，正确理解高层建筑对城市的影响与作用。

1．导致城市空间结构均质化

高层建筑是城市空间体系的重要组成部分，随着城市空间形态的内在结构渐趋复杂化和多样性，在纵横交织的空间网络中，高层建筑由于突出的形体特征和超大尺度的空间容量，成为城市的标志性环节，可以帮助城市人群建立起清晰的空间认知意象和明确的方位感。高层建筑产生之初，由于经济原因大多集中布置于城市地价昂贵的中心区，多为单一功能、数量不多、密度不大，往往成为居于主导地位的城市地标，也是制高点，城市空间结构清晰而丰富。今天，高层建筑的领域已拓展到医院、住宅、学校等建筑类型。建筑空间也从传统的功能单一性中解脱出来，朝着集多种功能为一体的综合化发展。而且在经历了一段无序的发展之后，其盲目建设与缺乏规划，损坏了城市原有的空间肌理，杂乱无章的天际线形成视觉污染。高层化的城市千篇一律，缺乏个性与地域性，城市空间结构也由此变得均质而单一，人们在城市中失去了位置坐标。

高层建筑的布局与城市总体发展方向密切相关，综合考虑城市的三维空间格局、城市天际轮廓线塑造以及基础设施支持系统和实际情况，运用定量和定性的分析方法，合理确定高层建筑发展区域，才能使其成为城市结构中的积极因素。无论是建筑师、业主还是城市管理者，必须找到经济利益、城市环境、建筑单体之间的平衡点，使高层建筑的建设实现总体规划、有序发展，既突出特色又融于环境，保持适宜的建筑密度和丰富的群体形态。一个整体有序的城市结构的建立，应该是城市空间形态、文化形态、视觉秩序等多方面的集合，具有标志性的高层建筑作为城市空间的主导因素，只有与城市空间环境达到良好的匹配与契合时，才能充分发挥效能，有效地传播文化，提升其美学价值。

2．促进城市交通网络立体化

建立完善合理的高层建筑交通体系，对提高土地经济效益的意义重大，并可改善城市的空间结构和社会结构。高层建筑与城市交通网络的立体化连接，有效地缓解了地面交通的压力，提高了运营效率；使行人活动不再局限于常规的人车共行街道，从而减少相互干扰；同时创造全天候的步行环境，抵御气候的不利影响。高层建筑功能复杂、人流车流量大、出入口众多，其交通量占有城市交通量的相当比例。为了使建筑内的人流、车流迅速方便地疏散，在高层建筑基地内往往设置专门场地和设施，用于交通流的集散、转换、组合、分配以及车辆存放，与城市道路和各种交通枢纽形成复杂的组织方式。

传统意义上，高层建筑与城市交通网络的连接主要是通过步行系统将内部交通纳入城市交通网络。在步行系统中，除常规街道层步道系统外，天桥和地下空间所组成的城市非地面步道系统起到了非常重要的补充作用。它们一方面联系着高层建筑及其周围其他建筑的交通厅、中庭以及外部空间，另一方面又与地铁站、汽车站、停车库等城市交通的起始点相连，共同形成有机联系的整体交通网络。此外，随着城市容量的日益扩大，使得高层建筑向地上、地下综合性地发展城市空间成为必然趋势。高层建筑根据不同需求，通过底部结构、主体结构、尽端结构分别与地面、周围城市环境、空中三者之间形成立体交叉网络，大大改善了高层建筑的可达性，为高层建筑系统的高效运行提供保障，也为城市创造了一种更合理的聚居结构模式。

3．加剧城市环境系统地域化

城市环境作为人类生态系统的组成部分，随着社会的发展而不断变化。在当代世界范围内，尤其是发展中国家的高速发展过程，打乱了城市发展秩序，给环境造成负面影响。高层建筑及其建成环境对城市物理环境及城市机能等要素影响较大，其中“高层风”是最主要的问题之一。随着科技的发展，因风荷载引起高楼振动是可以控制的，但由于高层建筑密集而产生的、对周围环境的风流影响则较难控制。

在北方寒冷地区，一方面由于高层建筑的巨大体量，在日照作用下向其底部空间投下大片阴影，使落影区内的建筑、广场和道路终日笼罩在寒冷、潮湿、阴暗之中，给人们的生活和工作带来危害；另一方面高层风不仅严重影响步道层的行人活动，而且对建筑物本身使用安全及管理造成威胁，导致高层区域城市生态环境极其恶劣。而在南方城市，大量密集的高层建筑加剧了城市“热岛效应”，导致区域内气温居高不下，严重影响人们的正常生活；持续高温反过来又使建筑能耗增加，形成恶性循环。在我国高层建筑发展已成必然之势，但它对环境的负面影响也日益显现。面对人们对建筑空间的新需求、城市对建筑形式的新协调、资源对建筑热工的新控制、生态气候对建筑形制的新制约等，如何有效调控高层建筑自身机理，最大程度地减小其对环境的负面影响，使我们的建成环境与生物圈的生态系统融为一体，是摆在当代建筑师面前的重要课题。

4．趋向城市文化内涵混沌化

建筑作为容纳人类活动的物质环境，能否成为人们向往的场所，很大程度上取决于它对于人们功能层面需求的满足程度。然而就高层建筑而言，人们寄予它的精神需求更多也更为强烈。不同历史时期的高层建筑集中反映各不相同的文化内涵，体现出不同城市的文化观念。纵观高层建筑的发展史，建筑师通过不懈地探索创造出一批优秀的建筑作品。尤其是国外不少成功的高层建筑重视文化内涵的发掘，注重将建筑功能与新结构、新材料相结合，从环境、功能、空间、造型、构图等方面塑造建筑个性，从而提升城市文化品位。

与国外的高层建筑发展历程相比，我国目前仍处于发展过程中，尤其是一些中小型城市由于种种原因陷入误区，表现在高层建筑创作上，往往出现两种极端现象：一些建筑师在创作中片面关注业主、大众的审美取向和心理需求，追求新、奇、特的变异形体，导致建筑形象缺乏内在逻辑；还有一些人放弃建筑创作的创新追求，简单抄袭和模仿国外建成作品，导致建筑缺乏地域文化特征和城市面貌的千篇一律。“平庸的城市”“平庸的建筑”与日俱增，地域文化的特色逐渐消失，高层建筑在走过其辉煌的巅峰状态之后，陷入到深刻的危机当中。事实上，任何高层建筑创作都无法摆脱城市文化的束缚，同时也会对城市文化产生深远影响。我们在认识到高层建筑与城市在空间上的互动关系之后，必须就它的美学问题和文化现象加以探讨，从深层次考察二者在城市文化发展过程中的相互关系，努力探求高层建筑与城市文化的整合关系。

中国建筑业正面临更大的发展机遇，人口及城市发展与用地之间的矛盾使高层建筑的发展成为必然。面对高层建筑与城市发展已经出现的问题，我们必须重新审视自己的创作观念。理性的思考要求我们不能把简单的问题复杂化，虽然人们可以从不同的角度去预测，但本世纪的建筑问题仍然是如何提高人们的居住环境质量问题；同时，我们更不能把复杂的问题简单化，技术层面的结构、材料、节能、生态等问题仍需我们付出更大的努力。立足于城市及其文化发展的高层建筑是时代的选择，从传统文化中汲取精华迎接挑战是建筑师的职责。■

参考文献

[1] 庄惟敏．几个观点、几种状态、几点呼吁——青年建筑师论坛随笔[J]．建筑学报，2004（1）：68-69．

[2] 张宇．CBD现象的启示与高层建筑的近地空间[J]．新建筑，2002（2）：44-45．

当代大学校园规划设计的理念与实践

何镜堂
华南理工大学建筑设计研究院

中国大学校园在过去短短几年中经历了令人瞩目的建设大潮。这种校园快速发展的外部环境是国内社会的急速变迁，如滞后的校园建设现状与中国经济快速发展的矛盾、高教产业化大潮对校园的冲击、高等教育管理体制改革等方面的变化等；同时为了适应新的教育理念、新的人才培养要求，大学自身也面临着如何改革教学方式、办学模式，密切大学与社会关系等方面的问题，这些因素对大学校园规划产生深远的影响。在校园规划设计的实践过程中，设计师应始终密切关注影响大学校园规划的各种社会因素，积极探索现代教育理念的变化对校园规划设计的影响，并努力在工作中做出正确回应。

一、当代高等教育理念的变化

以信息技术为核心的知识经济使得知识的创新和扩散成为社会经济发展的主要动力，而这些知识的创新和扩散取决于人的素质。为适应知识经济时代的要求，现代社会需要高素质、开拓型、复合型的人才，这使得现代大学强调重人品、厚基础、强能力、宽适应的教育方针。为了适应时代和社会的要求，高等教育理念在如下方面发生变化：

1. 大学职能

大学职能从过去“单纯的传授知识”转变为“教学、研究和社会服务”三者的综合体，大学已经由过去封闭的“象牙塔”逐步成为社会的中心机构之一，在社会政治、经济、文化领域扮演越来越重要的角色。新时期我国大学职能变化具体表现在：培养创新人才；强化基础性研究和应用型研究的有机结合；全方位地为社会服务；密切与国际教育、科研机构的交流与合作。总而言之，大学应该服务于社会发展的长期目标和需求。

2. 教育内涵

教育内涵由过去注重专业技能的传授和培训转变为重视人的综合能力和整体素质的提高，培养具有创新能力的人才成为高等教育的主要任务。

3. 教育方式

教育方式从过去教师对学生在课堂上单向的灌输转变为以学生为主体，注重师生间的双向互动。教育的地点也从过去的课堂扩展到校园和社会等真实的日常生活环境之中。同时大学也开始注重营造开放的学习环境，与社会各部门密切联系，建立产、学、研一体化合作机制，培养学生的科学研究与实践工作能力。同时，在知识结构上注重多学科、跨学科的人才培养方式，加强学生对于知识的融会贯通和专业能力的培养；注重培养学生主动获取和应用知识、独立思考的能力以及创造能力。

4. 办学方式

教育机构的办学方式趋向多元自主，教育的大众化，终生化以及结构的多样化成为21世纪大学的发展方向。较之过去，大学普遍采用更加灵活多样的办学方式，二级学院、成人教育、函授教育、社区学校等形式已将大学教育推广到更大范围。同时，大学也广泛出现产、学合作的教育模式，比如以校方为主体的“工、学交替”模式，以企业为主体的“工程硕士”模式，“企业博士后工作站”模式，校、企双方为共同主体的“合作办学”模式，以产学研联合体为主体的“工程研究中心”模式等。大学与企业的科研合作模式呈现出多元化的发展格局，与社会区域经济的协同发展的关系也越来越密切。

二、当代大学校园规划的发展趋势

1. 多样化

由于发展需要和办学背景不同，高校办学类型趋向多元化。针对不同的办学模式，校园规划也应采取不同的策略。例如原地扩建校区，规划时应优先尊重老校区，使新区有机纳入旧区肌理中，做到新、旧相融，使校园文脉得以延伸；而异地建设分校所受约束较少，校园规划的重点在于架构良好的、既满足现今需要又适于长远发展的结构框架，同时合理安排功能分区与交通组织，并利用基地的特殊条件创造出新区的特色；大学城内的新校区规划应注重校园与城市、校园与校园之间的融合、互动，将校园纳入大学城整体结构之中，同时还应着重于共享区域的设计；产、学园区的规划应注重其特有的“产、学、研一体化”的功能要求，做好分区设置与流线组织。总而言之，每个大学校园都应该根据自身的具体类型与问题探索相应的规划模式，切忌照搬照抄。

2. 整体化

所谓整体化，即强调大学校园的整体设计，提倡从整体校园范畴研究最适宜培养新世纪人才的规划模式。在理论层面，整体设计视大学建设为一个系统工程，将涉及规划的各要素归纳为一个整体研究对象进行考虑。具体到方法论，整体设计既强调各专业（规划、景观、建筑）的整合，也强调多学科（社会学、建筑学、生态学、人类学、政治经济学等）的交叉渗透与相互促进。

从实践角度讲，整体化校园规划强调以清晰明确并贯彻始终的规划结构来统领全局，对功能分区、交通流线、绿地景观等的规划均须依据设计的核心理念进行合理安排；注重对建筑群体的轮廓造型、外部空间形态、环境氛围的整体把握，以营造丰富而统一、有序而充满灵性的校园空间；反对孤立、片面地从校园局部入手进行规划。

3. 生态化

注重人与自然的和谐、强调生态可持续观念是当今建筑与规划设计发展的大方向。校园规划应以尊重自然生态为优先原则强调营造绿色校园，还要注重能源的节约、资源的再利用，减少和避免污染物的排放等方面的问题。以校园绿化环境的营造为例，一方面要对基地中的自然山地、河流湖沼等原有生态环境采取以保护为主的策略，结合功能分区建构校园的整体生态环境布局。另一方面，也要重视人工生态绿化的规划，使人工与自然环境融合渗透、相得益彰。校园规划应该根据校方提出的建筑面积要求，规定合理容积率和绿化率，并严格贯彻执行，最终为校园营造出山水相映、绿树成荫、鸟语花香、优美而健康的生态景观和人居环境。

4. 地域化

地域化强调综合当地地域及校园文化的特点，营造出独具特色的校园空间与文化氛围。首先，规划应要充分考虑基地内部及周边的自然环境条件、气候特征和城市背景，针对其特点进行结构布局。其次，应注重地域文化，特别是地域建筑文化在校园中的延续，把独具特色的建筑布局模式、环境景观特征加以总结、抽象、借鉴并运用到校园中来。再次，规划还应吸纳老校园的传统文化精粹，创造充满人文和学术氛围的现代校园文化环境。

5. 人文化

人文化就是要以人为本，在校园规划中充分考虑并尊重使用者的物质和精神需求，创造既能满足师生学习要求、又能激发交流创造的空间和场所。主要内容包括：强调环境育人，重视公共空间与室外空间的创造及优化，建构多层次的交往场所；依据尺度人性化、以人为本、步行优先等原则，组织多个交往空间及校园教学中心区的公共空间；创造适合学科间交流、融合的教学建筑群体空间。

6. 弹性化

校园建设是百年大计，其规划不仅需要考虑现实要求，而且要兼顾未来的可持续发展。弹性化有两层含义：首先，校园规划应具有弹性，能够满足日后发展需要；其次，校园应具有清晰的规划结构，使其能够始终按照规划理念有序发展。具体运用应把握以下几方面：用地划分要充分考虑校园及学科的发展需求，留有足够余地；交通规划要形成可生长型路网，使流线结构与整体校园布局的发展前景相吻合；考虑到校园是城市的一份子，规划设计应将其纳入城市的整体发展格局和规划肌理。

7. 校园中心区营造

校园中心区是营造大学校园空间特色的重要内容，是体现大学校园学术气氛的重要载体。我们在现代大学校园中心区设计中应强调以下特点：与基地生态自然环境紧密结合，将自然景观引入校园中心区，使自然环境与建筑空间相互交融、渗透，创造独特的校园中心区形象；将传统校园的仪式性空间与自由的园林环境结合，营造理性与浪漫融合的中心区园林空间；空间环境与建筑可采用不对称的设计手法，营造轻松又不失庄重的校园中心区氛围；以人为本，创造适宜于步行和交往的中心区环境。

8. 大学园林

大学校园园林化是当今大学校园建设活动中的一个创举，它将大学校园浓厚的人文气质与中国古典园林优雅的传统神韵创造性地结合，体现了新时代校园建设以人为本、注重生态环境保护与交往场所的营造等思想。

大学园林是表达校园生态化、地域化、人文化等特征的理想载体，它有别于普通园林，在功能、形式、尺度上更趋多样化，并注重校园文化氛围和交往环境的塑造。设计时应注意以下几点。第一，结合功能，因地制宜。首先明确园林在校园中的用途、性质，然后根据地形及生态环境条件，选定具体的设计手法与尺度等。第二，形成大、中、小结合的多层次园林系统。从空间结构入手，在校园中心区域形成第一层次园林，由各个组团围合而成第二层次园林，各建筑物内部庭院形成第三层次园林。园林之间彼此相连，隔而不断，层层递进，构成有序而清晰的园林系统。第三，传达地域特色。从宏观层面看，大学园林可以将中国传统园林空间特征以现代手法演绎，形成整体的中国特色；从微观层面看，可根据各地区不同的传统园林特色来实现地域文脉的延伸再创造。第四，以环境育人的理念为指引，强调校园文化氛围与交往环境的塑造，激发创造，陶冶性情。第五，提倡运用城市设计导则的方法对园林空间形态进行控制。

9. 高效的交通组织

当代大学校园建设呈现出“巨型化”的发展趋势，占地规模巨大、功能日趋复杂、在校师生人数众多等因素给校园内部的交通组织带来了巨大困难。随着大学与社会间的互动不断加强，汽车也大量出现在校园内部，打破了过去宁静的校园环境，也给师生的活动带来了不便。

如何通过高效便捷的交通网络将校园各部分有机联系起来，在满足车行交通的基础上保持传统校园舒适宜人的步行环境，是大学校园规划设计中值得重视的问题。首先，成熟、合理的校园功能分区是成功组织校园交通的基础；其次，应形成主次分明、导向明确的校园整体交通骨架，以保证校园内各个组团的车行可达性；再次，采取人车分流的设计原则，以保证校园组团内部宜人的步行环境，同时各个组团之间也通过步行网络联系成为一个整体；最后，停车场设计应依据“集中与分散相结合”的原则，结合校园景观布置于校园的内部，尽量避免过大、过于空旷的停车场成为校园环境的败笔。

三、结语

中国高校在过去几年间经历了最波澜壮阔的成长期，几乎每所大学都涉及到扩建或新建校园的建设活动。不可否认，快速的校园建设、新的教育理念和社会环境对新时期的大学校园规划提出了更高的要求，这对于设计人员而言既是机遇又是挑战。本文介绍了我们在大学校园规划设计领域的探索、努力、思索和体会，希望能给其他规划人员和相关专业学者带来一定的启发，使他们深化对于校园场所内涵的认识，并在今后的大学建设中更好地塑造具有地域、文化、时代特色的校园环境品质。■

中国“大学城”现象的思考

高冀生
清华大学建筑学院

科教兴国的基本国策，推动了教育事业的快速发展。许多高校争先恐后地投身于调整、扩大、改建、新建自己的校园。尤其高等教育产学研相结合、后勤保障社会化等一系列战略举措的实施带来高校功能结构的变化，同时也引发了校园规划与建设的全面发展。

校园扩展的模式多种多样。比如有计划的分期就地扩展、新老校并存的易地建分校、原地重整的就地再开发、易地搬迁的弃老校建新校等，都是目前高校扩展建设中切实可行的对策。近些年全国涌现出“大学城”建设的热潮，也是适应高校快速发展的策略之一。据统计，全国各省市现已有大学城50余处，其建设规模之大、周期之短、集中率之高，十分引人注目。如何正确对待我国突现的“大学城”建设现象，是值得探讨的问题。

一、中外大学城的差异

近10年来，随着高校的快速发展，在国内兴起了建设大学城的热潮，但其规划建设的理念与定位并不十分明确。国内包括“高教园区”“大学园区”在内的“大学城”虽名称不同，但主要表现特征都是大学校园的集合，即若干所大学彼此相邻、紧密、集中地建设在一起。而将高等院校简单地集中成“城”，会不会产生各种矛盾是值得探讨的问题。

中国的“大学城”虽得名于国外，但与国外的大学城在概念定位、规划布局以及时空关系上，都有明显的不同，不应一概而论。国外的“大学城”一般坐落在一些具有特殊条件的城市中，校园与城市街区往往没有明显的界限。城市中有校园，校园中有城市。大学在这类城市中处于主导地位，很大程度上影响着城市的功能布局和人口构成，整个城市生活也有显著的大学特征。甚至可以说城市因大学而存在，大学因城市而发展。而国外大学城的建设模式大致有两种——即“传统型”与“创新型”。

“传统型”的大学城，一般起源于历史悠久的大学，这些学校的学科种类较多，且有强大的学术影响力，其生存发展不必依赖科于科研成果与市场的直接结合。因此，这类大学更重视理论研究的学术性与前沿性。经过上百年的历史发展，逐步形成了城校交融的理想状态，如著名的英国牛津大学城、剑桥大学城。

“创新型”的大学城，起源于新兴的理工科院校，这些院校以科研成果直接服务社会需要而产生经济价值为目标，科学研究方向多体现国家的利益和要求。这类大学的科技创新与市场紧密结合，成功地实现了“产、学、研”的一体化，并拉动了地方经济的发展，日本的硅谷和美国的斯坦福大学正是这类大学城的代表。

国外大学城虽然也表现为若干个大学相对集中地存在于某个城市，但并非高密度地聚集在一处，更非同时一次性建成。各个坐落在城市中的大学随着城市整体发展，经过数百年的历程，逐步融于城市与社会。大学与城市、社会相互依托、协调、影响，同步扩展，以至不可分割。如美国的波士顿，英国的牛津和剑桥、德国的马堡等，均有大学城之美誉。

有人认为中国目前的“大学城”是“人为造城运动”的产物，多表现为一次性圈地、集中突击建设、多所高校的同时进驻，很快形成了几万甚至几十万学生的高密度集居地，这与国外的大学城在整体格局、与城市的关系以及规划理念上均有着根本的不同，不可同日而语。这种“大学城”既不可能在短期内发育出完整的城市机能，也不可能组织成系统的城市架构，更不可能有城市的具体形象，唯一可能实现的只是扩大城市规模。

有人将超大规模的大学或大学的集合误称为“城”，一则因为在功能分区、交通组织等物质实体层面上，校园具有组织城市空间的内涵；二则因为在校园的社会结构、师生的社会生活等非实体的层面上，校园具有一些城市的表象。但是，真正的大学城应该具有鲜明的城市特征、综合的城市功能、合理的人口级配和丰富的城市空间形态，尤其要包含各式各样的与城市互动的公共生活和社会活动。这是一个或几个高校单纯地集中在一起组成的“大学城”所无法比拟的。

“城市是一定地域中在政治、经济、文化等方面具有不同范围中心的职能；城市必须提供必要的物质设施和力求保持良好的生态环境；城市是根据共同的社会目标和各方面的需要而进行协调运转的社会实体。”[1]以教师和学生聚居为主的大学城，不论其规模多大，与城市形态如何相似，如果没有社会生活的融入，未能形成这一地域的政治、经济、文化中心，不能处理好上述城市人口的生产（工作、学习），生活与休息三要素的关系，不能形成满足各方面需要、协调运转的社会实体，它终究不可能是一座真正的城市。即便称之为“城”，也只能是徒有虚名。笔者认为中国大学城的形成应有一个过程，应是“大学”与“城市”互动发展的结果，是几十年乃至上百年历史、文化积淀的结果，不可能一哄而起，一蹴而就。

中国现有"大学城"已形成了小、中、大不等的规模。较小规模的有河北廊坊地区的东方大学城，占地153.3 hm²，投资约14亿元，建成面积约57万 m²。规模中等的有宁波（鄞县）高教园区，占地413.3 hm²，内有万里学院、浙江大学、宁波理工学院等7所院校，大部分已建成；南京仙林地区的大学区也集中了南京师范大学、南京经济学院等4所大学，占地400 hm²左右。较大型的有福州大学城，计划占地约20 km²，拟安排8所大学；规划占地43.3 km²的广州大学城，可容纳20万大学生，是目前全国最大的大学城（相当于一个中等城市的规模），目前已有10所大学聚居在此。

中国"大学城"在建设过程中，产生了很多先进的规划理念，如宁波（鄞县）高教园区提出的"三性""三化"的规划原则，即主体开放性、资源共享性、功能多重性和社会后勤化、信息网络化、管理法制化。除此之外，大学城的建设还应对拉动所在城市经济、带动科技园区发展、开发新住宅区、扩展商业区等产生积极作用。

但是，在实践的过程我们也发现了不少重要的问题值得总结与研究。

二、中国"大学城"建设中存在的问题

1．资源共享与重复建设的矛盾

建设大学城的目的是将大学集中，使各学校可共享部分校园设施。但何种资源可以共享需要具体分析，同时，资源共享也需要一定条件。如果能够共享的硬件资源与使用者距离过远，就很难达到共享的目的。比如，每个大学城都规划有可共享的图书馆、体育馆以及购物中心等，而大学城中各个学校的使用者由于路程远、时间紧等原因，无法充分利用这些共享设施，因此，各大学又不得不在自己的校园内建设相应设施供本校师生使用。这样不但没能节省资源，反而造成大量的重复建设，令人始料未及。再如，有的大学城原拟共享的公共设施迟迟未能建设，即便有人愿意使用这些公用设施，如果贷款、建设、管理等问题解决不好，这些硬件资源的共享也还是有名无实。

如果从软件方面探讨资源共享的可能，在师资配备、课程设置、网络沟通方面还是有条件的，比如教师的兼聘或校际互聘、学生的跨校选课、多学制的办学模式等存在一定的开发余地。但深入思考，我们会发现，仅要实现软件方面的资源共享，途径很多，并不一定非要将大学集中在一起建设。

2．开放式办学与封闭式管理的矛盾

大学城建设之初的设想是校际之间无边界、不设围墙的开放式办学模式。但由于治安状况与管理体制的诸多问题，目前大学城内各高校之间、学校与社会间的完全开放很难实现。即便在牛津、剑桥的大学城内，各个学院也都设有各自的围墙，每个学院均有自己的管理制度，而且在学院的入口有专人值班，非本校师生出入要接受管理。如果这种封闭式管理仍要持续相当长的一段时期，那么，大学的集中就失去了它原本的初衷。

3．较大规模的校园与合理步行范围的矛盾

由于大学城将各学校集中在一起，占地规模成倍增加，因此，学生上课、就餐、回宿舍以及与社会联系、亲友交往仅依靠步行就很困难了。过去的校园小巧玲珑、环境优美、曲径通幽；现代的校园开敞壮观、一望无边，学生学习与课余活动的展开甚至要借助于各种交通工具，使他们渐渐感受不到高等学府学海、书苑的氛围，而更多地看到车水马龙、高楼林立的"生产知识的工厂"。

除此之外，控制规模、科学选址、合理分配与使用土地、与城市配套设施的匹配以及与附近城镇、高科技园区的同步成长和发展，都存在不少矛盾，也需要设计者逐项深入研究。

三、大学城建设过程中的不利倾向

1．中国式的"教育产业化"

中国是唯一提出"教育产业化"的国家，这个提法值得商榷。国外大学虽然也收取各种费用，但是并没有将高等教育称为"产业"以追求更多的经济效益。国内某些高校商业化倾向严重，为了提高办学的经济效益，热衷于兴办各种"二级学院"、各种名目的"培训班"，甚至进行文凭、教育头衔以及房产、地产的买卖。

2．校舍建设日趋高档

以学生公寓为例，建设标准是过去的学生宿舍根本无法相比的。旅馆式、单元式、家庭式的学生公寓已屡见不鲜，由此学生就要承担相对高额的房租。在高校尚有10%～20%贫困学生的情况下，应从国家和学生的实际情况出发，适度控制校舍的建设标准。特别是依靠学生的学费支撑校园建设的学校，更应该严格掌握建设标准。

3．盲目追求用地指标

大水面、大草坪、大广场、大校园等"大手笔"的校园规划风靡一时，很受一些人的青睐，以致造成了校园的土地未尽其用，盲目攀高绿化率，使个别高校规划的绿化率高达60%以上。将校园当成花园来设计，不仅是对校园建设的不负责任，更重要的是对不可再生的、宝贵的国土资源的浪费，此风不可长。据不完全统计，目前全国高校校园占地共约6.84万 hm²，平均每生61.73 m²，已经超过1992年国家教委规定的建设用地标准（56.44 m^2/生）。因此，对校园用地的规划应严格控制，精打细算，力求节约每一寸土地，真正落实可持续发展的战略。

4．相互攀比建设规模

某些高校在建设过程中随意增加、扩大建设内容，盲目追求"小而全"或"大而全"的现象已司空见惯。目前全国高校建筑面积已从1978年的3300万 m^2，发展到2001年的近2.6亿 m^2，生均建筑面积为23.47 m^2，已接近1992年国家教委规定的建设标准（24.09 m^2/生）。因此，各校校园规划应该适当控制校舍的建设总量。

5．教学质量难以保证

经过几年的扩招，2003年我国高等院校在校生已达到了1 108万人，但现有教师只有约62万人，师生比已近1/18（如果包括其他各类办学的学生，师生比近1/30）。刚刚完成一期工程建设的广州大学城，已出现教师不足的现象。姑且不谈精英教育，仅就大众普及教育而言，已难以保证质量。

6．教育资源比例失调

高校大规模的扩招使得高校毕业生就业越来越难。而"大学城"的大量发展无疑为各高校的进一步扩招推波助澜。这不仅将酝酿更大的就业难题，同时还预示着若干年后高等教育资源过剩的问题。2003年全国各类高校在校生已有1 900万人，估算入学率已达17%，预计在2008年将达到最高峰。

一些中小学已经因为招生不足而开始撤并，为避免将来大学城出现这种情况，现在就应该做出判断，未雨而绸缪。

四、从城市建设的角度要研究的问题

1．布局模式

凡是有大学的城市是否都要搞大学城？不一定。不同的大学扩展，要因地制宜；如果有的城市一定要将一些大学集中到某一区域，从规划模式上研究，集中式布局并非唯一选择。笔者认为适当地采用分散式或组团式布局模式，对城市建设与发展、学校依托城市都有益处，而且有利于弹性地兼容师生的工作（学习）、生活、休息三要素。

2．规模控制

超大规模的圈地，并将多个大学无序地集中在一起并不妥当。而两三所规模适中、学科相近的大学相对靠拢，优势互补，相互合作，力求校际资源共享，也是有可能的；而适度规模融于城市总体规划之中，对城市经济、文化也具有促进作用。教育形势的发展引发了校园生活、服务设施日趋社会化，因此大学校园的用地指标也应进一步调整，使之更合理地指导、控制大学校园的规划。

3．人口结构

数万甚至数十万的大学生聚集在同一区域对城市人口结构的影响很大，应实行宏观调控，从城市总体规划入手进行协调或限制。此外，高度密集的人口对城市的要求（如多方位的服务、多车种的交通、多品种的供应以及生活、休息、娱乐等）均有待统筹兼顾，深入研究落实。

4．学生心理

高度密集的学生长期与社会隔离，缺乏社会的教育会导致其丧失社会责任感甚至心理行为失调，其影响不容忽视。

总之，我国大学校园的扩展与建设，要充分纳入城市发展总体规划，周密策划；要与城市化发展战略紧密结合，合理布局；要与城市综合建设相互协调，同步发展。对于"大学城"这样一个新生事物，我们既要参与规划建设，又要研究新的问题，在实践中总结新的经验，以期将中国的大学城规划建设得更合理、更符合中国的国情。■

参考文献

[1] 中国大百科全书总编辑委员会．中国大百科全书：建筑、园林、城市规划[M]．北京：中国大百科全书出版社，1988．

MAD 建成之前

马岩松
MAD 建筑事务所

MAD事务所在北京成立近两年，工作室的服务器上大概有60多个作品，其中包括城市、建筑、室内的设计方案以及一些概念性研究、装置和产品设计。现有建成作品数量为0，在建的建筑作品3件，包括一个设计了3年的别墅Rising House、一个几乎把结构师逼疯导致停工的红螺湖水上会所和一个工程进展顺利但对我们来说不够刺激的商业中心。有美国、欧洲的朋友来北京，认为与国外实验性的工作室相比，我们表现出的是一种积极和朝气蓬勃的形势，但据我所知，0:3:60的比例在国内外都可以说是未建成率比较高的一种实践状态，尤其在中国这个高速城市化发展的地方，就更显得有点不正常。

我们一直相信，理论上其实没有什么是建不成的，但现实中的"不建"包含着多种可能性，从我们的角度理解，基本可以概括为挑战世界的两种方式：一种是观念意识层面的挑战，一种是技术层面的挑战。

当然不挑战世界也有未建成现象，但我更愿意把它们称作"专业操作失误"，这种情况比我们所面对的"未建成"局面幸运得多。选择以挑战观念、挑战技术的实践方式来从事一种专业服务的职业，本身就已经把我们自己推向了一个危险的处境。这两年我被问到的最多的问题就是"你们是怎么生存的？"但对我们来说，挑战世界是重要的，甚至生存在这种所谓危险的边缘也是重要的。我们必须把建筑与设计看成一个更广泛的专业：观察和思考自然、社会和文化问题，并将我们对这些问题的判断和态度反映到城市和建筑空间，这是我们实践工作的主要内容。而这种倾向让我们迅速被归于第三类建筑师——不是生产型建筑师，不是所谓的实验性建筑师，而是"未建成建筑师"。连实验这种略带试探和妥协的态度都没有，不建就是不建！

由于在中央美院教书，我曾去很多大学讲座，这种态度在年轻建筑师和学生中备受推崇，甚至被视为英雄。英雄是什么？是做了大家认为应该做但是谁都没有去做的事然后死掉的人；而在政府或者发展商眼中，我们经常被认为是具有攻击性和政策批判性观念的异见分子。这好像都不是我们想做的角色，更不是我们超负荷地工作和所有这些努力的意义所在。所以我们还是有必要保持一种对话——与自己的对话，与市场的对话，与未来的对话。在某种意义上，我们的一些作品更像是在讨论意识形态的当代艺术作品，而远非简单、孤立的建筑物。

在北京，我们参加了中国美术馆二期工程的设计竞赛并入围优秀设计。中国美术馆二期坐落在老馆的西侧，基地面积比老馆略小，但建筑面积却有40 000 m^2，将近老馆的3倍。在北京的老城中心区建设这样的大型文化设施带来的问题是多样的：这个建筑将如何与周围灰色的平房在尺度上协调，如何处理它与老馆以及一街之隔的文物——北大红楼的关系，如何使它以一个当代美术馆的姿态出现，而不会成为一个让老城加快死亡的文化陵墓……所以我们的眼光必须是发展的，这就让我们必须质疑所谓的传统。

北大红楼建于1918年，同在五四大街上的民族古典主义建筑风格的国家美术馆老馆建于1958年，是为庆祝中华人民共和国建国10周年的献礼工程。招标文件明确提出"新馆要与现有建筑相协调，尊重古都风貌"。我在北京出生、长大，小学时几乎每天放学后都在美术馆的后院里玩耍，这个在当时就像北京古城里的一座城堡的建筑物从来就是我对北京的美好印象之一。可是现在提到尊重古都风貌却让我不知从何谈起。红楼当时也算是一个外国（比利时仪器公司）投资兴建的现代建筑，作为北京大学文学院，它建在东汉花园上，而后来的美术馆也是在推平了大量的胡同、四合院后才兴建的假古董。现在如果提到尊重历史，是要尊重胡同四合院，还是尊重1918年的北大红楼和建国10周年的超大型民族主义复兴建筑？这个问题不仅仅是向国家美术馆业主提出的，也是向北京的规划者提出的。其实这已经超越了具体的建筑问题，它要求在意识形态上有一个批判性的反思。

我们的提案仍然是这样的一个作品，所有的结构都建立在发展的框架之上。我们认为北京城的文脉是动态的，漫长的时间轴使城市空间逐渐变得多元和复杂，不同历史元素像染色体一样重叠在一起。生活在这样的都市，我们不得不对诸多的历史片断公平对待——无论是老美术馆还是胡同、四合院，无论是北大红楼还是景山、北海。当代城市的混合型和大规模都是我们要积极面对的挑战。

因此，我们设计了一块110 m长、90 m宽的城市绿岛，它基本充满了基地，但却漂浮在基地17.1 m高的上空，檐口和老美术馆三层以及北大红楼屋顶持平（图1）。我们将占总面积一半的库房、剧场和多媒体设施安排在地下，而在新美术馆地面层创造了一个被漂浮的展厅覆盖的巨型室外广场，我们称它为"城市美术馆"。北京没有可供市民参与艺术活动的大型城市空间，这个新的空间将体现当代美术馆开放、民主、以人为本的当代意识和姿态，在高密度的北京古城中，为大型室外艺术活动、集会甚至路过的行人提供了一个充满了自主性、创造性、灵活性的令人兴奋的场所。这个独特的城市文化空间将与皇城遗址公园相连，渲染出地区的文化氛围。

图 1　中国美术馆二期工程竞赛方案

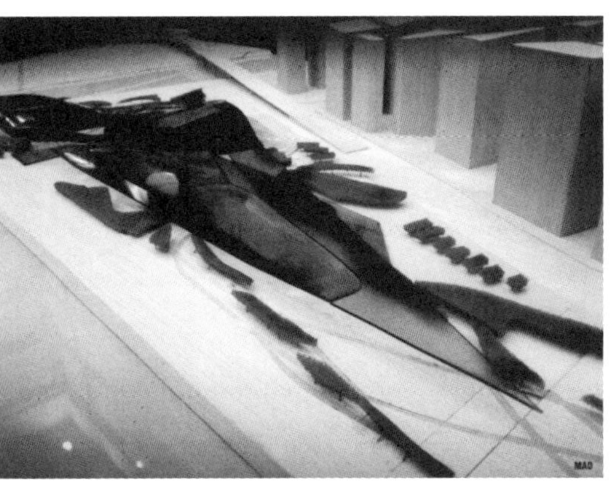

图 2　长沙文化园竞赛方案

图 3　800 米大厦竞赛方案

漂浮在屋顶的超大城市绿岛将是国家美术馆新馆赠予北京古城的一个礼物，也是市民参与城市文化活动以及感受老美术馆、北大红楼和古都风貌的合适标高。浮岛上的景观以原基地上的北京民居和胡同为基底，用绿化、硬地、天窗的组合在空中重现老北京的城市肌理，可以说是一种新形式的纪念。站在绿岛上向四周望去，看到的是我们熟悉的老北京的一个新的角度。

这个建筑从外到里，我们称其为“城市的美术馆的城市”。在新美术馆内部，我们根据当代美术馆的流线和空间特征创造了一系列的三维立体流线和展览空间，游客可以连续地在空间和展品中穿行，在行走中领略美术馆空间和室外城市所组成的蒙太奇式的动态文脉。

在当代艺术不被官方广泛承认的北京，我们这个“漂浮的城市绿岛”可以获得三等奖已经让我们非常吃惊。我们认为想达到“世界一流美术馆”的目标，远远不是建筑技术和设备的问题，而在于文化意识的独特性和自我价值观以及判断力的综合体现。

在长沙文化园的国际竞赛中，我们仍然贯彻着同样的思路。在设计方案中我们明确提出反对招标任务书要求的“建设长沙的悉尼歌剧院”的想法。我们认为城市文化建筑的标志性应该建立在它在市民意识中的吸引力和它能为城市带来的巨大活力的基础之上。我们不希望沿用传统的方式，仅仅建造一个“有标志性”的建筑立面，以吸引旅游的人把它当作拍照的背景，而是希望创造一个市民可以真正参与的城市空间，在这里，人们可以发挥自己的创造力和想象力，进行各种活动和交流。

我们再次设计了一个巨大的平台，将博物馆、图书馆和歌剧院连接成了一个连续的整体（图2）。我们称之为“长沙新文化平台”。它像一片流动起伏的水面，以一种开放的姿态漂浮在基地之上，将单体建筑的概念淡化。这是一个立体的组织方式，不但在平面上实现了建筑各自的独立和室外公共空间的共享，而且在立体空间关系上创造了两个层面——地面的半室内景观系统和上层的城市尺度的新文化平台。地面的原生景观被最大程度地保留，自然流动的形体也鼓励市民在其中活动。在地面层，自然景观与人工大地景观紧密结合，并与商业及附属设施混合形成了一个巨大的公园式建筑空间。市民在这里可以享用所有的文化设施，更可以在不同标高和气氛的室外空间畅游，无论是白天的交流展示与文娱活动，还是夜间的大型演出集会。

这次投标的结果在意料之中——没有中标，连评审意见也在意料之中——“没有主立面的建筑形象”。在邀请了包括我们在内的12家国际知名事务所进行了竞赛之后，长沙市政府现在又在重新组织新一轮的竞赛。这种为一个项目重复招标的情况在欧洲和美国也是很少见的，仅在第一轮的国际竞赛中，政府就已经花费了至少500万元人民币。

2004年，MAD事务所再次被广州市规划局邀请参加广州双塔（西塔）的方案设计国际竞赛。政府表示广州需要的是一幢标志性的高层建筑，在给定了建议性高度后，还是有很多设计师决定通过突破限高来获得这种标志性。

MAD认为广州双塔不应该是世界上最高的，但这并不影响它将成为世界上最伟大的建筑之一。我们所说的伟大是希望它用独特的方式表现广州蓬勃发展的活力、创造力和开放的胸怀，而不应该按传统的做法一味地追求建筑高度和纪念碑式的形式主义构筑物，因为以高度获得的标志性和自信会在短时间内被其他城市的纪录迅速刷新。

为了清晰地表达这种观点，我们设计了所谓的“世界最高楼”——800 米大厦，当然这是一个连续的整体——400 m上去，400 m下来（图3）。我们希望用这种近乎调侃的方式引起决策者对这个问题的重视。

那么什么是未来的摩天楼？我们认为传统摩天楼的组织结构过于简单、抑制，只有简单的线性结构与平庸的复制和叠加，而这种工业革命和大机器生产时代的产物已不再适应当代的社会和商业形式。随着高度纪录被不断刷新，其在城市中的标志性地位将在瞬间消失！给予空间更高层次的复杂性以及确切表达现代都市的逻辑关系已愈发必要。我们所设想的广州双塔将不再是一个办公的机器，而是一个有生命的混合体。商业、服务、娱乐空间被提升至上空，并与办公和酒店空间相连，形成立体的城市元素，使双塔和其中的使用者真正融入大都市生活。

在建筑顶部的连接体内，我们设置了连接大、小两塔的观光缆车，高度使它成为了一个城市尺度的运动体和体现城市活力的新的动感标志。相比之下，传统的依靠形式和风格产生的标志性就显得那么的苍白无力。

不敢说我们屈指可数的几个在建作品是因为业主接受了我们的观念才实现的，但至少对于我们来说，向城市决策层、资本拥有者和市民群体传达出我们的思考和信息并引起讨论，远比中标或获得某项具体的工程来得重要。建筑没人掏钱建很正常，但在文化意识的影响力上，未必不是一种成功。■

建筑批评的创造性与增值性

徐千里
解放军后勤工程学院建筑系

建筑批评的一个最重要、最基本的功能是价值判断，也就是从建筑作品、思想或现象中分辨出好与坏、优与劣，并最终得出产生这种区别的原因。因此，批评从思想、观点的形成到逻辑思维的运演以至结论的获得，终究离不开特定的对象。换句话说，任何建筑批评都要关涉和面对现实、具体的建筑作品、思想和现象，并以它们作为展开批评的依据。但是，这并不表示建筑批评的思维只能局限于这些作为对象的作品、思想和现象之内；相反，批评的根本任务和目标恰恰要求它一方面不能脱离批评对象，另一方面又应该努力突破和超越它们。因为只有突破和超越已有的思想和成就，才能够获得新的眼界、新的追求，建筑创作、理论以至批评本身才有可能达到更高的境界和水平。否则，批评仅仅只是解释和说明已有的东西，而不能使它们获得某种提升或增值，不能引导它们进步，也就失去了批评最主要的意义和价值。

因此，对于真正意义的批评而言，创造性应当也必然是其重要的属性和原则。而确立建筑批评创造性原则的一个基本前提，就是必须首先使批评摆脱对于创作的依附状态，获得真正的独立性。以往人们对这个问题缺乏应有的认识，反映在批评实践中，常常是在建筑师阐释自己已完成的设计作品的意图后，批评家在其基础上变换一种形式重复创作者已经说过的话，或循创作者的“意图”增加一些自己的“评价”。这样一种批评，无论是褒是贬，大多缺少自主的批评立场与态度，当然就无法形成独立的视角、眼光和思路，也难以产生与创作者原有思想根本不同的见解。这就是说，批评没有形成对已有作品、思想或观念的突破和超越。对于这样的批评，真正有诚意接受和倾听批评的创作者是不会欣赏和在意的，因为它于创作思想的提高和思路的开拓无益；而普通公众同样对此不感兴趣，因为它们不过是“转译”过的“设计说明书”，所能够给予人们的甚至比作品本身还要少得多，更不要说“增值”。这多少解释了我们的建筑批评往往不能令人满意的原因。

显然，要从根本上改变这种状况，批评就必须突破原有的思维模式，实现对于批评对象的某种超越，从而真正走向一种增值的批评。所谓增值的批评，并不是通过批评使已有的批评对象本身的价值发生某种改变而获得提升，更不是像今天的建筑批评中时常可见的那种以追求轰动和广告效应为目的的宣传。批评增值的根本在于它本身的创造性，而实现这种创作性的途径则在于批评者通过对具体对象的深入细致地考察和研究，分析、论证和发掘出建筑活动中不曾被人发现或被人们忽视了的价值和意义。这种价值和意义并不是抽象的，它可以是某种建筑观念、建造思想或建造方式，也可以是某种有价值的思维方法，甚至是某种处理建筑问题的技术或技巧等；它可能是批评对象中包含的东西，也可能是其缺少的东西。总之，它是批评者从现实的建筑活动中获得的新的启示、新的思想或新的发现。从这个意义上说，建筑批评与建筑创造一样，也贵在求新，也以独到为生命。

对于批评而言，所谓“新”，就是有新观点、新见解；而所谓“独到”，并非体现为批评形式的别出心裁或批评语言的与众不同，而是在于提出和回答问题的角度与思路的独到。过去不少建筑师对批评怀有偏见甚至敌意，一个很主要的原因就在于许多建筑师对于批评的创造性不以为然。不仅是一些建筑师自觉或不自觉地期待拔高和吹捧，即使那些比较严谨、谦逊的建筑师也大多更喜欢“忠实地”诠释其作品的批评，而不太愿意接受超越其创作思想、意图的评论。之所以如此，很大程度上是因为人们在潜意识中仍把批评视为一种建筑创作的附庸。他们缺乏这样一种认识：一切建筑作品、思想和现象都是为了人的存在而存在，它们的意义和价值并不仅仅由建筑师的创作所决定，而更多是由接受者（包括批评者），或者说是由这些作品、思想、现象所影响和制约的接受者的生存状态所决定的； 无论具体谈论的是什么层面的问题，建筑批评最终关心和指向的都正是人的这种生存状态，而不是建筑“物”本身。所以，就本质而言，批评对于任何作品、思想或现象的超越都绝不是对于建筑创作者个人或他的“作品”的贬抑，至少不以这种贬抑为目的； 也因此，作为一种整体的思想活动，建筑批评对于建筑作品、思想、观念的价值和意义的判断、论证与发掘是一个不断探索的过程，它与建筑创作既相互联系，又各自独立，并在一种互补、互动的关系中推动建筑思想的发展和更新。

过去，人们对于建筑批评的求新，普遍存在着误解，特别是在“主流更迭”的认识模式和批评模式下，人们往往将批评的“新”理解为用“新的尺度”（流行的思想、流派和观念）去量取或套取“新的建筑”。因此，我们的建筑批评往往成为一种新闻报道式的时评，而缺少深入细致的学理探讨和专题研究，也极少见到对建成时间较长的建筑作品、创作思想或相关现象的探讨——它们被认为是陈旧、过时的东西。显然，这种未能把握批评创造性的真正含义的观念和做法，不仅极大地限制了批评的视野，而且很容易导致一种主题先行和目标预设的批评模式，使其陷入一种悖论，并最终失去批评的意义。

事实上，真正超越性的批评是一个不断发现和探索的过程，是不应当也不可能预设结果的。而且，超越的实现，也并不局限于直接的批评对象本身，作为一种思想的增值，它有赖于思路的激活和在批评材料与观点的内在联系中所达成的时时更新的动态的统一。所谓批评材料，就是在某一时空范围内人的各方面实践活动及其成果的记录。由于建筑活动本身的广泛性和复杂性，建筑批评所涉及的材料范围也极为广泛和复杂，其中既包括本位材料（围绕作为批评对象的建筑作品、思想、现象而展开），也包括外围材料（古代的、外国的、其他学科领域的）；既包括近距离的材料，也包括远距离的材料。因此，建筑批评的"新"，并不仅仅指占有和发掘了新鲜的材料，也是指对旧材料有了新的使用和新的解释，也就是有新观点、新见解。从某种意义上说，后者往往比前者更重要、更有价值、更具本质意义。因为不论材料是新是旧，只有产生了新的观点和见解，才意味着思路的激活和思想的增值；反之，如果新的材料没有引发新的观点和见解，人们运用和解释它们的时候仍然遵循旧的观点和思路，那么，这种材料的"新"对批评而言显然是没有意义的。所以，那种认为建筑批评必须和只能关注最新建成的建筑，而对以往的建筑作品、思想和现象不屑一顾，并视为过时的观念，显然是一种肤浅的偏见。

当我们真正放弃了对于批评主题和目标的预设，而把建筑批评当作一种探索和发现时，就理应具有这样一种自觉，那就是我们所面对和处理的批评材料，不仅应当包括相互联系和支持的，也应当包括相互矛盾乃至殊异的。虽然由于思维的惰性，人们往往不喜欢有意想不到的材料进入自己的视野，破坏了先前的定势，但事实上，矛盾的材料往往潜藏着更多新的发现和超越的可能性，甚至有可能据此而改写已成定论的批评。勃兰兑斯曾经十分生动地指出，任何作品都是在无边无际的网上剪下的一块。既然只是剪下的一"块"，它势必有了与其他"块"的关系，有了与整个"网"的关系。而批评只有把这个"块"还原于"网"中，才能辨析出"网"中之"块"。这里，勃兰兑斯所说的"网"，正是一种客观的批评环境，它为批评对象确立了与自身、世界以及与过去、现在和未来的全面而真实的联系，从而也为新的发现和超越提供了现实和思想的基础。

因此，反对批评中的主题先行和目标预设，历史、辩证地看待和处理批评材料（包括材料的"新与旧""正与反"等关系），不仅是批评的某种技巧或方法，同时也是为使建筑的批评真正成为一种创造性的增值的批评而应当采取的策略。■

光的刻印
——天印艺术会馆设计实录

张彤
东南大学建筑学院

项目

这是一所私人投资的艺术会馆，用以展示投资者私人收藏的艺术品，举办艺术交流的会议与展览，并提供与之配套的住宿与餐饮服务。参照国际通行的博物馆机制，建成后的天印艺术会馆将着力扶持年轻艺术家的成长，免费邀请他们到会馆中创作，作为回馈，会馆将收藏他们在此期间创作的作品。为此，天印艺术会馆特别设置了8组LOFT空间，作为艺术创作的孵化器。

场地

在南京城南有一座山，形如方石，传说是天宫的印石坠落，得名天印山（又称方山）。天印山与青龙山之间低伏的丘陵连绵不断，江宁区的总体规划将这一丘陵带确定为城市的绿轴。江宁科技园区的用地呈带状展开，并与这条绿轴交叉。规划将科技园区中间的废弃河道重新恢复为水面（蓝轴），沿线性水系形成科技园区的绿色开放空间，具有生态与景观功能。

天印艺术会馆的场地位于蓝轴尽端与绿轴的交叉处，其西、北两面紧临城市道路，低伏舒缓的丘陵如同手指般插入场地与正在形成的城市结构相交织。基地内地形段大高差8.2 m，具有形成景观水面与蓝轴沟通的潜在可能。

地形与形体

设计从对地形的研究开始……

场地与其周围环境内有两条丘陵脉系向东南方向延伸，两个水塘在雨量充沛的夏季形成较大水面。基地东侧边界跨越一个独立的山包。两条丘陵限定出一道峡谷，将东南方向绿色开放空间的风景引入场地。

天印艺术会馆设计的核心理念是让地形与风景在建筑形体之间自由穿越，建筑与风景构成互融共生的整体。设计的第一步是把两个水塘连起来，在场地的南面形成一个湖泊，并与科技园区的公共景观水系沟通。我们在基地的西北角沿用地红线堆起草坡，用以隔离道路的噪声。北部的山坡与南面的湖面为场地构筑了良好的风水（图1）。

一个带有方向性的下沉庭院强化了地形的结构，它暗示从北侧人流入口通过丘陵峡谷延伸至东南面公园的重要的空间方向。悬浮在地面之上的两面折墙物化了这一空间走廊，它们是空间与形体的开始。

一个形如山石的体量悬浮在起伏连绵的场地上空，似刀削斧劈般的多面体块来自于“天堂之印”的隐喻和对功能内容的初步量化。两面折墙与它们挟制的空间将“悬石”劈开，在它的下面，天光穿透体量，从狭窄的缝隙中洒落下来。“一线天”是中国山岳审美中最普遍的趣味取向，在强有力的挟制中，明亮本身成为空间的引导，将人们的视线引向东南方向开阔的风景。

建筑的形体是封闭的，为数不多的特别开启将阳光和风景引入建筑内部。混凝土墙体的外面包裹着锈钢板的表皮，密布的水平向薄板在大部分表面保持着一种节律，只在开启面上变得疏朗，它们使形体呈现出单质的特性。在阳光和空气之中锈钢板的质感缓慢而稳定的变化，在建筑形体上刻画出时间的痕迹。

光与形体

光是形体的雕刻师，它将悬浮在场地之上的“印石”划开，形成具有强烈方向性和戏剧性的空间，把人们的视线引向远处明亮的风景。而在建筑的内部，光是特别的客人，它被邀请来塑造精神的空间。

天印艺术会馆的展览空间主要用于展示平面艺术品，带有方向性的自然光线一般不为这样的空间所接纳。展厅的墙面是连续、无差别的清水混凝土墙，它们与自流平水泥地面共同构成了艺术品的背景——单质、中性而素朴。大块面积的合成膜组成的整体发光天棚为展厅提供了均匀、柔和的光照。

在展厅的中间，一个清水混凝土的光锥打破了空间的均质性。多层墙体围合出了一个封闭的、高度自治的空间。天光从顶部洒入，给这个最重要的展厅赋予了神性。光锥是一个由多面混凝土墙体组成的复杂的层片结构，这个精神性的光锥穿透整个体量，插入地面，其最外层的光腔与“峡谷”一起为架空的底层空间带来神启般的亮光（图2）。在“神室”的周围，这些墙体向各个方向剥离开来，插入各层展示空间中，形成层状的光腔。来自顶部的自然光顺着倾斜的墙面泻入封闭的展厅，观众的视线不会受到直射光线的干扰，单质的清水墙面刻画出从明亮到黑暗的均匀的递变。

视线

对于视线的考虑决定了空间的开启与闭合，也决定了建筑与周围风景的关系，视线的组织在建筑与环境之间建立起了整体的场域结构。

天印艺术会馆按照功能与空间性质的差别，在垂直方向上分为四个部分。地下层面向下沉花园的部分是餐厅，其余部分为停车库、藏品库与设备用房等；建筑底层除了一个小门厅、一间茶吧和几个垂直交通体以外，其余部分完全敞开与地形空间相融合；悬浮在地面上的体量分为上、下两部分，下部是以展厅、大小会议厅为主的公共空间，上部则

图1 南侧临湖视景

图2 插入底层空间的光锥

图3 从餐厅看下沉花园与远处的风景

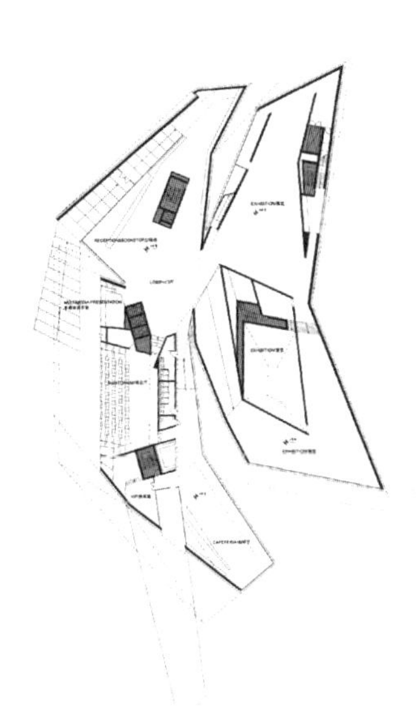

图4 一层展厅与会议平面图

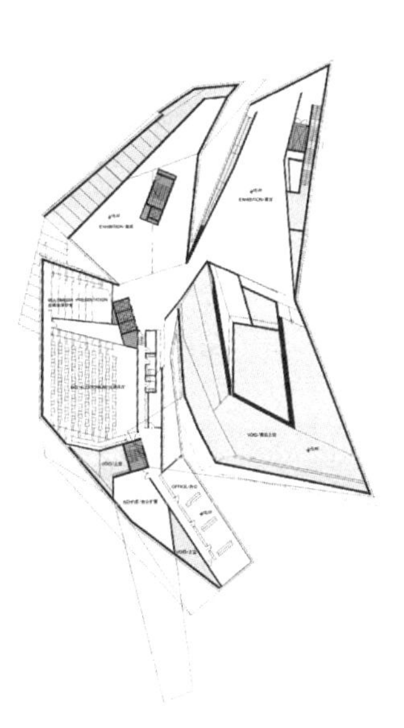

图5 二层展厅与办公平面图

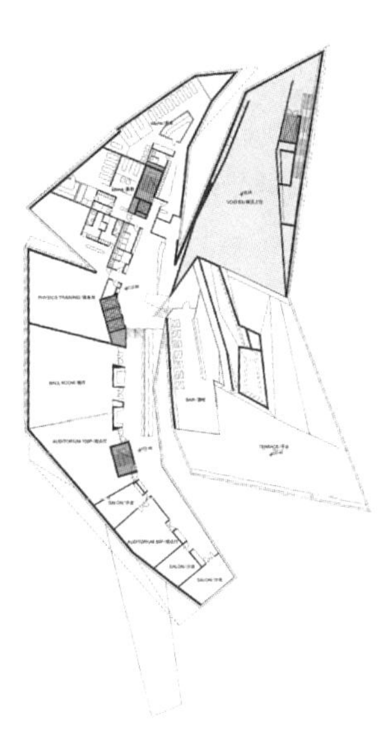

图6 接待层平面图

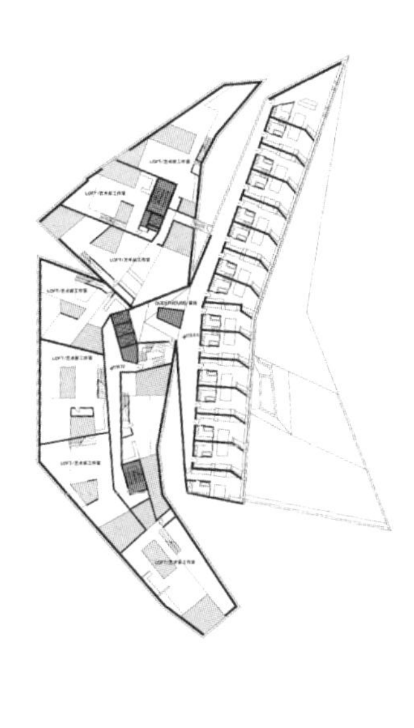

图7 客房与LOFT层平面图

是接待客房与8组LOFT空间（图3～图7）。

建筑的地面层是开放的，风景在这里延续。人们在6个小体块之间游走，视线自由穿越，观赏建筑内外的景观。底层可供驻留的内部空间只有长条形的茶吧与位于东侧竹林边的小沙龙，在朝向风景的东南面，它们是完全开敞的。

整个展示与会议区只有三处空间有面向外部的开启。会议区南端的咖啡厅拥有面向东南的优美视景。展厅东北角面向竹林的开口隐藏在混凝土展墙的背后，这是一个私密的休息空间，参观者可以在这里小憩，坐拥窗外竹影摇曳的景色。展厅中另一处较大的开启位于南侧，封闭的墙体被整面打开，收揽南面的湖光山色。

展厅与接待客房共享的酒吧紧邻一个南向的屋顶平台，这是饱览风景最为奢侈的地方。接待客房面向东面，为了同时能够兼收南向的湖景，客房空间做了特别的转折。LOFT空间位于左翼的顶部，它们都是跃层的套房，每一套拥有两个私密的院落，向天空敞开。在这里，空间是内向的，视线朝向各自庭院。建筑顶部就像一个空中的聚落。

餐厅位于地下层，却不是一个普通的地下空间。下沉的花园为餐厅创造出连续深远的优美景色。大厅中的就餐者不仅可以欣赏下沉花园的景观，顺着瀑布和缓缓上升的花台，视线可以到达更远的风景，餐厅有7组15个包间，其间间隔设置了下层的庭院（图3）。这些静谧的院落向空中敞开，每个独立的包间在私密的尺度中独自面对着自我的自然。

风景

在天印艺术会馆的设计中，风景不仅是建筑的对话者，而且成为建筑的构造者。景观设计是在超越项目基地的更大范围内展开的。场地的地形特征得以保留，扩大的湖面、“悬石中的峡谷”、堆起的山坡、下沉的庭院、瀑布与舒缓的花台……这些都是建筑风景的组成部分。北部的人工堆坡、场地中的丘陵以及南面的湖泊，共同构造了一个聚合的风水环境。

配栽选取的植物是南京当地最具景观价值的树种。季相变换是设计的概念核心，不同的空间在季节的转换中呈现出不同的色彩。湖面种植着荷花，西北的山坡上矗立着挺秀的黄山松，东面的山丘被常绿的翠竹覆盖，南面的山坡则遍栽梅花……

看着春、夏、秋、冬四季景观配置图，体验着建筑空间在风景之间穿越，我们已经依稀感悟到瞬息变幻的自然之美，触摸到这自然赋予建筑的，超越建造的鲜活肌质。■

天印艺术会馆是正在策划建造中的“中国国际建筑艺术实践展”的参展作品，建筑设计为Rainer Pirker和张彤；合作设计包括Lu Yang，Arq. Moreira Inês，DI Reisigl Mathias，潘华，盛华；结构概念设计为Werkraum Vienna。

节约型社会与大型体育赛事

马国馨
北京市建筑设计研究院

体育是社会发展和人类文明进步的重要标志，体育事业的发展水平是一个国家综合国力和文明程度的重要体现。我国历来重视体育运动在社会构建中的作用，建国至今50多年来，中国的体育事业飞速地发展，取得了世人瞩目的成就。仅在"十五"期间，中国就获得了493个世界冠军，打破98项世界纪录，并在2004年雅典奥运会上取得了32块金牌的骄人战绩。在《全民健身计划纲要》（1995）第二期工程第一阶段任务的完成中，截止到2004年，在7～70岁的人群中，体育人口占37.1%，比2000年增加了3.2%，虽然和发达国家的60%～70%相比还有差距，但据称已达到发展中国家的领先水平。体育人口的大众化、健身活动的社会化、社区体育的多样化将在构建和谐社会的过程中发挥重要作用。

另一方面，在体育事业大发展的同时，作为开展活动的硬件——体育设施也有了长足的发展。1996年我国进行第四次体育场地普查，当时全国共有各类体育场地615 693个，每万人拥有体育场地5个，人均体育场地面积0.65 m²。2004年进行第五次普查时，体育场地的数目已达到850 080个，比8年前增加了38%，人均体育场地面积达1.03 m²。除数量上的增加之外，体育设施的水准、质量也有很大的提高。我国已经举办过除奥运会、世界杯足球赛以外的各类世界性、洲际的大型综合或单项赛事，建成了一批符合国际赛事标准的体育设施。当然与发达或较发达国家相比，这些体育设施仍处于较低水平，地区、城乡之间的差距也比较大。

对于中国这样一个人口众多的发展中大国，如何处理好经济社会发展与资源、环境之间的关系，缓解我国面临的各项矛盾，坚持全面、协调、可持续的科学发展观，大力发展循环经济，建设节约型社会是当前十分迫切的任务。体育事业作为第三产业的组成部分，已经成为国民经济新的增长点，因此我们有必要从各种角度来分析、研究新形势下体育和体育设施的发展和利用，尤其是一些大型赛事的赛制和设施建设，使资源得到最合理的配置，以达到体育事业与经济和社会发展的协调、竞技体育与全民健身的协调、普及与提高的协调、设施的公益性与经营性的协调。

一、借鉴奥运会等大型国际赛事在设施建设上的经验教训

奥运会是当前世界范围内影响最大、规格最高的综合性赛事，百年奥运经历了不断发展壮大和不断克服政治、经济、竞赛、组织等各方面困难的过程，同时，在场馆的建设和赛后利用方面也积累了大量的经验和教训。2001年国际奥委会新任主席雅克·罗格上任以后曾说过，他的目标之一就是削减奥运会的费用、规模和复杂程度，也就是要制止奥运会的膨胀和巨人化。为此，国际奥委会专门成立了以执委会副主席理查德·庞德为首的委员会，研究如何削减奥运会规模及费用，精简不必要的岗位和支出，并于2003年提出了117条建议给国际奥委会。据称其中33条已在2004年雅典奥运会落实，2006年都灵冬奥会实施99条，2008年北京奥运会实施108条，其余各条将在2010年和2012年的冬、夏奥运会中付诸实施。这些建议中相当一部分是涉及场馆设施建设的，例如：优先使用已有体育场馆，更多地采用临时建筑，兴建新场馆的前提是奥运会后主办城市仍需要这些设施；技术特点相近的项目共用场馆设施；合理规划场馆设施的规模及数量；多采用集中修建场馆的方式，这样比分散修建更为经济；将比赛用场馆同样用于赛前训练；不要在奥运会开幕前过早开放奥运村和新闻中心；撤掉新闻中心不必要的高消费餐厅；向记者提供住宿的酒店，不再专门修建记者公寓；削减记者采访证发放数量；根据实际需要确定志愿者人数……罗格先生入主国际奥委会以后一直强调："节俭是原则，而非目的。"这也是百年奥运正反面经验教训总结的关键词，是关系到奥运会能否健康发展、能否更好地弘扬奥林匹克精神，甚至关系到人类进步和发展的重要原则。

英国专家在总结英国大型体育场馆的运作经验时曾说："对体育场来说，没有补贴就必须有一个保证在建筑生命周期内举办活动的时间表或者一个主要的体育馆承租人。""没有成功的管理团体或活动时间表，体育场馆每年的使用次数如果不超过20次，平均占有率不超过80%，运营资金就会成为问题"。（2005年5月13日《中国建设报》）从自身的经验出发，2012年伦敦奥运会规划将把主体育场的8万人座席在赛后压缩为2.5万座甚至1.8万座。策划者认为："伦敦奥运绝不希望建造那种会成为累赘的建筑，赛后一点用处也没有，却要花大量钱照顾它。规则就是'不'！如果一个建筑方案没有明确的奥运后的计划，就不能做。"（2005年12月8日《南方周末》）

同样被人们认为大有利益可图的世界杯足球赛也面临同样的问题。2002年日本和韩国联合举办此项赛事，两国为了各自国家的形象，出于互不相让的虚荣心理，新建了大批体育场。"尽管日本仅仅承办了本届世界杯赛的一半赛事，但是其花费的资金为1998年世界杯赛法国投入资金的3倍。韩国为修建比赛场馆也花费了10亿英镑，其场馆的利用率同样非常有限。"（2002年7月27日英国《每日电讯报》）

二、中国的赛事改革及场馆建设

中共中央和国务院2002年的《关于进一步加强和改进新时期体育工作的意见》中指出："全国运动会是推动我国经济体育发展的重要环节，要全面、科学安排国内各项赛事，改革完善竞赛制度，充分发挥竞赛的功能和效益，为实现'奥运战略'目标服务。"按照国家体育总局和其他部委的部署，除全国运动会外，属于全国范围的赛事还有城市运动会、少数民族传统体育运动会、大学生运动会、中学生运动会、农民运动会、残疾人运动会等大型综合或特色类赛事（见附录）。这些赛事作为我国体育事业发展的重要调控器，一直发挥着重要的作用，形成了

我国的特色。同时，赛事的举办使许多省市的体育设施建设步伐加快，交通、通讯等条件不断改善。但是近些年来对各种全国性大型赛事利弊的讨论声音越来越多，一些急功近利、弄虚作假的不正之风和唯金牌论、兴奋剂事件等畸形表现扭曲了举办赛事的初衷。

对于赛事改革的注意力还集中于赛事规模和体育设施的建设。我国全运会的比赛项目已接近或超过奥运会，参会运动员近万人，代表人数总和还要加倍。一些全国性赛事的比赛项目和规模近年也在不断扩大，使主办省市急于兴建一些标准高、规模大、投资可观的大型或超大型设施，负担加重。以全运会为例，六运会时广州天河体育中心总造价1.87亿；到八运会时，上海新建、改建场馆共38个，估算总造价56亿，其中8万人主体育场耗资12.9亿，浦东游泳馆造价2亿；九运会时新建11座场馆，重建、维修45座场馆，其中奥林匹克体育场造价13亿，广州市体育馆造价10亿，汕头游泳馆造价3.5亿；而十运会设施总开支12亿美元（法新社，2005年10月24日），新建22个场馆，其中奥林匹克体育中心（包括5个比赛场馆）造价23亿。其他赛事如第四届城运会投资8亿元建造场馆，第五届城运会省建场馆投资6亿元，新世纪体育中心投资预计9.8亿元，其他8个城市改扩建设施近5亿元（中国体育在线，2003年11月17日）；第七届民运会为9个场馆改扩建投资2.5亿；第九届中学生运动会投资近2个亿。

尽管我国万人拥有的场馆数目仅为5个左右，与欧洲的25个/万人相比还有很大差距，但10年前就有评论指出："几十年来我国或囿于形式或因经验不足建造体育场馆盲目求大所带来的负面效应，并未引起社会各界的充分重视。各地仍然在竞相建设大中型比赛场馆，建体育中心，盲目追求上规模、上档次。一些城市仅仅为了承揽一两项比赛，就要建造一批大型体育场馆，至于何时收回成本，如何经营，则少人问津。"（1997年7月30日《人民日报》）第十届全运会后也有评论指出，"想看到一个节俭的全运会，"（2005年10月29日《光明日报》）这首先涉及到赛制的改革，各有关主管部门已为此作了一些尝试和改革。

为避免体育设施和人才资源的浪费，全国性赛事应在规模上"瘦身减肥"。对于国际大赛中的一些重点基础项目（如田径、游泳、体操等），可以利用全国赛事予以重点扶持，对于一些还很不普及的国际项目，可以利用全国赛事来吸引人们的注意，扩大其影响，而在国内体育市场运作中已取得一定经验或赛制已较健全的项目（如篮球、排球、网球、足球、乒乓球等）可独立运作，不必非要搭乘全运会或城运会的车。在参赛选手的年龄上应加以严格限制，以使更多的青年选手或新秀有机会脱颖而出。此外，随着冬季冰雪项目的增多和普及程度的提高，把冬季项目和夏季项目明确分开进行也可把场馆建设的规模缩小。

"赛期拉长，赛地扩散"可充分利用资源，促进各地体育事业的发展，如与规模的压缩同时进行，其效果可能会更加明显。第九、十届全运会都提出了新的筹申理念，如第九届全运会首次实行了大规模的分赛场制，除广州外还有14个城市共同举办；第十届全运会除南京外，还利用了7个省辖市的各种设施。城运会等赛事也多利用这一模式，但有的专家认为各地在实现这一理念时还有被动和不自觉的成分。

有一部分比赛项目对于场地和设施有特殊要求，可以因地制宜，灵活处理。如高尔夫运动本身已十分商业化，因此没有人会为一次比赛而去兴建新的球场，而另外一些商业化、职业化程度较高的项目（如足球、网球、马术、水上、游泳等）已有许多相应的俱乐部和设施，利用这类设施举办大型赛事在国外已屡见不鲜。又如激流回旋项目在悉尼奥运会前都是利用天然水域进行比赛，自悉尼奥运会建造了人工水道以后，全运会也陆续修建了几个，如果不拘泥于一省范围内，就像北京奥运会马术项目也可在香港举办一样，可避免重复建设以减少一些主办城市的负担，更何况像帆船项目赛事在内陆省市无法进行，也必须打破地区界限。

赛制的改革还应包括改变重大赛事的开闭幕方式。有些赛事主会场规模越建越大是因传统的开闭幕模式所致。长期以来大型团体操、文艺表演、宏大的背景等劳民伤财的模式已成为一种定式，因此如果对于国内赛事的开闭幕方式有新的思路，也将为设施建设带来较大的余地。更何况国际奥委会也多次强调："（开幕式）应该是具有创新意义的，同时也要反映出举办国浓郁的民族特色。……开幕式决不能退化成另一种形式的文艺演出。"因演出成本及门票销售的原因，国际足联在今年1月已宣布取消世界杯开幕式的表演。

笔者曾有考察国际赛事的亲身体验。1991年7月在英国阿里斯伯里（Aylesbury）召开世界残疾人运动会，这是一个不大的城镇，位于牛津的东面。比赛项目包括游泳、田径、篮球、网球、射击、射箭、滚木球等，主赛场就利用一个体育俱乐部的场地和设施，主田径赛场没有看台，观众就在场边的草地上或站或坐观看比赛。公共区和比赛区之间用简单的标记分开，并利用场边的俱乐部作为比赛的附属设施。俱乐部室内主要是一个单面看台的体育馆，场地为篮球场大小，水泥地面，只在轮椅篮球决赛那天，用集装箱车运来装配式比赛用木地面，由3～4个工人在2～3小时内铺设完毕，并在决赛结束后马上拆除运走。还有一些比赛项目利用当地已有的游泳馆和汽车赛道进行，虽然与住处有一定距离，但接送运动员的大巴安装了可供轮椅升降的电动设备，服务十分到位，由此也可看出一些发达国家在举办国际赛事的正确心态和精心策划。

三、务实、科学、理性地看待大型体育设施的建设

2000年国务院批复国家体育总局《关于申请开放全运会由北京、上海和广东三地轮流举办限制的请示》中提到：同意取消限制，"但要求申请和举办全运会要本着实事求是、量力而行、勤俭效能的精神"，按照国家体育总局和申办省市"共同举办、共同负担、经费以地方自筹为主，中央定额补助为辅"的原则进行。因此主办省市不应单纯从"政绩""形象""面子"出发而兴建一些大型设施和体育中心，不仅是全运会，甚至城运会、省运会都应如此。展示本身无可厚非，但是如果陷入攀比或为展示而展示的盲目性就会产生负面影响。据称某城市承办国际大赛的预赛，原有6万人的场地已获国际组织考察批准，但当地新领导就任以后却认为设施不够水准，仅为区区3场比赛就准备重新修建一座体育场；某省为承办全国赛事，在原有5.5万人体育场的体育中心外，又要新建大型体育中心；某沿海城市，其体育设施已居全国前列，但在1987年和2001年以及预定的2012年都修建了或准备修建大型体育中心。而相形之下，国外一些发达国家在兴建大型体育场馆时十分慎重，一般都在获得大型国际赛事主办权以后才付诸行动。如巴黎在1998年举办世界杯足球赛之前，长期使用20世纪修建的王子体育场和法国奥委会所在地的2万人体育场，只是利用举办世界杯的机会才耗资26.7亿法郎修建了可容纳8万观众的法兰西体育场。德国慕尼黑在举办1972年奥运会时修建了5万观众的奥林匹克体育场，34年之后要举办2006年世界杯比赛时，为是否新建一个6.6万观众的安联体育场而在2002年10月举行了一次公民投票，得到65.8%的市民赞成后新体育场才得以实施。在国外，更多的世界性大赛都是在几十年前修建的旧体育场中进行的。一位记者在对比了同在2005年举行的十运会和芬兰的田径世锦赛后写道："我更喜欢赫尔辛基奥林匹克体育场，虽然它已年过半百，观众席都已油化剥落，颜色发乌，但它却提醒我，体育是朴素的；运动会价值的高低在于比赛场上的内涵和它能否带给观众愉悦的情感，而不在于比赛场馆是否富丽堂皇，气派恢宏。”（2005年10月29日《光明日报》）

与国内常常因举办某些较低规格赛事而大兴土木，或根本没有明确的赛事目标而兴建大型体育中心以营造“硬件”条件相比，国外更注重在取得了国际重大赛事主办权以后才开始行动，其原因除了这类大型设施的建设和赛后运营是一场“经济消耗战”外，还为适应国际有关体育组织关于赛事的最新要求和规则的不断修改，以减少被动。如田径标准比赛场地的弯道半径在一个时期以来按规则多采用37.898 m，但后来国际田联建议的半径为36.5 m；国际泳联也把早先的泳道宽度由2.25 m改为2.5 m；另外随着通讯、照明、计时计分、电视转播等新技术的进步和发展，甚至包括反恐和防止赛场暴力，都会不断提出新的“硬件”要求。因此体育设施的建设必须有长远而全面的考量才不致被动。

我国的体育设施总数量、人均设施水平、体育人口与发达国家相比还有很大差距，体育设施的建设速度和规模亟需提高和扩大，而且体育场地的结构也亟需规划和协调。我国有3万名职业运动员，20万名专业运动员，培养一名奥运选手的投入是很可观的。据某省报道，2005年全运会一名金牌选手的培养费用高达1 000万元。另一方面，我国有4亿多人参加体育运动，并且这个数目还在不断增加之中，我国在2003年全民健身的投入为6.53亿元人民币，而德国和匈牙利早在1990年投入大众体育的资金就分别为58.88亿美元和7.04亿美元。在设施建设上，豪华、高标准的比赛设施建设和大众体育的投入形成了明显的反差，虽然2003年8月国务院颁布实施的《公共文化体育设施条例》提出“国家鼓励机关、学校等单位内部的文化体育设施向公众开放”，但并未获得积极响应。已有设施的对外开放率在有的省份为32%，大量高档设施长期“赋闲”。其实早有评论指出：“我国目前急需的显然是大量的小型练习场馆及简易场地。因为目前我国适应大众健身娱乐需要的中小型场馆严重缺乏，城市居民小区体育设施建设也大大滞后于城市建设的发展，农村体育场地更是稀少，这些都严重制约了全民健身运动的发展。”（1997年7月30日《人民日报》）。体育强国、体育强省的概念包括大众体育、学校体育，还包括体育意识、消费水平等综合概念，自然也有设施建设结构上的协调。

在游泳馆的建设上也有类似的结构失调现象。近年来许多省市相继建设了许多游泳比赛馆，其观众座席数由一千至几千人不等。一些高校游泳馆的建设也仿照比赛馆，扩大了游泳馆的室内空间，增加了很少使用的观众席的成本，而这些比赛馆承担真正的国际或国内的正规比赛机会却是少之又少。记得在访问法国奥委会时，我们想参观巴黎的游泳比赛馆，他们回答现在还没有，要等申办下来奥运会时才会修建。洛杉矶、巴塞罗那以及雅典奥运会的游泳比赛也都采用了室外设施，其原因就是游泳比赛馆的赛后运营是个耗资巨大的棘手问题。据澳大利亚的建筑师介绍，1个游泳馆4年的运行费用就等于新建1个游泳馆的土建费用。调查显示，北纬40°以上地区的室内水上场馆经常陷于经营困境，其中一个重要原因就是60%的成本来自于大量的能耗（2005年4月27日《北京日报》）。与我国大量修建游泳比赛设施的潮流形成鲜明对比，国外对于一次性的国际游泳大赛多采用临时替代方式，而很少去修建专门的游泳比赛场馆。如2001年在日本福冈举行的世界游泳锦标赛，主赛场设于福冈会展中心内，其标准比赛池和几座临时泳池采用了雅马哈公司研制的FRP泳池（即玻璃纤维强化塑料泳池），由于是工业生产，所以其工期短、成本低、易于保养。福冈的比赛需使用50天，泳池的安装用2周时间，拆除用1周时间，真正做到了随时随地用极少成本就可举办国际大赛。此后，巴塞罗那的一次大赛也采用了这一方式。2004年第七届短池世锦赛在印第安纳波利斯NBA步行者队的体育馆举行，2007年墨尔本游泳世锦赛也将在网球馆举行。国际泳联主席马库勒斯库表示：“如今在多用途场馆举办国际游泳比赛已经越来越普遍。”2006年4月上海将举办第八届世界短池游泳锦标赛，由于早年建成的游泳馆设备陈旧，泳道不符合目前标准，国际泳联专家建议利用2005年新建的网球中心作为赛场，并采用西班牙阿斯特拉公司的设备，可在一个月内将泳池搭建完毕。这些事例也启发我们可以把注意力更多地集中于建设供健身和练习用的训练馆，为水上项目设施建设探求一条新路。

对于大型体育赛事设施的建筑设计，如何以科学发展观和节约型社会的要求予以审视，也是一个大有可为的课题，本文不准备深入展开，只提出一些不成熟的看法供讨论。

一个时期以来，我国各地的大型公共建筑建设往往不计成本、不考虑实际情况，一味追求标志性和新奇特的形式主义倾向风行一时，至今仍有相当市场。对于有些城市而言，体育建筑也是重要的“标志性建筑”，所以追求规模最大，标准最高；为造型独特不计用材，不计造价，不计节能；小题大做，变简为繁，虚假结构；装修标准高档化，商业化；只求建成当时效果，不计赛后使用……在此不做详述。

大型体育设施的赛后利用是困扰国内外的难题，雅典奥运会大量场馆的闲置就是最近的例子。在我国成功解决的实例不多，从国外成功案例看主要是最大限度地利用场馆建筑本身，通过频繁举办精彩赛事（如美国的NBA联赛、冰球联赛等）与开展各种非体育活动，加上与这些活动同时进行的商业收入来取得最大的日常受益。如香港红磡体育馆已运作22年，其使用率高达96.7%，在2004年举行的187项活动中，体育活动5项、演讲和聚会等活动35项，其他大多属娱乐性项目，如此一年收入7 600万港币，支出3 600万港币，收入中的80%来自租金受益。我国的大型场馆因体制原因多属公益性设施，同时由于各种体育赛事赛制的不健全和不成熟，场馆本身的活动还不足以形成良性循环，于是形成“以附属设施的收入来维持长期闲置的座席和场地运营”的思路，带来的后果就是场馆的总建筑面积越来越大，造价越来越高。以大型体育场为例，其每座建筑面积指标由20世纪初的1 m²/座上升到2 m²/座，甚至目前个别体育场达到了3.3 m²/座，包括花费大量的投资和面积建设一些商场、旅馆、办公和其他出租设施。同样，目前把大型赛事安排在高校举办，修建的体育馆完全按照正规比赛馆设计，设置了大量观众席，造成这些场馆的面积很大、观众席赛后闲置无用的窘况。能否有其他更好的思路解决场馆赛后利用的问题是我们在体育设施建设中应当深入研究的课题。

体育比赛是一个公益性很强的活动，对于流程、分区有明确的要求，同时国际单项组织在比赛规则和设施要求上会不断提出新的标准。由于不重视工艺设计或对于规则改变的信息渠道不畅通，场馆建设出现过问题，走过弯路；如果对规则执行的背景及严格程度不了解，把一般要求理解成硬性规定，也会走入另一个误区。如大型国际赛事对于组委会、新闻记者等均有特殊的面积要求，由于是一次性赛事，许多利用具有一定弹性或临时的设施即可满足比赛要求，如果都用永久性设施来对应，就会扩大设施的规模；又如田径场地长轴的方向在正式比赛场地规则中有严格规定，但对于一般练习或社区的非正式、非标准场地，过分强调朝向也会带来布置上的困难；又如大型国际比赛场强调运动员村和主赛场临近，但如果过分拘泥于这点常给总体布局带来困难，事实上在国际赛事中，二者距离再近也要由专门车辆来接送运动员，所以相距1 km还是5 km只是一个量上的差异；有些项目的比赛，国际单项组织并不强调一定要使用室内设施（如射击、自行车），对个别决赛也可用临时设施解决，如果不考虑赛后利用而一味按室内修建，同样会增加日后的维修管理费用；体育场观众席上的挑篷，除世界杯足球赛国际足联对预赛、决赛场地的挑篷要求为至少覆盖2/3观众席外，其他国际组织并无要求，当然有些多雨地区的职业联赛体育场为保证观众观看质量，设置全覆盖的挑篷，但如果不明所以然一味照搬，再加上较低的使用率只会造成材料和资金的浪费；国外商业性运作的场馆常设置大量出租包厢，但产业化、职业化还很不成熟的国内公益性设施也盲目搬用此做法，未必能达到预期的效果，反而还会影响上部观众席的观看质量；国外有些设施采取一些新的技术（如开关屋顶、气垫场地、座椅视频等），都需因时、因地、因条件加以分析，不要盲目花巨资去修建开关屋顶。

建设节约型社会，抓好公共建筑（包括体育建筑）的节能、节地、节材、节水不是一时的权宜之计，而是一个在发展模式、建设方式上具有战略意义的根本性转变，也是在人口众多、地区发展不平衡而又要最大限度地提高投资质量和效益的条件下，采用一种新的理念来研究和思考。当然这是一项综合性很强的任务，既涉及立项、规划、设计、科技、质量等操作层面的内容，也涉及法律、法规、政策、规范等政策、行政管理层面的工作，加之大型体育比赛还必须与国际接轨，也需要在充分吸取国外经验教训的基础上，结合我国国情以及地区情况，充分调研总结，分析优劣利弊，从而使我国竞技体育、大众体育和学校体育在新世纪开创新的局面。■

附录

表1 历届全国运动会简况

届数	举办地	举办时间	项目		代表团数目	参加运动会人数	备注
			比赛	表演			
第一届	北京	1959	36	6	29	10 658	
第二届	北京	1965	22	12	30	5 922	
第三届	北京	1975	38	10	31	12 497	
第四届	北京	1979	34	1	31	15 189	
第五届	上海	1983	25	1	31	8 943	
第六届	广东	1987	44	3	37	12 400	
第七届	北京 四川	1993	43	不详	45	8 000	北京承办26项，四川承办15项，秦皇岛承办22项
第八届	上海	1997	28	不详	46	近20 000	速滑和马拉松在外场进行
第九届	广东	2001	30	不详	45	12 316	广东举办27项，32项在东北举办，运动员8 608人
第十届	江苏	2005	32	不详	46	9 986	

表2 历届全国城市运动会简况

届数	举办地	举办时间	项目	参加单位	运动员数	备注
第一届	济南、淄博	1988	12	42	2 329	
第二届	唐山、石家庄	1991	16	51	1 707	
第三届	南京等地	1995	16	50	3 364	包括周围5市
第四届	西安	1999	16	57	3 861	
第五届	长沙等地	2003	29	78	不详	包括周围8市

表3 历届全国农民运动会简况

届数	举办地	举办时间	项目		参加单位	运动员数	备注
			比赛	表演			
第一届	北京	1988	7	2	30	1 431	
第二届	孝感	1992	9	2	30	1 465	代表团总计2 236人
第三届	上海	1996	10	2	30	1 871	
第四届	绵阳	2000	13	不详	31	3 300	
第五届	宜春	2004	14	不详	32	2 560	代表团总计4 000人

表4 历届大学生运动会简况

届数	举办地	举办时间	项目		运动员数	备注
			比赛	表演		
第一届	北京	1982	3	不详	2 552	
第二届	大连	1986	2	不详	2 228	
第三届	南京	1988	5	不详	3 100	
第四届	武汉	1992	5	1	3 500	
第五届	西安	1996	6	不详	不详	代表团总计6 000人
第六届	成都	2000	8	1	2 841	
第七届	上海	2004	9	1	3 430	代表团总计8 000人

表5 历届少数民族传统运动会简况

届数	举办地	举办时间	项目		代表团数目	参加运动会人数	备注
			比赛	表演			
第一届	天津	1953	5	414	不详	不详	
第二届	呼和浩特	1965	2	68	29	863	
第三届	乌鲁木齐	1975	7	115	29	1 097	
第四届	南宁	1979	9	120	30	3 000	
第五届	昆明	1983	11	129	不详	不详	代表团总计9 000人
第六届	北京、西藏、拉萨	1987	10	>100	33	4 000	
第七届	宁夏	1993	14	124	不详	不详	

主题事件与城市设计

金广君 刘堃
哈尔滨工业大学深圳研究生院

在经济全球化的大背景下，注重城市形象的建设与提高竞争力已经成为城市发展的重要战略之一，其中，对城市各类事件的重视与利用成为实现这一战略的手段。从事件中提炼出积极的主题，并通过实现这一主题来展现城市风采、提高城市的形象和知名度，从而达到吸引投资、发展城市经济的目的。

从不同的事件中提炼不同的主题，以主题事件作为城市建设的动力和契机，是当代城市设计师从事城市设计项目研究和设计创作的主要切入点。

一、对两个概念的思考

当前国内外学术界对城市设计概念的讨论众说纷纭，因此在进行主题事件与城市设计关系的讨论之前，有必要对两个基本概念作简要的叙述，即城市设计和主题事件。以下是笔者对这两个概念的认识：

1. 关于城市设计

在目前所能查询到的学术界近期对城市设计概念的诸多诠释中，我们选出三个比较典型且系统的相关论述展开讨论，建立起对城市设计概念的基本认识，作为我们研究问题的基础。

（1）城市设计“作用圈层”论

美国哈佛大学的Alex Krieger教授在“城市设计的领地”（2004年）一文中，对城市设计概念的论述引入了地理学中“作用圈层”（spheres of action）的概念，认为城市设计是对城市建设活动的一系列作用圈层（spheres of urbanistic action），并对“圈层”做了十个方面的具体勾画：圈层1，城市设计是城市规划和建筑学之间的桥梁；圈层2，城市设计是基于城市形态的公共方针；圈层3，城市设计是城市建筑学；圈层4，城市设计是城市改造的策略；圈层5，城市设计是创造场所的手段；圈层6，城市设计是城市有机发展的保证；圈层7，城市设计是对城市基础的整体布局；圈层8，城市设计是“景观城市”的保证；圈层9，城市设计是对城市远景的构建；圈层10，城市设计有利于创造和谐的城市社区。

如果从Alex Krieger教授论述的城市设计十个“作用圈层”所涉及的内容入手来分析，我们可以得出：城市设计是一个跨学科的研究领域（圈层1）；根本目的是塑造城市形态（圈层2）；研究对象是城市的建筑艺术（圈层3）；关心的问题是城市改造、场所塑造和健康发展（圈层4～6）；具体落实涉及到城市基础设施布局（圈层7）；影响的是城市景观和远景（圈层8，9）；最终目的是建立和谐社会和社区（圈层10）。由此可见，城市设计不仅仅是对城市形体环境的设计，其内涵还包括场所塑造、基础设施布局、城市的远景发展、建构社区，等等。

（2）城市设计“框架”论

近20年来，“城市设计框架”（urban design framework）一词在国外城市规划与设计领域频繁出现，从其发展演变中也可看出城市设计这一概念的不断扩展与变化。早期的城市设计框架基于城市的形体环境，通过借鉴美国城市设计教育家凯文·林奇“城市意象”的五元素来形成点、线、面交织的空间形态网络，是一种塑造形体环境的整体框架，随着不断的发展演变，逐渐成为城市设计层面用于转译抽象的设计目标和实施计划的工具。

2000年之后，随着城市设计领域内管理学知识的不断渗透以及城市设计本身的多学科综合化和系统化，城市设计框架已经从形体环境设计工具逐渐向实施管理和策划工具的方向转变，从最初的形态格局框架，发展成为政府管理层用来组织协商、进行项目策划的一种组织模式。

如今架构城市设计框架不仅要体现对基本概念的构想，还包括为了建立可行性方案而进行的咨询、研究与分析，既涵盖整体的设计策略，又包括详细的区域评价和城市设计细节。城市设计框架向管理策划方向的转变也要求其对于地段的开发起到更多的统领与决策作用，因此城市设计更应注重于认清时代背景、确定开发的基本概念并将其渗透于框架的各个层面，使整个开发项目自上而下能够有统一的目标与方向。

显然，城市设计框架概念的建立是将城市设计视为一个完整的过程，包括策划与设计、开发与管理、维护与社区建立等。其中，城市设计概念的建立应该是系统、科学和准确的。从“人创造城市”的基本过程来分析，“设计主题”的建立应该是形成城市设计框架的重要基础。

（3）城市设计“二次订单”论

“二次订单设计”（second-order design）的概念是由美国伊利诺伊大学Vakki George教授提出的（1997年），他认为由于城市经济、技术、社会环境的变化以及越来越多不确定因素的产生，城市设计应脱离一次订单设计范畴，更多地转向设计目标、设计策略、设计导则与实施计划。因此当代城市设计应该采取二次订单设计方法（second-order design endeavor），即城市设计师并非像建筑师或景观建筑师那样直接设计出具体对象，而是设计影响城市形态的一系列“决策环境”，使得下一层次的设计者们在这一决策环境规则的指导下做专业化的具体设计。

由此看出，城市设计为直接的形体环境设计行为提供了设计背景与规则，寻找并确定准确的设计主题，将其有效、合理地在具体项目中贯彻与实现，是当代城市设计师重要的任务之一。主题的确定直接影响到形体环境设计的方方面面，同时对开发项目的运营管理也起到决定性的作用。

通过以上介绍不难看出，无论是“作用圈层”论、“框架”论，还是“二次订单”论，其中比较一致的观点是：城市设计在学科划分上是一个跨学科的领域。更重要的，城市设计是一个从远景构想、项目策划、设计选择，到设计导则、实施策略和管理运作等多阶段、一系列的动态决策，这些决策并非一个人的作用结果，而是一个团体共同努力的成果，而且，这个团体的每个成员在不同阶段对决策结果的影响程度不同，他们从不同角度代表不同的利益群体和价值观。

在城市设计全过程的决策中，设计主题十分重要，它是贯穿于城市设计全程的灵魂，是能够将这些纷繁杂沓的内容从本质上联系起来的核心，是一个城市从整体发展到具体的城市设计项目由策划到完成的关键。

2. 关于主题事件

城市设计对城市形态环境塑造的目的是为城市生活的发生提供场所，这些城市生活即是一系列的生活事件。城市设计师经常从专业角度观察城市生活的现象和情节，从中总结出活动规律，归纳出适应这一活动规律的空间模式。

“本土性”是城市设计师一贯追求的城市设计目标，其中对“主题事件”的利用是强化城市本土性的关键。

（1）主题

“主题”是当今普遍使用的泛社会文化学概念。它源于文学，是文艺作品中通过描绘现实生活和塑造艺术形象表现出来的中心思想。后被推而广之，用于各个领域、学科以及各类事件中，作为思想交流的主要话题。用于学术研究它指主要课题，而作为理论阐述时它则指核心观念。一般说来，它通指各类实践活动的主旨和核心。

在实践活动中，主题的运用有层次之分。以文学作品为例，完整的文章首先需要贯穿始终的主题，这是文章的思想灵魂；而各个部分为了更清晰地表达和体现主题，仍需要确定“子主题” 以趋近中心思想。推而广之，各类实践活动中主题的运用均有主次、大小之分，次一级的主题用来趋近和解释上一级主题，所有层次的次主题均为贯穿整个活动的总主题服务。

本文论述的“主题” 特指与城市重大事件或生活事件相关、被城市设计师提炼和利用的核心设计思想。它由事件决定，受城市设计项目的局限，通过城市设计师提炼和转型得出，作为城市设计的核心思想，用来指导设计策划与创作、具体的项目设计与实施，是贯穿城市设计全过程的核心思想。

同样，从整体上讲，城市设计的主题也有层次性。首先由于城市设计是城市规划的下一个阶段，同时城市设计本身又有总体城市设计和局部城市设计、社区设计和系统设计等多级层次，必然对应多层次的主题。规划为城市设计建立了基本和宏观的主题，而各个层次的城市设计则是将这个主题逐步转译成更为具体、可表现和可操作的一系列“子主题”。通过各环节对“子主题” 的实现，城市设计活动沿着一个方向逐步趋近于总主题。

（2）主题事件及其双重性

在城市设计师的眼里，城市的事件，无论是重大事件还是平淡的生活事件，都有各种各样的主题，即主题事件，它们就是城市设计师筹划城市设计项目的创作源泉。

在城市设计中，设计者应该关注与利用的“主题事件”分为两类。一类为外来力或政策决定的主题明确的重大事件（诸如举办奥 / 亚运会、各种博览会、大型交易会、影响较大的事件和大型的城市节日庆典等），我们把这些事件称为显性事件。一般来说，显性事件对城市的影响较大，有明显的时段性、系列性。另一类事件则是伴随着城市生活而存在的，或是城市发展潜在的趋向或机遇（如众多平凡的城市生活与活动），或是影响城市经济发展的潜在动力，我们把这些事件称为隐性事件。这类事件对城市的影响是潜在的，有明显的内在性、长期性和独立性。

两类主题事件都有积极性和消极性的双重特点。但比较起来，显性事件比隐性事件的双重性更明显，因此，在利用显性事件积极性的同时，更要认真研究其消极的一面，做到短期作用和长期效果相结合，避免城市建设的浪费和消极空间的形成。以悉尼奥林匹克中心为例，在热闹非凡的奥运会之后，政府每年必须拿出4 600万澳元维护这些奥运场馆。除了少数场馆能依靠举办大型国际体育比赛维持运营，其余大部分场馆都在亏损，消极性表现得十分明显。

3. 城市设计主题的提炼

针对不同事件及其类型、大小的不同，城市设计师提炼设计主题的方法也不尽相同。鉴于本文对显性事件和隐性事件的分类，以下就两类事件对应的显性主题与隐性主题分别进行论述。

（1）显性主题的提炼

由于显性事件的主题明确，因而对显性主题的提炼相对简单。它的核心主题明确，其下各个层次及作用于城市设计各个阶段的一系列主题也具有相似性，因此城市设计主题的确定相对而言是被动和直接的。城市设计师对于这类事件的运用是围绕其主题展开一系列研究，运用形体环境元素设计的手段体现主题或为其服务。

重大的显性事件一般由政府支持举办，能给城市带来巨大的变化与经济利益，因此事件发生过程中，主题一致的城市设计实施与运作会取得良好的收效。但在重大事件发生过后，一些与之相关的城市设计作品则需要在运作管理方面找到新的主题，合理转型，以适应城市与时代发展。

转型就是寻求更合理主题的过程。城市设计师可以通过以下几种方式实现新主题的引入。其一，以同性质的重大事件为主题，保证项目的专业化和自身价值的延续。重大事件可以从外界引入，也可以通过政府的支持自主举办，而周期性地举办主题活动则是此类建筑或区域能够持续发展的最好途径。其二，由专业化向普及化转变，以服务公众作为主题。拓展项目功能，变少数使用者为市民大众。其三，加入历史因素，以纪念作为主题。将与事件相关的建筑或区域作为展览、纪念的场所，也是实现再开发的一种方法。本文并不可能总结出全部转换主题的途径，根据不同项目的实际情况，城市设计师应灵活判断，以寻找每个项目特有的优势与机遇。

（2）隐性主题的提炼

隐性事件不同于显性事件，它没有一个已知的主题，需要城市设计师对实地细致的观察、更多的经验总结与全方面的考虑。隐性事件一般更加贴近城市生活，或是城市某些优势和特色的体现。

美国城市设计理论家威廉姆·莱特（William H. Whyte）通过长期观察纽约市城市广场在中午时人们的使用情况，归纳出人们的活动规律，从中发现广场存在的问题，由此提出对城市广场改造的设计导则，其中

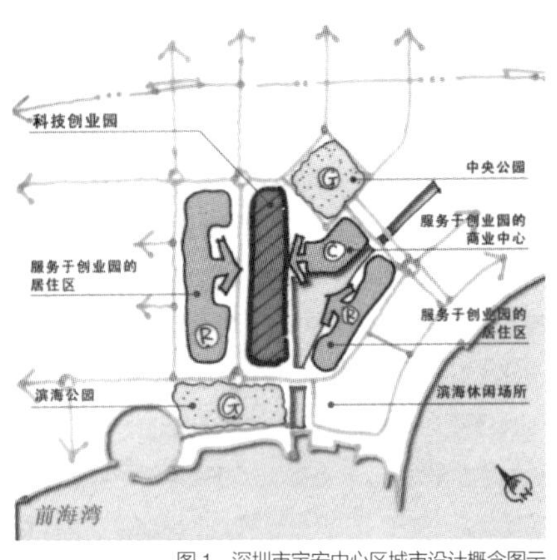

图1　深圳市宝安中心区城市设计概念图示

图2　美国巴尔的摩内港区的滨水步道

图3　深圳华侨城发展圈层示意图

广场中人的活动规律即是设计的主题。他的研究为我们提供了从城市生活提炼设计主题的方法（详见《城市中心区研究》）。

林奇提出的“认知地图”也是分析城市空间与寻找、提炼主题的一种常用方法。城市设计师通过调查市民对于城市环境的心理感受，来寻找城市带给市民强烈印象的特征作为主题。其他手段还包括通过踏勘了解城市发展现状和需求、翻阅资料研究城市社会文化背景等。

隐性主题如果通过成功的城市设计与详细设计得以实现，则很可能转化成显性主题，带动自身加速发展，并为周边更大范围地区提供城市设计主题。

二、对设计案例的解析

城市设计中，无论从显性还是隐性主题事件中得出主题，选择并运用得当均能带来良好的设计效果。以下我们通过对相关案例的分析，来求证和理解主题事件在城市设计各个阶段中的作用。

1．作为城市设计创作的概念

在深圳市宝安新中心区城市设计国际咨询项目中，设计者通过分析地段条件，研究珠三角和深圳市的结构特点，以高技术产业需求为切入点，推断出“科技创业”应为新中心区的设计主题之一，于是设计策划以科技创业园为主题概念进行了城市设计创作，并围绕这一主题，从用地布局、触媒的利用和景观轴线等几个方面确定空间结构。

根据科技创业园产业和人群的素质特点，设计又以“效率”和“人性化”为主题，合理组织安排办公研发、会议交流、服务、居住、商业与休闲等配套齐全的功能设施，在园区范围内最大限度地提高工作效率，同时在交通与环境建设等方面注重人性化设计，将“科技创业”的主题表现得淋漓尽致（图1）。

2．作为城市设计运作的策略

美国巴尔的摩市的内港区是该城市的发源地，由于水陆交通便利，曾经是该城市的经济中心。随着交通方式的改变和城市经济的发展，城市中心逐渐远离内港区，使这里变成了一块“失落的城市空间”。在人们的心目中，它成为该城市高犯罪率、高失业率的没落区。

开发改建管理机构是由规划设计、开发与管理等部门共同组成的高效率机构，由当地商人、城市设计师与政府官员组成。在完成了30年规划期限的内港开发改建计划之后，为了吸引社会投资、实施这一开发改造计划，市政府把巴尔的摩市定期举行“城市经济贸易交易会”的会场移到了内港区，并在活动期间举办内港区开发改建规划的展览，使到会者重新认识内港区的价值，改变内港区在人们心中的形象。

这一举措引起了投资商的投资兴趣，投资量也随之增大，从而加速了内港区的改建速度。在进一步的改建中，管理部门继续利用经济贸易这一主题，加强人们对于地区发展的信心，通过更多的交易活动与优惠政策吸引更多的投资，实现滚动开发。

目前内港区的空间布局是以水面为中心，通过利用原有的历史事件与水资源，将几项新的功能有机地组织在一起，为人们提供了看水、近水、亲水、玩水的项目和条件。其中沿着岸边的宽阔滨水步道和广场，当时是为举办“城市经济贸易交易会”而设计的，如此大尺度的滨水步道也成为巴尔的摩市内港区的空间特色之一（图2）。

3．作为塑造城市形象的手段

（1）美国明尼阿波利斯市的尼克雷特步行街城市活力塑造

尼克雷特步行街是贯穿市中心商业带的一条商业街，为了使城市中心区恢复吸引力、增强活力，设计部门针对城市中心区编制了步行街规划设计方案。

建成后，步行街以其独特的空间形象、较高的环境质量，对中心区的经济繁荣和城市活力起到了积极的促进作用。为了树立长久的城市形象，步行街区每年都会举办一次主题活动和大规模的游行庆典以提升中心区的人气与活力。Peavey广场的设计为配合大型集会活动的举办，中央大水池的水在节庆期间根据需要可部分或全部排出，为节庆活动提供足够大的会场；而平时，水池则成为广场的中心要素，结合高差不同的小型休闲空间和丰富的绿化，共同构成宜人的休憩环境。在街道的设计中，人行空间也得到了最大限度的扩展，增设了休息与停留的空间，使得街区无论节庆还是日常活动，均能保证人们舒适地开展庆祝与商业活动。

在这个案例中，节庆活动作为塑造城市形象、提升街区活力的手段，成为整个步行街的主题事件，空间环境与人的活动因迎合主题事件而更加丰富，街区也因此更具吸引力。

（2）意大利米兰主题事件的举办与城市形象的塑造

米兰市是一个与主题事件密不可分的城市，每年都会举办多种多样的事件与活动。从本地的传统节日到全球IT展，从意甲联赛到顶级时装发布会，米兰通过数量众多的主题事件频繁吸引世人的目光，并借此树立了城市形象。各种事件与活动会在不同的季节举办，以保证城市全年的活力，活动地点更是遍布城市各个角落，大部分广场、街道定期为活动服务，也因此各具特色（表1）。

大量主题事件与活动的举办为米兰众多的街道广场提供了展示风貌特色的机会，所有场所的经营者均可申请承办这些活动。各具特色的街道和场所配以多种内容的活动，传统而开放、时尚而健康、充满艺术气息又丰富多彩的城市形象也因此自然形成。

4．作为城市开发的卖点

深圳华侨城的开发者从1989年起先后策划建成“锦绣中华”“世界之窗”“中华民俗村”等主题公园，公园的品牌效应迅速带动周边土地升值，开发者以此作为周边地区开发的卖点，建设了大规模的居住社区，使原有的荒地迅速变为环境优美的华侨城。

随后，开发者建设了“欢乐谷”主题公园，同样也带动了周边地区房地产业与商业的发展，如今，即将新建的“欢乐海岸”将继续这种运用主题公园效应带动区域发展的开发模式。主题公园与房地产的滚动开发成功带动了整个5 km²华侨城的健康发展，并成就了深圳“欢乐之都”的美誉。

本案例中，开发者根据市场经济规律，依托主题公园的建设创出知名度，并以此为卖点带动周边地区的建设，环环紧扣，通过几个点的开发而引出全局的迅速发展（图3）。

三、结论

在上述实例中，巴尔的摩市内港区改建与意大利米兰市的案例运用的主题属于显性主题，其在城市设计的实施与运作阶段中发挥作用，加速了设计的实施并强化了城市特色；深圳市宝安新中心区城市设计的主题则属于隐性主题，它确定了项目的发展基点，成为整个区域贯穿始终的主题；而明尼阿波利斯市尼克雷特步行街与华侨城开发的案例则可看作隐性主题在城市设计过程中逐步转化为显性主题，从而带动了设计进一步发展的实例。这些主题合理地应用于城市设计的各个阶段，均起到了积极的作用。

主题事件对城市发展有很强的推动作用，其对城市环境的改善与促进则需要通过城市设计活动来完成。在城市设计的各个环节合理地选择主题事件，设计项目可以服务于事件，同样，项目也可以运用主题事件以寻求更好的发展机遇。由此看来，在城市设计过程中应辩证地看待主题事件并加以灵活运用。■

表1 意大利米兰市全年的主题活动与举办地点

时间		事件	场所
三月	月初	世界秋冬时装发布会	Freia会展中心
	第三个周六	自行车公路赛	城市中心区为起点
	第三个周末	所有博物馆纪念馆向公众开放	博物馆、纪念馆
		世界旅游产业博览	米兰博览中心
四月	复活节后周一	花卉博览	Moscova大街
	月中	世界马拉松大赛	全城
	第三周	艺术家室外作品展	Bagutta大街
五月		室外艺术展	Naviglio运河河畔
		水上竞技、音乐会	水上飞机机场
		战争胜利纪念日游行	主要街道
六月	第一个星期天	Festal del Naviglio阳光日活动	大街小巷
		城市夏日娱乐活动开始	Parco Sempione公园
	第三个星期天	Christopher庆祝日	Naviglio河畔教堂对面广场
		电影歌舞文化节	
		趣味摄影、摄像展	Fiera展览中心
		花卉园艺展览	Venezia公园
		圣人纪念日	Villa Reale花园
七~八月		拉丁美音乐纪念活动	
		露天电影放映节	Rotonda的临时展厅
九月		意甲联赛	San Siro运动场
	月初	威尼斯电影节放映	
		F1方程赛	专业赛场
十月	第一个周一	钟楼节庆	ciribiciaccola钟楼广场
	第一周	世界IT展览	Freia会展中心
	月初	世界春夏时装发布会	Freia会展中心
十一月		米兰文学奖颁奖典礼	
十二月	七日	Sant' Ambrogio节（地方节日）	Sant' Ambrogio巴西利卡
	七日	oh bej oh bej集市	Sant' Ambrogio巴西利卡
	七日	剧场开幕节	Scala剧场
一月	六日	传统游行	从Duomo到Sant' Eustorgio
	每个周六	Darsena工艺品集市	Darsena
	第三个周六	古玩书籍集市	Naviglio运河河畔
二月		世界时间最长的狂欢节	全城

参考文献

[1] KRIEGER A. The Territories of Urban Design [J]. [2006-01-20] http://www.gsd.harvard.edu/#/people/profiles/essays-krieger.html.

[2] 仇保兴. 城市定位理论与城市经营对城市竞争力的影响[J]. 城市开发，2003（11）：4-7.

[3] GEORGE V. 当代城市设计诠释[J]. 金广君，译. 规划师，2000（6）：98-103.

历史的转折点

李保峰　李钢
华中科技大学建筑与城市规划学院绿色建筑研究中心
国家自然科学基金资助项目（50578067）

建筑史主要研究建筑发展的过程，为了更好地做到这一点，就需要从广袤的历史背景来考量其演变的规律。一般而言，研究者将与建筑形态相关联的影响要素归纳、划分为三大类：人文因素、技术因素和自然因素。人文因素主要包括宗教哲学、道德伦理和文化审美；技术因素包括结构、建造技术、材料和设备制造水平； 自然因素通常指地质地貌、地理环境和气候条件。也就是说，"建筑形态就是人、自然、技术这三个外力的综合作用的塑形"。研究这三者与建筑形态之间的关系，如果我们借助现代科学中"熵"的概念来进行分析，便能够在前人研究的基础上更加清晰地把握当代建筑发展的趋势。

一、熵的建筑历史观

"熵"是德国物理学家R.克劳修斯在1850年创造的一个术语，用它来表示任何一种能量在空间中分布的均匀程度。当特定系统中的能量密度参差不齐的时候，能量倾向于从密度较高的地方流向密度较低的地方，直至系统的能量密度达到均匀为止。正是依靠这种流动，能量才能够转化为功。在熵系统中，能量分布得越均匀，熵就越大。克劳修斯说，自然界中的一个普遍规律是：能量密度的差异倾向于变成均等。换句话说，"熵将随着时间而增大①"。

参照这一定律，我们可以将建筑及其相互作用的各种复杂因素理解为建筑熵系统。这样，人文、自然、技术三大因素就是建筑熵系统中的能量场，三者共同作用的建筑形态就是系统的熵值。根据熵的定律，如果系统内的各个要素相互之间达到了均衡，即能量分布匀质化，则熵值最大，建筑艺术水平达到峰值。在三要素没有新的突变时，也就是说没有新的能量流入时，熵值会随时间而增大。这样，建筑形态会保持相对的稳定，只会随历史的发展而趋于细密化的完善。一旦有新的能量流入系统，即其中的任何一个要素发生变化，便可以认为其所含能量密度较高，从而向系统内的其他二个要素动态扩散。在熵的观点看来，能量交换产生"做功"；具体在建筑领域内，我们就会看到建筑形态发生改变。能量流输入的值差越大，做的"功"也就越大，那么建筑形态的变化也就越大。用建筑史学家的话来说，建筑的时代性越强，就越富有艺术创造性。

从建筑熵的观点出发，我们就可以非常明晰地掌握古代建筑发展的历史脉络。从古埃及的石制神庙和金字塔、两河流域色彩斑斓的生土建筑，到印度次大陆的佛教建筑、东亚的木构建筑，由于支撑建筑体系的三要素没有出现革命性的变革，建筑的"熵值"在系统内各个要素"能量"匀质化的基础上达到最大。虽然前者因历史的变迁而中辍，后者持续绵延了两千多年，但是以熵的观点来看，都因没有新的能量输入，导致其建筑形态发展陷入停滞。这种停滞是必然的，尽管二者随时间的推移产生了不少经典的建筑产品。反观与现代建筑一脉相承的古希腊、罗马建筑，因其发展的过程中不断地在人文因素方面获得新的"能量"输入，而保持着绵延不绝、向前发展的推动力。

西方社会发展的四大人文支柱——古希腊哲学、雅典民主、罗马法和基督教，在不同历史时期给建筑熵系统输入新的能量。这种人文因素上的高能量密度在系统内流动产生了"做功"，给建筑的发展提供了持续的原动力。古希腊、罗马时期古典建筑艺术的成就"从某方面说还是一种规范和高不可及的范本"。在基督教和伊斯兰教兴起后，按宗教文化圈划分的建筑同样达到了很高的成就。值得强调的是，随着资本主义的萌芽，西方社会在穿越中世纪的蒙昧时呼唤"人的觉醒"，倡导把人从宗教的桎梏中解脱出来，即所谓的"文艺复兴"运动；同时，新兴的资产阶级积极要求建立世俗的中央集权的民族国家。反映在建筑领域内，产生了以意大利为代表的灿烂的"文艺复兴建筑"和以法国为代表的"绝对君权的建筑"。至此可以看出，在技术变迁与时代发展保持同步时，人文因素因社会思潮的变迁而获得新的能量并在系统内扩散，建筑的"熵值"产生了跳跃式的增大。在资本主义生产关系得到初步的确定后，建筑熵系统又一次达到了动态均衡。一个明显的标志就是以巴黎艺术学院为代表的Beaux艺术，它一度试图以恒定的古典建筑模式来规范所有的建筑形态。

二、20世纪建筑熵系统的变迁

由资本主义生产关系推动的工业革命，不可避免地对建筑熵系统内的技术因素产生重大的影响。这种具有革命性的技术因素成为新的能量流，再次打破了原有各要素之间的匀质分布。这种因技术的高能量密度向系统内扩散的态势，势必会引发建筑形态的变革，而历史的发展恰恰又证明了这一点。以新的生产关系产生的新的功能需求为导向，以工业革命带来的技术为支撑，形成于20世纪20年代的现代主义建筑，开始向传统的古典建筑发起挑战。

历经20世纪上半叶的社会动荡后，现代主义建筑在第二次世界大战后以不可阻挡之势席卷全球。直接的动因是：它最适合战后满目疮痍的城市恢复建设的经济性。但其最根本的原因首先在于，建筑技术大工业化的生产模式降低了生产成本，提高了劳动效率，使大规模的城市建设成为了可能；同时，以廉价的石化能源为支撑的建筑设备技术，使现代主义建筑可以不论地域和气候，都能够保证室内的舒适，因此现代主义建筑能够在全球范围内得以立足并迅速普及开来。在战后的二三十年间，现代主义建筑迅速成长为世界建筑的主流。

以技术为支撑的现代建筑，自20世纪60年代中后期开始，在两个方面受到了世人的责难：一是针对其强调机器美学的冰冷、单调的建筑形态，其肇始为R.文丘里在其论著《建筑的矛盾性与复杂性》中对现代主义建筑的批判；二是过分依赖设备技术，忽视各地区不同的自然气候条件，其代表人物是提出"形式追随气候"的C.柯里亚。面对这段众所周知的历史论争，从建筑熵的系统观点看来，都可以理解为含有高能量密度的技术因素，向低能量密度的人文、自然因素的一个能量转移渗透过程，这也是人们常提起的"越是高技术，就越需要高情感"。随着能量的迁移，三要素的"能量"分布趋于均匀，建筑系统的"熵"值也就越大。在进入70年代后，纷繁的建筑人文思潮、繁荣的建筑创作不无透彻地揭示了这一点。

似乎建筑的熵系统就此趋于稳定，然而我们却忽略了对系统中"自然因素"的理解。我们在回顾古代建筑发展历程之时，往往关注"实体"的自然因素对于建筑形态的多重制约。然而随着现代工业水平的提高、社会交通技术的发达，自然环境因素似乎已无法制约或限制建筑形态的发展。自然因素因此被狭义化，并退居次要地位。但在技术、人文因素随时代的发展同步深化时，人类对当代社会发展模式的反思，却引发了关于建筑熵系统内对自然因素认识的革命性变化。

当人类社会陶醉于工业文明、科技革命所取得的巨大经济成就时，能源危机悄然袭来。20世纪70年代，以低廉能源的高消耗为支撑的世界经济体系几乎陷入停滞。环境污染、资源短缺等一系列局部问题成为威胁全人类生存和发展的根本性问题。1972年，罗马俱乐部发表了关于人类困境的报告《增长的极限》。报告指出，如果目前人口和资本的增长模式继续下去，世界将会面临一场"灾难性的崩溃"。尽管报告的预言过于悲观，但是地球能源承载力的有限却是不争的事实。而早在1962年蕾切尔·卡森在《寂静的春天》中，已经无情地批判了人类对自然的傲慢态度，并指出"控制自然"是人类妄自尊大的想象产物，她希望从环境污染的角度重新唤起人们对古老的生态学的关注。这一切都促使人类开始密切关注环境的可持续发展问题。这种对"人与自然"关系理解的革命性变革，必然会反映到建筑熵系统中的自然因素层面，因而让我们对自然因素的理解突破了传统的物质形态概念的框架，上升到全局性的高度来看待这一问题。也就是说，建筑熵系统中的自然因素产生了质变，从而具有较高能量流，会向技术、人文两个因素扩散，最终导致建筑形态发生变化。

三、当代建筑熵系统的动态平衡

人类历史学家考察复活节岛的兴衰演变[2]，给予我们的警示就是：文明的进步、社会的发展必须靠一定的资源基础和环境容量来支撑，资源消耗程度与社会的稳定程度是成反比的。然而，人类目前的飞速发展却是以掠夺式的资源消耗和极速的环境破坏为代价来实现的。学者们指出，当代的这种发展模式不仅会造成生态系统的混乱，更容易引起社会的动荡和不安。地球资源的消耗殆尽和环境恶化将危及我们后代的生存，人类社会也将走向混乱、崩溃，以致于发展停滞甚至倒退。认识到这一点，联合国于1984年成立"世界环境与发展委员会"（WCED），并于1987年公布《我们共同的未来》，提出可持续发展的定义。自1990年开始，陆续召开了一系列国际会议，并签署了相关的国际公约，同时各国政府纷纷制定与之相适应的发展纲要[3]，这一切都表明世界正努力寻求一种人口、经济、社会、环境和资源相互协调的可

图1 王屋山世界地质公园博物馆

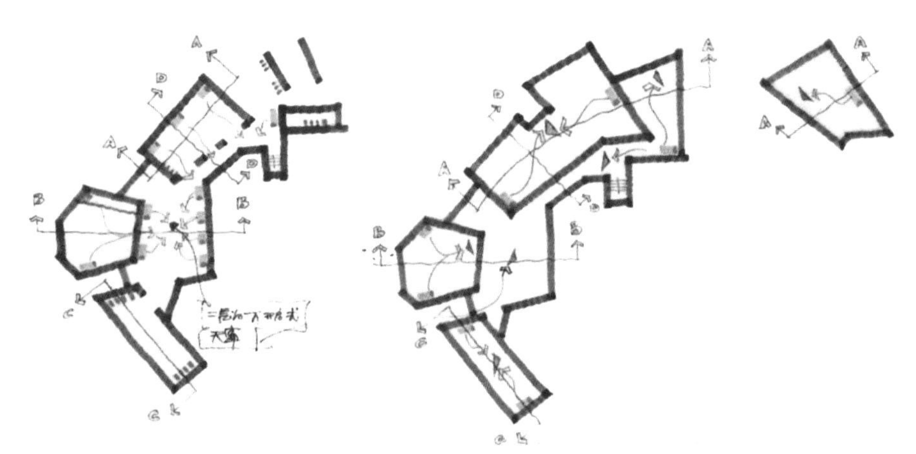

图2 郑州黄河国家地质公园博物馆设计草图

图3 永安国家地质公园博物馆设计效果图

图4 湖北美术学院新校区规划及建筑设计效果图

持续发展之路。

相应地在建筑领域内，可持续发展建筑观的核心在于注重生态设计理念，重新阐述“人与自然”的关系。世界范围内尽管对“绿色建筑”的内涵有各式各样的定义④，但基本都围绕三个主题：一是减少对地球资源与环境的负荷和影响；二是创造健康、舒适的居住环境；三是与自然环境相融合。这就是注重人与自然关系的建筑观。具体在建筑设计中体现在：节能，利用天然能源来节约能源；自然，在不破坏自然环境的基础上，尽量使用天然原料，如石料、木料等；环保，注重废弃物的再利用；技术，采用节能技术和防污染技术。生态的建筑观，在建筑师杨经文那里表达得最为充分——“建筑设计是能量和物质管理的一种形式，其中地球的能量和物质资源在使用时被设计者组装成一个临时的形式，使用完毕后消失，那些物质材料或者再循环到建成环境中，或是被大自然所吸收。”

综上所述，每当建筑熵系统的构成因素获得新的能量输入，并在系统内扩散的同时，势必会产生优秀的划时代的经典建筑作品。西方古典建筑以人文思潮的革命性变迁主宰了建筑发展的历程，现代建筑以高技术为支撑改变了传统建筑的风貌，而今天的建筑将因人类对人与自然的关系有了全新的理解而产生重大变革。自然因素所获得的高能量密度，势必打破现有的均态分布平衡，并产生新的能量流，使建筑的熵值增大。我们可以看到很多建筑业已体现出生态的建筑理念，并具有了新的建筑形态。代表性的建筑有普利兹克奖得主伦佐·皮亚诺（Renzo Piano，1998年获奖）设计的注重自然通风生态节能的特吉巴欧文化中心，诺曼·福斯特（Norman Foster，1999年获奖）设计的考虑遮阳降耗的卵形伦敦市政厅，雅克·赫尔佐格与皮埃尔·梅隆（Jacques Herzog, Pierre de Meuron，2001年获奖）设计的直接采用了当地的原生态石材为外围护墙体的加州多米尼斯酒厂。除此之外，当前也有很多建筑师开始了生态建筑的实践，创作出了众多符合绿色理念的形式新颖的建筑。近年来，华中科技大学建筑与城市规划学院绿色建筑研究中心尝试将生态建筑研究与建筑设计创造相结合，设计了适应夏热冬冷地区气候特点的中国船舶重工集团第722研究所办公楼、使用当地材料并利用地方建造技术的王屋山世界地质公园博物馆（图1）、利用旧窑洞并结合可生长材料建造的郑州黄河国家地质公园博物馆（图2）、采用土空调技术的福建永安国家地质公园博物馆（图3）及建筑高度集中以最大化节约土地并考虑地方极端气候的湖北美术学院新校区规划及建筑设计（图4）等。全新的思路必然导致建筑形态的变异，而这也为建筑创造的多样性及地域性现代建筑的创作提供了新的可能性。从历史发展转折的轨迹来看，这的确顺应了时代的发展潮流。

今天，我们所处的社会被历史发展的时空广袤性所包围，建筑未来发展的态势隐隐约约向我们透露着只言片语。但是，借助于对建筑熵系统的分析就会发现，我们今天的确是站在历史的转折点上。建筑历史的研究表明，建筑艺术的成就更多反映时代发展的脉搏。远的不用说，20世纪我们东方的近邻日本就抓住了现代建筑运动发展的历史潮流，在本土文化的基础上，创造了居于世界建筑潮流前沿的建筑文化⑤。而在今天面临自然因素的变革之时，我们更应充分认识并把握这次生态建筑的发展态势，尽管它是当今多元建筑文化的其中一环。只有充分认识到这一点，在建筑创作中从生态设计理念出发，并在人文、技术因素上反映出来，才能更好地创造出具有时代感的建筑。

结语

当代建筑界的多元化现象，其实都可以看作是高能量密度的现代建筑技术革命向低能量密度的人文因素的扩散，并逐渐均匀分布到建筑熵系统内、动态发展的结果。随着技术因素“能量”的扩散最大化，它就不再具有推进建筑形态发展的原动力。同时，人文因素也因社会的相对稳定缺乏革命性的跃进，失去了曾经在历史发展上出现的强劲推动力。由于今天人类对人与自然关系重新阐述，导致了革命性的生态建筑观的出现。这种观念的变革，必然会导致在建筑熵系统内扩散其高能量密度，使系统熵值增大。也就是说，我们由此可以预期一个新建筑时代的到来。

拥有几千年灿烂文明史的中国建筑，确乎是与世界同时站在了历史的转折点上。如果我们能抓住这个机遇，用生态的建筑观对中国古代建筑遗产加以甄别和继承，结合本土的地域因素，定能创造出属于我们自己的辉煌的时代建筑。■

注释

①熵增加的原理，就是热力学第二定律。

②岛上居民一度曾拥有相当的文明来创造巨石像。然而由于人类无止境的欲望，为竞相建造巨石图腾像，导致岛上的树木被砍伐殆尽，其直接后果就是生态环境的恶化，资源（尤其是食物）短缺，从而引发了部落间长达两个世纪的纷争与战乱。在西方殖民者登上该岛时，一度创造了辉煌文明的原住民，早已后退到史前的石器时代。

③代表性的有欧盟的《马斯特里赫特条约》中有关的环境条款、中国政府发表的《中国21世纪议程》等。参见：吴志强，蔚芳．可持续发展中国人居环境评价体系[M]．北京：科学出版社，2004：14-16。

④参见BREEAM（英国建筑研究组织环境评估标准）、GBC2000（可持续建筑2000）、LEED（美国能源及环境设计领导计划）等主要生态建筑评估标准。

⑤以建筑界的诺贝尔奖——普利兹克奖为参照，日本现代建筑师曾三获此奖：1987年的丹下健三，1993年的槙文彦，1995年的安藤忠雄。参见普利兹克奖网站www.pritzkerprize.com。

参考文献

[1] 中国大百科全书总编辑委员会《物理学》编辑委员会．中国大百科全书：物理学[M]．北京：中国大百科全书出版社，1993．

[2] 李华东．高技术生态建筑[M]．天津：天津大学出版社，2002．

[3] 王受之．世界现代建筑史[M]．北京：中国建筑工业出版社，1999．

[4] 刘先觉．现代建筑理论：建筑结合人文科学自然科学与技术科学的新成就[M]．北京：中国建筑工业出版社，2001．

[5] EDWARDS B．可持续性建筑[M]．周玉鹏，宋晔皓，译．北京：中国建筑工业出版社，2003．

[6] 李钢．建筑腔体生态策略研究[M]．北京：中国建筑工业出版社，2007．

[7] 吕爱民．技术视野中的生态建筑形态演进[R]．上海：同济大学博士后研究工作站，2004．

[8] 马克思．马克思恩格斯全集：第2卷[M]．北京：人民出版社，1972．

[9] YEANG K. Designing With Nature--The Ecological Basis for Architectural Design[M]. New York: McGraw-Hill, 1995.

原文刊载于 2006年08期 | 页码 010 - 015

新疆地域建筑的过去与现在

王小东
新疆建筑设计研究院

一、新疆地域建筑的过去

新疆维吾尔自治区（以下简称新疆）地处欧亚大陆中心，在中国古代统称西域，是丝绸之路的必经之地。特殊的地理位置、独有的自然环境、民族的迁徙、历史政治军事的变革、宗教信仰与多种文化的交汇，造就了新疆独特的城市与建筑风格。

1．多民族聚居的影响

古代的新疆人种与民族包括古欧罗巴人、塞人、土火罗人、匈奴、月氏、乌揭、汉、羌等，基本属于蒙古人与欧罗巴人种的混合人种，其语言分为印欧语系、阿尔泰语系与汉藏语系。从民族迁徙方向上看，古代新疆的民族由东向西，而希腊人、阿拉伯人、亚利安人、粟特人则由西向东，其中匈奴人的西迁引起了欧洲的民族大迁徙，并导致西罗马帝国的灭亡，而后，突厥人、回纥人、蒙古人都生活在这块土地上。有关今天新疆的主体民族维吾尔族的记载，最早见于公元4世纪《魏书·高车传》中的“袁纥”，后来曾被称为“回纥”，之后又改为“回鹘”。9世纪以后通过和蒙古人、汉人和其他民族融合，叶儿羌汉国之后的维吾尔族成为新疆人数最多的民族。

新疆是多民族聚居的地区，除了维吾尔族外，还有汉族、哈萨克族、回族、柯尔克孜族、塔吉克族、锡伯族、俄罗斯族、乌兹别克族、达斡尔族、蒙古族等民族，不同民族的生活习性是生成不同建筑特色的主因。总体上说，新疆的民族最早由游牧民族演化而来，过着居无定所的生活。但其中的一些民族后来主要发展绿洲农业，因此较早地建成了城镇，如史载西域三十六国。其建筑类型以农业、商业及行政管理建筑为主，布局自由，建筑材料也比较简单，仅土木而已，如尼雅遗址、米兰古城、楼兰古城等均属于此类（图1~图3）。而新疆北部、中部的草原民族，留下的建筑遗迹不多，但其墓葬、石雕等至今依稀可见。

民族的生活习性在几千年来反映了他们生存竞争中获得的优势，并顽固地表现在对建筑空间的需求之中，也包括对色彩、图案、线条、造型的追求，这些对建筑创作都有启迪作用，在传统建筑的形式被逐渐淡化的今天，它们将成为新建筑创作的又一沃土。例如新疆少数民族建筑偏爱室内的庭院及蓝绿色，忽略建筑等级、对称等要素，直接呈现满足本原需求的建筑空间功能，建筑布局因地制宜，很少依据形式构图等，这些正是民族习俗、心态、审美观、价值观的体现。以民居为例，和田外墙厚实而内部通透、喀什自由多变、库车大气、吐鲁番对拱结构的熟练掌握等，皆和民族的变迁有很大关系（图4～图6）。还有如图腾、骏马、天鹅、雄鹰的意念也会和建筑空间联系在一起，只是不易察觉而已。

2．地理及气候的制约

新疆地貌由准噶尔、塔里木两大盆地及周围的阿尔泰山、天山、昆仑山构成。高山、沙漠、绿洲以及严寒、少雨、强蒸发对建筑的形成往往是强制性的。水源就是其中的决定性因素，在缺水的沙漠和戈壁中，城市随河流湖泊的变迁而兴衰，例如新疆历史上很多古城的消失与水源有很大关系。

新疆城市大都集中于干热性的气候地带，如哈密、吐鲁番、库车、喀什、和田等地区，建筑的布局和构造要适应气候特点——即厚墙、小窗、高密度、内部庭院的调节小气候等（图7，图8）。由于昼夜、阳光直射处和阴凉处温差大，所以新疆民居的屋顶、庭院几乎成为人们的生活中心，并为此创造了很多利于隔热、通风的空间，如南疆有庇夏依旺（带顶宽外廊、可供起居和夏夜睡眠）、阿克塞乃（类似中原民居中的庭院，中央或部分屋顶开敞）、阿依旺（即带天窗顶的内庭院）等，再辅以水渠、果园，成为优美、舒适的生活空间（图9）。

中亚伊朗、阿富汗的民居对隔热通风的需求一样，但解决的方式不同，例如伊朗高密度民居往往采用通风塔。

至于建筑材料和结构体系，古代新疆主要用生土、土坯、烘培砖、木材、芦苇和草等，建筑装饰则采用生土、石膏、陶砖、木雕、彩画等。构成空间的结构元素基本上是墙、柱、梁、拱顶、圆顶，大空间则由多柱式大厅构成。由于少雨干旱，平屋顶给多柱式大厅的形成提供了方便，使得它和中原汉族大屋顶建筑大空间的构成相比容易得多，例如库车大寺是9开间、11进深、96根柱子（图10），哈密王陵清真寺有上百根木柱，喀什阿巴霍加墓室直径为16 m，顶高为24 m，是新疆古建筑中最大的无柱空间。

在新疆北部草原一带，还有一种叠涩式的石砌空间，现存遗迹已很少。在吐鲁番的交河故城，用减土法（利用原生土挖坑或洞）和墙、柱、拱结合起来的空间构成法也很流行。

3．宗教与信仰的更迭

新疆曾流行过多种宗教，公元10世纪以前，以佛教为主，同时有摩尼教、袄教、景教等。直到公元10世纪末，喀喇汉王朝的萨吐克、波格拉汉在南疆宣布伊斯兰教为国教后，喀什曾成为喀喇汉王朝的东都，伊斯兰教在南疆开始盛行。公元14世纪中叶，东察合台汗帖木儿王朝的吐虎鲁·帖木儿成为北疆地区第一个信奉伊斯兰教的蒙古汗，以后伊斯兰教逐渐成为新疆最主要的宗教。

宗教流行与信仰的更迭必然会反映在建筑与城市领域。佛教传入使得大量的石窟、寺庙出现，如喀什三仙洞、莫卧儿佛塔、库车克孜尔石窟（图11）、库木吐拉石窟、吐鲁番伯孜克里克石窟等（图12）。从晋、南北朝开始，佛塔、佛寺逐渐以于阗、龟兹、高昌等为中心大量建造。于阗几乎家家有佛塔，僧人多达数万，至今还有众多的佛塔、伽蓝、窣堵坡等遗址。至于龟兹（今库车），据《晋书·龟兹传》记载：“其城三重，中有佛塔，庙寺千所”，现存古迹有苏巴什昭怙厘寺等。高昌古城、交河故城、北庭古城中的佛塔、佛寺都是城中最显要的建

图 1　汉代人的尼雅遗址，被认为是古精绝国，内有居住建筑、佛塔等，建筑结构特点是木构架、篱笆墙

图 2　米兰古城亦属汉代，其中有庙依稀可见，保存比较好的窣堵坡，为土穹隆结构或大跨度空间

图 3　楼兰古城是西汉时楼兰国的国都，是丝绸之路的重镇，公元 4 世纪末荒废；古城面积达 10 万平方米，有城墙、城门、官署、民居、佛塔等，建筑结构构造体系和尼雅相似

图 4　一座和田民居的剖面，可见其内部的特征

图 5　喀什民居中的空间与道路犹如迷宫，此为喀什东湖旁的高台居民

图 6　库车民居中的敞廊，是维吾尔族喜爱的建筑空间

图 7　吐鲁番地区土峪沟民居，至今保存着独特的风格

图 8　喀什黎明巷 22 号鸟瞰图，充分表现了高密度的特征

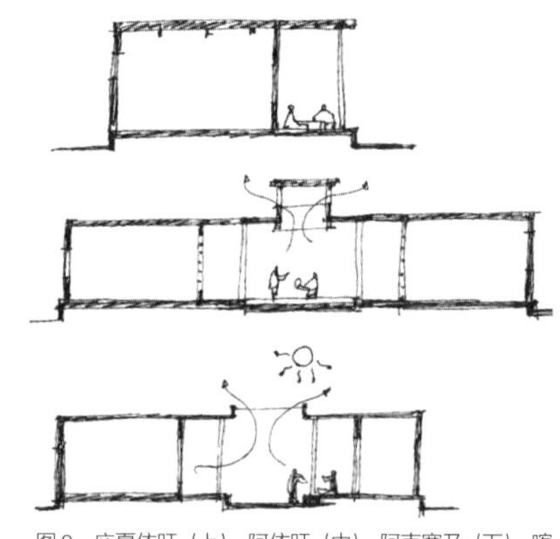
图 9　庇夏依旺（上）、阿依旺（中）、阿克塞乃（下），喀什和田一带居民中解决通风、纳凉的几种形式

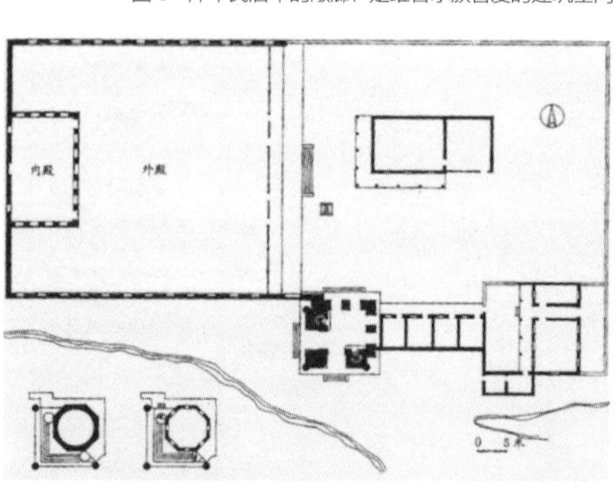
图 10　从库车大寺平面中，可以看出伊斯兰式的多柱式大厅的布局

图 11　位于库车与拜城之间的克孜尔石窟，是我国现存最早的石窟之一，始建于西汉，其洞窟形制、壁画等都有独特之处，被称为龟兹风格

图 12　位于吐鲁番的伯孜克里克石窟属唐代回鹘时期修建

图 13　位于喀什的默罕默德·喀什噶尔的陵墓，是喀喇汗王朝在新疆留下的最早的建筑之一，现已毁，此为历史照片

筑，规模不大的交河故城中，今日遗迹可辨的佛寺（塔）就有50多座，昔日辉煌可见一斑。

伊斯兰教是在希腊文化、中原文化和佛教文化的浑厚基础上传入新疆的，所以对新疆建筑的影响主要表现在与宗教活动有密切关系的建筑类型上，建筑装饰的改变也伴随着清真寺、陵墓、经学院的大量出现迅速融入新疆的建筑之中。

伊斯兰教以巴格达为中心的阿巴斯王朝传入新疆，但大规模的传入是在中亚的喀喇汗王朝之后。伊斯兰建筑的繁荣则在叶儿羌汗时代，可惜遗留下来的建筑不多，仅见于文字记载。现存的伊斯兰建筑大都建于清朝。

新疆早期的伊斯兰建筑建于公元9世纪，后经叶儿羌汗时重修，位于喀什的阿尔斯兰汉墓，建于11世纪的玉素甫·哈斯·哈基姆墓（《福乐智慧》一书的作者），穆罕默德·喀什噶尔墓（《突厥大辞典》的作者）（图13），13世纪库车的伊斯兰传教者莫拉那·额什丁墓（图14），东察合台汗国的吐虎鲁·帖木尔墓（公元1363年）也都是典型的中亚风格（图15），至今保存得比较完好。清朝遗存的重要建筑有喀什的阿巴霍加墓（始建于1640年），是新疆伊斯兰建筑的精品（图16），规模宏大、装饰绚丽。喀什的艾提卡尔清真寺，其规模与建筑艺术水平

图14 库车莫拉那·额什丁墓，始建于宋末，图为其中的墓室，是新疆存留的最老的木构建筑

图15 位于霍尔果斯的吐虎鲁·帖木儿墓，是保存最好的伊斯兰古建筑之一，属典型的中亚风格

图16 喀什阿巴霍加墓是维吾尔伊斯兰建筑中规模最大、装饰最为精美的建筑

图17 喀什艾提卡尔清真寺在聚礼日做礼拜的盛大场面

图18 吐鲁番的额敏塔是亚洲腹地著名的三塔之一

图19 库车大寺全部用烘焙砖砌成，宣礼塔高20 m，庭院中的麻扎属明末修建

图20 喀什阿巴霍加小礼拜殿，展现了伊斯兰建筑的装饰特点

驰名中亚（图17）。吐鲁番的额敏塔（建于1749年）（图18）与乌兹别克斯坦布哈拉的卡梁塔、希瓦的霍加塔齐名，库车大寺（图19）、莎车大寺都以建筑规模和艺术水平而著称。

清真寺还影响着城市的布局。在穆斯林世界，社区的结构往往以清真寺辐射的半径来确定。今天的喀什，就有800余座清真寺，它们的功能是满足教民就近做礼拜的需求。至于大的会众清真寺（或称主麻日清真寺），则需要更大的空间与广场，容纳成千上万人做礼拜，这种清真寺也往往是城市的中心。

伊斯兰教除了影响建筑类型、城市布局外，也带来了它特有的符号与装饰手法，尖拱、几何图案、带"穆克纳斯"的柱头，以及常用的墙面瓷饰等都极大地丰富了新疆本土建筑的内容（图20）。

特别要说明的是民族和宗教不能混为一谈，同一民族在不同的时期可以信奉不同的宗教，新疆的主体民族维吾尔族就是这样。所以在探讨民族、宗教与建筑的关系时，可以明显地感到有几条不同的线索：即不同宗教的线索和原住民族几百年、几千年独立于宗教之外的线索。这几条线索有时重合，有时分离，但原住民族主线从未间断，尤其在居住建筑中更是如此，宗教因素在民居中相对薄弱了。对佛教流传时期新疆的几座著名古城遗迹的考证可以发现，其建筑的结构、构造、布局和今天大漠深处的民居差别不大。因此人们把新疆的地域建筑仅仅理解为伊斯兰建筑，是很片面的。

其实所谓伊斯兰建筑就是泛指能满足伊斯兰宗教活动内容的建筑空间，并没有固定的格式。例如伊犁的几个清真寺属于中国亭阁式的大屋顶建筑（图21），哈密王陵则具有汉式木构八角攒尖顶和上圆下方的重檐屋顶，带有蒙古建筑风格（图22）。笔者从事了多年的对伊斯兰建筑研究，感慨最深的一点就是伊斯兰建筑因地制宜、善于借鉴、不断变化的特点，在新疆也是如此。

4．动荡的军事因素

据《汉书·西域传》记载，当时新疆一带许多城邦和小国，史称"三十六国"，其国名有些依然是今天的地名，如"若羌""楼兰""且末""皮山""莎车""于阗""焉耆""尉犁"等。西汉在张骞出使西域后，于公元前60年，建立了西域都户府，至此，西域列入汉朝版图，册封官吏，实行屯田，开通了丝绸之路。出于行政、军事和经济的需要，一大批新的城市、军事重镇、驿站等建造起来，至今犹存的有库车烽火台（图23）、交河故城、东汉和匈奴对峙的奇台疏勒城，还有汉代的金满城（今吉木萨尔）为车师后国王庭所在地，汉将耿营曾屯田于此，唐朝在此设北庭大都护府，元朝在此设别失八里帅府。如今的库车就是汉朝西域都护府所在地，清代的伊犁将军府、惠远古城更是驻军要地（图24），其周围布置了惠宁、绥定、广仁、宁远、瞻德、拱宸、熙春、塔尔其等8座卫星城。从乾隆到光绪的150年间，市井繁荣，商贾云集。此外，唐代西突厥汉国的陪都位于伊犁附近的弓月域，一度是东察合台汗国的政治、军事、经济、文化中心。位于霍尔果寺附近的阿力麻里城、中亚喀喇汗王朝的东都喀什噶尔也是除中原帝国以外政权的政治、军事中心。由此可见，在新疆广大的地域中，动荡更迭的政治军事因素对城市与建筑的发展影响极大。

5．文化的汇集与交流

古希腊时，亚历山大帝曾占领了中亚大部分土地，并在此推行希腊化，罗马军团也曾到过新疆。公元前3世纪印度孔雀王朝阿育王派僧侣传教于四方，中亚佛教广传，并到了新疆的南沿，由此而传入中原。以后伊斯兰文明经中亚传入新疆，而中原文明又和上述文明融合。古代西域基本上凝聚了世界上人口最多、文明程度最高的四大语系——汉藏、印欧、阿尔泰、含闪——的主要民族。多元文化汇集影响到建筑、装饰、音乐、绘画、雕塑等各方面，例如楼兰古城中的建筑梁柱、雕刻、器具等，除了具有汉风楚韵的特色外，还有明显的西亚风、希腊风、印度风（图25）。克孜尔石窟、库木土拉石窟中建筑形象也是多种多样的“世界式”。希腊与佛教文化相结合的犍陀罗文化还影响到了中原大地，在吐鲁番出土的文物中有唐代的斗拱、汉式木构房屋的模型等，这些都证明了多种文化曾经在西域大舞台上活动，这种交汇和融合在人类文化史上极为少见。

二、今天的新疆地域建筑

新疆近几十年来，城市和建筑的迅速发展自不待言，但说起新的地域建筑，并不像古代那样有声有色，而多表现为缺乏特色，千篇一律。究其原因，是由于形成地域特色的环境有所改变，地域因素逐渐淡化；结构体系、建筑材料趋向全国化；对于是否继续创造具有新疆地域特色的新建筑，看法不一……孰是孰非，一言难定。

在体现民族地域特色方面，新疆的建筑师也努力做了一些尝试。20世纪50年代在普遍流行的苏联式建筑潮流中，也有一些作品充分表现了民族地域特色，如新疆人民剧场（图26）、乌鲁木齐二道桥百货商店、人民电影院等；80年代也有一些建筑师开始探索新的出路，代表作品有乌鲁木齐民族医院、吐鲁番窑洞宾馆等；在1985年新疆维吾尔自治区成立30周年之际，一批具有新疆特色的建筑纷纷涌现出来，例如新疆人民会堂（图27）、新疆迎宾馆（图28）、新疆科技馆（图29）、新疆友谊宾馆三号楼（图30）、昌吉工人文化宫（图31）等，得到了各方的好评，但随之而来的对建筑符号的滥用、对“民族形式”代替一切的片面理解使建筑创作陷入困境；到了90年代，龟兹宾馆（图32）、吐鲁番宾馆（图33）等从民族、宗教、地域的角度进行了新的探索。然而在90年代新的一轮建设热潮中，我国城市建筑互相“克隆”，新疆也不能例外。“欧陆式”盛行时，新疆某市的建筑风格居然被官方限定为“欧陆式”。因此，社会对民族和地域性建筑的需求随着人们文化素质的提高和旅游业的发展又一次被提出来，人们开始注重城市整体地域风貌并涌现了一些作品，如乌鲁木齐二道桥民族风情一条街的规划（图34），“空中花园”居住区（图35）。单体建筑方面，新疆国际大巴扎是一个经过认真创作的具有民族、地域特色的新建筑，并得到各界的一致好评（图36）。新疆博物馆则以“西域”与“多元化交汇”为表现主题（图37），即将修建的吐鲁番博物馆（图38）也凸显出该地区的地域特征。总体上，更进一步的探索正在起步，较之20世纪80～90年代的探索将具有更广阔的视野，但这个阶段要求建筑师有较高的素质、正确的价值观和高水平的鉴赏力，应能够从民族地域的全方位中寻求与现代建筑需求的结合点。这些结合点有些是物质性的，而相当一部分是精神上的、情感上的需求。否则，仅从表面装饰上变来变去，势必又演变成了今天“欧陆式”新疆翻版。新地域建筑不是刻意表现传统，而应该是原创的、能够和地域处处对话的新建筑。

纵观新疆地域的古今变化，可以发现相对于过去，建筑环境已经有了很大的变化。新的建筑类型、技术、材料、理念要求建筑师的目光

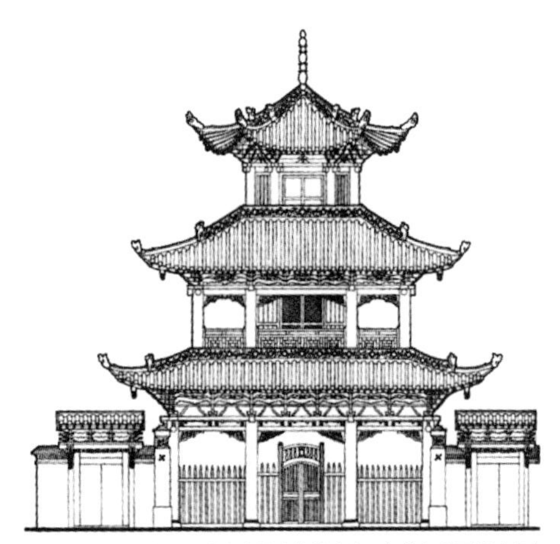

图21　中原式建筑和清真寺的功能结合在一起的伊宁回族清真寺

图22　哈密王陵建筑群多元风格的体现

图23　新疆有为数不少的烽火台，这是位于库车的克孜尔尕哈烽火台，有两千多年的历史

图24　惠远古城钟楼，是清政府驻军象征

图25　从楼兰出土的器物可见其多元文化的影响

图26　20世纪50年代修建的新疆人民剧场，现在仍然是标志性建筑之一

图27 新疆人民会堂

图28 新疆迎宾馆

图29 新疆科技馆

图30 新疆友谊宾馆三号楼

图31 昌吉工人文化宫

图32 龟兹宾馆

图33 吐鲁番新馆新楼

图34 二道桥民族风情一条街规划局部街景

图35 乌鲁木齐空中花园规划方案局部

图36 新疆国际大巴扎

图37 新疆博物馆

38 吐鲁番博物馆设计方案

不能停留在过去，而要着眼于当前。探讨古代地域建筑的产生与发展在于使建筑师获知当时当地的建筑与城市发生、发展、消亡的过程与因缘，寻找建筑创作的意境和灵感。越深入研究就会更深切地体会到古代新疆建筑因地制宜、个性鲜明，以及勇于借鉴外来文化等优点。建筑创作中创新作品的出现与繁荣，是对过去、对传统做深刻了解后的再创造，是一个非常艰辛的过程，而且有待于社会整体的建筑文化素质（包括建筑师的素质）提高，需要全社会的共同努力。■

参考文献

[1] 张胜仪，王小东．中国民族建筑：第二卷新疆篇[M]．南京：江苏科技出版社，1998．

[2] 王小东．新疆伊斯兰建筑的定位[J]．建筑学报，1994（3）：49-53．

[3] 王小东．本原民居[J]．新疆建筑设计，1998（4）：5-7．

[4] 新疆维吾尔自治区旅游局，中国科学院国家计委地理研究所．中国新疆环游录[M]．北京：科学出版社，1995．

[5] 伊斯拉菲尔·玉苏甫．新疆维吾尔自治区博物馆论文集[M]．乌鲁木齐：新疆大学出版社，2005．

[6] 王治来．中亚史纲[M]．长沙：湖南教育出版社，1986．

[7] 王治来．中亚通史[M]．乌鲁木齐：新疆人民出版社，2004．

[8] 普加琴科娃，列穆佩．中亚古代艺术[M]．陈继周，李琪，译．乌鲁木齐：新疆美术摄影出版社，1994．

[9] 新疆社会科学院考古研究所．新疆考古三十年[M]．乌鲁木齐：新疆人民出版社，1983．

[10]雪犁．中国丝绸之路辞典[M]．乌鲁木齐：新疆人民出版社，1994．

[11]维吾尔族简史编写组．维吾尔族简史[M]．乌鲁木齐：新疆人民出版社，1991．

地域性融合文化对盛京城空间格局的影响

陈伯超
沈阳建筑大学

沈阳城作为一个千年古城历经沧桑，已逐渐发展和演变为中国东北地区的重要城市。特别是在公元1625年，努尔哈赤率领八旗军占领沈阳以后，这里第一次成为都城。皇太极登基后对这座城市进行了大规模的建设和改造，并将其名字称为“盛京城”。扩建后的盛京城无论是建制、规模，还是城市的空间格局，都具有突出的典型性和代表性，充分反映出当时满族的文化与城建理念。

满族在短短的几十年中经历了巨大的转变，从一个远离发达地区的游猎部落骤然崛起，一步跃上了中国政治、经济与文化之巅，并成为这个泱泱大国的主宰。从这种令人瞠目的发展历程中，不难发现这个民族所具有的许多强势因素，好学与善学无疑是十分重要的民族素质。正是这种素质使满文化之中容纳了大量汉族、藏族、蒙族等文化因子。确切地说，满文化是一种融合性的文化体系，这种文化特点同样浸透在满族的城市和建筑之中。我们从盛京城及盛京建筑当中，可以非常强烈地感受到这种影响与作用。

一、盛京宫城空间的相互穿插与渗透

中国历史上是一个“墙”的国家，有墙才有城，城墙乃是构成城市的前提。“城”具有两大功能：首要在于对外防卫，其次是为了便于控制子民。按照中国传统的筑城方式，都城一般建有三道城墙（甚至四道，如明代南京和北京城）。所谓“筑城以卫君，造郭以守民”，皇宫必在内城之中，而且往往再筑一重“宫城”，将其置于“重重包围”之内——以平面上的层层围合确保君主的绝对安全。特别是汉族各朝各代的京都，无不如此。汉长安城为中国早期封建制度下的典型都城，尽管当时的宫殿分别由几代皇帝陆续建造，分散布置在城市的不同部位，却都分别以宫城环绕，宫墙内是一组组的宫房殿宇，绝大部分的城市空间被这5座宫城所占（图1）。此后的隋大兴城也包了宫城、皇城与罗城三重城墙系统，将皇宫、官府、民宅、市场等城市功能空间分开设置，成为中国城市格局规范化实施的起始点（图2）。至于后期的唐长安、东都洛阳城、宋代东京城、元大都和明清北京城（图3）都是这种形制的发展与延续，皇宫建筑群独占宫城作为“城中城”的格局，不但从未被冲击和更改，反而日益得到完善与强化，以致成为历代都城规划必然遵循的“古制”和不可更改的定式。

这种城市格局主要取决于统治者保护自我政治利益的需要。多重城墙体系既是对来自外部威胁所采取的防卫性措施在城市建筑形态上的具体体现，也包含了应对来自内部老百姓的提防措施：一方面，以宫城（紫禁城）的形式将皇宫建筑群在城中圈划起来，形成一个“与世隔绝”“不可逾越”的皇家天地；另一方面，又以历史上的“里坊制”，对城中的百姓“隔而制之”。里坊之内再设街巷，里坊四周以高墙围圈，并设兵把守，定时启闭坊门。这种制度始自春秋，延至隋唐，到北宋时期又出现了“厢坊”“保甲”等组织形式，而最终由元朝的“街坊胡同”系统所取代。城市建设上的一招一式的直接来源均应对于当时尖锐的社会矛盾。这是对外防御、对内制约的需要在城市空间形态上的具体体现。

然而，时值前清正在崛起时期的统治者所面对的矛盾焦点却有所不同。他们对于对外和对内两个方面矛盾的关注程度存在着很大的差别——外部矛盾激化强度远大于内部矛盾的。满人除了将明府势力视作主要的抗争目标之外，还要随时提防东自朝鲜和西自蒙古的威胁。强烈的对外压力掩盖了其内部原本并不平静的重重矛盾，以满八旗为主，加上后来为扩大内部联合与团结而成功组建起来的汉八旗、蒙八旗等军政与生产统一体，使得内部的利益目标空前一致和简化，统治者将关注点和主要力量布控于对外方面，而不必对内投以过多的注意力。因此，在这一特殊历史时期满人的城市建设，则十分充分地体现出这种社会实态。在盛京城的建造中，两代帝王都没有再仿照汉式“宫城”将自己的宫殿区从内城之中单独围圈起来，而是将城市空间与宫殿空间相互叠合、交相渗透、合为一体（图4）。努尔哈赤所建的东路殿宇群，甚至不设围墙（现状红墙为后期所建），俨然为一座城市广场。他所居住的“汗王宫”也打破历代帝王的建宫常规，令“宫殿分离”，设于城中的北门附近。皇帝登殿朝政则必需穿越城市，皇宫与城市完全交融为一体，成为中国宫殿史上一处反传统的特例。皇太极的宫殿群，虽然纳入到四合院的体系之中，但同样不设宫城。皇太极修建宫殿的同时改造了沈阳城，令构成城市井字形骨架的一条主干道（今沈阳路）穿越大内所辖朝政区，仅仅以横跨在街道上的文德、武功二座牌坊标示出皇宫大内的空间界域，成功地保证了城市空间的完整性，也有效地扩大了大内的空间感知尺度，将皇帝至上的威严与气势，彰显于整座城市之中，形成了超出皇宫自身规模的夸张效果。相比之下明清北京城的效果则稍逊一筹。北京故宫建筑群占地面积为72 hm^2，是盛京宫殿建筑群占地规模的12倍，然而，由于北京又以宫城对大内进行了再次围合，一方面使得皇家生活从城市空间当中孤立出去，另一方面，这样做也必然极大地削弱了绝对规模庞大的宫殿建筑群在城市中的被感知强度。这正是盛京宫殿的规模虽远不及北京故宫，但在城中的视觉影响力却明显超出北京故宫的主要原因之一。

二、满汉融合文化在城市格局中的体现

尽管当年的盛京城主要是由皇太极改建而成，但它的城市形态却体现出较为地道的中原营城思想。早在周朝的《考工记·营国》中就对城邑的格局和形制做出了明确的规定，后来的王城图又以图示语言对遗

留的形制作出更为直观的诠释（图5）。然而事实上，即使是在中原汉地也并没有哪座都城的建设对此体现为不折不扣的遵循。历史上曾被认为最具典型性特征的战国时期的鲁国都城和元大都北京城，也与规定的形制存在着差距。历代君王和城市规划师，总是根据每座城市的具体情况及自己对城市功能的理解，适当地参考古训规制，塑造出一座座既具有中国传统城市共性，又体现着自身特点的个性城市。

盛京城作为都城的建设是在汉人明代中期建设起来的沈阳中卫城的基础上加以改造和扩充，并经几代接替续建逐渐完成。当时的城市规模、空间格局、主体构架等对后期都城的形成与发展都起到了至关重要的制约作用。此后的建设，一方面努力效法汉人营城古训，另一方面又将满人自身的文化习俗与沈阳城具体情况相结合，聪敏而巧妙地揉入十分严谨甚至近于格律式的传统形制之中，筑就了这座虽内涵满风，却又与代表汉文化营城模式的王城图所规定的形制颇为相近的关外都城。

我们从以下几方面对盛京城的营造与中原传统营造思想做以比较：

1. 内城外郭

中原历代都城绝大多数都建有内外双城，盛京城与它们的做法完全一致，是一个完整的双重城邑体系（图6）。官府、市场等设在内城之中，而百姓大多居于两重环城之间的外城（也称之为“关”）的界域之内。

其实，在这一点上很难说盛京城是遵从汉制，还是沿袭满风。此前，由努尔哈赤所建的早期女真古城，皆有内外双城的做法。从努尔哈赤为自己所建的第一座城池——佛阿拉（图7），到他正式登基称“汗”的赫图阿拉（图8），以及此后相继建成的界藩城、萨尔浒城，无不建有内城和外城。只不过，那时的城是建在山地上，为顺应地形而建。城的外廓形状并不强调方整，城内的空间格局也不要求几何化。城墙则常常沿山脊砌筑，借助山势的自然走向和陡壁，使得城墙的建造既省去不少工料，又牢固险峻。然而，在平原上建造的沈阳城延续了内外城的旧俗，却无从借助自然的赐予，而吸纳了平原汉式城邑的方城格局，反倒更具有中原城邑的典型特征。

盛京城的外城是康熙年间补建的，内城在皇太极时代完成，当时在城墙外周还建有护城河，外城是内城格局的扩展。构成内城“九宫格”式空间布局的四条街道延伸到外城之中，于是在外城每边的城墙上形成了与内城两两相对的8个城门，分别称为东南西北的“大、小边门”（大南边门、大北边门；小南边门、小北边门等）。盛京内外城的一个显著的特点是“外圆内方”，内城平面是规整的正方形，而外城却无棱无角，浑圆而又不甚严整。有人以中国传统的“天圆地方”附会建城者的初衷；也有人依据当年满藏之间特殊的政治、文化交往和满人对喇嘛教的尊崇与接纳，将圆浑的外城解释为对“曼陀罗”思想的构思与体现。两种推测与解释虽各有道理，却又都缺乏直接而确切的依据。

2. 棋盘式的城市格局

依照《考工记》规定的“旁三门”（城每边设三个门）和“国中九经九纬”（城中南北向和东西向的街路各为九条）的营城模式，必定形成棋盘式城市的空间格局。盛京内城的井字形街道系统，将城市空间规定为九宫格式的棋盘状。每个格间的尺度，既取决于故宫建筑群的规模，又与适宜居住生活的街坊尺度和道路交通组织的要求相吻合。当年营造者对城市空间尺度的把握和综合处理矛盾的能力的确是相当高明的。后期在营建外郭时，又将这个系统延展到外城之中，使内外城的空间构架与街坊尺度相互呼应，而且城市功能具有整体性，并没有因内外城的分期形成而相互干扰与影响，犹如一气呵成。城内既非采用中原早期的“里坊制”，也未遵循元大都的“京式胡同”——沈阳城街坊的尺度与以北京四合院为基础构成元大都街坊尺度的依据条件不尽相同，虽然都体现为“棋盘城市”，却代表着不同的筑城理念和城市生活。

3. “左祖右社，面朝后市”的功能布局①

宫殿建筑群恰恰位于盛京内城的正中央，不折不扣地套用了王城图中的模式，甚至比历史上最为接近王城图规定位置的北京紫禁城更为居中。这究竟是一种必然的选择，还是一种无意的巧合？其决策者，自然要归究到建都之初的两代帝王努尔哈赤和皇太极。其实，按照满人建城的习惯，并无将宫宅建于城内中央的“先例”，而是随山就势布城，选择自然台地建屋。沈阳位处辽河平原，地势平坦，仅仅有两条地理褶皱微微隆起于的地面。一条位于方城以北——后来被选作努尔哈赤和皇太极两帝的安葬之处；另一条恰位于方城中央，山中之王努尔哈赤初到平原沈城，一眼相中了这块城中的最高点，用作他的大殿建设基址，似乎合乎情理。轮值皇太极继位并为自己建设宫阙时，却又以紧邻其父王金銮宝殿的前王府为基础扩建皇宫，使两代宫殿连为一片，因此，不一定是强求宫殿居中的结果。从这一点上分析，皇宫居中缘于偶然。然而，这种布局却与中原典型都城形制中的王者居中思想如此严密地吻合，也无从否定这是刻意追求的结果。总之，无论先人的初衷如何，在这一点上，得出盛京城在中国历史上是最为符合典型王城模式的结论是客观的。

在此基础之上，朝廷下属的六部两院等衙署官府皆在皇宫前面的

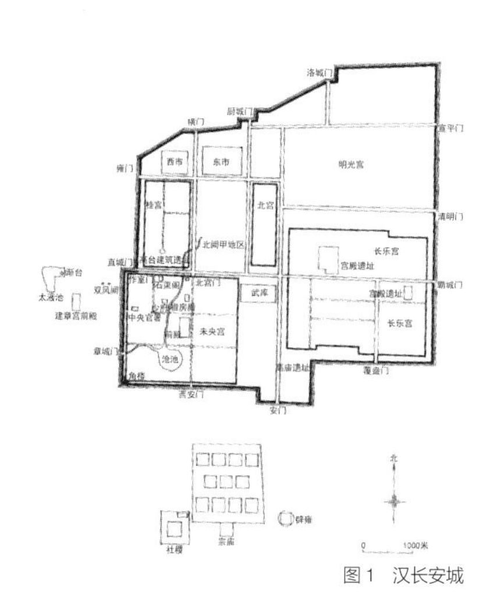

图1 汉长安城

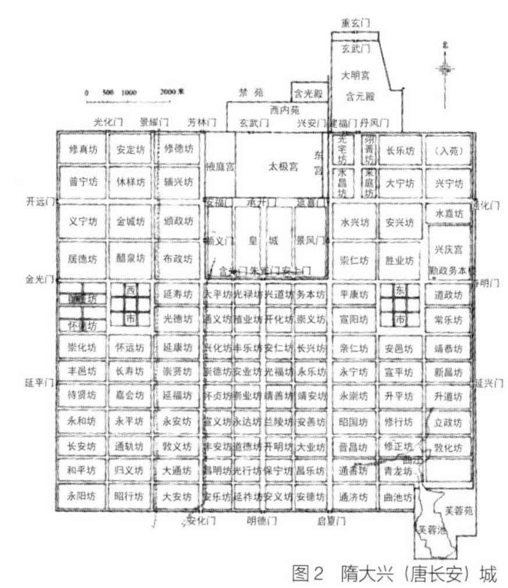

图2 隋大兴（唐长安）城

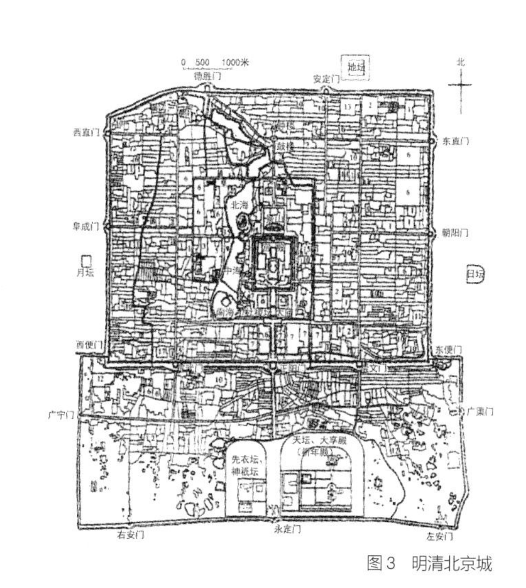

图3 明清北京城

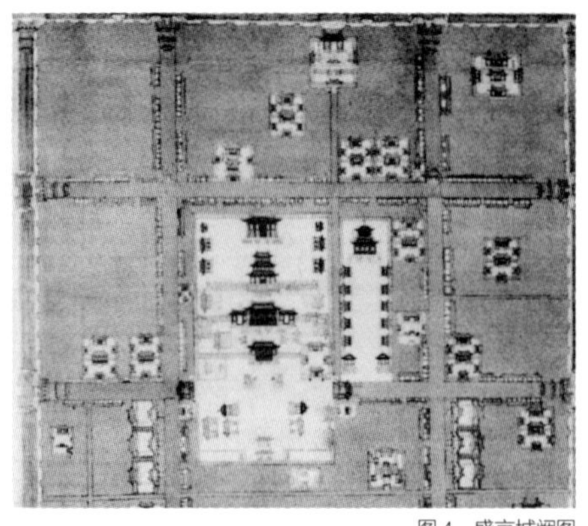

图4 盛京城阙图

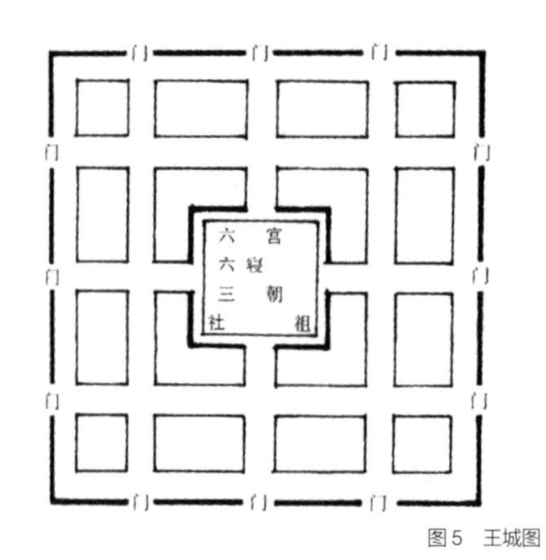

图5 王城图

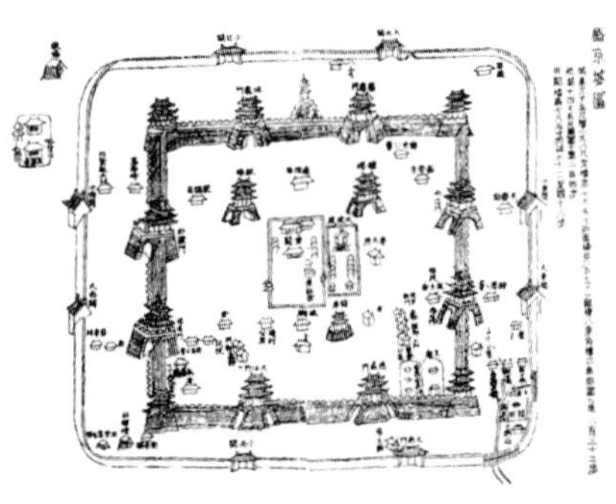

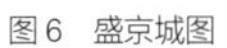

图6 盛京城图

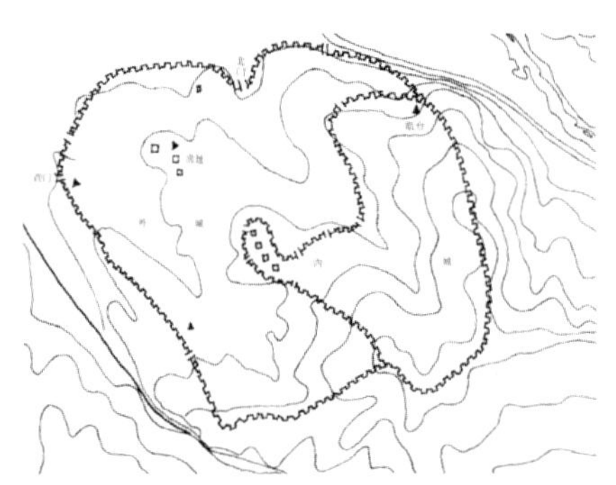

图7 佛阿拉城平面图

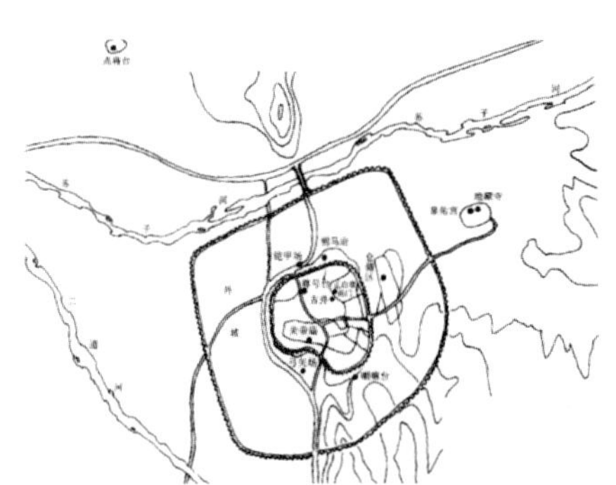

图8 赫图阿拉城

几片街坊内沿街而建，而分布于内城的东、西两侧和北部的各贝勒王府呈三面拱卫之势，围绕着宫殿建筑群。在皇宫后面时至今日仍然是城中最为繁华的街市——中街。宫殿群左面的太庙与右面的社稷坛（与宫殿略隔一段距离，后期被拆掉）一应俱全。

整座城市与“左祖右社”“面朝后市”的格局完全吻合。此外，内外城中的各方位按八旗规定分区驻防，城市功能分布严谨、明晰，既严格遵循着汉式王城的规制，又体现了满族传统的城建观念，是充分反映满民族融合式文化思想的城市形态。

4. “旁三门”定式与“旁两门”规划

《考工记》和《王城图》规定的都城形制，应在方城的每边开辟三座城门，门乃开通道路之依据，因此，城内的道路构架和街坊布局已被基本框定。然而这种来自礼制上的规定，漠视了功能上的合理性，引发很多问题。

问题之一：由于宫城居中，城中南北向和东西方向的交通必将受到阻隔，而构成不尽合理的城市交通系统。这种布局方式所带来的弊端给许多老城（包括古老的北京城）带来了很大的不便，甚至影响到今天的城市建设与城市生活。

经皇太极动议改造的盛京城吸纳了“旁三门”的基本理念，却采用了“旁两门”的规划格局。因此，盛京城形成了八座城门、井字型街道和九宫格式的城市空间框架。当年的城市规划师将皇宫建筑群放在九宫格的中央格区中，并以此为依据，又综合城市生活中的其他因素略加调整，确定下井字形街道的基本尺度。盛京城的“旁两门”系统，不仅满足了皇宫居中的礼制要求，又有效组织了城内各向交通，也保证了其他城市功能的合理性。尤其像盛京城这类从原中卫城改造而成的都城，规模适中，“旁两门”的做法，相对同类规模的城市所形成的城市空间尺度更合理。尽管在这一点上，沈阳城的规划与“旁三门”的形制要求存在着明显的不同，但却吸纳了其中的礼制要点，摒弃了对传统旧制的机械性套用，是从实际出发，根据具体情况塑造都城的成功范例。

事实上，中国历史上的都城完全套搬“旁三门”做法的实例几乎不存在，在城市建设上，亦不会有放之四海而皆准的定式，吸收传统中的优秀部分与合理内核，结合具体条件，进行科学、合理的定位与规划，亦是从中国城市建设史中摸索出来的成功经验。

盛京城是一座极具文化内涵和空间特色的城市，它在中国城市建设史上占有重要的地位。直至今天，沈阳城的城市格局仍然鲜明地呈现着当年盛京城的空间构架。这种地域性文化的延续，充分体现了当年满汉文化之筑城思想的长期影响与作用，它对今天的城市建设仍将具有重要的意义。■

注释

①取自《考工记·营国》篇。左祖右社——皇宫的左（东）面设祖庙，右（西）面为社稷坛；面朝后市——皇宫的前（南）面为衙署，后（北）面为市场。

参考文献

[1] 铁玉钦．古城沈阳留真集[M]．沈阳：沈阳出版社，1993．
[2] 林声．沈阳城图志[M]．沈阳：辽宁美术出版社，1998．
[3] 潘谷西．中国建筑史[M]．第五版．北京：中国建筑工业出版社，2004．

海峡两岸大学校园规划建设比较研究

王建国　程佳佳
东南大学建筑学院

面对知识经济时代和信息社会的到来，世界各国大学教学体系、办学理念和运作方式迎来了一个多元化、个性化和地域化的发展时期，可以说"有多少种不同的社会、历史阶段和意识形态，在教育方面就能做出多少种选择。有多少种想象和想要的未来，就有多少种选择"，这是人类所共有的文明财富。

作为大学办学的物质载体，大学校园空间环境发展和规划设计问题也引发了人们的普遍关注。2001年迄今，我国大陆和台湾学者先后召开了五届海峡两岸"大学的校园"学术研讨会，对此进行了积极而富有成效的探讨回应。每届会议都设定一个核心主题，围绕该主题征集两岸学者的研究论文并在会上交流切磋①。在对几次会议论文的解读和两次赴台专题考察的过程中，笔者发现，海峡两岸大学校园的办学理念、事业发展、空间规划、建筑景观设计等虽有很多类似之处，但两岸学者关注的校园问题之差异也十分明显。

总体而言，海峡两岸现代高等教育在起源及发展初期多以西方为蓝本，随着时代的变迁和不同社会背景的影响，海峡两岸高校的办学理念、认知模式、使用方式和建造过程逐渐有所差异，使得两岸的大学校园虽阐述着相同主题，却呈现出各自不同的表达和诠释。与此同时，海峡两岸校园规划在设计程序、研究命题、设计手法上也都表现出意趣不同。本文拟以此为题，探讨海峡两岸大学校园规划设计研究中关注点的差异以及这些差异的成因。

一、校园建设的"新建热潮"与"文脉传承"

大学校园成长、发展和规划建设的主题归纳和梳理有多种分类方式，如历史校园的新建校园的分类及比较研究，按照学科门类区别的校园研究，按照特定办学方针的管理模式分类的校园研究等。在第五届"大学的校园"学术研讨会的会议宗旨中，来自台湾大学的夏铸九和林光美两位先生写道："我们看到新校园的快速诞生，我们也觉察到老校园在既有空间限制之下的调整与再造，寻求能支持大学的教学与研究有关活动的校园，维持与塑造独特校园特色，以及追求可持续性的校园环境②。"这大致概括了现今海峡两岸对大学校园所关注的主要问题和热点。

但是，海峡两岸大学校园建设存在一个非常重要的社会背景区别，就是近年大陆高校事业迅速发展引发的校园新建热潮。有关资料显示，我国高等院校已由1978年的598所发展到2002年的2 396所；在校生人数由1998年的341万人发展到2002年已近1 600万人，有人预计，到2010年，在校生人数可能突破2 000万；校园建筑也从1978年仅有3 300万 m^2发展到2001年已近2.6亿 m^2，总计高校校园占地约68 400 hm^2。在这种背景下，大陆校园规划建设必然要关注大学与地区经济发展的关系，大学与所在城市的关系，政府和各级相关主管部门对于大学教育事业发展和空间布局思路，各类新校园的规划设计和建设等问题，也由此带来了各级主管层对建设效果显示度的急切诉求与校园事业发展成长，规划建设和环境营造所需要的时间存在的深刻矛盾。

在台湾，虽然也有一些处于均衡区域文化教育设施布局和振兴地方经济而新建的校园，但总体上，台湾同行较多关注的是既有历史校园的文脉传承、功能的改造挖潜、环境品质的提升以及校园活动的主体——"人"的诉求和愿望。即使再新建校园中，台湾同行也没有片面追求建设的速度和单纯的效益，而是细致谨慎地考虑校园环境的一草一木，人文与生态的和谐以及事业发展的持续渐进。

二、建设方式的"自上而下"与"自下而上"

除了一些历史校园的改造，完善呈现出局部民主参与决策外，大多数大陆的校园发展和规划设计，尤其是新建校园，主要由相关主管部门、学校领导层、职业规划师和建筑师来决定，是一种典型的以"自上而下"的方式推进的发展和规划；而台湾的大学校园规划设计则倡导"校园参与"的方式，引入更多的教师、学生、职工和使用者参与其中，并吸取他们好的建议来提高校园品质，是一种经由"自下而上"过程推进的校园规划建设。

客观上，大陆地区大部分的大学校园建设采用"自上而下"的方式，这一运作模式的优点是显而易见的：有利于集中而有效地处理大学校园事业发展和规划设计的相关性和矛盾；有利于在较短时间内围绕建设任务贯彻一个相对一致的发展意图，利用一切可能的资源条件，协调各方力量等；有利于将校园规划的蓝图尽快变成现实……所有这些优势的一个共同特征，就是政府角色的主导性和实际操作中的"短、平、快"，使校园建设成为一个典型的政治化的决策过程。这一过程有助于按统一步骤有条不紊地进行大学校园建设，特别在当今校园建设存在多重经济运作模式及错综复杂的制约因素的现实情况下，如果与专业人士协调得当，将具有无法替代的作用和效能。举例来讲，广州市规划建设的"大学城"，内含10所大学，占地43.3 km^2，其中可建设用地30.4 km^2，规划人口35.40万人，其中在校大学生18.20万人，教师员工4.57万人。大学城自2003年7月破土动工，至全部建设完工仅用时19个月。浙江大学紫金港校区二期用地规模3.8 km^2，加上一期已建校区，两期用地总面积已达6 km^2，而中国历史上一般县城的建成区也只有

2~4 km²，如此大的规模，又在如此短的时间内整体建设完成，这样的案例恐怕只有在当今中国的政治决策体制和快速城市化背景下才会成为现实。

但这种政治化的校园建设方式也存在缺陷，过分夸大校园建设中的政治决策会削弱校园环境的动态适应性，忽视校园文化的成长性，忽略公众参与和多元决策的有效作用，从而与当代日趋开放的大学发展理念和社会结构产生矛盾；同时，各级政府部门的决策者、校方领导、规划设计者与校园日后真正使用者的分离也是一个重要的问题。一般来说，校方领导对校园使用功能的确定更多关注的是校园的事业发展布局和管理，而对教师、同学的所思所想考虑得并不多。同样，即使是熟悉专业的规划设计者也不是校园正真的主人，只能根据脑海里原有的模式和已掌握的知识背景进行设计，这就可能导致一些校园规划似曾相识，缺乏个性；另外由于缺乏足够的约束力，在超前意识和形象工程的驱使下，设计者可能会因为自己的喜好，或为迎合某些决策者的主观意志去追求宏伟和史诗般的校园场景，造成一些大学校园尺度和规模过于庞大，外部空间环境缺乏人性化尺度，设计不贴近校园使用者等现象，对校园的发展产生了消极的影响。

反观台湾地区的大学校园设计，则更加重视学校建设中的“公众参与”（或“校园参与”），即让校园的使用者，特别是学生和普通教师这些通常没有话语权的人，有更多的机会和权力来参与决定校园未来的发展。这样的分权决策方式的确反映了当今一种较为主流的规划设计方法，相比“自上而下”的决策模式，显然更容易产生符合使用者需求的决定。比如台湾大学近5年来，采用校园民主和跨学科专业参与的方法，成功执行了椰林大道景观改善设计、舟山路改造与瑠公圳亲水空间复原和校园绿地整饬以及景观美化等一系列计划，这些设计充实了校园生活并提高了空间品质③。台大城乡所性别与空间研究室以校园中的宿舍、运动场、卫生间等最常被使用的空间为切入点，采用全校参与“台大校园性别空间总体验”的方式，了解女性师生对校园环境的需要，从她们的角度为规划设计者提供改善校园空间的建议，同时也唤醒台大师生对性别空间议题的关注，继而引发思考和行动。这种“校园参与”的方法在物质层面上使校园更加人性化和更具个性，在精神层面上则更有利于形成校园的认同感和归属感，为师生多层面的互动创造机会，在潜移默化中营造畅所欲言、民主交流的现代大学校园的活跃氛围，其利处不可低估④。

但“校园参与”有时也是需要付出成本和代价的。“自上而下”推进的规划将决策中的风险转移并分担给参与校园规划设计的使用者，而“参与”的意见经常是随机、分散的，个体的价值取向、文化层次、环境使用诉求间的差异都会直接决定个体的偏好和选择，因此，选择怎样的使用者来参与一级如何取舍他们的意见成为问题的关键；另外，时间也是一个重要因素，当校园环境经过一段时间的营造完成而发挥效益的时候，使用者早已不是当年的决策参与者，最后完成的结果是否符合当初的建设构想有时也是难以评价的。

三、校园建设的“重形”与“重态”

在校园规划设计研究命题的层面上，近年大陆地区关注新建大学的总体规划和单体设计等一系列对校园物质空间形态的研究，即校园“形”的研究，而台湾地区更加关注校园的自然生态和人文要素，多选择偏向微观的命题，从校园“态”的方面进行研究。

不同的研究方向真实反映了两岸校园规划设计中的热点问题。中国大陆高等教育在近20年的飞速发展有目共睹，尤其高校扩招以来，各高校的基建任务繁重。随着学生数的连续增长，校舍、教学楼、辅助设施用房不断增加，仅校园类建筑每年就达到了千万平方米的建设规模。这使得参与规划设计人员置身于有史以来最庞大的校园建设热潮中，校园物质空间规划和建筑设计成为其主要的工作内容。而设计者面对的最大问题是如何在较短时间和建设成本的制约下建设符合业主心目中新型教育模式载体的大学校园。因此，规划设计研究也多从校园的有形形态入手。

大陆地区很多近年新建校园虽然拥有高质量的建筑和完善的基础设施，可是身临其境的师生却普遍感觉校园环境没有老校区那么亲切宜人，如同清华大学的前校长梅贻琦先生所言，“大学之大，非大楼之大”。当我们回忆起自己的母校，可能最先浮现于脑海中的是教学楼前的雕塑、夏日午后的树荫、冬天夜晚宿舍楼前温暖的灯光，这些温情的细节最能唤醒我们内心深处的记忆。但近年来，设计者却将大部分精力放在塑造校园实体空间形态，建设可容纳更多学生的建筑单体等方面，对校园独特的文化氛围、其所凝聚的价值观念和包容的文化生活等精神方面的研究却因为时间和精力的限制变得少而虚，而社会也往往将“校园广场是否宽阔壮观，校园建筑是否高大挺拔，学生宿舍是否设施一流”等作为衡量一个大学校园优劣的主要标准。这种“重形轻态”的缺失可能并不影响学校的运作，但却会在无形中失去传统大学校园浓厚的文化氛围。

相比之下，台湾的大学校园无论在建筑细部的设计，还是校园环境氛围的营造等方面都具有更高的品质。这主要是因为台湾高等教育高速发展期早于大陆地区，其校园基础建设已经基本完成，现阶段并不存在扩大教育规模、扩建新校舍以满足需求等问题，所以台湾学者大多将研究的命题定位于校园内涵的挖掘和深化方面。综观近几年海峡两岸“大学的校园”研讨会上台湾学者的研究可以看出，他们更加关注校园地域性环境氛围的营造、自然生态和人文要素的互动等人性化的内容。比如校园的绿色生态循环再利用、校园的性别空间、校园公共艺术等问题，甚至于校园内一个小商店前停车空间的改造以及学生宿舍专题等。这些研究立足于校园使用者的真正需要，来自于设计者深入的调查和思考，得到师生的参与和支持，最终的设计成果能切实地解决校园内的实际问题。从这个角度来说，台湾规划设计者看似细小的研究命题对一个大学校园的实际运作影响可能更加深远。因为这些人性化的设计在一点一滴中透露出专业人员对校园情感的守护，甚至可以说，他们在塑造一所大学校园的美好回忆，使一所大学更像大学⑤。

大陆大学校园“重形轻态”的问题目前已得到学术界和专业人士的关注。2005年，笔者参加了中国美术学院象山校区规划设计研讨会。在实地考察中，笔者发现该校园建设突破了当今国内校园规划流行之模式，创造了独特范式。因场地而随形的布局，依山傍水，散点布置的建筑，功能上的泛中心感，地域性文化景观与环境氛围的营造，突破了一般校园规划中重管理、重规训和功能至上的空间组织方式，烘托出艺术类院校自由洒脱、情景交融的校园环境。同时，设计对于中国建筑本土化和地域特点的表达也是一次具有启发意义的探索。看到中国美院象山校区，很容易让人联想到徐渭（青藤）和王羲之《兰亭序》所描绘的地质景观。当然，良好的、赋予场所精神和记忆的校园环境还需要在时间进程中成长和丰富。无论是中国的书院建筑布局传统，还是欧美大学校园的红砖合院建筑传统，都是人和时空互动的历史产物。民主开放的文化精神和场所记忆是校园传统永远的瑰宝。建筑可以作为人——时空互动的有效载体，个性表现固然宝贵，不过参与性和渐进完善同样可以成为校园建筑规划设计的一种策略。

总之，海峡两岸在大学校园设计领域的研究成果可谓“花开两处，各表一枝”。大陆的研究多是为一个需要容纳上万人的新时期校园做出规划设计，所要回应的是大学事业发展的新理念、教育现代化和高等教育日益高涨的社会需求，仿佛一颗种子刚被播种下去的时候就希望描绘出未来参天大树的形态、树枝的走向和树叶的枯荣； 而台湾的研究多为既有大学校园的充实和完善，就好像为已经成形的大树修剪枝叶、松土施肥，以使它更加繁茂，两者的差异客观反映了高等教育发展的不同阶段。在全世界高等教育蓬勃发展，大学校园规划建设面临新课题和新挑战的今天，海峡两岸大学校园规划设计研究的经验和教训值得彼此借鉴。时代在变，大学的理念、功能和职责也在变，在这个意义上，大学校园的研究将永无止境。■

注释

①历届研讨会主题：2001年，借纪念侯仁之院士90诞辰探讨校园文化，北京大学；2002年，校园规划与大学发展——历史的与新设的大学校园规划与发展，台湾大学；2003年，变迁中的大学校园，武汉大学；2004年，快速发展的大学校园——校园规划的挑战，同济大学；2005年，大学教育，大学校园以及校园规划的当前问题与挑战，台湾大学，台湾交通大学。

②参见2005年第五届海峡两岸“大学的校园”办会宗旨陈述。

③参见台湾大学建筑与城乡研究所教授夏铸九在首届研讨会上，就20世纪80年代台大校园规划的历史条件、形成脉络、主要内容与执行过程，讨论了其结果与经验，反省了其影响、局限与历史意义。黄世孟教授则介绍了台大校园规划之经验与策略，提出“隐形的校园”概念，阐述了大学校园与其周围社区密不可分的联系，并介绍了刚性或柔性的校园总体规划的意义与运作，主张兼顾人文历史与自然生态校园环境，评鉴校园建成环境，提倡先软件后硬件之校园营建模式。台湾大学蔡厚男、刘雅琪则从生态永续的角度，解读台大校园不断扩张和校舍建筑持续兴建对校园环境生态与永续性的威胁，同时提出了相应的对策。

④参见台湾大学建筑与城乡研究所毕恒达教授《台湾大学校园空间性别总体检》一文。他认为，校园空间性别不平等由来已久，由于校园设计者以男性居多，因此校园规划经常为顾及使用者的异质性，规划时往往将男女一视同仁，而未考虑女性使用者的需求。他领导研究生从校园生活中最常接触的空间着手，通过校园参与，调查女性师生对“性别化”的空间的需要，引起台大师生对性别空间议题的关注。

⑤逢甲大学建筑系副教授郑明仁在《绿建筑评估技术应用于大学校园环境之研究——以逢甲、静宜大学为例》中，用实际案例调查与检测之研究方法探讨绿建筑理论、绿建筑评估指标、绿建筑设计技术等，提供了一系列检测方式与评估方法。东海大学建筑系副教授关华山《东海大学校园可持续性纪事》中，经过文献回顾与现况调查，以可持续发展的眼光细述了东海大学校园的变迁过程，提出东海校园可持续发展的道路。黄世孟教授在《校园物语之理念与规划：高雄大学参与式校园场所营造经验》中介绍了高雄大学校园规划落实校园物语过程、实践理念与经验的三个案例，并在此基础上提出大学校园规划与校园物语两者存在密切关系的课题，说明高雄大学如何藉由校园规划之契机，积累内涵丰硕的校园物语，创造校园独特的风貌，提升大学永续发展的国际竞争力，启发设计者在校园小地方好场所的环境营造智慧。台湾大学建筑与城乡所教授刘可强《阳明大学参与式规划的经验—— 一个校园小角落的营造》和高雄医学大学医学系副教授林瑞泰《探讨大学师生非专业参与者启动校园——社区规划之行动模式研究——高雄医学大学之实作经验》两篇文章分别介绍了台湾高校的创意校园与参与式设计，让校园中充满了有丰富使用经验和富有创新精神的构想，再反过来通过行政部门配合完成，创造校园环境，塑造新过程和新成果。

参考文献

[1] 岳庆平，吕斌．首届海峡两岸大学的校园学术研讨会论文集[C]．北京：北京大学出版社，2005．

[2] 赵冰．快速发展的大学校园——校园规划的挑战[M]//海峡两岸大学的校园学术研讨会论文集．北京：中国建筑工业出版社，2004．

[3] 夏铸九．大学教育、大学校园以及校园规划的当前问题与挑战[M]//海峡两岸大学的校园学术研讨会论文集．台北：台湾大学建筑与城乡研究所，2005．

[4] UNESCO．学会生存——教育世界的今天与明天[M]．华师大比较教育研究所，译．上海：上海译文出版社，1979．

[5] 高冀生．高校校园规划研究与再认识[J]．中外建筑，2004（1）：21-23．

[6] 王建国．山水相依、清雅素裹——中国美院象山校区建设印象[J]．时代建筑，2005（4）：112．

我国城市遗产保护民间力量的成长

阮仪三　丁枫

同济大学国家历史文化名城研究中心

随着代表传统文化的事物日渐减少，城市遗产的保护受到政府和社会各界越来越多的重视。虽然重视的人多了，但其中存在的矛盾和问题却更加难以解决。

政府发现要保护的建筑、历史构筑物、传统街巷、非物质遗产数量之巨大，其保护经费已经远非财政拨款能够解决。当然除了中央政府的补贴外，还有地方财政的投入，但是这些专项拨款对于全国亟待修复的7万处各级文保单位来说，实在是杯水车薪，更不用提那些数量巨大的非文物类城市遗产。由于长期以来，城市遗产的保护工作由政府部门全权包办，而且政出多门、多头管理，导致城市遗产状况严重缺少监督，使得遗产的保护和利用中错漏百出，丝毫没有缓解保护资金和人力的短缺问题。

最近几年，个人、民间组织、非赢利性机构已经开始参与到遗产保护中来，而且这种公共参与遗产保护和再利用的方式已经收到一定的积极成效。公共参与是现代城市管理的新方向，是社会民主的象征。城市历史文化遗产的历史文化性应为全社会共享，因此，作为一种公共资源的管理，遗产保护当然需要融入公共参与的理念。

一、目前我国遗产保护民间力量的组成

目前在我国介入遗产保护的民间力量包括个人、民间盈利资本、民间非盈利组织和学术机构，其中最为活跃、也最具有实际操作能力的主要是以盈利为目的的私营企业和个人，他们与政府达成协议，以对遗产地或历史建筑的保护作为一种投资而得到相应的开发权或收益。虽然这种保护的最终目的是开发和获利，但在政府资金不足的情况下，这些民间资本的确给保护那些亟待抢救的历史遗产带来了希望。学术机构长久以来一直是呼吁城市遗产保护的主力军，但限于社会角色的制约，却只能停留在宣传和呼吁的层面上，很难进行实际的干预或实施。最近几年也逐渐成立了一些遗产保护的非政府组织，如阮仪三城市遗产保护基金会、冯骥才民间文化基金会等，这些刚刚起步的组织和基金会大都由一些知名人士建立，他们通过个人的社会影响和活动能力筹措资金并向社会宣传。在目前的状况下，这些组织的作用更多在于扩大遗产保护在社会各阶层的影响，呼吁政府或个人更多地关注城市遗产的保护，但由于资金有限，它们尚未切实地开展实质性的保护工作。

二、目前我国遗产保护民间力量主要从事的活动

在城市物质遗产保护方面，由于我国绝大多数历史建筑遗产属于国家或集体，民间力量无论从合法性还是财力上都显得底气不足，因此目前民间力量主要涉及以下领域：寻找城市遗产，进行调查研究；宣传和呼吁城市历史建筑的保护；参与制定历史建筑的保护条例和技术规范；修缮或参与修缮历史建筑；盈利性开发和再利用城市历史建筑，改造旧区；非盈利性再利用城市历史建筑，更新旧区。

三、国外案例研究

美国历史遗产保护有很多有利于公共参与的机制，例如美国的历史遗产保护的政府主导者主要是各地方政府而非联邦政府，各地根据地方特点制定的相应法律具有很大的灵活性。美国在1949年就建立了全国范围的历史保护国家信托基金（National Trust for Historic Preservation）；同时，强大的社区保护起到了积极的作用，尤其在政府机构决策无法深入的低收入和非白人社区；还有为数众多的十分活跃的NGO（non-government organization），在政府财政不足的情况下，吸引了很多私人捐赠投入到历史建筑遗产的保护和再利用中；一些私人投资历史建筑的再利用，虽然大多出于纯粹的商业目的，但投资者不断寻求与公共部门和当地社区的合作，而没有封闭地进行建设。为鼓励更多的人和资金参与历史建筑遗产的保护，美国政府制定了许多经济和税收优惠政策，诸如历史建筑投资税额减免、登录文物建筑的加速折旧制度以及历史环境保护周转基金（Revolving Fund）等，都促使人们乐意从事与历史建筑相关的各项经济活动，这些法规为公共参与搭建了很好的平台。

在德国，城市历史建筑的保护属于一种公共责任，联邦政府并没有承担很多对历史建筑的保护责任，而是由历史建筑的所有者负有对其进行保护的法律责任，他们可以向相关机构申请保护技术和保护经费的支持，德国最大的基金会（The Deutsche Stiftung Denkmalschutz）在这方面做了很多努力，1991～2003年，基金会共资助了3 000个保护建筑项目，花费31亿欧元；同时，基金会也促成了德国“历史遗产开放日”的设立。2004年开放日当天，约有400万人参观了位于全德2 500个城镇的6 500个历史遗产地，这些数字体现出德国公众对历史遗产保护的参与热情以及基金会高效的民间组织能力。此外，基金会还设有一个已持续10年的关于遗产保护的青年培养项目，既为国家培养了具有遗产保护职业素质的人才，又为社会提供了就业机会。基金会活跃的组织工作不但体现了德国城市遗产保护民间力量的强大，而且表明政府为这些公共参与提供了理想的环境。

四、我国目前民间力量参与遗产保护面临的困境

1．社会慈善程度不高

与发达国家相比，中国的慈善事业还在起步阶段。美国每年慈善捐

款总额占其GDP的4%，印度为0.09%，而中国只有0.05%。众所周知，美国的Getty基金会、英国的国家信托（National Trust）等慈善组织在国内及国际的城市遗产保护领域都拥有很高的声望和建树，而我国目前专门从事城市物质遗产保护的该类组织只有阮仪三城市遗产保护基金会一家，基本没有其他纯民间的非盈利性组织。因此，我国在慈善事业上的总体社会认同度较低，大大影响了民间力量对城市遗产保护的热情。

2. 法律不健全

对于那些介入遗产保护的盈利性民间资本来说，没有明确的相关法律作为投资的保障和约束。遗产地开发往往需要长期投资，法规的健全可以规范开发建设，避免对历史遗产的新破坏，对投资者来说也是一种可靠的投资保障；对于那些想要参与遗产保护的非盈利性的非政府组织或个人来说，法规的不健全使他们无法通过合理的渠道从事遗产保护活动，也无法得到法律的认可。

3. 税收政策的限制

我国目前只对二十几家慈善基金会实行捐款税收全免的政策，而其他组织则只享受3% 抵税政策，这大大影响了捐款人的积极性。面对历史建筑的修缮保护，国家和地方政府尚未出台相应的补贴、资助或免税政策。

4. 民间监督制度的空白

长久以来，城市遗产多由政府全权管理，尚未开辟专门的渠道或赋予任何权力给民间团体以监督城市遗产保护工作。

5. 民间组织自身管理和运作状况不佳

最近的调查结果表明，在中国近2万家已登记的社会慈善组织中，真正运行良好的仅有500家（其中还包括100家有政府背景的组织），其余大多数处于困难当中，主要原因有四点：资金有限；人才极其匮乏；社会认同度和尊重度较低；没有外部的智力资源帮助其扩大规模、提高项目开发和运作能力。

五、搭建民间力量从事城市遗产保护的平台

通过以上对我国城市遗产保护民间参与现状和背景的分析，并结合国外的成功经验，我们试图提出一些有益于我国城市遗产保护机制建立的策略：

从政府层面来说，应完善遗产保护多层面责任体系，以立法的手段将遗产保护的责任切实分散到社会各阶层，最大可能地让更多的人加入到遗产保护的实践中，其中包括更基层的地方政府机构以及拥有历史建筑的个人、团体、非政府组织和非盈利性组织；

健全遗产保护的教育和宣传机制，发动群众参与身边的遗产保护，通过设立"遗产开放日"将遗产保护写入学生教科书，举办免费讲座等市民活动宣传遗产保护的观念、政策和方法；

建立有助于民间资金介入遗产保护的经济和税收制度，鼓励建立保护基金会，实行对保护遗产捐助的税收减免政策、民间自筹资金维修历史建筑的税收减免和贷款政策；

建立保护城市遗产的非政府组织和社区团体网络，协助政府开展遗产保护工作；

建立城市遗产保护的民间监督机制，为监督遗产的管理和开发提供有效便捷的渠道；

建立遗产保护的市场机制，利用城市遗产的社会文化性和积极外部效应，形成相应的历史遗产市场，吸引盈利性资本对历史建筑再利用、传统街区更新等项目的投入，同时实行严格的开放控制，以避免对历史遗产造成不可挽回的破坏。

尽管我国的城市遗产保护工作起步晚、水平低，但今天中国公众对历史遗产保护的认识水平比从前有了很大提高，无论政府官员还是普通民众，对历史遗产保护工作的认同与理解都达到了前所未有的高度。随着法律和制度的不断完善，更多的民间资本将投入遗产的保护和开发，他们的操作模式也会更加规范、合理。另外，中国的慈善事业正在承受着成长期的历练，全社会的捐赠意识和自主行为能力都在不断提高，对于从事遗产保护的民间组织，如何找到更适合这一领域特色的工作方法将是其面临的最大挑战。我们希望国外有着丰富经验的民间组织来帮助我们，互相学习、探索，共同保护中国的城市遗产。■

参考文献

[1] ARNSTEIN S R. A Ladder of Citizen Participation [J]. Journal of the American Institute of Planners, 1969, 35: 216-224.

[2] BARBER B R. Strong Democracy: Participatory Politics for a New Age[M]. California: University of California Press, 2004.

[3] 张松．历史城市保护学导论[M]．上海：上海科学技术出版公司，2001．

[4] 阮仪三．城市遗产保护论[M]．上海：上海科学技术出版公司，2005．

建筑遗产保护的若干问题探讨
——保护文化遗产相关国际宪章的启示

张松
同济大学建筑与城市规划学院

中国是一个历史悠久的文明古国，老祖宗曾给后人留下了数以万计的建筑瑰宝。可是在刚刚过去的一段不算久远的时期内，对一些有着悠久历史的文化名城而言，历史却是最不受珍重的东西。而现在，那点幸存下来的文物古迹，又在实利主义的原则指导下被改建成了流行生活的时尚空间。

过去熟悉的城市越来越没有了家的感觉，居住在其中的人们越来越找不着回家的路。一座座表面上看起来繁华热闹的城市，实际上是多么冷漠和空泛！正如美国学者乔尔·科特金（Joel Kotkin）所指出的：“（今天）出现了没有传统的所谓繁荣但仍能保持增长的大城市。这些城市日益缺少一个对神圣场所、市政属性和道德秩序的共同认知。这些短暂繁荣的城市似乎把其最高希望寄托在时新、超然、精当等转瞬即逝的价值上。”

在城市化快速推进的过程中，建筑遗产的保护，对人们了解传统文化、国土家园以及生活意义起到了积极的作用。多年来，国际保护宪章、公约和建议不仅为推动世界文化遗产工作做出巨大的贡献，而且在遗产保护理念、文化多样性维护甚至人的价值观等方面为我们提供了全新的视野。

一、何谓“建筑遗产”

1978年5月22日，在莫斯科召开的国际古迹遗址理事会（ICOMOS）第五届大会上通过了《国际古迹遗址理事会章程》，该章程对建筑遗产（architectural heritage）的相关概念做了如下定义：

“古迹/纪念物”（monuments）一词应包括在历史、艺术、建筑、科学或人类学方面具有价值的一切建筑物（及其环境和有关固定陈设与内部所有之物）。这一定义应包括古迹的雕刻与绘画、具有考古性质的物品或建筑物、题记、洞窟以及具有类似特征的一切综合物。

“建筑群”（groups of buildings）一词应包括无论城市还是乡村的单个或相连的一切建筑及其环境，这些建筑在环境中由于其建筑风格、同种类型或所处位置等原因而具有历史、艺术、科学、社会或人类学方面的价值。

“遗址/历史地段”（sites）一词应包括一切地貌的风景和地区、人工制品或自然与人工的合制品，包括在考古、历史、美学、人类学或人种学方面具有价值的历史公园与园林。

而“纪念物”“历史地段”及“建筑群”等词不应包括：①存放在古迹内的博物馆藏品；②博物馆保存的或考古、历史遗址博物馆展出的考古藏品；③露天博物馆。

法国学者法兰斯瓦·舒尔（Francose Choay）认为：“历史纪念物（historic monument）或历史遗产（historic haritage）其实是从西欧文化中滋生的特别产物。它们不应该和纪念物（monument）相混淆，纪念物是具有文化意义的普遍性概念，在整个世界中都能够找到。……（而）历史纪念物是由历史性记忆和审美价值而选择出来的既存人工物。” 在国外历史保护学科领域，纪念物虽然带有特定的历史色彩，但主要指历史建筑或者历史地区，其普遍性价值在于：①认定其真实性或完整性价值；②对所有的历史时期一视同仁；③反对拆除历史上的增添物，反对没有依据的风格重建；④要求有完整的文献档案。

随着保护运动的发展，建筑遗产的概念和范畴也得到了很大的扩展。1964年《威尼斯宪章》对其定义如下：历史纪念物的概念不仅包括单体建筑，而且包括能从中找出一种独特的文明、一种有意义的发展或一个历史事件见证的城市或乡村环境。这既适用于伟大的艺术作品，亦适用于随时光流逝而具有了文化意义的过去一些较为朴实的作品。1975年欧洲建筑遗产大会通过的《阿姆斯特丹宣言》强调：“建筑遗产不仅包括品质超群的单体建筑及其周边环境，而且包括城镇或乡村的所有具有历史和文化意义的地区。”

我国的建筑学和历史保护学科领域对文物古迹、历史建筑、传统街巷以及自然和历史环境等，常用城市遗产（urban heritage）、建筑遗产（architectural heritage）或具有文化意义的建成环境遗产（cultural built heritage）等相关概念来表述。城市遗产一般包括如下：①历史建筑及其周边环境；②城市内的历史地段，如历史中心区、传统街区、工业遗址区等；③历史性城镇。有时为了与建筑遗产区分开来，在狭义的学术范畴上，城市遗产更强调包含公共空间、历史环境、文化景观、街巷肌理等在内的综合、整体性建成环境（built environment）。而“文物建筑”，是指被列入各级文物保护单位中的建、构筑物。值得注意得是，近年来有不少古村落、历史建筑群等已被公布为文物保护单位。

“保护”，一般指对历史建筑（historic building）、传统民居和历史地区等文化遗产及其景观环境的改善、修复和控制。它可以定义为“为降低文化遗产和历史环境衰败的速度而对变化进行的动态管理”。现代保护被描述为一个重要的过程，在这个过程中，保护/保存工作本身就是一个创造性的活动，它应该明显地区别于想象，应被理解为与一个人的价值取向相关的必要需求，是一个为了在历史背景下使居民有自己的荣誉感与归属感的需要。

二、建筑遗产保护的历史性

1. 历史建筑与文化记忆

“记忆”（memory）这个词反映了多层含义的积淀，可分为两组意义：它可以指我们回忆过去的能力，代表着被归属于大脑的一种功能；它当然也指本身作为被回忆的某种东西（一个人、一种情感、一段经历）的一个更抽象的概念。科学家和人文学者的研究结果表明，记忆的这两方面是密切交织在一起的。

人类生活的丰富性依赖于我们记忆过去的能力。虽说比起以数百万年来衡量的自然时间，我们在其中用数十年和数世纪来衡量的人类历史时间是极其短暂的，但是，我们痛苦地意识到我们的记忆是有选择的和脆弱易变的。

作为“石头史书”的建筑物，可以帮助人类克服这一弱点。被称为“19世纪的历史建筑保护巨人”的英国思想家约翰·罗斯金（John Ruskin），早在1849年出版的《建筑的七盏明灯》一书中就明确指出：“人类的遗忘有两个强大的征服者——诗歌和建筑，后者在某种程度上包含前者，在现实中更强大。”他认为记忆是建筑的第六盏明灯，因为正是在成为纪念或纪念碑的过程中，真正的完美才通过民用和家居建筑得以实现。他强调：“没有建筑，我们照样可以生活，没有建筑，我们照样可以崇拜，但是没有建筑，我们就会失去记忆。……有了几个相互叠加的石头，我们可以扔掉多少页令人怀疑的记录！”

20世纪初，美国文学评论家、艺术史学家查尔斯·诺顿（Charles Eliot Norton）表达了几乎完全相同的看法：“保存历史的延续性非常重要，建筑可以联系过去、现在和未来。”

而被誉为20世纪最具影响力的文学评论家和思想家的瓦尔特·本雅明（Walter Benjamin）更是从城市的角度对建筑的历史价值进行了广泛的分析。“城市是人们记忆的存储地，是过去的留存处，它的功用中还包括储存着各种文化象征。这些记忆体现在建筑物上，而这些建筑物就此具备的意含便可能与建筑师原本的意图大为不同了。”他还进一步指出：“建筑物表明了集体性的神话。即便是废弃的建筑物，也会留下种种痕迹，揭示出以往各时期的种种记忆、梦和希望。”

1987年ICOMOS通过《华盛顿宪章》，旨在寻求促进历史城市或历史地区的私人生活和社会生活的协调，并鼓励对这些文化财产进行保护。该宪章中指出：“文化财产无论其等级多低，均构成人类的记忆。”

2. 时间的历史性

历史建筑是一部存在于环境之中的大型、直观、生动的史书，建筑遗产寄托着丰富的文化记忆。150多年前，罗斯金在《建筑的七盏明灯》中就呼吁道：“建筑应当成为历史，并且作为历史加以保护。”

可是，真正的文物建筑保护（或称历史环境保护）则直到19世纪中叶才正式开始，在20世纪中叶成熟为一门科学。这说明，文物建筑保护，需要全社会的文明达到很高的程度才能成为自觉的行为。

美国自然景观和历史性场所保护协会成员爱德华·豪尔（Edward Hall）对历史性问题作过专门论述，他撰文指出：有些建筑由于美国历史上的名人曾经居住或使用过，或者因为在此发生过一些重要的事件，从而具有某种“使用的历史性”（use-historic），这种历史性是缘于重要人物和事件；而另一些建筑与重要人物和事件无关，只是因为自身悠久的历史而具有了特殊意义，这种历史性称之为“时间的历史性”（time-historic）。

显然，过去那些具有“使用的历史性”的纪念性建筑得到较好保护，而今天那些具有“时间的历史性”的建筑物也越来越多地被列为保护对象。20世纪60年代以来，欧洲的建筑遗产保护经过了一段快速发展的时期。此前的保护对象是建筑单体和纪念物；60年代左右，保护对象有了新的变化，一般历史建筑（如住宅）、乡土建筑、工业建筑、城市肌理和人居环境（如传统街区、历史地段、古村落等）得到更多重视；如今，在在欧美等国的全面推动下，文化遗产保护正成为一场世界范围的保护运动和一种正当时宜的创造性活动。

联合国教科文组织（UNESCO）亚太地区文化顾问Richard Engelhardt先生在同济大学的演讲报告中，对历史保护运动的发展趋势有过详细的论述，其主要观点参见表1。

表1 遗产保护的范畴转变

时间	过去	现在
保护对象	王室、宗教和政治的纪念物	普通人的场所与空间
管理部门	中央行政机构管理	社区、社团管理
利用情况	精英使用方式	普通用途

注：此表根据Richard Engelhardt先生的演讲稿翻译、总结绘制

三、建筑遗产保护的原真性

《威尼斯宪章》是1964年起草，经国际建筑师协会第二次代表大会通过，又于1966年被ICOMOS大会所采纳，是关于文化遗产保护的纲领性和基础性文件。它提出了具有价值和普遍意义的保护准则，不仅对保护概念、保护原则做了全面的阐述，同时也是第一部涉及建筑遗产保护原真性和完整性问题的国际宪章。宪章的开篇即指出：传递历史古迹原真性的全部信息（the full richness of their authenticity）是我们的职责。

原真性（authenticity），又译为真实性、原生性、确凿性，主要有原始的、原创的、第一手的、非复制、非仿造的意思。对于艺术品、历史建筑或文物古迹，原真性可以被理解为那些用来判定文化遗产意义的信息是否真实。文化遗产保护的原真性代表遗产创作过程与其物体实现过程的内在统一关系、其真实无误的程度以及历经沧桑受到侵蚀的状态。

1972年UNESCO通过的《保护世界文化和自然遗产公约》，已经注意到原真性是文化遗产保护的原则问题，因而原真性成为定义、评估、监控世界文化遗产的基本因素，这已成为广泛的共识。

1994年制定的《关于原真性的奈良文件》，特别关注发掘世界文化的多样性以及对多样性的众多描述，这些描述涵盖纪念物、历史地段、文化景观直至无形遗产。而在每一文化内，对遗产价值的特性及相关信息源的可信性与真实性的认识必须达成共识，这是至关重要、极其紧迫的工作。

保护各种形式和各历史时期的文化遗产要基于遗产所蕴涵的价值，而人们理解这些价值的能力部分地依赖与这些价值有关的信息源的可信性与真实性。对这些信息源的认识与理解，与文化遗产初始和后续的特征及意义相关，是全面评估原真性的必要基础。

任何一件“赝品”，无论它是复制品、仿制品、再造品还是复原的

东西，也不管其是否得到过分的修复，即便它可以乱真，都不应被理解为原物（original）。为了给那些要求历史建筑（或历史街区）以及周边环境做最小改变的文化资产提供一个协调的用途，或者为了按最初确定的目的继续使用它，必须做出各种合理的努力，但历史建筑易于被识别的最初的品质或特征将不应被破坏。可能发生的消除或更改历史性材料及与众不同的建筑外观特征的行为应该避免，所有的建筑物、构筑物和历史街区将作为它们自己时代的产物被识别，那些未以历史原真性为基础的改动和恢复最初面貌的设计创作应该被阻止。

清华大学教授陈志华先生认为："文物建筑保护的第一的、最高的原则却是保持历史的真实性。历史的真实性是一切文物的价值所在，没有历史真实性的东西就不是文物。"

事实上，现代保护不应该被理解为一种模仿与重复过去的形式，而应该是一种与自己的现代价值相关的再次演绎。在没有深邃与悠远的历史文化，并对现存的建筑与历史的充分理解之前，保护工作是不能够很好完成的。约翰·罗斯金（John Ruskin）更是一针见血地指出："就像不能使死人复活一样，建筑中曾经伟大或美丽的任何东西都不可能复原。……整个建筑生命的东西，亦即只有工人的手和眼才能赋予的那种精神，永远也不会召回。"

美国的反修复论者（antirestorationist）也表达了相同的观点。20世纪30年代，时任AIA建筑保护委员会主席的费斯克·肯贝尔（Fiske Kimball）提出了"保护胜于维修、维修胜于修复、修复胜于重建"的著名论点。国家公园组织成员，历史学家奥伯瑞·尼森（Aubrey Neasham）在1940年发表过这样论述："这些修复和重建不但是不真实的仿造，而且是不科学的。不论我们如何去复原，我们都不能提供绝对真实的历史细节和历史精神。"

1981年，《佛罗伦萨宪章》对古园林和历史景观保护的真实性也做了明文规定："历史园林的真实性不仅依赖于它各部分的设计和尺度，同样依赖于它的装饰特征和它每一部分所采用的植物和无机材料。……在一座园林彻底消失，或只有其某些历史时期的推测证据的情况下，其重建物不能被认为是历史园林。"

四、建筑遗产保护的完整性

1964年通过的《威尼斯宪章》指出："古迹的保护意味着对一定范围环境的保护。凡现存的传统环境必须予以保持，决不允许任何导致群体和颜色关系改变的新建、拆除或改动行为。"（第六条）"古迹遗址必须成为专门照管对象，以保护其完整性（integrity），并确保用恰当的方式进行清理和开放展示。"（第十四条）这是在国际宪章中较早提出历史古迹保护完整性问题的文件。

1976年UNESCO大会通过的《内罗毕建议》对历史地区及其环境（setting）的保护做了全面的论述："环境"是指对历史地区动态或静态的景观发生影响的自然或人工的背景，以及在空间上有直接联系或通过社会、经济和文化的纽带相联系的自然或人工的背景。

过去，完整性是评估自然遗产价值和保护状况的重要指标，随着文化遗产与自然遗产保护工作的深入，文化遗产保护的完整性问题引起了越来越多人们的关注。其实，原真性也表达了描述场所、物件或活动与其原型相比较的相对完整性的含义。

到1975年（欧洲建筑遗产年），人们已经认识到，尽管一些建筑群体中没有价值十分突出的范例，但其整体氛围具有艺术特质，能够将不同时代和风格的建筑融合为一个和谐的整体，这类建筑群也应该得到保护。通过实施缜密的修复技术和正确选择适当的功能，能够达到整体性保护（integrated conservation）的要求。

遗憾的是多年来，虽然一些主要的纪念性建筑得到切实的保护和修缮，但纪念物的周边环境却被忽视了。直到最近，人们才逐渐认识到：周边环境的整体氛围一旦被削弱，纪念物的许多特征也会丧失。1999年，《关于乡土建筑遗产的宪章》中提出的保护指导方针包括："为了与可接受的生活水平相协调而改造和再利用乡土建筑时，应该尊重建筑的结构、性格和形式的完整性。在乡土形式不间断地连续使用的地方，存在于社会中的道德准则可以作为干预的手段。"

2005年10月，在西安召开的ICOMOS第十五届大会通过的《西安宣言》，提出了文化遗产保护的新理念，将文化遗产的保护范围扩大到遗产周边环境（setting）以及环境所包含的一切历史、社会、精神、习俗、经济和文化的活动。也就是说，过去建筑遗产保护虽然也关心周边环境，但多数情况下这一"环境"只是物质实体的，或者是基于空间或视觉上的关联性的。

《西安宣言》将历史建筑、古遗址和历史地区的环境界定为直接和扩展的环境，它是作为或构成遗产重要性和独特性的组成部分。《西安宣言》中还指出，除实体和视觉方面的含义外，环境还包括与自然环境之间的相互作用，过去或现在的社会和精神活动、习俗、传统认知等非物质文化遗产方面的利用或活动，以及其他非物质文化遗产形式，它们创造并形成了环境空间以及当前动态的文化、社会、经济背景。

拓展文化遗产的保护范围，有利于保护遗产环境中动态的物质和非物质文化遗产。广义的文化遗产概念，应考虑到存在于文化和社会中的传统和相互关系的巨大差异，扩展到把整个环境包容进来。要把不可移动文物放在它的文化和物质环境中来考虑，要把保护、修复当作这种环境中的一项工作。因此，有必要把不可移动遗产保护与城市规划结合起来，并把这个原则扩大到风景名胜区和村庄建设中。

五、中国建筑遗产保护的特殊性

国外大量的保护实践不仅与居民的住房条件改善和生活环境提升息息相关，通过历史环境的保护，寻找都市景观创造的源泉和文脉，继承发扬传统文化，使居民在物质空间环境和精神生活寄托两方面都能拥有归属感。1987年通过的《华盛顿宪章》已经明确表示："保护规划应得到历史地区的居民的支持。……住宅改善应是保护的基本目标之一。"

纵观我国的建筑遗产保护状况，从客观层面看，虽然大开发等"建设性破坏"已造成城镇建筑遗产严重毁坏的局面，但从整个国土范围看，建筑遗产保存量还是巨大的，如广东碉楼、福建土楼、贵州屯堡、少数民族村寨、古村落、古民宅等。可是由于长期的过度使用、日常维护修缮的缺乏、保护资金投入不足等原因，其保护前景也是令人担忧的。

今后，提升居民这一保护主体的文化意识和改善历史城镇的居住环境质量，是历史保护工作走向全面自觉的双重前提条件，也是今后城乡规划建设中不容忽视的艰巨任务。历史建筑、历史地区具有独特的美学价值，应当成为地域文化认同的重要内容和当代城乡生活的组成部分。由于篇幅所限，本文将上海、哈尔滨、武汉、天津等城市关于历史建筑的保护条例和保护法规的内容以表格形式归纳整理，供有兴趣的读者结合本文的内容进行比较分析（见附录：部分城市历史建筑保护法规比较表）。

我国的建筑遗产保护工作由于起步晚，理论研究远远落后于保护实践，以致于管理体制、长官意志和利益驱动这三大因素，成为文物古迹屡遭破坏的深层原因。由于保护体制和机制尚不够完善，以及相当一部分人头脑中建筑遗产保护的法律意识淡薄，在经济利益的驱动下，很多地区历史建筑的修缮和保护中出现了一些不和谐的声音。诸如"无中生有"的人造景点、热火朝天的"假古董"开发、"焕然一新"的文物修缮等，无一例外，皆以"重塑/再现**时代面貌"的名义表现出"无知者无畏"的状态。面对文物古迹被"修缮"得面目全非这一"新型"的"保护性破坏"，当事者要么以"交学费"为借口而了之，要么以"总比拆了好"来"宽容"，要么以"中国特色"来搪塞。

对此种种"中国式"的现象和问题，陈志华先生一直在大声疾呼："造假是有罪的，法律上有罪，道德上更有罪。"中科院院士郑时龄教授也强调："有价值的历史建筑的修缮、复原，失却了原真性就等于失去了建筑的灵魂。"显然，建筑遗产保护，就是要保护历史建筑的文化、艺术、科技价值的总和，因此首先必须保护它的原真性，不能让其夹杂任何虚假的信息。

2000年，ICOMOS中国委员会制定的《中国文物古迹保护准则》明确表示："保护是指为保存文物古迹实物遗存及其历史环境进行的全部活动。保护的目的是真实、全面地保存并延续其历史信息及全部价值。保护的任务是通过技术的和管理的措施，修缮自然力和人为造成的损伤，制止新的破坏。所有保护措施都必须遵守不改变文物原状的原则。"

六、结论

考虑到建筑遗产保护工作在我国还远远没有普遍走上科学化的道路，迫切需要吸取国际先进经验，我们有必要认真学习领会保护文化遗产的国际宪章、公约、建议以及宣言文件，尽快将我国的建筑遗产保护工作全面推上理性、科学和法制的轨道。30多年前欧洲人就已经认识到"建筑遗产作为欧洲文化丰富性和多样性不可欠缺的一种表现"，它的未来"很大程度上取决于它与人们日常生活环境的整合状况，取决于其在区域和城镇规划及发展规划中的重视程度"。

在此，不惜以较长段落引用《有关建筑遗产的欧洲宪章》中的内容来结束本文，不仅是因为这些观点正是本文所希望表达的，也考虑到这些保护理念和保护目标，正是今后我国建筑遗产保护需要努力的方向：

"建筑遗产中所包含的历史，为形成稳定、完整的生活提供了一种不可或缺的环境品质。作为人类记忆不可或缺的组成部分，建筑遗产应以其原真的状态和尽可能多的类型传递给后代。否则，人类意识自身的延续性将被破坏。

"建筑遗产是一种具有精神、文化、社会和经济价值的不可替代的资本。现在，我们的社会应节约利用这些资源。建筑遗产远非一件奢侈品，它更是一种经济财富，能够用来节省社会资源。

"历史中心区和历史地区的形态结构，有益于保持和谐的社会平衡。只要为多种功能的发展提供适当的条件，我们的古镇和村落会有利于社会的整合。它们可以再次实现功能的良性扩展和更良好的社会混合。

"建筑遗产在教育方面扮演着重要的角色。建筑遗产为建筑形式、风格及其应用的解释和比较，提供了丰富的素材。今天，视觉感受和亲身体验在教育中起着决定性作用，保存这些不同时代及当时成就的鲜活印痕非常必要。"■

参考文献

[1] MENDES S Z. Conservation and Urban Sustainable Development[M]. Rua do Bom Jesus: CCIUT, 1999.

[2] 罗斯金．建筑的七盏明灯[M]．张粼，译．济南：山东画报出版社，2006．

[3] 国家文物局法制处编．国际保护文化遗产法律文件选编[M]．北京：紫禁城出版社，1993．

[4] 陈志华．北窗杂记——建筑学术随笔[M]．郑州：河南科学技术出版社，2007．

[5] 张松．历史城市保护学导论——文化遗产和历史环境保护的一种整体性方法[M]．上海：上海科学技术出版社，2001．

[6] 张松．理想空间：历史城市保护规划与设计实践[M]．上海：同济大学出版社，2006．

[7] 王红军．美国建筑遗产保护历程研究——对四个主题事件及其相关性的剖析[D]．上海：同济大学，2006．

[8] IRWIN J K. 西方古建古迹保护理念与实践[M]．秦丽，译．北京：中国电力出版社，2005．

[9] 西村幸夫．都市保全计画[M]．东京：东京大学出版会，2004．

[10]科特金．全球城市史[M]．王旭等，译．北京：社会科学文献出版社，2006．

[11]法拉，帕特森．记忆：剑桥年度主题讲座[M]．户晓辉，译．北京：华夏出版社，2006．

[12]特纳．Blackwell社会理论指南[M]．李康，译．上海：上海人民出版社，2003．

附录

部分城市历史建筑保护法规比较表

城市	厦门	哈尔滨	上海	武汉	杭州	天津
法规名称	厦门市鼓浪屿历史风貌建筑保护条例	哈尔滨市保护建筑和保护街区条例	上海市历史文化风貌区和优秀历史建筑保护条例	武汉市旧城风貌区和优秀历史建筑保护管理办法	杭州市历史文化街区和历史建筑保护办法	天津市历史风貌建筑保护条例
施行时间	2000年4月1日	2001年12月1日	2003年1月1日	2003年4月1日	2005年1月1日	2005年9月1日
保护对象名称或定义	历史风貌建筑	保护建筑和保护街区，是指由市人民政府批准的具有较高建筑艺术价值、风貌特色、历史意义的建筑物、界面、街道、街坊和区域	优秀历史建筑	优秀历史建筑	历史建筑	历史风貌建筑是指建成50年以上，具有历史、文化、科学、艺术、人文价值，反映时代特色和地域特色的建筑
认定标准	1949年以前在鼓浪屿建造的，具有历史意义、艺术特色和科学研究价值的造型别致、选材考究、装饰精巧的具有传统风格的建筑	市人民政府制定保护建筑和保护街区认定标准	建成30年以上，并有下列情形之一的建筑，可以确定为优秀历史建筑：（一）建筑样式、施工工艺和工程技术具有建筑艺术特色和科学研究价值；（二）反映上海地域建筑历史文化特点；（三）著名建筑师的代表作品；（四）在我国产业发展史上具有代表性的作坊、商铺、厂房和仓库；（五）其他具有历史文化意义的优秀历史建筑	建成30年以上，并有下列情形之一的建筑，可以确定为优秀历史建筑：（一）建筑样式、施工工艺和工程技术具有建筑艺术特色和科学研究价值；（二）反映武汉地域建筑历史文化特点；（三）著名建筑师的代表作品；（四）在我市各行业发展史上具有代表性的建筑物；（五）其他具有历史文化意义的建筑	建成50年以上，具有历史、科学、艺术价值，体现城市传统风貌和地方特色，或具有重要的纪念意义、教育意义，且尚未被公布为文物保护单位或文物保护点的建筑物。建成不满50年的建筑，具有特别的历史、科学、艺术价值或具有非常重要纪念意义、教育意义的，经批准也可被公布为历史建筑	建成50年以上的建筑，有下列情形之一的，可以确定为历史风貌建筑：（一）建筑样式、结构、材料、施工工艺和工程技术具有建筑艺术特色和科学价值；（二）反映本市历史文化和民俗传统，具有时代特色和地域特色；（三）具有异国建筑风格特点；（四）著名建筑师的代表作品；（五）在革命发展史上具有特殊纪念意义；（六）在产业发展史上具有代表性的作坊、商铺、厂房和仓库等；（七）名人故居；（八）其他具有特殊历史意义的建筑。符合前款规定但已经灭失的建筑，按原貌恢复重建的，也可以确定为历史风貌建筑
保护分级	历史风貌建筑根据其历史、艺术、科学的价值，分为重点保护和一般保护两个保护类别。列为重点保护的，不得变动建筑原有的外貌、结构体系、基本平面布局和有特色的室内装修；建筑内部其他部分允许做适当的变动。列为一般保护的，不得改动建筑原有的外貌；建筑内部在保持原结构体系的前提下，允许做适当的变动	一类保护建筑，不改变建筑原有的立面造型、表面材质、色调、结构体系、平面布局和室内装饰；二类保护建筑，不改变建筑原有的立面造型、表面材质、色调、主要平面布局和部分有特色的室内装饰；三类保护建筑，不改变建筑原有的立面造型、表面材质、色调	优秀历史建筑的保护要求，根据建筑的历史、科学和艺术价值以及完好程度，分为以下几类：（一）建筑的立面、结构体系、平面布局和内部装饰不得改变；（二）建筑的立面、结构体系、基本平面布局和有特色的内部装饰不得改变，其他部分允许改变		根据历史、科学和艺术价值以及完好程度，对历史建筑按以下分类进行保护：（一）建筑的立面、结构体系、平面布局和内部装饰不得改变；（二）建筑的立面、结构体系、基本平面布局和有特色的内部装饰不得改变，其他部分允许改变；（三）建筑的立面和结构体系不得改变，建筑内部允许改变；（四）建筑的主要立面不得改变，其他部分允许改变	历史风貌建筑划分为特殊保护、重点保护和一般保护三个保护等级

建立可持续发展的历史文化名城保护更新机制

夏青
天津大学建筑学院

近年来，随着我国大规模的旧城更新如火如荼地展开，代表城市历史文化和地域风格的历史街区及建筑面临前所未有的压力和挑战。尽管对历史文化名城的保护在我国已经得到重视，但在实践中把握好保护与更新的关系并非易事，很多城市的历史文化遗产正是在对保护的"高度重视"中被破坏。面对众多历史环境被破坏、历史文化名城趋同化的事实，我们需要冷静思考：在建设法治社会的过程中，应该如何识城市和谐发展之大体、顾文化名城保护之大局，从城市的长久利益出发，建立一套科学完善的建筑文化遗产保护更新机制。

一、保护与更新内容的界定

虽然我国已出台明确的文物保护法和名城保护规划法，保护城市文化遗产也得到全社会的共识，但仍有很多宝贵资源遭到令人痛心疾首的破坏。原因包括许多方面，如经济利益驱动、城市更新冲突、法制观念淡漠等，但对保护与更新内容界定的不明确也是重要原因之一。明确的文物保护单位受重视，模糊的准文物随时会被拆除；硬质的文化遗产易于保护，而软质的传统生活场景常被破坏；城市局部片断保护容易，整体空间和形态保护难；单体建筑保护容易，传统街区的整体风貌和环境保护难……正是基于上述原因，一些专家认为受保护的内容和范围应越多越好，结果造成划定保护内容过于宽泛而不容易管理和操作等问题。因此，科学界定保护与更新的内容与范畴并形成全社会的共识就显得非常重要。

1．保护内容与范围的界定应体现对历史人文环境的尊重

历史环境指历史风貌街区、建筑及其周边环境，包括硬质环境（城市肌理、空间形态、建筑特征等）和软质环境（人文环境、生活场景、社会特征等）。在实践中由于保护内容不明确造成原有历史人文环境的破坏表现在多方面：

其一，对保护内容的关注往往集中于硬质环境，而更应得到关注的软质环境往往被忽略，如原有社会特征、生活场景、原居住者权益等。目前，大多数城市在对历史街区更新改造时往往把原有居民全部迁出，而修缮一新后的环境却不再属于原有居民，取而代之的是能够获得更高经济效益的功能。尽管历史街区的外皮被保留下来，但由于最应得到保护的原有社会环境和人文场景的消逝，而削弱了更新改造本身的社会意义。

其二，对历史地段或历史建筑的周边控制区域界定不明确，造成历史街区、建筑周边的历史环境被破坏。笔者认为，虽然历史环境遭到破坏由多种因素造成，但与保护区范围界定不合理、保护区级别控制要求不明确有直接关系。天津有十几个历史风貌街区，每个街区划定的保护范围都比较大，由于这些历史风貌街区中需更新改造的内容很多，因此往往会出现保护上的失控。

其三，旧城更新改造往往忽略对原有城市结构、肌理和形态的保护，这也是城市特色消逝的重要原因之一。在历史街区的更新改造中，由于道路的拓宽和新加入建筑体量的失控，虽然形式上或许还有原来的特征，但原有的街区结构、肌理、尺度和形态发生改变后，历史风貌较之从前会大为逊色。

2．审慎、科学地确定敏感区域的更新改造内容

我们将历史建筑、传统风貌保护街区及其周边一定范围的控制区域（即重点保护区和环境控制区）称为城市保护更新的敏感区域。

处于敏感区域的历史建筑文化遗产的更新改造应本着先保护保存、后更新改造的原则，在统筹策划和规划没有得到落实之前先将其保护保存下来，然后以遵循历史建筑文化资源长久生存的原则进行更新改造，尽可能避免出现负面问题。

3．强化历史地段或街区中普通历史建筑的保护内容

由于很多历史地段中的普通历史建筑达不到文物保护的级别，因此在街区更新中往往被拆除，这也是造成历史人文场景消逝的重要原因。虽然国家相关规范中对此有保护规定和要求，但仍需强化对普通历史建筑的保护细则，使之既满足普通历史建筑需要更新改造的实际，又能够达到不破坏历史城市肌理、人文环境和空间形态的目的。

4．保护更新内容应得到全社会的高度认知、认可和监督

城市的历史文化资源属于城市，也属于人民。历史文化名城的所有公民，应享有对受到保护或即将进行更新改造的城市建筑文化遗产的内容、范围、规划等高度认知、认可和监督的权力。

二、保护性开发机制的系统性

保护性开发机制的系统性在于建立建筑文化遗产的开发策划、规划设计、建设投入管理等一系列环节运行中的系统机制，科学地实施对历史街区和建筑的保护性开发利用，避免或减少开发的盲目性，使宝贵的文化遗产得到长久延续的同时，也成为弘扬城市历史文脉、促进城市文化创新的系统工程。

1．保护性开发的整体统筹

其一，城市对建筑文化资源的保护性开发应该建立在整体统筹的基础上。实施用文化彰显城市魅力、用文化推广城市形象、用文化促进城市发展的重要战略，需要从城市宏观和长远发展的角度出发，将建筑文化资源的保护及其更新改造工作纳入到城市长久发展的战略之中，建立完善的、具有政策和战略意义并能够在现代社会中长久地发挥综合效能的全方位保护性开发计划。

其二，由于历史建筑文化遗产的不可再生性，需要建立项目前期整体策划与评价体系。为了减少盲目性开发给文化遗产带来不可逆转的损失，在对建筑文化遗产进行更新改造之前，不仅要对项目的必要性、内容、方法、综合效益等进行整体的研究和策划，而且更重要的是应建立对策划可行性的评价制度，特别要注重对可能带来的负面影响

进行评价。

2. 设计计划的系统全面

对历史文化名城而言，从总体规划、专项规划、详细规划、城市设计、建筑设计到景观设计的所有环节都应与建筑文化遗产保护的内容密切相关，各个设计环节不仅自身应系统全面，而且相互之间应相互配合，紧密衔接。

3. 保护开发的协调统一

近年来，由于建筑文化资源成为城市最受关注的热点，城市各个部门纷纷从各自的角度提出开发计划，但每个计划都会有其片面性，而相互之间也会存在矛盾。因此，城市中的各个部门对所有历史建筑文化资源的保护开发必须建立在统一、协调的基础之上，切忌各取所需，使历史环境和资源被肢解滥用。

4. 技术手段的科学合理

我国对建筑遗产修复技术的研究相对落后，表现为方法单一、技术不规范、水平参差不齐、科技含量相对较低等方面。目前对历史建筑多采用局部修缮、整体粉饰的修复手段，对文物建筑的修复还比较细致，而对大多数普通历史建筑的修复却往往由于修缮工艺简单粗糙、修缮方法原始，虽然使历史建筑和环境在短期内有焕然一新的感觉，但却改变了原建筑的材料质感、色彩乃至精美装饰，使原有的建筑魅力大大降低。对此，我们不仅应传承我国传统建筑的建造工艺，而且还要学习借鉴国外的先进手段，依据建筑质量及周边环境情况采取多种方式进行修复，注重修缮新技术和新材料的应用，提升修复技术的科技含量，使更新改造后的建筑和街区既体现现代技术的科学应用，又散发着浓重的历史韵味。

5. 保护开发的长久效应

开发作为一种追求效益的经济行为，必定存在短期经济效益和长久社会利益的矛盾，也必然会引发各种负面问题的出现：如注重功利型改造，缺少基础性更新；注重外在风貌保护，缺少功能更新；注重经济效应，缺少人文效应；注重局部规划，缺少整体策划等。

保持保护开发的长久效应必须靠政府支持和政策引导，建立一套相应的扶植、优惠和限制政策。在进行更新改造时，开发商往往只计算直接投入与产出的经济平衡，并通过建筑文化遗产改造自身获取经济效益。这是一种急功近利的开发模式，若不加以避免，这些建筑文化资源的长久效应就无从谈起。政府应把对建筑文化遗产的开发限定在社会公益事业范围内，开发者虽然不能直接通过对建筑文化遗产的修复、保护或更新获得更多经济效益，但可利用其他优惠政策得到补偿，既能间接获得经济效应，又能扩大知名度和社会影响。

三、管理体系的规范性

随着我国对历史文化遗产保护的重视，相关管理体系得以逐步完善，各种法律、法规陆续颁布，如《文物保护法》《历史文化名城保护规划规范》《城市紫线管理办法》等，标志着我国对建筑文化资源的保护开始被纳入法制管理的轨道。但在旧城的更新改造实践中，几乎每个城市的建筑文化遗产都陷入"大开发大破坏、小改造小破坏，不开发才幸免于难"的尴尬境地。这与我国目前管理部门过多、体系复杂、职权平行、标准不统一、管理不规范有直接关系。进一步加强建筑文化遗产管理体系的统一规范，强化法律意识和责任势在必行。

1. 管理机构的权威性

对我国大多数历史文化名城而言，对建筑文化遗产的管理职权并不集中，缺少绝对权威的管理机构。由于相关管理部门很多，每个部门各行其责，并且都拥有对历史街区和建筑实施改造更新的权利，非常不利于这些珍贵文化资源的保护。对此，我们可以借鉴法国的经验，将历史保护街区和建筑文化遗产与城市其他地区的建设管理分开，并成立保护历史建筑委员会和保护区管理职能机构，专门负责历史地区和历史建筑的保护和管理。

保护历史建筑委员会可由社会各界代表和专家组成，对保护区内所有保护内容的开发措施拥有决定权。保护管理部门是独立的专门机构，应由市政府直接管辖，以便于城市各部门的协调和一体化管理的实施，但仍有必要明确专门职能管理部门的权限和范围，以利于整个城市文化资源的管理和控制。

2. 管理制度的规范性

管理制度规范性主要体现在完善城市的历史建筑文化遗产保护的法律法规和实施细则、健全保护技术评价标准和政策管理标准等层面。实施规范化管理不仅可使历史文化名城保护更新有法可依，也利于各部门管理标准的统一。

3. 管理部门的协调性

应强化政府相关管理部门对历史文化资源管理的统一性，特别要改变对历史文化资源物权管理的平行关系，建立具有统一、协调能力的纵向管理体系，避免互相推诿的现象。

4. 拆除许可证制度

法国施行的"拆除许可证制度"值得我国借鉴。所谓拆除许可，即对建筑的拆除和建设一样，必须向当地市长和主管部门申请许可。拆除许可证的审批方式与建设许可证相同，是完全独立的两个方面。取得拆除许可只意味建筑允许被拆除，与以后的建设无关。反之，取得建设许可未必能取得拆除许可。对那些必须拆除原有建筑才能建设的用地，取得拆除许可是必要的先决条件。

四、保护机制的延续性

由于建筑文化遗产在城市中具有不可取代的地位和不可再生性，因此，保护历史建筑是城市发展中的一项长期工作，保护机制的延续性是历史建筑文化资源长久生存的保证。

1. 建立良性的保护生态链体系

和谐社会最重要的特征就是实现经济、社会、人文和自然的和谐与可持续发展，建立良性循环发展的生态体系。对建筑文化遗产而言，保护生态链包括保护其历史形态，改造其生存状态，更新其城市肌能，实现社会价值与经济效应的平衡，促进其长久发展。只有实现生态链的良性循环，保护才具有长久的意义。笔者认为，保护生态链的建立应该重点关注以下方面。

（1）人文生态链

我国的历史文化名城大多拥有千百年的历史，地域和场所的人文环境构成了长久延续的人文生态链，也形成了浓郁的城市文化特色。但历史地段的更新改造带来物质形态变化的同时也打破了人文生态的链条，引发了众多的社会矛盾，这种政府、开发商与原有居民“斗争”的结果常是两败俱伤。因此，在未来城市发展中，政府应加大力度去连接城市长久延续的人文链条，以保证城市人文特色的持续发展。

（2）相关经济链条

实际上，建筑文化遗产的保护、修复、利用是长期、持久的系统工程，需要多种相关产业的相互支撑：保护需要现代技术支撑；修复需要新材料、新工艺支撑；利用更需要科学的管理和经营支撑。因此，我们应该把目光从关注旧城更新改造的直接经济效益转向由此而带动的产业链条方向上来，促进循环经济的发展。

（3）节约环保链条

据有关资料统计，全球约1/3的自然资源被消耗在建设上。大规模旧城更新不仅拆毁了还可以发挥社会、经济效益的历史建筑，制造大量的建筑垃圾，而且还要消耗更多的资源进行建设。因此从这个角度来说，对历史建筑遗产的保护利用可有效促进构建节约型社会，减少资源浪费和环境污染。在反思资源过度开发引起忧患的今天，我们应倡导节约精神，通过对历史建筑的长期保护利用，减少资源消耗，促进节约环保。

2．重视历史环境中的新建筑设计

历史环境中的新建建筑是保持历史街区风貌和活力、提高城市环境质量、延续城市历史文化特色的重要载体。目前我们在历史环境中加建新建筑时，控制要求比较表面化（如追求外部形式风格的统一等），使得这些本应体现城市时空延续的新建筑与精美的历史风貌建筑相比，像是简单粗糙的历史建筑仿制品，街区的文化和历史品味也因此而降低。笔者认为，在历史环境中加建新建筑应注重与环境的协调，控制历史环境中新建建筑的尺度、体量及与城市形态的关系比控制形式更加重要。因此，我们应对历史建筑的加建和历史环境中新建筑的设计给予高度重视，以精心设计、反复论证、严谨施工的原则慎重建设，使之不仅成为传承城市文脉的载体，也成为城市新时期优秀建筑的典范。

3．新历史建筑和新城市标志

城市标志是城市精神和文化的象征，具有加强城市认知和激发市民热爱家乡情感的意义，其作用不可替代，理应被纳入保护行列。建国以来的半个多世纪，是我国城市风貌变化最大的时期，每个城市都不乏代表各个发展阶段的现代建筑和新城市标志，例如北京上世纪50年代的“十大建筑”、70年代的北京饭店和新世纪的“鸟巢”“水立方”等都成为北京某一阶段的城市标志。尊重城市的发展历史应体现出对各个阶段标志建筑的尊重，如北京“十大建筑”经过50多年的洗礼，已成为一个时期的新历史建筑。因此，历史风貌建筑和历史街区的认定应是长期、连续的工作，不断将能够代表某一阶段的新风貌建筑纳入到受保护的行列，既要保护城市原有的标志性建筑，又应重视新城市标志的形成，为城市创造明日的建筑文化遗产。

五、结语

城市需要文化，文化赋予城市光彩。保护历史文化名城，是现代城市发展的需要，是现代文明的标志，也是城市精神中不可缺少的重要组成部分。我国目前对历史文化遗产保护的重视已经提高到前所未有的程度，应当说，这是城市的幸事，也是文化的幸事。今年，国务院破例全部批准了新申报列入国家文物保护单位的名单，这也是前所未有的事情。而温总理关于“我们是具有几千年历史、拥有众多文化遗产的泱泱大国，列入国家文物保护单位的数量却远远少于近邻小国日本”的感慨尤其令我们感动。相信我国文化遗产保护的春天已经到来，对此，我们应该以满腔热忱迎接机遇，真正从体制上理顺历史文化名城保护与更新的关系，为我们的子孙后代留下更加丰厚的建筑文化财富。■

参考文献

[1] 周俭，张凯．在城市上建造城市——法国城市历史遗产保护实践[M]．北京：中国建筑工业出版社，2003．

[2] 方可．当代北京旧城更新——调查，研究，探索[M]．北京：中国建筑工业出版社，2000．

[3] 夏青，崔楠．建立科学的城市历史建筑文化资源保护更新机制——从天津历史风貌街区和建筑的保护性开发谈起[J]．城市环境设计，2005（4）：62-67．

服务于公众的城市景观策略

魏浩波
贵阳建筑勘测设计有限公司
西线工作室

引子

2000年春，贵阳市决定在城市中心的商业地段——大十字，建造面积约3万 m²，集休闲、文化、地下车库为一体的城市中心广场，希望通过设计广场完成与物质性城市空间的对话，同时表达市政府有所作为的姿态。简言之，大十字广场是为物质性城市与政府的意识形态而设计的。

大十字广场的政府宣传册中有这样一段排比句：“我们的城市需要一种精神、我们的人民需要一种寄托……”，这里的“城市”是一个大而抽象的名词，“人民”则是具有哲学意味的集合体，此时此地，景观的目的是服务于抽象的意识形态，而真正的主体——人却被忽略。

一、察言观色

在激烈的、以速度至上的城市化进程中，景观通常是造城后期的收尾与美化工作，其后发性使得景观被误解为造城中的填空，景观“短、易、快”的高效运作方式，成为提升城市品质、制造地产利润的工具。

1．宏大的叙事性

位于城市主要节点的关键性景观，对城市整体形象起着重要作用，承载着表达城市恢宏姿态、历史渊源与现代化进步的使命。

2．房地产的安稳剂

房地产企业通常以美丽的景观作为其广告的噱头，营造一个半梦半真的美丽生活，由此，完成其潜藏的利润动机。

3．城市的起死回生术

城市交叉地与公共活动区域往往凌乱而无序，一时间难以全面整治，建设者大多会选择植入标准化景观作物，迅速地将脏、乱、差掩隐在美丽的乔木与花卉之中。于是，破败的城市起死回生、容光焕发。

4．小尺度的缺失

宏大的叙事性广场与景观的起死回生术，通常只以抽象的城市和意识形态为对象，使最贴近人生活的小尺度空间形态逐渐消失，这已成为当代中国许多城市发展不可回避的问题。“小”暗示着城市公共空间的一种生存状态，“小”的缺失意味着城市与人的割裂。

二、把脉

经过对城市景观相关内容的筛选与过滤，如下关系逐渐显现：城市景观=挪用的绿洲+权力空间+地点+资本力量。

1．挪用的绿洲

“挪用的绿洲”作为新的景观内容，不同于自然生长的绿洲（所谓的自然绿洲即人可以带牲口来饮水的地方），已成为人表达意念的手段，只为人类世界服务。“挪用”一词暗示着人的控制与运作的介入。

2．权力空间

亨利·列斐伏尔指出，“城市空间的构造途径是由进一步推进权欲发展的目标所决定的”。因此，空间的组织形式也同样牺牲了普通人的利益，有利于权力拥有者的利益。简言之，权力空间属于统治阶层，尽管它的内在逻辑通常隐藏在更为宏观的城市空间结构之中，但通过如城市景观等浓缩的表层现象仍然可对其意志一窥端倪。

3．地点

“地点”在人类的生活中扮演着重要的角色，地点和人类之间存在着某种自然而恒定的关系：个人身份认同感，说明“我们是谁”；社区感，作为一个大集体的归属感；过去和将来感（时间感）；舒适感，像在家里的感觉。

4．资本的力量

资本运作成为全球化最明显的特征，当下资本通常以温情脉脉的表象呈现，本质上却是以追求利润最大化为其生存之道。

通过对城市景观等式的分析与判断，城市景观的三种社会学属性由此现身：景观的权力化内容；景观的公众化倾向；景观的资本性格。三种属性相互依存、相互排斥。当景观的权力化内容占上风的时候，它必然压制其资本性格与公众倾向；当景观的公众化倾向占上风时，它的资本性格中追求利润最大化的性格必然被扼杀；而资本性格凸显时，必然导致公众化倾向被伤害；权力内容与资本性格下生成的景观未必不是有益的和现实所需的，有时也能起推动作用的。基本属性的归纳为我们判断景观项目的价值取向提供了基本的分析平台，通过其在项目中的显隐状态来调整设计策略，巧妙地借助权利与资本的力量，使之服务于公众。

三、偏方

城市景观通常是整体性的城市景观规划与城市公共空间规划并行，从宏观转向微观，从整体的角度有效地构建公众生活网、营造怡人的风景链。但在“速度至上”的中国城市，呆板的规划方式滞后于城市发展，又缺乏急中生智的能力，于是城市景观往往流于简化而成为城市剩余空间的填充物，难以形成公共生活与景观相互缠绕的肌理结构。面对现状，势单力薄的建筑师站在职业道德的立场上，从与宏观方式相逆的微观方式着手，以制衡的方式协调景观属性，使城市景观更多地服务于大众。这种逆向的思维正如中医的“偏方”，是一种充满想象力的工作思维。“偏方”总含有“险中求胜”的意味，因此，对理念的把握必须建立在本质的清醒认识之上。此外，“偏方”也暗含着“较劲”。

1．大十字广场

大十字广场位于贵阳市中心区，基地平面呈正方形，占地面积3万 m²，周边被商场、金融、办公等高层建筑所围合，是贵阳市车流、人流最为集中的繁华商业地段（图1～图3）。

（1）属性分析

权力化内容：显性。政府将广场定位为代表贵阳市文化品味与形象的公共空间，表征城市新时代的文脉，整合城市无序的中心环境，承担完善城市功能的重任。

资本性格：隐性。

公众化倾向：显性。由于地处人流最为集中的繁华商业区，必然成为人流、车流的聚集场所，必然要与人群的日常生活发生关联。

（2）偏方——借力打力

广场设计以双螺旋渐开线结构在基地内展开，以盘旋的方式带动周边的围合高层，形成整个区域的中心，并将流传于贵州千年的神话“吉宇鸟”附着在螺旋结构之上，转译成具象的景观形态，由此以神话方式延展城市深厚的历史文化；同时，螺旋结构强烈的几何化构成设计手法，暗合了政府对现代文脉的表达，再配以自然环境声系统、弥漫着神秘气息的光系统以及展现吉宇鸟展翅欲飞的水系统，具有浓郁民族风情的现代城市广场植入贵阳市中心，成为标志性的城市媒体。

广场设计借助双螺旋的结构形态，形成全方位、多层次的小空间群落系统，以满足不同人群的活动与需要：开敞、半围合、封闭、过渡等多样性小空间，引发漫步、小憩等一系列行为。设计巧妙地将大规模投机性改造转换为小而灵活的公共空间规划，有效地培养出多样性与丰富性的社会环境。在简·雅各布的研究中，“小”和多样性是紧密关联的，虽然“小”不等同于“多样性”，但在“多样性”的丰富变化中“小”元素应在总数中占相当大的比例，正如一个生动的城市景象主要来源于小元素的丰富多彩。大十字广场设计之初所承载的宏大政府姿态与历史使命，在人们日常生活的行程中被悄然化解，人们很可能不知道大十字广场所蕴含的意识内容，但却深深地沉浸在这美妙的公共空间中。

2. 东山文化休闲公园

项目所在地曾经是贵州主流文化的发源地，阳明祠、仙人洞是纪念伟大思想家王阳明与启蒙教育家尹道真的场所。而今，东山文化胜景大多转换成城市的破败之地与水果蔬菜批发市场，因此，政府试图在整体上恢复贵州主流文化的精神发源地。

（1）属性分析

权力内容：显性。通过政府行为，恢复与张扬贵州文化的精髓，使城市具有精神和哲学的深度。

资本性格：隐性。

公众化倾向：显性。由于阳明祠、仙人洞已转为茶室和纪念地，高端消费所设置的门槛已将大多数平民阶层排斥于外，免费的东山文化休闲公园试图为大众提供公共活动的空间。

（2）偏方——文化碎片

东山公园地形复杂，多为山地，平面狭长，面积约2万 m²。设计采用传统的叙事性造园手法，将关注个体的体验性空间与隐喻王阳明先生思想探索的片段贯穿其中，将“棋如人生”“篆字坪”（图4）“宝顶映月”“知行合一台”等文化碎片般的小空间点散落在风景脉络之中，力图构成生活、沉思与景致交融的状态。东山公园犹如曲径分岔的花园，每个岔路口都试图提供人与人相碰的机会，人们也因为选择了不同路径而具有不同的感悟（图5）。

东山公园以王阳明人生中的不同经历为碎片，划分为10个公共生活圈，每个圈均配置坐、躺、听、观、闻等内容，但依据主题呈现的方式迥然不同。如“棋如人生”，以北斗七星的象棋格局吸引棋类爱好者，棋子是石凳，棋子间是孩子游戏的空间；“知行合一台”以王阳明“夜观星象、中夜大悟”为主题，设置环状黑色平台承接雨水，同时作为舞者的表演台；“篆字坪”通过一壁王阳明的《何陋轩记》与中部的一池浮萍相互呼应，撩拨文人骚客嗟叹不已。

3. 江湖歪菜馆

该项目（图6）位于贵阳上合群与城基路交叉口，东临一幢20世纪六七十年代的老宅，西侧为联排平房，基地南北侧为五中新建的教学用房。此处商贾密集、交通频繁，但城市空间凌乱。

（1）属性分析

权力内容：隐性。

资本性格：显性。江湖出身的歪菜老板要求建筑尽显歪菜的江湖本色。

公众属性：半显性。此处人流众多，整条街道无绿化设施，视觉质量差，公众生活需要依托街道展开。于是，此处的公众化倾向有待提高，尤其以提高公众的视觉质量为主。

（2）偏方——移花接木

歪菜新馆被打造成为江湖会馆，说明“歪”与“江湖”其实都

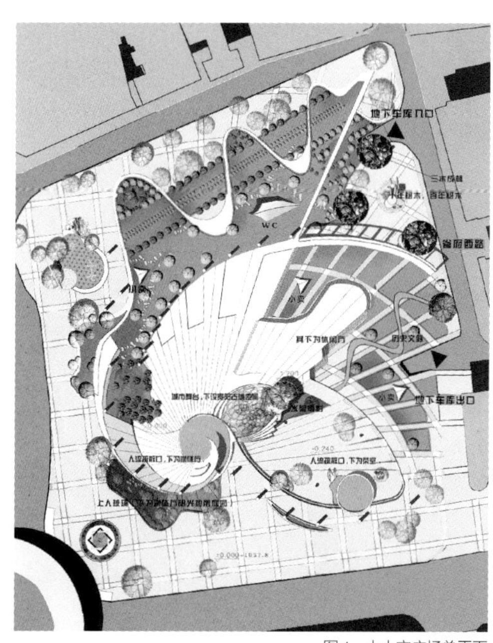

图1 大十字广场总平面

图2 处于繁华商业地段的大十字广场

图4 东山公园内的“篆字坪”

图3 大十字广场小而灵活的公共空间规划

图5 东山公园犹如曲径分岔的花园

图6　隐藏在野生竹林中的歪菜馆

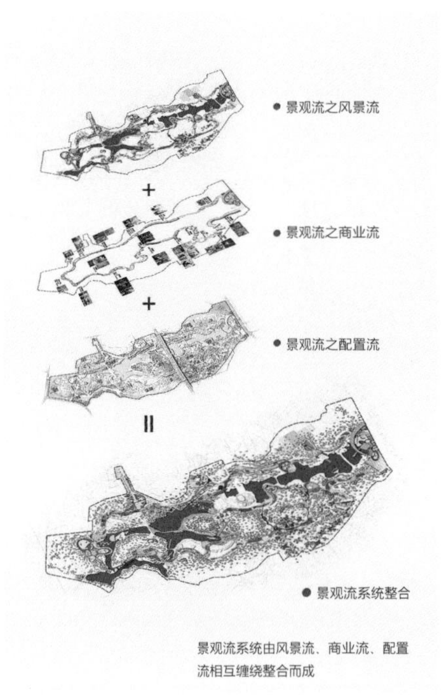

图7　观山公园的景观设计构想

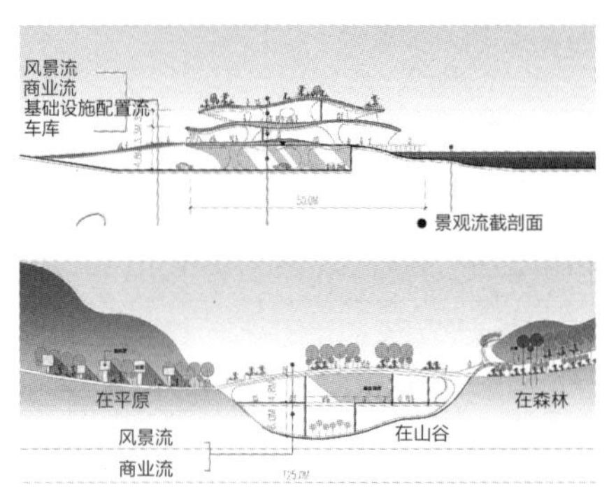

图8　观山公园景观设计详图

图9 “森林故事”楼盘景观设计

来自民间的非常形态。正如庄子的“相濡以沫不如相忘于江湖”中的“江湖”其实就是土生土长的，是相对于“体制”的野性状态；又如张艺谋执导的影片《英雄》中的竹林也是藏龙卧虎的江湖之地。歪菜新馆在基地与上合群路交叉口处种植一片野生竹林，且“野”一般地窜入室内；一排排竹竿组织成圆形体量或充当导向性的面、或包裹房子、或围成一方天井、或间隔人群，真实的竹子点缀其间，真真假假、虚虚实实，营造出一方“壶中天地”，既节约了投资又美化了环境，更显江湖本色。

4. 观山公园

该项目位于贵阳新区金阳中心腹地的大型原生态自然山水地，试图利用政府影响力与房地产、金融资本整合的方式建设成为一座大型的生态山水公园。观山公园是“典型的政府+绿色生态+资本力量”的城市景观案例（图7）。

（1）属性分析

权力内容：显性。由于观山公园地处金阳新区的中心，北临贵阳市行政中心，是宏大的城市景观的代表，对加强政府的影响力起着至关重要的作用。观山公园通过政府指导的市场化营运方式，既可解决生态建设问题与城市形象问题，同时也解决了政府的资金问题。

资本力量：显性。资本者清醒地认识到景观地带公共空间的开发，既可以降低土地成本的投入，具有良好的中长期经济效益，同时帮助政府解决资金问题，具有良好的社会效益，是一举两得的双赢模式。

公众化倾向：显性。观山公园周边存在大量的办公与居住建筑，却保留着山清水秀的原生态特征，是城市的绿肺。因此，设计者必须创造出让公众享受这份绿色的自然公共空间。

（2）偏方——水火相融

根据属性分析，为了尽量避免商业方式的介入对原生态环境的破坏，设计者制定了“风景流+商业流+配置流”三者相互缠绕的环状结构。风景流利用聚落板块廊道的原理——或平地、或跨越、或迂回、或爬行，将田野、丛林、花海整合为生态环，将人的公共景观活动控制在长2 km、宽100 m的环型景观流上；商业流则以同样原理将餐饮、酒吧、品茶、展示、购物整合，并与风景流相互缠绕，使人在享受风景愉悦的同时，满足购物需求，潜在地满足了公共生活的需求与资本的欲望；配置流则是缠绕着前两者的基本设施服务环（图8）。

5. “森林故事”楼盘景观设计

该楼盘位于贵阳市近郊，机场高速公路一侧，无直达的公共交通，楼盘多为120～200 m²的景观房。

（1）属性分析

权力内容：隐性。

资本力量：显性。建筑面积6万 m²的“森林故事”居住区依山而建，原始景观质量较为平常，公共交通不便，开发商试图通过景观方式提升楼盘的整体质量来吸引客户。

公众化倾向：显性。由于此地主要享受景观的人群可能是老人和孩子，所以景观的游戏性与回顾性值得关注。

（2）偏方——脱胎换骨

通过分析该楼盘整体定位与基地状况，设计者提出多镜头空间的设想，采用格构与平行蒙太奇关系控制基地，并在既定的网格系统上插入镜头。镜头运用白色和深色的围合墙体转合形成各类空间体，类似于相机的取景盒，丰富视觉效果；模仿围棋棋盘在基地网格构上布置空间体，界定中国式的迷宫空间，为小孩提供游戏性场所，形成镜头的意象，从而引发人们的回忆（图9）。

四、结语

“偏方”是我们在不得已的情况下，通过微区控制权衡各方利益，使景观更多地服务于公众，使公众生活成为城市的根本。■

原文刊载于 2007 年 06 期 | 页码 006 - 009

全球化背景下中国建筑师的机遇与挑战

项秉仁 韩冰
同济大学建筑与城市规划学院

当今，全球化给中国社会政治、经济、文化等领域带来巨大的冲击，建筑领域也不例外。这种趋势，一方面表现为中国正逐步成为世界经济中心，城市化加速带来建筑的快速发展；另一方面表现为建筑设计领域内设计体制的变化、设计观念的转变以及中国建筑师在机遇与挑战中的崛起。

一、现状与困惑

全球化对中国建筑领域的冲击使建筑师群体的生存状态发生巨大改变。城市与建筑的快速发展带来大量工程实践的机会，建筑设计活动的全球化情境也使大量境外建筑师参与其中，这给中国建筑市场带来更为开放的工作环境，建筑师的工作舞台也逐步国际化。

建筑市场的全球化对建筑师提出更高的要求。国际间日益密切的政治、经济、文化和技术交流，一方面使得更多的人走出国门、开阔视野，另一方面也使境外建筑师更多地参与到城市规划与建筑设计的竞争中。从媒体介绍到实物建造的全程报道，使公众看到许多崭新的作品，对建筑设计也有更高的期望。面对建筑市场的激烈竞争，建筑师不但要有很强的思维能力，也要善于运用专业技巧寻求解决问题的途径，在市场反应、合理回报、规划控制和建筑理念的复杂矛盾中取得平衡。再者，全球化使信息传播的深度和广度超越国界限制，传播的方式和途径更加便捷、通畅。然而媒体的介入也使建筑问题趋于复杂：一方面，大众对建筑和城市问题更加关注，有利于建筑文化的普及；另一方面，由于部分媒体断章取义的采访报道、非专业的评论以及建筑明星制造等因素的影响，使人们对建筑价值观念产生曲解，对境外建筑师及其作品表现出盲目的崇拜，从而增加了建筑问题的复杂性。

全球化带来的多样化和无中心化，使建筑思潮和价值观呈现多元化倾向，由于建筑可以从多种角度、多个层面去阐释，也可以根据个人的经历和认识去理解，加之数字信息技术发展、人类生存方式变迁等时代因素的作用，导致设计者对未来的建筑趋势和发展观念感到困惑和茫然。伴随全球化影响与渗透的日益加深，建筑学的内涵和外延也在不断发展，这其中充满着众多的可能性和不确定性，建筑以及对建筑所持有的观念也日趋复杂。

二、机遇和挑战

首先，这种机遇体现在全球化对中国城市和建筑的积极影响方面。在城市设计领域，优秀的境外设计作品为城市建设注入活力，为城市发展创造更多契机，如20世纪90年代初罗杰斯（Richard Rogers）的上海浦东规划设计、2010年上海世博会国际竞赛中法国Architecture Studio和澳大利亚COX的方案设计，推进了城市面貌的更新和城市设计理念的进步，使设计者在强调城市多样性的同时也更加重视整体性。在复杂的大型公共建筑设计领域，境外建筑师在我国已建成一批具有国际水准的项目。这种全球化背景下的合作建造，推动了我国建筑技术水平和建筑审美层次的提高。

其次，这种机遇体现在全球化对于中国建筑师的积极影响方面。建筑设计活动的全球化使境外建筑师及其作品进入中国市场，这为国际间的文化交流提供新的机遇，带来最新的建筑潮流、思想和理念的同时，也在客观上促进建筑领域的国际合作。有些建筑师表达了对建筑表皮的关注，以国家体育场设计者赫尔佐格和德·默隆为代表； 有些则表达了对数字化时代建筑动态性特质的关注，以广州歌剧院设计者哈迪德为代表。这些关注都影响着中国建筑师的创作。如在合肥大剧院的实施方案中，自由流动的建筑曲面屋盖体现数码时代建筑所特有的动态性特质，水平匀质划分的建筑表皮肌理塑造光滑流畅的滨水建筑造型。此外，库哈斯等西方建筑师对城市问题的关注，也影响了建筑师的创作观念。以马达思班的设计为例，他们不但强调城市是设计策略的出发点，而且认为建筑师应“回应”城市。在宁波中心商业广场的实践中，建筑外立面采用拼图的处理方式，通过立面的信息传达建筑对城市的综合反应。

另外，国内建筑师在与境外建筑师的合作中也获得了丰富的经验，这一方面提高了建筑师的专业技术水准，使许多新的建筑材料、节能设备和结构理论得以应用； 另一方面也改善了建筑设计和质量管理的方法，更为注重项目细部的设计与实施。从早期上海金茂大厦的合作设计到现在北京国家大剧院的建成，都体现出这种与国际接轨所带来的建造水准的提高（图1，图2），它将鞭策和促进国内建筑师努力增强自身实力和创新意识，为融入全球市场作好准备。

毋庸置疑，全球一体化浪潮也给中国建筑师带来巨大挑战。首先体现在境外建筑师大量涌入中国市场，影响本土建筑师的生存空间。WTO保护期过后，这种竞争趋势表现出更多的不确定性。中国建筑师应尽快摆脱在国际、国内主流市场的边缘化状态，在快速发展中树立主体意识，应对全球建筑文化的趋同。

伴随中国建筑领域的对外开放，进入市场“淘金”的境外设计机构扮演着越来越重要的角色，其先进的管理机制、创作理念冲击着当代中国建筑创作体制和设计观念，引发本土建筑师的深层思考。据统计，全球规模最大的200个跨国设计公司中的140家在中国有业务活动[①]。过去十多年来，国内大型公共建筑的国际竞赛绝大多数是境外建筑师的设计方案中标，如中国国家大剧院设计由法国建筑师保罗·安德鲁中标、中央电视台国际竞标中库哈斯的方案获胜……虽然这种现象仍是人们争议的话题，但我们必须承认，正是这种特殊的社会背景和全球经济一体化的发展趋势，正是境外建筑师的超越本土文化的建筑实践，带给中国建筑师巨大冲击和挑战。面对建筑业激烈的市场竞争，我国原有的建筑设

图1 上海金茂大厦

图2 中国国家大剧院

图3 加拿大梦露大厦

计体制为适应这种前所未有的变化也相应地发生改变。设计行业进行自身改革的同时，也面临境外设计企业的强劲挑战，因为境外建筑事务所在设计体制、管理机制、经营模式、服务能力、管理水平和技术质量等方面，相对于中国大多数设计企业仍具有较明显的优势。

三、崛起和认知

纵观中国建筑师近年来的创作，我们可以清楚地看到，中国建筑界和建筑师正在挑战和竞争中迅速成长。对于建筑创作环境而言，从私营事务所的崛起到大型国营设计院的改制，这些举措加快了建筑体制的改革和创新；对建筑师个体而言，与境外设计作品在设计理念、方法和技术等方面的差距正逐渐缩小，中国建筑师在探索建筑的现代性方面已取得很多成果，创造了大批优秀的作品，在国内和国际建筑市场上赢得了更多的话语权。

如果说在早期国家大剧院进行国际招标时，中外建筑师所显示出的差距还比较明显的话，那么近年来中国建筑师在国际设计竞赛中的实力和表现已大不相同。在西安大唐不夜城文化交流中心（西安大剧院）国际竞赛及宁波市行政中心国际设计竞赛中，中方建筑师在理念、技法等方面均优于境外建筑师而竞标成功。2006年中国建筑师马岩松赢得了加拿大多伦多超高层建筑——“梦露大厦”的国际竞赛，MAD成为第一个获得国际大型建筑设计权的中国设计事务所（图3）。

面对当今日益全球化的中国建筑市场，我们既要抱着谦虚与宽容的态度向国外同行学习，又要积极自信地参与到这场竞争中。我们需要的是审慎和尊重的态度、理性和全面的思考。国内建筑师在正视机遇和挑战的同时，应致力于提高建筑设计行业整体水平，因而，保持对全球化语境中建筑学发展趋势的理性认识也变得尤为必要。

建筑学是一门综合性学科，在全球化情境中其内涵日渐丰富，但在某种程度上它仍具有一定的纯粹性，仍是一门研究建筑本体的学科。建筑师必须要了解社会、政治、经济、文化、艺术等方面，将他们对社会问题的关注和了解最终落实到具体物质环境的营造上：建筑师不但要和其他专业人员一样思考和分析所有问题，而且更应以出色的设计平衡各种利害关系，并找到解决问题的办法。对建筑师来说，当前最重要的也许并不是懂得市场的需求，而是提升自身专业素质，提高处理建筑本体问题的能力。面对新的时代和新的要求，建筑的构筑形态和方式也许将与以往大相径庭，但基本属性（空间、形体、材料、结构和建造等）仍会保持不变——建筑永远是人类的生存方式和社会功能的物质载体。建筑未来的发展趋势将顺应整个社会价值的发展趋向，即重视生态可持续发展、历史文化遗产保护、城市化进程、数字信息技术的进步。

理性地看待全球化趋势下建筑师所面临的现状与困惑、机遇与挑战，不但有助于我们正确认识社会文化、生态可持续发展、历史遗产保护、城市化进程等方面对建筑的影响，还能深化建筑本体的研究，使建筑学的研究课题更加适应当前大规模快速建设的需要；有助于我们逐步走出误区，使建筑评价摆脱不良标准的诱导，促进建筑价值观的更新。在建筑设计观念方面，我们应把注意力集中在如何使建筑更有效地实现建造的目的上，发挥建筑本身特有的审美价值，创建人与建筑环境的协调关系。理性地认识全球化的建筑本质，最终会帮助建筑学者和建筑师摆脱干扰，使我国建筑师能更自信地工作，使城市与建筑环境更美好。■

注释

①数据来源参见国家统计局网站http://www.stats.gov.cn/yearbook/2005.htm。

参考文献

[1] 薛求理. 全球化冲击：海外建筑设计在中国[M]. 上海：同济大学出版社，2006.

[2] 郑时龄. 全球化影响下的中国城市与建筑[J]. 建筑学报，2003（2）：7-10.

[3] 吴良镛. 世纪之交的凝想：建筑学的未来[M]. 北京：清华大学出版社，1999.

[4] 彭怒，支文军. 中国当代实验性建筑的拼图——从理论话语到实践策略[J]. 时代建筑，2005（5）：20-25.

[5] 顾朝林. 经济全球化与中国城市发展——跨世纪中国城市发展战略研究[M]. 北京：商务印书馆，1999.

[6] 特茨拉夫. 全球化压力下的世界文化[M]. 吴志成，韦苏，等，译. 南昌：江西人民出版社，2001.

重建全球化语境下的地域性建筑文化

徐千里

重庆市规划局

重庆市哲学社会科学规划资助项目（2003-ZXJ-01）

建筑作为一种文化活动的现象和产物，是不同地域社会、经济、技术、艺术、哲学、历史等要素的综合体，理应具有鲜明的时空和地域特征——这是不同地域生活方式和传统文化在建筑中的必然反映（图1，图2）。同时，作为城市环境的有机组成部分，建筑的地域特征必然导致城市具有整体的地域性（图3，图4）。当今政治、经济、文化全球化的迅猛发展，不仅深刻地改变着人们的经济活动和生活状态，也改变了人们看待和认知世界的视野与思维方式——它似乎正迅速地消解地域和传统文化的特征（图5）。面对这种局面，有关地域和传统文化问题的讨论日益升温，这构成了值得关注的文化现象，显示全球化时代城市规划、建筑活动与社会建构的互动关系。城市和建筑对地域性文化的重建与表现，正引起人们愈来愈多的关注。

目前，我国设计领域有关地域性问题的诸多讨论，并未准确认识和解读地域和地域性的含义。长期以来，我国建筑界往往把地域性、传统和全球化、现代化这类概念直接与某些特定城市、建筑的风格和形式相联系甚至相对应，却不探究其背后的成因，建筑创作始终不能将思维和话语延伸至“形式”和“风格”以外的层面。这是一种因人文视角和语境的缺失而导致的形式主义思维，在这种观念指导下，地域性和传统已经失去了根本和真实的内涵，只留下一件没有内容的外衣，无法与全球化、现代性进行真正的沟通和对话。

建筑的地域性，从根本上说是它的文化特性，总会以这样或那样的方式反映到建筑的外在形式和具体技术上，其中最主要的就是文化价值取向的反映。建筑是特定地方的产物，一方面，它必然会受到特定地理因素、气候条件等自然环境的影响，受到具体地形、地貌条件及城市已有建筑环境的影响；另一方面，它还要受到价值观念、生活方式、地域历史等人文环境的制约，也就是受特定地方历史文化传统的制约。因而，由它们所规定的地域性，是人们依据其生活方式、文化背景和自然条件，在建设生活家园时自然得出的、自成体系的解决方式。显然，这种建造目标绝不是简单保留某种外在样式，而是通过内部的发生机制，产生适宜此时、此地的构筑方式和发展策略（图6）。当然，地域性也不是一成不变的。随着时代的发展，人们的生活方式、价值取向、审美趣味以及建造技术、建筑材料等因素也必然随之改变。当我们跨越不同发展阶段和不同文化传统，用文化传播的理念去认识人类社会群体在不断变异中逐渐走向整体的选择时，跨区域、跨国度和跨文化的传播与发展问题，就成为研究现实文化处境时必然要思考的问题。

人们对于地域建筑文化的认同和依恋，其实就是对家园的认同和依恋。这可以通过诺伯格·舒尔茨“存在空间”的概念加以解释，他认为人的存在是空间性的，当人把它的生存空间外化为建筑后，就找到了存在的立足点并达到真正的定居。因此他强调将建筑形式、空间和环境归结为一套特殊的存在含义，即所谓“场所精神”——建筑意义需要由特定的建筑形象及城市环境来承载。凯文·林奇也指出：“一个生动和独特的场所会对人的记忆、感觉及价值观产生直接的影响。所以，地方特色和人的个性是紧密结合在一起的。人们会把我在这变成这是我。”可见，人的存在空间并不是抽象、均质的几何空间，它应包括“空间”和“特征”两个方面。建筑的基本功能必然包含“定位”和“识别”双重意义，人们对建筑空间的把握是以对空间形态和场所特征的综合感受为基础的。把握空间形态就产生方向感，通过定位确立自己与环境的关系，从而获得安全感；场所特征的感知产生认同感，使人认识并把握自己的生存文化，从而获得归宿感。所以，人类生活状态与他们关于环境的观念和意向密不可分。人们对建筑的感受，加之对城市、街道、广场、邻里、住居等观念和意向一起，共同构成城市生活环境生动而丰富的含义（图7）。

建筑不是某种纯粹抽象的物质形态，也不是某种象征意义的文化符号。关于建筑的一切思维和行动，都应从单体扩展到更广泛的领域，设计者应充分关注建筑创作与城市设计的综合关系，关注人在建筑环境中的生活与交往。当我们置身于有鲜明特色的历史城市或传统街区时，总会被那些亲切、温暖、充满生机和情趣的生活场景所吸引，总会被某种强烈的场所精神感所打动，它们构成了某种个体与背景间不可分割的整体意象。这种意象所依附的结构框架和意义体系来自市民的公共生活，来自那些具有清晰的街道、广场、建筑和城市轮廓线，它是生活于其中的人所共同承认的文化模式，因而具有明显的文化特征。尽管社会的发展使人们的生活方式不断更新，但“作为人类最基本的生活内容之‘活的内核’，几千年来并没有因岁月的流逝而消失，相反，它演进着、发展着，或强化，或以其他形式表现出来——这是本质的东西”。所以，当代建筑才呈现出某种向传统和地方文化“回归”的趋向。

在当代城市，建筑不重视人的现实生活需要，不尊重人的生存价值的情况下，这种“回归”以城市人文环境恶化、文化特征和凝聚力丧失的教训为代价。那么，作为反思后的一种探索，我们的设计目标不应仅局限于新老建筑形式的协调和视觉的连续，也不只是建立某种延续、协调文脉关系的城市景观，而应当是一种更高层次的、城市与建筑（建筑与人的生活整体）关系的探索。如果，这种城市规划、建筑设计和公众思想希望恢复并保持城市传统风貌，其“风貌”的概念和意义远远超越视觉和形象的范畴。实际上，任何城市的风貌都是特定社会文化的集中体现，它不仅显示社会所创造的物质积累，反映精神文明的成果，还反射出深刻的社会、文化的内涵（图8，图9）。人们之所以喜爱并试图接近那些熟悉的、清晰的、具有可识别性的环境，是因为这种环境反映了他们的生活方式、行为心理和价值观念，承载着活动的各种意义。总之，这种城市提供的是具有实用性、愉悦性，人们愿意前往并能够从中获益的场所。

城市与建筑设计的任务和目标在于寻求和创造这样的场所，而这显然不能仅凭搬弄传统建筑符号或城市形象片断。在传统城市中，建筑与建筑之间、建筑与环境之间历经世代而建立起的和谐，为今天的城市建设树立榜样，但真正值得认真研究并努力汲取的，应是潜藏于这种和谐环境背后的人文内涵，它是城市与公众生活相互依存、契合并协力发展的内在动因，构成了城市建筑环境为文化所容纳、为人们所接受和认同的基础，这才是地域和传统建筑文化的实质内容。显然，这里的传统是一个发展的范畴，它具有由过去出发，穿过现在并指向未来的生长性，因而是一种“鲜活的传统”。它不是某种技巧规范，更不是固定的形式或风格，而是建筑文化更深层的结构，是一种建筑文化区别于其他建筑文化的内在标志。因此，重建建筑与传统、地域文化的关联，就必须铭记建筑的根本目标——它不是回到过去或某种封闭狭隘的地域，不是崇尚某种古风或恢复过去的生活态度，而应与此时、此地人们的心灵沟通并产生共鸣，为市民创造真正满足其生活需要的场所。

全球化是以西方世界的价值观为主体的“话语”领域。建筑文化的全球化，既为世界各国、特别是发展中国家带来新技术和手段，也对地域建筑文化产生冲击，其典型和集中的表现就是当下建筑文化国际化和城市空间、形态的趋同，这是有目共睹的。在这种语境中，任何人都可以明显地感受到西方文化强大的渗透力和影响力，但这并不表明我们要被动接受而无所作为。相反，我们需要更全面、更深入地理解全球化的含义。全球化同时伴随着多元文化的互补与交流，因此也可将其理解为全球现代经济、文化的内在关联和整体互动。

面对西方强势文化，当代社会在很大程度上被重塑，全球化的结果就是在整个世界架构了一种被普遍认同的历史文化发展模式，各民族、国家和地域的生产、生活方式被迫进行现代性选择，与自己原有文化传统和生产、生活方式产生冲突。但经千百年发展起来的、形态各异的多元文化传统，与这种新的现代性文化产生种种矛盾和冲突的，同时也会引发整合与变异，这即是未来发展中所必然面临的一个突出的文化冲突问题。

不论是物质生产方式的全球化，还是信息技术及政治制度的一体化，都不能强制决定文化观念的趋同。因为文化是种族面对生存环境挑战时创造性的历史选择，是具有各民族本质特征的文化存在。从更广的视阈来看，在世界一体化进程中，各种文化必将以各自的方式，在新的传播形态下进入跨地域、跨时空的新一轮文化创造和发展阶段，就如人类过去在天然的阻隔面前创造了不同类型的文化一样。如今，我们也应当能够在信息传播技术架构的空间中创造出更适合于自身的建筑文化。

如果忽视了这种文化多元的事实，忽视其对全球化本身的内在制约，将经济、文化全球化简单地视为可以超越甚至荡涤多元文化差异的总体化或一体化的同化过程，那么，所谓“全球化”便极有可能成为文化陷阱——或者因曲解多元文化的差异，陷入文化相对主义的泥潭而无

图 1 中国皖南村落：不同地域的生活方式和传统文化总要反映在建筑活动中，因而必然具有鲜明的时空和地域特征

图 2 奥地利萨尔斯堡

图 3 法国巴黎：建筑的地域性特征必然导致城市具有地域性特征，并且这种特征往往是整体呈现的，而非局部和孤立的

图 4 意大利佛罗伦萨

图 5　中国上海：全球化的迅猛发展似乎正使地域和传统文化的特征迅速消逝

图 6　地域性建筑的目标，主要是在内部的发生机制上得出适宜此时此地特定条件的建筑方式和发展策略

图 7　人们关于城市的观念和意向与他们对建筑的感受，共同构成了他们城市生活环境生动而丰富的含义

图 8　山西平遥古城风貌的概念和意义远远超越视觉和形象的范畴，它反映着人们精神文明的积累，因而具有深刻的社会、文化内涵

图 9　上海新天地石库门建筑群的外表充分保留了当年的砖墙、屋瓦和"石库门"构造，刻意营造出一种历史的沧桑感

以为继；或者将借助某种经济、文化扩张和政治强制，"平整"人类文化的差异性和多样性，使人类文明和文化失去丰富的本色而变得单调枯索。事实上，全球化和地域性是互补的，与其把一些现象和问题分别归入全球化或地域性的领域，不如将其看作既是全球化又是地域性。问题的关键在于，我们文化的记忆和地域性知识的重建，是源自心灵和文化理想的，还是要依赖于全球化的"打造"和"他者"的青睐。或者说，在融入和利用全球化文化的同时，我们是否能从被塑造的处境和被他者规定的眼光中摆脱出来，形成自己的视角、认知和文化认同。

作为与人类生存密切相关的活动和领域，建筑与城市、与使用者、与环境、与人的生活方式深刻联系，建筑创作不仅应包括对建筑物质形态自律性的认识，更要深入和关注作为主体的人及其文化活动。只有这样才能对当代人与建筑活动的关系问题（生存境遇、行为根据、价值观念、生活意义、前途命运等）进行合理阐释和解答。这样的建筑活动才真正具有人类文化行为的意义，是人类应对其生存现实问题的一种努力。在这样的建筑活动中，传统和地域文化的重建绝不是简单地回到过去的形式、风格或生活方式，而"崇尚现代"也不应仅以新奇为目标，它们的意义均在于发掘与我们居住、生活、心灵、期待真切相关的东西，它们的目标均应指向人类"诗意栖居"的理想。德里达曾把诗性定义为关于心灵和记忆的东西，实际上，这也应是任何时代、任何艺术的必要本质。我们一直期待着真正根植于自己的时代、空间并能感动心灵的建筑创造，这需要对建筑艺术的真谛有更为深刻的理解。今天，在全球化语境下，我们是否能够立足于真实的地域和鲜活的传统，去创造真正属于我们自己的建筑文化？不急着去追赶、破坏或是刻意地创造，而是沉下心来认真思考当前建筑活动，创造与我们的心灵相关、与我们的生活相关、与建筑艺术相关的，能够体现时代精神的建筑。■

参考文献

[1] 林奇. 城市形态[M]. 林庆怡，译. 北京：华夏出版社，2001.

[2] 《不列颠百科全书》. 城市设计[J]. 陈占祥，译. 城市规划研究，1983（1）：4-19.

[3] 杨贵庆. 从"住屋平面"的演变谈居住区创作[J]. 新建筑，1991（2）：23-27.

寂静的乡土
——富阳市文化中心设计

汤桦

深圳汤桦设计咨询有限公司

对中国而言，现代城市是西方工业革命后的"舶来品"。尽管中国历史上的传统农业社会也曾有城市的概念，但还不是现代意义上的都市，它们仅仅是农业社会中特权阶层和贵族的超大规模的庄园，类似于西方历史中的城堡。因此，中国的城市往往被乡村包围，如同孤岛点缀着浩瀚的乡村。现代城市由于形成原因不同而具备不同的功能，并因循这些功能形成各种类型的功能分区。城市的空间布局相对独立，无论是单体建筑——医院、工厂、学校，还是建筑群——街区、区域，均被城市赋予不同的功能之用。

乡土

相对而言，乡土是一个超越时间的地理空间，是自然空间、农业空间，也是海德格尔式的天、地一体的空间。这个空间不仅仅是人居住的庇护所，更是他们生存的基础和身体的延伸。人们认为这个空间是自己的财富、家园和根。费孝通先生在《乡土中国》中写到："我说中国社会的基层是乡土性的，那是因为我考虑到，从这基层上曾长出一层和乡土基层不完全相同的社会，而且在近百年来，更在东西方接触边缘上产生了一种很特殊的社会……他们才是中国社会的基层。" 西部作为中国腹地，几乎囊括了民族文化的全部精粹。我们的历史、文化、传统和民俗共同编织成一个宏大的乡土意象，弥漫于西部的宽阔疆域，广袤而浓郁，深厚而细腻。

民居

从某种程度上讲，现代城市可被视为全球化的象征，地域性则以乡土的形式显现出来。现代城市以花园式的空间规划作为人们生活的标准样式，而民居则被排除在官方理想主义的城市生活图景之外。民居，通常被定义为本土的、自发的、由本地居民参与的、适应自然环境和基本功能的营造（Oliver，1997；Rapoport，1969；Rudolfsky，1964）。一如Rapoport所认为："民居是人们追求欲望、满足需要的直接而未经深思熟虑的反映。" 对我而言，乡土的意义是双方面的。一方面，它是以优秀的民族文化为载体的民间建筑遗产。随着时代的发展，人们的生活方式、建造技术、建筑材料和大众趣味都已发生很大的变化，它们对人们生活空间的支撑作用已不复存在。虽然在当下它仅具有审美和研究的意义，但乡土永远是我们悠久的文脉，并以形而上学的方式存在于生活之外，构成我们精神财富和文化的源泉。另一方面，乡土更为重要的意义在于对现实的尊重与继承，而不仅是审美意义上的缅怀和矫情。真实的乡土并不是简单地保持某种外在的城市面貌或建筑样式，而是通过内部的发生机制，生成适宜当今时代的建筑形式和发展策略。真正的乡土能真实地反映现代性的要求，对应经济技术的发展规律，满足社会要求和使用功能的诉求。

追溯

传统的城镇可被理解为是民居在准城市经济模式下新的组织形式，而这种形式正源于乡土文化的亲和性，在城市空间和肌理上呈现出平均化的特征，构成几乎没有等级、或者说等级极少的结构形态。所以富阳市文化中心设计正是基于此种理念的一次建筑实践和尝试。

富阳，古称富春，位于富春江畔。城市中天目山与仙霞岭余脉沿富春江两岸蜿蜒绵亘，山水秀美，景色绮丽，极具江南特色。富阳市文化中心所处的富阳鹿山新区是城市沿山水走向形成的带形结构向南延伸的新城区，建筑依山面水，与规划中的市民中心共享一条景观绿带，建筑自身也是绿带中重要的空间节点。文化中心建筑面积为3.59万 m^2，容积率为1.0，绿化率为40%，使用功能叠合，构筑形态统一（图1，图2）。在这里，我不想采用脱离具体语境抽离传统建筑符号的手法，这种简化、概括及形式化的手法只能表达一种表面的文化状态，而对于乡土的本质追溯才是本案所要探求和思考的重点。

形态

在富阳市文化中心设计中，建筑组群布局以传统的城镇肌理为原始文本，对应现有市民中心的建筑尺度，适当进行放大和重组。在现代主义的城市空间中，拼贴具有传统城镇肌理结构的城市空间，其目的是为新的城市区域加入多样性和丰富性的构成元素。文化中心建筑形式源于传统民居的青瓦屋面，利用木材在建筑结构和装饰元素中的作用。这种形式的实质即是将传统文化与现代建造技术结合起来，并进行新的诠释，通过建筑材料的同一性、结构构造的纯粹性、内部结构的透明性获得传统与现代共生的建筑意象（图3～图5）。

材料

墙，对于建筑来说具有不言而喻的意义，尤其是中国西部建筑遗产，对墙的运用已达到至善至美的境界。在富阳市文化中心设计中，墙成为一种定义、一种指示、一种空间容器的象征，它类似城墙与房子的关系，存在于运动与静止之间，同时也表达出传统的审美趣味。

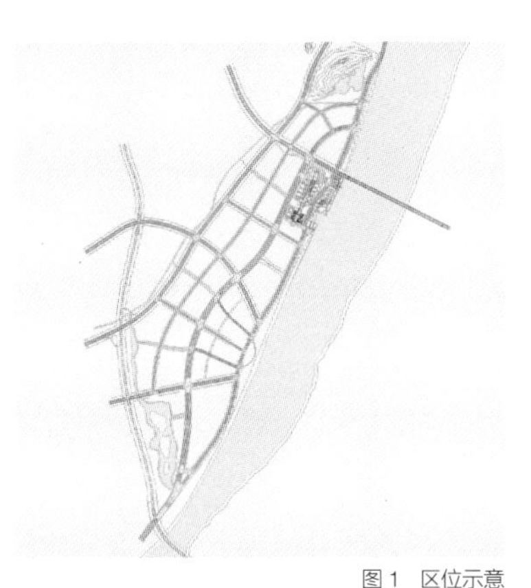
图 1　区位示意

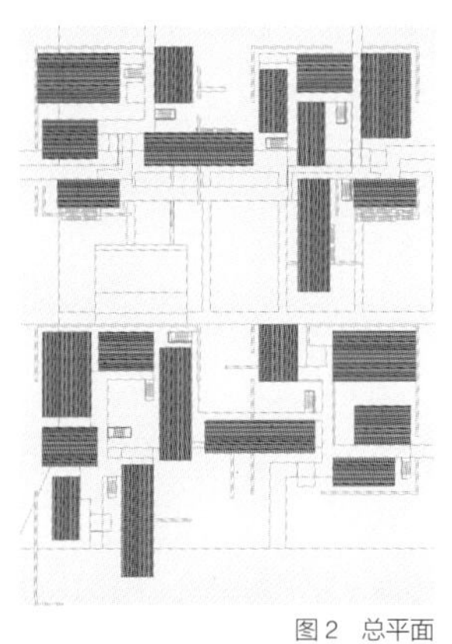
图 2　总平面

图 3　形态构成

图 4　结构示意

图 5　空间效果

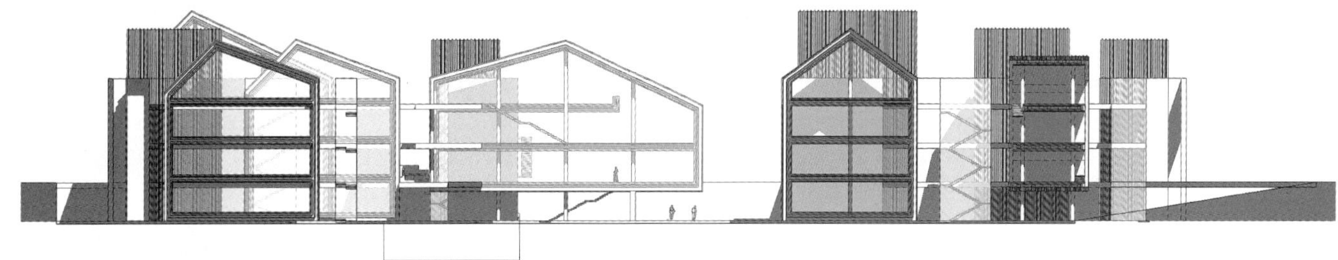
图 6　剖面

这里所讨论的材料是建筑学意义上的、具有表现性的，文化中心建筑材料的选取，因循对材料原型的尊重态度。其中，钢材是延续建造史中重要的基本材料；瓦及墙面特制的棱纹青瓦，不仅强化了传统瓦的功能，还兼具饰面砖的作用；利用玻璃的透明性显露结构构造的特征；石材在这里彰显出原始、永恒和纪念性的气质；木材表现了大自然带给人的温暖和亲和； 粉墙则沿用了千百年来广泛使用的传统工艺。

公共空间

源自行政中心的绿轴在这里形成下沉式城市广场，空间的错落构成了轴线的终点。广场可以缓解空间压力，将文化中心内部公众参与性强的活动空间组织在广场边缘，使文化中心不只是简单的功能体，还成为吸引市民聚散、活动、交流的公共场所。各功能体以“桥”的形式来引导人流，便于人们在下沉广场的南北两端和富春江方向分别进入，而“游廊”则串起了公共空间、功能体与竖向交通系统（图6）。

结语

在富阳市文化中心设计中，我们通过这些理念性文字的组织，寻找现代建筑的乡土情怀；通过传统与现代的对话，在建筑中表达出江南的秀美和悠久的历史；通过探寻全球化与地域性的关联，怀想壮丽的山川和寂静的乡土。由此，一个朴实的意象、一个传统文化的意象、一个充满乡土情怀的建筑展现在地域性的图景之中，它运用当下最普遍的材料和技术，表达着对资源的珍惜和尊重。■

新世纪高层建筑形式表现特征解析

梅洪元[1] 李少琨[2]

1 哈尔滨工业大学建筑设计研究院

2 哈尔滨工业大学建筑学院

高层建筑的发展与社会进步和时代变迁密不可分，尤其是进入新世纪以来，一方面随着设计手段与相关技术的不断成熟，高层建筑深入到住宅、办公、商业、学校、医疗等多种建筑类型，同时又形成了多种高层综合体。这些建筑类型和使用功能的多样化、复合化必然会反映在高层建筑的形式上，使其呈现多元综合的形式表现特点。另一方面，在当代高新技术的支持下高层建筑的创作观念也呈现出多元化的趋势，这些观念有的运用理性和夸张的手法，强调标新立异；有的强化新技术的应用，表现技术和材料美感；有的发挥地域特色，融合地域文脉；有的注重城市文化，关注建筑的文化象征等。加之各个地区的社会、经济、技术背景各不相同，必然使高层建筑的形式表现呈现出多元化、综合化、高技术化的发展趋向。

一、形式表现的基本特点

"建筑形式问题是建筑学的基本问题之一，建筑的功能要通过建筑'形式'去实现，建筑的思想、观念、意义也要透过'形式'来表达。事实上建筑形式关联'功能'和'意义'，处于中心地位，而在建筑创作的认识上却又处于从属位置，建筑形式既是实现功能的'工具'，又是表达意义的'媒介'。"因而，建筑作为一种具有使用功能的实用艺术，既有"物质"属性，又有"精神"属性，是双重属性与价值的统一。

高层建筑作为一种建筑类型，一方面继承了建筑"物质"与"精神"的双重属性，注重内部功能与意义内涵的双重关联；另一方面它与结构选型密切相关，这在很大程度上影响甚至决定形式，所以功能空间的呈现、环境意义的展现、结构逻辑的显现均成为高层建筑形式表现的基本特点。

1．功能空间的呈现

功能空间的呈现，即高层建筑外部形式对内部使用功能的一种理性表现。按使用性质划分，高层建筑涵盖办公、旅馆、商业、住宅等类型。在建筑内部，不同的功能空间均有不同的空间组织模式和容量配比。若将内部功能空间理性地反映到建筑外部就会产生各异的建筑形式。

进入新世纪，随城市化进程的不断加快以及社会多样化需求的不断增加，迫切需要在一栋高层内集合多种使用功能，以此提高建筑空间的使用效率和经济价值。

因此，高层内部的功能组织往往以多种功能空间的复合为原则，这种复合不是简单的水平分区和垂直分层，而是对功能空间的优化组合，使其形成既相对独立又相对联系、既相互依存又相互支撑的关联方式，创造有机、复合的整体。高层建筑内部多种空间复合的组织模式为外部形式的塑造奠定基础，也为形式表现的丰富性、多样性带来契机。通过将内部空间逻辑地呈现到外部，进而真实地反映各组成部分间的差异性，再通过对比、协调等手法将高层建筑塑造为多样统一的有机整体。

2．环境意义的展现

环境意义的展现，即高层建筑外部形式对场所环境的积极回应。这里的环境包括城市的各种建筑实体、街区空间等显性要素，也包括城市的时代精神、文化传统、历史文脉、社会风俗等隐性要素。高层建筑作为城市发展的产物，与环境密不可分，自身发展也要依托于环境；同时因其巨大的空间体量、复杂的组织规模以及高效的经济价值，反过来又会对城市产生深远的影响。

在当代全球一体化的趋势下，人们开始更多地关注地域性的发展主题——尊重不同地域环境间的差异，强调不同场所环境的特色。高层建筑因其引人注目的体量与造型而构成区域的标志，它的形式表现往往会成为人们感知城市环境风貌、体验城市特色的重要途径。如位于北京市西城区西长安街的国家电力调度中心，特殊的地理位置对建筑的形式语言提出很高的要求。该建筑也正是通过对场所的积极回应，将中国传统文化元素与现代建筑语言有机融合，塑造出既具时代感又具地域传统和文化精神的建筑品质，同时也充分提升了环境价值，为长安街增添新的气象与特色（图1）。

3．结构逻辑的显现

结构逻辑的显现，即高层建筑外部形式对内部结构特征的一种逻辑反映。高层建筑的产生与发展离不开结构技术的支撑，恰当的结构体系不仅能创造和谐的建筑形式，在某种程度上也能成为形式表现的主导因素，建筑师可以利用结构选型与细部构造创造出富有表现力的新建筑形态。

随着结构技术的发展，很多建筑师已不再满足于对结构构件的象征性表现，而是将结构体系作为有机整体，使其成为形式中最富表现力的因素，创造悬挑、扭转、透空等极富视觉冲击力的造型。

近期库哈斯领衔的大都会建筑事务所在新加坡设计了第一个委托项目——36层"悬浮"式公寓住宅，该建筑占地6 100 m^2，建筑面积20 000 m^2，总建筑高度153 m。由于建筑位于城市中心区黄金地段，根据相关法规要求必须在开发过程中提供相应的公共活动用地。在这里，建筑师创造性地采用悬挑结构，四个相对独立的塔楼围绕中心十字型钢梁柱布置，结合各方向的景观视线形成不同的高度。每座塔楼底部都有从十字型钢柱伸出的钢质托盘作为支撑，同时每层楼板也有从结构中心悬挑出的钢质桁架支撑，最终形成悬挑的建筑形式。建筑师对于结构体系的创造性选择与运用，不但解决了用地的限制问题，也使结构逻辑成为形式表现的重点，如库哈斯的La Tour Phare Text竞赛项目，也体现出这种理念（图2）。

二、形式表现的主要趋向

高层建筑不仅是时代发展的产物，还是与时代紧密联系的建筑类型。新世纪的社会变迁、经济发展、技术进步均对高层建筑形式产生直接而深刻的影响。人们的生活方式、审美取向以及价值观念的变化在某种程度上引领高层建筑的发展。

1. 关注表里共生的内在逻辑

高层建筑诞生于19世纪末期，它紧跟世界建筑的发展脚步，历经古典复兴、现代主义、后现代主义、晚期现代主义等多个历史时期。现代主义提出"形式追随功能"的口号，强调建筑功能的重要性和主导地位。后现代主义者则强调建筑应表达一定的意义，传递对历史和环境的尊重。但无论是现代主义还是后现代主义，两者都没能辩证地看待建筑物质与精神的双重属性。

当代建筑思潮与理念的多元化已蔚然成风，在高层建筑领域，高技生态主义、新折中主义、新地方主义等诸多流派竞相登场，充分表现着各自的设计理念与建筑特色。尽管各种流派的思想观念不尽相同，但它们都越来越关注形式作为实现功能与传递意义间的工具作用，在建筑创作的认识上也把形式推到关联功能与意义的中心地位。尤其在社会、经济和技术飞速发展的当代，高层建筑内部功能急剧扩展，几乎涵盖商业、居住、办公、休闲、教育、医疗等大部分建筑类型，高层建筑的象征意义也急剧扩充，不仅要体现场所环境的内涵，更要成为时代精神的象征。

高层建筑的内部功能组织、结构构造等系统必须是优化、高效的，这也是经济性的体现；同时，它必须在城市环境中传递更多的信息，表达更丰富的象征意义，这也是艺术性的体现。因此，关注表里共生的内在逻辑已成为新世纪高层建筑形式表现的主要趋向之一。

2. 关注审美主体的体验感受

审美活动是人类认识活动的一种，是审美主体对外部世界的感受与反映。当作为客体的建筑带给主体的感受与人内在心理结构相一致时，客体与主体间就会建立某种联系，这种同构使审美主体在情感上与客体产生共鸣，这就是建筑审美活动的发生。我们从中不难看出，审美主体发挥了很大的能动作用。建筑为人提供居住和活动的场所，是生活模式的物化，这是建筑物质属性的体现。但从古至今建筑的内涵与意义远不止于此，人们总是在获得一定物质保障的同时转而追求更高的精神层面，尽管这种追求在一定时期呈现为一种有意识或无意识的行为，但这种追求从来没有停止过。

新世纪人们生活方式和价值观念的多元化发展，必然导致更多建筑需求的提出，这些需求既有物质上的也有精神上的，而这种满足恰恰是通过人们对建筑身临其境的体验与感受获得的。建筑的空间体验主要表现为人们对建筑内部空间、材料形式、外部形态以及人心理情感的直观而综合的反应，因此关注审美主体的体验感受，也是新世纪高层建筑形式表现的主要趋向之一。

3. 关注象征意义的视觉传达

高层建筑的象征意义包含两方面：一方面是高层建筑作为时代精神的象征，另一方面是高层建筑表达场所环境的意义，时代精神与场所环境共同搭建起一个时空坐标，使高层建筑的象征意义得以充分地展现。

时至今日，高层建筑业已成为现代城市的重要组成部分，但是它的发展和普及丝毫没有削弱其象征意义的表达，它依然是我们所处时代的最好见证之一。

从某种意义上来说，建筑艺术是一种象征艺术。由于人们对于建筑艺术的感知大多是一种无意识行为，因此我们需要关注象征意义在视

图1 国家电力调度中心

图2 库哈斯的La Tour Phare Text竞赛项目

觉传达过程中的方式。对高层建筑创作而言，如果建筑师想使其作品能达到预期效果，他就必须利用许多流行的符号和隐喻所具有的余度，使建筑有更多的代码性。强有力的隐喻水准使得人们在关注形式语汇的言外之意，译读建筑时产生与自己的生活或传统更为接近的情感。在传媒手段发达的当代社会，视觉符号已逐步取代语言符号成为文化象征的主要载体。因此关注象征意义的视觉传达，成为新世纪高层建筑形式表现的主要趋向之一。

三、形式表现的核心本质

当代不断发展的建筑技术为形式表现带来更多的自由度。在高层建筑领域，随框架体系、框筒体系的日益成熟，内部承重结构与外部维护结构越来越呈现出一种分离特征，建筑表皮因而能相对独立地存在。这种自由度与独立性为高层建筑形式表现的多样性奠定基础，在缔造丰富视觉感受的同时也产生很多非理性的、含混的甚至怪诞的形式。对高层建筑而言，一方面结构体系和材料组织是形式表现的根本，另一方面经济技术、环境文脉、社会文化等又要求高层建筑具备相应的美学价值，因此新世纪高层建筑形式表现的核心本质就体现在表皮的理性建构与形式的美学价值方面。

1. 表皮的理性建构

纵观世界建筑的发展历史可以看出，无论是以石材为主的西方古典砌块建筑，还是以木材为主的中国传统木构架建筑，其形式都具备一种自主的发展状态，即形式跟随自身某种逻辑的产生、成熟乃至衰落。古典建筑形式所遵循的逻辑就是对材料特性的发掘及对材料组织关系的表达，如石材以拱的形式出现，木材以构架的形式出现等。

现代建筑以工业化建造技术为基础，大量使用混凝土、钢材、玻璃、金属板等现代材料，从某种意义上来说，正是这些材料以及它们的组织构造方式使现代建筑获得了生命力。当代高层建筑亦然，无论是钢筋混凝土构筑的框架承重结构还是玻璃幕墙围合的维护结构，材料的特性以及材料的组织结合方式带来的表现性特征已经成为高层建筑形式塑造的根本途径。

新世纪高层建筑日益成熟的结构体系为造型的灵活性提供基础与保障，同时这种成熟又导致建筑内与外的进一步分离，使高层建筑的外部维护结构成为可相对独立存在的表皮，这种特性既为形式表现的丰富性带来契机，却也可能导致各种肤浅装饰风格的拼贴运用，导致建筑品质的缺失。因此笔者认为表皮的理性建构应具备以下两点内涵。

一方面，建构应是真实的。尽管现代技术赋予高层建筑表皮一定的独立性，但表皮仍是整体建筑中有机的组成部分，是高层建筑内在的功能空间、结构体系、象征意义等生成逻辑的理性反映，是表里共生的产物。这种真实还体现在对材料的理解和使用上，如通过石材来营造庄严的、纪念性的氛围，通过玻璃幕墙、金属板来营造轻盈的、虚实相映的气质。因而，表皮建构的这种真实性能在一定程度上避免因形式生成的逻辑混乱或内涵缺失导致的"形式主义"及过度"装饰化"。

另一方面，表皮的理性建构应是诗意的。弗兰普顿在《建构文化研究》中将建构称为诗意的建造，他认为建构包含技术问题，但又绝不仅是一个建造技术的问题。从某种角度来看，表皮的建构过程可看作是建筑师对各种材料的组织过程，但这个过程不是机械的，而是在组合调配材料的过程中融入建筑师的情感与创造，也正是在这一过程中材料超脱自然获得新的内涵。

2. 形式的美学价值

美学是研究审美主体与审美客体之间相互关系与本质规律的学科，它涉及哲学、心理学、艺术学等诸多学科。《现代汉语词典》对价值这个概念的解释为"积极作用"。李德顺先生认为："价值这个概念所肯定的内容，是指客体的存在、作用以及它们的变化对于一定主体需要及其发展的某种适合、接近或一致。"由此可见，美学价值并不是审美客体的一种基本属性，而是审美客体对审美主体的作用和效果，是审美客体和主体间共同参与形成的一种特定的动态关系。就高层建筑而言，其形式表现的美学价值就在于建筑形式能否对人的各种物质需求与心理情感产生积极的作用与功效。

高层建筑的形式表现很容易通过视觉和感觉的手段被人感知，但其形式的美学价值并不是高层建筑自身的一个内在属性，也不是完全由审美主体决定的，而是产生于高层建筑形式与人之间的相互作用以及两者间的有效关系。这种关系是复杂、可变的，作为审美主体的人在这种关系中往往有很大的能动作用，如不同的人或同一个人在不同时间会对同一建筑形式产生完全不同的感受。

因而，明确形式的美学价值内涵与生成机制，能够让我们在价值观念多元化的今天更好地把握高层建筑形式表现的核心本质。

四、结语

综上所述，以21世纪为时代背景，探讨了新世纪高层建筑形式表现的三个基本特点：功能空间的呈现、环境意义的展现以及结构逻辑的显现。分析了形式表现的三个主要趋向：关注表里共生的内在逻辑、关注审美主体的体验感受以及关注象征意义的视觉传达。同时，结合建构、美学、价值等理论，提出表皮的理性建构与形式的美学价值是形式表现的核心本质，对新世纪高层建筑形式表现特征进行理性解析。■

参考文献

[1] 庄惟敏. 几个观点、几种状态、几点呼吁——青年建筑师论坛随笔[J]. 建筑学报, 2004（1）: 68-69.

[2] 陈伯冲. 建筑形式与图像语言[J]. 建筑师. 1995（12）: 32-42.

[3] 布朗宁, 德龙. 路易斯·I·康: 在建筑的王国中[M]. 马琴, 译. 北京: 中国建筑工业出版社, 2004: 204.

[4] 李祖原建筑事务所. 台北101大楼设计理念[J]. 时代建筑, 2005（4）: 88-91.

[5] 马进, 杨靖. 当代建筑构造的建构解析[M]. 南京: 东南大学出版社, 2005: 143-150.

[6] 徐千里. 重建全球化语境下的地域性建筑文化[J]. 城市建筑, 2007（6）: 10-12.

[7] 华黎. 雷蒙德·亚伯拉罕访谈录[J]. 世界建筑, 2003（4）: 108-109.

[8] 金秋野. 库哈斯方法: 当建筑学成为反讽批评[J]. 建筑师, 2006（3）: 54-58.

[9] 周剑云. 自主的建筑形式——简介《建筑形式的逻辑概念》[J]. 世界建筑, 2003（12）: 80-81.

[10]李德顺. 价值论[M]. 北京: 中国人民大学出版社, 1987.

和谐社会体育应惠及全民

马国馨
北京市建筑设计研究院

一、体育发展促进社会和谐

2006年10月，中共十六届六中全会通过《关于构建社会主义和谐社会若干重大问题的决定》，其中明确提出："社会和谐是中国特色社会主义的本质属性，是国家富强、民族振兴、人民幸福的重要保证。"与此同时，关于快乐和幸福的探讨和研究也日益增多，尽管切入点不尽相同，但理论界和经济学界普遍认为，社会经济发展的根本目的是要实现和增进最大多数人的快乐和幸福。

浙江一位从事快乐经济学研究的学者提出了影响幸福和快乐感受的六大因素，依次为健康状况、亲情状况、经济状况、职业状况、社会状况和生态环境。根据他在省内的调查统计，健康和亲情的影响占51.6%（在国外这两个因素约占48%）。按照联合国世界卫生组织的定义，健康不只是没有疾病，还意味着拥有完整的生理、心理状态和社会适应能力。因此，不能简单地以没有疾病作为衡量健康的标准，也不能单纯被动地依靠医疗手段来维持或保证健康。

现代奥林匹克运动的先驱皮埃尔·顾拜旦在《体育颂》中用诗一般的语言诠释了体育的真谛："体育，你就是美丽，你就是正义，你就是勇气，你就是荣誉，你就是乐趣，你就是培育人类的沃土，你就是进步，你就是和平。"中国古代《黄帝内经》提出的"圣人不治已病治未病"也强调了主动健身的重要。因此强健体魄已成为人们提高生活质量、提升快乐幸福感的重要保证，通过体育手段提高全民的体质和素质也已成为建设体育强国的重要内容。体育是大众的体育、人民的体育，更是建设和谐社会的重要推动力和润滑剂。

无论《奥运争光计划》还是《全民健身计划》，都提出要在我国逐步建立起一整套完整的体育公共服务体系。随着经济增长和财富积累，我国已成为世界上公共财政和投资增长规模最大的国家之一，因此在体育公共服务体系上的投入也越来越多，其中很大一部分用于体育设施的建设。保证竞技体育与全民健身设施的协调发展，使全体民众都能够享有体育健身权利，满足其基本的健身需求，防止资源的挪用或挤占，统筹兼顾、协调发展，保证公共资源配置的效率与公平，是社会和谐的基本要素。

二、体育设施建设需要科学决策

竞技体育、大众体育和学校体育构成了体育的金字塔。多年来，竞技体育在我国一直位于金字塔尖，受到各方重视，发展迅速并取得了喜人的成绩，对社会的发展和稳定、文化繁荣和文明程度的提高起到推动作用。2002年中共中央和国务院在《关于进一步加强和改进新时期体育工作的意见》中要求通过重大赛事，全面提升我国竞技运动水平，提高举办重大赛事的能力，以此学习国际体育事务，掌握现代体育运动方式。自1990年举办第十一届亚运会以后，我国越来越频繁地举办大型国际体育赛事。为举办国内外大型体育赛事，我国新建和改扩建了一大批体育场馆，不仅使体育设施的数量和水准得到大幅提高，而且对城市各项基础设施、服务设施的完善也提出了新的要求，促进了城市的建设，实现城市的"跑步前进、跨越发展"（表1～表3）。此外，商业化、市场化的国际赛事（如网球公开赛、高尔夫公开赛、F1赛车、NBA中国赛等）也吸引了各城市主管部门的目光。如为承办号称"贵族运动"的F1国际大奖赛，上海市政府在8 年内投资50亿元人民币，仅赛场的建设就投入2.4亿元人民币，而每年的承办费用也高达3 000万美元。这些都堪称体育设施中的大手笔、大制作、大投入。

然而正如建设部等各部委在今年1月出台的《关于加强大型公共建筑工程建设管理的若干意见》中所指出，"当前一些大型公共建筑工程，特别是政府投资为主的工程建设中还存在着一些亟待解决的问题"，在大型公共体育建筑的建设中，由于赛事的各种承诺和国际义务，有些问题表现更为突出。

一是盲目建设或重复建设现象严重。大型国际赛事，除夏季奥运会和世界杯男子足球赛外，很难有经济收益。因此，在建设之初，除体育本身之外，还应综合考虑场馆的经济成本和可能收益。国外对大型体育场馆的建设十分慎重，东京、莫斯科、洛杉矶、巴塞罗那、雅典各届奥运会的主体育场都是建于几十年前的老设施，而我们有些决策者常从攀比、形象、政绩出发，不顾国情、财力，仅仅为某个国际单项比赛、国内比赛，甚至没有太多需求就花费巨资拆旧建新或弃旧图新，滥用公共财政资源。

二是设施建筑标准和设备标准过于豪华。从表1～表3中我们可以看到近20年来我国场馆设施的单方造价和建设规模都在大幅提高，尤其在经济较发达地区，这一趋势更为明显。究其原因，除新材料和新技术的应用、节能要求以及物价等因素外，更因为建设时在规模和设备上不分级别和适用对象，一律追求"国际超一流"，在装修时忽视体育建筑的特点，盲目模仿商业性公建大量使用高档材料，甚至将贵宾休息室装饰得如星级宾馆般豪华。

三是忽视使用功能，片面追求外部造型的出奇出新。如某个规模不大的体育场非要搞国内"第一个开闭屋顶"，被当地网友戏谑为"最奢华的建筑"；有的城市官员亲自过问建筑造型，要求尺度巨大的设施去表现"荷花"和"柳叶"的柔美……于是体育建筑一时间开始弃小求大、化简为繁，千方百计地追求各种设计"亮点"（比如跨度或高度的"第一"、施工难度的"最大"、使用材料的"最多"等）。

四是重建设轻使用效益。大型公建都面临使用效益问题，而体育设施的赛后利用更是困扰世界各国的难题。我国的许多设施在建设之初

表1 国内一些大型体育场的造价比较

名称	建造年代	建筑面积/m²	造价/万元	元/m²	备注
广州天河体育场	1987	65 000	6 576	1 002	已拆除
沈阳五里河体育场	1989	70 000	16 000	2 285	
上海体育场	1997	170 000	129 000	7 588	
广州奥林匹克体育场	2001	130 000	123 000	9 461	
武汉体育场	2002	78 000	50 000	6 410	
重庆奥体中心体育场	2004	62 800	69 000	10 987	
新疆体育场	2005	75 000	23 000	3 067	
南通体育场	2006	48 000	110 000	22 916	有开关屋顶
上海金山体育场	2007	35 037	24 000	6 850	
天津奥林匹克体育场	2007	158 000	148 000	9 367	
济南奥体中心体育场	2007	139 900	88 000	6 290	
北京国家体育场	2008	258 000	260 000	10 078	造价为建安费用

资料来源：作者整理

表2 国内一些体育馆的造价比较

名称	建造年代	建筑面积/m²	造价/万元	元/m²	备注
深圳体育馆	1985	21 200	5 000	2 358	
北京国奥中心体育馆	1990	25 338	5 390	2 340	
长春五环体育馆	1998	31 192	21 000	6 732	
广州体育馆	2001	100 000	120 000	12 000	
秦皇岛体育馆	2002	20 900	15 000	7 177	
深圳罗湖体育馆	2002	24 231	19 000	7 841	
江苏泰州市体育馆	2004	15 685	7 500	4 782	
新疆体育馆	2004	24 500	8 000	3 265	
南京奥林匹克体育馆	2005	59 662	43 610	7 310	
江苏昆山体育馆	2005	27 680	18 000	6 502	
佛山明珠体育馆	2006	78 781	60 000	7 616	
深圳宝安体育馆	2007	47 400	46 000	9 705	
中国农业大学体育馆	2007	24 000	17 000	7 083	
北京科技大学体育馆	2007	24 662	17 000	6 893	
北京国家体育馆	2007	80 890	64 000	7 912	造价为建安费用

资料来源：作者整理

表3 国内一些游泳馆的造价比较

名称	建造年代	建筑面积/m²	造价/万元	元/m²	备注
北京英东游泳馆	1990	37 589	8 820	2 346	
上海浦东游泳馆	1997	22 000	20 000	9 091	
汕头游泳跳水馆	2001	25 000	35 000	14 000	
深圳游泳馆	2002	41 167	35 000	8 502	
重庆奥体中心游泳馆	2003	18 000	13 000	7 222	
南京奥林匹克游泳馆	2005	30 507	19 690	6 454	
北京国家游泳中心	2007	80 000	78 000	9 750	造价为建安费用

资料来源：作者整理

也都进行了赛后利用的规划，但实际效果并不理想，场馆或长期闲置不对市民开放（据统计，全国体育场馆平时不开放的约占59%），或为了创收而改变了使用功能，没有“以体育为本”，造成更大的浪费。

三、全民健身

与处于金字塔尖的竞技体育的“风光”及其设施建设的高投入相比，位于体育事业基础的大众体育和学校体育在资金投入、宣传力度、实际收效等方面都有较大差距，虽然在发展计划和纲要方面有许多设想，但付之实施仍需更多努力。因此在和谐社会的建设过程中，体育和体育设施的建设也应坚持不断发展和开拓的思路，跳出狭义的“体育圈”，与卫生医疗、社会保障、文化产业等领域密切结合，从单纯的强身健体扩展到提升全民快乐、幸福的层面上。为实现体育事业和体育设施惠及全民，使公共资源得到公正、有效的分配，我们必须主动和有意识地使工作重心下移，转变现有的运作模式。

首先，农村体育应更多地被关注。我国农村人口占全国总人口的60%，占世界农村人口的1/4，因此没有农民的健康就称不上全民的健康，但农村体育设施的建设却严重滞后。2004年全国第五次体育场地普查发现，在全国85万多个体育场地中，仅有8.18%分布在乡（镇）村。过去人们认为农村空气质量较高，农民经常下地劳动，体质应该普遍较好，但2000年国民体质监测结果表明，农民的体质优秀率和不合格率分别是6.6%和20.1%（其他人群的这两项数据分别为11.6%和14.1%）。同时调查表明，目前在农村，因病致贫、返贫的现象十分突出，疾病高居致贫原因首位（约为40.9%）。由此可见农村体育事业建设基础十分薄弱，虽然从1988年起每4年举办一次全国农民运动会，但由于“不出政绩”，所以也逐渐流于形式，因此农村体育是全民健身工作开展的重点和难点。

中共中央在2006年1号文件中提出“推动实施农民体育健身工程”，同年3月29日，国家体育总局宣布在全国启动。其主要内容是以行政村为主要实施对象，以经济实用的小型公共健身场地（即1个混凝土篮球场和2个室外乒乓球台）为重点，将体育服务体系覆盖到农村。建设方式是中央资金引导，以地方各级政府投资为主、社会支持为辅，通过彩票公益金配置器材，利用村公共用地，农民义务投工投劳进行建设。为启动这一工程，国家体育总局投资8 000万元，国家发改委投资1 000万元，希望2011年，全国1/6的行政村建有标准的公共体育场地设施，使1.5亿农村人口受益。

由于各地农村经济发展并不均衡，有些地区农村体育的开展已有一定基础。从2003年到2005年6月底，山西启动了全民健身示范项目，在由大同到运城的高速公路沿线百镇（乡）千村（校）建设了“大—运体育走廊”，共新增篮球场650块、全民健身路径25条、青少年体育俱乐部6所，总计添置体育器材1 980件，新增体育场地24.25万 m²。为此国家和山西省筹集资金800万元（其中国家发改委补助250万、国家体育总局彩票公益金300万、省体育局彩票公益金250万），加上其他渠道筹措的资金，共计2 140万元。按沿线200万农民计算，分摊到每个人不过10元钱，但发挥了很高的效能。如山西省体育局局长所说：“修建一个球场，减少十个赌场”，运动设施成为使农民远离恶习、促进社会和谐的润滑剂。但如何因地制宜，防止一刀切，还需要我们在管理、维护等方面积累更多经验。

其次，青少年是全民健身事业的另一个工作重点，因此学校体育也很重要。虽然现有体育设施中的66.7%在学校，但分布却很不均衡。教育部规定中小学生人均校内运动场地面积应达到4 m²，但目前全国人均值仅为1.03 m²，尤其是位于城市中心区的学校、农村寄宿学校和农村小学，运动场地明显不足。为增加体育场地，北京八中在寸土寸金的金融街原校区内，采用架空方式将田径和足球场设置于距地面4.6 m高的屋顶上，也是一种有益的尝试。

中小学生由于学习压力大、营养结构不合理，加之因体育设施匮乏而缺乏锻炼，身体机能和身体素质的指标（如速度、耐力、肺活量、爆发力等）均呈下滑趋势，肥胖超重、视力不良等比例明显上升。据上海市的调查统计，53.3%的中小学生为近视眼，其中小学生的近视率为38.1%，初中生为50.5%，而高中竟达72%。调查同时发现，6%的中小学生体重超重，51.3%的学生每天锻炼时间少于1 h。

虽然大学的体育场地和设施较中小学更为完善，但学生参加体育活动的时间、频率和强度却并不令人满意。据上海市的调查统计，22.17%的大学生从来不参加课外体育活动，55.43%的学生每周只参加一次课外体育活动。究其原因，排在首位的是学习忙没时间，其次是没有锻炼意识，排在第三位的才是没有锻炼设施和场地。当然时下许多高校的室内体育馆、游泳馆的建设都向国际正规比赛设施看齐、大量座席空间闲置无用、造价居高不下的倾向也是需要我们深入探讨的。

虽然《学校体育工作条例》规定学校体育经费应占政府经费投入的1%，但拨款却常不能到位，以致有记者报道某县斥资4 000万元修建的高档体育馆长期“赋闲”，而这笔资金可以实现100多所中小学的设施建设与器材配置的一次达标，或可保障全县学校10年内设施的维护与更新[①]。同时，其体育锻炼意识有待加强，体育教育方式也应从单纯示范竞技体育的技巧和能力转向娱乐化、科学化，不仅达到增强学生体质的目的，而且改善他们的生活方式。

另外，大众体育或社区体育也不能忽视老年人口。按照联合国标准，60岁以上老年人口达到总人口10%的国家即属人口老龄化国家。我国在1999年进入老龄社会，到2004年底，60岁以上人口占我国总人口10.97%，为1.43亿人，占全球老年人口总数的1/5，其年平均增长速度为2.85%，高于我国总人口1.17%的增长速度。面对这一“银色浪潮”，养老保险和医疗保证成为社会公平的“调节器”和社会安定的“稳定器”，而主动保持健康、延缓老年病残的到来也是老年人十分热衷和关注的事情。表4、表5是对北京市居民闲暇时间的活动调查统计结果，从表中可看出居民从事体育锻炼的时间在逐年增加，50岁以上年龄段体育锻炼的时间最多。美国的调查显示，2/3以上的老年人经常参加体育锻炼，是中青年人比例的两倍，其中40%的调查对象说花在运动上的时间超过4 h。通过主动健身提高生活质量、摆脱疾病困扰是老年人的迫切要求，因此老年健康产业和社区体育拥有良好的前景。全国已有2 000多个县和80%以上的城市社区、村镇建立了老年人体育组织，北京仅2003年就投资1.7亿元新建1 239个全民健身工程，总面积达94.5万 m^2，目前已经在所有街道、乡镇和有条件的社区居委会新建了全民健身工程；上海市现有社区公共运动场130个，各类场地共计385片。但很多由于体制不顺、管理多头、机构不健全，无地点、无专职人员、无经费的“三无”状态仍然存在。今后需要加强政府保证与社会参与，尤其在场地设施建设方面，必须以政府为主体，才能真正促进“老有所健”。

表4 2001年与1996年北京市居民闲暇时间比较（min/d）

项目	1996年	2001年	二者相比
学习文化科学知识	42	15	↓
阅读报纸书刊	33	27	↓
看电视听广播	109	167	↑
观看文体表演和展览	6	3	↓
游园散步、体育锻炼	32	42	↑
其他娱乐	22	24	↑
休息	20	23	↑
教育子女、探亲访友	25	18	↓
公益活动	0	2	↑
其他自由时间	16	16	

资料来源：《人民政协报》2005年3月7日

表5 北京市居民年龄别各项闲暇及时间分布（min/d）

项目	15～19岁	20～29岁	30～39岁	40～49岁	50～59岁	60～70岁
学习文化科学知识	74	22	4	3	1	5
阅读报纸书刊	15	23	19	23	29	46
看电视听广播	113	160	162	161	190	217
观看文体表演和展览	3	5	1	3	2	2
游园散步、体育锻炼	16	23	18	24	65	123
其他娱乐	32	24	20	22	16	36
休息	20	20	15	20	30	35
教育子女、探亲访友	9	18	24	18	20	16
公益活动	0	4	1	0	3	4
其他自由时间	43	37	17	25	12	28

资料来源：《人民政协报》2005年3月7日

四、体育休闲

自从1995年我国开始实行五天工作制、1999年实施三个长假之后，人们每年有1/3以上的时间在闲暇中度过，度假方式直接决定了人们的生活质量，闲暇时间能否快乐度过实际也成为衡量幸福感受的重要指标。

休闲代表了一种新的价值观。在和谐社会中，休闲成为一种资源，是凸显生产力水平的标志，是衡量社会文明的尺度。美国《未来学家》杂志认为：“未来的社会将以史无前例的速度发生变化。也许10至15年后，发达国家将进入休闲时代，发展中国家将紧随其后。”长期以来人类一直致力于改造世界、改造自然，而休闲时代的来临将使人类致力于改造自身，包括不断提高生命质量、讲求生活品位、形成健康的生活方式。体育运动在这一时代中也面临进一步转型和拓展，运动型健身活动将逐步被休闲型健身活动所替代，更趋于社会化、科学化、生活化。

休闲型的体育健身活动将日益凸显个性化、多元化的特征。从表4和表5中可以看到我国居民目前对闲暇时间的使用内容和形式远不够多样。实际上休闲消费涉及旅游、体育、娱乐、休闲等各项产业以及公益活动，传统的体育活动早已与休憩、娱乐紧密地结合在一起，在竞技体育之外创造出各种新的体育休闲形式。如发展中的户外运动越来越为人们所认识和喜爱，通过与城市体育相异的形态，达到驱散疲劳、释放工作和生活压力的目的。更有许多年轻人倡导LOHAS生活（即健康和可持续的生活风格），这一生活方式正逐渐成为新的社会时尚。社区内健康的休闲和体育活动丰富，黄、赌、毒等丑恶现象就少，社会也更加和谐、文明。

从一定意义上讲，休闲已成为一种产业、一种服务、一种消费活动，其供给方式也变得多样：一是自给性休闲，包括散步、阅读、做游戏等活动；二是由政府公共部门提供的非营利设施和服务，如此前所述的全民健身工程、公益性的体育设施和活动中心；三是由商业部门提供的以营利为目的的设施、产品和服务，比如室内健身、舍宾、瑜伽等俱乐部。总体说来，在我国体育休闲消费还处于初级阶段，随着人们生活水平的不断提高，体育休闲事业的发展空间将更加广阔，我国成为世界最大的体育休闲市场将指日可待。

五、结语

以上所提出的一些观点实际上在体育界早已由各方专家提出并讨论过，本文着重从和谐社会的建构出发，本着“坚持把社会效益放在首位，坚持把发展公益性文化事业作为保障人民文化权益的主要途径，推动文化事业和文化产业共同发展”的原则，希望在社会公共资源和财富的分配中，竞技体育和全民健身取得更为合理的平衡和协调，体育、休闲方面的公共资源能够更好地惠及全民，实现全民的快乐和幸福。■

注释

①详见2005年11月25日的《人民政协报》。

体育场馆建设刍议

梅季魁
哈尔滨工业大学建筑学院

近些年，我国体育场馆建设出现了前所未有的高潮，除北京为2008年奥运会大兴土木之外，各省、地、市也纷纷建设颇具规模的大中型体育中心。这些体育中心一般包括三五万人的体育场、四五千人的体育馆、两三千人的游泳馆，有的则是六万人体育场、万人以上体育馆、五千人以上游泳馆，同时还设有各种训练馆、体校等设施；建筑面积一般在10万 m²上下，有的高达20万 m²，投资少则三五亿人民币，多则十几亿，有些甚至高达20亿。

二十几年前，某地建一座稍具规模的场馆就足以引起全国各地的羡慕，而今天场馆成群的体育中心此起彼伏的建设热潮似已司空见惯。但与此同时，大发展的喜人形势也显露出一些隐忧，本文对此做些肤浅的议论，希望能引起各方面的关注，使场馆建设更健康地发展。

一、关于协调发展

1. 场馆过热，群体遇冷

仔细观察近些年的场馆建设，可以发现绝大部分是竞技型场馆，而群众性场地（含健身房等）的建设相对较少，以致鲜有所闻。场地是体育运动最基本的物质基础，没有运动场地，群体发展也就困难重重。可见，这是一种不和谐的发展局面，不仅影响国民身体素质的提高，而且会反过来制约竞技体育的发展。

我国几座大城市同纽约、巴黎、东京等发达国家的大城市相比，竞技体育设施的数量和质量可能不在其下，但社区和中小学的体育设施则相差甚远。这种不协调发展应该引起各方面的重视，摆上议事日程。

2. 布局偏颇，机遇偏低

目前国内十几座大型体育中心基本分布在沿海城市，但从发展全民体育运动角度看，全运会、城运会、农运会、民族运动会以及一些国际性运动会和单项国际比赛，不可能只集中在这几个城市举办，必然是全国范围分散安排，至少也会按几个大区轮流举办。由此，可以预见到某些体育中心势必将出现被冷落的局面。

各种国内的运动会一般4年举办一次，平均每年约有1次，国际性运动会不会多于国内，如按6个大区和香港、澳门特区共8个竞办区考虑，则每区每8年才能轮上一次赛事。各大区内会有3～5个省、市参与争办，可见一个省每隔10～20年轮上一次也是正常现象（表1）。目前还有4～5个省、市正在建设体育中心，预计到2010年，全国将有一半的副省级城市参与竞办各种运动会，落实到一座城市的机会可能只有10%，一个轮回则要40～60年。华东地区的上海、江苏、浙江、山东和安徽都已建成大型体育中心，它们能承办多少个综合性运动会将是个很现实的考验。

表1　历届全国运动会举办时间、举办地

届次	时间	举办地	届次	时间	举办地
1	1959年	北京	7	1993年	北京、四川
2	1965年	北京	8	1997年	上海
3	1975年	北京	9	2001年	广州
4	1979年	北京	10	2005年	南京
5	1983年	上海	11	2009年	济南
6	1987年	广州	12	……	……

注：1975年起，全运会每4年一次，从第7届开始调整为奥运会后一年举行；1979年后，全运会在全国轮流举行，获得两次举办权的城市，间隔时间为14年

省运会也是4年举办一次，一个省大约有15个地级城市，有些省有1/3的城市已经建成了大中型体育中心，一座地级城市举办省运会的几率不过10%～20%，一个轮回也将在20年左右。其他国际和国内赛事轮到地级城市每年有1～2次将是相当幸运的事。

可见，各省市体育中心的建设立项需要认真测算、科学定位，做到有序发展、防止失衡，以免投资颇巨的体育中心虚位以待几十年的尴尬。

3. 捉襟见肘，大手出牌

速滑馆一般由寒带和亚寒带国家和地区建设，所需空间巨大（跨度80～100 m，长度近200 m），投资往往在亿元以上，主要用于速滑比赛和运动员训练，由于运行成本高而很少对群众开放。加拿大、荷兰、德国、挪威、美国和日本等国家只是在近十几年各建了1座速滑馆，而我国从上世纪80年代后期起先后在北京、哈尔滨、长春、沈阳、齐齐哈尔建起了5座速滑馆，几乎与国外的总和相当。此外，我国尚有其他城市积极筹建滑馆，甚至酝酿修建更大的、兼容冰上运动的室内体育场。

从国际情况看，不少承办过冬奥会、大学生冬季运动会和亚冬会的国家并没有建设速滑馆也圆满完成了承办任务，说明速滑馆并不是承办冬运会的硬性指标。我国冰雪运动普及程度和竞技水平都还在前述几国之下，国民收入不及其1/10，速滑馆建设却超过这些强国，显然缺少相应的社会和经济基础。就国内情况看，争建速滑馆和室内体育场的省市，经济基础并不雄厚，关系广大职工切身生活福利的工资调整都因为没钱而迟迟不能兑现，筹措建设速滑馆资金十分艰难，说它捉襟见肘、大手出牌未必言过其实。

从国内使用情况看，20年前建成的北京速滑馆至今还没用于速滑使用，10多年前建成的黑龙江速滑馆在亚冬会过后的平日使用也没达到饱和状态。因此，相关省市走资源共享之路完成举办国内外比赛任务的策略，将是值得探讨的方向。

4. 推倒重来，浪费有加

最近10年，仅山东、吉林、辽宁、黑龙江就有五六座建成至今只有10～20年的大中型体育场馆被拆掉，它们都是依托现代技术建成的

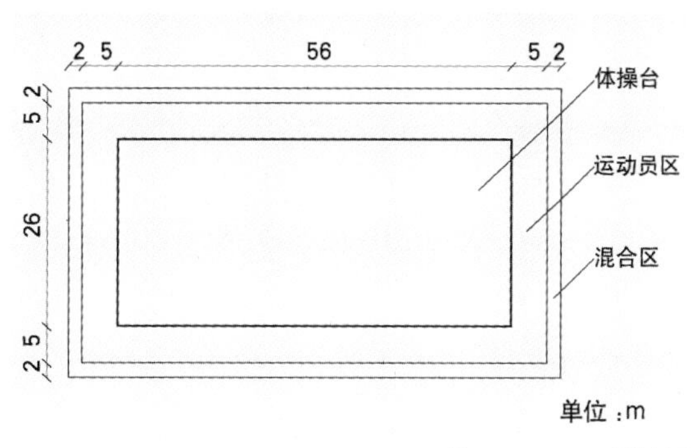

图1　40 m×70 m 场地布局

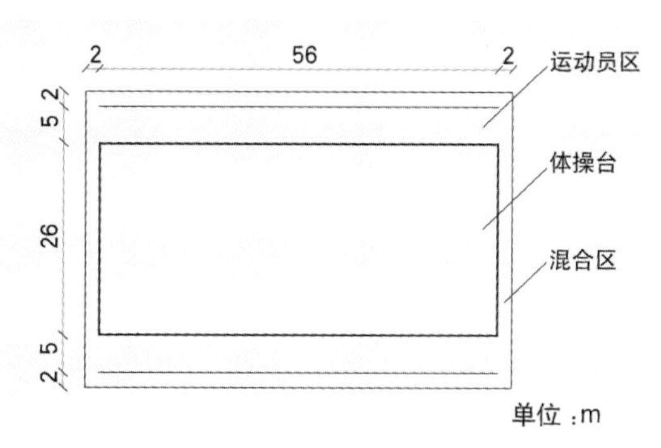

图2　40 m×60 m 场地布局

场馆，还有50～70年可用期，并不属于破旧不堪、推陈出新的对象。

我国体育场馆的拥有量，无论从实际需要来看还是同发达国家相比，不是多了，而是还太少，绝对没有裁减或提前更新的依据。如果说由于某些人不喜欢，或许可通过改造来改善。这些场馆都建在城市新区，并不影响城市的改造和更新。地价升值是城市发展的结果，但是不能因此以"建了拆、拆了建"的方法建设城市。这几座场馆按现价计算，投资都在亿元以上，有的甚至高达4～5个亿，它们的存在对环境无害而有益，对群众生活有利。推倒重来不是建设性举措，而是破坏性倒退。

二、关于优化设计

竞技型体育场馆的大量修建，积累了丰富经验的同时也暴露出许多问题，有待分析研究。从设计角度看，优化设计已是当前的中心课题。

1．选址偏远，难尽其用

体育中心用地较大，小者20～30公顷，大者70～80公顷，甚至逾百公顷。城市用地日渐紧张，将体育中心设于城市边缘已成常规模式。如遇短暂赛事，集中城市交通工具以保证赛事正常进行尚可坚持几天，但赛后，远离居民区的体育中心就鲜有群众光顾，冷清的局面带有几分凄凉，令人惋惜。特别是有些体育中心布置在城市发展的尽端，或山或水阻断其建设居住区的可能，有的则被现代企业隔断了与居住区的方便联系，以致体育中心长期不能被群众充分利用，凡此种种，应该引发人们的冷静思考。不能在市区内获得足够用地的情况下，是建集中的体育中心远离市民，还是分散几处建中小型体育中心亲近市民并为提高利用率创造条件，已是优化设计的重大课题。

2．追求规模，忽视效益

目前，国内大中型体育中心的场馆规模都较大，观众坐不满的情况比比皆是。足球联赛频频，但观众上座率能达五成已算难得盛况；排球联赛观众寥寥无几，以致有些场馆管理者建议建设几百人规模的体育馆以节省开支。

场馆建设者在确定规模时，有的盯住稀少的大型国内外比赛，有的则是出于攀比心理，力争大于兄弟城市，以致场馆规模逐年攀升、大量座席常年虚位以待，造成无奈的浪费。

好大喜功、追求规模，容易出现失误、造成浪费，不符合建设节约型社会的方针。场馆规模应结合国情、运动发展水平、群众体育意识和喜好做出科学预测，择优选定。这项工作有赖于体育工作者、场馆管理者及规划师和建筑师的通力合作，进行深入调查研究，提出科学建议。

3．静态设计，动态使用

体育场馆使用时间少、闲置时间多，无形浪费严重。造成这种情况的原因有很多，其社会原因在于比赛总是相当少，文艺演出、集会等也并不常有；而主观原因则在于设计总是按几个主要功能考虑，适用范围有限，而使用则是多种多样、要求无限。这个有限与无限的矛盾实质就是静态设计与动态使用的矛盾。国内外都在不断尝试解决这个矛盾，比如多功能设计虽然只是缓解矛盾而达不到化解矛盾的高度，但仍然是目前较为有效的办法。以此观点衡量北京奥运会场馆设计在缓解这一矛盾方面，有一定的进步和贡献，但在场地选型、座席布局和辅房利用等几个基本方面仍有不少问题有待研究和解决。

体育场设计长期以来沿用田径场包容足球场的场地模式，导致足球比赛总有5 000～10 000个近距离看球席位被白白浪费，且无法实现场内场外的共鸣。因而，足球运动比较发达的国家出现了沿足球场四周直线布置看台的专用足球场。但是，很多城市并不具备修建专用足球场的条件，依然采用田径兼容足球的场地模式。如何将田径场与足球场有机结合，让两种比赛各得其所，不浪费面积且实现座席布局紧凑成为一个重大课题。法国巴黎圣丹尼大球场采用收放活动看台的办法将田径与足球有机结合起来，是个颇有创意的尝试范例。这个创举该如何评价，是得大于失还是得不偿失，我们的路该如何走以及为今后的体育场设计提供些什么良策，已是很现实的课题。

体育馆场地选型国内近二十几年已有不小进步，由单一走向多用，规模逐渐扩大，但近几年则趋程式化。考虑搭台体操比赛，场地尺寸一般定为40 m×70 m（图1），这个尺寸对西方以冰球为主的体育馆来说相当契合，但在冰球运动并不普及的中国，尤其南方是否合适，就值得推敲。其一，篮、排球比赛场地两端的活动席一般与两侧活动席取等排，以保证观众视线通视，则两端各有5～8 m宽的多余空地，出现浪费； 其二，40 m×70 m是个最高标准的参照数据，但并不一定是最佳数据，结合活动看台排数的增多，其数值会有所加大；其三，一般搭台体操比赛要求不及奥运会严格，40 m×60 m场地仍可容纳体操台和两侧运动员区及四周供媒体和管理人员通行的混合区（图2）。此外，体育馆座席布局结合各种比赛、文艺演出、集会、展览、群众锻炼等不同要求会有多种形式，探索综合性强的场地规模和座席布局模式依然是值得探讨的课题。

游泳馆常将泳池和跳水池设于同一个比赛厅，但由于两者对室温要求不同且相互干扰，因此又出现分开单设的呼声。如果分开设馆，看台规模会偏小，席下辅助空间布置较难并会增多无用面积。两种模式各有利弊，于是出现了可分合的混合模式。1980年莫斯科奥运会游泳馆在串联布置的泳池和跳水池之间设一道玻璃隔断，既可以保持两侧的温差，又做到隔声且不阻挡视线，这一尝试开拓性较强。国内有专家提出两池并联布局，看台设在两池之间并可作180°回转，一套座席兼顾两厅使用，还可避免相互干扰，也是很有想象力的创意。游泳和跳水是分还是合，抑或走合而有分的道路尚无定论，有待继续探讨和实践检验。

4．赛后瘦身，尚须探索

奥运会、各种世锦赛和大奖赛等召开时体育场馆门庭若市、过后门可罗雀的巨大落差，日益引起各国关注，并已出现各种尝试。

赛后瘦身是近几年提出来的新举措，对我国场馆设计是个新课题。北京奥运会采用了临时建筑赛后拆除和永久性场馆赛后拆除部分座席的瘦身方式，而国外广泛采用永久与临时结合的混合方式。慕尼黑奥运游泳馆赛时15 000座席，赛后拆除10 000个临时座席，形成一个规模适中的5 000人永久性游泳馆。卡尔加里冬奥会开幕式利用大学体育场举办，在南、北两端加设临时座席以应一时之需。悉尼奥运会主体育场也是在南、北两端设了2万个临时座席，赛后予以拆除。此外，1984年洛杉矶奥运会采用的临时设施更为广泛，活动洗手间、灯塔、计时计分牌均为临时租用，赛后拆走。1988年加拿大卡尔加里冬奥会一些场馆提供活动式气膜建筑给组委会、新闻中心等使用。临时设施多为租赁，可以重复利用，不仅节省大量投资、减少能源消耗，而且有利于和谐型社会的建设。

北京奥运会主体育场、游泳馆及几座建在大学校园里的体育馆，从其设计投标方案看，基本都是整体框架不变的前提下拆除部分座席或移走活动座席倒出一些面积转为他用。这种方式没有减少总面积和投资，只是在大空间里做一些中小空间使用，是否有“大材小用”之不利，有待总结经验，明其利弊。国内某些大城市拟建的大型场馆也将面临赛后瘦身的需要，探索瘦身之路，将有广泛的应用价值。

5．辅房适量，工于转换

大中型场馆为举办大型比赛，特别是国际性比赛，要为运动员、教练员、裁判、贵宾、体育组织官员、媒体、安保、管理等人员设置众多用房，面积相当可观。而大赛过后，一般比赛只能利用一小部分，其余大部分空置，非常可惜。为避免浪费而充分利用这些资源，国内外采取的措施基本有以下两种：一是赛后将其功能转换并派作他用；二是赛时设置前述活动房屋，赛后撤走。转换功能不失为一种有效措施，但在技术上须克服一些困难，总体投资不易降低。因此，具体应用还需作必要的技术经济分析，从优选择。

另一类辅房是多种经营用房。近些年场馆管理者逐步意识到，适当增加一些辅助用房用于多种经营，可获得较高的经济效益，达到“以副养馆”的目的。而对于这些辅房以何种经营为佳，各地认识不一，做法百花齐放，主要包括开设旅馆饭店、超市、海鲜餐馆、专卖商店、休闲俱乐部等。如何既能赚钱又能贴近体育运动惠及民众，还需总结经验。另外，多种经营的辅房面积近年来越做越大，有的占场馆面积一半以上，有的一座场馆就拥有几万平方米的辅房面积，一个体育中心竟有十多万平方米辅房。对于其面积和比例的确定以及布局模式等问题认识不一、议论不少，需要实地调查、深入分析，给出切实可行的意见。

6．一意求新，造价陡升

体育场馆建设应用新技术、新材料、新设备在近些年十分活跃，已逐渐成为一种风尚。这一般会带来明显的经济效益并提高建筑质量和寿命，应该受到欢迎和支持。但事实不完全如此，有些新技术却使造价大幅上升甚至成倍增加。如进口方形钢管同国产圆形钢管、薄膜屋面同铝合金屋面、点式玻璃幕墙同普通玻璃幕墙相比，造价成倍上升。如果说这些新产品产自中国，场馆为它做试验和宣传，助其发展未尝不可，但如果来自境外，这一免费的试验和宣传似乎就没有必要。使用昂贵的新技术、新材料是否就能使造型别开生面、明显提高工程质量和建筑寿命，还有待观察和证明。有的新结构、新材料既昂贵又寿短，性价比不高，应该慎用。

先进技术不等于经济，新材料不一定坚固耐用，适宜技术是否应是场馆建设追求的目标也是值得讨论研究的。

7．结构选型，穷于应付

体育场馆属大空间公共建筑，为大空间树立骨架的是结构，为它塑造基本形体的还是结构，结构选型在建筑创作中的重要地位自不待言，特别是空间结构有三个向度，对空间和形体的构筑更是举足轻重。但是，有些场馆的建筑构思，不问结构是否可行或经济合理，孤立地塑造建筑形象，事后才让结构师十分被动地拼凑出一种不合理的结构形式，这种建筑与结构的严重脱节已有日益严重的趋势。

一道200～300 m跨度的巨拱可以斜躺在雨篷上，是拱吊起雨篷还是雨篷支撑拱，谁能说明白？为改变体育场常见的形象，将雨篷向场外延伸很长，覆盖的无用面积超过有用面积，不仅事倍功半，而且要额外花费几千万甚至上亿元，谁来买单？体育场馆结构选型的被动和混乱局面还要延续多久，走到多远？这应该引起各界的关注并努力扭转。

8．表皮文章，难识面目

我国场馆建筑近几年刮来一股“表皮文章”风，这个像钻石、那个像水晶，这个像荷花、那个像垂柳，这个像飘带、那个像浮云……这些各具特点的场馆造型使体育建筑像座百花园。是场馆让人认不出来才有魅力、吸人眼球，还是山穷水尽、苦于无路可走的选择？

十多年前，场馆造型曾涌动过一股贴进中国文化的创作潮流，出现了这里有条龙、那里有颗珠，这里有张网、那里有个球，这里天方地圆、那里一撇一捺的场馆造型。除了“天方地圆”与中国人的宇宙观正好相反外，其他各种构思并不想掩盖场馆的真实面目，只是用些附加的饰物象征中国文化。即使如此，也是被人们认同的少、否定的多。

今天的表皮潮流又能得到人们多少认可，历史将给出答案。这些表皮文章除极少数是基于场馆空间特点而创作外，多数是将场馆当成可随意塑形的橡皮泥，生硬套用各种具象形式，让人难识场馆真面目。这些具象造型作品不是在迪斯尼乐园、儿童公园等处，让少年儿童欢呼雀跃、手舞足蹈，而是在城市建筑之中面对社会广大群众，他们是否会接受这些披上神秘面纱的作品，还须拭目以待。

本文所议论的是发展中的问题、前进中的不足，不是全面评价场馆建设的成就与不足，意在促进场馆建设的健康、有序发展。议论不是论证，偏重于谈论所见所闻。议论不是一言堂，是要大家谈，相互交流。这篇刍议的目的即在于此，期待有更多的议论和指正。■

原文刊载于　2007年11期　页码　012-014

奥运会城市重构

廖含文　大卫·艾萨克
英国格林尼治大学建筑与工程学院

概述

Haussmannization在英文中是一个不太常用的词汇，可以译为"奥斯曼式的城市大规模改造"，源自法国城市学家奥斯曼男爵（Baron Haussmann）在法皇拿破仑三世的授意下于1868年开始对巴黎进行的一系列大规模改造。正是基于那次成功的城市重构，巴黎彻底摆脱了狭窄、拥挤的中世纪城市格局，构建了以林荫大道网络和大尺度多层公寓为体系的现代城市景观，使城市中心区对中产阶级始终保持着吸引力，并由此奠定了巴黎将近150年始终为欧洲文化和艺术之都的历史。[1]

本文以Olympic Haussmannization为题，是为了借用该词所表达的历史和文化内涵，来探讨以夏季奥林匹克运动会为依托，对举办城市进行大规模改造的问题，及其对于当代城市可持续发展战略（sustainable development）的意义。

奥运会和城市重构

20世纪后半叶以来，随着经济全球化的影响和当代高科技产业的发展，世界主要城市的经济结构和社会环境发生了深刻的变革。一方面，工业化国家的城市经济从传统的制造业向以信息、娱乐业为主的知识密集型产业转化，对城市基础设施的更新提出了相应的要求；另一方面，全球制造业的重心向发展中国家和地区转移，加速了某些地区的城市化进程，使很多发展中国家城市急剧膨胀，导致了一系列社会和环境问题。因此从世界范围来看，全球经济网络的调整迫使体系中的城市也必须对自身的空间环境进行一定范围的重构，以适应新世纪的发展需求。

此外，由于全球气候和生态体系的不断恶化，不可更新资源面临枯竭，环境保护问题日益引起人们的重视。城市重构不仅仅为了提高环境舒适度和生活质量，还肩负着将城市引入可持续发展框架的任务。通过不断调整生产及生活设施的空间分布、规模和形态，塑造更加完善的交通网络和公共空间体系，可以有效地降低城市活动对能源（特别是交通能源）的消耗，改善市区小气候，减少温室气体和其他有害物质的排放，并由此逐步构建一个良性的城市生态系统。

近几十年来，利用举办"重大事件"以吸引国际（或国内）投资，促进主办地的经济发展和城市重构的策略（mega-event strategy）逐渐为各地的决策者们所重视。在当今各种全球性"事件"中，规模最大、影响最广、最为世界城市所青睐的首推夏季奥林匹克运动会。成功举办奥运会不但象征着一个国家和城市国际地位的提升，而且意味着巨大的经济利益和发展机遇。自从1984洛杉矶奥运会对全球赞助机制进行改革以来，其后的每个举办城市几乎都从"奥运产业"中获得了相当可观的政治和经济效益。加拿大学者Hiller在其著作中甚至指出，世界对奥运会的狂热已经达到了一个新的巅峰，即使是一次不成功的申办，也会给申办城市带来更多的国际曝光率和正面影响。[2]自申办2012年夏奥会的举办权开始，国际奥委会不得不引进更加严格的两阶段淘汰制度以面对趋之若鹜的申办城市。[3]

筹备重大事件往往都伴随着一定规模的城市建设活动，但是不同的重大事件对举办城市的影响有着很大差异。比如威尼斯双年展，长期使用固定场地而鲜有涉及城市的其他区域；世博会则大量依赖临时构筑物（各种pavilion）以追求短期戏剧性效果；世界杯足球赛经常由多个城市共同承办，而对每个举办城市环境的冲击相对有限。相比较而言，奥运会对举办城市的基础设施和接待能力要求最高，对城市结构和环境的潜在影响也最显著。为了在全世界普及奥林匹克精神，《奥林匹克宪章》禁止了在任何一地循环使用永久性比赛场馆的构想，也不允许多个城市共同承办这一活动，以保证相对集中的规模和影响。同时，国际奥委会和各专项运动联合会对比赛场馆的规格和设计标准都制定了严格要求，使得完全依赖临时性场地进行比赛变得不太现实。

尽管举办奥运会对任何城市而言都是一个庞大而艰巨的任务，奥运建设和城市重构之间却并不存在必然的因果联系。1988年和1992年奥运会的主办地汉城和巴塞罗那都堪称利用举办奥运会对城市进行大规模改造的经典范例；而另外两个奥运城市洛杉矶（1984）和亚特兰大（1996）大量使用现有场馆和临时设施而降低了奥运会对城市环境的改造力度。这些实例表明，即使面对同样规模的奥运会，如何进行奥运设施的规划和布局关系到举办城市能否重构以及如何重构。

当然，世界上只有有限的大城市能有机会举办四年一度的奥运会，然而此类研究的意义并不仅局限于奥运会的范畴。它对各类城市利用其他世界性或区域性的大型活动（如亚运会、洲际运动会等）以促进城市更生同样具有借鉴作用。譬如几年前英国的曼彻斯特利用筹办2002年英联邦运动会对部分老城区进行的成功改造就为研究中型城市的策略性重构提供了新的素材。

奥运会举办城市重构的历史沿革

自从1896年雅典第一届奥运会以来，现代奥林匹克运动已有100多年的发展历史，至2007年为止共有17个国家的21座城市承办过夏季奥运会，但是以奥运会为目的的大规模城市建设活动还是近几十年的事。严格意义上的奥运城市建设史可以追溯到1908年的伦敦奥运会，那里诞生了世界第一座专门为奥运会建造的比赛场馆——伦敦白城体育场（White City Stadium），它所囊括的功能几乎可以举办当时所有的奥运赛事。这种以"单一场馆"为模式的奥运建设被其后的几座举办城市所继承和效仿，并一直持续到20世纪30年代。这一时期奥运会对举办城市的影响是有限的。

1932年洛杉矶奥运会兴建了第一座集中式的奥林匹克村，标志着奥运建设向多样化、规模化发展。1936年柏林奥运会则被认为是奥运发展史的里程碑。当时执政的纳粹政府动用了巨额资金对柏林进行了大规模的改造，改善了道路系统，修建了规模空前的比赛场馆群。尽管其初衷是为了粉饰太平，客观上却开创了运用奥运会进行城市重构的先河。

第二次世界大战之后，特别是从1960年罗马夏奥会开始，奥运会的国际影响、比赛规模和参加人数都不断扩大，对举办城市的要求也越来越高。与此相应，奥运城市建设的内涵逐步从传统的比赛场馆和奥运村，扩展到包括交通工程、通讯系统、文娱设施、宾馆酒店、园林绿化以及其他城市基础设施的广阔领域。奥运建设逐步被纳入城市的整体规划和发展策略中来。

对城市进行重构的目的当然是为了更好地服务于当时的社会经济需求，因而以奥运会为目的的城市重构在不同的历史时期表现出不同的作用和面貌。在二战后的50～70年代，它经常和举办城市的大规模扩张和土地开发相结合，以容纳快速增长的城市人口；在80～90年代，它则被用来促进城市中心区的复兴（regeneration），以平衡早先兴起的"郊区化"浪潮；而2000年悉尼打出"绿色奥运会"的口号，则标志着当代奥运城市重构的目标已经转移到促进举办地区"可持续"的生态经济模式、构建节能和环保型城市形态的方向上来。

奥运会城市重构的基础

利用夏季奥运会对城市进行重构的基础在于当代奥运会的组织和运作对举办城市服务设施所提出的庞大而复杂的要求。根据《2016年奥运会申办手册》，夏奥会的举办城市必须提供的设施包括：为28个大类的300多项比赛提供40个左右的正式比赛场馆和近百个配套训练场地；为超过1.5万名参赛人员提供多功能的奥运村；为至少1.5万名媒体记者提供信息和广播中心，以及记者村；为世界各大体育组织和普通观众提供至少4万套旅馆住房；此外，还要保证城市在交通、能源、通讯、后勤和娱乐设施上有足够的容量来满足多达10万名的奥运会观光客的需求。[3]

根据Millet的总结，为建设全套奥运会的服务设施，一座城市需要征用将近400 hm^2土地，这还不包括场馆周围的公共空间和奥林匹克公园用地。当然，考虑到所有举办城市都将使用一部分现有场馆和临时设施，而且某些项目还可以合用一个场馆，这一数字可能会在实践中有所减少。但是这也足以令人侧目：在数年内系统性地规划和安排上百公顷面积的城市空间，对任何城市的结构和环境而言，其影响无疑是不容忽视的。

更为重要的是，Millet所列出的仅仅是和比赛相关的奥运设施，并不包括举办城市对交通、通讯、旅游和市政基础设施等项目的建设。事实上，对于很多举办城市而言，比赛场馆和运动员村只是相对较小的建设任务，而重头戏是上述对市政设施进行提升的部分。图1比较了1964年以来各届奥运会的建设费用支出，其中深色部分是各城市用于建设比赛场馆和奥运村的费用，浅灰色部分则代表其他建设项目的花费。从图中可以看出，大部分城市用于服务设施的建设费用（indirect-Olympic investment）都占到总建设费用的50%以上，奥运会总体建设规模和对城市的影响潜力由此可见一斑。

从图1也可以看出各届奥运会在建设规模上的惊人差异。1972年慕尼黑、1984年洛杉矶和1996年亚特兰大3届奥运会的建设规模相对较小，相应地对城市的影响也小。毋庸置疑，足够的资金投入和建设规模是保证城市得以重构的先决条件。当然，城市是否需要重构以及以需要以多大的力度进行重构则是另一个问题了，需要根据城市具体的经济、环境和社会发展状况来确定。

值得一提的是1964年的东京奥运会，其对于市政服务设施的投入竟然占到奥运建设总支出的97%以上。东京在1958～1964年，全面改造了城市的交通和上下水系统，新建了11条城际高速公路、22条高等级公路、107 km总长的地铁和城市轨道交通，扩建了成田国际机场，总投入高达2万亿日元。然而，很多上述建设项目和奥运会的组织运作并没有直接联系，譬如说同时期建成的"新干线"悬浮列车，是为了连接东京、京都和大阪城市带，而不是服务于奥运会赛事。从此意义上说，东京的某些奥运建设内容只是顶着备战奥运会的名义而已，是为了满足"城市（的长期发展）所需"而非"奥运会（的短期组织）所需"而设立的。

然而这种建设模式的可行性在1984年后已经大为降低。一方面，奥运会建设的投资形式已经从20世纪60年代的纯政府行为转化为当前流行的由政府引导、公私合营的投资方式（public-private joint venture），其操作必然受到市场规律的支配和利润驱使；另一方面，国际奥委会也希望各城市减缩投资的范围，以避免造成奥运会劳民伤财的误解。其结果就是比赛场馆和运动员村等与奥运会直接挂钩的项目在奥运整体建设中的比重加大，其他项目的建设须更加紧密地围绕服务奥运会的主题。如此一来，对主要比赛场馆群的选址、规划和布局便成为城市如何利用奥运建设进行重构的关键所在，它们可能在城市中形成新的发展中心，吸引人口迁移和经济活动；或提高土地价值，吸引后续投资；或促进交通网络的延伸，调整城市运输结构；或开发新的公共绿地，改善城市生态环境。这就引发了关于奥运场馆如何妥善地嵌入城市现有空间结构的讨论。

奥运会城市重构的模式

历史上奥运场馆嵌入城市空间的模式可以总结为6种类型（图2）。这里以13座新建场馆、6座现有场馆和1座奥运村为示意建立研究模型（这一组数字和比例的选取是在充分总结以往奥运规划案例的基础上产生的）。

采用分散式布局的城市包括伦敦（1948）、墨西哥城（1968）和洛杉矶（1932，1984）等。其特点在于场馆均匀分布于城市中心组团内，无明确定义的奥运会主中心。这种布局只需要征用较少的土地资源，配置灵活，而且便于充分利用现有设施。但其对城市结构的影响最小，只能对城市进行局部调整，且后续发展空间不足。另外这一模式的一个致命弊端是由于比赛场地过于分散，使运动员和观众参会产生诸多不便，给城市交通也带来很大压力。由于近年来国际奥委会在评标时已多次表达希望场馆能够尽量集中布置，这一格局因而已逐渐不受推崇。

采用内置单中心集群式的城市包括柏林（1936）、赫尔辛基（1952）、慕尼黑（1972）和蒙特利尔（1976）等。其特点在于大部分场馆集中位于城市中心组团的主奥运会场，其他场馆则分散布局于城市大区域内。这一模式具有对城市中心区进行大规模重构和更生的潜力，使城市发展呈内敛态势，有助于将人口和经济活动引向内城，促进内城复兴，赋予内城新的文化内涵和空间特征，提高城市建设密度，并由此抑制郊区化和城市蔓延。它的缺点是需要在内城征用较大规模土地，灵活性差，设计工作局限性多，征地费用高，且在建设开发中容易对传统街区造成破坏，并有可能在奥运工程施工中对城市居民的生活形成较大干扰。

采用内置多中心集群式的城市包括东京（1964）、莫斯科（1980）、巴塞罗那（1992）和伦敦（2012）等。其特点在于大部分场馆位于城市中心组团内的多块奥运会场（一般3～4块），其他场馆则分散布局于城市大区域内。这一模式和内置单中心集群式比较类似，也能够促进内城发展，重构内城空间，此外它还有土地征用相对灵活、促进内城公共交通网络发展等优势——因为主办者需要在峰会期间保证

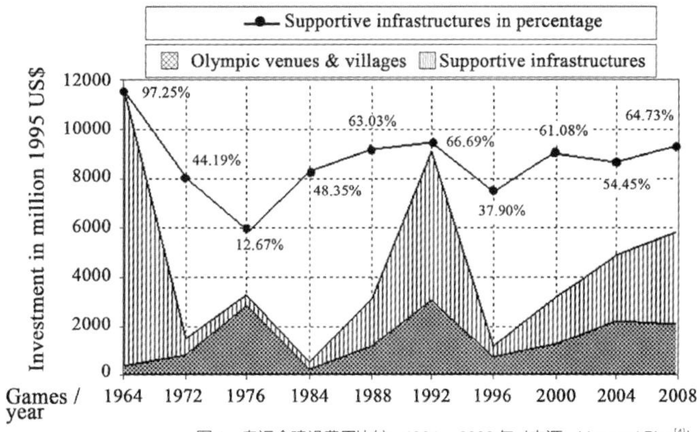

图1 奥运会建设费用比较，1964～2008年（来源：Liao and Pitts[4]）

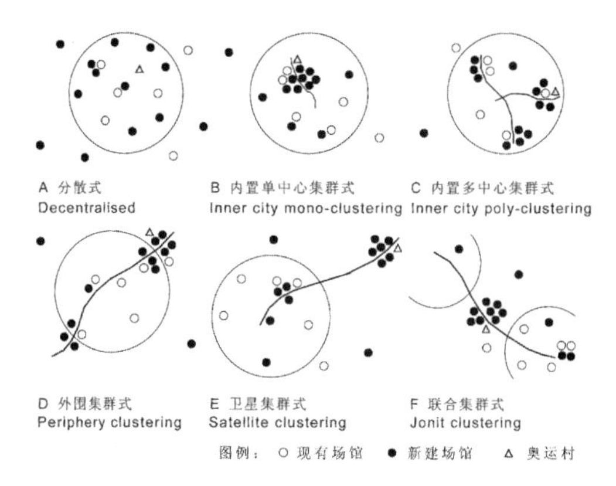

图2 奥运场馆嵌入城市空间模型（来源：Liao and Pitts[4]）

几个奥运会场之间的物资和公交运输，连接几大发展区域的道路和公交设施必然列入建设议程。值得注意的是这一模式有利于在奥运会后形成多中心、分散集中式的城市格局（decentralised con-centration），这是一种被认为比较节能的城市形态（"可持续城市"理论认为居住区围绕小型经济和生活中心布局有利于减少居民的长途通勤需求而降低交通能源消耗）。

采用外围集群式的城市包括墨尔本（1956）、罗马（1960）、汉城（1988）、雅典（2004）和北京（2008）等。其特点在于大部分场馆位于城市边缘的一块或多块奥运会场，其他场馆则分散布局于城市大区域内。这一模式便于征用大面积土地，奥运工程建设期间对内城居民的日常生活影响较小，并且有助于在城市外围形成新的发展集团，使城市结构有组织地向外扩张。由于奥运场地离市区较远，组织者一般会选择同时开发贯穿城区的快速轨道交通体系，连接新老城区，因而也具有调整均匀蔓延的城市形态并使之向以交通线为依托的带型城市转化的潜力（transit-oriented development）。这一模式适用于面临发展压力、需要有机疏散内部快速增长的人口的发展中城市。其缺点是有可能侵占耕地或自然绿地，对新城区基础设施的开发费用高，并加速城市蔓延等。

亚特兰大（1996）部分采用了卫星集群式的模式。其特点是相当部分场馆集中在远离城市集团的一块或多块奥运会场，其他场馆则分散布局于城市大区域内。这一模式属于大区域规划范畴，对城市的影响不大，但有助于在城市周围形成自给自足的卫星市镇，并以快速公共轨道交通和老城区连接。尽管这一模式有助于构建多中心的区域城市网络，并被很多规划学者所称道，但是从承办奥运会的角度考虑，由于奥运会场馆过于偏远，给组织管理工作带来很多不便（亚特兰大夏季奥运会因此受到很多批判），也不利于赛后的场馆再利用，且新城区基础设施薄弱，开发费用较高，故而不为国际奥委会所提倡。

采用联合集群式的城市目前只有悉尼（2000）。这种模式实际是外围集群式的一个变种，其特点是集中场馆群被策略性地选定于两个正在发展的城市组团之间，有利于开发连接两座城市的快速公共交通系统。但它的危险性是有可能形成一片过于庞大的城市群，导致城市蔓延，且场馆远离现有城区，投资费用高，赛后再利用也有相当难度（悉尼奥运场馆的低利用率几年前已经开始显现出来）。

综上所述，各种规划模式都有不同的利弊。分散式和内置单/多中心集群式适用于人口基本稳定或衰退中的城市以吸引内向投资，吸纳人口内移，重构内城空间结构，清理违章建筑和问题街区，改善交通体系和人居环境，并由此全面促进城市更生；而外围集群式、卫星集群式和联合集群式则更适用于快速发展中的城市，以缓解内部压力，有机疏散快速膨胀的城市人口，明确城市未来的扩展方向并构建多中心的区域发展体系。奥运规划要综合考虑各种因素并因地制宜地进行。

结语

奥运会走过了百年历程，在很多举办城市都留下了多姿多彩的建筑作品和文化遗产，也给这些城市的发展和变迁带来了深刻的影响。从某种意义上来说，奥运城市规划是当代奥林匹克运动（Olympic Movement）不可或缺的组成部分，也是西方城市发展史上的重要篇章。"奥运城市"并非一个真正的城市流派，而是一个被不断发展、不断发掘的设计理念和文化现象。

必须指出，奥运城市重构是一把双刃剑，它可能给举办城市带来梦寐以求的环境和社会变革，也有可能使城市背上沉重的债务负担，变成劳民伤财的"政绩工程"，或割裂当地的历史传统与文脉，令社会弱势群体流离失所（gentrification）。因此，奥运会城市规划和建设必须立足于长远目标和效益，把握城市的问题所在和发展趋势，在深入论证不同方案的利弊得失、全面考量各方利益、广泛征求公众意见的基础上展开。

伴随着新世纪经济和社会的发展，世界很多城市都面临着内部重构的压力，包括夏季奥运会在内的世界性大型活动为这一目标的实施提供了宝贵契机。探讨如何利用奥运会等重大事件实现城市重构、构建可持续发展的城市形态具有现实意义。本文仅仅为这项工作的深入开展提供了一个起点。■

参考文献

[1] RUDLIN D, FALK N. Sustainable Urban Neighbourhood: Building the 21st Century Home [M]. Oxford: Architectural Press, 1999.

[2] HILLER H. Towards a science of Olympic outcomes: the urban legacy[M]// IOC. Proceedings of the International Symposium on the legacy of the Olympic Games from 1984 to 2000. Lausanne: International Olympic Committee, 2003: 103-109.

[3] IOC. Manual for candidate city for the Games of the XXX Olympiad 2012[M]. Lausanne: International Olympic Committee, 2003.

[4] LIAO H, PITTS A. A Brief Historical Review of Olympic Urbanization[J]. The International Journal of the History of Sport, 2006(7): 1232-1252.

赛训结合的双重功能及高校综合体育馆设计研究

庄惟敏
清华大学建筑设计研究院

一、奥运会“算帐”的启示与高校奥运场馆的产生

《中国经济周刊》2006年10月9日第39期《算好奥运这笔账》一文中有如下描述。

“难得的机遇，催生了舞动的北京：8 000多个项目、9 000多个工地、10 000多个塔吊、1.4亿平方米建筑面积……为了办好2008年奥运会，北京正倾注巨大热情，打造新北京，迎接新奥运。

“据有关部门统计，针对北京奥运会的各种投资大约需要史无前例的2 800亿至4 000亿元人民币，这样一个庞大的数字听起来让人心有余悸……”[1]

“力争略有盈余”是北京市政府的承诺，显然这不应该仅仅是一个口号。

1984年美国洛杉矶奥运会以其政府成功的商业运作以及令人难以置信的赢利为世人所瞩目。其利用大学及社区现有体育场馆，或在大学兴建新场馆，赛后为大学所用的运作模式为后来许多奥运会承办国所效仿和借鉴。

其实，在洛杉矶奥运会之后的汉城奥运会就开始面临这样的问题，韩国政府在汉城新建了一大批体育场馆以及奥运村、记者村等，同时在改造城市基础设施上也花费了大笔资金。如果把这些都算作奥运会的成本，那简直不可想象。于是，韩国人把这部分钱算在了国家以及举办城市和某些企业的账上，并没有列入奥组委的成本。

北京奥运会的账同样需要这样来算，市政建设和体育场馆建设属于公共产品和准公共产品，其建设目的是为了办好奥运会，更是为了满足今后北京市民的使用。

2008年北京奥运会11个新建场馆中有4个坐落在大学校园内，它们是北京大学的乒乓球馆、中国农业大学的摔跤馆、北京科技大学的柔道跆拳道馆和北京工业大学的羽毛球馆，这也是借鉴奥运史上成功经验的明智决策。这4所大学里的奥运场馆无疑将成为“准公共产品”，在满足奥运会赛时使用的同时，更为高校教育的设施完善和水平提高做出直接的贡献。

二、立足高校长远发展、满足国际赛事的定位

对照历届奥运会场馆的建设，分析不同时代和背景下的运作模式，我们可以看到，不同时期、不同背景及不同社会制度下奥运会的运作模式是不完全相同的。

1984年洛杉矶奥运会通过商业运作创造了2亿美元的盈利，堪称奥运史的典范。当时，由于没有城市愿意承办奥运会，国际奥委会对洛杉矶的城市各项基础设施建设要求大大降低，洛杉矶奥运会几乎全部利用已有的城市设施和体育场馆，基本没有基础建设投入。当时利用大学宿舍作为奥运村，运动员睡上下铺、使用公用厕所，去比赛场地乘坐的也是中小学校接送学生的校车，高个子的运动员只能坐在地上。这些情景在现在看来简直是不可想象，但正是如此低廉的举办成本为洛杉矶的成功创造了条件。

显然，依照中国人做事的原则以及对百年奥运的巨大期盼，2008年北京奥运会不可能像洛杉矶那样去运作，但其经验却值得我们思考、借鉴和发展。

体育建筑，特别是奥运会建筑的建设一次性投资非常巨大，将部分奥运比赛馆设在校园里，由高校出资建设、使用、运营，无疑是奥运社会“公共产品”理念的具体运作。但我们必须清醒地看到，奥运比赛对场馆的要求远远高于学校日常教学、训练和一般比赛的需要。因此若要实现在高投入之后既满足奥运要求，又使学校在长远的使用中不背包袱，合理定位和前期策划是极其重要的。奥运会短短的十几天很快就会过去，可学校对体育馆的使用、运营和管理却是持续而长久的。功能空间的合理设置、设计标准的科学确定、赛时赛后转换的精细考虑以及临时用房和临时座席的技术设计都将对大学未来的使用带来深远的影响。

所以，在设计伊始明确提出“立足学校长远功能的使用、满足奥运比赛的要求”作为高校奥运场馆设计建设的定位是恰当而准确的。高校奥运场馆设计的首要原则是符合学校的使用，其功能组成、空间设置、赛后空间功能的转换都应以此为出发点，而后对奥运大纲或国际单项赛事大纲进行梳理制定设计要求。

三、赛训结合双重功能的高校综合体育馆设计要点

作为我国体育场馆建设的一种新尝试，高校综合体育馆的设计正发生着变化。高校奥运场馆的定位、内场尺寸的确定、座席数量及赛后临时座席的转换、配套房间的设置、天窗及自然采光的设计、社会化经营等设计关键点和相关因素越来越为建筑师所关注。

1. 内场尺寸的确定

作为建设目的明确的高校体育馆（如4所高校奥运场馆及清华大学的大运会篮球馆等），其奥运、大运设计大纲和国际单项联合会的设计要求均对体育馆内场尺寸提出了要求。比如奥运会柔道跆拳道馆竞赛规则要求，内场尺寸为60 m×40 m；大运会篮球竞赛规则要求，内场尺寸为40 m×20 m。尽管满足国际竞赛规则、达到规则要求的内场尺寸是奥运或大运会的必要条件，但从高校体育设施及校园建设的可持续发展来看，它并非是唯一必要条件。国际赛事是短暂的，十几天赛事结束之后，体育馆马上就转换为高校教学、训练、集会和群体活动的综合功

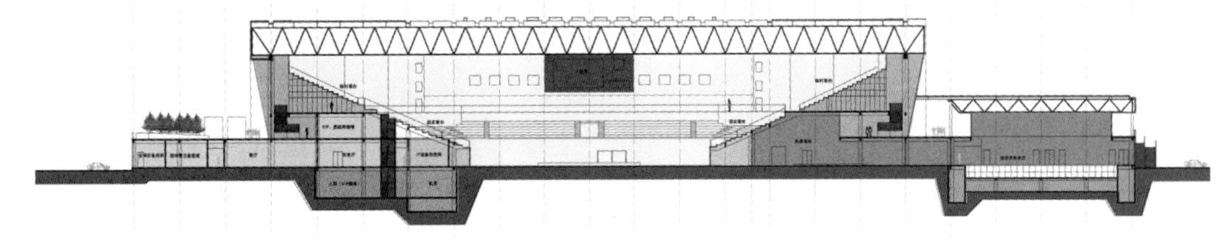

图1 北京科技大学奥运会柔道跆拳道馆赛时顶层脚手架搭建的临时看台

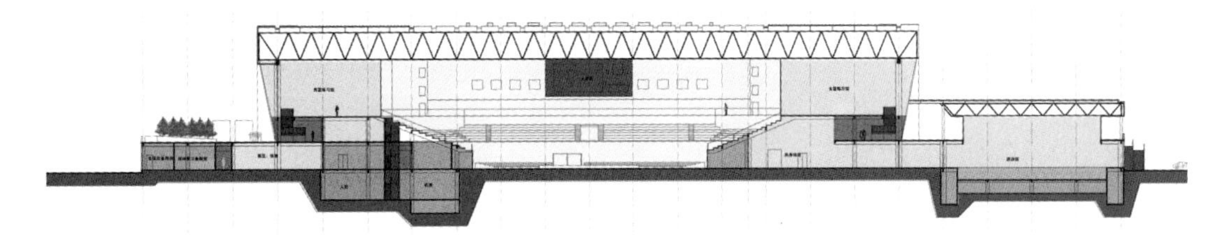

图2 北京科技大学奥运会柔道跆拳道馆赛后顶层临时看台拆除转换为室内篮球馆

能性场所，所以内场的尺寸应该立足高校的长远使用要求而定。

为了便于赛后高校的教学、训练使用，提供足够大的内场空间是必要的。根据目前体育馆设计规范，能满足各类项目赛事要求的最大内场尺寸为70 m×40 m（可进行冰球和大型体操比赛）。但内场尺寸并非越大越好，过大的内场尺寸会导致体育馆整体规模扩张、能耗增加、投资增大，还会使观众视距过远，带来不必要的浪费。

所以，一般高校综合馆总体规模的确定，应考虑能够满足至少3块篮球场地的并排布置，以最大限度地保证日常的教学、训练和学生体育活动，同时满足奥运、大运和国际单项赛事所需要的场地尺寸，必要时以活动伸出式看台作为补充。如北京科技大学奥运柔道跆拳道馆的内场尺寸定为60 m×40 m；清华大学大运会篮球馆的内场尺寸定为55 m×35 m，篮球比赛时有9排活动座席伸出。

2. 座席数量及赛后临时座席的转换

根据教育部颁发的校园建设的有关标准，普通高校的综合体育馆规模通常为5 000座。但奥运、大运及国际重大赛事往往对座席数有明确的要求，如奥运柔道、跆拳道比赛要求座席数不少于8 000席。但从赛后高校的使用、维护角度来看，过多的座席以及过大的规模势必带来运营和维护费用的增加，加重学校的经济负担。所以，立足赛后使用的合理规模、满足赛事需要，我们应对高校体育馆进行科学的临时座席转换设计。根据赛事的不同，通常有以下两种设置方式。

其一，竞赛要求场地较大，已经达到了赛后所设内场的最大尺寸，如柔道比赛。赛时除5 000个固定座席外，其余座席以临时看台的方式解决，通常搭建在固定席后部或侧后部，自成一体，赛后拆除，拆除后的空间可用作训练馆和多功能厅。这种临时看台可用脚手架方式临时搭建，拆除后座椅可移作别用，脚手架可重复使用（图1，图2）。

其二，竞赛要求场地的尺寸小于赛后内场，如篮球比赛。赛时的附加座席可通过内场四周伸出式活动看台解决。伸出式活动看台灵活性大，收回后不会影响到内场日常教学、训练及其他多功能的使用（图3，图4）。

3. 配套房间的设置

作为高校的体育场馆，综合馆基本功能就是满足教学、训练、集会等综合使用。所以在安排看台下及裙房部分的配套空间时，应首先考虑学校使用和发展的需求，设置必要的体操房、重竞技馆、训练馆、模拟教学用房、体育教研室、办公室和必要的器材库和设备用房，特别是应设置满足学生使用的足够数量的更衣、淋浴和盥洗空间。研究这些空间在赛时用作比赛功能用房的可能性，并做必要的转换设计。如体操房、重竞技馆等大跨度空间在赛时可作为新闻中心及分新闻中心，或运动员热身馆；教研组办公室赛时可作为赛事组委会、竞赛委员会和单项联合会的办公用房；学生咖啡厅休息室赛时可用作官员及赞助商酒廊等（图5）。

设计还应尽量争取大跨度的无柱空间，以保证赛后功能的灵活转换；用作集会、文艺演出等功能使用时，还应考虑在上场口附近设置可临时转换为化妆间的用房，并设置必要的演员休息室和灯控光控室等。

4. 天窗及自然采光的设计

高校的综合体育馆应考虑全天候的使用需要，不同于专用比赛场馆，高校体育馆最频繁的使用正是教学、训练等日常活动。充分考虑到这一特殊性，将日常使用作为最重要的功能之一，保证其使用的便利性和经济性是设计的关键。

根据体育竞赛规则的要求，为了避免眩光影响运动员比赛，许多项目比赛时不允许赛场顶棚及高侧窗有自然光进入比赛大厅，只能使用人工照明来达到项目竞赛的照度要求。所以奥运会和国际比赛专用场馆通常不设置采光天窗、不考虑自然光的利用，完全是为了满足赛事的要求。但高校体育馆功能使用的特殊性决定了其日常功能的使用远远高于比赛使用的频率，如果白天教学和训练都需要人工照明的话，其运营能耗势必成为学校的一大负担。所以在高校体育场馆的设计中，应考虑设置天窗，以自然光解决或补充日常训练和教学的照明，不仅有效降低日常使用能耗，还可营造一个舒适的环境。

但天窗的设置应注意两个问题，一是天窗的防水构造做法，二是采光的形式。以往普通天窗的防水做法多是用耐候胶封闭天窗玻璃与金属窗框或金属屋面之间的缝隙，但由于两种材料温度变形量不同，经常会造成漏雨情况的发生。所以，设计人员正在研究其他的防水措施。光导照明系统是目前应用比较成熟且技术含量较高的一种采光方式，这种新型照明装置的系统原理是通过采光罩高效采集自然光线，导入系统内

图3　清华大学大运会篮球馆伸出式活动座席

图4　清华大学大运会篮球馆伸出式活动座席收回后场地的扩大

图5　北京科技大学奥运会柔道跆拳道馆的热身馆

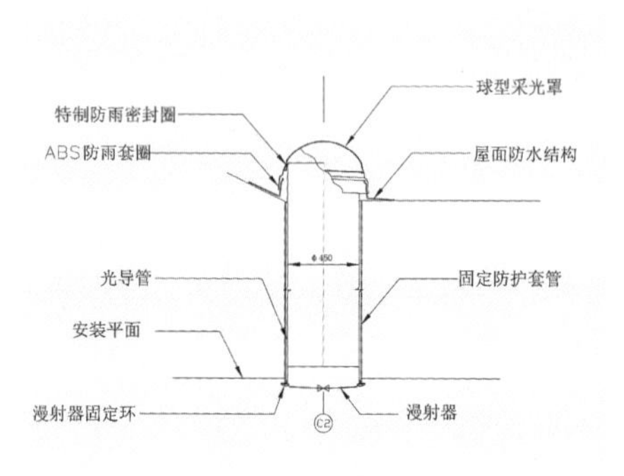

图6　光导照明系统

图7　北京科技大学奥运会柔道跆拳道馆比赛厅天花光导照明系统

图8　北京科技大学奥运会柔道跆拳道馆屋面光导照明系统

重新分配，再经过特殊制作的光导管传输和强化后，由系统底部的漫射装置把自然光均匀、高效地照射到任何需要光线的地方。光导照明系统与传统的照明系统相比，有着良好的发展前景和广阔的应用领域，是真正节能、环保、绿色的照明方式（图6～图8）。

5．社会化经营的考虑

作为校园内体量最大的一类建筑，体育馆的能耗及运营维护费用相对较大。如何做到以馆养馆、自给自足，是场馆设计伊始就需认真研究的问题。

首先，场馆的选址应考虑能够在不对校园其他功能使用造成干扰的前提下，保证场馆相对独立地对外开放使用，以吸引社会人群、增加经济效益，同时又能方便管理，可分可合，流线互不干扰；其次，场馆空间内容的设置应包括必要的对外开放所需的功能，如票务、接待、咖啡厅等；第三，设计应合理划分空间，明确开放区域与内部使用区域，尽可能设置单独的出入口，减少不同性质使用流线的相互干扰。

以学校的教学、训练为主要功能，以伸出式活动看台系统、光导照明自然采光系统、多功能集会演出系统、太阳能热水补水系统、游泳池地热采暖系统等作为建成后社会化经营的有效技术手段，都是设计之初应当认真思考、研究和采纳的设计原则。

四、说在高校奥运场馆设计之后的话

高校新建奥运会、大运会场馆，赛后转变为大学综合体育馆，其建设定位以及赛训结合双重功能的转换，已得到建设者和设计者的重视。我们以研究为先导，将上述思考尽量地在北京科技大学奥运会柔道跆拳道馆的设计中付诸实践。设计合理安排了内场空间，保证赛后日常使用的最大灵活度，同时设置了满足净高要求的热身训练馆、可供300人同时使用的淋浴更衣室、足够大的体操健身馆和重竞技馆以及临时座席拆除后设置的2个净高超过8 m的室内篮球馆，特别还在顶棚天花设置了148个光导管采光筒，通过电动调控改变照度，满足日常使用对自然光的利用，节省能源。这一实践为我国高校体育馆建设提供了有益的参考。

作为2008年北京奥运会柔道跆拳道馆（即北京科技大学综合体育馆）的设计者，如果不仅能看到奥运比赛在其中成功举行，还能得到高校师生对日常使用的满意回馈，我们将感到非常欣慰，因为这表明它是一个设计合理、高效、符合国情、适宜的高校体育馆。■

参考文献

[1] 张保淑，朱凯，孙冰．算好奥运这笔帐[J]．中国经济周刊，2006（Z1）：50-52．

响应城市的建构

崔彤
中国科学院北京建筑设计研究院

对于城市中的建筑，场所特征和时空要素至关重要。然而，反映过去或者物质环境的想法对于很多人来说已变得过时，尤其是今天，迅速发展的中国与“单一世界文化”的简单叠加，助长了这种消极文化的蔓延，甚至导致城市文化的理想存在于充满符号和虚幻的网络时空里。

建筑设计应从城市角度出发，通过分析地段和环境，获得场所感和城市特征。建筑响应城市意味着将在城市约束中成长，同时回馈于城市。建筑对城市的响应体现为自律性和场所感：自律性是建筑融入城市的一种品质，自觉和律己的态度有助于建筑以谦和的姿态善待周围，最终实现构建和谐系统；场所感是建筑具有环境品质的标准，它首先要求建筑对“此时此地”做出回应，同时也要对“那时那地”做出回答，这势必涉及两个最重要的因子——时间和空间。建筑存在于过去、现在、将来的时间轴中，设计本身不应只回答瞬时的问题，建筑绝不能以短暂取代永恒、以虚构代替真实。因此，历史感似乎变得格外重要，即便在今天，有关文脉的问题仍然被重视，但也不等于说有关图像式的符号理论有多少生命力。除了这些舞台美术式的历史标签，就没有其他反映历史的手段了吗？肯尼斯·弗兰姆敦的《建构文化研究》和马里奥·博塔“场地建造”的实践以及拉菲尔·莫尼奥的“环境平衡动力学”的影响向我们诠释了一个特定时间、特定空间历史的沉淀对现实的冲击和对城市的回应。

对于过去、现在、未来的时间轴，中国传统文化认为它不是一条无限绵延的直线，而是可被弯曲的螺旋环，因此未来并非深不可测、无法把控。未来可以融化过去，过去昭示着未来，就此而言，建筑与时尚无关。另一方面，响应城市的建筑在空间范围内并不完全相同，关注的场所可能是点，如城市的节点；可能是线，如城市的街道；也可能是面，如城市的一个区域。对城市做出响应的建筑，并不意味着所有的设计都要对地点、地区、地域做出回答，城市中各种环境因子对建筑的影响取决于各要素的敏感度，时强时弱，有时是复合因素的叠加影响，因此不可能推导出一个建筑响应城市的公式。

下文结合笔者的建筑实践，简要分析建筑响应城市的策略。

一、辉煌大厦

位于北京中关村西区北端北四环边的辉煌大厦[①]（图1），形态的建构很大程度上取决于景观和环境。

海淀区中关村坐落于北京西北方，可谓北京的风景区，三山五园、皇家园林聚集于此，登高远望，颐和园、香山、玉泉山尽收眼底，西北向环境景观价值及敏感度颇高。由于中关村以前较少有高层建筑，因此人们尚未充分感受到景观优势。

近十年来，高层、高密度的中关村西区建设成为这一时期的典型代表，环境特质的追求成为设计的出发点。辉煌大厦所处地段缺少角部、十字路口或核心区的位置优势，甚至有很多遗憾，如只有北向界面朝向城市，南向建筑与辉煌大厦的高宽比已超过1/1.2，南向的阳光资源因此打折。限制条件和资源优势的平衡关系促使建筑自身的变化，因此建构了相互对峙并同生共体的一对山形建筑，在西山的映衬下完成了一次新的转换。建筑宛若人造的山，吸取西山自然风景特质，凝聚了中关村的场所精神，隐喻着一种多元性结晶体的诞生。这一过程包括一系列的演进：核心筒从中心移向两边；中间可变为自由空间，并暗示着继续变化的可能性；建筑空间组合源于西向西山风景、东向城市景观、南向阳光资源、北向北大人文环境；建筑形态是环境因子叠加之下的结果。最终建筑成为适应环境生存的有机体，场所性不仅建立在与地脉景观自相似性的山的形态中，而且变化于逐层退台形成与西山风景相关联的视线走廊中（图2）。

建筑与城市及左邻右舍的关系，遵循着秩序化的矩形基线网络体系，形成边界整齐对位、内部自由变化的动态建筑。外高内低层级变化的双角锥，在自我完善的过程中以宽容的态度让南向建筑远眺北四环和北大景观成为可能，同时辉煌大厦努力使自己成为合唱队的一员，与大家同台演出。

二、光大国际中心

从北四环向西二环过渡中，“城市”的概念愈加明显，城市中的建筑的复杂性和敏感性增加，建筑设计也更为谨慎而趋于理性。设计题目本身也暗示着国际化与民族化、现代与传统对立统一的平衡关系。而地段本身的双重性又强化建筑的“戏剧”冲突：它处于最具“京韵”的平安大街与金融街的交汇——官园桥，而与之对称的城市节点是位于东四十条桥边的保利大厦。显然，北京城独有的对称性城市肌理将建筑问题拓展为复合型城市问题，因此需要深入思考路径、边界以及十字路口所形成的典型地标建筑所应具有城市形态，甚至包含两个节点之间的关联性应产生怎样的城市意象，尽管这二者之间的关系并非紫禁城角楼之间那么密切，但毋庸置疑的是它们之间的关联性存在于京城传统秩序中以及旧城墙所包容的文化沉积中。同样，就现代的环路城市而言，这样的节点已构成坐标点或标志物。黄色格子结构的肌理在远距离对话中试图恢复一种城市文脉的宏观建构。

1. 场所特征

光大国际中心[②]作为城市节点上的重要建筑，落在两条道路的“开端”和“终结”处，并聚焦十字路口（图3，图4）。它的这种双重性一方面体现在平安大街的传统文脉，另一方面体现在金融街国际化的水准，这种双重气质的融贯成就了一种个性，打造出此时此地的地标建筑。

2. 城市界面

源于场所分析和形态解析，光大国际中心的独特性有别于塔式高层建筑而形成卓而不凡的品质。坚持批判“表皮主义”的同时，为如此体量、身高的建筑寻求一种修正式的表皮，在综合考虑尺度、边界、对位的基础上，希望其超越所谓建筑的遮蔽体而成为有意义的界面。

3．整体形态

整体性体现在3栋高层建筑与京剧院功能上的独立和形态上的有机统一，从而达到和而不同的境界。它不仅表现于单体形象完整、群体形象完美，更主要的是相互因借而形成的“场力”，这种新秩序，首先存在于面对城市所形成的完整界面关系和外向性仪典格局中，同时体现在三者自相似性对话关系中，凸显“背景”与“角色”的互补效应。

4．传统意象

通过一种引人思索的抽象手法去探究隐含在中国传统表面之后的“存在”——使之成为叠加在格栅窗上象形文字的笔触。立面并不在意时尚，而是希望记录和装载更多的恒久，并以怀旧式态度，借用博古架的结构秩序承载几分厚重。

三、复内4-2#项目

长安街的意义在于它不仅是北京的核心，同时也是国家的核心。长安街的场所概念在政治及文化的背景下应做适当放大，长安街的建筑也应对时间和空间做出必要的回应。

复内4-2#项目[3]（图5）所面临的问题似乎是长安街所有项目都曾经思考过的，诸如民族化的现代化等。我们惯用的参考系是建立在现代首都基础之上，并以此为出发点解析或评判建筑，但我们忽略了一些重要的问题——北京既不是巴西利亚也不是罗马，长安街是在新、旧并存中不断发展的。如果反思“革命式”的理想所构成长安街的“伟大”秩序，我们会感慨北京城失去了太多。面对长安街最后一个重要的项目，我们有机会重新反思一些曾经出现而未解决的问题。

本案地处敏感的长安街西段，是极具几何学精神的北京城中的重要建筑。总体布局源于对如此理性主义规划的巅峰之作——京城的历史文脉重新思考和深入解析；空间秩序延续着长安街中统一、均匀的类型学体系；建筑形态在传承如此永恒的、同构的、严谨的、帝都威仪的同时，借用中国传统建造体系创造逻辑一致性的系统以回应城市。

作为平衡体系，本案一方面在微观层面上体现出面对南向旧城肌理及紧邻的被保护的6套四合院做出回应；另一方面体现在面对长安街的都市表情，并因此建立起了一套大、中、小尺度系统：中小尺度的建立源于旧城肌理、四合院，以及对建筑的细致研究；大尺度则源于长安街的城市界面。最终形成的北向化零为整和南向化整为零的形态被统一在“包容性”的尺度体系之中，而尺度体系则作为由内而外的表象，是“建构式”中国建筑的真实再现。

1．传统肌理

南侧四合院在水平和垂直方向的“渗透”和“晕染”，形成具有同构关系的“八柱”“七间”建筑，源于此时此地的巨构体系，将传统合院通过叠加、穿插、变异转化为立体的空中合院。

2．城市形态

建筑在融于长安街建筑群体的同时，创造外表均质、内核节奏变化的新空间类型，成为有尊严的银行总部办公楼；只有完整的界面和整齐的对位关系，寻找与长安街建筑的一致性；中央宏大的城市中庭在沟通南北城市空间的同时，将阳光从顶部和南向引向长安街，创造阳光下的生态建筑。

图1 辉煌大厦

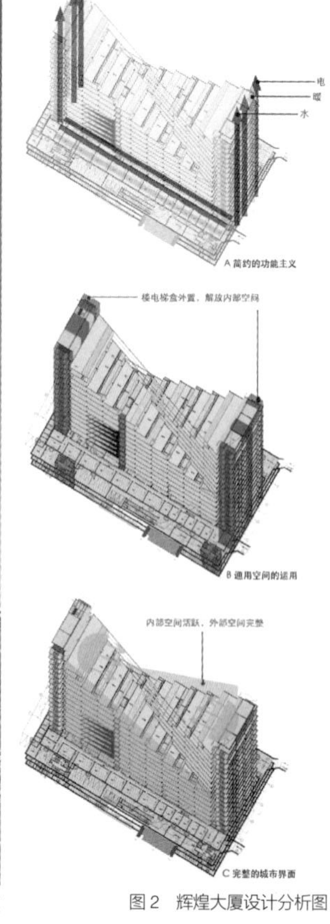

图2 辉煌大厦设计分析图

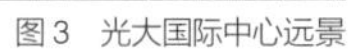
图3 光大国际中心远景

图4 光大国际中心实景

图5 复内4-2#项目设计效果图

3. 建造逻辑

柱、梁、斗拱等构件的传承关系决定了中国传统的构造体系优于西方砌筑式体系。营造的合理性成为一种主题，集中体现在柱与梁、梁与顶的过渡关系中。"关节"的处理不是形式的目的，而是建造的目的，建筑形式还原了传统建筑中最真实的结构细节。

4. 场所建构

延续了传统结构和美学的融合，对传统结构"原型"进行挖掘之后，探索一个新的建造系统，一套关注于建造逻辑、形式逻辑、空间逻辑有机互动的新体系。

巨构的形态是一个支撑系统，展现出多种空间的可能性，形成与银行总部相适宜的句法和语言，但并没有游离于城市，相反以一种中国式的含蓄深藏于透明界面之后，构成被叠加之后的中国影像。

结语

响应城市的建构，以一种"中国式"的思维，重新审视城市中的建筑，质疑不负责任的个性表现，反对虚张声势的侵略性建筑，强调和谐的城市系统，这比唯我独尊的建筑创新更有价值！响应城市的建构比基于城市的建构更具自觉性，体现出建筑师的社会责任感，同时克服了被动式地执行城市法规，努力实现规划师、建筑师和人民共同缔造我们城市的理想。正像肯尼斯·弗兰姆敦所指出："尽管现代社会的发展呈现一种私有化趋势，建筑还是不能仅仅等同于建造物，它应该关注公共空间的塑造，而不仅仅满足于私有领域的服务，建筑的中心问题既与空间和形式有关，也与场所创造的时间因素有关。光、水、风和气候都可以成为建筑创造的素材，建筑的连续性如此重要，它是生命和文化的基础。"■

注释

①辉煌大厦方案主要设计人：崔彤、桂喆、陈长安、平海峰。摄影：杨超英、傅兴。

②光大国际中心方案主要设计人：崔彤、王欣、刘向志。摄影：舒赫。

③复内4-2#项目方案主要设计人：崔彤、赵正雄、潘华、王欣、何川、桂喆（表现图：水晶石、一派；施工图：北京市建筑设计研究院）。

正确引导我国节能住宅的技术方向

开彦
梁开建筑设计事务所

一、中小套型节能模式创新

1999～2005年全球能源消费增加了60%。作为我国耗能最多的行业，建筑耗能量约占总能耗的45%，其中建筑生活能耗占32%，而生产与建筑相关的材料、设备等能耗占13%。建筑能耗直接影响到国民经济的发展，建筑节能已到了刻不容缓的地步。目前我国430亿 m^2存量的建筑中，仅有1%被称为节能建筑。预计到2020年，中国建筑的耗煤量将达到10亿吨，是现在耗煤总量的3倍以上。与此同时，中国还将成为空气碳污染最严重的国家。目前，在欧洲建筑能耗水平一般以用油6 L/m^2为标准，约等于我国耗煤量的8.57 kg/m^2。如此算来，中国目前25 kg/m^2的平均耗煤量是欧洲发达国家能耗标准的3～4倍。德国是欧洲节能建筑最先进的国家，其建筑能耗标准（耗煤量）由1984年的24.6 kg/m^2降至2002年的4.0 kg/m^2，相当于欧洲3 L油的能耗，仅仅是中国的1/7～1/6。

中国的节能建筑标准已经实行了20年，却始终不见成效，除了经济、政策不到位等方面的原因外，节能意识的薄弱是最主要的因素。中国与发达国家相比，不仅在节能理念方面差距巨大，节能目标和手段更不在同一层次上。中国目前的节能建筑存在着严重的表象化，节能多是做表面文章。没有一套完整的切实可行的节能系统，各种节能措施常常各自为政。节能建筑的运营效果往往受预算制约，更多的是由于缺少系统化设计，造成冷热不均、空气不畅等问题，导致随便“开窗”放“能”种种现象，造成了如今的“节能建筑不节能”。

因此，如何正确引导建筑节能技术，是目前中国房地产开发的主导方向。国六条制定的发展小面积住宅是一个长期国策，而节能不仅符合我国长远发展的需要，更是提升中小户型品质的重要手段。中小户型绝不是低标准的代名词，面积相对缩小，环境的高舒适性就更为重要，中小户型更需要做得精细，讲究舒适和节能。

二、舒适度是节能的根本目标

没有舒适度要求的节能建筑不是现代人所需要的，舒适度是节能的动力。节能与降低成本并不矛盾，重要的是应用技术和对成本的合理控制，也就是要实施低建筑技术的整合，扩大商业价值，取得最大效益。现代建筑的高舒适度主要包含以下几个要素：空气温度、空气湿度、空气流动的速度（即风速）、新风量，只有充分重视这些因素，才可以提高住宅的舒适度。高舒适度要求现代建筑设计应包含以下概念。

首先是密闭概念。密闭是现代建筑的第一特征，良好的密闭是节能的首要条件，只有在“密不通风”的条件下才能有效地节能和对小环境的实施控制，真正解决空气质量问题。这个理念跟传统的“穿堂风”通风理念是对立的。

其次是设备概念。现代建筑只有通过配置相关设备，才能够实现补新风、热交换、加湿。

再次是定量节能的概念。定量节能是国际先进的建筑设计和科技集成理念在建筑规划、设计和房地产开发中科学、完整的体现，它要求对建筑的使用功能、物理性能和工程造价等要素及其关系进行严格的定量分析与整体统筹优化设计。采用定量节能技术应有专门的优化技术顾问机构，以建筑物理技术指标为先导，进行技术干预，以保证最终节能效果、舒适度效果和成本概预算的控制。定量节能是有意识地从规划设计、优化整合等角度来进行的，所以需要首先设定耗能定位与舒适度性能的等级，然后协调并整合材料和建筑构造中影响能耗因素的条件，从而达到高舒适度、低能耗建筑的目标。

最后是低技术设计。低技术概念是相对高技术而言的，是用实际手段、整合手段，以协调的方法去完成的易行技术，充分利用可用资源，将资源最大化，这就是低技术的朴素思想。贯彻节能省地的技术理念，选择低成本所主张的普通材料，尽量减少资金投入，采用节约化的手法，满足大量性建筑需求是我们今天应当崇尚的。

三、定量节能概念及技术应用

节能技术需要优化整合各种各样的资源。要满足人对舒适度的要求，就必需消耗能源。温度、湿度的保持、新鲜空气的补充、光照和水等物质条件的需求，都要消耗能源。节能是一个相对的概念，远古的时候人们住山洞，能耗是零，建造成本是零，但毫无舒适度可言。因此，节能、建筑成本、舒适度三者是相互矛盾又相互依存的，这种关系引申出了整合的概念。尽量减少对不可再生资源的消耗而利用可再生资源（包括地热资源、地冷资源、风能、太阳能等），将建筑能耗降低到微乎其微。在许多发达国家，零能耗建筑已从理论变成现实。高舒适度、低能耗、低成本是当前节能建筑的关键。

建筑节能设计首先应注重系统设计问题，它绝不是多项节能技术或者节能设备的简单累加，而需要定量化。例如，人们在市场上可以买到节能空调、节能玻璃、节能热水器、墙体保温材料等，但是这些材料与设备如何使用、使用哪种型号、用量多少、所起到的作用是什么就需要通过量化整合来完成。定量化的重要意义就在于可以减少重复投资、资源浪费，有效地利用项目现有的资源条件。集思广益，从多方面影响因素出发，以最低的投资、最佳的手段达到节能设计目标，这就是建筑节能设计定量化的思想。

节能技术并不是越复杂越好，讲究每个构件和每项技术的适用性及其相互之间的协调性更为重要。应用计算机模拟辅助技术实施定量的概念，通过计算机模拟了解建筑节能的效果和程度，做到量化节能目标、定制节能技术。

建筑节能设计可以分为被动建筑设计与节能建筑系统设计。简单地说，在满足生活舒适度需要的情况下，被动建筑设计的目标就是尽量减小能源设备装机功率；节能建筑系统设计（如空调系统、热水系统等）就是在装机功率不变的情况下，提高能源使用效率，例如将热水器的使用效率从80%提高到90%。

被动建筑设计主要依靠大自然的力量和条件来维持建筑内空间环境，例如室内温度和通风状况。在理想的状态下，成功的被动建筑设计可达到在一年当中的大部分时间里温度适宜、通风良好，只需要一个小功率的空调和采暖系统作为补充就可以满足人们的生活或者工作需要。对于建筑的开发者而言，降低空调和采暖系统投资的同时，建筑品质也可以大幅提高；对于建筑的使用者而言，降低建筑的维护使用费用也是一件求之不得的好事。

节能建筑系统设计主要是依靠设备本身的高效率来实现节能。例如空调源热泵比一般的空调机要节能，冷凝锅炉比一般锅炉要节能。另外，使用可再生能源的设备也是节能建筑系统的内容，例如太阳能热水器、风力发电、太阳能伏电、地源热泵等，它们是取之不竭的能源，更是我们今天大力提倡的节能建筑系统的设计手段。

然而，无论是被动建筑设计还是节能建筑系统设计，为了实现经济性与高效益的平衡，定量节能是必由之路。建筑模拟是定量节能必需的步骤和手段，它已由原始的风洞试验转化为今天的计算机模拟，成本已大幅降低，运行功能广泛增加，设计研究所花费的时间也相应减少了很多。由于建筑模拟需要使用计算机来进行，那么设计模拟或者计算的软件就成为完成建筑节能设计这部分工作的重要环节。在世界范围内，各种模拟软件不下几十种。

四、被动建筑设计步骤

被动建筑设计的步骤包括建筑方案设计与初步设计。在方案设计阶段，建筑师需要优化建筑的方位、体型、朝向，为充分利用风、阳光等自然资源创造条件。在初步设计中，建筑材料也必须优化：外墙、楼板、分户墙、屋面、玻璃、窗框的设计等都需要量化与优化；窗墙比需要以节能和居住舒适度为前提进行优化。从方案设计到初步设计，工程师需要根据不断调整的建筑方案模拟量化建筑的能耗情况，计算空调和采暖设备的装机功率，对比各种影响因素，最后向客户提供最佳的设计方案。

五、节能建筑系统设计

被动建筑设计完成以后，以其量化结果作为依据，必须对建筑系统的性价比进行充分研究与分析。在空调与采暖设备的市场上，各种品牌和型号使消费者眼花缭乱。例如空调设备有空气源热泵、地源热泵、风机盘管、地板采暖、辐射制冷、采暖系统、户室中央空调、变频机组、水系统、冷媒系统等，这些空调系统的初投资和运行费用大不相同，通过模拟量化计算出初投资的费用、每年的耗能量、能源费用，消费者或者项目开发者就很容易做出正确的决定。

正确理解和协调、使用被动建筑设计与节能建筑系统设计的原则方法，能够改变我们当今在建筑节能设计中大量存在的不务实效、只求政绩的节能表象。

定量节能技术分成几个阶段，一是确定舒适度的等级，即节能的目标；二是进行综合统筹，对规划设计进行节能最大化整合，这是被动节能设计，若被动节能设计达不到预期目标，就加强辅助节能，即采用主动节能技术，利用必要的低技术措施达到舒适度的目标；三是采用电脑模拟确定工作目标；四是施工现场控制，不仅控制预定节能目标的实现，更重要的是控制节能技术成本，实现舒适度和经济效益的双重优化。

定量节能主要分为以下8项具体技术，即室内的热环境和湿环境的控制技术；外围护结构保温隔热技术；外遮阳隔热技术；冷热柔和辐射的控制与改善技术；自然通风和补新风的技术；可再生能源如太阳能、地热等能源利用技术；噪音处理技术；水环境处理及回用技术。以下选择其中几种详细介绍。

1．室内的热环境和湿环境的控制技术

该项控制技术主要包括自然风和补新风系统以及冷热交换系统。置换式新风系统包括冷热交换装置、补新风系统、加热装置。经处理后的室外新鲜空气，通过热交换送入室内，能量保留，温湿度得到调节，室内舒适度提高。当然利用建筑外型和热井拔风的原理对自然风进行有效地组织利用，是建节能借用自然风和补新风最朴素的方法。

2．外围护结构保温隔热技术

利用外墙中间的空气层保温是传统构造的有效办法，它既可以隔热，又可以将对流的空气中的热量带走。节能建筑须把所有的冷桥都切断，包括女儿墙、地基等能够影响室内冷热的通路，这就是低技术节能的简单原理。

3．外遮阳隔热技术

外遮阳把一切室外不利因素隔绝，保证室内温度波动最小，保护热量不受损失。除了外遮阳百叶以外，还可以采用双层通风夹道等构造，通过流动空气带走热量。

4．冷热辐射的控制与改善技术

辐射采暖制冷系统使冷热两种技术在一套系统内解决——冬天可以采暖，夏天可以降温。其原理是在楼板内通过水流进行热交换，冬天用热水，夏天用冷水，其技术关键是管道铺设的问题。混凝土具有热惰性最大的材料特征，可以保障室内达到非常柔和的辐射效果。

5．自然通风和补新风的技术

自然通风可以降温、改善室内居住条件。住区规划应将自然风组织和室内自然风利用结合起来，尽量通过规划设计延长利用自然风的季节。当然这种利用还是有限的，被动节能方式无疑成为节能的主要手段，使用时间约占全年的1/3。补新风的技术手段也就成为节能建筑必备要素，一个优秀节能建筑可以不补充冷热能耗，但是必须补充经过处置的室外新鲜空气。

6．可再生能源的利用

可再生能源包括地热、水资源、风能等，目前利用较多的是太阳能、地热、风能等方式。现代太阳能技术强调集热器和水箱的分置，将太阳能装置与建筑整体结合起来。地热能源的最大特点就是恒温，最新地热技术是把地表土壤地热利用起来，其能源来自太阳，目前可以自地下10 m甚至更浅处取得源源不断的能源。■

浅议绿色建筑发展

刘加平 谭良斌
西安建筑科技大学建筑学院

时下在中国建筑学科领域最流行的词汇当中，“绿色建筑”“生态建筑”和“可持续建筑”因其丰富的内涵和浅显易懂的字面含义，在不同层面的专业文章和口头语中频频出现。众所周知，绿色建筑的出现和兴盛源于全球性的能源短缺与日益加重的环境恶化问题。首先，建筑业作为改变地表自然性态规模最大的人类社会活动之一，对能源等自然资源的依赖程度越来越高。建筑从建造到运行使用，是一个消化分解自然资源的过程。建筑的等级越高，消耗的资源和能源也就越多，排放的污染物也随之增多。其次，各个层次的环境问题日益严重。从微观角度，室内空气品质已被所有人重视，住区和城市热岛现象逐渐被认知；从宏观角度，区域自然环境恶化已经带来很多恶果，发生干旱、洪涝、沙尘暴的频率不断增加，减缓全球性气候变暖效应也已经成为大国政要会谈的主要内容。

既然绿色建筑，或者生态建筑，或者可持续建筑，或者环境共生建筑等如此重要，那么推行起来为何如此之难？

一、个体收益与群体利益

建筑走向绿色，需要建筑行业的各个阶层共同努力。但在每一阶段，其投入和收益的比例是大不相同的。因此，讨论绿色建筑的发展问题应从各方态度入手。

1．开发商

简单地评价开发商是否愿意发展绿色建筑，是大错特错的，关键问题在于，发展绿色建筑是否能保证开发商的利益。对于成熟的开发商来说，如果某一地区有足够的购买绿色建筑的消费群体，在保证社会平均利润的情况下，一定会主动开发绿色建筑。但实际情况是在目前的经济技术水平条件下，同等功能、同等质量的绿色建筑单位面积售价要高于非绿色建筑，这种现实必然导致开发商的消极态度。

2．房屋的购买者或者业主

经济的快速发展、收入差距的拉大，导致社会阶层逐步分化。我们应该承认，对于社会中的低收入阶层，不要说入住绿色生态住区，即使购买一般商品住宅，往往还要按揭10年。而运用适宜性低技术、价格低廉的城镇绿色建筑与住区，依然处于课题研究阶段。

3．建材供应生产商

对于绿色建筑而言，应从建造到运行的整个生命周期内，消耗尽可能少的资源和能源，因此提倡就地取材。采用地方材料，一来可以减少材料运输过程中资源和能源的浪费，另一方面还可以通过材料的多样性体现多元的地域文化，有助于延续文脉与大自然和谐共处，使建筑随着气候、资源和地区文化的差异而呈现不同的风貌。如黄土高原的窑洞是先人创造出的人与自然和谐相处、充分利用自然能源的建筑杰作。窑洞背靠黄土高坡，依山而凿形成宽敞空间，向南开窗，最大限度地吸收阳光，造就了冬暖夏凉的居住环境。西安建筑科技大学的研究学者对部分窑洞重新进行改造，使其更多地吸收阳光，改善了通风条件，充分发挥了窑洞本身的节能效果，可以称之为富有地方特色的绿色建筑（图1，图2）。但是这种地方性建筑材料难于标准化，给生产和普及都带来一定的困难，所以这种房屋都是在研究人员的示范带动下依靠当地居民自行建造起来的。另外建筑的可持续发展，必须首先考虑建筑材料的可持续发展，具体表现为建材的4R原则，即节约（reduce）、再利用（reuse）、循环生产（recycle）和再更新（renew）。可循环利用的建筑材料更新时间较长，造价也相对较高，这些都会影响到建材生产商的经济利益。

4．建筑设备工程师

现在的很多节能设计方案常常是在建筑方案完成后，再交由暖通设备工程师解决节能设计问题。而暖通工程师的解决方法，常常是通过一番复杂的模拟计算后，给围护结构加上适度的外保温层。这也是造成目前在业内提及建筑节能，即指围护结构加保温层、地源热泵或者太阳能建筑一体化等现象的主要原因。所以在节能建筑中，如果建筑设计先天不足，设备工程师所做的也只能是修修补补，根本无法发挥关键性的作用，因此绿色建筑的实现完全依赖建筑设备工程师的想法是不合实际的。

5．建筑师

绿色建筑性能的好坏与建筑师的创作设计过程有着直接关系，因为建筑能耗不仅与建筑围护结构的保温、隔热性能有关，还与建筑形体、平面布局、空间组织、立面形态、建筑构造、材料选用以及建筑群体规划布置有着密切的关系。因此，在建设初期，当拟建建筑的扩初设计完成后，未来这栋建筑物的能耗性能指标就已经确定了。换句话说，如果建筑师在方案设计的每一环节都考虑到了建筑与地域气候要素的关系，遵循了节能设计的准则，就可能设计出运行能耗很低的建筑，反之亦然。而现实情况是建筑师在设计说明中提到绿色建筑及技术措施的不在少数，但真正实现绿色建筑的则寥寥无几。这与目前国内建筑行业的运营模式有直接的关系，一个设计项目从招标到方案确定的时间往往很短，没有过多的时间让建筑师进行深入思考，有时候甚至是几个项目同时进行。即使是真正设计了绿色建筑，如果预算超支，方案往往也不会被甲方所接受。

综上所述，目前我国建筑业的运营模式中，绿色建筑的实现在每个环节都会对相关人员的个体收益产生负面的影响，个体收益保证不了，怎么能激发大家的积极性来开发设计乃至建造呢，更谈不上通过发展绿色建筑实现社会群体的共同利益。

图1　带阳光间的新窑洞

图2　建成窑居远景

图3　永仁易地扶贫搬迁新民居组团局部

图4　生态民居示范户标牌

图5　兴庆区掌政镇碱富桥村塞上新居总体规划

二、推广绿色建筑与传统短期经济行为矛盾尖锐

从整个生命周期来看，绿色建筑节省了能源和资源，减少废物排放，改善室内环境质量，提高生产效率，降低运行费用和维护费用等。这些效益中节省能源、水和废物处理是可以定量预测的；环境健康和生产效率提高是定性的，较难定量表示。一般绿色建筑的额外投入大概是项目投资的2%。从北京试点工程来看，达到节能30%时，额外增加投资4%～7%；节能50%时，额外增加投资7%～12%。额外投资回收期为3～7年，但是在建筑物生命周期内（以20年计算）收益将超过投资的10倍。然而人们在看待绿色建筑的时候往往会忽略它的长期效应，只看到其初始投资的增加。一栋绿色建筑的额外投资主要包括以下几个方面：增加建筑设计和建造的时间；增加建模费用；将可持续发展的内容集成在工程项目中的实践需要时间；增加新技术、新产品的开发投入等，这些都会造成绿色建筑初始投资的增加。因此经济性是阻碍绿色建筑推广的一个重要因素。

三、绿色建筑既是意识形态问题，更是建筑职业行为方式的变革问题

建筑及环境均有一个寿命的期限，在我们周边的建筑设计中，形式、审美、功能往往引导着我们的第一思维，而建筑能耗这一关键环节却被忽视。在某种程度上，建筑能耗的高低决定了这个建筑未来的生存活力；对于环境来说，更应当尊重原有的自然资源，适当地进行改造。

在能源匮乏的今天，如何使建筑的生态能耗达到最优化，如何使外部的景观环境达到真正意义上的持续性的统一，是我们今后要长期面对而且必须解决的棘手问题！所以，节能、环保、智能化和高效率将是未来建筑以及可持续环境的最终载体因素。

从20世纪70年代以来，绿色建筑的字眼逐渐深入人心，相关的研究和讨论也越发系统和专业。以西安建筑科技大学绿色建筑研究中心为例，他们近年来一直致力于乡村民居的改造设计。从陕北的窑洞民居到云南楚雄彝族的生土民居（图3，图4），以及西北银川生态型小康住宅的设计（图5），都是从当地人们最基本的居住需求出发，运用地方材料，将生态新技术和当地传统建筑技术相结合，创造出适合当地气候和文化条件的绿色适宜技术，切实改善和提高了当地居民的居住生活质量。

绿色建筑的实现最终还是建筑师的责任。一名优秀的建筑师应该积极调动自身的智慧和信息资源对有限的物质资源进行最充分和最合宜的设计，“少费而多用”（more with less），当建筑师群体都自觉意识到绿色建筑“不是为了时髦，而是为了生存”（It is not for fashion, but for survival——Noman Foster），都把节能作为建筑的一个最基本的需求来考虑的时候，绿色建筑的实现就指日可待了。■

全球化语境中的中国城市与建筑发展策略

汤岳

英国诺丁汉大学建筑学院

人类的发展遵循着对立统一的辩证哲学，从社会发展到科技进步、从衣食住行到文学艺术，都有大致相同的时序并遵循特定规律，同时也存在时间和空间的差异。全球化作为社会进步的必然发展过程正在从多方面、多角度、大范围地影响人们的生活。今天随着经济的迅猛发展、科技日益进步，尤其是信息技术的空前发展和交通运输的高速化，使全球化的发展规模更大、速度更快。各个国家和地区间的文化差异正逐步缩小，呈现趋同一体化的发展态势，一种全球文化正逐步形成。城市和建筑作为人类文化的载体之一，趋同的设计在飞速发展的中国日益引发人们对本土文化和传统的担忧和迷茫。由于人类的建成环境具有持续性和公众性，因而，如何认识和对待全球化就成为城市与建筑设计领域关心和议论的焦点。

应《城市建筑》杂志社的邀请，英国诺丁汉大学建筑学院建筑系与城市设计系的博士导师及其研究生、部分讲师在系主任Professor Heath的带领下，于2008年初组织了两次针对"全球化"的主题论坛。笔者以自身的研究为基础，汇总这两次论坛的讨论内容，针对中国城市与建筑设计的现状问题、全球化对城市与建筑设计的影响、建筑业界对全球化应持有的态度，特别是对全球化是否是引发目前城市与建筑发展问题的主要原因等方面进行深刻讨论与分析，同时结合中国的情况从认识到实践层面提出如何顺应和对待"全球化"的建议。

一、全球化对城市与建筑的影响与现状问题

全球化对经济的深远影响在城市与建筑领域得到充分体现。物质资源和劳动力打破地域局限在全球流通，资金、资源可充分集聚，信息、技术和材料被快速更新与丰富，这些均使设计师们获得新的设计理念、设计和方法、设计思考模式以及最新的研究成果，他们开阔了视野、充实了知识储备，其创作具有更广泛的空间与物质基础。这是全球化带来的优势和正面影响。与此同时，受全球化影响的中国城市和建筑中也存在一些问题，基本上可分为物质和非物质领域两个方面。

1. 物质领域

第一，最突出的是关于投资与建设的问题。随着全球化影响的深入，国际投资的规模不断扩大，发达国家的经济集团越来越多地涌入中国这个开放的全球性市场，它们带来巨大的商机与资金。城市当局往往为吸引投资，在极大满足开发商和外资集团个体利益的同时，忽略了城市本身的需求，甚至完全牺牲公众的利益。城市景观在不同程度上受到影响，甚至遭到不可逆转的破坏，某些成为一种商业代码。

第二，在城市范畴中，大都市英雄主义和超空间不断出现，城市均质化现象也随越来越多的相似建筑在短期内的出现而加剧。城市从宏观空间战略、空间架构乃至各家各户的微观空间尺度都失去了连贯性、统一性、秩序性和协调性。传统城市的整体性受到破坏，新城市也处于一种不和谐、不平衡的状态中。人们生活在逐渐和其生活经验相分离的环境中，购物、就医等存在着诸多不便，人们或主动或被迫地接受着所谓现代化的生活方式。

第三，在建筑设计领域，大量的国外建筑师和设计机构入驻中国，并直接介入到一些大型的公共建筑设计项目中。这些国际设计机构扮演着"先进设计"代言人的角色。他们带来新鲜的设计理念、设计方法和思路，为曾封闭的设计市场注入了活力。然而，有时设计师对西方设计理念的直接搬用也产生诸多不良后果。大量的西方建筑与设计被直接移植到中国的各大城市中，呈现为处处可见、堪比纽约曼哈顿的高楼大厦以及所谓欧陆风情的别墅小区。这种盲从直接招致各界人士的议论与批评。肖默认为："以新、奇、特为时尚的设计并不是最好的，不但缺乏中国建筑的文化特色，有的公然嘲笑了建筑设计的基本原则，功能混乱，造价惊人，结构荒谬。"与此同时，对世界顶级建筑师而言，中国已从一个新兴市场迅速变为国际经济必不可少的一部分，高楼大厦和大胆规划在这里均得到令人兴奋的结合。中国早已成为世界建筑师的"试验田"和"竞技场"。为上海设计汽车城的德国建筑师阿尔贝特·施佩尔曾说："每个人都想试试——无论好坏。"

第四，设计质量的参差不齐也严重地影响了城市与建筑风貌。经济的飞速发展为建筑提供了广阔的市场、资金和契机。建设资金投入之大、建设速度之快是前所未有的。在这种情况下，一些低质量的或者说不尽人意的建筑与城市设计在短时间内也充斥到这个巨大的市场之中。

第五，在技术和材料运用方面，对高新技术与材料的运用在某种程度上成为一种风尚，追求"高新"成为一种理解上的误区。与此同时，人们似乎忽略了对地方性技术和材料的研究和发掘。盲目地追求新技术和材料的运用，不仅扩大建设和运营成本，而且造成资源的浪费。

2. 非物质领域

在非物质领域内最突出和最能引发争论的是关于如何对待传统和文化的问题。

首先，是对目前中国的现代建筑设计的批判。很多人认为，一些中国本土设计师设计的现代建筑没有灵魂，一味地抄袭和模仿西方现代建筑形式、技术和材料，建筑设计失去了自身的内涵与意义。建筑与城市丧失了自主表达的能力，好像得了"失语症"。而居住在这样的城市与建筑中的人则缺乏安全感、归属感，缺乏对幸福家园的认同。

其次，是对传统与现代的关系及如何继承传统的争论。现在的普遍理解和争论都将传统与现代放在对立的层面上。当人们逐步意识到建筑的传统与文化价值后，对于传统的继承和发扬几乎是肯定的，但目前的问题不仅是对传统的保护，更重要的是在继承传统的同时，如何发展和鼓励有创造性、符合当代需求、体现现代生活理念的设计不断涌现。在对传统的继承方面，设计师往往是片面地对传统材料、传统建筑形式和符号抄袭或剪切、拼贴，而缺乏对这些物质现象的深层研究和理解，使模仿变得缺乏内涵和毫无生气。

再次，就是对地方特色、地域特点和地域文化的探讨。目前很多人认为，全球化对地域特性和地方特色的影响是颠覆性的。现代城市观念几乎影响到地球上所有国家和大多数地区人们的生活方式、价值观、审美观和思维方式。"追风"使全国各地在同一时间内出现了大量风格类似甚至"完全照搬"的设计。趋同的潮流使城市建设速度和规模超越人们所能驾驭的极限，急剧膨胀的简单做法造成城市风格的雷同及不可弥补的创伤。

而一些建筑师基于对个性与特色反思与追求的试验更是雪上加霜。

二、从精神和物质两方面提出全球化语境下的发展建议

目前存在的问题说明城市和建筑作为文明与文化的重要载体，正受到经济全球化的影响。全球化并没要求推倒历史，把传统城市夷为平地后再盖起高楼大厦。这些负面现象不是全球化所造成的，而是由于人们在全球化中忽视历史的价值丧失了自我把握的能力。如何端正态度，冷静地分析和思考，直面全球化并有所作为，论坛提出两方面建议：

1．持正确态度对待全球化

论坛提出要理智分析现状，认清形势，明确公众和客户需求，端正态度，慎重选择，正确对待。

（1）全球化是事物发展变化的必然趋势

事物在不断发展和变化，循环上升是这个世界的客观规律。变化是过程，也是结果。当我们审视和运用中国《易经》中关于变化的哲学来解释和看待世界，不难发现，正确地认识变化、理解变化，掌握规律并向正确的方向引导变化，是我们应该重新学习并运用到实际生活中的重点内容。

全球化实际上是一种变化和发展的现象，只不过在历史上从来没有如此广泛的、同时性的大规模高速变化过程。当下全球化巨变使新、旧逐步更替的节奏被统一相似的趋同所取代，人们在心理上缺乏适应过程，甚至一定程度上无法接受。这种因失去本土精神与文化内核的压迫感、这种冲击传统和文化的趋同力量，让人担忧和不安。这种担心的实质并不是全球化本身，而是对全球巨变失去控制的忧虑。

变化和发展是进步的必然过程，城市与建筑的变化和发展也是不可避免的趋势。如何在这种趋势下发展特色和个性，最关键的是要有正确的态度——不能全盘接受别人给予的，也不能只接受别人愿意给予的。在此基础上明确人们真正想要的是什么样的城市、什么样的建筑、什么样的生活，认识到城市与建筑是为居住和运用它的人服务的，其核心是人。中国的市场不是外国建筑师个人的“玩具工厂”，外来的也不一定都是好的，我们要有战略眼光、要有所选择、要学会判断和挑剔，更要有自己的审美观和价值观。

（2）应对全球化没有统一答案，应具体分析

将全球化视为一种变化，面对不同国家和地区的复杂环境，会形成不同的演变方法和过程，必然不可能制定一种绝对的统一的标准答案去解决所有的问题，但可通过对一些重要影响因素的界定、对质量标准的衡量去指导或建议解决问题的方法和途径。这些重要的影响因素包括历史、传统、文脉、经济因素、社会形态、气候条件、技术条件、材料运用、能源能耗等物质及心理、精神层面的因素，要将这些因素运用到城市建筑的不同阶段和不同层次中去，例如城市层面、公共空间层面、公共建筑层面、部分居住建筑层面等，以不同的比例和规模加以界定。在此基础上寻找适合自己国家和地区的方法和手段，解决实际问题，为城市本身做贡献。

（3）明确趋同一体趋势及全球化与抄袭的区别

经济全球化所带来的趋同一体趋势是不可避免的，然而我们必须意识到全球化的趋同并不等于简单的抄袭和拷贝。如在生态环境保护与建筑设计范畴内，目前全球都在强调环境友好、节能、环保的理念和趋势，这无疑是一个全球化的目标。在这个大目标下没有统一的解决方法。因为各个国家、地区都有独特的气候、环境和地理条件，人们应针对当地的具体环境进行分析，找到解决问题的方法，达到保护环境的目的。不能想象，每个国家和地区的节能建筑都是太阳能板、风力发电、草皮放置在屋顶上的情形，就如同我们不相信平原地区、江南水乡的节能环保建筑或者草原建筑会和在沙漠周边地区的建筑一样。

（4）加强对传统与文化的研究

首先，文化并不等于传统，文化有传统文化和现代文化之分。我们不能放弃传统，它是现代文化的根源；也不能忽略现代文化，它是当今生活的体现。传统也是过去的现代，而现代就是将来的传统。不同国家、地域，人们每天都在创造属于自己的传统和文化，它们是反映人们生产、生活方式的载体和容器，是人们生活的重要组成部分。中国建筑文化是哲学思辨和精神凝炼的物质形态。建筑传承着传统也创造着传统。加强对中国传统文化的研究和继承，用现代视角予以重新理解是正确认识传统和文化的关键。物质传统的削弱和消失并没有真正使其消亡，实际上，传统又以多种方式参与和存在于人们的记忆与现实生活中。对传统的强烈情感依旧延续在一代又一代的更替中，这种强烈的心理依旧倾向于和谐与平衡。

另外，对传统建筑与城市空间的研究应加强，明确地认识到历史街区不仅对建筑形式研究有价值，更重要的还在于它承担的城市功能及在空间中对人的活动需求的满足。而传统建筑与城市空间是否还存在能适应当今生活需求的部分，如何让它们也随城市和人们生活水平的提高而继续发展；当今的生活方式对城市与建筑提出了哪些要求和期望，如何通过新的设计满足人们的需求。伴随新生活方式和新文化的产生，新的建筑与城市设计亦应产生。

（5）继承和发展地域文化，保持地方特色

在城市设计和建筑领域，全球化与地域性从来都不是真正对立、矛盾的独立个体，而是密切相关的、具有一体两面性的统一整体。全球化对特定地域所带来的影响也不是完全相同的。建筑的地域性是其文化特性的反映，也受自然环境、建成环境和人文环境的影响，是人们价值观的体现和反馈。不论是新建筑还是老建筑都可为这一地区增添特色和个性。个性不是堆砌元素、模仿形式，而是空间的真正内涵和人们在空间中的真正感受和体验。个性和特色除可成为建筑师彰显自身的手段外，更应成为表征使用人群及地方城市的特色。地域性不仅源于当地的传统与文化，也体现着与时俱进的时代性。如何合理运用技术和材料手段，结合本地文化、地理、气候、经济等各方面不断变化的因素发展具有本土特色的建筑与城市空间，让设计既能体现现代人的生活又能与地域性、传统文化和谐并存，是当今建筑师与城市设计师的共同课题。

要根据城市的运动性和平衡性，研究让城市与建筑、传统与现代、新与旧更和谐发展的设计策略。

（6）对公众、城市开发及管理者的普及教育

面对当前的问题，除端正态度认清形势之外，公众、开发商和客户及相关政府决策层官员的普及教育也是非常重要的。以往我们只注重专业人才的培训和教育，强调建筑师、规划师和城市设计参与者的水平和自我约束能力，却忽略了对大众普及建筑知识，同时也忽略了对土地权拥有者、开发商和投资者及相关政府部门官员的普及教育，而事实上他们是对建筑形式和空间形态具有决定权的人。因此，了解和引导公众需求、引导和管理国外投资、约束和提升设计者及对管理和决策者的教育成为应对全球化的核心。城市和建筑设计应是以人为本，以公众利益为主的设计。要在大众需求和市场间寻求平衡，在注重人们物质需求的同时，更不能忽视精神和思想上的深层需求。建筑与城市设计更是对深层文化及人们精神世界的理解和反映，当今社会需要秩序与和谐，探索新生的能与自然和谐统一的组织方式，建立高度的秩序内核和新的哲学理念成为社会与公众的需求。了解和正确引导大众消费和需求观，树立现代文化的良好典范，反映当今中国人的真正需求，设计出能代表当今中国人生活品位和需求的建筑，创造良好的生态环境均是我们的重要目标。

2. 完善和控制设计过程及提高设计质量

论坛认为完整系统的设计控制、设计任务书的合理制定以及严格的设计审查制度可从根本上提高设计质量并对整个设计过程进行监督。

（1）建筑与城市设计的计划内容与设计任务书

好的开始是成功的关键。合理、适用且实际的设计计划和任务书是高质量设计的关键。任务书需要从物质和精神两方面把关，从宏观到微观各层面以及设计建造的各不同阶段把关。设计的原创概念和设计任务书要经深思熟虑和严格论证后才能做出决定，从整体规划开始就要有正确导向，及时满足城市需求并为城市发展做出贡献。

（2）设计控制

全球化促进21世纪城市间产生新的竞争，各大城市均在竞相争取世界知名建筑师的作品，如果在一定控制范围内允许个别的或少数一两个特性的建筑产生，城市还是可以包容和接纳的，同时，它们也可以为这个城市增添光彩。因此，我们并不是抑制建筑师的发挥和创造，而是需是要从不同阶段、各个角度和层面对设计和建设过程加以宏观和阶段性控制，提出合理的发展步骤，避免过快的、不理智的和缺乏考虑的发展速度和规模，注重建设质量而不是数量。在对Chapman于1999年提出的根据不同时间段来进行的发展计划进行补充的基础上，论坛提出从长时间的城市规划政策上，对法律法规内容、区域性指导、宏观发展计划、配套设施发展计划的指导；从中长期的战略城市设计框架上，对地理条件、历史和考古、形态和发展模式、地方感、特性、质量和远见等方面的指导；从对中期的地区规划上，对位置和结构、活动模式、可读性、渗透性、市容、质量和机遇的指导；从中短期的发展任务书上，对规划政策法规、城市设计框架、基地文脉、基地分析、所有权和使用权、经济发展、开发指南等进行指导；从对短期的详细设计上，对项目立项、纲要建议、概略初始方案和详细设计进行指导；从对于近期项目执行情况上，对项目信息、现场运行、项目沟通和反馈进行分析指导。当然对各个环节公众意见的参与和建成使用后的信息反馈也是发展计划内容的重要组成部分根据项目的不同，还要具体分析，补充其他控制内容。

（3）设计思路和设计方法

在解决中国目前城市与建筑现状问题的策略中，关键是对当前设计思路和设计方法的研究。但我们要认识到，原创性并不需要来源于崭新的想法，我们也可以从历史和经验中学习，对设计过程进行不断的重新理解，对当下设计手法继续进行理论研究与实践检验，使建筑与城市空间的时代性能够更和谐地融到文脉中，为不可知的未来设计出既有创造性，又有连续性与合作性的建成环境。目前很多学者都致力于实现地域性和地方特色的研究。如科威特的Mahgoub在2007年文化个性的研究文章，其中对Boradbent在1973年利用实用主义设计、标志设计、类推设计和原理设计四类设计策略确立的矩阵模型，从象征符号设计和隐喻设计策略进行补充，并对这些方法在办公建筑、政府建筑、学校建筑、公共建筑、半公共建筑及私人建筑等领域进行例证。在文章中，他对这些方法做了进一步阐述：实用主义设计策略是运用传统建筑的遗传特性力求再现原貌，将传统建筑元素直接抄用和粘贴到新建筑中去；标志设计策略是利用元素和词汇创造新的建筑类型和功能，力求再现传统建筑形象；类推型设计策略是避免直接抄袭和引用传统元素符号，设计出类似传统建筑的新建筑；原理设计策略是通过将传统建筑的设计原则通过新的设计方法展示，从而努力形成文化认同，同时强调不对传统元素以及传统建筑外形的抄袭；象征符号设计策略侧重诠释传统建筑中的原则和元素，并避免抄用传统元素和外形；隐喻设计策略则试图从传统建筑中分离出来，创造新的经验并得到当代文化的认同。除上述六种以外还可能存在其他的手法体现建筑文化的个性，但这些方法并不完全适用于中国国情，也不等于是最好的方法。我们要加强对这些方法的研究，判断其价值和适用性，有选择地运用，具体分析不同国家、不同地域、不同设计任务书，找出适合的最佳设计方案。

（4）设计审核、设计回顾与评价

在设计控制过程中，设计审核、回顾与评价对保证设计质量起着至关重要的作用。Punter在2007年英国城市设计学术期刊上发表了一篇关于设计审查及发展管理原则的文章，文章分为社区远景、设计、规划和分区、广泛的实质性设计原则及正当程序这四大类，列举如何建立设计审查及发展监督管理的十二大原则。Professor Heath也在论坛中反复强调设计周期循环中的重要环节就是设计审查，他指出英国的CABE（Commission for Architecture and the Built Environment，建筑与建成环境委员会）是实施设计审查的独立政府部门，指定活跃在各界的知名建筑师、城市规划师和城市设计人员对重要的建筑与城市设计进行审核，并在项目设计过程中给予专业的修改意见。因而，他们是确保设计质量与公众利益的关键，并本着公平、公开、公正的原则拥有一套特殊的系统以确保鉴定质量。

三、结语

正确认识全球化是历史发展的趋势，它具有同一性，也存在地区、民族、时间和空间上的差异性。全球化对不同地域的影响，要针对具体情况具体分析，具体问题具体解决。建筑师与城市设计师应以人为本，起到平衡需求与供给的关键作用，特别要加强对公众和城市决策管理者的教育。在城市建设和设计的各个环节，明确项目任务书以及完善管理控制体系。全球化是人类发展和演变的一个过程，也是城市和建筑发展过程中的一个重要环节。中国已处在全球化大潮中，并已成为变化的一部分。我们应利用全球化这一发展契机，发掘富有中国特色的建筑。

注：在这里要特别感谢我的导师Tim Heath及所有论坛的参与者对这篇文章的贡献，他们是英国诺丁汉大学建筑学院的建筑系主任Tim Heath（英国），建筑系讲师Katharina Borsi（德国）、朱岩（中国）、王琪（中国），在读博士生王怡雯（中国台湾）、Isin Can（土耳其）、Ehab Kamel（埃及）。■

参考文献

[1] 孙成仁. 中国城市：现代性、文化风险与未来选择[J]. 城市规划，2004（12）：58-62.

[2] 肖默. 建筑意——建筑文化与建筑艺术读本[M]. 合肥：安徽教育出版社，2005.

[3] CHAPMAN D W, LARKHAM P J. Urban design, urban quality and the quality of life: Reviewing the department of the environment's urban design campaign[J]. Journal of Urban Design, 1999(2): 211-232.

[4] John P. Developing Urban Design as Public Policy: Best Practice Principles for Design Review and Development Management[J]. Journal of Urban Design, 2007(2): 167-202.

[5] MAHGOUB Y. Architecture and the expression of cultural identity in Kuwait[J]. Journal of Architecture, 2007(2): 165-182.

[6] KING A D. Space of Global Cultures: Architecture, Urbanism, Identity[M]. London: Routledge Press, 2004.

功能与形式的完美结合
——浅谈张家港市第一人民医院建筑创作体会

孟建民 侯军 王丽娟
深圳市建筑设计研究总院有限公司

项目背景及设计原则

张家港市第一人民医院是一所具有1 000床规模、年门诊量50～60万人次、年手术8 000人次的大型综合医院，总占地12.24 hm^2，总建筑面积13.53万 m^2，是张家港建市以来医疗资源投入与整合最大、地位最重要的医院项目之一（图1）。

本次设计为张家港市第一人民医院易地新建工程，紧密结合医院建筑发展动态，贯彻“高起点、高标准、高水平”的原则，既要有超前意识，又要充分考虑现实可能，厉行节约、节能、生态、以人为本，运用有限的资金塑造平面布局合理、功能流线便捷、环境空间优美、医疗设施一流的智能化、生态化的“绿色”综合医院。

总体布局

根据建设场地位置、周边环境、人流组织、交通流量、常年主导风向及使用功能要求等，我们提出集中式的建筑组合布局方式，即根据使用功能要求进行合理分区，布置了综合医疗大楼、核医学高压氧舱楼、传染病楼、后勤保障楼、垃圾站、污水处理站等功能用房，力求实现污洁、动静、内外、医患流线明确而互不干扰。“医院街”的引入使建筑功能的组织更富条理性，并自然加入更多的商业服务和人性化空间，从而较好地体现了“外重环境，内重功能”以及“对病人和医务人员的双重关怀”。

1．总平面设计

医疗综合大楼以集中式的圆形建筑为基本母题，将门诊、急诊、医技、住院、行政办公、科学研究室、后勤服务、停车、设备等功能有机组织在一起，构成医疗综合大楼的主体建筑；将传染科、核医学、同位素、高压氧舱、中心吸引、教学培训、职工宿舍及营养餐厨房以及污水处理、垃圾站等功能性用房布置在北侧，满足间距要求，营造出现代化的“医院城”；通过高效、宽敞、明亮的“医院街”联系各部分空间，有效缩短病人就诊路线和流程，也方便医护人员的工作。主楼为16层圆弧形板式建筑（住院部），裙楼为3层（局部4层）医疗功能性用房，同时设有单层的“卵形”学术报告厅以及地下一层后勤服务性用房。院区共设置5个功能性出入口，包括医院街和门诊出入口、急诊/急救和住院出入口、供应出入口、北部出入口（传染科、核医学、高压氧舱、示范教学、食堂宿舍、后勤服务等主入口）、污物出入口。

医疗综合大楼根据建筑功能进行了出入口的合理安排：门诊、儿科入口设在建筑东南部，通过门诊大厅、门诊中庭、医院街组织人流集散；急诊、急救入口设在建筑东部，可方便进入急诊、急救大厅和与之配套的功能性用房，并与门诊中庭相连；住院部位于建筑北部，住院主入口设在东北侧和南侧（医院街），并在住院大堂周围安排商场、超市、餐馆、咖啡厅、邮局、银行、美容美发等综合服务设施；医技楼位于门诊、行政办公、科研培训楼和住院部之间，通过医院街和东、西庭院解决出入问题，其位置适中、使用方便，整个建筑布局、功能分区合理，洁污路线清楚，避免或减少交叉感染。

2．交通流线

根据医院内部的功能分区以及各部门之间联系的密切程度，设计将不同性质的流线分别组织（如核医学高压氧舱、传染科等），将关系密切的流线集中考虑（如门诊、急诊、医技、住院、行政办公等），并在空间位置上集中布置。因此，大楼内部交通组织以医院街和架空连廊方式将各功能区域连通，形成便捷明晰的立体、水平交通系统，便于医护人员的使用和设备管网敷设。

3．功能分区与远近期结合原则

由于用地较紧张，设计采用集中式建筑布局，较好地解决了建筑占地与停车环境绿化、附属建筑之间的矛盾。根据张家港市总体规划及医疗卫生网点的布局要求，本综合医院规划用地已基本满足近期使用和远期发展要求。另外，医疗综合大楼设计时考虑了在门诊、医技部可加建第四层的可能，以满足今后日益增长的发展需要。

现代医疗理念的引入

为适应中国医疗理念由计划型向服务型的转变，我们在建筑内部引入一定量的非医疗空间，在医院街两侧、门诊大堂、住院大堂等处布置方便患者的小型商业服务设施。为了切实、有效地贯彻人性化设计理念，我们在对各种人流活动分析之后，采取了如下设计措施：

单人诊室——诊室的私密性是病患空间人性化要求的重要方面，因此大多数诊室为单人诊室，保证医患一对一的治疗过程。

治疗室、ICU、苏醒等用房——考虑这些用房的特殊功能要求，我们为每个病床加设了垂帘围挡，保证病人在被抢救、治疗期间的隐私要求。

候诊空间——候诊是患者诊疗程序中最费时间的一个过程，候诊方式、空间布局和环境条件对患者的情绪有很大的影响，为了确保诊室的安静和秩序，设计采用分科一次候诊方式，将候诊空间布置在紧邻公共走道、有自然采光通风的地方，并设置吊装电视、书刊杂志栏和室内绿化等，为患者创造了宽敞明亮、舒适温馨的候诊环境。

电子呼号系统——首层挂号区及各层候诊区均设计电子呼号系统，避免了排队等候的拥挤现象，这种良好的就医秩序可以有效缓解患者的焦灼情绪，更是良好就医环境的体现。

人性化医患通道——各层均在诊室内为医护人员设置宽敞的休息交流空间。另外，大部分诊室均分设医患入口，医生、病人分别通过专用通道进入诊室，避免了无关病员对医生的干扰。

无障碍设计——设计严格按照国家相关规范、规定设计医院的无障碍设施。室外设有完善的盲道系统、残疾人停车位、主要出入口的残疾人坡道等；在室内，可通过盲道到达首层大厅的分诊台，设有单独的残疾人卫生间、无障碍电话亭、取药柜台等，在病人活动区域设专用靠墙扶手，专用无障碍电梯设有盲文控制面板和语音提示系统。

建筑设计

1．医院街

宽敞的室外通道（灰空间）与室内通道（较长的纵向大厅）贯穿整个建筑，并将各个分区和部门串联起来，既方便患者到达目的地，也极大地方便了各部门医护人员的联系与沟通。医院街两侧还安排人流相对较少的公用服务空间和专科门诊候诊厅出入口，运用“共享大厅”概念（贯通四层、设回廊及天桥）改变了传统医院的拥挤、狭窄、低矮与嘈杂现象，换之以宽松、开阔、高大、明亮，使人们的就医过程变得更加方便和舒适（图2）。

医院街与联系通道自成体系，设置自动扶梯、楼梯、回廊、天桥及独立的设备系统，形成独立的防火分区。医院街设置拱形玻璃采光顶，并在内侧设置活动式遮阳布帘，减少阳光直射，并在玻璃顶下部结合段设置可自动开启及调控的通风百叶窗（图3）。

2．门诊、急诊、急救、医技楼

门诊、急诊、急救位于医疗综合大楼裙楼的东南部（医院街东侧）；功能检验、医技、手术部等位于医疗综合大楼裙楼西北侧（医院街西侧）；行政办公、科研、学术交流用房位于医疗综合楼裙楼西南侧（医院街西侧），以医院街为主线展开各自的功能组织且相对独立，便于使用与管理。

医技楼位于裙楼西北侧和东北侧，介于门诊、急诊、急救和住院部

图1　主入口建筑形象（摄影：陈勇）

图2　医院街入口及报告厅（摄影：陈勇）

图3　医院街内部（摄影：陈勇）

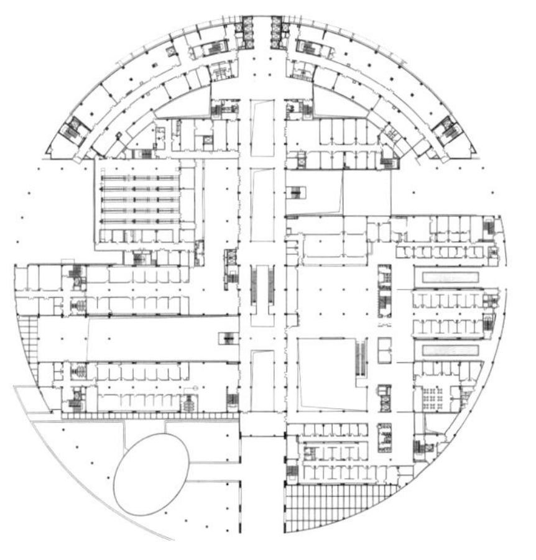
图4　一层平面

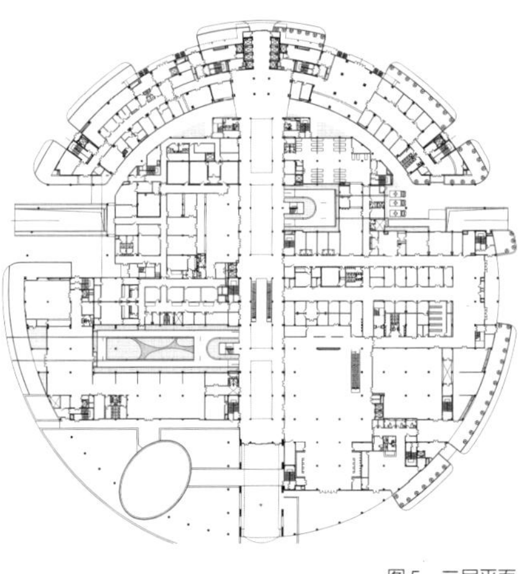
图5　二层平面

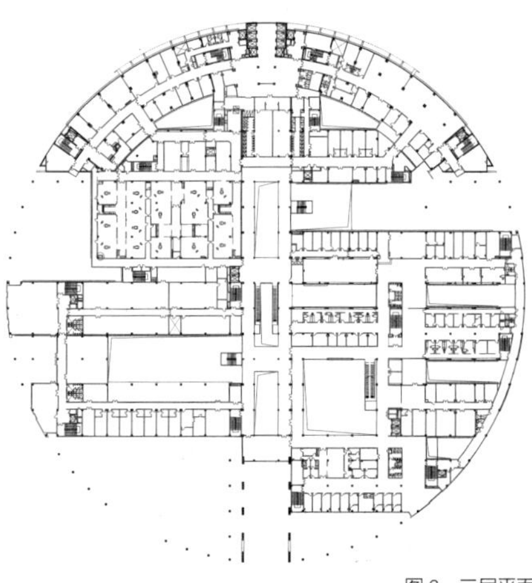
图6　三层平面

图7 取药大厅（摄影：侯军）

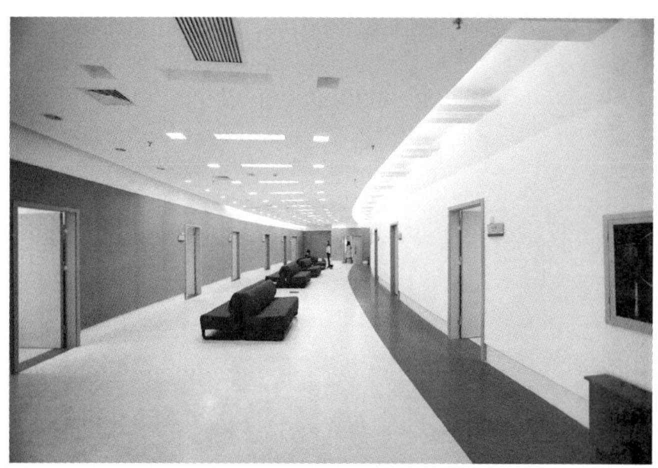

图8 体检中心（摄影：侯军）

之间，是医院硬件水平和医疗水平的重要体现。其主要功能科室为：中心检验部、影像诊断部、核医学与放射治疗部、中心手术部。

3．住院大楼

住院大楼由各科病区、护理单元、出入院处、医护人员用房、住院药房等空间组成，位于医疗综合大楼北部，为主体是16层圆弧形板式建筑。一层靠东北侧为主入口大堂，并设有相应的服务设施；二层东侧为住院部、药剂中心，西侧与裙楼一部分房间为该院的健康评估中心；三层东侧为病理检查，西侧为手术室配套的重症监护ICU；四层为架空屋顶花园——住院患者户外休闲活动空间；五至十六层为各科室的住院部，其每层划分为两个护理单元，每个护理单元由40张病床、相关诊疗设施以及配属的医疗、生活、管理、交通用房等内容组成。此外，两个护理单元共用一个主交通核——6部病床电梯和2部客用电梯所组成的垂直交通中心，每个护理单元内又分别设置两部防烟电梯、一洁一污垂直电梯和医患分流双流线走道（图4~图6）。

4．传染科病房楼

考虑传染病房楼的特殊性，本方案将传染科的不同人流入口根据洁污分区关系合理组织医患分流，使其既能达到高效便捷要求，又能减少不同人流交叉感染。基于传染病房楼定位为张家港市传染病医院，故设计须兼顾应对未来突发事件的应变能力。建筑的西侧预留紧急病人出入口，并保证在大规模疫病突发时该病区的封闭与独立。四层病房区平时可作为普通病房，在特殊情况下可作为应急病房使用。

传染病房楼里传输系统采用气动传输，洁污分开。探视家属与传染病人可在东侧休息平台上的接待室通过隔离窗会面。

建筑空间环境及造型设计

造型设计基于"融入城市环境，丰富城市风貌，创造城市新景观"的理念，着力塑造富有独特个性的现代化、生态型、高技术的建筑形象。立面设计简洁、庄重，通过生态型建筑屋顶（钢构架）柱廊、阳光庭院、圆拱形玻璃通廊（医院街）、浮在水面上的"蛋"形建筑以及建筑灰空间等形成统一完整的大裙房，并与舒展的圆弧形板式住院部大楼形成拓扑关系，给人以强烈的震撼力和感染力；通过空间的交错、渗透以及立面肌理、材料的对比与变化，创造出一个具有强烈时代特色、反映新时代大型综合医院建筑个性的形象。

建筑群体及空间序列变化丰富，医院街、各功能空间入口大堂、中庭、过厅、走廊、公共活动空间及各使用空间有机组合，注重个性化室内空间环境的营造，对病人的生理、心理和社会需求的满足（图7，图8）。

传染病楼、核医学与放射治疗部同食堂、教学、宿舍楼三个功能区各自独立，故设计采用飘板结构，将传染病楼与食堂宿舍楼连为整体，并在医院的纵向轴线上形成两层通高的门洞，与南侧的医疗综合楼遥相呼应，凸显整个院区的整体性和逻辑性。细部设计采用与医疗综合大楼相似的元素，与一期保持一致。

结语

张家港市第一人民医院以其新颖、独特的圆形建筑造型给人留下深刻的印象。"圆形"象征着一个生命周期的轮回，生老病死是每一个人所必然经历的生命过程，对于绝大多数人来讲，"生"与"死"，都是在医院发生的；"病"可以看作是"生"与"死"之间的驿站，它可以供给"生命"一个停靠的地方，让人进行调理和修整。如果这些驿站是一个个温馨的"家园"，是一个个充满人性光辉的地方，那么生命无疑将变得更加眩丽多彩！

我们期待着张家港市第一人民医院的建成会大大改善张家港的公共卫生环境，成为人类生活的温馨驿站！■

为人的高层超高层建筑

戴复东
同济大学建筑与城规学院

人类从古至今都有喜高、登高、居高的愿望和需要，以满足远眺、俯瞰、近天、神居的欲望及作为超乎人力的崇敬与象征。因而，对高层建筑的界定与历史上科技水平、建造能力有关。很久以前，建造5层以上的楼房就很困难，达到8层仅上楼就很吃力，因此3层、5层、8层的建筑在很长时间内均被称为"高楼"。世界上任何一种人造物的实现都是需要与可能的结合，没有可能，需要就是空想；没有需要，可能就没有意义。为人的高层、超高层建筑也不可能违背这种规律。

最初，高层建筑的产生取决于三个条件：首先，在城市发展方面，19世纪产业革命后，因城市化加快，经济增长、人口集中、地价昂贵、建筑往高的发展势在必行；其次，在建筑材料方面，因钢铁产业发展，安全性高、力学性好、自重较轻、施工便捷的新材料出现，是高层建筑产生的技术支撑；最后，垂直交通工具——电梯的发明，方便人与物在高层建筑中的上上下下。在19世纪末，只有美国才同时具备以上这三个条件。而1871年芝加哥的大火及纽约特殊的经济地位，为高层、超高层建筑的应用、成长提供了机遇和条件。

高层、超高层建筑是耗资、体大、费时的高技术工程。1885年世界上第一幢以钢铁框架为主体架构、砖石自承重外墙、10层高的芝加哥家庭保险公司大楼建成到现在不过是123年的时间。这些建筑当时被称为摩天楼，它代表着人类在此方面的知识和成就，但现在看来这仅是大幕开启不久，好戏、大戏还在后面。通过长时间的实践和探索，人们发现在较高处工作生活，会受到风灾、地震、火灾、倒坍、风动、位移等影响安全与舒适性问题；同时在较大面积和体量的建筑内工作、生活，通风、空调、照明、用水、排污、通讯、自控等都会与普通的非高层建筑有所不同。高层建筑等于是在一块面积不大的基地上竖向叠加起的小社区或小城市，而其中大量人和物的水平移动和联系则要转化为垂直方向的移动和联系。这就是与众不同、与前不同的新需要，还有很多领域和问题有待深入研究探讨。

1972年在美国伯利恒的里海大学召开的国际高层建筑会议，将高层建筑划分成四类：9层~16层（高度50 m以下）、17层~25层（75 m以下）、26层~40层（100 m以下）、40层以上（100 m以上），100 m以上即称超高层建筑。根据我国《高层民用建筑设计防火规范》（GB50049－95）的规定：10层以上的居住建筑和建筑高度超过24m的多层公共建筑属高层建筑。建筑高度指地面到檐口或屋面面层高度，屋顶上水箱间、电梯机房、排烟机房和楼梯出口小间不计入建筑高度。100 m为一个高度的分界线，100m以上属超高层建筑，在建筑防火抗灾、平面布局及设施装置方面有不同要求、不同规范，必须严格按规范执行。建筑高度超过250 m，建筑设计采用的特殊防火措施应提交国家消防主管部门组织专题论证。

高层建筑出现不久，因其为人们从未见过的新事物，必然会有质疑和反对的声音。1908年11月28日《美国建筑师与建造新闻》上有人提出："除去原有美学顾虑外，'摩天楼'的继续建造，将对公共卫生、安全和防护构成威胁，应当被禁止。"但随着城市中高层、超高层建筑持续不断地建造，又出现另一种赞同的声音，1929年在美国《摩天楼的历史》一书中，作者写道："在摩天楼后站立着国家的领导部门……那些鼓吹取消它们的人不会取得成功。"到了20世纪70年代，在美国"城市的天空有一片一片被吃去的危险""城市和房屋的阳光有越来越多被剥夺的悲哀"的抱怨声源源不断。于是有人提出："摩天楼是可怕的，应当在人类集居地宣布其为非法，"而持续建造的现实又使很多人认为摩天楼是伟大的，应当成为未来的潮流。2001年9月11日，恐怖分子用飞机撞毁了纽约世贸中心双塔，"太可怕了，应当停建"成为更多人的共识。7年下来，事过境迁，经济发展、城市繁荣的推力又将"它是伟大的"思想推上台前。

由于抗风、防震、防火、防灾等安全问题是高层建筑设计中的首要问题，所以在其发展初期，高层和超高层建筑形体的高度、层数、层高等都是由结构工程师和力学专家估算决定，建筑师只能在屋顶、檐口、门窗、上下窗间墙、底层入口等位置，采用一些古典建筑符号加以点缀。20世纪60年代电子计算机应用和软件开发，使结构的计算工作一下子找到了挥天利剑。到了20世纪80年代因各种程序的出现，新一代能熟练操作软件的年轻结构工程师被培养出来，高层、超高层建筑采用任何形式似乎都是可能的。随着计算机在开发策略、施工、管理、水、暖、电、通讯、自控等方面的应用，建筑形态、功能、造价比较容易达到统一。至此，直角相交的塔楼就很少出现了，代替它的是多棱角平面的、多折皱平面与立面的、弧形平面与立面的、曲折平面的、多平台立面的、绵延起伏立面的、三维变截面体量的高层、超高层建筑（图1）。

20世纪80年代以来，在美国和太平洋西岸展开了世界第一高楼的竞争：从381 m的纽约帝国大厦到417 m和415 m的纽约世贸中心，到442 m的芝加哥西尔斯大厦、452 m的马来西亚雅加达双塔、509 m的台北101大厦，再到预计2009年建成700 m高的阿拉伯联合酋长国伯吉迪拜高塔……此外在北美、西亚、东亚等不少地方排名投资建造争取世界或地方第一、第二、第三的高楼。高些、再高些，似乎已成为人类永远的追求目标。而欧洲城市规定建筑物阴影不应投在教堂上，非洲多数国家因经济发展较迟缓，所以他们没有参加高层、超高层建筑高度的竞赛。

图1　纽约第七大道750号大厦、达拉斯喷泉广场第一洲际银行和马德里之门

图2　米兰国际展览中心旁三座高层大厦

图3　瑞典玛尔摩市高层住宅

图4　多伦多梦露大厦

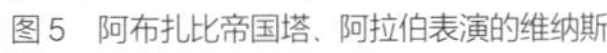

图5　阿布扎比帝国塔、阿拉伯表演的维纳斯

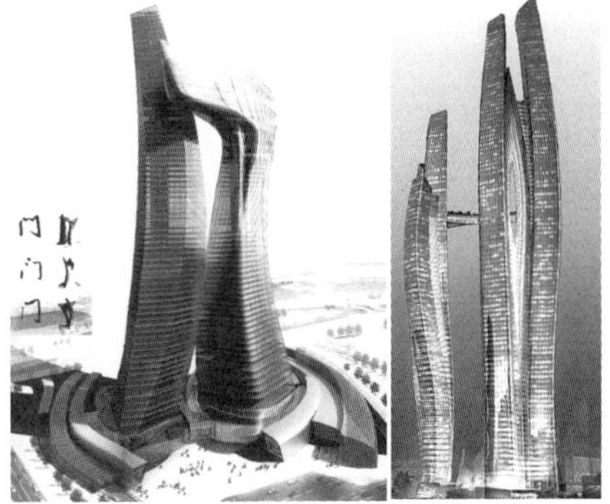

图6　"亚细亚大门综合体"、曼谷合作塔楼

早期人类对直线的发现与绘制就是科技史上重要的跨越。在以后的近几十个世纪中，直线的线性在建筑领域占据统治地位。到近代，非欧几何的运用、非线性原理与方法的运用、计算机应用与软件发展、信息科学发展推动着很多学科的发展与扩大，影响到建筑领域，由计算机模拟的非直线性成为人类在建筑科技发展上又一个里程碑式的进步。不规则的非线性结构安全性问题在低层建筑中较易解决，于是得以应用，也在一定范围内取得成果。很快地，非线性方法也被人们应用到高层、超高层建筑中来，一时间，多维曲线退拔形态、扭曲形态、偏斜形态纷纷出现。这又引发社会上的两种意见：一种认为，这是科学领域内的探索，应当认可；而另一种认为，形态远离线性建筑的稳定面貌，不能接受。于是又发生了"可怕的"与"伟大的"这两种观点的新一轮矛盾斗争。例如最近在意大利米兰国际展览中心建造的一座呈鞠躬形态的高层办公楼，其形态遭到意大利总理的"恶毒抨击"，而设计者也毫不客气地予以还击（图2）。

看来，形态的美丑虽值得人们重视，但关键还是建筑结构和防灾的安全性及是否有利于使用（图3）。不久前在加拿大多伦多市"完美社区的完美塔楼高层住宅国际设计竞赛"中，我国建筑师马岩松先生领导的设计组中标，其方案的平面主体核心部分为圆形，从下到上大小不变，而另外附贴的一片月牙形平面，由下而上随每层位置有序地逐层变化，最终形成躯体扭曲的56层住宅生活大厦，较有特色。业主也决定按此方案建造，并将其昵称为"梦露大厦"，住宅一经面世即全部售出（图4）。于是业主又主动约请马岩松设计小组，在梦露大厦旁再建造一座与她呼应的另一座住宅。这些均说明社会有这种"需要"，也拥有这种可能。非线性高层住宅虽得到认可，但它的进一步发展看来仍不轻松。

"奇特些、再奇特些"已成为社会上一部分人的需要。最近，在世界一些地方，即将建造的高层、超高层建筑中不少业主希望与众不同、与前不同，建筑师与一些结构工程师也希望做到这一点，这个愿望虽是好的，但希望能量力而行。根据《建筑与感观追求》一书的介绍，一家位于香港的建筑设计公司，在中东、南亚做了很多令人惊奇和亮眼的建筑设计，并将其命名为："阿拉伯表演的维纳斯""阿布扎比舞蹈双塔""阿布扎比帝国塔"、"曼谷合作塔楼"、"亚细亚大门综合体"等（图5，图6）。这些呈退拔扭曲性形态的高层、超高层建筑大部分属张牙舞爪、鞠躬弯腰、扭身退拔、歪头环颈一族。其中一些已开工建设，实现了建筑师的美好追求。如果它们真能实现，并经受得起风、震等灾害的破坏，同时在灾害发生时能便于逃生，它们的建造将使高层、超高层建筑产生重大突破。

但不管是线性还是非线性的高层、超高层建筑，社会或业主仍会重点关心以下问题：首先，是安全的绝对保证，打擦边球的安全是行不通的；其次，是形态不能影响使用；再次，是垂直交通和设备管道保持方便通畅；最后，形态不要令社会的多数人感到厌恶。

看来，高层、超高层建筑是"可怕的"或"伟大的"这两种对立的观点会长期存在并争论不休。它们将何去何从，仍是需要与可能的情况有机结合，其前提是：人的绝对安全是最重要的砝码，因为这是为人的高层、超高层建筑的最根本需要。■

超高层建筑与城市空间互动关系研究

梅洪元[1] 梁静[2]

1 哈尔滨工业大学建筑设计研究院

2 哈尔滨工业大学建筑学院

从第一幢超高层建筑拔地而起的那一刻开始，有关它的争论就从来没有停止过。美国9·11事件之后，超高层建筑又一次成为人们讨论的焦点，整个世界对超高层建筑心生恐慌，其存在价值遭到质疑，反对和限制建设超高层建筑的呼声一浪高过一浪，理由更是五花八门、莫衷一是：形象工程、资源浪费、破坏城市景观、威胁城市环境、引发灾难、影响城市交通、存在巨大的消防安全隐患……

然而，超高层建筑并没有在人们激烈的争论声中停止前进的步伐，不仅数量没有减少的迹象，而且高度不断突破极限：2004年中国台北国际金融中心落成，使超高层建筑的高度一举突破500 m大关，而高达610 m的广州新电视塔和日本东京新电视塔以及阿联酋800 m的迪拜Burj Dubai大厦相继建设，又使超高层建筑成为世人关注的焦点。

通过分析超高层建筑引发的城市问题（表1），我们可以看到，问题产生的主要原因是超高层建筑与城市空间没有实现有机结合。因此，本文借鉴结构主义的观点①，重点研究超高层建筑与城市空间的关系，探讨二者之间的相互作用机理，揭示其中的规律，并试图建构一个相对普适的关系评价框架，为两者建立积极的互动关系提供导引。

一、超高层建筑与城市空间的互动关系

超高层建筑的建设、使用以及自身的形体会作用于城市空间，尤其体现在超高层建筑的城市集聚作用及其对城市空间视觉方面的影响。超高层建筑以城市为背景，与城市空间的结构、景观、功能以及环境产生互动性关联，这些关联要素影响着超高层建筑的发展，同时超高层建筑的发展也反映并促进了这些要素的发展。

1. 与城市空间结构的互动

首先，超高层建筑的布局与城市空间格局的变化紧密相连。城市不断发展进化，因此其空间结构也是动态变化的。埃里克森（Rodney A. Eriekson）将城市空间结构的发展过程归纳为集中——分散——再集中的周期运动，此过程以“集中”为特征，其中的分散过程可以理解为在另一个区域的集中，超高层建筑的建设在这一过程中也可以被看作一种集聚的方式，即“为了分摊高昂地价的垂直性集聚②”。随着城市土地的日益稀缺，这种以超高层建筑建设为主的垂直性集聚已经成为形成城市中心与副中心的主要方式。

其次，城市中心区超高层建筑的发展，可以促进城市功能的自我调整，发挥城市空间结构的自组织机制优势，有效促使城市空间结构在新层次上的发展和自我完善。例如超高层建筑使费城中央商务区（central business district，简称CBD）沿商业大街向西平稳移动，使纽约CBD核心区自百老汇向北移至23街，第五大道成为移动轴。同时，超高层建筑又对CBD具有阻滞和逆转作用，例如克利夫市1927年竣工的213 m高的顶点大厦，使几十年一直向东移动的CBD发生逆转而在公共广场附近保持40年之久；20世纪30年代建成的洛克菲勒中心，成为纽约城CBD旧核心之外的副核心。

表1　超高层建筑引发的城市问题列举

城市问题	表现特征
布局矛盾	超高层建筑密集区建筑密度过高、绿地较少、日照的矛盾突出，非密集区则随机分布、没有秩序，有损历史风貌、破坏自然地景形态
屏风效应	高楼密集成片犹如天幕，会危害局部物理环境和景观环境，影响周围居民的生活环境、空气质量、景观及自然采光，令居民感染呼吸道系统疾病的比例增加
过度标志	超高层建筑争当城市空间中的主角，导致标志性建筑泛滥，城市空间秩序混乱缺乏整体感，相互之间缺乏必要的功能联系，相邻建筑的公共设施缺乏统筹规划
特色危机	城市历史文脉失落，许多有价值的风貌荡然无存，缺乏特色、面貌雷同的现代化摩天大楼以及大都市的巨大尺度中使人们不知自己置身何处，丧失了归属感和家园感

2. 与城市空间景观的互动

首先，超高层建筑与城市空间景观的互动表现在城市天际轮廓线上。由于天际线是城市整体面貌的垂直空间投影，反映的是城市建筑的总体轮廓，因而超高层建筑的高度及密度分布成为控制天际线的两大主要指标。建筑高度与天际线有必然的联系，但并不是高度越高，天际线特征越明显。对天际线有明显影响的是建筑体之间的高差，同时，建筑密度也在一定范围内影响天际线的趋势和走向，超高层建筑的密度过大会影响天际线的轮廓，并掩盖建筑单体的特色。比如上海浦东陆家嘴地区，由东方明珠、国际会议中心、金贸大厦等建筑构成的黄浦江东岸天际线目前十分清晰，但随着未来该地区筹建中的超高层建筑相继落成，其轮廓线的艺术美感必将因过高的建筑密度而大大降低。

其次，超高层建筑与城市空间景观的互动还表现在景观视廊的创造与保护上。景观视廊是城市景观资源的重要体现，形成通畅的景观视廊是城市设计的重要原则之一。不同城市格局中景观视廊的表现形式也有所差异，有的是自然环境的融合，有的是历史节点的汇聚，但无论何种形式，超高层建筑都会与景观视廊的强化与整合产生强烈互动。处在景观视廊序列中的超高层建筑必须自觉服从和服务于城市空间塑造的整体要求，其造型设计和空间布局应有利于序列感的形成。例如巴黎德方斯拱门前的超高层建筑造型都较为简洁，而且大都布置在轴线的两侧，既是城市轴线的尾声，同时也衬托了德方斯拱门的中心地位。

表2　超高层建筑与城市空间互动关系评价框架

一级指标	二级指标	主要评价内容	评分				
			好(2)	较好(1)	不足(0)	较差(-1)	差(2)
城市空间结构	集聚与扩散	城市集聚作用力					
		城市扩散引导力					
城市空间景观	宏观尺度	天际线的秩序感					
		城市景观视廊的创造与保护					
	中观尺度	重要景观节点的形成与保护					
		区域城市空间景观的维护					
城市空间功能	内部功能影响	运行效率提高度					
		生活方式丰富度					
		群众满意度					
	外部功能影响	楼宇经济效益率					
		提高城市竞争率					
		政治影响力					
城市空间环境	人文环境	文化体现度					
		群众认可度					
	物理环境	基础设施改善度					
		自然环境影响度					
总分		以上各项分数相加					

注：评分标准（好——优势所在；较好——有待改进；不足——亟需改进；较差——需花很大力气才能补救；差——难以挽回）

最后，由于规模大、体量显著，超高层建筑的总体布局对区域城市空间会产生较大的影响。因此超高层建筑的总体设计，须首先积极研究周边的建筑形态及该区域城市空间的城市设计导则，选择合理的布局方式，与周边的建筑共同构成连续、积极的区域城市空间。

3．与城市空间功能的互动

超高层建筑与城市空间功能的互动表现在对于城市功能的优化上，根据西方城市学家将城市功能分为基本功能（即外部功能）和非基本功能（即内部功能）的理论基础，我们将这种优化分为内部功能的优化和外部功能的优化。城市外部功能是指一个城市对本市以外区域提供服务的功能，即其作为区域中心的作用，是城市形成和发展的原动力。城市内部功能是指城市为其内部企事业单位、社团和居民服务的效能，表现为城市自身的凝聚作用，是维持城市自身正常运转的保证。

内部功能的优化包括城市运行效率的提高以及居民生活方式的丰富。超高层建筑依靠内部多种功能的综合化、功能组织模式的多样化以及建筑交通的一体化大大提高了城市内部系统的运行效率，同时也改变了人们的生活环境和生活方式。超高层建筑如果要实现丰富居民生活的目标，必须积极开发和创造多种空间组织模式，同时维持街道的氛围和形态，从而使城市保持活力。

外部功能的优化包括城市经济的促进、城市竞争力与政治影响力的提高等。超高层建筑是时代的产物，不能脱离政治、经济和技术的发展。首先，它对于城市经济的发展具有促进作用，比如上海超高层建筑的建设十分显著地带动了经济的发展，楼宇经济已成为上海市中心各区的主要税收来源；其次，许多成功的超高层建筑策划能够提升城市的政治影响力和城市形象，从而实现"一幢楼带起一个城市"的触媒效应，比如马来西亚的佩重纳斯双塔标榜了民主政治的成就和民族自信心，中央电视台新址大厦的建设则彰显了中国改革开放所取得的辉煌成就。

4．与城市空间环境的互动

超高层建筑与城市空间环境的互动包括两个方面——与城市人文环境的互动和与城市物理环境的互动。一个城市的人文环境由许多因素综合形成，超高层建筑作为物质载体能够反映出城市的文化内涵和社会文化心理，其实现途径包括外部形象的文化表达、空间组织的内涵彰显、技术与情感的动态平衡以及城市文脉的开拓创新。借助超高层建筑的庞大体量，城市的文化内涵被成倍放大，并传递到城市各个角落，而那些经久不衰的建筑也必然是在文化表达上最大限度地获得群众认可的建筑。

城市物理环境是城市文化环境的基础保障，高尚的人文环境离不开舒适的物理环境。超高层建筑的建设通常会使城市的基础设施水平、局部区域的城市交通网络和市政工程质量得到改善，但却很难避免对城市自然环境的负面影响，因此在普遍追求绿色建筑的今天，超高层建筑的生态化设计受到前所未有的重视，减少其对自然环境的影响是每个建筑师都应肩负的责任。

二、超高层建筑与城市空间互动关系评价框架

1．价值与理念

评价超高层建筑与城市空间互动关系的强弱，除了关注其视觉影响，更重要的是探究两者在功能、经济方面的互动机制，需要我们从城市空间的结构、景观、功能、环境等各方面进行全方位考虑。一直以来，建筑领域对两者关系的分析缺少综合的评价方法，而一个相对普适的超高层建筑与城市空间关系评价框架可以较好地发挥作用（表2）。

2．互动关系评价

基于以上的分析，我们尝试建立一个评价框架，以超高层建筑与城市的互动关系为评价对象、其关系的强弱为评价结果，评价内容涉及经济、社会、政治、功能、环境、管理经营等多个方面，既有定量的评价。评价的总分被划分为三个层级——负分、零分、正分，分别表示关系弱、中、强。

三、结论

超高层建筑与城市空间关系的研究是一个理论与实践相结合的课题，涉及的内容也极其庞杂，从不同的角度出发，我们会看到超高层建筑与城市空间存在着不同的关系类型。本文尝试在理论层面为其建构一个探索性的研究框架，以期引起有关方面和同行的更多关注，在此基础上，从横向、纵向两个维度进行更深化的课题研究。■

注释

①特伦斯·霍克斯在《结构主义和符号学》中指出："结构主义认为，事物的真正质不在于事物本身，而在于各种事物之间的，并为人的认识所感觉到的那种关系。"世界是由各种关系而不是由事物构成的观念，是结构主义者思维方式的第一原则。根据结构主义观点，决定形式的主要因素是形式内部的组织关系，而不是取决于其构成元素。

②沙里宁在谈到城市的空间集聚时，精辟地总结了城市四种基本的集中方式，即为防御战争的强迫性集聚、为追求经济效益的投机性集聚、为分摊高昂地价的垂直性集聚以及为信仰目标及交往活动需要的文化性集聚。

参考文献

[1] 朱喜钢．城市空间集中与分散论[M]．北京：中国建筑工业出版社，2002．
[2] 孙志刚．城市功能论[M]．北京：经济管理出版社，1998．

高层建筑设计的全球趋势研究

安托尼 · 伍德[1, 2]　菲利浦 · 欧德菲尔德[3]

1 美国芝加哥高层建筑与城市环境协会

2 芝加哥伊利诺斯技术学院建筑系

3 英国诺丁汉大学建筑环境学院

一、全球范围内的高速发展趋势

毋庸置疑，我们正处于前所未有的高层建筑急剧发展期，这种发展具有全球性规模，从莫斯科到中东、从上海到旧金山，越来越密集的城市、越来越高的建筑不断涌现。即使与摩天楼建造的黄金时代——20世纪初芝加哥或装饰艺术运动中的纽约相比，我们也很有可能正经历高层建筑最高水平的发展期，而且这种发展是全球范围的。剖析其原因，可能会让人出乎意料。

1. 原因之一：地价

地价，一直都是驱使高层建筑发展的因素。不过，越来越多的城市，特别是在美国和英国这样的国家，通过在“商业-零售”为主导的中心商业区穿插“居住-休闲”功能，实现城市中心的复苏。这些相对较新的业态催动城市中心地价的提高，也使建筑高度成为兑现投资回报的必要因素。

2. 原因之二：全球性地标

超高层建筑的建造往往不是仅仅为追求商业上的回报率，很多人相信建筑在超过一定高度后，其创造的经济效益并不能像建筑形式那样“节节高”。创造一座凌驾于城市之上的建筑地标，一直都是超高层建筑的建造初衷。当今社会高层建筑成为衡量一座城市在全球范围内重要性的标志，因此各大城市争先创造具有全球品牌认知度的天际线。这一变化，将经营上的考虑变为城市（甚至是政府）的野心，而这种野心就体现在“世界最高”称号的争夺上。历史上我们有克莱斯勒大厦（Chrysler Building）或西尔斯大厦（Sears Tower），现在我们有台北101、阿联酋迪拜塔（Burj Dubai）、俄罗斯塔（Russia Tower）和上海环球金融中心（Shanghai World Financial Centre）（图1）。这些建筑本身就肩负着在世界舞台上“推销”所在城市的重任，同时也彰显地域性内涵。

3. 原因之三：可持续发展

密度更高、更浓缩的城市，目前被视为更利于可持续发展的生活模式的建立——通过减少城市向郊区的扩张、合理配置交通和基础设施网络，最终减少能量的消耗和有害气体的排放。当然，高层建筑是创造高密度城市的关键一环，它能以最小的占地面积承载更多的人工作、生活。另外，每栋高层建筑项目在经济和技术上的高投入，为可持续理念和生态技术的实践提供了机会，而这些实践对一些小型建筑项目同样具有指导意义。

4. 原因之四：世界贸易大楼的倒塌

世界贸易大楼的倒塌也许是过去半个世纪中发生的最具影响力的事件，它使我们产生了疑问：“在后‘9·11’时代我们是否应继续建造高层建筑？”在这7年中，若从高层建筑不断被提议和建造数量来看，答案是肯定的。这一事件曾导致世人对高层建筑的深刻反思，却促进了更全面的设计、更安全的建筑及更好的城市中心产生。政府、城市管理者、金融家、开发商也更多地体会到这场全球范围内自我反思的益处。自西尔斯大厦为美国赢得“世界最高”的称号以来，高层建筑在过去几十年间发生了很多变化。目前更多的高层建筑集中在亚洲，而不是北美。在2007年竣工的10大超高层建筑中，4栋在中东、4栋在亚洲、1栋在北美、1栋在欧洲。20世纪80年代以前，世界最高的建筑一般会出现在北美，钢结构为主体，功能是办公建筑。今天，这种概念几乎被完全推翻——设计、在建的世界最高建筑均位于亚洲和中东，混凝土建造且功能主要为居住，这也正是在建的“世界最高”的阿联酋迪拜塔的真实写照。单从高度来看，2009年即将完工的迪拜塔将超过800 m，比现今世界最高的台北101大厦还高300 m。

近期芝加哥高层建筑与城市环境协会（CTBUH）进行了关于“2020年20幢最高建筑”的研究（图2）。此研究是基于建成、已建、在建或“真实的项目计划”展开的（所谓“真实的项目计划”，是指开发方和设计团队正进行的设计项目，且深入程度已超过概念设计的阶段）。研究结果再次证明现今高层建筑的实践活动已离开北美，20栋建筑中的9栋会在亚洲、8栋在中东、2栋在北美、1栋在欧洲。就功能而言，其中只有3栋建筑是办公建筑。因而，未来的最高建筑不仅在分布区域上会发生变化，而且建筑高度也会不断突破。预计2010年，世界排名前100高的建筑叠在一起的高度会比2006年增高超过5 000 m。

二、可持续发展趋势

人工环境的营建是影响全球气候变化的主要因素，这点是被公认的。据推算建筑在建设、运营和维护时，大约要消耗其所用能源的50%，其排放的导致气候变化的气体占全球总气体排放量的50%。在此背景下，国际社会对高层建筑是否具有可持续性、能否成为我们现在和未来城市中正确建筑类型的问题，还没有统一的结论。有人相信，通过集中人口达到的高密度性（由此可减少交通费用，控制城市与城市郊区的扩张），加上建筑高度带来的经济性，使高层建筑这种形式从本质上成为可持续发展的一种设计选择。另外一派则认为，增加建造高度所消耗的能源，加之高层建筑对城市区域产生的影响，使它们从本质上就与环境对立。很多业主、开发商和涉及高层建筑开发的专业人士均陷入这

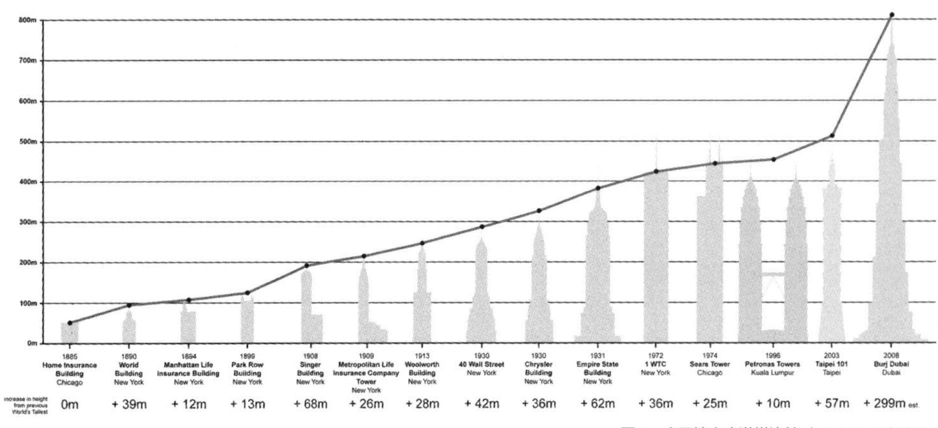

图 1 摩天楼高度递增比较（copyright: CTBUH）

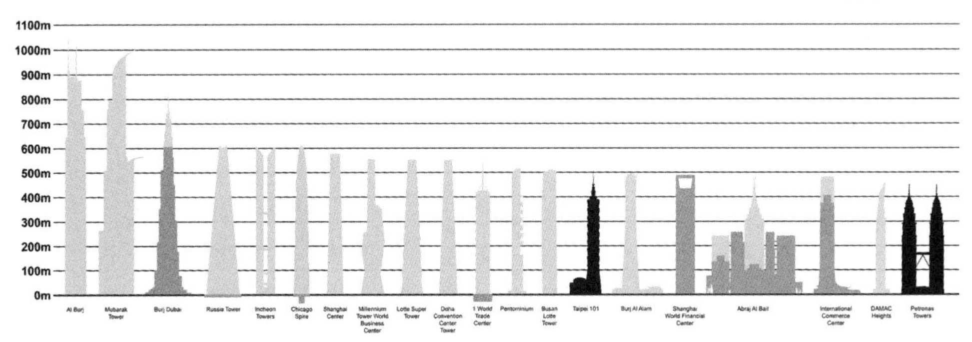

图 2 2020 年 20 栋世界最高建筑（图片来源 CTBUH）

场争论中，至今尚无定论。

目前大多数高层商业塔楼，在国际范围内均遵循一种标准设计模式——直棱、直角，带空调的玻璃“盒子”。这种模式下的高层建筑与场地间没有形成特殊的联系，所以它们可被输送到世界的任何城市。不过也有很少的居住塔楼尝试避开这种只将高效楼层平面竖向堆放在一起的做法。

在过去几十年中，越来越多的专业人士和组织，将适当的环境回报作为高层建筑设计的主要推动力。这种新的设计方向，现正迅速地扩大其影响力，以适应当代对可持续性建筑的急切需求。如位于纽约的美洲银行大厦（Bank of America Tower）计划建成南美洲第一座获LEED（绿色建筑评估体系）白金认证的高层办公建筑。大量自然光引入，雨水收集系统、地送风系统的使用，热电联产、储冰系统的配置及许多其他科技措施的应用，使这栋办公楼只消耗同体量建筑50%的能量和用水量。迪拜DIFA Lighthouse Tower的建设目标是达到LEED白金认证，同时英国伦敦桥中心也以BREEAM（英国建筑研究所环境评估法）“Excellent”标准为目标。

三、低、零二氧化碳的能源制造趋势

近期高层建筑的重要发展趋势是以用地周围低、零二氧化碳的资源制造能源。尽管其中有很多技术仍处于试验阶段，但越来越多的已设计、完成的项目使用了风车、太阳能板、热电联供、冷热电联供、燃料电池和地热泵等系统，降低建筑整体能耗。在能源制造领域，最令人兴奋的是麦纳麦巴林世界贸易中心的建造。其类似机翼的平面形态使通过建筑间的海风得以加速，并直接吹到直径为29 m的风车上。这样，从整体上可节省11%~15%的电力消耗量。其他建筑，如广州珠三角大厦和伦敦Castle House也使用建筑结合风车的方式，在用地上制造干净的能源。

分析这些趋势产生的原因，我们认为是由于世界范围内城市管理者在法规、规范上的变化。如芝加哥市制定了加速绿色建筑获得许可的程序，意味着为能体现可持续优点的建筑提供更快、更便捷的规划申请步骤。迪拜也制定了绿色建筑规范，要求所有新建居住和商业建筑均应符合国际通认的环境保护准则。与此同时，伦敦规划要求所有新兴发展项目应利用现场可再生能源创造相当于10%的城市标准能源。

面对世界范围内高层建筑的建设大潮，特别是可持续性理念的不断发展，有一种倾向认为高层建筑已发展到最先进的时期，其实不然。在可持续设计方法和建造技术开始运用到高层建筑中时，要想使摩天楼“真正”达到可持续的目标，我们仍任重而道远。建筑材料所包含的能源消耗和碳释放量，结合在空调、照明和垂直交通方面的高运行能源消耗量，意味着高层建筑必须抓住每个机会去减少能源消耗并生产清洁能源。利用建筑高度，通过风能、太阳能和其他方法进行能源生产，其潜力不容忽视。未来高层建筑的最低目标应是“净零能源消耗”，即建筑在用地上利用可持续资源产生的能源与日常消耗量等同。而更高的目标则是真正地中和碳释放量，这就需要创造出能源的盈余量，以平衡从建筑施工、维护到逐渐瓦解，最后只剩废弃结构的整个建筑过程中所包含的能源消耗和碳释放量。

第二个挑战是关于高层建筑设计语汇的，特别是一座高层建筑与其所处城市区域间的关联。从形态上看，很多高层建筑如同高效平面在垂直空间上的拉伸，或是孤独的城市雕塑，虽然与城市背景的关系只是

视觉上的，但高层建筑通常呈现一种专横的姿态，孤独地耸立，不具备任何场所特性。这种构筑模式已敲响"同质性"警报，成为一种"放之四海而皆准"的摩天楼"垃圾"。因而，未来高层建筑与其所在场所间的关系应超越"场所"同义词的内涵，其设计灵感应受到场的物质条件和环境特点的启发。

第三个挑战存在于高层建筑的功能布局中。不论是在建筑内部还是在城市范围，为营建真正具有活力的综合设施，高层建筑必须要创新并超越那些标准的功能设置，包括办公、住宅和酒店，这些标准功能占据了全球高层建筑面积的95%。CTBUH和联合分支机构高层教研组研究了其他的设计方法不仅得到了富有创新性的建筑形式，而且还创造出新颖的建筑功能。Sky Farm项目能帮助缓解因农业进口（还有接续的粮食运输）导致的环境问题；Sports Tower安排体育功能，其中的游泳池也可被用作协调液体阻尼器；Solar Thermal立面上的太阳能遮阳板可作攀岩墙；Water Tower内部的竖向储水池能收集雨水且实现循环的最大化，建筑内部还可设置风能、太阳能农场。

在英国和美国大城市管理者已意识到，20世纪曾被广大市民追捧的市郊生活模式，不仅影响城市中心的发展，而且随能源消耗的不断增长影响全球气候环境。内城则因生活密度的相对集中、多样化的空间选择，而被越来越多的人广泛接受。

如果内城所提供的居住空间是保证城市未来发展的关键，在城市核心区地价逐渐增高的情况下，高层建筑已成为可灵活使用的策略以应对城市人口的激增。从表面上看，在英国和美国曾有很多成功的范例，从利兹到利物浦、迈阿密到芝加哥，英国曼彻斯特这座巨大城市的中心已由20世纪90年代的不足100人，在10多年后增长到1.5万人。

深入挖掘这些数据时，你会发现新城市居民中的大多数重新居住在城市中心，他们由两种社会经济群体构成——年轻的单身人士或新婚群体，还有就是"空巢"一族及年纪较大的退休人群，他们对面积较大的市郊住宅没有需求，反而想更方便地利用城市中的各项设施，如餐馆、剧院和公园。其他的社会经济群体属真正的、长期的往返于城市中心与市郊（大多数为家庭）的人口，他们依然住在市郊并继续着从城市向市郊的迁徙。

目前建成的高层建筑在不断收缩的城市人口面前，变得无足轻重。事实上英国在二战后迅速建成的高层住宅，大多是不受欢迎的，因为其建筑形式并不适合家庭。流行的小型公寓单元主要服务于单身和无子女的夫妇，当然，这一部分人口也寻求这种公寓。不过，也不一定要陷入这种局限中。高层建筑仍有重新发掘自身的机会，它可为密集的可持续性城市及在城市中生活的人提供理想的解决方案。高层建筑被视为不适合居住的主要原因是缺少开放、休闲、交往的空间，如街道、步行道、广场和公园等。我们可以在建筑纵向空间创造如空中公园和广场这样的空间，既增加安全性又营造舒适性。

从开发者的角度而言，在高层建筑中营造没有收入回报的开放空间，花费实在太高。不过高质量的设计品质及近期的可持续设计理念，已成为建筑创收的突出因素。人们越来越能接受为高质量设计和改善的环境（特别是带可持续性证书的建筑）付额外费用。举个例子，2006年由McGraw Hill Construction在美国对开发商进行的调查显示，可持续建筑的出租率要比一般高层建筑高出3.5%，房租水平也相应提高3%。

在大量建成的居住案例中，竖向的空中花园和交流空间在国际范围均被认可。如新加坡的Duxton Plain Housing、芝加哥340 On the Park和澳洲黄金海岸的Q1塔。但是一项来自商业办公世界的案例能更清楚地显示未来趋势。比起通常大家所期待的、楼层平面效率应在70%以上的指标，法兰克福德国商业银行的楼层平面效率只有50%，仿佛是开发商的"噩梦"。不过在失去的办公面积中形成的与建筑齐高的中庭、围绕建筑的半开敞空中花园及距工作台相距不过6～7 m的能开启的窗均为此建筑营造出高质量的绿色交互空间。建筑要进入商业市场，其内部环境的质量越高，单位面积所带来的收益就越大，同时还能通过改善环境提高工作效率。

要真正实现具有社会意义的可持续城市议题，未来高层建筑的发展应在环境、设计和功能方面作出更好的回应。作为一种建筑形态，为实现可持续的目标，高层建筑需重新发掘自身所蕴含的意义——高度集中的生活、工作、娱乐中心，带有创新的形式、技术和环境，去面对未来气候变化的挑战。■

参考文献

[1] ASTON A. Bank of America's Bold Statement in Green[J]. Business Week, March 19, 2007.

[2] DALEY R M, JOHNSTON S. Chicago: Building a Green City[C]//Proceedings of the CTBUH 8th World Congress "Tall & Green: Typology for a Sustainable Urban Future", Dubai, March 3-5, 2008.

[3] FOX R F. Provocations: Sustainable Architecture Today[C]//Proceedings of the CTBUH 8th World Congress "Tall & Green: Typology for a Sustainable Urban Future", Dubai, March 3-5, 2008.

[4] IPCC. Climate Change 2007: The Physical Science Basis. Summary for Policy Makers. Cambridge University Press, Cambridge, United Kingdom and New York, USA. OLDFIELD, P. The Tallest 10 Completed in 2007[J]. CTBUH Journal, 2008(1) : 16-17.

[5] OLDFIELD P. The Tallest 20 in 2020. CTBUH Journal, 2007(3): 24-25.

[6] SMITH A. Burj Dubai: Designing the World's Tallest[C]//. Proceedings of the CTBUH 8th World Congress "Tall & Green: Typology for a Sustainable Urban Future", Dubai, March 3-5, 2008.

[7] SMITH P. Architecture in a Climate of Change: a guide to sustainable design[M]. New York: Princeton Architectural Press, 2005.

[8] SMITH R F, KILLA S. Bahrain World Trade Center (BWTC): The First Large Scale Integration of Wind Turbines in a Building[M]. New York:John Wiley & Sons, 2007: 429-439.

[9] WEISMANTLE P A, SMITH G L, SHERIFF M. Burj Dubai: An Architectural Technical Design Case Study[M]. New York: John Wiley & Sons, 2007.

[10]WOOD A. Green or Grey? The Aesthetics of Tall Building Sustainability[C]//Proceedings of the CTBUH 8th World Congress "Tall & Green: Typology for a Sustainable Urban Future", Dubai, March 3-5, 2008.

标志性体育建筑与功能性体育建筑
——回顾北京奥运中心区三大场馆的设计与建设

付毅智

北京市建筑设计研究院

一、"鸟巢"与"水立方"——崛起心态下的"标志性体育建筑"

标志性体育建筑是指强调地域或地区标识作用、通过形态特点来展现某种精神层面纪念意义的体育建筑，其设计往往更侧重于鲜明的形象特征。

1．"鸟巢"——为标志性而生的体育建筑

2002年10月，北京举行"国家体育场建筑概念设计方案国际竞赛"。作为唯一独立参赛的中方设计单位，我们分析了当时一些"焦点"项目的动态和趋势：从国家大剧院的"巨蛋"方案到五棵松篮球馆的"悬吊商业"方案的成功，可以发现当时国内重大项目方案评审对于"标新立异、独一无二"的绝对标志性的偏爱与倾向（图1）。

我们同大多数参赛者一样将"可开启屋面"作为方案重点入手，一个在初期只是作为方向性探索的"浮空屋面"概念方案被选中进行深化，并且在最终的竞赛中仅败于"鸟巢"方案获得第二名。虽然这个方案已经偏离了体育建筑主体设计的本源，但正是对于独一无二的"浮空屋面"的"压题"成功，才使我们在建筑主体无绝对优势的情况下，取得较好的成绩（图2）。

最终由瑞士建筑组合赫尔佐格和德·梅隆设计的"鸟巢"方案获胜，成为专家委员会推荐方案。这一方面基于这对瑞士组合作为世界级建筑大师在建筑艺术上超人一等的功力和水平、对于建筑单体与整体规划的独到理解、对于体育建筑本体与"可开启屋面"主次关系的定位，同时也在于他们关注到中方国家业主对于"标志性"建筑的渴望。

正如媒体当时的评论——"两位国际建筑大师计划用钢架在北京焊出巨大'鸟巢'，想避免争议是不可能的"，一时间"国外新奇特建筑的试验田""爆发户的显阔建筑"等尖锐的言论频频出现在各种媒体中，国内一些著名的建筑专家也对该方案提出质疑。2004年6月5日，中国工程院土木、水利与建筑工程学部召开会议，有院士要求以全体学部院士的名义上书国务院，直陈2008年北京奥运会场馆设计中存在的问题。国务院总理温家宝亲自做出"要勤俭办奥运"的指示，原本进展顺利的"鸟巢"工地从2004年7月30日起暂停施工，等待方案的调整。

由于"鸟巢"方案的外观独特性以及其结构体系与外部造型相互依存的关系，根本性的优化很难完成，因此保持"鸟巢"建筑风格不变的前提下，新设计方案对结构布局、截面形式、材料利用率等问题进行了较大幅度的调整与优化。原设计方案中的可开启屋顶被取消、屋顶开口扩大，并通过钢结构的优化大大减少了用钢量。自此，"鸟巢"顺利进入高速成长期，终于在2008年展现在世人面前，令人不禁眼前一亮，同时也获得一致好评（图3）。

2．"水立方"——相得益彰的标志性

在接下来的国家游泳中心方案投标中，"水立方"方案同样令人耳目一新，简单的造型设计和表皮化的处理方式使其与"鸟巢"相得益彰，获得胜利无可争议。

值得回味的是，同样作为投标单位，我们与澳大利亚的COX事务所进行合作设计，作为主创建筑师的考克斯先生不顾中方的质疑，力推波浪造型张拉体系的设计方案，在竞赛中名落孙山。而在后来的媒体报道中我们了解到，PTW初期澳方主推的方案也采用波浪造型张拉体系。

这个巧合一方面使我们感到"水立方"的合作设计非常成功，中方用东方人的思路提出整体"方盒子"的设想，而外方通过他们的技术实力与浪漫主义去完善设想，将各自的优势发挥到最大；另一方面使我们回想在澳大利亚的参观所见，使用张拉体系以最大化减少用钢量的设计理念似乎已经成为一种思维定式、一种在澳大利亚等发达国家倍受推崇的"功能性"大于"标志性"的思维方式。

"水立方"作为标志性体育建筑，同样受到业内专家的一些质疑，主要集中在半透明表皮材料的成本、耐久性、保温隔热及抗辐射的能力、隔声性能、对比赛及转播影响等问题上。在设计方的努力下，问题一一得到解决或改善。

在"水立方"举行的奥运会游泳比赛前5天就诞生了12项新的世界纪录，运动员纷纷惊叹其为"水魔方"。"水立方"合理的水深、高质量的水处理系统、宽敞明亮的比赛空间使运动员能够保持愉悦的比赛心情并激发了他们的超水平发挥，被美国著名科普杂志《大众科学》评为"年度100项最佳科技成果"之一（图4）。

二、国家体育馆——回归中的"功能性体育建筑"

功能性体育建筑是指不以追求外观效果为主要出发点，而是强调满足体育功能需求，同时着重满足"安全、经济、美观"等功能性要求的体育场馆。

1．"国家体育馆"——在反思中重生

国家体育馆的招标采用"业主捆绑设计方"的方式，在这种新体制下，一个新奇外形的"8"字方案最终成为了中标方案（图5）。

正在此时奥运"瘦身"运动自上而下地开始了，国家体育馆也进行调整设计，基于大背景的转换，新的主设计师对国家体育馆进行了重新定位——以功能性为主、符合国情的体育场馆，不再追求以技术风险较大的高新技术塑造第三个"标志性"的奥运场馆与"鸟巢"和"水立方"争奇斗艳，而是甘当两大标志性建筑的"背景"。

调整后的国家体育馆方案结合比赛场地和热身场地对净空的不同

图1 2002年7月，中国面向国内外公开征集奥林匹克公园和五棵松文化体育中心的规划设计方案：一个前所未有的新奇方案，在篮球馆上空用数个硕大的篮筐状钢结构悬挑这数层的商业设施，4个建筑立面由上万平方米的LED屏幕包裹

图2 北京市建筑设计研究院国家体育场浮空屋面概念方案

图3 "鸟巢"夜景（摄影：陈鹤）

图4 "水立方"夜景（摄影：陈鹤）

图5 国家体育馆"8"字玉石方案

图6 国家体育馆建成实景

要求，采取南高北低的波浪式造型，屋面轻盈而富于动感。同时室外棚架和屋面形成两条生动飘逸的曲线，犹如艺术体操中上下舞动的飘带，也为观众营造了一个舒适的"灰空间"。这种波浪造型巧妙地连接了平顶造型的"水立方"和曲面造型的国家会议中心，使得奥林匹克公园内的城市景观达到协调统一（图6）。

（1）省钢的绿色建筑

国家体育馆钢屋架南北长144 m，东西宽114 m，由14榀桁架组成，总用钢量为2 800 t，是目前国内空间跨度最大的双向张弦钢屋架结构体系。双向张弦钢屋架的轻钢结构体系最大化地减少了用钢量，也大大减少了钢材生产、运输、安装中有害气体的排放，将"绿色奥运"的理念脚踏实地地落实在建筑设计中（图7，表1）。

表1 国内部分室内比赛类体育建筑用钢量对比

工程名称	观众容量	总用钢量	结构体系	数据来源
国家体育馆	1.8万	2 800 t	单曲面双向张弦梁	《名筑》2007年第一季
水立方	1.75万	6 900 t	基于气泡理论的多面体空间钢架体系	《搜狐奥运频道》
南京奥林匹克体育馆	1.6万	4 500 t	双曲面大跨度桁架	《经典建筑钢结构工程》

（2）成熟可靠的技术创新

国家体育馆追求成熟技术基础上的创新和突破，并没有依靠技术风险大的技术与材料。

屋面采用了自重小、保温隔热性能好、防水性能可靠的复合金属屋面板系统。在此基础上，我们又完善局部做法设计出性能更优异的屋面系统：金属防水板下增加一层柔性防水层作为第二道防水措施，在保证经济性的同时使防水可靠性成倍增加；同时设置降噪层、高密玻璃纤维隔声层、双层水泥加压板等多道降噪措施，有效吸收因雨水、冰雹等击打屋面而产生的噪音，保证室内比赛场地的音效要求（图8）。

恰当使用自然通风与采光、中水处理、设备雨水净化、存储再利用、钢渣回填等绿色技术，既体现了绿色奥运的理念，又实现了初期投入与后期使用节约成本的平衡。

以采光天窗的设置为例，通过条形天窗位置和面积的精心设计，既满足平时使用的照度需求，又不会过多地削弱复合金属屋面系统的隔热保温及隔声性能，也完全满足《国家公共建筑节能标准》的要求。在比赛时段，通过控制遮光帘的开闭及人工照明达到场场如一的光环境效果和转播要求，为运动员提供舒适公平的竞赛光环境。

三、不同的理念，同样的成功

如果说"两个奥运，同样精彩"，那么同样可以说"三个主场馆，不同的理念，同样的成功"。

在体育建筑专业内的学术争论中，也许有人还会提到"鸟巢"用钢量巨大的问题，也许有人还会质疑"水立方"膜结构表皮的种种弊端，也许有人会感到国家体育馆的造型与神韵无法与"鸟巢"和"水立方"

相提并论。但是作为标志性体育建筑，“鸟巢”和“水立方”无疑是成功的：“鸟巢”以震撼的视觉效果和宏伟的气势、“水立方”以灵动轻盈的观感和绚烂动人的照明深深打动和吸引了无数国内外参观者，成为2008年北京奥运的标志、腾飞中国的标志以及中国建筑界挑战新技术的标志，体现了“人文奥运、科技奥运”的理念。“鸟巢”和“水立方”的设计中可以感受到国外建筑师的创意和诗意，他们将设计的理念从整体渗透到细节，使建筑如同一件艺术品展现在世人面前，将体育建筑与艺术关联起来。

而国家体育馆作为功能性体育建筑，反映出中国建筑师平和、中庸的心态，体现了“安全、经济、实用”的理念。相对于标志性体育建筑设计中采用的“高、精、尖”技术，国家体育馆的设计通过优化现有技术，节约了建设和使用能耗，并降低了设计风险、技术难度和研发投入，体现了“绿色奥运”的理念。

四、成功背后的客观反思

随着奥运会的巨大成功，奥运场馆往往被描述得尽善尽美，但我们应该客观地分析评估设计中的不足，建立理性的评价体系。

1．标志性与功能性的对立与统一

（1）鸟巢——反逻辑产生的与众不同

“鸟巢”的设计突破一般的建筑设计逻辑，提出“结构表皮一体化”的概念，并首次将门式钢架系统应用于体育场结构中。这使我们联想到赵汀阳在《观念图志》中对某些“艺术”所做的评论：“他们需要突破，突破本身变成了艺术的任务和目的，开始是为了突破古典艺术概念，后来变成互相突破其他艺术家的思路。艺术不再追求成熟和完美，而是追求叛逆、造反、破坏、革命和另类。”

其一，关于结构表皮一体化理论的质疑。“鸟巢”以“结构表皮一体化”为设计理念之一，导致大量截面尺寸较大的次结构的出现。然而不论从建筑界还是动物界的角度来看，骨骼（结构）作为支撑部分，都需要粗大而有力；皮肤（表皮）作为防护和外观部分，都需要致密而轻巧。将“结构表皮化”如同将“骨骼皮肤化”，是一个与自然进化规律和建筑演化规律反向的创新方式，如此必然会产生大量与主结构截面相同、装饰性作用大于结构作用的致密的次结构钢架，直接导致用钢量的大大增加。

其二，关于跨度陡然增大的门式钢架体系。为了实现“编织”的效果，“鸟巢”采用的“门式钢架”体系与之前所有体育场的悬挑钢结构相比，跨度陡然增大数倍，所需钢架高度和用钢量也必然激增（图9）。

其三，关于反逻辑的结构体系的代价。“结构表皮一体化”与“门式钢架”体系的创新方式的代价也是巨大的（表2）。

其四，关于“科技、人文”但非完全“绿色”的奥运建筑。“鸟巢”作为举世瞩目的标志性体育建筑，在带给世人无以伦比的震撼与感动之余，其用钢量也在历届奥运会主场馆中位列第一，因此钢结构制作产生的污染也“名列前茅”（表3）。

（2）水立方设计者演说带来的疑问

其一，关于“节能30%”之惑。由于“水立方”的诞生，半透明建筑的能源消耗成为全社会关注的焦点。据设计方提供的媒体数据显示，“水立方”相对于普通体育建筑，使用膜结构表皮的“水立方”能够节约能耗30%，主要依据为：半透明表皮能够节省照明能耗，而且夏季损失的空调能耗可以通过冬季辐射产生的热能达到平衡。但是这不由使人产生疑问：在北京地区，如果半透明建筑能够节约能耗30%，那么除“水立方”以外的其他传统材料包裹的奥运场馆都应该归纳为“非绿色”的体育建筑？

其二，关于气枕与隔声。“水立方”之前被担心的屋面雨噪和隔声问题虽然得到较成功的解决，但通过以下专业测试单位的对比可以看到，轻质膜结构材料改良后勉强达到跳水比赛要求［雨噪声功率级应小

表2　国内外部分体育场用钢量对比

工程名称	观众容量	罩棚结构用钢量	用钢量/万人	资料来源
上海八万人体育场	8万	0.457万 t	571 t	《经典建筑钢结构工程》
新温布利球场	9万	0.635万 t	705 t	《城市建筑》2007年8月
天津奥体中心体育场	8万	1.3万 t	1 625 t	《经典建筑钢结构工程》
澳大利亚体育场	10万	2.2万 t	2 200 t	中国钢结构建筑网
安联体育场	6万	2万 t	3 667 t	《主办城市》杂志
国家体育场	8万	4.25万 t	5 312 t	《经典建筑钢结构工程》

表3　建设“鸟巢”所需钢材生产中产生的污染物推算

污染物种类	我国生产1 t钢产生的污染物	“鸟巢”用钢量4.5万 t，对应污染物量
CO_2	2.5 t	11.25万 t
SO_2	0.32 t	1.44万 t
工业粉尘	0.81 kg	36.4 t
工业尘泥	47.76 kg	2 149 t
转炉渣	110 kg	4 950 t
氧化铁皮	2 kg	90 t

注：数据来源于中国钢铁企业网《关于钢铁企业烟尘排放和治理》

图7　国家体育馆“双向张弦屋架”室内效果

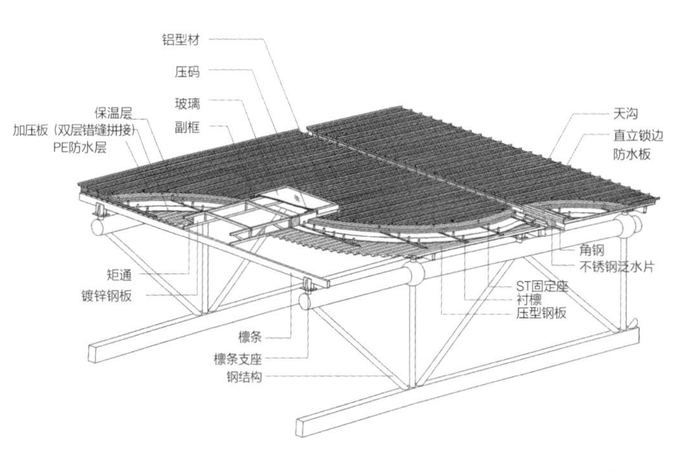

图8　复合金属屋面板做法示意图

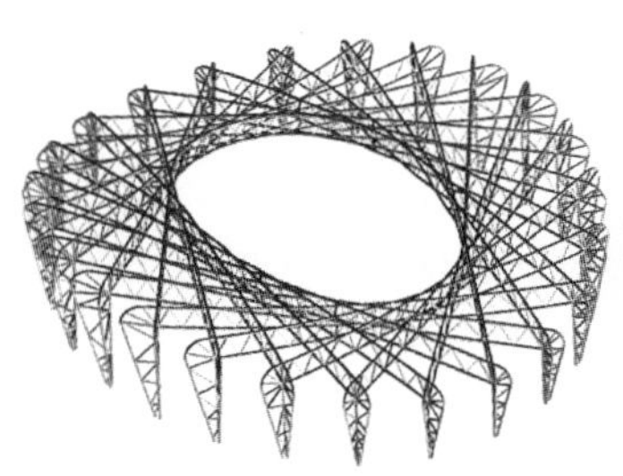

图9 "鸟巢""门式钢架"产生的"钢铁森林"

图10 伦敦奥运会主体育场轻松和谐的整体感受

于60dB（A）/m²）]，而优化后的传统金属屋面板系统却可以轻松达到比赛和日后演出的需求，可见ETFE膜结构气枕在隔声方面并非最优良的材料（表4）。

表4 几种屋面隔声做法的效果对比

屋盖构造	所应用工程	实验雨量/（mm/min）	雨噪声功率级/[dB（A）/m²]
钛金属屋面板，底喷25 mm厚K13吸声纤维层	国家大剧院	1.0	37.0
金属屋面板，底喷25 mm厚TC吸声纤维层	国家体育馆	2.0	37.8
双层ETFE薄膜气枕	国家游泳中心	2.0	74.6
双层ETFE薄膜气枕，上铺TEXLON防雨网	国家游泳中心	2.0	64.0

注：数据来源于清华大学建筑声学网《轻质屋盖雨噪声的实验研究》

（3）国家体育馆

国家体育馆作为"背景"性质的功能性体育场馆，其形象和造型相对朴素。作为奥运中心区三大主场馆之一，势必会被人们拿来与另外两大标志性建筑进行对比。我们一方面应该承认由于出发点不同导致的外观效果精彩程度的差异，另一方面也应该看到由于材料选择的局限导致了实际效果与设计预想的差异。

2．反思中的联想，联想中的反思

在反思中，笔者联想到一些与北京奥运建筑类似的建筑，而这些类似建筑的不同之处恰恰值得我们思考。

（1）上海八万人体育场——功能版的"鸟巢"

上海八万人体育场采用传统的结构体系，与"鸟巢"一样"由功能（看台布置）推导出形式（马鞍型造型）"，而用钢量仅是"鸟巢"的1/10。

（2）"鸟巢"——中国版的悉尼歌剧院

之所以将悉尼歌剧院与"鸟巢"类比，是因为其对于20世纪70年代澳大利亚的意义如同今天"鸟巢"对于北京的意义—— 一个时代的标志、一个国家的标志。

（3）安联球场——欧洲版的"鸟巢"

安联球场是2006年FIFA世界杯主赛场，"鸟巢"则是2008年奥运会的主场，两座建筑的设计出自同一个建筑师组合，都达到了精彩绝伦的标志性效果，但却选择了两种完全不同的结构形式，为什么他们为发达的西方国家设计了一个经济而标志性的安联球场，为中国设计的却是一个通过累积钢材而达到标志性的"鸟巢"？

3．伦敦奥运主体育场的启示

当奥运会后国人还在媒体的推波助澜中为一个耗费了近5万吨钢、以钢铁"编织"表皮的体育场而自豪得意的时候，"鸟巢"的继任者——2012年伦敦奥运会主体育场的实施方案也正式出炉。

据美国建筑新闻网站报道，由HOK Sport体育建筑设计公司和彼得·库克（Peter Cook）设计的2012年伦敦奥运会主体育场的设计方案，终于在2007年11月7日与公众见面。该方案强调功能性和适应性，而非地标性。轻巧的结构体系和植物材料的表皮使其成为自内而外的"绿色体育场"（图10）。

4．追求标志性的国人心态

虽然奥运会的成功举办和对于奥运标志性建筑的啧啧赞叹纷至沓来，但是奥运会后我们更应该反思，为什么在20世纪60年代建造了"超时代"的悉尼歌剧院的澳大利亚，2000年悉尼奥运会中的体育场馆却大都采用了技术成熟简单、耗材量小、外形相对朴实的张拉体结构体系和拱形结构体系；为什么作为奥运发祥地的2004年雅典奥运会大量使用临时改建但满足奥运需求的简易场馆；为什么伦敦奥运会的主体育场选用了一个用轻型钢架体系和植物表皮组成的"自内而外"的真正的"绿色体育建筑"。

答案也许就是国家所处状态与国人心态的不同，以上国家已经进入发达阶段多年，奥运用于展示发展实力的意义已经相对较小，所以对于"标志性体育建筑"的需求远不如我们。当代的中国，特别是改革开放以来30年，随着国力的增强，我们的民族自信心和民族自豪感逐渐加强，继承优秀传统、展现大国形象也越来越成为公众的热门话题。当代中国需要的建筑是展现崛起的标志性建筑，所以也就不难理解近年来一批建筑领域的"标志性建筑"的产生。

5．如何面对未来发展

反思的同时，我们也必须承认，我国目前的发展阶段所带来的种种心态是无法避免的，一些对于标志性建筑的追求也是无可厚非的。相对于那些"公款消费、贪污腐败"等巨额社会财富的浪费，以高额投入换来的具有永久标志性意义的建筑非常值得。但随着国力的继续增强，国人应以更加平和与理性的心态对待建筑，逐步改变通过形象上的标志性彰显国家实力的思维方式，使建筑价值观更加成熟、理性。而作为体育建筑的设计者，应该技术与艺术兼修，根据不同的项目要求，妥善处理好"标志性"和"功能性"之间对立、统一的关系，创造二者兼顾而又有所侧重的体育建筑，引导社会大众与兴建体育建筑的最终决策者更加理性、成熟地从追求"标志性"逐步转变，更好地利用社会资源，实实在在为大众的体育事业做出贡献。■

地铁·北京——三个话题……

单军 程晓曦

清华大学建筑学院

老北京的记忆是爷爷奶奶口中胡同里悠扬的叫卖声，电影《骆驼祥子》中人力黄包车的脚铃作响，还有上世纪五六十年代长安街上那顶着巨大煤气包缓慢行驶的公交车的低鸣……新北京的景象已然是地铁站匆忙拥挤的人群，节奏混乱的脚步声和频频作响的手机声……今天的北京唯一不变的就是变化。其中最显著的变化之一就是地铁给城市交通带来的改变[①]。

地铁，是致密的城市构造中城市文明的缩影[②]，浓缩了城市的成长和蜕变。奥运为北京带来了新的机遇，轨道交通得以迅速发展，轻轨、地铁形成了越来越完善的轨道交通系统。作为世界上所有大都市共同的选择和缓解超大城市交通的"人体循环系统"堵塞的良方，地铁在城市中的延伸使不同的城市人群可以从城市生活中受益，然而也为另一些人群带来了新的问题：城市风貌因地铁的穿越而尴尬的显露出城市的"背面"；地铁的站名是否也应承担起城市定位和留存历史记忆的责任。当北京渐行渐远迈入"地铁时代"的时候，三个话题引起了关于地铁和城市的反思。

话题一——城里人·城外人·城里的城外人[③]

1. 城里人·城外人

地铁是城市的脉络，人是城市的血液。

简·雅各布斯在其著作《美国大城市的死与生》中充满危机感的预见到"汽车对城市的蚕食会造成一系列问题，一些人们太过熟悉以致都不用解释的问题"，以及"如果那种对交通蚕食的压力能够再往前进一步的话——以此来削弱车辆交通，那么实际上我们就接触到了城市对汽车的'限制'问题。"2008年7月，在北京实行"机动车单双号限行"措施[④]，10月开始按尾号限行车辆出行[⑤]，这些都是为了缓解由于严重交通压力带来城市问题的"极少出现"的城市对汽车的"限制"。而由地铁与轻轨组成的网状轨道系统（图1），缓解了北京严重的汽车交通压力，其基础设施建设确保了城市公共交通功能的正常运转。然而，地铁在单纯完成城市运输功能的同时，真的能为城市市民带来同等良好的受益和心理感受么？

"城里"与"城外"形成了人在城市中作为感受者的主体差异。

"城里人"是最直接的受益人群和享用者。"城里人"大多是在北京生活、朝九晚五的白领和上班族，他们感受的是地铁对于城市不同功能区域和交通设施的快捷联系，地铁纵横交错，解决了他们对于堵车的担忧。中关村、金融街、奥林匹克公园、首都机场等，都通过地铁轨道便捷联系，到2015年五环内线网密度将达到0.51 km/km^2（在城区1 km之内就有一个地铁站）。北京正像巴黎、纽约一样变成被地铁网络覆盖的便捷城市（图2）。

"城外人"包括多种类型的外来人群。对于到北京旅游观光、短期开会、探亲访友的外地人，地铁为他们提供了短暂了解北京城市生活与城市文化的窗口，缩小了北京作为一个陌生城市的尺度。颐和园、奥林匹克公园等站点设置使"城外人"可以在最短的时间内接触北京，通过另一种方式成为北京地铁的受益者。

无论对于"城里人"还是"城外人"，北京地铁处还在一个朝向网络化发展的过程中，完整而系统的网络化轨道交通还尚未真正实现。而地铁与城市其他交通系统的衔接不畅，与网络化轨道交通体系配套的网络化公交、汽车、自行车转换体系也远远没有形成，完整的都市循环交通系统依然遥远。

2. 城里的城外人

Who am I？"城里人"？"城外人"？

除了"城里人"和"城外人"，还有一类特殊的"城外人"却被长期忽略，他们就是住在"城里"却身为"城里的城外人"的外来打工人群。

2006年的清华－MIT北京城市设计联合课程选取了地铁10号线太阳宫桥附近的城市地段进行研究。这一地段是环境混乱却富有活力的城乡结合部，从20世纪90年代中期以来，部分农业用地转换为工业用地，当地农民通过获得土地征收补偿金而逐步转变为依靠廉价出租房屋为生的"城里人"。每月200～500元、仅占家庭收入10%左右的低廉房租吸引了大量为了改善物质生活条件而来北京打工的外来务工人群，他们堪称"城里的城外人"（图3）。这类人群往往从事类似服装、电子加工、建筑施工、环卫等脏、累且危险的工作，而这一地带也逐步变为了生存环境质量较差、建设混乱的城乡问题地带。

在"城里人"和"城外人"因地铁10号线受益的同时，"城里的城外人"这些弱势群体却因此面临困境。地铁的开通无疑重新激活生发了这一地带的"城市"属性，地价、房租随之升高。而外来务工人群持续不变的低收入将无法满足日益上涨的房租，他们无法从发达的地铁网络中受益，只能选择迁移到离地铁较远的城市更加边缘的地带居住。这一地带房租随地铁的介入而变迁的情况（图4）与美国波士顿地铁红线附近美国著名学府哈佛、麻省理工学院的房租变化有着同样的处境：在地铁红线周围越靠近红线房租越贵，房租价格从最靠近红线的哈佛和麻省理工学院向周边逐渐递减，从靠近市中心逐渐向城市边缘区递减。太阳宫桥地段内"城里的城外人"将面临这种窘迫，作为弱势群体他们只能永远"窒息"在城市边缘地带，地铁无法给他们提供足够的"氧分"。

这一问题很难单纯依赖地铁带来的网络化系统得到解决。也许当地铁作为城市经络放射到城市边缘区，使已有环状地铁网络与更新后的放射线状相结合，那些被迫迁移的外来人口才能够借助廉价的地铁公交，在某种程度上获得低廉的房租。网络与放射状结合的地铁系统为构建大都市合理的分阶层居住提供了潜在的可能[⑥]。然而对于"城里的城外人"，究竟什么样的地铁系统才能为他们的生存带来更多的受益呢？这仍然是一个待解的问题。

话题二——城市正面·城市背面

1. 城市正面

城市的“正面”通过城市脉络从城市的基底中浮现，传达了城市外在的都市气质。

道路、地铁及轻轨构建了北京城市最基础的交通网络。这个网络是北京的骨架，串起城市最重要的区域，线性的展示了北京最积极的城市面貌。在城市中心的密集区域，地铁在地下通行，地面的城市景观因获得更高的通过率而变得重要。而在城市密度较低、地价相对低廉的郊外，轻轨更直接的穿梭于城市景观之中，直接向乘坐者展示了这是怎样一座城市。道路、地铁或轻轨穿越的线形区域成为暴露在外界视角下的城市景观，外来者通过这一连续的城市界面拼凑关于北京的城市意象。这一线形的区域成为了具有积极意义的“城市正面”，展现了北京城市变化的表情。按照2015年轨道交通的规划，昌平、顺义、门头沟、房山、通州、亦庄和大兴等7个周边新城，均将有地铁线路通行。地铁的开通在促进城市空间和功能布局调整之外，还会生成更多的“城市正面”。

2. 城市背面

城市的“背面”远离城市脉络，隐匿于城市基底之中，剥离出城市真实的存在状况。

作为古都，北京的地铁选线一方面要避开最重要的历史地段，以保护旧城的历史风貌，另一方面也需要形成新的网络布局，借助地铁对城市功能结构和空间环境的影响重新激活城市的一些重要区域。所以地铁或轻轨站点的设置会选择地价较低、城市基础设施和城市面貌都亟待改善的“疲弱地带”。已于2004年全线开通北京轻轨13号线就是在这样的背景下出现的。13号线西起西直门，向北经知春路、五道口站，向东经回龙观、霍营等站，再向南经太阳宫最终至东直门。其中知春路站到五道口站沿线长约1.8 km的城市地带是2004年的清华－MIT北京城市设计联合课程的研究地段，是北京消极的“城市背面”。

这一轻轨沿线地带最初只有一条城市铁路，周边环境破败混乱。而城市边缘城乡交接带的特殊地位又促使这一沿线在近十多年来迅速发展，出现了大量高中低档住宅，层次丰富而混杂的休闲娱乐场所，多层次混合的办公与商业以及铁路沿线废弃的城市绿地等。公共交通的穿插、外来人口的聚集使得这一地带城市环境更加混乱、城市问题更加突出。“郊区轻轨贯穿城市中心和郊区，使人们直观地感受到了城市的‘剖面’，很多不同时代、不同功能、不同阶层的地区、公共的或非公共的领域都被视觉地联系在一起，同时它又在城市中造成新的分割。”由于轻轨13号线的介入，原本远离城市交通网络、不被大多数人看到的轻轨沿线地带，通过轻轨的剖切，从“城市背面”转换成为“城市正面”；原本杂乱不堪的城市肌理和单调消极的建筑立面，通过从消极向积极的转换将暴露在城市的重要区域。这一地带的城市建设将面临如何规划轻轨周边土地、连接轻轨两边被切割的滞后地带，同时修整轻轨沿线衰败的建筑立面、重构“城市正面”的问题。

轻轨沿线地带不同于普通的城市腹地，具有特殊性，是平行于轻轨的带状用地。在享受轨道交通带来的从城市的“背面”转换为“正面”的积极效应的同时，如何在城市缝隙中狭窄的带状用地内整合混乱的城市用地、融合多种业态、展现“城市正面”的兴旺与活力，也是构建“城市正面”所需面对的质疑。

3. “背面”Vs.“正面”

地铁犹如输送新鲜血液的管道，对城市进行着洗刷和救残补衰。通过回收、再利用、复活、振兴四个步骤，吸纳并利用原有地段的活力，增加被轨道交通割裂的城市空间的连续性，康复暴露在“城市正面”的消极空间，可以在消极的“城市背面”重新编织出积极健康的城市肌理，这也许不失为一种良好的解决方法。

随着2015年北京轨道交通规划网络的逐步实现，还会有更多的“城市背面”将要变成“城市正面”，如何应对关于“城市背面”的问题理应引起我们的关注和思考。

话题三——地名·站名

1. 东四十条

笔者曾遇到一桩趣事。某日，笔者偶遇一个问路人，他向笔者询问“东·四十条”的位置。作为生活在北京多年的本地人，笔者很快意识到他要找的地方其实是位于“东四”附近的“东四·十条”。由于缺少对北京历史文化的了解，他竟将“东四·十条”误读为“东·四十条”。其后，笔者又了解到，问路人原来是生活在曼哈顿的美籍华人，其头脑中的城市命名系统也很大程度来自于与北京地名命名系统迥异的曼哈顿的数字地名命名系统（图5）。

2. 东·四十条

我是谁？我在哪里？

让地铁回答这一问题。

存在于现代大都市的现代人，无论是出于生活实际抑或心理安全，对准确清晰的空间定位需求愈发内在。

地铁是全世界大都市缓解交通压力的共同选择，作为城市中重要的公共交通系统，在满足快速高效的需求同时还承担着“城市空间定位”的作用。一张成功的城市地铁图，可以清晰地表明这座城市的脉络，便于人们在出行时明确自己在城市中的位置，并迅速辨清方向。纽约曼哈顿的道路系统就是良好的借鉴对象，以数字顺序来标明东西向的纬路（Street）和南北向的大街（Avenue），形成了一张数字网。人们在这样的数字定位系统中，可以非常容易地判断自己所处的位置，并且判断自己与目的地的大致距离。在此基础上，一些重要的交通节点就成为了城市中重要区域或是地标的代名词，例如纽约的42街和百老汇（Broadway）的交汇处对于熟悉这座城市的人们来说就是时代广场的代名词，而34街和第5大道的交界处就是帝国大厦。同样以数字来进行定位的交通系统还比如高速公路的出口。数字顺序可以让人适时地做好准备，而如果仅以文字来标明出口，人们便无法提前判断下一个出口是否就是自己的目的地。此外，还应使地铁线路的方向性更加明晰，便于人们迅速辨别东南西北。地铁线路也应该与城市本身的道路交通系统形成关系。仍以曼哈顿为例，结合城市的结构，曼哈顿的地铁线路大都明确地指向上城（uptown）或者下城（downtown）两个方向，且与数字序号相应，在这样的地铁系统中，几乎是不可能迷失方向的。

3. 东四·十条

不同于曼哈顿等现代化的国际都市，北京是一个兼有悠久历史与现代性的国际都市。与此相对应的，北京地铁除了具有快速便捷的“空间定位”功能外，还应当兼顾文化名城的“历史定位”作用，在车站命名中浮现历史印记，折射场所文化。在线路和站名上，不仅可以参照城市本身的道路交通结构（例如北京的环路系统），使地铁站名有着以数字序号为“后缀”的明确的“空间命名”；也可以使用传统地名为“前缀”的“历史命名”——以地名反映“时间”，以数字反映“空间”，以地铁线路为载体，给城市建立起一套清晰明确的定位系统，使其无论对长期生活在城市中的市民还是短期停留的游客都更易于辨识使用。其实在北京，这样的定位方式是存在的，例如传统地名“东四·十条”，就是方向和数字定位的结合，还有北京的环路和高速公路系统，也已经

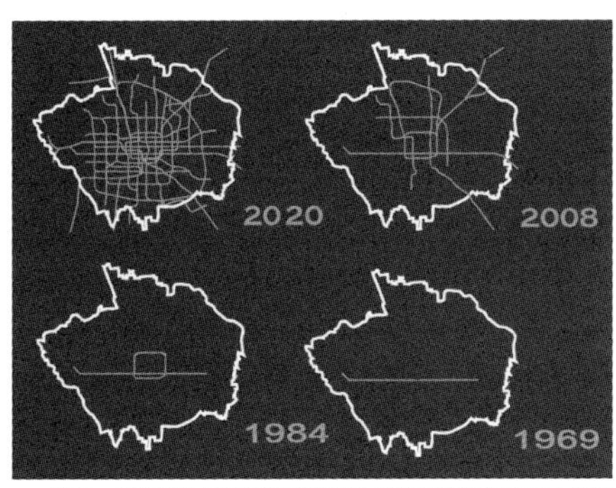

图 1　北京地铁与轻轨组成的网状轨道系统演变分析（1969 年～ 2020 年）（图片来源：2007 深圳·香港城市 \ 建筑双城双年展之《红北京》）

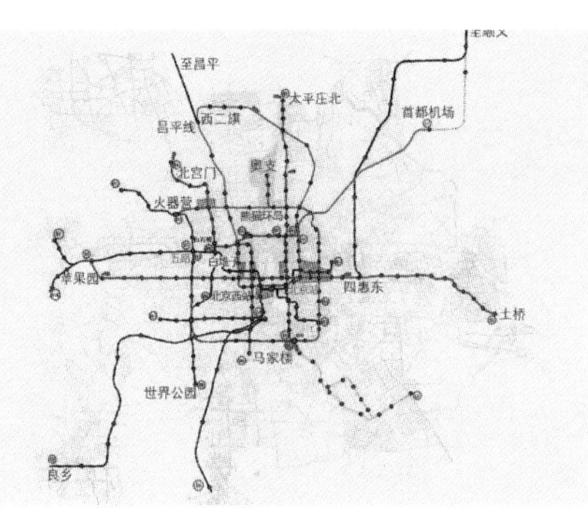

图 2　2015 年北京轨道交通规划网络（图片来源：北京地铁官方网站）

图 3　每月 200 ～ 500 元仅占家庭收入 10% 左右的低廉房租吸引了大量为改善生活条件的外来务工人群，他们堪称"城里的城外人"（图片来源：2006 年清华 -MIT 北京城市设计联合课程太阳宫桥地段调研照片）

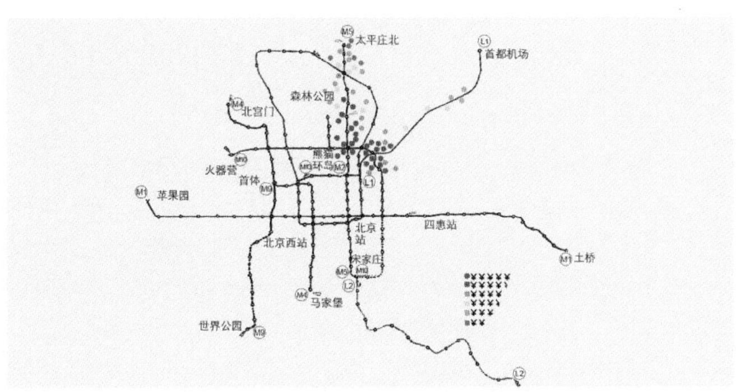

图 4　太阳宫桥地段附近房价随地铁分布变化分析（图片来源：作者自绘）

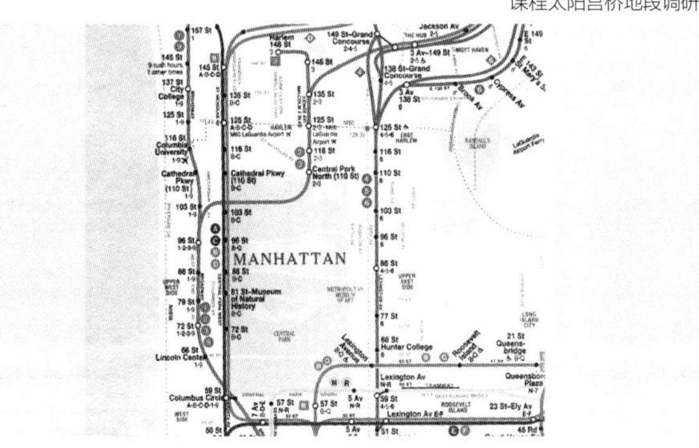

图 5　以数字命名系统为特征的曼哈顿地铁（图片来源：Eyewitness Travel Guides: New York, DK Publishing INC., 2005）

采取了地名加数字的方式进行定位，如二环 7 出口为建国门桥，10 出口为东便门桥等。

4. 地名·站名

《拼贴城市》中柯林·罗引用了卡尔·波普尔的话表明了自己对城市的态度，"我们希望在科学中进步，而且这意味着我们必须站在我们前辈的肩膀上，我们必须延续某种传统。"在讨论北京地铁的定位系统与命名系统的过程中，这也可以引发一种鲜明的城市观点，即在尊重城市历史性、尊重城市历史存留的同时，也应留下时代的印记，成为北京新的城市记忆。讨论地名与站名的价值其实不在于地名和站名本身，而在于北京是一个具有两面性的城市，它是国际性大都会，更是一个历史城市，作为历史城市的北京是尤其值得关注的。

关于北京地铁还有很多话题，诸如地铁沿线历史文化保护的问题等。以上三个话题仅仅揭开了讨论的一角，来引发对于北京的一些思考。

老北京的记忆是慢速的，新北京的记忆是高速的。地铁虽然是为了构建高速生活而存在，然而北京仍需要保留一个慢速的城市空间和城市生活。■

注释

①截止到2008年7月，地铁10号线、奥运支线、机场线通车，北京地铁的轨道建成线已经达到198 km。到2015年，北京轨道交通"三环、四横、五纵、七放射"的网络将基本形成，总长561 km。

②路易斯·芒福德曾说过："城市从其起源时代开始便是一种特殊的构造，它专门用来储存并流传人类文明的成果；这种构造致密而紧凑，足以用最小的空间容纳更多的设施；同时又能扩大自身的结构，以适应不断变化的需求和社会发展更加繁复的形式。"

③本文话题一、二分别来自于2006年"清华－MIT北京城市与建筑设计课程"太阳宫地段和2004年"清华－MIT北京城市与建筑设计课程"轻轨13号线地段相关研究，是清华建筑学院与麻省理工学院建筑与规划学院合作开设的课程系列，指导教师是清华大学建筑学院教授张杰、单军及MIT建筑与规划学院教授Jan Wampler和Dennis Frenchman。

④2008年7月20日至2008年9月20日，北京市机动车及外省区市进京机动车需按号牌尾号分单双号上路行驶，期间每日设置3个小时缓冲时间，0时至3时机动车上路不受单双号限制。

⑤2008年10月13日，北京市开始试行"每周少开一天车"交通管理新措施，依车牌尾号不同每周1天在6点到21点禁止汽车上路（五环路以内）。

⑥当社会出现再分层的时候，可能极少数人将选择远离城市公交系统的"腹地"居住，与选择接近城市公交系统居住的人群形成分阶层居住的状况。

参考文献

[1] 芒福德．城市发展史——起源演变和前景[M]．宋俊岭，倪文彦，译．北京：中国建筑工业出版社，2005．

[2] 雅各布斯．美国大城市的死与生[M]．金衡山，译．南京：译林出版社，2006．

[3] 罗，科特．拼贴城市[M]．童明，译．北京：中国建筑工业出版社，2003．

[4] 单军，张悦．清华建筑Studio Works [M]．北京：清华大学出版社，2004．

[5] 张杰，单军，凡波勒，等．清华-MIT20年：清华-MIT北京城市设计联合课程20年回顾及作品展[M]．北京：清华大学出版社，2009．

[6] 张杰，单军．探索轻轨的城市[J]．世界建筑，2005（3）：19-21．

宏伟的蓝图　失控的时空
——反思近年来天津的城市建设

杨昌鸣[1]　张威[2]　丁玮[1]
1 天津大学建筑设计研究院
2 天津大学建筑学院

1404年12月23日（明永乐二年十一月二十一日）朱棣下诏设天津卫，自此天津名称出现。600年又4天后的2004年12月27日，天津老城厢改造项目奠基。一场轰轰烈烈、大刀阔斧的城市改造运动随之展开。

谈到天津的城市建设，人们可能首先会联想到滨海新区。其实，滨海新区虽然是近几年的一个热点，但它毕竟是在一片约束相对较小的土地上进行的较大规模的开发活动。要想真正了解天津的城市建设状况，还是得从主城区说起。

一、天津城市建设历程的简要回顾

历史上，天津城市建设可大致分为4个阶段。

1. 老城厢的兴衰（15世纪初建城至1901年拆除城墙）

天津，金代文献记载为"直沽寨"，简称"直沽"。公元1399年（明建文元年），燕王朱棣与侄子惠帝争夺皇位，发兵由直沽"济渡沧州"攻打南京。1402年（建文四年）燕王攻入南京，即帝位，是为明成祖。直沽因曾是"天子渡河之地"而被赐名天津。1404～1406年（明永乐二年至四年）先后设天津卫、天津左卫、天津右卫，驻兵1.6万多人。1404年始建天津城，东西长，南北短，呈矩形，故称"算盘城"，今东马路、西马路、南马路、北马路即为城墙旧址。有着实体形象的天津城，即后来惯称的"天津卫"从此出现。

公元1625年（清顺治九年）将明代设立的天津三卫合并为一卫，统称为天津卫（图1）。公元1725年（清雍正三年）清政府将天津卫这一军事单位改为天津州，而后又于公元1731年（雍正九年）将天津州升级为天津府，由此天津就从单纯的军事单位的"卫"，成为具有较高行政管理机构的"府"，其作为一座城市的基本功能得到进一步的加强。

明清时期商业贸易繁荣，尤其是在清代，随着政治、经济地位的提升，天津城市格局发生明显变化，城区并不仅囿于城墙之内，百姓的居住和活动空间迅速扩大，城墙外侧开始出现大面积居住区。城北、城东一带出现河北大街、北大关、锅店街、宫南大街、宫北大街等新商业区。城内外还有专门经营某种商品的市场，如肉市、鱼市、菜市、牛行、驴市等；代客商贮存货物的"洋行""局栈"应运而生。商业的繁荣、商人的活跃对天津城市的发展起着重要的催化作用。据公元1846年（道光二十六年）出版的《津门保甲图说》统计，当时天津城区范围大致分为城内、东门外、西门外、南门外、北门外及东北角、西北角等区域，这些称呼有些至今还作为天津市标准地名存在（图2）。

明代的天津城墙曾在公元1586年（明万历十四年）重修。公元1674年（清康熙十三年），为增强抗洪能力，在天津旧城墙外10 m处另筑城墙。公元1725年（雍正三年）天津由卫改州后，也曾有重修城墙的行动，主要目的同样是为防洪、抗洪，着力巩固城基和加厚墙体，重修后城墙仍为矩形。至公元1901年，天津城墙被西方列强在天津殖民统治机构"都统衙门"下令拆毁。

2. 租界区的发展（1860年开埠至1941年太平洋战争爆发）

第二次鸦片战争中，英法联军于公元1858年（清咸丰八年）陈兵天津，强迫清政府签订《天津条约》，天津由此成为资本主义列强对中国进行侵略的重要据点，天津城市发展也随之进入到近代城市的轨道。公元1860年（咸丰十年）清政府和英、法两国签订《北京条约》，天津开埠，设立为通商口岸。与此同时，英、美、法等资本主义列强利用其在不平等条约中所取得的种种特权，加紧对天津进行侵略活动，如强行划定租界、设立领事馆、控制天津海关、开设洋行和银行、建立教堂、学校和医院等，使天津城市格局再次发生重大变化（图3）。

3. 近代的勃兴（20世纪初袁世凯推行新政至抗战爆发）

公元1902年（光绪二十四年），袁世凯任直隶总督，开始在天津推行"新政"，发展实业，相继建设了一批学堂、教育品制造所、劝工陈列所、实习工场、种植园等，并另行建造了火车新站，即现在的天津北站，进而在新站周围形成继租界区后的又一片"华界"新市区。这一阶段，天津的市政建设朝近代城市逐步前进，发电厂、自来水厂等陆续建成，在海河上新建或改建了若干西式铁桥，道路系统亦不断完善。

第一次世界大战后，国际环境相对稳定，天津的城市建设出现了一个较快的发展阶段。伴随着一批规模较大的纺织、面粉等企业的出现，银行、饭店、商场等公共建筑无论是在规模上，还是在数量上都有明显增长，天津作为华北经济中心的地位基本奠定，城市格局也基本定型。

4. 膨胀与扩张（1949年解放后至今）

解放后的天津城市建设经历了一个不断扩张膨胀的过程。随城市功能的逐渐增加，天津市区规模也不断扩大，但基本上仍是沿海河两岸发展。自20世纪80年代中期，有关方面开始注重城市建设，着手进行城市道路的梳理、拓宽及改造，陆续完成的内环、中环及外环等三条环线及与之相联系的14条射线，使城市的道路系统得以有效改善，"双核"的城市格局也由此得以奠定。20世纪90年代中期至今，天津城市建设进入到一个新的阶段，其中影响较大的主要有危陋平房改造、海河开发、滨海新区建设、快速路建设、奥运环境整治等。

二、成绩背后的问题

近年来天津城市建设取得的成效是有目共睹的，尤其是近十几年来的发展速度可以说是惊人的。除对原有城区的改造外，城市建设的辐射范围已经拓展到外环线之外。城市的市政设施、道路系统也更加完善。然而，在这些成绩的背后，也暴露出许多问题，其中最有代表性的

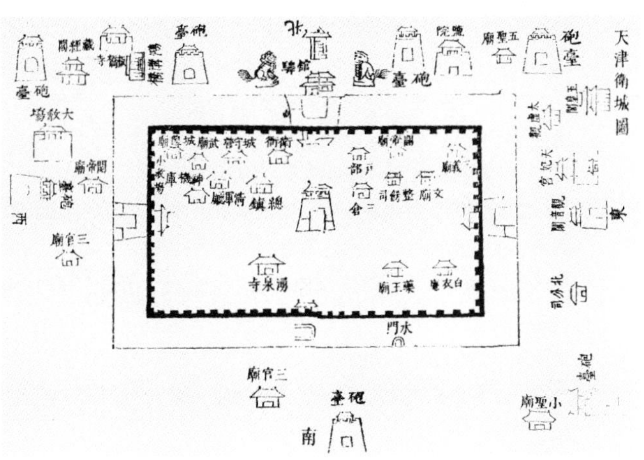

图1　清康熙十三年（1674年）天津卫城图（图片来源：天津市规划和国土资源局主编的《天津城市历史地图集》）

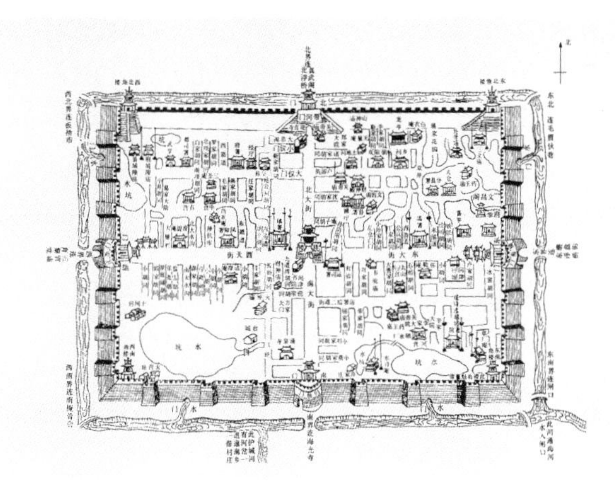

图2　清道光二十六年（1846年）刊行《津门保甲图说》中所载天津县城内图

莫过于老城厢改造、文物建筑保护及海河沿岸开发。对这些问题产生的原因及由此带来的危害进行反思，也许会对今后的城市建设具有一定的借鉴意义。

1．以拆代改——急功近利的改造策略。

由于历史的原因以及生活的不断发展，老城厢的原有建筑及其生活设施明显存在着诸多不能适应现代城市生活的问题，也迫切需要采取必要的改造措施。然而，改造并非一拆了之。多年来，不仅在天津，而且在全国各地，对旧城改造所采取的措施基本相似，那就是完全不顾城市原有格局，将所谓危陋平房全部拆除，在一片"空荡荡"的土地上实现其所谓的宏伟蓝图，致使具有悠久历史的城市格局和街道肌理遭到毁灭性破坏。

作为历史文化名城，老城厢无疑是天津历史文化的重要载体，也是这座"历史文化名城"能够名副其实的一个重要证据。实事求是地说，令人遗憾的是除几条道路或地名之外，天津老城厢已灰飞烟灭。600年的历史遗迹，没有毁于战乱，没有毁于地震，却在短短的时间内毁于改造的口号。

天津老城厢与北方传统城市格局大致相同，以沟通南北东西的十字街为基本骨架，将整个城市划分为四个片区。各片区内分布着大小不一的合院式住宅，由宽窄各异的街巷、胡同组合成一个整体。十字街交叉处建有鼓楼，成为控制全局的中心。

天津老城厢的合院式住宅，尽管在整体格局上依然遵守中国传统居住建筑的一般规定，轴线对称、布局严谨、主次分明，但在具体处理上不如北京四合院那样严格精致，带有南方合院式住宅一些自由灵活的特征，同时也反映出外来文化的影响痕迹。建筑装饰通常采用砖雕、木雕。西式柱廊或拱券门窗，在后期所建造的住宅中也有所运用。

解放后，随城市功能的变化和城市中心的外移，老城厢在城市中的地位有所下降，城市建设的投入随之减少，基础设施更新速度放缓，加之房屋维修工作的严重滞后，致使老城厢地区的建筑保存状况日趋恶化。另一方面，由于住房建设速度远远跟不上人口增加的速度，为解决生存问题，居民开始在合院式住宅中自行搭建违章建筑。此风一开，便成星火燎原之势，愈演愈烈，原有居住环境遭致彻底破坏，居民要求改善生活质量的呼声日益强烈，改造"危陋平房"也成为政府展现政绩的最佳手段。

在这种背景下，作为所谓"危陋平房"最为集中的地方，天津老城厢理所当然地被列为最主要的改造对象。于是，在短时间内，具有600年历史的文化名城的古老街巷，连同各具特色的合院式住宅，伴随着铲车和推土机的轰鸣而荡然无存。

有关方面对采取这样的断然措施来改造"危陋平房"振振有词，他们一是夸大这些平房的危险程度，二是宣扬居住环境的恶劣程度，类似"这里的市民平均1 545人共用一个厕所"的报道不断见诸报端，以此证明大规模拆迁的必要性和伟大意义。

其实，除私搭乱盖的违章平房存在较多的安全隐患外，大部分合院式住宅的保存状况并未达到非拆不可的地步，常见问题不过是砖墙受潮发生碱蚀、屋面破损漏雨等，只需稍加修葺即能满足正常使用要求。至于平均1 545人共用一个厕所之类的问题，除与基础设施建设存在缺口有关外，更主要的还是与私搭乱盖的违章平房过多、居住人口密集有关。所有这些，都不能成为大规模拆迁的理由。国内外的类似经验证明，要解决这类问题，根本的办法是要将人口向外疏散，通过在其他地段建造居住区，为居住在私搭乱盖的违章平房中的居民提供相对良好的居住环境，同时对原有的合院式住宅环境进行净化和整治，使其原有空间能得到最大限度的恢复。无视城市原有文脉，以拆除代替改造的做法，无异于杀鸡取卵、饮鸩止渴（图4）。

明眼人都能看出，有关方面之所以要在老城厢大动干戈，整片拆迁，其动机之一还是看中了这块地皮所蕴含的巨大经济价值。在这一区域获得地皮的开发商几乎异口同声地将老城厢的历史地位作为广告词的核心内容，就是一个最为直白的说明。

另一方面，大规模的拆迁，也是宣扬成绩的最佳手段。与其将时间与金钱花费在不显眼的旧住宅整治与改造上，还不如整体拆除更为直观、更受关注、更具轰动效应。至于城市的原有格局、历史风貌，都无法与成绩要求相提并论。因此，以拆代改，不可避免地成为一股不可抵挡的潮流。

更为可悲的是，在老城厢的重建规划和建设中，尽管提出了再现原有历史格局的要求，但除文字叙述外，我们看到的只是在其他任何城市中都能看到的成片高档楼盘，如果不加说明，没人能够知道这里曾经是天津的老城厢。于是，人们企盼借助重新建设的契机弥补古城拆除过错的最后希望，终于彻底破灭。

2．以重建代更新——无视文物保护要求的破坏措施

除老城厢外，天津租界区的众多近代建筑也是构成天津历史文化名城的重要元素。其中由于有的建筑所处地块地理位置优越，这些地块通常会被开发商作为重点开发的对象。开发商对地理位置优越的近代建

筑，最常见的做法就是无视文物保护的要求，一律将其拆除，以便进行整体开发。有关部门对这类要求，有时是有求必应的。即便是迫于文物保护的规定，有关方面也通常会以“异地重建”来达此目的。因而在这些地段中，一幢幢建筑质量较高、保存状况相对较好的近代建筑也难逃灭顶之灾。

最典型的例子就是位于天津劝业场核心地带的著名近代建筑原浙江兴业银行的异地重建方案。原浙江兴业银行大楼于1921年兴建，其后主要经1939年附属用房的扩建及20世纪50年代的内部修缮，现今整体上保存完好，建筑大部分房间可正常使用，只需在局部稍加修缮（图5）。该建筑是中国第一代建筑师沈理源的知名作品，对研究中国近代建筑设计的发展轨迹具有很高的实证价值，集中了建筑师很多有代表性的设计手法。比如沈理源西洋古典风格的设计手法十分娴熟，从构图到细节具得其神韵，建筑内部的华风装饰也是当时中西合璧潮流的真实写照。

原浙江兴业银行所处的位置颇为特殊，处在天津市商业核心地带，即和平路和滨江道交汇处，与临近的劝业场、原交通饭店和原惠中饭店构成了著名的“四位一体”构图，当地居民形象地称之为“四大金刚”。这个浑然天成的巧妙构图颇为深入人心，已成为该地段不可替代的标志性景观，是控制和平路—滨江道近代建筑特殊风貌的核心和灵魂的重要元素。

这座建筑的重要位置，当然吸引了开发商的注意。由于建筑所在地块被有关部门卖给了某外资地产集团，并“轻率”地承诺可将原浙江兴业银行大楼拆除，该地产商趁此政策漏洞便颇为有恃无恐，遂开启了文物拆留之争端。

在外国某著名设计公司为该开发商制订的设计方案中，提出将原浙江兴业银行“异地重建”，也就是将其由原址迁至靠海河一侧，把原址设成拟建、新建商业广场的入口，其首要目的无疑是为攫取商业利益，在蓄意破坏滨江道风貌区“四位一体”核心文脉的同时，也可进一步炫耀新建商业广场在滨江道风貌区主导的“标志”性。

此方案一经提出，即受到社会的广泛批评，最大的反对呼声来自网络。ABBS论坛的《历史文化名城天津：你还有多少历史？》和《天津劝业场历史街区即将遭到彻底破坏》等都是具有代表性的长篇跟贴，众多网友就浙江兴业银行的保护和某公司所做的方案，对和平路—滨江道历史街区的破坏做出多层次、多角度的分析，体现了社会大众对于建筑遗产的关注和支持建筑保护的一致立场。城市的一项开发项目因破坏了文物建筑，特别是近代建筑而遭至如此广泛、巨大、坚决的反对，这在国内还不多见。然而，有关方面对这种呼声漠然处之，一再要求尽快实施“异地重建”方案，原浙江兴业银行命悬一线，危在旦夕。

幸运的是，建筑学界一些知名院士、学者及时联名发出《作为“劝业场历史风貌建筑保护区”内的重要文物原地保护原浙江兴业银行建筑》的呼吁书，表达了要求原址保护浙江兴业银行的强烈诉求。2006年9月19日《人民政协报》发表了题为《有法不依无序拆迁历史建筑，天津如何将你留住》的报道，表示了对原浙江兴业银行险恶处境的极度担忧。这些信息引起了国家文物局及天津市主要领导的关注，“异地重建”方案宣告失败。

至于那些被实施“异地重建”方案的近代建筑，尚能基本保持原貌者不多，面目全非者不少。原民国总理潘复旧居就是其中一例。潘复曾任北洋政府的财政次长、国务总理。其旧居是一座“院包房”式建筑，后被“异地重建”，原貌几不可寻。大量事实表明，所谓的“异地重建”，不过是有关方面应付文物保护要求的一个幌子，非但不能满足文物保护的要求，反而是对历史遗产的严重破坏。

此外，还有不少近代建筑是因不适合某些领导的审美趣味而遭到拆除。原天津音乐厅是一座历史悠久的近代建筑，却不被领导欣赏，便罗织了一个该建筑原功能不是音乐厅的罪名而加以拆除，在原址上新建了一幢满足某领导个人口味的不伦不类的新古董（图6）。这类拆真古董、建假古董的例子，不胜枚举。

3. 海河开发——盲目求大求洋

真正让天津这座历史文化名城发生“脱胎换骨”变化的，则是被天津某些领导引以为豪的“海河综合开发改造工程”。众所周知，海河在天津城市发展进程中占有至关重要的地位。近代逐步形成的以海河为中心的放射状路网与古代保存下来的以鼓楼为中心的老城厢传统正南北路网，是中国文化与西方文化碰撞交融、和谐共处的真实反映，也是天津与其他历史文化名城相互区别的重要特征。

海河开发的初始动机，既有政治因素又有经济因素，目标是把海河“打造”成与莱茵河、塞纳河等并驾齐驱的世界名河，从而将其作为

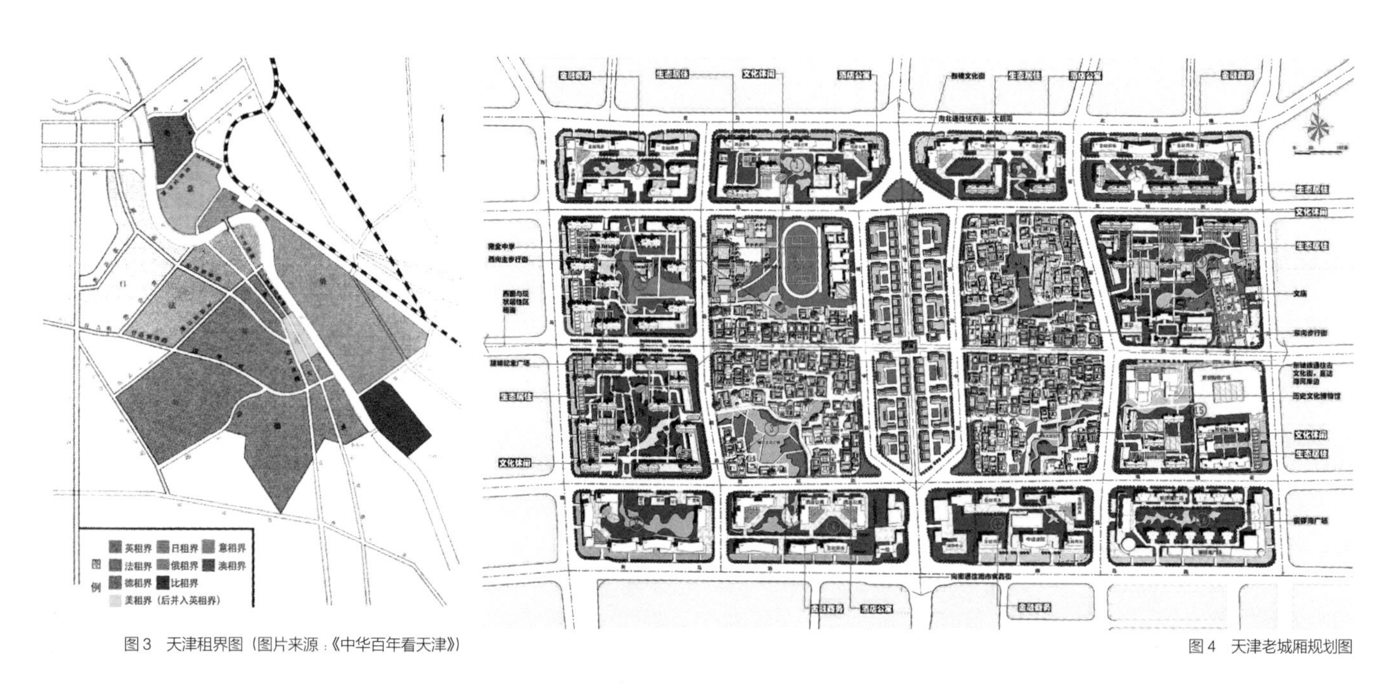

图3 天津租界图（图片来源：《中华百年看天津》）

图4 天津老城厢规划图

图5　原浙江兴业银行大楼（摄影：兰巍）

图6　改建后的天津音乐厅

图7　津塔效果图

“天津市迈向国际化大都市的重要标志”，但国际化大都市的形成岂是3～5年就能够完成的？据官方网站介绍：“海河综合开发改造工程”的总体规划，是将全长72 km的海河从总体上分成3个自然段落。各段均有不同产业功能和景观特色。上游段也就是中心城区的一段，河流长度约19 km，规划面积42 km^2，规划中确定体现亲水的国际化大都市形象，内容以现代化公共设施为核心，建设一条滨河的服务带、景观带。在这一区段中，又划分为传统历史文化区、都市消费文化区及中央金融商务区等几个片区。

在海河开发的实施过程中，出现了许多令规划决策者始料未及的问题。最有影响的就是应如何对待城市中的河流？规划者经常将巴黎塞纳河作为海河开发的样板，但却根本没有领略到巴黎城市建设中尊重、善待塞纳河的精髓所在。巴黎对塞纳河沿岸的整治与开发利用，目标是要体现城市的历史与地方特色，重点放在为市民和游客提供观光漫步的休闲场所，河流两岸不允许建造现代化的高层建筑，以便尽量保持其原有建筑风貌。反观海河开发，则是惟恐人们看不到高层建筑。由于面临巨大的资金压力，海河开发的主要动力就是房地产开发。在片面追求利润最大化的驱动之下，再加上缺乏系统的城市空间规划，开发商势必建造大量的高层建筑，海河沿岸城市空间尺度也必然会变得更加难以控制。以位于中心的和平广场为例，紧邻河岸，一侧规划有高度为105 m的五星级酒店“津门”，另一侧更有高达336.9 m的超高层建筑“津塔”（图7），这些庞然大物的出现，造成滨水空间尺度严重失调，使原本就不宽阔的海河变成“世界名沟”。

从规划定位来说，海河位于城市中心，应当采取面向城市的开放性规划，而不是各自为政的独立片区式的区域性规划。人为划定的片区规划，难免会出现过分追求本片区局部效益的现象，从而对城市整体环境造成破坏。

在具体操作上，盲目拓宽两岸沿河道路，导致车流量加大，引发新的交通问题。沿岸修筑的大量下穿式道路，不仅为车辆通行带来不便，同时也人为地造成游人与河流间的阻隔。海河沿岸原有的大片绿化，在改造中几乎全被破坏。除部分乔木外，大片的茂密灌木与高大乔木均已难觅踪迹。以硬铺装为主的亲水堤岸，更存在绿化率低的问题。此外，在规划中，对观光游客的停车、如厕等问题，亦缺乏应有的考虑。

过分追求变化，则在海河开发的桥梁建设中表现得淋漓尽致。海河开发整体规划强调要把桥梁作为艺术品和旅游景点来设计，做到海河上“一桥一景”，创造海河上一道独特的风景线。要求用国际化的现代设计理念，采用新工艺、新技术，结合城市周围环境，设计出能体现天津历史文脉并富有鲜明个性的桥梁。在这种思想的指导下，海河变成了“世界桥梁试验场”，建造桥梁的主要目的已不再是解决交通问题，而是展现自身的与众不同。于是，就不仅有将北安桥改造成巴黎亚历山大三世桥那样的拙劣抄袭，而且还有在桥上建造摩天轮（即所谓的“天津之眼”）的壮举，将原本应起疏导人流作用的桥梁，转化为人流积聚的场所。其指导思想只能归纳为一句话：满足政绩的要求和个人口味。

更为严重的是，在海河开发的大旗下，大量虽未被列入文物保护范围但仍有保护价值的近代建筑都被一并拆除。位于解放北路75号的原法国储蓄会大楼已有百年历史，仅因它“占”了因无视历史街区格局而轻率划定的规划红线就被列入拆除名单。虽经多方争取，甚至提出整体平移的妥协方案，这座保存情况尚好的近代建筑终究难逃拆除噩运。即便是某些幸存下来的近代建筑，也因修缮过程中的野蛮施工而再度遭受破坏，这使海河沿岸原租界区的历史风貌受到重创。至于原古文化街一带将各种元素掺杂在一起的做法，也使规划者构建传统历史文化区的构想充满强烈的讽刺意味。

三、结语

皮之不存，毛将焉附。失去了承载600年历史的物质载体，天津这座历史文化名城还能留下什么？对天津城市建设存在问题的反思，并不是要全面否定其成绩，而是希望通过这种反思，能理顺城市建设思路，从而在今后建设过程中，避免重蹈覆辙，促进城市建设更快更好地向前发展，将天津建设成既有历史文化底蕴，又有现代文化氛围的国际化大都市。■

参考文献

[1] 天津规划局和国土资源局．天津城市历史地图集[M]．天津：天津古籍出版社，2004.

[2] 天津市博物馆．中华百年看天津[M]．天津：天津古籍出版社，2008.

[3] 王奎．天津老城厢居住建筑风格及其雕饰艺术[M]．北京：中国建筑工业出版社，2004.

[4] 王岩，张颀．天津老城厢地区历史文化及拆迁前保留建筑现状记述[J]．天津大学学报：社会科学版，2008（3）：247-253.

[5] 王健．天津海河综合开发规划的实践与理论研究[D]．天津：天津大学，2008.

上海高层住宅的发展及平面类型特点

李振宇　孙建军
同济大学建筑与城规学院

一、上海高层住宅的发展

上海高层住宅的发展具有较悠久的历史，早在20世纪20年代末，就建成了第一批高层住宅。30年代初的世界经济危机给上海的建筑业和房地产开发带来了机遇，优质廉价的建筑材料促进了高层住宅的发展，1928～1948年，共建成高层住宅35栋，多为8～20层，共计34.25万 m²，占1949年前建造的高层住宅总数（95栋，总面积106.1万 m²）的1/3左右，占当时住宅总面积（2 359万 m²）的2.92%。

20世纪50～60年代，受到经济发展水平及工作重点的影响，高层住宅的兴建活动停止；从70年代开始，结合旧区改造的高层住宅实践逐渐增加，以廊式住宅为主，总数27栋，近20万 m²；80年代，住宅建筑大规模发展，点式住宅以占地少（特别是一梯多户）、布局灵活、经济性好等特点而倍受青睐；1980～1990年上海共新建高层住宅531栋，总建筑面积605.8万 m²，高层住宅在新建住宅中的比例从10%提高到30%，层数从12～15层提高到15～33层；1980年末受到造价高、工期长原因的影响高层住宅的建设受到了短时期的控制。上世纪90年代商品住宅独领风骚，随着居民对住宅日照、朝向和减少邻里干扰要求的提高，单元式高层住宅开始逐步取代其他高层住宅形式，一梯两户或三户的小进深高层住宅已经成为现在最为常见的高层住宅形式；2000年，上海新建的3 900万 m²住宅中，53%为小高层和高层住宅，最高达到60层（世茂滨江花园）；2001～2007年，上海每年约3 000万 m²的住宅建设量，若以高层住宅面积占新建住宅总面积的50%，每栋高层住宅为1.5万 m²推算，每年要新增高层住宅1 000栋，预计到2007年，上海高层住宅总量将达到1万栋左右。

1. 上海高层住宅的历史线索

上海高层住宅的发展具有较长的历史，其发展可以分为四个阶段：第一阶段（20世纪20年代～1949年），共建造35栋高层住宅，层数为8～20层。可以看作是上海高层住宅的萌芽期。第二阶段（1949～1978年），由于政治经济的原因，上海高层住宅的建设一度停滞，到70年代才重新开始建设高层住宅，可以看作是上海高层住宅的停滞期。第三阶段（1978年改革开放～1992年住房改革前），上海大规模建设高层住宅并以塔式、廊式为主，可以看作是上海高层住宅的发展期。第四阶段（1993年至今），由于住宅商品化的改革，住宅总量大幅提高，高层住宅的建设也达到了空前的程度。高层住宅的类型、层数、风格也呈多样化，可以看作是上海高层住宅的成熟期。

上海高层住宅经过这几个时期的发展，已经占住宅总量的一半以上，在上海整个住宅建设中具有举足轻重的地位。

2. 上海高层住宅的特点

上海高层住宅的特点归纳为以下几方面：发展历史长——从1928年开始经历了80年，到今天仍然非常活跃；比重不断增加——从20世纪30年代的占3%左右，发展到80年代占新建住宅总量的30%左右，到2000年占新建住宅总量的一半以上，且当年总量特别大；分布广——上海的高层住宅遍布城市的每个角落，如宝山、嘉定、金山、青浦等区均有相当数量的高层住宅；阶段性类型发展——20世纪80年代以前以廊式高层住宅为主，1985～1995年左右以塔式高层住宅为主，1995年以来至今以单元式高层住宅为主；差异性大——不仅不同类型间有差异，同一类型也有巨大的差异，具体表现在层数、面积、服务户数、地理位置、销售单价等方面。

二、上海高层住宅的平面类型

1. 类型特点

上海的高层住宅分为廊式、塔式、单元式三种类型。廊式住宅（gallery apartment building）指由共用楼梯或楼梯与电梯通过内、外廊进入各套住房，且至少有一套住房的进户门至楼梯间门或前室门的距离超过10 m的住宅（表1）。

塔式住宅（tower-type apartment building）指以共用楼梯或楼梯与电梯组成的交通中心为核心，将多套住房组织成单元式平面，且每套进户门至楼梯间门或前室门的距离不超过10 m的住宅（表2）。

单元式住宅（combined apartment building）指由多个住宅单元组合而成，每单元均设有楼梯或楼梯与电梯的住宅 。

（1）廊式高层住宅

上海廊式高层住宅绝大多数为外廊式（走廊位于住宅北侧），这样可以将较好的南朝向房间作为主要的房间（图1）；少量的廊式高层住宅为内廊式。

廊式高层住宅的各户均享有较好的朝向。但各住户共用走廊，相互间干扰较大；辅助功能房间朝向走廊，采光、通风不佳，对消防不利（现行住宅设计规范已强制要求厨房要有直接采光）。

内廊式高层住宅，住宅南北向分两侧布置，导致约一半住户的房间完全朝北，这也是现行设计规范所不允许的。为了避免这种缺点，出现了内廊跃层式，既减少了公共交通面积，又避免了完全朝北的住户存在，但加大了每户住宅的进深，增加了住宅内部的交通面积，结构也较平层住宅相对复杂。

（2）塔式高层住宅

上海塔式高层住宅于20世纪80年代得到广泛得运用，形式丰富，包括矩形、T字形、风车形、井字形、V字形等（图2，图3）。

塔式住宅可采光面大、交通集中，每户的水平交通路线较短。最初其平面布局与廊式高层住宅相似，也是通过长的走廊来组织各户的水平交通，每层的住户多达十几户，朝向以南向为主，东西向为辅，也存在北向住户。随着居住要求的提高，每层住户逐渐减少，以6～8户为多（甚至4户）。

然而，由于朝向的原因同一平面层的各户型存在不平衡、差别较大

表1 上海廊式高层住宅平面简图

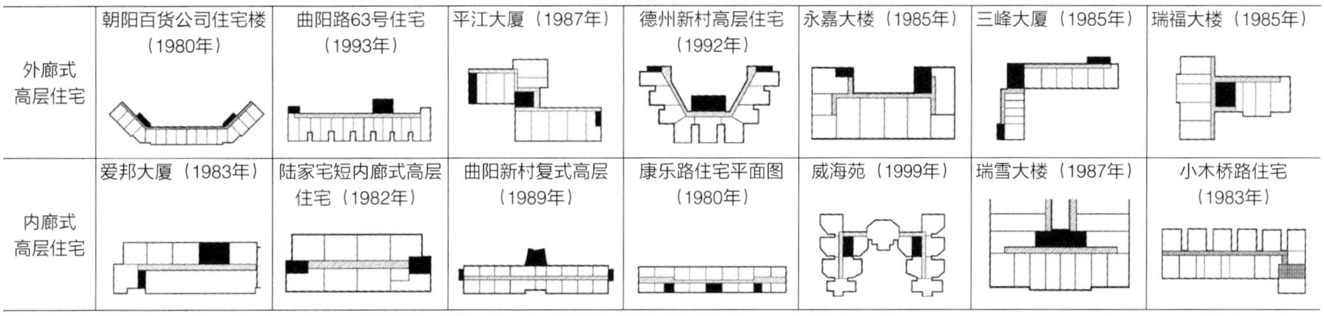

外廊式高层住宅	朝阳百货公司住宅楼（1980年）	曲阳路63号住宅（1993年）	平江大厦（1987年）	德州新村高层住宅（1992年）	永嘉大楼（1985年）	三峰大厦（1985年）	瑞福大楼（1985年）
内廊式高层住宅	爱邦大厦（1983年）	陆家宅短内廊式高层住宅（1982年）	曲阳新村复式高层（1989年）	康乐路住宅平面图（1980年）	威海苑（1999年）	瑞雪大楼（1987年）	小木桥路住宅（1983年）

表2 上海塔式高层住宅平面简图

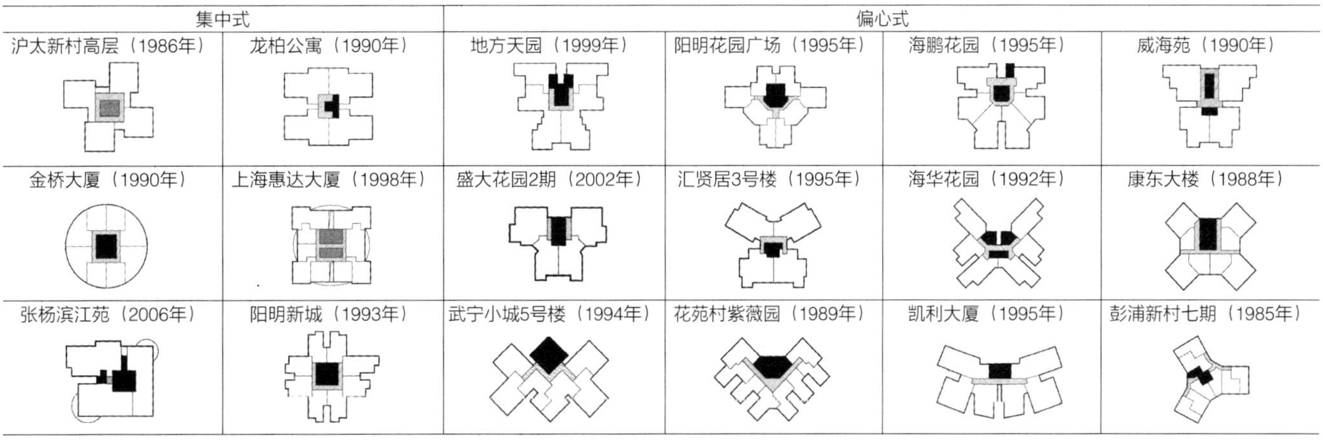

集中式		偏心式			
沪太新村高层（1986年）	龙柏公寓（1990年）	地方天园（1999年）	阳明花园广场（1995年）	海鹏花园（1995年）	威海苑（1990年）
金桥大厦（1990年）	上海惠达大厦（1998年）	盛大花园2期（2002年）	汇贤居3号楼（1995年）	海华花园（1992年）	康东大楼（1988年）
张杨滨江苑（2006年）	阳明新城（1993年）	武宁小城5号楼（1994年）	花苑村紫薇园（1989年）	凯利大厦（1995年）	彭浦新村七期（1985年）

等缺点。为了争取较好的朝向，塔式高层住宅常采取“前小后大”的布局方式。到了20世纪90年代中期，塔式高层住宅渐渐被单元式高层住宅取代（图4）。

（3）单元式高层住宅

“单元式住宅” 在上海的地方规范中定义为由多个住宅单元组合而成，每个单元均设有楼梯或楼梯与电梯的住宅，并英译为“combined apartment building 。

自1992年商品住宅大发展以来，高层单元式住宅逐渐成为高层住宅建设中最多采用的类型（图5）。其平面布置与多层单元式住宅的差别不大，一般采用一梯二户至四户。虽然它的建造成本、用地成本、电梯运行成本、公摊面积都要高于其他类型的高层住宅，但它日照采光通风较好，平面易于合理布局，进深大小适中且相互干扰少（表3）。

消防和交通的规范规定：当楼层大于（等于）12层时，应设两台电梯，或从第12层起每3层设相邻连廊；当楼层大于18层时，应设两个防烟楼梯间（若只设一个防烟楼梯间，则从第10层起每层相邻的两个单元设连廊）。于是许多高层单元式住宅北面带有连廊，但其既不美观，又会引起对北面房间的干扰，最终很多单元式高层住宅设计考虑规范限制而选取不同的层高配置不同的交通和疏散方式。

2. 类型归纳

上海高层住宅的平面类型经历了从廊式到塔式、再到以单元式为主，辅以廊式、塔式的过程。层数从原来的10层左右发展到现在达到了60层，其平面的发展是一个阶段性的过程。这也说明了各个时期对住宅的侧重点不尽相同。

廊式高层住宅主要建设在20世纪70年代，在当时计划经济制度下其关注的重点是各户住户的均一性，具体表现在面积、采光条件、房间数等。

塔式高层住宅主要建设在20世纪80年代，改革开放的初期，由于

表3 上海单元式高层住宅平面简图

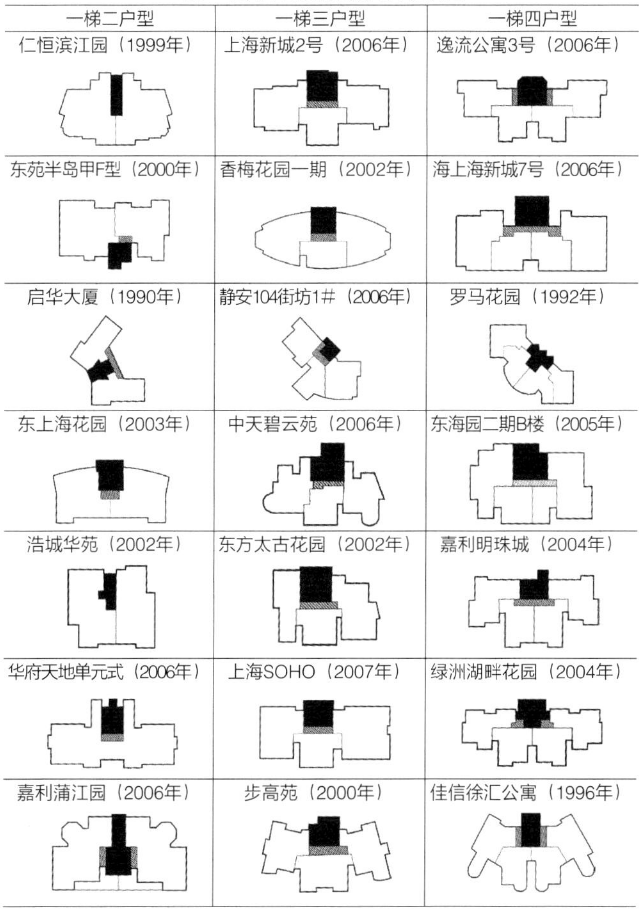

一梯二户型	一梯三户型	一梯四户型
仁恒滨江园（1999年）	上海新城2号（2006年）	逸流公寓3号（2006年）
东苑半岛甲F型（2000年）	香梅花园一期（2002年）	海上海新城7号（2006年）
启华大厦（1990年）	静安104街坊1#（2006年）	罗马花园（1992年）
东上海花园（2003年）	中天碧云苑（2006年）	东海园二期B楼（2005年）
浩城华苑（2002年）	东方太古花园（2002年）	嘉利明珠城（2004年）
华府天地单元式（2006年）	上海SOHO（2007年）	绿洲湖畔花园（2004年）
嘉利蒲江园（2006年）	步高苑（2000年）	佳信徐汇公寓（1996年）

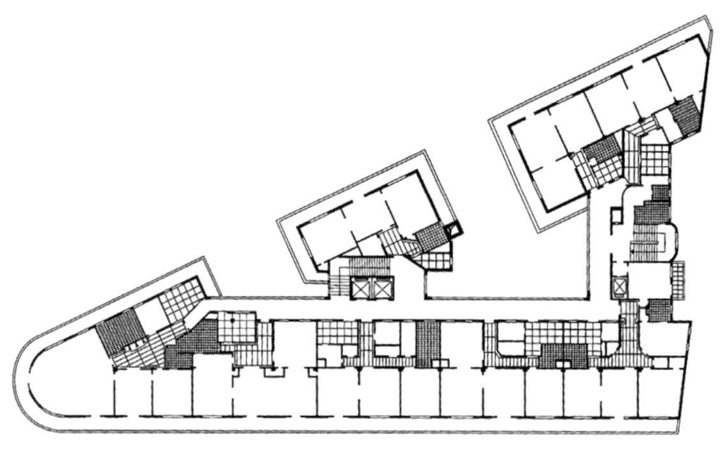

图1　武康大楼标准层平面
（上海最早的外廊式高层住宅，8层，建于1925年）

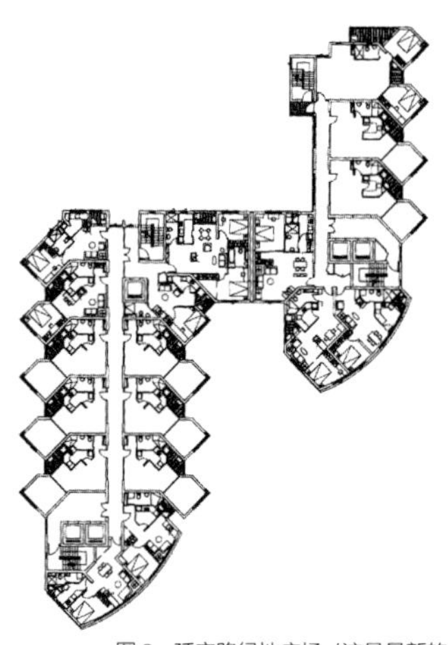

图2　延安路绿地广场（这是最新的一个实例，为内廊和外廊相结合的廊式高层住宅27层，建于2004年）

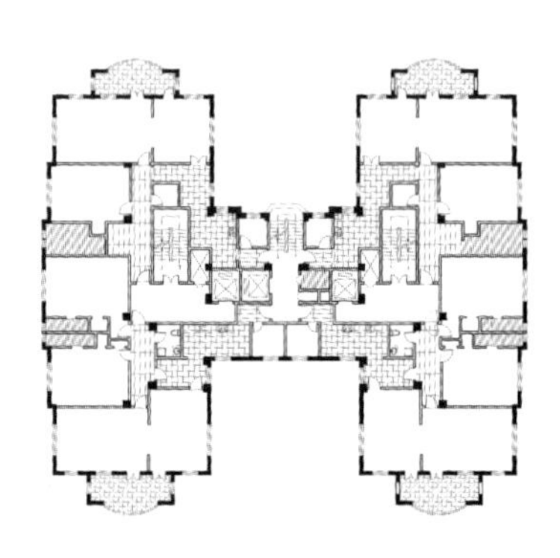

图3　华业大楼主楼平面(主楼10层，建于1934年)

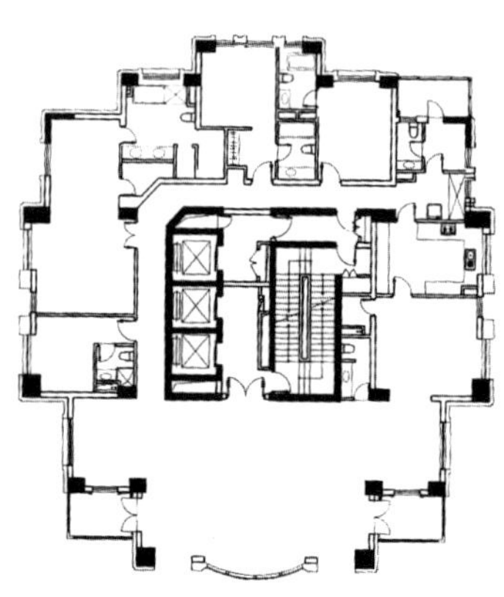

图4　华府天地（位于新天地附近的高档住宅，每标准层为一户住户27层，建于2006年）

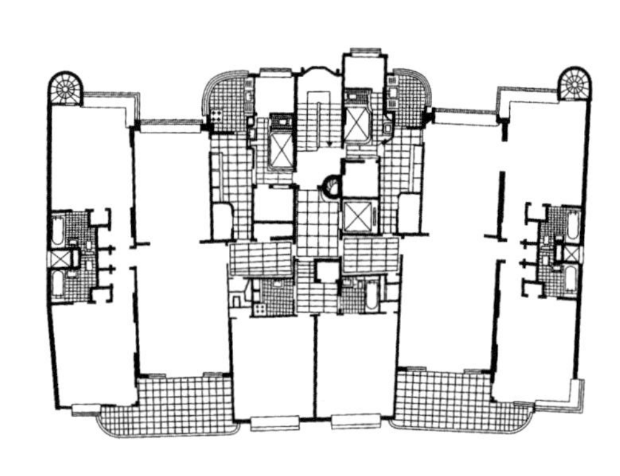

图5　达华公寓平面图（一梯三户，10层，建于1937年）

住宅需求的急剧增加，社会关注重点在住宅的节地性，塔式住宅因符合那种“见缝插针”的建设需求而大规模建设。

20世纪90年代，出于对住宅日照、朝向和减少邻里间的干扰要求的提高，单元式高层住宅开始逐步取代其他高层住宅形式。一梯两户或三户的小进深高层住宅已经成为现在最为常见的高层住宅形式。同时由于住宅功能的多样化发展而出现了酒店式公寓等，同时，人们对住宅类型提出了新的要求，廊式和塔式又得到一定的建设打破了单元式一统天下的局面。

三、上海高层住宅发展展望

上海高层住宅的建设仍有较大的发展空间，居民对于高层住宅的品质也会不断提出新的要求。也会越来越多地影响整个上海的城市建设、城市形象、城市空间、城市交通等诸多问题。

建筑住宅平面是居民最关注的部分，也是高层住宅设计中的关键，它随着时代的发展而不断变化。住宅平面可以综合各种平面类型的优点选择设计，以适应对高层住宅平面多样化的需求。户型设计中引入复式、错层、入户空中花园等概念，可丰富空间改变住宅平面千楼一面的单调现象；交通设计更注重私密性、便捷性，同时通过增加半室外空间以增加住户间的交流。此外，住宅科技的发展可以减少住宅对日照的依赖，改善非南朝向房间的舒适性。另外一个值得关注的趋势是对高层住宅的改造。从20世纪70年代起，欧洲国家开始特别重视旧建筑的保护、改造和再利用，称为“谨慎的城市更新”，不仅是文物建筑也包括普通的旧建筑。

上海近年来也已开始了对20世纪80年代以前建造的高层住宅进行改造，如建于1934年的上海大厦已改造为高档酒店；建于1977年被称作“漕北高层”的9幢高层公房分别加建1～2层。目前进行的改造主要还是集中于功能的置换、立面的翻新、设备的更换等方面。其实针对上海早期高层住宅为多为廊式和塔式的特点，对其平面的进行改造更有意义，也将是今后上海改造高层住宅的一个重要课题。

上海高层住宅的平面设计经过几十年的探索，已经形成了自身的独特风格及鲜明个性。因此，我们更需要在汲取传统上海居住文化特色的基础上，创造出适应现代生活、具有新上海特色的城市居住文化和独特风格的高层住宅。■

参考文献

[1] 章明．上海高层住宅[M]// 上海八十年代高层建筑编辑部．上海八十年代高层建筑．上海：上海科学技术文献出版社，1991．

[2] 李振宇．城市·住宅·城市——柏林与上海住宅建筑发展比较[M]．南京：东南大学出版社，2004．

[3] 陈光济．上海高层建筑综述[M]// 上海八十年代高层建筑编辑部．上海八十年代高层建筑．上海：上海科学技术文献出版社，1991．

[4] 上海市工程建设标准化办公室．上海市工程建设规范《住宅设计标准》（DGJ08-20-2001）[S]．上海：[出版者不详]，2001．

时间与空间矛盾之间的城市再生

翟辉[1] 王丽红[2]

1 昆明理工大学建筑工程学院

2 云南人文建筑设计研究所有限公司

矛盾的观念和概念已经成为人类认识思维的最基本的成果和工具，“关于矛盾的研究总是处于人类智慧的前沿与巅峰之中。当今世界学问之多不可胜数，但哪一门都离不开矛盾的范畴，即使是最新的学问”。黑格尔说“既对立又统一，这就是矛盾”，马克思说矛盾是“一切辩证法的源泉”，恩格斯把辩证法称为“矛盾的辩证法”，毛泽东说“分析的方法就是辩证的方法”。所谓分析，就是分析事物的矛盾。不熟悉生活，对于所论的矛盾不真正了解，就不可能有中肯的分析。矛盾是一种关系，是对立面之间对立且统一的、内在的、基本的、复杂的关系。矛盾是一个过程，是一个在两个对立面之间由其生成、展开到解决的各个环节所组成的过程。

事物矛盾的法则，即对立统一的法则，是自然和社会的根本法则，因而也是思维的根本法则，当然也是辨析城市问题的法则。

生死矛盾

对于有机体的新陈代谢而言，其最终结果必然是有机体的日益衰老以至死亡，即生命有机体的自身否定使生转化为死。生和死作为一对矛盾本就存在于生命有机体的运动之中，生命有机体每时每刻都存在着生和死的矛盾运动。一方面，随着衰亡因素的逐步积累生终要转化为死，另一方面，伴随着旧的生命有机体的死亡，又会产生新的生命有机体。庄子说：“方生方死，方死方生。”赫拉克利特说：“火生于气之死，气生于火之死；水生于土之死，土生于水之死。”生死之间的转化一般来说是渐进的，有着量变引起质变的缓慢过程，生在发展到一定阶段时才会转化为死，反之亦然。

城市是一个经过长期累积逐步形成的生命有机体，它一样会有生有死。城市有突然的、整体的死，但不会有突然的、整体的生，城市更多的是部分的衰亡与再生。“再生”对应英文regeneration，乃是指“机体的一部分在损坏、脱落或截除后重新生长”；对应英文revive，还有“死而复活”的意思。再生（regeneration）并非整体死亡后的重生（rebirth；producing off-spring with parents dying）而是使衰亡的部分获得康复（healing）。

城市再生是针对当代城市问题，特别是城市的衰落部分，进行分析、综合，采取一系列措施进行整治使其获得新的活力以延缓其死亡的一个过程。在英文语境中urban regeneration 与urban renewal（城市更新）几乎是同一概念，与之相关联的还有urban reconstruction（城市重建）、urban revitalization（城市振兴）、urban redevelopment（城市再开发）和urban renaissance（城市复兴）等。在西方，这些词与城市开发概念的演变甚至有着对应关系。在中文语境中，笔者建议统一用“城市再生”来构建相关的理论体系。因为面对当下的城市问题，城市再生甚至比城市更新更为恰当，更新有replace（替代）的意思，更强调自外及内的除旧布新，而再生强调的则是机体通过内部的细胞分裂使得坏死的部分能够重新继续生长（regrow）。自然万物都有引导它们存在的东西，即所谓的“导存”，第一次引导事物存在的就是“本质”和“规律”。既然把城市看作复杂的有机体，城市再生就应该是在生死矛盾之间寻找内部继续生长的“导存”的一个持续的过程。

时间矛盾

“时间”的本质是一个“导程”的“长短”，即“导存”事件之过程的“长短”。要想让城市长时间充满活力的话，那就需要停止它们“衰老”的“导程”。根据传统的客观时间观念，时间表现为一种“顺序”，由三个相互矛盾而统一的关联维度构成——过去（传统）、现在（现实）和未来（理想）。如何将传统与理想融于永恒而变化的现实之中？城市再生中的时间矛盾既是“物理时间”的矛盾，也是“心理时间”的矛盾。我们可以停止城市“衰老”的“导程”吗？“传统”并不是一种消失的状态，它总是作为现在和过去的中介连接而“在场”的。艾略特在《传统与个人才能》中指出，历史的意识不但要理解过去的过去性，而且还要理解过去的现存性。传统不是墨守的继承，而是需要有历史的全局意识。“过去因现在而改变正如现在为过去所指引”，我们所知道的就是过去且只是过去，或所谓的“过去的现在”。时间中“过去的现在”和“未来的现在”都存在于我们的心灵之中。

现实中充满了可能性，充满了创新的真实潜能。一方面，任何一种实际的世界状况都是开放的；另一方面，可能性作为真实的潜能又不仅仅是纯粹的思想或愿望，因为它的基础是物质。恩斯特·卡西尔在《人论》中引用了歌德的一句名言：“生活在理想的世界，也就是要把不可能的东西当作仿佛是可能的东西那样来处理。”在他看来，人的生活世界之根本特征就在于，他总是生活在“理想”的世界，总是向着“可能性”行进，而不像动物那样只能被动地接受直接给予的“事实”，从而永远不能超越“现实性”的规定。城市再生在时间轴上永远是现在，包含了“过去的现在”和“未来的现在”。过去是为“未来的现在”服务的，传统不是我们沉重的包袱，而是我们发展的基础，新陈代谢要求城市站在未来的角度看永恒的现在。再生是绝对的，也是相对的。城市再生并非一定对立于城市之死，而是城市的一部分在衰老后的重新生长。因此，一方面，我们要有向死而生的勇气，只有预先看到了它可能的死及可能死的原因，才能更好地“导存”它的再生；另一方面，我们又要尽力去延缓它的衰老或死亡。这边，我们说“一万年太久，只争朝夕”，那边，我们又不得不“赞美缓慢”，因为再生是渐进而非突变的。传统、现实与理想之间以及现实之中均存在着许多矛盾，而正是这些矛盾使得“时间力”能够显现，正是意识到现实的问题与局限，焦虑到机体的衰老与死亡，人才会有“不满足于”的批判冲动，才会有“城市再生”的思想与行动。传统、现实和理想本身都并非我们研究的目的，只是我们研究的必要的基础，我们的时间指向应该是永恒变化着的现在，是时间矛盾“之间”和“考虑着未来的前途，像织毛线衣似的，把过去与未来拆开，拉直，分开，再织拢。”

空间矛盾

城市剧烈转型和资源严重短缺的共同作用，使得过去隐性的、可以容忍的矛盾凸显或集中爆发出来，并将以“外化”的形式集中反映到空间上，使空间成为矛盾冲突的焦点。

城市再生中的空间矛盾突出表现为“部分与整体”“部分与部分”之间的矛盾。如果“整体”是城市，那么“部分”就是城市的不同区域。城市再生是从部分（那些已经或者即将衰落的区域）开始的，但它必须服从于整体，因为“整体先于部分并大于部分之和”，而且不同空间的再生“导存”也会有所不同，甚至彼此间会有矛盾。因此，城市再生既是部分的，也是整体的，是部分与整体“之间”的。

如果“整体”是城乡，那么空间矛盾主要是城乡矛盾。芒福德通过考察人类近几百年来对“理想的人居环境是什么样子”的思考发现，不论是科学家还是文学家，他们对未来理想的人居环境设想都有着共同的理念：“把田园的宽裕带给城市，把城市的活力带给田园”，目标即是城市和乡村协调、融合为一体。城市再生的理想正是使城市保持其富裕与活力，并拥有乡村的自然与宽阔。这也许是一个悖论，但我们更愿意把它视为一种乌托邦，一种“未来的现在”。城乡的矛盾不仅仅是空间的矛盾、环境的矛盾，也是经济的矛盾，更是社会的矛盾。城市再生的观点和行动应该是综合的、全面的，想借一两个部分区域的再生获得诸多矛盾的平衡显然是不可行的。城市再生应该着眼于全局而行动于部分。

如果“整体”是全球，那么突出的则是全球化与地区性的矛盾。在全球化的背景下，即使是开放化程度最高的地区也不可能完全没有本民族、本地区的胎记；同时，最保守、最封闭的地区也不可能没有全球化的痕迹。全球化对地方空间造成的影响“表现为两种几乎同时产生的明显趋势，即不断加深的空间差异和不断增强的空间联系”，地区间的空间差异及联系“不仅取决于地区外的因素，而且取决于地区传统与新环境的相互作用”。强势文化对弱势文化的冲击日益广泛、深入。世界各国和地区都在不同程度上受到各种文化，特别是强势文化的冲击。作为对外来强势文化的抗争，一些地区和国家的传统文化和民族主义被复兴或重新创造。城市无不处于“全球化与地区化”的矛盾之中，城市再生实际上就是在矛盾两极间不断摇摆、平衡、调和的过程。

历史文化遗产是城市再生的宝贵资源，基于城市历史文化保护和发展的活动是当下城市社会经济生活的重要方面。在全球化的背景下，历史文化的保护与发扬已成为城市再生的重要“导存”。同时，城市也处在“保护与发展”的矛盾之间，特别是需要再生的部分。保护应该是一个动态的过程，更新再生却是必由之路，城市多样性的保护与维护又是城市再生的重要基础之一。因此，我们的认识是：强调“动态”的保护而非“冻结”式的保护，强调“渐进式”的更新发展而非“推土机”式的无中生有。因为，一方面，传统文化不仅处在一种历时性的“过去”中，更处在一种共时性的“生境”中。没有一种文化是可以原封不动“保存”的，抄袭照搬过去是不可能向未来发展的。另一方面，缺乏历史文化的“导存”，城市再生就整体而言根基是不稳的。

在空间矛盾中，在同一个空间里“既保护又发展”的命题是不成立的，但整体地将其“放在不同的空间来解决是最有效的办法”——将新与旧、保护与发展放在不同空间中来取得平衡、获得再生。毕竟，发展是人类共同的目标，保护只是发展的基础和手段，只有发展才能为更好的保护创造条件。

时空矛盾“之间”的“城市再生”

根据物理学，时间和空间不是独立的、绝对的，而是相互关联的、可变的 。

任何事物都处于一定的时空之中，即是四维的空间。不同事件在时空坐标中的位置是不同的，同一空间的两个事件必然存在着“类时间隔”，而同一时刻的两个事件也一定存在着“类空间隔”。因此，在时空中我们不能要求两个事件是同一的，我们不能通过克隆获得再生。不论当下是处于戴维·哈维的“时空压缩”（time-space compression）还是吉登斯的“时空延伸”（time-space distanciation）状态，城市再生在时空矛盾“之间”都应该采取一种妥协、平衡的姿态，以求得时空矛盾的和谐，使城市保持或恢复其多样性及活力。

“之间”是矛盾凸现与矛盾平衡的过程，一个由现实到非现实再回到现实并超越现实的过程。“之间”是联系传统、现实与理想的桥梁，是由现实到理想或由理想回到现实的必由之路。“之间”是时空坐标中不同事件的“留白”，是凸显特色的必要间隔。

在城市中，各种矛盾交织在一起形成一张复杂的“矛盾网”，而城市再生就是一个平衡不同矛盾的过程。矛盾并非非此即彼，矛盾的平衡更不能顾此失彼。我们的理想是使之竞合统一。矛盾之间有多种可能性，我们的选择并非一定要绝对或不偏不倚，而应是适应彼时、彼地、彼人的一种“适度”。因此，处理矛盾采取一种适度、折衷的立场也许会更有说服力。如文丘里所说：“适应矛盾就是容忍与通融。”诚如芒福德所论，城市是先有磁体功能，后有容器功能的。城市再生重要的是追本溯源，找寻“导存”，恢复其磁体功能。城市再生既不是置之死地而后生，也不是无中生有之新生，更不是大刀阔斧之重生，而是综合诊断、追本溯源、对症下药后的适度的、渐进式的创造性修复以获得更多生机的可持续再生（sustainable urban regeneration）。■

参考文献

[1] 郭和平. 新矛盾观论纲[M]. 北京：中国社会科学出版社，2004.
[2] 张平宇. 城市再生：我国新型城市化的理论与实践问题[J]. 城市规划，2004（4）：25-30.
[3] 蒋洪新. 论艾略特《四个四重奏》的时间主题[J]. 外国文学，1998（3）：55-61.
[4] 景天魁. 中国社会发展的时空结构[J]. 社会学研究，1999（6）：54-66.
[5] 艾琳. 后现代城市主义[M]. 张冠增，译. 上海：同济大学出版社，2007.
[6] 奥罗姆，陈向明. 城市的世界——对地点的比较分析和历史分析[M]. 曾茂娟，任远，译. 上海：世纪出版集团，2005.
[7] 文丘里. 建筑的复杂性与矛盾性[M]. 周卜颐，译. 北京：中国水利水电出版社，知识产权出版社，2006.
[8] 王路，单军. 乌托邦与现实之间——束河古镇更新联想[J]. 建筑业导报，2004（7）.

原文刊载于 2009年06期 页码 021 - 023

回归建筑创作本原

张向宁[1] 梅洪元[2]
1 哈尔滨工业大学建筑学院
2 哈尔滨工业大学建筑设计研究院

一、泥沙俱下的时代

20世纪70年代末至今，中国的宏观环境发生了质变，改革开放使社会的政治、经济、文化发生了巨大变革，今日之中国已逐步从贫瘠跃迁至繁盛。与此同时，全球化浪潮的冲击以及科学技术的迅猛发展从功能、审美、建造等层面对中国建筑产生了深远影响。时代的进步拓展了中国建筑师的创作视阈，赋予我们更多的创作空间，以“中国速度”去赶超世界。

在短暂的30多年时间里，我国的建筑领域经历了从对现代主义建筑批判、后现代主义建筑尝试到新现代主义建筑探寻等过程，建筑创作水平得到极大提升。在欣喜于建筑领域繁荣的同时，我们也应该清醒地认识到，我国现阶段的社会转型并不是以自身成熟、高度发达的工业社会为基础，而是在全球化浪潮影响下工业化与后工业化交织在一起的不均衡转变，建筑思潮的快速更迭很大程度上是西方建筑理论在中国城市的移植。均质、工业化标准的现代主义建筑和张扬个性与解放的先锋思潮强烈地冲击着中国建筑断裂的现代性，这种后发外生型的现代化与诸多矛盾纠结的关联是我们当下真切的创作语境。

21世纪是速度至上的时代，速度被看作世界发展从量变到质变的必经之途。速度产生效益，但当速度遭遇不平衡的结构与无节制的扩张之时，必将导致系统的失衡与崩溃。从另一个角度而言，“速度之灾”引发了2008年美国的金融危机与席卷世界的经济海啸，这比那些我们曾经热议的“全球化与地域性”与“海外建筑师的中国实践”等焦点问题更为真实、更为深刻地影响着中国建筑师的现实生活与建筑创作。

今日中国正处于泥沙俱下的时代，宏观金融环境对于建筑的影响不仅仅在于直接的经济效益，而是其以“不可遏止”的速度左右了建筑师的创作欲望与激情。在物质与欲望的洪流中，一些放弃执着与坚守的建筑师迷失在速度的狂潮中，大量未经推敲的“速度建造”构建了脆弱的繁华盛景，却依然掩盖不了建筑思维的贫瘠与创作源泉的枯竭。当速度与形式主义的追求被置于进步的名义之下，必将导致潜在的“建筑危机”！

二、建筑创作的本原

经典的建筑需要一个不断思考与沉淀的创作过程。在时间的范畴里定义永恒，是缓慢的衍生，而由缓慢所积淀的厚重与美感，正是那些久而弥笃的经典建筑之灵魂所在。正因如此，当代建筑师更要本着“怀真抱素”的建筑之心去重新探求建筑创作之本原。基于此，笔者以建筑的现代性品质、原真性基点与适度性原则为出发点，试图对中国当代建筑创作进行新的诠释与定位。

1．建筑的现代性品质——建筑创作本原的回归是不拘泥于传统的创新，更是不凌驾于历史的超越

文脉是一个具有包容性与多义性的概念，重视地域文脉并不是对古典文化的回归或是乡土设计，也不是与全球化趋势对抗，或排斥外来文化的参与，片面地强调单一的传统审美标准、忽视了文脉自我发展和现代化更新的需求是对历史肤浅的理解与误读。作为文明容器的建筑势必要承载地域文明所积淀的精髓，但建筑终归是为人使用的物质实体，而非仅作为收藏的艺术。广义的文脉不仅要作为记忆符号去承载历史，更应该实现人们的群体认同与情感归属。建筑的现代性品质不是一个抽象、普适的概念，不是对枯燥乏味、千篇一律的方盒子建筑的回归，而应建立在民众精神诉求与社会现实经济基础之上，视建筑为地域文明现代化进程的物质基础，通过抽象现代化过程的本质特征，以建筑实践修补城市断裂的历史。

2．建筑的原真性基点——建筑创作本原的回归是此时此地的建造，更是此情此景的抒发

建筑历史是流逝的时间在永恒存在中的演化，因而建筑并非仅限于一种宏大叙事的范式，更应该为人提供原真性的日常生活体验。建筑的原真性基点是在现实生活基础上体现建筑的生命力，在时间的绵延中获得建筑创作的自由。建筑师作为个体的人一定要有自由的意志，有了主体性，才能决定自己的价值选择与行为选择，而不必依附于他者，这也是一切有生命力的建筑灵魂所在。建筑创作不能简化为工程设计，技术的进步与工具的革新取代不了建筑师思维的涌动。建筑师一定要有对自由创作的强烈渴望，只有充分理解建筑背后所蕴涵的地缘、人缘、血缘与情缘，才能用博大、坚实的笔触为即将诞生的建筑赋予这片土地的灵魂。

3．建筑的适度性原则——建筑创作本原的回归是理性简约的表达，更是精致细节的铺陈

建筑不仅是“情景交融”的艺术，更要有“内外兼修”的内涵。建筑创作一定要有扎实的根基，不能脱离现实生搬硬套，不能超越现实任思维游走，这对于经济发展很不平衡的当今中国而言尤为重要。以高效、合理的方式整合资源不仅是建筑师的职业素养，更是其不可推卸的社会责任。“过度营建、美学滥用”等以浪费资源为前提的“超前意识”并不适合当下的国情。

建筑的适度性原则不是保守、不是消极、不是不作为，其真谛在于客观理性地分析与评价现实条件，将技术与艺术以恰到好处的方式进行结合，以“无为”的理念创造“有为”的建筑，而这样的建筑语言对于弥补中国城市断裂的现代性是一个有效的手段。

三、植根大地的表达

时代的发展拓宽了建筑师的创作视阈，赋予了建筑更丰富的内涵与表现形式。在黑龙江省博物馆的建筑创作中，我们深刻体会到从广阔的地域要素中汲取灵感，"寓意无形、契合环境"是充满生机的地域建筑之灵魂所在，更是对建筑创作本原回归的一种理性诠释。

博物馆作为承载文明的容器，其意义不仅仅是史海钩沉，而在于使观者透过物质实体去感受其所蕴涵的历史积淀与文明精髓。项目所在的太阳岛风景名胜区是全国著名的旅游避暑胜地，以江漫滩湿地草原地貌为主，具有粗犷、质朴、天然无饰的原野风光特色。基地以自然秩序为主导，有别于几何秩序感强的城市空间，因此设计摒弃片段符号提取与具象事物模仿的"审美平面化"手法，以"契合自然环境、顺应自然肌理"为原则，通过"强化建筑形态、模糊建筑边界、拓展建筑内涵"，塑造一个生长于自然中蓬勃的生命体，展现龙江"白山黑水、水土并秀"之神韵。

1. 自然而为的文脉表达

黑龙江地域文明的主要特征可概括为"以汉民族中原文化为主体的多民族文化综合体"，其历史可追溯至距今三、四万年前的旧石器时代。从历时性的角度分析，龙江文明具有多元多流的特征，并处于持续的文化流变与文明融合过程中。因而，历史片段"拼贴式"的手法是对龙江文脉肤浅的理解与误读，强化某一时代的"仿象式"形体也不会形成令人的情感归属与持久的心灵震撼。文脉是一个具有包容性与多义性的概念，在不同的语境中体现不同特色。黑龙江素以"白山黑水"而闻名，广袤的土地、丰富的河流在寒冷的气候中孕育着无穷的生机，更塑造了"古朴、粗犷、尚勇、豁达"的民族性格与地域文明精髓。黑龙江的文明史从某种意义上说是龙江儿女对独特自然条件的不断适应、改造与融合的过程。黑水孕育了质朴、粗犷的龙江文明，黑土融合了多民族绚烂、张扬的个性，"水土并秀"是龙江最深厚的历史积淀，而"包容坚实"更是龙江人文精神最深刻的凝练与浓缩。抛开狭义的文脉层面，从广阔的地域要素中汲取设计灵感，寓"有形"的文脉于"无形"的自然之中——"自然而为"的建筑形态即是对龙江文脉最贴切的表达（图1）。

2. 自然勃发的形体塑造

总体规划将建筑与景观组织成为跌宕起伏、穿插交错的整体，以写意的方式再现龙江大地千万年地质运动所形成的自然景象，以"自然"的建筑语汇诠释龙江大地"坚实"的民族性格与文明精髓。主体建筑群通过形体的对比、互补及强烈的透视感满足建筑在自然环境中的

图1 哈黑公路方向透视图

图2 太阳岛方向透视图

图3 历史展区室内透视图

图4 观众休息厅室内透视图

图5 入口大厅透视图

适应性。历史展区似自然鬼斧神工所磨砺的巨石，经由充满力度的切削倒角与拓扑变形而成，以动态的体形、多维的界面为人们提供连续的视觉感受。建筑形态自南向北缓缓升起，顶部轮廓遒劲有力，以张开坚强的臂膀承托历史的沧桑。建筑外表简洁洗练，通过黑白对比意喻“白山黑水”之神韵。建筑底部为蓝灰色，界面起伏交错，如北国严冬江面的冰凌，顶部为浅灰色，远远望去似天边漂浮的黑土，粗犷的边缘、斑驳的肌理、冰霜的印记、岩石的裂解，将龙江大地的自然之力镌刻其上。自然展区独立设置，作为视觉控制点统领建筑群，形体纯粹、圆润，似承接天露的精美容器，以“包容”的态势隐喻“南北交融、中西合璧”的龙江文明精髓，其纵向的延展性、横向的包容性与历史展区硬朗、刚劲的轮廓形成对比，在营造审美突变的同时引发人们的情感共鸣（图2）。

3．自然流畅的空间组织

博物馆内部环境的营造强调观者的愉悦体验，以自然流畅的空间组织引导人们感受和了解龙江历史与文明。建筑对造型的自然肌理与多维形态延续到建筑室内，形成开敞的空间体系。公共空间、功能用房、交通核心沿流畅的折线序列散布开来，避免了传统布局中均质空间的机械冷漠、乏味单调。步移景异的观展路线、雕塑感强烈的建筑构件积极引导内部空间的情景交融，使观者的活动自然融入到建筑中——“走入历史、感受文明”才会引发情感共鸣与心灵震撼。除去展示空间，开放的、并无特定功能属性的空间随处可见，它们满足了观者不同的心理需求，或提供热闹欢快的交流场所，或提供沉静反思的独处空间——博物馆更深层次的意义是人文关怀的体现，而不是膜拜说教，这才是当代建筑的真正内涵（图3~图5）。

四、结语

我们笔下的建筑不仅是对时代精神的诠释，更是对民族身份认同的应答。建筑师唯有积极思索、回味、沟通、对话才能创造具有持续生命力的精品，这是建筑师的时代使命。自然而为的建筑语言、缓慢而平和的建筑叙事所积淀的厚重与美感，终将使我们体会到建筑师的真正意义与价值。对本土社会和文化的独立思考、对建筑创作本原的回归更是足以抵御“建筑危机”的力量。■

参考文献

[1] 徐千里．从中国文化到建筑现代性——思想的角度和轨迹[J]．新建筑，2004（1）：40-43．

[2] 徐千里．重建全球化语境下的地域性建筑文化[J]．城市建筑，2007（6）：10-12．

[3] 徐千里．现代结构与新建筑文化[J]．华中建筑，2004（2）：6-8．

上山下乡
——乡土实践的爆发力

魏浩波
贵阳建筑勘察设计有限公司
西线工作室

对于在西南贵州（图1）的长期实践，我们形象地称之为"上山下乡①"。N多年前那场轰轰烈烈的政治运动使"上山"与"下乡"两个不同分类标准的动词自然而然地组合，其潜意识中传达着人们的心理共识：乡土藏在复杂的地理位置中，"上"与"下"的关联成就了地域。贵州，在我眼里是一系列多彩名词的闪耀：地无三尺平、多姿的民族村落、红衣白银蓝腊黑瓦绿竹黄麦、常青树、妹妹、高山流水、百鸟衣、密密的老林子、红色记忆、溜溜的山歌、熙熙攘攘的时尚、鳞次栉节的高楼……词的背后是三类属性的作用与渗透——地理的、乡土的、普适社会的。"上山"是受制于地理的形态学结果，"下乡"是基于普适社会对乡土的态度，"上"与"下"的区分源于一个基准，既是地理的基准，更是社会状态的基准，它以普适社会作为参照系呈现。上上下下的碰撞激发出两种方向的专业性探索："上山"试图将山地的地理限制性要素转化为空间控制系统，山地间上下的飘零与氛围的制造是其间最富成效的实验；"下乡"则是以他者的身份闯入到面对面"熟通"的乡土社会中所面临的经验的尴尬，以及对维系与反叛关系的关注……

一、基准——以普适社会为参照

普适社会的存在是当今人类世界的主流与依托，是既成的技术体制与契约结构的产物，标准范式、复数性复制、规范化约束力、流程化组织等是其与建筑空间生产相关的主要特征，它们的存在保证了空间生产的基本质量与成本效率的有效控制，是强控制力的空间生产模式，是人造的客观标准。我们的设计正是建立在这一标准之上，并以此为依据展开与评定设计，这也是我们向自然与乡土出发的基点。然而这一基准以普遍性为根本，自然与乡土则是逃逸出普遍性的可能性，是就技术社会对多种可能性存在遗忘的质疑，此刻它们以在场的方式将这一矛盾呈现。

我们试着分析空间生产的普遍性流程，发现存在着两个关键的控制环节：一是将分析力与感悟力转化为形态与空间关系的主观性控制；二是将形态与空间关系分解为控制施工的、以技术规范为依据的标准性控制。标准性控制是通用建造的核心，是产业政策的方向与国家利益的需要，个体的力量难以撼动，同时它所禀赋的成熟技术、欧氏几何关系、低成本、技术工人众多、标准化程度高、控制规范健全、安全质量保证等特征理所当然地成为地域实践的基本技术依托。于是，现实中国条件下主观性控制必然是区分地域建造与普适建造的关键。如何保证主观性控制的基本质量呢？一是明确不同体系的本质性结构并加以保护；二是将零碎的分析力与感悟力系统化，与本质性结构共同建立空间控制性机制；三是在保障地域性空间原始特征的基础上，将其纳入到通用建造的标准性控制中。

二、"上山"——以自然为原型的空间解析

我们针对复杂的地理形态展开分析，发现其间两条颇具空间控制价值的规律：一是地理形态投射于人的躯体行为之上的一系列形态关系的组织；二是物候因子与自然物相互作用产生的对空间氛围的策动机制。

1. 思考1——上下飘零的空间组织（图2）

试验对象：阶段一，贵阳花溪梦溪笔谈山地居住群②（关注焦点在于分岔的立体循环路径体系）；阶段二，贵州赤水竹海游客服务接待站（关注焦点在于功能体的位置经营）。

本质性结构分析：由于地理环境的作用，人的机能性躯体呈现为上上下下、走走停停、忽左忽右、瞻前顾后等片断式形态的反复交叉与组合，由此引发豁然开朗、仄逼、绝处逢生、俯瞰、仰视等多重散点透视的集合。

空间控制机制的生成：阶段一，刻意预设一个立体的路径环（图3），并间歇插入调节视点关系的院，同时在院内增加分岔的支路，将空间结构调整为绕来绕去的游走系统；而各功能体则以这绕来绕去的环为骨架进行组织，环是空间的控制型结构。阶段二，受流水与中流砥柱关系的启发，将流水中体块的位置经营投射于竹海接待站（图4）的空间关系内，反应为一群功能体位置布局（图5）预设下的游走系统的形成，并通过对不同体作用不同的开口、拉槽、引光、扭转来经营散点透视，激活身体的敏感，身体在体与体间移动，功能体位置的经营控制上下飘零行为的实现。

标准控制：阶段一，采用钢筋混凝土网格以类木构体系的方式与山地发生"点"接触，易形成山地人思维中的惯性，也便于现行的设计、施工规范的实施、验收；阶段二，以砖砌体组合体群组，是最基本的通用建造。

2. 思考2——氛围制造

试验对象：阶段一，竹海国家森林公园系列风景建筑（关注焦点在于诱发机制）；阶段二，贵州铜仁大剧院（关注焦点在于山水转译）。

本质性结构分析：我们以竹海的自然空间为观察、分析与感知对象，发现竹以线条般的密集组织结构制造出一种极端的空间类型，具备密度性、重复性、同构性、挠性、纯粹性的特征；阳光、风雨、雾等外部搅动因素在纯线型空间的支撑下，放大成某类强大的力量对空间体产生影响，达成特定的空间氛围。竹海是气氛之海。

空间控制机制的生成：阶段一（图6），在水面建构线型的密集组织结构与疯长型平面结合的基本空间体，将代表竹海中5种天气与光色的、以素混凝土与彩色透明玻璃相配置的光盒子插入其间转化为外部搅动因素，配置成诱发诗性氛围的空间控制机制。阶段二，受莫奈以类

图 1　西南贵州自然肌理

图 4　竹海接待站单体

图 2　上下飘零的空间组织

图 3　立体的路径环

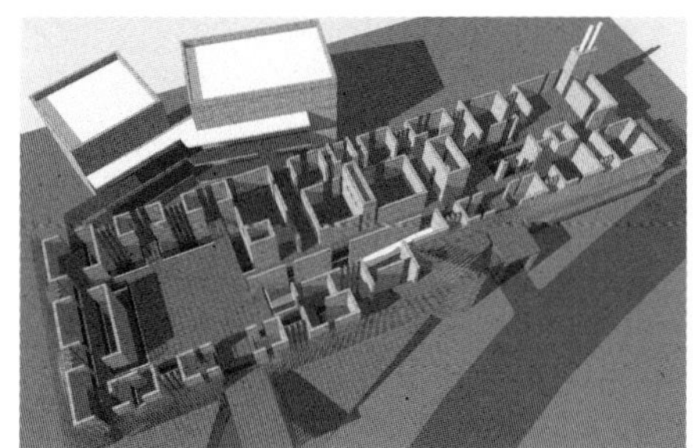
图 5　竹海接待站功能布局

图 6　宏大的山水气氛

图 7　贵阳花溪摆陇苗寨民俗综合体

“点彩”的方式将单一柔和的纯色色块叠加取得整体强烈画面效果的名画《绿色的和谐》的启发，我们发展了阶段一中将单一元素通过集合般的密度配置达成纯粹空间的组织方式，有意识地尝试将具象的山水形态还原为单一元素的密集线型配置，达成某种极致的自相似同构空间，使空间的注意力集中在单一与整体两个极端态，使其在远观之下整体上具备波澜壮阔的宏大山水气氛，而近视之中却是一条条秉承基本建构逻辑的诚实单体，一种似是而非的空间氛围油然而生，试图在具象的山水形态与抽象的几何关系之间寻找某种默契。

标准控制：将线的密集组织群与受力承重结构分而治之，将受力体系纳入通用技术的标准控制范畴，而线的密集组织群则重点针对氛围制造，材料的使用与建构也由此赢得极大的自由度。当然这也是现实条件下不得已的分治方式，以丧失建构的纯粹性为代价。

三、“下乡”——“入乡随俗”的乡土工作思维

“入乡随俗”是民间真理，揭示着身份置换的必要，其目的是放弃主观思维的惯性，以当地人的方式体验当时当地的生活，以避免普适化同质现象影响下的思维对乡土群的过度侵蚀与磨损，防止不经意地破坏当地生活与存在方式的核心结构。“入乡随俗”不仅仅是一种工作态度，更是一种发现“先验”形式的思维能力，对“身体与物的关系”“维系与反叛”的敏感正是这一思维活动的结果。

1. 思考1——身体与物

试验对象：贵阳市花溪摆陇苗寨民俗综合体[3]（图7）。

本质性结构分析：身体、四月八、飘魂、花苗、九陇的传说、霉息、红黄蓝的花、五姊妹、血缘、老树等各种或实或虚的生命现象、思维现象、知觉现象都被理解为广义而平等的物的关系，皆以“身体”的形式在阳光下或想象中存在，由此衍生一系列控制“身体”的技巧以及传说与血缘控制的生成格局，以“差序格局”组织等级关系。

空间控制机制的生成：建立双重控制秩序，一重是布局的秩序，即石体-石体组-石体群的自相似扩展的层级嵌套结构；一重是体验者感知的秩序，是基于身体的建造（图8）。由此，探索通用建造技术体系与不可测氛围和睦相处的乡土建造精髓的结合（图9），尝试建构开启身体知觉系统的空间控制技巧。

标准控制：结构采用框架与砖混形式，这种典型的通用建造效率高；墙按基层+面层的通用构造做法，基层采用当地的水泥砂砖，面层则用薄薄的、价格低廉的层积岩青石板敷面，这种材料在不同的天气表面会呈现明显不同的表情；基层的水泥砖主要作用是承重与保温，空隙率高，易渗透，表层的青石板条则进行防潮防渗处理，同时构建氛围，具有情绪的质感。

2. 思考2——维系与反叛

试验对象：赤水河畔丙安[4]古镇，红一军团纪念馆[5]。

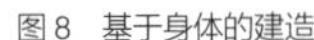
图8　基于身体的建造

图9　古镇层层叠叠的屋面形式

图10　轻盈的屋面

图11　穿斗夹磨砂白玻的做法

图12　线型木格栅的阵列

图13　光线交织的光环境

本质性结构分析：千年历史的老镇丙安因1935年1月一渡赤水的林彪所部在此停歇留宿于地主老屋而留下了红色记忆，于是红军、红色标语、指挥部、地主老屋、陡峻的地理形态、被神话的林彪、木构的黔北民居、小院、亮子⑥、大救星、技术活、老木匠、穷人当家作主、鲜血、枪声、热气腾腾的吆喝、卡嚓卡嚓的快门等在我介入纪念馆设计的前期工作时竟一股脑地迎面扑来，我在那淅沥沥的雨水笼罩的小镇来回踱步，试图参悟其间的玄机。其实这些感受片断有属于光明的词组（红军、红色标语、被神话的林彪、大救星），有属于抗争的词组（穷人当家作主、鲜血、枪声、指挥部），有属于旧秩序的词组（地主老屋、木构的黔北民居、小院、亮子、陡峻的地理形态），有属于工艺的词组（技术活、老木匠），有属于消费社会折射下的旅游词组（热气腾腾的吆喝、咔嚓咔嚓的快门），旧秩序词组与工艺词组有维系某种持续传统的倾向，而光明词组与抗争词组则含有对旧的反叛意味，旅游词组则依赖前两者的历史得以成立。历史以武力或时间的力量使本不相容的事物奇迹般地交融，红军指挥部与地主老屋分属两个对立的词组，现实中却是一座老宅的不同时段使用者的轮换，正是这偶然的换位，老宅千古留芳，于是记忆中红军指挥部的形态则是老宅那张饱经风霜的老脸，并成为一种思维的惯性，而红军指挥部的那段时光却以口传和思维的方式流传……

空间控制机制的生成：将丙安古镇层层叠叠的屋面形式抽象为折叠的屋面处理手段，最终呈现为两侧双坡面与中部“V”型面的组合，远远望去，以“弱”势而低调的姿态藏在老镇中，只以那轻盈的“V”型屋面轻轻地揭示其存在（图10）；外部以整体复原的方式回顾老宅老脸，延续识别的惯性，并以老街同构。但将黔北民居的穿斗夹竹篾白墙处理转化为穿斗夹磨砂白玻的做法，如此可以一举两得，一是以轻泛微光的白在外部视觉感受上乱真，二是磨砂白玻的透光在室内作用出一系列带雾状的泛光（图11）；在这貌似旧的表层的内部却是一系列光明、黑暗、浴血氛围的交织，光与空间围绕此预设经营——平行的、呈复数的线型木格栅的阵列（图12）在透光的黄色亮子、红色亮子、白色亮子的共同作用下形成富有质感的光线交织的光环境（图13），以光的方式书写着红色记忆。

标准控制：通体采用木结构，建构在沿袭当地的榫方式中夹带几何型交接关系的交代，配合夹心板、透明防火清漆、防水层处理，遵守通用技术标准控制下的保温节能、防火、防水等的规范化要求。

四、“上山下乡”——乡土工作的爆发力

上与下的状态，反映着局部从普适社会的退出，意味着从以生产和消费为主的技术型社会退回到以人伦关系为主的乡土型社会，这种局部退回的“逼上梁山”式的工作状态迫使我们开始对乡土和通用技术两股力量结合的分析与实践，“上山下乡”正是基于这一个大的方向性坐标指南下的努力，更是我们乡土工作的爆发力所在。■

注释

①系2007年深港双城双年展·重庆山水展“上山下乡”参展主题。

②该项目系2004年RIBA环球建筑巡回赛第四名，第三届威海国际建筑设计大赛银奖。

③第三届威海国际建筑设计大赛银奖，贵阳市人民政府、贵州省建设厅社会主义新农村建设重点示范项目。

④丙安古镇系“中国红色旅游经典地”“贵州省历史文化名镇”“中国历史文化名村”，是典型的川南黔北交界的古老场镇，处于川黔古道上，距赤水市区12 km，三面濒临赤水河，河边建有许多由数百根圆木支撑在赭色岩石上的吊脚楼，蔚为壮观。古镇只有一条狭窄的石板街，从古至今一直是周围几个村寨商品交易的重要场所。1935年1月红军四渡赤水时，红一军团第二师和师团部及军团长林彪曾在丙安扎营，并顺利一渡赤水，取得了战略性的胜利。

⑤中国红色旅游建设项目，在红一军团指挥部丙安原址地修建，建筑面积约300 m^2，通体木构，由当地木匠班施工。设计主持：魏浩波。项目负责：魏浩波、周令。审核：周可。设计控制：洪流。竣工时间：2009年4月。

⑥黔北民居中屋面因采光需要特制的、如小青瓦形态的玻璃透光瓦。

原文刊载于 2009年06期 | 页码 037 - 039

作为文化活动的空间地域性守护

李凯生
中国美术学院建筑艺术学院

这个建筑把它的秘密隐藏在阴沉的寂静之中。只有活着的、知道这段历史的人，他们了解为了装饰这个地方而战以及反对装饰这个地方而战的这些人的原则，只有他们才能真正发掘出埋藏在那里的秘密，并因此从死一般的坟墓寂静中拯救出丰富的经验，并把它转化为摇篮的喧闹的起点。

——《纪念碑和神话：圣心教堂的建造》
戴维·哈维

居住的场所如此紧密地与它的所有者"构造在一起"，以至于离开一方，另一方就变得不可想象。只有当人拥有农场，它才反过来'拥有'人，并把自身的记号铭刻在人的身位之中。

——《中世纪的文化范畴》
古列维奇

界限并不是某件事物终止的地方，而是像希腊人所理解的那样，界限是指事物开始其存在的地点。

——《筑·居·思》
马丁·海德格尔

一、从位置中获得存在

在一篇名为《场所、生产与布景术：1962年以来的国际理论及实践》论文的开章引言中，弗兰姆普敦截取了海德格尔1954年那篇名为《筑·居·思》的著名演讲中的一段，用作一种自省式文化批评的开端。其批评矛头的指向，正是那种基于现代主义的普世性视野的，并在全球化的趋势下不断"开展"出来的世界性空间。这种预先设定了性质的空间，正在以一种工业的"生产"速度和广度在世界的各个地域被翻制出来，并交付给人们。唯一不同的是，为了满足某种解释或口味，只需根据特定的要求对其进行一番特别的装扮和修饰。因此，人们完全可以把它视为一种紧接近代摄影术而来的，针对生存的技术性改造或者"再生产"运动的后续部分。摄影术和布景术的伟大贡献在于，从它们开始，人们自信地建立了一种想象，存在生活所需的物象关系、空间构成甚至事物本身是可以被随意"移植"的——只要愿意，我们就可以让巴黎出现在上海，并能够使人们相信其真实性，为这种做法建立一切相关的合法性。如果将弗兰姆普敦的批评视野延伸到当下，我们可以轻易地感受到当"先进"的虚拟现实和网络世界临近时，人们所等待的只是奇观——在游戏经验中建立起来的世界意识里，上海还是巴黎，北京还是伦敦，有何区别？空间的预制和景象的移植所完成的就是把场所抽离其位置，从而使其演变为一种可以迅速进入生产领域的空间。

弗兰姆普敦在引言中特意对海德格尔的原话——"空间从其位置取得其存在，而不是其本身。"在版面上进行了加重。

这里的空间首先是被作为一种"待定"的东西而理解的，我们只能感知它存在的可能，因此预先给予其一种命名。而空间如果真实地发生了，它只可能是从其"位置"所构成的存在关系中获得在场性，离开具体的场所"位置"，那个被我们预设的空间就不具备所谓"本身"，它没有性质，甚至与抽象都毫无关系。在位置与空间的义理关系中，位置是在先的，从位置中诞生了至今被我们视为空间的东西。在海德格尔看来，并不是先有了某种预先的空间之后，才想着为它去建构相应的位置体系和生存性质——这种观念可以被视为近现代以来基于技术思想的空间思维模式。空间实际上就是指向那些构造（海德格尔原话也可以把它翻译为"腾挪"）出相应空间位置的事物及其所储备的存在关系的整体，这些事与物本身的存在，既为空间设立应有的界限，同时又决定性地把它与整个世界联系起来（图1）。

界限的存在建构了个体性的基础。只有当界限被客观地构造出来，个体才可能从混沌中脱颖而出，因此海德格尔把界限的确立，视为西方文化自希腊以来的一种传统——界限是指事物开始其存在的地点。界限，其实就是那个根本地、清晰地从混沌中浮现出来的"位置"本身，界限守护着作为在场性根基的"位置"，界限是因为位置的存在而得到界定的，而边界的设立直接意味着空间的起点，这句话翻译为一种日常生活中能够听懂的传统建筑语言就是：四合院开始于围墙界定。就地方文化整体性而言，又可以描述为地方开始于一个领域的划分与建立。基于上述的思辨活动，我们也可以这样来理解地方——这种生存和历史现象的根源和本质："地方"作为一种根本的空间事实，它之所以必须存在，恰恰在于其存在论性质是一种对集体领域的划分和对文化位置的界定，"地方"的本质就是领域的划分，这种划分具有根本的文化建构作用，等同于围墙之于四合院空间的结构作用（图2）。

为了理清后现代以来城市空间和建筑文化中所发生的一些转向（比如图像化、文本化等）的原因，结合教学需要，笔者近期通过建筑学思想体系中现代性来确立这条线索，重新梳理了一下西方建筑文化自文艺复兴到新古典主义，再到现代建筑的发展脉络。这种基础工作所获得的语境正好可以与《场所、生产与布景术：1962年以来的国际理论及实践》一文的话题相衔接。对于个人而言，一种越来越清晰的印象告诉我，西方建筑学对其古老思想的现代性改造——那种自文艺复兴以来强烈地表现出来的要求与中世纪文化划分界限的启蒙冲动——最终为现代建筑文化确立了我们早已经熟知的两个最重要的理性基础：一个是功能主义，一个是空间思想。而这两者皆有我们不曾关注过的更为深刻的根源。一般情况下，我们总是在一种泛泛的社会发展、人本主义和科学思想的解释中对它们的重要性一带而过，然而结合海德格尔的启示人们发现，中世纪所代表的建筑文化与现代建筑文化的根本差异，并非表现为那个时代的建筑文化缺乏对功能和空间重要性的认同。实际情况可能正相反，空间和功能的问题在现代主义出现之前，从来没有被认为是一种可以脱离具体场所和文化境域而谈论的东西。也就是说，它们从来不是那种基于普世性的技术理性之上的目的论对象和抽象概念。现代文化对抽象的真实需求，其实是建立在“可技术化”的潜台词当中的，而技术化则是资本生产的实际需要。所谓现代美学形式体系的改造也可以从另一种角度理解为对技术化的自我适应。只有经过直截了当的、技术理性式的改造之后，空间生产才会变得富于效率。功能主义所确立的简化的人文主义的目的论，再加上几何空间形式便利，使得现代建筑和城市空间越来越可能变为一种技术策略的“解决方案”。差异仅仅出现在作为产品的样式之间而不是文化的深层构造，而空间消费的刺激当然来自对奇观和时尚的需求。形式主义的流行、空间景观化倾向和设计活动偶像化，皆与文化的快速消费状态密不可分。空间生产与消费的巨大胃口导致了“一切皆有可能”，其中就包括对传统本身的滥用！

难道竟是作为现代性基础的、我们如此深信不疑的功能观念和空间思想出了什么问题？当然在这里，的确无法通过清理功能和空间观念史，来展开讨论现代主义与传统功能和空间观的差异，只能比照着海德格尔向我们提示的“位置”和“界限”的场所意义来窥见根本性变化的发生。我们有理由把那种基于全球化的空间文化称之为一种失去“位置”和“界限”的文化——当然从技术和资本的角度来看，界限和位置正是一种陈腐的、需要打破的东西。因而，我们开始怀疑，这种失去“位置”和“界限”的文化本身，是否还具备以前我们所说的那种“文化”的真正涵义。如果我们认同，生存世界的“位置”本身代表着那些深深地扎根在这些位置中的，作为一个生活世界的所有日常关系整体的在场性，——而我们的生活形态完全沉浸其中不分彼此，那么功能主义的目的论只能算是一个极端简化的山寨版本；如果我们认同在各种层次上，存在着空间文化的界限对其个体性（位格）的守护具有决定性的结构作用，那么立足于一种无限延绵的抽象观念之上的、失去了对场所事物的划分和界定真实能力的现代技术空间，也只是一个建立在理性幻想的包裹之下的混沌未开的动漫世界。具体表现为形式主义的、空间景观化和奇观游戏的当代建筑文化，正是这种对现实的实存世界的场所真实性视而不见的山寨化解读和动漫化建构的某种开端而已（图3）。

只要略加分析我们就会领悟到，功能观念一旦被简化为一种目的和效用论的“主义”，它就阻隔在日常世界与人的真实而丰富的在场关系之间，通过“替代”极大地简化了在场性，虽然表面上看似把人设立为所有事情的主体，实质上却阻断了人性与其文化根基的存在关系，同时彻底颠倒了二者的位置关系，导致了世界为人而造，而不是人由世界而生。因而导致在场性作为一种根本的约束力量的瓦解，位置的丧失往往也就是无根的开始——文化的“不及物”和随意选择的状态。另外一种文化的建构性力量——界限，则存在于空间生产的全球化可移植性的虚伪差别的假象中，直接替代那种基于场所的划分界定而自然产生的风格差异和生活丰富性，被混同在产品样式的简单区分之中成为模糊不清的现象。

随着存在生活原本来“位置”和“界限”双重丧失，空间文化的无所约束，必然在一种基于生产与消费的速度快感的轻松状态中滑向布景术的空虚游戏。空间中一切都可以，也就建立了资本运动之蒙蔽和代替一切的可能，因而变成一切都可以进入到批量预制和信息发布的资本神话之中。

二、空间：纯粹形式，还是地方？

古列维奇1985年发表的《中世纪的文化范畴》对比性地研究了前基督教、中世纪和现代时空观念的差异，其中印证了我们对其结论的某种猜想。古列维奇认为，中世纪所反映出来的时间和空间，绝不是我们现在已经习以为常的那种处于经验之外和经验之前的恒定常在，“它们只是在经验自身中给定的，它们成为经验不可分割的一部分，也不能把它们从生活之网中分离出来。”也就是说，时间和空间在现代意识之前，从来就不曾被理解为一种脱离文化生存实际状态的纯粹形式或纯粹秩序，也不是某种先于事物的东西，这种意识回应了我们自身传统中对时间和空间经验的意识，对我们今天重新反思空间文化作为一种生产活动的现代主义教义提供了一个平台。如果我们能够理解，所谓时间和空间最终不只是一种对所处的生存世界的表述方式，它们实际上只可能是其所指向的世界现象的命名，那么，被我们视为纯粹形式和秩序的空间也只能是导致空间现象产生的生存事实的一种模拟。结合上文的论述，我们确信，这种模拟其实同样是一种极端简化的版本，是对那些导致我们以空间作为其解释的生存现象的技术化抽象，这里面潜藏的仍然是生产的预期。不是空间在先，而是导致我们用“空间”作为其解释的事实在先！这些事实从来就是、也只可能是场所性的，而不是像我们所以为的那样一如同抽象的容积和绵延漂浮在事物的存在之外，它们是不可以脱离场所本身而在场的。

不论我们如何解释空间，其实它最终的生存指向只可能是场所，而作为空间文化的建筑和城市环境，也只可能是场所性的。这种场所性意味着，空间文化的根基潜藏在那些导致这些场所出现并构成着它们的存在事实中。场所，就是海德格尔所说的“位置”和“界限”的整体性在场。

在这种意义上，我们可以重新审视一下所谓“地方”这个平时熟知的词背后潜藏的含义。我们可以按照中文的双字构词法的习惯，把它拆解为“地”和“方”，在传统中，它们分别表述了这个词汇的语意构成中密切相关的、而又常常具有语意结构性的不同词义方向。“地”的含义建构在对土地的直接表述上，是指场地、地域甚至国土、大地。而“方”则有三层含义：一指朝向，比如方向；二指范围、领域，比如方圆几里、我方你方；三指形态，比如方形。“方”指一种综合的界定：朝向、领域和形态。而作为双字构词的“地方”一词，其词义的核心也就是指一种获得了界定的场地，有了身份的土地。因此，在“地方”的含义中，我们需要理解其作为场地和界定的双重语意，这既是它的语意本身的结构，也是它所指的实际场所的领域性的空间结构，同时还是“地方”作为构成文明的基础性文化事实和组织形式的内在结构。

位置和界定的双重获得，才使“地方”指向了其应当指向的场所事实（图4）。“地”作为生存所在之处的自我认证，代表着生存世界的这一根本性的“位置”本身的在场，代表着那些深深地扎根在“位置”中的、一个个生活世界的所有日常关系整体的真实与在场性，而我们的存在生活和文化形态则完全沉浸其中，不能划分、不分彼此，这正是古列维奇通过《中世纪的文化范畴》的研究所获得的对当代空间文化危机的提示，“居住的场所如此紧密地与它的所有者‘构造在一起’，以至于离开一方，另一方就变得不可想象。”场所的所有者就是作为生存者的我们和我们的文化，它们应当通过领悟其所在之地的“位置”而建构其空间作为生存方式的基本性质。“只有当人拥有农场，它才反过来‘拥有’人，并把自身的记号铭刻在人的身位之中。”所在之地所显示出来的“位置”整体是存在者及其文化的根基，存在者及其文化必须是场所性的，不然它们就远离了生存文化的基础构造，变成无根之物而被异化。地方之“方”所意味着一种综合的界定——朝向、领域和形态，站在生存的立场上，我们可以视之为一种对场所存在秩序的隐喻。因此所谓地方，就是一种获得了秩序界定的大地位置，秩序使存在生活显现

图1　昌迪加议会大厦前廊

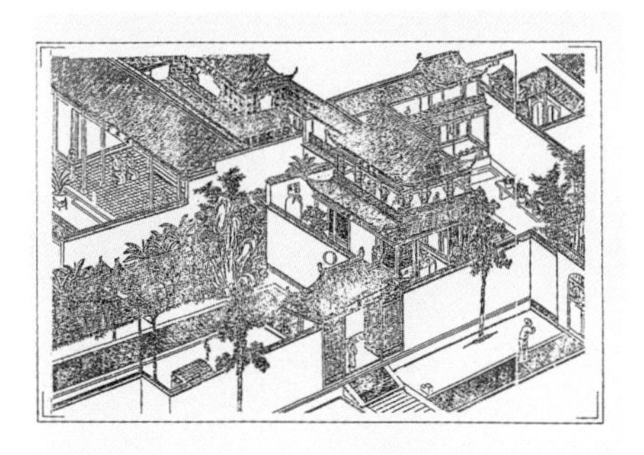
图2　明代《环翠堂图录》中四合院的结构

图3　重庆古镇中山风雨街

图4　重庆古镇偏岩

图5　浙江路桥老街改造

出可能性。

"空间从其位置取得其存在，而不是其本身。"按照海德格尔的说法，空间作为一种存在秩序，将从其所在之地所显示出来的"位置"整体——作为一个个生活世界的所有日常关系整体的真实与在场性——获得存在，脱离这种在场性，空间就无所谓"本身"。在这种意义上讲，秩序源自场所位置。

站在存在生活的角度来看，文化的一切目的和形态都朝向"可能生活"而构造，秩序和文化是同样性质的东西，如果场所的秩序作为地方之"方"，意味着一种建立在朝向、领域和形态等方面的综合界定，那么空间的文化其实也就是这种综合界定的另一番描述。从"可能生活"而言，文化就是秩序本身，秩序是文化的基本性质。所谓地方文化，是对场所存在的"位置"和"界定"之在场性的轮回着的反复书写；地方文化，作为一种空间文化，本质上就是这种在场书写和反复建构；地方文化就是位置存在的反复认证，参与文化就是去亲证其位置所在。进一步思考可以推知，一切文化就其本质而言都是地方文化，它的目的就是文化其地方。文化的根基源自它的在场性：它从此而生、面对它而存在、解决它的问题。

建筑和城市，作为空间文化的重要组成，首先必须是地方建筑和地方城市，它们作为文化，其构造的基础源自生活直接形式和真切的在场性。因此所谓本土性，是建筑和城市作为一种空间文化必然的开端和终结。

三、日常性中的神话

"从批判理论的角度看，我们应当把地域文化看作一种不是给定的、相对固定的事物，而恰好相反，是必须自我培植的。利科建议，在未来想要维持任何类型的真实文化，就取决于我们有无能力生成一种有活力的地域文化的形式，同时又在文化和文明两个层次上吸收外来影响。"　弗兰姆普敦提醒我们，任何类型的真实文化，都不可能是建立在外部的、预制而传播开来的，它必须从其在场性的切身关系中缘起，因而是地域性的，并因此而能够真正拥有活力——因为它有着基础构造的保证、依着大地而生发。就像他评论1976年伍重在丹麦哥本哈根郊外所建造的巴格斯瓦德教堂最富特色的薄壳屋顶，他认为伍重一直坚持一种"现浇"的建筑文化，相对于现代建筑全球化主流的"预制"文化而言，这是一种立足于场址和地方性的、清醒而又清新的文化视野。

地方性可以被视为文化的植物性特征，这是一种当其时、本其土、扎其根，并在其领域的风水中扬其枝、展其叶、发其艳的文化状态。地方性历来是一种建构在特定区域日常文化情景中的历史神话，它培育了历史上那些我们耳熟能详的伟大建筑时代的文化类型：希腊、罗马、哥特、文艺复兴以及本土的汉风唐韵和魏晋风流，也造就了但凡可以真正称得上是风格的东西，这些历史上曾经的地方性空间文化能够跨越时间和地域进行传播，恰恰是因为其内在的构造所守护着的、作为其基础的、源自生活的直接形式和真切的在场性。我们认为，事实上只有本质意义上同为本土性的、真正建立了其生存立场的、扎根在其生活世界所有日常关系整体的真实与在场性中的文化才具备交流平台，越是地方性的东西才越发具备"感同身受"的可能（图5）。

戴维·哈维在《纪念碑和神话：圣心教堂的建造》中对圣心教堂建造史进行考证，使我们重新唤起了一种对建筑文化曾经的期望：每一个建筑应当真诚地守护着那些导致它如何发生、为何愿望的在场性，守护着它所源生的那个日常世界，把它的意义建构在真实而鲜活的现实关系当中。此时，它必然是历史的、地方的，因为它建构了独属一方的时间和空间中的一种在场和当下，或者说它建构了存在的立场和秩序，并因为立场而获得了真实性和自身性，随时为一种新的开放做好了准备。

中国当前建筑和城市的空间文化要想从显现出来的混乱不堪和价值涣散中找到出路，还在于重新在今天的日常关系中去建构它所属的本真性和本土性，而不是简单地照搬和借用外来的和历史上的东西，通过自我守护而成就其作为空间的力量。■

历史环境与文化生态的关系研究

张松
同济大学建筑与城规学院
国家自然科学基金资助项目（50578111）
教育部博士点基金资助项目（20070247065）

一、基本概念及其含义

20世纪以来，人们对生态（ecology）一词已逐渐熟悉，对生态环境的重要性也有相当程度的了解，但是对于文化生态保护在当代生活中的重要意义还缺乏必要的认识。

文化生态是一种历史过程的动态积淀，是为社会成员所共享的生存方式和区域现实人文状况的反映，它与特定区域的地理生态环境和历史文化传承有着密不可分的因缘关系。文化多样性（cultural diversity）作为人类共同的遗产，对人类进化有着非常重要的作用，是交流、革新和创作的源泉。文化生态的维护，关系到人的全面发展、文化多样性的状态与格局，对人类而言，与保护生物多样性和维持生态平衡同样非常重要，必不可少。

遗产与历史有关，是前人留给子孙后代加以传承的某种东西，其中既包括文化传统，也包括人造物品（哈迪，1998）。历史环境（historic environment）是指由与土地密切相关的文化遗产与地域环境共同构成的一定范围的整体性物质空间状态，历史街区、古镇、古村落是其中的重要代表。近年来，历史环境保护作为城市建设的一项重要内容，受到越来越多的重视。与此同时，非物质文化遗产的保护工作，也在全国各地轰轰烈烈地展开，如云南西双版纳傣族村寨（图1）。

但是，伴随着经济全球化的迅猛推进，势不可挡的城市化、工业化，持续大规模的老城旧区的脱胎换骨改造，使城乡生态环境、地域文化、国土景观产生剧烈变化。加上过度的旅游开发，在制造假古董和人造景观、造成视觉环境上负面影响的同时，也对真实的历史环境与多样的文化生态造成了破坏（图2，图3）。

二、历史环境和文化生态的依存关系

文化生态表明了人类在创造文化的过程中，与自然环境及人工环境的相互关系极为重要。作为文化载体的人与环境的相互作用及其在漫长岁月中积累形成的文化遗产，事关能否为社会和人的发展提供一个良好的生存环境。联合国教科文组织（UNESCO）在有关文件提到："在生活条件加速变化的社会中，为了保存与其相称的生活环境，使之在其中接触到大自然和先辈遗留的文明见证，这对人的平衡和发展十分重要。"

一方面，人类已经意识到生物多样性对进化和保持生物圈的生命维持系统的重要性，确认生物多样性保护是全人类共同关切的事业。而生物多样性的内在价值，同样包含着社会、经济、科学、教育、文化和美学价值。一个物种的灭绝是重大的损失，一种文化及其表达方式的灭绝也是无法弥补的。另一方面，那些生存在历史环境中，由各地、各民族人民创造、积累下来的乡土文化、民间文化、民俗文化，正是世界文化多样性的存在。有了文化的多样性，世界才是丰富多彩的，人类的创造力才能持续不断（图4，图5）。

文化生态的保护或保育（conservation）具有保护自然环境和文化遗产的双重使命。这种自然与历史同一的理念，从世界遗产"文化景观"的保护中可见一斑，并与可持续发展的理念一致。现代保护不再是单纯的文物古迹保护，而是更多立足于对自然环境、历史景观和文化生态的尊重，重新认识并充分利用"自然-经济-社会"复合系统中的现存资源，不断丰富人类文化的多样性和生活的内涵，这也是保护的根本目的所在。

三、历史环境保护的原真性

为了促进人类社会对文化遗产和文化多样性的切实保护，国际组织和机构通过了一系列遗产保护方面的重要法律文件，如《关于原真性的奈良文件》（1994）、《会安议定书》（2005）、《西安宣言》（2005）、《世界文化多样性宣言》（2001）、《保护无形文化遗产公约》（2003）、《保护和促进文化表现形式多样性公约》（2005）等。原真性和完整性是保护的基本原则，强调保护历史环境本体和文脉的原真性（authenticity of text and context）、生存环境和背景环境的完整性（integrity of environment and setting）、文化生态功能和结构的延承性（continuity of function and structure）。

文化遗产保护的原真性代表遗产创作过程与其物体实现过程的内在统一关系、其真实无误的程度以及历经沧桑受到侵蚀的状态；完整性则强调尽可能保持自身关键要素、面积、生态系统、生境条件、物种、保护制度的完整，也包括文化遗产与其所在环境的完整一体。

历史环境的原真性包括其自问世那一刻起可继承的所有东西、它实际存在时间的长短以及它曾经存在过的历史证据。这个根基尽管辗转流传，但它作为世俗化了的礼仪在对美的崇拜的最普通形式中，依然是清晰可辨的。不仅如此，历史环境的原真性还意味着允许一定程度上的缺陷和不完美状态（历史信息）的存在（图6，图7）。

同样，非物质文化遗产资源的利用，也应当尊重其原真性和文化内涵，保持原有文化生态资源和文化风貌，不得歪曲与滥用。

四、文化生态保护的完整性

遗产必须不仅包括一个地区主要的历史遗迹和习俗，还包括该地区的整个地理风貌，比如农庄和农田、道路、港口、工业建筑、村镇和

原文刊载于 2009年06期 | 页码 094 - 096

主要的街道、商业设施，当然还有居住在该地区的居民及其传统和经济活动等（鲍斯，1989）。法国博物馆学学者Quatremè re de Quincy（1755～1849）认为，“艺术品和文物不能脱离环绕着它的地理的、历史的、审美的和社会的环境”“分离就是破坏”“罗马是一本大书，其中的每一页都是不可或缺的”“整个国家就是一个博物馆”。

2005年10月在西安召开的ICOMOS第15届大会通过的《西安宣言》，将文化遗产的保护范围扩大到遗产周边环境（setting）以及环境所包含的一切历史的、社会的、精神的、习俗的和经济的活动。文化遗产及其环境包含着大范围、多维复杂的相互关系，包含人与自然、传统与现代、有形与无形等各种因素。这是人类对文化遗产所关联的地域的重新认识，极大地扩展了文化遗产的完整性的内涵。

文化生态的功能特征体现在人们生产、生活的各个方面，不同的地方通过社会功能所体现出的遗产价值各不相同。从人们日常的饮食到地方的商业活动，从人们与自然的联系到人与人之间的交往方式，无不体现着本地与其他地方的不同，这些不同点也正是文化多样性最直接的表达。

目前，以生态博物馆的方式保护乡土聚落和文化遗产的做法，在国内越来越多。但生态博物馆不只是一群建筑，而是一个社区，它所保护和传播的不仅是文化遗产，还包括自然遗产和生态环境。

五、街区保护中的民生问题

城市的历史文化街区代表着地域的人文特色，其组成部分应包括建筑、街巷、业态以及体现其独特文化氛围的相关活动。文化生态的维持与保护，直接涉及到城乡居民的实际生活状态（life condition）。在保护实践中，“历史环境保护与居民生活矛盾很大”“这么破烂的房子谁愿意去住”这样的论调常常会占上风。的确，在历史进程中，历史城镇和古村落都在逐渐衰退，变成了质量低劣的住宅区，然而处理这种衰退问题必须基于社会公正，而不是让那些较贫穷的居民搬离（图8，图9）。

历史街区的保护复兴，应该实现物质环境的保存、社会网络的维系和无形文化遗产的传承等综合性目标。其中社会网络的维系需尽量考虑为居民在原地居住创造适当的条件，从而保护丰富多样的社区生活。

保护规划要得到历史街区内的居民支持，旧住宅的环境和设施改善必须作为历史保护的基本目标。国外大量的保护实践与居民住房条件改善和生活环境提升息息相关，通过历史环境的保护与改善，让居民在物质空间环境和精神生活寄托两方面都能找到归属。

近年来，我国不少城市已认识到城市历史文化街区的重要性，纷纷将其作为老城复兴和文化展示的标志进行整治改造或再开发。遗憾的是，大多数项目对街区内的原住民采取漠视的态度，甚至将居民全部迁走。上海的新天地、北京的南池子和前门大街等改造整治项目无不如此[①]。随着历史街区的物质环境改善，普遍出现了“绅士化”（gentrification）现象[②]，大量原住民的搬迁引发了社会分层和社会结构的变化。因此，这些资金投入不菲的历史文化街区“保护”项目，改造之后往往只存其所谓传统风貌的“形”，而再没了历史文化的精气神（图10，图11）。

历史街区一旦失去长期生活在其中的居民，也就失去了真实的“生活世界”，其生活方式和传统习俗也必将彻底消失，地方工艺、民俗、方言等无形文化遗产的传承也就无从谈起。所谓文化多样性的保护，就是在发展的过程中让传统文化具有延承性，而不是在全球化的浪潮中遭遇“淹没”或“变种”的厄运。

对于城市文化而言，任何死的东西都是没有意义的，只有街区的生活才是具有持久魅力的可持续性要素。保护历史环境不应遗忘了原有居民，城市文化的存在首先在于市民的存在。“文化在民”，人都搬走了，我们要打造的“文化”还在吗？也许得经过数十年甚至更长时间培育吧。

六、新农村建设中的文化生态

新农村建设作为我国现代化进程中一次意义重大的历史性迈进，也是切实提高农民生活、改善和缩小城乡与贫富差别、实现共同富裕的根本性举措。在大规模的新农村建设中，乡村环境中的文化遗产保护成为不能回避的现实问题，将那些大量的传统民居、民族建筑在保护其外

图1　云南西双版纳傣族村寨

图2　动迁居民拆除旧屋依然是旧城改造的主要方式

图3　旧屋拆除的场景

图4　贵州安顺屯堡村寨聚落景观

图15　贵州安顺屯堡村寨的乡土文化

图6　湖北古镇瞿家湾为开发旅游成为“空城”

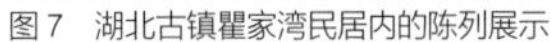
图7 湖北古镇瞿家湾民居内的陈列展示

图8 肌理保存完好的上海里弄

图9 亟待维修的上海里弄

图10 重建恢复20世纪30年代风貌的前门大街（一）

图11 重建恢复20世纪30年代风貌的前门大街（二）

图12 列为世界遗产的福建土楼——南靖河坑土楼群

部空间特征的前提下，改建成为适应当代生活的场所正是其中的一个重要环节。

1976年，UNESCO《内罗毕建议》指出："在农村地区，所有引起干扰的工程和所有经济、社会结构的变化都应小心谨慎地加以控制，以保护自然环境中历史性乡村社区的完整性。"文化生态保护做得如何，关系到最终实现新农村建设这一目标的精神内涵和文化主体。

2008年7月初已列入《世界遗产名录》的福建土楼作为地域传统文化的独特见证，展现了独具特色的客家文化和地域乡土文化。然而，伴随传统大家庭式的聚居方式的瓦解，土楼内原住民的大量外迁，这对土楼建筑群和土楼村落的保存、保护带来巨大冲击。土楼单体建筑简陋的居住环境条件和设施已不能满足现代人的生活要求，况且列入《世界遗产名录》的福建土楼合计37栋③，不过只占现存3 000多栋土楼建筑的1%～2%，未列入《世界遗产名录》的土楼村落的村镇环境整治、基础设施建设和居住条件改善，将面对资金缺口巨大和技术力量匮乏的挑战（图12）。

七、结语

通过以上分析不难发现，历史环境保存的原真状态和完整程度，直接关系到文化生态的维护、文化多样性的状态与格局，关系到人的全面发展与社会和谐。有形文化遗产等历史环境的存在，是无形文化遗产存活的基础环境条件。有形文化遗产与无形文化遗产的保护相互依存、互为条件。如何在切实改善历史文化街区、古镇、古村落等人居环境条件的同时，保护地方的历史环境和文化生态，涉及到有形文化遗产和无形文化遗产的保护，涉及到对原住民的文化启蒙和教育引导。文化生态的保护，不是简单划定数片"生态文化保护区"就可以一劳永逸的，而是在对抗"现代性"的当代生活世界中逐步形成文化自觉，这是一个艰苦长期的过程，需要在无形的制度建设和有形的技术支撑下广泛的居民参与。■

注释

①2008年8月7日开街的北京前门大街，投资逾3亿元人民币，动迁居民2 411户，约7 200人，动迁企业650户。

②国内对gentrification一词有"绅士化""贵族化""精粹化"等不同的译法，指一处旧"社区"经重建后，由原本聚集低收入者到地价及租金上升引致中产阶级等较高收入者迁入并取代原有低收入人士的过程。

③列为世界文化遗产的"福建土楼"包括：永定县的初溪土楼群、洪坑土楼群、高北土楼群、衍香楼、振福楼，南靖县的田螺坑土楼群、河坑土楼群、怀远楼、和贵楼，华安县的大地土楼群。

参考文献

[1] 单霁翔．城市化发展与文化遗产保护[M]．天津：天津大学出版社，2006．

[2] 张松．历史城市保护学导论[M]．上海：同济大学出版社，2008．

[3] 张松．城市文化遗产保护国际宪章与国内法规选编[M]．上海：同济大学出版社，2007．

[4] 蒂莫西，博伊德．遗产旅游[M]．程尽能，等译．北京：旅游教育出版社，2007．

[5] 郑晓云．文化认同与文化变迁[M]．北京：中国社会科学出版社，1992．

[6] 高丙中．民俗文化与民俗生活[M]．北京：中国社会科学出版社，1994．

[7] 拉普卜特．宅形与文化[M]．常青，译．北京：中国建筑工业出版社，2007．

[8] 李军．什么是文化遗产？——对一个当代观念的知识考古[J]．文艺研究，2005（4）：123-131．

美国高层建筑历史连续性图解

丁力扬[1] 叶文婷[2]

1 LandTHING 设计

2 华中科技大学建筑与城市规划学院

高度

首先，让我们分析“高度”这个概念与skyscraper这个英文单词的关系。马里奥·佩①（Mario Pei）的《语言的故事》（*The Story of Language*）一书中认为skyscraper这个词最早可追溯到1252年的意大利。克雷吉和布莱德利（W.A. Craigie & Henry Bradley）在《牛津辞典》（*The Oxford Dictionary*）中提到，skyscraper与一种位于旧时的横帆船顶桅（royal mast）上的三角形上帆（sky-sail）有关。以此形容位于最高处的事物，19世纪纽约和芝加哥的人们也开始用skyscraper指代有着非凡高度的高层建筑。

根据最常见也是最易理解的定义，超过一定高度的建筑即是高层建筑，但这种界定一方面存在着视觉上的局限性，另一方面还孤立了大量高层建筑项目建设时间存在的内在联系，所以为了创建一个有关于高层建筑发展历史过程的图解，我们需要逻辑分析，而不是某种仅建立在单纯罗列和简单对比基础之上无意义的工作。正如我们所知，高层建筑历史的连续性更强调除高度外其他层面的内在逻辑。

钢构架体系

提到高层建筑的历史，人们一般都是以美国的城市为背景，因为这类建筑最早出现在芝加哥、纽约等为数不多的几座城市，但究竟哪座建筑才是第一个真正意义上的高层建筑，建筑历史学家对此有着不同的看法。观点一：由美国高层建筑之父威廉姆·勒巴朗·詹尼②（William LeBaron Jenney）设计的，1884～1885年建成的芝加哥家庭保险大楼（Home Insurance Building）是最早的高层建筑（图1~图3）。詹尼在这座建筑上应用了钢构架体系，以此取代了传统的砖石结构来承受建筑上部荷载③，同时来达到修建更高建筑的目的，另外他还利用砖石、钢材和赤陶土（terra-cotta）制作楼板和隔墙解决防火结构的问题④。

但这座42 m高的作为第一座框架承重的高层建筑的地位却受到了其他专业人士的质疑。1931年家庭保险大楼发生的火灾使人们重新注意到了钢结构和砖石结构荷载的关系。由马歇尔房地产协会（The Marshall Field Estate）和伊利诺伊州建筑师协会（The Illinois Society of Architects）指定专业人员组成的委员会认为家庭保险大楼在当时具有变革性的作用，而由美国西部工程师协会组成的委员会却持怀疑态度，他们提出满足“高层建筑”标准的五个要点：第一，结构系统必须为自承重（self-surporting）；第二，砖石围护的荷载必须完整地由框架结构系统承担；第三，框架结构体系和维护体系必须有足够的能力抵御风荷载；第四，如果有必要的话，维护墙体可在建筑第二层以上开始；最后，土木工程师还要求建筑外墙的厚度必须统一⑤。显然，土木工程师们是在用1931年的高层建筑来“苛刻”地评判40多年前的家庭保险大楼的全新钢结构体系。他们得出的结论是：建筑的砖石结构墙体厚度达到610～760 mm，实际上承担了部分荷载。家庭保险大楼的结构体系在当时并非全新，尽管这座建筑的出现推动了高层建筑的实践，但其自身只能算是一个相对处于转换而非变革位置的作品⑤。同样，有的建筑师和历史学者认为詹尼并不是严格意义上的建筑师，而是一名结构工程师⑥，尽管有一部分持异议者质疑詹尼和家庭保险大楼的地位，[1]但大多数学者都认为家庭保险大楼迈出了现代高层建筑的第一步，即使它算不上是一座真正意义的高层建筑，至少也是“高层建筑原型”（proto-skyscraper）。[2]

关于家庭保险大楼的设计，除上文提到有关结构体系的问题外，这里还需提及的是设计师基于建筑学层面的对建筑造型的考量。我们不得不承认在设计家庭保险大楼时，詹尼也许并没有意识到结构体系的进步对建筑形式语言产生的影响，家庭保险大楼的立面依旧遵循着内部框架结构、围护砖石自承重的必然形式。巨大的转角立柱和宽厚的檐口与早期的砖石自承重立面十分相似。参与到第一座高层建筑争论中的还有丹尼尔·伯纳姆⑦（Daniel Burnham）和约翰·W·鲁特⑧（John Wellborn Root）设计并于1882～1883年建成的蒙陶克大楼（Montauk Building）（图4）。在这个作品中，建筑师发明的筏式基础（floating raft system）有效地解决了芝加哥当地由于地震频繁而造成的土质松软的问题。有关钢框架和砖石外墙两种结构体系的转承关系问题，我们通过以下这些独特的建筑实例得到更加明确的了解。

被刘易斯·芒福德（Lewis Mumford）评价为芝加哥“最漂亮的办公建筑”（the handsomest office structure of all）[3]的蒙纳德诺克大楼（Monadnock Building）（图5~图7）分成南、北两部分。在结构上，北侧部分外墙没有采用钢结构承重，但出于自承重结构的需要，加大了建筑首层和二层的墙体厚度（最厚处达到约1.8 m），形成了以弧型向外延伸再垂直向下结束的优雅造型。除放大基座外，在转角部分墙体从第三层开始削切，并逐渐加深，这种收分暗示了建筑上部墙体厚度逐渐变薄的事实⑨。和北楼不同的是，稍后两年建成的南楼部分并没有采用内部框架结构和外墙自承重的组合，而是在筏式基础上从内到外完整地应用钢构架体系。这种处理一方面使建筑外墙没有必要安排放大的基座来承担自身的重量，另一方面还使南侧部分的窗间墙可以比北侧更窄，内部使用空间也更加开敞灵活。因此蒙纳德诺克大楼的北楼与南楼，在相隔的短短两年时间里，产生了截然不同的结构体系及形式语言。建筑北楼以62.2 m的高度成为当时世界上最高的外墙自承重办公大楼，而南楼的钢构架体系也标志着高层建筑从传统砖石结构向全新钢构架体系的转变。

之所以出现上述针对第一座高层建筑的争论，很大程度是因为长期以来建筑历史学家对“高层建筑”的定义各不相同。宾州州立大学教授温斯顿·维斯曼（Winston Weisman）在他1953年发表的名为《纽约和第一座高层建筑问题》（*New York and the Problem of the First Skyscraper*）的文章中，提出高层建筑定义的因素——非凡高度和办公功能——意味着维斯曼教授有意识降低了结构因素在高层建筑中的地位。维斯曼教授认为，建筑高度标准与经济因素密切相关，而结构技术创新的追求是建立在业主能够获得更大利润回报的基础之上的。

事实上，蒙纳德诺克北楼的设计已对这种商业办公建筑的经济性作了充分的考虑：“……出挑产生了更大的面积……建筑用钢和砖建成……办公出租面积是楼层面积的68%，已经远远超过了家庭保险大楼的45%”。[4]19世纪下半叶，一方面，持续的城市化需要更大规模的建筑；另一方面，钢材的大规模工业化生产以及价格的下降也成为建筑高度提升的重要动因。不可否认，钢结构的应用对建造高层建筑而言至关重要，而载客升降梯与建筑的使用关系则更为紧密，这也是为什么人们在很长的一段时间内都把芝加哥蒙陶克大楼和纽约论坛报大楼（New York Tribune Building）（图8）称作“升降梯大楼”（elevator building）的原因。[5]

但是，这些“升降梯大楼”到底是不是真正意义上的高层建筑呢？最终的核心问题还在于建筑所采用的结构类型，芝加哥蒙陶克大楼、蒙纳德诺克大楼北楼等早期“前高层建筑⑩”（pre-skyscraper）的外墙至少都承担了自身的荷载。由于受到结构影响，这类建筑的高度一般来说无法超过60 m，除极少数实例外，如前文提到的芝加哥蒙纳德诺克大楼北楼和纽约哈维梅耶大楼（Havemeyer Building，1891-1892），后者由乔治·珀斯特设计，采用了非常典型的“笼式结构”（cage construction）。从剖面图中（图9），我们可以看到，这栋建筑的外墙同时承担着自身荷载和内部的一部分钢构架体系的重量。这座15层建筑的高度达到54.8 m，这种建筑高度非常接近于区分“前高层建筑”和“高层建筑”之间的临界高度。[5]

钢构架在建筑外墙上的应用标志着高层建筑钢结构体系技术的成熟，建筑高度也随之向上攀升。詹尼在家庭保险大楼之后还设计了16层高的芝加哥曼哈顿大楼（Manhattan Building, 1889~1891）（图10）。在芝加哥以外，也出现了包括1890年圣路易斯温莱特大楼（Wainwright Building）（沙利文设计，图11），1894年布法罗的保险大楼（Guaranty Building）（图12）这些纯粹的钢结构大楼。在追求高度的同时，建筑体量也在不断膨胀，除结构技术的发展、建筑高度的无止境追求以及内部使用面积的最大化实现之外，社会层面的相关因素也被唤起，高层建筑形式再次产生新一轮的革新，这些情况皆与1915年建成的纽约曼哈顿恒生大楼（Equitable Building，1912~1915），有关。

退台

由恩斯特·R·格雷汉姆（Ernest R. Graham）设计的纽约曼哈顿恒生大楼（图13）被认为是1916年区划法案诞生的主要诱因⑪。这座建筑容积率达到了惊人的30，其巨大的体量成为高层“恶魔”的象征——“大都会中一个失去控制的欲望鬼怪”[6]“纽约城市脉络中可恶的寄生虫”——今天看来，恒生大楼只不过是下曼哈顿一座低调、小尺度的三段式（tripartite）办公楼，然而在1915年，这样的构筑物绝对是自命不凡的“大家伙”。恒生大楼不仅阻挡了附近地块建筑的采光和通风，而且在下班高峰时还会有1.3万名使用者瞬时转移到狭窄的人行道旁，堵塞公共交通。[7]恒生大楼在午间形成的建筑阴影长达300 m，其面积相当于自身地块面积的6倍。这种光线的损失也直接造成了周边地块办公楼出租率的下降。如果按照区划法案的要求，恒生大楼至少需经两次退台（setback）处理。与之形成对比的是著名的熨斗大楼⑫（Flatiron Building）（图14）则几乎不需要采取改动就能满足法案的要求，卡斯·吉尔伯特⑬（Cass Gilbert）设计的伍尔沃斯大楼（Woolworth Building）（图15）则需要把原本从27层开始的退台改为从23层开始，而不需要降低建筑高度。

区划法案除了对地块功能进行划分之外，其主要目的还在于对某一给定地块上的建筑高度和体量进行限制。法律要求在高度已确定的前提下，高层建筑必须按照从邻近道路中心线引出的一条与道路水平夹角确定的线进行形体上的退台处理。这些规定也成为之后高层建筑形式设计以及20世纪20年代很多建筑思想的来源，如克莱斯勒大厦（Chrysler Building）、帝国大厦（Empire State Building）的收分体块其实都是遵循区划法案的结果。纽约建筑师伊利·杰奎斯·康（Ely Jacques Kahn Architects）设计的华尔街120号办公楼（图16）可以说是区划法规限制下产生的最典型的建筑实例，从一张包含有建筑外墙轮廓、退台处理的剖切面和顶视示意图中我们可以看到，建筑最终的体形达到了能够满足法规要求的极限状态，其有效的使用面积自然达到最大化（图17）。法案经过一段时间的实施，纽约的建筑形体也从一种难以控制的平顶方盒子或针状塔楼（unruly assortment of flattopped boxes or needle-thin towers）聚集的状态，开始向山坡般（mountainous masses）和跌落悬崖（jagged cliffs）式的体量转化。

形式

20世纪20年代，区划法案的实施引导着高层建筑设计向更具体的形式问题转化。1920~1925年间，在《建筑实录》（*Architectural Record*）、《美国建筑师》（*American Architect*）、《建筑论坛》（*Architectural Forum*）等杂志上发表的与区划法案有关的文章主要讨论了以下三方面的内容：第一，尽管区划是一种限制性极强的法规，但

图1 芝加哥家庭保险大楼

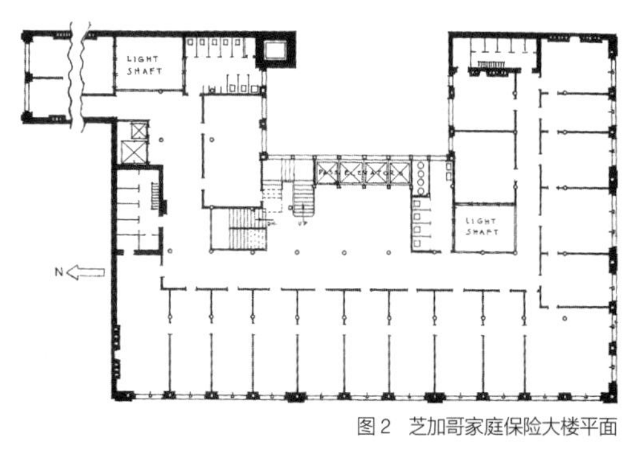

图2 芝加哥家庭保险大楼平面

图3 芝加哥家庭保险大楼角柱

图4 芝加哥蒙陶克大楼

图5 芝加哥蒙纳德诺克大楼

图6 芝加哥蒙纳德诺克大楼底层外墙

图7 芝加哥蒙纳德诺克大楼立面图

图8 纽约论坛报大楼

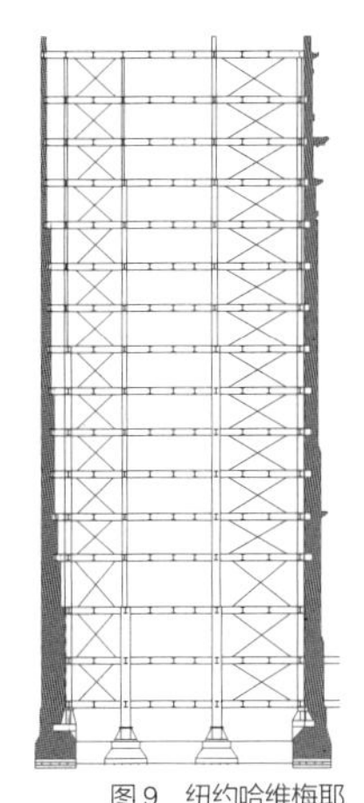

图9 纽约哈维梅耶大楼笼式结构

图10 芝加哥曼哈顿大楼

图11 圣路易斯温莱特大楼

图12 布法罗保险大楼

依然成为一种形成全新高层建筑风格的重要诱因；第二，退台处理对高层建筑而言是合适的造型方式，符合美国的现代风格；第三，区划法案激发了新一轮的美国城市主义高潮[14]。这样看来区划法尽管对某种建筑风格的产生起到了推动作用，但在法规制定之初并没有对建筑形式或美学层面问题有深入的关注。但是无论如何，鉴于退台处理和建筑形式之间不可否认的关系，区划法案最终导致了美国高层建筑形式层面的巨大变革[15]。从这一时期开始，更多的与建筑、几何甚至美学相关的问题成为影响高层建筑设计众多因素的主要内容，而这都与美国式国际主义风格建筑的出现密切相关的，其本质就是形式问题的讨论。

1932年纽约MoMA的国际主义建筑展间接将欧洲现代主义建筑介绍到了美国。对于新的建筑思潮，美国建筑师不会简单、毫无批判地被动吸收，正如约翰逊和希区柯克（Philip Johnson & Henry-Russell Hitchcock）所总结的国际主义风格三个原则——重容量（volume）轻体量（mass）、重平衡（balance）轻对称（preconceived symmetry）以及排斥应用装饰（expulsion of applied ornament）——代表着出自美学形式语言进行定义的方法的自取所需的态度。

MoMA国际主义建筑展览只收录了为数不多的美国本土建筑作品，其中仅有的高层建筑作品包括威廉姆·莱斯卡斯[16]（William Lescaze）、乔治·豪[17]（George Howe）设计的费城储蓄基金大厦（PSFS Building）（图18）和雷蒙德·胡德（Raymond Hood）设计的麦克洛-希尔大厦（McGraw-Hill Building）（图19）。二者相比较，后者不外露的立柱、水平带形窗和简洁的体块更加符合约翰逊和希区柯克总结的原则，而费城储蓄基金大厦在东、西主立面上暴露的竖向线条则明显意在突出结构，却没能充分展现钢框架结构外墙与柱体之间的灵活关系，自然也就不具备水平连续开窗这一现代主义的象征性形式语言。尽管如此，费城储蓄基金大厦还是被认为是第一座真正意义上的国际主义风格大厦，在美国的现代建筑历史上，它占据作为国际风格“新先驱者”的地位，并被广泛认为是“功能性”（functional）主导的历史时期中现代建筑的突出代表。通过仔细观察，我们会发现除强调竖向暴露的立柱语言外，费城储蓄基金大厦在相对较小的北立面上同时采用了悬挑和水平带形窗这两种典型的现代主义形式元素，就其实质，这才是莱斯卡斯在费城储蓄基金大厦设计中所追求的效果。

费城储蓄基金大厦的设计过程充满艰辛，建筑师相信水平方向的带状开窗起源于理性主义和功能主义，而非传统巴黎美术学院的美学理论或其他的风格词汇，然而当时费城储蓄基金的主席詹姆斯·威尔考斯（James Willcox）先生却坚持强调竖向的设计表达。在设计阶段由于建筑师和业主双方分别坚持自己的观点，最终导致了一种复杂的建筑立面效果的产生。关于费城储蓄基金大厦立面的讨论和描述[18]均可被浓缩成一个非常典型的画面，即在建筑基座与办公空间的交接处，建筑的上下两部分进行功能的转换并相互交错，尤其是在面向十字路口的东北角，更是包含了三种不同的外墙处理方法。这里我们能够看到北立面的出挑楼板，而东立面在突出墙面的竖向立柱和出挑下方是并没有任何明显暴露或强调的平整外墙。出挑楼板代表了建筑师莱斯卡兹对提高内部空间使用效率、同时体现钢结构先进技术的期望，而竖向暴露的立柱则反映了费城储蓄基金主席威尔考斯先生对银行庄的形象的现实考虑，以及他对生活环境中已存在的高层建筑形式的经验性判断[19]。事实上，在当时

图 13　纽约曼哈顿恒生大楼

图 14　纽约熨斗大楼

图 15　纽约伍尔沃斯大楼

图 16　华尔街 120 号大楼

图 17　城市退台的设想

图 18　费城储蓄基金大厦立面局部

图 19　纽约麦格洛－希尔大厦

绝大多数的高层建筑立面设计中，暴露立柱依然是一种从传统殖民地的砖石建筑中保留下来的经典语言，从上文提到的詹尼设计的家庭保险大楼、沙利文设计的温莱特大楼中，我们都能看到明显的由竖向立柱占主导的立面形式。

美国高层建筑从19世纪末发展到20世纪20年代末至30年代初，从形式层面开始对欧洲现代主义思想进行回应。当自身结构不再成为问题、建筑对城市空间的破坏也暂时告一段落，建筑师对高层建筑的关注也转移到与建筑学内核更为贴近的形式和观念问题。20世纪30年代之后，高层建筑的历史继续发展，出现了包括密斯在芝加哥、纽约、多伦多等北美城市设计的所谓第二次国际主义风格的高层建筑，SOM设计的垂直交通与办公空间分开的内陆钢铁大楼（Inland Steel Building）（图20），水平体量大厅和垂直塔楼相结合（landscaped skyscraper）的莱佛大楼（Lever House）（图21）以及带有所谓后现代主义符号的菲利普·约翰逊设计的芝加哥论坛报大楼等在形式上各有突破的作品。

本文从1884年的家庭保险大楼开始一直到1984年的芝加哥论坛报大楼（图22）结束，论述了整整一个世纪中高层建筑发展的3次转化或变革的表征，而这3次表征最终在笔者头脑中浓缩为最具典型特征的芝加哥威利斯大厦（Willis Tower，1970～1973，原西尔斯大厦Sears Tower）（图23）。威利斯大厦的暴露钢构件、退台处理和水平开窗，也许并非是布鲁斯·格雷汉姆[⑩]（Bruce Graham）的设计初衷，但最终却恰到好处地总结了之前将近100年间高层建筑的发展历史。本文正是试图结合1884～1984年高层建筑的发展历史（包括建筑师、作品、事件等，如图24，图25所示），提供一个比较、融合影响高层建筑出现、形成、发展和成熟要因的平台，也为历史上重要的人和物找到了相应的合适位置。■

图 20 内陆钢铁大楼

图 21 莱佛大楼

图 22 芝加哥论坛报大楼

图 23 芝加哥威利斯大厦

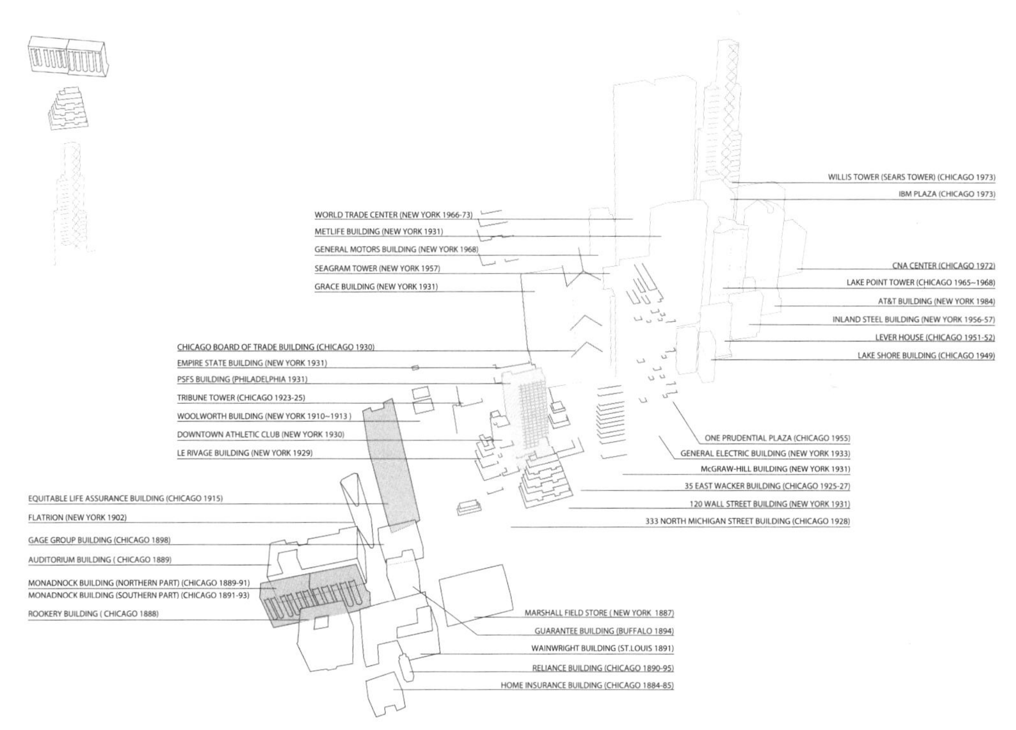

图 24 高层建筑历史连续性图解（一）

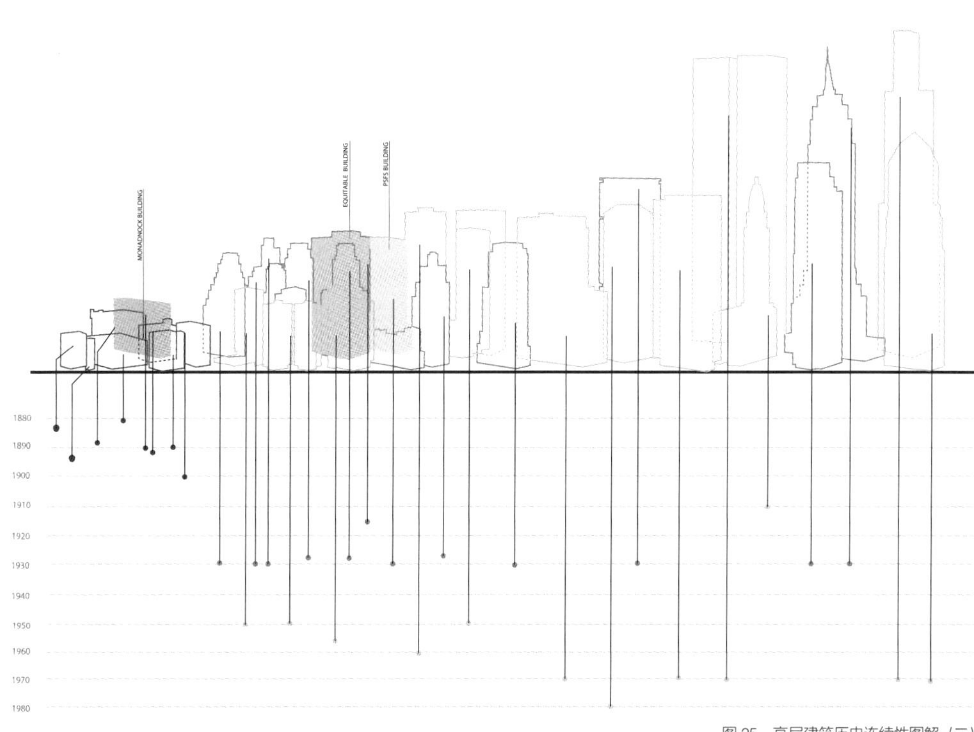

图 25 高层建筑历史连续性图解（二）

附：本文在形成过程中参考高层建筑发展必要因素。

必要特征包括：①超过特定值的建筑高度；②水平方向按照楼层来区分；③每一楼层都尽可能的获得最大的空间和最强的光线。

充分特征包括：①具备一个能够同时实现上述三个必要特征的结构体系，这里也就是指框架体系；②具备对结构体系必要的材料和构件，包括金属材料（钢材或者钢筋混凝土），以及必要的耐火和保温隔热材料；③载客升降梯。

促成因素包括：①经济，即土地价格、人力和资本因素；②社会，即公共需求、周边环境；③技术，即可获取的工具、工艺和能源条件，水、热等设施等，工程及施工水平的高低；④心理，即高层构筑物所能表达的人的欲望（包括有意识和无意识）；⑤美学，即垂直和水平形式语言的强调。

注释

①马里奥·佩（Mario Pei，1901-1978），意大利裔美国语言学家，通晓多种语言，著有一系列对于大众读者来说易读的流行书。

②威廉姆·勒巴朗·詹尼（William Le Baron Jenney, 1832-1907），美国建筑师和工程师。后来芝加哥学派的代表人物包括路易斯·沙利文（Louis Sullivan）、丹尼尔·伯纳姆（Daniel Burnham）、威廉姆·赫拉伯特（William Holabird）和马丁·罗奇（Martin Roche）都曾经在詹尼的事务所工作过。

③参见Erik Haden撰写的“William Le Baron Jenney, Structural Engineers Association of Texas”，以及Theodore Turak撰写的“William Le Baron Jenney: A Pioneer of Modern Architecture”。

④防火问题在1871年芝加哥大火（Chicago Great Fire）之后一直备受关注。另外，在这一问题上，有必要提到的是早于家庭保险大楼88年的，于1796年建于英格兰什鲁斯伯里（Shrewsbury）的Ditherington麻布厂建筑。也有人称Ditherington工厂大楼为“高层建筑的祖父”（grandfather of skyscraper）。

⑤Randall F A. History of the Development of Building Construction in Chicago[M]. Urbana: [s. n.], 1949:107,151-152.

⑥詹尼事务所的学徒路易斯·沙利文（Louis Sullivan）曾这样描述威廉姆·勒巴朗·詹尼：“……从字面的严格定义来说，（詹尼）并不是一名建筑师（not an architect except by courtesy of the term）”。参见Louis Sullivan撰写的“Autobiography of an Idea”。

⑦丹尼尔·H·伯纳姆（Daniel Hudson Burnham, 1846-1912），美国建筑师、城市规划师，他最重要的作品包括后文提到的纽约熨斗大楼和华盛顿的联合车站（Union Station）。

⑧约翰·W·鲁特（John W.Root, 1850-1891），美国建筑师，在芝加哥期间一直和伯纳姆合作，是芝加哥学派早期重要的奠基者之一。

⑨建筑历史学家唐纳德·霍夫曼（Donald Hoffman）在蒙纳德诺克大楼的研究中指出鲁特对古埃及建筑语言的热爱，他认为这种收分处理是对一种纸莎草状的古埃及塞加拉地区的柱式的模仿。参见：HOFFMANN D. John Root's Monadnock Building[J]. The Journal of the Society of Architectural Historians, 1967(4): 269-277.

⑩“前高层建筑”（pre skyscraper）是1929年弗朗西斯·穆希卡（Francisco Mujica）的《高层建筑历史》（*History of the Skyscraper*）一书中对依旧使用外墙承重的不完整框架结构的，高度超过五或六层的建筑的叫法。穆希卡对高层建筑的定义为：“使用钢构架和高速电动升降梯的具有相当高度的建筑”参见《高层建筑历史》第21页。

⑪其实这个结论也只不过是一个被接受最广泛的传统观点，也有历史学家质疑其准确性：区划法案文本实际上完成于1913年，而那时恒生大楼才刚刚开始。参见：CHAPPELL S A K. A Reconsideration of the Equitable Building in New York[J]. The Journal of the Society of Architectural Historians, 1990(1): 90-95。

⑫熨斗大楼或富勒大楼，1902年完工，伯纳姆和鲁特（Burnham & Root）设计。完整钢骨架结构，87 m高，是曼哈顿岛上现存最早钢结构高层建筑之一。

⑬卡斯·吉尔伯特（Cass Gilbert, 1859-1934），美国著名建筑师，高层建筑的早期探索者，设计了很多博物馆和图书馆等公共建筑。

⑭休·费里斯（Hugh Ferriss）和弗朗西斯·穆希卡（Francisco Mujica）的高层建筑城市乌托邦构想就是这一时期产生的，是区划法案必然的结果。参见Hugh Ferriss撰写的“The Metropolis of Tomorrow”和Francisco Mujica撰写的“The History of the Skyscraper”。

⑮区划法案无疑是高层建筑退台处理流行的一个关键因素，但在这之前，已经有建筑师从纯粹的形式角度对退台处理进行了探索和实验。有学者提出，退台最早的先行者是艾德勒和沙利文（Alder & Sullivan），他们在1891~1892年设计的席勒大楼（Schiller Building）和1891年设计的Odd Fellows Temple大楼中已经开始使用退台处理，他们还提出了一个退台高层建筑城市的乌托邦城市设计方案。参见：HOFFMAN D. The Setback Skycraper City of 1891:An Unknown Essay by Louis H. Sullivan[J]. The Journal of the Society of Architectural Historians, 1970(2): 181-187.

⑯威廉姆·莱斯卡斯（William Lescaze，1896-1969），瑞士裔美国建筑师，美国现代主义建筑先驱。

⑰乔治·豪（George Howe，1886-1955），美国建筑师曾在哈佛大学和巴黎美术学院学习，和莱斯卡斯组成豪和莱斯卡斯建筑事务所（Howe & Lescaze）之后和康合作，并担任耶鲁大学建筑系主任。

⑱相关文章见：William J. PSFS [J]. Journal of the Society of Architectural Historians,1962(2): 47-83. 以及 Robert S A M. PSFS：Beaux-Arts Theory and Rational Expressionism[J]. Journal of the Society of Architectural Historians, 1962(2): 84-102.

⑲威尔考斯是一个受传统建筑影响的性格冷漠、优雅的律师。他和他的同事不可能不被他们所生活的城市普遍常见的象征主义表现手法和形式影响。对于威尔考斯先生和PSFS大厦的其他业主来说，他们的衡量建筑设计的标准主要来自经验主义的思维方式，来自于对具体问题和细节的处理，并不是取决于任何整体性的先验观点。

⑳布鲁斯·格雷汉姆（Bruce Graham），美国建筑师，设计了包括芝加哥内陆钢铁大厦、西尔斯大厦和汉考克大厦等著名建筑，并长期在宾西法尼亚大学担任教职。

参考文献

[1] IRVING K P. Neither a Skyscraper nor of Skeleton Construction[J]. Architectural Record, 1934 (76): 18.

[2] CARSON B W. The Skyscraper: Logical and Historical Considerations[J]. The Journal of the Society of Architectural Historians, 1959(18): 138-139.

[3] LEWIS M. The Sky Line[J]. The New Yorker, 1963(12): 143.

[4] HOFFMANN D. John Root's Monadnock Building[J]. The Journal of the Society of Architectural Historians, 1967(4): 272.

[5] WEBSTER J C. The Skyscraper: Logical and Historical Considerations[J]. The Journal of the Society of Architectural Historians, 1959(4): 126-139.

[6] HOROWITZ L. Tower of New York[N]. Saturday Evening Post, 1936-03-28(50).

[7] SEYMOUR I. Toll, Zoned American[M]. New York: Grossman, 1969.

超高层建筑与城市竞逐的探讨
——纽约、芝加哥、台北、高雄

傅朝卿

台湾成功大学建筑系

前言

登高望远是人类与生俱来的梦想，人类从古至今不断营建向高度极限挑战的建筑。在建筑发展历史上，就高度而言，古埃及的金字塔、西亚的圣塔、玛雅人的金字塔及许多哥德与文艺复兴教堂的尖塔与圆顶在当时都是惊人的杰作（图1，图2）。在现代建筑兴起之前，这些平地而起的建筑总是带有宗教涵意，对天的崇敬激发了人类向上爬升的念头。工业革命后，科技文明使得建筑愈盖愈高，从十层、二十层发展至数十层的超高层建筑。这些高层与超高层建筑其实体现了人类对于现代性的追求，也忠实地呈现出财力雄厚的大企业与大城市的竞争史，城市的内涵与形象也因其发生改变。超高层建筑不但彰显了企业形象，而且迎合了强化城市形象的需求。把建筑盖得比别人高以高人一等的想法，使得高层建筑在城市象征中扮演着更积极的角色。

超高层建筑竞逐的纽约与芝加哥

谈到超高层建筑的发展，大多数人都会想到纽约和芝加哥这两个城市，它们一个是全世界高层与超高层密度最高的都市丛林，一个是超高层建筑真正起源之地。的确，到目前为止，纽约仍是世界上拥有最多超高层建筑的城市，这彰显了其作为世界，金融中心的地位（图3）。兴建于1972年及1973年、高417 m及415 m的世界贸易中心的双塔，曾是世界最高的建筑，可惜于9·11恐怖袭击事件中被摧毁。兴建于1930年的克莱斯勒大楼（Chrysler Building）、1932年的美国国际大楼、1977年的花旗银行总部及1933年的洛克菲勒大楼，都曾是全世界建筑高度排名前50之列的大楼，不过在这几年亚洲兴起的超高层建筑热中排名一退再退。当然，兴建于1931年的帝国大厦（Empire State Building）（图4，图5）可算是纽约知名度最高的超高层建筑，其楼高381 m，维持世界最高大楼的纪录达41年，虽然目前排名已落到世界第15位，但其知名度却因为1933年及2005年两度拍摄的电影《金刚》（King Kong）传播到世界各地。由于帝国大厦高耸入云霄，天气不好时顶端偶会湮没云中，1945年7月曾有一架飞机因撞入79层而造成惨重伤亡。虽然许多新的超高层建筑在造型上均比帝国大厦出色，但其仍是纽约最受观光客青睐的建筑。

纽约高层及超高层建筑的发展过程中充满了企业形象的竞争。以克莱斯勒大楼为例，它有着优美的艺术装饰风格（art deco），也经常见诸各种媒体的报道（图6，图7）。不过很少有人知道，这栋大楼原来是1927年由威廉·范·亚伦（William Van Alen）为房地产商威廉·雷诺（William H. Reynolds）所设计，后来因为财团之间的竞争才拱手让给汽车大亨华特·克莱斯勒（Walter P. Chryster）。最后于1930年落成的克莱斯勒大厦是当时世界最高之建筑，整栋建筑的意象来自于其不锈钢之陡峭尖塔，而这也正是克莱斯勒大厦在全球最高建筑的竞争中最为有利但也极为艰辛的努力。设计师范·亚伦曾与昔日合伙人赛凡兰斯（H. Craig Severance）为此暗地进行了激烈竞争，当时赛凡兰斯正在设计曼哈顿银行（Bank of Manhattan），而且其设计高度比克莱斯勒大厦原有的设计高度仅仅高了不到1 m。为了反击，范·亚伦修改了克莱斯勒大厦的方案，其顶部（vertex）连续的旭日形装饰及其中的三角形窗在大厦的消防管道中被秘密组装，然后再于短时间内合成一体，将建筑的高度提升到319 m，比曼哈顿银行足足高了36 m，才得以将第一高的宝座抢回。

虽然纽约超高层建筑的数量居全球之冠，芝加哥却是超高层建筑真正起源之地。19世纪末至20世纪初，一群建筑师冀图突破建造技术以兴建高层建筑，这些被称为芝加哥学派的早期建筑虽然高度不比今日的超高层建筑，却树立了超高层建筑的典范。1922年的芝加哥论坛报大楼国际竞赛吸引了来自世界各地的著名建筑师参加，这座兴建于1925年的大楼带有传统哥特式建筑的特征，高141 m，虽然备受诟病，却依然成为20世纪20年代人们关注的焦点（图8）。20世纪60年代，玻璃幕墙与钢骨技术的突破，新美学观下的超高层大楼一栋栋平地而起，象征战后经济的复苏。约翰·汉考克大楼（John Hancock Center）是世界著名的高楼，这座100层、344 m的建筑是由SOM建筑师事务所的结构工程师法兹鲁尔康（Fazlur Khan）设计，建成于1969年，是当时除纽约帝国大厦之外世界最高的大楼，现已退居世界高楼第24位。大楼中有办公室、餐厅以及超过700户公寓，是全世界最高的住宅楼（图9）。

1974年完工的西尔斯大楼（Sears Tower）总高达443m，由西尔斯罗布克公司（Sears, Roebuck and Company）委托SOM建筑师事务所的主任建筑师格拉汉（Bruce Graham）与结构工程师法兹鲁尔·康（Fazlur Khan）设计完成。工程始于1970年8月，于1973年5月4日达至最高之高度。完工之际，西尔斯大楼取代纽约世界贸易中心（World Trade Center）的双子星大楼成为世界最高，抢尽了新闻媒体的版面，也让纽约不再风光。不过这栋著名的大楼也在金融风暴爆发的2008年被转手出售，更名为威利斯大楼（Willis Building）。长久以来，纽约与芝加哥两座城市一直以高层建筑与超高层建筑彼此竞争，这些建筑不只代表工程上的成就，更成为城市本身的代言人，在城市营销的各种媒体上作为纽约和芝加哥重要的图腾与象征（图10）。

从美国到亚洲的超高层建筑

虽然20世纪美国在全世界的超高层建筑建设中超人一等，但是随着全球城市经济焦点的转移，亚洲与中东地区逐渐成为超高层建筑的最新战场。与美国相比，欧洲各国在20世纪80年代以前似乎并不热衷于超高层建筑的兴建，一方面，欧洲人认为超高层建筑是美国文化的象征，不愿跟进；另一方面，欧洲的城市在都市保存上有其特定的传统，且法令严格，许多历史城市不容许漫无控制的发展。德国法兰克福由于整个城市曾遭战火的破坏，相对而言没有历史的包袱，因此近年来随着经济发展进行了大量的建设，成为欧洲少数拥有较多超高层建筑的城市。商业银行大楼（Commerzbank，建于1977年，259 m）与梅瑟塔大楼（Messeturm，建于1990年，259 m）都是欧洲名列前茅的高楼，但其世界排名却在百位之外，而且造型都相对传统。反而是1993年建成的DG银行总部，虽然只有201 m高，却因应用弧线与顶部的出挑，创造了另一种新的超高层建筑美学（图11）。

在亚洲，经济实力最强、城市基础设施最完善的日本，却并未积极参与世界超高层大楼的高度竞争。位于横滨的地标大楼兴建于1993年，为日本首屈一指的超高层建筑，高296 m，世界排名仅是第47位。反而是马来西亚、新加坡及中国超高层建筑的发展一日千里。马来西亚吉隆坡的佩重纳斯大楼（Petronas Tower）的双峰塔分别位居全世界排名第6和第7位。香港由于人稠且可建地少，超高层建筑的数量也很多，其中以落成于1989年、高369 m、世界排名第18位的中国银行大楼最为出色（图12）。这栋建筑以角锥形单元交迭而成，无论造型还是技术都成就非凡。到了21世纪，由于亚洲与中东经济的崛起，全世界排名前20位之内的超高层建筑中，美国只剩位列第10的芝加哥希尔斯大楼和第16的帝国大厦及第19的美国银行大楼，其余的都分布在亚洲与中东，其中更有13栋在中国，而在这些国家和地区，目前兴建中的超高层建筑更是不胜枚举，包括即将取代台北101大楼而成为全球最高建筑的迪拜塔（Burj Dubai，819 m）。

高雄与台北超高层建筑的竞争

台湾的超高层建筑大多集中于台北、台中与高雄。一是因为这3座城市的街道较宽，允许较大的建筑可建高度；二是因为这3座城市有较多的大企业及财团，超高层建筑的使用强度较高。有趣的是，虽然台北是台湾最大的城市，但是台湾最早积极推进高层与超高层建筑发展的城市却是南部的高雄。建筑高度在高雄与台北两个城市间的不断攀升，表面上是企业间的角力，实际上凸显了城市间的竞争。早在20世纪70年代末，高雄就曾计划兴建一栋高达200 m的高雄塔，虽然最后没有实现，却是台湾冀图兴建超高层建筑之滥觞。于1992年落成的高雄亚太财经广场高168 m，是当时南部地区第一高建筑，也可以说是南部地区第一栋真正的超高层建筑。稍后于同年落成的高雄长谷世贸联合国大楼约222 m高，是台湾第一栋超过50层的超高层建筑，落成之后马上成为高雄的新地标，也成为当时台湾第一高建筑。此栋建筑的造型也与国外一般常见的玻璃幕墙的超高层建筑不同，建筑师自认是脱胎于中国古代三级浮屠，并以顶托天创造了一个平屋顶。不过乍看之下，此建筑之轮廓线也有十分浓厚的回教高塔的意象（图13）。

在这场高层及超高层建筑的竞争中台北开始处于落后的局面：1991年完工的东帝士摩天大楼，楼高143 m；1993年完工的远企中心，楼高165 m；不过同年完工的新光人寿保险摩天大楼，楼高244 m，落成之后马上跃升为台湾地区第一高楼，为业主企业创造了新的形象。由于其鹤立鸡群的特质，新光人寿保险摩天大楼很快就成为台北市的重要地标，在几次票选台北意象的活动中，都与中正纪念堂同列前几名。此栋建筑在空间上极为精简，基本上是于"工"形的流线与服务核两侧配置主要空间。在整栋建筑的造型方面，功能的考虑为首要出发点，百货公司为体量基座，办公室为体量主体，顶层餐厅及瞭望台为顶部收头。可惜的是，因为台湾土地产权与地价等因素，土地取得或合并并不容易，因而上述高雄长谷世贸联合国大楼、新光人寿保险摩天大楼两栋超高层建筑均是在有限的基地与拥挤的环境下设计建成，不仅造型比例受限，而且对城市环境交通有较大影响。于1995年完工的富邦金融中心，虽然楼高只有113 m，却在城市天际线及自身造型方面甚为突出，顶部数层微微向外凸出（图14）。

图1 欧洲高耸的哥特建筑

图2 玛雅金字塔

图3 超高层建筑林立的纽约

图4 纽约帝国大厦

图5 纽约帝国大厦大厅图像

图6 纽约克莱斯勒大楼

图7 鸟瞰纽约克莱斯勒大楼

图8 纽约芝加哥论坛报大楼

原文刊载于　2009 年 10 期　　页码　045 - 047

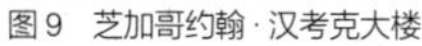
图 9　芝加哥约翰·汉考克大楼

图 10　芝加哥威利斯大楼

图 11　法兰克福 DG 银行总部

图 12　香港中国银行大楼

图 13　高雄长谷世贸联合国大楼

图 14　台北富邦金融中心

图 15　高雄东帝士大楼

图 16　台北 101 大楼

图 17　台北 101 大楼基座

图 18　台北 101 大楼室内

台北新光人寿保险摩天大楼登上台湾最高大楼的位置没几年，高雄就在1997年建起了85层的东帝士摩天大楼，高度达348 m，南台湾的企业家再度寄望以建筑的高度称霸台湾商界（图15）。这栋由李祖原建筑师事务所设计的复合式大楼，包括办公室、商场、游乐场及旅馆，大楼的下半部于中央留空，再于上半部凸起高耸的塔楼。于是台湾第一高楼再度由台北转回南部的高雄。然而就在同一年，台北市政府为了推动亚太营运计划而推出的台北101大楼BOT方案，由台北金融大楼股份有限公司以新台币206亿元中标，同样委托了李祖原建筑师事务所负责设计。台北101大楼的建造计划，不但是企业及城市的竞争，更是建筑师事务所对自己的挑战——设计难度从85层跳升到101层。事实上在最初的设计中，这栋大楼并非101层，而是由一栋66层的大楼加上两栋20层的大楼组成。然而方案一再调整，从66层到99层及100层，再到101层。最后定案101层，一方面是有突破100层的特殊意义，另一方面1及0都是数字组合的元素，陈述了此栋大楼身处数位时代的意义。2004年，台北101大楼风光落成，不但替台北抢回了台湾第一高楼的宝座，更成为世界第一高楼，吸引国际传媒的关注，替台北城市形象做了最好的宣传，目前已是台北最重要的观光景点（图16～图18）。

虽然人们对台北101大楼褒贬不一，但是没有人可以否定此建筑在全台湾乃至全世界建筑史上所扮演的角色。台北101大楼由办公大楼主体、顶部的嘹望台及天线与底部的购物中心三部分组成，占地3 hm^2，高508 m，目前仍是全世界已落成的最高的建筑。李祖原建筑师事务所希望它是一栋具有文化象征意义的超高层建筑，除了办公大楼主体采用抽象的“节节高升”的概念外，具象的中国传统纹样如意、祥云与铜钱等也被应用于室内装饰及外观上，这也是设计者多年来利用高层建筑寻求新东方主义建筑中的一个案例。台北101大楼除了成功地创造一个新的城市地标之外，更应该被视为台湾建筑技术发展过程中的一个关键点，因为要完成一栋超高层大楼，必须要整合多学科专业与技术。事实上，台北101大楼除了建筑设计之外，大地工程、交通、防灾、结构、防震、环评、能源、灯光与经营等工作皆由国内外顶尖的专业团队完成，才打造出这栋令人刮目相看的建筑，吸引了包括DISCOVERY等许多国内外媒体的专题报导。截至目前为止，台湾省内没有任何一个城市提出挑战台北101大楼高度的建筑。

结论

没有人会否认超高层大楼在一个城市中的视觉冲击力，也没有人会否定高层与超高层大楼所彰显的人类科技文明。从某个角度来看，超高层建筑是城市社会经济发展的一个指标，因为以工程造价或是营运成本、投资与内部商场的消费物价来衡量，一栋超高层建筑的完成是一个城市经济实力的展现，更是该城市建筑发展与社会发展摩登化的双重象征。即便如此，并不是世界上所有的城市都适合兴建超高层大楼，因为如果没有足够的腹地与完善的基础设施，伴随超高层大楼而来的人潮与车潮只会造成城市的瘫痪，使城市质量趋向恶化，而超高层大楼所引发的微气候变化，更可能引起邻近地区的不适。如果一个城市财力、科技及各方面的条件都已成熟，超高层建筑就可能成为城市中的荣耀与成就；如果一个城市各方面的条件都有缺陷，超高层建筑则会成为城市的包袱与负担。亚洲各城市中已完成的超高层大楼，在城市交通、环境评估及城市美学上的问题已经逐渐浮现，醉心于超高层建筑的美丽躯壳及其作为城市现代化象征的人，也该对此进行深思。■

关于现代城市与建筑“微型”与“适当”的思索

阮庆岳
台湾元智大学艺术创意与发展系艺术管理研究所

现代城市发展与历史上在欧洲爆发的工业革命、法国大革命息息相关，若要追溯得更远些，其源头还是要连结到启蒙运动所引发的理性主义思潮。首先回顾工业革命，近代史学大家霍布斯邦在他的著名《十九世纪三部曲》之一的《革命的年代1789～1848》中这样写道：“‘工业革命爆发’这一用语意味着什么呢？它意味着在18世纪80年代的某个时候，人类社会的生产力摆脱了束缚它的桎梏，这在人类历史上还是第一次。至此，生产力得以持久迅速地发展，并臻于人员、商品和服务皆可无限增长的境地，套句经济学术语来说，就是从‘起飞进入自我成长’。”[1] 生产力的改变及法国大革命引发社会阶级的瓦解与重组，铺陈了城市兴起的背景。欧洲城市在应对自19世纪起快速变化的城市现象时，却显现出某种回顾与前瞻间的犹疑，加之20世纪中二次世界大战的蹂躏，令欧洲人身心严重受创，城市发展的步伐与轨迹，相比隔着大西洋的美国，不免显得复杂且迂回。

美国经19世纪的急速发展自信心逐渐增强，开始想与隔海的旧世界（欧洲）一较长短，芝加哥最能反映这种自信和乐观的建设态度。1871年芝加哥的大火灾，为这座人口迅速成长的城市（1830年芝加哥约3 000人，1880年已经有近100万人，1930年甚至达到300万人）铺设出现代新城市发展的温床。1855年出版《草叶集》的惠特曼是那个时代怀揣美国梦想的诗人代表。他以自由大胆的创新诗风，宣扬对肉体、个人及宇宙的热爱以及对自发、真实与神秘的崇尚态度，并以优美的诗作宣告美国年轻的灵魂，终将告别老迈欧洲的躯体。惠特曼清楚地观察到那个时代潜藏在美国社会中的，对自主与自由精神的向往态度。对于这种蓬发的信心及对未来的极度乐观态度，他一方面博爱地接纳，另一方面也表示出隐隐的忧虑，尤其是对极度依赖工业与技术的趋向。[2] 然而，以芝加哥为首的美国现代城市以及高层建筑，依旧无畏且气势惊人地带头向前，引领其后百余年的城市与高层建筑的发展趋势。

以芝加哥为例，大火虽将这座富庶的新兴城市烧成了灰烬，却为整座都市的规划提供了新的机会，让许多建筑师有发挥的空间，尤其是为20世纪的高层建筑，预铺了面向未来的锦绣蓝图。负责规划新芝加哥城的是Daniel H. Burnham，当时，由他及其他的建筑师，如路易斯·沙利文（Louis H. Sullivan）、约翰·维尔邦·鲁特（John Wellborn Root）、荷拉伯特与罗许（Holabird and Roche）、威廉·勒巴隆·詹尼（William LeBaron Jenney）等，设计完成了大批新建筑，其中对高层建筑的立面设计做出三段区划的构想，以接近行人的两三层楼的高度为基座，强调精致的细部与材料的质感；中间段作为主要楼层部分，以清晰简洁的个性为表现主题；建筑顶部呈现出丰富的天际线轮廓。这是高层建筑最早的设计规范雏形。

提到20世纪的高层建筑，不能不提到以芝加哥为基地的密斯·凡·德·罗（Mies van der Rohe）。1938年密斯迁住芝加哥，他带来的理性、清晰与知性、秩序的观念，对后续现代主义的发展影响深远。他在芝加哥的高层建筑作品，以1951年的滨湖大道860号公寓和1964年的联邦中心为代表。密斯提出“空无”（nothingness）的建筑观，赋予使用者自由使用空间的可能性，显现建筑师自身隐没的谦虚。之后，由在芝加哥崛起的SOM建筑设计事务所接棒，继承钢骨与玻璃的高层建筑美学，创作出系列延续作品，如延续密斯风格的戴利中心（Daley Center）与分别建于20世纪70年代的汉考克大楼（John Hancock Center）、西尔斯大厦（Sears Tower）。这之后美国最受注目的高层建筑，可能要数2001年9·11事件后的纽约世贸大楼大楼重建项目。此项目至今仍尘埃未定，当时丹尼尔·李伯斯金（Daniel Libeskind）取得设计权的原初构想是由一座541m高的建筑主体，四周环绕几栋依序拔高的办公大楼，与远处的自由女神在交相辉映。面对这个争议不休的项目，李伯斯金首先认定其终极意义是“生者大于死者”，并认为所有存活的人同样都是战争与灾难的幸存者与受害者。但其意图成为世界第一高楼的霸气，依旧引发多方争议，包括许多受难者家属都不喜欢其背后所蕴藏的嚣张气焰。但李伯斯金深知深层的道理——“公共建筑本就是政治行动”，建造世界第一高楼与追悼受难者已无直接关系，一位建筑师在被这样的大项目吸引的同时，更要使设计意图合理化，以取得出资者的授权。这是无可避免的“浮士德”交易吧！

近年来建造世界第一高楼的热潮已明显转移到其他新富区域，以东亚尤为明显，目前拔头筹的台北101与吉隆坡双子塔就是明证。但是为何会存在追求最高大楼的需求呢？摩天大楼当然不具备现实的合理性，真正的目的只是为了世界第一的称谓。然而这种追逐第一的热潮，在20世纪曾出现过几次，有趣的是每次竞逐浪潮出现时，往往就是经济大衰退或崩盘的时候。例如1907年“华尔街大恐慌”时，有两栋世界第一的高楼在建；1929～1931年美国经济大萧条时，又有3栋破纪录（包括帝国大厦）的高楼现身纽约；20世纪70年代的石油危机和纽约世贸大楼、芝加哥西尔斯大厦的兴建不期而遇；1997年吉隆坡双子塔的建造正值亚洲经济大崩盘，台北101的兴建也与台湾史上最严重的经济泡沫现象同步。这些似乎隐约地说明它们类同于圣经中“巴别塔”的期待，并与时代的内在机制产生隐性的关联，而成为世界第一的欲望浮现。

“世界第一”所带来类似嘉年华般的兴奋，短暂却具爆炸性，这种状态或许可以用电影的“蒙太奇”手法进行类比。这能量犹如“内燃引擎中发生的一连串爆炸，把汽车或牵引机向前牵动；同样地，蒙太奇的动力可以成为一种冲力，把整个影片向前推动。”当代的城市似乎也运用了这种手法，摩天大楼是其中不可或缺的角色。过去的20年，亚洲的新兴城市，如上海、深圳、台北、曼谷等，展现出的场景在不断地快速转移、改变、破坏甚至重生，事件无逻辑地自由穿插、出入，而临时、短暂、有机的性格特质构成城市的主要氛围，这不仅与19世纪末发展的欧洲城市相异，也与第二次世界大战后主导全球城市趋向的美国不同。

亚洲本土建筑师，对自身的城市面貌同样有着不知如何置评的困惑和矛盾的感受。

芦原义信在《隐藏的秩序》的扉页上写道："在东京这种混合的现代感当中，我们可以感觉到属于日本特有的民族特质，这是一种生存竞争的能力、适应的能力以及某种暧昧吊诡的特质，渺小与巨大的共存、隐藏与外露的共生等，这是在西方秩序中找不到的东西。"[3]他特别强调居住者的生存、竞争、适应、共存、共生等本能需求，并高度评价这些底层的现实，也指出亚洲城市"由下而上"的内在特质与西方大城市所强调"由上而下"的外在表象大不相同。

日本新锐建筑师冢本由晴2001出版的《东京制造》的扉页上写着："若以从事建筑设计的价值观为准，这座城市在我们眼前的印象，只是充斥着该被唾弃的毫无价值建筑物。但东京已完全被上述所谓无价值的建筑所占据了，也许我们不该逃避现实，而应思考如何将它们变成优点——如何化前述的不协调为可用。"[4]冢本直接表达了对传统规划理念的挑战，他相信都市自我调整的蜕变能力，并认为只要给城市提供有机的生长空间，就可解决许多城市问题，而且美也会自然地伴随着真实而来。

以上两位日本建筑师均表达出城市并非依赖硬件与法规来作机械性规范的无机体块，而应尊重城市的内在真实需求，并配合诱导式的发展而非强硬性的规范。这种观点与"Event-Cities 2"一书的作者伯纳德·屈米（Bernard Tschumi）的主旨十分契合，他认为在定义城市空间时，城市的真实现况与使用内容才是主导，他在设计时遵循以流动性代替固定场所，提供力量而非造型（flow instead of places, and forces instead of forms）的观念进行操作，对不可明确的流动性的捕捉，远超过对具象的空间形态与造型的重视。

屈米观察城市的态度，是对当代城市本质的反应，还是对20世纪城市发展做出的调整？我们是不是已经生活在类蒙太奇的事件世界，这样节奏越来越快的蒙太奇效果，是否就是现代城市的理想答案？芦原义信所相信的"隐藏的秩序"，究竟是什么？它可以成为人类共通的理念吗？亚洲文化价值架构下的城市，有能力成为新世纪城市的典范吗？

这种以事件为主导的现代城市，隐含着一种宁愿追求暂时满足、不愿相信永恒价值的信念和态度。

亚洲国家在21世纪势必将在各领域内扮演越发重要的角色，以中国为首的新兴国家，借由经济力量提升引发的自信心，也使更多的人选择用正面的眼光看待自己生息的城市，不再回避城市的真实面貌。另外，更值得关注的议题是城市的生态性，这种生态指的是永续系统的建立。工业革命使农业社会体系架构溃散，许多其赖以存在的价值标准也同步瓦解，人类自越来越小的乡村涌向越来越大的城市现象屡见不鲜，其中摩天楼作为现代的象征，也在这一过程中牢牢树立。

第一世界的现代城市，在由19世纪跨入20世纪的过程中，大致都经历过这种幻变，第三世界的城市，目前不但接续着这股时代的脉动，更变本加厉地欲将城市与高楼做无止境地扩展。"1950年以来，世界城市人口从少于3亿人成长到26亿人……估计增加的90%是居住在发展中国家的城市。"人口离弃乡村进入都市，这虽始于资本与劳动力关系的新架构，但也改变了旧有农业社会结构。原本以村庄为单元、供需自足的生产结构，类同一个完整的自我循环式生态链，同时拥有生产、消费与分解等多重角色，这与现代都市在全球化链圈结构里的角色不断被单一化的情况是完全不同的。

也就是说，现代城市之间形成了超大的"食物链"关系，强势富裕的城市消费着专门从事生产的弱势城市。这情形与目前第三世界国家竞相建造世界第一高楼的现象有某种雷同之处，他们以为第一高楼就是可跨入第一世界的入场门票。台湾世新大学教授陈信行引用英国经济学家修马克（E. F. Schumacher）1973年的著作《小即是美》的论点："重新评估当代科技体系与资本主义经济的效率，并指出这些体系的高度浪费与无效率。巨型的工业科技体系耗费大量不可弥补的珍贵自然资源；'节省劳力'的科技改进造成大量失业；除了业主的利润外，一无所顾的私有企业制度造成经济生活的'原始化'；而大型科技体系的发展，使得人类赖以生存的技术手段，越来越远离一般人的掌握，而垄断在少数专家与企业手中。"[5]他因此提出"小规模"与"适当科技"的观念，以挑战"大必是好"与"新必然强"的观念，同时"正是由于人类的需求与生存环境是如此多元复杂，没有任何一个科技或准则能够四处通用，重点在于发展出真正适合各个具体状况的知识、工具与手段①。"超大城市的存在意义，除了历史的宿命外，某些方面也是为迎合这个世界城市食物链的结构需求，以能在这样的供需体系中，取得类似进化论"适者生存"的优势地位。关于此论点《永续都市》的作者指出，具有多样化小系统的都市较能应对突发的变化与危机，也就是说单一大系统的都市，在应对传统疾病、供需失调、污染等问题时，远不如由多样小系统组成的微城市群来得更有效果（因其具有自足、可封闭的保护能力与易于调整的弹性特质）。这样的微型城市，就是"适当城市"的意思。目前第三世界城市普遍想发展超大城市与超高建筑，应当反思城市对居住者意义为何，以及一级都市如何再不剥削下一级弱势的城市，弱势城市又如何摆脱食物链供应者的角色，同时寻求都市在生态、社会、道德等面向的自足与互重。

这里面当然也有在全球化大趋势下，现代城市应该何去何从的思索意图。现代都市在不断发展成单一大系统的过程中，付出多少生态环境的代价，以及多少原生的文化、社会、道德、信仰等内在系统因此瓦解，将这些与所换得的某些财富、舒适度相比较，对于人的意义是得、是失，恐怕很难断论。

城市与建筑究竟要多大才够大、多小不算小、多高才够高、多矮不算矮？微型城市与适当高楼又意味着什么？这些可能是人类在新世纪里需要好好思考的问题。■

注释

①摘自2003年9月20日于高雄科工馆《从适当科技运动角度看921震后协力造屋运动》的演讲。

参考文献

[1] 霍布斯邦. 革命的年代[M]. 王章辉，译. 台北：麦田出版社，1997.
[2] 林以亮. 美国诗选[M]. 张爱玲，林以亮，余光中，等译. 香港：今日世界社，1972.
[3] 芦原义信. 隐藏的秩序——东京走过二十世纪[M]. 种常隽，译. 台北：田园城市文化事业有限公司，1995.
[4] 塚本由晴，黑田润三，贝岛桃代. 东京制造[M]. 台北：田园城市出版社，2001.
[5] LEITMANN J. 永续都市——都市设计之环境管理[M]. 吴纲立，李丽雪，译. 台北：六合出版社，2002.

上海世博会的超级空间生产

魏皓严
重庆大学建筑城规学院

搜索

可以从多个角度看待即将到来的上海世博会：在建筑师看来，世博会是建筑与空间的嘉年华；在规划师看来，世博会是突击式生产的另类城市领域；在政客看来，世博会是建功立业的政治行动；在资本家看来，世博会是滚钱的机器；在生意人看来，世博会中商机泉涌；在好事者看来，世博会是喧哗夺目的热闹；在天真者看来，世博会是学习各国传统文化与先进技术的大好时机；在空间分析者看来，世博会是另一场明星式的超级空间生产事件——2009年，北京奥运会与汶川灾后重建之后，它至少整合了3个主要元素：一个炫目的东方国际大都市、一股豪华的投资与建设浪潮、一次举世瞩目的"万国博览会"。

在百度与谷歌网上分别搜索"北京奥运会""上海世博会"与"章子怡""姚明"会得到下表所列的数据（表1）。

表1 搜索比对表[①]

搜索关键词	百度网搜到的相关网页	谷歌网搜到的相关网页
北京奥运会	约1 940万篇	约1 650万篇
章子怡	约1 900万篇	约1 680万篇
上海世博会	约656万篇	约851万篇
姚明	约2 960万篇	约1 710万篇

从上表可以看出，两个网站搜索到的关于"姚明"的网页数量起伏较大却都位居第一；关于"北京奥运会"与"章子怡"的网页数量大致相当，均比有关"上海世博会"的多了1倍左右。这种差别是明星效应力的一种反应，虽然目前上海世博会的受关注度还呈相对的劣势，但是相信在随后半年到一年时间内其相关网页搜索数量会大幅上升[②]，尽管它不太可能如姚明那般大红大紫，不过其明星风采已是势不可挡了。

明星

明星纷至，试举如下几例：

例1：华谊兄弟精心打造上海世博会（中国）民营企业联合馆主题歌《活力·闪耀》，由周迅、黄晓明、李冰冰、羽泉等明星联袂演唱（图1，图2），从2009年9月11日起"开始洋溢在一切有世博民企馆元素的空间里"。来自上海的陆毅表示："世博会此番在家门口举行，我心情非常激动，能为世博会贡献一点自己的力量，我深感荣幸[③]。"

例2：2009年4月28日，上海世博会全球合作伙伴可口可乐在北京正式启动了"迎世博倒计时一周年"的新闻发布会。体育明星姚明、刘翔，演艺明星林俊杰、张韶涵等均以各自不同的方式表达了对中国2010年上海世博会的热情期盼与美好祝福。全国大学生"世博城市之星"选拔暨中国2010年上海世博会大学生环保创新大赛也随之鸣锣开赛[④]。

例3："与上海有着深厚情缘的多明戈，即将携手三度合作的宋祖英，再次来沪举行专场音乐会。近日，他通过演出主办方表示，希望能把这次上海演出作为送给新中国60岁生日的礼物，同时，他也很期待明年有机会参与上海世博会[⑤]。"

例4：在2009年9月23日举行的上海世博会第四次参展方会议上，世博会事务协调局副局长朱咏雷宣布，议题为"城市创新与可持续发展"的上海世博会高峰论坛拟邀请中国国家领导人、相关国家元首或政府首脑、联合国秘书长和副秘书长、国际展览局主席和秘书长、相关国家部长级领导人、国内外城市市长、参展方展区总代表、主办方及国际组织代表、企业界和学术界代表、优秀青年代表、媒体代表等1 500～2 000人参加[⑥]。

……

演艺、体育、政治、学界等各类明星与明星企业、明星事件等纷至沓来，甚至还专门生产出海宝这般的符号明星——明星与空间之间存在着隐秘的相互照顾与书写关系，明星会造就明星空间（如名人故居），正如明星空间会造就明星（如林妙可）。尤其是在仪式性活动中，何等量级的明星出现在何等量级的空间，这些都是有讲究的。从上文提及的明星热可以看出世博会对明星的吸引力与包容力，这其实也暗示了世博会空间生产背后巨大的连锁效应。

国家馆

与其说上海世博会的空间生产是明星式的，毋宁说是星空式的——由明星群组合成的超级空间系统，而各个国家馆是首当其冲的明星代表。

以国家的名义在别国的领土上进行空间生产，在殖民地时代之后基本只有两种方式：第一，大使馆或领事馆一类的国家驻外办事机构；第二，博览会性质的狂欢聚会。国家馆出现在博览会上，这说明博览会就像奥运会一样并不是单纯的人类大聚会，而是同样渗透着政治博弈的全球性超级社交活动，每个参展国都需要在这场社交中以国家而不是以民间的名义展示自己。从观者的角度来看，审视某个国家馆也就是在一定程度上审视这个国家，而审视国家馆的外观形式也就是在一定程度上审视这个国家的公共姿态。

纵观各国展馆，加拿大馆如同被切割后的巨大蚯蚓（图3）；德国馆如同有洁癖的尖锐岩石（图4）；法国馆如同戴着面纱的一堆积木（图5）；非洲联合馆就是在方盒子上画了一幅巨大的非洲风光图（图6）；意大利馆像是被乱刀砍过（图7）；尼泊尔馆像是暴发户别墅（图8）；印度馆是座山寨版的宫殿（图9）；日本馆如同机械化的龙猫（图10）；新加坡馆如同漏光的太空战舰零部件（图11）；英国馆如同来自其他星球的蒲公英（图12）；荷兰馆就像是快乐的红灯区（图13）；以色列馆如同两只热恋中的海螺，一只穿了衣服，另一只没穿（图14）……只有咱中国馆表情凝重，又红又专，端庄与威严并具，传统与现代交融，挺拔与大气合一，扬民族振兴之豪气、展盛世科技之尖端，是新时代的"结构主义"式"国亭"，堪称大国风

图1 《活力·闪耀》宣传广告（图片来源：http://ent.sina.com.cn）

图2 成龙大哥为世博会献唱（图片来源：http://sh.focus.cn）

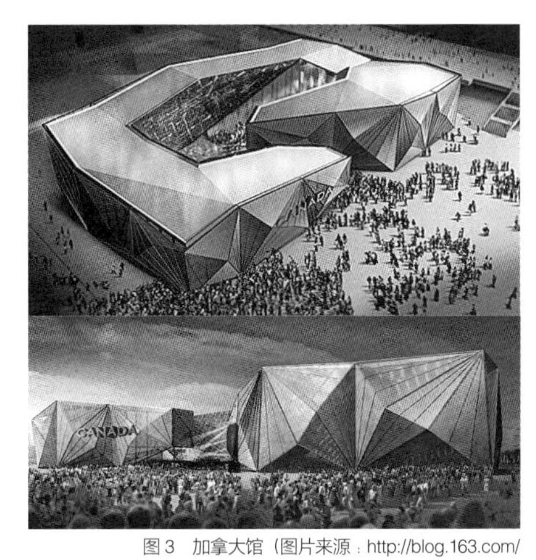

图3 加拿大馆（图片来源：http://blog.163.com/john1017@yeah/blog）

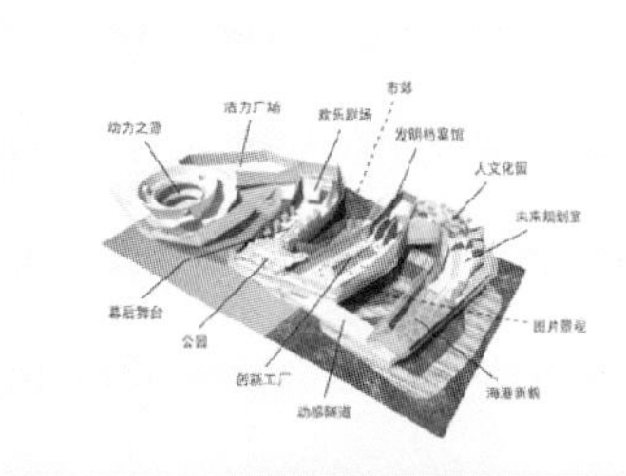

图4 德国馆（图片来源：http://blog.163.com/john1017@yeah/blog）

图5 法国馆（图片来源：http://blog.163.com/john1017@yeah/blog）

图6 非洲国家联合馆（图片来源：http://blog.163.com/john1017@yeah/blog）

图7 意大利馆（图片来源：http://blog.163.com/john1017@yeah/blog）

图8 尼泊尔馆（图片来源：http://blog.163.com/john1017@yeah/blog）

图9 印度馆（图片来源：http://blog.163.com/john1017@yeah/blog）

范（图15～图17）。

江南造船厂

上海世博会场址中的一部分原是大名鼎鼎的江南造船厂，其占地面积约64 hm^2，总建筑面积约44万m^2，地块约占世博会浦西区域的47%。江南造船厂前身是江南制造局，始建于1865年，至今已有144年历史。百余年来，它创造了众多的中国第一：第一条兵轮、第一台车床、第一支步枪、第一门钢炮、第一架水上飞机、第一代常规潜艇、第一艘万吨货轮[7]……多年来获得过国家、中国船舶工业总公司和上海市的优质产品奖、国家科学技术进步特等奖、国家金质奖、全国企业整顿先进单位、全国技术进步优秀奖、国家质量管理奖、全国企业优秀管理奖（金马奖）、全国先进基层党组织、全国“五一”劳动奖章先进集体、上海最佳工业企业形象单位等众多荣誉。1995年，经国务院批准，江南造船厂被列为全国100家实行现代企业制度试点单位之一，1996年改制成立江南造船（集团）有限责任公司[8]（图18，图19）。

为了世博会的建设，这个明星企业带着它的1.5万名员工以及数不清的设备搬迁至位于浦东与崇明岛之间的长兴岛[9]。不仅于此，“在世博规划红线范围内，需要搬迁的居民约1.77万户，企事业单位272家[10]。”世博会不能占用5.28 km^2的土地[11]一直世博下去，既然是“会”，那么总有“散会”的时候，所以会后的土地利用及空间生产决定了会场的选址。按照规划的指示，世博会场址将被建成高档商务商贸会展中心[10]，也就是做大生意与大把花钱购物、玩乐、享受生活的地方，因此自然会选择在目前城市中心区的边缘地带了。江南造船厂则是进行大规模工业生产的企业，给它更好的航道岸线与更大的地皮，让它安静专心地生产去吧。至于1.5万多名工厂员工也只能跟着去安静专心地生产了，以后到市中心购物、玩耍或者上学、看病等的时空成本肯定会暴增，所以应该提出涨工资的要求。在城市发展过程中，拆除与新建都不过是空间再生产循环链中的常规动作罢了，土地及空间功能会应对着城市职能的调整做出相应的反馈，也势必会造成城市居民空间区位及由此衍生的各种变化。在世博会的建设中，在原址上工作、居住的人们将不得不进行空间上的迁徙，离开设施已经相对完善的原区域，迁往边缘之地，成为世博会建设的匿名的既得利益牺牲者与城市空间扩张的拓荒牛。

1.4 km^2

既然有失利者，当然就有得利者。“上海世博会的园区位于城市中心区边缘地带，6.68 km²的规划控制范围内尚有1.4 km²的协调区域，主要为上世纪80年代建造的多层住宅。以往位于城市中心地带的大型城市开发，大部分旧房老宅均进行拆除，将居民外迁，造成一系列社会矛盾和社会不稳定因素。上海世博会规划：保留协调区的住宅，通过环境整治和街道改造，提升当地居民的生活环境质量，为上海新一轮的旧区改造提供合理的范式，又一次充分体现'城市，让生活更美好'的世博主题。"[1]

至少从字面上看来这是好事，一块本来是工业用地的地皮变成了世博会（商业＋文化娱乐）用地，周边地皮也跟着涨价。既然是协调区，当然就不是用来动真格的了，以前的房子不会拆，居民不会迁，还会被世博会建设行动爱屋及乌地栽栽树、种种草、刷刷墙、补补路什么的，让社区环境焕然一新。居民还可以办个月票，没事就去世博园里面遛弯、散步、健身打太极。有点经济头脑的人还可以在世博园周边开个小餐馆、小旅店或倒卖门票什么的，给自己增加些收入，这可真是让人乐活的事情啊。

其实跟着世博会得利的又何止这区区1.4 km²，整个长三角地区都会跟着世博会的脉搏强力地跳动起来。仅以旅游为例，据预测，世博会期间的7 000万参观者[12]中的外省市游客就有36.6%的人会顺道去周边一游，其中近九成会首选苏浙地区。世博会举办期间，上海宾馆的缺床位会达到20万张……[2]大事件的空间搅动力由此可见一斑（图20）。

正生态

"'生态'在20世纪已经被定义成对自然最小破坏，这对和谐城市而言是远远不够的，一个和谐城市非但不会是自然的敌人，而且应该是受到破坏的自然的医治者和朋友。上海世博会将是一个'正生态城市'概念的集中体现。生态城市的概念不是对生态的消费，而是对生态的供给。'正生态城市'提出四个概念：增绿、凉岛、产能、净水。这是对城市发展模式的一次革命性、颠覆性的重塑。过去的城市是自然的对立体，城市建设消耗了水，抹煞了绿，建到哪里，哪里就成为热岛，能耗的升级给城市文明的发展敲响了警钟。工业城市文明到此结束，它不能够完成人类的全球城市化所面临的生态问题。今天，上海世博城将建人类和自然和谐的正生态概念城区。"[3]"上海世博会的规划，首次提出'正生态（Eco+）'概念，即城市发展不应是无节制的耗费能源，而应当采用增绿、净水、采能、节能等一系列手段，在实现能源"零消耗"的基础上反馈自然。"[1]——让城市成为"受到破坏的自然的医治者和朋友"，这简直就是世界上最迷人的一种梦想。可是人类发展了上百年的全方位的消耗型生产方式怎能通过"增绿、凉岛、产能、净水"这四大法宝就在一块5.28 km²的土地上来一次彻底的脱胎换骨呢？它们又有何德何能来终结工业城市文明并实现"零消耗"呢？如果上海世博会做到了，那它将是一次旷世创举，甚至能够位居人类有史以来最伟大的城市建设或空间生产之列，而不只是虚张声势。

图10 日本馆（图片来源：http://blog.163.com/john1017@yeah/blog）

图13 荷兰馆（图片来源：http://blog.163.com/john1017@yeah/blog）

图16 中国馆鸟瞰（图片来源：http://www.4008280828.com）

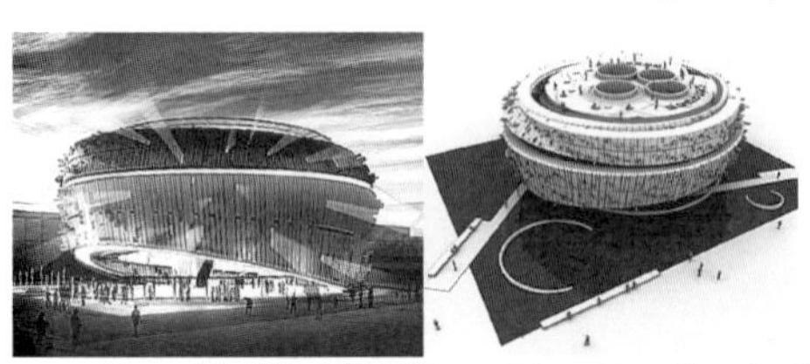

图11 新加坡馆（图片来源：http://blog.163.com/john1017@yeah/blog）

图14 以色列馆（图片来源：http://blog.163.com/john1017@yeah/blog）

图17 施工中的中国馆（图片来源：http://epaper.xplus.com）

图12 英国馆（图片来源：http://blog.163.com/john1017@yeah/blog）

图15 中国馆（图片来源：http://2010年世博会.com）

图18 江南造船厂（图片来源：http://newshlw.luwan.sh.cn）

图19 江南造船厂（图片来源：http://newshlw.luwan.sh.cn）

图20 施工中的上海世博会（图片来源：http://hi.baidu.com）

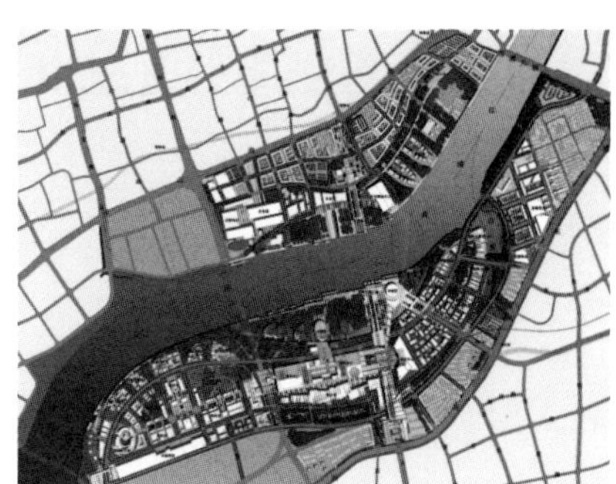
图21 世博会规划总平面图（图片来源：http://www.expo2010.cn）

三大和谐

"在这次世博会总体方案构思中的一个非常重要的概念是'三大和谐'，即人与自然的和谐（城市发展与自然生态保护相协调）、人与人的和谐（城市中各社会阶层之间、人与人的社会和谐）、历史与未来的和谐(历史、现实与未来的延续性,即达到时间上的和谐）。'三大和谐'的内涵非常丰富，它体现了文明发展过程中人类的一些历史性问题和终极理想，是上海世博会组织、规划、建设等方面的重要指导思想。"[4]——用宏大而理想的终极概念来粉饰宏大而现实的城市事件与行动。这似乎也是一个通行不悖的潜规则。因为是终极，所以方向是绝对正确的，目标是永远达不到的，失误是不可避免的，奋斗是永不停歇的。

作为大规模空间生产的前期预设，规划设计方案是怎么实施"三大和谐"的呢？在此试举二例简单说明一下：

例1："对黄浦江的水，我们有一个设想，就是世博会区域能够通过一套技术系统，使黄浦江的水能够流经世博会展区而不被污染，被净化后，再流回黄浦江。这种关系与之前城市与自然的关系是相反的，从一个方面诠释了'人与自然的和谐'的主题。"[4]——这项净水工程的设计思路并不新鲜，即便没有戴上"三大和谐"的高帽人们也能理解，不过作为人类如何处理水体的示范项目，其意义是正面且积极的。只是具体实施情况如何实在值得期待，上海的黄浦江不是成都的府南河，进行生态净化示范的难度不可同日而语。

例2："方案中采用圆形至少契合了两方面的要素。一方面就是卢浦大桥的悬索拱桥造型，其实这个圆和卢浦大桥的拱是一个联系的整体，可以看成是一个平面和一个纵向的呼应；第二，这个圆及它的尺度、线形是和外围的磁悬浮走向及白莲泾河道的走向，甚至和黄浦江走向相关的，也可以把它看成是中国的太极图，圆里边是一条和谐的江流过，这也暗合了中国传统的'和'的概念。"[4]——做出圆形的形态或图形，取得如太极图般的对和谐的终极象征解释，一切就和谐了（图21）。

结语

从上海世博会事件可以看出，城市规划与建筑学界虽然是社会空间生产链上的重要环节，但并不是唯一的，有许许多多其他层面的系统力量会介入进来，许多的利益纠葛与权力较量也会纷纷呈现。在这种复杂的大格局中，业界或许应该做到的是：立足自身、环绕观察、态度乐观，不天真矫情，也不骄狂自大。■

注释

①搜索时间为2009年9月12日（星期六）上午11点15左右。

②上海世博会的举办时间为2010年5月1日-10月31日，共计184天。

③引自新浪音乐网2009年9月1日的"世博会民企馆主题曲出炉华谊30位明星献声"，详见http://ent.sina.com.cn/y/2009-09-11/16452695316.shtml。

④引自海南日报2009年4月30日的"众明星助力上海世博会"，详见http://www.hndaily.com.cn/html/2009-04/30/content_123381.htm。

⑤引自易阔财经2009年9月16日的"多明戈为上海世博会'做广告'"，详见http://goo.yikuo.c om/news/2009-09-16/1383_200991616314513839922 48.html。

⑥引自上海世博会高峰论坛初定议题为"城市创新与可持续发展"，详见中国经济网http://www.ce.cn/xwzx/gnsz/gdxw/200909/23/t20090923_20082492.shtml。

⑦引自上海市城市建设档案管理办公室关于上海江南造船厂和上海市城市建设档案馆的资料，详见http://www.suca.com.cn/zhuanti/zhuanti-2.asp。

⑧引自百度百科中的"江南造船厂"词条，详见http://baike.baidu.com/view/51668.htm。

⑨引自上海文广新闻传媒集团关于江南造船厂整体搬迁到中船长兴造船基地的资料，详见http://www.smg.cn/Index_News/newsDetail.aspx?newsID=7989 & serialno=002 &sid=19。

⑩马念君．城市，让生活更美好——2010年上海世博会项目建设规划概览[J]．中国工程咨询，2008（5）：4-7.

⑪详见上海世博会官网2009年9月22日的http://www.expo2010.cn/expo/chinese/sbzw/cbsb/sbgh/userobject1ai10623.html。

⑫参见2008年1月10日中国新闻网《上海世博会预计接待观众人数将超7000万》http://www.chinanews.com.cn/expo/news/2008/01-10/1129591.shtml，2008-1-10.

参考文献

[1] 王思政．"和谐城市"理念下的上海世博会园区规划[J]．科学决策，2006（8）：12-13.

[2] 张志刚．长三角与上海世博会发展研究实证分析[J]．浦东开发，2008（8）：39-40.

[3] 吴志强，冯凡．2010上海世博会规划同济国际联合体方案构思解读[J]．城市规划汇刊，2004（5）：8-19.

[4] 周俭，桑劲．对"2010上海世博会"规划方案"三大和谐"理念的解读[J]．同济大学学报：社会科学版，2005（4）：42-45.

城市滨水区物质空间形态的分析与呈现

韩冬青　刘华

东南大学建筑学院

水是一种典型的自然要素。江河湖海在城市的起源及发展中，曾经并正在发挥着重要作用。城市与水因交通和生态需求而结缘，城市滨水区更因人与水之间与生俱来的多元关联而倍受注目。随着高排放重污染的加工业退出主城，城市滨水区的城市设计和改造渐成热潮。如果说人对环境的体认是从表象形式开始的，那么，作为一种以知识为基础的专业工作，以空间干预方案为实践目标的滨水区城市设计就必须从对其形态的认知和分析开始，理性的形态分析及其呈现设计操作的前提和基础。

一、城市滨水区与滨水区形态

“滨水区”是指“与河流、湖泊、海洋毗邻的土地或建筑，也即城镇临近水体的部分”（1991年版牛津英语词典）。按水体的不同可分为河滨、江滨、湖滨和海滨。笼统来说，城市滨水区一般由水域、水际线、陆域3部分组成，而滨水区具体范围的确定因受到研究指向和实践策略的影响而非一概而论。

就自然的客观影响而言，滨水地带范围随水体的形态类别、尺度类别及生态条件的不同而变化，其中，曲折的水道、岸线和大尺度的水体具有更大的影响力。水环境的影响范围随滨水区土地使用性质的不同而变化。以滨水商业、文化、公园等综合活动区为主的公共性较强的地区影响范围较大，私密性较强的地区如滨水工业区、港口、居住区等影响范围较小。道路及开敞空间等的规划干预对滨水区的范围亦有显在的作用。如果以人适宜的徒步活动范围作为标尺，水域向陆域扩展的进深以水际线向城市内部延伸400～500 m为宜。由此可见，滨水区的空间范围是一种相对的存在，在水岸沿线和腹地两个方向都不存在非白即黑的固化界定。滨水区是城市陆地与水体及其利用策略相互作用的区域。一般而言，这种互动过程经过长期的积淀，必然使相应区段的物质空间形态呈现出与远离水岸的区域不同的肌理痕迹，这种城市肌理的差异性成为城市设计领域观察滨水区范围的直观方法。

来源于生物学领域的“形态”一词，原意指生物体外部的形状和内部的构造及其变化。建筑学和城市规划学科引入形态学研究方法，其意义在于将城市看作有机体来进行观察和研究，从而揭示其生长机制。内在的“结构逻辑”与外在的“显相”共同构成城市物质空间形态的整体观。城市滨水区形态研究旨在表达城市滨水区各构成要素的空间分布特征，是物质空间要素的类型特征与要素间组织结构特征的统一。元素类型特征及其结构关联性是形态研究区别于风貌、风格和视觉景观研究的基本标准。从滨水区的范围特征看，城市滨水区形态具有典型的开放性。其形态特征的显现一方面要基于与远离水域的区域比较，另一方面也离不开对水体和陆地相互作用的观察。

二、滨水区形态分析的目标取向

城市形态学是一个包括地理学、社会学、经济学、规划学、建筑学等多学科交叉影响的研究领域。非物质因素的诸多关联影响最终都将以物质空间痕迹的方式得以显现，而物质空间的存在状态也是不同领域研究的现象起点。形态的理性分析与呈现将是设计操作的逻辑起点。由此展开了城市物质空间形态研究的三种取向：物质空间形态的描述性研究、形态的成因性研究、形态诠释与设计的关联研究。

1. 描述性分析

描述性研究以要素分析、结构分析和认知分析为主要内容。

要素分析以物质空间的基本元素及其类型特征的呈现为目标。水体、岸线、道路、街区、地块、建筑、空间单元、自然植物、小品等都是常见的基本元素。元素注记及统计是对现实要素的客观记录。类型学的理论方法为要素分析提供了基本的技术支持，正是类型的抽象特征使研究有可能在复杂现象的基础上归纳出元素的典型特征。

结构解析是研究滨水形态中内涵逻辑属性的重要内容。结构分析与要素分析有着内在的关联性，它以揭示空间环境的内在组织关系为目标。陆地中路网与水体的交织关系，实体与空间，街道、地块、建筑与岸线的联动特征，相关线（如轴线、界面线、廊道）等都是典型的结构分析对象。“图形——背景”分析鲜明地呈现出特定城市空间格局在时间跨度中所形成的“肌理”和特征，同时提供了深入解析城市平面结构特征的研究基础。地理学中的城镇平面图形态描述方法历史悠久，英国著名形态类型学研究者M.R.G.Conzen不仅识别出城镇平面图、城市用地模型和建筑组构，还提出了“平面单元”概念。他将城镇平面图分为街道、地块和建筑物三种要素，正是三者之间的联动模式提供了可辨别并富有个性的组合结构。在对平面单元的分析过程中，类型方法的引用显示出特定区域中三种要素及相互关系的内在规则，并逐渐形成地理学中的类型形态学方法。

认知分析以体验描述为核心，是联系知识领域与环境受众的必要环节。环境心理学、行为学开启了体验描述与分析的领域。序列视景、心智地图等都是侧重于城市体验的描述方法。凯文·林奇教授从感知学的角度实证分析了人是如何从日常生活中体验城市形态的，同时归纳出构成良好意象的城市形态的五要素，为基于认知的城市形态评价体系建立了重要基础。

2. 成因性分析

水域因其独特的资源价值而导致滨水区成为城市日常运作中各种力量角逐的场所，从这个角度看，滨水区也必然显现出不同价值观笼罩下的权力较量和资源分配的痕迹。滨水区形态演变的历史进程表明：岸线和滨水区土地的不同占有主体、强度与方式有力且深刻地影响着滨水区的空间结构。形态成因的研究方法主要集中在城市历史研究、社会学和生态研究领域。城市历史研究方法有三个分支，分别关注城市历史形态演变过程、普通“城市环境”及广泛的社会经济框架及其对城市形态的影响，其目的都是解释创造和改变城市的主要因素；社会学分析主要从政治经济学和社会经济学奠定其方法基础。前者主要分析政治因素、经济因素、社会组织在城市过程中的作用，后者则强调城市用地分析。芝加哥学派提出了城市功能结构分析方法，生态分析方法则研究建成环境与自然环境之间相互适应的可能性，其中具有代表性的是麦克哈格在《设计结合自然》中为衡量自然环境价值创建的“价值组合图评估法”。

3. 诠释性分析

诠释性分析是以分析者的个性化理解为依托的、对物质空间形态的理解和推断，它以人对环境的能动作用为理性基础。如果说前述两种分析主要以客观性作为判断标准，那么，物质空间的诠释性分析则有明显的主观投射特征。带有特定主观意图的各种地图术（mapping）是最为明显的诠释性的地形理解。城市环境既可被理解为是不同板块类型（例如人工与自然、传统与现代、细密与粗糙）的拼贴或剪裁，也可被理解为是多种物质元素类型（如保留要素与增建要素、新元素与老结构、老元素与新结构）的层叠或替换。拼贴和层叠有助于从共时和历时两个维度对城市物质空间形态的共存或演化关系做出判断和理解。值得关注的是，诠释性分析在研究对象上的客观性与研究策略上的主观性同时并存，这种思维特征使其具备了将现象分析与设计操作联系起来的可能性。诠释性分析带有鲜明的未来指向，其所特有的观念映射特征开拓了城市物质空间形态传承与创造的乐观前景。

三、滨水区形态分析的基本层级

根据现代系统论的观点，物质空间形态存在着整体与局部的梯级互动关系。城市由道路、街区和开敞空间构成，街区由地块组合构成，地块则由建筑和场地构成。整体自上而下约束局部，整体比局部更稳定；局部之间经过结构的组织形成整体。整体由局部填充，也随局部的变化而被修正，甚至由于局部的催化而发生连续的重大变化。滨水区形态是城市基本形态模式与水体形态相互作用的结果。从城市与水体的外在形态的联系上看，可以将其分为城市包围水体、水体包围城市和水体穿越城市三种关系（图1）。

从城市与水体的内在结构联系看，可以概括地分为三种基本类型（图2）：第一类是水体（水岸）几何形态经由道路而主导的自由模式；第二类是由水体（水岸）剪切或穿越强控制下的规则化格网模式；第三类是规则化格网主导下的双棋盘模式。在滨水区内部，依据尺度梯级的不同，可划分为地段、街区和滨水要素三个层级。不同尺度层级下，滨水区内部形态有着既相对独立又互相关联的分析对象、目标和方法。

1. 滨水地段

几何特征、功能主题和时序特征通常是滨水区段落划分的基本依据，道路和岸线则常常用作段落划分的策略性边界。地段层级的形态分析目标一般指向与水体相关联的各种结构性形态特征。所谓结构性是指对物质空间环境起着强控制作用的内在逻辑性。结构性形态通常由下列几种关系的相互作用而显现：其一，路网的等级、密度和方向性与水体（水岸）的相互干预特征。正是路网与水体之间不同干预方式决定了滨水区的基本形态构架，陆路与水路的接驳方式在很大程度上影响了滨水区的关键性结点区位。其二，水体形态作用下的路网与街区的唇齿关系。街区的尺度特征首先是由道路所规定的，街区的边界策略则决定了道路空间的界面特征。其三，开放空间与水体（水岸）的相互干预特征。这种干预特征深刻地影响了滨水区的生态连续性和滨水岸线对城市活力的刺激深度。显然，垂直于岸线的开放空间将滨水区的作用范围向城市纵深传达得更远。其四，土地利用的属性、强度及其空间分布特征。其中，公共性混合用地有利于扩大滨水区活力范围，沿岸土地的高强度利用则有可能阻断岸线对纵深方向的积极影响。其五，水体（水系）作为交通、排洪、景观等不同功用的叠合或分离关系。事实上，上述结构特征是相互关联的，如路线网络的拓扑结构客观地影响着街道（区）的公共性程度。运用空间句法的分析方法，针对城市滨水空间中步行街道的计算分析可以显示出城市中滨水地段步行空间的聚合度，从而发现或验证滨水街道或街区活力的形态逻辑背景（图3）。

2. 滨水街区

滨水街区的边界通常由水岸、陆路及其相互间的作用关系共同限定。滨水街区形态分析的重点通常包括：滨水街区与内陆街区在功能构成、平面几何形式、三维尺度、街区界面等方面的差异性特征；滨水街区随岸线段落方向的差异性特征；相邻街区的连续过渡或拼贴关系；水体影响下街区内部地块的组合模式及建筑对地块的占据方式（图4）；滨水街区与街道或开敞空间的关联性解析，街区与街道、广场构成的实体与空间的两元关系；街区与水岸及水体的竖向高程关系，这种场地基准面的连续性特征是竖向分析的重点所在。在区段层级分析的前提下，街区形态分析进一步揭示了城市滨水区肌理特征的内在形式成因。在“图——底”分析的基础上，依据街区的不同区位进行类型取样是街区分析的惯常方法，类型解析显现出肌理要素可能存在的细胞类型、组合模式及分布规律，尤其对经历了长期历史沉积或更替突变而呈现出拼贴特征的城市滨水区更加有效，如对南京市内秦淮河滨水地段街区类型的分布及取样分析（图5，图6）。

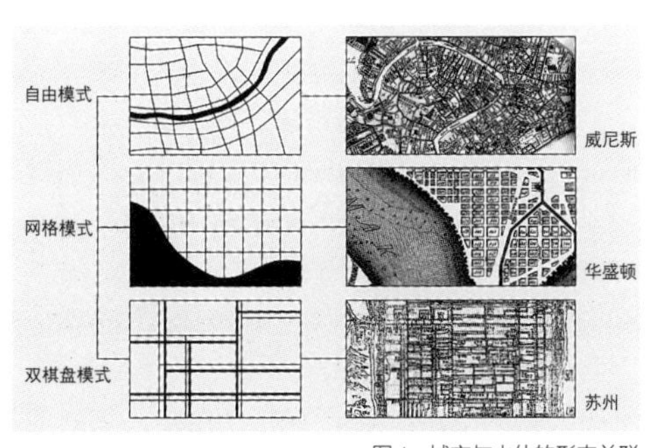

图1 城市与水体的形态关联

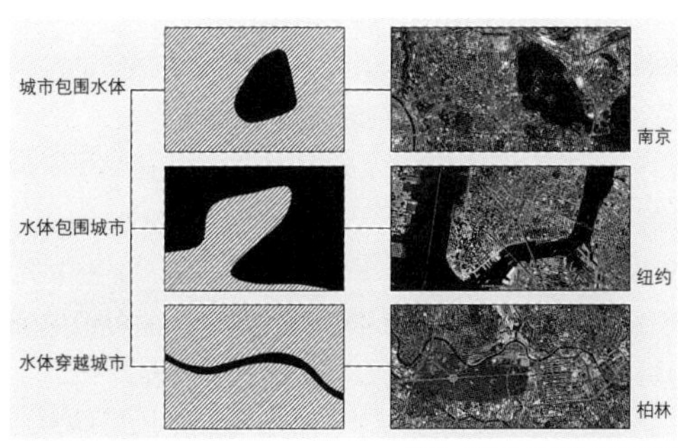

图2 城市与水体的结构关联

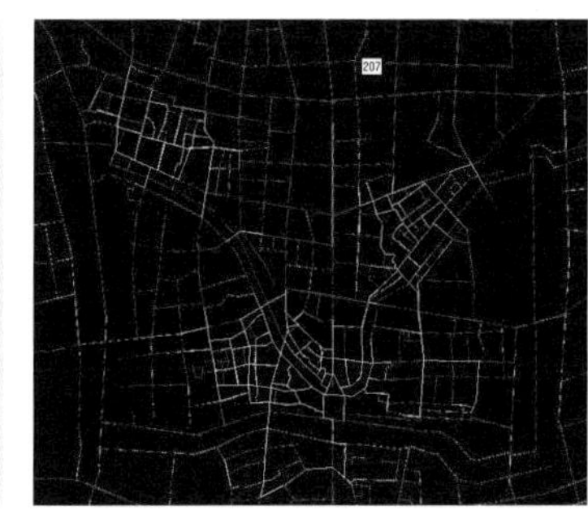

图3 以空间句法理论对南京内秦淮河滨水区步行系统的空间聚合度分析

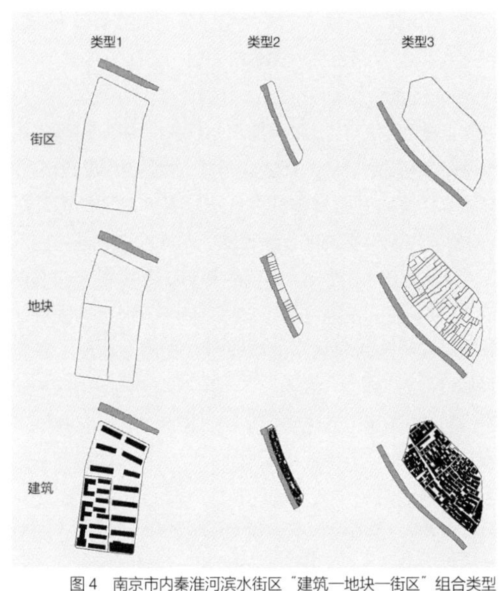

图4　南京市内秦淮河滨水街区"建筑—地块—街区"组合类型

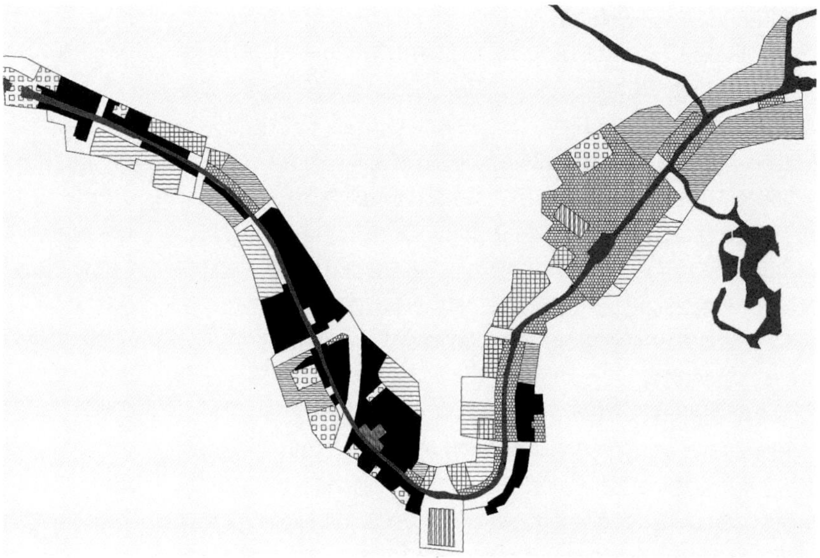

图5　南京内秦淮河滨水地段街区类型及分布

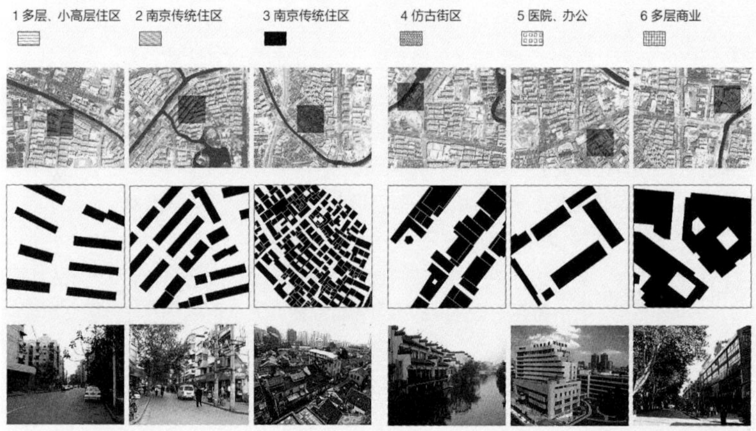

1 多层、小高层住区　2 南京传统住区　3 南京传统住区　4 仿古街区　5 医院、办公　6 多层商业

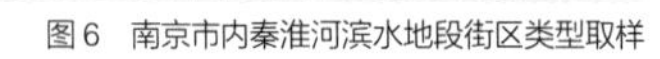

图6　南京市内秦淮河滨水地段街区类型取样

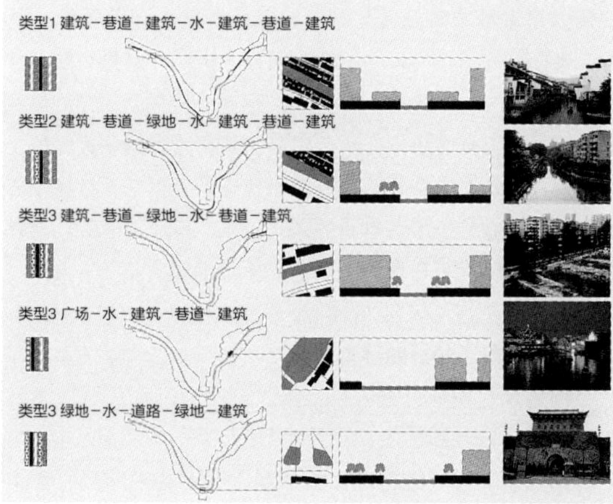

图7　南京市内秦淮河滨水空间要素组合类型

3. 滨水要素

滨水要素是滨水区形态中最为外显且直观的物质构成要素。滨水要素分析一般包括：水体、水岸类型分析，如水系宽度类型、水系利用方式、驳岸建造类型、开放岸线与封闭岸线、水岸投资类型等；滨水空间要素的组合类型，常见的滨水空间环境要素有水体、岸线、码头、建筑、道路、广场和绿地等，这些要素间的组合方式决定了滨水空间环境的基本类型特征，每一种要素仍可进一步细分，从而产生更加具有细致差异特征的亚类型系统。以南京市内秦淮河滨水空间要素的组合分析为例，以1 hm^2用地为标准单元，沿河进行取样，研究各单元中四种基本要素的组合方式，以要素的编码代入排列组合，经过同类合并得到基本滨水空间要素的组合类型表（图7）。传统城镇滨水区的要素组合常具有多样且丰富的类型，而现今的滨水区规划则由蓝线、绿线、道路红线、建筑红线构成平行线模式，导向一种单一而刻板的滨水形态。这种机械的组合模式是难以依靠元素自身设计的丰富性得到弥补的。

滨水区形态解析受形态学基本方法的指导和约束，水体作用下要素的组合结构特征是滨水区区别于其他城市地段的关键所在。整体与局部、结构与要素构成了描述性形态解析的基本框架。形态的描述是成因分析和诠释分析的基础，成因分析指向基于人文地理和经济地理等学科方法的深度剖析，诠释分析则是由形态认知转向形态设计的桥梁。对滨水区物质空间形态的梯级特征的把握，为人们提供了系统而有深度地切入形态认知和解析的基本框架，类型与结构则是各层级内部解析和层级间关系呈现的有效策略和方法。这一架构有助于克服普遍存在的重表象轻内涵、重局部轻整体、重元素轻结构的研究思路和实践策略，从而为推动城市滨水区物质空间形态的有序传承和创造建立方法基础。■

参考文献

[1] ROSSI A. The Architecture of the City[M]. Cambridge: The MIT Press, 1984.
[2] LYNCH K. A Theory of Good City Form[M]. Cambridge: The MIT Press, 1984.
[3] 罗，科特．拼贴城市[M]．童明，译．北京：中国建筑工业出版社，2003．
[4] 麦克哈格．设计结合自然[M]．芮经纬，译．北京：中国建筑工业出版社，1992．
[5] 段进，邱国潮．国外城市形态学概论[M]．南京：东南大学出版社，2009．

双重动力机制下的大学空间
——我国当代大学校园规划的空间生产与空间形制

魏皓严 郑曦
重庆大学建筑城规学院

引言：关于大学/学校的警句例举

我认为学校是由适合学习的空间所构成的环境。学校开始于一颗树下，一个不自觉为老师的人和一些不自觉为学生的人讨论着他对事物的领悟，这些学生希望他们的儿女也能听听像他这样的人讲话，于是空间被建造起来，而第一所学校产生了。我们也可以说，学校的存在意愿早在那颗树下的人之前就有了，这就是为什么最好让心灵回到开始的起点去想，因为任何已经建立起组织的活动，在其起始的时候是它最美的时刻。

——路易斯·康

国家决不应指望大学同政府的眼前利益直接联系起来，却应相信大学若能完成它们的真正使命，则不仅能为政府眼前的任务服务而已，还会使大学在学术上不断地提高，从而不断地开创更广阔的事业基地，并且使人力、物力得以发挥更大的功用，其成效远非政府近前布置所能意料的。

——威廉·冯·洪堡

大学是教育机构，也是研究机构，但大学存在的主要原因既不能从它向学生传授纯粹知识方面，也不能从它为院系成员提供纯粹研究机会方面去寻找。……大学存在的理由在于，它联合青年人和老年人共同对学问进行富有想象的研究，以保持知识和火热的生活之间的联系。

—— A. N · 怀特海

大学能培养一切能力，包括愚蠢。

——契诃夫

大学不是衙门。

——刘文典

重庆大学老校训：研究学术、造就人才、佑启乡邦、振导社会。

重庆大学新校训：耐劳苦（endure toil），尚简朴（value thrift），勤学业（study hard），爱国家（love the country）。

大学之“大”

原以为大学之“大”指的是学问大、思想大、情怀大与视野大[①]，可如今回看十多年来如火如荼的大学建设，印象深刻的却是用地大、规模大、架子大与空间大[②]（表1）。对这一现象既有鼓动城市发展而欢欣者，也有忧患学术失落而愤慨者，还有懵懂无知而恍惚者，林林总总，不一而足。对此可以占地43.3 km²的广州大学城（图1）为例来作简要分析，“百度知道”里有几段精彩的描述：

“广州大学城建设的重要使命是不仅要解决由于‘扩招’带来的高校用地困难问题，还要通过大学城的建设实现对‘北优南拓、东进西联’城市发展战略的实质推进。广州大学城正好为开启南拓发展之闸提供了动力，大学城的建设必然会带动周边的土地开发和科技产业的发展……大学城的快速成长不仅使自身的旅游事业得到长足的发展，还带动了周边的旅游资源，与长洲岛、黄埔古港、万亩果园等共同构筑兼具历史人文、自然风光、都市风貌的文化旅游区……政府主导与市场化操作方式相结合……提升大学产业化程度，明确政府、大学、企业在大学城建设中的角色和地位，拓宽投资渠道，通过各类政策引导，吸引更多的大学和企业进驻大学城[③]……”

从以上描述中可以看出这样一系列关键词——扩招、城市发展战略、开启南拓发展之闸、土地开发和科技产业的发展、文化旅游区、政府主导、市场化操作、企业、投资渠道、政策引导，由此可见在当代的中国，大学不再是想象中单纯的象牙塔式的学术圣地了，它们早已降落在热气腾腾的城市化扩张的红尘之中。一方面政府给政策（也就是优惠的游戏规则），另一方面资本启动其循环（也就是大量金钱的投入），大学的建设名正言顺而又保持着缄默地进入了历史上最为旺盛的空间生产时期。大学新区挺进之地即是城市扩张之地，利用教育来拉动城市的空间生产，利用宽松的土地资源与郊区风景引诱甚至是迫使师生员工成为不自觉的城市拓荒者——“拓荒”是资本发掘新的生产资料与开拓新市场的过程，即生产（以土地为主的）生产资料与生产（新的空间及其关联）市场；而大学新区（或者新兴大学）的扩张式建设（也就是通常所说的“扩招”）还在此之外提供了第三层作用——生产生产者，也就是受过一定技能训练的毕业生们[④]，从这层作用可以理解当代大学的“职业培训”式教育为何兴旺发达；更进一步的，在当代，对产品（尤其是知识经济时代的各种知识型产品）的消费（观念与方法）是需要生产的，所以教育就显得非常重要了，这便是大学的第四层作用——生产消费者。

生产生产资料→生产市场→生产生产者→生产消费者，就这样，土地/空间城市化、地产与教育三位一体了——以“大”的方式。就像某些患上了领土扩张综合症的巨型大学[1]不断地强化着对于“大”的兴奋与迷恋，“大”是一种乐观，也是对资本时代规模化生产方式（哪怕是无意识）的心知肚明。酒店、饭店、世界工厂的连锁模式正在被大学复制：本部+（几个）新校区+（几个）外地分校，这是基本的连锁三重奏，也是资本以“大”的方式进行扩张的空间组织逻辑。于是大学之“大”成为生产之“大”，正沿着全球化时代难以返程的资本之路昂首阔步。

仪式化的威权空间与快速复制的资本逻辑

大学校园规划（及其后的建筑、环境景观设计）是启动校园空间生产的重要环节，其重要性体现在对校园空间形制的从大到小、从整体到局部的明确规定。后续的各个施工环节将基本按照设计图纸的要求把预设的空间形制彻底实体化。这种实体化的过程其实也是各种相互作用的社会欲望与权力关系在空间中进行锚固与显像的过程，对空间形制的读

表1 国内数所大学新区的建设基本指标

大学及其校区名称	用地面积 /hm²	总建筑面积 /万m²	容积率
同济大学嘉定校区⑤	167	40	0.24
南京大学仙林校区⑥	189	120	0.63
浙江大学紫金港校区⑦	225	90	0.40
中山大学小谷围岛校区⑧	113	63	0.56
重庆大学虎溪校区⑨	254	140	0.55
四川大学江安校区⑩	227	140	0.62
厦门大学漳州校区⑪	171	53	0.31
中国美术学院象山校区[2]	27	14.3	0.53
郑州大学新校区⑫	323	165	0.51
江南大学⑬	208	95	0.46
中南大学新校区⑭	141	82	0.58
合肥工业大学翡翠湖校区⑮	100	34	0.34
沈阳建筑大学⑯	10 （95）	44 （37）	0.44 （0.36）

取与分析将为我们揭示出隐含其后的空间生产的动力机制。

综览我国当下校园规划中所遵循的空间形制，可以发现除了“大”之外的以下几条规律：

一气呵成的小区式生产——当代大学（新区）往往是在几年内整体规划、整体设计与快速建成的，其速度几乎不亚于目前通行的居住小区建设速度，其空间生产方式也近似于后者。由于校园用地过大、扩招推进需要一定的时间周期、周转资金不够充足及对未来发展仍需要保留弹性等因素的存在，大学新区的建设通常会因势利导地将总体施工分为一、二以及远期等，这套程序也类似于地产集团圈地后的分期开发。小区建设之所以快，是因为小区大多是按照较为纯粹的资本操作方式来进行的，即资金的迅速集结→快速设计→快速生产→快速售卖→资金回笼→下一轮的资本循环，这样近似于制造业的空间生产流程也就决定了小区内各居住建筑的批发性相似。大学虽无以售卖空间追求利润的需要，但是校领导（以及相关政府领导）来自威权审查的政绩需要与教育扩张来自资本利润的事业需要却形成了当代大学校园一气呵成的小区式生产的双重动力。如此的速度下怎么能指望这些校园像那些旧城里的老校区一般从漫长岁月的磨磨蹭蹭中滋养出沉沉的历史性与厚厚的沧桑感呢？仅从设计的角度看，又怎能指望对建筑、空间与环境的推敲有多么细致周到与因地制宜呢（图2）？

构图主义的读图快感——从表1可以看出，我国当代大学校园规划的空间压力很小、土地面积大、容积率低。按照这样的指标要求进行规划，当普遍缺乏前瞻式的、明确的对校园生活的分析、态度与想象以至于寻找不到足够控制空间形制的依据时，“美”的图形亦即总平面上大尺度的二维构图自然成为了设计团队的下意识选择，正因为是下意识的，所以具有了意识形态的特征，成为一种“构图主义”，这又恰好照应了现今读图时代的空间决策机制。忙碌的核心领导层既没有时间也较为缺乏足够的人文艺术修养去仔细设想大学的空间环境及其形制，所以“看上去很美”就成了决策的重要途径，如同面对海报上的美人，只要获得视觉享受就OK了，皮肤、谈吐、内涵、气味、体态、动作、家庭背景、社会关系等都无暇理会。只需要领导拍板、不需要学校民众大讨论的审美霸权由此建立起来（图3）。构图主义的极致产品是“完形巨构体”，即以某种英雄主义的姿态尽可能地将校园建筑群整合为一个超级的巨构建筑（图4），从空中看去，彷佛来自于上帝之手的精美物件，那么的完整，那么的和谐。

建筑本位的形象代言——与柔软善变的绿地、水体、树木花草等景观要素相比，刚硬稳固的建筑更能体现出人的意志尤其是强力意志，所以当代大学多会选择用建筑（以及大尺度构筑物）为学校的形象代言，被选上的当然不会是死板板的学生宿舍而多是图书馆、主教学楼、科技馆、行政主楼与学生活动中心等公共建筑，它们或庄重威严或摩登威严或神采飞扬或干脆组装成合体巨无霸；它们或把持着最为显赫的中轴线，或镇守着最靓丽广阔的大片景观水体以及绿地，它们体量高大、形式高调，或如政府大楼，或如跨国公司总部，毫不避讳地显示着权力与财富的空间力量。它们（而不是某个矮小的书斋、研究所或者某片茂密的竹林）成为大学的形象代言也如实地反映了当代大学热切追求“大”的物质化倾向。

中轴线法则的空间权杖——当代大学校园规划对中轴线的广泛使用与建筑本位的形象代言守望相助，控制着公共空间的总体结构（图5）。中轴线法则既是以权力建立空间秩序的古老招式，也是驾驭“大”的最为简明有力的方法，一捅到底，谁敢不从？“其实，中轴线并非咱们的民族特产，普天之下凡有皇权的地方都有中轴线，它形象地突出统率与从属的关系，‘天无二日，世无二君’，是一条专制主义的政治性意识形态线。”[3]以中山大学为例，无论其位于广州大学城的新区还是其海珠老校区，都有强大的中轴线把控着整体空间结构，这所由一生追求民主的孙中山所创并且后来以其名字来命名的大学，校园空间却渗透着浓重的强权意志与衙门气，不得不让人感叹。校园空间会对学生的心智产生深远的影响，过度滥用的中轴线将很可能激发学生们的权力欲望与奴性这两种相反相成的心智特点一要么站在中轴线高高的终点上接受膜拜，要么对着中轴线的终点顶礼膜拜。还有一点需要特别强调，如果认为将代表知识（学术）的符号建筑如图书馆、主教学楼或者科技馆等而非行政大楼放在中轴线的终点就能理所当然的话，并不能说明这不再是威权空间，而是更加形象地反映了当下的社会特征：这是一个知识与威权和资本过度联盟的时代，知识（学术）本身已经因为被威权化而展现出了对于个体生命的强势姿态。

整齐有序的楼房队列——贯彻构图主义的霸权式审美逻辑必然会要求校园总图主次分明、中心突出，这意味着在其空间形制里不能只有主角而无配角。事实上，不但需要配角，而且需要大量的配角。配角们必须长相雷同、排列整齐、秩序井然，才能做好绿叶衬红花，做好群星拱明月。那么谁该成为配角？回答：各院系教学楼、实验楼等与师生员工住宅、宿舍。由此形成两大空间队列：教学——实验楼队列与住宅——宿舍队列。前者稍厚大而后者稍薄小，前者气派而后者谦和，前者居中而后者偏安。不管怎样，它们每个个体的形态应该像是血亲一家人，平均、类似、低调、守规矩，心安理得地做好配角，包括它们的空间环境。

一个国家的大学是其学术界最重要与最具规模的自主领地，然而遗憾的是，由于历史与文化原因，我国的学术界从古至今在整体上都较为缺乏独立的学术品格。古人读书治学多不是为了单纯追求真理而是为了求取功名，“学而优则仕”这句脍炙人口的名言即是最好的证明。所以学术界一向依附着权贵，这种依附不只是物质与体制上的，更是精神上的。到了当代，随着威权主义[4]的延续与资本主义的崛起，学术界就由古时对皇权的依附转化为如今对威权与资本的双重依附。在这样的社会语境下，当代大学不可避免地体现出重权与重商的倾向，这一方面是大学与城市的关系，另一方面是大学内部领导层与师生员工层的关系。空间形制上对宏大、庄严（威权主义的空间生产诉求）与奢华、批发（资本主义的空间生产诉求）的追求成为理所当然的选择。孟子所强调的“威武不能屈，富贵不能淫，贫贱不能移”作为一种“士”的理想生活状态依然显得那么遥远。

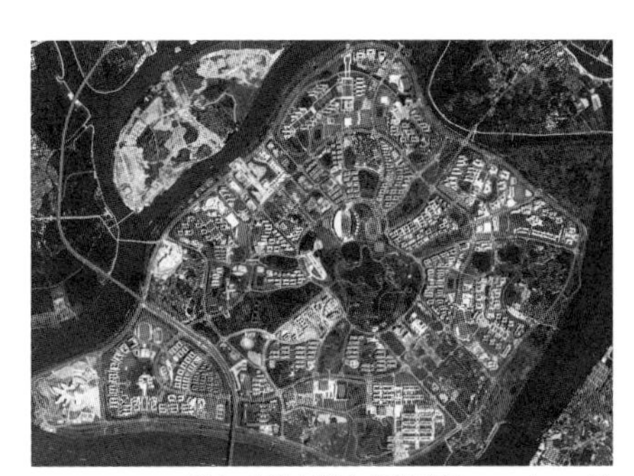
图 1 广州大学城（图片来源：google earth）

图 2 四川大学江安校区（图片来源：google earth）

图 3 江南大学（图片来源：google earth）

图 4 华侨大学厦门校区（图片来源：google earth）

图 5 合肥工业大学翡翠湖校区（图片来源：google earth）

空间失语的学院“城邦”及其反证

大学的学术与研究整体是由各个学院组成的，虽然专业主义该当受到批判，但是对学科专业的执着与坚守也是学术得以进步的基础之一。从理想状态来说，各学院与学校的关系应当如同城邦（诸侯）与国家的关系，相互制衡，彼此依赖（图6）。各院系机构在遵守学校共同准则的基础上拥有较为充足的对自身学科发展的话语权，对于自身空间发展也该拥有足够的话语权，亦即能决定自己的学院以何种空间形制被建构起来。其实在各大学的老校区，这种空间话语权还是能较好地存在的——各个院系的建筑群体因为空间话语的分权关系而各自为政，反而促成了类似于城市的、校园空间与景观环境的多样性。相对的，在大学新区，院系的“城邦”结构受到较大的破坏，对空间形制的决定权高度集中在校方领导层手里，一方面造成了自上而下的威权礼仪与批量复制并行的空间生产状况，另一方面造成了各学院“城邦”的空间失语，使得大学新区校园环境整体强而个体弱、统一性有余而丰富性不足的现象较为普遍。

并非每个学科都需要建立特定的空间形制，事实上也不存在学科与空间形制严格对应的僵化关系（比如认为美院的空间就要乱而工学院的空间就要整齐的肤浅观点），但是寻求宜人的、利于师生研究、学习、思考与工作的空间却是设计师（规划师+建筑师+结构师+室内设计师）与各学科带头人甚至每一位师生都应该共同探求的核心问题，它无关空间的宏大叙事而深入地涉及个人身体与心智的敏感——但是在威权与资本的空间生产逻辑下，在快速规划设计对构图的关注与对规范的恪守中，对更加合理的教育与学术空间的探求被对形式与仪表的追逐毫不留情地取代了。

作为反证，有两个案例值得特别提出，就是四川美术学院虎溪校区（后文简称“川美”）与中国美术学院象山校区（后文简称“国美”）（图7，图8）。这两个校区的总图都体现出明显的分权特征，没有统一的构图，没有突出的中心，没有分明的主次，没有雄壮的中轴线，也没有整齐的队列，总平面构图散漫（国美的总图甚至可说是构图杂乱）。川美的院系被分解为两组建筑簇群：绘画楼群与设计楼群——前者如两条若即若离的长虫匍匐在浅谷间，即离中创造出深远奇妙的空间序列（图9）；后者如顺山散立的（被其设计者戏称的）七个小矮人（图10），相互间围成内部空间错落有致的跌落式大平台（图11）。与前二者保持着距离而显得独立的图书馆虽然高大威猛，却无强烈的中轴线与豪迈的大广场为其摇旗呐喊，反而像是蜗居在荒野中的落拓厂房。国美的院系楼则分解得较为彻底，有些学院（如建筑学院）甚至拥有5栋独立楼房，这些楼房列队参差、溃不成军地圈围象山而立，彼此间形态差异很大，各成章法。但是几乎每栋楼房都有其独特的空间形制与形式语言，都值得仔细地体会与享受，在楼内以及楼间的游走与驻足都是充满了惊喜的空间体验（图12～图14）。对于渺小的个人来说，这是两处耐人寻味的、有趣的校园，它们至少提示了一点：教育与学术的空间形制可以是异想天开的，可以是充满细节与快乐的，像孩童一样幼稚，像少年一样狂想，像青年一样活力四射，再带上中年的周全与老人的睿智，这不是大学校园该有的空间基调吗？

另一点也该提出来：这两处校园都是美院—全国教育系统里最缺乏规范性的子系统，这是否意味着只有美院的“不规范”的师生们才能在有趣的空间里学习与生活呢？文科、理科与工科的师生们不该享用到有趣的空间吗？除了艺术家，未来的文人、教师、理论家、工程师、秘书、护士与推销员们就不该成为有趣的人吗？还有一点需要提出来：唯独美院系统对其空间形制的塑造就脱离了威权与资本的空间生产逻辑吗？在共同的社会大环境下这显然是不可能的，那么一定存在着某种力量在稀释甚至抵御着威权与资本的浓度与作用。如果再仔细推究威权与资本是如何作用于大学的空间形制与空间生产的，有一个让人诧异的情况会被揭示出来：实际上在各个大学的新区建设中，很少有提供优惠政策的官员与投资校园建设的资本家或者贷款银行总裁在明令要求大学的校园规划应该像小区那样一气呵成地建成，应该注意漂亮的总平面构图，应该以建筑本位主义为立场，应该重点运用宏大的中轴线，应该修建整齐排列的楼房。但是无论设计团队还是审核设计的大学领导层都会无意识地按照上述的5种路数来进行规划设计或者决策——这已经形成了一种大气候。而川美与国美的两个校区只是没有遵循这种大气候而营造了自身的小气候而已，只是具有决策权的校领导层与实施设计的设计团队达成了一种对于校园空间形制的“另类”共识而已。尽管几乎完全由一个建筑师工作室操刀设计的国美，其空间形制的丰富有趣是一种体现着高度个人意志从而具有强烈人格化倾向的丰富有趣[17]，这很可能导致业界其他的设计团队将其归因于“千载难逢”的机遇，那么川美则是由至少四个以上的设计团队相继进行设计的[18]，也同样获得了不亚于前者的丰富有趣——只是这并非个人化的，而是承前启后的集体性丰富有趣。

是什么造就了大气候？又是什么造就了小气候？或许有一种解释可以成立：就是川美与国美的行政决策者（即学校领导层）与技术决策者（设计团队）具有着（哪怕是不自觉的）对威权与资本的通用空间生产模式的反感并从新校区的空间形制上有意进行了疏远。

空间后面的意识形态之手

处于大气候下的那些大学校园呢？它们是在有意识地使用威权与资本的空间生产模式吗？恐怕不是的。可以肯定，他们几乎都是无意识地进行着对空间形制的判断，并本着良好的愿望力图寻求最好的选择。如果仔细考察那些校园及其建筑空间，肯定会发现不少的用心与精妙之处，凝聚着校领导层、设计团队以及施工团队、监理团队等相关机构、部门与人员的心血。

关键的问题其实并非用心与否，而是是否意识到了威权与资本对人的作用方式——无意识的意识形态方式——这最耐人寻味的地方，行政与技术决策者会无意识地选择“大”、选择批发式生产、选择漂亮总图、选择气派体面的建筑、选择中轴线与整齐的楼房队列。这恰好说明威权主义与资本主义早已成为了强大的意识形态，它最需要的就是人们的无意识—无意识地遵循正是意识形态的作用方式，一旦对其有了意识，它的力量将会大幅度受损。所以业界应该清楚地认识到空间后面无比巨大的意识形态[5]之手，它推拥着设计师做出貌似自觉的设计选择，从而为其在社会中各个层面的渗透助威加劲。

对比拥有800年历史的剑桥大学（图15～图17），其空间形制历经漫长岁月而延续至今，各个不同历史时期的建筑难免透露着当时的主流意识形态痕迹，其中不乏中轴线与对称布局等皇权、贵族以及宗教等意识，但是其总体格局始终保持着拓扑格网式的彼此牵扯并形成了异彩纷呈的多心多形拼贴结构，大学健康发展的状态也在其空间形制的变迁中暗香浮动—独立坚定的学术品格、活跃自由的高校氛围、相互制衡的观念意识、对各种控制心智的权力系统（如皇权、教权、军权、威权与资本等）的清醒认识[6] ——大学的校园其实取决于大学的态度以及其后更为广阔的社会的态度。■

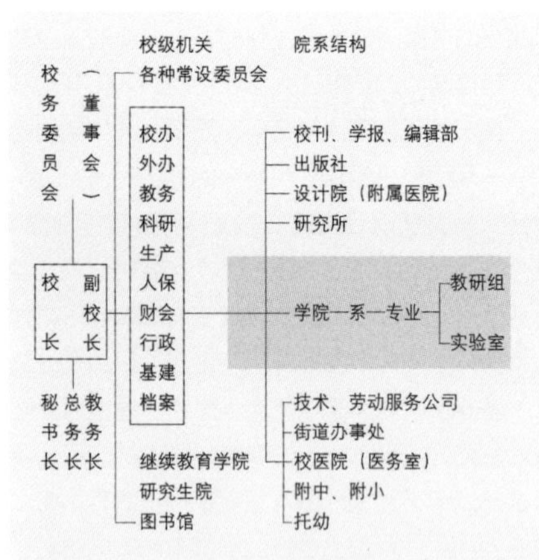

图6 高校组织机构关系示意（刘琪瑶绘制，参考：建筑设计资料集．第2版．北京：中国建筑工业出版社，1994．196）

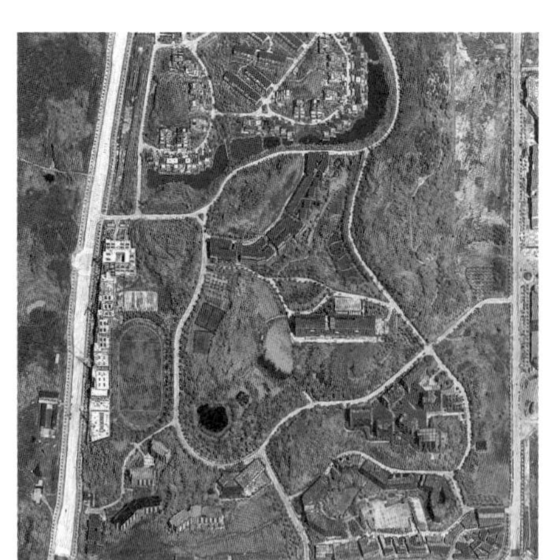

图7 四川美院虎溪校区（图片来源：google earth）

图8 中国美院象山校区（图片来源：google earth）

图9 四川美院虎溪校区绘画楼内部空间（魏皓严拍摄于2009年10月5日）

图10 四川美院虎溪校区设计楼簇群（魏皓严拍摄于2009年10月5日）

图11 四川美院虎溪校区设计楼大平台下空间（魏皓严拍摄于2009年10月5日）

图12 中国美院象山校区（郑曦拍摄于2009年10月30日）

图13 中国美院象山校区(郑曦拍摄于2009年10月30日)

图14 中国美院象山校区（郑曦拍摄于2009年10月30日）

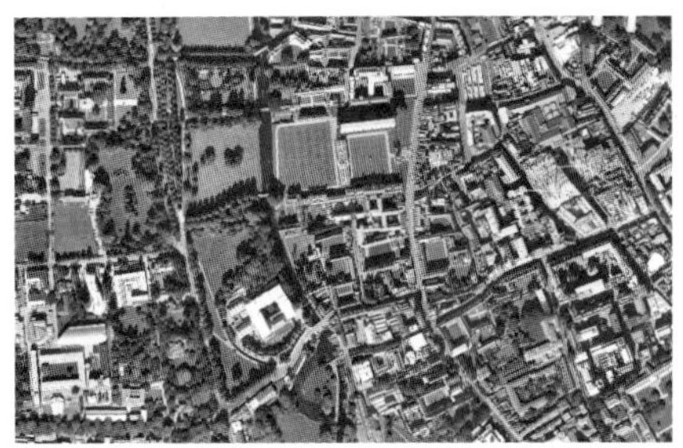
图15 剑桥大学（图片来源：google earth）

图16 剑桥大学（图片来源：http://www.chuguohome.com/liuxue/98320.html）

图17 剑桥大学（图片来源：http://www.nipic.com/show/1/73/fb9494795c155e03.html）

注：为了本文的写作，特成立了一个课题小组专门进行相关资料的收集、整理与分析，小组成员包括郑曦、魏皓严、彭慧蕴、刘琪瑶、丁韦廷、杨聪、曹风晓、徐本营、廖谊。在此向本文作者之外的小组成员付出的努力与辛勤的劳动表示感谢。

注释

①1931年12月3日，初任清华大学校长的梅贻琦在就职演讲中说道："所谓大学者，非谓有大楼之谓也，有大师之谓也。"按照现在的说法，也就是大学之大，不在大楼，而在大师。这既是带有强烈的精英主义色彩的观点，也是对于学术、思想与人生境界高度关注的观点。

②吉林大学财务处的一份《通知》这样说："从2005年起，学校步入了付息高峰，每年支付的利息多达1.5亿～1.7亿元，学校的可支配资金大大减少。"据说吉大在长春市有6个校区，占地面积611多万平方米，分布在长春市的不同方位。此外，在珠海市，吉大还正在兴建330多万平方米的校区。引自2007年3年28日新浪财经上郑金城撰写的《大学之大非大楼之大》，详见http://finance.sina.com.cn/review/20070328/06553447148.shtml。

③引自百度知道上的《广州大学城的面积有多大？》，详见http://zhidao.baidu.com/question/3493230.html

④不是有好些大学领导都自豪地将学生们称为"产品"而不是"人"吗？

⑤资料来源：同济大学嘉定校区网，详见http://web.tongji.edu.cn/~jdcc/xiaoqujieshao/pinmiantu.html。

⑥资料来源：南京大学建筑规划设计研究院设计资料。

⑦资料来源：浙大校友网，详见ht tp://zuaa.zju.edu.cn/xyzhxt/showpage/shop/map_zjg.jsp。

⑧资料来源：中山大学校园网，详见http://www.sysu.org.cn/2009/zdxq.html。

⑨资料来源：重庆大学官方网站，详见ht tp://hux i.cqu.edu.cn/HomePage/app#。

⑩资料来源：2010年1月9日的新浪网（华西都市报），详见http://news.sina.com.cn/c/2003-09-17/0933765659s.shtml。

⑪资料来源厦门大学漳州校区校园网，详见http://zzxq.xmu.edu.cn/Intro/Index.shtml。

⑫资料来源：郑州大学校园网，详见ht tp://www.z zu.edu.cn/gaikuang.html。

⑬资料来源：江南大学网站，详见http://www.jiangnan.edu.cn/newver/newhtm/jianjie.htm。

⑭资料来源：湖南城乡规划信息港，详见http://www.hnup.com/article/article1.asp?id=6168&classid=9。

⑮资料来源：合肥工业大学翡翠湖校区校园网，详见http://www1.hfut.edu.cn/fch/old/page/xqjj.htm。

⑯括号外数据资料来源：沈阳建筑大学招生就业网，详见http://jtjx.sjzu.edu.cn/jyb/xxgk.asp；括号内数据资料来源：沈阳建筑大学官方网站，详见http://202.199.64.2/new/jggk.html。

⑰中国美院象山校区由建筑师王澍的工作室独立规划设计完成。

⑱四川美术学院虎溪校区由华南理工大学的规划团队、美国KAK事务所的景观团队、建筑师刘家琨与建筑师汤桦的建筑团队等相继设计完成。

参考文献

[1] 吴正旺，王伯伟．大学校园规划100年[J]．建筑学报，2005（3）：5-7．

[2] 王澍，陆文宇．中国美术学院象山校区[J]．建筑学报，2008（9）：50-59．

[3] 窦武．北窗杂记[J]．建筑师，1999（6）：94-97．

[4] 秦晖．"第三条道路"，还是共同的底线？——读吉登斯《第三条道路》[J]．社会科学论坛，2002（6）：4-11．

[5]齐泽克．意识形态的崇高客体[M]．季广茂，译．北京：中央编译出版社，2002：173-179．

[6]毕会成．保守着前卫——写在剑桥大学建校八百年之际[J]．读书，2009（10）：111-117．

新构筑
——迈向数码建筑的新理论

刘育东[1] 林楚卿[2]

1 台湾交通大学建筑研究所

2 元智大学艺术创意与发展系

一、绪论： 浮现中的数码构筑

构筑（tectonics）一词源自希腊语tekton，原指木匠或营造者，后来延伸到具有制作过程 （process of creation）的意义，并且泛指艺术创作，涵盖技艺、方法、材料以及观念。19世纪Botticher开始在建筑领域中谈及构筑的角色，认为建筑具有"中心"及"包覆" （nuclear and cladding）两部分，同时提出"局部与整体" （part & whole）的观念。之后，Semper继承自Laugier的论点，将建筑由构造方式分成4种类型： 基础、火炉、屋架与屋顶、封闭的表皮（enclosing membrane）。20世纪，研究者基于上述经典的构筑理论，继续提出他们的观点，其中Sekler以实际案例区分出"结构" （structrue）、"构造"（construction）及构筑三者间的关系。Vallhonrat依据Sekler的看法，讨论结构与构造技术对构筑的影响。Gregotti认为"细部" （detail）是材料与构造的准则，同样，Frascari也指出建筑意义来自构造的发展，反对以技术控制细部，而主张细部设计是一种创新的思维、一种判断力的运用。除此之外，Frampton更延伸批判地域主义（critical regionalism）的论述并继承Semper的学说，强调结构中的"连结"是最根本且最小的元素单元，他更将构筑定义为构造的诗性（poetics of construction）。

1．前数码、数码与后数码

建筑的历史发展可视为一种构筑的发展，根据Botticher，Laugier，Semper和Frampton等学者的观察，构筑的概念是从久远的古典时期到晚近的后现代主义逐渐成形的。如同先前的权威论述所言，主要的构筑范例（exemplars）皆建立在史前时期、古希腊时期（图1）、中国古代（图2）、哥德及文艺复兴时期、现代与后现代等时期。

从微观的历史观点（micro-historical）来看，构筑的发展表现出另一种生动活力，按照Mitchell、Cache和Leach的论点，数码应用历经了前数码（predigital）、数码（digital）与后数码（postdigital）三个阶段。当绘图和建模工具与设计媒材的使用还停留在前数码年代时，Antoni Gaudi（图3）、Rudolf Steiner（图4）、Le Corbusier（图5）和Jorn Utzon（图6）挑战操作形体（making forms）和思考空间（thinking spaces）的传统方法，颠覆了传统的构筑方式，虽然当时的设计媒材尚未数码化，但设计方法与思考迫切需要数码的设计方式来解决，换句话说，它们正是前数码作品。

自从Frank Gehry（图7）、Peter Eisenman、Greg Lynn、UN Studio、FOA、dECOi等建筑师的作品涌现后，构筑才真正进入新阶段。数码媒材成熟地应用到建筑的构筑技术，为设计思考带来了完全解放，这也得力于建筑师、工程师（如Ove Arup）等在数码时代的实验与研究，他们使得大部分的数码技术与数码过程，在建筑实践中变得愈来愈标准化。而在后数码时代中，许多知名建筑师，如伊东丰雄（图8）、Renzo Piano、Richard Meier、Zaha Hadid等，开始运用数码媒材，建筑的数码构筑正逐渐走向普及化。

2．古典与数码

为了得到涵盖更广泛（domain-general）的分析结果，本研究案例的选择需满足两个前提： 第一，挑选出大量的精选案例； 第二，需包含更具经验的建筑师的数码作品，他们依据传统构筑训练所建造出的作品，可用来比较新旧因子、整合新旧因子。因此，本文选择了10个案例（分布在北美、欧洲和亚洲）： 新竹数码艺术馆（Peter Eisenman，美国）、爱宾艺术与科技博物馆（Greg Lynn，美国）、东京地铁饭田桥站（渡边诚，日本）、新宾士博物馆（UN Studio van Berkel & Bos，荷兰）、爱宾办公大楼（MVRDV，荷兰）、下代基因建筑艺术馆（Zaha Hadid，英国）、台中大都会歌剧院（伊东丰雄，日本）、台湾大学社科院新馆（伊东丰雄，日本）、水墨狂草（新竹交通大学刘育东研究室，台湾）、大连电子深圳总部（新竹交通大学刘育东研究室，台湾）。

本研究试图从古典构筑论述中延伸新的数码构筑现象。因此，我们从前述历史可归纳出连结（joint）、细部（detail）、材料（material）、物件（object）、结构（structure）、构造（construction）、互动（interaction）等7个古典构筑因子。但自上世纪90年代起，大量的数码科技被视为辅助设计过程的一种新媒材，如动态的操作过程、非物质性以及无重力状态的环境，改变了建筑设计和营造过程与方法； 而多向度的数码科技，如3D建模软件、衍生系统与演算法（generative system/algorithm）以及电脑辅助设计与制造（CAD/CAM fabrication），也促进了这些变化，因此我们可考虑将4项新数码构筑因子定义如下：动态（motion）是设计概念与形体演化运作中的一系列动态操作过程；信息（information）是以数码讯号作为任何建筑皮层或表面的材料应用，是一种新的表现材料； 演化（generation）是应用软件衍生系统或演算法，自动产生形体或概念的过程； 制造（fabrication）是在CAD/CAM技术辅助下制造出（fabricating）设计构件与构造方法的过程。

二、数码构筑思考

虽然古典构筑在数码时代中势必扩增，但4项新数码因子已经应运而生。然而，笔者希望以更严谨的态度来探讨这个议题，根据4个新数码因子（动态、信息、演化、制造）的分类，讨论10件作品的构筑议题，进一步检验4项数码因子隐含在这些作品中的意义、用法、含意、贡献，相信这些数码因子能反映出数码科技在设计、制造与建造（design, fabrication, and construction）过程中的角色。

图1 古希腊时期建筑构筑范式

图2 中国古典建筑构筑范式

图4 鲁道夫 · 史丹勒对前数码时代建筑创作的颠覆

图3 安东尼奥 · 高迪对前数码时代建筑创作的颠覆

图5 勒 · 柯布西耶对前数码时代建筑创作的颠覆

图6 约翰 · 伍重对前数码时代建筑创作的颠覆

图7 弗兰克 · 盖里设计的古根海姆博物馆

图8 伊东丰雄设计仙台 Mediatheque

1. 动态

新竹数码美术馆（Hsinchu Museum of Digital Arts）：在敷地构想分析时，利用电脑模拟基地的网格及轮廓线，然后进行渐变来获得设计形体（图9）。将显示不同年代的都市纹理叠合出网格，然后加以扭曲变形，最终得到的敷地设计范围与配置，同时也明确出基地的高差关系。

爱宾艺术与科技博物馆（Eyebeam Museum of Art and Technology）：设计创意来源于"Bleb"的概念，塑造类似疱疹的自由形体。表皮设计通过电脑软件Maya的指令与操作获得，利用线段的Bleb作用产生动态过程获得此形体（图10）。

下代基因建筑艺术馆（Next-Gene Architecture Museum）：建筑表皮采用镂空样式，并将不规则的孔洞与内部空间结合设计。为了呈现空间及时间变化所产生的交互影响，本设计利用动态影像，模拟美术馆内部的光影变化，让人们藉此感受到时间的推移，并使感知扩展至外面的自然环境中（图11）。

2. 信息

爱宾办公大楼（Eyebeam Institute）：该项目是呈现艺术与媒体完美结合的博物馆。建筑师采用冲孔造型的外墙，并藉由电脑控制百叶窗的开合，既调整室内光线变化，营造出不同气氛，也使建筑外观成为信息呈现的舞台，投影出不同的动态信息。室内墙面与地板均采用聚氨酯材料，以作为最佳投影信息的媒介（图12）。

水墨狂草（Calligraphic House）：该项目的开窗借鉴东方卷轴与西方光影绘画元素（图13），并将周围的建筑作品作为艺术收藏品，使建筑表面不只是传统的玻璃帷幕，而是包含一幅幅可供人欣赏的艺术画作。画作内容来自于附近的其他建筑作品，随着环境的变化，会呈现出丰富多变的信息。观赏者也会由于站立角度不同，而欣赏到不同画作。

大连电子公司深圳总部（Headquarter Office of GreatLink Corporation）：这是一间生产电脑电缆的OEM公司，为了反映公司在数码化下的科技发展，建筑表皮成为数码信息传播的媒体介面，藉以展示公司作品，并在主要建筑物的正立面运用了多媒体和虚拟科技影像，以捕捉所谓的电子连结（人造建筑物的电子连结）设计概念（图14）。

3. 演化

东京地铁饭田桥站（Subway Station / IIDABASHI）：地铁站形体是由电脑自行演化而成（generate），建筑师将此概念称为"建筑种子"（the architectural seed）。主要设计过程是利用电脑人工智能系统，自动生成设计形体（图15）。

台中大都会歌剧院（Taichung Metropolitan Opera House）：基地方格中反复依循定出的规则，画出无数个方格子，并运用复杂的工程技术演算法，随机地回转、动摇、曲折，在推动方形几何不断旋转的过程中，找出推演准则，确定结构元素，并构成表皮（图16）。由此种演算法演化出的设计形体，在水平和垂直方向上都呈现连续性，形成流动结构，摹画出一个各个方向都积极参与周遭环境的开放性结构，因此，项目名为“声音的涵洞”（Sound Cave）。

台湾大学社科院新馆（New College of Social Sciences, NTU）：项目的建筑结构来自螺旋几何概念。一系列规律的螺旋线，交叉演化出圆柱位置和天花板的型态（图17）。此螺旋运算使用“Voronoi”的演化程序计算产生。随着天花板型态的自动生成，也自然地延伸至地坪，将建筑成功隐身至周围环境和自然之中（图18）。

4. 制造

新宾士博物馆（New Mercedes Benz Museum）：该建筑采用双螺旋结构，在三角形的空隙周围，沿垂直方向旋转成6块水平展示台。为了精准地建构此流畅的表面，设计初期运用电脑参数式设计，以最低的成本实现最佳可行性，上百张平面图及剖面图，由3D数码资料自动产生（图19）。

台中大都会歌剧院：在设计过程中，除利用快速成型（RP）技术来制作许多小型的模型（图20），不断了解并修正此高度复杂的结构；同样也在设计后期，制作出一个可容纳半个人的大型建筑模型。此大比例的模型是由CNC milling技术，分多组单元制作后，再接合成一个整体，主要为了研究设计形体、空间感以及结构等问题（图21）。组装过程中，每单元之间的结构补强由设计师们自行安装完成。

大连电子公司深圳总部：概念设计初期，该项目大量利用CAD/CAM技术辅助设计模型的制作，使用快速成型技术分段制作1:50的RP模型，再结合成一个完整的形体，以此探讨自由形体的空间关系及3D骨架的呈现效果（图22）；利用镭射切割机来制作比例1:8的局部模型，主要研究建筑形体局部复杂的结构及可能的制作方式（图23）。最后，在实际施工过程中，金属骨架及表皮主要以镭射切割输出单元，而3D曲线等较为复杂的结构支撑骨架，则由滚弯机来制作；当这些元件切割及制作完成后，先在工厂进行预组装，经过组装测试完毕之后，再把元件拆解下来，运送至现场施工（图24）。

三、迈向新构筑

建筑理论随着时间而一再演变，构筑理论（tectonics theories）也随之发展，反映出人类文明与各学科的理论发展——包括哲学、美学、历史、物理学、社会学、经济学、政治学、文化研究、科学、心理学、设计方法、认知科学、电脑科学等。数码科技已为建筑师带来新的解放，形体、概念、材料，甚至是设计媒材和设计本身之间的关系，都已

图9　电脑模拟基地网格及轮廓线后确定建筑最终形体

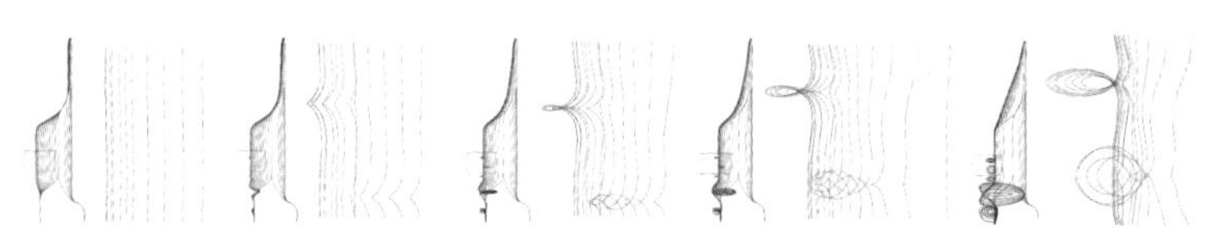

图10　建筑表皮通过电脑软件Maya生成

图11　围绕建筑表面镂空孔状样式设计内部空间

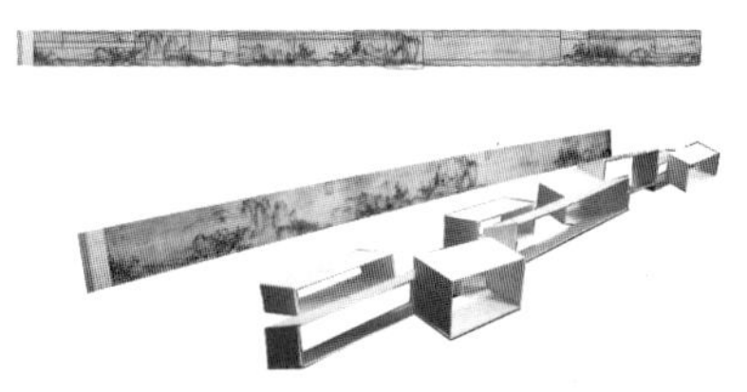

图13　水墨狂草：东方卷轴与西方光影的融合

图12　爱宾办公大楼：艺术与媒体的结合

图14　大连电子公司深圳总部：多媒体与虚拟科技的使用

图15　东京地铁饭田桥站：电脑人工智能的自动生成形体

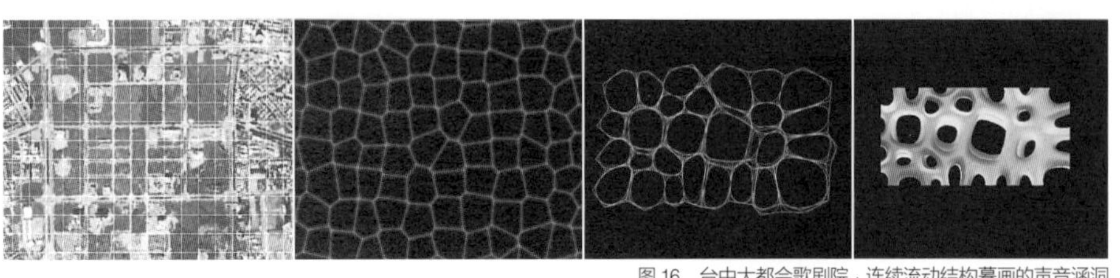

图16　台中大都会歌剧院：连续流动结构摹画的声音涵洞

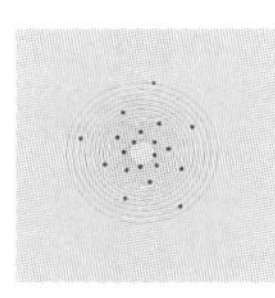

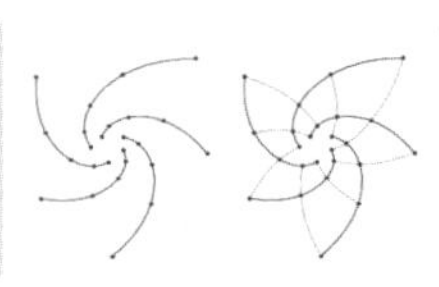

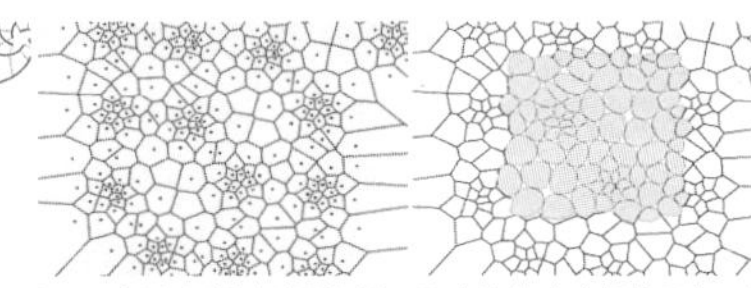

图17　台湾大学社科院新馆：程序计算产生螺旋几何形态

图18　螺旋几何概念的整体生成

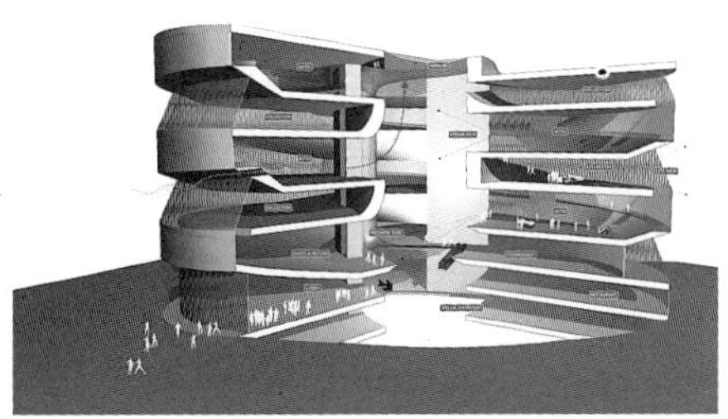
图19 奔驰博物馆双螺旋结构

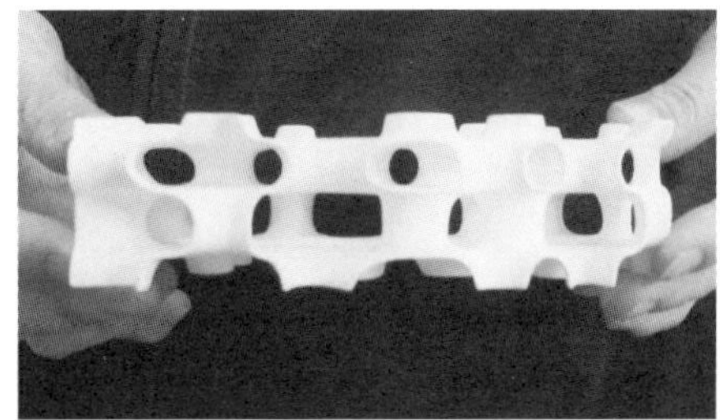
图20 利用快速成型（RP）技术制作的台中大都会歌剧院初期模型

图21 利用 CNC milling 技术制作可容纳半个人的大型模型

图22 使用快速成型技术分段制作 1:50 的 RP 模型

图23 利用镭射切割机来制作比例 1:8 的局部模型

图24 现场施工的构筑过程

到了一个划时代的阶段。在这样的新思维下，建筑元素与建构过程已相当不同于我们从前所认知的建筑。建筑不只包含7个古典构筑元素，同时也包含4个新的数码构筑元素。

要在丰富而又精辟的古典构筑理论中增加新要素，是一件十分严肃的工作。显然，本文仍受限于许多分析方法，收录的许多案例尚未提供足够的图文资料，因此本研究所提出的数码现象与数码因子，应该有更系统、更直观、甚至与设计者更互动的研究方法，对本文的结论再检验一次。这些案例分析也说明了两组构筑因子的某种一致性——材料与信息（material and information）、构造与制造（construction and fabrication）、互动与动态/演化（interaction and motion/generation）。

目前数码设计的类型有很多种，一方面是实体的（physical）、虚拟的（virtual）以及虚实混合（hybrids）的建筑，另一方面则是建造完成的（built）、未建的（unbuilt）与无法建造（unbuildable）的建筑。在某种意义上来说，这些设计标准与目标，在建筑设计与建造过程中，强烈影响了构筑思考与策略。然而，当前所选择的案例素材，尚无法触及构筑实体性与虚拟性（tectonics physicality and virtuality），这方面需要在未来研究中继续探讨。■

参考文献

[1] BOTTICHER K. The Tectonics of the Hellenes[M]. [S. I.]: Postdam, 1852.

[2] SEMPER G. The Four Elements of Architecture and Other Writings[M]. New York: Cambridge University Press, 1951.

[3] LAUGIER M A. Essay on Architecture[M]. Santa Monica: Hennessey and Ingalls, 1753.

[4] SEKLER E F. Structure, construction, tectonics[M]// KEPES G. Structure in Art and in Science. New York: George Braziller, 1965: 89-95.

[5] VALLHONRAT C. Tectonics considered: between the presence and the absence of artifice[J]. Perspecta, 1988, 24: 122-135.

[6] GREGOTTI V. The exercise of detailing[M]// NESBITT K. Theorizing a New Agenda for Architecture: An Anthology of Architecture theory 1965-1995. New York: Princeton Architectural Press, 1983: 494-497.

[7] FRASCARI M. Tell-the-tale detail[M]// NESBITT K. Theorizing a New Agenda for Architecture: An Anthology of Architecture theory 1965-1995.. New York: Princeton Architectural Press, 1983: 498-515.

[8] FRAMPTON K. Rappel a l'ordre: the case for the tectonic[J]. Architectural Design, 1990, 60: 19-25.

[9] FRAMPTON K. Studies in Tectonic Culture[M]. Cambridge: MIT Press, 1995.

[10]MITCHELL W J. Antitectonics: the poetics of virtuality[M]// BECKMANN J. The Virtual Dimension: Architecture, Representation and Crash Culture. New York: Princeton Architectural Press, 1998: 205-217.

[11]CACHE B. Gottfried Semper: stereo to my , biology and geometry[J]. Architectural Design, 2002, 72: 28-33.

[12]LEACH N. Swarm tectonics[M]//Anon. Digital tectonics. Chichester: Wiley-Academy, 2004.

过程逻辑
——“非线性建筑设计”的技术路线探索

徐卫国　黄蔚欣　靳铭宇
清华大学建筑学院

对于建筑设计方法的研究，几十年来似乎处于停滞状态，但是，建筑设计方法本身却有了根本性的变化，这一变化最显著的特点在于“由重视结果的设计转变为重视过程的设计”。20世纪60年代开始的关于建筑设计方法的研究中，最令人关注的是对建筑设计流程的研究，它是建筑师作为创作主体进行建筑设计所遵循的步骤，流程和步骤是作为客体而存在的，它是为建筑师获得设计结果服务的，因而，无论设计方法本身还是这些研究，均重视作为结果的建筑设计或方法。

近20年来，设计方法已转变为重视设计过程的设计及控制，这种新的设计法更重视设计过程的主观能动性及直接性，坚信通过把握动态的设计过程，设计结果定能自然浮现，实际上建筑设计方法已从自上而下转变为自下而上。这一转变的背后具有复杂的社会、科学、哲学及技术背景，其中的两种哲学思想是其发生的重要思想基础。

首先是“过程思想”。20世纪20年代，英国著名学者怀特海（A. N. Whitehead，1861～1947）在他的著作《过程与实在》中率先系统地阐述了“过程哲学”的思想，之后查尔斯·哈茨霍恩（Charles Hartshorne）及小约翰.B.科布（John B. Cobb Jr.）又发展了这一思想。“过程”代表正在发生的动态新生活动，过程体现为转变（transition）和新生（concrescence）。转变即一种现实个体（又称“经验机遇”）向另外一个现实个体的转化，它构成了暂时性，因为每一个现实个体都是一些转瞬即逝的事件，灭亡就意味着转向下一事件；新生则意味着生成具体，它构成了永恒性，因为在新生的过程中没有时间，每一个瞬间都是崭新的，都是“现在”，在此意义上，它又是永恒的。

另一哲学思想是“生成”。德勒兹在《生成》一文中曾指出，“生成”总是逃避在场性的“现在”，因为它不能被固化成一种空间性的先后秩序（过去或将来），在某个特定的时点，它既在又不在，这里根本没有可以独立分隔开的在场和不在场，二者总是已经在互动和转换的游戏之中了。“生成”是一个运动过程，它不是由事物状态决定的，也不涉及模仿与再现。生成是对固化理论和学说的瓦解，由于任何系统都是内在异质的、多元化的，因此它的存在状态必然是开放的、时空统一的。维特根斯坦认为，生成的结果就是形成无数处于时空边缘、“家族相似”，但不能“类同化”的“事件”（event），而系统就在这种关联的拓展和重组中穿越不同层次、不断改变自身的性质，而根本无法固定于某个特定的领域之内。

“过程”的概念是建立在自然机体论基础上的，自然机体论认为自然是活的生命有机体，而“过程”是在更加抽象的形而上学层面上，对“自然是活的生命有机体”观点的解析，因而，“过程”概念用于建筑设计法其实是把建筑设计过程看成生命有机发展过程；而“生成”的概念实际上是对动态的阐述，将事物的产生及其历时性特征展现出来，因而对建筑设计法的影响在于把设计过程看成动态连续进化发展的过程，设计结果只不过是这一过程的瞬间暂时性“事件”。“过程”及“生成”概念对于建筑设计方法的直接影响是将作为“结果”的建筑设计转化为作为“过程”及“生成”的建筑设计，将寻求确定解答的设计流程转化为寻求开放系统的设计过程。

这种设计法已被众多的建筑师所采用，如雷姆·库哈斯通过对社会问题的研究过程进行建筑设计、赫尔佐格通过对与具体项目相关的现象逻辑的分析过程进行设计，FOA建筑事务所的Alejandro Zaera Polo就曾讲到：“我们在设计中引入了连续的发展过程，它不仅仅是一种形式、一个图像，我们让其生长，等待设计的浮现，不再拘泥于传统模式的再现或是从草图引出的发明。”

尽管不少建筑师已运用了“过程设计”方法进行建筑设计，但是，他们多停留在人为操作的境地，设计过程的生命有机特性及动态连续复杂性要求更高智能的技术进行解析及把握，仅靠人工操作已远远不能掌控。因而，计算机技术及其参数化平台成为“过程设计”的有力工具。清华大学建筑学院的“非线性建筑设计”课程正是建立在运用计算机参数化技术平台进行“过程设计”的基础上。在这一实验性设计中，设计过程的因果逻辑关系是保证设计连续、健康发展的关键，这一逻辑关系也就是设计的技术路线。在这里，笔者试图阐释清华学生设计过程的技术路线，将关注结果转变为关注过程。

“心理感受”因子

1．研究对象及研究技术路线

研究对象是位于北京海淀五道口地铁站出口西南侧的一座“信息中心”，该建筑的形体雏型是以场地中被调查者的环境心理感受为基础的。

我们可以假设一个人在空旷的场地上，他的心理空间是平直状态，我们可以用笛卡尔坐标系对其进行描述；当场地上存在某些障碍物（如建筑物、构筑物等）时，由于受到注意力及主观判断的影响，人的心理空间将发生弯曲扭转，这种空间扭曲的程度及形状，除了与人既定的认知有关外，还与环境中障碍物的体量、功能、造型、材质等元素所形成的“场”有关。这样，我们就可以通过调查来了解场地上的人对这些元素的心理感受，并把这些感受进行量化，从而获得人对障碍物的心理感受的一组数据，并把这组数据通过数学建模转化成可视图形，以此作为建筑雏型。

2．现场调查及数据采集

在地段周围选定18个较具代表性的视觉要素并制成调查表格（图1），同时了解不同人对要素的心理评价，被调查者可用-5～5的整数对其打分（0以下代表心理排斥，反之代表吸引）。

3．编程及数学建模

本次研究选用Matlab软件进行编程及数学建模。Matlab提供了一

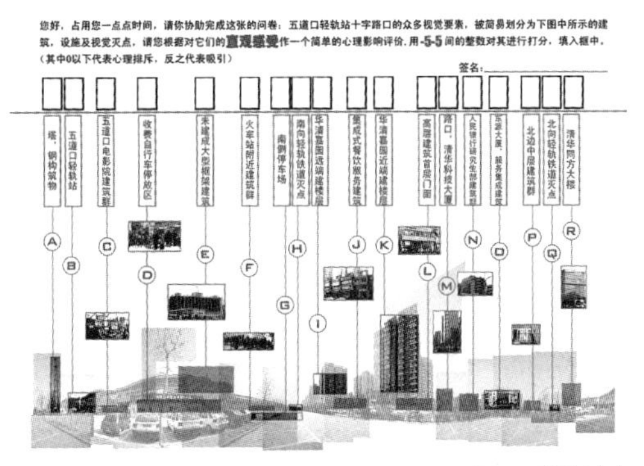
图1 现场调查表

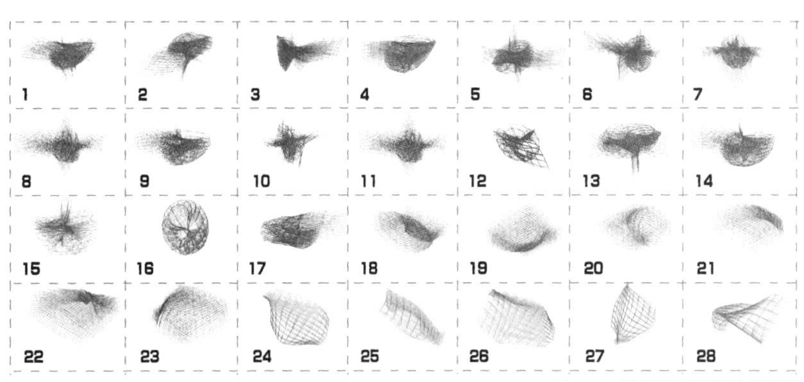

图2 28个被调查者的数据结果图形

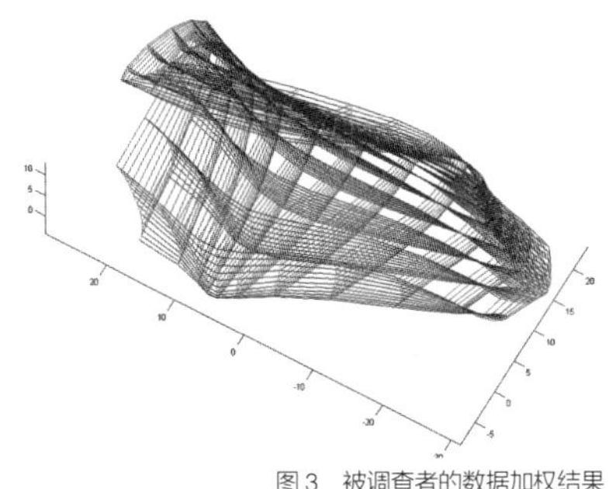

图3 被调查者的数据加权结果

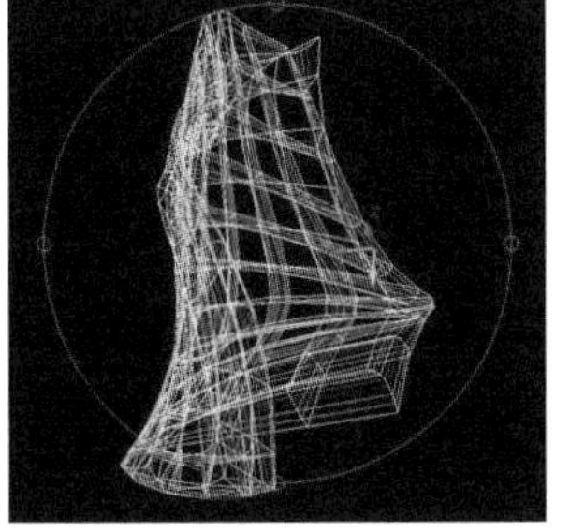
图4 CAD软件界面下的建筑形体雏形

图5 “心理感受因子”设计结果

种交互式的高级编程语言——M语言，利用M语言可通过编写脚本或函数文件来实现用户自己的算法。本研究正是用Matlab的M语言进行编程，形成数值到图形转化的算法，从而获得“心理感受”的建筑雏型，其中的数学函数（数学模型）描述了被调查者心理空间变形取决于他对周边被调查物的喜好或讨厌程度，同时也与两者间的距离、视角等因素有关，调查数据反映了喜厌程度，在函数中表现为作用强度，不同的作用强度将导致心理空间的不同变形（图2）。

4．建筑形体雏型的进化

以加权打分结果的可视图形作为建筑的形体雏型，再由Matlab输出坐标，并编写专门的“读取程序”将Matlab中的图形转移到CAD及Rhino软件中，并在这两个软件中结合其他建筑影响因素进一步推敲形体，发展出建筑设计方案（图3～图5）。

城市起居室

1．研究对象及研究技术路线

项目基地位于多元文化交融、充满活力的五道口地区。通过分析周边各地块拟建建筑功能，确定了本项目的定位：密集建筑中的开放空间、周边所有建筑的连接体，即城市的起居室。

作为三维的城市广场，其功能组成将由使用这一空间的人群需求确定，而各功能空间的分布则受周边建筑功能和人流分布的影响，与周边环境形成有机整体。在研究中，首先通过发放调查问卷获得人群对建筑功能需求的数据，再利用这些数据，基于多代理系统（MAS）和流体力学分析软件生成不同功能的空间分布和流线，即建筑雏形。在此结果的基础上对空间体量进行划分和组合，生成最终的建筑形态。

2．流体力学模拟人流分布

将地段及周边道路整合到一个封闭系统中，并设6个出入口。根据调查得到的不同时段人群进出地段的数据，模拟人流的分布并依此组织建筑的内部流线（图6）。

3．多代理系统生成不同功能的空间分布

根据调查问卷获得的人群需求信息，得出6种不同活动类型及相应的比例。在场地中根据红线和限高确定体量，在其中随机放入代表不同活动的球体，并使同类球体相互吸引，不同类型球体相互排斥，模拟各种需求在场地内逐步聚集并形成功能空间分布的过程。球体半径根据活动类型所需空间大小设定，并受球体聚集程度影响而渐变。周边建筑对内部功能分布的影响则通过在建筑边界上设置引力予以实现，上步获得的流线分布也通过力场设置对功能球的分布产生影响。球体的聚集过程通过编写C++程序，基于多代理系统的原理实现（图7）。

4．空间划分和组合

在功能球体空间分布的基础上，使用Voronoi算法对空间进行划分。对功能球体分布较为密集的区域，将其合并形成大空间。同时为反映不同功能对空间大小的需求，对Voronoi算法进行改造，根据两个球体半径之比确定其划分空间的位置（而不是球心连线的垂直平分面）。后期处理时，根据功能需求划分室内外空间，将一些Cell（如信息服务、咖啡厅）处理为室内实体空间，剩余大部分为架空灰空间（图8）。

Mocentre

1．研究对象及研究技术路线

Mocentre出自Motel，即属于汽车的购物中心。项目设想了一种新的购物方式，按照“看样品-下定单-付费-送货上门”的顺序，顾客坐在车上就可完成这一过程。建筑的拓扑原型和空间排布也是基于这种模式。

Mocentre建筑形体生成，是基于对基地车流的调研及据此进行的粒子模拟实验，并经过多方案比较后最终确定的，能尽量满足这一区域及周边道路的交通需要，为进入这一区域的汽车提供更快捷和丰富的流线。同时仿生物骨架生成的建筑结构和表皮，形成连续统一的整体。

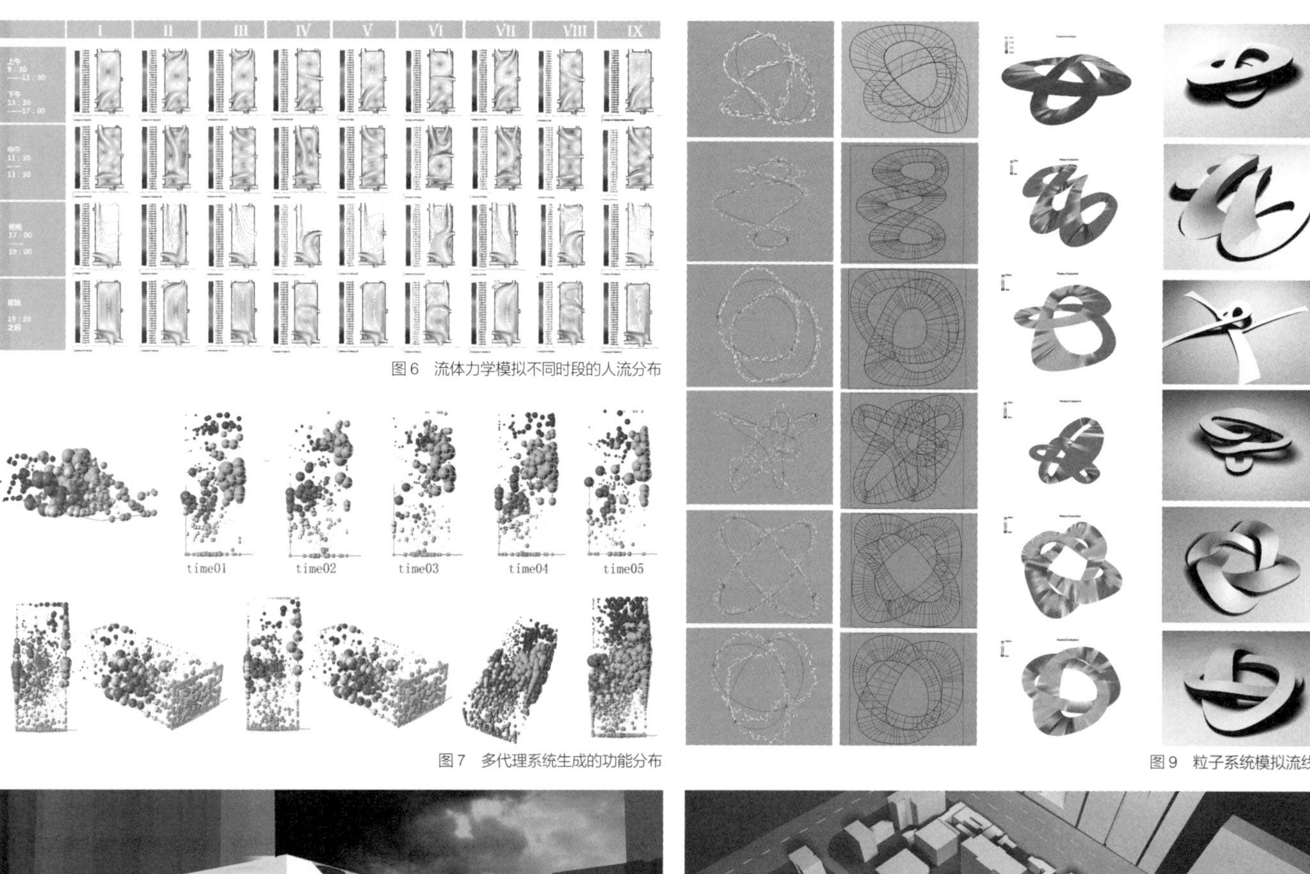

图6　流体力学模拟不同时段的人流分布

图7　多代理系统生成的功能分布

图9　粒子系统模拟流线

图8 "城市起居室"经 Voronoi 空间划分得到最终形体

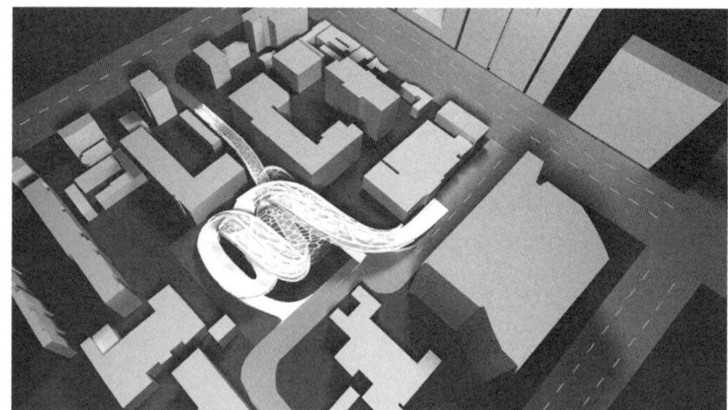

图10 "Mocentre"设计结果

2．场地调研

项目的构想是在停车楼的基础上发展出来的，因此通过对场地周边主要路口不同时段车流量的调查和分析，获得以交通为主导因素的设计的边界条件，并分析场地上的车流入口和密度。

3．粒子系统模拟流线

根据场地上的车流入口和速度条件，在Maya软件内部通过粒子系统模拟车行轨迹。随着粒子发射角度及力场设置的参数不同，得到了不同的结果，并根据轨迹的拓扑关系在场地中得到基础流线。接下来根据基础流线进行第二次粒子模拟试验，并按粒子轨迹的偏移对原曲线的偏移，确定建筑形体。对所得的形体进行曲率半径分析，对形体进行微调和优化，以满足车行要求。最后，再根据汽车购物的功能流线修改形体（图9）。

4．结构与表皮

参考生物骨架结构，生成结构体系，并在变形较大处加强结构。表皮细分为次一级结构，与结构体系采用同样规则（图10，图11）。

Bestaurant Center商业中心

1．研究对象及研究技术路线

项目是一系列理性分析和生成的结果。首先，建筑轮廓和入口位置通过场地分析得到，建筑形体则由日照阴影得出；而后，通过Rhinscript脚本在体量中生成符合功能关系的功能块分布。

接下来，用Maya粒子试验模拟建筑内部人流，确定建筑内部各功能块的边界形态；同时，寻找生物的结构体系来作为建筑的结构网格，并根据结构分析最终加强局部结构体系；最后，将建筑立面网格延伸至广场，形成场地的整体设计。

2．利用日照分析获得建筑形体

设计从对场地边界和人流模式的分析开始，我们在Maya和Rhino的帮助下进行了大量数字模拟实验，确定了建筑的外轮廓边界。之后为使建筑尽可能少地在东侧广场投下阴影，设计使用光线"切割"建筑得到基本形体。

3．Rhinoscript生成功能块分布

通过调查问卷的统计分析，确定建筑各部分的功能性质和体量大小。之后根据预设的各功能块与楼层、外墙的关系和生成顺序，编写Rhinoscript脚本在建筑体量内随机生成100种功能分布的可能性。综合考虑其他因素（如消防、日照、入口等），并从中选择最理想的一种结果，作为下一步发展的原型（图12）。

4．Maya粒子系统模拟建筑内部人流

根据入口位置、建筑高度、消防疏散条件等，确定建筑内部两个竖向交通核心的位置，然后利用Maya粒子试验模拟建筑各层平面内的人流情况。模拟以上一步生成的功能块几何中心作为斥力场中心，斥力大小与功能块体量对应。粒子在运动过程中受到斥力场排斥，并留出各功能空间所需区域。根据粒子试验结果确定各层平面形态（图13）。

5．蜂巢六边形结构的竖向结构体系

将前一步得到的建筑内部功能区域边界立面作为主体承重结构，相当于受力的核心筒，并按应力上小下大的规律确定网格密度。接下来使用Sap2000分析结构应力，并在应力集中的位置补充次级结构，形成最终的结构体系（图14，图15）。

城市节奏闪示体

1．研究对象及研究技术路线

研究对象选择在北京海淀五道口地铁站出口西南侧设计一座“信息中心”建筑，利用模仿生物细胞的Voronoi算法进行功能与形体生成是此组设计尝试的方法。

作为一个多功能体，怎样在功能与对应空间之间建立联系成为前期设计的重点。不同品牌及不同功能、不同空间整合在一座建筑中，它们之间需要建立必要的联系，设计者参考了生物细胞聚合方式并找到答案，同时选择模仿生物晶胞形式的Voronoi算法。生物细胞的不同形式对应着不同功能，而建筑功能与形式间的关系在此设计中模拟了这一逻辑结构。实际操作中设计师用Voronoi系统中的核心点代表不同的功能体，这些核心点也最终确定了每个功能单元的边界。因此体量生产的关键在于Voronoi中“点”的获得（图16）。

2．现场调查及数据采集

项目基地位于北京五道口13号城铁旁，东侧是高速铁路、西侧为城市步行人流、南侧临城市干道。设计者从城市生活节奏的角度来确定点的分布频率。人生活的节奏与需要的细节成反比，节奏越慢需要的细

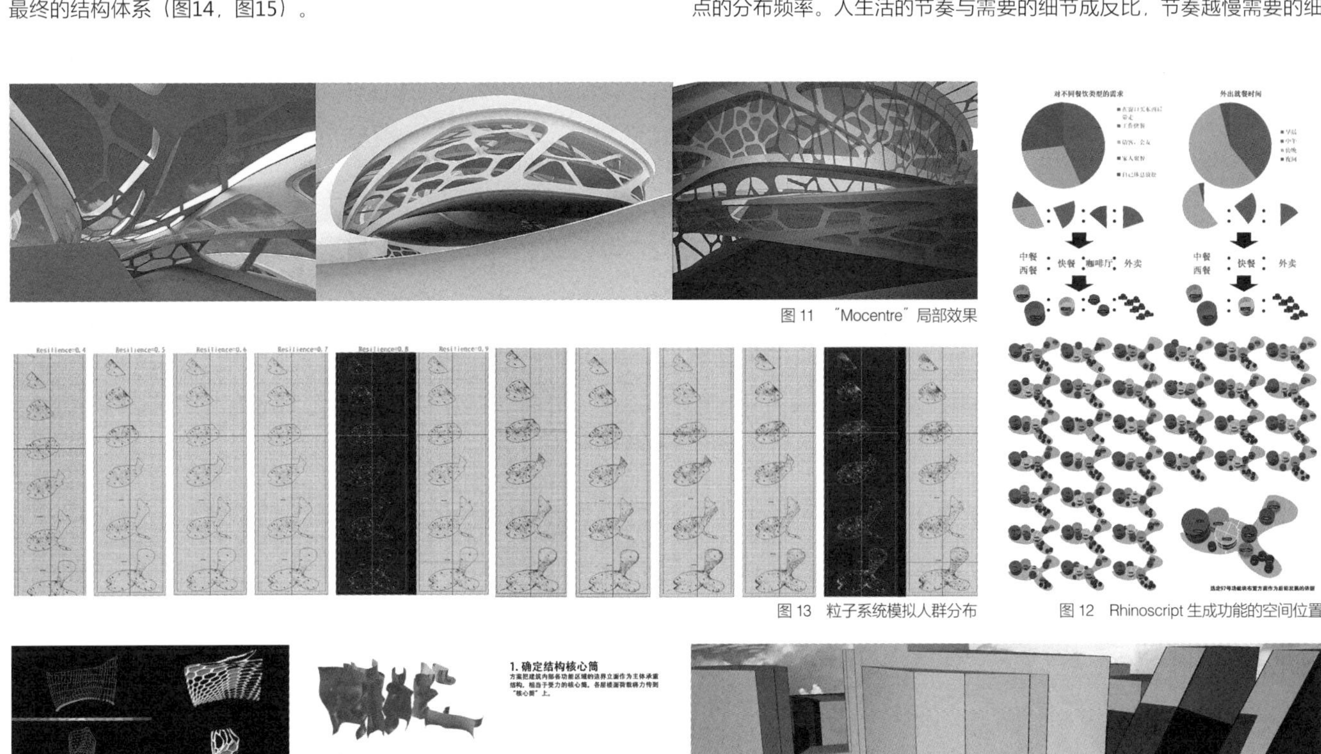
图11 “Mocentre”局部效果

图13 粒子系统模拟人群分布

图12 Rhinoscript生成功能的空间位置

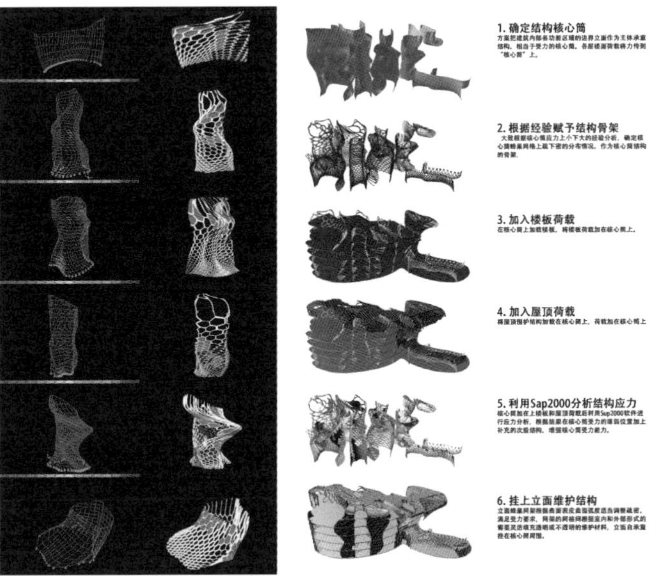

图14 蜂巢六边形结构体系

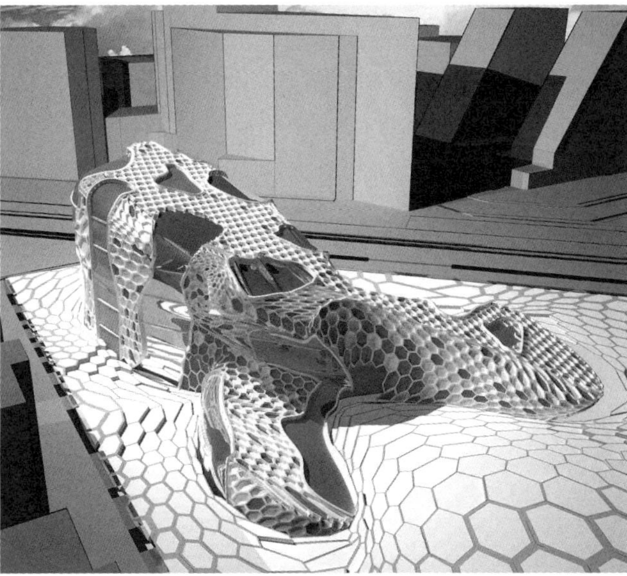
图15 “Bestaurant Center 商业中心”设计结果

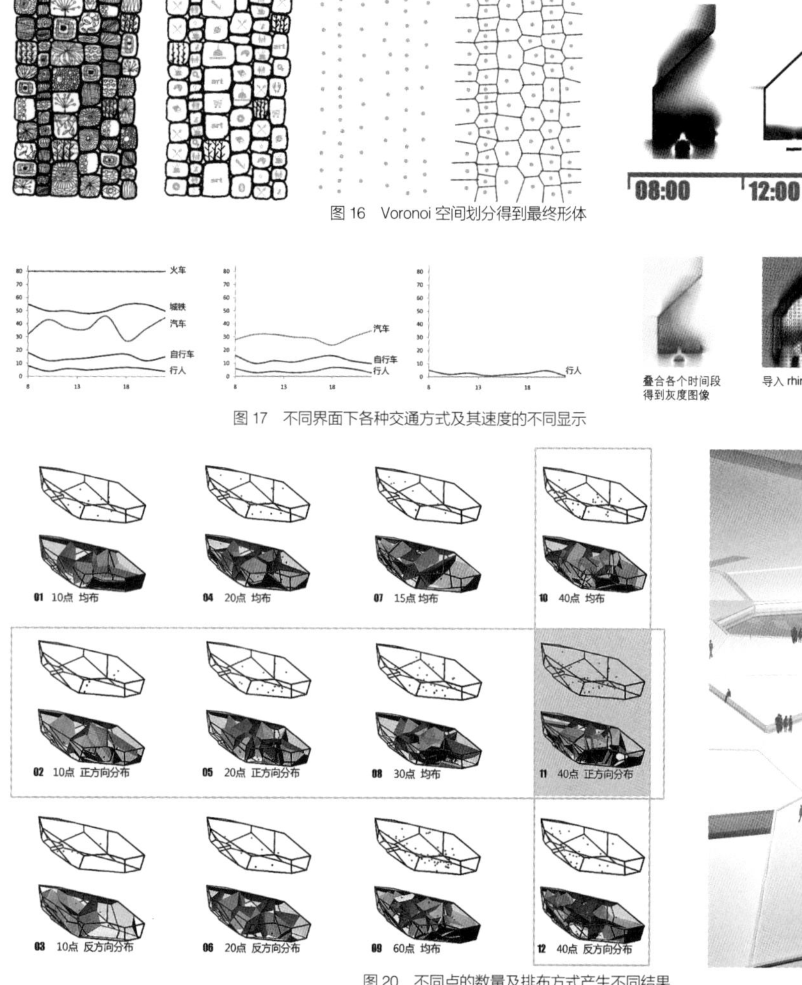

图 16 Voronoi 空间划分得到最终形体

图 18 流体力学软件中产生的场地速度模型

图 17 不同界面下各种交通方式及其速度的不同显示

图 19 将模型导入 Rhino 中得到的轮廓及内部 Voronoi 点

图 20 不同点的数量及排布方式产生不同结果

图 21 “城市节奏闪示体”设计结果

节越多，节奏越快需要的细节就越少。

在此项目中，设计者将生活节奏转化为对场地中人、车等交通速度的测量，对不同时刻、不同交通方式及其速度、方向的统计（图17）。

3. 分析及数学建模

将统计的基础数据在流体力学软件中进行全场地的速度模拟，从而得到全场地的速度模型，并将之导入Rhino，之后得出可视图形。在这里，速度越慢的区域中生成点的概率越大，得到形体的细节也越多，速度越快的区域则相反。

利用ghx得到可视点的生成概率分布，并选择矛盾激烈的区域作为建筑的轮廓，在内部利用概率随机生成点并进行Voronoi计算。

在垂直方向上，根据人的视觉习惯，让小件展品更贴近人的视点，设计者仿照树叶接受阳光的原理，让Voronoi点的生成概率从下到上逐渐减少，因此在建筑的上部得到较大的空间，同时建筑依据旁边人的视线做出倾斜的姿态（图18～图20）。

4. 根据建筑的实际使用进行调整和结构设计

根据建筑功能需求给建筑安置楼梯、卫生间等附属设施，依据空间形式布置功能、设置楼板。利用结构软件sap2000进行构件受力计算，根据结果调整杆件截面类型（图21）。■

“心理感受”因子项目，学生：熊星、周实；指导教师：徐卫国。城市起居室项目，学生：尹金涛、程瑜；指导教师：徐卫国、徐丰、黄蔚欣。Mocentre项目，学生：王茜、郑凯竞；指导教师：徐卫国、徐丰、黄蔚欣。Bestaurant Center商业中心项目，学生：段文、陈骏诚；指导教师：徐卫国、徐丰、黄蔚欣。城市节奏闪示体项目，学生：张愉、李岑；指导教师：徐卫国、徐丰、黄蔚欣。

参考文献

[1] 陈政雄．建筑设计方法[M]．台北：东大图书有限公司，1978．

[2] 罗斯．怀特海[M]．李超杰，译．北京：中华书局，2002．

[3] 曲跃厚．怀特海哲学若干术语简释[J]．世界哲学．2003（1）：19-25．

[4] LEACH N. Designing for a Digital World[M]. [S. I.]: Academy Press, 2002.

[5] 姜宇挥．超越历史和结构的二元对立[J]．哈尔滨工业大学学报：社会科学版，2000（1）：89-94．

[6] ja+u. A+U: Structure & Material[J]. 2005(1) . Tokyo: Shinkenchiku-sha Co., Ltd. 2005.

[7] 霍兰．涌现：从混沌到有序[M]．陈禹，等译．上海：上海世纪出版集团，2001．

[8] LEACH N, XU W G. Fast Forward/Hot Spot/Brain cells[M]. Hongkong: Map Book Publisher, 2004.

[9] LEACH N，徐卫国．涌现·青年建筑师作品[M]．北京：中国建筑工业出版社，2006．

[10]LEACH N，徐卫国．数字建构——青年建筑师作品[M]．北京：中国建筑工业出版社，2008．

数字现象

陈寿恒
Shouheng Design and Technology（SHDT）

威廉·米舍尔（William J. Mitchell）的预言

威廉·米舍尔不仅是一位学者、教育家和CAD 发展的先行者，他对建筑设计实践的拓展也起到举足轻重的作用。弗兰克·盖里（Frank Gehry）的成功和非线性建筑设计的发展都和他有千丝万缕的联系。他是数字建筑设计新思潮和新风格的推动者，所以很多学者和实践家都称他为数字化运算设计奠基人。在20世纪80年代中期,米舍尔公开预测AutoCAD 将会在未来20年内成为建筑师必不可少的基础技能之一，如果不能熟练地掌握它，建筑师将失去就业机会。这个预言到20世纪90年代中期就提前实现了，AutoCAD不仅成为一种工具和技能，同时对建筑行业的整体发展、对新设计规范的制订和建造工艺的创新都起到了决定性作用。在过去的20年间，建筑业的发展速度之迅猛完全超出了米舍尔的想象。2004年在美国麻省理工学院，他再次预言，未来的20年，如果建筑师不懂得自动化设计和电脑编程技术，他们将失去竞争力甚至工作的机会。米舍尔坚信建筑设计的发展、创新与建筑数字化运算技术的发展和普及是密不可分的。数字化运算工具在开发和应用上的持续性突破，将如同家庭电脑的从特殊走向普及一样，主导着未来建筑设计的发展方向。

对数字化设计的认知

正如密斯·凡·德·罗所揭示的，“技术不是一种方法，它本身就是一个世界”。数字化技术现在带给我们的是怎样的一个建筑世界呢?作为建筑师，我们又如何来认知这样一个世界？纵观当代建筑的发展趋势，米舍尔认为当今建筑的特征因电脑的介入而发生质变：“建筑曾一度是物质化的草图，而现在，它逐渐演变成为物质化的数字信息。人们用电脑辅助设计系统设计建筑、进行存档；用数字控制的器械建造建筑，同时借助数字定位安置工具在工地上组装建筑。在数字化规划设计与建造过程的组织框架内，我们能精确地量化每一个项目的设计与建造内容，并进一步根据设计内容的增加量与建造内容的增加量之间的比率，确立项目的复杂程度。数字时代的建筑以高度的复杂性为特征，它们对场地、功能及设计理念表达方面的苛刻追求，比工业化时代的现代主义建筑更为敏锐，反应更为迅速。”以下笔者将通过几个实践案例来剖析数字化设计的特征和共性及认知它们的方法。

2008年北京奥运会游泳馆“水立方”的设计给我们带来了全新的启示（图1，图2）。其原始设计图表现出对模拟水的效果的强烈追求，它的实现方法是通过构造多个不规则的多边形并将其组合来表达“水的结构”。对这样一种结构构成进行深入分析，我们可以发现，它和某种细胞构成图案极为相似（图3），我们也能在很多动物的表皮，如长颈鹿和乌龟，还有植物纹理中看到类似图案，甚至我们发现它和干枯的泥土图案存在着很大的相似性。更为生动的是，肥皂泡的空间结构与“水立方”同出一辙。这里，我们看到了数字化设计和自然现象的直接关联性。从某种意义上说，数字化设计的创作过程是对自然规律的发掘和诠释的过程。“水立方”就是一项应用此种规律的最好设计例证。它应用的图案被统称为沃罗诺伊（Voronoi），这种图案为不规则多边形，其每一条边线都是由两个空间点连线的垂直线而成，这些空间点就是沃罗诺伊图案的核心内容。

沃罗诺伊图案在当今数字化设计实践中有广泛的应用。值得一提的是由涌现组（Emergent）设计的Cell House，Paris Courthouse 和Stockholm City Library，由Axel Pol 设计的三维沃罗诺伊空间结构，以及由Object-e-Architecture设计的沃罗诺伊塔，还有人将它应用到城市空间分析中（图4）。源于数字化技术的发展，沃罗诺伊图案结构通过简单的数字运算即可得出，并被应用到具体实践中。自然规律千变万化，沃罗诺伊图案只是自然图案中的一种。而设计师的想象力是无限的，他们挖掘了丰富的自然规律并将它们应用到设计中，这里包括花蕾和树叶等的结构规律，设计师利用这些规律设计出很多极具创意的作品（图5）。因此我们说规律的使用并没有限定设计师的想象力，相反设计师通过规律及电脑的辅助，使数字化设计更加接近自然，并与之融为一体，创作出的建筑形态也更为有机。

这种以强调发掘和利用逻辑规律为主导的设计方法，被统称为基于规则的设计手法（rule based design）。它是一种建立在对电脑的深入认知及尊重建筑师创造性的基础上的新设计手法。它既提倡强化电脑功能——一种在逻辑框架上工作的机器，又能结合建筑师的感性认知，从而将人和机器有机地结合起来。它促使建筑师在设计初期就对方案形成完整的规划，发掘其设计潜力并设定合理的设计目标。在此过程中，建筑师通过将设计概念转化成数字化运算程序，实现整个设计流程的自动化。这种设计手法把建筑师完全从传统的CAD制图模式中解放出来，并让他们将时间集中在设计创意的构思上，在大幅度提高建筑师工作效率的同时，也使建筑师有能力、有精力处理高度复杂的、多样化和非标准化的设计方案。

数字工具的自定义订制

基于规则的设计手法在技术上的核心内容是设计的自动化，它通过编写程序或编程类的数字化工具进行辅助设计，这里包括Rhinoscript，Grasshoppers 和RHIKNOWBOT等。在此基础上，建筑师通过为每个特定方案自定义地编写数字工具来解决特定的设计和建造问题。现在，通过开发自定义数字工具来进行方案创作的情形越来越多，并已成为大家争相关注的焦点和设计的主流。这里简单列举诺曼·福斯特（Norman Foster）和赫尔佐格与德默隆（Herzog & de Meuron）的两个方案，以解析自定义数字工具如何主导设计和建造。

福斯特设计的伦敦市政厅（图6）不仅以其独特的造型吸引了大众的目光，在数字化运算工具的自定义开发上，它同样出类拔萃。从创作角度而言，建筑师根据城市空间和景观要求并结合对太阳直射光和反射光的控制，设定了建筑南北立面的倾角，藉此减弱该建筑对泰晤士河沿河走廊所造成的空间压迫感及对行人的视觉遮挡，同时利用南立面逐层出挑形成有效的遮阳效果，以减少建筑室内空间对灯光、空调系统的依赖。

在设计初期，建筑师找到这些设计要素的逻辑规律，并通过编写程序来捕捉这些规律，通过参数化模型将其表现出来。这种程序包含的数据非常广泛，它包括建筑的几何构成关系，建筑元件间的空间定位、相互间的关联性以及制约建筑的各种实际条件（图7）。设计进入深化期后，建筑师利用这个参数化模型进行数据分析和研究，包括日照分析等，以确定其是否达到预设目标，并通过数字交互运算的方式找到最完善的建筑形体和空间组织方案。当进入建造阶段，建筑师通过数据输出的形式来帮助施工。综上所述，在设计的各个阶段，这种自定义的程序都可以依照设计的具体要求进行修改和更新，同时帮助建筑师与其他工种间进行互动，举例说，结构工程师可以对参数化程序设定结构限制条件，这些条件将会在建筑的参数化模型上出现，并要求建筑师采取相应的措施对建筑方案进行修改。类似的，建筑师的设计修改信息将通过程序及时通知参与方案的所有配合人员，并让他们进行相应调整。伦敦市政厅就是在参数化程序的开发和互动式参与建筑大师的过程中完成的，是数字化设计的代表作品。

建筑大师赫尔佐格与德默隆在汉堡设计的Elbphiharmonic 音乐厅（图8，图9）是另一项值得称道的数字化设计作品。在设计概念中，建筑师希望将建筑与三面环绕的海洋环境有机融合。它并不像“水立方”那样采用模拟水分子的结构形态，建筑师希望将自然界中海洋的动态效果或微风中波浪水的形态结合到建筑中。这种结合也是一种彻底的结合，因为建筑师会将这些破浪水元素用在包括室外幕墙、屋顶甚至室内空间的任何一个角落。建筑师采用了类似福斯特的设计手法，但却不像伦敦市政厅那样含蓄和内敛，而是以一种粗犷的姿态向世人展示了，由数字化运算技术主导下完成的作品。在设计初期，建筑师找到波浪水形态的几何构成规律及其排列方法，接着将这些规律编写到程序中。在设计的发展阶段，建筑师通过深化和修改这套程序来解决设计中遇到的技术问题。在此项目中，音乐厅最主要的设计指标就是要满足声学和光学

图1 2008年北京奥运会游泳馆“水立方”原始设计方案（图片来源：*Olympic Architecture Beijing 2008*）

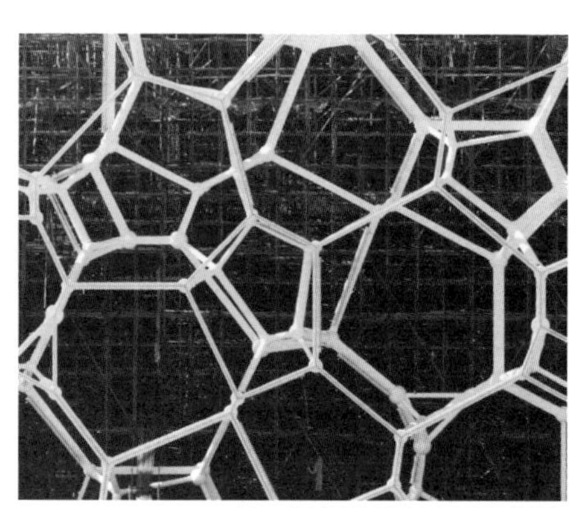

图2 “水立方”建设中立面钢结构框架（图片来源：*Olympic Architecture Beijing 2008*）

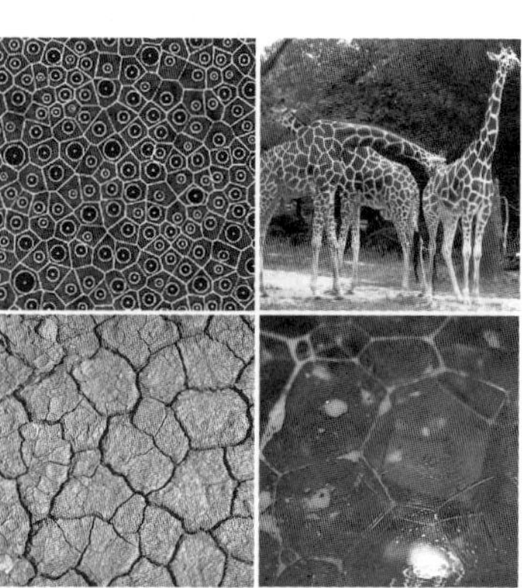

图3 某种细胞结构图案、长颈鹿表皮图案、干枯的泥土图案、肥皂泡的空间结构图案

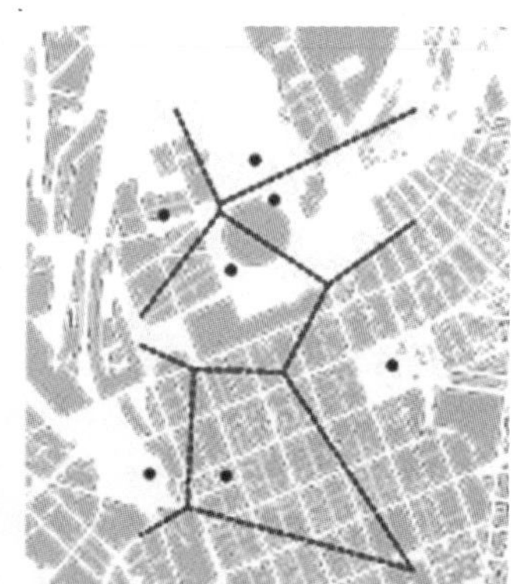

图4 使用Voronoi图案结构完成的城市空间分析（图片来源：http://www.evolo.us/2010/01/22/poreux - a - voronoiskyscraper）

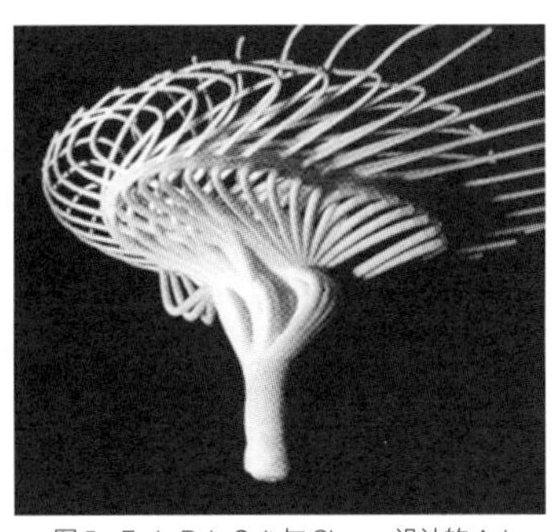

图 5　Enric Ruiz Gelt 与 Cloung 设计的 Aviary, New Marine Zoo, Barcelona（图片来源：*Digital Architecture Now*）

图 6　诺曼·福斯特设计伦敦市政厅（图片来源：*Architecture in the Digital Age: Design and Manufacturing*）

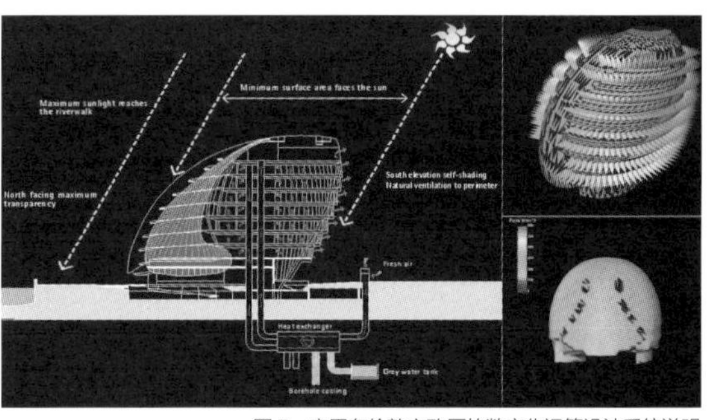

图 7　应用在伦敦市政厅的数字化运算设计系统说明（图片来源：*Architecture in the Digital Age: Design and Manufacturing*）

图 8　Elbphiharmonic 音乐厅的设计概念（图片来源：*Design Modelling Symposium Berlin Handbook*）

图 9　赫尔佐格与德默隆在汉堡设计 Elbphiharmonic 音乐厅（图片来源：*Design Modelling Symposium Berlin Handbook*）

方面的要求。在建造阶段，建筑师通过编写程序来输出每一个构成此建筑内外表皮的细部构件，并通过三维数控机床自动化地生产这些成千上万的非标准化构件。从这个方案中，我们可以看到通过对数字化运算工具的自我开发和应用，建筑师不仅能控制设计过程中的每一个环节，甚至能控制建筑的整个建造过程。由此Elbphiharmonic音乐厅突破了传统的设计工艺，成为有机设计理念、数字编程技术与数控建造技术完美结合的产物。

结语

综上所述，数字化设计技术已完全突破传统CAD绘图的局限性，它不仅是一种辅助绘图工具，更是一种辅助建筑师设计思维的手段。数字化设计采用基于规律的设计手法，强调逻辑性和规律性。但这种严格的逻辑理论框架并没有制约建筑师的创新能力，相反地，它为建筑师设计更加复杂和非标准化的建筑创造了技术条件，建筑师可以通过编写自定义的数字工具来捕捉特定的设计意图、控制整个设计流程。文章开篇所提到的米舍尔的预言真的还需20年的时间来印证吗？让我们拭目以待。■

参考文献

[1] 陈寿恒，李书谊，洛贝尔，等．数字营造——建筑设计·运算逻辑．认知理论[M]．北京：中国建筑工业出版社，2009．

[2] GENGNAGEL C. Proceedings of the Design Modelling Symposium Berlin 2009[M]. Berlin: University of the Arts Berlin, 2009.

[3] KALAY Y E. Architectures New Media[M]. Cambridge: The MIT Press, 2005.

[4] KOLAREVIC B. Architecture in the Digital Age: Design and Manufacturing[M]. New York: Spon Press, 2003.

[5] LEACH N. Design for a Digital World[M]. London: Wiley Academic, 2002.

[6] PHIRI M. Information Technology in Construction Design[M]. London: Thomas Telford Publishing, 1999.

[7] SPILLER N. Digital Architectural Now: A Global Survey of Emerging Talent[M]. London: Thames & Hudson, 2009.

[8] SZALAPAJ P. Contemporary Architecture and the Digital Design Process[M]. Burlington: Elsevier Architectural Press, 2005.

[9] The Beijing Institute of Architectural Design. Olympic Architecture Beijing 2008[M]. Boston: Birkhäuser Architecture, 2008.

体育建筑一甲子

马国馨
北京市建筑设计研究院

自1949年起，新中国已经历了60年的进程，而体育事业及体育建筑也伴随共和国的前进步伐走过了一个甲子。体育事业是反映一个国家和民族健康水平和文化发达的重要标志，是反映国家社会生活的重要方面，也是文明程度的重要体现。作为60年进程的亲历者，我们还记得中国人从长期被讥为“一盘散沙”“东亚病夫”，在世界体坛上默默无闻，而随着新中国体育事业从普及到提高、由国内到国外、由竞技体育到全民健身，逐步成为一个体育大国，并正在向体育强国迈进。为了便于人们理解60年来体育事业的发展和体育设施的建设，我们整理了一个以时间为主轴的图表，由此可以对其发展概况有一个总体的把握，并从中归纳出一些共性的东西（附表）。

一、体育事业的发展推动了体育建筑的进步

新中国成立后，体育事业成为国家各项建设事业的重要组成部分。尽管在建国初期，百废待兴，国民经济处于恢复时期，但毛泽东同志已在1952年提出“发展体育运动，增强人民体质”的号召，随着全国运动会的陆续召开，中国重返国际奥委会和各国际体育组织，在不断提高全民素质和竞技水平的同时，也逐渐加入到国际竞技体育的各项活动之中。中国从举办单项比赛、洲际比赛到世界性比赛，并已举办过除足球世界杯以外的包括奥运会、亚运会、大学生运动会等在内的大型世界性赛事。通过比赛和交流，运动水平不断提高。据统计，60年来中国运动员获得的世界冠军数达2 310个，创超世界纪录达1 195次（到2009年8月止）。至于全民健身活动，虽然不如竞技体育那样红火或吸引眼球，但也已逐步深入人心，健身形式也多种多样。据国家体育总局统计，中国体育人口占可统计的总人口的比例，在2000年时为33.9%，2005年时达37%，预计2010年可达40%。国人的平均寿命也从解放时的30～35岁，到改革开放之初的68岁，到2009年时达到73.05岁，其中男性平均寿命71.3岁，女性平均寿命74.8岁。体育人口的大众化、健身活动的社会化、社区体育的多样化在和谐社会的构建中将起重要作用。

体育事业的发展必然带动体育建筑的建设和进步，体育建筑数量的增长及质量的变化与我国体育事业的飞速发展是紧密相关并同步的。竞技水平的提高、一系列国际国内赛事的举办、体育科技日新月异的发展都对体育建筑提出了新的需求。仅就体育建筑的数量而言，资料显示建国初期全国的体育场地不到5 000个，在1974年第一次全国体育场地普查时，数量也还仅为25 488个，而30年后，在2004年全国第五次场地普查时，各类体育设施的总数就已经达到了850 080个，平均每万人拥有场地6.58个，人均体育场地面积为1.03 m²，虽然和发达国家相比还有差距，但对我们这样一个人口大国来说已是很可观了。

二、体育建筑的60年历程

纵观60年体育事业的发展，体育建筑正是从无到有，从数量到质量，从知之较少到逐步与国际接轨，从规模较小到超级巨无霸，从简朴实用到考究奢华，设计、施工、管理、运营经验也日见成熟，成为我国建筑创作作品中十分引人注目的门类。

从时间段的划分上，大致可以将改革开放前的近30年作为一个阶段，改革开放后的30年作为另一阶段，而后一阶段又可从1990年在北京召开的第十一届亚运会为界分为两个阶段。

在第一个30年中，由于长时期的国民经济恢复，国家的精力主要置于生产性工业厂房和住宅建设上，中间又经几次经济的调整、整顿，直到文化大革命的十年，虽体育事业有了显著的进步，但因经济力量有限，以及当时的体育赛事尤其国际赛事多以单项为主，故设施中体育馆类室内设施的建设有了较大发展，从解放初期数量极其有限的大学体育馆和公共体育馆，到1974年第一次全国场地普查时已有112座体育馆，1983年第二次全国场地普查已有191座标准体育馆。其规模也从中小型馆的2 000～6 000座，逐渐发展为8 000～10 000座甚至万人以上规模，比赛场地标准也从以篮球场地为主发展到以手球场地为主，兼顾其他综合使用，直到以体操和冰球场地为主，并利用活动座椅来灵活调节比赛场地。同时在观众视觉质量、疏散方式、多功能使用、结构造型方面都有一定的突破或创新，如北京工人体育馆和浙江人民体育馆的悬索结构，北京首都体育馆的冰球比赛场地等。相形之下体育场的建设实例就较少，1974年普查时标准田径场有152个，像北京工人体育场那样的大型设施还是凤毛麟角。

改革开放以后，情况有了较大的变化。我国参加国际比赛和交流的机会越来越多，国内赛事的水平也越来越高。在1978年～1990年的12年中，体育建筑设计还是由国内建筑师来完成。由于国际赛事的增多，国际各体育单项组织的要求也更细致，室内馆的设计技术更为成熟，数量也比较大，我们也开始涉及一些特殊要求的比赛项目，如自行车赛、赛艇和皮划艇等的相应设施。在这一时期代表性的设施有广州天河体育中心（1987年）和北京国家奥林匹克体育中心（1990年），这时已经可以一次规划，一次兴建承担大型赛事，包括体育场、体育馆、游泳馆，甚至项目更多的综合体育中心，除去各设施本身的技术要求更复杂外，在群体造型、空间处理、交通组织、人车分流、无障碍设施、景观小品等内容上都有了进一步的拓展，尽管这两个项目都完全由国内建筑师完成，但仍先后获得了IAKS（国际体育休闲建筑协会）的银奖，表明我国的体育建筑设计在国际体育设计界得到认可，而亚运会的成功举办也成为我国体育建筑设计的重要里程碑。与此同时，我国援助第三世界的各项工程中，体育建筑也大放异彩，以至国际奥委会主席萨马兰奇曾说：“要想看中国最好的体育建筑，请到非洲去。”索马里、贝宁、摩洛哥、巴基斯坦、叙利亚等许多国家的体育场馆都是在这一阶段建成的。

改革开放后期的19年对体育建筑建设更是极好的机遇。这主要是缘于以下几方面因素：首先1990年亚运会的成功举办，增强了我们举

办大型世界性、洲际单项或综合性运动赛事的信心，尽管2000年申奥失败，但已为中国积累了更多的经验；其次由于国力的增强，具有经济实力的地区在举办大型赛事或出于城市形象的需要竞相建设一些"地标性"体育设施；另外因加入WTO后我国建筑市场的开放，国外设计公司相继进入中国建筑市场，通过竞争和交流，各种理念和手法的引进使体育建筑设计的视野大大开阔；同时中国体育界产业化、职业化、市场化的进程也在逐步推进，尽管在运营、管理等方面还不成熟，但是已经显示出了极大的潜力和市场……这些都为体育建筑的进一步发展提供了极好的天时地利条件。这一时段的代表性体育建筑当属2008年北京奥运会的众多设施。由于是发展中国家的我国首次举办这样全球性的最大规模的体育盛会，自然是倾国家之力，全力筹办，"无与伦比"的评价使这一盛会成为我国体育建筑建设史上重要的里程碑。同时广东、江苏以及此后山东举办的各届全运会同样也表现出了不同的特色，表现出了中外建筑师的合作和交流，也表现出了我国建筑师在激烈竞争中的实力和水平。在这一时期中，体育建筑的类型更加多样，对体育工艺的研究更加深入，各种规范和标准也逐步完善，如专用足球赛场、一级方程式赛车场、水上激流赛场……结构形式和建筑材料更加多样化，包括开合屋盖形式也已有多个建成实例。另外有两件事也应在体育建筑设计史上特书一笔。2008年汶川大地震时，绵阳、德阳、成都等地都把体育设施作为受灾群众的重要安置点，尤其是绵阳九洲体育馆，救灾高峰期每天进出人数4万～5万人，被群众称为现代的"诺亚方舟"。而最近江西抚河唱凯决堤后，也有4 000民众安置在抚州体育中心，彰显了体育设施在我国的防灾、救灾中所发挥的重要作用，恐怕也是人们始料不及的。

三、粗浅的思考

和我国建设事业的发展一样，60年来的体育建筑有着令人瞩目的改变和提高，尤其是改革开放以来的30年，随着城市化的飞快步伐，建设成就有目共睹。然而也存在价值观的迷失和发展观的混乱，还有许多不尽人意之处。随着科学发展观的提出，许多问题需要从宏观、从社会、从资源、从效益、从低碳等众多方面予以进一步的审视。

在大型综合体育设施的建设上需要科学而理性的思考，这种思考表现在项目的立项、建设及赛后利用各个环节上。时下在大干快上的"城市大跃进"中，体育建筑已经成为城市化热潮中表现城市形象的重要项目，因此以赛事为由（不管是国际国内还是省内市内），均要大兴体育之土木，拆旧建新有之，弃旧建新有之，另起炉灶有之；有的根本没有什么正式赛事的小城市也要兴建规模惊人的体育中心，动辄三大件俱全，造成盲目建设，重复建设。而在建筑设计上，没有抓住体育设施应为运动员创造良好的比赛条件、观众良好的视看条件、裁判和工作人员良好的工作环境的主要矛盾，而把精力过多地用于建筑外形，弃简求繁，追奇逐奢，一味追求豪华化、高档化，使体育建筑的单方造价或每座造价不断飙升，造成资源的浪费和滥用。

体育设施的充分利用问题，一直是几十年来人们关注的热点，尤其是一些耗费巨大资源为一些重大赛事所兴建的大型设施，其赛后利用、"以体养体"等问题就更引人注目。由于体制、赛事、管理、观念、商业化、市场化不到位等多方面的原因，到目前为止解决得比较理想并能长年顺利运转的实例还不多。大量设施是依靠旅游、餐厅、商业、出租办公等非体育收入来维持。以做了充分调研和设计准备的北京奥林匹克中心区为例，在奥运会闭幕两年后的今日，全区似乎还未进入正常的全面运转，据统计已收入的5.5亿元中70%以上是依靠门票的收入，体育设施本身的体育造血功能还没有充分发挥出来。又如"鸟巢"体育场的足球场草皮，由于其他非体育活动的举办，缺少正常的精心养护，在最近的巴塞罗那足球俱乐部访华比赛时为该队主教练所诟病。最近《文汇报》的一名记者在论及南方花费了30多亿的某新建体育中心时写道："**（地名）这座漂亮的体育场，空有躯壳。体育场的灵魂只能是体育本身，没有常年性的比赛，再现代的场地也会早衰。国内大中小城市星罗密布的漂亮场馆，又有多少不是无魂之躯呢？"（2010年8月12日）在我国目前许多利用率不高的公共建筑中，体育设施的利用和运营仍是一个困难的课题。

学校体育是体育事业的重要组成部分，也是竞技体育的重要基础。从第五次全国体育设施调查的分布状况看，教育系统的体育场地有558 044个，占全国场地总数的65.6%，而其中高等院校有28 741个，占本系统总数的5.1%；中专中技有18 427个，占3.3%；中小学校有500 370个，占89.7%。从数量上看，占了全国体育场地的近2/3，但从实际情况看，设施发展与地区、经济等状况极不平衡，城市的活动场地明显不足，许多学校只好在马路上跑步、做课间操，也出现过把操场架空的空中体育场的实例。而村镇和农村地区的设施和器材标准就更低，加上应试教育的影响，使学生的体育锻炼意识薄弱。而在高校中体育学时被挤占、场地设施不足等问题依然存在，高校的体育场地如按2006年统计2 286所学校平均，每个学校平均为12.57个。随着1999年起高等学校的扩招和随之而来的"大学城"建设，新建校大批出现，体育设施成为重要的组成部分，从各校的总平面布置看，除一般场地外，几乎无一例外都有"标志性"的两馆一场"三大件"，有的城市在大学城中除各校专用场馆外，还要专设"资源共享"的大型体育设施。这些设施（包括近年一些大型国际国内赛事在高校内建的场馆）绝大多数都是参照城市中公共体育设施的模式，设置了众多平时极少利用的观众席，体育馆也是标准的四面看台，很少考虑学校体育建筑本身使用的特点，使在平时利用时受到很大局限。虽然此前也有过建筑师把看台全部做成活动看台，或场地多功能使用的实例，但并未引起校方和设计者的充分注意，各地一些探索性的实例，也未得到很好的总结和交流。至于在建筑造型上的小题大作、矫揉造作的实例更是俯拾皆是。

与学校体育同时为大家关注的热点还有大众体育。第五次全国普查中涉及这方面的场地中机关企事业单位楼院内75 033个，占9.2%；乡（镇）村66 446个，占8.18%；居住小区39 477个，占4.86%；厂矿28 198个，占3.47%；其他22 074个，占2.67%；老年活动场所13 842个，占1.64%；宾馆饭店7 195个，占0.89%；公园5 712个，占0.7%；广场4 987个，占0.61%。尽管体育人口的数量在逐年上升，但从资金投入、宣传力度、设施数量、实际收效等方面看，与人们的预期还有较大差距。中共中央在2006年1号文件中提出"推动农民体育健身工程"，将对提高农民身体素质、移风易俗、文明建设等方面发挥重要作用。但由于农村经济发展不均衡、重视程度不同、资金筹措等问题，还有大量的工作要做。另外，我国自1999年开始进入老龄社会，2009年时我国60岁以上人口达1.62亿，占人口总数的12.79%，预计今后将年增长800万～900万老年人口，主动保持健康、延缓老年病残已成为老年人最为关注的事情之一。调查显示2/3以上的老年人有养生和体育锻炼的主动需求，因此对服务于老年人的社区公益性体育设施需求十分迫切。但由于体制、管理、经费等诸多问题，居住区相关设施的指标难以落实，无经费、无地点、无专职人员的状态仍然存在，这些都是设施建设中有待加强之处。

另外，随着社会发展和生活水平的提高，除公益性的体育设施外，商业性、营利性的体育健身设施也越来越多。据统计2009年我国居民旅游休闲、体育休闲、文化休闲类的消费规模在1.7万亿元左右，相当于GDP的5.07%。休闲类产业的发展，不仅成为人们生活水准提高的重要标志，也对转变经济发展方式和产业结构调整有很大影响。体育健身休闲也逐渐从传统的项目，如散步、游泳、跑步、球类、武术、气功等，向特殊类休闲发展，如攀岩、漂流、潜水、冲浪、野外生存、瑜伽、滑翔伞、热气球、蹦极等，同时也出现一些豪华高端休闲项目，如高尔夫、马术、赛车、赛艇等。总之体育健身已经从手段变成了目的，出现了“用钱购买健康”和“出售健康”的众多产业。健康、可持续的生活方式和风格正继续丰富着体育健身休闲的内容，因此适应这一需求的俱乐部、会所、体育城、培训学校等设施已悄然进入人们的生活，虽然这仅是个开始，但相形之下，这类实例的介绍、总结和研究还很薄弱，预计将来会成为体育设施的一个热点。

随着我国经济的进一步发展和人民生活需求的进一步个性化、多样化，体育事业社会化、产业化步伐的推进（包括竞技体育、全民健身、体育休闲等）在社会生活中的重视、关心、参与程度越来越高，人们对这些事业的认识和理解也越来越深入和拓展，体育产业的公益性和商业性的产业链条也将形成更广阔的市场。作为人口大国，随着体育产业的发展，有可能形成世界最大的体育产业市场，体育建筑做为市场中最重要的硬件设施，极需在科学发展观的指导下，围绕当前绿色生态、低碳节能，惠及全民的需求，为促进社会和谐，实现大多数人的健康、快乐和幸福，及时加以理性的审视，从而实现公共资源配置上的效率和公平。■

附表

新中国60年体育建筑简表

年份	国家、体育和建设大事摘录	体育设施类型举例			
		综合体育中心	体育场	体育馆	室内外游泳设施
1949	在京召开中华全国体育总会第一届代表大会				
1950	全国第一次高教会议在京召开				
1951	全国篮球比赛大会在京召开； 第一套广播体操公布				
1952	中华全国体育总会成立大会，毛泽东题词“发展体育运动，增强人民体质”； 中国体育代表团参加第15届赫尔辛基奥运会				
1953	第一个五年计划开始执行； 我国游泳运动员吴传玉在第一届国际青年友谊运动会上首次获得金牌； 第一届少数民族传统体育运动会在天津召开； 中国建筑学会成立				
1954	中央人民政府体育运动委员会第一次全体会议在京召开； 成立国家建委； 《建筑学报》创刊			北京体育馆（包括练习馆、游泳馆） 重庆体育馆	
1955	人民日报社论《反对建筑中的浪费现象》		重庆人民体育场 广州二沙头体育训练场		
1956	中国举重运动员陈镜开第一次打破世界纪录			天津人民体育馆	北京陶然亭游泳池
1957	中国田径运动员郑凤荣打破女子跳高世界纪录		昆明拓东体育场	武汉体育馆、长春体育馆	
1958	中国奥委会宣布断绝与国际奥委会和8个国际体育组织的关系； 为建造国家体育中心中国建筑学会与国家体委组织多次方案讨论会			山东体育馆 昆明云南体育馆	成都猛追湾游泳场
1959	第一届全运会在京召开； 中国乒乓球运动员容国团在世锦赛中获第一个世界冠军		北京工人体育场	广州市体育馆	北京工体游泳馆、游泳池
1960	国家提出“调整、巩固、充实、提高”八字方针； 中国登山队从北坡集体登上珠穆朗玛峰				
1961	第26届世乒赛在京举办			北京工人体育馆* 北京网球馆	
1962					
1963	八字方针继续执行3年				
1964	设计革命运动开始				上海跳水池
1965	第二届全运会在京举行				
1966	文化大革命开始； 毛泽东在武汉畅游长江			广西南宁体育馆*	
1967				河南省体育馆	
1968	工宣队、军宣队进驻高校			首都体育馆*	湖北省室内游泳池
1969	干部下放五七干校			浙江人民体育馆*	湖南省游泳馆
1970	高校开始招生复课				辽宁省室内游泳池
1971	恢复国家体委，对全国体育系统实行军管				
1972	第一届亚乒赛在京举行； 全国五项球类（三大二小）运动会召开，这是“文革”后第一次全国性运动会				
1973	电视台开始播出彩色电视节目		无锡体育馆		河南省游泳池 福建省室内游泳池
1974	第七届亚运会在德黑兰召开，中国运动员第一次参加				
1975	第三届全运会在京召开		成都体育公园灯光球场	上海体育馆* 南京五台山体育馆* 辽宁体育馆 福建省体育馆	北京平安里游泳馆

1976	唐山大地震			内蒙古体育馆	
1977	十届三中全会恢复邓小平职务				
1978	十一届三中全会召开，开创我国社会主义事业发展新时期； 第八届亚运会在曼谷召开； 全国科学大会召开		索马里摩加迪沙体育场	天津体院田径馆 银川球类练习馆	
1979	第四届全运会在京召开； 国际奥委会执委会恢复中国的合法席位； 中共中央国务院批转国家建委《关于改进当前基本建设工作的若干意见》； 教育部颁布《高校体育工作暂行规定》； 在深圳等四地试办经济特区	山东体育中心		北京部队体育馆 叙利亚、大马士革体育馆 成都城北体育馆	
1980	由中国建筑学会，国家建工总局和国家体委召开的全国体育建筑设计经验交流会在苏州召开（论文集次年出版）； 中国体育科学学会成立			上海黄浦体育馆 成都白下路体育馆	
1981	《体育建筑设计》出版； 中国女排第一次获得世界杯冠军			北京体操馆 北京羽毛球馆	北京跳水馆 四川省游泳馆
1982	第九届亚运会在新德里召开，中国居金牌榜首位； 第一届全国大学生运动会在京召开	贝宁科托努体育中心*		辽化体育馆*	
1983	第五届全运会在沪召开； 朱建华打破男子跳高世界纪录； 邓小平题词："提高水平，为国争光"				昆明师大游泳馆 武汉游泳池、跳水台
1984	第23届奥运会在洛杉矶召开，中国运动员共获15块金牌，实现金牌零的突破； 体育建筑专业委员会在承德成立，陈先任主任委员； 举办中小型体育馆设计方案竞赛； 中国获得1990年亚运会主办权			上海闸北体育馆	
1985	首届国际足球16岁以下柯达杯世锦赛在北京等四个赛区举行； 邓小平提出"足球要从娃娃抓起"			佛山体育馆 陕西省体育馆 江西省体育馆	上海游泳馆
1986	第十届亚运会在汉城召开； 体育建筑专业委员会学术年会在京召开	巴基斯坦综合体育设施		西藏体育馆 深圳体育馆* 湖北洪山体育馆 吉林冰球馆 首都体育馆、训练馆	大庆游泳馆 广州二沙头跳水馆 山东游泳馆
1987	第六届全运会在广州召开； 体育建筑专业委员会学术年会在广东召开	广州天河体育中心*	肯尼亚综合设施体育场	西安体院田径馆	
1988	第24届奥运会在汉城召开； 第一届农运会在北京召开； 第一届城运会在济南召开		山东体育场 摩洛哥体育中心体育场	北京大学生体育馆	
1989	中国建筑学会建筑师分会成立	北京国家奥林匹克体育中心* 珠海体育中心	沈阳五里河体育场 北京先农坛体育场改建	国家体委羽毛球排球馆 广东开平体育馆	
1990	第十一届亚运会在北京召开； 国际建协体育、休闲、建筑工作组在京举行年会； 体育建筑专业委员会学术年会在京举行； 上海浦东开发启动	北京丰台体育中心 辽宁省体育训练中心		天津河西体育馆 北京海淀体育馆 北京体院体育馆 北京朝阳体育馆 北京地坛体育馆 北京月坛体育馆 北京光彩体育馆 北京石景山体育馆	
1991			厦门体育中心体育场		
1992	第25届奥运会在巴塞罗那举行； 邓小平南方谈话			潮州体育馆	
1993	第七届全运会在北京四川召开； 第一届东亚运动会在上海召开； 中国申办2000年奥运会失利； 国家体委《关于深化体育改革的意见》		成都市体育场	唐山市摔跤柔道馆 海口体育馆	
1994	第六届远东及南太平洋地区残疾人运动会在京召开； 国家体委成立全国运动项目管理中心、体育彩票中心； 中国足球职业化改革试点	东莞体育中心		天津体育中心体育馆*	
1995	国务院发布《全民健身计划纲要》《奥运争光计划纲要及实施方案》； 颁布《中华人民共和国体育法》； 体育总局发布《体育产业发展纲要》； 中国篮球职业化； 《体育设施建设指南》出版	深圳南山文体活动中心		兰溪体育馆 哈工大邵逸夫体育馆 黑龙江速滑馆* 广东中山体育馆	江苏省跳水游泳馆

1996	第26届奥运会在亚特兰大召开； 第三届亚洲冬运会在哈尔滨召开		深圳体育场	马达加斯加塔那那利佛体育馆	
1997	第八届全运会在上海召开； 国家体委发布《关于加强城市新区体育工作的意见》		上海体育场*	唐山网球馆	上海浦东游泳馆
1998	第一届全国城运会在济南、淄博召开			上海国际体操中心 上海卢湾区体育馆 陕西汉中体育馆 长春五环体育馆	
1999	国际建协体育与休闲建筑工作组北京年会； 体育建筑专业委员会昆明年会	石家庄裕彤国际体育中心	上海虹口足球场	宁夏体育馆 福建南安体育馆	
2000	第27届奥运会在悉尼召开； 体育总局《关于2001-2010体育发展与改革纲要》		杭州黄龙体育场	大连石化体育馆 四川大学体育馆	
2001	第九届全运会在广东召开； 体育建筑专业委员会广东年会； 中国北京获得2008年奥运会主办权； 中国正式加入WTO； 中国足球首次打入世界杯决赛圈； 第21届世界大学生运动会在京召开	江西宜春体育中心 昆明红塔体育中心 福建漳州体育中心	广州奥林匹克体育场	北京航院体育馆 苏州体育馆 广州体育馆*	汕头游泳跳水馆 北京清华大学游泳跳水馆
2002	党中央国务院《关于进一步加强和改进新时期体育工作的意见》； 体育总局《农村体育工作暂行规定》； 北京奥组委《北京奥运行动计划》； 《现代体育馆建筑设计》出版	上海大学体育中心	武汉体育中心体育场 河南体育中心体育场	秦皇岛体育馆 深圳罗湖体育馆	深圳游泳跳水馆
2003	国务院发布《公共文化体育设施条例》； 《体育建筑设计规范》发布执行	哈尔滨国际会展体育中心 上海残疾人体育艺术培训基地		杭州黄龙体育馆	重庆奥体中心游泳馆
2004	第28届奥运会在雅典召开，中国运动员刘翔获田径奥运会金牌； 《外国企业在中国境内从事工程设计活动的管理暂行法规》发布		长春经济开发区体育场 重庆奥体中心体育场 郑州航海体育场 上海国际赛车场*	云南大学体育馆 惠州体育馆 天津南开中学体育馆	
2005	国共两党最高领导人首次会谈； 第十届全运会在江苏召开	南京奥体中心 台州市体育中心 新疆体育中心	天津泰达足球场 秦皇岛体育场 上海旗忠网球中心	浙江瑞安中学体育馆 北京师大体育馆 昆山市体育中心体育馆 绵阳九洲体育馆 白城师院体育馆	常熟市游泳馆
2006	十六届六中全会提出构建社会主义和谐社会； 体育总局《体育事业十一五规划》； 《外商投资建设工程设计企业管理规定》正式实施	安徽合肥体育中心 佛山世纪莲体育中心	上海金山体育场	盐城市体育馆 北京首都师范大学体育馆 厦门嘉庚体育馆 佛山岭南明珠体育馆	
2007	世界特奥会在上海举行，这是第一次在发展中国家举办； 第六届亚洲冬运会在长春召开	株洲体育中心 宜兴市体育中心 昆明星耀体育运动城 洛阳新区体育中心	天津奥体中心体育场* 沈阳奥体中心体育场* 呼和浩特市体育场 广州大学城体育场 北京国家网球中心*	扬州体育馆 上海交大体育馆 北京农大体育馆* 齐齐哈尔速滑馆 深圳宝安体育馆 北京体大综合训练馆 中山大学体育馆 广东药学院体育馆	同济大学游泳馆 惠州金山湖游泳跳水馆
2008	第29届奥运会和残奥会在北京召开，中国首次获奥运会金牌数首位； 国际建协体育，休闲和建筑工作组召开北京年会； 四川汶川大地震； 国际金融危机	松江大学区资源共享区体育设施 河北武安体育中心 上海海事大学新校区体育中心 北京五棵松体育中心*	北京国家体育场* 昆山体育场	北京国家体育馆* 北工大体育馆 北科大体育馆 北大体育馆 广州大学城多功能体育馆 义乌市梅湖体育馆 上海青浦体育馆改建 云南师大体育馆 澳门东亚运动会主体育馆 广州亚运会武术馆	北京国家游泳中心* 广州省属场馆游泳跳水馆
2009	第十一届全运会在山东召开； 国务院发布《全民健身条例》自2009年起每年8月8日为全民健身日； 体育总局法规司发布《公共体育场馆建设标准》	济南奥体中心 淮南市文化体育中心 商丘奥林匹克中心 深圳大运会体育中心 老挝万象体育中心	南通市体育会展中心体育场 潍坊市奥体中心体育场	上海交大闵行校区体育馆 临海市体育中心体育馆 东莞理工学院体育馆	

编制说明：
1. 本表所列各体育设施是以历年在《建筑学报》上发表的实例为基础，同时结合相关杂志加以补充而成，并不完整；
2. 设施的完成时间绝大部分按照设施的竣工时间，有个别项目按在杂志上发表时间计；
3. 实例中有 * 号者为曾获得过中国建筑学会建筑创作奖和建筑创作大奖的项目。

当代建筑及其趋向
——近十年中国建筑的一种描述

史建
北京一石文化

一、实验性建筑的终结与当代建筑的起始

中国的实验性建筑肇始于20世纪80年代中期，但在整个80年代和90年代中期以前，是实验建筑的准备期，是建筑思想界基于国际流行思潮和文化使命感，对"新建筑"的呼唤与探索。

"1993年，张永和与夫人鲁力佳创办了非常建筑工作室……工作重心由纯概念转移到概念与建造的关系上，并开始了对材料和构造以及结构和节点的实验。同时，在他们的工作中，创作与研究是重叠的，旨在突破理论与实践之间人为的界限。"[1]由此，实验建筑脱离了思想文化界的文化与形式革命的冲动，在主流与商业设计的夹缝中，开始了艰难的概念、设计与机制的实验。1996年，他们的北京席殊书屋是实验建筑最早建成的作品。

2003年12月14日下午，在北京水晶石"六箱建筑"，举行了"'非常建筑'非常十年"的回顾展和研讨会。不大的会议室挤满了人，新一代青年建筑师群星荟萃，他们大都没有被归为"实验建筑师"，但同样关注"当代性""立场"和"批判性参与"等问题，艺术家/建筑师艾未未表现得尤其决绝。这实际上不仅是非常建筑十年，也是中国实验建筑"十年"实绩的展示、辨析和总结的契机，但只有《建筑师》破例刊出了纪念专辑，主流媒体反应平淡，笼罩在张永和及实验建筑身上的"前卫"光环悄然褪去。

此后，随着张永和、王澍、马清运等人在国内外高校担任要职和承担大型设计项目，新一代青年建筑师群体的崛起，以及国家设计院模式的转型，实验性建筑的语境发生了彻底转换——它所要对抗的秩序"消失"了，开始全面介入主流社会，它所面对的是更为复杂的世界。所以，我把2003年12月14日看作实验建筑的终结和当代建筑的起始。

此时，中国意义上的现代主义前卫设计实验很快遭遇到经济起步和超速城市化现实：国家主义设计模式崩解，建筑样式的表达成为社会的超量需求，快速设计成为普遍现实和生存前提。由此，实验建筑面对的问题被瞬间置换，实验性建筑师曾经标榜的前卫姿态亦被迫转换为文化上的退守。既有的"实验建筑"概念以及汇集的建筑师和作品，需要进行深入的学术清理；以"实验建筑"为话语的建筑活动和批评到目前依然具有强大的影响力，但是当其面对现实问题，又具有较大的局限性，即它难以将更为广泛的建筑实践和实验纳入进来；近十年中国城市、建筑的超速发展及面对的挑战，已经远远超过当年"实验建筑时代"或"实验建筑"所针对的问题，且成就庞杂、头绪纷呈，急需系统地梳理和分析、批评。

二、当代建筑的内涵

如果说当年"实验建筑"的称谓是比"先锋建筑"更宽泛的概念，那么现今"当代建筑"所指，则更为宽泛，它特指具有"当代性"或"批判地参与"的探索群体。但是，与其说它与当代景观设计有某种对接，不如说与当代艺术有着更为"天然"的联系和共同点，它们已经是媒体时代的主流建筑/艺术，既保持着对现实锐利的审视，也是当下空间/视觉的最有力的表达者。

1．"当代"与"当代性"

时下，"当代"是个被屡屡提及的概念，尤其是与其相关的艺术家、作品和展览，已经形成自成体系的、完整的话语-生产-资本"生物链"。显然，"当代艺术"语境中的"当代"不是时间、当下或者"新"意义上的概念，它不同于中国语境的"当代文学"——是否具有"当代性"（contemporaneity），才是考量"当代艺术"的基点。

2009年，在上海当代艺术博览会以"发现当代艺术"为主题的系列讲座上，德国艺术理论家鲍里斯·格罗伊斯（Boris Groys）基于对现代主义和现代性的反思，对"当代""当代性"和"当代艺术"进行了系统、透彻的分析。

他首先认为"当代艺术"不仅仅是时间的概念，而是对"当代性"的反映，"当代艺术只有反映出自身的当代性才名副其实，仅凭其现时制作与展示的特征则不能，……在这里，时间为基础的艺术再次把时间的稀缺变成了剩余——并显示出自己是一个合作者，是时间的同志，是真正具有当代性的。"

接着，他指出，当代艺术是对现代性的质疑与重估，"我们的时代是这样一个时代：我们于其中重新考量——不是抛弃，而是分析和重新思考现代的规划，……'当代性'其实是由疑惑、犹豫、不确定、优柔寡断和一种对于长时间反思的需要构成的。我们想拖延我们的决策和行动，以便拥有更多的时间来做分析、反思和考量。这正是当代的——一种延长的，乃至无穷的延误。"

他进而指出，"当代"已经脱离"当下"和"在场"旧有的或现代性的语境，"当下已经不再是一个过去通往未来的转折点。它反倒成了对于过去与未来的永久性重写，对于历史的永久重写的场域——成为超越个人所能把握或控制的历史叙事的惯常性扩散的场域"。"成为'当代'的不仅仅意味着在场，在此时此地——它的意思是，'同时间一道'，而非'在时间之内'，此时，"艺术开始记录一种重复的、不定的，或许甚至是无限的'当下'—— 一种已然存在且可能被延长到无尽的未来的'现在'"。[2]

2．什么是"当代建筑"

本文提出的"当代建筑"概念，不仅仅基于当代艺术理论界对现代性的反思和对"当代""当代性"等理论议题的既有探究，也是应对与阐释中国建筑近十年剧变的迫切需求。

首先，"当代建筑"并非对"实验建筑"的进一步泛化，而是还实验建筑以本来面目，并将更多具有相同特质的设计趋向予以归并，在全

球化语境中予以审视。就像当代艺术之于主流艺术和传统艺术，当代建筑也并不仅仅是界定时间的概念，它首先指一种直面现实、应对现实的观念和态度。

其次，当代建筑无需对抗实验建筑时代无所不在的强大的“坚实”体制和国家主义设计模式，但是却被迫融入更为复杂的、体制与市场机制混合的现实。当代建筑仍然具有批判性，这种批判性虽然更多的是作为生存策略的姿态或表演，但也有将实验建筑时代话语的批判性转化为建构的批判性的新的可能。

第三，由于超速城市化现实的催生，当代建筑已经割舍了实验建筑时代的“自闭式”空间实验的边缘化套路，转而在主流平台进行具有国际视野的设计语言演练。这种探索可能依然是有关空间的、本土语言的和城市的，也有可能是有关科技和环境的，或仅仅是“造型”/表皮的。在后实验建筑时代，具有不同立场、风格、观念的建筑师可以因不同的需要结成不同的利益群体（如著名的集群设计现象）。

本文相对较晚地提出“当代建筑”概念，并非欣喜于实验性建筑的终结和拥抱当代建筑的众声喧哗，而是忧虑于面对日益强势的意识形态/市场综合体，当代建筑在学科建设、空间实验和社会批评方面日益萎缩的现状。

三、当代建筑的几种趋向

要像当年论述“实验建筑”那样按照谱系罗列中国当代建筑师及其作品，或者按照几种类型划分，都是不现实的。这首先是因为建筑师群体的壮大，不断有新的年轻建筑师/事务所加盟；同时，由于市场压力、立场的弹性和策略的多变，使许多建筑师的设计品质处于不稳定状态，其作品或者分属当代建筑的不同趋向，或者只有部分作品具有“当代性”，这或许也是现实变化剧烈的一种表征。以下的五个层面/趋向的分析，只是试图从多角度全面概括这一群体现状的初步努力。

1. 本土语境的建筑

这一趋向顺延着实验建筑十多年的实践，砖、瓦、竹子、夯土、合院、园林这些农业时代文明元素的混搭、挪用与化用，曾经是实验性建筑师对抗主流和商业设计，寻求本土身份的国际认同的基本手法（如张永和的“竹化城市”、二分宅，王澍的夯筑间），也因此广受质疑。

在后实验（即“当代”）建筑时代，这一趋向并没有“收敛”，反而得以在更大规模的公共建筑项目中广泛实施。不仅如此，都市实践、张雷等留学海外的建筑师学成归国，加入到实验性建筑崩解后的众声喧哗，而对本土资源和现实的关注是他们与王澍、刘家琨等人的共同特征，只是对他们而言，这种“本土性”与“中国性”无关，他们的设计有着更为多元的国际视野。

2008年2月26日，纽约建筑中心。由Wei Wei Shannon和我策划的“Building China: Five Projects, Five Stories”展出，与国内动辄中等规模以上的群展不同，这只是汇集五个中国建筑师的五个作品（刘家琨：文革之钟博物馆；王澍：中国美术学院象山校区；崔愷：德胜尚城；都市实践：大芬美术馆；张雷：高淳诗人住宅）小展览，展览的中文名称为“因地制宜：中国本土建筑展”。

在展览的论坛上，我还列举了艾未未（艺术文件仓库、草场地村105号院）、马清运（井宇）、董豫赣（清水会馆）等人相近的设计作品，强调这绝不仅仅是个别建筑师的“自娱自乐”，它正在成为值得重视的设计潮流。这里“中国性”和“低技策略”虽然是重要原因，但我们不要被这些作品表面的退守姿态所迷惑。由于本土历史文化资源丰厚和现实剧变足够异类，以退为进的本土性建筑近年来埋头于营造，就像王澍在中国美院象山校区的大规模实验所做的，“因地制宜”绝不是一种退避和守成的姿态，它充满着东方的智慧，隐含着再造东方建筑学的宏愿，也着意于建构园林城市/建筑的范本。

此外，童明的董氏义庄茶室、苏泉苑茶室，马清运的上海青浦曲水园边园，标准营造的阳朔店面，李晓东的丽江玉湖完小，袁烽的青城山八大山房等，虽然深处传统肌理环境，但进行了用现代设计语言重新阐释历史元素的探索。张永和的诺华上海园区对中国传统园林、建筑和公共空间进行尺寸和容量的研究，以求形成整体上院落布局的城市空间（由公共院子和公共廊系统构成的互相交流）。朱锫和王晖的设计虽然是“未来与媒体语境的建筑”趋向的代表，但前者的蔡国强四合院改造和后者的西藏阿里苹果小学，则显示出对都市文脉、传统名居和在地文化的深刻理解以及更为新异的表达。

当代建筑以更为国际化或策略化的态度对待本土性。这里所说的“本土性”已不再专指重新面对本土文化资源，更特指其直面剧变现实的积极应变姿态，即所谓“因地制宜”。既不是类西方的中国建筑，也不同于刻意不同的中国建筑，而是正视中国问题的、“真实”的中国建筑。毫无疑问，本土语境的建筑是构成中国当代建筑最具国际影响力的趋向。

2. 都市语境的建筑

在一本“内部发行”的名为《都市主义的中国政策》的小册子中，马清运谈到“政策”在剧变都市语境中的重要作用：“剧烈的社会变革常常与剧烈的都市化同步。资本主义社会中社会改革是在城市中萌发并由城市问题所驱使。但在中国，革命创造了城市，但革命创造城市是通过政策完成的”，进而归纳出十种政策①。

正是出于对中国超速城市化及其运作政策的透彻理解，马清运及其马达思班在宁波等城市的超大规模营造探索（如宁波天一广场、上海百联桥梓湾商城等），成为后实验建筑时代中国当代建筑的孤例，已经远远跨越了建筑设计、景观设计和城市规划的界限，直接介入到超速城市化的市场与政策运作的“内核”中去了。

相对而言，深圳—北京的以“都市实践”为事务所名称的刘晓都、王辉和孟岩，更多立足于建筑学本体，将都市语境作为建筑设计的出发点，这也是实验建筑时代张永和的策略。“从一开始把事务所的定位锁定在‘城市’这一主题词上时，都市实践就已明确感到亚洲当今的城市状态孕育着新的知识，而对这种知识的了解，必须经历亲身的实践与观察。”“都市实践明确了这种批判性实践的三个内涵：第一，创造都市性而不是泛滥都市化……第二，知性事件而不是惯性实践……第三，做城市装置而不是作城市装置艺术。”[3]他们的作品如深圳罗湖区公共艺术广场、大芬美术馆、土楼公舍等，立足于深圳剧变的城市语境，以纯熟的设计语言和精到的营造品质，成为都市区域中的积极因素。

值得关注的，还有徐甜甜及其DnA工作室在宋庄的美术馆、小堡驿站艺术中心和艺术家工作室兼集合住宅等项目，面对宋庄艺术家聚居区超速城乡结合部化的现实，以强烈、有力的前卫设计语言和低技策略相回应；张永和及其非常建筑设计研究所从空间实验性向技术实验性（上海世博会企业联合馆）和介入大型项目（深圳四个高层建筑加一个总体城市设计概念性方案）的转型，批判性的介入往往更多体现在先期对都市语境的深入研究、提炼和化用上；朱涛的文锦渡客运站，以巨大、拥塞、夸张的体量和设计语言，对抗周边的普通都市语境，是批判性建构性地介入、激活区域的大胆实验。

眼下，立足都市或区域研究的设计已经成为当代建筑师的基本策略，这尤其体现在设计在专业领域（如展览、期刊）的呈现中。都市语境的建筑实践，体现了建筑师对中国超速城市化这一现实问题的批判性的积极应对的趋向，但是相对于"本土语境的建筑"，这一趋向在深入研究超速城市化中新异的都市性以及用建筑重塑都市空间的力度方面，都有待推进。

3．场所语境的建筑

这一趋向较为复杂，特指恪守独立的现代设计语言和营造品质的建筑师的作品，这是近年来大量出现的个人化建筑事务所的主流趋向。作为首届"深圳城市/建筑双年展"的策展人，张永和曾以"好趣味"名之："他们普遍重视建筑艺术语言，常常接受欧洲现代主义的审美体系；同时过于强调形式上的'好趣味'的重要性，对其他的研究和探索也构成一种潜在的局限，……他们通常有较强的品牌意识和媒体意识。"[4]

几乎在这同时，在《时代建筑》"中国年轻一代的建筑实践"专辑中，李翔宁以"权宜建筑"概念正面评价了年轻一代建筑师的策略，指出"他们更关注的是如何在中国现有的条件下，实现有品质、有趣味的建筑，……他们不再执著于对中国空间和样式的追求"。[5]

例如，当中国的实验建筑在21世纪走向新的临界点，即转而向传统文化/空间资源寻找突破点的时候，最有可能在这一方面有所作为的王昀（曾师从日本著名建筑师原广司，做过长期的聚落考察与研究），却返身极简现代主义，在纯白色的几何空间里实验，这确实是一个有趣的现象②。

"这是一个瞬息万变的时代，我们必须了解这个世界每天的变化并迅速做出判断，但我们不必好高骛远，因为我们已经知道有些东西是一直不变的。我们相信对基本元素的关注会有助于我们的成长，那些关于光线、材料、细部、尺度、比例，那些空间的要素与氛围的营造等等。"这是大舍建筑的设计理念③，他们在设计中（东莞理工学院、青浦私营企业协会办公楼和夏雨幼儿园）寻求着"理性而有人情味的设计途径"。[6]

同样，像标准营造（雅鲁藏布江小码头）、张雷（混凝土缝之宅、高淳诗人住宅）、齐欣（松山湖管委会、江苏软件园、用友总部）、王昀（庐师山庄A＋B住宅、百子湾幼儿园和中学、石景山财政局培训中心）、祝晓峰（青松外苑、万科假日风景社区中心）、袁烽（九间堂"线性住宅"别墅、苔圣石工坊）、直向建筑（董功和徐千禾"与记忆相遇"——华润置地合肥东大街售楼中心）这样的建筑师，并不直接表达对现实的鲜明的批判态度和应变策略，而是在长期的设计实践中恪守个人的审美品位（往往是现代主义的纯净风格），专注于建造过程和营造品质，这在标榜快速建设和表演性设计的浮躁现实中同样是非常可贵的。

而且，标准营造对建筑界的流俗有着清醒的认识："我们需要放下书本，不要重复书里的设计，拒绝浮躁，回归建筑本身，……希望给建筑一个干净的动机，用更平常的心态，认认真真地为普通的老百姓创造建筑。"[7]张雷对实验与品质有着独到的理解："我现在有时候，情愿让我的房子在所谓观念和实验性方面稍弱一点，但是要保证它建造的水准。"[8]齐欣也有着对场所语境的独特理解："如何寻找潜在的物理环境以及物理环境以外的精神或文化环境，便成为了建筑师在从事'无中生有'工作中'有的放矢'的关键环节④。"王昀的纯粹现代主义探索更是基于其深厚的聚落研究背景；曾参与过库哈斯的珠江三角洲考察的祝晓峰，则探索着从现实"融合"形式语言："就建筑而言，当代中国的建造体系已经完全西化，这就注定通过建筑来传承传统文化的时候，必定是'融合'而非'复原'。事既至此，态度更需积极，应当以充分开放的方式对待'融合'，从构造、材料、空间到精神，无不可信手取材。"[9]袁烽认为只有"自主性"的创造才有我们的未来："既不是一意孤行对国内的现状不屑一顾，也不是对国外新理念持抵抗的态度，而是和他们保持一种自主的关系⑤。"直向建筑不再满足于对营造品质和本土文化的已有关注，而更多关注现实的"问题"："'建筑设计'需要直率地面对各种'问题'，并以专业观点提出完整的方案，若仅仅只是设计师的主观表达或某种风格的追求，将无法真实地面对环境，并失去设计应有的社会价值。每一次设计过程都是一次从发现问题到解决问题的过程⑥。"

另外，国有设计院因为体制改革，也产生了一些类工作室式的设计模式（如中国建筑设计研究院的崔愷、李兴钢工作室），使设计水准迅速提升，增加了这一趋势的规模。

场所语境的建筑是中国当代建筑的主流，是过于亢奋的城市现实的"镇静剂"，也是真正的实验/先锋建筑产生的土壤。

4．未来语境的建筑

以朱锫（深圳展示中心、中国当代美术馆、杭州西溪湿地艺术馆）、马岩松（梦露大厦、800 m塔）、王晖（左右间咖啡、今日美术馆艺术家工作室）和王振飞（天津滨海于家堡工程指挥中心、上海电子艺术节装置、上海"双倍无限展"展场设计）的部分作品为代表的未来建筑，搁置本土、都市和场所语境，畅想未来，以非线性国际流行设计语言和高度个人化象征/阐释手法，成为目前最具国际影响和最受媒体追捧的路向。

与朱锫和马岩松惯用的"国际式"非线性设计不同，王振飞的具有个性化和实操性的参数化设计，令人耳目一新。"我并不想为参数化堆砌虚幻的泡沫，亦不准备给这个'洪水猛兽'套上枷锁，我们只想对这一个以解决问题为出发点的设计手段做一个真实的还原，让其真正为设计服务。"[10]

王振飞的作品不仅有炫目的、基于变量几何法的建筑表皮设计（天津滨海于家堡工程指挥中心、上海电子艺术节装置），也有魔幻的、基于结构生成历程的三维曲面室内和景观设计（上海"双倍无限展"展场设计）。也就是说，他以自己对参数化设计的独特领悟，做出了迥异于国内流行模式的实验。

"别把建筑这事整得这么严肃，也别赋予太大的意义，我希望好玩地做建筑。"可以说在中国当代建筑师中，王振飞代表的是全新的一代，他们不再自觉肩负社会与文化的重任，也不再沉迷于形式主义的梦幻表演，而是专注于形式技术实验本身。

未来与媒体语境的建筑并非对未来风格的"预测"和媒体的鼓噪，而是甲方的诱导与意志的折射，因此，前述不同趋向中的建筑师也会偶有即兴之作，如崔恺的北京数字出版信息中心、首都博物馆，都市实践的新世界纺织城中心商务区，齐欣于家堡Y-1-28金融办公楼。

未来语境的建筑搁置了传统，但并非不敬或轻慢，而是"敬鬼神，事而远之"，并试图在实践中积极面对超速城市化现实，以国际化视野/经验激活普通的都市区域。在某种程度上，未来语境的建筑是大众/媒体文化时代的实验建筑，它因此具有强烈的表演和玩世欲望。未来语境的建筑是这个疯狂的表演性时代的宠儿，甲方的奇观化、地标化渴求成就了他们的梦想，材料/结构技术的革命性进步使他们的妄想成为现实。未来语境的建筑在这个设计时代具有强烈的跨界欲望，它与产品设计和环境平面设计间的界限已日渐模糊。

未来语境的建筑面临的问题是设计的独有性的危机，由于缺乏来自自身的"自然"的原创力，深思熟虑的设计理念以及对都市和场所语境的基本兴趣，致使貌似激情四溢的未来建筑难掩空泛、苍白"内核"。

5．景观语境的建筑

这实际上是"城市语境中的建筑"趋向的延伸，是建筑师和景观设计师积极介入、整合都市空间的探索，是后实验建筑时代产生的新类型，也是当代建筑向景观设计领域的积极而富有成效的"渗透"。

艾未未的金华义乌江大坝景观、艾青文化园和他所策划的金华建筑艺术公园，均以强烈的实验性介入城市空间，纯净而有力的设计语言同时给当代建筑和景观设计以启示；都市实践的地王城市公园两期项目和笋岗片区中心广场，是以层次丰富的小广场设计激活普通街区的探索；王澍的中国美院象山校园景观环境设计，由于保持了原有农地、溪流和鱼塘的格局，使建筑设计理念得以延伸；刘家琨的时代玫瑰园公共交流空间以更为先锋的姿态，进行了现有居住社区模式的主动城市化/公共化实验；标准营造的疯狂小三角公园以看似随意、简单的地景切割，赋予这一平淡空间以公共艺术般的品质。

作为景观设计的中坚力量，俞孔坚的中山岐江公园、都江堰广场、永宁公园、沈阳建筑大学校园景观，以及庞伟的狮山郊野公园山顶景观塔、东部华侨城湿地花园等大量实践，创造性地运用当代的设计语言，通过乡土景观基底的保留、当地植物（甚至农作物）的极致化等手法，以批判性姿态和强烈的使命感介入景观设计实践，颠覆了时下巴洛克化城市景观主流模式。

相对而言，反倒是建筑师的景观作品更为纯净，更切近当代公共艺术的精髓，在城市空间中以自身"虚"的存在整合、激活区域；景观设计师们的作品往往有着过强的建筑意味、过于主观的景观建构意识和过于生猛的区域重塑欲望。

与大陆建筑师/景观设计师们的超大规模实践相比，在台湾"地貌改造运动"中异军突起的黄声远在宜兰的大规模实践（宜兰县社会福利馆、宜兰火车站周边都市魅力再造、宜兰河整治）或许具有更多的启示意义。他在宜兰的设计涉及建筑、规划、环境、装置、社区，其积极参与的透过公共工程进行地貌及环境改造、并配合区域行销而成功地推动地方发展的操作模式，被称为"宜兰模式"。

就像台湾评论家阮庆岳所说的："（宜兰县社会福利馆）预告了黄声远后期作品发展中，显得十分特殊的另两个特质：一是针对基地外周遭都市环境的直接介入，二是对基地内使用内容的强力参与。""这种对建筑师角色，尤其是在处理公共建筑时，由传统领域位置主动往上层的都市计划领域、预审层化的参与内容设定方向延伸的态度，都叫人耳目一新。"[11]■

限于体例和字数，本文不涉及作品的深入分析。

注释

①分别为中心论政策、临时性政策、速度政策、巨大化政策、自由表情政策、半透明政策、清除政策、省力政策、高效政策、政策的政策。参见2003年9月25日马达思班上马清运撰写的内部参考《都市主义的中国政策》。

②我曾对王昀的庐师山庄做过评论："在王昀的设计中，庐师山庄实际上是反用或逆向的聚落。表象上，山庄表现出某种'过度'设计、刻意设计和固执设计的特征，但它的深层空间戏码，却是多义的、混合的。""在对弥漫于建筑设计界的复杂而躁动的表层语意进行了大胆的删节，以及对都市语境进行了刻意的回避与疏离后，王昀将'剩下'的、被抽空了意义的所谓极简空间进行了聚落意义上的重组。作品中一系列具有仪式性和戏剧性空间的穿插与交叠，都显示出对意义空间深度开掘的欲望与执著。在这里，白色与围墙是对灰黄都市现实的某种拒绝，不仅是对其过分嘈杂语境的拒绝，也是对其空间秩序的拒绝，他试图构建自足的、主观的乌托邦空间语境，试图建立对新生的超大空间消费群体的另类空间想象，试图在赋予居住空间以某种都市性的同时也与传统有些深度契合（白色围墙拒绝都市语境却借景林木与西山）。"引自史建撰写的《灰黄语境中的白色，或聚落几何学》，详见http://blog.sina.com.cn/s/blog_49987e8b01000ajl.html。Edge，Design Magazine07。

③参见大舍建筑工作室·前言，http://www.deshaus.com/atelierdeshaus.htm。

④参见齐欣建筑设计理念，http://www.qixinatelier.com。

⑤参见"现实建构"展览画册中袁烽的现实下的自主建构。

⑥参见直向建筑设计理念，http://www.vectorarchitects.com。

参考文献

[1] 王明贤，史建．九十年代中国实验性建筑[J]．文艺研究，1998（1）：118-127．

[2] 格罗伊斯．时代的同志[J]．当代艺术与投资，2009（10）：10-13．

[3] 都市实践设计事务所．URBANUS都市实践[M]．北京：中国建筑工业出版社，2007．

[4] 张永和．现象与关系[M]//张永和．城市，开门！——2005首届深圳城市、建筑双年展．上海：世纪出版集团，上海人民出版社，2007：14．

[5] 李翔宁．权宜建筑——青年建筑师与中国策略[J]．时代建筑，2005（6）：16-21．

[6] 邹晖．记忆的艺术——关于大舍建筑设计事务所的思考[M]//《城市与都市》中文版编辑部．建筑与都市：德国生态建筑+上海建筑·看不见的景框+大舍建筑设计事务所．宁波：宁波出版社，2009．

[7] 佚名．中国建筑传媒奖颁奖特刊[N]．南方都市报，2008-12-30．

[8] 胡恒．裂缝的辩证法[J]．Domus：国际中文版，2008（1）．

[9] 阮庆岳．中国建筑风火轮：城市自有山水秀[J]．家饰（台湾），2008（11）：21-25．

[10]陈韦，王振飞．好玩地做前卫建筑[N]．中华建筑报，2010-06-05．

[11]阮庆岳．弱建筑：从《道德经》看台湾当代建筑[M]．台北：田园城市出版社，2006．

原文刊载于 2010年12期 页码 015-017

当代中国建筑教育印象

孔宇航
天津大学建筑学院

撰写近十年当代中国建筑教育的发展变化是一个系统工程，并非易事，需要一个团队（业内、业外、海内、海外）来认真研究，即便如此也未必能叙述全面。然而，由于笔者曾经有主持大连理工大学建筑学科与专业建设12年的经历，可以从侧面谈一些教育印象，或许可以给热衷于建筑教育的同仁提供一些并不全面但具有参考价值的信息。在大连理工大学建筑学科近十几年的发展历程中，我们一直非常关注"老八校"建筑学教育，在某种意义上是以他们作为标尺来衡量自身办学的，同时也常常与后来被称为"新四军"的其他三所学校有着密切的联系与交流，此四校的学科带头人都很热衷于建筑教育。另外，每年一次的建筑学专业指导委员会与评估委员会会议亦使笔者了解不少大学建筑教育状态。

近年来，中国建筑教育界在构架、体量、学科分布、科研进展和师资队伍等方面均发生不同程度的变迁。记得2003年去郑州大学参与评估，一位老师曾经对我们说："'文革'以前建筑教育界存在'八大龙''四小龙'，郑州大学就是其中一所。"方知在'文革'前中国已有十几所建筑院校。在20世纪80年代初期国家新建一批建筑学专业，如深圳大学、华中科技大学、浙江大学、大连理工大学等，此时专业数量有所增加且速度正常。从20世纪90年代后期到目前，全国范围内建筑学专业在以等比数列增加，2009年教育部统计的数字还是215所，而今年已升至228所，该趋势似乎依然保持上升。一方面值得欣慰，专业数量的增长表明国家城乡建设速度对建筑学专业人才的需求量呈供不应求势态；另一方面发展速度如此之快，教育质量能否跟进，令人甚忧。

"老八校"的演变

进入21世纪以来，以清华大学、同济大学为首的"老八校"由于其建筑教育历史悠久，整体呈渐变式发展态势，成熟而稳健，类似于发达国家。"老八校"一方面承继着各自的办学传统，另一方面渗透着时代的内涵。如果说差异，也许源于各校的成长经历及其所在城市的社会、经济、文化等因素，在经济欠发达地区建筑教育在吸引人才方面存在一些困难，或多或少会影响教育发展的进程。就特色而言笔者有如下印象：清华大学发展全面；同济大学学术交流频繁；东南大学、天津大学稳步前行，研究之风强劲；华南理工大学设计业绩名扬天下；重庆大学教学成果斐然；西安冶金建筑学院（现西安建筑科技大学）、哈尔滨建筑工程大学（现哈尔滨工业大学建筑学院）地域性色彩浓郁。

在学科建设方面，"老八校"仍然保持建筑教育界的领先地位，且随着国家经济快速发展与城市区位特征而表现出各自不同的特色。清华大学依托首都北京的政治文化中心地位，建筑学科向纵深方向发展，其杰出贡献是将建筑学科与技术学科进行有效整合，并从美国宾州大学引进景观教学团队，从而塑造了景观规划与景观建筑学的国际化平台，其办学整体方向沿着吴良镛先生确立的广义建筑学方向发展。在国际合作方面，清华大学与其他世界一流大学如哈佛大学、哥伦比亚大学、普林斯顿大学和AA建筑联盟等高校建立了长期合作机制。2009年举办的13校博士论坛会议，为中国高层次尖端人才培养体系与方法的探讨拉开了序幕。

同济大学近十年学科建设与上海城市发展同步前行，在保持传统优秀学科底蕴的同时兼容并蓄、博采众长，城市规划学科在全国处于领先地位，建筑学科紧跟国际思潮，景观学科稳步前进，这样建筑、规划与景观三位一体，在全国层面形成独特的优势，且与欧美建筑机制保持了学科构架的一致性。在二级学科建筑历史与理论、尤其是外国建筑史方向，具有很成熟的构架与传承，从罗小未先生到郑时龄院士、伍江、王骏阳、卢永毅教授等一批学术骨干取得了杰出的研究成果。最近在阅读卢永毅教授主编的《建筑理论的多维视野》时，深深体会到同济大学在该领域研究的学术深度。

每次去东南大学总有几分感慨，这真是一个做学问的地方。童寯、杨廷宝、刘敦桢几位建筑界的老前辈奠定了厚重的学术平台，传承至以齐康、钟训正两位院士为代表的一批优秀学者，到现任梯队王建国、张十庆、韩冬青教授等学术骨干，学术精神代代相传，这种氛围与传统是新建院校无法比拟的。东南大学在各个学科方向均有很优秀的科研成果，在时空的变迁中探索了一条传承与创新相结合的学术之路。在近三十年的国家经济发展中，南京这个城市始终未能跃居为明星城市，经济也不算特别发达，我有时想也许正是这种状态使得东南大学的学术传承与发展具有得天独厚的优势。

最近与天津大学建筑学院有密切的接触，整体印象是踏实工作、潜心研究、做人低调、稳步发展。彭先生、聂先生等一批教育界前辈为天津大学的建筑教育奠定了很深的基础，为建筑人才培养做出了重要贡献。活跃在当今建筑舞台的崔愷、周恺、李兴钢等优秀建筑师均为天津大学的校友，可见良好的教风与学风是培养人才的根基。近几年来天津大学学术活动频繁，如古建筑保护与更新、本土建筑、中芬建筑师论坛及名师讲堂等一系列学术活动，在校园里掀起了一波又一波的学术浪潮。

新世纪以来，华南理工大学以其独特的风采，引起建筑教育界的极大关注。何镜堂院士成功带领学院与设计院在学科建设、学术声誉、设计领域取得了跨越式发展。吴硕贤院士的建筑技术团队、国家重点实验室的成功申报、建筑学科一批学术骨干的迅速成长和遍布在全国各地的优秀建筑作品均显示该团队奋发向上的精神与高水平的学术与设计质量。在学院与设计院的整体建设中，华南理工大学向全国展示了教育与实践相结合的双赢之路。

在每年一次的全国大学生优秀作业评选中，重庆大学建筑学院几乎总是独占鳌头，他们在本科生教学方面的确为全国树立了一面旗帜。虽然大学生获奖不能作为评价学校的唯一标准，但在每年与重庆大学建筑学院领导班子的闲聊中都能感悟到他们的治学严谨、教学一丝不苟以及相应的规范教学，这种敬业精神很值得每一位建筑教育工作者学习。

西安冶金建筑学院与哈尔滨建筑工程学院在部属院校调整中，的确遇到一些门槛，一个从部属院校下放到省属院校，一个从龙头专业的建筑工程学院合并到了强势学科如云的哈尔滨工业大学，同时两校所在城市的人才吸引力在客观上并不具备优势。然而即使在这样的不利条件下，两校均取得了一些令人瞩目的成绩，西安建筑科技大学学科建设实现了质的飞跃，哈尔滨工业大学《城市建筑》期刊的成功创办与迅速发展也标志着其学科建设走向更高平台，两校分别处于中国的西北部与东北部，在建筑地域文化研究上已初见成效并独具特色。

"新四军"的崛起

在20世纪80年代初期成立的建筑院校，依托学校优势，在专业建设的同时充分认识到学科建设的重要性，并以学科的成长带动专业建设与人才培养，在此期间表现突出的四个学校分别为浙江大学、华中科技大学、大连理工大学与湖南大学，即业界广泛流传的"新四军"。2003年在全国性学科评审中，浙江大学与华中科技大学于老八校之后率先成功申报建筑设计及其理论二级学科博士点；2005年，大连理工大学与湖南大学亦成功获得该博士点授予权。或许是二级学科博士点的获取，使原本朦胧的"新四军"院校变得明晰起来，但归纳起来该四校近十年来的成长还是有一些共同的规律可循。

首先是学校整体学科优势。作为国家教育部直属重点院校，四校在跨学科研究、国家学科建设经费支持等方面具有得天独厚的优势，而学校学科建设氛围客观上让新兴学科有章可循。如果说学校重视学科建设是先决条件的话，那么学科带头人的建设目标与开放意识是重要的内因。事实上在世纪之交的时候，四校学院学科带头人均有强烈的振兴学院意识，并借鉴国内外同领域先进的学科建设理念，结合自身城市区位与大学特色，通过广泛的交流与研究构建学科建设构架、建设师资队伍与科研团队、举办学术会议、创建专业期刊、深化专业建设，在内需与外围两个层面共同建设。以华中科技大学为例，在2003年获取建筑设计及其理论博士点授予权后，便着手为申报城市规划与设计二级学科博士点做准备，2005年成功获得第二个二级学科博士点，2009年获得博士后流动站与景观工程二级博士点，2010年成功获得建筑学一级学科博士点，学科建设形成滚雪球效应；而大连理工大学在2005年获得第一个二级学科授权点后，2008年该学科获省重点建设学科，建筑学专业同年成为全国特色建设专业，并以优异成绩通过建筑学专业评估，2010年亦成功获得建筑学一级学科博士点。

四校之所以能在十年内几乎同步取得阶段性学科建设成果，经常举办学术性会议，跟四院院长之间长期密切联系、互通有无、共同探讨下一步发展目标有很大关系。华中科技大学主办的《新建筑》、大连理工大学主办的《建筑细部》、浙江大学与《建筑与文化》举办的学术活动、湖南大学与《中外建筑》的渊源均是四校沟通的平台。记得东南大学80年院庆前夕四院共聚南京，与南京大学丁沃沃、赵辰两位共同探讨专业建设与合作交流平台，现在回忆起来仍记忆犹新。2008年，四院又相聚在杭州，与《建筑师》期刊黄居正主编共同为各院年轻教师与博士生发表高水平学术论文进行了有益的探讨。"新四军"的成长凝聚了四校携手共同推进学科与专业建设的智慧。

南大现象与中坚力量

南京大学建筑学院成立于2000年，距今整整十年的时间，然而其发展速度、办学理念与方向、在国内外知名度堪称中国建筑教育界之奇迹。从成立建筑研究所到学院成立，从研究生教育评估通过到获取二级学科博士点，南大实现了跨越式发展。在普遍认为中国建筑学学生学制太长时南大成功地实施了"4+2"模式，即4年本科获工学学士，2年研究生获建筑学硕士的学制模式。南京大学在十年内不断向教育界发出信息波，成为建筑教育界的话题，这使我想起了上世纪飞速成长的美国南加州建筑学院。如果深入剖析其成功之处有如下因素在起决定性作用，秦佑国先生总结得特别精辟："南大建筑学院获得学校强有力的支持与培育，有一批热衷于建筑教育的团队。"在长期的接触与交往中，笔者亦感到南大建筑人具有深厚的建筑教育底蕴，有思路、有激情、起点高、勇于创新。鲍家声先生是建筑教育界的前辈，深谙教育之道，丁沃沃、赵辰、张雷教授各怀绝技，在全国教育界、学术界、设计界享有盛誉，他们在十年内可以说是精诚合作、分工明确、勇于探索，无论在学科建设、研究生教育、国际合作交流，还是在学术、科研、设计等方面均走出了一条高水平且特色浓郁的路。

除"老八校""新四军"与南京大学之外，还有32所学校通过建筑学专业评估，这些院校在各个地区支撑着中国的整体建筑教育平台。十年来，也许他们并未在国家的评价体系中取得标志性的学科建设成果或进行广泛的学术交流，或许是因为省属、市属院校在教育经费、生源、师资队伍建设方面存在各种瓶颈，然而，这些学校仍然是中国建筑教育界的中坚力量。如深圳大学有一批相当优秀的学者，如覃力、王鲁民、饶小军等教授，而且该校在年轻一代师资队伍中亦有很大的潜力；北京建筑工程学院亦有很优秀的教育传统，地处北京，引进人才具有得天独厚的优势；合肥工业大学在2008年以优异的成绩通过评估；其他学校如西南交通大学、北京工业大学、沈阳建筑工程学院、山东建筑工程大学、青岛理工大学、厦门大学目前在建筑教育方面正处于强劲发展期。总之，在20世纪80年代初期成立的一批学校目前已逐渐走向成熟期，相信在未来的十年中，这些学校会很快崛起。

评估感悟

笔者自2003年起一直参与全国建筑学专业教育评估，每年评1～2个学校，8年的评估参与过程，亦能从专业建设方面分析当代建筑学专业发展进程。专业评估主要分为两个方面，即硬件和软件设施建设。国家级评估在客观上促进了各校对建筑学教育的重视，具体表现在学院用房、图书资料与设备经费投入方面。在学院层面亦促使各学院依据《评估标准》对教学进行系统地梳理，并有意识地引导各参评学校进行特色建设。

十年间，凡是参评的院校均在不同程度上进行了教学计划与大纲的调整，课程体系不断优化，本科教学体系在强调建筑基本功的同时，渗透了关于生态建筑、城市设计等课程的内容，各种类型的设计工作坊以及联合教学如雨后春笋。如清华大学、同济大学、天津大学等8校举办的联合毕业设计，成效甚大。在教学环节中很多学校将设计工作模型作为设计任务书的基本要求，对培养学生三维空间推敲与手工制作能力具有很大的帮助。大部分学校在拟定本科专业教学思路时采用了模块方式，如基础训练阶段、专业提高阶段与综合设计研究阶段，同时在教学计划调整时亦强调与国家专业评估标准相对接。他们注重师资队伍整体能力的提升、教学与科研相得益彰，并强调专业主干设计课与相关课程的链接。

另外各校教学硬件设施与经费投入亦出现历史新高，很多建筑院系在近十年来均拥有自己独有的学院院馆，如山东建筑工程大学、西南交通大学、青岛理工大学等。到今年为止，已有45所建筑学专业通过全国建筑学专业评估委员会评估（表1），并有13所院校（"老八校""新四军"与合肥工业大学）以7年的优异成绩通过。在研究生教育方面，与上世纪相比越来越多的学校注重设计研究能力的培养，并反思工科院校以写论文为主的现象，教育模式呈开放式构架与多元化倾向。同济大学、清华大学派出大量的研究生进行国际合作交流，沈阳建筑大学亦与国外学术机构进行联合培养。在近十年间学生读研已成常态，研究生论文更注重信息时代的建筑特征研究，紧跟国际学术思潮，注重地域文化并大量进行跨学科研究。然而我们也必须看到一些已经通过评估的建筑院系，虽然其专业教学已经达到国家评估标准，然而在师资队伍建设、学术交流与科研积累方面仍存在着严重的不足，而且在相当长的一段时间内似乎进展甚微。

增长的隐患

在国家层面，建筑教育的发展方向是一个值得认真探究的课题，这不仅涉及到人才培养的问题，更关系到培养什么样的专业人才，而这又直接影响到国家城乡人居环境建设的高度与精度。

2001年，与赫尔辛基理工大学建筑学院院长汤姆·斯姆森的对话使我深有感触，他如是说："如果我们将不合适的建筑人才向城市输送，那是城市的隐患，在这里我们一旦发现学生不适合从事建筑行业或无法蜕变成一名合格的建筑师，那么就让他们肄业，这样的学生即使喜欢在建筑业工作也只能做一些辅助性的工作。"的确，当你在芬兰的城市中行走时很难发现低劣的建筑。在中国，平庸的建筑随处可见，教育界是有责任的。诚然社会也有其自身的问题，在如此复杂的社会系统中，建筑教育工作者居安思危的意识非常必要。

在新办院校中，培养合格的人是根本，师资队伍建设是首要前提，优秀的师资方能培养精英人才、做出优秀的科研成果、设计出优秀作品并推动学科发展与专业建设。大学以育人为本，然而这么基本的道理与原则并非所有的建筑学教师都能真正理解，仍然有很多问题值得我们去深思：什么样的人才结构方能成为一个合格的建筑学师资，学科与专业建设的真正目标是什么，如何让优秀师资合理分布在不同地域的建筑院校中，如何在市场机制下解决欠发达地区人才匮乏问题，国家应制定什么样的行业规范标准，建筑师应具备何等的职业修养……进一步质询则是，已经成熟或相对成熟的院校如何形成建筑教育联盟推进国家建筑教育事业的进步，如何真正使未来的人居环境向健康与可持续方向推进，教育界如何与社会、政府、其他行业进行系统化协调……

办学的目标不明确或目标虚空、无实质性内涵、专业设置数量过快增长等问题会带来一系列隐患。很多学校办建筑学专业成为变相的"就业率"指标需求，单一的学校功利性需求与高水准的建筑学专业办学目标产生强烈冲突。数量增长必须与办学质量挂钩，目前如此多的新办建筑院校所存在的共性问题需要在国家建筑教育层面上进行认真研讨，并有必要制定一系列导则。

表1　建筑学专业评估通过学校和有效期情况统计表

序号	学校	建筑学院建院时间	首次通过评估时间
1	清华大学	1988年	1992年5月
2	同济大学	1958年	1992年5月
3	东南大学	1927年	1992年5月
4	天津大学	1937年	1992年5月
5	重庆大学	1952年	1994年5月
6	哈尔滨工业大学	1920年	1994年5月
7	西安建筑科技大学	1956年	1994年5月
8	华南理工大学	1952年	1994年5月
9	浙江大学	1927年	1996年5月
10	湖南大学	1929年	1996年5月
11	合肥工业大学	1958年	1996年5月
12	北京建筑工程学院	1936年	1996年5月
13	深圳大学	1983年	1996年5月
14	华侨大学	1983年	1996年5月
15	北京工业大学	1960年	本科1998年5月，硕士2010年5月
16	西南交通大学	1946年	本科1998年5月，硕士2004年5月
17	华中科技大学	1982年	1999年5月
18	沈阳建筑大学	1948年	1999年5月
19	郑州大学	1959年	1999年5月
20	大连理工大学	1983年	2000年5月
21	山东建筑大学	1956年	2000年5月
22	昆明理工大学	1999年	本科2001年5月，硕士2009年5月
23	南京工业大学	1985年	2002年5月
24	吉林建筑工程学院	1956年	2002年5月
25	武汉理工大学	1952年	2003年5月
26	厦门大学	1987年	本科2003年5月，硕士2007年5月
27	广州大学	2000年	2004年5月
28	河北工程大学	1991年	2004年5月
29	上海交通大学	2003年	2006年5月
30	青岛理工大学	1988年	2006年5月
31	安徽建筑工业学院	1958年	2007年5月
32	西安交通大学	1986年	2007年5月
33	南京大学	2000年	2007年5月
34	中南大学	2002年	2008年5月
35	武汉大学	2000年	2008年5月
36	北方工业大学	1984年	2008年5月
37	中国矿业大学	1985年	2008年5月
38	苏州科技学院	1985年	2008年5月
39	内蒙古工业大学	1958年	2009年5月
40	河北工业大学	1959年	2009年5月
41	中央美术学院	1928年	2009年5月
42	福州大学	1989年	2010年5月
43	北京交通大学	1996年	2010年5月
44	太原理工大学	1953年	2010年5月
45	浙江工业大学	1979年	2010年5月

（截至2010年5月，按首次通过评估时间排序）

结语

十年教育，发展之迅速、规模之大，让世人惊讶。毫无疑问，过去的十年是中国建筑教育发展前所未有的鼎盛期，建筑学人为之庆幸，然而我们更应该去思考未来的中国建筑教育走向。在信息网络时空下，在复杂性科学牵引下，数字技术、数控建造技术日新月异，学科整合趋势日趋明显，毫无疑问地冲击着当下的建筑教育框架，传统的建筑学构架将会出现裂变，将会形成新的教育理念、办学思路、课程体系，这些变化很值得建筑教育工作者深思。中国建筑教育在新的浪潮下，不是如何紧跟国际思潮，而是如何在21世纪引领学术潮流。如果这样定位的话，我们还有大量的工作去做，建筑教育不仅仅是传授知识培养技能的行业，更是开发挖掘潜能与智慧的崇高职业。■

中国建筑杂志的当代图景（2000～2010）

支文军[1] 吴小康[2]

1 同济大学建筑与城市规划学院

2 同济大学高密度人居环境生态与节能教育部重点实验室

一、概述

在信息为主要特征的媒体时代，杂志及各种媒体正发挥着越来越重要的作用。在建筑市场、新媒体和全球化的大背景下，当代中国建筑杂志经历着前所未有的变革。除了由中国建筑学会主办的《建筑学报》是创办于20世纪50年代以外，在改革开放之初的20世纪80年代，还涌现出许多建筑杂志，如《建筑师》（1979）、《世界建筑》（1980）、《新建筑》（1983）、《时代建筑》（1984）、《世界建筑导报》（1985）、《建筑创作》（1989）等，它们的宗旨都是试图推进建筑学科的发展、促进学术交流、积极学习国外先进经验。

进入21世纪以来的十年间，中国的建筑实践与理论话语逐渐进入新的发展时期，从改革开放之初的西学东渐为主到开始不断寻找、审视自我位置。该时期，一批已经过近二十年办刊积累的老刊，面对急剧变化的全新环境继续积极地革新和布局。同时，一批新刊应运而生，如《城市建筑》《城市环境设计》等。此外，一批国际著名建筑杂志在编辑出版中国城市与建筑专刊之外，也尝试以不同的途径和方式在中国境内出版中文版，如*Domus*，*A+U*，*Architectural Record*等。

如今，建筑杂志的发展呈现多层次的格局，信息流通也更加顺畅，资源组合和配置更加有效，建筑杂志与建筑学发展的关系更为密切。随着建筑杂志品牌的成长和成熟，资源平台的扩大，建筑杂志已经成为建筑界最为活跃的存在因素。

二、杂志定位

建筑杂志是指以建筑学内容为主的一类专业期刊，大都属中国的科技期刊范畴，应符合国家对科技期刊及科技论文的相关法律规定。从杂志的性质定位上区分，建筑杂志可以分为三大类：学术理论性、专业性和大众时尚性。许多国外建筑杂志的定位比较清晰和单一，分工和受众面指向性较强。在国际建筑学术理论界很有影响力的建筑杂志有美国的*Perspecta*（耶鲁大学）、*Grey Room*（MIT）和英国的*AA Files*（建筑联盟学校）等，均由大学等研究机构主办，其主要内容为建筑前沿思想与理论的探讨。国际著名的建筑专业性杂志如美国的*Architectural Record*、英国的*Architectural Design*，日本的*A+U*等，它们大多由传媒出版公司或设计机构出版，内容多为设计作品的介绍、建筑师专辑或建筑新闻的传播等；大众时尚性建筑杂志往往跨越建筑、艺术、设计、家居、景观、产品等领域，以专业的资讯为精英阶层服务，如英国的*Wallpaper*、意大利的*Domus*、美国的*Architectural Digest*等。还有大量大众时尚类杂志的建筑专栏，也起到建筑传播和推广的作用，但它们不能包括在建筑杂志范畴之内。

相比之下，虽然当今中国的建筑杂志大部分由大学创办，但还没有一本严格意义的建筑学术杂志。究其原因，一方面是中国建筑杂志的办刊主体大都是国有大单位，都想刻意求全、面面俱到；另一方面，中国整体的建筑学术资源和建树还不足以支撑一本纯粹的学术理论杂志。所以中国建筑杂志的性质定位要么不是那么清晰，要么有意跨界，事实上大多数都处在学术性和专业性的中间地带，其明显的优势是较紧密地把学界和业界联系在一起，后果是模糊了两者的差异性。

三、新格局

2000年到2010年这十年间，中国建筑杂志与中国建筑的发展比肩而行，在老刊布局、新刊创立与外刊介入等方面都表现出不同的发展特征，在业界呈现多样化的格局（附表）。

1. 老刊布局

近十年是中国所有老牌建筑杂志逐渐走向成熟并寻求新的变革的十年，各自的定位和布局日趋鲜明。其中，新一代杂志主编逐渐完成了接班的过程，大量新生代编辑加入到杂志编辑行列。

由中国建筑学会主办的《建筑学报》是中国最具官方背景的建筑杂志，因此办刊风格稳健、内容宽泛、言辞规矩，时常会刊登一些重大的政策法规和政府会议发言。该刊的特色是内容的综合性、地域报道的均衡性和作者的多样性。《建筑学报》办刊资源优势明显，其地位和认可度在中国单位体制内是独一无二的，发行量可能也是最大的。由于《建筑学报》所处地位的特殊性，肯定会面临所谓“升等论文”发表的极大压力。近年来杂志改观明显，内容质量也有提高，如在“设计作品”栏目中，除了作品介绍短文和资料外，还配置不同视角解读的文章。

作为一本建筑学理论丛书，《建筑师》于2004年获得正式刊号，告别了以书代刊的年代。相比其他杂志，该刊比较偏向学术性，曾经刊登过一批质量高、篇幅长的学术理论性文章，在中国建筑学界享有较高的声誉。近几年该刊有增加专业性内容的趋势，虽然这样的调整似乎更吻合《建筑师》的刊名，但存在原有特色可能被削弱的危险。

《世界建筑》自创刊以来的定位一直是清晰的，一如既往地以介绍、引进国外优秀建筑资讯为己任，在改革开放的年代起到了重大作用。如今，虽然全球化的浪潮使其国外资讯的重要性下降，但国内外的差距依然存在，向国外学习的过程任重道远，《世界建筑》的作用仍然是举足轻重的。信息爆炸时代的中国对创刊30年之际的《世界建筑》如何筛选和编排提出了更高的要求，所选国外资讯如何更有效地应对当下中国建筑的发展现实也是值得思考的。随着中国建筑事业的迅猛发展，为了顺应潮流，近几年来《世界建筑》增加了有关中国建筑报道的篇幅，但其所占比例及所起的作用是有限的。

由华中科技大学主办的《新建筑》杂志在保持栏目多、作者多样、自由投稿为主的特征外，近年逐渐开始采用主题组稿的方式，选题多为当下的热点话题，文章质量也相应提高，杂志的主体性意识和引导作用都有所加强。该刊倡导"新"的价值，把较多的机会给予了年轻的学子和建筑师，而且主题内容与自由投稿刊用的比例把控较好。

由同济大学主办的《时代建筑》在2000年提出"中国命题、世界眼光"的办刊定位，关注当代中国城市与建筑的最新发展。十年来的60多个主题型专刊，以当代中国建筑的现实问题作为研究和报道的核心内容，体现了强烈的"当代"特征和"中国"特征。《时代建筑》一直强调"学术性＋专业性"的双重特征，试图在学界和业界之间架起沟通的桥梁。《时代建筑》主题内容的探讨使其在学界有良好的声誉，"作品＋建筑师＋机构"三位一体的推介方式扩大了其在业界的影响力。近年"中国建筑的现代之路（1950～1980）""中国建筑师在境外的当代实践""剖面"等专刊备受关注。

《世界建筑导报》是与《世界建筑》定位极其相近的杂志，曾经在采集和报道第一手国外建筑资迅及双语出版上有声有色，其"独立经营、以刊养刊、以刊促发展"的经营模式起到示范作用。近几年来该刊影响力不如以前，但新任主编和编辑团队已在酝酿新的变革，相信不久就会活力再现。

《建筑创作》创刊于1989年，是一本由北京市建筑设计研究院主办的建筑专业期刊。该刊依托于国有大型设计院的专业实力和品牌信誉，由半年刊、季刊发展为月刊。2003年开办了沙龙与评论性质的副刊——《建筑师茶座》。2008年，该杂志社继续向着综合性建筑传媒机构的方向发展，以主刊为龙头，通过发起各类建筑文化交流和考察、出版图书、拍摄建筑专题电视片、举办建筑展览等活动，广泛传播建筑文化。该刊在多元化活动和经营模式上很有特色和成效，成为中国建筑杂志界的一个亮点。

《南方建筑》的定位一如其刊名。自2008年由华南理工大学建筑学院接办以来，杂志主题的深度和内容的关联度都有所加强，特别是在推动华南的城市与建筑研究和发展方面起到积极作用。近期的"一代建筑大师夏昌世研究（2010年第2期）""岭南本土化设计（2010年第3期）"等专刊颇具特色。

值得一提的是，在21世纪初由南京大学接手的《建筑与设计a＋d》虽然只有过两年短暂的办刊历史，但其学术影响力让人久久难忘。

2．新刊创立

在此十年间，又有一批新的建筑杂志创立，包括全新刊号的新刊和利用老刊号脱胎换骨的新刊。

《设计新潮·建筑》自2002年由一家建筑设计院为主体的商业公司接手协办以来，杂志性质从原来的设计类转变成建筑时尚杂志，以商业化、时尚化的建筑类社会杂志的身份示人。该刊非科技期刊，内容亦非学术论文，但采用记者采风的平民式文字和新闻式标题，大量使用精美新奇的图片形成新的拼版样式，体现了媒体与时尚相结合的新势力在建筑杂志界的魅力。该刊商业化运作多年的"中国建筑设计市场排行榜"在业界也形成一定的影响力。但由于该刊建筑背景的薄弱和商业利益的压力等原因，其"建筑＋时尚"的办刊定位受到杂志高层的质疑。从2010年10月刚改过版的杂志看，刊名已改变为《di设计新潮》。虽然从刊名看该刊有回归"设计＋时尚"路线的可能，但新一期的内容组成上仍然包括大量建筑资讯，毕竟，建筑本身就是设计的重要组成部分。

辽宁科学技术出版社主办的《城市环境设计》2004年5月创刊，年内发行3期后于2005年始正式定为双月刊。该刊的编辑工作基本是借助外力，办刊定位处在摸索阶段。2009年起天津大学建筑学院成为联合主办单位，新的外聘编辑团队开始标榜走"时尚＋专业"路线，通过举办专业活动来扩大影响并组稿，从中所体现的冲劲及其厚刊效应，已开始获得业界的关注。但该刊如何保持活力、稳定编辑质量、自成风格并同时兼顾经营效率，我们拭目以待。

2004年10月，哈尔滨工业大学建筑设计研究院创办《城市建筑》月刊，从刊名可以看出杂志的意图，即试图通过"城市解读"与"建筑诠释"相结合的方法体现杂志的定位。该刊每期依主题组稿，较多采用不同的建筑类型为主题，如"体育建筑""校园建筑"，也有如"与中国同行"这样以现象特征为主题的专刊。该刊专业性资料齐而全，具有较高的资料参考和收藏价值，在整体风格上较贴切地体现主办方作为大学设计院的特性。近年来该刊差不多每期都邀请一位业界较著名的专家学者担任客座主编，为提高刊物质量、充分利用外界资源并弥补自身编辑力量不足起到了重要的作用。该刊2010年第6期"数字化设计"专刊是中国近期同类主题的杂志中质量最好的。

由天津大学承办的《城市空间设计》创刊于2008年，办刊宗旨是在城市、空间、设计之间搭建一个视角独特的研究平台，专注于城市和建筑实验，意在引导建筑与规划新的潮流，传播一个真实鲜活的城市流变中的建筑文化之声。

新刊的创立方兴未艾，同济大学的《建筑遗产》正在申请刊号的过程之中，相信不久就会面世。

由于中国的期刊总量控制严格，申请新的杂志刊号异常困难，因此有一些建筑图书是以书代刊的形式连续出版，如清华大学的《建筑史》、中国建筑工业出版社的《中国建筑教育》、南京大学的《建筑文化研究》等。当然，这样做的好处是不需遵循期刊的许多格式规定和限制。

3．外刊介入

在这个时期，国外建筑专业媒体也开始进入中国市场。德国的*Detail*杂志中文版《建筑细部》于2003年12月由大连理工大学出版社和建筑与艺术学院主办并出版，2005年开始以双月刊的形式与德国*Detail*的英文版同步发行。该刊以德国原版的*Detail*杂志为核心内容，近年来开始增添中国的相关建筑资讯。

美国的*Architectural Record*于2005年推出中文版《建筑实录》，主要内容是选自原版杂志的世界最新的设计作品报道与评论。近年刊期从每年3期增加至4期，篇幅也扩至近百页，并逐步在加强中国的资讯分量。作为美国McGraw Hill建筑信息公司在中国的产品，该杂志只是其业务的一部分，很多相关的经营理念和活动被引入中国，如每年一次的"全球建筑高峰论坛"和"好设计创造好效益奖"等。但从目前中文版的状况而言，其国际资讯内容与英文原版存在很大差距，有关中国的报道由于编辑团队没有本土化而显得薄弱，似乎仍处在尝试阶段。

日本*A＋U*杂志是世界知名的、具有前瞻性的建筑杂志，致力于从专业的角度向建筑界人士介绍全世界范围内最新的优秀建筑师及其作品和建筑理念。2004年由上海文筑国际出版中文版《建筑与都市》，至2009年底共出版20余期。该中文版从原先的全版翻译到后期增添中国的资讯，特别是报道中国优秀年轻一代建筑师及其作品，开始有本土化的倾向。鉴于文筑国际试图创办具有自己品牌的中国建筑杂志的理想，以翻译为主的中文版引进工作就不再继续。从2010年起，《建筑与都市》中文版改由华中科技大学出版社出版与发行。

世界知名的西班牙建筑专业杂志*El Croquis*中文版《建筑素描》也由上海文筑国际于2005年翻译出版，这是当今对国际上最杰出建筑师进行最详尽采访和深入分析的建筑杂志。该中文版质好价高，为日后的盗版留下利润空间，不幸在国内猖獗盗版的打击下倒下，出了4期3本（其中一本是合刊）后就夭折了。

德国著名建筑杂志*Bauwelt*与《世界建筑》合作出版了*Bauwelt*中文版《建筑世界》杂志。从2007年开始，中文版《建筑世界》逢双月出版，每期刊登从德国*Bauwelt*周刊中精选出的文章，并按主题归类，介绍有创新建构与精妙理念的建筑作品。由于德方顾虑经济效益和刊号问题，该中文版只尝试了7期就暂停出版了。

国内的建筑学科建设长期以来都缺乏一本权威的建筑教育类杂志。中国电力出版社从英国布莱克威尔公司引进*Journal of Architectural Education*杂志。该刊是世界知名的建筑教育类杂志，由美国建筑院校联盟于1947年创办。2007年，以原版译本为主的第一、二期中文版《建筑教育》先后在国内推出。为了做好《建筑教育》中文版的本土化工作，电力出版社借鉴了原版杂志出版的思路和理念，并同国内知名的建筑院校合作，于2008年推出了清华大学和同济大学两本《建筑教育》专辑。此外，天津大学和东南大学的策划已经全部完成，约稿也已经落实，可惜由于2008年底电力出版社重组，出版战略调整，新的专辑至今未果。

媒体与时尚的结合无可争辩地成为建筑杂志的一股新势力。全球建筑与设计领域极具影响力的意大利杂志*Domus*在2006年正式进驻中国。在原版*Domus*的全球资源与影响力基础上，*Domus*国际中文版积极推进中文版的全球影响力、整合亚洲资源、推动中国建筑设计发展，为21世纪东西方交流发展搭建广阔的国际平台。该刊以"设计＋时尚"为特征，以极强的视觉冲击力带动品质，充分调动时尚的力量，使建筑和生活更加贴近，推动设计产业与大众的全面互动，吸引着正在迅速扩大的新兴设计师与白领消费者群体。该刊所呈现的媒体能量及编辑团队的活力令人敬佩，其多层面的经营之道也值得推崇，来自原刊丰富的国际资讯与中国的本土资源得到了完美的结合，它的商业与时尚的风格对于开拓大众近窥建筑艺术世界无疑起到了重要的作用。

2008年，作为一本历史悠久的意大利建筑杂志，*ABITARE*中文版由意大利RCS集团和中国艺术与设计出版联盟合作推出，以《ABITARE住》和《居CASE DA ABITARE》两个版本呈现，分别着重建筑设计与室内家居设计两个方面。《ABITARE住》是第一本面对决策阶层战略设计话题的杂志，从设计的角度来看待城市、建筑、消费、城市文化等问题，其前沿性在传媒领域是不多见的。

意大利建筑杂志*AREA*在出版100期之际，其中文版《域》第1期于2008年10月在国内正式发行。《域》致力于对建筑文脉的深度透视，是一本关注哲学、社会、人文、城市的专业建筑杂志。结合每期的专题，该刊开设的"《域》对话"是基于中国当代建筑实践目标的研究而展开的一系列跨领域的讨论，颇具特色。

外刊介入最新的进展是大连理工大学在2010年开始引进日本的著名建筑杂志《新建筑》，迄今已以书代刊的形式出版了5期中文版，明年计划争取刊号并与原刊同步出版12期。

这些杂志中文版的共同点在于：它们大部分以书代刊，立足国际杂志的高端平台，以原版译本为主并加入部分本土化内容。它们面临的共同挑战是如何使国际资讯与中国现实完美结合。

四、建筑杂志的文化功能

建筑杂志作为传播媒介不仅具有传播信息的功能，还具有导向功能。作为专业媒体，建筑杂志并不是中立地提供信息，它有自己的观点与价值取向。通过传播一定的价值观念，建筑杂志对专业发展产生一定的影响。

1. 促进学术研究

（1）学术文化的梳理、记载和传承

建筑杂志作为媒体推动每一时期建筑文化的传播，同时作为记录方式，具有不容低估的资料价值。从整个历史向度上，建筑杂志作为出版物所处时代的建筑文化，时效性较之书籍是一个极大的优势；而由于其记录与报道的深度远远超出了浅显的叙事，因而学术性与思考性自然又大大胜过报纸；其文本记录的方式也为一个国家建筑发展的历史提供了大量丰富生动的细节。如《时代建筑》2007年第5期"中国建筑的现代之路（1950～1980）"专题，试图回顾20世纪50～80年代中国现代建筑历史中"现代性"的确立和发展，认识和追寻中国现代建筑自身的历史经验以逐步建立文化的自信。

（2）新理念和新技术的呈现

工程科学的概念引入设计研究领域是必然的。注重建筑的功能和结构本身，探讨合理的功能性，注重内在结构与现代技术、新型材料的结合，逐渐成为建筑杂志关注的新话题。如今，建筑师对建筑学科的把握与思考远远超出肤浅和支离破碎的表象，大量的建筑科技资讯和理论文章引导并伴随着中国建筑创作跨入新的时代。如《建筑细部》（*Detail*），以节点这种1:20的小比例审视与研究建筑的方法正受到整个建筑行业的关注和认可。

（3）多元化的思想平台

当前中国城市连同建筑市场的激烈变革，在建筑思想领域里也引发了激烈而尖锐的讨论。建筑杂志成为各方话语的发表平台和平等表述思想的空间。对于建筑本体的讨论逐渐扩大为对建筑事件的思考而延伸到设计方案之外。《世界建筑导报》在2005年的一期中，以“鬼子来了——外国建筑师在中国”激发建筑界人士以谈城说事的姿态，用鲜活生动的语言表达思想。

2．推动创作实践

（1）介入式地促进建筑实践

利用文本对建筑活动和建筑文化进行理论批评，似乎是建筑杂志的“本分”。而中国建筑本身有一个突出的特点，就是权利借助话语取代美学标准与建筑物之间发生更为直接的关系。一座建筑物的建成，终归要受到它所在的社会环境、政治环境、经济环境的各种原则的影响。从这一角度看，杂志媒体的报道、陈述或者宣扬便显得尤其有分量，而媒体的价值之一也正是体现在它有倡导或反对的能力。建筑杂志对建筑活动的介入和影响反映了所处时代的建筑批评和理论思考对建筑创作的影响。媒体仅仅是在传递信息，媒体本身不能创造信息，但是在传递的过程中，媒体很多时候会有“再加工”，这很值得关注。有创造力的学术争鸣才能促进建筑的进步，而杂志正是其中的载体和推动者。

（2）内涵的扩大——媒体整合

专业期刊对建筑事件的多方面介入，成为建筑发展的推动力之一。当今的建筑杂志跳出了黑白方寸的圈子，成为建筑事件的制造者。2008年由“南方都市报系”发起和主办、联合建筑杂志媒体举办的“中国建筑传媒奖”获得好评，其主题为“走向公民建筑”，关注民生问题，促进建筑与社会的互动，侧重建筑的社会评价，重视建筑的社会意义和人文关怀。2008年，《时代建筑》杂志协同其他机构在苏州举办“现象学与建筑研讨会”。除此之外，作为主办方或协办方，各主要媒体杂志均设立了奖项，以表彰和鼓励建筑界新锐建筑或建筑师，如《世界建筑》杂志社2002年设立的“WA中国建筑奖”，2007年由台湾远东集团与《时代建筑》联合举办的“远东建筑奖”（台湾和上海）等。

3．关注职业培养

（1）为建筑师提供自我认同的平台

如果说早期建筑杂志更侧重于呼唤中国建筑师的职业群体，那么当今的建筑杂志则越发地倾向于对建筑师的思想及其实践行为的关注，讨论的职业主题更侧重于建筑学专业内部的组织和建筑实践的个人化。建筑行为已经悄然转化为与建筑师个体的密切关联。如《Domus国际中文版》2010年第9期“女性建筑师”专题和《城市环境设计》2010年第9期“学院·派”专题等。

（2）明星建筑师的推手

杂志媒体对事件与个体的关注和专业批评对事件起到了巨大的鼓舞和推动作用。一批年轻建筑师在十年之前并没有太多的话语权，他们的声音不融于主流建筑文化圈。但随着“何多苓工作室”“竹院宅”“衰变的穹顶”“易园”等作品在国际建筑与艺术展上的亮相，以及频频发表在《时代建筑》《建筑师》等覆盖面甚广的刊物上的具有学术思想的文章和作品，他们备受媒体的关注和追逐，开始产生国际影响并试图在建筑文化的世界格局中寻求自身的定位。在这一过程中，建筑杂志成为建筑师表达职业理想的有效媒介。应该说，这一部分建筑师的“明星化”有助于提高建筑师的社会地位，有助于增强公众对建筑学的关注。另外，建筑杂志的时效性也发生了转变，建筑杂志不仅报道“已完成”的设计，还作为一种向公众展示设计思想与理想的媒介，成为“将来发生”中的一部分。

五、办刊变革

回顾十年，我们不难看出，在探索与求新的变革之后，技术的发展、观念的飞跃以及建筑产品的丰富拓展都推动着建筑杂志这种特殊专业媒体的前进和发展。不同的杂志都在探索一条适合自身的办刊之路，有很多成功的经验值得借鉴。

1．主体意识

中国建筑杂志逐步从被动的只接受自由投稿的编辑模式向围绕主题组稿的模式转变，编辑的主体意识在增强，杂志的思想性和引导性在提高。这种编辑模式对编辑团队在学术敏感性、专业洞察力和媒体运作方面提出更高的要求。

2．厚刊时代

许多建筑杂志一跃而步入“厚刊时代”，如《时代建筑》《城市环境设计》的页码均超出200页。这不仅意味着信息量的扩充、实力的增强，也是期刊凸显特色、构建品牌、增添后劲的需要。但如果单纯盲目地追求庞大的形式就容易忽视杂志的学术标准和品质的建设。阅读者需要更深入的资讯和对建筑的解读，而不是庞杂泛滥的信息或简单粗糙的理论。

3．深度报道

“深度报道”概念的引入需要媒体的关注。这代表厚刊的内容报道不仅要整合多个侧面的内容，从不同的角度解析建筑事件背后的发展背景、理论渊源，还应该密切关联事态变化，这也是杂志资源实力和学术素质的重要体现。

4．读图时代

建筑的发展与印刷出版的技术进步和建筑图像的主题发展是相互映衬与激发的。建筑专业的特性决定了建筑表现在相当程度上对图像的依赖。从这一角度来看，建筑杂志的出版过程即是通过对图像的选择和剪辑，再把“未加工”的文字和图像变成特定的版面格式，并使文本、标题与图像并置从而阐述意义并产生价值。阅读者也不再满足于单纯的文字记录和粗糙的资料式图片，而是开始追求“真实”“现场”和“细部”的呈现。建筑杂志时尚化的趋势更凸显了图像的视觉效果的重要性。然而，如何不被图像效果所欺骗成为另一个需要考虑的问题。《时代建筑》杂志推崇作品在报道之前的现场考察是应该遵守的原则。

5. 资源整合

作为建筑专业杂志，其核心竞争力在于：由于长期的办刊积累形成的资源网络平台。这是杂志作为媒体区别于其他团体的最主要特征之一，也是建筑杂志办刊实力的重要体现。优秀的外部资源为杂志提供最新最广阔的学术与行业资源平台，同时也使杂志得以为读者提供更全面而深入的报道。

6. 多元经营

建立以杂志为核心的多层次的媒体平台，如学术会议、展览、论坛、竞赛和图书出版等，这些都是资源最大化整合的最好方式。这不仅活跃了建筑市场，同时为学界与业界的交流提供了最好的方式，当然也为杂志带来更新鲜的灵感源泉。在这方面，《Domus国际中文版》《建筑创作》《时代建筑》等杂志均有许多值得称道的经验。

六、办刊困局

1. 体制制约

中国改革开放30年，经济领域成绩斐然，而文化体制改革严重滞后。2009年，我国新闻出版体制的改革才开始提速，着手推进“经营性新闻出版单位”的转制和“公益性新闻出版单位”的体制改革。可以说，中国传媒业正处于大变局的前夜，建筑杂志界必然会受到不同程度的影响。迄今，已有少量期刊开始按照新的媒体方式和现代企业制度运作，并出现出版人的架构，如《Domus国际中文版》等。《华中建筑》杂志社从2010年8月更名为“湖北华中建筑杂志有限责任公司”可能是最近的体制变迁。中国的体制改革都是自上而下的，可能没有唯一的理想模式，但思考和寻求自身有效的体制架构仍然是十分重要的。

2. 趋同性倾向

中国建筑杂志在自我定位的独特性和差异性上不够明显，所以导致内容主题类同、栏目设置近似、报道对象撞车的现象较为普遍。这一方面是办刊主体——主办单位的相似性的缘故，另一方面也是杂志细分市场不足的原因，更是杂志编辑思想性缺失的反映。

3. 现象论现象

中国建筑业发展迅猛、日新月异，但普遍显得浮躁平庸和急功近利。建筑杂志的潜在价值是毋庸置疑的，但值得思考的是建筑杂志只是为本已纷杂的乱象添加一堆图文垃圾，还是透过这些现象去挖掘深层和内在的联系？只是追求新奇和夸张的图文视觉效应，还是心平气和地去揭示形式背后的本意？只是为闹猛的事件添油加醋，还是能以独立的视角察言观色？只是满足于个人喜好的审美，还是更具社会意义和道德伦理的批判？

4. 图像误读

由于图像传播信息的快速化和表象化的特征，导致越来越多的图像处理和版面设计追求新奇的角度和夸张的效果以获得强烈的视觉冲击效应，这导致了杂志本身的学术修养和创作水平的浮躁化和平庸化。问题不在于文字和图像孰优孰劣，问题在于，当“读图”成为一种研究方式时，杂志与读者的注意力都容易停留在建筑图像的表象，这样不仅消磨了图的意义，我们还无形中消灭了以阅读文字为代表的思考，从而忽视了对建筑本体的精读与解读，这就很容易引发对建筑价值的误解。建筑产生的信息是非常丰富的，而杂志在传播关于这个建筑的内容的时候，图片所能传达的东西其实是非常有限的。视觉可以成为一种更有深度的思维方式，但是需要长期的发展和积累。建筑图纸作为表达和把握建筑信息的重要媒介和手段，作为建筑形式“最基本、最直接、最可靠的依据”，作为一个完整设计方案文档的重要部分，所起的关键作用是现有的建筑照片无法企及的。

七、办刊新思维

建筑学科一直在经历着发展和变化，建筑师的职业状况也有所改变，其任务和范围日趋复杂。同时，信息、技术与市场的全球化新发展对中国建筑杂志提出了更高更新的要求。传统的杂志媒介理应获得崭新的诠释。

1. 品牌策略

杂志竞争力的核心是品牌和办刊人。随着建筑杂志界竞争的日趋激烈，如何塑造自己的品牌并做好品牌营销，是办刊工作最重要的内容。杂志品牌的价值主要体现在品牌知名度、品牌忠诚度和品牌认知度等指标上，直接关系到杂志的生产、销售和声誉。

2. 期刊细分

随着建筑杂志业的发展，正像国外媒体一样，中国建筑杂志已开始走细分市场路线，在现有狭缝中寻找自身的定位，如《建筑细部》《建筑教育》《照明设计》及正在创刊的《建筑遗产》等。从某种意义上讲，现代杂志不需要广泛的宽容，而需要不断回归到属于自己的那一方水土。明确定位所蕴涵的实际上是一整套崭新的经营理念和模式的变革。

3. 出版人制

期刊真正的掌门人应具备多次方的知识结构，他们应是建筑方面的专家、图文编辑方面的出版家、推广传播方面的媒体人、经营管理方面的企业家。出版人制由此应运而生。它所涉及到的是期刊变革的根本问题，值得进一步研究和实践。杂志主办部门也应该以开明、开放的心态来看待学术期刊，充分理解传媒的运作规律和手段，以增强建筑杂志在大媒体环境中的竞争力。

4. 历史视野

对于专业的建筑期刊来说，面对当下中国建筑学界和业界的发展，更应该深入地思考并不断调整自身的定位，敏感于时代的进步。这要求杂志本身不仅要关注当下，更应该将自身置于历史的维度中考量自身的价值和作用，立足于更广的历史视野来推动中国当代建筑的理论建构。

5. 独立批评家群体

在中国建筑界虽然不乏具有真知灼见的有识之士，然而普遍来看，仍然鲜有独立的批评家，也缺乏健全的体系和自由的土壤以支持其成长。他们职业身份不清，不是以大学教师就是以建筑师的身份跨界充当批评家，其后果是受圈内各自利益的牵制，有丧失独立批判性的危险。独立的批评家群体是一批具有批判性思想的自由撰稿人，而且以此为事业和谋生手段。他们具有独立的思想和敏锐的洞察力，敢于表达，是社会话语的先锋力量，作为活跃因子推动着中国建筑的发展。对于一个开放的学术体系来说，只有容许自由的批评声音存在，学科才有不断进步的可能。因此，对于独立社会批评家群体的扶植不仅是建筑学术理论界的责任，更是整个社会的责任。

6．国际影响力

对于中国建筑杂志来说，随着中国建筑地位的提高，如何增强国际话语权和影响力是一个重要的方面。总体而言，中国建筑杂志在国际舞台上的出镜率和受关注度极小，在世界重要的大学建筑院校、建筑图书馆、建筑书店及事务所内难觅踪影，被国际学界检索的中国建筑杂志极少。这不仅是语言的障碍，同时也是中国建筑水准、全球化程度以及出版和经营理念多重因素制约的结果。如何以国际思维凸显中国特征，是中国建筑杂志拓展国际影响力的关键因素。《时代建筑》作为唯一一家被美国哥伦比亚大学《埃维利建筑期刊索引Avery Index》（国际著名的建筑学文献索引两大系统之一）收录的中国期刊，近期组织了〝西方学者论中国〞的专刊（2010年第4期），并向世界主要的建筑机构免费发送，旨在扩大杂志的交流面和国际知名度。此外，《时代建筑》英文国际版也在考虑和筹划之中。

7．网络媒介

网络媒体的开拓使杂志得以更为便捷地传播信息，并提供了一个各方交流的平台，更及时地反馈各方观点和意见，扩大杂志的社会影响力。网络也提供了一条供应——销售的产业链，使杂志的流通环节更为顺畅，为读者带来更多便利。另外，与平面媒体相比，网络的最大优势是其优良的互动性和不受地域限制的可拓展性。如果充分利用这样的特性，杂志将在网络时代取得更大的发展。这当然不是将文字和图片简单地在网络上复制，而是在网上重构读者的新媒体体验，包括互动的服务和销售，从而扩大杂志品牌的影响力。

八、结语

建筑杂志其实没有理想的模式，对每一本杂志而言，只要清晰自己的定位、明白自身的优势、营销好自己的品牌，就能找到适合自己的办刊之路。从整体而言，建筑杂志需要继续保持对公众社会和城市建筑的热忱，鼓励中国建筑师的内在天赋，通过更多的媒介方式来激发建筑想象力，并创造新的经营方式，在新的范例中找到可持续发展的方法，最终走向建筑杂志业的可持续发展之路。■

附表

国内部分建筑杂志一览

刊名	创刊时间	办刊单位	现任主编	刊期	备注
《建筑学报》	1954年6月	中国建筑学会	周畅	月刊	
《建筑师》	1979年8月 2004年获得正式刊号	中国建筑工业出版社	黄居正	双月刊	
《世界建筑》	1980年10月	清华大学建筑学院	王路	月刊	
《南方建筑》	1981年1月	华南理工大学建筑学院 广东省土木建筑学会	何镜堂	双月刊	
《华中建筑》	1983年8月	中南建筑设计院股份有限公司 湖北省土木建筑学会	张柏青	月刊	
《新建筑》	1983年10月	华中科技大学	袁培煌	双月刊	
《时代建筑》	1984年11月	同济大学建筑与城市规划学院	支文军	双月刊	
《世界建筑导报》	1985年	世界建筑导报社 海外建筑信息出版集团	饶小军	双月刊	
《建筑创作》	1989年	北京市建筑设计研究院	金磊	月刊	
《建筑技艺》	1994年5月	亚太建设科技信息研究院	魏星	月刊	
《建筑细部》（德国*Detail*中文版）	2003年12月	大连理工大学	孔宇航，Cristian Schittish	双月刊	
《城市环境设计》	2004年5月	辽宁科学技术出版社有限责任公司 天津大学建筑学院	彭礼孝	月刊	
《城市建筑》	2004年10月	哈尔滨工业大学建筑设计研究院 哈尔滨工业大学建筑学院	梅洪元	月刊	
《建筑实录》（美国*Architectural Record*中文版）	2005年	辽宁科学技术出版社	Robert Ivy，宋纯智	季刊	
《建筑与都市》（日本*A+U*中文版）	2005年1月	华中科技大学出版社	孙学良	月刊	
《Domus国际中文版》	2005年3月	长春出版集团	于冰	月刊	
《建筑素描》（西班牙*EL Croquis*中文版）	2005年	文筑国际	马卫东	只出版4期	2006年停刊
《域》（意大利*AREA*中文版）	2008年	黑龙江科学技术出版社	王毅	双月刊	
《新建筑》（日本《新建筑》中文版）	2010年	大连理工大学	范悦	双月刊	
《ABITARE住》（意大利*ABITARE*中文版）	2008年	艺术与设计杂志社有限公司	Stefano Boeri	月刊	
《建筑教育》 （美国*Journal of Architectural Education*中文版）	2007年	中国电力出版社		半年刊	
《建筑世界》（德国*Bauwelt*中文版）	2007年	《世界建筑》杂志社 德国〝Bauwelt〞杂志社	王路，FelixZwoch	双月刊	2008年停刊

中国养老居住对策及建设方向探讨

周燕珉[1]　王富青[2]　柴建伟[3]

1 清华大学建筑学院

2 清华大学建筑学院住宅与社区研究所

3 冶金人才资源开发中心

一、中国面临着严峻的老龄化国情

与发达国家相比较，中国的老龄化呈现出老龄人口多、增速快，老年人及其家庭未富先老，高龄人口群体庞大等特点。据全国老龄工作委员会办公室统计发布的信息，截止2009年，全国60岁及以上老年人口达到1.67亿，占总人口的12.5%，与上年度相比，老年人口净增725万，增长了0.5个百分点。80岁及以上老年人达到1 899万，占老年人口的11.4%。

中国面临着严峻的老龄化国情，妥善考虑老人的居住问题已成为当前社会面临的重要课题。

二、中央及地方政府出台多项养老居住政策

根据实际国情，中央政府出台了"以居家养老为主、社区养老为依托、机构养老为补充"的养老居住政策，并提出了"9073"的养老引导方针，即90%的老年人在社会化服务协助下通过家庭照顾养老，7%的老年人通过购买社区照顾服务养老，3%的老年人入住养老服务机构集中养老。同时随着社会的发展，政府正逐步推动老年福利事业由补缺型向适度普惠型转变。

一些地方政府也陆续出台了与当地特点及经济实力相对应的养老政策，如北京市在2009年出台了旨在惠及全市居家老年人（包括残障者）的"九养"政策，内容主要包括子女对老人的赡养、政府对养老资金的补助、社区居家养老硬件设施的配备、养老服务内容配置等方面。北京市政府还出台了支持社会力量兴办养老机构的政策，如每个新建床位补贴8 000～16 000元，根据每位老人的身体情况每月补助100～200元不等的经济支持。

随着老龄化逐步加剧，当前需要有关部门进一步出台政策支持、引导养老产业的发展，主要包括前期开发资金的金融支持、建设用地的供给、法律责任的明晰等方面。

三、社会各方力量积极探索解决养老居住问题

在社会各界的努力下，截至2009年末，全国各类老年福利机构的数量已达到38 060个，床位数量共有266.2万张，其中包括政府建设的养老福利机构以及社会力量兴建的各类养老住宅和养老设施。

政府建设的公共养老设施主要面向高龄、生活较困难、不能自理的老人。随着经济水平的提高，政府加大了对民生领域的投入，全国各地普遍增加了福利院、敬老院、光荣院等福利性机构的建设，同时也建设了部分面向大众的养老公寓。

由社会力量建设的养老设施主要面向中高收入老人。随着老年群体的逐渐庞大，社会对养老居住的需求也日益增长。养老地产开始逐渐成为社会投资的新热点，目前，养老地产产业链正在逐步形成。

近年来，养老设施及养老床位的数量虽然逐步增长，但是与社会需求相比还有很大的空缺。虽然市场前景被广泛看好，但是由于当前相关的法律尚不完善，支持政策也不够明朗，所以多数计划进入养老地产行业的投资者尚处于观望阶段。

四、目前中国的养老居住产品类型及特点

根据目标人群、开发主体、依托资源以及经营模式的差异，目前中国的养老居住产品可以分为多种类型。

首先，从大的分类来看，养老建筑可以分为养老住宅、社区养老服务中心、养老公寓、养老护理机构四大类型。养老住宅指的是面向老年人家庭、适合其居家养老的住宅产品，又可进一步细分为融入于普通住宅区中的配建型和集中建设的专业型两种。社区养老服务中心指的是建设于社区之中、面向老年居民提供专项服务的社区配套设施。养老公寓指的是适应于老年人集中居住、集体生活、并提供相关各类服务的居住设施。中国目前有一些大型养老设施实际上是专业型养老住宅与养老公寓的混合体。养老护理机构是指面向失去或部分失去生活自理能力的老年人，提供护理及医疗服务的设施。

笔者从目标人群、建设状况以及面临的主要问题三个方面对上述养老项目类型做了分析（表1）。

当前，我国主要养老建筑处于起步阶段，对老年人群养老居住需求的认识有待深化和提高，开发和建设经验也需要总结和积累。但是随着社会对老年人居住需求越来越重视，以及对老年人群的进一步细分，养老居住产品也将随之出现更加多样化的形式。

五、促进养老地产开发健康发展

随着老龄化程度的日益提高，中国需要逐步加快养老设施的投资和建设。养老设施的建设有赖于养老产业资源的有效整合，同时需要有关部门制定标准体系对开发和设计进行规范和引导。对于需要较高护理水平以及处于"夹心层"的老人，需要有关部门出台支持政策，以促进社会力量积极参与建设适合其需要的养老设施。

首先应推进养老产业链的形成，从而促进养老地产的开发和建

表1 中国养老居住产品类型分析

类型		面向人群	建设状况	面临的主要问题
养老住宅	普通社区配建养老住宅	购房者多数希望和父母相邻而居，购房时越来越多考虑父母的养老居住需求。这类居住产品适应面较广	目前尚只有少数大型房地产企业开始在项目中实践。预计未来将逐步普及	要以良好的居家养老服务为基础。目前社会资源有待整合，如医疗急救、上门护理服务、社区居家养老配套设施建设等
	专业型养老社区	主要有三种需求类型：改善型养老，看重养老社区较好的自然环境；依托型养老，希望有专业的养老生活照料；置换型养老，城区的房子留给子女，为其工作居住提供方便	在一线城市的城郊或自然环境优越的城市已开始出现。虽然目前数量尚少，但增长速度较快	医疗配套设施建设及运营难度大，因此多数项目只面向健康老人。由于缺少经营经验，公建配套的功能组成及建设量往往难以很好把握
社区养老服务中心		面向所有居家养老的老人	一线城市（如北京、上海）开始在社区中配建社区养老服务中心，有望成为法定的社区建设配套设施之一	有待整合多方面的社会资源，如社区卫生服务中心、急救系统以及居家养老服务公司等
养老公寓		适应人群类型广，目前更多面向富裕阶层	是目前开发形式最为多样的养老居住产品。根据所处地理位置不同可又分为以下几种类型：城区护理型养老公寓；城郊照顾型养老公寓；远郊养生型养老公寓；景区度假型养老公寓	产品形式及经营模式多样。但是目前有部分项目因前期定位缺少合理论证，实际运营空置率较高，需要吸取现有经验，改进开发思路
养老护理机构		多依托城区较好的医疗资源进行建设，主要面向生活半自理或者不能自理的老人	因其专业技术门槛较高，目前多为政府建设的带有福利性质的机构。私人建设多仅为日常照护，但医疗照护设施较为不足	相关法规标准尚不完善，民营资本进入的条件不够成熟，多在观望
其他类型		如老年康复医院、老年病医院等设施也陆续成为建设的热点。这类建筑由于对医疗水平的要求更高，政府管理得更加严格和规范，所以目前多为公共力量建设		

设。完善的养老产业链条是促进养老地产项目开发和建设的重要前提。目前我国的养老产业链条尚处于形成过程中，如建设用地提供、建设资金投入、运营管理引进、设施设备配备、适老化用品购置等环节都有待进一步衔接。只有这些环节的顺利衔接，才能有效促进养老地产的顺利发展。目前既需要建设良好的信息平台来衔接各个环节，同时也需要政府出台支持政策来培育各环节的成长。

其次应制定标准体系，引导养老地产健康发展。目前，中国养老居住产品已趋向多样化，但由于缺乏经验，且现行的政策及法规对各类问题也缺少明确的规定，因此在实际建设中，各地养老项目的建设水平参差不齐，出现了各种问题，如前期定位不够准确、建设规模过大、适老化设计程度低以及建造质量难以保证等。面对未来的大量建设，需要有关部门制定政策和标准以加强规范和引导养老地产行业的健康发展。

最后应出台支持政策，培育更多服务大众的养老项目。由于对医疗及照护设施的要求高，目前对于生活不能自理的老人（如智障、身体残障等），可接纳其入住的养老设施极为不足。同时由于中国所处的发展阶段，多数老人家庭经济水平一般，他们既不符合条件入住福利性的养老机构，同时也较难支付较高的费用入住私人养老设施。这种处于"夹心层"的老人，当他们生活较难自理需要入住养老机构时，很难找到适应其支付能力的设施。

上述类型的老人在我国占绝对多数，但目前相应的养老居住设施还十分缺少。在未来建设中，需要有关部门出台支持政策鼓励社会力量建设相应的养老设施来服务大众老人，从而使养老机构的类型可以覆盖所有需要的人群。

六、结语

面对严峻的老龄化国情，各级政府已出台各类政策以应对养老居住问题，社会各方力量也开始积极探索建设养老居住设施，以适应中国未来大量的养老居住需求，目前国内已出现了针对各类老人群体的多种养老居住产品。但由于养老产业各环节还未形成有机整体，养老项目的开发和运营面临着许多挑战。同时由于缺少相关的规划及设计经验，养老项目的开发和设计思路还不够清晰，设计品质也难以保证。

针对这些问题，迫切需要政府和相关协会加强研究，出台支持政策，建立标准体系，以促进包括养老地产在内的养老产业健康发展，从而为构建和谐的老龄化社会打好基础。■

城市设计与公众意志表达

孙彤宇　管俊霖　方晨露
同济大学建筑与城市规划学院

城市设计在当今城市建设中越来越凸显其重要性，无论是旧城改造、新区开发还是新城建设等，城市设计已被作为合理利用城市土地资源、提高城市经济、文化竞争力、展现美好城市形象的有效途径，也作为各级城市管理部门掌控城市发展的有力手段而受到越来越多的重视。城市设计除了能够对城市环境和城市外部空间形象进行有效控制以外，也是平衡城市格局中各方利益的有效途径，尤其是在城市公共利益的体现和保障上，城市设计也许是表达公众利益诉求的最后一道防线。一个城市除了有健康、美好的外部形象外，是否真正属于公众、城市格局中是否体现了公众利益的平衡，在很大程度上是这个城市是否具有活力、城市文化是否具有可持续发展能力的重要指标，尽管这些在设计图上不太容易看出来。因此，城市设计如何有效地表达公众意志就成为一个非常重要的话题。

回顾城市设计学科发展的历史，不难发现最初城市设计是被作为优化城市环境的一种设计策略提出的。它不同于城市规划、建筑设计及环境设计，关注的是在城市环境中与人的活动相关联的各类要素（如人行动时的关联要素——路径，与人的视觉感受关联的要素——界面和标志物，与人的活动空间关联的要素—区域和节点），以及对这些关联要素的分析和优化设计。西方发达国家在对城市设计进行了近一个世纪的理论研究与城市实践后，逐步由纯设计学科演变为极富社会责任感与人文内涵的综合学科，结合了诸如环境行为学、人类学、社会学等与人及其活动密切相关的学科。尽管城市设计不可避免地受到文明程度与物质条件的影响与制约，但其学科内涵在不断扩大，对社会影响的范围也越来越广。随着现代科技的发展，现代社会对资源的需求越来越大，城市在聚集大量资源的同时不得不面临如何合理分配城市公共资源的问题，作为调配城市物质空间的手段之一，城市设计的一个重要职能就是在公平公正的基础上充分反映各社会阶层的实际情况、满足不同群体对城市发展的客观需求以及避免由于城市公共利益特别是城市空间的分配不合理而导致的社会矛盾甚至对抗。勿庸置疑，城市设计在平衡城市发展、协调不同社会群体关系方面具有不可替代的作用。随着城市的发展及大众认知水平的普遍提高，现代城市所带来的诸多城市问题引起公众越来越强烈的关注，各社会利益团体认识到城市设计的重要性并开始尝试参与和影响其起草及决策、监督其实施并最终对其社会效能进行全面评估，以实现城市格局中的利益平衡。公众意志逐渐成为城市设计中强有力的影响因子。

典型的例子是"斯图加特21项目"，这是斯图加特主火车站地区的一个大规模开发项目，始于1990 年，是欧盟国家雄心勃勃的欧洲复兴计划之一。该计划是建设一个能够在一天之内就穿梭全欧洲东西南北的高速铁路网，斯图加特21项目是这一欧洲大动脉的关键所在。这一复兴计划却遭到了来自市民的强烈抵制，民众的抗议、各群众团体与政府和铁路公司的谈判、交涉使这一项目搁置至今。虽然项目从设计的角度看相当吸引眼球，对提升城市面貌和振兴城市经济有着巨大的诱惑，然而站在城市公众的立场，这一项目将会破坏现有的城市历史建筑、改变城市文脉甚至可能影响到当地的气候及自然环境，因此引发了强烈的反对呼声。这一例子比较极端，然而却反映了当代欧洲城市设计中越来越强化的公众意志表达，并对城市发展的决策产生了深远的影响。

在我国，城市设计学科是伴随改革开放后的大规模城市建设而引入的，其发展也就是20多年的时间.由于大规模的城市建设一开始关注的仅是量的问题，许多城市新区拔地而起，根本来不及进行成熟的城市设计思考，因而在很长一个时期内，城市设计在我国城市建设过程中一直未受到足够的重视，只是作为城市规划成果的补充，或者干脆省略了这一过程。即便做了城市设计也往往依附于城市规划而被动地参与城市建设，对城市规划中出现的缺陷与不足只能被动地应对与解决，或者城市设计的实际贯彻力度远远跟不上城市的迅猛发展，不能从根本上扭转不合理的局面，因此本应代表社会公众利益诉求的设计过程遭到了忽视而导致公众意志的失语。此外，现阶段城市设计的主导权更多地是由政府职能部门掌控，为了创造城市美好的外观、体现政绩，城市设计更多地体现了政府主管者的意志；为了更快地建设城市、吸纳投资，往往会更多地倾向于商业团体的意志，而公众意志则被简单地忽略或者被决策者武断地代表，公众成了城市利益平衡中的弱势群体，其话语权无法得到更好的保障。

城市设计中公众意志的失语带来的影响和问题是显而易见的。出于形象工程的需要，许多城市新建巨型广场，但脱离市民的日常生活，不能很好地成为城市生活场所，而成为"橱窗式"的空间摆设；出于开发商或各建筑业主的利益考虑，本应向城市开放的建筑用地内的城市公共空间，被以各种方式侵占，使街道成为简单的人行通道，失去其应有的活力和人行环境的舒适性；由于缺乏公众需求表达的有效途径，在城市功能配置、城市公共空间的实用性等方面无法切实做到符合使用者需求（具体体现在城市公共空间的活力不足方面等），创造具有地方特征的城市文化更无从谈起。

综观上述问题，城市的公共利益比较集中地反映在城市公共空间问题上，城市公共空间的状况也在很大程度上反映了城市公众的利益需求，从而决定着城市空间的活力和文化特征。

城市公共空间是城市设计的主要研究对象，作为城市的公共资源，城市公共空间应该具有较高的开放性并在城市生活中为大部分人服务。一般情况下，公众对城市公共空间的理解局限于城市街道、广场、公园等公共性最高、概念最为清晰的场所，而实际上城市设计针对的对象不仅仅局限于某几种城市空间类型，而是整个城市公共生活。因此对城市公共空间的研究更需要考虑社会与人的因素，将城市生活作为重点，与空间研究联系起来并以此来指导城市设计。尤其是建筑用地范围内的开放空间甚至建筑物的屋顶、地下空间以及部分室内空间等，在城市设计中如果作为一个连续的城市公共空间系统进行整合，创造出适合市民活动的多层次城市生活舞台，就可以最大限度体现公众的利益。这一点只有在城市设计阶段加以考虑并用立法的方式保证实施，才能打破用地边界壁垒，使公众的活动范围深入到城市的深处，让市民感受到城市是真正属于公众的城市。

除了城市设计阶段加强对城市公共空间的控制来体现公众利益以外，城市设计中的公众意志表达途径也越来越受到重视。目前，主要的公众意志表达途径有公众参与设计、建设过程监督以及建成后评估等。

随着中国城市化水平越来越高，城市问题越来越复杂，面对城市公共空间和城市管理制度的不足，公众参与城市设计就变得越来越重要，以往单靠政府掌控全局的行政管理体制已经不能满足现实情况的需要。在城市设计过程中，要面对不同的社会阶层和群体以保证最终成果能最大限度满足各阶层的需求，充分反映公众意志，利用有限的城市资源获取最大的社会价值。在城市设计过程中，最重要的措施就是通过立法使之规范化和制度化，通过法律保护的方式确保公众参与的可操作性。以瑞典为例，虽然瑞典政府对城市发展策略有最终的裁决权，但它十分重视对公众利益的保护。作为一个高福利的国家，瑞典对城市公共投资项目的社会公益价值尤为关注，特别是立法方面。瑞典是一个多党制国家，任何重要法律和法规必须提交议会经过各个政党的充分讨论后才审核通过，在此期间各个政党向其所代表的社会阶层咨询意见并反馈，以保证这部分人的利益得到重视。同时相关的法律问题也会在报纸、杂志以及网络上公布，引发公众的讨论并向政府咨询部门或者议会提出意见和建议。由于瑞典80% 人口聚居在城市，因此城市中任何发展计划都会引起民众的关注，相关法律法规制定过程完全处于公众的监督之下。同样，在城市设计的实践阶段公众的参与也依照相同的步骤进行，职能部门在设计开始前广泛征集市民意见，举行各种讨论会并通过传单发放、媒体宣传等手段向社会公示规划草案，期间市民以各种方式将意见反馈给职能部门以及设计师，在此基础上修改的方案经过多轮公示，在广泛听取多方意见后最终敲定并进入下一阶段。在整个过程中，公众一直保持强大的影响力，通过多种途径左右最终决策，以一种民主的方式表达了对城市发展的关注，客观上保证了公众意志对城市设计最终结果的影响 。另一典型的例子是美国旧金山1971年的滨水社区城市设计，为了了解公众对城市发展的真正意向，调查人员采取了社会调查、街道活力调查、问卷调查、城市设计顾问委员会、公众听证会等手段对公众意见进行收集，同时组织设计者与公众代表进行多次的实地走访调研，之后经过多次的研讨得出最终结果，成为约束该地区城市设计的法律文件。旧金山案例的成功归功于其严谨的研究方法和设计程序，更重要的是该设计的开发原则与目标都是源于大量细致的社会调查得出的，作为美国第一个市级城市设计的研究成果被认为是美国城市设计的典范。

当然，城市设计实施过程的结束并不意味着公众参与过程的终结，城市设计最终的实际作用与效果是衡量设计成功与否的根本标准，通过建成后评估以及对城市设计成果的研究有助于发现城市设计策略与方法的不足，发掘当下城市设计思维的局限性，为理论研究和实践提供参考，同时也为城市管理者制定完善的规章制度提供依据。在城市设计的成果完成后，公众对其使用的效果、创造的空间以及对城市生活的影响都有了直观的了解，作为最直接的参与者，公众的意见将作为衡量设计成果成功与否的重要评判依据而得到采纳，进而为新的设计策略和实践指导方针提供现实依据。通常城市设计的建成后评估包括两个方面：一是对城市设计取得的物质效果进行评估，如城市公共空间的可达性、参与性及舒适性以及建成环境与自然环境的关系等；另一方面是对城市设计成果所代表的社会价值取向进行评估，强化公众在城市设计建成后评估中的话语权，更多地体现了城市格局中的公共利益。城市设计的后期评价作为城市设计的最后一环，起着承上启下的作用。公众的广泛参与为城市设计提供社会基础，通过与法律法规和设计过程的结合形成良性循环。

城市设计成果是否反映公众意志将最终影响到城市公共生活品质和城市活力。随着中国城市化进程的加快，城市人口急剧增多，公众参与城市建设的重要性越来越明显。城市设计需要扭转过去“自上而下”的思维模式，从各个方面保障和调动公众参与的积极性，确保公众意志表达途径的畅通和成果的可检验性及实施的有效监督，这样的城市设计才能保持城市格局中公众利益的平衡，满足公众城市生活的多方面需求。体现公众意志的城市才是属于公众的城市，城市空间才能焕发出应有的活力，同时也是城市经济、文化平衡发展的前提，保证城市的良性运作和可持续发展。■

参考文献

[1] 凯文·林奇．城市意象[M]．方益萍，何晓军，译．北京：华夏出版社，2001．

[2] DAWSON L. Ambitious plans to redevelop Stuttgart station have triggered a protest that is escalating beyond issues of conversation[J]. The Architectural Review, 2010(9).

[3] 刘宛．公众参与城市设计[J]．建筑学报，2004（5）：10-13．

[4] 田华，富宁．城市规划决策与公众参与[J]．青岛理工大学学报，2009（5）：40-44，48．

[5] 董菲．城市设计中的公众参与[J]．城市规划学刊，2009（7）：40-44，48．

[6] 全国人大常委会法制工作委员会经济法室，国务院法制办农业资源环保法制司，住房和城乡建设部城乡规划司，政策法规司．中华人民共和国城乡规划法解说[M]．北京：知识产权出版社，2008．

[7] 吴茜，韩忠勇．国外城市规划管理中“公众参与”的经验与启示[J]．行政论坛，2001（1）：48-50．

[8] 孙彤宇．以建筑为导向的城市公共空间模式研究[D]．上海：同济大学，2010．

[9] 李锴．我国城市设计的实施困境分析[J]．上海城市规划，2010（3）：41-44．

[10]陈静．我国城市规划公众参与探讨[D]．厦门：厦门大学，2007．

[11]莫洲瑾，曹震宇，徐雷．论城市设计的运行保障体系[J]．华中建筑，2005（3）：61-63．

[12]游宏滔，吴德刚，洪小燕．城市设计作用的若干问题研讨[J]．浙江大学学报，2005（7）：1009-1013．

[13]陶小兰．瑞典的城市规划[J]．规划师，2003（10）：123-124．

[14]唐子来，付磊．发达国家和地区的城市设计控制[J]．城市规划学刊，2002（6）：1-8．

面向世界的清华建筑教育

朱文一　刘健
清华大学建筑学院

自1946年创办以来，清华建筑教育长期着眼于面向世界的建筑教育发展，在60余年的发展历程中走出了一条具有中国特色、世界水平的建筑教育之路。

一、面向世界的建筑学术思想

清华建筑教育自创建以来就强调面向世界、培养建筑专业帅才，其建筑学术思想顺应世界建筑学科的发展变化，实现了从“体形环境论”到“人居环境科学”的转变，体现了梁思成先生和吴良镛先生在不同历史时期提出的面向世界的建筑教育理念。

1. 梁思成与体形环境论

清华建筑教育的创办人是中国著名建筑教育家梁思成先生。梁思成先生早年就读于清华大学的前身——清华学堂，后赴美深造获建筑学硕士学位；学成回国后，先在沈阳创办东北大学建筑系，后加入中国营造学社，对中国古代建筑进行广泛调查和深入研究，堪称学贯中西。1946年，梁思成先生受聘清华大学，创建清华大学建筑系。办学之初，他即基于对西方现代建筑教育的深刻认识，提出“体形环境”理论[①]，将古典的巴黎美术学院建筑教学体系，尤其是现代的包豪斯建筑教育方法，同时引入清华建筑教育，建立了由文化及社会背景、科学及工程、表现技术、设计课程、综合研究五类课程组成的建筑教学体系。梁思成先生具有国际视野的办学思想，使得清华大学的建筑学科在发展之初即与世界建筑学科发展的最新趋势保持同步，并为清华建筑教育面向世界、保持国际水平的持续发展奠定了坚实基础。在1946年～1972年担任清华大学建筑系系主任期间，梁思成先生先后邀请多名具有国际阅历的建筑英才来系任教，同时也培养了不少具有国际视野的人才，构筑了具有国际水准的教师队伍，其中包括毕业于美国匡溪艺术学院建筑与城市设计系、师从建筑大师伊利尔·沙里宁的吴良镛教授，曾留学美国并在建筑大师弗兰克·莱特的西塔里艾森事务所工作数年的汪坦教授，毕业于美国伊利诺伊工学院的周朴颐教授，毕业于前苏联莫斯科建筑学院的朱畅中教授等。他们开阔的国际视野和高深的学术造诣，同样成为清华建筑教育面向世界、持续发展的重要保障。

2. 吴良镛与人居环境科学

改革开放之后，作为清华建筑教育新时期的学术带头人，吴良镛先生针对世界建筑学科发展的新趋势以及中国建设事业的新变化，基于梁思成先生的“体形环境”理论，创造性地提出了“人居环境科学”理论。作为涉及人居环境相关学科的科学群组，“人居环境科学”把人类聚居视为整体，把“建筑、规划、景观”的三位一体视为主导专业，针对自然、人、社会、居住、支撑网络五大系统，在全球、区域、城市、社区（村镇）、建筑五大层次上，依据生态、经济、科技、社会、文化五大原则，从政治、社会、文化、技术等各个方面进行全面、系统、综合的研究，形成人居环境科学的基本框架；并融贯包括自然科学、技术科学、人文科学及艺术等与人居环境相关的部分，形成开放的人居环境学科体系。1999年国际建筑师协会第20届大会在北京召开，吴良镛先生作为大会科学委员会主席，起草了《北京宪章》，清晰阐述了“人居环境科学”的核心思想。《北京宪章》在此次大会上获得一致通过，成为21世纪世界建筑学科发展的“识路地图”，标志着清华建筑教育和学科发展站上了更高的国际平台。

3. 面向世界的新时期办学思想

21世纪以来，清华建筑教育依据“人居环境科学”理论，面向世界，建立了“立足人居环境，探索中国特色，跻身世界一流”的发展目标，确立了“一个基础、两个关注、三项结合”的新时期办学思想，坚持以人居环境科学为基础，关注国家建设的实际需要和学科发展的前沿问题，教学、科研和实践相结合，在课程体系建设、教师队伍建设以及促进国际交流、营造文化氛围等方面，积极探索构建面向世界的国际化建筑教育平台。

二、面向世界的建筑学科发展

基于“立足人居环境，探索中国特色，跻身世界一流”的发展目标，清华大学建筑学院在面向世界的建筑学科发展方面，建立了四位一体的组织架构，开展了全球视野的科研探索、国际水准的景观学科建设和着眼未来的国际评估。

1. 四位一体的组织构架

顺应世界建筑学科发展从单一转向综合的总体趋势，清华大学于1988年在原建筑系基础上成立建筑学院，下设建筑系和城市规划系以及若干专业研究所；此后，又依据“人居环境科学”理论，进一步提出“建筑、规划、景观、技术”四位一体的学科体系，逐步建立了“一院、四系、多所”的组织构架，涵盖了建筑设计、城市规划与设计、景观规划与设计、建筑历史与理论、建筑科学与技术五个学科领域。2001年，原清华大学热能工程系的建筑环境与设备工程专业并入建筑学院，与建筑学院建筑技术科学研究所合并成立建筑技术科学系，旨在强化建筑学与建筑技术科学之间的交叉融贯，探索有关建筑节能、绿色建筑等与建筑可持续发展密切相关的面向世界的全新学科领域；2003年，建筑学院成立景观学系，以世界景观学科发展前沿为标准，将风景、园林、生态等内容纳入传统的建筑教育范畴。二者均成为“人居环境科学”所倡导的学科交叉、学科拓展等全新理念的具体体现。

2. 全球视野的科研探索

学术研究是学科发展的重要内容，面向世界的学术视野则是完成高水平学术研究的重要前提。早在1940年，梁思成先生就曾因其在建筑设计领域的高深造诣受邀联合国，赴纽约与柯布西耶、理查德·尼迈耶等世界知名建筑师共同商讨联合国总部的建筑设计方案；基于对中国古代建筑的广泛调查和深入研究，梁先生以英文完成的专著《图像中国建筑史》，更是成为迄今为止关于中国传统建筑的经典之作。1980年，吴良镛先生以访问学者身份旅德期间，完成《中国城市规划简史》

的英文撰写，并由德国卡塞尔大学正式出版，同样成为境外专家了解中国城市发展历史的重要参考；1999年于北京召开的国际建筑师协会第20届大会上，由吴良镛先生执笔的《北京宪章》分别以英、法、汉、俄、西五种语言正式颁布，并获得大会一致通过，他在大会上以"建筑学未来"为题的主旨报告，以及在此基础上出版的《建筑学未来》一书，则以中国建筑师的全球视野，探讨了21世纪世界建筑学科发展的可能途径。1987年，在汪坦先生和藤森照信教授的积极筹措之下，清华大学建筑学院与日本东京大学生产技术研究所开始合作开展"近现代建筑研究②"，至今已延续廿年有余，双方每年以此为题举办专题学术研讨会、出版系列学术著作，研究涉及的地理空间逐渐从最初的中国和日本扩大到整个东亚地区，在世界近现代建筑历史研究和建筑遗产保护领域的学术影响颇为深远。

进入21世纪，清华大学建筑学院紧紧把握世界建筑学科的最新发展动态，针对普遍关注的热点问题和关键问题，积极开拓各种渠道，与国外知名高等院校、科研机构以及大型公司进行实质性的科研合作，建立了高水准的国际科研合作平台。例如2009年，为了积极应对全球气候变化的挑战，清华大学联手英国剑桥大学和美国麻省理工学院创建"清华-剑桥-MIT低碳能源联盟"，并发起"低碳城市研究"项目，清华大学建筑学院成为该项目的重要成员；而与美国波音公司合作进行的"机场环境控制研究"，则是清华大学建筑学院与世界著名公司企业合作的典型案例。

与此同时，清华大学建筑学院的广大教师积极投身国内的规划设计创作实践，先后多次在国际上获得大奖。如吴良镛教授主持完成的北京菊儿胡同旧城居住区更新改造工程获1992年世界人居奖；李晓东教授主持创作的福建平和桥上书屋工程获2010年英国《建筑评论》世界新锐建筑奖和2010年阿卡汗奖，玉湖完小设计获2006年联合国教科文组织亚太地区文化遗产奖评委会创新大奖；胡洁教授主持完成的北京奥林匹克公园规划设计获2008年美国风景园林师协会综合设计类奖项和2008年国际风景园林师联合会亚太地区设计类总统奖；朱育帆教授主持完成的北京CBD现代艺术中心公园获2009年英国国家景观金奖，青海原子城国家级爱国主义教育基地纪念园获2010年英国国家景观奖；吕舟教授主持完成的清华大学工字厅改造工程获2006年联合国教科文组织亚太地区文化遗产奖评委会荣誉奖；张悦副教授主持完成的北京乡村可持续规划设计获2008 年Holcim全球可持续建筑奖亚太地区金奖和全球铜奖。

3. 国际水准的景观学科建设

2003年，清华大学建筑学院以"人居环境科学"四位一体的学科体系为指导设立景观学系，聘请美国科学院院士、哈佛大学景观系前系主任、宾夕法尼亚大学劳瑞·奥林教授担任第一任系主任，并以其为核心组成清华大学"讲席教授组"，制定了具有世界领先水平的景观学专业两年制硕士培养方案，使清华大学建筑学院的景观学专业在成立之初即处于高水平的国际平台。在为期三年的聘期中，共有9名世界著名的景观学教授和专家被聘为"讲席教授组"成员，先后16次到景观学系承担并完成教学任务，取得显著的教学成果。截至2010年底，已有四届学生顺利完成专业学习和论文答辩，获得硕士学位。这是清华大学建筑学院面向世界，在国际水平的学术平台上进行学科建设的全新探索，成为21世纪清华建筑教育迈向世界的标志性成果。

4. 着眼未来发展的国际评估

2010年，为了迎接清华大学百年校庆，同时也是为了给清华建筑教育在新百年里的持续发展拓宽思路，清华大学组织进行了"清华大学建筑学科国际评估"，邀请来自美国哈佛大学、麻省理工学院、加州大学伯克利分校，以及英国伦敦学院大学、荷兰大学和意大利罗马大学等世界一流建筑院校的六位知名建筑教育专家作为评估组成员，在9月15～17日期间对清华大学建筑学院进行了实地考察。在为期三天的实地考察期间，六位专家与建筑学院的资深教师、青年教师和各年级学生先后进行了20余次的会谈，对建筑学院几乎全部的学术项目、学术单位、职业活动进行了全面的了解和探讨。在最终提交的《清华大学建筑学科国际评估报告》中，评估组认为，清华大学建筑学科已经达到世界高水平（high standing in the world），未来应继续提高国际地位，进一步明确学术特色、突出研究导向、完善组织管理、提高设备环境。此次国际评估进一步确认了清华建筑教育面向世界的发展定位，同时也为全球视野下清华大学建筑学院的未来发展提供了有益建议。

三、面向世界的国际交流平台

改革开放以来，面向世界的清华建筑教育迈入新的发展时期，对外合作与交流不断扩大，逐步与美国哈佛大学、耶鲁大学、麻省理工学院、宾夕法尼亚大学、英国剑桥大学、荷兰代尔夫特工业大学、德国慕尼黑工业大学等数十所世界著名建筑院校建立了长期稳定的战略合作伙伴关系，通过联合设计和会议展览，开展了注重实效、面向世界的建筑教育国际合作与交流。

1. 不断开拓中外联合设计

自1980年以来，建筑学院分别以主办和参与的方式，先后与来自世界各地的数十所知名建筑院校进行联合设计，题目涉及建筑与城市设计、城市规划与设计、景观规划与设计、遗产保护规划与修复设计、建筑物理环境设计等不同专业方向。如"清华-MIT城市设计"是由清华大学建筑学院与麻省理工学院建筑与规划学院合作举办的联合设计，每两年举办一次，每次为期四周，从1985年创办至今已持续25年，堪称系列联合设计的典范，2010年5月在北京顺利完成了第11次联合设计。再如，2008年春季学期，借北京奥运召开之机，以北京奥运场馆赛后利用为题，清华大学建筑学院与意大利都灵理工大学建筑学院合作进行联合设计；该联合设计为期一个学期，先后在北京和都灵两地举行，设计成果在当年于都灵召开的第23届国际建筑师大会上进行展示，之后又以中、英、意三种文字在国内正式出版；中意学生各自在北京和都灵工作期间，双方师生充分利用网络视频会议系统进行沟通和交流，成为借助先进技术开展国际化教学的成功探索。此外，2007年5月，荷兰鹿特丹国际建筑双年展首次举办"国际大师班设计竞赛"，邀请了包括美国哥伦比亚大学和麻省理工学院、瑞士苏黎世高工、荷兰代尔夫特工业大学、中国清华大学等在内的全球十余所顶尖大学的建筑院系参加。在两周的现场设计竞赛中，清华大学建筑学院的设计团队脱颖而出，获得竞赛第一名，从一个侧面展示了面向世界的清华建筑教育的风采。近年来，清华大学建筑学院不断重视将面向世界的中外联合设计向本科阶段拓展。2010年，三年级设计课与美国耶鲁大学建筑学院合作，针对中国传统建筑进行联合设计专题教学，成为本科阶段中外联合设计的成功案例。

2. 频繁举办国际会议展览

国际会议与展览是加强对外宣传、促进中外交流的重要平台。近年来，清华大学建筑学院紧密结合自身的教学与科研实践，充分利用各种可能的机会和平台，以不同方式在国内外主办或承办各种形式的国际性学术会议和展览，成为清华建筑教育对外展示学科发展成果的重要途径，也为建筑领域的中外学者搭建起高水平的学术交流平台。2006年，为庆祝建院60周年，清华大学建筑学院举办了一系列国际性学术活动，其中包括与德国柏林工业大学联合举办"城市可持续发展国际会议"，接待中外会议代表近200人；与荷兰代尔夫特工业大学联合举办"现代化与地域性国际会议"，接待中外与会代表近300人；与美国麻省理工学院建筑规划学院联合举办"清华-MIT城市设计合作教学20年回顾展"，纪念两院校通过20年的长期合作，在研究生城市设计教学上取得的丰硕成果。2008年6月，清华大学建筑学院在意大利都灵理工大学建筑学院的大力协助下，在于都灵召开的第23届国际建筑师大会上成功举办"清华大学建筑学院教学成果、教师作品和吴良镛人居环境科学成果展"，开创国内建筑院校在境外举行的国际建筑师大会上举办学术展览的先例；同年11月，于南京召开的联合国人居署第四届"世界城市论坛"上，清华大学建筑学院与东南大学和江苏省建设厅联合承办"2008年世界人类聚居学会（WSE）年会"，就"和谐的人居环境建设"问题展开广泛讨论。2009年10月，在清华大学召开的"中国博士生学术论坛（建筑学）"上，美国哈佛大学皮特·罗伊教授、荷兰代尔夫特大学亚历山大·楚尼斯教授和约根·罗斯曼教授受邀参会，为来自全国的博士研究生进行了专题讲座；同年12月，清华大学建筑学院主办"世界建筑史教学与研究"国际研讨会，邀请美国哈佛大学麦克·黑斯教授与会，共同探讨世界建筑史教学与研究的发展。

此外，清华大学建筑学院还多次举办世界建筑大师设计作品展，同时面向世界，大力开展与南美、中东等地区的教授和专家合作，如南美的哥伦比亚、中东的叙利亚等，联合举办建筑展览。

3. 不断探索交流新模式

2010年11月29日，清华大学百年校庆百场学术活动之一——"清华-哈佛建筑论坛"在清华大学举行。"清华-哈佛建筑论坛"是清华大学建筑学院与哈佛大学建筑学院长期合作的结果，旨在加强两个建筑学院之间的学术对话，探讨建筑学科的最新发展动向，搭建世界建筑学科前沿学术思想交流的重要平台。此次论坛分别邀请了清华大学建筑学院和哈佛大学建筑学院各5位专家，围绕"城市主义再思考"的主题，进行了10场主题发言，探讨了建筑学科发展的最新动态和前沿问题，并与参加论坛的百余名听众进行了热烈的现场讨论。哈佛大学建筑学院院长莫森·莫斯塔法维教授、建筑系主任斯科特·科恩教授、景观系主任查尔斯·瓦尔德海姆教授，以及博士项目负责人麦克·黑斯教授和安东尼·皮孔教授应邀参加论坛并进行主题发言。

作为由教育部学位管理与研究生教育司和国务院学位委员会办公室联合主办的"2010年全国青年导师研修班（建筑学）"的学员，来自全国14所具有博士学位授予权的建筑院校的院长和博士生导师60余人参加了此次论坛；他们分别介绍了各自院校的博士生培养情况，并与哈佛大学建筑学院的各位专家就中美高水平建筑人才的培养问题进行了直接对话。"清华-哈佛建筑论坛"的成功召开成为清华建筑教育面向世界、探索学术交流新模式的标志。

四、面向世界的英文建筑教育

进入新世纪以来，清华大学建筑学院在既有留学生教学的基础上，顺应时代发展潮流，积极开展以英语授课的建筑教育：一方面面向世界招收国际学生，开设建筑学硕士英文班项目（English Program of Master in Architecture）；另一方面面向全球招聘知名学者，开设以英语讲授的专业课程。

1. 建筑学硕士英文班

清华大学建筑学院于2008年秋季学期开设"建筑学硕士英文班"，面向世界招收学生，成为中国大陆第一个面向世界招生的全英文授课的建筑学硕士学位项目。该项目针对国际学生的特点，围绕中国建设发展设置教学计划，以帮助国际学生加深对中国的了解；同时邀请荷兰代尔夫特大学亚历山大·楚尼斯教授、德国慕尼黑工业大学托马斯·赫尔佐格教授、美国哈佛大学杨·布茨盖教授等国际知名教授，承担理论课和设计课教学。截至2010年，该建筑学硕士英文项目已完成3期招生工作，共招收硕士研究生29人，学生分别来自欧洲、北美、南美、大洋洲和亚洲的十多个国家。2009年底，第一届学生顺利毕业，获得建筑学硕士学位。

两年制建筑学硕士学位教育从中文授课拓展为全英文平台，使更多国际学生可以免于语言障碍来华学习建筑专业，获得中国政府颁发的硕士学位，为中国建筑教育走向世界提供了独特路径，标志着面向世界的清华建筑教育进入更 深入的发展阶段。

2. 面向中外学生的英文授课

作为教学体系的重要组成部分，丰富多彩的系列访问讲座是清华大学建筑学院国际化教学的另一主要形式，也是对常规建筑教学的重要补充。自1980年以来，建筑学院借会议和访问之际，通过特别邀请、学术交流等形式，为全院师生举办系列学术讲座，近五年总计超过300场次；学术报告人大多来自世界各地的知名建筑院校和设计公司，既有学术专家，也有设计大师，涉及建筑、规划、景观、文物保护、建筑技术等众多领域。

同时，清华大学建筑学院还充分利用国家和学校提供的各种可能渠道，以客座教授、聘任教师和访问学者等方式，吸引高水平的外国学者参与本科生和研究生的基础教学，面向在校的中外学生开设以英文讲授的专业课程，成为学生们在全球化背景下适应国际化建筑教育的重要途径。

结语

自1946年创建以来，清华大学建筑学院在60余年的发展历程中，始终在中国建筑教育科研领域处于领导地位，而面向世界的建筑教育更使其在国内建筑院校中独树一帜，并在国际上逐步建立起重要的学术声望。进入21世纪，面对全球化的巨大挑战，清华大学建筑学院坚持"一个基础、两个关注、三项结合"的办学思想，以人居环境科学为基础，关注国家建设的实际需要和学科发展的前沿问题，教学、科研和实践相结合，努力实现"立足中国特色，培养建筑帅才，跻身世界一流"的发展目标，在学科发展上达到世界高水平。■

注释

①1949年7月梁思成先生在《文汇报》上发表的"清华大学营建学系（现称建筑工程学系）学制及学程计划草案"中写到，"所谓'体形环境'，就是有体有形的环境，细自一灯一砚，一杯一碟，大至整个的城市，以至一个地区内的若干城市间的联系，为人类的生活和工作建立文化、政治、工商业等各方面合理适当的'舞台'都是体形。"

②自1990年以来，该项目由张复合教授主持，已出版专著9本。

参考文献

[1] 朱文一，刘健，张晓红．立足中国特色，培养建筑帅才，跻身世界一流—清华大学建筑学院面向新世纪的国际合作与交流[M] //清华大学国际合作与交流处，清华大学港澳台办公室．从这里走向世界——清华大学国际合作与交流论文集．北京：清华大学出版社，2010：16-23．

[2] 朱文一．人居环境科学指导下的清华建筑教育[J]．中国建筑教育，2008（4）15-19．

从兼收并蓄到博采众长
——同济大学建筑与城市规划学院国际化办学历程与特色

吴长福 黄一如 李翔宁
同济大学建筑与城市规划学院

教学特色是大学办学过程中长期积淀而形成的相对稳定的整体特质，是对优化人才培养过程、提高教学质量产生显著作用的教学理念与教学举措，堪称办学的内在生命。同济大学建筑与城市规划学院的教学特色集中表现为三个方面—多学科发展、重实践创新和国际化办学。这些教学特色处于教学关系的不同层面。其中，"国际化办学"针对学科特点，充分利用上海在当代国际化浪潮中枢纽城市的优势资源，拓宽了办学视野，在三个主要特色中具有基础性地位。

国际化既是办学手段，又是办学目标的重要指向。在经济力量和技术力量的推动下，世界正被塑造成一个可以共享的社会空间，社会生活的所有领域都无法摆脱全球化进程的影响，大学的国际化是全球化在教育界的具体表现，是当前世界教育发展的整体趋势，更是培养国际化人才的根本要求。

学院充分认识到国际化办学的重要性，并历来重视对外交流工作的持续探索。思想上，历经了从兼收并蓄、开放包容，到博采众长、主动汲取的观念升华；行动上，历经了从教师自发参与到作为集体计划行为、从局部项目到全面推进的发展过程。至此，学院已基本构筑起较为完整的国际化办学体系，形成了一系列的运作机制与做法，有力地促进了学院人才培养工作的开展，并且成效卓著。

一、国际化办学的发展历程

自1952年建筑系成立之日起，同济建筑学科便一直在探索国际化办学之路。由于当时的师资来自于华东各地院系，并且大多数教师有着不同国家的留学背景，他们开放的视野和广泛的国际学术联系，使学院在学科创立之初就有着兼容、开放的国际化学术氛围。20世纪50年代，苏联、德国专家曾多次来学院作讲座并开设课程，国内其他建筑院系也纷纷派出教师前来听外籍教师讲课，成为当时罕见的一个国际交流平台（图1）。

改革开放后不久的20世纪80年代，学院又将注意力投向西方建筑学界。当时建筑系系主任冯纪忠和继任系主任李德华先后邀请了美国著名华裔建筑大师贝聿铭来同济讲学，邀请德国著名建筑学教授达姆施塔特大学的马克斯·贝歇尔和美国耶鲁大学的邬敬履教授来指导课程设计，为封闭了整整十年的中国建筑界带来了有关世界建筑发展潮流的新鲜信息，也把建筑结构和设计关系的直观体验带到设计课程的教学中（图2）。

20世纪90年代，学院又和美国普林斯顿大学、耶鲁大学、香港大学等国际著名大学定期合作进行联合设计教学活动，有不少本科生和研究生由此获得国际交流机会，走出了国门，开阔了眼界，和各国建筑学科师生进行了广泛的交流和研讨活动；同时也有大量国外师生来到上海，和学院师生一起探讨上海城市建设中的实际课题。国际联合设计使学院师生们的学科思考和研究逐渐提升到国际建筑学科的高度，使学院在国际交流方面走在国内高校的前列（图3）。

近年来，学院以国际化为办学特色，无论形式还是内容都日趋成熟，并在制度上不断完善。学院已和国际上多所著名建筑院校建立起多种形式的合作交流关系，通过与这些建筑院校的定期学术交流和联合培养学生等合作计划，形成了更加密切和常态化的合作交往。同时，学院积极主办和参与国际性会议、展览等各种学术活动，支持教师通过双向交流提高学术水平；推进学生参与各种形式的国际交流，为培养具有国际视野的专业人才创造条件。

二、开展合作办学，与国际一流院校同步发展

国际化办学的最终目标是通过和国际同行的交流，提升自身的办学水准。在经过了文革期间学术交流的封闭之后，改革开放以来同济国际交流的重心始终是瞄准国际一流水准院校，希望借鉴他们成熟的教学经验，在和国际一流院校同台操练的过程中提高学院的国际化水平。

通过重点建设，目前学院已与德国、法国、美国、英国、意大利、澳大利亚、日本、新加坡等国家20多所国际知名大学的相关学院建立了多层次、长期的合作与交流关系。根据合作方的不同优势和条件，学院进一步拓展合作的对象和方式，和这些学校形成了丰富立体的合作交流构架，为人员交流、教学合作、科研合作奠定了良好的基础。此外，学院还和俄罗斯、韩国、瑞典、加拿大、西班牙、荷兰、奥地利、芬兰、新西兰、印度等20多个国家的40多所学校和科研机构有不同程度的合作和联系，相互学习，取长补短，共同发展。

此外，学院注重拓展与联合国教科文组织、联合国环境署、联合国人居署、联合国住房署、国际文物保护修复研究中心、国际建筑师协会、世界银行、Holcim基金会等国际组织及机构的合作，逐步将传统的教学合作模式转变为教学、科研、实践、管理的全方位合作，实现了国际合作水平的战略性提升。联合国教科文组织已于2006年将亚太地区世界遗产培训与研究中心设在同济，这是该组织在中国设立的第一个下属机构。

通过国际交流，学院还邀请了国外高水平的教授和学者参与教学，增强了教学实力，增加了教学多样性。如邀请了贝聿铭（美）、黑川纪章、安藤忠雄（日）、柯里亚（印）、柯拉里（意）、维居尔（法）等国际建筑设计大师担任名誉教授；聘请了海尔勒（柏林工业大学）、仙田满（东京工业大学）等与学院有长期良好合作关系的教授担任顾问教授等，为学院各学科的建设出谋划策。近年来，我院又推出了国际"引智"计划，引进国外著名院校的资深教授来我院执教。近三年每年引进人数为3~6名，他们不但在学院举办学术讲座、开设课程、指导研究生开题，还参与了学科团队的建设，共同为学科发展贡献智慧。

图1　1957年至1959年，民主德国专家雷台尔教授应邀来同济讲学

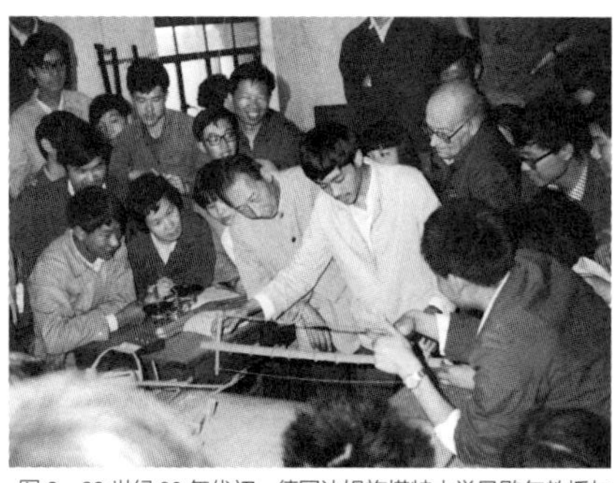
图2　20世纪80年代初，德国达姆施塔特大学贝歇尔教授与冯纪忠教授一起指导学生课程设计

图3　1996年同济大学与美国普林斯顿大学及香港大学共同举办联合课程设计的评图现场

图4　2010年中法建筑与城市发展论坛大会主题报告会场

图5　2010年中法建筑与城市发展论坛大会分会场

图6　2008年国际评估委员听取院系汇报后进行讨论

三、举办各类论坛，提高学院国际影响力

在国际交流过程中，学院始终将举办各类高水平国际学术论坛和会议作为既能提高国际影响力，又能了解国际最新学术动态和拓宽信息渠道的一种重要途径。

近年来，学院主办了一系列具有重要影响的重大国际学术会议和论坛，并以此为标志，努力跻身于全球最具影响力的建筑与城市规划院校之列。2001年7月，首届世界规划院校大会在学院召开，来自全球69个国家和地区的1 000多名专家学者汇集于此，共同讨论世界城市规划和专业教育发展的热点问题；会后成立了“世界规划院校联合会”，秘书处设在同济大学，并成立了全球规划教育网络组织，其网站也设在同济大学，由此学院成为全球城市规划教育的联络中心，在世界规划学界产生了重要影响。之后学院又相继举办了“中法建筑与城市发展论坛”（图4，图5）“首届生态城市规划国际会议”“世界遗产保护国际高层学术研讨会”“首届国际景观教育大会”“第六届亚洲与太平洋建筑国际学术讨论会”“中法可持续发展城市交通系统论坛”“第四届国际中国规划学会年会”等高水平的国际学术会议。

学院重视与国际组织的合作，是Holcim基金会“可持续建筑”系列计划（全球建筑界奖金最高的计划）的五大合作学院之一，代表亚太地区进入了该组织核心机构。2005年在同济成功开展了“Holcim可持续建筑大奖赛”亚太区竞赛组织工作；2007年作为东道主承办了“Holcim可持续建筑论坛”，同年有1 500所世界设计院校参加的“Archiprix国际毕业设计竞赛”的汇展和评奖工作也在我院进行。

与此同时，学院的对外学术交流从被动的引进转变为积极主动的双向交流。一批知名教授和中青年教师纷纷走向国际讲坛，除参加国际学术会议进行主题发言外，也经常被邀请至世界各地进行专场讲座，内容涉及建筑历史、城市发展、古建筑保护、住宅建筑、节能环保等多个题材，受到了各国同行的欢迎，使其加深了对中国建筑理论与实践的认知和理解。

四、组织国际评估，向国际一流标准看齐

国际合作的推进和战略发展需要我们对自身在国际院校队伍中所处的地位有一个清晰的认识，这是学院进一步优化发展目标与路径、加快国际化进程的必要条件。为了在国际同类院校中合理定位，找到和国际一流建筑院校的差距，2008年学院进行了建筑与城市规划学院国际评估，并举行了首届国际专家顾问委员会会议（图6）。

本次国际评估委员会主席由瑞士苏黎世联邦理工大学（ETH）城市管理学院院长Hans-Rudolf Schalcher教授担任，评委会成员包括国际建协主席Gaetan Siew 先生、中国工程院邹德慈院士、美国麻省理工学院建筑系前任系主任Stanford Anderson 教授、米兰理工学院建筑学院院长Alessandro Balducci教授、德国斯图加特大学住宅与建筑研究所所长Thomas Jocher 教授、美国建筑师协会会刊《建筑实录》杂志主编Robert Ivy先生、荷兰代尔夫特大学资深教授Alexander Tzonis、日本建筑师松永安光教授等。

经过申述与热烈的讨论，评委们对学院的教学、科研、实践和国际化水平等各个方面进行了评估，在最终提交的评估报告中，肯定了学院近年来的快速发展和较高的国际化程度，并对学院今后的定位、发展方向、教学科研体系的进一步优化以及国际化进程的继续推进等方面提出了建设性的意见和建议。

评委们在评估报告中指出：同济的建筑和规划学科在国际上已经具有相当的知名度；学院的硬件设施尤其在教学空间方面，在国际同类建筑院校中处于先进之列；学院能够依托上海的城市发展和国际化背景，并充分把握参与国家发展与政府决策的机遇，为学科的发展创造良好条件；教师和学生的广泛实践机会对于职业教育的发展也大有裨益；同时，学院近年来引入了相当数量的国际教师、建筑师和学者，从战略

图7 2009年在由中德教授共同参加的同济大学-柏林工业大学"城市设计"双学位硕士论文答辩会上，同学们用全英文完成答辩

图8 2010年同济大学-包豪斯大学"国际城市综合研究"双硕士学位项目毕业授证仪式在同济举行。14名参加该项目的同学从包豪斯大学建筑学院院长Bernd Rudolf教授手中领取了包豪斯大学的硕士学位证书

图9 2010年在柏林举行的同济论坛期间，裴钢校长看望在德国参加柏林工大和包豪斯大学双学位课程学习的学生

图10 2009年暑期学校的颁奖仪式

图11 2009年国际学生和指导教师进行设计方案讨论的现场

图12 在学院交流的国际学生来到设在宜兴的学院校外创新基地，学习用制陶的工艺表达造型设计

谋划到具体教学，为学院的国际化提供了全面的外部支持。对于未来的努力方向，评委们建议：学院应当进一步提升国际化水准，增加长期和固定的国际教职；至少确立一门国际语言作为整个教学和研究的国际用语；教师和学生的社会实践应该更进一步反映在教学上，并通过实践力求对学科知识体系有新的贡献等。

通过国际一流建筑和城市规划专家的把脉，学院更加明确了今后一段时期的工作重点与发展方向。随后学院以此次国际评估为契机，成立了国际专家顾问委员会，为定期持续举行国际评估、落实建议成效进行了制度设计。

五、推进联合设计，培养国际化专业人才

建筑、城市规划及其相关学科的核心课程是设计课，其他课程中学习到的知识和技能，最终将通过设计课程综合体现。在学院全方位开展的国际学生交流活动中，以联合设计为主的国际交流，始终是我们国际合作办学的重点内容之一，而且我们和许多院校的全面合作都开始于国际联合设计的教学活动（图7～图9）。

从2003年开始，学院每年推举100名以上研究生进行不同类型的国际联合设计交流，目前形成长期合作的学校有：美国的耶鲁大学、普林斯顿大学、伊利诺伊大学，德国的柏林工业大学、魏玛包豪斯大学、勃兰登堡工业大学、柏林工学院、德绍包豪斯学院、斯图加特大学，澳大利亚的新南威尔士大学、悉尼大学，日本的东京工业大学、九州大学，以及新加坡国立大学、中国香港特别行政区香港大学等。近年来学院国际联合设计已从刚开始的研究生教学阶段扩大到本科教学阶段，并逐步纳入了本科教学计划且规模持续扩大。这些联合设计在内容上可分为两种：一种是强调结合培养计划中的课程设计要求，进行针对性的教学交流，如住区设计、城市设计等；另一种是突出教学的实践性与探索性，将一些前瞻性的课题引入国际联合设计及相关国际交流。2000年在世博会选址和规划研究伊始，学院与上海市城市规划管理局、法国欧洲城市规划设计大学暑期工作室等联合举办国际性大学生规划设计大赛，以世博会为主题进行规划设计，来自14个国家28所大学的38名学生递交了规划概念设计作品，其中首次提出上海世博会沿黄浦江布展方案，引起了大赛评审委员会的高度兴趣，该建议被提交上海市政府并促成了最终的世博会选址。

从2005年起，学院依托社会资助，创办了同济国际学生暑期学校，这使国际学生的联合设计又增添了新的空间。通过院际合作关系和网上报名的形式，每年吸引来自国内外的近30名学生来同济参加为期两周的专业设计活动。暑期学校设计选题紧紧围绕中国当下重点与热点问题展开，2009年的苏州河两岸工业遗产保护更新和景观规划研究、2010年的上海世博园区的后世博利用规划等选题，均引起了一些国际院校学生的极大兴趣，众多建筑、城市规划及景观学等专业的本科生与研究生都积极申请参与。通过国际暑期学校，师生们能够参与到中国乃至国际关注的重大建设项目的研究中，在国际交流过程中表达各自的专业思考、锻炼专业能力。暑期学校的定期举办，为学生创造了一个国际交流平台，同时也使学院的教学变得更为开放，扩大了学院专业教学的影响力。国际暑期学校已成为同济的一个国际品牌项目（图10）。

学院在国际联合设计方面取得的成绩得到了各方的肯定，"国际联合建筑设计教学的体系化建设"课题获得了上海市教学成果一等奖（图11，图12）。

六、以学位教育为重点，提升国际交流品质

学院全方位开展国际学生交流活动，一方面派出大量学生前往国际知名建筑院校学习，另一方面也接受来自这些学校的学生进行联合培养，使得学院学生在国际交流办学模式中大为受益。联合培养主要有两种形式：一是学分互认，合作学校相互承认学生在对方院校学习时取得

的成绩，使学生国际交流纳入正式培养计划，如从2001年开始，学院每年选派本科生前往新加坡国立大学、香港大学等境外大学进行交流，同时学院每年接受来自多个国家和地区的交换学生；二是互授学位，对分别在合作学校参加课程学习并达到一定学习要求的学生，双方学校同时授予学位，即国际双学位。

随着国际交流经验的积累和交流体系的不断深化，学院认识到在学位层面的国际合作是最具实质意义的合作办学方式。各个国家和学校对学位授予都有严格的质量标准和要求，因此，涉及学位的国际合作本身预示着更高的准入门槛和培养目标；而学院在教学师资、课程建设、教学设施等方面为双学位培养创造条件的努力，最终可以让学院走向真正意义上的国际化。

自2005年以来，我们逐步建立起了多个国际双学位项目。已经成功培养了多届中外双学位毕业生，包括和柏林工业大学城市设计、包豪斯大学IIUS城市研究的双学位项目、法国国立公共工程大学、里昂二大以及美丽城大学的双学位项目等。现在又已经和奥地利维也纳技术大学、意大利帕维亚大学签订了双学位协议，并从2011年开始执行，而和美国夏威夷大学、佐治亚理工等七所院校的双学位项目也正在洽谈中。为配合正在着力推进的“卓越工程师培养”改革计划，学院将在三年内做到每年有100名硕士生可以通过国际双学位项目获得欧美大学的学位。

七、创建英文课程体系，强化国际化办学能力

随着我院国际化水平的不断提高，原有的全中文课程体系面临着国际交换学生和双学位生的双重挑战。为了适应层次不断提高的交流，我们建立了一套英文授课的教学体系，甚至能够满足全英文覆盖的学位培养要求，是我们近几年的工作重心。近三年来，我院已逐步建立了学院研究生英文教学的大平台，为分属于三个系的建筑设计及其理论、城市规划与理论、景观规划设计三个专业提供共同的培养课程平台。

学院以“985工程”项目建设为契机，申请了专项建设经费，用于我院三个系硕士英语课程和英语课程专用教室的建设。学院制定了周密的计划，专门召开了多次专题会议研究具体推进措施。经过近三年的建设，初步取得了一些进展，课程体系基本建立，开设了近30门课程，可以折合达到40～50学分。按目前同济大学的研究生管理方法和有关专业教学大纲，硕士培养28个学分中除公共课外，专业课约20个学分，可以按年度满足学生修课要求。所有课程都已建设了完备的档案，包括课程教学大纲、阅读材料、教师情况和课程情况简表。学院所有课程的目录和简介都公布在英文版的学院网站上供国际学生查询，并将逐步补充课程课件、学生作业的存档和教学影像资料的网上资源共享。

这样一个国际英文课程平台，在满足国际双学位教学要求的同时，也为每年接受的近50名国际进修生和交换学生创造了条件，大大提升了学院的国际化办学能力。

八、加强制度建设，保证国际交流的可持续发展

除了国际交流项目，学院正常外籍留学生数也已达到了一定的规模。目前，全院本科生中留学生的入学比例已占到10%，学生来自于哈萨克斯坦、老挝、塞舌尔、加拿大、日本、韩国、新加坡、缅甸、西班牙、哥伦比亚等十多个国家。大量的涉外教学管理与学术交流，需要在体制及机制上形成常态的应对措施。为此，学院成立了外事办公室，聘任专职人员，专门统筹学院的对外交流工作，并在院系两级设外事负责人与外事秘书，同时针对不同地区、国家和项目，分设联络小组和项目负责人，初步建立既职责清晰又相互依托的外事工作网络。

对任何一种教学活动而言，制度建设都是其可持续发展的先决条件，学院先后对留学生招生和管理、国际教师引进条件和待遇等做出相应的制度规定。此外，为了鼓励全院教师积极参与国际交流，还制定了一整套的奖励机制。首先将对外交流活动分为联合工作坊、联合设计课和国际课程三种类型，再根据教学周期、交流地点、活动方式等因素划分为五个层次，凡是进行国际课程教学和交流工作的教师，其工作绩点可在普通教学和管理工作的绩点基础上乘以奖励系数，而根据类型和活动特点，该奖励系数以1.5为底限，最高可以达到3.0。这既体现了国际合作教学过程的工作强度增加状况，也维护了教师参加国际交流的积极性，在客观上促进了国际化教学工作的持续开展。

近年来，无论是在同济大学各学院间，还是在国内相关建筑院校中，我学院国际交流的指标都比较突出，且特色明显。国际化办学已经覆盖从名誉教授、客座教授、兼职教授等的国际师资聘用，到联合学位、国外实习、学生交换、学术讲座、国际论坛、暑期学校、教师互访等教学科研活动的各个层面。仅国际学术讲座一项，据统计近几年每年在学院举办的国际学术讲座和报告都在150场左右，除去节假日，平均每天超过了一场。2010年上海世博会举办的前5个月期间，学院的国际讲座达到160场次之多。许多外国留学生反映，即便在欧美的建筑院校，也很少有机会能听到如此丰富而众多的学术讲座。

学院频繁的专业交流活动，营造出浓厚的国际学术交流氛围，促进了办学水平的整体提升，拓展了教师的学术视野，使他们在教学理念、教学方法、教学内容等方面都有了长足的进步和提高。同时，交流活动也拉近了学院和世界高水平大学的距离，增强了学院在国际学界的影响力。在国际化办学中，最直接获益的是学生，通过这种走出去、请进来的双向方式，他们能够与国外师生进行面对面的交流，及时跟进世界前沿的学术动态和思想方法，在合作中得到多元文化的碰撞与启迪，丰富了知识，开阔了视野，大大提升了专业水平和沟通交往能力。所有这些都使我们确信，通过国际化办学，博采众长，是全面提高教学质量、培养创造性专业人才的必由之路。■

参考文献

[1] 同济大学建筑与城市规划学院．历史与精神——同济大学建筑与城市规划学院百年校庆纪念文集[M]．北京：中国建筑工业出版社，2007．

[2] 同济大学建筑与城市规划学院．开拓与建构——同济大学建筑与城市规划学院历年教学论文集[M]．北京：中国农业出版社，2007．

[3] 同济大学建筑与城市规划学院．同济大学建筑与城市规划学院五十周年纪念文集[M]．上海：上海科学技术出版社，2002．

[4] 吴长福，钱锋．多学科、重实践、国际化——同济大学建筑与城市规划学院教学特色的形成与发展[M] //同济大学建筑与城市规划学院．传承与探索——同济大学建筑与城市规划学院百年校庆教学论文集．北京：中国建筑工业出版社，2007．

[5] 吴长福，黄一如，王一．缜思畅想——注重创造力培养的同济建筑设计教学[M]．北京：中国建筑工业出版社，2009．

[6] 伍江．兼收并蓄，博采众长，锐意创新，开拓进取——简论同济建筑之路[J]．时代建筑，2004（6）：16-17．

[7] 李振宇，黄一如．同济建筑国际化教学[J]．时代建筑，2004（6）：66-69．

开放 交叉 融合
——东南大学建筑学院的办学历程及思考

王建国 龚恺
东南大学建筑学院

在21世纪信息化社会到来和可持续发展时代背景下，传统建筑学教育的办学理念、教学体系、教学内容和课程组织方式正孕育着重大变革。如何培养知识、能力和素质适应正在转型的社会对建筑学专业教育的期待和需求的学生，是21世纪中国建筑学专业教育必须要回答的核心问题。

中国高等院校的建筑学专业发展迅猛，设有建筑学专业的院校数量从改革开放初期的8所发展到今天的231所①，但大部分院系的建筑教学建设长期以来存在过度因循传统、教学模式经验主导、专业教学与国际建筑教育发展趋势特别是与我国当今快速城市化进程中特定的社会需求和建筑师注册制度相脱节等问题。

一、锐意开拓、持续改革、优化完善——东南大学建筑学专业体系的发展

东南大学建筑学院（原南京工学院建筑系）创立于1927年，是中国现代建筑教育的发源地。其前身是国立中央大学建筑系和南京工学院建筑系。我国已故著名建筑教育家刘福泰、鲍鼎、杨廷宝、刘敦桢和童寯等教授曾长期在系任教和主持工作，为我国建筑学科和建筑教育的发展作出了开创性的贡献。

东南大学建筑学院的“建筑设计”课程一直是中国现代建筑教育同类课程中之执牛耳者。早在1927年创立之始，就初步确立了以“建筑设计”主干课为核心的教学体系，并从国际上引进了当时先进的“总体上艺、技并重”的课程体系。1950年后，学部委员杨廷宝系主任提出“严、实、活、透、硬”（即要求要严、学风要实、思路要活、理论要吃透、基本功要硬）的“五字”教学方针。20世纪80年代后期，学院参考欧洲最重要的现代建筑教育基地“瑞士苏黎世高工（ETHZ）”教学模式，建筑设计主干课程率先在全国开展了教学改革，强调建筑学教学体系的核心内涵——对学生设计能力的有效培养。20世纪90年代起，为适应现代建筑设计理论和方法多元发展目标的要求，建筑设计教学改革进一步突出了对设计关键问题的关注和研究，进而创建了全新的“以设计的问题类型取代功能类型”的理性教学理念。此间，课程体系改革从低年级向高年级逐步推进。

80多年来，在杨廷宝、刘敦桢学部委员和童寯教授等老一辈建筑学家课程创业的基础上，齐康、钟训正院士及长江学者王建国等为代表的课程教师团队又进行了不断开拓，在“技术与艺术相融，基本功与创造力并重”的优秀传统基础上，在课程整合、体系建设、过程开放、多学科交叉和创造力培养等方面不断创新，形成了以建筑设计为核心主干课、技术和人文类课程群为两翼、培养“建筑设计帅才”为目标的建筑学专业教学体系，近期又加入了“绿色设计”课程体系。

东南大学建筑学院在持续的教学改革引领下，确立了以“开放、交叉、融合”为理念的创新能力培养模式，在教学过程中注重学生自主研学能力的培养，实施“研究型”和“启发式”教学方法及相应的成果考核机制，营造了全新的创新型教学环境。自2009年底开始，将探索培养创新型建筑工程师的“卓越工程师培养计划”提上议事日程，研究型工程师将逐步成为我院人才培养的主要目标。

二、开放、交叉、融合——21世纪建筑学专业教学体系的创新实践

1. 建筑学创新人才中知识、能力和素质问题的提出

当代急剧变革的科学技术和社会发展越来越体现出对综合型、国际性和创新型高层次工程技术人才的需求，努力缩小理论教学和社会实践、实际操作能力之间的差距一直是发达国家工程教育改革的核心，这正是国际工程教育CDIO能力大纲所致力解决的问题。

建筑学虽然在我国属于工科范畴，但实际上包括了丰富的旁系学科知识，尤其是社会、人文和艺术类领域的内容。建筑学专业教学不仅需要“通识”内容，而且还要集成以“博雅”为特征的综合知识。建筑学教学应当如何使学生具备这些知识、能力和素质就成为我们新世纪改革要解决的关键问题。

2. “开放、交叉、融合”的建筑学专业教学新体系的建构

基于近十年来国际建筑学学科发展前沿和建筑教育发展趋势，我们提出了突出创造性建筑人才培养的“整合与开放”的新理念和“开放、交叉、融合”的建筑学专业教学新体系。该体系设定的目标是：融合现代大学“博雅教育”与“通识教育”要义，致力培养具有国际化和本土化双重视野、符合时代发展需求、具有综合素质和创新能力的专业人才，并以建筑师执业能力的培养为基础，突出培育高层次建筑人才应具备的创造性和超越平凡的意识。

“开放、交叉、融合”的建筑学专业教学体系的内涵：开放——开放性的知识体系组织、国际化交流平台构建和兼容并蓄的课程群设置及互为补充的教学资源平台建设；交叉——在不同年级的不同教学环节，在保证建筑学和土木工程各自特色基础上，对原有教学内容、教学方式、素质培养、基地建设等进行以专业交叉为重点的改造建设；融合——打通建筑学和土木工程等专业领域的学科界限，建构课程相关性和共享知识平台，重新建设师生共同参与的跨专业合作课程和实践环节。

3. “开放、交叉、融合”的建筑学专业教学新体系的创制和实施

建筑学专业人才的核心能力就是建筑设计能力，“建筑设计”既是专业教学的起点，又是专业教学的综合体现。与此相关的知识学习必须以此为认识基点展开。为此，2001年我们尝试建构了一个以“建筑设计”课程为核心、建筑技术和建筑历史人文类课程为两翼的建筑学人才培养专业课程网络体系。该课程网络体系（群）建设的改革要点在于精炼教学内容，提高教学效率，加强课程群建设，以设计能力、运用能力和创造能力的培养为宗旨，打通各类课程与建筑设计核心课的关系，变

并行的课程罗列为互通互动的联动教学新模式。

在纵向层次上，我们提出了“3+2”的建筑学人才培养结构模式（图1）：前三年以基础性教学为主，注重建筑设计基本知识传授和能力培养，后两年则以拓展性教学为主，完成“3+2”连续的核心课程体系；四年级实行“教授工作室制”，注重基于“帅才”培养目标的设计综合和研究能力的提升；同时，教学理念、教材编写、教案制定与执行切合整体教学目标，使交互式教学方法不断发展成熟。

在该体系的构建和实施过程中，始终贯彻开放性的办学思路。在建筑教学和设计图纸评议的各个环节中加大了与建筑从业者和一线建筑师的联系，使得教学始终处于与现实从业场景互动的状态。以前的建筑学专业学生只是在高年级有设计院工程实践的课程环节，而现在从一年级开始，每次评图都有一线建筑师参加，在激励学生丰富想象力和创造力的同时，保证了课程设计内容的“真实度”。同时，我们设置了各年级课程作业集中评图的“评图周”，实现各年级之间的交流和切磋（图2）。

国际化建筑人才培养教学环境的营造同样是该体系的重要组成部分。从2004年开始，东南大学建筑学专业教学开始了全面、系统的国际化办学试验和改革，不仅派出去，而且请进来，在系统派出教师到国外进修、交流的同时，邀请国外著名教授和建筑师来我校教学，并逐渐发展到与若干国际知名建筑院校建立长期、稳定的联合课程教学。每年不仅有大量国外师生来我校参加教学，也有东南大学的师生赴国外开展教学活动，交流、展示教学成果。合作的国际知名建筑院校涵盖美、英、法、荷、瑞典、瑞士、澳、奥、日、韩、新、泰、港澳台等国家和地区，其中包括麻省理工学院（MIT）、瑞士苏黎世高工（ETHZ）、英国建筑联盟学院（AA）、奥地利维也纳理工学院（TU Vienna）、瑞典皇家工学院（KTH）、法国拉维莱特建筑学院、新加坡国立大学等世界一流大学和著名建筑院校。

目前，东南大学建筑学专业的国际合作教学主要表现为以下三种形式：

其一，纳入本科教学体系的国际联合教学，具有严格传统和高度体系化的本科建筑设计教学逐步走向国际化。由于国内外学制的差异、学籍管理等多方面的不同以及联合教学合作对象的不同，除了采用低年级的大班授课、分组改图的教学方式和高年级的教授工作室制外，还举办了数次工作坊（workshop）。经过探索与不断总结，目前联合教学已逐渐纳入到本科教学体系中。近年来，高年级的工作室教学多次邀请国外知名教授前来主持教学课题，如2008年邀请德国建筑家Markus Heinsdorff在四年级设计课中设置Mobile a+a Installation Design Studio，成果在当年“德中同行”大型活动中展出；2010年与美国Washington University in St. Louis联合开展的毕业设计“复杂环境下的旧城边缘地区更新”成果被编入《城市边缘地带的可持续更新》一书。目前，每学年都会组织8～10次主要针对本科高年级和研究生的国际联合设计课程，还会和新加坡国立大学交换2～3名学生参与到对方的设计教学中。

其二，专题化国际联合教学。在常态化、成体系的研究生课程教学之外，教学中还会根据特殊需要或结合学术论坛和展览，组织专项国际联合教学课程。如从2009年开始结合“MIT-SEU-SNUG国际住宅设计论坛”，与美国麻省理工学院联合开展的有关中国当代住宅设计的联合教学；2010年受奥地利教育文化艺术部邀请，为第12届威尼斯建筑双年展专门设置的名为“孔洞城市”的联合教学等。

其三，“走出去”的联合教学。近年来，国际联合教学呈现出“走出去”，到国外开展教学的趋势。从2008年开始，我学院与美国Woodbury University 的联合教学增加了东南大学师生赴洛杉矶继续完成开始于南京的设计课题的环节，在对方学校进行终期评图，并举办展览；我学院与澳大利亚新南威尔士大学的联合教学一直采取双方互访的形式，双方师生都有去对方学校进行教学的经历，该课程2010年还首次选择了国外的课题—悉尼帕拉马塔渡口区改造。

国际联合教学高密度、高质量的开展，大大拓展了师生们的学术视野，教学活动也取得了一系列显著的成果。2009年，我学院与美国Woodbury University 的联合教学“异质干预下的景观生成Heterogeneous Interventions / Emergent Landscape”受邀参加了由南加州大学中美学院主办的“Divergent Convergence 海外高校中国建筑学术实践展”；2010年受奥地利文化与教育部邀请，奥地利建筑师瑞纳·皮尔克与我学院教师联合指导的教学成果“孔洞城市”参加了第12届威尼斯建筑艺术双年展（图3）；2010年与美国Washington University in St. Louis联合开展的毕业设计也受邀参加了该年度北京国际建筑双年展。

目前，东南大学的国际合作教学正在向体系化和学分制迈进，力图加大日常体系内教学的国际化水平，使得国际化教学常态化。我学院正在与一些国际知名的建筑院校洽谈国际间学分互认，并进一步构建双学位教育平台。

总之，“开放、交叉、融合”的建筑学专业教学新体系直接回应了国际工程教育CDIO能力大纲的要求和中国高层次建筑学创新人才培养的社会需求。而在具体的课程网络体系上则构筑了三个连续递进的人才培养目标层次：第一，以“场地与环境、空间与功能、材料与技术”为核心，使学生学习并掌握建筑设计的基本理论知识、设计方法和表达方法；第二，综合运用相关专业课程（如建筑历史、建筑技术等）知识，培养学生创造性地提出问题、分析问题和解决问题的理论思维能力和与之互动的建筑设计实践能力；第三，以建筑设计基本问题为核心，使学生具有专业拓展的国际视野和团队合作精神与能力。

三、新体系的实施建设成果和意义

1. 实施建设成果

第一，在深厚的历史积淀基础上，教学理念、课程网络和专业教学体系持续创新，基于国际建筑教育最新走向和国内实际社会需求，建立了“开放、交叉、融合”的建筑学专业教学新体系；

第二，体现国际工程教育CDIO能力大纲要求，形成了东大建筑教育“三统一”理念：建筑教育应当是职业教育与素质教育的统一，其教育过程是阶段性与持续性的统一，其教育目标是未来建筑师知识结构与综合能力的统一。基于这些理念提出的“3+2”教学模式，形成了连续的建筑设计主干课核心课程体系。

第三，专业体系研究和建设成果得到国家认可。2005年，建筑学院和土木学院以“开放、交叉、融合——走向可持续发展时代的土建类综合创新人才培养和基地建设”为主题联合申报教育部高等理工教育教学改革与实践项目并获准，是土建学科当年度唯一获准的项目；2005年，“建筑学品牌专业建设——以整合与开放为特色的建筑学专业教育新体系”江苏省品牌专业建设项目通过结题；2006年，获准建设国家级人才培养模式创新实验区项目——土建类复合型人才培养创新实验区（和土木学院合作）；2007年，获准建设国家级特色专业建设点——建筑学；2008年，专业主干课“建筑设计”获得国家精品课程；2009年，“开放、交叉、融合——以设计创新为核心的建筑学专业本科教学新体系”获国家教学成果二等奖，江苏省教学成果特等奖。

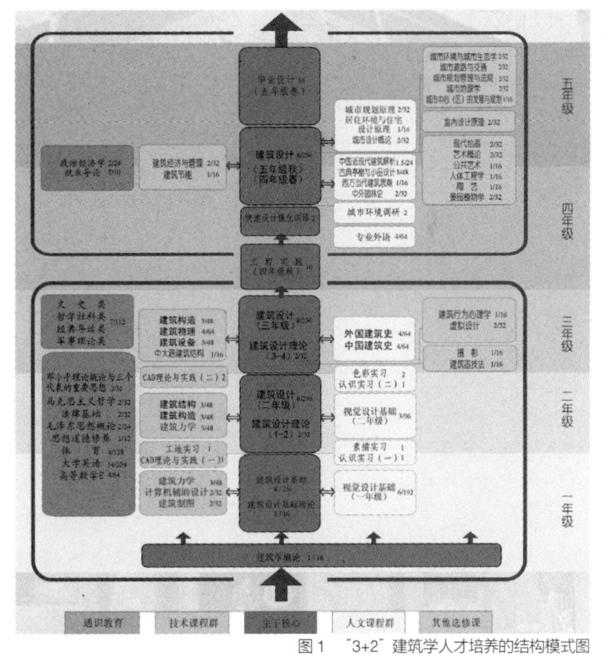

图1 “3+2”建筑学人才培养的结构模式图

图2 教学“评图周”活动

图3 参加第12届威尼斯建筑艺术双年展的“孔洞城市”

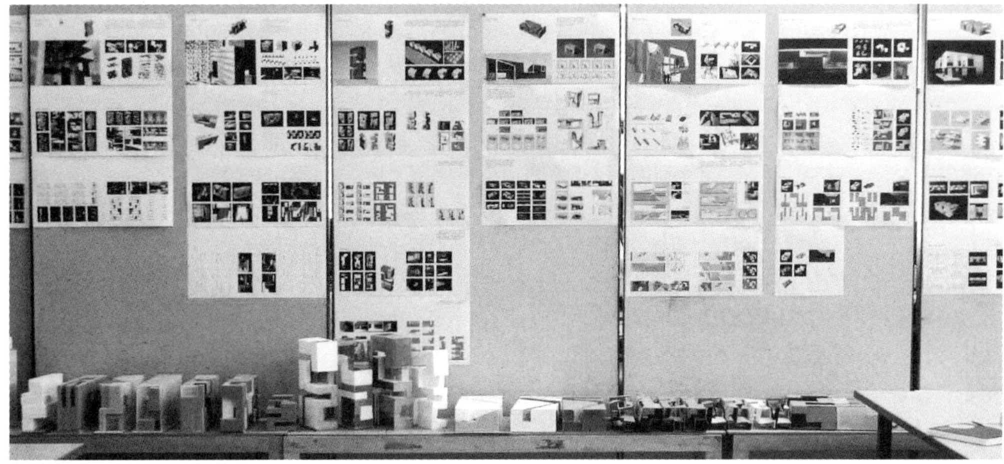

图4 青年教师在香港中文大学的教学研究工作坊成果

2. 体系建设的特色和示范意义

特色一：强调学以致用，有效缩小课堂建筑学理论教学与未来学生实际从业场景的差距。

该教学新体系从构建到实际操作，始终基于世界建筑学科发展前沿和中国社会经济发展、城市建设和本土建筑市场的实际需求，强调学生职业素质和实践动手能力的培养。建筑设计核心课程一直采用真题真做或者是真题为依托的教案设置，较好地体现了国际工程教育CDIO能力大纲要求。

特色二：强调复合型、国际型和综合型高层次建筑人才的培养，通过开放包容，谋求多层面、多方位的合作教育途径。根据特定国情和自身教育定位，问题牵引、立体开放、有选择地开展国际联合教学，并强调信息网络技术在联合教学过程中的应用和实践，回应建筑教育国际化和全球化发展趋势的挑战。

四、结语

东南大学创制的建筑学专业教学体系在教学理念、内容、方法、成绩考核等方面已形成独特的、连贯的课程新体系，在国内具有重要且持续的示范作用，显著推进了中国现代建筑教育的发展，并获得广泛、积极的国际认可。教学改革成果多次获国家和省部级教学成果奖，总体上达到了国内领先、国际先进的水平。

另外，我们积极建设制度化的国际联合教学平台并开展校际及校内跨专业的课程设计，与国内最优秀的建筑学院每年都进行联合毕业设计，与美国、日本、瑞士、瑞典、法国、德国、韩国、澳大利亚、新加坡等国及台湾和香港等地的国际知名院校建立了院（系）际学术交流关系和联合设计教学，并已开始进行学分互认。同时，在2010年暑假，我们开始了首次“青年教师海外教学研究工作坊”的尝试，对青年教师进行系统的培养训练（图4）。

在未来的几年中，我们还将积极探讨本科教学国际化、师资队伍多元化、优秀生培养等一系列课题，使建筑教育再上一个新台阶。■

参考文献

[1] 朱文一. 当代中国建筑教育考察[J]. 建筑学报，2010（10）：1-4.

立足本土　务实创新
——天津大学建筑设计教学体系改革的探索与实践

张颀　许蓁　赵建波

天津大学建筑学院

天津大学建筑学院以培养理论基础厚、专业口径宽、实践能力强、综合素质高、具有社会责任感和国际视野的创新性人才为办学宗旨，长期以来形成了具有扎实的基本功、求实的科学理念、朴实的工作作风和创新意识的教学特色。近年来，学院在本科设计教学中结合自身学科优势，积极推进国际化、本土化相结合的策略，不断深化改革，建构立足本土的开放性、国际化教学体系。

一、全球化的背景与环境

随着中国的建筑市场稳健地迈向国际化道路，建筑理论和实践业已与国际同步，彼此对话与竞争日趋激烈，建筑教育走向国际化和多元化已是必然的趋势。互联网的普及使信息传播更加快速、通畅，设计教学不应再像以往那样受限于单一的价值体系，多元价值体系共存将成为未来国内建筑院校的普遍状态。全球化的背景与数字技术的发展使模仿和复制日趋“普及”，因此培养具有自主创新和自我发展能力的建筑师应成为建筑专业教育的重要目标。随着国际化交流的不断深入，越来越多的留学归国人士进入国内高等建筑院校授课，进一步激发了本土教学体系的变革，交锋、对话与融合将伴随建筑教学改革的进程。国内建筑院校在巩固自身学科优势的过程中不断探索，新的学院特色、学科特色与人才培养特色已逐渐显现。

二、面临的问题与挑战

首先，面对建筑教育国际化的趋势，封闭的知识体系已经无法满足人才培养的需要，亟待建立多元化的知识传授机制。学院历来重视设计教学中基础训练和综合能力培养，强调思考问题的全面和缜密，形成了建筑设计与表达方面的特色。然而，传统设计教学模式强调培养学生均衡的知识结构和实用的控制能力，设计题目唯恐不能整齐划一，知识传授唯恐有所遗漏，对于设计中未知领域的涉足明显欠缺；教师的整体知识结构均质化，设计题目和评价标准单一，难以彰显特色。这种设计教学体系必然影响教师教学特色的形成和研究方向的深化，导致教学中的主动性和创造性无的放矢，难以形成开放性、多元化的知识体系。

其二，建筑教育在我国一直被归为工科教育的范畴，而在欧美国家被归为工科与艺术学科兼而有之的范畴，这种差异与建筑学专业形成的历史背景相关，但不管归于哪个范畴，设计学科都属于其中的“另类”。建筑学是以技术的手段、艺术的方式解决人文的问题，因此，建筑设计是以人为核心的创造性活动，以“人”作为价值判断的核心是国内外不同体系的最大交集。值得关注的是，国内设计教学与评价虽然注重知识性和技术性，却忽视了个体经验在设计中的作用，学生在获取专业知识与技能的同时，往往丧失了处于自然状态下的“自我”，可谓顾此失彼。因此设计教学应当围绕设计者自身的行为、感知、操作和交流等活动建构有效教学过程，使学生在设计中提升对知识的分析和判断能力，这对于人才的培养尤为重要。

其三，由于国际联合设计、短期工作坊、设计竞赛等内容更多地引入本科教学环节，设计课程间的衔接受到影响。一方面，从国际化的视野来看，新的设计方法和实践有待系统化地移植或借鉴，教学内容需要进一步调整与取舍；另一方面，国际化设计教学课程与其他课程教学经常存在时间错位的情况，有时还会临时性插入，给教学计划带来很多不确定的因素。因此，建立更有弹性的教学体系和框架也是亟待解决的问题。

三、体系的改革与创新

1. 推行双轨制设计教学改革

针对前文所述问题，学院对专业设计课程教学计划进行了结构性调整，在总学时基本不变的前提下，将原来每学期的两个设计课程整合为“8+3”设计模块，系统地增加了研究型的设计命题，鼓励研究型与实践型教学方法的探索，完善设计答辩过程，充实物理模型与实体建构环节，在建筑设计课程与国际接轨方面迈出了坚实的一步。

在“8+3”设计模块中，“8”为8周的“综合设计”（8学时/周，共64学时），旨在通过综合性的设计命题，全面覆盖设计教学大纲要求的知识点，培养学生综合处理设计问题的能力。“3”为3周的“专题设计”教学（4学时/天，共15天，60学时），教师与学生全天候地高强度互动，共同探讨和完成设计任务，之后的1周，学生在无教师评价的状态下独立完成设计表达、展示等环节。其目的是让师生针对设计领域中某一热点问题展开专项研究和探讨，强调设计命题的特点和创新，由于节奏更快、强度更大，有利于培养学生设计思考的连续性和快速反应能力。

“综合设计”和“专题设计”采取不同的评价体系：“综合设计”为统一的命题和标准；“专题设计”则相对个性化，并且增加了指导教师在设计评价中的权重。专题设计前，所有指导教师通过公开宣讲的方式公布课题，结合学生意愿组成专题教学小组。由各组指导教师制定书面的《专题评价标准》提交答辩委员会。答辩委员会成员由各组指导教师邀请，学院为邀请校外的专家和建筑师提供专项资金，鼓励学生与专家的多元互动。

双轨制的设计教学模块使学生在完善综合设计能力的同时，可以根据自身的兴趣探索新的设计理论和手段，实现了设计课程与前沿课题紧密结合。实践证明，这种长短结合的教学框架更容易与国际合作课程设计灵活接轨。

目前，学院在三、四年级专业设计课程中实行“8+3”设计教学模块，并获得初步成效：设计题目趋于多样化和特色化，使得教师在教学环节上更具主动性，也调动了学生的设计兴趣，取得了教学相长的良好效果。

2. 建立更具弹性的设计教学框架

面对建筑教育的国际化趋势，学院适时调整教学框架，提高教学计划的适应性和灵活性，并积极创造条件建立常态化的联合工作室，将国际合作教学计划纳入正常的教学体系当中。

学院将国际联合设计、短期访问教授工作室、海外游学计划和国际设计竞赛等内容加以整合，形成开放且富有弹性的"跨界交流设计"（cross exchange design）教学模块，纳入本科生五年内必修的教学计划之中，独立授予相应的设计学分。鉴于跨界设计教学高度灵活性，学生在修学时间上具有更多的自主性，可以自行选择在五年本科期间任一时间参加。常规课程设计与"跨界交流设计"两个主干内容，确保设计教学体系不断融入新内容、新理念而渐趋完善，避免自身的僵化。

目前学院已经与全球20多个国家和地区的建筑院校建立了稳定的联系，对外交流与合作方面积累了丰富的经验。2006年至今，学院已连续5年与美国加州大学洛杉矶分校（UCLA）建筑与艺术学院开展教授工作室之间的定期交流，双方每年3～6月成立联合建筑工作室（TJU-UCLA Architectural Joint Studio），共同制定设计题目，完成师生两地互访。在天津和洛杉矶两地通过设计答辩环节，建立起一个国际化的教学平台。同时，两国学生与中美当地建筑师团队进行了卓有成效的合作，进一步拓宽了教学的广度和深度。该项目得到美国洛杉矶孔子学院的资助，并得到中美两地媒体的报道和关注。联合工作室在建筑设计方面持续关注21世纪城市与建筑的关系，对"未来建筑""非线性建筑""算法建筑""数字图解"等建筑形式及理论开展教学实践，积累了丰硕的成果，逐渐形成较为系统的设计理论和实践风格。

3. 打造"建筑设计基础"综合平台，完善模块化知识体系

对于一、二年级的"建筑设计基础"课程，学院打破建筑学、城市规划、艺术设计三个专业的学科界限，打造共同的设计基础教学平台，课程教学组由建筑学、规划、环境设计、建筑历史等学科的教师组成。一年级强调空间设计基础，加深学生对艺术与设计学科的理解，强调模型思维和经验迁移，通过一系列由简单到复杂、由概念性空间到实用性空间循序渐进的创造过程，将纯粹的空间设计纳入建筑专业训练体系；二年级逐渐加入专业设计的内容，整体涉及建筑、规划、环境、技术等方面的内容，强化图纸表达的规范性。"建筑设计基础"平台自1999年改革至今，经过不断修改和完善，已形成一套完整的针对设计基础教育的理论体系、知识框架和课件系统，2010年获评"国家级精品课程"。

为了配合设计教学课程的开展，学院对设计基础专业课程进行了模块化管理，以增强教学的系统性、逻辑性和灵活性。具体做法是将五年必修和选修的专业课程纳入5大模块——"建筑设计""城市规划和景观设计""建筑技术""建筑艺术"和"建筑历史"，使学生从入学开始便清晰地了解建筑设计的知识结构，更有针对性地学习。对于设计主干课程，除了教学大纲要求的各年级横向设计内容外，学院通过纵向剖析学生设计能力发展的基本结构，将"空间形体""设计表达""图解分析"等技能模块贯穿设计教学的始末，随年级的提高持续推进，并利用"专题设计"进行拓展和深化，达到设计课题的系统化过渡与衔接以及设计知识与技能的同步发展。

4. 建立长效机制，促进设计教学体系自我更新

学院以教学为中心，通过理顺教学框架，达到重新分配教学资源、促进设计教学的自我更新和自我完善的目的。目前，几乎所有设计教师都要承担教学和科研的双重任务，但是将科研课题直接转化为设计题目的效果并不理想。因此，学院借鉴英国AA教学体系的经验，鼓励教师将科研题目分解和抽离，形成特色化的设计专题，促进其在教学过程中逐步积累成果，完善提高。同时，学院还积极引导青年教师在专业领域中寻找适合的研究方向，为其提供多样化的学术交流途径来了解国内外的最新的学术动态和方向，使学生成为最终的受益者。

学院建筑历史研究所就通过长期实践积累了许多经验：将建筑历史教学课程与建筑文化研究、建筑遗产保护相结合，引进外籍教师参与教学和科研，以加强学术交流、拓宽研究领域。本科三年级短学期的"古建筑测绘实习"课程已持续开展了50多年，测绘项目遍及全国各地，积累了大量一手的教学与科研资料，同样获评"国家级精品课程"，为学科优势的确立奠定了深厚的基础。2007年，学院成为国家文物局"文物建筑测绘研究"重点科研基地，"古建筑测绘实习"课程开始走出国门，参与柬埔寨吴哥古迹保护项目，在建筑遗产保护领域展开国际合作。

结语

学院立足本土、务实创新，对一体化的教学模式进行改革，促使教师在教学过程中积极探索独立的研究方向，多元化教学模式更促进了教学与科研的互动，形成良性循环，在更高的层次上实现了学院教学资源的整合。■

参考文献

[1] 天津大学建筑学院. 建筑教育·天大专辑[M]. 北京：中国电力出版社，2010.

[2] 张颀. 两种关系，两种研究[J]. 建筑与文化，2009（7）：12-13.

西部地区建筑教育的国际合作教学模式探讨

赵万民　卢峰　蒋家龙

重庆大学建筑城规学院

重庆市高等教育教学改革研究重大项目（09-1-002）

近10年来，随着国内建筑设计市场逐步向全球开放，大量国外著名设计机构陆续进入中国，不仅活跃了建筑创作思想，也使国内外建筑院校、研究机构之间的交流活动日益频繁。国外建筑院校鲜明的办学特色、多样化的人才培养思路、立足社会与时代需求的灵活教育机制，对国内的职业建筑师制度与建筑教育改革均产生了深刻影响。西部地区由于地理区位的劣势，在对外交流方面与沿海城市相比仍存在较大差距，特别是在高等教育领域中的教学体系、教学模式国际化方面仍处于较低的水平。

重庆大学建筑城规学院作为国内办学时间最早、办学规模最大的建筑院校之一，始终坚持开放、多元的办学宗旨，密切关注国际建筑教育的发展趋势与潮流变化。自1980年代以来，学院在学科总体发展战略指导下，通过多种途径主动与欧美建筑院校建立联系，不断拓展国际教学交流的层次和范围，逐步在国际化意识、组织管理、教学体系与教师梯队建设等方面积累了一定经验，开展了特色鲜明、层次多样、以合作研究与教师短期互访为主要内容的国际教学交流活动，并借鉴国际建筑学专业教育的先进理念，通过持续的教学改革，不断提升自身的整体教学水平。目前，学院与国外多所建筑院校建立了稳定联系，并长期聘请两位外籍教师从事景观和城市规划方向的教学和科研工作，为学院教学注入了活力。

一、当前西部地区建筑教育面临的主要问题及国际合作交流目标

当前，随着西部大开发的深入和城市化进程的加快，我国西部地区许多城市正面临巨大的建筑专业人才需求缺口，而西部地区现有的建筑教育资源，无论是建筑院校数量还是专业师资力量的培养，都难以在短期内形成高质量、高产出的人才培养体系，如何在满足不断扩大的人才需求的过程中保证一定水准的教学质量，是当前西部建筑教育面临的重大挑战。借助当今先进的信息技术，国际合作教学交流作为一种全球开放的多元化教学交流模式，为西部地区建筑院校克服自身的发展瓶颈提供了一个难得的契机，若能充分利用这一开放平台构筑具有自身特色的专业教学体系，将有效缩短我国东、西部城市在建筑教育上存在的巨大差距，提升西部建筑专业人才的培养能力。

1. 利用国际合作教学平台提升教学水平

近几年来，随着建筑院校扩招和新设建筑学专业的学校增多，我国建筑院校专业教师数量与质量不足的问题日益突出，特别是西部地区，不利的地理区位和相对滞后的经济条件，抑制了东部专业人才和师资力量向西部流动；许多西部建筑院校不仅在师资力量培养、教学软硬件建设、科研实践等方面存在严重不足，而且教师队伍近亲繁殖的现象特别突出，因盲目扩招而不断升高的生师比已严重影响到建筑学专业教育的质量。而具有丰富教学经验和专业能力的建筑学专业教师，需要较长的培养周期和多渠道的师资来源，这显然是大多数西部建筑院校难以企及的。为此，借助国际合作教学项目探索新的建筑教育模式，开拓建筑学专业教育渠道和师资培养途径，以弥补目前建筑学专业教育在教师数量和教学质量上存在的巨大缺口，这对我国西部欠发达地区的建筑院校尤其具有积极意义。

2. 借助国际合作教学模式拓展建筑学教育内涵

在日益激烈的市场竞争环境下，建筑学科的专业内涵与外延正在发生深刻变化，建筑学正从以物质空间为主的单一应用型学科向以城市现象为主体的复合研究型学科转变；与此对应，建筑学专业教育更加强调对其他相关学科（特别是人文学科）知识的了解与运用，从而形成与社会实际结合更加紧密、专业性与通识性教育并重的广义教学体系。[1]在日益全球化的城市发展过程中，许多西部城市长期形成的极具地域特色的城市文化正面临快速消失的窘境；为此，通过特定的国际合作交流课程，充分借鉴国外社会性教学研究的先进经验，将城市贫困、生态环境、文脉保护等西部城市发展的重大问题与地域文化研究纳入专业教学过程中，形成新的教学研究突破口，不仅因应了当今建筑学科发展的主流趋势，而且为教学课题的深化与类型拓展提供了更加丰富的社会性素材。

3. 依托国际合作教学项目探索促进学生创新的教学模式

我国当代城市与建筑发展，迫切需要一大批具有创新意识、合作意识与社会意识的建筑学专业人才。然而，长期形成的类型教学模式仍然是制约我国人才培养多元化的一个主要因素。当前许多西部建筑院校受限于陈旧的教育体制和师资力量的流失、老化，其人才培养体系已难以适应快速发展的城市建设需求，不仅人才培养目标视野较窄，而且课程体系与教材建设、课题内容更新等都相对滞后，导致学生在学习过程中难以及时获取新的知识，缺少主动学习的积极性，更无从谈及创新性思维的培养。为此，西部建筑院校应借助国际合作教学这一平台，逐步建立以学生创新为核心的开放性培养模式，从而为国内传统建筑教学体系的结构更新提供新的改革思路。

二、西部建筑院校国际合作交流模式的建设思路

目前，国际合作教学交流仍是一个需要不断探索、总结、反馈的新课题，没有现成的可参照借用的模式。西部建筑院校引入国际合作项目的核心目标，就是借他山之石打破原有封闭的教育培养体系，推进全方位的教学改革，并逐步建立和完善具有自身特色的教学体系。为此，面对当前国内外教学改革发展的新趋势，西部地区的建筑学专业教育应立足自身的发展需求和地域文化优势，提出具有前瞻性的国际合作教学交流目标与计划，并在教学机制、教学方法、课程体系建设、师资队伍建设等方面形成相应的配套措施，争取在某些特定课题、特定教学方向上有所突破。

1. 确立以创新人才培养为核心的长期建设目标

建筑学专业目前已成为国内应用型学科中国际化与市场化程度最高、职业性最强的专业之一；在激烈的市场竞争条件下，自主创新能力与组织能力成为建筑设计从业者生存与发展的基本素质之一，为此，当前建筑学教育应以培养未来建筑专业人才的创新能力、独立工作能力以及团队协作精神为核心，依托国际合作教学平台，促进教学培养目标的三个转变—从单纯培养职业专才向培养复合型人才转变、从培养学生的专业能力向创新能力转变，从重技能、轻研究的封闭培养方式向开放教育模式转变。

在具体操作层面上，为了实现全面的国际化交流，拓展学生在国际合作教学项目中的受益面，我院依托建筑学、城市规划特色专业建设，在合作课程体系建设上，为不同学习阶段的学生设置了多种参与模式：在初步阶段（一、二年级）力争引入以外籍教师授课为主的中长期国际交流项目；在专业知识提升阶段（三、四年级），力争在个别特定项目上实现与国外学院的长期联合教学，并在部分主干教学课程实行双语教学；在专业知识综合运用训练阶段（五年级），尽量设置多课题的studio联合教学模式。在合作交流成果上，希望实现两个转变，即从单向交流向双向交流转变，从教师交流向学生交流拓展，并力争与西部地区的各建筑院校联合举办1～2项长周期、多学校参与的国际合作教学项目；同时，选择效果突出、综合性强的合作项目，举办国际性的中外合作教学课题学生作业巡回展，编辑出版相关学生作品与教学研究论文专辑，及时总结教学成果，不断扩大合作教学的影响。[2]

2. 建构多层次、适应性强的国际合作教学模式

为了提升国际合作教学项目的实施效果，教学课程安排应建构一个灵活、国际化的教学协调机制与教学交流模式。在具体教学课程项目的设置上，为了更加充分地利用来之不易的国际交流教学资源，我院逐步建立了一系列相对有效的交流制度（图1~图7）。

一是遵循先易后难、先个例后常态的原则，推行先教师互访讲学、后学生参与的渐进式合作教学方式。由于许多国外院校对我国西部建筑院校的教学情况缺乏基本了解，往往采用比较谨慎的交流程序，因此合作的前期过程就是一个相互了解、相互协调的过程。为此，我院专门成立了对外联络办公室，在合作前期通过邀请国外教师来学院举办讲座和短期讲学、接待国外学校师生来西部考察实习等方式，先建立一个比较稳定的交流渠道，再深入探讨各种形式的合作交流方式，以保证交流项目的可持续性与灵活性。

二是整合研究生和本科生的课程体系，根据国外教师的教学专长，制定不同的教学计划。如在本科高年级与研究生阶段开设内容相同但深度不同的studio课程，在本科低年级则通过讲座、随堂教学辅导、设置临时性课题等方式引导国外教师参与。

三是通过制定灵活的教学单元来协调中外双方在教学时间上的错位。从具体实践情况来看，中外合作交流的教学安排在研究生层面较容易实现，在本科生阶段则因为双方教学日程安排差异较大而难以协调。为此，我院计划在每学年不固定地设置一长一短两个合作教学单元，在整体教学时间不变的前提下，这两个教学单元可灵活地放在每学期的前、中、后不同时段，其中长单元为5～6周时间，主要用于国外教师来校指导的理论课、基础课等教学项目，短单元一般为2～3周，主要用于由双方师生共同参与的studio课程。

四是利用当前日益先进的网络通信技术和虚拟技术，探索不同形式的教学交流方式。如依托全球性的网络教学信息系统，针对中外双方都感兴趣的设计课题，通过远程网络视频教学交流系统，实现远距离、实时同步、面对面的信息分享和跨文化的设计思想交流。[3]

3. 建设具有国际视野的多元化教学团队

在建筑学专业教学体系中，"教"与"学"是体系创新的两个方面，仅重视对学生创新能力的培养是不全面的，只有提高专业教师在教学方法、教学课程建设、教学过程控制等方面的创造性和积极性，才能真正提高建筑学专业教育的质量和水平。因此，西部建筑教育在教学改革上的突破，首先始于对教师知识结构的突破，其核心是通过提高教师自身的学术素养和实际专业水平，从而相应提高其对学生学习过程的引导与示范能力。从目前西部建筑教育的现状来看，随着国际合作教学交流的深入，可有效改善国内高校教师教学方法僵化、教学手段单一、教

图1 欧盟教育交流项目 Asia-Link 项目，与法国巴黎拉维莱特建筑学院教学合作

图2 与法国院校开展五年级教学合作

图3　与法国南特学院联合教学时课堂答辩

图4　与法国南特学院联合教学时师生留影

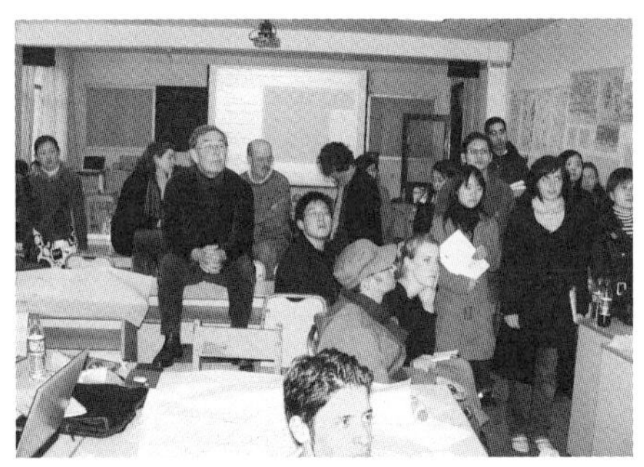
图5　与法国南特学院联合教学时交流讨论

图6　学院教师与新加坡国立大学教师合作设计课教学

图7　日本东北大学小野田泰明来学院教授研究生课程

学内容陈旧等长期存在的问题，有利于打破以专业为划分标准的教学组织模式，使具体的教学内容与教师个人的学术研究重点相关联，从而真正发挥教师在教学过程中的主动性和创造性，提高其在教学体系中的主导地位。为此，我院根据自身的学科优势与特点，提出阶段性的国际合作教学目标，并以国际合作教学项目为平台，力争建设一支具有一定国际影响力、相对稳定、知识背景多元的综合教师队伍。近年来，依托国际合作交流项目，我院每年选派一定数量的教学一线教师参与国内外院校的教学交流活动，而且教师赴国外交流、学习的机会呈逐年增多的趋势，其中青年教师中有40%以上具有在国外的学习交流经历，在此基础上，学院因势利导，根据不同教师的外语背景，成立了国际合作交流与双语教学委员会，不仅为各类对外教学交流活动的持续推进提供了可靠的保障，而且也为我院吸收外国留学生、开展全英文授课构建了核心师资力量。

4．在国际联合教学过程中突出地域特色

在全球化的背景下，建筑学教育已从单纯的专业领域拓展到城市、社会的研究范畴，其地域性不仅体现在建筑物质形态和城市空间形态设计，也来源于设计过程中所面临的现实问题的独特性以及解决方式的独特性。西部地区独特的自然环境、悠久的发展历史和特色鲜明的多样性地域文化，既是西部建筑院校提升自身教学特色的核心资源，也是吸引国外院校与西部院校合作的重要因素之一。因此，为了更快地走向世界，保证国际合作教学交流活动的长期性与稳定性，西部建筑院校应进一步加强对本土地域建筑文化的特色研究与总结，不断挖掘与我国西部城市发展需求密切相关、具有前瞻性的教学课题，不断拓展自身的地域教学优势，在国际合作教学交流过程中按照以我为主、兼收并蓄的原则，在广泛吸收国内外建筑教育先进经验的基础上，构建适应我国国情与实际市场需求的专业人才培养体系。其中，培养学生的地域自觉性与创新意识，既是当前我国建筑教育改革的主要目标，也是西部建筑院校在国际合作教学过程中获取平等交流地位的基础条件。

结语

随着我国城市发展和经济的全面对外开放，国际合作教学模式已成为当前国内建筑学专业教育领域对外交流的重要组成部分。将国际合作教学模式纳入我国西部建筑学专业教育改革过程中，不仅为其体系更新提供了新的契机，而且也加快了西部建筑教育融入世界建筑教育体系的进程，使西部的建筑教育改革更具开放性和国际化特征。重庆大学建筑城规学院在发展环境相对不利的条件下，经过长期不懈的努力，在建筑教育对外交流方面取得了较长足的进步，这些逐步积累的教学成果和经验教训，对西部建筑院校的国际交流与建筑教育改革具有现实的借鉴意义。■

参考文献

[1] 卢峰，蔡静．基于"2+2+1"模式的建筑学专业教育改革思考[J]．室内设计，2010（3）：46～49．

[2] 卢峰，刘骏，刘彦君．景观意识的导入——中外主题式建筑教学合作策略探讨[J]．时代建筑，2006（5）：52-53．

[3] 黄海静，卢峰，胡晓．跨越边界：建筑设计的跨文化教育模式研究与实践[M]//全国高等教育建筑学学科专业指导委员会，同济大学．2010全国建筑教育学术研讨会论文集．北京：中国建筑工业出版社，2010．

原文刊载于 2011年03期 页码 027 - 029

引智 聚力 特色办学
——哈尔滨工业大学建筑教育新思维

梅洪元 孙澄
哈尔滨工业大学建筑学院

哈尔滨工业大学建筑学科始建于1920年，是哈工大最初建校时的两个专业之一，也是我国最早建立的建筑学科之一。与哈工大的历史发展同步，至今已走过90余年的历程。在几代建筑人的努力下，哈工大建筑教育取得了一定的成绩。但是，我们也看到了高纬度寒地城市地处边陲的区位限制、信息闭塞、交流渠道不畅，给学院的对外合作交流增添了许多障碍；经济的相对滞后对生源招收、人才引进、科学研究等关乎办学根基的重要问题都影响深重。如何秉承优良传统、突破地域劣势，摆脱资源束缚，成为新世纪哈工大建筑人长期思索的问题。

一、引智——国际化办学

中国人民大学校长纪宝成教授认为：“进入21世纪以来，国际文化交流成为大学继人才培养、科学研究、服务社会之后的第四项基本职能。”当今的高水平建筑教育已经全面走向国际化，想取得高端的学术成果，必须具有世界眼光。建筑学院在这样的背景下也不断向外部借力、引智，强化国际化办学。哈工大的建筑教育历史本身就具有国际化的办学传统，一直以来国际学术交流广泛。近年先后与美国麻省理工学院、英国谢菲尔德大学、加拿大多伦多大学、德国魏玛包豪斯大学、法国国立巴黎拉维莱特高等建筑学院、香港中文大学、日本千叶工业大学、俄罗斯太平洋大学、远东国立技术大学、台湾中原大学、台湾文化大学、韩国汉阳大学、意大利都灵理工大学等多国或地区著名大学建筑学院以及相关学术研究机构、设计机构有着密切的合作和友好往来。

1. 首席国际学术顾问制度

实行首席国际学术顾问制度，聘请著名学者或者资深管理专家把握学术发展方向。按照学校要求，所聘请的首席国际学术顾问应是国际大学排名前150名、所在学科前100名的大学学科中工作的国际著名学者或者资深管理专家，在国际学术界具有重要影响力。我院建筑设计及其理论、建筑技术科学学科分别聘请了美国麻省理工学院（MIT）的建筑系主任尼达·特拉尼教授和英国谢菲尔德大学康健教授担任首席国际学术顾问，力求使我院人才培养体系、课程建设达到国际一流学科专业的水平，与国际一流大学实现学分互认。在未来3年内这两位专家每年将至少在我院工作2个月，以世界一流大学的建设标准和经验为学院教学改革、学科建设、基础科研和管理服务把关，培养青年教师。

2. 国际合作教学

学院还积极利用海外兼职教授资源开展合作教学，拓展学生的学术视野，提供交流合作平台。如法国艾瑞克·杜博斯克教授、美国迈克尔·唐吉教授、加拿大约瑟夫·卡特教授的本科生中外联合设计项目，日本千叶大学北原理雄教授的中日研究生联合城市规划与设计项目，台湾文化大学陈明竺教授的海峡两岸青年建筑师研习营项目等。通过这样一系列的开放式国际合作教学，扩大了与世界知名高校与机构的多渠道合作和交流，营造了良好的学院学术和教育氛围，加快了学院的国际化步伐。

3. 国际学术交流

近年来，除了先后邀请美国麻省理工学院建筑系主任尼达·特拉尼教授、德国斯图加特大学建筑系主任沃尔夫·劳埃德教授、德国柏林工业大学彼得·贝尔滕教授等多名国外学者来到学院进行学术讲座外，还多次举办高水平的国际学术会议。2010年6月，“第四届海峡两岸大学图书馆建筑学术研讨会暨2010文教建筑设计论坛”在我院顺利召开，会议代表围绕“走向未来的大学图书馆与文教建筑”这一主题展开讨论，为两岸建筑界、图书馆界的专家学者提供了很好的信息交流和学术研讨的平台，促进了大学图书馆建筑的持续发展。2010年10月，第九届环境行为研究国际学术研讨会在学院举办，来自美国威斯康星大学、俄罗斯远东国立技术大学、东京工业大学、大阪大学、新泻大学、清华大学、同济大学等国内外知名高校数十位专家出席了会议。2010年12月，我院与英国谢菲尔德大学建筑学院联合主办的“首届中英高端论坛”成功举办，本次会议是以“低碳城市与建筑”为主题，探讨相关的社会、经济、环境和气候等问题，探索创新的生态技术和相关政策体系，并进一步预测未来更环保及更具能源效益的可持续性方法、议案及体制。

4. 国际合作学位教育

我院在本科生、研究生等不同层面与国外知名大学建立互认学分、交换学生和联合培养项目。例如，与英国谢菲尔德大学合作的硕士研究生“1+1+0.5”方式的联合培养，即学院的硕士研究生完成第1年的学分学习后，可以被选派到谢菲尔德大学进行1年的硕士课程学习，回国后进行硕士学位论文答辩，完成整个学习计划后，获得国内与海外双文凭，并可优先选择申请攻读两校的博士学位。另外，与意大利都灵理工大学的本科生“1+3+1”的联合培养计划，使本科生在5年的培养过程中在海外学习3年，最终取得两校的毕业文凭。

5. 海外学术基地

为实施“人才强院”战略，培养、打造一支一流的高水平师资队伍，在英国谢菲尔德大学建设谢菲尔德中英建筑科学学术合作基地。首先通过师生互访、联合培养、workshop等多种形式，拓宽学科教师的国际视野，加快学科的国际化发展步伐，加速高水平师资队伍的培养；同时，深入挖掘学术基地海内外双方的合作潜力，强势研究领域强强联合，弱势领域取长补短，推进合作教学、研究的纵深发展；另外，通过海外学术合作基地扩大了学科的国际影响，建立了与其他高水平院校和研究机构的联系和合作关系，促进了高水平人才引进与高水平研究成果研发。

二、聚力——“两院一体化”办学

作为“老八所”建筑院校之一的哈工大建筑学院，发展的同时遇到困境；荣膺"中国十大建筑设计公司"称号的哈工大建筑设计研究院，综合实力位居国内同行前列，但也出现了人才短缺等瓶颈问题。同为建筑学科的两个单位始终平行发展、界限清晰，而建筑学科的建设非常需要学院与设计院相互支撑、资源共享，保持紧密合作，两个单位为什么不能"模糊界限、互补共生"呢？2010年初，建筑学院与建筑设计研究院两院院长合一，实施"两院一体化"办学模式。600余人规模的哈工大建筑设计研究院在课程实践、科研成果转化、师资培养等方面为建筑学院提供了有力支持。

1．职业建筑师走进本科生课堂

建筑学院首先推行了职业建筑师走进本科生课堂的教学模式，选派设计院具有博士学位的成熟建筑师担任建筑设计课的指导教师，与学院教师"1+1"共同备课、共同指导方案创作、共同讲评作业。这一方面增强了专业设计课的师资力量，另一方面有效弥补了学生设计实践环节的不足。特别是在高年级的综合设计课程当中，我们将教学目的定位为：培养综合解决问题的能力，将结构、设备、经济、政策法规知识综合地应用到设计中去；掌握建筑施工图设计的基本方法和步骤，了解并主动执行国家现行法规；深入理解和应用建筑设计制图标准，进一步巩固建筑制图基本知识。这些与实践紧密结合的课程，需要职业建筑师的知识和经验来完善学生的知识结构，提高学生的专业技能。实践证明，职业建筑师走进本科生课堂取得了良好的教学效果，在学生中反响强烈。

2．"进阶式"业务实践教学

建筑师业务实践教学是培养学生分析和解决问题的能力，加强专业训练和锻炼学生实践能力而设置的教学环节。在以往的建筑师业务实践中多采用学生自主选择、分散的"放羊式"实习形式，存在学习目的和方法不明确、缺少全程参与、缺乏科学评价体系等弊端，使得业务实践应该达到的教学效果大大降低。

为克服以上弊端，我们重新修订教学大纲，提出了"进阶式"业务实践教学体系，从实施效果来看，达到了培养计划中要求的"阶段培养、层层递进、逐步提高"的教学目的。

3．产学研无缝连接

在"两院一体化"的模式下，建筑学院与建筑设计院强强联合，加强科研、教学等多方面的"深层"合作，尽可能地减少有限资源的浪费，形成一种"你中有我，我中有你"的网络格局，从而体现出"学科规模效益"，达到"互利共赢"，避免了由于利益分配不均或短期合作带来的形式化、行为短期化等问题。学院和设计院在科研方面紧密结合，形成科技创新的综合优势，共同致力于解决寒地城市、建筑领域发展所面临的重大关键科学技术问题，既提升了学院学科建设的自主创新能力，又增强了设计研究院的核心竞争力，学院的学科建设正是借助这样的产学研平台，在大空间建筑设计、寒地低碳城市与建筑、建筑智能化、人居生态环境、建筑节能技术、历史建筑保护技术、城市与建筑安全等关键领域，取得了较高水平的自主创新性成果，同时推动了相关领域的技术进步。与此同时，建筑设计院以建筑学科为强大后盾，在寒地建筑、会展建筑、体育建筑、医疗建筑、校园建筑等研究和实践领域取得了显著的成绩，200余项设计作品荣获国家、省、市各级奖励，在全国优秀勘察设计奖、詹天佑土木工程大奖、中国建筑创作奖、空间结构设计奖、建设科学技术进步奖等工程设计领域大奖评选中屡获殊荣。

4．"双师型"教师培养

专业教师是学生们首先接触到的"建筑师榜样"，应该具有优秀建筑师的素质和能力，以榜样的魅力来影响未来的建筑师们。遗憾的是我们发现教师队伍中缺少既有一定理论基础，又有较强动手能力的"双师型"（教师＋建筑师）优秀教师。现今的专业教师，尤其是青年教师多来自高等院校，从学校到学校的经历，使相当一部分教师缺乏一线设计企业的工作经验，实际动手能力普遍比较薄弱，使设计课程停留于表面，不能很好地深入。建筑学科强调理论结合实际，仅有空洞的理论、详尽的教案、流畅的口才是不能成为一名合格的专业教师的。因此，我们积极鼓励和督促专业教师向"双师型"教师发展，利用建筑师业务实践中规定实习的契机，每年选派大量年轻教师参与到导师小组当中，指导学生的同时，提升自身的实践能力。另外，我们还采取多种形式让学院教师参与到设计院的实际工程投标等实践环节当中，锻炼其解决实际问题的能力，以此种模式先后合作设计了大连体育中心、营口体育中心、丹东体育中心等国内重大项目。目前，已经有一些教师考取了注册建筑师资格，有三名教师获得了中国建筑学会"青年建筑师奖"。

三、突破——特色办学

建筑学院强调国际化，并不是寻求"依附式"发展或趋同发展，我们始终坚持走自主创新之路，形成独特的优势。经过几代人的努力，我院集中优势资源在科研的专项领域形成了突破，"挖掘特色、形成特色、建设特色、强化特色"成为我们不变的追求。因为我们深刻认识到一个学科要在激烈的竞争中脱颖而出，不能靠"高、大、全"，而要靠办学的质量与特色，必须增强建筑教育系统内部协调分工意识，冷静而审慎地选择好自己的位置，形成"比较优势"和"不可替代性"。正如哈佛大学第26任校长陆登庭所说的那样："任何一所优秀的一流大学，都只能在部分领域做到一流，均衡用力只会削弱大学实现一流的目标。"

当然，在继承特色的同时，我们从未忘记顺应时代的发展，积极、主动地开展创新，使特色不仅能够保持，而且能够形成新的学术增长点，具有鲜活的时代内涵；我们也从未忘记根据社会发展的需要，遴选优势科研方向，形成新兴的科研方向，培育"新"特色。

1．寒地城市与建筑研究

结合地域特色发展建筑教育是我院重要科研方向，高纬度寒地城市典型的寒地气候特征为我院建筑科研的开展带来了机遇和挑战。我院提出"做寒地文章，创特色科研"的发展思路，以黑龙江省重点实验室—"寒地建筑科学实验室"为平台，探索东北亚寒地建筑科学与工程领域中的重大基础科学问题和关键技术，集中优势力量在寒地城市与建筑研究领域寻求新的突破，推动寒冷地区城市规划与建筑设计相关领域的技术进步。

在寒地科研开展过程中，金虹教授主持的《严寒地区村镇节能住宅设计模式的研究》与《严寒地区乡村人居环境与建筑的生态策略研究》获得国家自然科学基金资助。梅洪元教授主持的"寒地建筑技术研究与推广"项目荣获黑龙江省省长特别奖，该项目主要解决北方地区由于气候寒冷且持续时间较长带来的一系列复杂工程技术问题，旨在提升和改进传统技术，将当代先进技术与建筑特定的现实条件相结合，从建筑设计对策、节能技术、结构体系创新等方面进行科技攻关，促进寒地建筑技术进步，提高投资效益，改善建筑和环境质量，提高生活品质。项目填补了我国北方寒冷地区多项建筑技术空白，相关技术成果获得多项科技奖励，高技术集成的设计作品屡获国家各级设计大奖。另外，我院各专业研究生撰写有关寒地的学位论文70多篇，期刊论文上百篇（表1），《寒地城市环境的宜居性研究》一书已于2009年出版。

2．大空间建筑设计研究

建筑学院开展大空间建筑设计研究始于20世纪50年代末。1990年

表1 寒地城市与建筑研究的相关论著

学位论文	期刊论文
寒地城市公共环境设计研究	低能耗 低技术 低成本——寒地村镇节能住宅设计研究
严寒地区城市低密度住宅节能设计研究	当代寒地高层建筑创作观念
寒地城市环境的宜居性研究	寒地建筑形态地域特征初探
寒地城市复合生态系统可持续发展研究	庭空间在寒地建筑中的运用
寒地城市多层与高层住宅适居性比较研究	寒地建筑创作中的地域性思考
寒地旅馆建筑改造设计研究	国际寒地城市运动回顾及展望
严寒地区住宅建筑日照优化设计研	基于国际比较的寒地老工业城市宜居性建设研究
寒地公共建筑形态的气候适应性设计研究	基于“冬季友好”的宜居寒地城市设计策略研究

表2 大空间建筑设计研究的相关论文

学位论文	期刊论文
学校体育设施发展研究	大型体育馆的型式、采光及视觉质量问题
建筑创作与结构形态	体育馆结构型式多样化初议
娱乐体育设施的设计思维与对策	大空间公共建筑的未来
复合型体育设施设计研究	石景山体育馆设计
大空间公共建筑发展研究	朝阳体育馆设计
体育场馆建筑创作与建筑技术	现代体育建筑发展动态
大型体育场馆动态适应性设计研究	体育中心设计与环境
大空间公共建筑生态化设计研究	复合·简约·回归——淮南市文化体育中心设计思考

表3 高层建筑研究的相关论文

学位论文	期刊论文
寒地城市公共环境设计研究	低能耗 低技术 低成本——寒地村镇节能住宅设计研究
严寒地区城市低密度住宅节能设计研究	当代寒地高层建筑创作观念
寒地城市环境的宜居性研究	寒地建筑形态地域特征初探
寒地城市复合生态系统可持续发展研究	庭空间在寒地建筑中的运用
寒地城市多层与高层住宅适居性比较研究	寒地建筑创作中的地域性思考
寒地旅馆建筑改造设计研究	国际寒地城市运动回顾及展望
严寒地区住宅建筑日照优化设计研	基于国际比较的寒地老工业城市宜居性建设研究
寒地公共建筑形态的气候适应性设计研究	基于“冬季友好”的宜居寒地城市设计策略研究

梅季魁教授成立建筑研究所，将体育场馆等大空间建筑设计研究作为产学研的主导课题。近30年间研究所在《建筑学报》《世界建筑》等杂志上先后发表论文100多篇，出版《现代体育馆建筑设计》《大跨建筑结构构思与结构选型》《奥运建筑——从古希腊文明到现代东方神韵》《体育建筑设计研究》《体育建筑设计作品选》等多部专著，并为《中国大百科全书》撰写了“体育建筑”“游泳建筑”条目，为《建筑设计资料集》《中国土木建筑百科辞典》《中国土木辞典》等撰写了部分体育建筑条目。

实践工程研究方面长期坚持以建筑研究所为主导、与设计院合作，设计完成大中型体育场馆工程项目60多项，建成与正在建设项目近50项，先后设计完成吉林冰球馆（1984年）、北京亚运会石景山及朝阳体育馆（1986年）、陕西汉中体育馆（1995年）、哈尔滨梦幻乐园（1997年）、大连理工大学体育馆（2001年）、广州惠州体育馆（2002年）、青岛大学体育馆（2003年）、东北大学体育馆游泳馆（2004年）、深圳大学城体育中心（2005年）、安徽淮南文体中心（2006年）、广州大学城外语外贸大学体育中心（2006年）、大连体育中心（2009年）、辽宁丹东体育中心（2009年）、普兰店体育中心（2010年）、湖南岳阳体育中心（2010年）、安徽宣城体育中心（2010年）、新疆克拉玛依游泳馆（2010年）等项目。研究团队获全国建筑创作奖和省部级优秀设计奖多项，参与北京奥运会、广州亚运会等大型重点体育设施设计项目评审工作数十项，为我国体育建筑理论研究与设计实践，以及建筑教育事业做出了卓越贡献。2006年，中国建筑学会授予梅季魁先生“建筑教育特别奖”。自1990年成立建筑研究所至今，研究团队共计培养硕士 74名、博士24名，撰写了大量的学术论文（表2）。研究所培养的学生先后成为全国建筑学会的领导、长江学者、世界优秀华人建筑师、多所国内知名建筑学院院长、建筑设计院院长、总建筑师等建筑领域的杰出人才。

3. 高层建筑设计研究

高层建筑研究所成立于1993年，长期以来致力于高层建筑与智能建筑的创作及其理论研究。一方面贯彻学术理论研究与建筑创作紧密联系的原则，实行教学、科研、实践三者相结合的方针；另一方面，密切关注国家和地方建设中的重大课题，开展多学科的综合研究。已进行科研课题研究20余项，整体学术水平处于国内相关研究领域前沿； 已有16名博士和120名硕士顺利获得学位；目前在读博士12名，硕士28名；出版《高层建筑与城市》与《高层建筑创作新发展》专著两本，撰写学术论文百余篇（表3）。

高层建筑研究所凭借雄厚的科研能力和技术实力，注重工程实践与科研活动的有机结合，在建筑创作方面成就尤为突出。目前已完成重大工程项目创作百余项，获各种奖励30余项。这些项目中，包括了一大批具有代表性的大型公共建筑和教学建筑，如哈尔滨体育会展中心、哈尔滨融府康年大酒店、大连中石油大厦、黑龙江省自然博物馆新馆、大连东软软件园等各地市的标志性建筑，很好地将地域建筑文化的精华与现代设计理念融合在一起。大量的工程实践为高层建筑与智能建筑研究在理论与实践的结合上做出扩展与补充，从而为建筑创作提供根据更具现实意义和可操作性的理论指导。

结语

2010年，凭借建设“985”工程的发展良机，哈工大建筑学院成功获批建筑学国家一级重点学科培育计划、海外学术基地建设、寒地建筑科学研究平台等立项，争取建设经费2 000余万，获得资金、人才和设备的全面支持。在国家学科目录的新一轮调整中，原有建筑学科分解为建筑学、城乡规划学、风景园林学三个一级学科，我院审时度势进行了机构调整，分设建筑系、建筑技术科学系、城市规划系以及景观学系，以适应学科的发展。同时，计划大规模引进人才，将教师扩编到150位。

回首过去，哈工大建筑学院通过不断整合走出了一条以“外部引智、内部聚力、特色办学”为支撑的建筑教育发展新路；面向未来，哈工大建筑学院将大力推进学科建设、努力加快科研创新、打造高素质的师资队伍，百尺竿头，更进一步，乘势聚力，铸就辉煌。■

参考文献

[1] 梅洪元，孙澄，陈剑飞. 秉承传统·历久弥新——哈尔滨工业大学建筑学院建筑教育[J]. 南方建筑，2010（4）：72-77.

[2] 纪宝成. 国际文化交流是大学的第四项基本职能[M]//中国高等教育学会引进国外智力工作分会. 大学国际化理论与实践. 北京：北京大学出版社，2007：55.

[3] 孙澄，梅洪元. “两院一体化”模式下的“进阶式”业务实践教学体系——哈工大建筑学院建筑师业务实践教学体系建构[M]//仲德崑，梅洪元. 建筑师业务实践与毕业设计教学专题研讨会论文集. 哈尔滨：哈尔滨工业大学出版社，2010：19-24.

多元的建筑文化与多元的建筑教育
——西安建筑科技大学建筑学专业办学思考

刘克成 李岳岩

西安建筑科技大学建筑学院

一、背景与反思

进入新千年，中国建筑正处于一个前所未有的飞速发展时期，中国成为世界工厂的同时也成为了全球最大的工地。近年来，改革开放使国内的建筑思想和建筑创作逐渐摆脱了单一的思路，加之国外新的建筑思想和理念不断涌入，使我国的建筑文化和建筑创作呈现出多元化的特点，这也对我们多年来一贯的建筑教育体系造成了强烈的冲击。

当前，建筑学学科的主要研究方向已经不仅仅局限于建筑空间和形态问题。一方面，学科自身在发展，建筑学各专业和学科研究领域细分出建筑设计、城市规划、景观学、建筑历史、建筑技术科学等二级学科，研究方向则更加细化；另一方面，建筑学的研究与其他学科交叉融合，引入了大量其他学科和方向的研究成果及内容，使得建筑学自身的体系更加丰满。面对建筑学科的这一发展趋势，建筑教育须作出应对，1999年国际建筑师协会（UIA）在其纲领性文件《北京宪章》中明确提出："建筑教育要重视创造性地扩大视野，建立开放的知识体系（既有科学的训练，又有人文的素养）；要培养学生的自学能力、研究能力、表达能力与组织管理能力，能随时吸取新思想，运用新的科学成就，发展、整合专业思想，创造新事物。"[1]

当前中国高等教育理念也在发生转变，以往因循前苏联高等教育思路，我国高等教育呈现出专业过细、应用面过窄、学生知识单一等问题，随着我国国民经济和高等教育的飞速发展，这一问题已逐渐凸显。转变教学思路，培养厚基础、宽口径的通适人才成为近年来高等教育改革的一个热点问题。反观我国的建筑教育，在计划经济体制下，人才培养思路基本以设计师的培养为模板，学生毕业后的去向也大多集中在设计院所。然而随着近年来中国建筑业的蓬勃发展，人才需求急剧增加，大量建筑学毕业学生进入到其他相关行业之中，例如装修、房地产、城市建设管理、建筑杂志、出版甚至包括网站、舞台美术等，据我们的统计，20世纪90年代前的建筑学专业毕业生目前仍从事建筑设计工作的不足1/2。在西方这种现象更是多见，很多学习建筑的学生最终选择了其他行业并获得了巨大的成功。例如，著名的意大利服装设计大师詹弗兰科·费雷就毕业于米兰工艺技术学院建筑系并取得学位，另一名著名的服装设计大师吉安尼·范思哲早年也就学于建筑学专业。这也让我们深深地思考：建筑教育是否仅仅以培养建筑师为唯一目标。

基于此，我们对建筑学的办学理念和方法进行了深入反思，并尝试实践了一些不同以往的建筑教育思路。希望这些探索能够为当前建筑教育的发展提供一些借鉴。

二、理念与实践

1. 多元思想与自主的发展

当前建筑学学科发展日益多元化，专业方向趋于细化。根据这一特点，建筑教育也必须为学生们提供更多不同的建筑理念和设计方法，为其未来的发展提供多种通路。因此我们应当放弃以往那种单一的评价标准，为学生创造更多的自由发展空间和成长机遇。

一个优秀的图书馆能够最大限度地提供各种所需的图书和资料，但使用者不必也不可能阅读完所有的图书，只需能方便地获取其所需要的信息和知识；同样，一个优秀的建筑学院也应能为学生能够提供尽量丰富的建筑及相关知识，但不应要求也不可能要求学生学习完成所有的课程，而应引导学生根据自己的喜好、特长和发展方向选取相应的课程，确定自己的发展方向。针对这一教学思路，我们采取了以下措施。

首先是引进多种人才，丰富知识体系。近年来，建筑学院通过各种方式引进了多种不同的人才，包括陕西摄影家协会主席、全国纪实摄影的名家胡武功教授开设纪实摄影课程，清华大学中国思想史博士吴国源开设中国建筑思想史课程，生物学和生态学博士李榜晏开设景观生态学和建筑卫生学课程，并聘请著名作家贾平凹参与建筑文化论坛开设讲座……我们希望通过这些举措营造多元的文化氛围、拓展视野，同时让建筑学院的师生们从不同的角度审视建筑。

其次是鼓励教师根据自己的研究开设多种选修课程。目前我院的专业教师已达160余人，包括建筑学、城市规划、建筑技术、建筑历史、景观以及美术等方向，如此规模的教师队伍为给学生开设丰富的建筑学及相关课程打下了基础。我们积极鼓励每位教师都能够根据自己的研究、特长及喜好开设选修课程，将自己的知识和建筑观点展现出来。目前，建筑学院教师根据自己的研究开设的各种选修课程已多达50余门，与此同时，我们也计划将所有的选修课程划分为高年级（三、四、五年级）选修课程与低年级（一、二年级）选修课程，并通过教学管理引导学生自主选修适合自己的课程，以培养学生自主学习、自我发展的意识与能力。

2. 自由思维与交流争鸣

历史上文化最自由的时期往往也是思想最活跃、文化最繁荣的时期，例如西方的古希腊、古罗马、文艺复兴时期以及中国的春秋战国时期和唐宋时期，这些时期也是建筑发展最为繁荣的时期。因此，我们认为针对同一建筑课程的不同教授方法，针对同一建筑问题的不同见解与争论，甚至对同一份学生作业存在不同评价标准，并不是一件坏事。建筑思想的自由争鸣不仅带来了建筑思想的繁荣，还可使对学生接触到更多的建筑思想，学习到更多的建筑设计方法。因循这一思路我们进行了一些尝试。

首先是在同一建筑设计环节引入不同的设计题目，并且鼓励教师采用不同教学方法，以便学生接触到更多的建筑理念和设计思路。例如，建筑设计这一环节由三个完全不同的设计课题构成，它们分别是强调历史保护和建筑文化传承的建筑文脉课程、强调建筑计划与空间分析

图1 建筑与城市文脉精品课程网站

图2 建筑广场

的医疗建筑设计课程以及强调技术与经济的高层建筑设计课程，每门设计课程的组织与教学方法大相径庭。建筑与城市文脉课程强调对历史文化街区的保护与延续，以及在历史文化街区中进行建筑设计的策略与途径，具体的设计题目也不同于以往的设计，常常采用研究性的课题，如西安城市CI设计、西安夜市空间分析等。为了让学生们更好地体会建筑文脉的含义，这一课程的讲授和指导往往不在教室而是在研究现场进行，其最终的成果也不限定必须是一个空间设计方案，学生调研报告、分析总结也是成果的重要组成。建筑与城市文脉课程由刘克成教授开设并负责，于2010年被评为国家级精品课程（图1）。

其次是建立开放的建筑广场和自由空间，推动多种建筑思想的交流、碰撞与争鸣。我校建筑学院的教学楼建于20世纪50年代，随着我们对建筑教育理念的探索和实践，其空间已经难以适合当前的教学模式。针对这一现状，我们对建筑学院教学楼————东楼进行了空间改造，分别在二、三、四层形成小、中、大不同等级的多元化开放空间。

小开放。二层基本为办公室和教研室，改造将原先的一些办公室打开，改为开放的公共交流空间——自由空间（free box），这四个自由空间为教师之间、教师和学生之间提供了交流和碰撞的平台，同时也为科研研讨和交流、研究生学习等提供了场所，大大提高了空间的使用效率。

中开放。三层基本为学生教室，原来的学生教室依照班级设置，相对封闭，不利于学生的交往。改造中，在保持原有砖混结构不变的情况下尽量将分隔教室的墙体打开，让视线更为通透，从而加强了学生之间的交往；在新加建的教学空间中设置了4个班的合班教室，从一至四年级每个年级均安排1个班在此，形成开放的教学环境，并促成了学生之间的相互交流。

大开放。四层为1994年加建的钢结构大空间，原布置有报告厅、图书馆和展厅，但三者空间相互独立，其中展厅为封闭的展室，平时基本不开放，使用效率极低。改造时，我们对四层空间进行了重新布局与整合，尽量将空间连通，将展厅、图书馆的空间构成一个整体，加入建筑博物馆、自习空间并配合咖啡等服务内容，构成开放的建筑广场。在建筑广场中，学习座位穿插于各种展板、图例中间，让学生随时随地置身于浓郁的建筑氛围之中，这样一方面极大地提高了空间的使用效率，另一方面也让展览内容发挥出最大效用。在使用中，开放的建筑广场以开放和包容的姿态欢迎所有使用者和来访者，最大限度促成了各种思想与观念的碰撞（图2）。

再次是全力支持教师的教学研究和实践探索，并尝试挂牌教学。近三年，我院专业教师规模迅速增加，同时新加入的教师们也带来了不同的教学模式和教学理念。这些教师勇于尝试，并且对教学充满热情，如果让所有的教师按照统一的教学模式和教学内容进行教学，其教学积极性和创新意识都会不同程度地受到影响。为了实现自由求实的学风，我们积极鼓励教师们的教学创新和各种实践探索。例如，在小住宅设计中，建筑设计课的教师主动与建筑技术任课教师协作，加入了墙体设计和建造等实践内容，将构造课程的内容与建筑设计课程结合起来，一方面加深了学生对建筑设计中节点构造的理解，另一方面也让学生认识到建筑构造课程的重要性。再如，在幼儿园设计中，任课教师让学生深入到幼儿园中，通过与幼儿教师一同工作，访谈幼儿园管理人员和幼儿园的设计师，加深对幼儿园设计的理解，同时也理解到建筑的创新不是建筑形式的时髦和标新立异。

随着教师的增加，为了更大限度地促成教学的自由与争鸣的氛围，我们开始尝试挂牌教学，并首先在毕业设计中开始实践。在毕业设计前的一个学期末，公布指导毕业设计的教师名单和设计课题，首先由学生自由选择教师与课题，随后由教师选择学生组成毕业设计组。这样不仅极大地调动了任课教师的教学积极性，而且使教学课题和教学方法更加多元。例如结合UIA国际大学生建筑设计竞赛的毕业设计就与一般的毕业设计成果有很大区别，由于竞赛特殊性，成果通常采用研究性设计方式，即以竞赛图纸结合研究报告作为毕业设计成果。我校在UIA国际大学生建筑设计竞赛中已连续7次获得了包括第一名、第二名在内的10项大奖。目前毕业设计挂牌教学方式已经尝试了6年时间，获得了良好的教学效果，并且准备逐步推向其他设计课程。

结语

当今的建筑思潮异彩纷呈，教育的探索与发展也呈多元化的发展趋势，面向21世纪，国际建筑师协会（UIA）《北京宪章》对建筑的发展提出了“一致百虑、殊途同归”的基本结论，并且指明了建筑教育的基本理念。在这种发展趋势下，希望通过我们的思索和实践，探索一条具有自身发展特色的建筑教育之路，也希望我们的尝试能够为我国的建筑教育提供借鉴。■

参考文献

[1] 吴良镛. 国际建协《北京宪章》——建筑学的未来（中英文本）[M]. 北京：清华大学出版社，2002.

关于“建筑设计教学体系”构建的思考

孙一民　肖毅强　王国光

华南理工大学建筑学院

亚热带建筑科学国家重点实验室

1977年我国建筑学本科恢复招生，建筑教育重新上路，距今已30多年了。我们这一代经历了其中绝大多数的岁月。奔波于课堂与工地之间，在学校学到的东西日渐模糊，但基本功和基本价值观却留下了清晰的印迹。从业多年，回望教育的历程，最有感触的却是开头的那些日子。

国家大建设期的建筑学教育，既有机遇，也有困境。职业教育的基本质量和建筑创作繁荣的双重愿望，必然转化为建筑教育现象的纷繁多样。当前的建筑教育理念，既是对教育传统的继承，也是对独特现实的创新；既是对中国建筑现代化进程的思考，也是对改革开放三十年经验和教训的反思。

一、关于建筑教育源流与理念的思考

1．历史源流

建筑教育传统起源于两个方向：一个是倡导经典设计法则和样式学习的“布杂”体系，即巴黎艺术学院体系（Beaux－Arts，1671年成立）；另一个是强调工程技术价值观的“巴黎”模式，包括了巴黎技术学院（Ecole Polytechnique，1794年成立）和巴黎艺术与制造中心学院（Ecole Centrale des Arts et Manufacture，1830年成立）。[1]

“布杂”体系开始了建筑艺术性和经典性的教育模式。在建筑教育发展中，“布杂”体系的建筑教育思想曾一度居绝对统治地位。而“巴黎”模式为适应新的工业化要求和社会发展现实，将工业技术知识作为建筑领域不可分割的组成部分引入教学。巴黎模式的的工程技术传统确立了建筑学科教育中的技术学科份量，也逐步开创了其后高等技术学校的教育传统。在德国，“巴黎”模式通过柏林建筑学校、P.贝伦斯（Peter Behren）、“德国建造联盟”等学校传承，并影响到被誉为现代建筑教育代表的“包豪斯”的形成。

在“包豪斯”的革命性推动下，以及二战后多方向的尝试和反思（包括德国乌尔姆造型学院，代尔夫特技术学院，伦敦建筑协会，德州骑士，库柏联盟，苏黎世模式等），当代建筑教育完成了由现代建筑学教育由“风格”学派到“方法”学派的转变，逐步摆脱了“布杂”体系的艺术性和经典性榜样学习的单一性，强调对问题的研究思考及社会现实的关注回应。[2]

建筑教育最重要的进步是从风格、类型的教学走向“方法论”式的教学；从经典建筑的模仿走向对建筑问题的思考，从只关心形态结果走向对问题解决过程的关注；从纯粹的形式艺术角度出发“样式”学习转化为寻找形式背后的社会人文价值的“技术理性”策略。

当今西方的建筑设计教学体系基本上是这个历史过程中有效教学方式的汇总：“工作室studio”方式、“讲授课 lecture”方式、“工作坊workshop”方式、“讨论课seminar”方式，甚至包括既没有统一的课程模式，也没有系统化的教学，甚至于没有相关的方法，完全取决于教授的理解与风格的AA式专题设计。我们在分析、分辨现行国际上不同教育风格的同时，需要确立自身的发展定位，继承创新，探求合理完善的建筑教育体系。

2．现实定位

在西方，“方法论”式的设计教学，使当代的建筑设计训练从技能性训练的“操作性”教学发展为“研究式”教学，甚至出现了以“研究分析”成果代替传统意义的“建筑设计”。产生这样现象的背景是西方已高度发达的建筑师行业体系的保障，是技术性操作被细化和分工的结果。

中国的现实需要我们根据自身的发展，理解我们在教学中需要解决的真正问题，而非简单教学模式的抄袭和模仿。作为宏观视野下的教学思想，以下几个问题值得思考：

建筑设计教育模式的完善需要渐进改良。曾经浓重的“布杂体系”的影响，导致建筑教育“现代性”的缺失。但现代主义的绝大部分大师都受到“布杂”的影响，说明了“布杂”模式的价值。张永和先生主持“非常建筑”和麻省理工建筑系，他的基本功却来源于20世纪70年代末较为“传统”且与“布杂”模式影响有千丝万缕联系的南京工学院的三年起步建筑教育。回顾国内院校20世纪80年代以来的多轮“设计教学改革”，似乎现在才到了最为重要的效果评价阶段。对此，我们始终认为，审慎辨别与谨慎“扬弃”才是教育进步的渐进式途径。

建筑教育是系统化、专门化的专业教育，不是注册职业培训。国际上建筑教育正面对急剧变化的时代要求，全球环境与能源问题提出了许多需要从根本上反思建造行为的问题，同时建筑专业服务走向全面化、多样化和细节化。在国内，建筑设计行业的计划经济色彩逐步消退，设计单位对人才的使用方式亦发生改变，设计服务市场化对人才同样有更高的要求。同时，我国现行不彻底的执业制度和行业体制，使设计教学的不完整性成为突出问题。由于注册考试实施，出现了许多指向注册考试的教学倾向，如不警惕，将更加严重误导建筑教育。结合我院的教育传统与改革实践，我们认为，设计素养和基本功需要通过合理教学布局进一步完善充实，设计教学应反思过分强调“概念性”设计的教学缺陷，立足“技术理性”、立足培养高水平的专业能力，强调技术素养前提下的创意能力培养。

正确建筑观念的培养与塑造是设计教学的最高目的。教育的目的包括理念培养与技能培育两个重要方面。长期以来，设计能力的培养成为建筑设计教育天经地义的主体，却忽略了观念的培养，使学生毕业后呈现两种极端状况：前期生龙活虎，后期却倍感手法用尽、心智枯竭。产生这样问题的主要原因是中国建筑教育中观念培养环节的薄弱，导致建筑师再学习的能力不足，而建筑理念的混乱，更导致创作中技法有余内涵不足，尤其无法面对社会需求的变化。同样是建筑理念的混乱，导致许多走向管理工作的建筑毕业生，在重要的岗位上，由于理念的缺失，迷信国外设计师，把许多复杂问题的解决寄望于国际大师的施惠，更加促使国内建筑界的混乱。因此，建筑设计教育不仅是要培养设计技

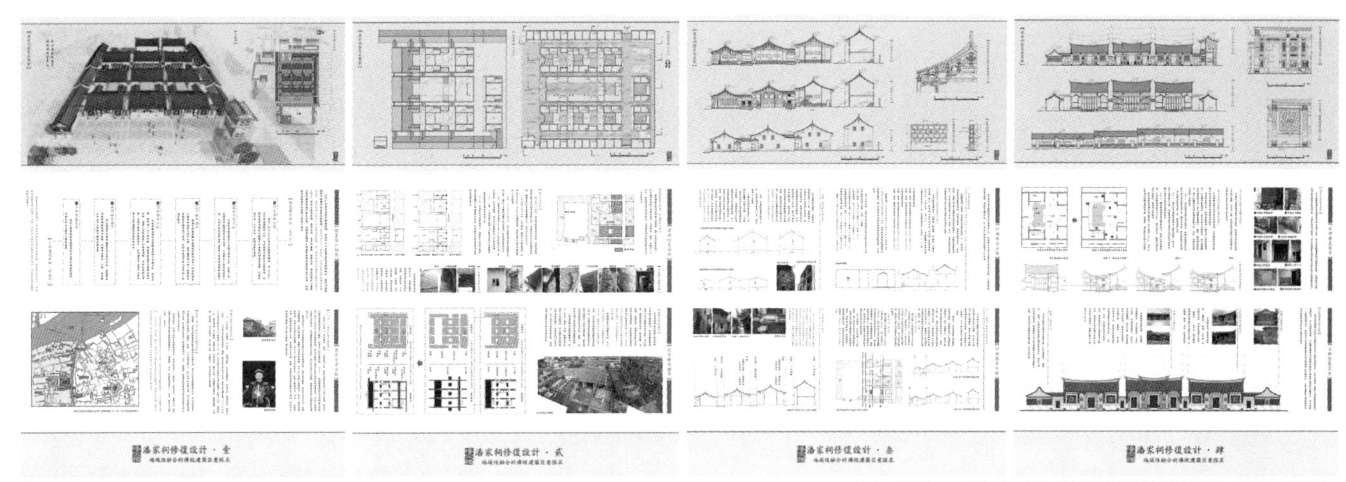

图1 学生作业：广州十三行潘氏建筑群保护与修复设计（学生：刘伟庆）

能，更加重要的是通过相关课程的配合，树立正确的建筑理念，为日后的不断学习与完善奠定扎实的根基。

建筑学专业知识体系的建构需要“全过程”的推进与落实。建筑学专业教育的目的在于培养良好的职业人才，其中专业素质及“设计”思维是建筑学人才培养的核心。合格的人才应体现为具备全面的知识结构、严谨的专业作风、正确的专业价值观和完备的专业技能。而具备良好专业素质的人才在职业工作中才可以不断提高和走向多元化。同时，多元化的就业环境改变着对人才素质的要求，过去的“（学校）概念性设计教学＋（设计院）职业培训”的人才成长模式已难适应。应强调对建筑设计“全过程”能力的掌握，强调全面的专业判断能力、分析研究能力、技术操作能力。

二、关于建筑设计教学内容设置的加强与调整

1．强调内容全面的设计基础教育

由于我国长期的中小学应试型教育，大学专业教育开始时，绝大部分学生在人文美学教育上的基础仍然极不理想。作为专业教育的开端，除了相关知识课程的补充，设计教学的基础知识，至少包括三个方面的内容：设计表达与思考、空间与造型和工程技术表达。其中设计表达是前些年国内各校设计教学改革过程中触动最多的部分，也是我们认为最需要充实的部分。

作为比较理想的教学开端，应当以足够的强度保证训练的质量。而现行各校按照教育部要求的一年级课程安排中，公共课程学时量过多，导致专业知识基础课时间不足。设计基础常被简化为一门“设计初步”，而“设计初步”课教学内容的处理不当，极有可能导致某一方面教学内容被弱化偏失。

我们设置的“建筑设计基础”课程的教学内容，具体落实到设计表达、造型和空间思维、工作技能（图和模型）以及工作作风的训练上，为进一步的建筑设计训练打下基础。在这里“布杂”式训练的价值并不在于技巧是否为电脑时代所适用，而在于“手脑结合”思考手段的训练及其永恒建筑价值观的熏陶，同时也可以加深同学对建筑历史进程的理解。

2．强调“全过程”的设计方法训练

在二、三年级，以往的设计教学主要通过类型建筑教学和密集训练达到方案设计的“熟练”境界，容易导致“形式操作”和“表现效果”成为设计教学主要内容和评价标准，而在问题思考和方法学习上缺乏理解。

我们认为，应当借鉴国际通行的设计训练模式，强调设计的深度和目标，即所谓“全过程”的设计训练。强调项目分析、方案设计、设计深化和实施技术上的整合训练。设计题目应选择规模不大、功能简单的建筑，具有限制性的设计条件和真实地形，有利于学生正确地分析和应对。在单一题目中，通过功能综合、环境因素综合、初步的技术综合以及开始要求对城市、社会、文化因素的思考，培养较全面的设计思维能力。

在具体安排上，涉及到三种设计教学观念与相应安排的侧重与取舍：其一，由简化设计条件的简单建筑开始、逐步向同样简化条件的复杂的建筑类型推进，或是由复杂因素的简单建筑到复杂建筑、强调“整体的”设计工作方法；其二，每学期两个长题，强调建筑类型的覆盖和认识，或是每学期一个长题，强调设计的深度训练，平行设置短题训练和相关技术课程的设计训练，强调近似真实的设计工作过程和深度的要求；其三，由设计课独立完成设计训练，或是相关课程综合训练，共同构成完整的设计训练体系。

3．强调交流的开放式“专题设计”模式

在高年级教学阶段，设计课突出理念的培养与问题的解决，通过开放式“专题设计”模式的推行，实行相对固定的教学架构与开放式模式相结合，拓展学生的专业视野，加强各种交流设计机会，并在课程安排上提供可能。

第一，组织专题设计教学小组，落实相关教学内容的教学和教学研究；第二，每个设计阶段都有多个设计题目，由不同的导师小组负责，学生可选择参加，并鼓励合作设计，促进教学环境的活跃，逐步引进外聘高水平的建筑师和客座教师来主持设计小组，活跃师生的专业学术交流；第三，促进学生参与各种交流活动，竞赛、展览、工作坊、专题考察等，逐步形成成熟的设计交流制度；第四，将日益频繁的“国际联合设计教学”纳入本阶段教学活动，拓展学生国际视野，培养学生国际化理念。

三、相关课程的教学配合与充实训练

1．树立正确历史观念与积累理论素养

纵观当前国内建筑专业媒体，紧跟国际“潮流”“概念”“话题”，不为人后，至常有过之。而作为专业教育，经典性的历史经验和理论教育却多有偏失，对工业时代以来的现代建筑学发展认识寥寥，弃为陈旧，断章取义。对历史价值的漠视会导致基本专业价值观的偏失，会使“人才”在急速发展的社会现实面前丧失立场，以专业技能“助纣

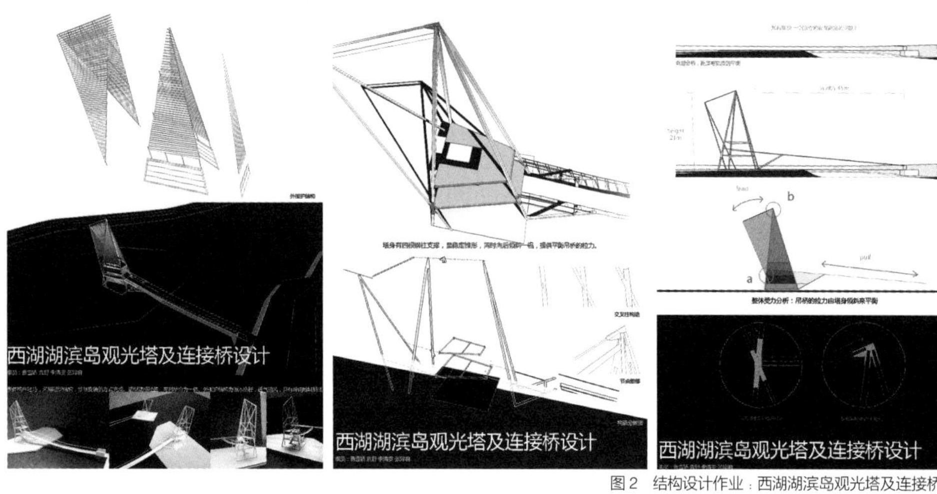

图2 结构设计作业：西湖湖滨岛观光塔及连接桥设计

为虐"。

我们试图逐步建立较为完整的建筑史论一体教学架构，逐步发展建筑评论和建筑美学课程，在教学中贯穿经典历史建筑和专业理论的教育（图1）。强调通过对建筑创作的评论分析，从理论上和观念上重新认识建筑设计工作和方法，建立正确的专业观念和专业价值观。

2. 培养建筑技术类知识与技能

强调完整设计进程的方法训练，增加单一设计题目的深度，必然导致题目设计周期的延长。设计训练存在强度、深度和密度的相对矛盾，因此必须首先建构较为合理的综合课程训练体系，保证设计训练的"强度"和"密度"，方可在建筑设计课程中强调"深度"。我们目前的课程建设工作包括两个方面的内容：

一方面，强调技术性课程与设计题目的紧密结合，并使技术设计直接反映在设计成果和课程考核中，例如声学与观影建筑、物理环境分析与小区规划、公共建筑环境模拟、数字技术与古建筑保护设计、防火设计与各类公建设计等。

另一方面，逐步在相关专业课程中引入设计训练。例如在建筑设计与结构选型课程中，加入案例讨论分析及结构选型设计（图2），以设计成果作为考核成绩，起到了很好的效果。可以引入设计训练的课程还包括居住区规划原理与居住建筑设计、建筑构造、建筑防火、室内设计、场地设计、建筑设备等。

显然，辅助设计训练的目标，都在于配合建筑设计课的目标，共同构成合理完整有序的设计教学体系。而课程体系的完善，还必须面对原有教学架构的逐步调整、师资人才的完备以及各具体课程教学内容的调整与完善。

3. 引入城市观念和培养城市设计理念

我国城市建设的发展速度震惊世界。建筑师不再抱怨机会少、造价低，我们有了令国际同行羡慕不已的创作天地。然而，回首我们的城市，往往是有新建筑却没有好场所、有新建设却没有好城市。城市中，新建筑争奇斗妍，互不相让。大量旧城区拆除后，取而代之的是毫无逻辑关系的新建筑。今天，当城市越来越需要具有整体设计观念的建筑师来设计"有意义的场所"的时候，我们的建筑教育也应使学生突破玩弄形式与自我表现，负责任地综合考虑问题，形成整体化的建筑观。城市设计不仅应满足今天的需要而进行体型组合，而且要关心人的基本价值与权利——自由、公正、尊严和创造性。城市设计的基本出发点在于调节城市的建造过程，并使之满足广大市民的基本要求。城市建设的目的不是满足政府官员的宏伟畅想，也不是城市设计师个人风格的张扬。城市设计的重要基本原则就是要创造一个市民喜爱的适宜居住的城市空间。因此教学要以现代城市设计思想为主导，培养学生全面认识城市形态，了解城市规划，思考城市问题，以此为基础，进行建筑设计和评价建筑设计，逐渐培养学生全面的建筑观念。[3]

结语

在明确教育目标和问题的前提下，需要对专业教学有清晰的自身定位。一方面是对国际建筑教育经验进行借鉴，另一方面，需要对自身的教育传统进行继承，并结合中国的发展阶段，进行针对性的改良创新。

始于1932年的华南理工大学建筑学科，教育历史悠久，有独特的"技术理性"和"现代性"建筑教育传统，并在岭南现代建筑创作中一直起着重要的作用。现行教学的完善和调整，是一个逐步尝试和优化的过程。我们正在从优化设计基础课程内容、改良设计题目、设立专题设计、推行相关课程设计训练和技术课程与设计训练融合等多方面推进教学改革，同时结合师资现状，努力推进专题教学团队的建设①。通过总结院系教育传统和精神，凝练专业教学特色，逐步使院系教师形成教学思想共识，营造系统有效的教学秩序和教学氛围。

这里提出的是我们的思想纲要，许多答案还寄希望于同行与兄弟院校的指正，这也是本文的初衷。■

注释

①详见：国家精品课程资源网http://www.jingpinke.com．华南理工大学：建筑设计基础，何镜堂，2007；建筑设计，孙一民，2010；建筑技术，吴硕贤，2009。

参考文献

[1] PFAMMATTER I. Der Erfingdung des modernen Architekten[J]. ARCH+, 2002 (12)：54-56.

[2] 肖毅强，陈坚．现代建筑教育模式发展评析[J]．华南高等工程教育研究，2003（4）：69，75．

[3] 张春阳，孙一民，周剑云，等．基于城市设计思想的建筑观念培养——关于高年级建筑设计教学的思考[J]．新建筑，2003（4）：65-67．

原文刊载于 2011年03期 页码 035 - 038

求实与创新
——南京大学建筑教育多元模式的探索

丁沃沃
南京大学建筑与城市规划学院

建筑教育和建筑学科的发展以及国家的社会发展阶段紧密相关。经济发展的全球化和学科发展的国际化趋势迫使我们不得不对中国的建筑教育的核心内容、教育模式和以及教学体系进行总体思考。在中国，建筑学是非常务实的学问，它兼有人文色彩，更关心技术合理。社会进步和科学技术的发展都会不断更新建筑学的知识构成，因此建筑学的基础知识应该能够和文、理学科有更多的沟通。在大学基础教育通识化趋势的背景下，建筑学没有充足的理由设置独立于通识的屏障。另一方面，建筑学学科的发展主要依赖于学科的学术研究水平，繁荣的建筑市场并不能直接推动学科的提升，因此建筑教育不仅要培养建筑行业的专门人才，而且要培养学科建设的人才，多元模式是我们探索的目标。

一、背景

建筑学学科发展和国家的社会发展阶段紧密相关。我国在20世纪之初引进西方建筑学教育时，主要引进了本科教育体系，将我国的建筑学科设置在工学类，学生获得的是工学学士。之后，随着培养层次的提高，建筑学和其他学科一样发展到了硕士、博士阶段，但是并没有严格区分二级学科各自的培养目标和定位，无论是建筑设计还是建筑史学、建筑技术科学无一例外地同步设置了硕士和博士学位。自然，所获得的学位分别是工学硕士和博士。建筑学专业学位教育是伴随着建筑师执业制度（注册建筑师资格考试）而产生的一项专（职）业教育，它的目标主要是培养职业建筑师。和国际一般建筑学教育一样，我国该学位是在已有建筑学工学学位的基础上，通过建筑学专业教育评估，方可设置。根据国务院学位办的学位设置规定，通过评估的高校，可以向其建筑设计及理论方向的硕士颁发建筑学硕士文凭而不是普通的工学硕士文凭。建筑学学位的多样化应该应对建筑教育的多样化，并非不同学位之间的高低之分。然而，目前从招生制度的设置上以及学生的认知与选择上分得并不清晰。

随着我国城市化进程的提速和城市建设质量的提高，国家对建筑师的需求将会由数量向质量转变。从发展趋势来看，高端专业人才的培养直接关系到国家各行业整体质量的提升。低碳城市、生态城市以及可持续发展的城市等概念不但需要具体的落实技术，而且需要高质量的人才去实现。21世纪的竞争是人才的竞争，它不仅体现在高科技领域，同时体现于执业技术要求比较高的行业之中。就建筑学专业学位而言，它的设立意在提高应用型人才的专业能力和综合素质，不是将原有的建筑学教育降低为以操作性为主的职业教育，而是在原有建筑学培养计划的基础上加强应用技术的输入、行业规范的教育以及实际操作能力的训练。因此，依据我国目前的建筑学学位设置多样化的实际情况，探索适合我国经济发展模式、发展阶段，同时能和国际接轨的有自身特色的建筑学学位教育模式非常有必要，且意义重大。

1. 国际现状

国际一流大学建筑学教育分两个类型：专业教育和学术教育，专业教育的最终学位一般为硕士，学术教育的最终学位是博士。就培养模式而言，国际一流大学的建筑师专业教育模式并不一样，主要分两大类：一类是以欧洲大陆为主的模式，另一类是以美国、英国以及英联邦为主的教育模式。以美国为例，他们的专业学位教育和学校的定位相结合，且和市场结合非常紧密。一般一流大学的专业学位出口定在硕士阶段，而本科则定位于普通工科①。这样培养机制意在培养高层次的专业应用型人才，同时也注意给学生较宽的知识储备，为今后的自我塑造打下基础。美国的建筑学硕士学位的培养方案分为两年和三年：两年的培养目标定位在专业应用型人才，学生在完成基本课业之后以通过毕业设计的方式获得建筑学硕士学位；如果学生愿意从事研究工作或锻炼自己的研究能力，则需再加一年做学术研究，完成一篇硕士论文。这种机制的优势是给学生更多的自主选择，即对于愿意从事学术研究的学生，能较为顺利地进入博士阶段的学习。这种培养经过多年的实施基本走向成熟，由于目标明确，该培养机制培养了大批建筑学应用型人才，同时也使建筑学的学术研究一直得以保持较高的学术水平。

再看欧洲，他们建筑学教育一直注重专业能力的培养，并且是本硕连读直接获得硕士学位②。尽管欧美的课程体系有区别，但在培养目标和结业方式以及质量认定标准方面基本趋同，和普通工学学位有明显的差异。正是由于这个差异，使得建筑学硕士有了自身的特色，同时也提高了建筑师行业的整体质量。在学术教育方面欧美差异并不太大，学术型的培养主要在博士阶段。为了提高博士阶段的研究水平和必要的学科交叉研究，美国建筑学较早实施了通识教育。数年前欧洲也启动了学制的改革，强调了本、硕两个阶段的分割，加强了本科的通识知识，即不仅应对原有的专业教育，同时强调了建筑学的学术型培养。

2. 国内现状

我国建筑师执业制度是参照英美模式而设立的，迄今为止已经有十几年的历史，为此而实行的建筑学专业教育在学制的改革和评估机制上也都参照了英美的模式并作了相应的微调。我国的建筑学专业学位和英、美一样分层次设立，分别有建筑学学士和建筑学硕士，其中建筑学学士的学制基本和美国接轨。然而，就建筑学硕士学位而言，我国无论在学制、培养方案乃至毕业方式方面都和国际通行方式差异较大。比较我国和国际一流大学建筑学硕士的培养，可以看出我们的问题在于：第一，专业学位过于重复，即本科五年学生已经获得了可以参加执业资格考试的建筑学学士学位，在研究生阶段又须三年获得一个建筑学硕士学位。这两个学位都是专业学位，耗时8年仅层次不同，对执业资格考试没有本质的影响。这样的培养方案对学生来说学制过长，对学校来说浪费了有限资源。第二，对专业教育的质量定位没有一个清醒的认识，专业学位以学术论文的形式毕业。这样的培养方案不仅与专业学位的实际要求不相称，而且也与国家实际需求脱节。如果专业教育与普通学位教育没有本质的区别，那么专业学位的设置目标就得不到真正的落实。第三，由于建筑学培养方案与学位设定定位的不匹配，导致了知识体系出现问题。对于获取专业学位的人才来说，由于实践类专业技能训练不足，对科技发展的新技术关注不够，在实际工作中没有发挥高层次人才应有的作用。第四，更为重要的是，由于本科要获得专业学位，不得不压缩一般知识，过早强化专业知识，使得学生后续发展空间受到限制。由于知识基础不够宽，研究视野不够，方法不系统和学术不规范等问题，相对于国际一流大学，我们一直在建筑学学术研究的较低水平上徘徊。建筑学是一个实践性很强的学科，既有学科发展自身的轨迹，又有和本国社会发展结合的问题以及地域文化认同的问题，因此，对国外的先行模式并不能拿来就用。据此，重新整理教育思路，结合国情，建构建筑学人才培养分类贯通创新模式探索势在必行。

3. 思考

根据上述分析，我们进行了深入而细致的思考，认为首先应该解决五大问题：

第一是明确质量标准，分别为学术型教育（academic education）和专业型教育（professional education）设置不同的培养方案和不同的学位获得标准。使得学位教育名副其实，只有这样才能提高不同学位的学术质量。

第二是重构教学体系，教学体系是培养计划的核心支柱，目前正在实施的教学体系对于专业学位教育来说很不完善，对学术教育来说知识体系很不健全。尤其对于专业学位，其教学体系并不是简单地加大实践环节，而是在课程设置方面要有创新性。因此必须参照国际一流大学的标准，根据我国的国情，进行统筹安排。

第三是强化实践能力。建筑学专业学位的特点就是获得该学位的人才应具备较强的实践能力，如何在教学体系下对学生进行实践能力的培养将是我们重点探讨的问题。通常情况下仅仅依赖实习作为提高实践能力的手段远远不够。作为高层次专业学位的培养，实习只是一个方面，专门的训练必不可少。为此，根据现实中将要遇到的问题设立不同的训练环节，如设计工作坊、教授工作室制度和毕业设计等。

第四是提升研究能力。建筑学科的发展主要依靠自身知识的更新，并不完全基于建筑实践，学术研究是学科生存的生命线。因此，要使我国的建筑学尽快整体提升、立足国际一流，必须意识到学术研究的重要性。建筑学具有极强的实践性和社会性，因此，建筑学的学术研究知识面涵盖更广。它不仅需要实践知识、社会学知识，还需要大学通识的基础，只有这样才能使培养的人才具有宽广的视野和敏锐的洞察力。

第五是拓展国际视野。在国际化大背景下，学科的提升视角只能基于国际平台去思考，别无选择。因此，了解国际通行的学术研究规范、学科研究基础问题、前沿问题和热点问题应该是建筑学高端学术型人才培养的关注点。对于专业型人才培养来说，2008年的"堪培拉协议"已经为中外建筑师相互资格承认奠定了基础，因此，对于未来的我国建筑师来说，必须具备国际视野才能面对已经到来的市场的国际化，所以，在专业教育中融入国际化培养体系很有必要。

二、南京大学实践

1. 目标定位

南京大学建筑学院首先对自己的培养目标进行定位，在学院全体教师的充分讨论和论证下，根据南京大学的性质、地位和资源，确定了建筑学人才培养的目标：建筑学高端人才。据此我们对建筑学高层次人才的内涵进行了分析：

第一，高层次应用型人才。随着我国城市化进程的提速和城市建设质量的提高，国家对建筑师的需求将会由数量向质量转变。从发展趋势来看，在建筑学领域，国家目前迫切需要高端应用型人才直接、有效地为国家城市建设作出贡献。高端建筑设计专业人才的培养直接关系到国家建筑行业整体质量的提升，为此，欧洲大陆现行的本硕贯通式[③]的应用型人才培养模式很值得借鉴。

第二，高层次复合型人才。我国正处于城市化发展的快速且关键阶段，新理念、新事物和新行业不断变化，因此具有应变能力的复合型人才会对国家的发展与建设作出更大的贡献。就建筑行业而言，建筑的开发行业和管理行业都需要具有建筑学背景的复合型专业人才。针对国际上的人才竞争趋势，社会复合型人才的需求会逐渐加大。为此，美国一流大学在本科一、二年级实行的不分专业的通识教育有借鉴的价值，这种机制提供了后期在高端教育中跨学科培养的可能。跨学科培养在我国教育体系中一直是难点，基于建筑学的特殊性在教学体系中对于整体跨学科培养机制进行探索很有必要。

第三，高层次学术型人才。从提高国家竞争力的角度看，高层次学术型人才的培养不仅是提升国家整体实力的需要，也是衡量教育和科学水平的需要。随着我国综合国力的提升，对高层次学术型人才的需求会越来越迫切。高层次人才培养是一个系统工程，不能一蹴而就。为此，高层次人才的培养必须从基础抓起，只有广阔的学识才能支撑起有高度的学术空间，在此方面欧美一流大学都提供了比较好的范式。为此，面向国际一流大学建筑学学科前沿，以和国际研究领域接轨为主要目标应该是高层次学术型人才培养的关键。

根据国家发展的需要，结合我国国情和建筑学的学科特色，我们设定了分层次、分类型的人才培养方案。尤其是结合专业教育和学术教育的不同要求，注重三类人才的培养：学术型、应用型和复合型。对于不同的类型有不同的培养层次或学位相对应，将学术型人才培养定位在博士学位；将应用型人才培养定位在建筑学硕士学位；并根据社会的需要和学科发展的需要，在硕士学位阶段培养复合型人才。总体来说，以宽基础的本科教育和专业化研究型的研究生教育应对各类型高层次人才的培养，既能满足国家和地方建设对高层次专业人才的需要，又能在学科研究方面占领前沿，引领学科发展。

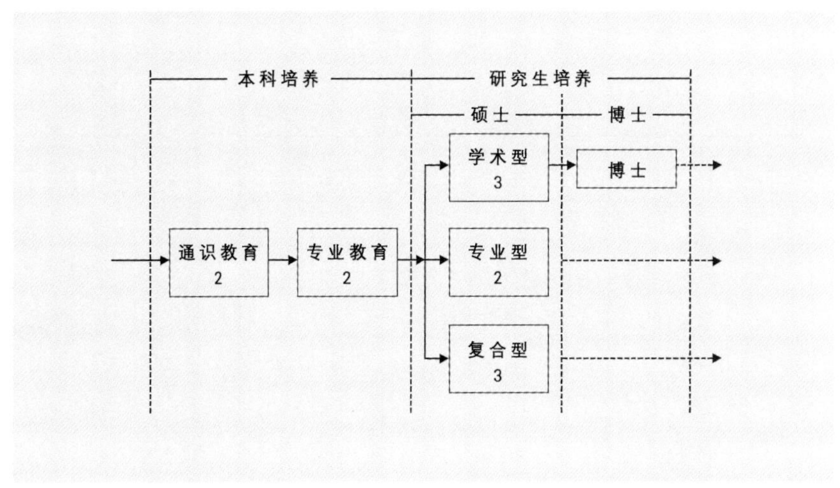

图1 多元化建筑学高层次人才培养体系

进一步说，学术型人才是具有宽厚基础与艰深学术研究能力的建筑学硕士与博士学位毕业生，将胜任高等院校、科研及政府高管工作；专业型人才是具有坚实专业基础的建筑学硕士学位的毕业生，将能胜任未来社会的建筑与城市重大工程的设计与研究工作；而复合型人才则具有不同学科知识、技能交叉、复合的特色，具有特殊的创造潜力和适应能力，适合社会多种重要职位，同时可以在实际工作中应对行业发展中的新增需求。

2．教育体系探索

在培养目标和参照标准明确之后，南京大学建筑学科在同行的支持和鼓励下，开始建筑教育体系的全面改革：由建筑教育的单一化（培养职业建筑师）模式改革为建筑教育的多元化模式，即为整个建筑行业的需求培养人才。具体的构架是：本科实行多目标、宽口径的通识教育培养模式，同时为研究生阶段的专业教育打下坚实而宽厚的基础；研究生阶段通过国际通行的课程体系培养高层次专业人才，同时以实习基地的模式结合国情强化学生操作能力；博士阶段走国际化道路，将研究课题直接与国际接轨。

设置学制的基本思路是参照国际一流大学建筑学基本学制和框架，结合我国国情和建筑学的学科特色，分层次分类型地建构人才培养方案。 根据这一思路，南京大学的建筑学教育学制为"2（通识）+2（专业）+2或3（研究生）"模式。具体说就是本科教育定位为建筑学通识教育，即2＋2教学体制。第一个两年为建筑学通识教育，第二个两年为建筑学专业教育，其中通识教育是高端教育多元化的重要基础。建筑学研究生教育设定了三个培养目标，以专业教育为主要任务，重视学术教育质量，提供综合型人才培养平台。专业教育为两年，学术教育和综合型人才培养为三年。这样的设置既满足了建筑学专业人才培养的需要，又和南京大学本科通识教育模式相匹配。在此基础上，我们针对各类人才的需求对培养模式做了进一步细化，即"2+2+2"的专业型人才培养、"2+2+3"的复合型人才培养、"2+2+6"的学术型人才培养等，这样构成了我们多元化建筑学高层次人才的培养体系（图1）。

教学框架分为三个层次：第一个层次面对建筑学行业专门人才，第二个层次为建筑设计专业打下基础，第三个层次是专业知识与技能的提高阶段，也是各种类型的选择与分化阶段。第三个层次知识内容最为丰富，为学生的自我抉择提供条件。博士培养是建筑学研究的需要，学术型的高层次人才培养主要在博士阶段。

教学框架的核心内容是改革国内建筑学本科教育以设计为单一主体的模式，建构基于整个建筑行业需求的多目标、宽基础的本科通识教育培养模式；结合研究生阶段的多元化培养方案，形成一套完整的人才培养体系。为此，我们设置适合本硕贯通[③]和本硕博贯通培养模式的教学框架（图2），其核心要义在于宽基础。宽基础的本科通识教育培养模式不仅适合于本硕贯通的高层次专业人才培养模式，还为建筑学拔尖人才（博士层次）的选拔和培养奠定了基础。由于通识阶段的知识输入远远多于现行同阶段的普通建筑学教育，因此，对于博士阶段的研究工作提供了宽阔的视野和创新思维的可能性，增强了博士生的国际竞争力。

本硕贯通模式是指建筑学专业教育的教学框架本硕贯通，而学生在完成本科学业后可以选择继续建筑学的学习，也可以转向如管理学、社会学和金融等其他相关专业。基于南京大学通识与开放的教学框架，学生可以在研究生培养阶段有建筑设计、管理、开发这三个方向的专业训练，所以宽知识基础既可以给学生提供后续的发展空间，又满足了社会对复合型人才的需求。本硕博贯通模式是指学生在完成本科学业之后，如果对建筑学学科的研究有兴趣且具备了学术研究能力，可以通过硕博连读的方式直接攻读博士。宽基础本科教学扩大学生的知识面，利于挖掘学生中的拔尖人才，通过硕博贯通阶段的培养，满足国家对本学科高层次、有国际竞争力的研究型人才的需求。

从结合教学框架来看，我们的课程体系可以概括为"一条主干、四个类别、多项选择"。以模块化的课程组合构架出不同的课程体系，从而真正实现以核心课程为主干的开放式、分类型的高层次人才

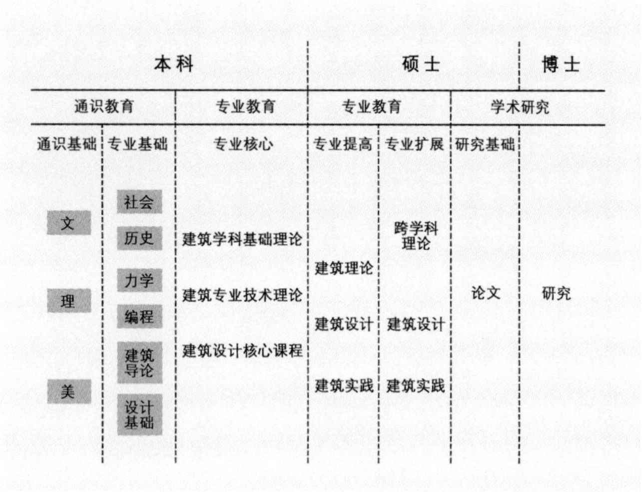

本科
硕士
博士
通识教育
专业教育
专业教育
学术研究
通识基础
专业基础
专业核心
专业提高
专业扩展
研究基础
文
理
美
社会
历史
力学
编程
建筑导论
设计基础
建筑学科基础理论
建筑专业技术理论
建筑设计核心课程
建筑理论
建筑设计
建筑实践
跨学科理论
建筑设计
建筑实践
论文
研究

图2　适合本硕贯通和本硕博贯通培养模式的教学框架

本科
硕士
博士
通识教育
专业教育
专业教育
学术研究
通识基础
专业基础
专业核心
专业提高
专业扩展
研究基础
论文
研究
专业基础理论
专业理论
专业核心理论
专业扩展理论
专业提升理论
设计基础
建筑设计基础
建筑设计
建筑综合设计
毕业设计
基础知识
专业基础知识
基地实习
国际合作教学
设计工作坊
跨学科选修课

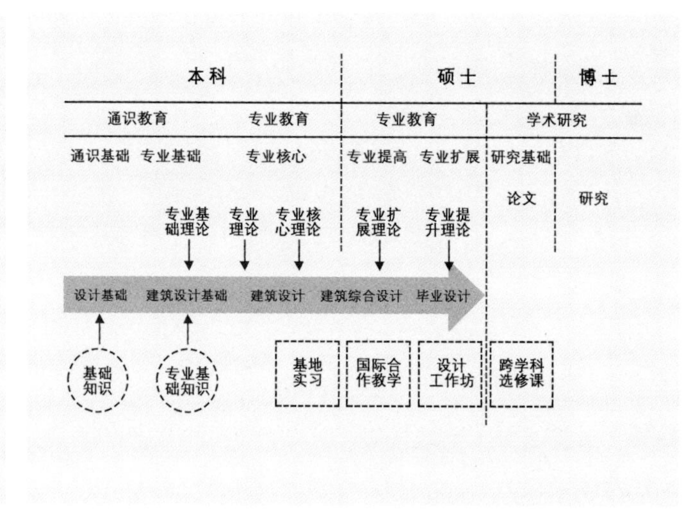

图3　以核心课程为主干的开放式、分类型的高层次人才培养模式

培养模式（图3）。

“一条主干”是指以设计训练为主干，其中包括了各类别的基础设计、建筑设计和城市设计。“四个类别”的课程分别为基本知识、课程设计、理论训练和设计实践。“多项选择”包括各类跨学科选修课、各类设计工作坊、国际合作教学和基地实习。由于各类人才的培养分类在研究生阶段，因此我们主要对研究生课程进行整合、重组，实现课程多样化。其一，精炼必修课程，强化专业核心课程。设置4门8学分学科课程，6学分的专业核心课程，这样有利于使全体研究生夯实基础知识，提高掌握专业知识的能力。其二，增加选修课程，设置10学分左右的系内外选修课程，完全可以应对各类型人才培养，达到培养研究生宽学科基础知识的培养目的。学术型人才和复合型人才就要比应用型人才学习更多的跨学科专业课程。其三，加强实践课程，训练处理实际问题的能力。这类课程主要针对应用型人才，此课程指导研究生通过参加导师的科研与设计实践课题，了解建筑工程项目全过程的有关知识，训练学生在工程实践过程中处理实际问题的能力。学术型和复合型人才在此类课程方面的要求就要有所减弱，达到基本设计专业能力的要求即可。

三、结语

南京大学建筑学科多元化培养模式力求四个相结合：前瞻性和可操作性相结合；实践性训练和研究性训练相结合；规范性设计与创意性设计相结合；国际化视野和中国特色相结合。我们致力于培养具有以下优势的高层次人才：

宽基础——建筑学专业具有综合知识构成的特色，它的内涵决定了它的专业基础教育必须要有宽基础，这恰恰应对了通识教育的需求。因此，依托南京大学的优势，走建筑学专业教育通识化创新之路，符合了建筑学专业特点和市场需求。宽基础的具体体现就是目前正在实行的“2+2+2”三个阶段的第一阶段。

善创新——创新行为的发生不但需要创新机制，而且需要有创新能力。这个能力就是“宽基础知识＋综合专业知识＋研究能力”。我们对本科建筑学专业教育技术路线的制定和研究生教学思路相结合，形成完整的教学体系，即“2+2+2或3”模式的最终目标。

高层次——四年制的工学学士为研究生教育直接输送优秀人才，学生有一次机会再次确认自己合适的专业方向，选择合适的研究生阶段学习，甚至是双学位的学习。通过硕士教育再走向市场，即专业的出口不在本科而在更高一层次的硕士（2+2+2或3）。此外，为优选拔尖人才，直接攻读博士奠定基础，即“2+2+6”的模式。

国际化——具有国际视野的人才培养机制。该模式强调了教育机制国际化、教学模式和内容的国际化以及学习交流国际化。

目前，本科的通识教育体系已经运行了将近四年。从学生的综合素质来看，该培养模式基本达到了预期效果。对于南京大学建筑学教育来说，本科的培养仅仅是阶段性成果，研究生阶段的多样化教育是建筑教育的核心。随着本科教育的变化，研究生教育的探索仍在继续。■

注释

①美国哈佛大学设计学院、哥伦比亚大学建筑学院的建筑学教育不设本科阶段，只有研究生教育；以麻省理工为代表，美国一流大学的建筑学教育是本科拿工学学位，研究生获建筑学学位。

②欧洲建筑学教育和其他工科教育一样有着深厚的职业教育基础，传统上采取的diploma教学体系，通俗点说即本硕连读。

③本硕贯通和本硕连读相同之处是整体考虑硕士的定位、知识体系和人才质量；不同之处是前者学生可以先拿到学士学位再拿一个硕士学位，而后者只有最终的硕士学位。本硕贯通中的学士学位是普通工学学位。

形态生成与建造体验
——基础教学中的材料教学实践与思考

俞泳
同济大学建筑与城市规划学院

一、材料与建筑

无论是当年包豪斯引入设计车间以解决设计和工艺分离的问题，还是路易·康向砖询问“你愿意成为什么”，或是安藤忠雄和施工人员一同研究“丝绸般混凝土”的工艺，直至当代赫尔佐格与德梅隆对“建筑表皮”的发展……强化材料与建筑关系的努力，在建筑界从来没有停止过。对于建筑设计而言，材料承载着两方面的意义：一是建筑的时代性，每一个时代的建筑都因其特征性材料而有别于其他时代；二是建筑的地域性，不同地域的建筑因其特征性材料而有别于其他地区。这两点使历史建筑呈现出千姿百态的面貌。在强调绿色建筑的今天，除美学意义之外，建筑材料还承担着道德意义，比如使用当地材料以减少运输过程中的碳排放，就是绿色建筑的一项重要指标。无论是传统材料的再利用还是各种新材料的开发，当代建筑材料的丰富程度前所未有。同时，当代新兴的参数化设计及数字化施工使传统材料有可能产生全新的建筑效果。

然而，随着专业分工的细化、设计与建造的分离，建筑设计与材料的关系却呈现疏远的态势。对很多设计来说，材料是一种抽象的要素，直到设计接近尾声，建筑师才考虑选择何种材料的问题，简言之，以材料配合设计，材料的潜力远未得到充分发掘。这种现象，甚至在教学阶段就已经呈现出来。在建筑设计的教学中，“抽象”作为一种传递理论的手段，在提供便利性的同时，也容易导致丰富性和开放性的丧失。因此，近年来，同济大学建筑与城市规划学院对基础教学中的材料实践进行了一系列探索，以“形态生成”和“建造体验”为核心，引导学生认识“材料”在建筑形态创造中的潜力。

二、教学结构

在基础教学中，材料实践的目标是挖掘日常材料的形态潜力。其训练思路借鉴了“装置艺术”的方法，即通过对现成品的组织产生新的意义。装置艺术突破了传统框架上绘画只能以抽象的、通用性的颜料和画布为材料的局限性，而把所有现成品均作为艺术表达的材料来看待。在这种观念下，现成品摆脱了日常性而被赋予全新的含义，打破了材料运用方式的思维惯性，从而使平凡事物的潜力被发掘出来。

基础教学的材料实践主要集中在本科一年级。一方面，材料对建筑创作的重要性需要在入门教育中就建立起来；另一方面，对尚不具备专业知识的入门学生而言，具体真实的材料建造远比抽象的纸面设计更容易理解。在训练步骤上，一年级的实践课程分为两个阶段：第一学期为“设计基础”，通过拓展视野的通识教育，建立起建筑设计所需的基本思维方法；第二学期为“建筑设计基础”，以体验和建造为基础进行建筑设计基础训练。相应地，材料实践训练也分为“一般材料”和“建筑材料”两个阶段。第一学期针对刚入学的学生缺乏专业知识的特点，利用更宽泛的日常材料进行形态和空间创造；第二学期通过一系列真实材料的建造体验，理解建筑形态与材料之间密不可分的关系。

三、形态生成

“设计基础”阶段的目标在于建立基本思维方式。这种思维方式一方面是指设计形态的特色源自对设计条件（如材料）的分析和把握，而非设计师个人的纯自由创作；另一方面，希望打破学生头脑中固有的形式霸权，寻找任何合理的形态，而不是仅仅将简单几何形态看作是最合理的形态。

在这一阶段，跟材料实践有关的训练包括：

第一，着重形态生成方法的“材料重构”和“艺术造型”练习。材料重构练习通过材料的解体和重构，发现合理的形态集群规则，生成具有特色的形态和空间（图1）；艺术造型练习则通过砖雕、木雕、纸雕、陶艺、编织、琉璃等不同材料的造型实验，体会材料特性在造型中的重要性（图2，图3）。

第二，着重结构合理性的“受荷构件”练习。以马粪纸为唯一材料，不加粘结剂和其他连接材料，进行跨度80cm、负重2kg的纸桥设计，以用料节省、结构合理、造型简洁为评判标准。

第三，着重拓展材料含义的“城市印象”装置练习。通过现成品的组织，赋予材料新含义，表达对城市的理解，引导学生增强对材料精神性的认识。

这里，我们重点介绍一下“材料重构”练习，其要求和目的如下：

选择一定数量的一种日常生活中的现成品，将其解体，再设计一种节点将它们彼此连接。要求重复使用同一节点模式，所有节点的构成规则一致，规则参数可以变化；所形成的立体形态内必须包含可供一个网球穿过的空间；用于连接的材料，必须来自原有现成品，不得使用粘结剂或其他材料。本练习试图传递如下观念：形态和空间可以通过单元集群的方式获得；同一集群规则的参量变化可以衍生出复杂形态；形态必须来自某种合理的要求，而不必来自任何先验的美学原则，打破固有美学偏好对新形态的束缚。

教学成果分几个步骤提交。步骤一——平面连接，将原始现成品解体后，设计一种单一形式的节点，将所有解体构件连接成面状形态，使其可以在二维方向扩展；步骤二——空间演绎，使步骤一的节点可以向三维方向扩展，形成一定体量的空间形态，形态内必须包含可穿过一个网球的空间；步骤三——光影演绎，将模型置于不同的光线下，拍摄加入光影要素的一组空间摄影，以观察空间模型在不同光线下空间感受的差异。

在此需要说明的是，在步骤二中设置空间有两个目的。首先，由于穿越空间的存在，所设计的连接方式不但要形成外部形态，而且要形成内部空间，这一要求实际上是为将来讨论建筑空间的生成埋下伏笔；其次，由于穿越空间和剩余部分的区别，通常必须通过改变连接规则中的某些参数以使形态具备产生变化的可能性，换句话说，所设计的连接方式在保证规律性的同时，必须保证形态有一定的自由度，以适应所需空间。

四、建造体验

在一年级的第二学期，关于材料的训练就进入建筑的范畴。"建造系列"练习包括材料墙、步行桥、纸管塔、纸板房等作业。"材料墙"要求使用砖、瓦、木、纸、竹等材料在规定的时间内建造一堵1.5 m×1.5 m的墙体（图4）；"步行桥"要求使用纸管、木条等短杆件构成跨度4 m的步行桥。这两个练习功能相对简单，均为小构件组合成大体量，结构是主要的考量准则（图5）。

"纸板房"是建造系列中最复杂的作业，除了考虑结构稳定、用材经济、施工快速、避风防雨外，还需满足游戏、就寝等空间使用要求。要选择规定的包装箱纸板，进行材料性能实验；运用建筑结构力学和建筑构造一般原理，建造一栋纸板建筑。学生需关注如下四个方面：材料性能，如材料的视觉与触觉效果、物理性质、加工方法、表皮肌理；结构构造方面的结构稳定性、构造功能性、节点表现性等；建筑物理性能，如防雨、防潮、通风、自然光照；使用功能，如集体活动时的聚合要求、容纳小组成员13～15人寝卧体验时的睡卧尺寸要求；空间尺度，包括交流时段比小组成员人数多2人的集中活动的站、坐尺度要求，寝卧体验时段的满足小组成员人数的躺、卧尺度要求等。最终学生还需提供一份建造实验报告：包括设计与分析——设计概念、材料分析

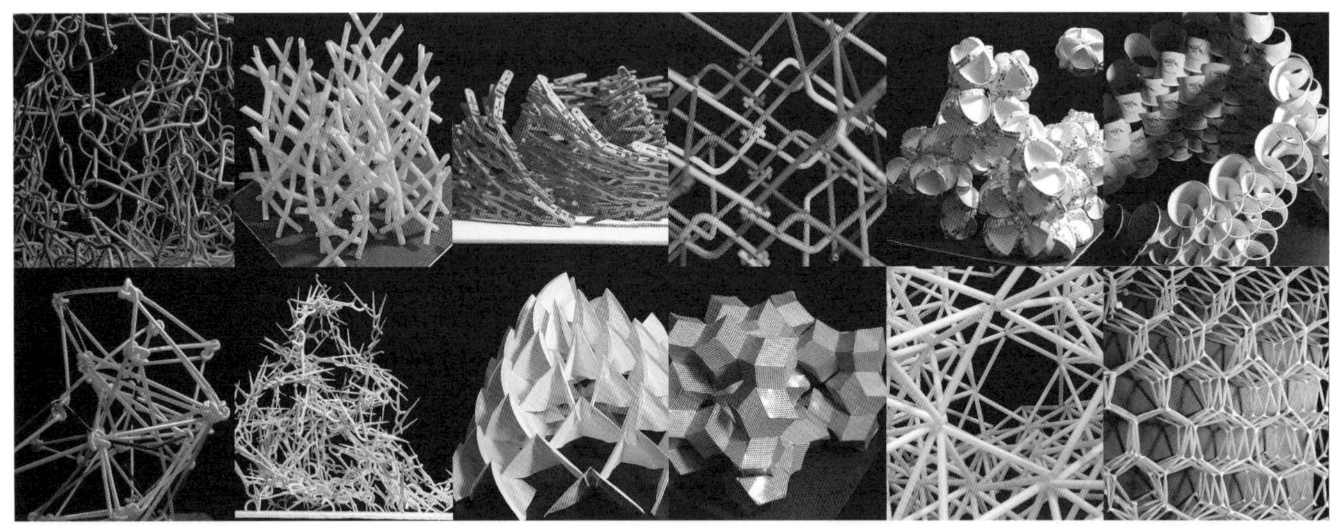

图1 材料重构——形态生成

图2 编织造型——基因繁殖（摄影：阴佳）

图3 艺术造型——材料拓展（摄影：阴佳）

图4 材料墙设计建造

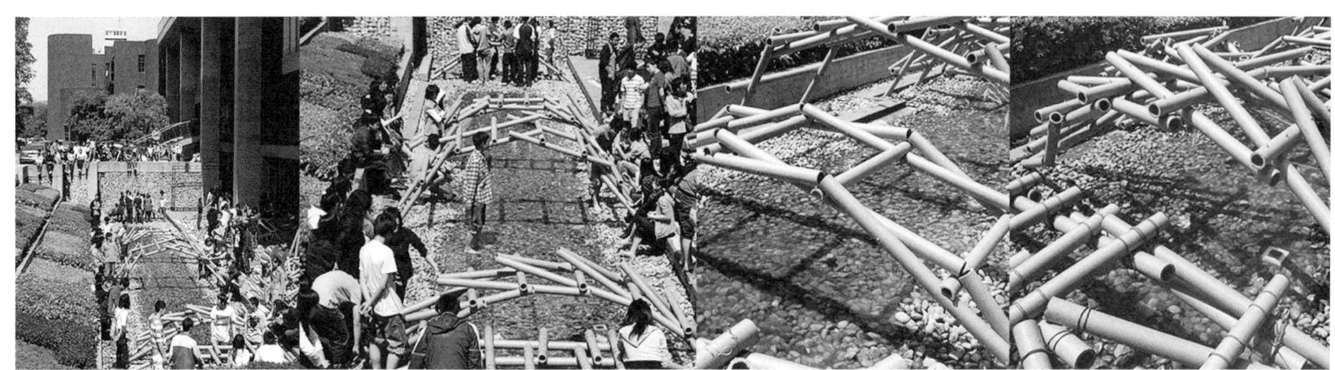
图5 纸管桥设计建造

图6 纸板房设计建造

（受拉、受压、弯曲、防潮、防水）、结构分析（承荷、稳定性）、节点方式；施工方案——材料加工步骤、预制件进场时间、建造程序；活动策划——活动内容、晚餐方式；拆除方案——拆除程序、材料回收；经验与教训——设计、施工、活动体验、组织管理（图6）。

五、总结

如果对上述训练方法做一总结，可以说材料教学实践是对如下三个问题的思考，它不仅包含了传统材料训练的方法，而且暗含对数字时代的设计建造技术的回应。

1. 从"抽象材料"到"具象材料"

对应于工业社会的混凝土、钢、玻璃等抽象建筑材料，建筑设计教学中使用的往往也是卡纸、雪弗板、航模板等抽象材料。而在当今建筑材料特别丰富的情况下，更多的具象材料被引入教学，砖、瓦、竹、木等传统建筑材料以及其他一切可以被利用的日常材料，给学生打开了一个具有丰富质感、色彩、形态的材料世界。由此引发的形态不再局限于简单几何形态，而可能发展出更丰富的形态。这一点，为学生接受数字时代的非线性形态埋下伏笔。

2. 从"形态构成"到"形态生成"

形态构成是按照有限的抽象美学规则进行形态要素的组织，比如重复、渐变、旋转、放射等，使学生了解通过有限的规则产生无限结果的方法。在新的探索中，"生成"方法代替了"构成"方法，形态规则既非预先给定，也不是任何抽象的规则，而是学生通过探索材料本身的特点，寻找合适的规则，去生成最终的形态。材料的丰富性和复杂性使生成的形态特征鲜明。在这种思维方法中，形态不是来自于任何先验的头脑对某种固定形态的偏好，而是来自对各种外部条件的即时反应。这一点，实际上为二年级以后的参数化设计教学建立了基本观念。

3. 从"纸面设计"到"建造体验"

设计是从图纸、模型到建造的过程。绘图是一种抽象的语言，需要一定的专业知识作为支撑。对基础教学阶段的学生而言，建造体验无需依赖先验专业知识，而是通过身体跟材料的接触，引发学生对专业知识的兴趣，逐步建构学生自己的专业知识体系。这种知识体系的优势在于它的开放性，即创造性。■

依托住宅产业化推进公租房建设之思

刘美霞[1] 王洁凝[2]

1 住房和城乡建设部住宅产业化促进中心产业发展处

2 中国人民大学公共管理学院

一、引言

住房乃民生之要。在"十二五"开局之年，保障性住房建设被提升到了前所未有的高度。5年内建设3 600万套保障性安居工程，覆盖面达20%左右，可以基本解决城镇低收入家庭住房困难问题，同时改善一部分中等偏下收入家庭住房条件。随着我国保障性住房体系的不断完善，公共租赁住房占保障性住房的比例逐渐提高，住房保障政策经历了从"以售为主"到"租售结合"再到"以租为主"的重大转变。2010年6月8日，住房和城乡建设部等七部委联合颁发了《关于加快发展公共租赁住房的指导意见》，指出要"大力发展公共租赁住房"，随之国内各主要城市纷纷抛出大规模公租房建设计划。面对巨大的住房需求，公租房建设可谓时间紧、任务重，如何保质保量地建设公共租赁住房，已成为亟待解决的问题。

二、公租房采用产业化建设方式的必要性

住宅产业化是世界住宅建筑方式演进的一个基本趋势。由于建设速度快、质量可靠，二战后西方国家纷纷探索用产业化建设方式解决居住短缺的问题，借助住宅产业化迅速实现了大规模住宅生产。依托住宅产业化建设公共租赁住房，是提升我国公租房建设质量和性能的重要途径。公共租赁住房由政府主导建设，具有建设规模大、租户流动性强、个性化要求不高等特点，同时对耐久性、经济性、高效性和环保性的要求较高，迫切需要采用产业化的建设方式。

1．大规模建设要求之下的标准化设计

公共租赁住房的核心理念是"人人都有适当住房"而不是"居者买其屋"。在保障性住房建设比较发达的国家和地区，租赁型保障房发展较成熟。如我国香港地区，公共租赁住房比例占全部保障性住房的56%；又如日本，公团住宅中直接出租住宅占53%，公团建设后出让给土地所有者，由土地所有者经营出租的"民营出租用特定出让住宅"占26%，用于出售的商品住宅仅占21%。

2011年9月28日，《国务院办公厅关于保障性安居工程建设和管理的指导意见》〔国办发（2011）45号〕发布，明确指出要"大力推进以公共租赁住房为重点的保障性安居工程建设"，预示着"十二五"期间的3 600万套保障性住房当中将有很大比例为公共租赁住房。采取产业化方式建设能够更好地应对如此巨大的建设量，相应地对设计和建造提出了以下要求：采取标准化的套型设计以利于大规模复制；逐步实现建筑部品的标准化、通用化和装配化；降低雨雪等不良天气对施工的影响以利于提高建设速度等。

2．过渡性特点之下的套型易于实现有机更新

公共租赁住房有别于出售型保障性住房，住户并非长期居住而是将其作为临时性居所，合同期限一般为3～5年①。同一套公租房不同时期的住户（如单身大学生、新婚夫妇、城市低收入家庭、老年夫妇等）需求各异，这就要求公租房套型功能可变或易于改造。

在套型功能设计方面，住宅隔墙等建筑部品应能够快拆快装，使套型的功能空间具有更强的适应性，能够随社会经济发展、租住家庭生命周期变化、租户改变等进行更新。高度适应性的实现需要建筑部品拆装接口的便捷化、通用化，并采用标准化的生产方式科学建造。

3．耐久性要求之下的"百年住宅"

公共租赁住房作为政府提供的社会性资产，其建设目标应立足于打造主体结构可用"百年"的长寿住宅。租户不断更迭的特点要求公租房具有较强的耐久性以实现可持续利用，因此在建筑质量和维护管理方面都提出了更高的要求。

支撑体与填充体相分离的CSI住宅建筑体系是实践"百年住宅"的核心技术，能够实现结构耐久、室内空间灵活使用要求，加之填充体可更新的特性，兼备了低能耗、高品质和长寿命的优势。[1]与传统建造技术和方式相比，CSI住宅技术通过架空地板层、吊顶架空层、墙体架空层将墙体和管线设备分离，当管线与设备老化的时候，可以在不损坏结构体的情况下进行维修、保养和更换，从而达到延长建筑寿命的目标（图1，图2）。[2]

此外，为了提高建筑质量，应减少现场湿作业，采用机械化、标准化的方式建造建筑和生产部品；在建筑维护管理方面，应在设计阶段对维护成本有充分的预计，要求在不影响功能结构的基础上实现各建筑部品的通用性和可替换性，以提高建筑使用寿命，将其打造为"百年住宅"。

4．政府主导特点之下的节能省地型住宅垂范

中国正在经历一场全球最大规模的城镇化过程，每年数千万人涌入城市，大量的住宅需求为住宅产业的发展带来巨大的挑战。持续且大规模的住宅建设需求与人多地少、资源短缺等现状的尴尬，使建设节能省地型住宅在中国具有十分紧迫的现实意义。

我国是一个人均资源相对贫乏的国家，传统的住宅建设方式不仅在建造过程中消耗和占用了大量能源、土地、水和建筑材料，建成后的资源消耗也相当惊人，能源消耗是同纬度欧洲国家住宅的2～4倍。节约资源是住宅产业可持续发展的需要，公共租赁住房作为政府主导建设的住宅，和商品住宅相比，更应该按照节能省地型住宅的要求进行建设，通过配套公建的集中建设、居住区地下空间的利用、全装修住宅的推广等，可以有效降低住宅建设过程中能源和资源的投入量，促进实现节能、节地、节水、节材和环保。

5．环保性要求之下的清洁生产方式

根据某地级市的环境投诉统计资料，每年由施工机械引起的噪音投诉占投诉总量的80%以上；在我国进行住宅二次装修过程中，平均每户因拆改产生的建筑垃圾在2 t以上；施工机械作业和建筑物运营和维护过程中产生的部分有害物质是引起全球气候变暖的元凶。

公租房建设决不能重蹈上述覆辙，必须采用施工环境负荷最小的

清洁生产方式。公共租赁住房建设规模大，关联产业众多，采用通用化的预制部品、部件，推行全装修成品房交付，减少施工现场湿作业，将在节能、节材、节水、减排的同时有效改善施工环境，最大限度减少对周边环境的影响，实现生产建设过程中的清洁生产。

6. 大规模建设需要之下的劳动生产率提高

机械化的生产效率远高于人工作业，将大幅提高住宅建设速度。有工程测算，产业化建造过程能够减少50%左右的建造工人，缩短40%以上建设周期。大量的建筑工人可由露天作业普通农民工向以工厂制作为主的产业工人转变，寒冷地区施工也将不再受气候因素的影响，生产效率将显著提高。

因此，公租房建设中应提倡采用工厂生产、规格标准的预制部品、部件，促进住宅产业化链条的不断完善，以降低建设成本，提高公租房的建设速度和质量，提升住宅建设领域的科技含量。

三、公租房产业化建设的路径分析

我国公租房产业化建设方式的推进需要在设计标准化、全装修一体化的基础上，通过部品、部件的通用化，提高部件生产的工业化率、施工现场装配化率，促进农民工转化为产业工人，缩短公租房生产周期，从而实现公共租赁住房建设的高效率和高质量。抓住公租房大规模建设的契机，推进我国住宅产业化发展，从整体上转变住宅产业发展方式，同时提高公租房的建设品质。

1. 基本原则

第一，可持续发展。大力推进节能、生态的公共租赁住房建设，确保设计、建设、使用过程中都遵循可持续发展的原则，采用标准化设计，提高公共租赁住房的产业化建设水平，实现公共租赁住房全装修一体化建设。

第二，以人为本。公共租赁住房建设应以提高住宅质量和性能为重点，优化居住环境，满足多层次、多样化的住宅需求；保护和营造健康、安全、舒适、和谐的人居生态环境，为“夹心层”人群提供良好的居住条件，维护民生安定，社会和谐。

第三，科技进步。鼓励技术创新，加速科技成果转化，积极推广住宅产业化发展及CSI工业化住宅建筑体系的应用，提高住宅产品的适应性以及竞争力。

2. 标准化套型

公共租赁住房作为成套供应的公租房的重要组成部分，在设计要求上与普通商品住宅有很大区别。公共租赁住房个性化需求较低，不需过多的住宅形式和套型，有利于实现较高程度的标准化进行大规模建设及降低建设成本。其中标准化有两层含义，一层意思是指建立一系列的技术标准，做到有标准可依，尤其是作为标准基础的计量标准、设计标准、制造标准、质量检验标准、测试标准等比较重要，覆盖面也比较广泛；另一层意思是“统一化”，即对行业内现有标准的整合、统一化。[3]因此，需要双管齐下，在研究建立公租房设计技术标准的同时统一现有业内标准，以公租房设计的标准化引导公租房产业化建设。

推进公共租赁住房的标准化套型设计具有重大意义。我国大城市建成区土地资源紧缺，人地矛盾日趋激烈，节约利用大城市宝贵的土地资源刻不容缓。公共租赁住房的标准化套型设计不仅可以大量节约设计、建造的成本，还将对我国住宅产业化进程产生重大影响，促进公租房建设可持续发展。

3. 全装修成品房交付

公共租赁住房有别于以出售方式成套供应的公租房，其过渡性特点决定了入住家庭没有自行装修的激励。建设部早在2002年颁布的《商品住宅装修一次到位实施细则》中明确提出全装修的概念：指房屋交钥匙前，所有功能空间的固定面全部铺装或粉刷完毕，厨房与卫生间的基本设备全部安装完成。我国目前住宅建设中的毛坯交房已带来一系列问题，在大规模建设的公共租赁住房中如继续采用毛坯交房的方式将产生大量的资源浪费和环境污染。工业化集成装修方式在厨卫、柜体等方面可采用统一的空间尺寸，并考虑装修部品工厂化批量生产、成套供应和现场组装，以全装修一体化促进资源节约和环境保护、降低装修和居住成本、提高工程质量以及推广应用住宅优良部品。

4. 部品、部件的通用化

一辆汽车有约3 000个部件，而一座房屋大约有40 000个构件。探索以标准化为基础的部品部件通用化道路是简化住宅生产过程，避免缺陷、减少浪费，提高住宅生产效率的有效途径。部品、部件工厂化生产在国外已经广泛应用，并大大提高了建筑装饰行业的工艺水平和效率。美国、英国的部品、部件大规模工业化生产水平很高，相对我国传统技术，同类型项目的造价节约40%，工期缩短约1/3。

部品、部件的通用化以功能可分为前提。住宅是典型的多部品、部件集成产品，满足功能可分的条件。设计的标准化及全装修一体化为部品、部件的通用化提供了有利条件，使大规模公租房建设中采用通用部品和部件兼具必要性及可行性。住宅部品、部件的通用也有利于降低两者功能之间的相互依存性，从而推进住宅设计和研发效率的提高。

部品、部件的通用化是住宅产业化的重要一环。由于规格统一，具备了可选择性，可满足各地公租房建设不同套型的需求，同时对部品、部件的高低档次有适当的区分。通过逐步建立公共租赁住房的支撑与维护部品（件）体系、内装部品（件）体系、设备部品（件）体系及小区配套部品（件）体系，[4]可以推进产业化建设方式在公共租赁住房中的应用，加快住宅部品和部件标准化、通用化、集约化、系列化的进程，不断提高公共租赁住房的功能质量。

5. 部件生产工厂化率的提高

住宅部品、部件体系的不断完善会促进住宅生产方式的根本变革，是住宅生产流程的再造过程。住宅部品工厂化生产可以促进产品的系统配套与组合技术的系统集成。推行住宅部品、部（构）件工厂化生产是积极发展住宅工业化的强有力手段，将施工现场的作业转移到工厂中，可大大提高生产效率。部品、部件生产工厂化率的提高也是施工现场装配化率提高的基础，将进一步提高公共租赁住房生产效率。

6. 产业化建设促使农民工转化为产业工人

近几十年来，住宅产业化在许多国家和地区发展良好，在我国却举步维艰，其中一个重要原因就是我国的劳动力成本低廉。在住宅产业化发展的初期，工业化大生产的成本反而高于人工劳作成本，而这些多出的成本却长期面临无人埋单的状况。

在“十二五”规划的开局之年，面对大量农民进城转化为农民工、城市化率以每年约1%的比率递增，怎样使农民工转化为真正的市民成为一大难题。住宅产业上下游产业众多，公共租赁住房生产方式的转变将引发建筑、房地产、建材、冶金、轻工业、化工、机械、电子、能源、金融、交通、市政、邮电、纺织等10 多个行业，40 多个相关产业转变发展方式，同时刺激就业，为农民工转化为产业工人提供条件。

社会福利的提供需要城市政府大量的财政资金支持，而经济发展的必要条件是劳动生产率的提升。促使农民工转化为产业工人是解决我国城市化进程中种种问题的一剂良药，也是住宅产业化发展的必然结果。因此，在公共租赁住房的大规模建设中采用产业化的建设方式，在

图1 CSI住宅整体厨房效果图

图2 采用CSI住宅建筑体系的"明日之家2011"商品住宅

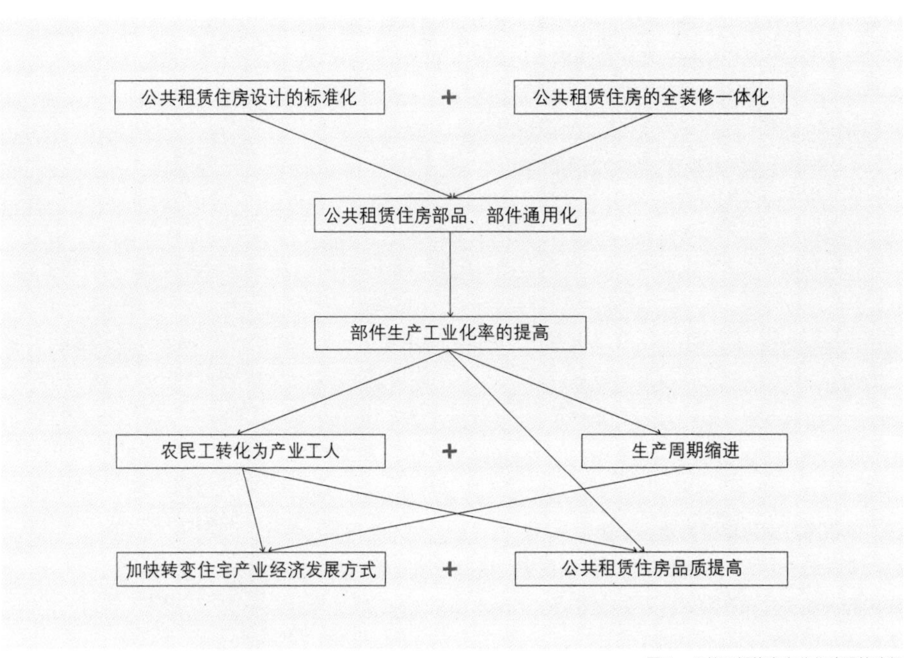

图3 公共租赁住房产业化建设的路径

一定程度上也是农民工转化为产业工人的客观要求。

7. 缩短现场建设周期

在大规模的公共租赁住房建设中，与传统的生产方式相比较，采用工厂化生产、装配式施工的住房将大幅度节省劳动力和工期。尤其有意义的是，产业化的建造方式打破了传统建造方式受工程作业面和气候的影响，在工厂里可以成批次地加工制造，使高寒地区施工告别"半年闲"。以建设一栋30多层的高层公共租赁住房为例，传统方式要建两年，而采用产业化建设方式当年即可建成，大大缩短了施工现场建设周期。

施工现场建设周期的缩短，不仅可以加快公共租赁住房的建设速度，也可以加快资金的流转，减少资金借贷的利息成本，降低开发建设单位的财务成本和资金占用时间。

四、加快转变住宅产业经济发展方式及促进公共租赁住房品质提高

住宅产业化的发展将推动我国住宅产业发展方式的转变，为国家经济发展方式转变贡献力量：通过采用产业化生产方式，预制率可达到90%以上，施工现场模板用量减少85%以上，现场脚手架用量减少50%以上，钢材节约2%，混凝土节约7%，抹灰工程量节约50%，节水40%以上，节电10%以上，耗材节约40%，[5]拉动整个住宅产业链的集约化发展。

根据上海市青浦区一处生产基地的实际工程测算，与现场浇筑的外墙相比，采用工厂化方式生产的外墙控制精度可以达到2 mm；每层的建造速度比现场浇筑至少快3天。此外，由于达到了工厂化、标准化、精确化的要求，住宅建筑品质有很大的提高，不仅可以延长建筑寿命，还能节能、节水，减少木材、钢材、水泥等建筑材料的浪费，噪音、粉尘、污水的排放也大为减少。

更为重要的是，产业化的生产管理方式体现了较高的技术含量和大批量、快速、高效的特点，并能够实现节能环保的要求。由于公共租赁住房标准化程度较高而个性化需求较低且规模巨大，一旦实现规模生产，成本会降到现有生产方式水平。因此，住宅产业化能够满足公共租赁住房的耐久性、经济性、环保性等要求，为其建设提供重要的技术支持，并成为住宅建设领域可持续发展的重要途径之一（图3）。

五、结语

住房设计的标准化、产业化成套技术的集成和部品通用化，都不是一蹴而就的事情，大规模建设的公共租赁住房为住宅产业化的发展提供了难得的机遇。同时，依靠住宅产业化，大力发展省地节能环保型公租房，也是建立科学、合理的住房建设和消费模式的重要途径。在公租房建设中率先采用产业化建造方式，将为商品住宅的建造提供示范作用，推动住宅建设的产业化发展，促进住宅品质的提升，对推进住房建设和消费模式的转型产生积极的影响。■

注释

①参见：住房和城乡建设部等七部委2010年6月8日发布的《关于加快发展公共租赁住房的指导意见》［建保（2010）87号］。

参考文献

[1] 住房和城乡建设部住宅产业化促进中心．CSI住宅建设技术导则（试行）[S]．北京：中国建筑工业出版社，2010.

[2] 刘东卫，李景峰．CSI住宅——长寿化住宅引领住宅发展的未来[J]．住宅产业，2010（11）:59-60.

[3] 刘志峰．大力推进住宅产业现代化，走低碳发展之路[J]．住宅产业，2010（11）：19-22.

[4] 建设部住宅产业化促进中心．住宅部品与产品选用指南[M]．北京：中国水利水电出版社，2007.

[5] 推进保障房建设 住宅产业化大有作为——黑龙江宇辉建筑集团全力支持冰城保障房建设[N/OL]．哈尔滨日报，2011-4-28[2011-10-27] http://61.167.35.147/hb/html/2011-04/28/content_6007851.htm.

城市型大学的集约化发展模式观察

许懋彦 刘铭
清华大学建筑学院

一、开发新校区与更新老校区——大学校园扩建的两种模式

在上世纪末逐步推行的普及高等教育国策的驱动下，国内各高校纷纷扩大招生规模，但原有教学空间的使用已严重不敷，使得校园扩建成为必然的选择。据统计，全国建成使用已有50年以上历史的高校校园几近半数，很多校园原本地处城市边缘，随着城市化进程的推进，逐渐被市区包围，难以通过向周边扩展用地来获得新的发展空间。因此，这一时期的中国大学校园的扩建主要表现为两种模式——开发城郊新校区和更新城市老校区。

1．大学城热潮

新校区的开发是近二十年来高校扩建热潮中的主流现象，其中尤以大学城的集中规划建设最为突出。作为一种先进的大学发展理念，大学城具有资源共享、产学研一体、规模效应、文化融合、环境优化等优势，中国大学城的建设也在深化教育产业化、推动地区发展等方面取得了相当大的成就。

虽然大学城的建设极大地推动了高等教育的普及，但在大学城蓬勃发展的背后，问题和隐患同样不容忽视。规划的盲目性和建设项目的不合理使大学城的建设在一些地方事实上已演变为"圈地运动"，造成了社会资源的巨大浪费；同时，大学城运转的巨大经济压力也不容忽视。更重要的是，从教育目标来看，很多大学城的建设存在着相似的缺陷：脱离城市，导致学生缺乏与社会文化和实践的接触；相对封闭，彼此间缺乏共享交流；缺乏文化氛围……

2．城市与校园

城市老校区的更新由于受到用地的限制，在这一轮校园建设潮流中并不占主导地位。然而城市与大学之间有着密不可分的各种联系和互动作用——城市不但为大学生活、服务和后勤提供依托，更是大学文化和信息的承载平台。很多学校离开了城市这个文化和事件的巨大发生器，就无法实现真正的教育和学习过程，例如北京电影学院、中国医科大学等专业院校，坚持留守在城市发展，正是考虑到城市对大学巨大的社会和文化影响。同时，大学在一定程度上也是城市的教育和科研基地，而且现代大学也越来越多地参与到地方和社区的服务中。大学和城市之间的联系和张力使城市大学校园的开发建设成为无法被忽视的重要课题。

3．国外大学回归城市的潮流

国外一些大学校园也在不同阶段表现出这两种开发模式，其过程表现出一定的规律性，值得我们研究、借鉴。20世纪90年代的泡沫经济让日本经历了10年的经济发展停滞期。在此期间，日本大学校园的规划和建设开始回归都心，一些70～80年代从城市中脱离的大学重新回到城市中，不断得到发展。法国的大学建设也经过类似的历程，从早期出现一直到20世纪初都遵循着城市型大学发展模式，教育机构分散渗透在城市肌理当中；20世纪60年代开始，出生率的提高和大学的系统民主化改革催生了一轮巨构校园建设的高潮，然而这种开发模式并没有完全实现预期效果，因此法国教育部门于90年代重新提出了"在城市心脏地区建设、发展大学，让大学重回城市"的战略。

国内大学城发展中暴露出的不足，以及城市和大学之间休戚相关的共生关系，都说明了城市型大学不可替代的重要地位和意义。而国外大学校园的发展历程又进一步预示了城市型大学在中国的未来前景和巨大可能性。

二、集约化发展——城市型大学的生存之道

在城市土地紧张的现实条件下，在限定的校园用地内如何既创造满足师生要求、舒适宜人的室外环境，又能适当增大建筑容积率，是值得研究的课题。在城市规划和建筑设计层面，集约化是保护珍贵的土地资源、集中有限的社会资源、维持合理的能源消耗的有效手段。基于对国外大学城市型校园开发的相关研究，笔者尝试归纳出集约化理念在各个设计层面的应用。

布局和形态的集中化——将有限的校园土地资源集约化使用，发挥建筑空间的聚集效应，以聚集空间结构形成集约化的建筑布局，并从水平和垂直两个维度立体化地合理提升建筑容量。这是一种积极而富有远见的规划方针。

内容和功能的复合化——提高建筑使用效率也是集约化设计的重要目标，功能和内容的复合化是提高建筑使用效率的重要手段。

建造和运转的效率化——作为提高校园建筑使用效率的重要方面，国外城市型大学校园的开发更新中，通过技术领域的集约化设计改善建筑品质、提高建筑使用效率的案例非常丰富。

三、布局和形态层面——集中化

1．水平布局集中化——多层高密度策略

《土地的使用和建造形式》一书中有对弗莱斯内尔（Fresnel）方形这一几何现象的研究，它被分成向外宽度减少的同轴的圈，每一圈的面积相等并与中央的方形面积相等（图1），因此相较于集中提高层数的做法，把建筑安排在基地周边不仅能以低层数的建筑提供相同的使用面积，而且还能提供宜人的室外空间。低层或多层高密度策略也正是以此为理论基础。

在用地资源不足的情况下，国外高校新建建筑往往会采用紧凑的平面布局或提高校园的建筑密度，尽量避免高层教学综合体的建设所带来的不利影响。例如香港城市大学的规划建设考虑到基地位于山谷地带，多树木和斜坡，地下有铁路隧道通过，以及处在飞机航道范围对建筑物的高度有所限制等制约条件，校舍既不能往高空发展，也不能往地下延伸，只能设计成一组集中布局的低层建筑群（图2）。近17万 m^2 的建筑建于山坳中11 hm^2的用地上，容积率高达1.54。教学、科研、图书、办公、体育、集会、观演等功能空间集中在一栋建筑中，供1.6万学生和2 000余教职员工使用。

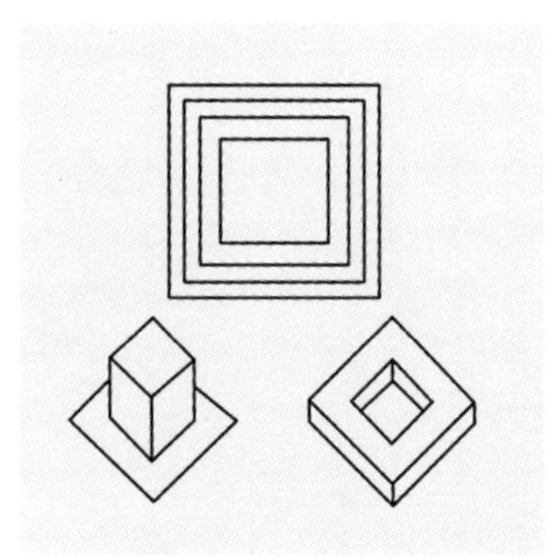

图1　弗莱斯内尔方形（图片来源：作者自绘）

图2　香港城市大学校园

图3　日本工学院大学新教学楼

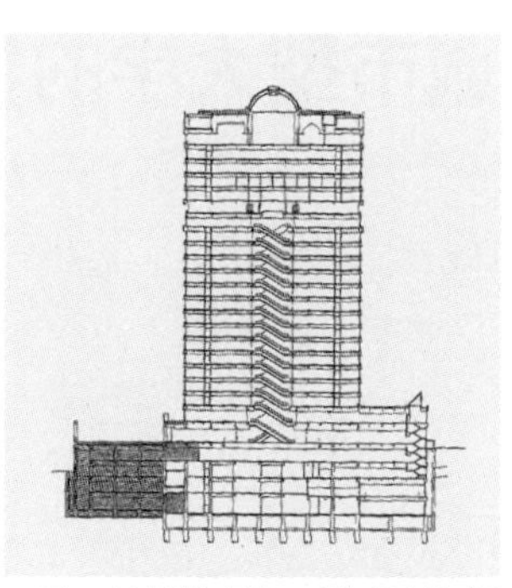

图4　日本明治大学 120 周年纪念馆（图片来源：《建筑设计资料集成》）

2. 垂直布局立体化

随着城市的发展，城市中心区不断扩张，校区往往被密度很高的城区包围。而高校作为人才高地和科技高地，会吸引一部分高新产业聚集在校园周围，形成经济增长点，也导致校园周边的空间密度进一步增加。因此在一些国家，城市老校区新建的教学楼有向高层综合体发展的趋势，功能设置也相对综合。

（1）向空中发展

能否在校园内建高层建筑要综合考虑、分析校园的地理位置、周围环境、校园建筑整体风格等多方面情况。一般来说，低层建筑可提供一种水平发展型空间，能促进各部分之间的沟通和交流，但在城市土地极度紧张的某些地区，建筑的高层化更具现实意义。如日本的工学院大学在东京新宿新建的综合教学楼，总建筑面积约10万 m²，容积率高达11.2，是日本最早的超高层大学建筑（图3）。

日本明治大学120周年纪念馆也是城市型大学高层化发展的典型案例。建筑形式上继承了明治大学纪念馆的特征，成为城市中心区具有文化特色的标志性高层建筑。建筑内外设计有富于变化的街道空间，成为师生交流、沟通的场所，同时采用弹性化的平面设计，并有效利用建筑的纵向通道，积极采用自然通风系统，节省能源，延长建筑的使用寿命（图4）。

（2）开发地下空间

长期以来，地下空间的利用在校园建设中一直被忽视，发掘地下空间资源将是提高校园空间利用率的有效途径，毕竟技术的进步已经能够保障地下空间相对舒适的使用。美国明尼苏达大学地下空间中心、斯坦福大学建筑工程系馆便是其中的杰出代表，另外加州大学伯克利分校、密歇根大学、伊利诺伊大学等校园的地下或半地下图书馆，都较好地解决了新馆与原馆的联系并保存了校园的原有面貌。

安田幸一于2008年设计的东京工业大学新图书馆是城市校园地下空间开发的典范（图5，图6）。在用地局促的大冈山校前区，新图书馆在不到2 000 m²的三角形基底面积上创造了近9 000 m²的使用面积，就是通过充分开发地下空间得以实现的。建筑的首层架空，对外开放，与校前区场地环境融为一体，面积有限的建筑二、三层布置了公共学习教室。图书馆的主体功能空间完全设置在地下一、二层，通过吹拔和采光井的运用，创造了丰富的空间效果，并有效缓解了地下建筑在采光通风上的不利，使之与地上自然环境有机交融。

四、内容和功能层面——复合化

面对有限的建设规模和日益复杂的使用需求，"复合化"成为越来越多的高校解决这一问题的选择。功能复合化是指在同一建筑空间中将多种功能并置和交叠，是对以功能单元设置建筑空间的传统设计方法的突破。在这种设计模式下，一栋建筑将容纳多个学院或机构，建筑内除了主要的教学功能外，还可能包括休闲、餐饮、体育和服务等功能。

1. 内在复合化——类型建筑

内在复合化是指建筑以一种功能为主，综合其他几项辅助功能作为主要功能的补充。下文选取教学楼、图书馆、宿舍、学生中心等大学校园中最重要的建筑为例详作阐述。

（1）教学楼

英国北格拉斯哥学院大楼是一座1.65万 m²、造价达2 000万英镑的教学设施，学术空间（教室、办公室和实验室等）、公共/社交空间、商店、艺术空间等多种功能集于一栋建筑内，设有技术先进的学习资源中心、会议配套设施以及设备齐全的体育馆。建筑的投入使用极大地促进了学校与周边社区的联系，不仅成为学院新的社交中心，同时为邻近社区的使用提供了便利（图7）。

（2）图书馆

英国谢菲尔德大学的信息共享中心大楼以图书馆为主要功能，同时还设有学习和教学空间、游客中心和咖啡厅。信息化和自助化的管理方式方便了学生的使用，也改变了传统的阅读和学习模式，创造了新的交往和生活方式（图8）。

（3）学生宿舍

随着教育目标和教育方式的改变，学生对交往和生活的要求也在不断变化，如今的学生公寓已经不只是满足居住的功能，还承载着诸如会客、就餐、休息、咖啡、沙龙、会议、书吧、健身等多样需求。经典案例如美国麻省理工学院的西蒙斯楼（图9），集宿舍、餐厅、咖啡厅、健身房、游泳池、计算机房、复印室、照片冲洗室、小型剧场等多功能于一身，建筑仿佛一座微缩城市，提供生活所需的各种空间。

（4）学生中心

学生活动中心作为国外大学校园中的重要设施，往往位于校园中心，或与图书馆、餐厅、体育场共同构成配套服务设施建筑群，成为校园内最集中的休憩与交往空间。除了能够缓解校园缺少空间的压力，这一富有特色的综合性建筑也使学校在吸引优秀学生的激烈竞争中占得先机，其激发并承载的有别于传统课堂授课的学习方式——师生在社交环境中非正式交流和讨论——在校园中备受欢迎。

英国赫特福德大学学生广场作为校园的餐饮娱乐中心，内部设有特色酒吧、小型会所、室外楼座和讲堂，可容纳2 000多人。建筑一层设有一间供师生使用的400座餐厅以及便利店、咖啡厅、前厅、零售商店等设施，室外则是社交广场。建筑的落成为校园带来了生机与活力，不仅成为校园内的主要娱乐场所，更成为连接新老两个校区的纽带（图10）。

图5　东京工业大学新图书馆（图片来源：《东京工业大学新图书馆指南手册》）

图6　东京工业大学新图书馆（图片来源：2011年第6期《时代建筑》）

图7　英国北格拉斯哥学院（图片来源：2010年第3期《城市建筑》）

图8　英国谢菲尔德大学信息共享中心大楼（图片来源：作者自摄）

图9　美国麻省理工学院西蒙斯楼（图片来源：互联网）

图10　英国赫特福德大学学生广场（图片来源：2010年第3期《城市建筑》）

2. 外在复合化——校园综合体

校园综合体往往承载多种类型建筑的功能，如教学和图书馆功能的综合，有的建筑还纳入体育设施、学生生活等功能形成一个整体，一个校园就是一栋建筑。

日本建筑师山本理显设计的琦玉县立大学没有将校园建筑划分为成相互独立的片断，而是将整个大学连成一幢占地54 hm^2、总建筑面积3.4 万m^2的巨型建筑。各个系的实验室、工作室等主要设施都连接形成一个松散的整体。由于使用网络，大多数工作室、实验室或培训室都集中安排在首层。在工作区域，中庭为工作室间的互相联系营造了和谐的气氛，也为不同专业提供了交流场所，教室和实验室也因此形成了巨大的网络（图11）。

五、建造和运转层面——效率化

建筑建造和运转的高效也是切实提高校园建筑使用效率的重要方面，国外城市型大学校园的开发更新中，通过技术层面的集约化设计和应用改善建筑品质、提高建筑使用效率的案例非常丰富。

1. 建筑建造的效率化设计——通用化、模数化

建筑内部的不同功能对空间都有着各异的要求，为保证空间结构的整体性，结构形式应尽量规整、统一。通用化、模数化的设计方法作为解决此类问题可行思路之一，最早可追溯至现代主义运动时期，直到今天仍被广泛地应用在世界各地的大学校园设计中。

1963年完成的柏林自由大学校园规划是模数化设计的典型案例（图12）。校园道路为平行的主干道和与之垂直的辅助道路组成的网格状系统；校园可沿主干道向两端延伸发展；建筑以低层高密度的形态进行模数化的网格布局。苏黎世大学二期扩建工程中，每栋标准建筑宽约22 m，长约80 m，总平面采用了7.2 m×7.2 m网格（也是所有建筑的平面柱网），同时满足了教室、实验室、办公室、小型讨论室和公共活动部分的空间需要。针对管网铺设，模数化设计更是应用广泛，如新加坡大学肯特岗校园实验室就采用格网模数的结构体系，将管网布置有机地组织在结构体系中，使建筑空间具备最大的灵活性及延伸性（图13）。

2. 建筑运转的效率化策略——绿色节能化

进入新世纪，低碳节能问题在全球范围内得到广泛重视，各国相继出台系列法规政策，旨在转变经济发展模式，促进低碳社会的建设。大学作为科研和社会活动最活跃的场所，在低碳节能的研究和实践方面发挥了表率作用。

东京大学为此而构建了行动框架旨在通过与社会、研究机构在不同尺度上的“协同进化”实现建设低碳城市的理想。通过对各种CO_2排放源的评估并结合东京大学的实际情况，东京大学制订了建设低碳校园的最优原则——所选用的设备不仅CO_2排放量较低，而且整个生命周期的维护成本也要相对低廉。因此，校园进行了大规模的热源系统更新，为照明设备安装人体传感器，使用高效节能日光灯并升级冷藏设备以及室内空调设施。

英国诺丁汉大学朱比丽分校以“绿色建筑群”闻名遐迩（图14，图15）。这个带状校园由8座主要建筑串联组成，半户外穿廊的设计令使用者免受日晒雨淋。包括绿色材料的使用、整体能源效率表现、建筑物生命周期对环境的冲击、水资源的利用处理等技术应用以及舒适度、愉

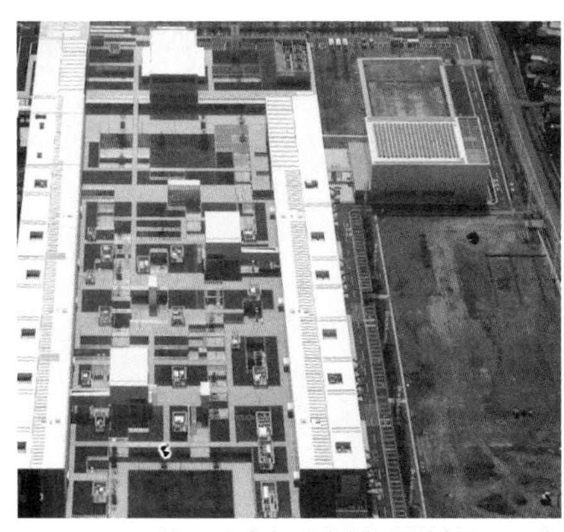
图 11　日本琦玉县立大学（图片来源：2001 年第 12 期《世界建筑》）

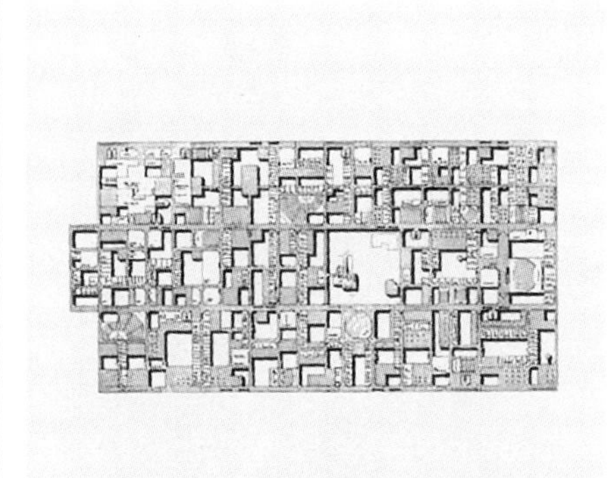
图 12　柏林自由大学校园规划

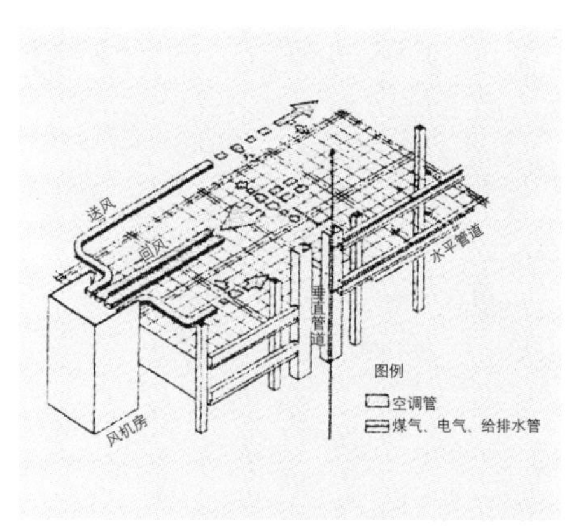

图 13　新加坡大学肯特岗校园实验室结构体系（图片来源：《高等学校建筑、规划与环境设计》）

图 14　英国诺丁汉大学朱比丽分校（图片来源：2004 年第 8 期《世界建筑》）

图 15　英国诺丁汉大学朱比丽分校生态社区

图 16　名古屋大学东山校区（图片来源：作者自摄）

悦度、健康指标、空间弹性等方面的设计考虑均体现了节能设计理念。

3. 集约化技术手段的综合应用——建筑更新

各国城市型大学校园大多历史悠久，因而很多老建筑也面临着规模不足、设施陈旧和技术落后等现实问题。在集约化设计理念的指导下，综合运用各种技术手段来实现建筑更新的实践探索层出不穷。

名古屋大学东山校区法经本馆的改建，将原有建筑全部外设一层表皮框架，并在建筑的两端加设楼梯间和设备隔层，以容纳更多的外接设备，并腾挪出更多的室内空间（图16）。

岸田省吾完成的东京大学本乡校区工学部二号馆的扩建，延续了香山寿夫在工学部再开发计划中的设计思路，完全保留了二号馆的外观特征，但对其内部空间的改造则并非简单的修补式的扩充，而是将其融入一个巨大的新的建筑体量，完全独立于原有建筑，如同悬挂在二号馆之上，其下以巨大的钢柱支撑，形成强烈的尺度对比和视觉冲击。

结语

近三十年以来，集约化作为重要的设计理念贯穿了国外城市型大学校园建设的各个层面，并留下了众多的经典案例。在中国的城市型大学开发建设中，集约化设计倾向也初现端倪：

其一，出于对建筑规模不断增长的需求，集中化的建筑布局和形态开始出现在那些校园建设用地受限的城市型大学里。比如中国人民大学和北京航空航天大学的城市校区，都出现了布局集中、规模庞大的高层巨型教学建筑。

其二，由于教学行为模式的丰富以及学生对学校生活品质要求的不断提高，激发了建筑内部功能的综合化，很多学校的图书馆、教学楼等传统教育建筑开始融入休闲、餐饮、集会等生活功能。

其三，我国大学在技术领域的集约化实践起步较晚，尚无明确的减排目标、策略以及技术支撑体系，低碳校园建设正处于起步阶段。2009年7月，北京大学启动了“校园碳平衡项目”，对北大校园内的碳排放和碳吸收的年度状况进行综合评估，以实现校内的“碳中和”。

当前我国大学校园建设的热点还集中在各地的新校区建设上，但随着社会的不断发展和城市化的推进，国外曾经出现的人口老龄化、出生率降低和逆城市化运动等历史发展阶段很有可能会以相似的作用对中国城市型大学的发展进程产生决定性影响。各国城市型大学在发展过程中表现出的种种规律性现象和特征，应当值得今天的中国校园规划研究者关注和借鉴。■

参考文献

[1] 郑明仁. 整合式大学校园规划之研究[D]. 上海：同济大学，1998.

[2] 吕斌. 大学校园空间持续成长的原理及规划方法[J]. 城市规划，2002（5）：24-28.

[3] 向科. 当代大学校园建设的回顾与展望[J]. 城市规划学刊，2007（1）：66-70.

[4] 高冀生. 老校园改造规划中的矛盾——兼论改造规划的原则[J]. 建筑学报，1994（6）：39-44.

[5] 俞琪. 试谈香港城市性大学规划设计的特点[J]. 福建建设科技，2002（3）：18-19.

原文刊载于　2012 年 02 期　页码　030 - 032

以老校园的更新助力城市的进步

徐苏宁
哈尔滨工业大学建筑学院

对于新校区和大学城建设逐步退温之后的大学校园建设来说，今后的重点应当转向关注老校园如何在城市的文化发展、社会进步中起到领航的作用。其所承载的文化使命、文化符号意义，以及对社会进步的助推作用和对知识创新的重要性都需要加以研究。

一、老校园与城市的文化建设

城市中的老校园是城市的文化象征，人们仰慕老校园的文化积淀，在肃然起敬与流连徜徉之际，潜移默化地接受着文化的熏陶（图1）。

城市是文化的容器，大学校园是这个容器中一个至关重要的组成部分，它犹如一个剧场，以其独有的优势每天上演着文化的戏剧。青年学生从进入校园开始，至少有四年或更长的时间在这种文化空间中度过，当他们离开校园时，带走的不仅仅是岁月的记忆，也有对这种文化氛围的参与、创造和适应经历，这会给他们的一生带来影响。尤其是历史感浓厚的老校园与文化的传承，对文明的形成都有着重要意义。因此，可以说城市的文化功能在相当程度上需要大学校园来完善，我们甚至可以说一座城市不可以没有大学。

大学除了培养青年学生的世界观、知识体系和专业技能之外，还需要对所在城市的文化兴衰承担责任。因此，大学要融入城市，为城市的文化建设提供条件与支撑：如面向社区居民开办各种培训班，组织研讨、讲演，开展咨询，开办讲座；利用学校的体育、文化设施开展文体活动、举办展览；还可通过修学分的方式为社区教育提供相应的服务。大学的设施（如图书馆、博物馆、体育中心、医疗、教室等）应随时向城市居民开放，在这种开放中，市民感受到的不仅仅是便利，还有大学的文化、精神和素质的熏陶。

校园容纳了很多不同的文化活动，如学习、工作、就餐、社会交往、运动，其中诸多设施可与城市设施交叠。与大学相关的设施主要包括教育与研究、居住、零售商业与休闲、相关商务活动等4类（表1），

表1　大学通常包含的设施

设施类型	具体设施
教育与研究	教室、讲堂、院系办公空间、实验室、学习场所、图书馆、特定教育使用的特殊空间
居住	学生公寓、教师住宅、留学生公寓、交流中心、工作人员住宅、宾馆
零售商业与休闲	运动设施、书店、咖啡厅、食堂、餐馆、博物馆、剧场、酒吧、文化中心、活动中心、超市、干洗店、学生街、仓买
相关商务活动	孵化器、研发中心、相关商务部门、人才培育场所、继续教育场所

这些功能都可以与城市共享，设施的整合也会提升城市生活的品质。

有效地融合城市与校园空间，让校园成为城市中的一部分，使校园不仅服务于在校师生，还可以服务于整个城市，这是大学必须履行的使命。打破大学与城区之间封闭的围墙，可以形成良好的文化辐射效应，更好地促进大学发挥文化、科技、知识和人才的“溢出效应”。

当我们认识到大学老校园对于城市的这些作用之后，我们所要做的就是：首先，保护好大学的老校园，使其成为城市肌理中不可改变的部分，然后顺应城市肌理做好文化网络的编织；其次，老校园中的建筑要有文化精神，不应像某些城市中的建筑那样一味追求某种单一样式，而应当体现出时代性，使校园成为文化发展长河中时间序列的拼贴；第三，老校园应以传达文明为己任，敞开大门面向社会公众，起到文化容器的盛载与传播作用（图2）。

二、老校园与城市的低碳生活

低碳理念体现在低碳社会、低碳生活、低碳出行等方面，已经越来越被人们所重视，特别是在碳排放相对集中的城市，低碳生活是我们今后必须的选择。

低碳城市实际上是通过经济发展模式、消费理念和生活方式的转变，实现有助于减少碳排放的城市建设模式和社会发展方式。低碳城市是一个系统工程，需要一系列的政策、制度、方法来实施，其中，社会生活方式、城市发展方式、经济增长方式是实现低碳城市的重点。低碳城市规划的内容不外乎贯彻于城市结构、城市交通、城市社区、城市建筑等方面。城市结构涉及到土地的使用、城市密度的安排、城市形态的更新、生态环境的保护；城市交通有助于低碳城市的关键在于发展步行城市、慢行城市、公交为主、限制小汽车；从城市社区开始注重低碳与气候适应，会直接获得很好的效果；建筑是广义碳库中最大量的部分，从建筑更新开始注重低碳是有效减少碳排放的手段之一。

因此，从城市的范围来说，紧凑城市结构，发展公共交通； 提倡土地的混合使用，缩短出行距离； 缩小街区尺度，促进步行与慢行交通； 避免大拆大建，提倡有机更新，倡导建筑节能等是实现低碳的有效策略。对于作为城市重要组成部分的大学来说，生活在其中的人员众多，功能庞杂，能耗较大，若能率先做到低碳，将会对建设低碳社会起到重要的示范作用。而且，大学中的群体相对来说素质较高，容易接受低碳理念并作出相应的实践。因此，大学应当率先垂范，在低碳城市的建设中起到表率作用（图3）。

过去，大学校园与城市的关系非常紧密，教师、学生出入社会也没有太多的成本，唯一显得集中的问题是自建住宅区与学生宿舍，加上为之服务的后勤系统是独立于社会大系统之外的，这种重复设置必然增加能源的消耗。当我们需要建设更多的大学以适应更多人接受高等教育的时候，大学的布局方式就发生了改变，开始出现异地建设大学校区和大学城的现象，这种做法有效地缓解了招生、人才培养等方面的问题，但同时也带来许多问题，尤为突出的就是增加了碳排放。我们可以看到在很多新建、扩建的大学中，有不少学校每天用于教职工通勤、学生出行的能源浪费非常严重，这也成为当今中国大学的普遍现象。但是不这样做又无法保证教师、学生的正常工作与学习要求，所以只好以牺牲环境为代价来发展教育，使许多大学建设陷入了一个怪圈：保留老校园，实行两地办学就要增加成本；卖掉老校园以实现经济上的补偿，集中一地办学，但导致社会关系松散，到头来依然要付出代价。

相对于远离城市中心区的新校区来说，处于城市中的老校园既有利于大学向城市传播文化，实现大学与城市的共同发展，又便于学生接触社会，认识社会，减少出行成本。所以，不能轻易地割裂城市与老校园的关系。从建设低碳社会这一主题出发，对老校园应当实行有机更新：整合校园空间布局，使之适应低碳社会的要求；在校园内提倡步行和慢行，建设更多合理的步行与慢行系统，不要让大学校园成为机动车停车场；丰富校园内的绿色基础设施，老校园中都会有一些历史上留下来的林地、水面，甚至小型湿地等，完善这些绿色基础设施，使之成为增加绿量、增加碳汇的有效途径（图4）；校内的生活设施应以引导、满足低碳生活方式为优先目标，提倡建筑节能，校园新建筑应提倡采用新技术、新材料，以符合循环经济的方式提高使用效率；建筑行为是碳排放的高发范围，建筑材料的生产、建筑物的建造、建筑使用过程中对建筑的改造、更新、拆除等都会产生大量的碳排放，因此，校园内的老建筑尽量不要去拆除，而应以改变功能的方式加以重新利用，这样既可以保留下历史印记，又能拓展新功能，达到减少碳排放的目的（图5，图6）。

三、老校园与城市的知识创新

大学位于城市之中，是知识的聚宝盆、人才培养的摇篮，设置于城市中的各种老校园为各类人才培训提供了必要的场所，而正是这些受过训练、有技能的人才在拉动城市经济、教育儿童、领导有效率的政府及制定重大政策。

教育是知识产出和传播的重要方面，城市的教育水平决定着城市的知识基础，城市的教育发展实质上是人力资源的开发，高素质的劳动力必须靠教育部门来培养。哈拉尔（William Halal）在《新管理学》中指出，在知识经济时代，知识性劳动将是绝大多数人谋生的基本手段，知识的占有量将是人们富裕程度的基本标准。每一个社会成员自身的生存能力、发展能力都将最终取决于他获取知识和运用知识的能力。当然，这些能力并非人们与生俱来的，而只有通过学习和教育才能获得。

知识城市是鼓励培育知识的城市，教育部门是生产知识、传播知识、帮助人们学习知识、示范新知识应用的社会职能部门。因此，教育是知识城市的基础，是知识城市的主要职能之一。在知识时代，教育体现着与工业时代不同的特点（表2）。

图1　东京大学红门是城市文化标志

图2　北京大学大门

图3　清华大学校园中的林荫道

图4　东京大学校园内的三四郎池（育德园）

图5　同济大学校园内的“绿色建筑”

图6　内蒙古工业大学内的老厂房成功转型为建筑系馆

表2 工业时代与知识时代的教育特点比较

比较内容	工业时代	知识时代
教育地位	教育处于社会边缘地位	教育处于社会核心地位
教育特点	一次性、非均衡	终身性、均衡性
教育功能	社会功能为主	人的发展功能为主
发展模式	低投入-高产出-高效益-低质量	高投入-高产出-高效益-高质量
发展动力	以供给为驱动力	以需求为驱动力
系统构成	单一的教育系统	教育与学习的双重系统
结构特点	自我封闭系统	社会开放系统
学习场所	学校是唯一的学习场所	学习场所多样化
学习方式	大规模、集中式、专业化、标准化	分散化、网络化 、个性化、终身化
教育技术	初级化、实体性	智能化、数字化、可视化
普及水平	普及高中阶段教育	普及高等教育
管理方式	集中化	非集中化

传统的高等教育的概念常常意味着"大学"，而随着社会的发展，高中以后的教育阶段出现了诸如专科学校和短期大学等一些非传统型高等教育机构，为了反映高等教育这种多样化发展的趋势，人们用"第三级教育"来取代"高等教育"的概念。当然，大学是第三级教育体系的关键组成部分，而公立和私立第三级教育机构形成的多样化体系一各种技术培训学院、社区学院、护士学院、研究实验室、精英人才中心、远程学习中心等构成了知识型发展所必需的院校网络。

在知识经济时代，发达国家十分重视第三级教育的发展，第三级教育的大众化和普及化已成为一种趋势。首先，第三级教育为劳动力市场提供了所必需的高层次技能，也为各种人才提供了必要的训练，有效地提升了城市中居民受教育水平和文化层次，对城市的人力资本和文化资本的构成作出了贡献；其次，第三级教育部门通过创造新知识，利用全球知识储备，把知识成果应用于当地来支持创新，承担着传播知识、生产知识、示范新知识的应用、孵化高新技术产业等职能。

过去，一座城市中的老校园在人们的心目中是文化圣地，是知识殿堂，今天，这些老校园是知识创新的前沿阵地。一所大学，特别是名牌大学对于一个城市的创新有着不可替代的作用。例如，波士顿的大学是影响该市和整个区域发展的主要因素，波士顿拥有哈佛、麻省理工和波士顿大学等世界级大学资源以及这些大学所具有的企业家精神及与企业合作的传统，促进了波士顿高新技术产业的发展。由于良好的创新环境，波士顿成为人才集中之地，许多学生毕业之后选择在波士顿地区工作，人力资本的集中也吸引了相关产业来此投资，人才与企业的集聚更进一步优化了波士顿的创新环境，成为地区发展的引擎。

在中国，由于企业创新能力的不足，城市的发展更加依赖于大学所具有的创新能力，大学成了城市创新的源泉，这使中国的高校承担起比国外高校更为沉重的责任。因此，中国的高校需要在科学研究、知识转换、产业发展、留住毕业生等方面发挥重要作用。这方面需要注意的问题，一是大学本身需要优化学科和专业结构，努力与产业结构相适应，在传统科目中增加新课程，同时扩展新科目，使在校生和非在校生能及时更新知识和技能，以提高和拓展他们的知识水平或使之适应职业的变化；二是需要加强与企业的互动，哈佛大学与企业互动的一个最典型的模式是开办高层次的研修班，把世界各大公司的高级管理人员吸收进来，这些经理、总裁带着实践中的问题与大学里的教授共同研讨，共同制定发展规划和经营策略，哈佛大学把这种研修称作案例教学，赢得了世界各大公司的密切合作邀请，也获得了大批的科学研究基金和捐赠。

城市中的老校园对于知识创新区来说至关重要。知识创新区是构成知识城市的基本单元。在一个城市的物质核心中，知识的交换与资金、服务和商品的交换同样重要。知识创新区作为企业、政府和学术研究机构进行合作、协作、研发、知识共享和知识产业化的新方式，极大地促进了知识转移和技术创新，日益受到各城市政府的重视。实践证明，一个结构优良的知识城市必然含有一个或几个知识创新区，而知识创新区的构成必须依托于大学。

结语

以上问题的探讨涉及到大学的规划布局与未来城市创造力形成之间的关系。大学校园，特别是位于城市中的老校园在城市文化的复兴和发展、低碳社会的建设以及构建知识创新区中担当着重要角色，校园规划以及老校园的更新改造应当以此为目的，将大学校园的知识空间积极地融入到城市空间之中，为创建文化城市、知识城市、创新城市贡献力量。因此，老校园的更新应从校园空间及设施的再利用这一点来考虑，而不应当简单地以置换、出售等方式切断城市与这种知识文化发源地的紧密联系；老校园的更新应与城市知识创新区形成有效的资源整合，远离城市其他功能的大学城应当向科技产业区发展过渡；校园规划的标准也应与时俱进，适时修订，增加相应内容，以适应国家文化发展战略和知识经济发展的要求。■

参考文献

[1] 中国城市科学研究会．中国低碳生态城市发展战略[M]．北京：中国城市出版社，2009．

[2] 刘志林，戴亦欣，董长贵，等．低碳城市理念与国际经验[J]．城市发展研究，2009（6）：1-7．

[3] 雷家，冯婉玲．知识经济学导论[M]．北京：清华大学出版社，2001．

[4] 高书国．21世纪初北京教育层次结构与空间布局的战略思考[J]．教育科学研究，2001（6）：10-14．

[5] 朱建设．大学应对知识经济的对策研究[J]．技术经济，2003（2）：9-10．

工业遗产的核心价值与特殊利基

林崇熙
台湾云林科技大学文化资产维护系

一、前言： 工业遗产保存再利用的问题

近代产业的特征在于工业化，而工业化又对社会文化各方面造成关键性影响，此为工业遗产值得保存的基本背景。然而，工业遗产经常有不易保存的困境（如不精致、年代短、土地开发、规模巨大、铁件锈蚀……）。首先，近代工业存在年代较短，使得习以“古老”来认定古迹的人们忽略了近代工业作为文化资产的意义；其次，老旧的机器或厂房经常消失于不断的技术更新与业务扩张中；其三，建筑外观相对朴素的工业建筑经常在华丽古董式古迹保存意识形态下被忽略； 其四，如果工业运作历程中发生了环境正义或社会正义的争议而导致相关人们的负面情感，可能致使人们欲去之而后快；其五，因都市扩张而导致的工厂都市区位变化及地价攀升，容易诱使工厂土地的再开发而致使老厂房难以保存。由此可见，工业遗产保存所面临的问题常来自于产业发展时的竞争更新、环境变迁、价值变化等因素，而造成工业遗产在价值认同、保存维护、再利用时的争议与困扰。

纵然有幸保存下来，对其再利用时又常常因为不易保握产业变迁下的价值变异问题，而出现徒留厂房外壳而内涵殊异的附身式再利用，例如将工厂再利用为汇集展场、卖场、餐厅的艺文特区或美术馆，却不问这些新作为与工厂之为文化资产有何价值联系； 或者将工业遗产保存下来当博物馆，展示着原本的机器与历史，很少能有面向未来的开展性，仅是冻结式存在而已。

面对这些工业遗产保存的困境，我们不应再沿用过去保存古迹物质量体的方式，只有重新思考工业在其内涵样态综合度、生活文化元素交织度、量体规模度、社会运作关联度等方面所构成的特殊性，从而以“后生产情境”的立场来掌握工业遗产的生命真实性与价值流变性，方有可能在面向工业演进历史与现在保存问题之际，同时有着面向未来的开展性。

二、工业遗产之价值理念

若我们将工业遗产视为一个文化物种，则作为一个文化生命体，终其一生都需面对四大议题： 其一是处理人与天之间关系的价值理念议题，表现在哲学、宗教、信仰等生命终极关怀上；其二是处理人与人之间关系的社会运作议题，表现在政府、组织、法令、社团、宗族等公共事务处理上； 其三是处理人与物之间关系的环境掌握议题，表现在科学、技术、工程、产业等生存风险控制上；其四是处理人与自我之间关系的生命成长议题，表现在美感、品味、救赎、超越等生命提升努力上。因此，我们需从价值理念、社会运作、环境掌握及生命成长等生命特质来思考工业遗产随着时代及产业变迁的生命真实性变迁。

首先，在价值理念方面，一个值得纪念的生命自有其终极关怀与生命各阶段的价值实践。工业遗产作为一个文化物种，其生命的核心价值就是对其保存与再利用的主轴（hard core），那么，如何发掘一个产业/工厂的生命与灵魂的文化价值，就成为判定其是否应作为文化资产的关键。例如美浓竹仔门电厂员工在战事方殷之际为了坚守岗位而在电厂内设置防空洞，使电厂在美军轰炸时能持续运转。如此敬业精神方使台湾电力公司能在战后一片废墟中重建电力供应网，打破了日本人“三个月内台湾将一片黑暗”的断言。但是面对已经停止使用的工厂，不能仅仅缅怀过去的荣光，而应该进一步将其内涵转译为新时代的精神继以延续。不再制糖的糖厂若要展示糖厂，就不能再以农务、工务、运输等既有任务分组来看待，而应以新的时代性议题来呈现糖厂在过往发展中值得纪念、发扬与转化的生命意义。例如大林糖厂员工津津乐道于该厂拥有独特的糖铁南北线来守护具有国防意义的战备交通系统。这种自豪与自信若能转化至时代精神的新议题（如慢活、体验经济、回归田野等的经营），一方面契合了时代的社会想象，另一方面直指永恒的人性深处（图1，图2）。

在强调把握产业核心价值之际，亦须考虑时代文化样态的转变，而进行必要的辩证式转化。台湾新式糖厂开启了台湾工业独断独行式文化，从日本殖民时期1900年财团资本植入桥仔头糖厂开始，到现在政府贱买农地给财团设厂皆如此，无怪乎当糖厂一一关厂后，台糖不但一直以闲置资产看待百年历史的糖厂，变卖土地，也一直以植入式态度进行新市镇开发计划或艺术村活动。然而，台湾社会必须从工业生产转入服务业社会、信息社会、文化产业社会等后工业社会中，如果我们没有体察文化样态变迁，就会在工业遗产保存再利用过程中继续背离民主时代精神的独断独行式工业文化。相对的，若在工业遗产保存过程中引入小区营造精神，就有机会将公民社会的公共参与机制引入工业遗产的保存与经营中。

三、工业遗产之社会运作

在社会运作方面，一个生命必然具有其文化有机系统性，方能有效运作及持续保有生命力，如同脑、五脏六腑、四肢等必须整体协调、有机运作。以阿里山森林铁路作为文化景观保存为例，此铁道遗产沿线之自然资产、有形/无形文化资产、林业文化资产、邹族文化资产、游憩观光、生活体验等，必得有整体文化景观的有机系统性，才能顺畅运作。但当时代变迁而使得伐木工业停产、邹族文化受到汉人社会冲击、公路取代铁路运输功能等巨大改变发生，后生产情境下的阿里山森林铁路的保存经营就无法独自生存而需引入新的社会行动者（social actors）来营造新的文化有机系统性，即出现工业遗产如何经营出文化公共性的命题（图3，图4）。

工业生产运作时固然不是任何人可以随意进出厂区，但相较于私有财产（如宅院等）私密性而言，工业的众多员工参与生产、职工居住于邻近小区或宿舍、工厂产品为大众所用、工厂产业链连结众多社会相关者等，都使产业最具有日常生活的亲近性、使用性，因而最具有公共

性潜力。工业遗产若要得到人们的价值认同，并不在于对其进行古迹指定，而是必须发展出新的公共性，才会成为众人共享的文化资产。公共性不是来自财产权的归属，而是来自分享与关系建构。就像寺庙信仰、大树乘凉、水井共享等都是源自分享的理念，也因而建立起众多社会行动者之间的关系来构成公共性。因此，公共性不是要将工业遗产征收或充公来开放给民众使用，而是将工业遗产从私有财产概念转译为文化公共财产。

公共性的重要之处在于让众人参与而获致多元意见来避免单一意见的偏差，并透过众人投入来凝聚向心力及形塑认同，更透过众人参与来获致共识以促进后续的顺利发展。公共性不但是亟待发展的公民社会运作的重要内涵与价值观，更是经营工业遗产必要的社会网络支持的重要机制。可是，我们并非等社会具有公共性之后才能做工业遗产保存工作；相反，我们要透过工业遗产保存工作来营造公民社会所需的公共性。公共性的营造一方面在于连结众人各自的利益、关怀及兴趣，另一方面在于促进各种社会行动者的多元参与，还在于让众人分享无形精神、文化、历史、生命感等生命价值，更在于让众人分享工业遗产的种种智慧……如此方能引入新的社会行动者，发展新的社会关系，也才能带入新的力量与未来性。

四、工业遗产保存之环境掌握

每一个文化物种都有其生存与发展必要的文化/自然生态环境。要保存工业遗产就得思考此文化物种过去、现在、未来所需的文化生态环境，提供此工业遗产保存与发展所需的文化沃土。而一个生命必然具有脉络式动态性，亦即必须随着所处环境变迁而调整改变来适者生存。

工业遗产碰到最大的问题就是当产业停产后是否要保存及保存下来做什么？此需从产业的异质地志感与后生产情境来思考。产业停业了，其厂房机具不必然自动成为工业遗产。工业遗产的确立，需透过公共性来论述、链接与营造价值认同，其中很重要的策略就是以工业遗产丰富的异质地志（heterotopia）内涵来连结各式各样的人们。生活中的异质地志有两种不同的样态：一是脱轨式异质空间，如汤屋、游乐场、博物馆、化装舞会、化妆游行等；二是隔离式异质空间，如墓地、疯人院等。在脱轨式异质空间中，如在汤屋中赤身裸体、在游乐场中尽情大叫、在博物馆中谦卑地面对知识、在化妆舞会中角色扮演、在化妆游行中奇装异服等，都令人忘却自己的身份、职业、年龄等，也都令人脱离日常生活方式、社会关系、行为举止，从而获得暂时性解脱而有机会开创新的思考。工业遗产由于时空上的距离感而能成为一种脱轨式异质空间，故能提供人们思想解放与创新的机会。

在时间层面，台北铁道部、电厂、糖厂等皆为台湾进入现代社会的重要表征及行动者，如今却成为人们眼中的前现代遗构。此乃时空变迁下的异质地志感生产。在空间层面，工业现场的巨大机器、高耸烟囱、大跨距厂房、辽阔厂区、特殊设备等异质空间感皆为一般大众所陌生。当产业还在生产时，基于安全理由，一般大众几乎不可能进入生产现场参观了解。在产业停产后的后生产情境中，人们才有机会进入产业现场一窥究竟，从而开启非日常生活的经验。进入产业现场的非日常生活经验，所看到的却是日常生活用品的生产现场。因为是日常生活用品的生产地，所以会提高人们的亲近感。因为是非日常生活的经验，所以会提高人们的好奇心。生产现场令人感受到一个对象/文化物种的诞生过程，此乃有生之欲的触动。诞生是一种喜悦，是一种转化，从“材料+设计+知识+制程+技术+设备+品管+用心=成品”的过程而使生产有着神话原型的“魔术师”及“智者”特质。

进入后生产情境的工业遗产因为解除了原本的生产任务，因而具备新发展的可能性。所谓的再利用并不仅仅是使用闲置空间，而是要在异质地志感中解放人们的思考习惯，并转译工业遗产的多元智慧带给人们新的启发、刺激与想象。产业现场有着一般生活所想象不到的在地知识。例如糖厂仓库为何没有蚂蚁？炸药工厂如何防止敏感材料爆炸？引用浊水溪混杂大量泥沙的溪水来发电，发电机为何没有坏掉？在没有冷气的年代，酒厂如何以种种通风散热装置来确保酒的质量？如果我们面向当今全球变暖议题而希望以绿色建筑来节能减碳，或面向生态保育议题而希望亲近自然，或面向台湾地震频繁的安全议题，则糖厂的百年日式宿舍群就能给予习于钢筋混凝土建筑加冷气空调的现代营造一个另类的思考参照。将这般多元智慧转译进现代生活中，工业遗产就有机会成为众人可分享的文化公共财产（图5，图6）。

五、工业遗产保存之生命转译

由于生产结束（例如台盐不再晒盐、林务局不再伐木）而进入后生产情境，才能让原本的社会行动者，尤其是权益关系人（stakeholders）在功能不再之际而角色淡化、退出、转化，也才能让新的社会行动者，尤其不是权益关系人进入文化资产建构场域，同时让原本的社会行动者（如业主、员工、眷属、小区居民）有转化出新社会角色的机会。

进入后生产情境的工业遗产保存与经营需进行价值理念的把握、新社会网络的连结、公共性的营造、异质地志感的发挥、多元智慧的转译、社会角色转变等努力。由于此转换牵涉层面宽广，且需产业内部及在地小区投入（许多小区居民就是原本工厂员工），更会带给小区深远的影响，因此工业遗产保存必得成为一个社会运动式转化，方能经营出一个适应新时空环境的文化新生命，作为一个社会运动，必然要契合当代的社会想象。欧美对于产业遗产保存有其社会文化脉络与基础，如19世纪欧洲的国族建构，20世纪上半叶对于现代化的反动等。台湾工

图1　美浓竹仔门电厂内的防空洞

图2　大林糖厂的糖铁南北线

图3　阿里山森林铁路之北门站

图4 邹族的青年会所（KUBA）

图5 引用浊水来发电的浊水发电厂

图6 虎尾糖厂的日式宿舍

图7 花莲糖厂的民宿整修

图8 从工业盐田转化为文化盐田

业遗产保存与生命再发展必须能够回应社会（或小区）的重大议题或社会想象，来作为工业遗产的新定位。

如果对工业遗产保存再利用的方式是植入一个无关的功能（如餐厅、美术馆、艺术村等），则原本的社会行动者势必被排除在外，而失去历史文化的社会连结。相对的，如果能面对社会重大议题（如台湾地震隐忧），则没落的木材工业师傅就有可能转化为掌握耐震大木构技术的木材达人；或者在面向体验经济的劳动假期中，已经停业的盐工就有机会转化成文化盐田中的盐田博士。种种转化最重要的是相关的人们被转化。例如花莲糖厂员工从制糖技工转变为经营民宿、套装旅游、导览等地方文化经营者；或者从工业盐田转化成文化盐田需要有新知识（观光学、博物馆学、小区营造、文化产业、文化资产）、新操作（文化节庆、工作假期）、新视野的新盐工。这些努力都需参与者自我转化来融入新角色的身份、生活与投入。小区居民（包括老员工）也将在工业遗产新发展中被转化，从而在新生活与新产业中拥有新生命。转化能否成功，就看参与者有没有文化新智慧的开展，以及是否能在新关系中建构出一个新的（微型）社会，能使工业遗产成为众人支持与认同的对象（图7，图8）。

六、结语：面向未来

工业遗产见证了历代的技术、对象、思考等产业智慧的成就与历史意义。每一个有形对象或无形智能都有其当下脉络、环境与问题性所构成的情境，方能支撑其设计、生产与使用。因此，工业遗产的成立意味着一段历史中的人、地、事、时、物的综合作用与互动。保存一个工业遗产意味着一个历史切片的映照与一个了解历史的切入点，更是一组系统性智能的典藏。当今的科技进步主义常常将非主流的对象予以忽略、漠视与消灭，更让我们觉得工业遗产所承载的智慧正是濒临绝种的文化物种，亟需文化物种多样化的保育与再生。

有人质疑工业遗产保存：产业不再生产了，人也回不来了，保存工业遗产何用？这样的质疑还是基于"历史真实性"的回溯性。这般对于历史真实性的追寻，就如同追寻已逝青春爱情般的不真实。由于历史书写是他者，因此历史书写就是一种旅行文本。旅游于一个过往生命旅程中，重点不在于真实性回溯，而在于透过旅行来经历隔离、过渡与转化、回归与告别过去，从而迈入下一个具有不同意义的人生阶段。好的历史书写能让人们重新思考当今，好的工业遗产保存再利用亦如是。因此，不管是历史书写或工业遗产保存都不在于回复不可逆的真实，而在于生产出令人有着旅行般生命转译的洗礼。人们若能在工业遗产的异质地志氛围中旅行，就能有着脱轨式解放及亲近已被遗忘的多元智慧，在种种新社会连结与新社会关系中促进公民社会所需的公共性，则后生产情境的工业遗产将会是面向新时代社会想象的积极力量。■

参考文献

[1] 林崇熙．产业文化资产的消逝、形成、与尴尬[J]．科技博物，2005（1）：65-91．

[2] 林崇熙．跨域建构·博物馆学[M]．台北：台湾博物馆，2009．

[3] FOUCAULT M. Of Other Spaces：Utopias and Heterotopies [J]. Miskowiec J. Diacritics 16. 1967（1）：22-27．

[4] 哈贝马斯．公共领域的结构转型[M]．曹卫东，王晓珏，刘北城，等译．上海：学林出版社，1999．

[5] LATOUR B. Science in Action[M]. Cambridge：Harvard University Press, 1988．

[6] CHARLES T．现代性中的社会想象[M]．李尚远，译．台北：商周文化事业出版社，2008．

模板式设计优化医疗设计

马修·里克特 希瑟·钟 凌志强
SmithGroupJJR事务所

如何能做到建造医院、门诊中心或者医疗办公楼时，设计不必每次都从零开始？当医疗机构在寻求更快捷高效的设计方法来建造和经营领先的医疗设施时，全球许多医院和医疗系统都开始转向采用样板（即模板）式设计。

模板式设计是一种针对项目开发与建设的反复叠代式的设计方法。它不仅仅是对当今的挑战——如何提供更好的医疗服务——的策略性回应，更是专门为一个正在经历快速巨变的产业所提供的设计模式。

研究并运用模板作为基准规划准则，业主能够因地制宜，即同时建造多座在规划设计理念上相同却又可适应到不同基地上的项目。这种做法可以在提供标准统一的医疗服务的同时，大大降低施工时间和工程造价成本。

模板式设计能够显著提高业主的设计标准。有鉴于一套模板设计可能对部门或建筑本身产生影响，业主往往投入更多时间在研究和决策阶段，以能够实现最有效的运营模式作为决策的基准。一套标准化设计应运而生，在优化整个建筑生命周期和运营效率的同时，保持与患者需求以及医疗科技和实践的不断更新发展同步，确保了新项目建造与旧设施翻新改造之间的设计一致性。

SmithGroupJJR事务所作为全美拥有最长从业史的建筑工程单位，曾被《世界建筑》（World Architecture）杂志评选为国际十大顶级医疗建筑项目建筑事务所。曾委托SmithGroupJJR事务所的美国前沿知名医疗系统客户包括美国退伍军人事务部（U.S. Department of Veterans Affairs）（下辖950家医院和诊所）、凯撒医疗机构（Kaiser Permanente）（下辖460家医院和诊所）以及邦纳健康机构（Banner Health）（下辖40家医院和诊所）。这些医疗机构都致力于创造一个采用标准化设计和实现最佳运营模式的基础平台，在保证设计和医护质量的同时，能够实现医院项目规划设计的快速成型运作。

快速低成本的优化建筑

业主选择模板式设计的原因各异，但主要基于如下考虑：

1. 快速占领市场

反复叠代的项目开发方式让业主能够将一套成功的设计方案运用到不同的基地选址而不必每次都从零做起，因而有利于提高设计开发流程效率，缩短政府审批周期，实现项目快速部署。在所建造的医院需要满足极其严格的抗震需求的情况下，这一方式会更凸显其优越性。采用预先通过审批的模板来完成建筑的设计建造能够简化冗长、严格的管理审批过程。

美国俄亥俄州东北部规模最大的医疗保健机构之一的Metro Health System即选择采用模板式设计，力图快速提升其门诊中心的市场占有率。得益于模板设计，Metro Health System的新建门诊医疗中心在各个社区拔地而起，比采用传统设计流程的竞争对手所用工期整整缩减了18个月。

凯撒医疗机构作为美国最大的非营利性医疗系统，拥有800多万会员。为了符合加州新出台的严格的抗震规定，其同样选择了模板式设计方案，预计10年内将完成20座新老医院的建设与更新。SmithGroupJJR事务所的项目团队的首创性设计方案能够运用于面积32 000～40 000 m²的不同基址地块，其规划上的一致性同时也能保证凯撒会员享有的医疗服务的质量。采取这一举措的成果首先体现在3个医院项目（总面积超过11.2万 m²）同步设计施工仍实现项目交付周期的缩减，总交付流程缩短超过一年。

基地选址衡量标准应作为模板式设计项目的一部分，用以加快选址流程、缩短交付周期。SmithGroupJJR事务所为邦纳健康机构（全美规模最大的非营利性医疗系统之一）研制了一套选址记分卡，辅助地产专员快速对特定基址进行评估，做出该地段是否符合邦纳医疗保健项目要求的判断。影响评估因素包括：基址面积、是否靠近机构服务人口、邦纳现有医疗设施、主干道通达情况、周边区域辅助设施、地形地貌、土壤条件、自然采光条件及自然景观视野。

邦纳首座采用全新模板式设计的医院——邦纳埃尔伍德医院（Banner Ironwood Hospital）落户南亚利桑那州，整体设计施工用时仅22个月。该院初期设计容纳86张病情动态护理病床，如利用现有的辅助诊疗部门框架，支持床位总数可达144个。模板保证了根据预先规划好的方案，可将床位数分阶段继续扩充至500张而不影响医院的正常运营。

2. 强化最佳运营模式

业主可以运用模板方案制定运营标准来强化循证设计理念的实行，并保证整个医疗系统医疗水平的一致性。

邦纳实践模板式设计主要是为了保证未来邦纳新建及翻新医院及诊所项目在设计和运营方面的一致性。这些层面上的一致性有助于提高设计施工和运营效率、简易医护人员岗位轮换培训、提升邦纳医疗系统品牌价值和广大患者的就医体验。

设计团队在凯撒医疗机构的模板方案设计过程中，首先在凯撒现有建筑基础上明确了最佳运营模式和部门相关性研究，利用研究成果来指导制定设计模板，确定基本框架和建筑体系、规划概念、平面规划、相关设备、室内设计及施工方法。模板方案能够适应各种不同基址条件并能满足系统内各个医院不同的经营需求（例如床位数和所提供的医疗服务种类）。所有这些要素的标准化使凯撒集团能够快速兴建优化设施并保证系统内医护水平的一致。

只要设计方案基于创造最佳运营模式并且始终贯彻如一，那么不论是否采用可持续性材料、人体工程学设计，是否配备病情动态护理病房，都另有裨益。对于医疗系统中需要在多个机构轮换工作的医生和护

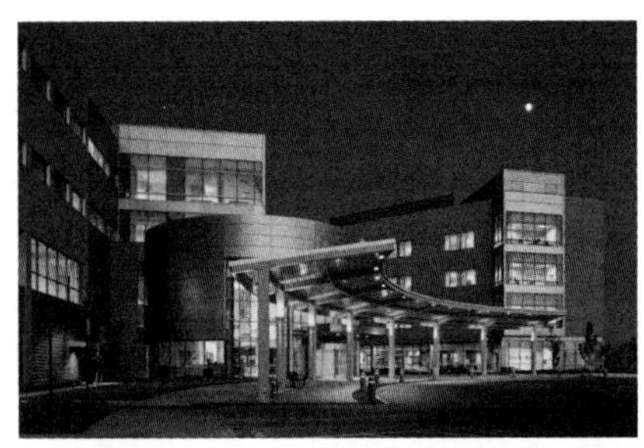
图1　凯撒安迪奥医院入口夜景

图2　凯撒安迪奥医院天井庭院

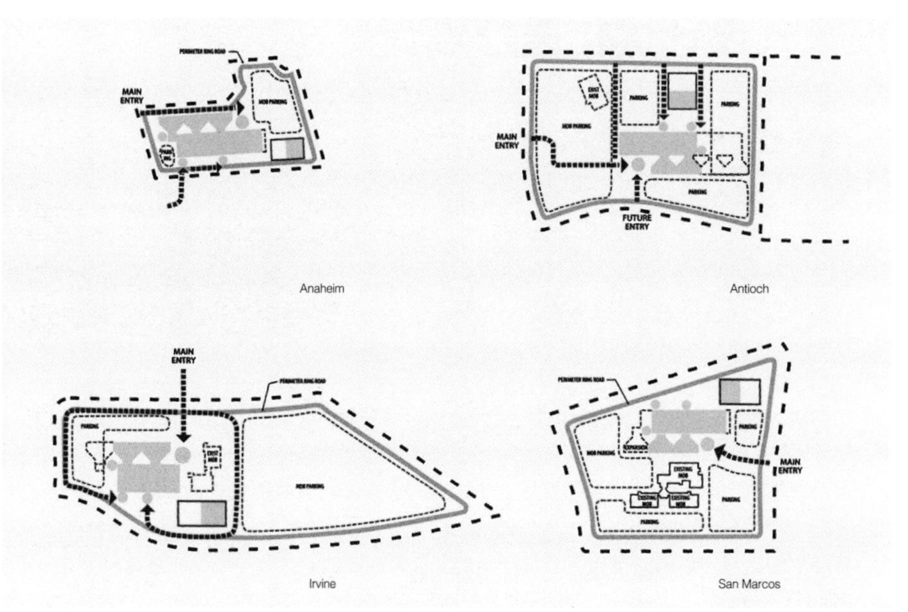

图3　适应不同基址的凯撒医疗模板

士而言，设计的一致性提高了其对工作环境的熟悉度，从而提高工作效率，减少临床过失的发生，有助于为患者、医师和其他工作人员营造一个更加安全健康的环境。此外，设计上保持一致性还有助于不同医院之间运营效率的综合横向评估。

3．提升品牌形象

模板式设计可以保持业主一贯的品牌形象并为患者提供如一的品牌医疗体验。

凯撒医疗采用模板式项目设计的主要目标之一即为患者营造舒适便利的就医环境和注重健康的品牌就医体验。模板标准的特色设计之一是单点主入口。医院和办公楼共享的圆形中庭极具艺术感，并烘托出主入口的氛围使其容易辨认。室内空间布局沿中央大厅组织，一个自然采光充足的多层公共交通长廊连通多个门诊科室及附属设施。无论建筑何种朝向，阳光都可普照窗体、玻璃幕墙通廊及配有康复花园和就餐阳台的室内景观庭院。

为更好地指引患者到达其所去的部门，交通长廊采用通高的玻璃幕墙，以使来访者借豁达的外界视野帮助其识别自己的室内位置和方向。餐厅居于建筑中央并从入口即清晰可见，为医院全体员工和来访人员提供了便利的就餐环境，进一步成功地传达了凯撒医疗专注健康、打造品牌的信息（图1～图3）。

Metro Health力求以模板式设计为契机塑造全新医疗品牌形象。建筑外立面融合机构徽标设计元素。门诊部门与功能模块的组织方便患者就医。机构重塑品牌并非仅流于表面，而是从医院运营角度和打造友好高效的服务入手，着力务实推进。

在邦纳健康机构的医疗设施中同样融汇了标志性设计元素，包括可快速辨识的机构标识、建筑外立面独特的百叶窗设计，以及建筑表皮所采用的砖石图案和镀锌饰面。

建筑内饰也是品牌体验的一部分。标准化设计根据业主的指导原则采用了永恒经典配色，同时又兼顾到周边地区自然环境（如沙漠、山地、平原或开阔苔原等）。其他标准化设计包括：采用与外立面相呼应的砖石贴面；暖色木石吊顶；间接采光；通高的玻璃幕墙使室内空间自然采光充足，并提供向户外和景观庭院的开阔视野（图4～图6）。

4．节约成本

成功模板的反复使用能够显著节约设计和施工成本。

SmithGroupJJR凭借为凯撒医疗开发的模板方案，能够立即实现3座独立医疗项目设计施工的同步进行。从设计到施工结束，3个项目的总设计费用较之前从零开始设计每座医院及其附属办公楼的费用降幅明显。

在施工成本上则有更大的节约空间。在建造一个模板项目之后，承建方可将其积累的经验运用到后续流程中，不需要与施工队反复沟通，避免了施工更改，缩短了工期工时，降低了施工总成本。

模板式设计方案与建筑组件预制在理念上有着异曲同工之处。使用预制医用气墙单元，检查室的组件和其他预制的空间能够更一步降低施工成本、缩短工期，佐证了模板式设计的裨益所在。

5．不断改进更新

一套模板方案并非是严苛一成不变的标准，而是不断改进和快速部署项目的基石。因此，进行使用后评估或者其他后续评估对其是否达到既定设计目标进行审核尤为重要。任何必要的改动和经验总结都应该反馈回模板方案当中，以提高后续项目设计施工质量。

以凯撒医疗模板为例，大多数诊室在面积和布局上都完全一样。当凯撒医疗计划更新设备、技术或功能使用时，医院能做到小范围方案试运行，包括应用实体模型。之后将最佳方案并入模板方案，快速推进到其他医疗设施的应用。

标准化不代表千篇一律

先进的模板式设计并非简单的复制设计。它要求设计者具有远见卓识、丰富的医疗设计经验和专长。业主标准不一，对方案的要求各异。对个别业主而言，一套模板可应用到10个、100个甚至1 000个项目中。但同一套方案却无法为其他业主所接受，更不用说做到简单修改就能满足极其复杂的医疗系统的各项需求。

在多个基地选址上实行最有效的建筑设计，需要建筑师明晰业主

图4 邦纳标准化室内设计提供景观庭院

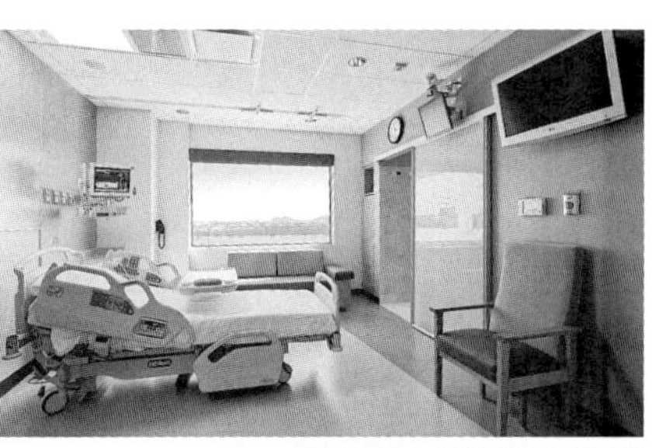
图5 邦纳标准化室内设计提供开阔视野

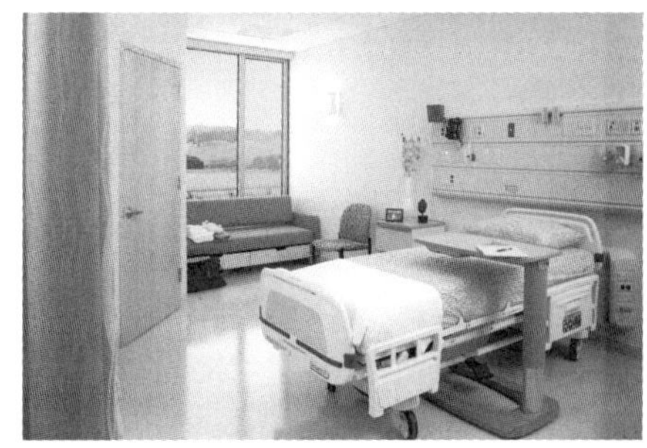
图6 邦纳标准化室内设计采用暖调配色

目标，善于与其沟通，与相关方面团结协作并能深入研究一家医疗系统各项运营需要。这也需要建筑师熟悉国际标准及规范，并且根据业主制定的目标来完成标准化设计方案研究。

成功模板设计的七步骤

SmithGroupJJR事务所根据成功的模板式设计案例，将设计流程总结为以下7个步骤。

1. 远景规划

远景规划至关重要，通常包括小部分业主机构方高层会同设计团队负责人参与制定。该步骤主要是为明确业主设计目标、价值准则、项目首要任务以及交付项目期望值的同时保证设计团队在各方面与甲方决策层意见和机构使命同步。

2. 研制概念设计指导方针

设计团队依据远景规划阶段得出的结论来指引建筑方案总体规划，用建筑理念来表达业主的远景规划期望及价值理念。

对邦纳集团覆盖多个州的门诊中心项目来说，模板设计意味着必须要针对市场、本土文化以及环境差异来开发一组模板方案以满足不同地域的需要。模板适用四种不同医疗中心模式—基础级医疗中心、街道级医疗中心、社区级医疗中心和地区级医疗中心（规模从600 m^{2}到12 000 m^{2}不等）。每个模式采用的建筑系统及建筑材料各不相同，但基本管理概念保持大体一致。

模板方案的采用取决于项目启动前的三项基本决策，即根据业主的医疗服务项目，决定医疗中心初期及最终规模，决定医疗中心所需的科室设置和诊疗辅助部门种类配备，决定项目选址和所应用模板模式。

3. 召开甲方用户群会议

业主有责任召集相关股东并保证股东的全程参与。用户群最好包括不同级别的工作人员并能代表系统内所有不同科室。用户群信息收集是了解运营要求、明确实践常规、认可最佳运营模式、实验不同方案和创建系统和用户所有权的最终设计标准不可或缺的关键步骤。

并非所有用户群都需要参加每个大小会议。例如，在设计放射科的过程中，一名放射科主管及一位护士长需要出席最初几次会议来辅助设计团队了解实际部门内工作场景规划，提出相邻设施和房间面积等可参考意见，并帮助共同完成理想的护理环境的总体设计；后续会议则需要邀请几名技术人员和患者代表参加，对概念设计方案给予反馈。

用户代表要以最广大人群和组织的利益为基础来全面考虑问题。他们必须能敢于预想未来可能会有的与设施现状的巨大差异。SmithGroupJJR事务所为此开发了专门工具来保证用户能专注于探讨最有效解决方案上，比如利用承载量计算器计算某个具体部门每间诊室每日最合理的患者收治量。这些工具的运用使用户群能够直观了解某部门要求增加更多诊室数会导致的空间浪费，从而引导其明确认知应该从医护人员自身效率入手来提高医疗环境。

4. 测试项目规模可扩展性和灵活性

模板方案可应用于任何规模的医院设计。确定目标规模是关键，之后再根据实际情况扩大或缩小设计规模来保证项目的最优合理布局。例如，在设计一家可由200张病床扩充至300张病床的医院，或者由500张病床增至1 000张病床的医院时，以下几个问题就必须要仔细加以斟酌：

其一，如何在保证设施的最优运行效率的前提下增加住院部层数或重症监护单元数量？

其二，什么情况下需要增加建筑骨架空间并保持手术室与床位的最优比例？

其三，是否可提前预想将医院某具体部门/区域作为未来医院扩建之用？

其四，如何融入柔性空间来满足适应未来扩建的需要？

可以提供灵活性空间来满足具体市场和医疗中心不同需求的模板设计从长远看来要更容易成功。与千篇一律的方案相比，行之有效的设计方案所提供的是一个拥有可自我变通组成部分的灵活系统。

凯撒医疗的模板方案包括：一座多层诊疗大楼，围绕带有玻璃窗并充满自然光的通透中央交通枢纽空间来组织交通，分散在其中的小块柔性空间也可实现未来医院的扩建；两栋三角形住院部塔楼每层设24

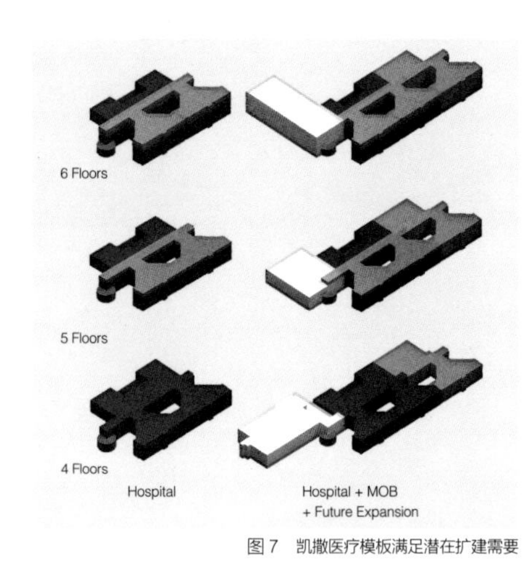

图7　凯撒医疗模板满足潜在扩建需要

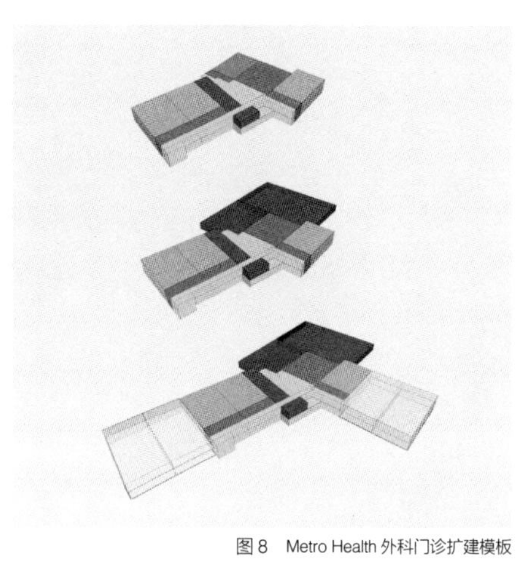
图8　Metro Health 外科门诊扩建模板

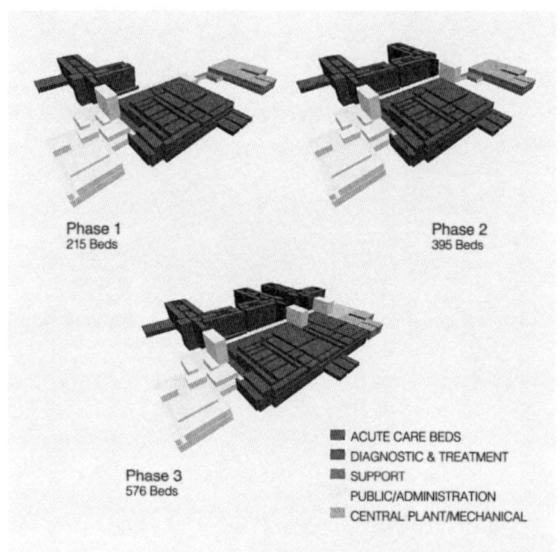

图9　邦纳埃尔伍德医院长期发展策略

个床位和分散式护士站；一栋独立的医疗办公楼加上医院，共享一个圆形中央大厅。模板方案设计能够灵活适应不同基址条件，符合当地本土环境审查委员会的要求，并能满足项目未来发展扩建和所服务项目更新的需求（图7）。

凯撒安迪奥医院（Kaiser Antioch Hospital）是作为四层模板方案的基础建造的，该设计包括一层半的住院层框架空间预留给未来需要增加床位。而凯撒砂之谷医院（Kaiser Sand Canyon Hospital）则在其六层的住院大楼中专门预留了两层作为框架预留空间，以备未来床位及其他功能增加之需。凯撒莫德斯托医院（Kaiser Modesto Hospital）也将其住院部大楼的顶部的两层半作为了未来新床位的预留空间。

当邦纳医疗系统规划建造一座社区医疗中心但因基址宽度不足无法容纳该模式模板方案时，SmithGroupJJR将原有的L形社区级模板方案调整为直线造型，适应了地块条件。该设计模板使医院能够在横向和纵向上逐步扩张，同时保持原有主入口设计和园区交通流线。

针对不同客户，SmithGroupJJR开发了一套可应用于全新的医疗中心建设、医院扩建以及翻新等项目且灵活适应不同基址条件的多功能医疗中心/医护办公楼模板（图8，图9）。这个面积4 180 m^{2}的模板方案可容纳30名医师，规模弹性上至5 600 m^{2}下至1 700 m^2；内设各类初级护理、专业护理及辅助护理门诊科，并可根据运营需要灵活转换空间功能；此外根据地区服务需要，辅助空间包括造影成像、化验室、药局以及门诊手术等科室。

5. 公布动态过程文件

模板方案应是定期审核、定期评估、定期更新的动态文档，这样才能指导医疗系统的发展，应对业界变化。

一些医疗系统在内部网站上公布其标准化平面立面设计、三维建筑信息模型以及其他文件，部门及机构负责人参考这些资料来决定新设备的引进或其他变更。

6. 成果评估

任何医疗机构都不希望错误的设计影响项目的高效运行，也不希望在多个项目中重复同样的错误。当首个模板建筑落成后，建筑师或者业主对建筑设计本身是否促进了项目高效运作和符合了业主既定设计目标进行使用后评估，评估后应对模板做出任何必要调整和改进，以优化后续项目建设。

在凯撒医疗第一代模板医院项目中，医院的建设工期规划为在完成一个医院项目后，项目团队对完成的项目进行研究并从中汲取经验，对方案进行相应调整，提高了后续医院的建设速度和质量。

然而无论如何灵活，每套模板方案都有其生命周期。不同组成部分进化发展速度不同。模板必须定期更新，与时俱进不断完善。例如，随着科技的不断进步，更小的组成部分，比如病历记录站或组合式护士工作区的更迭变得尤为迅速，家具和工作流程至少应做到每18个月审查一次，而整栋住院大楼或其他主要部门则至少应5年评估一次。

7. 重复使用

重复使用成功模板方案，不断缔造理想医疗设施。

面对市场快速增长的理想之选

无论业主要在未来5～10年内规划兴建10座、100座或者1 000座医院，模板式设计的运用都将比每个项目从头设计来过更加快速高效。模板式设计为全世界医疗机构所快速采纳，证明了它是一套针对快速发展的市场大环境和服务更多人群需求下产生的理想方案。

设计一座建筑的模板方案，其实是建筑运营模式的模板化，为未来发展创造灵活的空间，实现设计方案的价值最大化。在模板项目启动前，务必确保拥有专业知识和经验丰富的团队成员，他们能够帮助提出正确的信息和最佳的解决方案，将设计理念在未来项目中加以贯彻。

你准备好了吗？

模板式设计提供了一个契机来整合利用业主机构内外医疗专业人士的专业知识和经验，但模板设计的难度绝不可小视。在投入所有精力前，请斟酌以下四个问题：

是否具备开发一套高效模板方案整个过程所需的时间和资源？

机构是否认可多个项目基于同一设计？

是否具备经验丰富的设计团队能够指导完成整个冗长的预先规划设计过程？

是否拥有可以对模板方案不断进行完善和更新的人力物力？■

当今美国医疗建筑发展的十大趋势

史蒂芬·魏德勃
美国克莱姆森大学建筑系

美国医疗行业的转变已经是一个不争的事实。持续增长的人口数量给全美的医疗基础设施的建设带来新的压力。在各种不确定性下，许多医院和医疗机构，特别是私营机构将面临对现有设施进行改造、扩建或者建造全新设施的选择。这种不确定性大部分来自于即将实施的全国医改法案对医疗行业造成的冲击。最近通过的新的联邦法—《2010年联邦卫生保健法案》（*Health Care Act of 2010*）即将于2014年全面实施。无论是营利性机构还是政府医疗机构都对这一新法案会引发的结果充满不确定。会导致新获得保险的病人涌入医疗系统，对现有医疗设施带来过度压力吗？这些新法受益病人会被不均匀地从公有医疗设施重新分配到私有医疗设施，还是相反的情况？到2014年，将有超过3 100万美国人获得至少最低等级的医疗保险，而目前还有超过4 800万美国人没有任何形式的医疗保险，面对这样的大环境，尝试对2014年后的变化做出各种精确的预测都将是一种挑战。以下是2012年正在美国医疗建筑行业发生的十项变化。

一、现代主义风格医院、诊所的消失

数以百计建于20世纪中期的现代主义风格的美国医院已经被拆除或者正面临被拆除的威胁，遗憾的是，并没有全国性的数据持续关注这一趋势。那些已经使用超过50年的医院、诊所和疗养院正在被拆毁，新的医疗设施被大量建造用以更替旧址。然而同一时期，人们开始多从生态资源保护的角度考虑那些曾被轻易认为功能滞后、年份久远的现代主义医疗设施能否在更新、改建后适应新的医疗模式。美国医院协会（American Hospital Association）所列出的美国现有医院总数为5 754家，而到2020年将会减少10%到5 179家左右。2010年全国新建成医疗设施的总造价为625亿美元，翻新项目总造价298亿美元。经过对新建工程的研究发现，医院工程数量总计比其他医疗建筑类型要多22%。未来3年内，将增加23%的急诊科、20%的影像部分，外科手术部门也将有15%的新建设量。

一个令人遗憾的案例是，新奥尔良卡特里娜飓风（Hurricane Katrina）后，在历史保护者和医院管理层之间出现了一场为挽救当地历史悠久的慈善医院的激烈斗争。路易斯安那州立大学健康科学中心（LSUHSC）决定弃用位于城市中心商务区、建于1938年、带有装饰主义风格的900床的老医院，而在旧址旁建造一个全新的340床的医院。医院官方声称这座建于1938年、备受民众喜爱的当地标志性设施在卡特里娜飓风的洪水中遭到了不可修复的破坏，虽然证实并非如此，然而2006年路易斯安那州历史保护基金会收到60万美元的捐款，被委任对这座历史遗迹的修复进行可行性研究，以确定其能否重新投入使用。位于费城的RMJM Hiller建筑设计公司主持了这次可行性研究，在其于2006年年中提交的长达200页的报告中论述了如何能让慈善医院比以前更好地运行而只需要花费LSUHSC提议的在四个街区之外重建新医院一半造价的方案。这场围绕着这座医院命运的颇有争议的公共辩论在之后的一年中从未间断，重建新医院的主张一直压倒着历史保护主义者的声音。最终，来自西雅图的NBBJ建筑事务所设计的新医院将于2014年建成并对外开放。虽然重新使用老医院应该可以在LEED认证医院项目的要求下实现远低于新建工程造价，同时实现保护城市的历史价值，但事实未能如愿，这座建于20世纪中期的现代的医院将被废置。这次溃败意味着城市失去了一次在文化史和建筑史上实现价值保护的机会，失去了这个被新奥尔良几代人喜爱的公众标志。[1]

二、门诊设施日渐增长的需求

1983年后，随着"税收公平和财政责任法"（Tax Equity and Fiscal Responsibility Act，TEFRA）和"诊断相关组"(diagnosis-related group，DRG)医疗改革法案的制定，美国医院开始从昂贵的住院治疗向相对低廉的门诊护理和治疗的模式转变，门诊医疗设施得到快速发展。转型目的旨在建立可行的、以预防为主的诊断和治疗方法，同时显著减少住院时间（average length of inpatient stay， ALOS）。自1983年大幅度调整以后，全美范围内的住院平均时长急速下降。在向门诊服务转变进程中，一系列全新的独立社区诊所涌现出来。大多数这样的诊所单层楼房总面积不超过10 000平方英尺（929 m^2），很多散布于城郊社区内。2008年以来美国经济的低靡导致很多购物中心和商业店铺空置，这些"停业中"的购物商场已被证明非常适合改造成门诊式服务设施。

1968年建成的"百年橡树"（One Hundred Oaks）项目是纳什维尔市第一个封闭式购物中心，距离最繁华的中央商业区和范德比尔特大学（Vanderbilt University）只有几英里路程。购物中心坐落在56英亩（22.7 hm^2）的场地上，拥有88万平方英尺（8.2万 m^2）的购物空间和4 000个停车位。2005年宣布"死亡"（即空置），成为又一个美国经济萧条的牺牲品，同时也影响了周边社区的经济。尽管有反对者质疑改造后的空置购物中心无法在功能上适用于医疗设施，但是范德比尔特医疗公司的成功案例打消了此种顾虑。在GSP建筑设计事务所（Grasham, Smith and Partners）的协助下，购物中心被改造成45万平方英尺（4.2万 m^2）的医疗中心并重新投入使用。目前，22个专科门诊以及药房、医疗影像中心和化验室被安置在这座LEED认证的建筑当中；停车场通过重新设计增强了景观布置和步行道路系统。购物中心的改造内容还包括4.7万平方英尺（4 400 m^2）的5层办公楼。这些门诊和附属功能通过

800英尺（244 m）的交通廊道连接，室内进行了重新装修，外饰墙面也进行了改造。范德比尔特医疗公司百年橡树诊所项目完成于2009年①，之后十年将有更多类似购物中心改造为医疗设施的项目出现。

三、居家医疗护理模式和虚拟医疗

上个世纪的大部分时期，医院一直是美国人接受治疗的中心场所，大型城市医疗中心多由技术专家主导。尽管"以医院为中心"的护理模式是最昂贵的，但病人还是几乎完全依赖在医院接受治疗。在这段时期，医务人员成为医院不可或缺的一部分，因而国际风格的现代医疗中心的设计首要关注的是满足医生、专职护理者和医疗机构本身的需求，而非病人及家属的需求。

如今，家庭式医疗护理（home-based healthcare）正在美国蓬勃发展。由于保险公司目前不愿支付住院治疗护理相关费用，家庭式护理得到前所未有的重视，既能够节省大量开支，同时也让病人和家人仍处于熟悉的环境中，互联网的快速发展也是"家即诊所"（home-as-clinic）实现的加速器。计算机和便携电子设备使病人在任何地点都可以与医生保持全天侯的联系。基于此，家庭护理机构主要为病人提供临终关怀护理、康复性治疗、饮食服务和日间护理的服务。病人未来将能够在家中监控自己的身体状态。快速的科技发展也让更多的美国老年人能够独立在家生活。

远程医疗涵盖的医疗技术包括从电子病历卡到医生和病人间的电子邮件交流。双向的实况视频交流方式（如通过Skype软件）能帮助实现实时咨询。同时，越来越多的美国人开始转向从网络健康服务网站（WEB-MD）和其他网络保健资源上寻找信息。麻省理工大学（MIT）的媒体实验室正在开发可在线与病人交流并提供医疗咨询的虚拟医生和护士，在不久的将来，利用全息图投影技术（hologram）可使病人见到3D虚拟的医生和护士站在自家的卧室或厨房里。这一技术的运用能够使医疗消费者比以往获得更多的护理知识并且有更高的需求，"家即诊所"的比喻现在已延伸到住宅本身的物质属性，毕竟网络资源已使得人们在家监测环境空气质量成为可能。

四、循证研究和设计的日趋成熟

循证研究和设计（EBR&D）运动建立在三个假定基础之上：首先，病人应集中精力在治疗和恢复上，而不需要去浪费精力应付不合理、不友善的护理环境；其次，医疗服务人员应该在没有因日常工作而受伤罹病的情况下有效履行其职责；最后，医疗保健设施不应再继续消耗过量不可再生能源。总而言之，循证研究和设计运动旨在扭转医院医疗过失频发的现状。目前，美国每年有超过9.8万例患者死于医疗过失或医源性感染。为应对这一问题，一套认证和鉴定体系正在被建立，目的在于为医疗行业培养一批骨干专业人员来防止医疗过失的发生。这个名叫"循证设计认证鉴定师"（Evidence-based Design Accreditation and Certification，EDAC）的新项目由总部设立在新泽西的罗伯特·伍德·约翰逊基金会（Robert Wood Johnson Foundation）提供启动资金，连同加州的医疗设计中心（the Center for Health Design）合作建立。这个机构在2008年底推出了一套3本的学习指南，包括《循证设计简介：深入研究医疗设计》（*An Introduction to Evidence-based Design：Exploring Healthcare and Design*）、《建立循证的基础：探寻医疗设计的研究方法论》（*Building the Evidence Base：Understating Research in Healthcare Design*）、《结合循证设计：如何在医疗设计过程中实践》（*Integrating Evidence-based Design：Practicing the Healthcare Design Process*），吸引了更多医生、护士、医疗管理者、建筑师和国家官员的关注，然而评论家认为这套认证体系尚不够成熟，循证研究设计数据库仍显单薄，需要更多的研究来加以验证。

"理想医院2.0"（Fable Hospital 2.0）项目或许是循证研究和设计最好的代表。这是一个为满足循证研究设计在医疗建筑中需求和鉴证其运用价值而策划出来的虚拟商业案例，一定程度上建立在医疗设计中心的鹅卵石项目（Pebble Project）研究成果基础上，即通过应用循证研究和设计方法对美国医疗设施做出的案例研究概要。"理想医院2.0"项目的主要议题包括：提倡更大的单人病房、急性通用病房、更大的开窗面积、双开门的更大的病房卫生间、每张病床安装顶置式病人起吊器、优质的室内空气质量以减少疾病感染、每两个相邻的病房设置一个护士站、每个病床旁设置洗手池、优化照明方案、控制各护理单元内噪音、降低能耗、关注艺术品和自然景观的重要作用、疗养花园、病人家属的专属空间、治疗全过程的数字技术应用。[2]然而评论家却认为对于全私人病房的医院循证研究和设计案例在美国还没有被最终证明有效，因为那些能够确定适用于所有医院和患者人群的结论性经验数据还太少。由于美国全私人病房医院造价不菲，所以关于私人病房的讨论始终存在争议。[3]

五、推进碳中和医院

在美国，医院建筑一直被视为最严重的污染源之一，因为它们产生了大量有毒废弃物却没有采取适当的补救措施清除废料。医院仅占全球建筑总量的4%，但却消耗建筑总能耗的8%。过去公共竞选中试图掩饰这一问题的做法已不再有效，现在人们可以通过应用美国环境总署（EPA）网站上的"能耗计算器"（energy impact calculator）查到全美每个邮编分区的碳足迹资料。2008年哈肯萨克大学（Hackensac University）医疗中心发起他们的"绿色"（greeness）运动时，在《纽约时报》杂志上刊登了长达8页的广告，可见医疗机构已逐渐认识到减少碳排放量同样可以成为市场营销的热点。

LEED（Leadership in Energy and Environmental Design）是由美国绿色建筑委员会（USGBC）出资赞助的评分认证体系，采用打分制来指导全美进行最好的可持续建筑设计设计和建造。作为第三方认证机构，LEED提供了一个对相关指定的医疗设施达到最低LEED认证标准的评价系统。任何工程如果要达到LEED的四级标准（分别为证书，银奖、金奖和白金奖）都需要经过一系列严格的注册、文件记载和评审的过程。截至2009年，在美国和加拿大有81 155名专业人员获得LEED专业认证资格（LEED-AP）。而早在2003年，与LEED相关的《医疗项目绿色设计指南》（Green Guide for Healthcare）就已开始使用，这个紧靠主流LEED认证评分标准、量身为急症护理医院打造的自行认证系统发展迅速。2007年以来，全球范围内已有115个国家的工程获得GGHC的认证，甚至超过了盛行的LEED建筑核心认证项目数量。2011年4月，官方的LEED医疗认证体系开始施行。这项新评分体系基于110个得分点，分别是场地选址18分、节水9分、能源与大气39分、材料与资源16分、室内环境质量18分、创新与设计6分和区域优先性 4分；证书级别认证需要至少40分，银奖证书需要超过50分，金奖证书需要至少60分，而白金证书则需要最少80分。[4]

截至2011年10月，已有8 391个项目获得LEED认证，而其中医疗建筑仅占298个，不到总量的4%。2009年新建于得克萨斯州奥斯丁市的戴尔儿童医疗中心（The Dell Children's Medical Center）成为世界上第一个获得LEED白金认证的医院项目。该项目的特点包括：拥有景观庭院；92%的建筑废物被现场回收；雨水得到回收再利用；场地中的天然气涡轮机为建筑提供所有电力（效率高于燃煤发电厂75%）；冷却和加热装置在满足所有冷却水需求的同时还转化部分为蒸汽能源；同时停车场和全部户外空间经过景观布置以求城市热岛效应的最小化。[5]虽然有人担心LEED认证建筑和非LEED认证建筑的区分会导致社会阶层的分化，但无论如何，LEED评分认证体系推动一个全新的建造和评价标准。今天，美国医院的建设更关注零排放设计、绿化屋顶、具备雨水回收能力的疗养花园、地热能系统、被动式太阳能设计、建筑材料的回收、毗邻公共交通网络和自行车停放设施等方面。

六、医院服务竞争和医疗旅游

《纽约时报》最近刊发的一篇文章重点提到许多医院因竞相为病人提供更舒适的服务设施（如五星级用餐、昂贵的床品、洗浴间以理石装饰的豪华病房、私人厨房以及为家属留宿准备的超大沙发）而备感压力。位于纽约的纽约长老会医院/维尔·康奈尔医疗中心（New York-Presbyterian/Weill Cornell Medical Center）建造得堪比一座超豪华酒店，凸显了全美这一急剧升温的竞争。这样的案例在美国并不是刚刚才有的，至少1874年在巴尔的摩建成的约翰·霍普金斯医院（Johns Hopkins Hospital）中就已经有了为特权阶层设立VIP病房的先例，其中设置有手工打造的病床和梳妆台、高级摇椅、墙挂艺术品和手工编织的地毯。当然这些只是全国乃至全球各医院为争取富裕阶层病人而相互竞争的一部分体现，虽然与此同时，美国联邦政府给医院的补贴率在不断减低。更糟的是，越来越多的证据显示那些并不富裕的病人需要等待更长的时间就医，并接受完全不合格的护理。[6]

快速发展的医疗旅游也加剧了医院间对病人群体的激烈竞争。几十年来，美国医院通过拓展国内市场之外的医疗服务营销扩大了其地理辐射范围，著名的例子有位于休斯顿的安德森癌症研究所（M.D. Anderson Cancer Institute）、位于纽约的雪松-西奈医疗中心（Cedar-Sinai Medical Center）、位于明尼苏达州罗切斯特的梅奥诊所（Mayo Clinic）。这种模式在过去10年中受到了广泛的赞同并仍将持续，因为这的确是一种增加医院收入的好办法，许多服务市场较小、财政拮据的专科医院也开始在地区范围内对他们的服务进行市场营销。最近，著名的克里夫兰诊所（Cleveland Clinic）在中东的阿布扎比开设了全新的医疗中心（由旧金山HDR事务所设计）。这个高调的案例开拓了通过向一个地区输出品牌以寻求在当地医疗系统获得世界一流名声的快速发展模式。今天的病患也比历史上任何时候都更愿意不惜远途跋涉，以接受著名医疗品牌的神经、心脏病、康复性和癌症治疗。

七、批判性地域主义

1990年后现代主义风格的出现为医疗建筑的场地规划、体量构成和叙述美学开创了新的篇章。先前的国际化风格刻板地限制了医疗建筑的外观，单调的平屋顶、方盒子的形式缺少装饰，更缺少对当地建构技术和传统美学的回应。如今，新型的材料、施工技术和地域文化已是影响建筑创作的理性因素，甚至成为了美国医疗建筑设计的正式机构、建造及审美语言的决定因素。这一被称为“批判性地域主义”的思潮主要从地域、居民、地方文化的独特性中汲取灵感。

2005年由卡勒斯特莱特建筑事务所（Kahler Slater Architects）设计的建于密尔沃基市的大艾塔斯卡诊所（Grand Itasca Hospital），运用了美国建筑巨匠弗兰克.L.赖特（Frank Lloyd Wright，1872～1959）在中西部大草原学校（Midwestern Praine School）设计中的建筑语言，以延伸的悬挑构件、干挂木条饰面以及开窗排列等元素的组合，在平坦空旷的草原基地上勾勒出醒目的建筑轮廓。另一个最新案例是由ZGF建筑事务所（ZGF Architects）在华盛顿州吉格港（Gig Harbor）设计的面积达8万平方英尺（7 430 m²）的圣安东尼医院（St. Anthony's Hospital）②。这一顶级医疗设施的创作深受当地积淀丰厚的建筑传统以及场地周边自然景观的启发。最后一个范例是坐落于芝加哥的罗伯特儿童医院（Ann and Robert H. Lurie Children's Hospital）。它建于尺度宜人的社区中，步行即可到达附近的西北大学医疗中心，成功地整合于城市肌理，并与城市边缘的郊区医院形成鲜明对比。这种基于地域理念的建设项目被视为明智的投资，为达成医院和所在社区的共同目标发挥了积极的作用。

八、紧凑型社区中的“健康村”

在美国，前沿的医疗建筑学主张在高密度、步行尺度的校园环境中建筑医院，而避免建于城市远郊与世隔绝的设施，这样人们就不必非得依赖机动车前往就诊。从建筑的角度描述“健康村”（health village）即相互毗邻的独立医疗护理设施的集合。这一术语容易与“健康社区”（healthy community）混淆，但后者强调整个社区的健康状态而不涉及任何具体的医疗设施。目前很多社区医院选址在相互毗邻的医疗设施组团之中，面向广大的住院和门诊人群提供服务。还有越来越多的医疗设施被设置于综合体建筑中，与公共图书馆、餐厅、商业店铺、星巴克、药店和健身水疗中心等服务设施通过步行道、自行车道或户外休闲空间连接，而这些已成为医疗空间的延伸，同样具有疗愈和促进建筑的作用。

“健康村”的一种模式是由大量的方形城市街区组成，例如位于南卡罗莱纳州查尔斯顿的南卡罗莱纳医学院（Medical University of South Carolina）校园在150多年的建设中通过慎重的加建和对旧设施的精简以积极融入周边社区环境。另一种健康村组团包括老年生活护理设施、门诊康复服务设施、医护人员办公楼和员工住所，例如同样位于南卡罗莱纳州的格林维尔医院系统佩特伍德校区（Patewood Campus of the Greenville Hospital System）。与国际化风格规模庞大的“巨型医院”（megahospital）不同，“健康村”采用以病人和家属为中心、提供一站式护理服务的模式，而且多位于或靠近城市中心地区而非边缘城郊，在一定程度上也抑制了城市的无序扩张蔓延。近期的典型范例是由芝加哥的RTKL事务所设计、坐落在密歇根州克拉克斯顿74英亩（30 hm²）地块上新的“健康村”（Healthcare Village）项目，其总体规划基于新都市主义的设计原则，即“反对一切形式的美国郊区扩张”。[7]

九、老龄化社会的养老设施需求

2010年，美国拥有超过4 000万的65岁以上老年人口（比2000年增加了500万），占总人口数的13%（10年中，老年人口占总人口的比例也显著提升）；75～84岁的老年人口已达1 300万，几乎比2000年人口普查时多出70万；另外85～94岁的长寿老人数量也高达500万，比10年前多出150万。预计2020年美国人口总量将达到3.25亿，所以大量老年生活护理设施正在全美兴建，并已成为传统私人疗养院之外的另一个选择。华盛顿州贝尔维尤的日升老年生活护理中心（Sunrise of Bellevue）建于山坡上，开放式环形走廊的设计让使用者享有180°的景观视线。楼层平面布局紧凑，短走廊的设计实现了建筑使用的高效。主入口周边设置了开放廊道、吸烟室、走廊、图书阅览室、活动室、酒吧间、餐厅以及门厅等公共空间。每个房间都带有由冰箱、水槽和储物柜组成的小型厨房。70间私人居室中有18个专为患有痴呆症的老人配备的特殊单元，安装有专门的盥洗和淋浴设备。公用空间被集中布置在二层。在每一层，主要行走流线都邻中央的看护员工办公室设置，使老人能够便捷前往餐厅、户外露台、活动室、厨房、过厅、洗衣房与康复水疗中心等公共空间。

位于密歇根州大急流城的苍鹭庄园老年生活护理中心（Heron Manor Assisted Living Center）获得了LEED白金等级的认证。项目场地靠近城市中心区域，建筑周边草木葱郁，并设有可供穿行的铺地以鼓励居住者增加户外活动。全部72间公寓配备无障碍式卫生间，内有方便轮椅进入的淋浴隔间。每间公寓都配有全套厨房设备，使住户可以单独烹调个人喜爱的食物。护理中心中还设有少量的双居室公寓。与当地公共交通的紧密联系、雨水回收和储存的水池靠近基地旁的保护湿地，以及配备有地热能加热和制冷系统等特点帮助这座5.9万平方英尺（5 480 m^2）的护理中心获得了LEED白金等级的认证。

十、借用自然：人工的康复性疗法

治疗花园（therapeutic gardens）一直是在美国医院和诊所广受欢迎的设计策略。精心布置并能调节气候的花园能够帮助病人、家属及工作人员恢复神气，也能滋养人文情怀。特别是高度密集的城市环境中，康复花园显得尤为重要。一个精心设计的康复花园使人们在树荫下、喷泉前、小池边与自然亲密接触，休憩或冥想。今后10年美国顶级的医疗设施对康复花园的设计会有更高的要求—消弥室内外空间的实体分隔。如2010年笔者与克莱姆森大学（Clemson University）896小组（Team 896）共同设计的水疗康复中心（spa/wellness center）即具有内外空间无缝相间的特点。对传统的空间和视觉性屏障的消弥被称为治愈化疗法（theraserialization）—多层次透明性的延续与传统的过渡（半户外）元素（比如露台、玻璃滑门、悬挑结构、棚架和屏风、树木等）设计策略的融合，创造了多层次的室内外良好过渡的柔性场域（soft zones）。相似案例如弗吉尼亚州米德洛蒂恩市的圣弗朗西斯医疗中心（Bon Secours St. Francis Medical Center）、亚利桑那州菲尼克斯市的邦纳医疗中心（Banner Estrella Medical Center）和西雅图儿童医院（Seattle Children's Hospital）。这些场所能帮助病人缓解压力，感受到身体和心灵的康复，并充满生机与活力。康复花园可以分为被动式和主动式两种，被动式指的是病人通过欣赏自然的美得到治愈，而主动式则是指将花园作为运动或野餐的场所达到康复的目的。

另一个热门的人工疗法是应用电子媒介来呈现自然环境场景。许多医院的无窗病房都通过采用人工电子显示屏来弥补自然场景的缺失。美国克莱姆森大学最近研究探索了非常实用的9块面板式后置的投影视图网格，病人可在病床自主控制9个单独的场景板投射到病床对面墙上的图像。另外，在很多领先的医院中还安装有呈现自然场景视图的天花。例如明尼苏达州大学儿童医院病房里安装了大气层模型的天花板，带有圆形凹槽的天花能够数字投影夜空场景，或四季变换的颜色，或森林、河流、溪流和海洋等场景。

结语

本文的简要概述虽然不能涵括所有当今影响美国医疗建筑的趋势，但确实代表了行业中正在发生的变化。综合的、目录式的阐述需要更多篇幅，但是本文论及的十大趋势指向一个共同点—医疗建筑正在朝着生态人文主义的方向发展。对建筑师而言，所有的理念都应以对生态环境可持续为最大考量，保护地球上日渐消失的不可再生资源，坚持建筑学中人文主义和悲悯情怀以确保人类和生态的健康。总体而言，在当前美国的经济形势仍旧不明朗的情况下可以确定的是，2014年即将实行的医改法案产生的影响将不可预测。■

注释

①引自Todd Hutlock撰写的"The Ultimate Recycling Project"一文，http://www.healthcaredesignmagazine.com/article/ultimate-recyclingproject。

②参见：http://www.archinnovations.com/featured-projects/health-carefacilities/zgf-architects.html和http://www.healthcaredesignmagazine.com/article/walk-woods.html。

参考文献

[1] VERDERBER S F. Innovation in Hospital Architecture[M]. London: Routledge, 2010.

[2] SADLER B L, BERRY L L, GUENTHER R, et al. Fable Hospital 2.0: The Business Case for Building Better Healthcare Facilities[R/OL]. The Hasting Center Report, 2011-1-2 [2012-2-4]. http://www. thehastingscenter.org/Publications/HCR/Detai l.aspx?id=5066.

[3] VERDERBER S, LINDSAY G T. Reconsidering the Semi-Private Inpatient Room in U.S. Hospitals[J]. Health Environments Research Design Journal, 2012 (2): 49-62.

[4] KATZ A. LEED for Healthcare: Human Health and the Built Environment[J]. Environmental Design Construction, 2009 (7): 46.

[5] FERENC J. LEED for Healthcare to Help Drive Sustainable Design[J]. Health Facilities Management, 2011 (1): 3-6.

[6] BERNSTEIN N. Chefs, Butlers, Marble Baths: Hospitals Vie for the Affluent[N/OL]. The New York Times, 2011-1-22 [2012-2-4] http://www.nytimes.com/2012/01/22/nyregion/chefs-butlers-andmarble-baths.

[7] JONES M. Phase One of RTKL-Designed Healthcare Village Opens[J/OL]. Healthcare Design, 2009(12)[2012-2-4] http://www.healthcaredesignmagazine.com/news-item/phase-one-rtkldesigned-healthcare-village-opens.html.

材料选择的态度

贺勇
浙江大学建筑系

引言

毫无疑问，材料是构成建筑的基本物质。空间的形成，依赖于材料的实体特性。相同的几何限定方式，不同的色彩、质感、气味、透明程度的材料构成，会触发大相径庭的对于空间以及形体的视觉感知与心理体验。所以从某种程度上说，材料决定着一个建筑的基本品质。从材料入手，跨越概念与形式，让建筑设计与建造回到建筑本体内容，成为很多人的建筑理念，也促生了许多优秀的建筑作品。然而，建筑师为了创作一个具有足够感染力与表现力的作品而进行材料选择的依据到底是什么？是建筑师的个人喜好与追求，还是空间、形体、功能或场地要求？另一方面，在快速现代化进程中，在强烈的文化断层背景下，那些代表了某种传统的砖、石、土、木等材料似乎成为了联系当下与过去的重要纽带，让我们在喧闹与彷徨之中获得一丝安宁与满足。然而，传统材料的使用使我们获得了暂时的“文化”满足之后，它们对于当下以及未来的生活究竟会有怎样的影响？归根结底，建筑师对待材料的选择应持有怎样的基本态度？

一、材料与生活： 过去还是当下?

基于村民自主的乡村营建源于真实的乡村资源、乡村生活以及与场地环境的关系，体现了材料、空间、生活环境以及生活方式的关联。孔子说“失礼而求诸野”，建筑中的许多问题也同样可以在乡村中寻找答案。乡村中的建设一般少受外界强力的干扰以及“文化”等宏大字眼的困惑，因而显得更加真实、质朴，具有某种标本式的意义。

乡土建筑之中，材料原本无“传统”与“新统”之分。居民只不过以极其自然的方式，就地取材，简单加工，然后按照结构、功能的逻辑以及审美的偏好将其组合在一起。这种建造逻辑的背后是基于小农自足经济的互助合作。建造过程既是各级生产、制作、使用者等构成的一个完整的经济链条，也是一个统一的社会文化生态。当社会以及生活方式发生根本变化的时候，村民们会毫不犹豫地以一种新的建造模式来取代传统方式。以乌石村为例（该村即位于浙江中部磐安县的管头村，因为其建筑都由附近出产的乌黑的玄武岩建成，所以被人称为“乌石村”），村内的老乌石房极有特点，特别是那些由大大小小的乌石砌筑的墙体，间或点缀一些浅色的石头，呈现出迷人的色彩与肌理，那些门窗的立柱与过梁是同样质地的大块石材，简洁有力，显露出几分神圣的意韵，着实令人赏心悦目。可是因为乌石房开不了大窗户，室内空间因而多幽暗、潮湿，所以现在很多房屋都空置，只有一些老人和无力盖新居的家庭还住在那里——已经成为乌石村的老村（图1）。与老村紧邻的新村是一个自上世纪90年代逐渐建成的建筑群：行列式的布局、独栋式的单体、面砖涂料，看起来与老村没有任何相似之处（图2）。乌石村的新老两村采用了两种完全不同的建造材料与建造模式，新村在材料、外观、建造模式上呈现出与老村彻底的决裂，有文脉意识与社会责任感的建筑师看到此情此景常常扼腕叹息。只是村民在建房的时候，很少会考虑文化、文脉这类宏大的问题，也没有对“既传统又现代”要求的困惑，他们只是基于自家有限的资金投入，考虑如何获得尽可能舒适而且多的建筑面积，最后再通过一些小的装饰构件来表达各自的审美趣味。于是，在外人看来，村民们抛却传统的材料与建造方式，选择了完全不同的布局模式与建造体系。诚然，相比质感、色彩、肌理丰富的乌石老村，由大量贴着瓷砖、刷着涂料的方盒子构成的新村景观着实显得单调，看起来少了许多趣味与内涵。但就其生成的机制与过程而言，新老两村并无本质区别。其建筑建筑均源于对生活方式的真实应对，而具体应对手段的彻底改变折射出的，是生活方式的根本变化。于建造而言，曾经广为采用的乌石，由于其开采、运输、加工、砌筑需要大量的人工，大大增加了建设成本；而且墙体自重太大、容易变形，加上通风采光差，于是村民们毫不犹豫地选择了更为廉价的以水泥、钢筋、砖块为主导的现代材料与建造体系。对于村民而言，相对于建造的经济性以及空间的舒适性，材质的美学与文化特性是最后才会虑的问题。我们可以质疑村民们在建造中的“功利”考虑，但是我们无法否定他们的理性与真实，以及他们回到“建造”本身的理性务实态度。或许，这也是现代建筑出现的起点—基于工业化生产以及大量人口的需求来创造健康、适宜人们使用的空间。

乌石村的案例告诉我们，材料的选择在根本上还是要回到所可能创造出的空间，而这个空间是要能够方便、舒适地满足当下的日常生活。从这个层面来说，回归到生活（方便、舒适、经济等），才是选择材料应有的起点与归属。不过，生活是复杂的，尽管身处当下，人们会不断回望过去、展望未来，在彼此间穿越，但是无论如何我们不该忘了，指向当下与未来的生活，应是我们对待材料的基本态度与定位。

二、材料与空间： 建造还是表现?

抽象的几何空间，具有纯净、普世、理性的意象，便于经济、快速地以工业化的方式进行生产，同时表达着公平、民主、透明的社会理念，或许这正是在上世纪初期现代建筑运动被广为追捧的一个重要原因。然而，从现象学的角度来看，人对空间的感知是直接的、感性的，因此那种从生活世界抽象出的均质、无差别的几何空间对于人的感知来讲总是缺少了什么，或者说，去除（压抑）了物质属性的建筑空间终究不够完整。相对于一般现代工业材料，传统材料因源自泥土与自然，往往具有更加丰富的质感与肌理，也更有亲和力，因而使得空间具有更强的表现属性。不过，曾经作为建造主体的传统材料在当下的使用于很多情况下似乎只作为营造氛围的手段——或“传统”，或“文化”，成为了形体或空间表皮的一层装饰或“衣饰”。材料究竟该如何被表现，表现的理由与目的又何在？

随着新材料以及新技术的发展，建造从未像今天这般“随心所欲、无所不能”。建筑的结构与表皮既可相互分离、独立存在，又可融为一体、千变万化，表皮成为真正的“自由立面”。不过，伴随着这份自由，不知不觉中，“建造”与“表现”开始成为一个问题。诚然，材料具有“建造”与“表现”的双重属性，它们共同决定了一个空间的品质。然而，有时候“建造”并非清晰可见，“表现”倒是咄咄逼人，特别是在商业化的建筑设计市场之中。

森佩尔在150年前把材料的使用归纳为三种：材料决定论者（materiallist）认为材料的性能自然可以导出理所当然的形式；历史主义者（historicist）常常以一种材料去模仿历史上的某一类建筑；思辨主义者（schematist）认为材料的应用成了一种智力思辨。[1]这三种方式至今依然有效，我们可以在建筑实践的层面找出许多的相关案例。比如卒姆托那种对于自然材料的敬畏态度体现出一定的材料决定论的思想①；当前一些注重人文情怀的建筑师多是以一种怀旧的方式来使用那些传统材料；赫尔佐格与德·穆隆的众多材料实验则可以纳入到思辨主义之中。受制于当下的建造体系，对传统材料的使用多属于怀旧和思辨类型，而这些又多与建筑师的个人偏好与品性相关，而与建筑内在的功能、结构关系并不大。所以，在当下的建造中，再次拾起属于往昔的那些砖、石、土、木，本来旨在抵抗这个日益图像化、商业化的世界，以在过去与现在、生活与土地之间重新建立起某种联系，可是稍有不慎，也有可能沦为材料的拼贴与自我的表现。

在真实、合理、动人的建造中，材料需要“表现”，也要“建造”。在此方面，马德里一座刚刚落成的建筑——玛塔德罗电影院与图书馆（Matadero Theater and Library Gallery）对于“非传统材料”的使用颇具有示范意义（图3）。该建筑是马德里屠宰场改造工程的一部分，原为牲口宰杀的车间。改造建成的电影院规模不大，约200座，专门用来放映纪录片，于2012年3月开放，由西班牙CH+QS事务所完成。该建筑事务所特别关注材料的使用以及细节的设计。在这座建筑中，内墙面的材质极为普通，是那种用于保护电线的塑料套管，它们像藤条一样紧密地编织在金属龙骨之上，不但呈现出丰富的质感与韵律，而且因塑料管粗糙的表皮以及圆形的截面，正好将声音均匀地反射到大厅的每一个角落，配合其背后的多孔吸音板，将混响时间控制在恰当的长度。站在大厅的中央，只见塑料管黑黑的表皮与一道道藏在其后的光带形成强烈的对比，空间氛围深邃、神秘、素净，又颇具时尚气息。在这个项目中，建筑师将塑料套管的“表现”性（质感、肌理、颜色、韵律等）与“建造”性（空间的功能、材料搭接的逻辑）高度统一起来，是对材料极其智慧、创造性的使用，因而以低廉的造价获得了理想的声音品质与艺术氛围。这个案例告诉我们，为了塑造一个有感染力的适宜空间，材料的表现性是当然需要考虑的问题，而且必须与空间的功能相一致，“表现”与“建造”相平衡，才是对于材料适宜、理性的使用。

三、材料与建造：经验或现象?

以材料作为建筑的基本切入点，犹以瑞士建筑师赫尔佐格和德·穆隆为首的一大批德语区的建筑师堪称代表。他们更多受观念艺术的影响，突破许多经典的现代主义教条，展开了对于一系列问题的探讨——材料本身是否携带着房屋的思想、表达着建筑的意义？材料本身是否能成为建筑的基本问题？正是基于这些思索，他们的建筑通常都是相对规整的形式与体量，仿佛不太在乎“形式”，但往往以独具匠心的表皮材料及构造方式令人印象深刻。在建筑创作中，他们尝试不同的材料，并以一种“分析”的方法来组合材料，“从来不混合或混淆各种不同的元素，而是试图以元素的差异性、它们组合后的意义、它们相互之间的关系来创造一种整体性，在形式的构成中保持各自的独立性。他们并不试图去创造一种新的语言，相反，他们在试图寻求一种既有语言的明确表达”。[2]对待材料的如此态度与方法，在很大程度上与现象学所倡导的观念与方法不谋而合，那就是强调直觉、注重思辨、拒绝惯常的经验与程式。其在建筑上的表现，则正如赫尔佐格自己所言：“建筑就是建筑。它不可能像书一样被阅读；它也不像画廊里的画一样有致谢名单、标题或标签什么的。也就是说，我们完全反对具象。我们的建筑的力量是在于观看者在看到它时的直击人心的效果。”[3]

关于拒绝惯常的经验与程式，有一个建筑故事不能不提。赫尔辛基市中心的一个社区需要在其中心场地修建一座小教堂，兄弟建筑师提姆和托姆（Tuomo & Suomalainen）接受了这一任务，可令人沮丧的是场地中间有一块巨大的岩石，无论花大力气将岩石搬走还是将教堂建在岩石之上，似乎都不是很好的主意。一番思考之后，兄弟建筑师提出了一个大胆的想法—将教堂与岩石合二为一！因为那些平淡质朴的岩石本身就是表达宗教氛围最好的元素。于是在一堆天然岩石中间，同样质地的大块石头筑起一个堡垒似的穹顶，不加修饰的几片混凝土墙限定出一个低矮的入口，走过幽暗的门洞，一个完全被岩石包围的大厅出现在人们眼前。阳光穿过周边放射状密集排列的一道道扁梁，在地面以及桌椅上投射出一个优美的光亮月牙；一排排蜡烛在岩石边的支架上静静燃烧；一滴滴水珠从岩石的缝隙间悄然渗出；一圈圈红铜盘旋于顶部，呈现出令人目眩的肌理，仿佛是浩瀚宇宙中无数星球旋转后留下的痕迹……伴着舒缓、柔和的音乐，人们浸润在强烈的宗教氛围中。没有雕刻、没有绘画、没有装饰，有的只是源自场地自身的空间与环境、材质与肌理、声音与光线，岩石教堂（Temppeliaukion Kirkko）被公认为最能打动人心的教堂之一。当建筑以一种谦虚的姿态贴近场地，几乎完全隐匿的时候，场地以及材料特征却高度显现出来。在这个隐匿与显示的过程之中，建筑的趣味与意义不但没有消失，反而获得了源自场地的独特魅力（图4，图5）。

拒绝经验与模式，基于人的知觉与体认，探讨材料语言新的语义与语法，空间也将不断获得新的内涵。

四、材料与时间：消耗还是创造?[4]

时间是经验主体对存在于世界的感知。在海德格尔看来，正是时间构成了一般存在的意义。因为建筑的坚固、稳定，所以通常表现出一种恒常的姿态，特别是在较短的时间维度内，建筑几乎没有多少改变，有的甚至成为独立于时间之外的永恒之物。但其实不然。只要我们把时间维度扩展到足够大，我们就会明显看到建筑的变化。这种变化不仅仅涉及材料与结构等物质层面，更有时间所赋予的独特历史与文化内涵。所以说，在时间的轴线上，建筑既消耗着自身，又创造着自身：消耗的是物质，创造的是精神。正是基于时间的演化、积累、沉淀，那些老房子才引起我们的感悟与思索，呈现出新建筑无法传达的一种悠远氛围。对于废墟的欣赏，也是同样的道理。人们喜爱的并不是那份外在的残缺与破败，而是它所体现的时间轴上的痕迹。

“物质是消耗了的光”，或者说物质在时间轴上的变化是消耗了的光所留下的痕迹：木头颜色会从光鲜变得暗淡，铁和铜会生锈，石头会风化，涂料白墙会变得斑驳……正是“光阴”的魔力，建筑不仅不会蜕化，反而有可能获得重生。卒姆托设计的瓦尔斯温泉浴场（Thermal Vals），入口处狭长走廊是一段清水混凝土墙，每隔三四米，一人高处便有个壁龛似的凹槽，其间有个铜管导引出一股清泉，顺着墙壁徐徐流淌，因泉水中富含铁质，经年累月便在墙壁上留下一道道深深浅浅的锈

图1 乌石村老村及乌石房的墙面细部

图2 乌石村新村

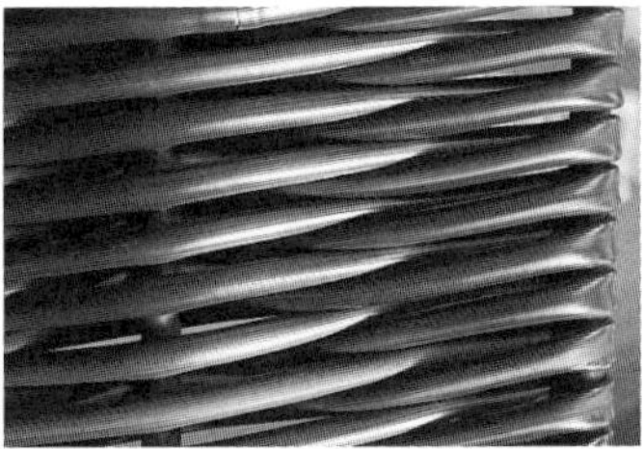

图3 玛塔德罗电影院内景及墙面构造细部

图4 岩石教堂外观

图5 岩石教堂内部

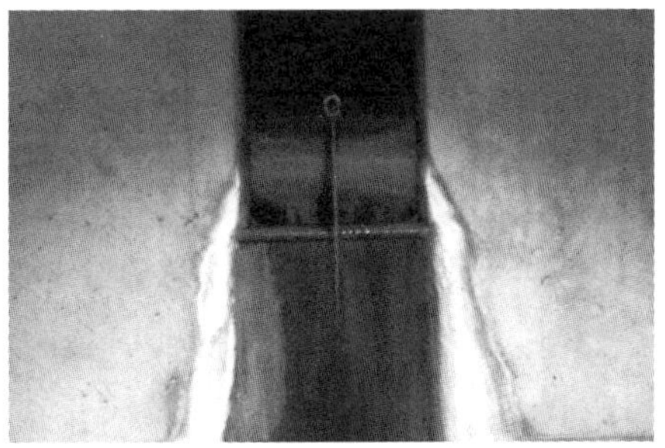

图6 瓦尔斯温泉浴场室内走道墙壁上沉淀的锈渍

图7 克劳斯兄弟纪念堂外观

渍，流淌而下的水经墙角处一道窄窄的沟收集后被引走，水缓缓流动时在昏暗的灯光下不时反射出微微光亮（图6）。原本琢磨不定的时间，在此不仅被真切地感知到，而且竟如此空灵、唯美、浪漫。

材料的时间属性还表现在建造本身。罗马非一日建成，任何建筑物的诞生都有一个过程，因而对于建造过程的表达与暗示通常被认为是一种诚实的建造态度。其实这也是建构学所探讨的内容之一，让建造的过程获得自明性，可以阅读与还原，于是建筑在诞生的那一刻就自然具备了时间轴上的痕迹与意义。卒姆托设计的克劳斯兄弟纪念堂（Bruder Klaus Chapel）就是这样的一个典型小建筑（图7）。这个小纪念堂是为了纪念瑞士尼古拉斯圣人（Saint Nicholas von der Flüe，1417～1487）而修建的，出资者是德国瓦亨村（Wachendorf，Eifel，Germany）的一对夫妇，建造者也是他们以及当地的村民和工匠。小纪念堂的内部空间由112根圆木构成的帐篷式模板浇注而成，在24个工作日里，混凝土被一层一层地浇注，每层厚500 mm。待浇注完成后，将室内的圆木用火烧尽，于是混凝土的表面留下清晰的圆木模板以及焚烧的痕迹。建筑外观表皮同样由于分层浇注的原因，每层的颜色差异依稀可辨，显示出建造的过程。

结语： 材料，作为一种选择

近30年来，我们经历了改革开放之后的迅猛发展，也目睹了城市与乡村的剧烈变迁。面对周遭环境翻天覆地的改变，对于过去的怀念成为当下社会精英们一种挥之不去的“乡愁”。回望过去，固然能够找到些许安慰，但它们毕竟已经过去，不可能从根本上解决“思乡”之苦。既然被抛入“现代”的道路上，我们唯有直面现实，回归到真实的场地、功能、建造，方可重塑当下建筑的基本与信念。换句话说，唯有在这个基础上决定材料的选择以及建造方式，将“传统材料”一词放在一边，我们的现代建筑才会有真正的未来。

毫无疑问，以材料作为设计的切入点或者注重材料表达的设计，往往能超越形式与风格，并扩展人们对于美的认知与接受。但是我们千万不要忘了，“对于材料的理解，把它置于地点、置于时间、置于生活—方可真正实现材料在建筑中的价值……建筑中真正重要的现象，永远是能够被社会性的人所共同感受到的。否则，纵然表面，纵然知觉，也只不过是对于材料的视觉拼贴，充其量只是建筑师个人趣味的表现和个人欲望的满足而已”。[5]■

注释

①卒姆托1998年出版第一本书*Thinking Architecture*由4篇演讲组成，其中一篇就是“From Passion for Things to the Things Themselves”，即《让材料成为它们自身》。

参考文献

[1] 史永高．材料呈现[M]．南京：东南大学出版社，2008．

[2] 张路峰．材料的实验——阅读赫尔佐格与德·穆隆[J]．建筑师，2003（2）：85．

[3] 大师系列丛书编辑部．赫尔佐格和德梅隆的作品与思想[M]．北京：中国电力出版社，2005．

[4] 申绍杰．空间的经验：几何、物质与时间[J]．建筑师，2004（5）：65-67．

[5] 史永高．材料：在结构与表面的二分以外——材料研究与实践中的“地点”与“类型”因素[J]．建筑学报，2012（1）：1-5．

城市历史景观的启示
——从“历史城区保护”到“城市发展框架下的城市遗产保护”

郑颖[1] 杨昌鸣[2]

1 天津大学建筑学院

2 北京工业大学建筑与城市规划学院

一、城市历史景观方法的形成和提出

1. 《关于城市历史景观的建议书》

2011年8月，在巴黎举办的联合国教科文组织大会采纳了一份新的决议一《关于城市历史景观的建议书》（Recommendation on the Historic Urban Landscape）。这份建议书被称为自1976年（《内罗毕建议》）之后“35年来第一次发布的关于历史环境的法律”。

《关于城市历史景观的建议书》（下文简称《建议书》）的重要意义在于，它是针对近30年来因人口迁移、全球化、城市化等世界城市发展的新课题而提出的新方法。城市历史景观不仅统一了30余年来出现的有关历史地区保护的多个雷同概念，而且在承认城市动态发展的基础上建立了将整体城市环境统一视为城市遗产（urban heritage）的前提，提出了将城市遗产保护纳入更广泛的城市发展框架之下的手段和方法。

可以看到，遗产（heritage）的概念在经历了从纪念性单体建筑到历史城区（historic urban area）①的扩展之后，再次被重新定义，从历史城区扩展到了所有城市遗产。

2. 从《内罗毕建议》到《维也纳备忘录》

联合国教科文组织明确指出，与《内罗毕建议》提出时的20世纪70年代相比，社会条件已发生了重大变化，人口迁移、全球市场的自由化和分散化、大规模旅游、对遗产的市场开发以及气候变化等带来了前所未见的压力与挑战，包括人类历史上前所未有、大规模推进的城市化以及因失控的高速发展造成的城区及环境的改变等均导致了城市遗产的破坏和恶化。

为应对如上挑战，世界遗产委员会在2003年第27届联合国大会上提出倡议，建议组织学术会议探讨如何在保护城市景观价值的同时规范历史城市环境中的发展需求。为响应此倡议，2005年在维也纳召开了“世界遗产与当代建筑”国际会议，这是首次以世界遗产为主题的由建筑师、地产开发商、经济学家、城市管理人员以及文化遗产保护工作者共同参加的会议，也是正式思考世界遗产与当代建筑及城市发展框架关系的具有标志意义的会议。此次会议发布的《维也纳备忘录》②第一次正式提出了“城市历史景观”用语。

3. 从《维也纳备忘录》到《关于城市历史景观的建议书》

2006年9月，由15国专家组成专家组，正式启动了“城市历史景观”的扩展研究。专家组总结了1976年通过的《内罗毕建议》在现今社会环境下所显露的不完善之处，集中体现为缺乏对如今国际化背景下动态城市发展过程的考虑，提出修改与完善《内罗毕建议》的必要性。2008年的提案书总结了此前三次国际会议与两次专家会议的研讨成果，提出30年余来对遗产的概念和认知已发生了根本性的改变，但在《内罗毕建议》之后发布的5部建议书却始终没有统一的用语和方法，世界范围亟须以协调一致的方法重新建立城市历史景观保护的通识性原则和规范。此后3年中，联合国教科文组织连续发布了一系列关于城市历史景观的预备研究书和建议草案，直至《建议书》正式发布。

二、城市历史景观的特点——从“历史城区”到“城市遗产”

城市历史景观方法建立在承认城市动态发展的前提之上，因此，它在多个方面超越了以往的历史城区保护理念，主要表现为：打破了以往被保护历史城区与其他城区的边界，将所有因历史积淀而产生的城市环境统一视为城市遗产，同时，在手段上，城市遗产的保护也不再局限于历史城区和周边缓冲区的保护，而是让城市遗产保护纳入到更广泛的城市发展框架之下。

1. 从“世界遗产”到“城市遗产”

从2005年城市历史景观概念被正式提出至2011年《建议书》发布为止，城市历史景观的对象经历了从“世界遗产”到“城市遗产”的变化。最初，城市历史景观只限于世界遗产的历史城市及市区范围内有世界遗产古迹遗址的较大城市，关注点集中在世界遗产历史城市与当代建筑的关系上，针对当时突出问题之一 ——世界遗产历史城市缓冲区之外的高层或超高层当代建筑对遗产地核心保护区及缓冲区的景观造成的巨大影响（图1）。但在4年后的2009年发布预备研究书时，“城市遗产”一词完全取代了“世界遗产”的表述，而2011年的《建议书》则明确指出了城市历史景观的对象是所有的城市遗产。

因此，对于作为历史城区的价值不突出，也未被列入保护范围的历史城区而言，这份《建议书》尤其具有重要意义，它提出了有效协调此类历史城区与城市发展手段的建议。

2. 从“历史中心或整体”到“文化和自然价值的历史积淀”

城市历史景观在含义上通过两点强调了其对象是全部的城市遗产。首先城市历史景观在时间范围上跳出了以往历史城区保护中常有的“历史”与“当代”的对立关系，特别强调遗产包括“不论是历史上的还是当代的建成环境”，是将城市作为一个整体环境去审视的城市遗产新理念。其次，它超越了“历史中心或整体”的地理文脉概念，特别强调其中应同时包含有形和无形两方面要素。例如对遗址而言，既有有形

图1 世界遗产与当代建筑（图片来源：洛德维科博士在第四届波罗的海地区文化遗产论坛上的讲演稿）

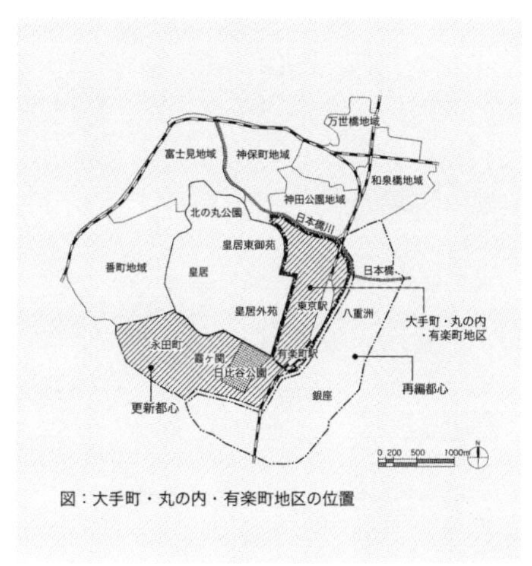

图2 大丸有地区在东京都千代田区所处位置图（图片来源：《大手町丸之内有乐町地区规划指针 2008》）

图3 大丸有地区 GoogleEarth 地图（2011 年）（图片来源：笔者根据 GoogleEarth 航空照片绘制）

的地形、地貌、水文，也有无形的自然特征，以及土地使用模式、空间安排、社会和文化方面的做法和价值观、经济进程等其他各类无形要素。“文化和自然价值在历史上的层层积淀而产生的城市区域”的定义是这一理念的准确表达。

3. 从“静态的城市”到“动态的城市”

城市遗产是城市各个时代的积淀的总和，与此呼应的城市历史景观的另一个重要理念是承认活的城市的动态性质。如何实现历史街区的可持续发展，如何协调新建建筑与既有历史城区的关系，是历史城区保护中最重要的问题之一。城市历史景观承认城市的动态变化，因此不是简单地阻止发展、拒绝开发，而是主动地规划城市的发展方向，根据城市的特色和价值所在控制城市变化的速度、内容和规模。尤其对于变化剧烈的亚洲城市而言，这是可实施的保护与发展并重的方式。

另一方面，由于不仅仅是保护，城市历史景观必须明确现有城市景观的价值所在和必须保留的重要特色，并依此来制定城市的发展方向。因此景观规划的制定必须以前期周密细致的调查研究作为基础，才能准确地判断和控制城市发展中被允许的和不被允许的建设内容。

4. 从“保护历史景观”到“维护和改善人类生活环境”

城市历史景观在目的上也体现了其不同于以往历史城区保护的、强调城市整体环境的视角。《建议书》中明确指出，城市历史景观的目的不仅仅在于保护，保护只是其中的一个环节，其最终目的在于人类整体生活环境的维护和改善。

作为城市遗产保护的一种新方式，城市历史景观方法尊重不同文脉所继承的价值与传统，它不取代现有的保护理念，而是将建成环境保护实践和政策纳入更广泛城市发展目标的附加工具，是一个“软法律”。人们希望城市历史景观成为国际标准的一系列原则和政策，从而使各国能在国家层面得以应用。

三、日本景观法的实践——从传统建造群保存地区到城市景观规划

1. 景观规划与城市规划

至20世纪80年代，以德国、法国、英国及美国为代表，一些发达国家已将包括历史城区景观在内的城市景观规划内容列为城市总体规划的重要组成部分之一。2004年，日本也以国家基本法的形式颁布了《景观法》，弥补了从前由地方政府制定的景观条例没有足够法律保证的困境，真正在法律上将景观规划纳入到了城市规划体系之中。

从景观规划与城市规划的关系来看，这与《建议书》中“将城市遗产保护纳入更广泛城市发展框架下”的理念是相通的，我们也因此可以将联合国教科文组织自2005年开始的城市历史景观研究看作在各国景观规划的进一步深化和成果总结。

2. 继承地区的固有特色

日本的城市景观规划可追溯到始于1933年的美观地区制度，美观地区是日本城市规划法中规定的“为了维持城市街道美观而划定的区域”，由地方政府指定并对建筑的色彩、室外广告等进行规范和限制。最有代表性的如东京的皇居外郭（原江户城）、伊势神宫周边等。

但是，由此发展而来的城市景观规划已不再局限于历史城区的保护，而是更广泛的地区固有文化及地区特色（identity），如道路网形态、街区划分形式、水系等的保护和延续，其最终目的在于通过对文化多样性及社区的保护来改善整体的生活环境。

城市景观规划不仅是对历史街区，而是对所有的城市地区都是有意义的，是所有城市面对发展时不可缺少的一项重要的发展规划，其中历史要素成为必须考虑的重要要素之一，但不再是惟一的要素。

四、东京都大丸有地区的实践——从“CBD”到“ABC”

大手町·丸之内·有乐町地区（简称大丸有地区）位于东京都中心的千代出区内，西侧为皇居，西南侧是集中了国家政治行政中枢功能的永田町及霞关地区。大丸有地区占地120 hm^2，内有公司4 000余家，会计核算占GDP的两成，是作为日本经济中枢的重要商务办公区（图2，图3）。但20世纪90年代，该地区因为单一的办公功能而逐渐失去作为城市中心区的魅力，1996年，地区内由以企业为主的民间团体自发组织了地区振兴协议会，旨在以综合的城市魅力创造既有品质又有吸引力的首都中心区，实现从中心商务区CBD到多功能宜人商务核心区ABC（Amenity Business Core）的转变。

地区内最有特色、历史最久的丸之内片区，在19世纪下半叶被三菱公司购买并开始建设日本最早的商务办公区。此后这片区域一直伴随日本经济一同发展，片区内的建筑也经历了几次重建。时至今日，第二次世界大战前的建筑已屈指可数，因而虽然是代表了日本经济发展并具有特殊历史意义的街区，但丸之内片区却并未成为受法律保护的历史街区。

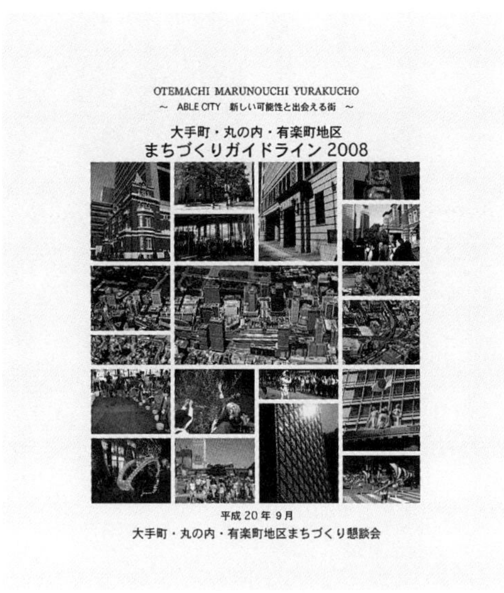

图 4 《大手町 · 丸之内 · 有乐町地区规划指针 2008》封面

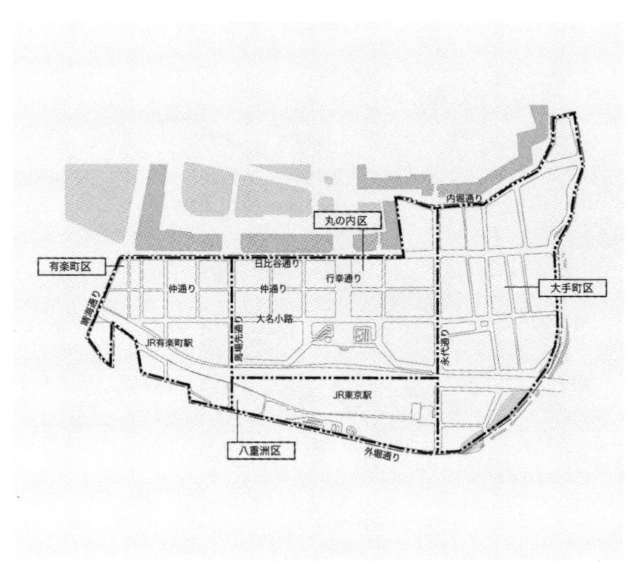

5 大丸有地区规划分区图（图片来源：作者根据《大手町 · 丸之内 · 有乐町地区规划指针 2008》资料整理加工）

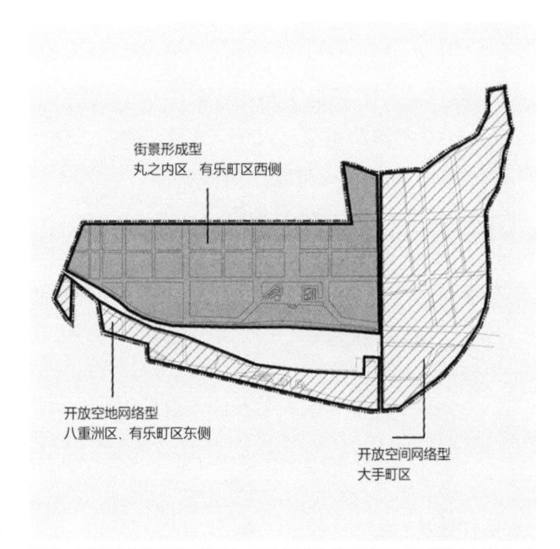

图 6 两类城市空间构成手法（图片来源：作者根据《大手町 · 丸之内 · 有乐町地区规划指针 2008》资料整理加工）

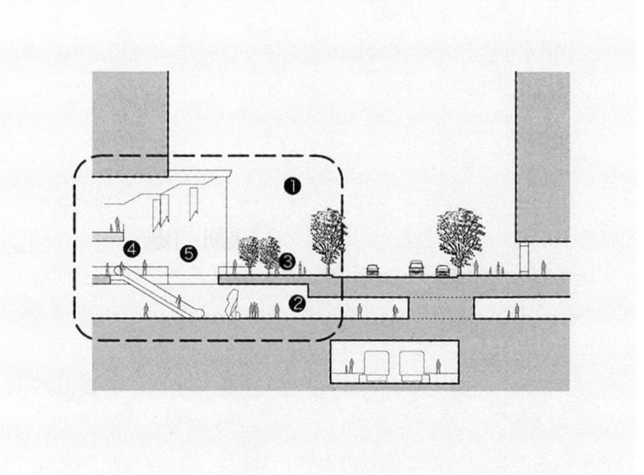

图 7 中间领域的城市设计例（开放空地网络型）（图片来源：《大手町 · 丸之内 · 有乐町地区规划指针 2008》）

在此前提下的《大手町 · 丸之内 · 有乐町地区规划指针》，特别是《景观法》颁布之后修订的2005年版及2008年版（图4），被认为是充分遵循了《景观法》的优秀案例。下文从体现城市历史景观纳入城市发展框架理念的两个方面考察其规划特色。

1. 根据历史、功能及空间特性分区

同时面对城市发展和不受法律保护的城市遗产，大丸有地区规划的重点之一是力求保持各街区的原有特征，并通过强化不同片区的不同城市功能来增强各片区的特色。同时，通过不同特色片区的组合来创造富有变化的城市空间，实现多功能宜人商务核心区的目标。规划从街区的历史、功能及空间特性三个方面，综合地进行分析研究，并依此划分为四个区，即以商务办公为主的丸之内区和大手町区、以商业娱乐为主的有乐町区、以城市交通枢纽东京火车站和站前商业、商务为中心的八重洲区（图5）。

2. 三维城市设计

规划的另一个特点在于城市空间的三维规划。制定历史城区保护规划时，除在平面上设置核心保护区和缓冲区之外，保证重要的视线廊道以及在三维空间上探讨历史城区景观影响的做法已较常见。大丸有地区的规划也包含了对西侧的皇居（1933年指定为美观地区）和东侧的东京火车站（2003年指定为国家级文物保护单位）的重要景观点、视线廊道的景观规划。

除此之外，规划更为突出的创新点在于，为了给步行者创造更丰富的城市空间而将城市步行空间重新定义为“中间领域”，并进行详细的三维景观规划。根据原有城市空间的特点，规划首先设定了两大类共4种城市空间构成手法（图6），规定了每一类空间构成手法的基本设计原则（表1）。其次，规划摒弃了通常将建筑基地内的室外空间与街道空间分开考虑的做法，将二者统一作为城市公共空间进行设计，设置了更细致的城市设计原则。

以开放空地网络型为例（图7），规划对中间领域设置了如下的城市设计原则：①通过门厅的展厅化、一层挑空、设置小广场等形成室内外的宜人尺度，营造开放空间或半室内空间等；②改善地下步行空间的同时，增强地上与地下的连续性；③拓宽步行空间，增加步行的舒适度，同时设置咖啡或其他活动、休憩场所，扩大活动的多样性；④以护

表1　不同类型空间构成手法的基本设计原则

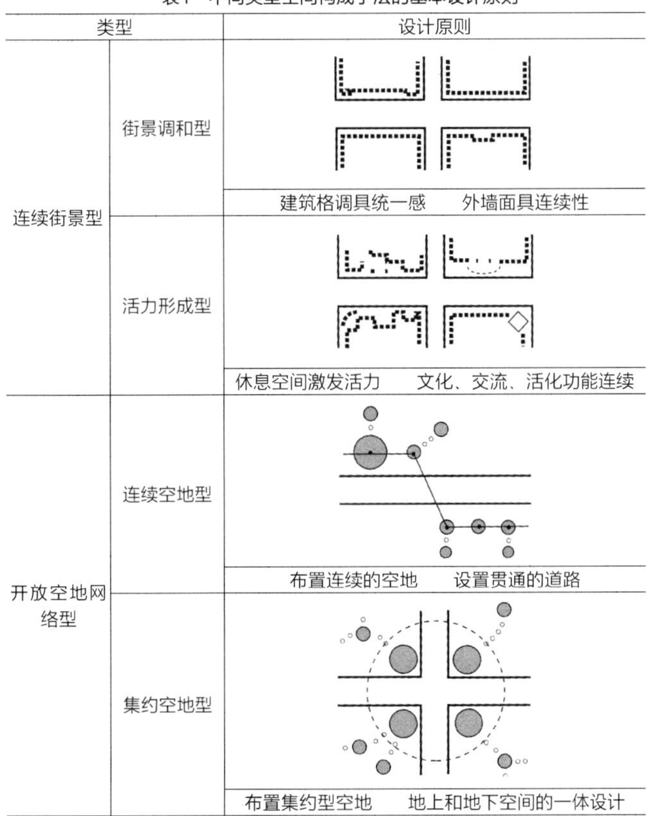

类型		设计原则
连续街景型	街景调和型	建筑格调具统一感　外墙面具连续性
	活力形成型	休息空间激发活力　文化、交流、活化功能连续
开放空地网络型	连续空地型	布置连续的空地　设置贯通的道路
	集约空地型	布置集约型空地　地上和地下空间的一体设计

城河环境为母题，创造有特色的环境和空间；⑤通过沿街设置店铺和展厅以及街道上的小品、绿化等，为步行空间带来更多活力等。

可以看到，这些城市设计原则没有停留在二维的平面图上，而是延伸至三维空间的塑造，同时涉及范围大到建筑退线、高度、人行道宽度，小至沿街空间的功能设置、一层挑空甚至道路小品等，从各个方面和角度对中间领域进行了非常细致的规定。另一方面，为了防止过于详细的规划要求限制单体建筑设计的自由度，规划尽量避免了具体空间设计手法的限定，从而使新建单体建筑既有个性又符合街区的整体规划。

结语

近年来，中国的历史街区保护事业已逐渐积累了较丰富的理论基础和实践经验，但随着被保护历史街区的划定，剩余的城区却不得不面临比从前更大的城市发展压力。如同文物领域中未被列入文物保护单位的文物点正在遭到更大的破坏一样，这些未被保护的历史城区的消失也必将从本质上阻碍历史街区保护事业的发展。对于绝大多数城区而言，如何兼顾发展和包括城区历史在内的城区固有特色的保护，是必须面对的紧要课题之一。

城市历史景观的新方法为我们提供了有意义的参考，它把城市整体看作城市遗产，从改善人类生活环境的视角来考虑城市的发展。另一方面，要将城市景观规划纳入城市规划的大框架之内还需要历史街区保护领域和城市规划及设计领域的专业人员通力合作，运用城市历史景观方法来共同思考城市遗产保护和城市发展的可行之道。■

注释

①在联合国教科文组织的文件中使用过的相似概念还有historic area/city（历史区域/城市）。

②全称为《维也纳保护具有历史意义的城市景观备忘录》(*Vienna Memorandum on "World Heritage and Contemporary Architecture --Managing the Historic Urban Landscape"* ），"具有历史意义的城市景观"即现在的城市历史景观。

③1987年的《保护历史城镇与城区宪章》（即《华盛顿宪章》），1992年的 *The Adoption of the Category of Cultural Landscapes*，1994年的《奈良真实性文件》，2000年的《欧洲景观公约》[*The European Landscape Convention*（*Council of Europe*）]，以及2003年的《保护非物质文化遗产公约》（*The Convention on Intangible Heritage*）。

参考文献

[1] UNESCO. A New International Instrument: The Proposed UNESCO Recommendation on the Historic Urban Landscape（HUL）[EB/OL].（2011-11-10）[2012-04-10]. http://whc.unesco.org/uploads/activities/documents/activity-638-53. pdf.

[2] UNESCO. World Heritage Cities Programme[EB/OL].（2011-11-10)[2012-04-10].http://whc.unesco.org/en/cities/.

[3] UNESCO. Proposal by the Director-general for the Preparation of a Revised Recommendation Concerning the Safeguarding and Contemporary Role of Historic Areas [EB/OL].（2008-03-07）[2012-04-10]. http://unesdoc.unesco.org/images/0015/001583/158388e. pdf.

[4] UNESCO. Preliminary Study on the Technical and Legal Aspects Relating to the Desirability of a Standard-setting Instrument on the Conservation of the Historic Urban Landscape [EB/OL].（2009-07-27）[2012-04-10]. http://unesdoc.unesco.org/images/0018/001835/183505e. pdf.

[5] 郭旃. 遗产保护新热点：管理历史名城景观[J]. 中华遗产，2005（4）：13.

[6] UNESCO. UNESCO Recommendation on the Historic UrbanLandscape[EB/OL].（2008-03-07）[2012-04-10]. http://whc.unesco.org/en/activities/706.

[7] Kultras mantojuma forums. The historic Urban Landscape Approach[EB/OL]. [2012-04-05]. ht tp://forums.mantojums.lv/faili/prezentacijas/1_%20Ludovico%20FOlin%20Calabi%20HUL%20Riga%20September10. pdf.

[8] 西村幸夫. 都市保全画[M]. 东京：东京大学出版会，2004.

[9] 都市再生本部. 大手町·丸之内·有乐町地区 [EB/OL].（2006-04）[2012-03-16]. http://www.toshisaisei.go.jp/ninaite/pdf/5_1. pdf.

[10]大手町·丸之内·有乐町地区会. 大手町·丸之内·有乐町地区2008[EB/OL].（2008-09）[2012-03-16].http://www.aurora.dt i.ne.jp/~ppp/guidel ine/pdf/guideline2008. pdf.

[11]郑颖，张威. 困境与出路——天津尚未核定公布为文保单位工业遗产保护的问题与思考[J]. 新建筑，2012（2）：49-53.

[12]联合国教科文组织世界遗产中心，国际古迹遗址理事会，国家文物保护与修复研究中心，中国国家文物局. 国际文化遗产保护文件选编[M]. 北京：文物出版社，2009.

[13]张松. 城市文化遗产保护国际宪章与国内法规选编[M]. 上海：同济大学出版社，2007.

机器过程

尼尔·里奇
南加州大学建筑系

我们应该如何理解"机器"（machinic）这一术语呢？毫无疑问地，它不是简单指代机械意义上的机器，在实证主义构架内理解，它表征着工程世界。当然，在数字化建造展览的背景下，它的确包括生产中对机械过程的使用，但是，却并非对它们的简单归纳。

"机器过程"（machinic processes）这一术语是引用自法国哲学家吉尔·德勒兹（Gilles Delcuze）和他的合作伙伴—法国精神分析理论家菲利克斯·瓜塔里（Félix Guattari）的论著。德勒兹和瓜塔里用一种十分独特的方式使用了"机器"（machine）这个词。菲利普·古特柴尔德（Philip Goodchild）给德勒兹和瓜塔里使用的"机器"（machine）进行了定义，即"用于工作和生产的各部分集合"。[1]"机器"（machine）是"运行"着的任何事，并且受物料流（material flows）的制约。"机器"的含义因此超越任何从前机械与有机物之间的区分，而将两个领域统统包括。换句话说，人类也可以被描述成"机器"。正如约翰·马克斯（John Marks）所说："一切事物都是一个机器，到处都有生产"。对德勒兹和瓜塔里来说，机器并非暗喻，现实就是真正的"机器"。"机器"概念的划定，就是根据生机论（viatlism）和机械论（mechanism）之间的传统对立而设立的。简而言之，生活（living）与机器（machine）的分类并无区别。[2]

最重要的是，德勒兹和瓜塔里所指的是机器（machinic）是与欲望联系在一起的，"机器（machine）与欲望之间被认为直接联系，机器进入欲望，机器有欲望也被欲望着，被机械加工着（machined）"。[3]他们把欲望视作一种过程，"欲望不是一种形式，而是一种程序，一种过程"。[4]另外，与那些认同拉冈精神分析（lacanian psychoanalysis）逻辑并将欲望视作源于缺失或不足的一种想象冲动的人们相对立，他们把欲望视作一种基于现实的积极的、生产的力量。因此通过"机器过程"我们理解了以欲望逻辑铭刻人类的一种积极的、创造性的过程。

然而，在德勒兹和瓜塔里的作品中，显现了"欲望机器"（desiring machine）的概念系谱。部分原因是因为"欲望机器"这一术语似乎会产生持久的困惑，最终德勒兹和瓜塔里把它用"组合"（assemblage）这一术语替代。组合取决于构成集合体的各元素的能力或性能，无论是有机还是无机的，不能仅仅归结于它们。一个好的组合示例就是动物及其行走的地面之间受重力约束的关系。[5]

"组合"（assemblage）的概念保留了与机器的联系，比如"组合机器（machinic assemblage）"这一表述①。事实上，组合的全称应该是"欲望机器组合"。正如德勒兹和瓜塔里所写，"我们所知道的一切都是组合，这仅有的组合是欲望和阐述集体组合的机器组合。……组合在某些多样性之间建立起联系。[6]的确，欲望并非存在于组合之外：除了组合着、组合了的欲望之外，没有欲望。"[6]

"组合"可以被定义为已经聚合并形成单体的各个部分松散的从属关系—但是这一组合并不稳定与统一。"组合"是共同被引入某一环境中的事物的集合，也是一种抵制层级化的集合。它的功能，如安赛尔·皮尔森（Ansell Pearson）所评论，"是一种经受持续运动与变化的中心多样性。[7]重要的是，它建立了连接与关系，形成了"共生"（symbiosis）与"和谐"（sympathy）。"什么是组合？它是跨越年龄、性别、自然物种的差异，提出许多异质术语的假设并且建立它们之间联系与关系的多元性。因此，只有协同作用—共生、和谐—的单元才能成为组合的单元。重要的是，没有分支，只有联盟与混合；不是遗传或谱系血统，而是蔓延、延伸与缠绕。"[8]

德勒兹和瓜塔里指出的，另外一个与"组合"的逻辑相似并且与"机器"概念相联系的概念是"语群"，比如"机器语群"②。对德勒兹和瓜塔里来说，机器语群是变化和变异同时发生的物质，是传达着独特性的物质。[8]机器语群指的是一旦达到一定的临界阈限，宇宙中物质之间相互配合的可能。白蚁群合作建造巢穴的能力就是一个例子。此时，应该以自组织倾向的形态生成逻辑来理解它。根据曼纽尔·德兰达（Manuel de Landa）的观点，机器语群这一术语"既可以指一般的自组织的过程，也包括整合这些过程力量的特别的组合。一方面，这个术语指任何群体（原子、分子、细胞、昆虫），它们的总体动态系统受奇点（分歧点与吸引点）支配；另一方面，它指由各元素组成的集合体大于各部分总和的，也就是说，一件事物展示的整体属性是其单个组成要素所不具备的③。"

越来越清晰的是，将这些术语统一的关键主题是连接性。对德勒兹自身而言，即根本上是一位具有连接性的思想家。如他曾评论，"严格地说，是连接关系制造了机器"。[9]那么机器过程根本上指的是系统或者关系。如果是这样——（关系）代替机器本身，那么当我们谈到社会关系机制，将会在这些术语背后更接近德勒兹和瓜塔里的意图。

可能通过"根茎"（rhizome）的相关概念，我们可以更好地理解揭示德勒兹哲学的连接性逻辑。根茎理论是从根茎的生物模型——根茎作为根系，不仅按照树状模型的垂直与线性方向，而且还向水平的与跨物种的方向不断蔓延中提取出来的概念工具。草就是这样植物的例子，展示了根茎行为的蔓延能力。另外一个例子即大量的不连续、无等级的纤维压缩而成的单独体块，与分等级、受控的织物纤维相反。

根茎必须被理解为与总是有可能成为完整的、摩尔量的、分级的组织的有机体不同。德勒兹和瓜塔里以他们所谓的"无器官身体"（the body without organs）来代替有机体。安塞尔·皮尔森（Ansell

Pearson）如此描述这一术语：“‘无器官身体’指的是被远未形成和极不稳定的物质所渗透的能量与生成的‘身体’，以自由流动、‘自由强度’和‘游动的独特性’为特点。”[7]有器官的身体的问题不是器官的问题，而是有机体内的组织问题。有一种对于无器官身体的思考方式是将之视作群或蜂群的形式：“无器官身体……根据群体现象，按照布朗运动被分布……这是一种充满多元性的身体。”[6]

使根茎理论具有如此暗示意义的在于它总是相关联的，它必须要处理相互作用。德勒兹和瓜塔里用黄蜂和兰花之间的相互作用对根茎理论进行了阐释。有一个例子再熟悉不过了，昆虫被植物吸引，因而为之传粉④。黄蜂当然是“居住在”兰花里的，因此给出了一定的建筑相关性的描述。但是最让德勒兹和瓜塔里感兴趣的是黄蜂与兰花之间的相互作用。兰花发挥它的特殊属性吸引了黄蜂，同样黄蜂行使了某种行为模式服务于兰花。如德勒兹和瓜塔里所述，黄蜂与兰花走进了互惠关系，以至黄蜂适应了兰花，正如兰花也适应了黄蜂。德勒兹和瓜塔里将这一现象解释为一种相互“生成”形式。黄蜂变得像兰花，兰花也变得像黄蜂，或者更精确地说，黄蜂已经进化了对兰花的反应，就像兰花也进化了对黄蜂的反应一样。

重要的是，对于德勒兹和瓜塔里，我们必须依据多元性来认知黄蜂和兰花。格雷戈·林恩（Greg Lynn）解释说：“多样的兰花与黄蜂的关系统一形成了个体。这种统一体并不是封闭的整体，而是多元性——黄蜂与兰花同步形成。重要的是那并不是一个被性欲的寄生交换所取代的已有的、共同的身体，而是由之前各异身体的复杂联系所组成的新的稳定体。差异存在于多样性中，这种多样性会通过向更多外部力量保持开放的合并过程而形成新的稳定体。”[10]

德勒兹和瓜塔里把这一过程描述为根茎的形成：“黄蜂和兰花，作为异质性因素，形成根茎。⑤”根茎的逻辑应该有别于树木的逻辑，如约翰·马克解释道：“树木的模型是分级的并且集中的，而根茎是增殖的且连续的，通过连接性和异质性原则起作用……根茎是一种多元性。”[2]根茎概念的核心是“生成”（becoming）原则，是与其他事物建立联系的原则，像黄蜂与兰花的关系——相互间进行解域（deterritorialize）：“植物的智慧在于，即便它们有根，总是有一个可以和其他事物——风、动物、人类（也有一方面，让动物形成根茎，人类也一样）形成根茎的一个外部。”[6]

或许，书是根茎的经典例子。根茎获得“生成”的意义，它影响了自我与他者之间的联系形式。但是需要强调的是，根茎并不是一种表现形式，而已经超越表现的界限。比如写作，并不代表这个世界，它与书形成了根茎：“对于书籍和世界同样适用——与根深蒂固的观念不同，书籍并不是世界的缩影。它与世界形成了根茎，书籍和世界并行演变；书籍确保了世界的去领域化，世界保证了书籍的去领域化，反过来书籍在世界中再对自身进行去领域话（如果它有能力，如果它可以）。”[6]

当我们谈到欲望机器，那么关键问题在于那些机器所给予的连接性。即使作为机械化的机器，它们的目的也是连接。它们与世界形成了根茎一共生、和谐。而且，这种连接性的本质是动态的，以自由流动和游动强度为基础。但是，首要的是，机器可以被视作欲望的导管，其中欲望被理解为积极的、创造性的行为。

机器化建筑

德勒兹和瓜塔里用“抽象机器”（abstract machines）来指机器，并用图解的概念把它们连接到一起：“抽象机器本身并不是物质的或有形的，也超越了符号的；它是图解的（它不了解人工和自然之间的任何区别）。它的运作靠的是物质而非实体，是功能而非形式……抽象机器是纯粹的物质功能——不依赖形式和物质、表达和内容的图解。[6]它揭示了通过使用图解将德勒兹和瓜塔里的“机器”的概念与建筑学连接起来的这种显而易见的可能。重要的是，这里所说的图解不应该被理解为字面意义上的表示已经存在事物的草图。正如德勒兹和瓜塔里所述：“图解的或抽象的机器并不是行使表现的职责，而在于建立尚未到来的真实现实—— 一种新类型的现实。[6]因此，我们必须了解图解作为一个实体，在虚拟的（也就是那些还没有被实现的）领域里的运作，及其在物质领域实现虚拟的可能。

此外，这一概念似乎还暗示了自生成或自组织过程的可能性。德勒兹把“图解或抽象机器”定义为“不同力量之间关系的密度或强度的地图，……成为与整个社会领域同样存在的并不统一的内在原因。抽象机器就好比履行其关系的固定组合的原因；这些关系‘不是超越’（not above），而是产生于它们生产出的组合的组织内。”[11]

拉尔斯·斯帕伊布里克（Lars Spuybroek）在《机器化建筑》（Machining Architecture）一书中提出了“机器”（machinic）的概念，并且将之应用于建筑设计领域。[12]其中斯帕伊布里克概括了取决于选择一种系统，并且从中发展出可以生成建筑形态的形式的机器设计过程：

①我们需要遴选一种系统并为基于这一选择的机器创建一个配置；②我们需要调动系统里的元素和关系；③我们需要一个整合阶段以最终拥有这个系统；④产生一种建筑形态。[12]

机器因此起到生成某种图解形式的作用。它以分析为基础，分析能够生成某种信息，然后机器按照某种方式运行，并组织信息，从而生成一个设计。设计通过处理信息操作，作为机械成型的方式：“简言之，对自生成的设计技术来说，我们需要现存的形式的经验研究（由于它全部发生在真实世界里），然后我们要通过分析来建立这一研究的主体计划，接着这些机器可以通过处理其拓扑连接组件而得到信息（或差异），下一步再生成形式。这个过程首先作为一个设计，之后是一个真实的建筑。”[12]

然而，如果我们将世界本身理解为由机器组成，可以看出机器的概念会从三个不同层面运作。第一，物质世界的某方面——最初的“机器”——被选择和分析，从而提供信息，这些信息随后经过第二个机器——“设计机器”——的处理，从而生成设计并最终实现于第三台机器——“建筑机器”——上。

居住的机器

这与勒·柯布西耶（Le Corbusier）的著名的论述——“房子是居住的机器”——产生有趣的联系。对多数人来说，这一论述揭示了对功能主义的推崇远超过了对人类存在考虑的现代主义建筑的劣势。但是问题可能在于这一论述已经在表面价值上被评断过，人们认为对勒·柯布西耶来说，房屋在字面意义上来看是机械（mechanical）的。然而，如果我们不在机械的实证主义言论中重新思考“机器”的概念，而是将之视作欲望机器，视作一个物体，换句话说，它产生和促进了欲望，那么我们可以重新评价勒·柯布西耶的论述。房子，对勒·柯布西耶来说，应该是一部欲望流动的机器⑥。

但是即使我们用“机械的”（mechanical）字面意义来理解“居住的机器”，仍然会有另外一种理解可能性。勒·柯布西耶当然从来没有读过德勒兹和瓜塔里的哲学，甚至他是否读过相当深奥的哲学也是不得而知的，但是他确实被深深地卷入了艺术圈。如果我们看看超现实主义对于机器的讨论——比如马塞尔·杜尚（Marcel Duchamp）的“单身机器”理论，将会发现另一种版本的理解—机器不是人类存在的对立面，而是深深地嵌入并铭刻其中，而且在幻想中构筑人类想象⑦。我们可能甚至用几乎都是虚幻的术语讨论机械。就像可以通过科幻小说的方式观察科学，同样可以通过某种浪漫的、机械幻想的方式（mechanical fictions）理解机械。

但是无论勒·柯布西耶对将房屋视作“居住的机器”的观念有着怎样的意图，有一点还是非常清楚的，那就是今天的房屋深深依赖技术——从起居室的电视、影像和音响系统到厨房的冰箱、微波炉、洗碗机，而且非常明显，人类已经开始把技术产品——电脑、电话及其他个人设备——视为身体的延伸，所以就像我们开车时可能很少会注意到驾驶过程的实际操作（刹车、操纵、换挡等），这些设备已经使我们无意识沉浸其中，并且已经成为我们自存在的补充。

包括堂娜·哈拉维（Donna Haraway）在内的网络理论家甚至提出一个假设——随着科技逐渐侵入我们的想象空间，人类与非人类的界限正在被破坏。[13]以至于我们正在逐渐成为一种混杂人类——混合了人与机器特征的半机械突变产物。就好像科技已经不仅作为人类作业的假体被推崇，而且被吸收进我们特有的意识中。

因此我们应该怀疑那些言论，如马丁·海德格尔（Martin Heidegger）将科技视作离间，未考虑人类吸收新事物——包括技术——的能力的言论⑧。然而最重要的是，在促进把科技吸收进人类意识中这一方面，我们不应该忽略设计的角色。因为正是这种精确的设计促进了存在于机器过程核心的连接性，并且方便了过程本身。正是设计促进了与世界的“知觉联系”，在通过美学表现所呈现的同化作用的重要时刻受到瞩目⑨。

这一系列论述使我们察觉到数字技术处理正发生重要的转变。就在不久以前，几乎所有的注意力还集中在技术本身。它们的新奇之处在于它们已经成为具有魔力的事物。似乎我们现在已经跨越了魅力，进入一种新的范式，技术以之前从未有过的程度被热捧。不只是做一些这种项目来挑战所有公认的——技术是人类条件的对立面——假设，而且提供了彰显设计能力的具有说服力的示范：设计能够改善人类条件并且把我们和生命世界联系在一起。■

注释

①关于更多“组合”论述参见：DELEUZE G, GUATTARI F. Kafka: Towards a Minor Literature[M]. Minneapolis: University of Minnesota Press, 1986：81-90。我十分感谢Dana Vais在这个问题上的建议。

②关于机器语群及其对城市化关系的讨论参见： TRUMMER P．Morphogenetic Urbanism．Digital Cities AD, 2009（4）: 64-67。

③参见：DELANDA M. War in the Age of Intelligent Machines[M]. New York: Zone, 1991：20。整体大于部分之和的观点似乎呼应这一原则的出现。

④德勒兹和瓜塔里似乎指的是泥蜂（gorytes mystaceus and gorytes campestris）和蝇兰 （ophrys insectifera）。很奇怪他们没有指出这种关系特殊的性本质。通常昆虫通过花蜜被花吸引，然而这里对黄蜂来说唯一的吸引是交配的可能性。兰花看起来和闻起来都像雌性黄蜂，吸引着雄性黄蜂，雄性黄蜂将植物的花粉传递到背上，然后把它转移到另一株兰花上，如同它在其他地方寻求欣喜一样。生物学家将这一过程视作“拟交配”。详见：BARTH F G. Insects and Flowers[M]. BIEDERMAN-THORSON. M A，trans. London: George Allen and Unwin, 1985：185–192。

⑤参见：DELEUZE G, GUATTARI F. A Thousand Plateaus: Capitalism and Schizophrenia[M]. Minneapolis: University of Minnesota Press, 1987：10。德勒兹和瓜塔里对这一意义的反对是他们理论地位不可或缺的一部分。这一意义支持“二元对立”的论述，此外，它属于“表现”的范畴而不是“过程”，因此可以不对根茎理论的复杂性做出说明。

⑥也许从勒·柯布西耶我们甚至可以看到欲望的意义升华或者掩盖在数字范畴内——“传感的”（sensed）数字运算的逻辑。

⑦其中Francois Roche 深深地被“单身机器”所影响，而且他参加ABB2010“机器过程”展览的建筑师作品集也反映了这一影响。

⑧对于海德格尔的技术方法的评论，详见：LEACH N. Forget Heidegger. [M]//. LEACH N. Designing for A Digital World. London: Wiley, 2002。很明显，我们需要将人类纳入进机器（machinic）的范畴以便理解组成人类存在结构的复杂关系。正如Flix Guattari 在科技问题上的观点：“远非通过《techn》领会意义明确的存在真理，虽然海德格尔的存在论会包含它，一旦我们掌握了通向机器的感知的、制图的方法，机器作为多样性的存在就能够把它们自己交给我们。”详见：GUATTARI F.‘Machinic Heterogenesis’in CONLEY V A. Rethinking Technologies Minneapolis: University of Minnesota Press, 1993：26。

⑨关于设计促进“知觉联系”的潜力，详见：LEACH N. Camouflage[M]. Camb, MA: MIT Press, 2006。

参考文献

[1] GOODCHILD P. Deleuze and Guattari: An Introduction to the Politics of Desires[M]. London: Sage, 1996.

[2] MARKS J. Gilles Deleuze: Vitalism and Multiplicity[M]. London: Pluto, 1998：98.

[3] DELEUZE G, GUATTARI F. Anti-Oedipus: Capitalism and Schizophrenia[M]. Minneapolis: University of Minnesota Press, 1983.

[4] DELEUZE G, GUATTARI F. Kafka: Towards a Minor Literature[M]. Minneapolis: University of Minnesota Press, 1986.

[5] DELANDA M. Intensive Science and Virtual Philosophy[M]. London: Continuum International Publishing Group, 2002.

[6] DELEUZE G, GUATTARI F. A Thousand Plateaus: Capitalism and Schizophrenia[M]. Minneapolis: University of Minnesota Press, 1987.

[7] PEARSON K A. Germinal Life[M]. London: Routledge, 1999.

[8] DELEUZE G, PARNET C. Dialogues[M]. Paris: Flammarion, 1977.

[9] RAJCHMAN J. The Deleuze Connections[M]. Camb, MA: MIT Press, 2000.

[10]LYNN G. Folds, Bodies and Blobs[M]. Brussels: La Lettre Vole, 1999.

[11] DELEUZE G. Foucault[M]. Minneapolis: University of Minnesota Press, 1988.

[12]SPUYBROEK L. NOX: Machining Architecture[M]. London: Thames and Hudson.

[13]HARAWAY D. Simians, Cyborgs and Women: The Reinvention of Nature[M]. New York: Routledge, 1991.

机器人登陆月球建造建筑——轮廓工艺的潜力

比洛克·霍什内维斯 安德斯·卡尔松 尼尔·里奇 马杜·唐格维鲁
南加州大学

一、技术

轮廓工艺①是一项通过电脑控制的喷嘴②按层挤出材料的建造技术。喷嘴附带的泥刀对外表面进行规整。泥刀作为此项技术的关键特点，类似传统手工建造方式中工匠们手中的抹子，两个固体平面板用于抹平和精确规整每一层的外表和顶面。泥刀可以安装为不同的角度，用于创建非正交面。

轮廓工艺是一项混合技术，通过挤压形成外部轮廓，再通过挤压、浇灌或注入来填充内核。一旦外部轮廓形成，就可以填充内核了。填充内核的一项技术利用了作为结构加固的挤压模具系统。

喷嘴悬挂在起重机或龙门吊车上。龙门吊车安装在两条并行的轨道上，对单体建筑或组团建筑实现自动化建造，通过将轮廓工艺机器与运输和定位支持梁及其他组件的机器人手臂相结合，建造出传统的建筑。像公寓楼、医院、学校和政府大楼等大型建筑，可以通过在整个建筑上方安装龙门吊车平台，使用轨道起重机定位喷嘴并将建筑材料运送到指定位置完成建造。

利用轮廓工艺，无需模具，建造的结构在建设过程中可以自我支承。快速凝固的水泥可以在浇灌之后迅速实现自我支承，在以化学方法控制的时间内迅速获得完全的支承力。当然，如果需要另外支承，同样可以采用轮廓工艺进行制造。无需模具的轮廓工艺表现出比其他建造方法更大的优势：首先，大大提高了成本效益，避免了建造模具所需的材料和劳动力方面的开支；第二，带来巨大的环境效益，在传统的建造方法中，建造模具使用的材料通常在使用后被丢弃；第三，大大减少了施工时间，使用该技术不仅节省了建造模具的时间，而且快速凝固水泥的使用大大提高了施工速度（图1）。

该项技术对前卫建筑师颇具吸引力。由于它能够建造出单曲率和双曲率结构的建筑，因此特别受那些追求自由形式的建筑师的欢迎。同时，它有利于那些直接根据电脑模型所进行的精确建造。此外，该技术为每个单元引入个体差异的能力，能够促进更多建筑形式的产生。然而，该技术在某种程度上受到了建造逻辑本身的制约。从结构上来看，该技术鼓励在施工过程中能够自我支承的结构。这或者需要一定的“哥特式”建造逻辑，比如相对更多地依靠较陡的穹顶而避免使用浅拱，或使用创造性的分层技术，实现更多形式的组合。在传统的建造方法中，想要建造一个圆顶的建筑，需要将砖块按照想要的角度进行堆砌。未来的进步使无需临时支承建造高难度挑空结构成为了可能，这在结构上提供了无限的灵活性。

该技术还可以与其他机器人模块集成，同时进行铺砖、铺瓦以及在挤压结构内部和外部安装管道、电气和传感器模块等。轮廓工艺技术目前尚处在实验室阶段，科学家已经对各种不同的材料进行了成功的实验，包括塑料、陶瓷、复合材料和混凝土。轮廓工艺技术的目标是实现建筑环境的经济可行性，而且已经被证明它具备这种能力。轮廓工艺机器已经生产出了全尺寸的结构元素，比如具有复杂内部功能的墙。

二、外星球的潜力

轮廓工艺技术的一个潜在用途是用来探索外星环境。事实上，美国航空航天局已经对轮廓工艺技术进行了评估，并使用了一部基础轮廓工艺机器在美国宇航局马歇尔航天飞行中心展示其建造的具有内部功能的圆顶建筑（Khoshnevis，2005年）。在美国宇航局先进概念计划（NIAC）的支持下，科学家对轮廓工艺技术在月球上的潜在用途进行了进一步研究，以便重新制定“月球定居点基础设施建设轮廓工艺模拟计划”。该研究旨在模拟应用轮廓工艺技术的条件，并对在月球上使用这种机器人的建造形式进行评估。

当我们推进进入太阳系的同时，美国航空航天局一直在做一些前沿的高度实证项目，探索有潜力的技术、开发工具和系统，并为意欲在月球上建设永久定居点的团队制定有效的运行策略（Romig，2010年）。关于利用这些成熟的系统以及专为在月球上进行迅速、可靠的基础设施开发而定制的轮廓工艺机器，这一研究项目制订了详细的协同计划。其目的是增加宇航员的安全性、提高建筑性能、改进月球尘土干扰等问题，并减少试运行时间，所有这些都是从经济的角度来思考的。

三、月球资源

到目前为止，最常见的挤压材料是混有快速凝固水泥的混凝土。而其他材料也可以用于建筑的外表面和内部填充。对于陶瓷和土砖等材料的使用已开始探索，同时存在使用其他复合材料的潜力，③还有人提出了使用月表土建造外星建筑的可能性④。

根据目前的月球定居点发展理念，为了最大限度地减少必须流入的材料，我们必须制定战略，最大限度地利用当地现有资源。这一方面的研究通常被称为“原位资源利用”（ISRU），可以有效地用于建造安全、可靠定居点的若干关键解决方案（Khalili，1989年；Duke，1998年）。

道路和着陆架、定居点平台和遮阳墙都可以使用月球岩石和其他原位材料建造。微波烧结的月壤可以用来为车辆建造坚实、无尘的路面（Taylor & Meek，2005年；Wilson，2005年）。因此，在货运的第一

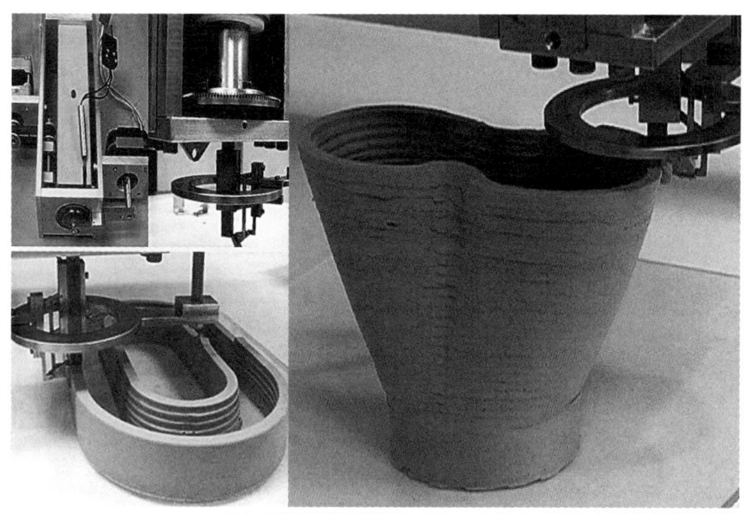

图1　早期的轮廓工艺机器人与 Francois Roche [R&Sie（n）] 协作建造构造物

图2　安装在月球无人漫游车上的轮廓工艺机器人，正在给由加工的月表土建造而成的穹顶结构涂漆。这个非承压结构是为了安置月球着陆器或其他设备，采用了抛物线的形式，因为这种形式在结构上更加有效，而且适合轮廓工艺的建造模式。远处，我们可以看到为机器人提供电力的太阳能电池板（图片来源：Behnaz Farahi 和 Connor Wingfield）

阶段，诸如挖掘机、平地机、岩石破碎机、骨料分拣机等工具和机器人设备可以从地球空运至月球。用岩石建造建筑是古老而成熟的技术，这项技术可以有效而广泛地用于月球永久定居点的开发（Thangavelu，2000年）。

月球表面散布的矿物和化合物可以用于生产金属、玻璃、砖、漆和其他用于建造永久定居点和基础设施的材料（Heiken等，1991年）。月球表面散布着大量的钙长石和氧化物，可用来提炼钛、铝和铁，成为月球轮廓工艺机器建造各种梁、柱的原料。

长期以来，人们一直在争论月球上是否贫瘠、干燥，是否有水（Arnold，1979年；Lanzerotti，1981年）。最新的数据显示，水的形成可能是一个持续的过程（Pieters等，2009年）。美国宇航局的月球勘测轨道器（LRO）/月球陨坑观测和遥感卫星（LCROSS）任务通过对月球南极的永久性阴暗陨石坑Cabeus喷发物的抽样化验，结果直接证实了这一点，同时显示了月球上还存在其他挥发物和碳化合物（Colaprete等，2010年）。

如果月球上存在大量的水，那么可以对其凝结的冰进行开采，并用于生产饮用水、制造氧气以及火箭燃料氢气。如最近的研究数据所示，如果月球上存在大量的其他挥发物，那么我们就可以就地生产用于维系生命的化合物，包括农业化肥，以及多种用途的碳氢化合物。此外，水还可以作为制造月球混凝土很好的结合剂（Lin，1987年），在开发月球永久定居点的过程中确保月表土的稳定并起到抑制灰尘的作用。同时，硫也可以作为黏合剂（Omar，1992年）。最后，由太阳直射、电熔和微波熔化的月表土也可以用于轮廓工艺挤压系统建造建筑。

四、在月球上建造建筑

月球上的居住设施大致可分为临时性和永久性两类。如阿波罗登陆器的临时性设施属于预先集成的，到达月球时设备齐全并随时准备人类活动，无需额外的工作便可开始操作。需要从地球空运组件并现场组装的大型月球建筑属于预制类。广泛采用当地材料建成的建筑属于第三类（Cohen，2002年），或称为“原位资源利用”，利用从地球空运来的工具和重型设备，来建造大型的月球永久性定居点。

人们对在月球上建造定居点存在两种观点。一种观点认为最初的定居点应完全由在地球上远程操作的机器人建造，另一种则建议宇航员直接参与现场的建设（Neal，2009年）。

鉴于地球和月球之间的距离，远程操作机器人将存在往返2.77秒的时滞，同时通信和机器人末端效应器系统的时滞也会给建筑带来一定的困难。这种时滞可能会妨碍某些操作，不利于在突发或异常情况下作出迅速反应，从而造成延迟，落入无法预测的境地。毕竟机器人对突发情况的应对能力较差。

另一方面，如果宇航员直接参与现场建设，他们将在具有风险的大型建设、重型工具和机器人设备等EVA操作过程中受到密切的监控。宇航员能够承受的最大辐射量等因素将影响其作业时间，空气、水、食物的消耗以及返回系统不能随意扩展等，也是不利宇航员参与建设过程的方面。

建筑人员现场监督并在定居点建设现场附近的着陆舱内实时遥控机器人进行建造可能是最佳策略。这种着陆器将配备远程操作舱，建筑人员在舱内直接操控各种机器设备来完成所需任务。必要时使用EVA纠正异常，从而有助于尽量按时间表进行施工。远程操作舱（C-TOPS）是建造此类建筑的月球着陆器的候选（Thangavelu，2009年）。同时，有人提出了大型月球居住地现场办公的概念，包括空间站衍生的模块和技术，MALEO就是这种能够容纳较多人员并能够执行时间较长任务的着陆器（Thangavelu，1993年）。

最初，由于人员和基础设施的缺乏，月球定居点建设人员将在无需任何额外工作即可居住的预制的居住点中开始所有的工作，就像Apollo LEM这样的着陆器登陆后便可开始操作。这种着陆器居住点将用作现场办公室，对月球定居点的建设进行监督。诸如为货机修建月球着陆架（Alred，1988年）或在着陆架和居住地之间修建道路等定居点建设活动，都可以通过少数人员在着陆器居住点的远程操作舱操控机器人实现。

五、建筑材料和技术

应用轮廓工艺技术的原位资源利用有望通过大幅减少且更易于管理的月球物流渠道节约大量资金。大型构件无需从地球空运，而是利用就地开采和加工的材料制造。

我们已经为不同的行星建设考虑了各种实用的建筑材料。认识到建

图3 着陆器正向月球着陆架上着陆。着陆架设计成椭圆形，其长度符合着陆和起飞方向，中央着陆区由灯光照亮，四周大范围内为无尘环境。我们还可以看到防爆墙，对整个定居点和背后的设备起到了保护作用（图片来源：Behnaz Farahi 和 Connor Wingfield）

图4 轮廓工艺机器人正在一个抛物线形状停放月球着陆器的飞机库前铺路。远处，我们可以看到一个工厂正在加工用于建筑的月表土（图片来源：Behnaz Farahi 和 Connor Wingfield）

筑性能要求的多样性和不同制造工艺的适应性，我们对一系列其他新型数字化制造替代品进行了调查，除了轮廓工艺，所有技术皆为内部开发。

如上所述，月球上有水存在，并且其他研究也已经证实了在月球上制造水工（以水为基础）混凝土的可能性。因此，我们多年来在地球上使用轮廓工艺进行水工混凝土施工的研究以及产生的技术解决方案同样适用于外星条件，只是需要对高温或低温、接近真空环境下水的处理做轻微的改动。此外，我们关注其他建筑材料的应用，包括硫磺混凝土、熔壤混凝土和烧结月表土。通过混合和热挤硫磺以及JSC1-A月表土促进剂，我们成功地完成了对硫磺混凝土的一些初步研究。此外，我们还使用直径为700 mm的菲涅尔透镜集聚阳光，融化月表土促进剂。当温度达到1 100℃时，月表土中的硅成分将被融化，并与月表土中可以作为混凝土骨料的其他成分（主要是金属氧化物）混合成为水泥。然后，我们对产生的固体进行压缩和拉伸强度的测试。为了提高拉伸强度，我们做了无数实验，其中最成功的是将5%的金属粉末（根据我们目前进行的金属部件3D打印的研究，使用了现成的青铜粉）混入月表土并将混合物熔化，最后，利用小型烧结炉验证了月表土的烧结过程。

六、建筑和结构工程问题

由于可能缺乏原位材料加固具有足够拉伸强度的月表土混凝土（虽然使用玄武岩纤维进行加固也是一种可能性），因此就地加工材料的层状沉积需要以压缩为基础的结构。研究人员必须开发出确保压缩载荷路径的形式，或需要最少量的地球上的拉伸强化材料，如轻质碳纤维复合材料。然而，在材料提取技术发展的同时，有人再次提出将月表土中的金属用于月表土的烧结或微波熔化，以制造出一种具有更大拉伸性能的复合材料，这可以减少建设所需的材料和时间。在月球上搬运材料非常省力。由于建造的结构具有显著的压缩性，屈曲度是一个需要考虑的问题。在月球上的优势是，屈曲荷载将是在地球引力作用下的屈曲荷载的1/6，这使得月球上的建筑结构可以更加细长，减少了施工时间、材料和精力。另一方面，车辆牵引力大大降低，需要进行特殊的设计（Simon & Sacksteder，2007年）。

由于月球上没有大气，因此不存在因风产生的侧力。同时，这也是一个相对平静的星球（Heiken等，1991年），这有助于限制引入拉伸力的不平衡负荷，同时也提高了屈曲稳定性。灰尘是人们关心的主要问题，正是这个因素阻碍了阿波罗任务的完成（Gaier，2005年）。建筑设计必须直接解决这个问题。陨石、辐射和高强光同样是建筑设计中需要考虑的问题。月表土混凝土必须能用于建筑理想的居住空间和无人居住空间，同时能够持续抵御陨石、辐射、热负荷和阳光直射带来的危害。利用增加的屈曲强度，尽量减少材料的使用但仍然能够抵御陨石，提供一个阻挡辐射的屏障，是最佳的解决方案。

通过对月球上昼夜热循环观察，我们发现，在日光下与影下的温差巨大，月球表面温度差别更加明显。如果与最初的施工温度产生热梯度和温差，会引发固定设施内部产生压力。如果部分建筑处在阴影下，那么会产生巨大的不平衡热应力。我们应该设计受热或冷却均匀的建筑，以适应热胀冷缩，减少不平衡的压力可能会带来的拉伸和开裂。太阳的角度不同也可能产生巨大的温差。我们可以收集阳光，如果考虑在南极附近进行开发，那么收集的阳光可以为居住甚至施工过程中混凝土的流动提供热量。为了避免极端的温度变化，我们需要寻找类似整个表面暴露在太阳下的形式。因此，我们需要特别注意日光包层的几何形状和太阳的行为。在月球的开发计划中，我们应仔细考虑极地出现的长长的阴影，以确保受热的均衡。遮阳墙可以帮助在小范围内保持温度的稳定。由于月球上较低的重力提高了其屈曲度，同时因风和地震产生的横向负荷也较低，因此遮阳墙可以设计成细长结构。表面设计也应该能够应对光照面和阴影面之间产生的热梯度，从而减少表面张力的产生。双墙系统可用于加热气体或液体，这些气体或液体可用于开发过程中的任何需要，包括空调、人类用水或月球上的农业灌溉用水。该系统还可以被用来作为地热泵，当低于地表温度时，该系统可将空间内的温度加热到适合居住的水平。

七、概念性的基础设施设计

在美国宇航局先进概念计划（NIAC）授权下进行的研究已经取得了一些可喜的成果。我们首先集中研究了着陆架和所需道路，目前主要研究防爆墙和飞机库。着陆器直接降落在疏松暴露的月球表面时会产生很多高能量碎片，月球上的真空和低重力很难控制或减少这些碎片。月球极端的自然环境，加上牛郎星级（45-50MT）月球着陆器的着陆背景，使安全操作面临着充满尘埃和碎片的极具挑战性的环境。地面效应比阿波罗任务期间经历的还要严重（Mason，1970年）。最近的文献明确指出，重载荷设备登陆月球时，需要提供稳定的地面（Lumpkin，2007年；Metzger，2008年；Khoshnevis，2012年；Sengupta，2012年）。

1. 选址

着陆器着陆操作的选址至关重要。具有战略性的位置将带来诸多优势，比如：

安全——理想的到达和升空轨迹（以及堕落）、日常操作机会的最大窗口、避免飞越敏感地点、地标识别性和飞行员着陆目标的能见度（Eppler，1992年；Kerrigan，2012年）；

最小的燃料开支（由着陆点的海拔高度决定）；

地形特征——平原和高原、基岩和疏松的风化层；

稳定的地表/地面温度。

2. 着陆器最终阶段效果

假如着陆器装置了RL-10B主引擎集群核心排气设备，那么在其最终下落阶段，在着陆区上空低速盘旋、关闭主引擎着陆之前，其产生的反应负载在仅仅10 m^2范围内就能达到大约50吨。在排气设备产生的巨大热量和压力下，即使在非常短的时间内，这股力量也将变得非常巨大。瞬间快速产生的温度和压力，加上月球表面的恶劣环境（取决于着陆点），会对着陆架的材料产生巨大的压力，因此，我们在试验阶段就需要对其进行仔细研究并考虑安全可靠的设计（假定在10年的时间里需要着陆100次）。

3. 着陆架的选择尚在研究中

要想适应这种极端的瞬态温度和动态压力模式，需要使用适当的材料加固着陆架的核心，并设计相关功能，以缓解排气效应。利用轮廓工艺技术和我们新探索的其他增强方法，我们制造了耐火砖并将之内嵌于着陆架，以便有效地消散着陆器引擎产生的热量和能量。

针对着陆架还有其他若干解决方案，包括在应用轮廓工艺技术之前将着陆地点定位在自然形成的大片基岩上，并作出适当的准备（加工和塑形），我们目前正在对此进行研究。

对着陆架停机坪的要求远没有对着陆架中心部分的要求严格，因此硫磺混凝土可能是建造停机坪的一个相当不错的选择。在修建道路方面，我们考虑了多种不同的方法或将这些方法进行整合。这些方法包括使用硫磺混凝土、挤压熔化月表土、无需挤压利用现成的熔化月表土、由烧结月表土制成的坚硬瓷砖以及由硫磺混凝土或熔化硅石进行灌浆。图2、图3、图4展现了我们对着陆架、停机坪、防爆墙、道路和机器人建设飞机库现场进行的概念设计。

八、结构设计与分析

我们对某些建筑进行了调查，并为这些建筑制定了有限元分析（FEA）框架。对于着陆架和停机坪，边界条件和载荷包括着陆器的推力、燃料热量、太阳能以及机器人在月球土壤或岩石的施工界面。我们通过多种物理模型调查的问题包括：多次着陆产生的反复加热和推力、喷出燃料物和灰尘、硬着陆、微型陨石以及在极端环境下着陆架表面可能产生的屈曲或开裂。高冲击载荷和热应力加上低抗拉强度，会对施工的连接模式和频率产生影响。

对于防爆墙的设计，我们仍然利用有限元模型考虑火箭燃料产生的热量和推力、喷出的燃料物和灰尘、机器人在月球土壤或岩石施工的界面。建造防爆墙的目的是为了保护附近的仓库或设施，以及远处的定居点免受着陆器着陆时产生的高速月尘云的影响。我们正在对防爆墙的形状进行优化研究，以尽量减少着陆器着陆时产生的喷发物、仓库和定居点上的沉积物以及月球环境的恶化。

同时，我们正在制作月球上道路、机库或仓库的模型。在修建道路方面，我们考虑在较高的温度或荷载梯度下可能产生的最大有效载荷、牵引力、屈曲和开裂度，我们正在对太阳能、探测车的荷载以及土壤/结构的相互作用进行调查。在修建机库方面，边界条件和荷载包括自重、太阳能、微型陨石以及土壤/结构的相互作用。我们正在解决热应力/热应变、稳定性、裂纹扩展和辐射防护的问题。同样，可施工性和施工顺序影响着我们对机库整体形状和大小的建议。

九、为地球建设带来的好处

对于该技术在地球上的实施，无疑会因其在月球上的发展带来更多的好处。地球上的建筑行业虽然已经开始探索机器人制造技术的潜力，但仍然远远落后于制造业对此的探索和应用，比如汽车行业。美国建筑业在这些技术的实施方面落后于日本等其他先进国家。因此，轮廓工艺技术的发展，将大大推动建筑业的发展。

在混凝土施工方面，轮廓工艺已经显示出比传统施工方法更大的优势，有望彻底改变地球上的混凝土施工方式。这些优势包括：减少施工时间和成本；减少施工期间现场受伤的风险；降低噪声、粉尘和有害气体的排放量；增加建筑设计范围。但也许最重要的是，轮廓工艺通过减少传统混凝土施工中使用模板和模具造成的浪费，为我们提供了一个更加持续的建筑形式。

然而，对轮廓工艺技术在月球上应用的研究，可能为地球的可持续建设带来更多的好处。例如，研究硫代替水作为结合剂在月球混凝土和陶瓷材料中的使用，为地球上沙漠地区和严重缺水地区提供了可持续的建造技术。同样，以太阳能为动力进行烧结的施工技术还可以应用于如沙漠等太阳辐射强的地区。此外，用于月球混凝土制造的月表土加工和矿物提取技术，同样可促进地球更多利用原位资源。最后，为条件危险的月球所开发的技术还可用于地球上有害辐射区域等危险地区。

结语

轮廓工艺技术为在月球上进行经济可行的基础设施建设提供了可能。该技术完全消除了需要空运大量工具和系统带来的巨大成本和风险，其提供的自动化策略和水平，解决了施工进程的问题，并努力减少操作、协调和监督的复杂性。此外，它还为在月球上建造建筑提供了一个安全和可持续的方式。

对轮廓工艺在月球上的应用研究目前正在稳步进行。该研究项目的完成，不仅可以使轮廓工艺技术过渡到更高水平的实验室阶段，而且对该技术在地球上的应用产生积极的影响。该技术还可用于国防部快速建造ECBRN集体防护掩体、沙坑和障碍、桥梁节段等。此外，该项目将为地球上的建筑实践带来更加深远的影响。■

注释

①更多技术信息，请登陆www.ContourCrafting.org 观看相关动画和视频。欲了解全部技术专利，请登陆http://www-rcf.usc.edu/~khoshnev/patent.html。

②请登陆www.contourcrafting.org 观看利用轮廓技术进行建设的若干动画。

③还可使用木制复合材料。2008年5月，Khoshnevis教授在德国举行的木材建造创新论坛上展示了他的作品。

④详见下文关于外星建筑的讨论。

参考文献

[1] ALRED J. Lunar Outpost, JSC-23613,8/89[R], Houston, TX: NASA Johnson pace Center, 1989.

[2] ARNOLD J R. Ice in the Lunar Polar Regions[J]. Journal of Geophysical Research, 1979(84): 5659-5668.

[3] KHOSHNEVIS B, BODIFORD B M P, BURKS K H, et al. Lunar Contour Crafting A novel technique for ISRU based habitat development[C]. American Institute of Aeronautics and Astronautics Conference, Reno, 2005.

[4] COHEN M. Selected Preceptsn Lunar Architecture[C]. 34th COSPAR Scientific Assembly. The Second World Space Congress, Houston, 2002.

[5] COLAPRETE A. Water and More: An Overview of LCROSS Impact Results[C]. 41st Lunar and Planetary Science Conference, Lunar and Planetary Institute, Houston, 2010.

[6] DOGGETT W, DORSEY J, COLLINS T, et al. MIKULAS M. A Versatile Lifting Device for Lunar Surface Payload Handling, Inspection Regolith Transport Operations[C]. Space Technology and Applications International Forum, 2008.

[7] DUKE M B (ed). Workshop on Using In Situ Resources for Construction of Planetary Outposts[C]. Lunar and Planetary Institute Technical Report, Houston, 1998.

[8] GAIER J R. The Effects of Lunar Dust on EVA Systems During the Apollo Missions[C]. NASA STI Report Series, Hanover, 2005.

[9] HARUYAMA J. Possible Lunar Lava Tube Skylight Observed by SELENE Cameras[J]. Geophysical Research Letters, 2009(10): 21-28.

[10]HEIKEN G H, VANIMAN D T, FRENCH B M. Lunar Sourcebook: A User's Guide to the Moon[M]. Cambridge: Cambridge University Press, 1991.

[11]KHALILI E N. Lunar Structures Generated and Shielded with On Site Materials[J]. Journal of Aerospace Engineering, 1989(3).

[12]LANZEROTTI L J, BROWN W L, JOHNSON R E. Ice in the Polar Regions of the Moon[J].Journal of Geophysical Research, 1981(86): 3949-3950.

[13]LIN T D, LOVE H, STARK D. Physical Properties of Concrete Made with Apollo 16 Lunar Soil Sample[C]. The Second Conference on Lunar Bases and Space Activities of the 21st Century the Lunar and Planetary Institute, Houston, 1988.

[14]NEAL C. Lunar Exploration Analysis Group Chair[M]. Lunar Studies w/ Astronauts and/or Robots. University of Notre Dame, 2009.

[15]OMAR H A. Production of Lunar Concrete using Molten Sulfur[C]. JoVe NASA Grant NAG8 - 278, 1992.

[16]PIETERS C M. Character and Spatial Distribution of OH/H2O on the Surface of the Moon Seen by M3 on Chandrayaan-1[J]. Science, 2009(23): 568-572.

[17]ROMIG B A, KOSMO J J. Desert Research and Technology Studies (D-RATS) 2010 Mission Overview[C]. NASA Johnson Space Center, Houston, 2010.

[18]SIMON T, SACKSTEDER K. NASA In-Situ Resource Utilization Development and Incorporation Plans[C]. Technology Exchange Conference, Galveston Texas, NASA JSC and NASA GRC, 2007.

[19]TAYLOR L A, MEEK T T. Microwave Sintering of Lunar Soil: Properties, Theory, and Practice[J]. Journal of Aerospace Engineering, 2005(3):188-196.

[20]THANGAVELU M. MALEO: Modular Assembly in Low Earth Orbit. An Alternative Strategy for Lunar Base Establishment[J]. Journal of the British Interplanetary Society, 1993(1): 31-40.

[21]THANGAVELU M. Lunar Rock Structures, Return to the Moon II[C]. Proceedings of the 2000 Lunar Development Conference, Las Vegas, 2000.

[22]THANGAVELU M, Mekonnen E. Preliminary Infrastructure Development for Altair Sortie Operations[C]. AIAA Space 2009 Conference, Pasadena, California, 2009.

[23]THANGAVELU M. Return to the Moon: Looking Glass 204[C]. AIAA Space 2009 Conference, Pasadena, California, 2009.

[24]WILCOX B. Athlete: A Cargo Handling and Manipulation Robot for the Moon[J]. Journal of Field Robotics, 2007(5): 421-434.

[25]WILSON T L, WILSON K B. Regolith Sintering: A Solution to Lunar Dust Mitigation[C]. 36th Annual Lunar and Planetary Science Conference, League City, 2005.

英国住房保障制度与政策评介

洪亮平 何艺方
华中科技大学建筑与城市规划学院

引言

英国是世界上第一个进行和实现工业化的国家。19世纪中后期，繁荣的工业经济吸引了大量农业人口及外来移民向城市迁移，使城市化水平迅速上升。快速的城市化一方面对经济发展作出有力贡献；另一方面也导致人口膨胀、地价攀升，造成住房供应紧张、居住条件恶化。住房问题的日益严重引起了社会各界的关注，政府也不得不寻求措施进行干预，并由此开启了英国调控住房市场的先河。住房作为人类生存的基本必需品，政府有责任保障“居者有其屋”的实现。

一、英国住房保障政策的沿革

英国是世界上最早对住房市场进行政府干预的国家，针对住房问题出台的政策可追溯至1848年的《公共卫生法》（Public Health Act，1848）。在中低收入阶层的住房保障问题上，政府的干预十分明显。相比其他西方国家，高公共住房率是英国住房体系的显著特点，也是英国长期实施公共住房制度的结果（表1）。

1. 自由放任政策，适当引导与管制（19世纪中叶～20世纪初）

19世纪中叶前，英国政府在住房问题上采取自由放任政策，完全依赖市场调控，不加以任何形式的干预。19世纪中后期，随着住房质量低下、居住环境恶劣等问题愈发严重，政府在自由放任的基础上，开始实施一些引导性政策，倡导个人和团体建造质量好的住宅。1848年《公共卫生法》以法律条文的形式，制定了住房在布局、设计、建造等方面的最低标准，从而对住房建设者加以管制和约束。1915年，政府还出台了租金管制政策，由政府制定最高租金，限制房东通过任意增加租金牟取暴利。

2. 政府干预加强，直接参与建房（1919～1945年）

第一次世界大战以后，许多城市建筑与住房遭到破坏，对贫民窟的大量拆除导致许多人失去住所，加之1929年经济危机造成的大萧条局面，住房供应更为紧张。与许多西方国家通过金融援助鼓励开发商增加住房供应的措施不同，英国政府在住房政策上最突出的内容是直接建房来解决住房问题，满足国民需求。

从1919年《住房与城镇规划法》开始，英国要求地方政府直接建设公共住房，以低廉价格提供给国民租住，中央政府则对地方的住房建设项目给予资金上的支持。但在这一时期，对于政府是否应该大举介入住房市场仍存在质疑，因此政府直接建房的规模并不大，住房保障体系处于初步形成阶段。

3. 政府发挥主导作用，建立公共住房制度（1946年～20世纪70年代末）

由于战争破坏，1945年后英国面临严重的全国性住房短缺。战后上台的工党政府将解决住房问题视为福利国家建设的主要目标之一，全面介入住房领域，实行由国家直接供应的公共住房制度。通过土地配额和建筑许可证政策，限制私有建筑商的发展，保证公共住房建设。工党执政期间，各地方政府大量建造公共住房，缓解了住房困难。1951年继工党后上台的保守党继承了这一制度，公共住房建设继续得到大发展。1946年～1979年，地方政府建设了约510万套住房，以低廉的租金向国民出租，基本解决了英国的住房短缺及低收入家庭的住房支付问题。

20世纪60年代后，英国住房政策的重心开始转移，政府逐渐减少对住房供应的直接参与，转为提供住房补贴；民间住房协会则呈现快速扩张的趋势。1974年颁布的《住房法》完善了住房补贴体系：一方面是对住房供应方的补贴，政府通过各项住房补贴金资助住房协会快速发展，使其逐渐取代政府成为社会公共住房的主要供应者；另一方面是对住房需求方的补贴，通过财政补贴和税率控制的政策影响人们对住房所有权的选择，导致20世纪60年代后，自有住房成为住房所有权形式的主体。

4. 政府退出住房供应，推行公房私有化（1979～1997年）

1979年撒切尔政府上台后，以强势反对国家干预的自由主义思想，全面挑战二战后英国的福利国家体制，对公共住房制度进行了大刀阔斧的改革。一方面，政府全面退出住房供应，大力削减住房领域的财政开支，严格限制各级政府修建和供应公共住房；另一方面，通过颁布1980年《购买权法》、1984年《住房与控制权法》、1986年和1988年《住房法》等法案，并以贷款利益税减免等优惠政策大力推行公房私有化，鼓励租房者、私有企业和住房协会购买政府公房，并推动后两者在住房领域发挥更大作用。

撒切尔政府的住房改革转移了政府对住房保障所承担的直接责任，减轻了政府的财政与行政压力。在市场机制的作用下，有条件的中高收入阶层在改善居住环境的同时，还可通过投资住房获利；而低收入群体则因房价上涨陷入生活困难甚至无处栖身的窘境。前30年建立的公共住房制度在这一阶段几近消失，而住房市场因缺乏公共住房保障机制的缓冲作用呈现如上所述的两极分化局面。

5. 兼顾国家干预与市场调节，建设可支付住房（1997年以后）

布莱尔政府认识到保守党住房政策造成的问题，但在1997年上台后的首个执政期内，工党政府的住房政策并未因执政理念的转变而立即带来执政实践的转变。2003年起，工党政府加大了对公共住房政策的制定和执行力度，既继承了一部分前任保守党的自由主义政策，又加强了国家干预，重新强调政府在住房市场中的主导作用。

这一时期，实现住房保障的主要形式是建设“可支付住房”（affordable housing）。副首相办公室2003年制定的白皮书《可持续的社区：建设未来》、2005年制定的住房政策5年战略规划《可持续的社区：所有人的家》，财政部2004年发布的《住房供应评估：最终报告》等，都将可支付住房置于重要地位。2004年颁布的《住房法》就如何确保建设足够的低收入群体负担得起的社会公共住房、创建公平和良好的住房市场等做出了详细规定。2006年提出分享式产权购房计划，帮助公房租户、无房或栖身临时住所家庭、首次购房者和关键岗位人员（如教师、护士和警察等）购买住房。[1]

二、英国的住房保障形式

1．英国的住房体系

（1）住房供应

英国的住房供应部门主要有3个，即地方政府、住房协会及私有企业。20世纪40～50年代，地方政府是住房供应的主体，通过大规模的公共住房建设，解决了战后严重的住房短缺问题；60年代住房政策转型后，私有企业开始逐步取代政府的主体地位；80年代撒切尔政府进行住房改革，英国的住房供应体系发生了根本性转变—私有企业成为住房建设的主力，政府则基本退出了住房供应领域。而住房协会的作用从60年代以后逐渐加强，最终接替地方政府，成为公共住房的供应主体。

（2）住房类型

按照所有权，英国的住房可分为私有住房和租住房两大类。其中，私有住房分为完全所有权住房和贷款购买的住房；租住房则分为地方政府出租住房、住房协会出租住房和私人出租住房。英国是一个住房私有率相当高的国家，特别是在1980年推行公房私有化政策后，住房私有率迅速攀升，改变了以往以租住房为主的住房格局。[2]

2．英国的住房保障形式

当前，英国的不同城市根据自身实际制定不同的保障目标和详细的阶段性实施计划，通过对保障对象的严格认定，利用3种方式实现住房保障。[3]

（1）针对无家可归者和暂住人口——提供临时住所和廉租房

英国各级政府都将城市无家可归者和外来务工暂住人口的住房问题作为住房保障的重点之一。对离家出走者、由于特殊原因不能住在家里者以及因自然灾害造成的无家可归者等6类群体提供临时住所；对外来务工暂住人口则提供租金低廉的租赁房。

（2）针对租住或购买公共住房者——提供可支付住房

可支付住房作为目前英国住房保障的主要形式，又可分为租房和购房两部分内容。

第一种为租住可支付租赁房需提出申请。地方政府提供的公共住房由政府部门根据申请人的住房条件、财务状况、登记时间等进行打分，尽可能将住房提供给最需要的居民租住。第二种为住房协会提供的公共住房，则根据其自身的租房标准，向符合条件的申请人提供住房。第三种是合作租房。住房由合作者共同拥有，共同支付房租、负责维修并确定租金标准以及合作对象。

购买可支付产权房的居民，根据自身实际情况，可相应地享受购买权政策、获取权政策、置业计划政策、首次购房者政策、关键岗位人员购房政策等优惠政策。

（3）针对中低收入的租房者——提供房租补贴

中低收入家庭租住地方政府或住房协会提供的公共住房，政府予以一定数额的房租补贴；符合住房保障条件的家庭租住私人机构提供的租赁房，相应比例的租金由当地政府相关机构直接支付给房屋出租人。当前，有约2/3的政府公房租户，约70%的住房协会住房租户，约50%的私有住房租户得到租金补贴。

英国各城市都制定了严格的程序对住房保障群体进行判定，依据包括收入、养老金、保险金、税收等各种帐户记录，同时也考虑家庭人口数、家庭成员健康状况等指标，通过指标打分进行综合评定，最终确定住房保障的标准。

三、对中国住房保障发展的启示

1．建立完整的住房法律体系

住房保障作为一项重要的社会公共政策，需要强有力的法律支持。作为高度法制化国家，英国在住房保障方面也非常注重立法，颁布了一系列与住房相关的法案，包括《住房与城乡规划法》《住房法》等，且多年来几经修正，明确了各级政府在住房保障中的责任、居民享受的优惠政策、权利保障也通过法律条款确定下来。[4]

目前，中国与住房保障相关的政策、法规和条例已有许多，但在国家法律体系中尚缺乏一部专门的住房法。有关部门应尽快制定统一的住房保障法，以法律形式明确各级政府在推进住房保障工作中的责任，以及政府有关职能部门在住房保障资金投入、土地提供、金融支持、财税优惠等方面的具体分工；规范保障房投资、建设、管理运营等各个环节，确定保障对象、保障方式、保障水平、保障资金的来源、后续的执行监督。对保障住房建设、管理、运行中的违法行为要坚决予以严惩。各地方应结合本地经济发展的实际，制定地方性的住房保障法规，针对不同的保障对象，提供多种住房保障方式。这样从中央到地方形成一套完整的住房法律体系，才能保证住房保障的有效落实，杜绝乱象丛生。

2．坚持政府在住房保障中的作用

回顾英国住房保障政策的沿革，可以发现是一个由福利供应为主转向市场供应为主的过程。尽管20世纪80年代保守党执政后政府基本退出了住房供应领域，停止大量投入资金直接建房的行动，但政府对住房市场的干预作用仍通过其他形式实现。当保障住房供应再度紧张时，英国政府除继续投入资金建设公共住房外，还鼓励社会机构参与建房，向居民发放住房补贴，发展住房信贷，积极发挥政府职能。

中国住房供应体系的演变与英国存在某种相似性。20世纪90年代的住房改革后，住房供应从政府保障型转为市场型。英国进行住房改革的前提是拥有较高的住房自有率，且改革后并未撤销如发放房租补贴等保障手段。而中国在推动住房制商品化、社会化的过程中，几乎全盘否

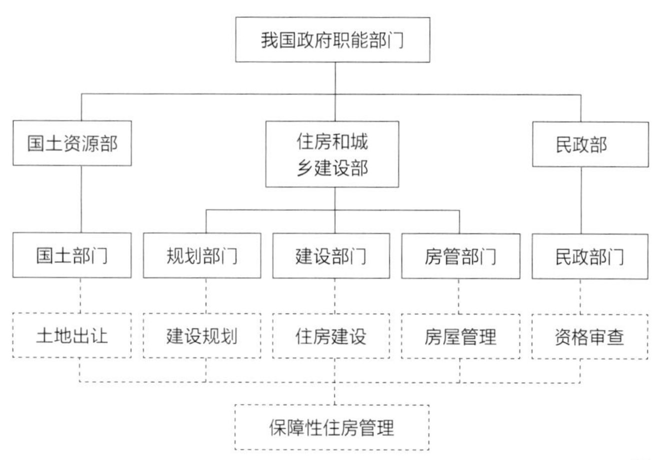

图1　中国目前保障性住房管理体系[5]

定了住房福利，将其快速、完全地置于市场化环境下，忽视了对中低收入群体的住房保障。政府作为实施住房保障制度的主体，不能完全退出住房供应领域，而应本着兼顾效率与公平的原则，在维护市场机制的基础上，承担起构建住房保障体系的重任，同时采取灵活多样的手段，发动全社会的力量，多渠道筹集资金投资建设保障性住房，维护广大居民的切身利益，保持社会的和谐与稳定。

3．建立高效的住房管理机构

在英国，由社区和地方政府部门（DCLG）负责制定全英住房政策及其社区改造、城市基础设施建设与住房投资的分配、管理。除此之外还有一些具有公共管理性质并相对独立的监管机构，如负责住房投资的家庭与社区管理机构（HCA）、负责对地方政府和住房协会进行监管的住房租赁服务机构（TSA）。地方层面上则有各地政府的住房管理部门以及大小不等的非营利性质的住房协会。这些不同层级的管理机构共同构成一个完整的体系，对住房市场的公平、稳定起到了有效的监督、管理作用。

中国目前对保障性住房的管理非常分散，呈现多头管理的现象。[5]举例来说，保障性住房的用地出让由国土部门推出，住房建设由住房和城乡建设部执行，房屋管理则由房管部门负责，保障对象的资格审查又由民政部门以及街道办来完成，另外还需要税务等其他部门的支持与合作（图1）。在目前的政府机构设置中，并没有相应的对保障性住房进行管理的职能机构，因此保障性住房面临“多人管理”却又“无人管理”的局面。为解决不同部门之间的协调困难问题，完善责任体系，有必要从中央到地方成立统一的住房保障管理部门，从土地出让、资金供应到房屋建设，实行统一管理、统一运行的机制。另外也可借鉴英国的经验，发展社会民间机构，参与对住房保障的监管。

4．加快专业的住房金融发展

专业的住房金融在英国住房事业中占有重要地位并发挥着重要作用。具有互助性质的建房互助会曾在英国政府的大力扶持下垄断个人住房金融。1986年撒切尔政府解除住房金融管制后，银行、保险等金融机构在住房信贷市场与建房互助会形成激烈的竞争态势，导致后者的市场份额逐年走低。如今的建房互助会定位于吸收小额储蓄，支持低端住房信贷市场，向低收入家庭提供住房按揭贷款。另外，英国的金融机构还有各项抵押贷款优惠措施促进居民购房，主要特点是偿还期长、贷款率高、贷款方式多样。

近几年，除成功借鉴新加坡的公积金制度外，住房抵押贷款也已成为中国住房市场主要的购房手段。但住房金融仍滞后于房地产业的发展，主要表现在：作为住房保障的主要对象，低收入家庭缺乏担保主体，也没有类似英国建房互助会的住房金融机构直接面向低收入家庭发放低息或无息贷款；尚未建立完善的政策性住房抵押贷款风险担保机制，以使购房者在发生意外情况下可用保险金来支付贷款，在一定程度上为贷款机构规避风险；参与住房金融的机构偏少，涉及面窄，放贷条件苛刻，工作效率低。[6]因此，必须进一步地大力发展住房金融，积极开展住房储蓄和政策性住房抵押贷款，完善贷款担保机制，降低中低收入居民申请贷款的门槛，增强其购房能力，并促进住房保障制度的顺利构建。

5．加强住房保障的针对性

英国住房保障的重点放在无家可归者、低收入者、关键岗位人员和首次购房者。其政策针对性强，包括实物配租的公房、低收入租金补贴、产权共享方式，住房金融采取商业性贷款与政策性贷款相结合等方式，使保障对象在无力购房时，可租住公房或享受补贴，随着收入状况的改善选择逐步购买一定比例直至完全产权。

中国住房保障制度起步较晚，保障手段单一，且受到各方面条件制约。因而，必须制定分级计划，有步骤、有针对性地解决中低收入家庭的住房问题，根据不同的经济政策安排、住房发展阶段和居民保障需求，从住房供应结构和供应方式方面建立适应不同收入水平居民支付能力的、分层次的住房保障体系，提供不同的保障手段，灵活地适应不同保障对象的具体需求和保障待遇。

结语

住房保障是社会保障体系的一大基础性构建，住房保障政策是一项重要的公共政策。从整个历史发展过程来看，英国政府在住房建设和住房发展上，特别是住房保障领域起到的作用是积极和主动的。英国的住房发展历程表明，即使是实行自由市场经济的资本主义国家，在关乎全体国民基本生存权利的住房问题上，政府也需要进行适当干预；在住房供应严重缺乏时，更应承担职责，发挥主导作用，确保住房市场供需的基本平衡。现今中国住房保障的首要任务是实现“居者有其屋”，保障国民最基本的居住权。在仍有大量家庭缺乏住房购买能力的现实情况下，政府应积极发挥主导作用，加大保障性住房的供应量，利用各种形式建设廉租房、经济适用房，解决住房市场供需结构性失衡的问题，维持社会稳定，实现人民生活安康。■

参考文献

[1] 汪建强．二战后英国公共住房发展阶段简析[J]．科学经济社会，2011（1）：95-97．

[2] 刘玉亭，何深静，吴缚龙．英国的住房体系和住房政策[J]．城市规划，2007（9）：54-63．

[3] 郑翔．英国城市居民的住房供应和保障政策及其对我国的借鉴[J]．中国房地产，2007（4）：30-32．

[4] 唐黎标．英国住房保障制度的启示[J]．中国房地产金融，2007（7）：46-48．

[5] 黄安永，朱新贵．我国保障性住房管理机制的研究与分析—对加快落实保障性住房政策的思考[J]．现代城市研究，2010（10）：16-20．

[6] 许超．国外住房金融政策的借鉴[J]．商场现代化，2005（7）：148-147．

原文刊载于　2013 年 02 期　　页码　104 - 108

北方寒冷地区古代大空间建筑室内热环境测试研究

张颀　徐虹　黄琼　刘刚
天津大学建筑学院

梁思成先生在《中国建筑史》一书中写道："建筑之始，产生于实际需要，受制于自然地理，非着意创制形式，更无所谓派别，其结构之系统，及形式之派别，乃其材料环境所形成。"建筑从诞生之初就与气候、地理息息相关，目的在于为人类创造适应气候、抵御自然侵袭的场所。从生态学的角度看，古代建筑在建造当时的技术条件下最大限度地利用自然条件创造了尽可能舒适的室内环境，在长期环境演变过程中不断发展，是适应自然的产物。20世纪50年代，人口爆炸、环境污染和资源枯竭三大危机的出现使人类重新审视人与自然的关系，生态建筑的发展使人们越来越关注针对古代建筑气候适应性的研究，以期从中获得经验和启发。20世纪90年代初，关于古代建筑物理环境的量化研究就已展开，[1~3]然而到目前为止，研究仍集中于民居这一建筑类型，几乎没有涉及其他建筑功能类型。中国古代建筑具有明显的等级制度，建筑使用者决定了建筑等级，建筑等级又直接决定了建筑群及其单体的规模。本文的古代大空间建筑是指等级高、规模大，为人们的公共活动所使用，能集中反映某个地域、某个时期的建筑风格与艺术以及当时的社会活动和工程技术的最高水平的一类建筑，具体指行政、坛庙、宗教、教育文化娱乐、园林与风景、防御建筑中的主要殿堂类建筑，无论在外部形态、内部空间抑或细部构造上都与民居存在明显差异，其室内热环境状况与民居也必然不同，对其气候适应性的研究亦会带来不同的生态经验发现。因此，笔者选取隆恩殿（图1）为研究对象，通过现场测试与问卷调查相结合的方法，了解北方地区古代大空间建筑在夏、冬两季的室内热环境状况，并对其热舒适性进行评价，以期为深入分析、研究其气候适应性策略提供一定的依据，为当代大空间建筑的生态设计提供一定的启发。

一、测试对象概况

测试对象为河北遵化清东陵定东陵慈禧隆恩殿。遵化位于河北省唐山市北部，最冷月平均温度-6.6℃，极端最低温度-25.7℃，最热月平均温度25.6℃，极端最高温度39.8℃，为典型寒冷气候。定东陵位于清东陵西部，包括普祥峪定东陵和菩陀峪定东陵，前者为咸丰帝孝贞显皇后钮祜禄氏，即慈安太后的陵寝，后者为咸丰帝孝钦显皇后叶赫那拉氏，即慈禧太后的陵寝，二者东西并列、规制相同，是清代最晚营建、建筑制度最完备、规模最崇宏的两座后陵。慈禧隆恩殿重檐歇山顶，面阔五间，通面阔25.91 m，两山各显三间，通进深16.74 m，前檐正中三间为菱花槅扇门，二梢间为槛窗，其余三面为砖墙，檐柱高5.16 m，重檐金柱通高12.13 m，内里格井天花高9.61 m。

二、测试方案

测试选择在典型气候条件下进行。测试内容包括室内外的空气温度、相对湿度、风速，墙体、门、地面表面温度及大殿中心的黑球温度。地面测点选在大殿地面几何中心处，其余测点均选在距离地面1.5 m高的位置，黑球自记仪结合测点1布置，具体分布情况如图2所示。测量仪器与操作方法见表1。

三、夏季测试结果

夏季测试时间为2012年7月16日～17日，测试期间天气晴朗，最高温度34.56℃，最低温度22.25℃，隆恩殿两次间槅扇门于8:00左右开启，18:30左右关闭。

1. 室内外空气温度

由图3可知，与室外温度相比，室内温度波动明显较小，室内外最高空气温度相差6.75℃，最低温度相差2.83℃。受太阳辐射与开门位置的影响，室内各测点温度存在差异，测点1，4，5的空气温度较平均温度高，最大温差为0.92℃，测点2，3较平均温度低，最大温差为1.18℃。

2. 室内外空气相对湿度

由图4可知，室内相对湿度整体高于室外，波动趋势与室外基本一致，但波动幅度相对较小；室内平均相对湿度为56.2%～73.2%。根据《室内空气质量标准》(GB/T 18883 -2002)，[4]夏季空调期室内空气相对湿度标准值为40%～80%，故隆恩殿室内湿度环境处在健康、舒适的范围内。

3. 室内外风速

由于仪器数量有限，测量风速时不能保证数据的完全同步，但通过数据记录发现，室内几乎处于无风状态。

4. 表面温度及黑球温度

由图5可知，各墙体、门外表面温度受室外综合温度影响波动剧烈，西墙外表面温度波动最大，温差达23.3℃，南门达16.9℃，北墙达16.6℃，东墙达10.6℃；墙体与门隔热性良好，外表面温度差异很大，但内表面温度几乎一致且稳定，南门内、外表面温度差最大达24.3℃，西墙达19.9℃，东墙达18.6℃，北墙达13.9℃。

由图6可知，黑球温度与测点1处的空气温度几乎一致，略高于室

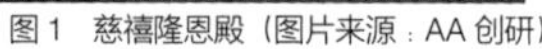

图1　慈禧隆恩殿（图片来源：AA创研）

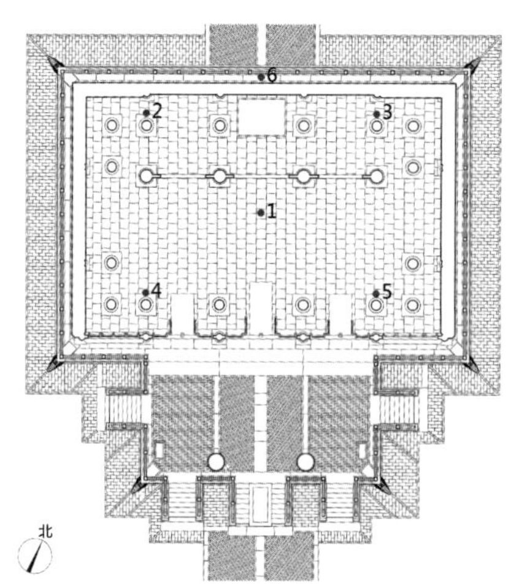

• 测点数据包括温度、湿度、风速

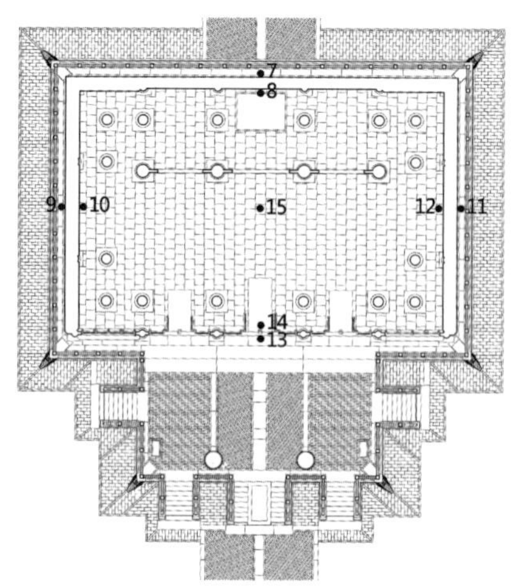

• 测点数据为墙、门表面温度

图2　慈禧隆恩殿测点分布图（图片来源：天津大学建筑学院）

表1　测量参数及测量仪器

测量参数	测量仪器	量程	分辨率	精度	操作方式
空气温度	BES-01温度采集记录器	-30～50℃	0.01℃	±0.5℃	昼夜自动记录，间隔10分钟
黑球温度	HQZY-1黑球自记仪	-40～60℃	0.1℃	±0.3℃	
相对湿度	JTR08温湿度测试仪	0～100%	0.1%	±1.5%	昼间人工记录，间隔1小时
风速	Testo 417叶轮风速仪	+0.3～+20m/s	0.01m/s	±（0.1m/s+1.5%测量值）	
表面温度	SENTRY ST677红外测温仪	-32～1650℃	0.1℃	±3.0℃（-32～-20℃） ±2.0℃（-20～100℃） ±2%（100～1650℃）	

内平均空气温度，这表明围护结构内表面并未对室内热环境产生过冷或过热的辐射影响。

5. 热环境评价

热环境评价指标中应用最广泛的是被编入国际标准ISO 7730的预测平均投票数（PMV）[5]（表2），测试日9:00～18:00的逐时PMV变化曲线如图7所示。由图可知，14:00～16:00室内较热，舒适度较低，其他时段室内处于适中或微暖的状态，比较舒适。

6. 问卷调查及结果

由于范格尔（Povle Ole Fanger）教授提出的PMV指标建立在环境参数恒定的实验室空调环境基础之上，相对于自然通风房间，其热舒适要求更严苛，也忽略了人体对热环境的主观适应性。因此，测试同期，笔者以问卷方式对室内人员的基本情况以及现场主观感受进行了调查，作为对室内热环境舒适性的补充说明。调查在7月16日14:00～15:00进行，为保证数据的可靠性，受访者样本选择上采用志愿者的方式，志愿者为在校大学生；样本规模上考虑其异质性程度较低，同时受条件制约，共发放调查问卷31份，收回问卷31份。

在对室内热环境的总体感受评价中，仅有3人选择"稍不舒适"，选择"适中""比较舒适""很舒适"的人数一共为28人，由PMV-PPD指数以及ANSI/ASHRAE Standard 55-1992舒适区标准可知，舒适区的确定原则为80%的受试者满意，据此可以确定此时室内环境属于热舒适区范围。

在热感觉评价中，绝大部分选择"适中"，极少部分选择"稍热"，统计结果意味着绝大多数受试者对其所处环境的热感觉是满意的。

在潮湿感评价中，选择"适中"的不到1/3，半数以上人选择"潮湿"和"比较潮湿"，统计结果可见，对此时相对湿度的评价偏向潮湿，室内的湿度环境基本令人满意，有待进一步改进。

在吹风感评价中，大部分选择"舒适无风"，选择"闷热"的仅有2人，统计结果说明在室内无风的情况下，由于室内温湿度状况基本令人满意，并未导致强烈的闷热的感觉，大部分受试者仍感觉舒适。

四、冬季测试结果

冬季测试时间为2012年12月29日～30日，测试期间天气晴朗，最高温度-4.44℃，最低温度-10.25℃，隆恩殿两次间槅扇门于9:30左右开启，16:30左右关闭。

1. 室内外空气温度

由图8可知，室内空气温度与室外相比波动较小，室外空气温度差最大达5.81℃，室内仅为2.86℃。室内平均空气温度完全高于室外，最大温差为4.11℃；室内各测点空气温度存在差异，南向测点4、5的空气温度高于平均空气温度，这表明室内热环境受到了太阳辐射的积极影响。

2. 室内外空气相对湿度

由图9可知，室内空气相对湿度高于室外，平均相对湿度为25.4%～31.8%。根据《室内空气质量标准》(GB/T 18883-2002)[4]中冬季采暖期室内空气相对湿度标准值为30%～60%判断，大殿室内湿度略低，空气略显干燥。

3. 室内外风速

通过测试发现，大殿室内基本处于无风状态。

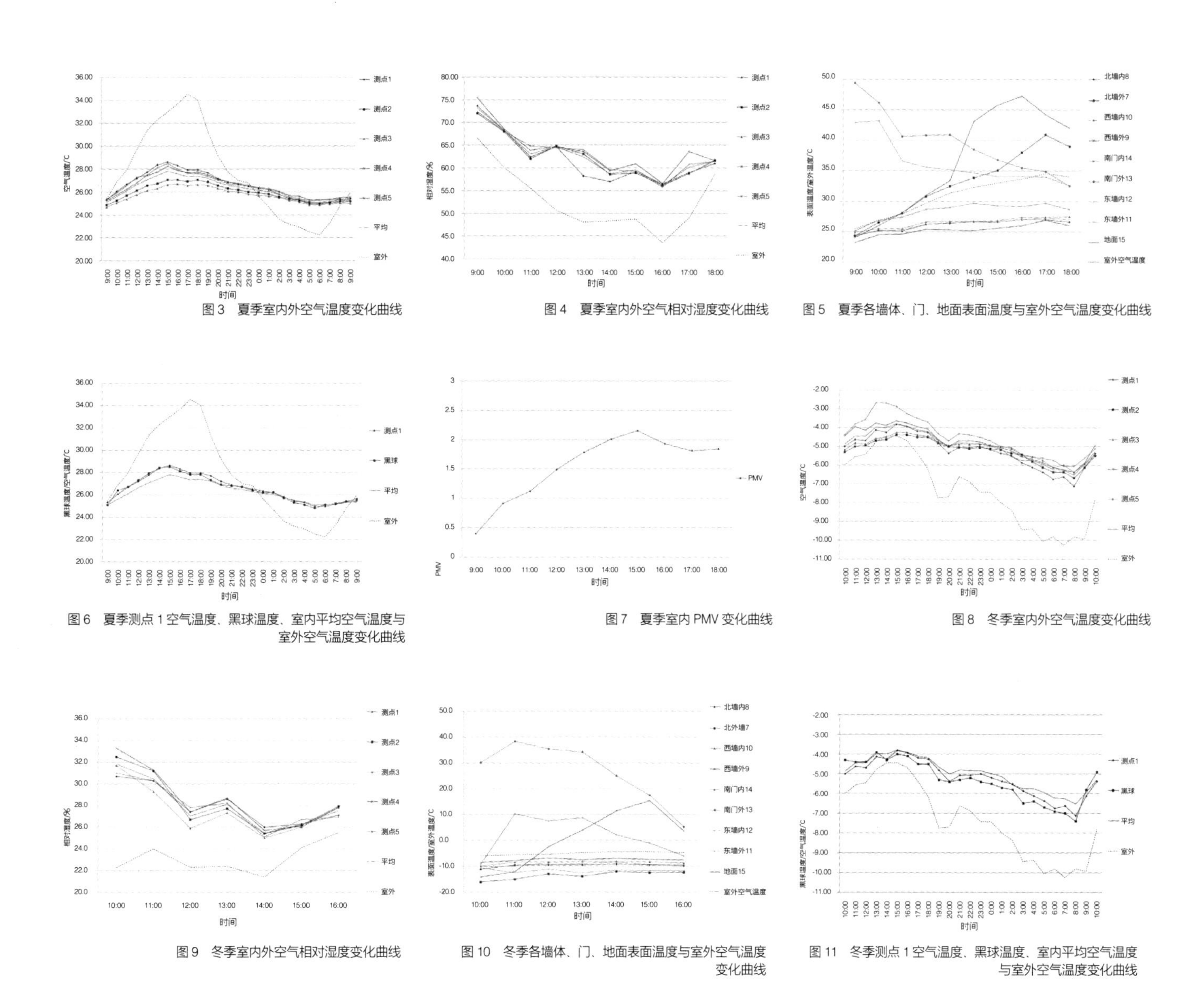

图3 夏季室内外空气温度变化曲线

图4 夏季室内外空气相对湿度变化曲线

图5 夏季各墙体、门、地面表面温度与室外空气温度变化曲线

图6 夏季测点1空气温度、黑球温度、室内平均空气温度与室外空气温度变化曲线

图7 夏季室内PMV变化曲线

图8 冬季室内外空气温度变化曲线

图9 冬季室内外空气相对湿度变化曲线

图10 冬季各墙体、门、地面表面温度与室外空气温度变化曲线

图11 冬季测点1空气温度、黑球温度、室内平均空气温度与室外空气温度变化曲线

4．表面温度及黑球温度

由图10可知，南门与西墙受太阳辐射影响，外表面温度波动剧烈，南门外表面温度差达33.1℃，西墙为29.5℃，北墙外表面温度稳定，温差达4.0℃；受大殿开放时间影响，表面温度测试从10:00开始，错过了东墙受太阳直射的时间，推测东墙外表面温度在清晨会有较大波动。各向墙体内表面温度非常稳定且接近，西墙内外表面温度差最大，为23.7℃，北墙与东墙较小，分别为5.5℃和3.6℃；南门内表面温度变化剧烈，趋势与外表面一致，内外表面温度差最大达39.4℃。

由图11可知，黑球温度在9:00～13:00略高于测点1处空气温度，其他时段均比空气温度低，最大温差为0.63℃，由于内表面温度远低于空气温度，围护结构对人体产生了冷辐射作用，加剧了人的寒冷感，这种情况仅在室内受太阳直射期间有所改善。

五、分析

与建筑相关的气候因素主要有太阳辐射、空气温度、风和水。根据夏季、冬季所需的热量控制途径，结合辐射、对流、传导三种热传递方式，再加上蒸发散热的过程，构成气候设计的基本策略，[6]见表3。结合慈禧隆恩殿夏、冬两季的测试结果发现，影响室内热环境的因素包括朝向、出檐方式、门窗洞口位置、围护结构热工性能以及室内通风情况。

1．夏季测试情况分析

夏季测试结果表明，在没有人工制冷设备介入的情况下，隆恩殿室内热环境基本处于舒适范围。

"负阴抱阳、背山面水"是中国传统风水观念中择址的基本原则。后陵选址在"遵照典礼之规制，配合山川之胜势"的宗旨下进行，遵循觅龙、察砂、观水、点穴的步骤，同时注重自然环境、地质地形、水文、土壤结构、气候等因素。定东陵的选址工作历时12年，"普陀山坐金星，平顶山坐土星，前有平安岭作朝左右护砂互相环抱，两穴内堂水均出丁未方与神道水会合，外堂水均出巽方且与定陵壬丙山向系一脉"，其后"平顶山改名普祥峪万年吉地，普陀山改名菩陀峪万年吉地"。[7]在此优越的山水格局下，建筑组群格局依势展开，隆恩殿亦沿此序列朝向南偏东方向。

其一，南偏东的朝向以及仅在建筑正立面设门窗的洞口位置，使大殿主要接受南向的太阳辐射，由于此时段太阳高度角较高，再加上屋顶出檐的影响，较好地控制了室内热环境的太阳得热量。

其二，在太阳高度角低、太阳辐射强度强、最难处理建筑遮阳问

表2 PMV指标分度级别

热感觉	冷	凉	微凉	适中	微暖	暖	热
PMV值	-3	-2	-1	0	1	2	3

表3 气候控制基本策略

<table>
<tr><th></th><th>热量控制途径</th><th>传导方式</th><th>对流方式</th><th>辐射方式</th><th>蒸发散热</th></tr>
<tr><td rowspan="2">夏季</td><td>减少得热量</td><td>减少传导热量</td><td>减少热风渗透</td><td>减少太阳得热量</td><td>——</td></tr>
<tr><td>增加失热量</td><td>——</td><td>增强通风</td><td>增强辐射散热量</td><td>增强蒸发散热</td></tr>
<tr><td rowspan="3">冬季</td><td>增加得热量</td><td>——</td><td>——</td><td>利用太阳能</td><td>——</td></tr>
<tr><td rowspan="2">减少失热量</td><td rowspan="2">减少围护结构传导方式散热</td><td>减少风的影响</td><td rowspan="2">——</td><td rowspan="2">——</td></tr>
<tr><td>减少冷风渗透量</td></tr>
</table>

题的东、西两向，选择热工性能好的砖墙作为立面材料。砖墙蓄热性良好，从测试结果墙体内、外表面温度差以及各向墙体内表面温度的稳定性即可看出；同时砖墙散热速度快，墙体外表面温度随太阳辐射波动剧烈、太阳辐射减弱后表面温度迅速下降的温度曲线可以体现。强大的蓄热性能、良好的散热能力极大地减少了室内热环境的传导得热量、增加了辐射散热量。

其三，虽然建筑的朝向迎合夏季风方向，但单向开门的立面形式很难形成自然通风条件，室内外风速的测试结果表明室内基本处于无风状态，这也造成室内相对湿度大、湿气难以排出的问题。

2．冬季测试情况分析

从冬季测试结果可以看出，由于缺少人工供暖设备，在寒冷的气候条件下，大殿室内热环境并不舒适，但室内平均空气温度完全高于室外的现象表明其室内热环境仍然具有优势。

其一，冬季太阳辐射以南向最强，建筑南偏东的朝向迎合了太阳的入射方向；此时段太阳高度角较低，屋顶的出檐并不影响太阳辐射进入室内；南立面采用槅扇门与槛窗的形式，最大限度地提供了采光面积。三者的配合使太阳辐射尽可能多地进入室内，充分利用了太阳能对室内热环境的加温作用。

其二，冬季盛行北风和西北风，门窗的隔热性和气密性均较差，北向和西向的砖墙解决了冷风渗透的问题，同时其良好的保温性能减少了围护结构的散热，利于室内热量的保存。

其三，冬季为了保温应尽可能减少门窗开启，隆恩殿因参观展览需要，两次间槅扇门在白天处于常开状态，由于建筑北向、西向均为砖墙且受其开门方向影响，从测试结果判断大殿室内仍处于无风状态，并未产生严重的空气对流与建筑散热。

3．夏、冬两季气候设计策略的矛盾协调

气候设计的关键在于对气候资源的"用"与"防"，通过表3即可看出，夏、冬两季面临着气候设计措施的矛盾与协调问题。隆恩殿以东、西、北三向的砖墙实现了夏季减少围护结构传热量、控制太阳得热量和冬季减少围护结构散热量、防止冷风渗透的双重目标，以建筑朝向、出檐形式和门窗洞口位置三者的配合，协调了夏季减少太阳得热量和冬季利用太阳能的问题，而在夏季通风与冬季防风的矛盾上，优先考虑了冬季防寒需求，舍弃了夏季通风降温的方式。

六、结论与启发

通过测试数据分析发现，在缺少人工设备介入的情况下，隆恩殿在夏季可以创造基本满足人体热舒适要求的室内热环境，冬季能够减弱室外寒冷天气的影响，提供相对舒适的环境条件。在气候设计策略上，建筑朝向、出檐方式、门窗洞口位置以及材料的热工性能等因素的配合实现了夏季防热与冬季防寒的双重目标，而在通风方式上为了协调夏、冬两季的矛盾，优先满足了冬季的防风需求，在一定程度上舍弃了夏季通风降温的方式，这一做法与当今寒冷地区热工设计满足冬季保温、部分地区兼顾夏季防热的要求相一致。

根据计算机软件模拟结果，南向全部开窗采光、其余三面采用蓄热性能好的重质材料且均不开窗的立面形式是寒冷地区冬季获取太阳能最多的模式，典型实例如位于德国柏林的马尔占公寓，[8]南面的玻璃墙面以及北面、侧面的实心隔离结构使该住宅成为低能耗、低造价的典范。隆恩殿处理冬季防寒问题的做法与之高度一致，不仅表现出古人在朴素生态观指导下在建筑气——候设计方面取得的成就，亦表现出其充分利用自然规律的能力。

然而，冬季测试结果也表明，隆恩殿虽然按此理念进行设计，室内热环境与室外相比有了明显改善，但并没有达到完全舒适的效果，这与其门窗气密性过差、散热量过多有关。因此，当代大空间建筑在进行冬季防寒设计时，不但应关注门窗洞口的位置与面积，而且应注重增强门窗气密性的构造做法以尽量减少热损失。

寒冷地区古代大空间建筑在当时的自然、社会、经济、技术条件下能创造尽可能舒适的室内热环境，其处理人、建筑、自然三者之间关系的态度值得当代人思考与学习，其气候适应性策略更有待进一步的挖掘与研究。■

参考文献

[1] 高翔翔，胡冗冗，刘加平，等．北方炕民居冬季室内热环境研究[J]．建筑科学，2010（2）：37-40．

[2] 胡冗冗，李万鹏，何文芳，等．秦岭山区民居冬季室内热环境测试[J]．太阳能学报，2011（2）：171-174．

[3] 刘大龙，刘加平，何泉，等．银川典型季节传统民居热环境测试研究[J]．西安建筑科技大学学报自然科学版，2010（1）：83-86．

[4] 国家质量监督检验检疫总局，卫生部，国家环境保护总局．GB/T 18883-2002 室内空气质量标准[S]．北京：中国标准出版社，2002．

[5] 国家质量技术监督局．GB/T 18049-2000 中等热环境PMV和PPD指数的测定及热舒适条件的规定[S]．北京：中国标准出版社，2001．

[6] 杨柳．建筑气候分析与设计策略研究[D]．西安：西安建筑科技大学，2003．

[7] 王蕾．清代定东陵建筑工程全案研究[D]．天津：天津大学建筑学院，2005．

[8] 阿斯曼·萨洛蒙，苏明明．马尔占高能效公寓，柏林，德国[J]．世界建筑，2002（8）：36-40．

历史建筑保护的制度建构

刘晖[1] 梁励韵[2]

1 华南理工大学建筑学院，亚热带建筑科学国家重点实验室

2 华南农业大学林学院

历史建筑作为城乡遗产保护体系的重要组成部分，承载了历史文化街区的核心价值，是形成历史文化名城、名镇、名村传统风貌的主体。文物建筑有以《文物保护法》为基础的较完整的保护体系，相比之下，历史建筑保护的基本制度尚处于构建阶段。本文将针对历史建筑的认定和保护中面临的若干问题进行探讨。

一、历史建筑的认定

1. 提名来源

历史建筑的提名来源应开放、多元，至少包括：①历史建筑普查，在普查的基础上保持多种渠道的开放性的提名，才能保证有价值的历史建筑不被遗漏，如广东省发文要求各地市组织对本地优秀历史建筑进行调查，并给出了具体的标准，调查结果将公布为历史建筑；②所有权人申请；③源自文物普查线索，在共享文物普查信息的基础上，将不作为文物保护单位或登录文物且符合历史建筑认定标准的纳入历史建筑予以保护；④历史文化街区、历史文化名镇、名村保护规划编制时认定，根据《历史文化名城保护规划规范》，在编制上述保护规划时要对核心保护范围内的历史建筑进行详细的调查；⑤公众提名，为了调动和动员全社会保护历史建筑的积极性，保障公众的提名权是非常重要的，比如广州2012年以来多次由公众首先发现和提名，形成了"市民报料-媒体跟进-专家评估-政府公布"的模式，有助于形成官方与民间的合力。

另外，在施工和拆迁过程中都有可能发现历史建筑的线索。有的历史建筑被其他建筑遮挡或者外部已被改建，在施工或拆迁过程中才得以"重见天日"，被发现其价值，这时要有类似抢救性发掘的"申报绿色通道"，先紧急停工，由专家鉴定评估，符合条件的纳入历史建筑保护。

2. 认定标准

历史建筑的认定标准一般也分为历史价值、艺术价值、科学价值几方面，但是不宜责备求全。因为如果一幢建筑的历史、艺术和科学价值都很高的话，往往已经被定为不可移动文物。就笔者曾参与过的历史建筑综合评定量化打分体系来看，无论权重如何设置，运用到实际案例上都有很大局限性，所以应该是仅凭历史、科学、艺术价值之中任一项达到标准即可认定。同时，历史建筑一直在使用，很多建筑（尤其是工业遗产）的外观体量和平面格局、内部装饰都曾改建，对于这些价值受损的建筑要适当放宽标准，一则与不可移动文物的较高标准拉开一定差距，二则也为将来再利用留下了多种可能性，做到"应保尽保"。

3. 评审程序

现在各地历史建筑的认定普遍采用专家评审、政府审定公布的方式，可以较好地吸纳各方面意见，保证政府决策的科学性。在专家组成方面，除了建筑、规划、文物方面人士外，应有更多的本地文史、地方志和民间保护人士，很多历史建筑的价值不能仅从建筑艺术或技术的独特性考虑，更多与地方文化和社区认同密不可分，专家的本地化有助于维系这种纽带。

4. 所有权人意愿

与文物建筑一样，历史建筑的认定和公布无需所有权人同意①，但所有权人却要因此而承担保护的责任。在此情况下，如何保障所有权人的权利——主要是合理使用和适当改造的权利，防止公权侵犯私权就变得极为重要。公布为历史建筑后不得拆除，但只要不影响其正常使用，就无需对此进行补偿，而在其他方面多采取鼓励性的措施，尽可能减少对正常使用的限制是十分重要的。

二、保护原则与措施

1. 反拆除的原则

历史建筑保护首要原则就是反拆除，只有禁止拆除，才能为其他的保护措施和再利用提供基础。现在提出反拆除原则具有特别的现实意义。大规模旧城改造中一般不敢拆文物建筑，但是历史建筑经常被拆掉，或被改成统一风貌的"假古董"。其原因主要是历史建筑反拆除的法规层级较低，违法成本很低；另外很多城市尚未进行历史建筑的普查，历史文化街区内的历史建筑也没有正式发文公布，导致拆除不会受到严厉处罚。

2. 区别于文物的价值保护原则

根据《中华人民共和国文物保护法》，文物建筑的修缮、保养、迁移等应遵循"不改变文物原状"原则，而历史建筑的保护则是"保持原有的高度、体量、外观形象及色彩等"原则（《历史文化名城名镇名村保护条例》第27条），以及"历史建筑的维修和整治必须保持原有外形和风貌"（《城市紫线管理办法》第12条）。另外，《历史文化名城保护规划规范》对历史建筑的维修、改善都要坚持不改变外观特征作了原则规定。正确理解并坚守这些原则并不意味着历史建筑外观丝毫不能变，历史建筑保护的主要是有价值、有特色的部分（通常是正立面或者主要立面外观），次要的、不影响原有外形和风貌特征的地方是允许改动的。有时出于保护或其他目的将历史建筑旁边的其他建筑拆除后，历史建筑有些原来隐藏在内部或者与相邻建筑之间的隔墙暴露出来，这些立面往往非常简单甚至简陋，即使出于保护的目的也要加以改变，这种改变显然是必须和合理的。历史建筑保持原有外形和风貌同样也要防止"风格性修复"，那种为了追求建筑风格纯正或者一条街风貌统一，任意抹掉历次改扩建信息的做法不值得提倡。对于历史建筑内部，虽然允许适当改造以适应当代生活或新的功能，但是对于有价值的室内铺装、装饰、楼梯乃至门窗五金构件等都应保护。总之，全面准确的历史建筑保护原则应该是"价值保护与价值体现"——保护历史建筑有价值的地方，包括但不限于外观特征，并采取合适的创造

性的方式将其价值展现出来。

3．简化保护规划和措施

为了在大拆大建的年代保护尽可能多的历史建筑，保护的程序必须简便、快捷。历史建筑量大面广，大多数还在正常使用，保护规则不要复杂化——除了图则式的划定保护范围和建设控制地带、制定相应措施外，一般情况下不需要像文物保护单位那样编制面面俱到的保护规划。历史街区内的历史建筑保护应服从历史街区的保护规划，历史文化街区外的历史建筑则要在公布之后尽快划定保护范围、确定保护价值所在，明确要保护的风貌特征和具体建筑部位。

4．历史建筑不宜按行政层级分级

历史建筑的认定和保护都是典型的地方性事务，在保护责任、保护措施和资金投入没有根本区别的情况下，不宜依据价值大小像文物保护单位那样分为国家、省、市、县级。即使一定要分，也只需把那些有争议的或建设活动中新发现的划为暂定级，这些建筑在未来建设活动中如要拆除必须经过论证。

三、历史建筑保护制度建议

1．尽快开展历史建筑普查

普查是建立历史建筑保护的基础工作，也是避免今后被动的关键。对于大多数城市来说，历史建筑普查的重点首先在于历史城区、历史文化街区、历史文化名村名镇的核心保护范围，以及近期重点开发建设的区域和旧城旧村旧厂改造区域。

2．责权利的对等

政府公布历史建筑保护名录就应承担起相应责任，历史文化名城和历史文化街区的保护，最终都要落实到大量历史建筑的保护上。历史建筑所有者在其房产公布为历史建筑后，除了获得荣誉，更关注有何实惠。历史街区内历史建筑的划定、历史环境要素的确定、公共财政的投入和对产权人的奖补机制都需要精巧的制度设计，使得各利益相关方既有投入，也有收获。

3．财政资助要与历史建筑的开放挂钩

保护历史建筑是为了展示和弘扬其价值，得到财政资助的历史建筑所有者有义务向公众开放（至少是有限时间段的预约开放）。在没有普遍开征物业税的情况下，如何实现对历史建筑所有者在房产持有环节的税收优惠和减免，以及有效的财政支持，都是值得探讨的课题。

4．对历史建筑的“弱干预”

文物因其价值显著，出于保护公共利益的目的宜采取“强干预”的措施，如征收建筑作为博物馆或对所有人进行大额的补贴。而历史建筑价值和年代一般不及文物建筑，再利用可能性则更多样，应该在反拆除的前提下多采用技术指导、再利用指引、鼓励嘉奖等“弱干预”手段，资金补贴只是辅助手段之一，领取补贴手续简便才能有效激发历史建筑所有人的保护积极性②。

5．改进双部门管理

目前对于建筑遗产的文物和建设的双部门管理体制是按照对象划分：不可移动文物保护归文物部门，历史建筑的保护归建设规划部门。保护对象的身份未来会变化，随着历史建筑公布为文物保护单位，之前的历史建筑保护规划和相应的保护区划都要随之修改，至少需要“转译”为文物保护单位的保护规划和保护区划。

理想的管理体制是按照事权划分，对包括不可移动文物和历史建筑在内的所有建筑遗产，文物部门管理其修缮、维修，规划建设部门管理其周边建设控制和风貌协调。历史建筑名录也应该是动态的，应有筛选、甄别和退出的机制，这里的“退出”既指转入文物保护单位，也包括一些经过严格论证和审批允许拆除的。目前在双部门体制下至少要理顺“双向划转”机制，及时将文物普查得到的不适合作为文物保护的线索提供给建设规划部门，同时将符合文物条件的历史建筑纳入文物名录。

结语

历史建筑保护体系的建立需要全社会逐步形成共识，既需要政府转变GDP导向的粗放式城市建设思路，也需要历史建筑所有权人以及全社会提高保护意识。在这个过程中，专业人士和媒体运用专业知识和影响力，通过普及知识和观念、进行个案监督推动制度建设都是非常重要的。■

注释

①有些地方性规定设定了公布历史建筑需要所有权人同意的前提，这直接导致一些价值很高的建筑（尤其是民居宅第）因为所有权人不同意或者所有权人之间意见分歧而不能被划列入历史建筑保护，殊为遗憾。

②广东某市设立了财政出资的历史建筑保护基金，但是因为程序复杂，目前只有1个成功申请案例。

参考文献

[1] 何姗，任磊斌．受损的百年红砂岩墙被挂牌保护[N]．新快报，2013-02-07（A13）．

[2] 刘晖，梁励韵．历史建筑的认定与保护．南方建筑[J]．2011（2）：23-25．

[3] 国际古迹遗址理事会中国国家委员会．中国文物古迹保护准则[S]．马布里：盖蒂保护研究所，2002．

原文刊载于 2013年03期 | 页码 021 - 024

从文化遗产到创意城市
——文化遗产保护体系的外延

徐苏斌
天津大学中国文化遗产保护国际研究中心

2012年度国家社科基金大招标项目（第四批）（12&ZD230），国家自然科学基金面上项目（51178293）

一、文化遗产保护和创意城市的衔接

文化遗产保护应该是包容再利用的系统工程。文化遗产分为物质文化遗产和非物质文化遗产，物质文化遗产又分为可移动遗产和不可移动遗产。在中国，不可移动遗产有三类——第一类是世界文化遗产；第二类是历史文化名城、历史文化街区、历史文化名村、名镇；第三类是全国、省、市重点文物保护单位。可移动遗产包括国有馆藏和私人收藏文物。受世界遗产体系的影响，文化景观、工业遗产等多种遗产也被纳入文物保护范围，丰富了中国文物保护单位的种类。上述均属于文化文本范畴，但是文化遗产保护不应仅仅停留在文化文本范畴，而是应纳入可持续发展的过程，即"文化文本-文化资本-文化商品-文化产业"，我们把这样一个过程看作动态文化遗产保护的系统工程。

文化遗产保护的目的是要将遗产传承下去，这是毋庸置疑的，但是文化遗产不是在真空而是在不断产生新的需求的现实社会中保护和传承，我们面对着诸如在开发中保护等无法回避的课题。城市的发展并非与文化遗产的保护对立，世界城市的发展已经要求将文化作为城市新生的重要支撑。

21世纪将是城市的世纪，而我们的城市现状如何？刘易斯·芒福德（Lewis Mumford）在《城市文化》中尖锐地批判了控制着巨大城市的金融机关、官僚机构、媒体的三位一体的构造，提倡重视"生命和环境"的"生命经济学"，主张"再建充实人间消费活动与创造活动的城市"。[1]20世纪80年代，随着既有资源减少与制造业衰微，对欧洲许多城市来说，一再追求经济发展的超大城市已经不能应对经济危机的威胁，文化成了救星。

1978年，英国出现了主张创意城市的团队"传通媒体"，团队的创始者是查尔斯·兰德利（Charles Landry），团队早期在英国的许多工作都与城市中独立新媒体的发展有关。团队进行调查与可行性研究，就私营与小区电台的制作、播放和接收提供建议，出版并销售书籍，涉足电影、电视、多媒体、音乐、设计、手工艺与剧院等各行业。团队强调文化产业的价值，而文化产业环环相扣，目前已经完成了全球500多个城市规划项目，出版了100多种出版物，已经成为具有国际影响力的团队。查尔斯·兰德利2000年出版的代表作《创意城市：如何打造都市创意生活圈》一书中阐述了一种崭新的都市策略和规划方法，并检视人如何在城市内发挥创意去思考、规划并行动，探讨了如何借助人的想象力与才华，使我们的城市更适合居住并生气勃勃。[2]

创意城市的倡导者认为，创造良好城市的重点在于充分利用资产以及那些戏剧性扩增的公认的城市资产。城市资产与资源可能是：①硬件、实质、有形的，或软件、非实质与无形的；②实际与可见的，或象征性与不可见的；③可计算、量化并可预测的，或是与认知及意象有关的。其中，人才和文化是重要资源。城市文化资源包括历史、产业及艺术遗产，代表性资产有建筑、城市景观或地标等，此外还有公共生活、节庆、仪式，或是传说等地方特色和固有传统。创意不仅是利用这些资源的方法，更能帮助其增长。文化遗产是城市以往创造力的总和，是凸显城市文化独特性的依据，一旦城市拥有从交通系统、教育到医疗保健等基础设施，理想地以最佳典范为标杆后，便能靠举足轻重的差异、多元性与独特性来自我推销。[2]

我们已经可以看到21世纪的城市发展对于文化资源的迫切要求。城市以文化为发展重点，要求最大限度地掌握文化资源的状况并发挥其作用。珍视文化遗产这项最大的资源，把握文化和开发的平衡，是对城市管理者能力的检验。

二、文化遗产保护和适应性再利用的系统

1977年《马丘比丘宪章》提出了"适应性再利用（adaptive re-use）方法是适当的。"1979年《巴拉宪章》明确了"适应性再利用"的概念：即对某一场所进行调整使其容纳新的功能，其关键在于为建筑遗产找到适当的用途，这些用途使该场所的重要性得以最大限度的保存和再现，对重要结构的改变降低到最低程度，并且这种改变可以得到复原。"适应性再利用"的提出拓展了文化遗产保护的外延。使得文化遗产保护和创意产业建立了联系。如果我们把"创意城市"的发展观纳入到文化遗产保护范畴之内，便可以得到其外延，即文化遗产不仅仅是从文化文本经过档案、研究、调查、评估成为文化资本，还要通过创意、生产、销售等环节变为文化商品，再从文化商品形成文化产业①。

第一个过程是从文化文本到文化资本。

文化文本是未被整理和评估的遗产，人们往往不是很清楚其是否具有价值，需要通过档案收集、现场调查、综合研究、评估分析来还原其本来的资源的意义。

前文所述"传通媒体"的早期大部分工作是在英国对文化产业进行调查和可行性研究，这使他们对文化的亮点有最深刻的了解，同样之于文化遗产，不论物质还是非物质资源都要有充分的了解。建筑遗产有不同的等级，有重点文物保护单位，有属于地方体系的历史风貌建筑，也有不在体系内的历史建筑。对于重点文物保护单位进行评估，结论可能是每个部件都具有重要保留价值，但是对于不在体系内的历史建筑，我们也应该把它看作是一种资源，同样要进行价值评估，保护其中具有历史价值、社会价值、科学价值、艺术价值的部分，并且在如此前提下发挥更多创造力。查尔斯·兰德利认为，"城市必须重新评估自身的资

源与潜能，继而促成必要的全面改造流程，而这本身就是个充满想象力与创造力的行动。"[2]

文物研究者进行的主要就是这方面的工作。目前我们针对文物进行的保护规划或者修复工程，虽然也有展示规划的部分，但大都是以文化文本向文化资本转换为前提而进行的保护。

但是仅仅具有文化资本是不够的，城市发展和保护的矛盾在于处理好文化遗产的可持续再利用问题。

第二个过程是从文化资本向文化商品的转换。

这个转换是文化遗产进入经济循环的关键。从文化资本向文化商品转换涉及创意、生产、销售等环节，而文化遗产与新的文化商品不同的是，文化遗产本身已经存在资本，在保证本来的价值不减低的前提下通过创意实现价值增长可能更为复杂，这也正是本文所强调的：在活化利用的同时不损失原有遗产的价值（即保值问题），并且通过创意设计达到增值的目的。查尔斯·兰德利提出"文化深度"（cultural depth）的概念，意指文化遗产是有文化深度的资源，是长期积累形成的，是其他城市不可取代的城市特征定位标志。但是也并不是说新兴文化产业不能建立文化深度，比如电影与媒体产业，还有信息科技经济组织，都是在洛杉矶和硅谷等新兴地区生的根，但是比较起来，"某些地方有源自历史的文化深度。而借由确立特色，让城市运用成年累月的古色古香感，以及靠市民自豪感所激发的信心，都能使历史焕发新生。它能赋予机构权威感与可信度，就如波士顿坐拥哈佛大学、麻省理工学院等群聚学府般，这让它变得具有自我强化能力。由于声誉，尤其是教育界的声誉需要长时间建立，因此不会轻易被新兴的城市或机构所夺走"。[2]比如天津曾经有九国租界，也是近代工业先驱城市之一，北京则是古都，它们的城市特征并非新兴城市所能取代的。

不仅要保持文化遗产所具有的文化深度，还要使之增值。创意是实现保值和提升文化资本价值的过程。所谓增值是在文化遗产原有的价值基础上添加新的价值。芝加哥大学教授契克森·密哈伊（Mihaly Czikszentmihalyi）曾说"创意等于文化的基因变化过程"。[3]从历史角度来看，使城市命脉得以存续的，正是能挑战传统界限的创意。在1983年出版的《传统的发明》一书中，作者认为传统当然不全是真理，许多传统的确含有谎言的成分，但是不断和重复会使它们变得珍贵与崇高，关键不在于它们曾经是谎言，而在于它们从谎言变为传说的过程。[4]文化遗产现在的价值定位也包括今天人们的认识过程，而这个过程还在延续，创意就是延续传统的过程。

创意经济涉及四种"创意产业"的创造性产品交易——版权业、专利业、商标业、设计业，在文化遗产的再利用方面最多的可能与设计有关。创意有技术和艺术的结合。大卫·斯洛斯比（David Throsby）曾在《文化经济学》一书中将文化遗产的价值分为使用价值和非使用价值，非使用价值中则包括有创造性价值，也就是说文化遗产赋予了创造者想象和创造的空间，[5]这是对一个新的设计所没有的恩赐。那么，该如何处置遗产所内涵的资产？"在某个人手里，它们会爆发潜能，但在另一个人手中，它们则遭到闲置，或是一事无成"。[2]今天中国的很多城市不仅使遗产遭到闲置，更有甚者无视遗产资源，彻底破坏遗产。

中国的遗产保护和利用中有"公共文化事业"和"文化产业"两个概念，这是中国的特色。公共文化事业是指政府或者公共团体出资的非盈利的再利用部分，如利用为博物馆等，这样减弱了单独由文化产业带来的对文化遗产的利益追求的强度，但是不论哪种出资形式，被利用的文化遗产都是消费的场所，博物馆也是文化商品，不论应用于文化产业还是公共文化事业的遗产，都需要对文化遗产进行保值和增值。

一系列文化商品的连锁构成文化产业。文化产业（cultural industry，也称文化工业）的基础理论来源于英国伯明翰大学文化研究中心的"文化研究"，其典型特征是把文化生产纳入了文化研究的范畴，研究大众对文化产品的消费过程，其理论研究促进了实践，"文化产业"成为通用词。因为"创意"包含了更丰富的含义，因此又出现了"创意产业"一词。创意产业又和创意城市连接。查尔斯·兰德利提到群聚与创意区：在富有创意的地方，群聚（clustering）举足轻重，而这些地方往往被称为创意特区（creative quarters）。对"创意经济"与创意氛围来说，最重要的就是人才、技术与支持性基础设施的汇集。[2]创意阶层（creative class）的形成是十分重要的，理查德·佛罗里达（Richard Florida）在《创意阶级的兴起》一书中，阐述了对一个创意城市应该有创意阶层的支持。[6]创意阶层包括设计师、科学家、艺术家与脑力劳动者等，也就是在大家眼中需要用创意来从事自身工作的人。这些人最关心的，就是"地方的质量"（quality of place）。

我们在台湾看到这样的例子，台北利用废旧工业遗产设置了文化创意基地，将其命名为URS（urban regeneration stations）文化创意基地，这些基地集聚了大学的研究者、艺术家、设计师等，并通过设立基金会来管理运营，政府仅仅从政策上把控，并且提供基础设施修复所必须的最低限经费。这些基地像身体的穴位一样，刺激一点带动全身，激发全台北的活性。这是台北申请世界创意城市所付出的努力的一部分。北京也设置了十大创意园区，其中著名的"798"就是利用工业遗产发展形成的，起初这里作为中央工艺美院搬迁的周转地集聚了大量的艺术人才，形成创意氛围，在中央工艺美院迁离后依然成为艺术家们喜爱的创意集聚地，这让我们深思今后应该如何有意识地培养这样的创意集聚区。数量众多的创意集聚区应该是创意城市的基础。联合国在2002年设立了创意城市联盟，中国的深圳、上海、成都、哈尔滨、北京、杭州都先后成为世界创意城市，但是这些被冠以"世界创意城市"的城市还需要更有意识地深化其创意城市建设。

三、适应性再利用中文化遗产保护的要点

在中国对于文化遗产进入市场是存有争议的，反对的原因是担心不能很好地把握真实性原则而破坏了文物。的确文化遗产保护的目的是为了传承文化，并不是为了满足商业要求，发展文化事业和文化产业是实现文化遗产可持续性发展的重要手段，也是使文化遗产更好地为现代人服务的途径。但是其核心是不能丧失其真实性。目前中国的文化遗产保护与文化产业衔接的问题主要包括以下四点。

1. 缺乏充分的价值评估

缺乏历史和现状调查、缺乏价值评估的现象十分常见。笔者所在的研究中心对过去十年近代建筑改造案例进行了研究和分析，撰写了《我国工业遗产改造案例之研究》，我们发现大部分案例缺乏历史调查、价值评估的过程，从统计的结果来看，50个案例中仅有8个案例对改造对象的价值评估信息进行了明确的介绍，其余案例仅是对其价值进行了概述，甚至并未有提及。[7]在这样的情况下不可能形成和建立对文化遗产的价值的正确认识。

在亚洲，日本、韩国以及中国的台湾省都有十分系统的历史建筑调查报告书，由政府委托大学研究者或者专业人员进行调查并撰写的，这是保证遗产价值的关键。但是中国内地在这方面并不规范，2004年颁布的《全国重点文物单位保护规划编制要求》集价值评估和策略制定以及展示为一体，并没有专门的调查报告书，当然也没有专项经费。

价值评估也应该是贯穿于整个文化遗产保护和再利用的过程。在

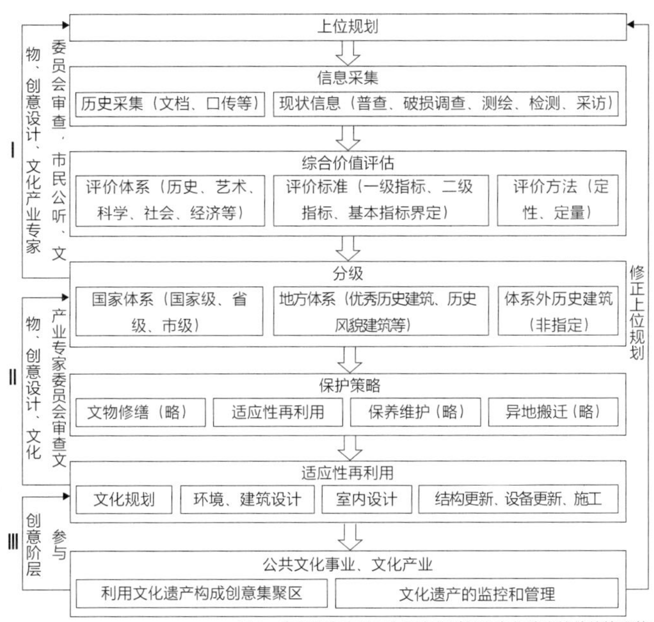

图1　文化遗产应用于文化产业时保证文化遗产的价值的环节

从文化文本到文化资本的过程中要有价值评估，在从文化资本到文化商品的过程中也应该有再利用完成效果评估。价值评估是在适应性再利用中确保真实性和完整性的关键。

2．急需懂得文化遗产保护知识的创意人才

创意城市需要创意阶层，人是十分重要的资源。但是就文化遗产的再利用来说，更缺乏既懂得文化遗产保护又懂得创意设计这样两者兼顾的人才，这是未来教育应该给予高度重视的。

文化遗产的跨学科特征需要从事文化遗产类创意设计者具有跨学科知识，但是目前无论是大学教育还是设计单位都不具备这样的条件。目前学科之间的界限依然十分严格，不能满足文化遗产保护对于跨学科人才的要求。就建筑学本身而言，大多数高校以往建筑设计和城市规划教育与文化遗产保护脱节，与文化遗产相关的建筑历史也被当作选修课程，大部分设计优秀的学生不愿意进入和建筑历史相关的研究室深造，计算机辅助设计课程也是为了新建筑设计设置的。目前只有同济大学在本科就设置文化遗产保护专业，北京建筑工程学院也开始这样的尝试，西北大学设置了侧重考古学的文化遗产学院。目前中国没有文化遗产保护资质制度，不具备遗产保护知识的建筑师也可以从事除了重点文物保护单位之外的规划和设计，而且从事文物保护的专业人员除了修缮设计之外很少接触创意设计。

3．需要营建创意氛围

建立一个互相协作的平台十分重要。政府机构条块分割，部门之间缺乏协调，例如文化遗产保护和文化产业行政管理体制分割，文化遗产归文化局，文化产业归宣传部，产权所属更是复杂，造成文化遗产保护系统的不连贯，严重影响文化遗产保护以及可持续性再利用。因此我们主张管理部门打破布局界限，建立一个官产学研、市民、媒体的平台，更好地促进沟通。除了机构之间打破条块分割，学界打破专业局限也是文化遗产保护的需要。此外，加强弹性管理、创造宽松的创意环境等也都是今后应该努力的。

中国建筑工业出版社准备出版第三版建筑设计资料集，其中很大的变更是加入了文化遗产改造和再利用的部分。很多大学和机构参与了这个工作，促进了对文化遗产保护和适应性再利用的思考。笔者有幸参加了近代建筑保护和再利用的部分工作，借此机会梳理了一下思路，提出如下操作程序路线（图1）。

首先信息采集要对资源有充分的了解，包括历史调查、现状调查等相关信息采集。

价值评估包括建立价值评估体系、价值评估标准和价值评估方法。

分级包括按照国家和地方的系统，对于非国家、非地方体系的历史建筑要特别注意，因为这部分更容易被拆除。

保护策略是根据价值评估并针对不同等级的遗产指定保护策略。保护策略常见的有修缮保护、适应性再利用、保养维护、异地迁建等，这里重点讨论适应性再利用的问题。适应性再利用需要根据对建筑、环境或者设备的评估制定相应的策略，确保其真实性。

根据《巴拉宪章》适应性再利用应该使遗产的重要性得以最大限度的保存和再现，对重要结构的改变降低到最低程度，并且这种改变可以得到复原。

文化遗产和文化事业、文化产业相结合更多的不仅仅限定于遗产本身，更重要的是在确保遗产本身价值的前提下和现实社会需要很好地结合。而且文化产业不是一个文化商品，而是创意集聚区。查理德.佛罗里达定义了推动经济发展的"3T"要素，即技术、人才和宽容度（technology, talent and tolerance）。发展创意集聚区也需要具备这三要素。此外为了维护文化遗产的寿命，需要有遗产管理平台进行监测，这个平台的信息不仅包括再利用的遗产本体，也包括用户的社会信息。使用后评估也是应该进行的研究。

在这个路线中，我们还应该注意不断地反馈，在文化遗产保护过程中更多需要专家审查，而在创意的过程中更多需要创意阶层的参与。■

注释

①王玉丰等在《揭开昨日工业的面纱——工业遗址的保存与再造》一书中把文化文本到文化产业共分为"文化文本-文化资本-文化商品-文化产业"四个阶段。

参考文献

[1] 刘易斯·芒福德．城市文化[M]．宋俊岭，李翔宁，周鸣浩，译．郑时龄，校．北京：中国建筑工业出版社，2009．

[2] 查尔斯·兰德利．创意城市：如何打造都市创意生活圈[M]．杨幼兰，译．北京：清华大学出版社，2009．

[3] CSIKSZENT M. Creativity: Flow and the Psychology of Discovery and Invention[M]. New York: Harper Collins Publishers, 1996.

[4] 霍布斯鲍姆，兰格．传统的发明[M]．顾杭，庞冠群，译．南京：译林出版社，2004．

[5] THROSBY D. Economics and Culture[C]. England: Cambridge University Press. 2000.

[6] FLORIDA R. The Rise of the Creative Class: And How It's Transforming Work, Leisure, Community and Everyday Life[M]. New York: Basic Books, 2004.

[7] 郝帅，薛山，陈双辰，等．我国工业遗产改造案例之研究[M]//中国建筑学会工业建筑遗产学术委员会．2012中国第3届工业建筑遗产学术研讨会论文集——中国工业建筑遗产调查、研究与保护．哈尔滨：哈尔滨工业大学出版社，2012．

高密度人居环境下城市建筑综合体协同效应价值研究

王桢栋　佘寅

同济大学建筑与城市规划学院

高密度人居环境生态与节能教育部重点实验室

在高密度人居环境成为东亚及东南亚地区大型城市发展趋势的背景下，在社会发展、城市建设、生活改善的共同作用下，近年来，城市建筑综合体已经成为中国城市建设和人民生活改变的重要组成部分。其发展速度和建设规模表明，城市建筑综合体不仅是城市发展的客观需求，从更深层的意义来讲，还是国家和城市经济结构转型、社会结构调整、文化结构改善等一系列问题的重要体现。

"城市建筑综合体"是"建筑综合体"的种概念，是"混合使用"（mixed-use）思想与"建筑综合体"结合的产物。城市建筑综合体的主要特征包括：①内部包含了城市公共空间；②内部各功能之间有类似城市各功能之间的互补、共生关系；③具有三种或三种以上的能够产生收益（revenue-producing）的功能；④内部功能和形体组织高效；⑤强调城市、建筑、市政设施的综合发展；⑥全局性设计规划。可以说，"1+1>2"的协同效应，是城市建筑综合体的核心价值，也是其有别于其他建筑类型的重要特征。[1]

城市建筑综合体在中国发展历史很短，与现今其在城市中的大量建设和重要地位相比学界对其基础理论、建设过程和设计策略等方面的研究相对薄弱，尤其是对城市建筑综合体究竟能够产生何种协同效应、可能产生的协同效应的正面及负面价值何在以及如何最大限度激发协同效应的产生等缺乏全面认识，其规划建设总是较为盲目和草率。因此，当下对城市建筑综合体的协同效应进行系统梳理，是适时和有必要的。

笔者将城市建筑综合体来源于其协同效应的价值体现细分为经济价值、空间价值和城市价值三类，并结合近年研究展开论述。

一、经济价值

在城市建筑综合体中，各功能子系统能从其他功能子系统获得支持，产生相较于在单一功能建筑或多功能建筑中更高的经济价值，即"直接协同效应"产生的价值。

1. 功能组合

城市建筑综合体的功能子系统几乎涵盖所有常见公共建筑功能，我们选择其中10类最有代表性的功能子系统——居住功能、办公功能、酒店功能、零售功能（细分为便利性零售①、比较性零售②和专门化零售③）、娱乐功能（细分为餐饮和剧院）、健康医疗功能、文化艺术功能、市民设施、会议展览功能以及运动休闲功能——绘制协同矩阵，以说明其相互之间的直接协同效应（表1）。[1]

（1）正面支持

直接协同效应包括各功能子系统之间的"正面支持"和"侧面支持"。"正面支持"所产生的协同效应比较直观，例如：办公楼上班族、酒店旅客、公寓住户会对建筑内的零售、餐饮提供支持；办公楼的租户可以为建筑内的酒店提供客源，并为公寓带来客户或租户。功能子系统

表1　城市建筑综合体不同功能子系统的协同效应矩阵

主要功能子系统	住宅	办公	酒店	便利性零售	比较性零售	专门化零售	餐饮	剧院	运动休闲	健康中心	文化艺术	会议展览	市民设施
住宅		●	×	●	□	□	×	□	×	□	□	×	●
办公	●		●	●	□	□	●	－	□	□	□	●	－
酒店	×	●		●	●	□	●	□	●	□	□	●	－
便利性零售	●	●	●		×	－	□	□	□	□	□	●	□
比较性零售	□	□	●	×		－	●	●	□	－	□	□	□
专门化零售	□	□	□	－	－		□	□	□	－	□	－	－
餐饮	×	●	●	□	●	□		●	●	－	●	□	□
剧院	□	－	□	□	●	□	●		□	－	●	□	□
运动休闲	×	□	●	□	□	□	●	□		□	－	－	●
健康中心	□	□	□	□	－	－	－	－	□		－	－	●
文化艺术	□	□	□	□	□	□	●	●	－	－		●	●
会议展览	×	●	●	●	□	－	□	□	－	－	●		□
市民设施	●	－	－	□	□	－	□	□	●	●	●	□	

注：矩阵中各种开发类型价值融合水平 ●正面支持 □侧面支持 －中立 ×潜在市场冲突

在上述综合开发项目各种类型物业价值链矩阵中应重点分析正面支持以及存在潜在市场冲突的物业类型之间的关系

的相邻以及建筑内步行系统联系的便捷度，是正面支持产生的关键。

（2）侧面支持

“侧面支持”由其他功能子系统创造的适宜环境来提供，例如：零售和酒店功能不会为办公功能或居住功能提供正面收益，但是它们却可以作为适宜的环境支持，使办公和居住功能获得更高的租金；零售和餐饮功能可以为酒店旅客、上班族和居民提供方便的购物环境和良好的场所氛围，并改善它们的市场竞争力；酒店功能同样可以对其他功能提供侧面支持，完善和豪华的配套设施往往能为居住、办公功能增加市场竞争力；另外一些如休闲、文化、娱乐等功能能通过增强整体的影响力，提供对其他功能的侧面支持，同时使每个功能子系统更具凝聚力和竞争力。

（3）潜在矛盾

各功能子系统之间在相互支持的同时，也存在着潜在矛盾。例如，在城市建筑综合体中，娱乐、运动休闲和会议展览功能必须被谨慎控制，因为其产生的噪音干扰和喧闹气氛会影响到同一项目中居住、酒店和办公功能的正常运作。在设计中必须考虑它们的合理流线，并处理好隔声、排污等技术问题。美国城市土地学会（ULI）的研究显示，大部分办公空间的小租户更看中城市建筑综合体提供的整体便利环境，倾向选择有餐饮和零售的办公空间，而大租户更倾向于选择独立的办公大楼。[2]

2．功能配比

关于城市建筑综合体协同效应产生的经济价值，除了需要在功能组合层面有所考虑外，在功能配比层面的衡量同样不容忽视。功能配比应作为将各功能子系统联系构成项目整体的重要线索，需要在策划和设计阶段对各子系统的功能定位和配置比例进行反复论证。美国城市土地学会（ULI）关于酒店功能设置的研究显示，需对其周边供求需要和交通情况进行认真调查，其功能设置必须考虑城市建筑综合体全局，错误的功能比例设置会造成全局失败。[2]

合理的功能配比是项目经济价值实现的重要保障。面对不同市场环境，需结合实际情况和成功经验进行功能选择及配比安排。笔者基于沪、港两地国金中心的比较研究[3]发现，在城市区位、基地面积、建筑面积、功能组合等条件极为相似的前提下，上海国金中心调低了酒店、办公及服务公寓等的配比，唯独调高零售功能的配比④，笔者推断这是开发商根据项目的实际情况及香港国金中心的成功经验做出的调整，在其后与开发商的交流中这一点也得到了验证。

另外，富有经验的开发商往往会利用分期开发、建筑布局、空间设计等手段为项目留有余地，并根据实际运营情况对功能配比进行及时调整。

二、空间价值

相较于普通建筑，城市建筑综合体虽然需要更高的投入，但是能获得更高的整体效率、更丰富的复合使用以及更合理的能效整合，进而诱导人们步行出行，获得更大的空间价值，即“间接协同效应”产生的价值。

1．整体效率

城市建筑综合体内部的公共空间，不仅有连接各功能子系统的作用，还具有连接城市空间的作用，甚至本身即是城市化空间，成为城市空间的有机组成部分。城市建筑综合体是对城市功能、空间、资源等要素的整合，其内部的城市化空间承载了大量的内容，是其“城市”特性的重要体现，更是建筑综合体与城市一体化、有机融入城市大环境并创造空间整体效应的决定因素。

深入研究后，笔者提出了“城市组合空间”的定义，即城市建筑综合体与城市公共空间及公共交通系统相叠合产生的空间集合与空间关系。根据构成形式的差异，城市组合空间可分为线性网络结构⑤和非线性复合结构⑥两类。对沪、港两地多个典型案例的比较研究后，笔者发现非线性复合结构的城市组合空间更有利于提升城市建筑综合体内部的商业活力，具体体现为更合理的人流分布量和更小的外部出行率⑦。[4]

研究中我们还发现，城市组合空间的公共交通接口在空间维度的均衡分布有利于内部商业价值均衡发展。相较于城市开放空间（如公园、广场等），城市建筑综合体中的组合空间更易于对三维交通流线进行梳理，从而创造更高的整体效率。如位于香港九龙塘的又一城，地下层汇集地铁、的士、小巴车站，地面汇集巴士、步行人流、九广东铁出入口，空中层又汇集周边住宅、办公、香港城市大学出入口，通过中庭内自动扶梯穿插组织，将这些流线与建筑空间合理组合，不仅很好地疏导了人流，也使这里成为当地人出行的必经之地，为内部的商业功能创造了商机。在香港九龙塘又一城与上海长宁龙之梦的对比研究中发现，又一城的受访人群中，到访目的选择“乘车”或“乘车经过顺便逛逛”的比例要高出龙之梦1倍左右，而其中选择“会在建筑内消费”的人员比例又高出4成之多。[4]

2．复合使用

城市建筑综合体的空间价值也往往表现在对访客多重目的访问的鼓励上。访客在一次出行中对多个功能子系统的访问，是空间复合使用的重要契机。

以占公共建筑面积极高比例的停车空间为例，复合使用可将一个停车位与多个功能子系统关联，直接提高停车空间使用效率。此外，基于城市建筑综合体中不同功能子系统活动周期的差异，其停车峰值各不相同，这为共享停车⑧的实施提供了可能。笔者对上海长宁龙之梦的研究结果表明，共享停车理论指导下的共享泊位需求预测所得的城市建筑综合体车位数量比现行规划指标少7%～8%。[5]城市建筑综合体中共享停车设计的重点在于通过更好的设计和管理提供高效而又充足的停车空间，从而减少多余的车位并节约城市土地和建设资金。

与城市公共空间及公共交通系统（尤其是地铁系统）紧密结合的城市建筑综合体，可以在占有有限土地资源的前提下，形成紧凑、高效和有序的功能组织模式。这样的城市建筑综合体在鼓励多重目的访问的同时，还能进一步诱导步行出行，从根本上节约城市土地，减少能源消耗。笔者在基于沪、港两地的比较调研中发现，平均约60%的人会选择公共交通方式抵达城市建筑综合体，而与轨道交通有直接联系的案例中，有超过70%的人选择公共交通，其中选择轨道交通的比例要高出不与轨道交通直接联系的案例4成。

3．能效整合

城市建筑综合体多样性的特点为更合理的能效整合提供了契机。另外，不同功能子系统的组合也为以热力学（thermodynamic）为代表的可持续发展建筑理念提供了平台。

从能源保护的角度来看，环境负荷能通过最大化、多样性的复合得到总体减少。在日本大阪阿倍野Abeno Harukas项目中，CO_2的排放量通过多种方式得以降低。其一，项目的能源管理通过每个部分能量荷载的时间差来实施，例如酒店能源的消耗主要在夜间，而办公区和百货商店则一般在白天；办公室在周末关闭时，百货商场却非常忙碌。其二，热能通过每个部分得到互补利用，例如，全年使用空调的百货商场，其余热能被用于需要不断供应热水的酒店与办公室（图1，图2）。

从能量转换的角度来看，可利用建筑形态的处理和空间设计，通过被动与主动相结合的方式合理利用能源。在法国巴黎Osmose Station项目中，建筑师设计了一个贯通地下地铁站台和上部裙房建筑的旋转中庭空

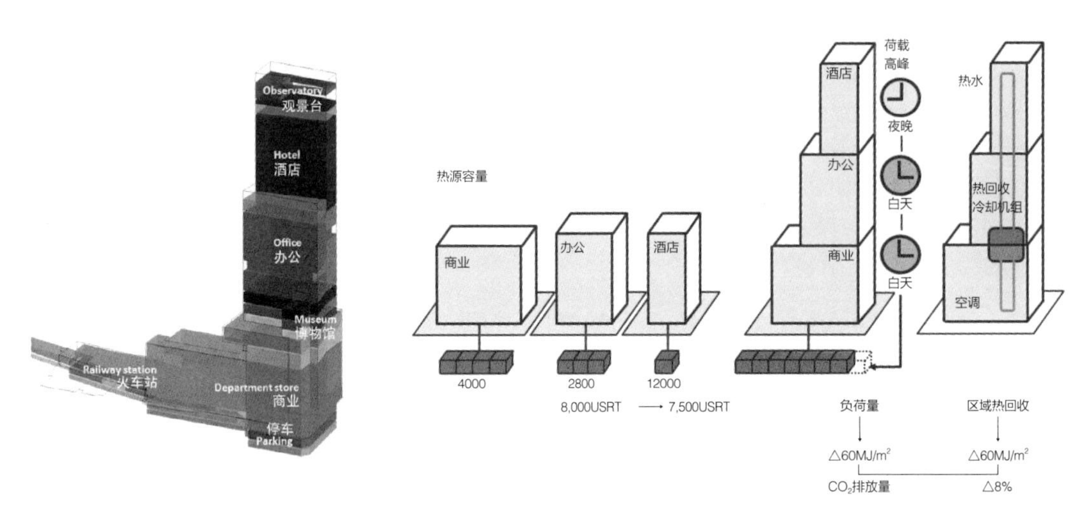

图 1 大阪阿倍野 Abeno Harukas 功能组合示意

图 2 大阪阿倍野 Abeno Harukas 能源管理示意

间，被称为“风之肺”（eolic lung），将地铁运行中产生的大量热能通过烟囱效应形成的自然通风利用到建筑的冬季采暖和夏季散热中。

三、城市价值

城市建筑综合体能为所在区域乃至整个城市创造市场合作、场所营造和辐射效应，并成为区域乃至城市的标志、精神中心和价值体现，即“场所协同效应”产生的价值。

1. 市场合作

城市建筑综合体的成功取决于它们能否将多样的功能融为一体。这一融合应当贯穿于一天24小时之中，同时，它能产生一种市场合作（market synergy）的效应，保证整体共存共荣。城市建筑综合体内的功能子系统可归纳为两种类型：一类是以商业、办公、酒店、居住等功能为代表、以盈利为主要目的的盈利型功能，另一类是以文化艺术、体育休闲、社区服务、教育、交通等不以盈利为主要目的的非盈利型功能。城市建筑综合体的城市价值主要通过非盈利型功能获得及体现。

非盈利型功能在城市建筑综合体中能够为人们提供更完整的城市生活，城市建筑综合体也成为这类不以盈利为主要目的的功能空间在寸土寸金的高密度城市中的新归宿，这也成为活化现代城市的决定性力量之一。其中，文化艺术功能对城市建筑综合体品牌形成和场所营造具有极大的推动作用，也是其城市文化价值和特色的重要体现。城市在传统上正是艺术文化的归属，只有能提供多元文化艺术经验的城市生活才是成功的城市生活。因此，城市建筑综合体中的艺术文化设施是能够体现其改善城市生活核心意义的重要力量之一，也是其作为城市标志物的决定因素之一。同时，城市建筑综合体也能成为文化艺术设施更好的归宿。[6]

2. 场所营造

格式塔（Gestalt）心理学认为，人对城市形体环境的体验认知具有整体的“完形”效应，是经由对若干个别空间场所、各种知觉元素体验的叠加结果。特定地域文化共同体的生活方式和传统惯例会在居民心目中留下持久而又深刻的印记。城市建筑综合体能够为人们的生活提供良好的场所和物质环境，并帮助定义这些活动的性质及内涵。

成功的城市建筑综合体可以通过场所营造来吸引大量人流并成为城市名片。在沪、港两地国金中心的对比研究中，笔者发现由于城市建设政策和规划思路不同，二者虽然有相似的经济价值，但是在空间价值尤其是城市价值方面大相径庭：67%的受访者认为香港国金中心是地区或城市名片，而仅有30%的受访者认为上海国金中心能成为地区或城市名片。调研结果也显示二者无论在平日还是假日，主要空间的人流量都相差悬殊。最有意思的是，香港国金中心在平日晚间也有人流高峰，这从某种层面上印证了其对城市居民的吸引力（图3）。[3]

3. 辐射效应

城市建筑综合体作为城市的重要组成部分，不仅可以从城市文脉中吸取利于其发展的元素，增加其与周边环境的联系，成为城市不可缺少的一部分，更可以传承、发扬甚至改变城市文脉。

城市建筑综合体通过拥有的巨大能量，能影响所在地区的更新甚至改变当地的文化环境。例如，九龙朗豪坊地块在以前是香港出了名的烂地盘，这里邻近以“黄、赌、毒”而著称的砵兰街，人员构成非常复杂。朗豪坊兴建伊始，就有一些中高档商家入驻砵兰街，由于商家纷至沓来，砵兰街的商铺租金飙升了10倍之多。随着店铺的转型，警方也配合朗豪坊的落成开业而密集地开展清查工作，使色情行业日渐萎缩，那些有营业执照的夜总会、麻将馆、桑拿按摩等，随着铺位租金的上升、整条街商业业态的陆续转型，逐步迁出砵兰街。[7]

四、中国现阶段城市建筑综合体开发存在的问题

近年来，中国建设了大量的城市建筑综合体，尤其是2008年国家建设政策调整以来，其建设量更是逐年呈指数增长。除了一线城市，二三线城市也纷纷跟进开发重量级项目。“城市综合体”成为了地产界的热门词，甚至一些已有项目通过再“包装”争相打出“城市综合体”的旗号，项目规模也从一二十万平方米上升到了百万平方米的级别。

但是，面对这片“欣欣向荣”的气象，应该看到由于业界对城市建筑综合体的认识不足，其建设尚存在误区：

一方面，由于对其经济价值过于关注，忽略其他价值的体现，尤其

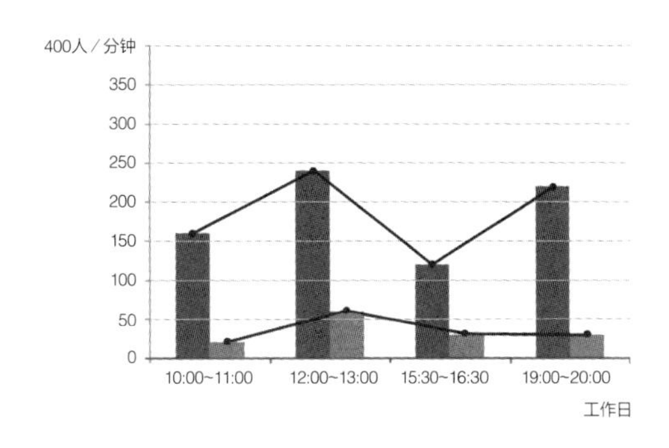

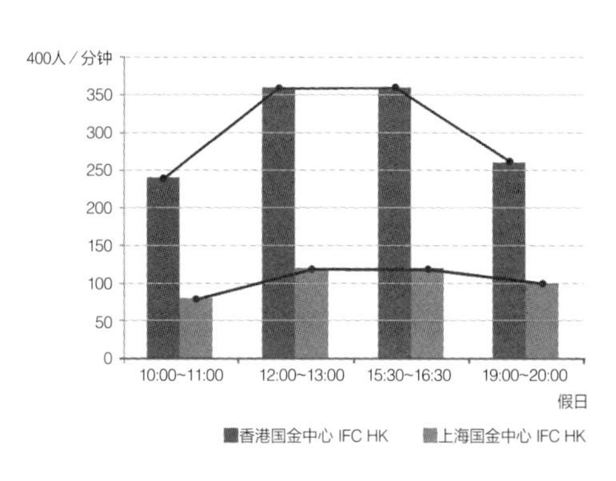

图3 沪港两地国际金融中心中庭客流量比较

对城市价值普遍缺乏认识，规划建设往往较为盲目和草率，建成后很难体现其应有价值。城市建筑综合体的"空间价值"和"城市价值"，尤其后者是其他类型建筑很难达到的，这一"复合效应"也是其区分于其他建筑类型的重要体现。

另一方面，由于对建筑的城市标志性理解过于片面、过于注重表面形象，忽略了其他更为深层次的内涵。标志性往往有两种方式可以达到，一种是通过建筑的独特外形达到令人难忘的效果，另一种则是通过建筑整体营造获得引人入胜的场所氛围。对于城市建筑综合体而言，显然后者更应成为努力的方向，而非追求形式上的标新立异。

我们必须清楚地认识到：城市建筑综合体由于超大尺度和复杂功能等特征，成为高密度人居环境下城市的综合服务和信息、物资中心甚至重要标志。它们所具有的特殊角色与功能对城市产生着巨大影响，当代城市建筑综合体同所在城市各方面的良性互动发展息息相关、密不可分。我们应把其开发建设作为节约城市用地、诱导步行出行、提高办事效率、创造低碳城市环境并进一步改善城市生活空间、提高城市生活的质量的重要途径。

最后，希望本文能抛砖引玉，为城市建筑综合体的建设提供更全面的视野，启发更多的人从协同效应视角关注城市建筑综合体的核心价值。■

注释

①便利性零售的市场目标是其服务范围内的群体和路过的尤其是10分钟内即可抵达的群体。典型的便利店会以杂货店或药店为基础，并包含相关商品（书籍、音像制品、零配件等）和食品、饮料的销售。

②比较类零售往往以百货商店为基础，并以专门类和生活式购物的零售为补充。它们包含的货物主要有普通商品、服饰、家具和其他类别的产品。

③专门化零售用独特的方式来提供独特的商品。这种店铺销售的往往是只此一件的商品（如定制旅行包店）或是有传统特色的商品。同时，它们的服务也独具特色（如奢侈品店和主题餐厅）。

④零售功能虽然可获得极高的收益，但也有极大的风险性，零售功能的成功与否也与项目整体的成功息息相关。因而，通常情况下，开发商往往会调低零售功能的配比，而增加酒店、办公和公寓的配比。

⑤线性网络结构的"城市组合空间"主要通过接口空间在竖向维度和水平维度的线性连接来串联人流在不同城市基面上的活动。这类组合空间结构简单，方向性较为明确。

⑥非线性复合结构的"城市组合空间"相较于线性网络结构，更多地呈现出空间立体化和功能复合化的特征。

⑦外部出行率即同一时间段内离开城市建筑综合体进入城市的人流量和出行总人流量的比值，其中通过与城市建筑综合体直接连接的公共交通离开的人流不计入进入城市的人流量。

⑧所谓"共享停车"译自shared parking，是源自美国的一种停车管理模式，意为一个停车空间由两个以上的功能共享，以提高停车设施的使用效率。

参考文献

[1] 王桢栋．当代城市建筑综合体研究[M]．北京：中国建筑工业出版社，2010．

[2] ULI. Mixed-Use Development Handbook[M]. 2nd ed. Washington, DC: Urban Land Institute, 2003．

[3] 王桢栋，陈剑端．沪港两地国际金融中心城市建筑综合体（IFC）比较研究[J]．建筑学报，2012（2）：79-83．

[4] 张昀．基于间接协同效应视角的城市建筑综合体城市组合空间研究[D]．上海：同济大学，2012．

[5] 刘毅然．共享式泊车设计理论应用研究——基于上海"龙之梦购物中心"泊车优化设计[D]．上海：同济大学，2012．

[6] 余颖．基于协同效应的城市建筑综合体文化娱乐设施研究[D]．上海：同济大学，2012．

[7] 方雅仪．朗豪坊效应——中产店急进驻，砵兰街铺租十级跳[N]. Singtao Daily. 2004-8-6．

商业综合体购物中心设计关键要素探讨

王蕾[1] 任慧强[2]

1 中国 CMA 凯德商用项目发展管理部

2 国内贸易工程设计研究院昌生工作室

任何一家商业地产商的理念，任何一座成功的商场，任何一个设计要素，都可以单独作为案例进行深入分析和学习。所以本文不针对某个具体案例，只泛泛分享和探讨商场设计中需要涉猎的一些重要信息。

一、商场品类

严格来说，商场是不同于办公、住宅、酒店以及任何一个其他民用建筑品类的产品。

目前，中国的市场上商场类型繁多。

一个商场最终的服务对象包括物产拥有者、运营团队、物业管理者、租户、顾客等。不同的盈利模式、运营模式等让商场也有了不同的划分方式，而各种划分再次组合又能形成新的类型。

按销售的产品划分，可以分为超市、商品批发市场、大中小型百货商场、购物中心（shopping mall）等；按运营类型划分，又有自持型、出售返租型等。设计时需要根据不同的类型组合确定商业产品的设计要求。

整合这些纷杂的外部因素，转化成设计所需要的基本条件和信息，是进行商业设计前必须做足的功课。

现在的商业地产商通常都只能专注和擅长于某一个类型的开发运营模式。下文将仅针对购物中心这个目前在中国发展迅猛的产品类型分享心得。

二、购物中心设计的基本条件

作为设计师，必须了解我们将要做的是一个什么样的作品，要怀着怎样的目标和理念去理解和完成客户的需求。

简单地说，购物中心就是将各类租户整合在一起，形成一个业态丰富、商品多样、适合多种现代生活消费需求的商业模式。除了服饰和鞋帽等传统业态，餐饮、超市、影院、儿童娱乐设施等已渐渐成为一个mall里的基本配置。近两年，溜冰场、特色体验空间、艺术品的尝试也开始融入购物中心。于是，随着业态的发展，购物中心的规模可以越来越大。

对设计师来说，如何实现业态与空间的完美组合，并且能够在结构和消防设计方面满足空间要求，是对发散的思维和严谨的设计作风的挑战。

目前，中国发展购物中心模式的商场，以凯德商用、华润集团、万达集团、中粮集团、新鸿基地产、太古集团等为主流，基本上以自持物业为主。尽管盈利模式各有不同，但无论怎样都离不开以下几个重要因素。

1．项目定位

一个项目的定位是决定整个项目存在的灵魂。

不论租户是中高端的奢侈品，还是社区型的大众消费品，一旦定位，项目的设计理念、体量造型、内外部公共区域的空间尺度、使用效率等，都会围绕其服务。

通过定位，设计师们可以了解到购物中心与其他竞争对手的差别，以及目标顾客的年龄段占比、性格、消费习惯等因素，就可以从空间高度、材料、颜色、温度、垂直交通、视线等方面考虑，确定为这些目标顾客制定怎样的场所感觉和细节尺度。

2．项目特色

任何一个有别于其他购物中心的因素，都可以成为卖点。

不同的购物中心由于竞争，通常定位会有差异，即便同一公司旗下也会有不同档次的品牌。对设计师来说，这确实是一个无比开放、自由的设计平台。

人们往往会首先将目光落在独特的造型、鲜艳的色彩上，这个是设计师们要解决的最基本的方面，但是千万不要为了追求特别而设计。在设计概念、材料及技术飞速发展的今天，任何一个表面的设计都不会维持太久的新鲜度，就会被更加新锐的设计所取代。如果建造得不够快速，也许当时领先的设计在建成时就已不再领先。对商场来讲，如何方便维护、保持设计的长久性，越来越成为检验设计是否成熟的标准。

结合项目本身的用地条件，通过精心的平面布局，以提高租金为基础因素，以人流通畅为目标，考虑租户的灵活搭配，考虑人流在不同楼层的快捷通达，组织好租户和动线，为良好的租户组合提供条件，往往形成有意想不到的特色。

另外，特殊的使用空间，如屋顶花园、餐饮业态外摆区与室内通道、室外花园或者冰场业态的结合、艺术品的结合等，都可以成为一种亮点存在。

3．租户类型和面积要求

不同的城市及地域，不同的经济发展时期，租户的发展规模是不同的。必须了解在未来开业的时侯，在这个项目上需要的租户是哪一类、多大的面积规模、主力租户是谁——最具象的设计将会从这里开始，它决定购物中心的布局、店铺的尺度。

一个成熟的运营商每过一段时间就会重新审视这些因素，并花费时间重新调研和进行调整，所以购物中心的设计过程也很可能因为这些因素的变化受到影响。

在设计方面需要特别注意的是，主力店、边店、中岛等不同布置方式对购物中心的防火分区及其设施的设计会提出不同的方案，在使用率的控制方面也会有不同的结果。

4．项目数据目标

这里的数据是指除了完成规划要求的最基本的指标外，还要了解业主对租赁面积、租金层等级、净高、空间宽度、车位配置等目标，这些是一个项目是否能取得良好回报的数据计算基础。

了解以上这些因素其实还不足够，但以这些为基础，挖掘每个项目的不同条件，更多了解运营者的想法，努力将这些商业信息与规划和规范的要求保持协调，才是设计的开始。

三、购物中心设计要素

购物中心的设计中要专注的因素太多了，恐怕一本书也未必可以演示透彻。以下几个重点环节，是在设计中要特别留意的。

1．外部交通

好的地理位置是客流的基础，而方便的交通流线设计则会大大提升客流量。

在场地内除了设置好人行的出入口及尽量放开商铺的展示面外，还必须处理好私家车和出租车的地面卸客、地下车库出入口的设置、货车的出入和卸货区设置、非机动车的流线设计，避免各流线的交叉。

2．布局流线

从进入商场到离开，都必须让顾客有清晰的方向感和认知度。

首先，各主立面上都要有方便外部人流进入的入口，并且要有清晰的引导。

其次，内部的路线不要太长，通过布置中庭挑空给顾客提供三维的视角，合理布置扶梯的位置。动线要流动交圈，避免出现尽端店铺，避免出现一眼望不到头的感觉，否则会使人容易疲惫。

另外，可以考虑跨层店铺及跨层飞梯的概念，增加流线的通路。合理的布局会给顾客更大的视角空间了解自己在建筑中的位置，并看到更多的商铺。

购物中心有办公或其他塔楼时，交通核尽量靠外墙布置，避免影响下部的租户。有办公等邻近购物中心时，尽量考虑连接的可能性。

3．租户的面积和位置

商业的目标是以盈利为目的，要根据运营类型区分。

出售的物业要根据市场客户承担能力确定单价和面积。

自持型的物业不同位置、不同楼层租金完全不同，而很多主力店铺的租金却不会因为楼层和位置的差异而有所改变。我个人一直觉得这像个好玩儿的游戏，设计师不妨在此方面与销售及运营团队多进行交流。

对于比较普遍的购物中心，一般的商铺，通常1×2轴距的安排比较合理。而主力店就比较特别，一定要了解目标客户方向，否则很可能出现设计的面积与目标客户的要求不匹配，无论面积大了还是小了，都可能找不到适合的租户。比如具有一定知名度的品牌专营店等都有基本的面积标准，提前确定位置和面积，才可能避免后期修改而影响机电系统以及防火分区。

餐饮设计要提前考虑位置，疏散宽度和防火分区的计算也与其他店铺的要求不同。

超市、影院、冰场等主力租户在出入流线、荷载、布局、水电设备预留方面通常会有自己的要求。

4．硬件设计

这个是设计师必备的职责和经验。商场硬件设计包括需要的荷载、层高、净高、中庭数量位置和尺寸、垂直交通的位置和数量、后勤区的位置和流线、机电管线的控制和维修管理。不同的物产形态、不同的运营管理要求、不同的回报指数要求，会有很大的区别。我们要做的就是无论以后店铺的布置如何变动，这些硬件都会作为基本不变的支撑，满足布局的要求。

购物中心规模越大意味着租户的可承载量越大，竞争优势显而易见。但是，设计时必须要考虑大规模空间里的弊端。

首先，避免动线过长，使商户客流持有率低于商场客流。通俗地讲就是：对顾客而言，太大的商场走得太辛苦，会走不完全场；对租户来说，商场的客流也许不能有效地被带入店铺就流失了；

其次，空间尺度加大会导致使用率偏低、成本提高。这方面要和业主在前期仔细制定数据目标。

5．建筑效果

每个设计师心里都有对设计的特殊理解，会形成个人的风格。风格可以根据项目不同而不同，也可以是一个设计团队永恒的主题。

购物中心的内外部效果除了有创意的造型设计，适合的材料和灯光的运用绝对是提升效果的有益手段。

但是需要提醒的是，商场由于尺度较大，内外部很多部位需要清洁、维护、更换，特别是与灯光有关的部位，如灯槽、灯带、灯箱、LED等。

两种材料的交接部位细部上也要注意。考虑得周到，就会延长商场视觉方面的寿命，不会在开业一段时间就觉得老旧。因为曾经有过一些失败的案例，所以认识到如果要实现好的设计效果，必须仔细推敲设计细节的做法、多考虑材料的性能、透彻研究维护保养的方案、了解设备技术的成熟度、承包商的完成能力，否则，很可能花费不少，效果一般，且无法维护。比如室外幕墙、天花大跨度无机布卷帘与吊顶的拼接、地面的材料拼接、扶手栏杆下部的清洁、卫生间的无触摸设计等，都需要做出样板比对确认。

6．消防设计

这部分是属于规范类别的设计内容，随着购物中心的规模和尺度的越来越大，以及对使用率的追求，这几年在疏散楼梯数量、防火分区界定、逃生距离、消防设施等方面，设计师和消防专家们都不断在进行研究。

购物中心在消防设计规范方面通常会注意控制以下几个因素：

（1）防火分区划分。需注意不同业态对分区的要求。

（2）疏散宽度的计算。目前，很多购物中心通过消防论证以把中庭走道作为“亚安全区”的概念来实施，以店面作为防火分隔界面，通过卷帘或防火玻璃加喷淋等方式分隔租户和公共区域。亚安全区内的建筑面积可以省掉计入楼梯的计算基数，从而减少楼梯数量。当然，各地区因为对消防设施的控制不同，减少的力度也有不同。但是，亚安全区内不能有任何租赁的业态，所以，对于那些需要放置中岛的布局，这个方式就不适用了。

（3）逃生距离。提前沟通和了解当地消防局对于店铺内最远点到楼梯的距离的计算规则。

（4）卷帘形式。对于中庭无柱的设计，目前卷帘形式有很多种，如双轨无机布提升式、侧拉钢卷喷淋、轨道隐藏式等。各地允许使用的形式不同，也要提前沟通和了解当地消防局的意见。

四、购物中心设计控制

1．设计控制协调

购物中心设计涵盖的内容繁多，包括建筑、结构、机电、室内、幕墙、灯光、景观、标识的设计工作。

目前，很多商场的设计采用多个顾问合作模式，即聘请有经验的境外建筑师设计建筑方案，其他每项设计都会有单独的顾问设计方案，国内设计院（LDI）配合施工图设计。建筑师的使命犹为重要，必须统筹做好总体协调，才能控制好整体的设计效果。值得注意的是，国内设计院如何把各类顾问和运营的意图准确无误地传递到施工图上实现，其实是一种挑战。

2．设计周期控制

购物中心各层平面的布局会因为空间设计和店铺划分的不同，可能完全不同，花费的时间和精力相对于住宅、办公等要多，而且也要留出足够的时间与业主沟通方案。因此，在一开始承接设计任务时要有足够的心理准备，要客观分析和制定商业设计过程的周期。■

面向永恒的建筑

玛塔·巴雷拉·阿德米　哈维·卡罗·多明戈斯　米格·亨迪·费尔南德斯
Baum Lab

任何一类建筑都必须面对若干个时间段。以下的分类并非彼此泾渭分明，而是前后互有重叠。在此，我们将时间认定为一种文化概念，而不再是一种亘古不变的线性现实，因此每一种分类都涉及其所处的文化环境：

历史和传统（文化基础）；

瞬时（交互现状）；

未来（持久性）；

当前（知识局限：创造新文化）。

本文将重点阐述第一类，之后简要概述其他三类。

一、历史和传统（文化基础）

一个项目从概念的形成到最终落成，无论在建筑还是文化上，它都必然承载了一种相对于过去的概念定位。每个地点、每种文化都会在某种程度上成为影响其中每座建筑的背景环境。建筑会确立自身的概念定位，或者通过对立于自身的建造环境背景（具体形式会在后文中谈到），或者通过与之融合，形成某种共生关系。

在过去的几十年当中，欧洲越来越重视自身文化遗产的保护。该保护些什么的意识已经从最初流于表面文章的状态（诸如彻底拆除重建、添加仿古元素等一切行为都被允许），发展为综合的遗产概念，包括非物质文化遗产或文化景观等无形环境已成为重要的保护条目。实物已不再是保护的唯一对象，保护的范围已经扩大为环境中其他物体、建筑和社会结构以及与之相应而生的景观。这种理念发端于1976年联合国教科文组织（UNESCO）公布的《关于历史地段的保护及其当代作用的建议》（*Recommendation Concerning the Safeguarding and Contemporary Role of Historic Areas*），其中首次提出将文化多样性、非物质遗产以及当地社区的作用和传统列为保护对象。这一思路最终成为了历史地段保护的主要策略。2011年11月10日，联合国教科文组织大会通过了新的《有关城市历史景观的建议》（*Recommendation on the Historic Urban Landscape*），开辟了新旧共存的新纪元，强调了城市发展的动态条件："城市历史景观策略旨在保护人居环境质量，提升城市空间的生产性和可持续性使用，同时明确城市空间的动态变化特性，促进其社会和职能的多样化。这一策略结合了保护城市遗产及实现社会经济发展。它的基础是建立城市与自然环境、满足当前及未来世世代代的需要与传承历史遗产之间平衡可持续的关系①。"

尽管平衡保护和发展困难重重，但是仍然不乏一些成功案例，下文将进行介绍。此外，随着社会加速发展，建筑从被建造到被保护之间的周期正逐步缩短，一些建筑几乎是刚建成就要开始进行某种程度的遗产保护。现在，主要问题趋向于是历史环境的僵化，并非是受到破坏性或否定性措施的影响，这一点也会在后文中提及。

通过累积一个个现在来构建过去的理念构成了当代遗产地保护方法的基础：以我们所处的现状为出发点，利用当代工具，怀着对历史成就的深深敬意，来构建属于未来的过去，推动当今文化的发展。正如本期杂志中恩里格·索贝汉诺（Enrique Sobejano）接受鲍姆斯工作室（Baum Lab）采访时指出的，那些用于遗产介入的当代建筑将使遗产进入又一个历史篇章，也只有时间才能证明这一篇章究竟会永垂不朽还是转瞬即逝。

因此，可逆性就成为关键点之一。一个关键的、当代的介入方法为了确保行之有效，一般会基于以下一系列程序：明确有价值的元素；去除过去添加的带有扭曲甚至亵渎意味的部分；通过施加可逆性当代干预手段，来强化遗产原始的（空间的、特有的及物质的）精华；最后，添加最少量的当代元素，以开发新的使用或改善现有使用。

我们主要介绍5种针对遗产的可能的理论方法——否定法（negation）、模仿法（mimesis）、冻结法（freezing）、质变法（metamorphosis）（增加当代邻接物法）及批判综合法（critical synthesis）②。这些方法都体现了建筑针对遗产的某种反应，这种反应将寓于建筑最深层次的特性之中。

1. 否定法

否定意味着对既有遗产无半点珍惜之心。否定的形式有若干种，包括完全及部分破坏或极端隔离。所有这些方法都会导致城市特征的消失。在欧洲，最新的遗产保护理念往往禁止使用这类否定方法，尤其是禁止在保护古老地段或建筑时使用。然而，破坏性方案在涉及非古老地段或非物质遗产概念的保护时仍屡禁不止：如巴伦西亚（Valencia）的渔屋小镇（Cabanyal Fishermen Neighborhood）③项目以及安达卢西亚（Andalusia）一些同捕鱼技能相关地段。破坏性政策的实施大多和房地产投机态势有关，也可能正是由缺乏相关保护知识所致。唤醒广大民众对城市保护的批判性思维，深化对自身传统的认识是解决城市记忆消失问题的好方法。

2. 模仿法

如果当代（非严格意义的"现在"）干预方法并不认为过去是由一个个现在叠加构成，而仅仅是肤浅地模仿既有元素和风格，那么遗产也就被彻底地扭曲了。仿造历史建筑和城市会有中断历史动态连续性的危险，因为这种行为会插入变质了的产品，和它所处的时代格格不入，缺乏批判的内涵甚至反思的方法。创造并不存在的过去会让城市特征变得世俗浅薄。人们倾向于接受不那么挑战其大脑的环境，而真正的当代建筑也需要为获得理解付出更具智慧的努力。这就是为什么历史风格建筑每每在经济危机来临的时代都会盛极一时，因为人们需要建立与某一地方的归属感。不过，如果最终这些仿造环境让民众信以为真，那么问题就出现了。模仿法甚至经常被应用于更危险的处境，比如大型购物中心或主题公园试图通过再现传统城市环境来刺激销售。潜在的买家徜徉在这些伪浪漫主义、仿古环境中，会更有信赖感，随着防范意识的降低，最终产生了更多的消费。所以仿造也好，真实也罢，都是传统的力量使然。这样的案例在西班牙不胜枚举，如马拉加（Malaga）的马约尔广场（Plaza Mayor Mall），作为一家大型商场，再现了一个传统城镇的历史中心。

3．冻结法

冻结一切动态联系实际上是一种隐性的否定。过度保护的历史地段和建筑的自身价值会因为缺乏活力而降低，或者演变为完全扭曲的现实，与前文所述的仿古商业建筑和主题公园类似，只不过像被纪念品商店和酒吧占满的毒瘤一样无药可救。地段的原始居民被清理一空，逐渐地，所有建筑要么成为了（展示自身的）博物馆，要么成为了商业空间。联合国教科文组织之所以出台城市历史景观相关措施，就是要避免此类情况的发生。理论家和城市规划师米格尔·马德拉（Miguel Madera）认为，城市作为一个重写本④，代表着多层次重叠而成的现实。当一个层次遭到冻结，阻止了之后层次的堆叠，那么城市就失去了它作为一个动态变化实体的最深层特征。[1]

4．质变法

历史地段或遗产建筑可能会成为一个当代项目的基地。如前文所述，城市必然继续发展，新的篇章应以当代的语言书写。当代建筑有责任去深刻了解过去，从而让遗产再次焕发生机，而避免造成不可逆的破坏。因此，当代的和古老的元素应形成一种全新的共生关系，新建设可以提升古老遗产的价值。近期的西班牙建筑不乏对历史建筑或地段进行当代干预的成功案例。部分案例会在后文进行分析。

在高度封闭的区域，基于过度保护的规则或条例是加强了表面化的伪历史的方法，实际上很难实现全面的质变。在这种特殊情况下，一些新锐建筑师开始提出我们称之为“当代假体”的理念：通常是将临时性建筑颠覆性地添加于既有建筑上，以此来引入一种冲突，在所建立的冻结关系中实现扭曲。

5．批判综合法

即使是在非历史地段兴建建筑，也有机会回溯过往，利用当地知识来进行设计。传统技法和概念得到现代化的处理，会再度适应新技术的要求。近期的西班牙建筑巧妙地在与景观的关系、智慧空间序列、生物气候对策、施工细节、物质性等方面指引当地建筑对已有几个世纪的传统理念进行了现代化的修订。当一座当代建筑对建立起与传统间的联系，它自然也深深扎根于这片土地，并与既有的城市特色形成了更为综合的互动。这也构成了与过去关系的一种可贵形式，以及时间长河中的一个独特位置。我们称之为批判综合法，因为这一建筑概念的方法实际上综合先前的元素和知识形成了新的、连贯的当代整体，建立起对传统和当代文化的批判性审视。诸如罗马式庭院住宅（Roman Patio House）的概念，或由阿拉伯世界而来的室内外复杂的联系等都得到了广泛发展，以创新的方式为当代介入方法所用。

因而，近期西班牙当代建筑开始以坚实的文化背景为支撑，很自然地在传统上与自然环境及过去建立联系。而这一业已形成的共生传统也使得发生于遗产地的很多当代介入的建筑保有很高的品质。尽管否定、模仿、冻结的方法仍然存在，但主要发生于非反思性的建筑中，而且不会成首选，值得庆幸的是，对于大型机构项目，这得到了最大程度的共识。

在此我们将介绍几个典型的项目⑤，以此来呈现位于历史地段的当代西班牙建筑的总体面貌。以下的3个案例将归为质变法的类别，原因是它们都力图对现有的一切进行彻底永久的改变。第一个项目由安东尼奥·吉梅内斯·多雷西亚（Antonio Jiménez Torrecillas）设计，更接近“当代假体”的方法，但是我们会在谈及瞬时介入时对其进行更透彻的分析。

格拉纳达纳扎里城墙（Nazarí Wall in Granada）（37° 11′ 07″ N，3° 35′ 20″W）的性质介于建筑与地景艺术之间（图1）。古老的纳扎里城墙于19世纪因地震而部分损毁，安东尼奥·吉梅内斯·多雷西亚以增建的当代部分填补了残缺。整个体量的连续性因此得以恢复，但增加的部分并未通过仿古方式来实现。其操作的当代性超越了美学的范畴，利用墙体的厚度构筑了一条长廊，两侧是石砖砌筑的多孔垂直表面。墙因此成为一个可居住的空间，使用者置身其中会发现本应实心的墙体突然变成中空。行走于墙内的体验非常震撼，会让使用者久久难忘。新旧建筑的连接点往往是最复杂、最难解决的，在这个项目中却完美地结合。古老墙体并不稳固的末端也得到了加固，以避免今后再受侵蚀，同时以一个裂口清晰地表达了与稍显纤薄的新建部分之间的关系。因此，新墙体看似与老砖墙的边缘相接，实际并非如此。不过对于这个项目，还有另一种并不如此正面的可能的理解，它与城市隔绝，邻近社会退化地区，而且似乎有意强化这种贫困人口聚居区与山上中产阶级群体所在区域的隔阂。墙体上的孔洞起到了意想不到的联系两个区域的作用。此外，这一形式化和概念性的解决方案本身就是关于如何对待遗产项目的极富价值的宣言，对近期的西班牙建筑产生了深远的影响。源自于对既有的一切的深深敬意以及对介入所产生的景观潜力的深刻理解，项目方能如此富有诗意和情感。

另外一个耐人寻味的案例是由曼尼西亚和图尼翁建筑师事务所（Mansilla and Tuñón Architects）负责的卡塞雷斯阿特里奥酒店（Atrio Restaurant and Hotel In Cáceres）翻修工程（37° 11′ 07″ N，3° 35′ 20″W）（图2）。正如项目正式的综述文本中所说的那样，建筑适应于环境，“如同空贝壳中的寄居蟹”。笔者有幸亲历项目的推进过程。最初，建筑的理念更为激进，但是迫于市议会、遗产保护委员会等多方的压力，建筑师对最初的概念进行了重新设计。最终的解决方案得到了建筑师、政界人士及公众的一致赞誉，并且仍然保有最初提案所具备的当代性。项目坐落于卡塞雷斯市（Cáceres）受到高度保护的中世纪历史中心，通过嵌入若干个崭新的当代体量来让衰败不堪的古代遗迹重新焕发生机。这些新体量尊重珍贵的空间结构及主要的既有建筑，但是拆除了曲解性的元素以赋予建筑新的使用。新的形式和材料与历史留存达成温柔的对话。为了实现终极的富于诗意的古今对照，作为西班牙乃至欧洲最知名的餐厅之一，酒店的烹饪方式也对当地传统进行了重新注释，经典食材和食谱都以当代的方式被重新使用。品味着酒店实验性的美食创新尝试，也进一步提升了建筑的使用体验。这是建筑设计的一个环节，只有被真正使用方才圆满，它将建筑彰显的宏观城市理念同微观细节联系在一起。

但是几乎没有几次介入会如埃利亚斯·托雷斯（Elías Torres）和马丁内斯·拉贝尼亚（Martinez Lapeña）设计的位于托莱多（Toledo）拉格兰哈自动扶梯（La Granja Escalator）（39° 51′ 41″ N，4° 01′ 38″ W）在反映新老关系方面更具深度。2001年建成的扶梯联系着围城之外的停车场和城墙中心的水平位置，形成了一个沿山势而上、贯穿古老城墙和城市之间的建筑，为到达历史古城开辟了一条全新的通道。36 m的高差，扶梯曲折而上，不过由于全部依山而建使其几乎隐匿于绿草如茵的山坡中。这一当代性的嵌入仿佛山上的一道裂缝，夜晚好似一道发光的折线。中空的解构体量将山体破裂开来，彰显力量、令人震撼，但却奇妙地完美融入到城市的整体景观当中。

以上是几个极具代表性的遗产环境的当代介入案例。优秀的案例远不止于此，例如由瑞士赫尔佐格和德·梅隆（Herzog & De Meuron）

设计的马德里凯撒广场文化中心（Caixa Forum in Madrid）。在这一独特的案例当中，原有建筑并没有太高的价值，但最终仍被纳入到这一当代工程之中。之所以如此，是因为建筑师注意到建筑极具工业气息的立面所蕴含的沧桑而有力的质感，并决定将其作为另一个当代素材。地面层被完全清空，古老厚重的砖墙与地面彻底分离。顶部由耐候钢制成的一组抽象体量形成了建筑具有当代感的上层部分。最令人震撼之处在于，他们将建筑邻近一侧的立面覆以植物绿墙，利用古老砖墙质感和常变的植被表面建立了一种令人印象深刻的双重性。

我们鲍姆斯工作室（Baum Lab）同样也有与遗产地相关项目的开发案例：

新建于科尔多瓦（Córdoba）的巴埃纳老人之家[6]（Old People's Home in Baena）（40° 24′ 39″ N，3° 41′ 35″ W）（图3）当属于批判综合类的介入。它还原了起源于古代伊斯兰世界的（半透明墙体）的传统技法和（其间穿插花园的）空间策略，并以全新的当代风格被重新诠释。建筑面向山谷的三翼实际上指向处于历史中心和景观中的三个地标（城堡、教堂和山脉）如同三只凝视的眼睛（这也是我们在项目竞赛中用的竞标语）。三个体量将建筑与当地景观及遗产地连接，建立了一种无形的联系。建筑"悄然"借用了周边环境传统并将其转化为内部逻辑的一部分（这种借用景观的理念多见于中国传统园林的设计中）。其间梯台式花园营造了令人愉悦的户外空间，在此老年人面朝他们所眷恋的老城，休憩交谈。

但是，或许我们最具代表性的介入遗产地项目，当属同弗朗西斯科·戈梅斯（Francisco Gómez）合作开发的位于科尔多瓦市的牧师会堂翻新工程[7]（Rehabilitation of the Capitular Hall）（40° 24′ 39″ N，3° 41′ 35″ W）（图4）。与安东尼奥·吉梅内斯·多雷西亚在格拉纳达纳扎里城墙项目中运用的介入手法类似，我们秉持着原有建筑全面质变的概念以及简洁的当代假体（以画龙点睛的方式激活整个空间）的理念。古老的牧师会堂遗址呈四边形，高20 m，以墙围合，坐落于一方城市果园的中央，过去曾为一座修道院所有。供牧师集会使用的会堂早在16世纪兴建之初曾发生事故，屋面拱顶发生坍塌。此后西班牙基督教教堂陷入财政困难，再也没能将其完工，这些残垣断壁在周围树木的掩映之下成为带有浪漫色彩的废墟，被保留了3个多世纪。我们的方案试图原封不动地保留这一浪漫的特点，并且添加最少的元素，将其改作多功能展厅使用。我们对遗址不稳定的部分进行了加固，拆解了一些材料以免其继续受到腐蚀，修复了1.3 m厚的砖土墙体的表面纹理，设计了一个全新的透明屋顶系统以及毗邻遗址的一栋带有盥洗室和酒吧的小型建筑。所有装置和设备都安装在使用者看不到的位置，留给使用者置身于设备齐全的废墟中的印象。所有新添加的元素在视觉效果上都与老建筑的元素截然不同，这样，我们的项目绝不会歪曲建筑作为"果园遗址"的存在，但同时又使它作为一座全新的妙趣横生的多功能展览空间被使用。

二、瞬时（交互现状）

如果我们将不确定性原则应用到建筑当中，建筑将不会真正存在，除非有人在感知它所提供的空间。那么，再次参照不确定性原则，不同时间的建筑是不同的，不可避免地被观察者个体的感知行为所曲解。从某种程度上来说，所有的建筑项目都遵循这一理念，但是一些刚刚崭露头角的建筑师致力于这类概念的研究探索，他们将建筑定义为一系列实时关系——虚拟或现实空间中的社会、情感、感受等关系。

普拉多媒体实验室（Media Lab Prado）（40° 24′ 38″ N，3° 41′ 37″ W）坐落于马德里，是一座新的展览及研究建筑，毗邻前文提及的凯撒广场文化中心，是由年轻的新锐建筑事务所兰加里达 - 纳瓦拉事务所（Langarita - Navarro Arquitectos）设计完成。项目翻新了一座老旧的工业建筑，有意将大部分新元素叠加于原有建筑上，遵循建筑假体的理念。一个令人印象深刻的闪亮的黄色楼梯悬挂于钢结构十字支架上，酷似一个波普艺术的木偶，将原有建筑中的两座相连。到目前为止，这座建筑符合前文所述的概念定义，然而它的主立面却是本着瞬时建筑理念建造的。一块3层高的LED显示屏覆盖了古老的工业建筑立面，将其变为一个巨型的交互界面。使用者能够通过用手机发送短信息的方式确确实实地与立面进行互动，屏幕能够根据所显示的信息内容或受邀艺术家的设计变换色彩和图案。一直以来作为建筑中静态元素的立面，如今不但忽然悦动起来，更可与使用者进行互动，由此，建筑也展开了一个全新的"时间维度"。

其他一些建筑师，如何塞·贝雷斯·拉玛（José Perez de Lama），也在致力于借助媒体和新技术促进瞬时空间关系的实现。

三、未来（持久性）

从传统意义上说，建筑应被建造得能够历久。然而，可持续性原则和回收利用政策无不在推广一种理念，即建筑应如同物种，在其生命周期当中能够变化。很多学者甚至开始应用达尔文理论体系来为历史上的种种建筑类型学及其对未来将会出现的建筑的影响进行分类。空间的功能越丰富，转换的能力就越强，因而具备了历久的更大可能。为适应变化而造的建筑反对那些力图将时间凝固而保持永恒不变的建筑。不过，

图1　2011年安东尼奥·吉梅内斯·多雷西亚设计的格拉纳达纳扎里城墙（图片来源：弗朗西斯科·舍瑟，www.imagina2.com）

图2　曼尼西亚和图尼翁建筑师事务所设计的卡塞雷斯市的阿特里奥酒店的翻修工程（图片来源：路易斯·埃辛）

图3　2012年弗朗西斯科·戈梅斯 + 鲍姆斯工作室设计的科尔多瓦的巴埃纳老人之家（图片来源：米格·亨迪）

图4 2010年弗朗西斯科·戈梅斯＋鲍姆斯工作室设计的科尔多瓦市的牧师会堂翻新工程（图片来源：米格·亨迪）

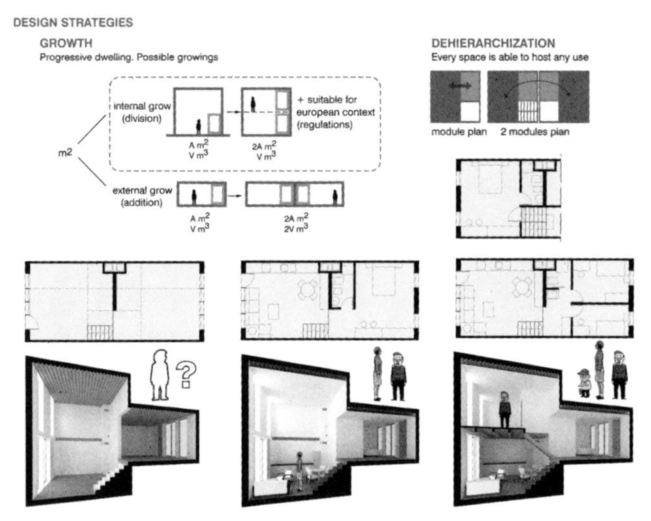

图5 潘那德里亚事务所设计的“或多或少住宅”

时间的流逝总会以某种方式改变建筑，为材料覆上一层无以复制的“光泽”。但是，设计的策略要么逐渐陈旧过时，要么永葆生机。

年轻的西班牙建筑师安德雷斯·哈格（Andres Jaque）将建筑学重新定义为与空间影响的政治谈判，同时他也在改变着建筑的时间理念。在他设计的西班牙普拉森西亚的老年人之家（Old People's Home in Plasencia）（40° 1.45′ 4″ N，2° 24.18′ 72″ W）项目中，使用者必须相互协商来共享公共设施。举例来说，果园虽然是以地块分配的，但是地块间并没有划定明确界限。使用该建筑的老人们如果真的想在果园中种植蔬菜，他们必须自己组织起来以决定地块的划分，建筑师将随之而来的社交过程视为项目最重要的部分。

潘那德里亚（La Panadería）事务所在其“或多或少住宅”（more or less House）（图5）项目中提出的另一种改变建筑的方法十分有趣。在项目的研究过程中，潘那德里亚始终贯彻一个概念，即把家庭环境视为一个与其中的住户保持不断的互动持久过程中的场所。于开放空间中生活的概念改变了使用者的生活方式。当使用者改变其生活空间，也就化身为积极的住户，正在改变自己的作用方式——这是一个反馈过程。开放而灵活的布局有利于根据情况变化来重新调整空间组织。使用者想象属于自己的空间，并能将其变为现实。

四、当前（知识局限：创造新文化）

除了连接过去，真正的当代建筑意味着对自身建立的现实的批判，通常蕴含着现实的某种转变、文化的失真、社会的冲突。很多建筑都有着创新的部分，不是一定基于成熟的技法，而是几乎纯粹的跨越。建筑不仅反映过去，而且彰显其当代的文化、科技、社会以及日常生活的方方面面。建筑也是一种建立当前文化的方式。

一旦从作为过去的附属物的思想中全然解脱，便表明了一种与历史间的新的关系。它是一种被极致彰显的当前时间，一种实时文化。

本文所阐释的所有项目都以某种方式反映了这一理念。尽管可以另外撰文就此再作探讨，但我们认为有必要列举一些有代表性的事务所，它们突破知识的局限，提出前卫的方案。恩里克·路易斯·何里（Enric Ruiz Geli）最新创作了以生物过程为基础的有机形态建筑TIC媒体大楼（Media-TIC Building），塞尔加斯-加诺事务所（Selgas and Cano Architects）在设计自己办公空间时采用了实验性的材料及色彩的合成方法，有些事务所则选择使用诸如媒体、开源软件、社会倡议等新的方法，比如Estonoesunsolar、Espacio Elevado al Público，无一不是跨界探索尚无定论的学科概念的先锋。

这些方案是否正在形成着未来的传统？是否在创造着新的当代经典？是否在设计着将成为普及知识的新标准？这些问题只有时间才能回答。■

（感谢秦勤、寻明对本文西班牙语翻译工作的帮助）

注释

①2011年11月10日《有关城市历史景观的建议》及定义术语表，引自联合国教科文组织官网：http://portal.unesco.org/en/ev.php&URL_ID=48857&URL_DO=DO_TOPIC&URL_SECTION=201.html。

②鲍姆斯工作室（Baum Lab）合伙建筑师玛塔·巴雷拉·阿德米（Marta Barrera Altemir）于2011年7月在上海同济大学进行题为《遗产保护的5种方法》讲座时提出了这5类方法。

③详情参见：www.cabanyal.com。

④牛津词典（名词）：palimpsest，再生羊皮纸卷：一张底稿或某种书写物料，旧字迹已被擦去，以重新书写。指被重新使用或已改变但仍具有从前的形态痕迹的事物，例如：现在的萨顿庄园就是它历代拥有者品味的一层层沉淀。

⑤为便于读者参观，特给出所列建筑的GPS坐标。

⑥Baena Old People's Home由Francisco Gómez Díaz和Baum Lab设计，2012年建成。详见：www.baumarquitectura.com。

⑦科尔多瓦市牧师会堂翻新工程作为科尔多瓦省最佳建筑，获得了2011年费利克斯·埃尔南德斯奖（Felix Hernandez Prize）。

参考文献

[1] MADERA M, MARTA B, MIGUEL G. Report on Public Architecture [M]. Córdoba: Contemporary Architecture Foundation, 2007.

西班牙建筑中的结构理念

安东·加西亚·阿布里 德伯拉·梅萨
Ecosistema Urbano

"每一种材料都有其特定的鲜明个性，每一种形式都有其不同的张力表现。最自然的—艺术而非技巧性的—解决问题的方式是分析之前导致其产生的各种情况，通过传达的信息给人以深刻的印象，并同时满足技术人员和艺术家的要求。来自于创作过程的结构的综合，将技术与艺术、创造性与感性相结合，脱离了纯逻辑的领域，进入了灵感的秘密边界。

在进行所有计算之前，最重要的理念是将材料塑造成耐久的形式，从而完成它的使命。"

——埃德瓦多·托维加（Eduardo Torroja）《结构类型的由来及形成》（Reason and Being of Structural Types）（1957年）

西班牙过去和近来最好的一些建筑正是那些通过结构定义空间的建筑，就像质朴的诗歌，表达一种想法并将之发展至最终的呈现，只利用必要的准确元素，无需更多。

有时，这个简单的想法是经深思熟虑而形成的建筑元素，通过自身重复而生成建筑；有时只是回应功能的实践、应用新技术的实验或利用材料诗学的思考，多数情况下是与历史、文化和文脉进行紧密对话的结果。

结构的作用

事实上，我们知道结构不只具备承力的功能。如果分析结构表达明确的建筑，会发现向地面传递荷载的作用通常与体验并无太大关联，反而是确定秩序、尺度、实体或特征等作用在定义空间时具有更大的决定性。

因而，结构—被视为赋予各个建筑元素功用并将其组织形成整体的系统—成为建筑的整合元素，并表现出其在建筑中不可或缺的本质。

无论在概念上还是形式上，建筑原本就与能使之实现的结构体系有着密切关联。可以说，直到20世纪，建筑史一直都是结构体系的发展史，指引着建造的形式和物质、诗学和美学，只有出现新的材料或技术，才能产生比之前更高效的新的体系和形式。而如今，已不再是这样。

最初，形式和结构是同一不可分的，直至科学领域的进步区分了这两个建筑概念，并为独立于支撑和定义空间的结构的形式构想让路。柯布西耶（Le Corbusier）的多米诺住宅体系（Dom-ino House system）（1914年）表达了与定义建筑的传统方式（即结构）的彻底决裂，其后，源于非对称应力的引入、复杂性的提高、原本不可分割元素的分解导致的语言和信息的倍增等越来越多动态的空间配置，与看上去稳定、结构易懂相关的静态空间的概念开始出现。

在这种自由的新环境下，建筑开始多样化，对于同样的问题，除了惯常的做法，还有各种各样的解决方式。虽然结构仍然是一些建筑作品的主题，但也遭遇掩藏甚至错误对待。批判性的分析也因此成为一项困难的工作，虽然对结构的关注有助于我们超越表象去了解真正的空间逻辑，有助于我们探索那些遵循建筑实质形成的建筑图景。

结构的对话

西班牙善于处理复杂的问题。在历史上，原来不同的文化相互叠加、融合并最终找到了对话的方式，也因此，融合成为西班牙文化和社会的特点，为建筑师提供了底蕴深厚的创作环境。工作于西班牙的建筑师很难有机会遇到一个一张白纸的项目，相反，一个项目通常始于诸多条件和文脉参考，可从中验证和借鉴设计的想法。在西班牙，有指引，才有自由。

西班牙的城市促进了其建筑的发展，变化缓慢的城市结构整合了持续现代化所产生的新的分层，容纳了有能力综合复杂性并表现时代特征的建筑。

当新旧结构遭遇时，令人紧张的伟大时刻就会来临。

科尔多瓦清真寺大教堂（Cathedral – Mosque of Córdoba）正是这令人激动的碰撞的代表之作，它完美记述了西班牙建筑遗产的本质。这一约在公元786年开始施工、700年后改造仍未停止的杰作，清晰呈现了两种文化、宗教、社会以及最终两种结构的共存。虽必然具备传递恒荷载和活荷载至地面的作用，但两种结构分别表现和建造了上帝和真主所在的两个自成一体但结构相关的空间。穆斯林教徒和基督徒的使用具有共时性，结构创造并同时解决了这个矛盾，给城市留下足迹并留下记忆。圣地亚哥德孔波斯特拉大教堂（Cathedral of Santiago de Compostela）最初为罗马式的、后改成哥特式、最终是巴洛克式的过程也是其通过结构的加建来巩固政权、求得永恒的历史进程的记录。

属于不同时代、满足不同需求的结构之间卓有成效的碰撞持续频繁发生着，在它们的碰撞中，一些最好的建筑出现了。最近对马德里旧屠宰场（Madrid's Old Slaughterhouse）的开发再次体现了这种碰撞的力量。这栋建于1911年左右、占据城市中心位置的历史建筑已被废弃多年，久经地产繁荣的压力。由于奇迹般地被保留至今，如今它已成为西班牙最具吸引力的文化中心之一。年轻一代的建筑师利用其受保护的原始结构构建新的空间，以承载适应当代文化需求的功能使用。由兰加里达-纳瓦拉事务所（Langarita-Navarro Arquitectos）设计的红牛音乐学院（Red Bull Academy）（2011年）（图1）或恩森伯工作室（Ensamble Studio）的读者之家（Reader's House）（2012年）也是很好的例子。虽然具体实施完全不同，但两个项目都遵循了类似的策略：保留原有结构不变，置入一个新结构以改变空间尺度并激发新老结构之间的对话。原本使用不当的空间被注入新的能量，以恢复对建筑的共识——为使用者的活动提供支持。

正在建设中的、由曼尼西亚和图尼翁（Mansilla-Tuñón）设计的马

图1 兰加里达-纳瓦拉事务所设计的红牛音乐学院（图片来源：Luis Diaz Diaz）

图2 曼尼西亚和图尼翁设计的马德里皇家收藏博物馆（图片来源：Suravia）

图3 科拉莱斯和莫莱松设计的布鲁塞尔世界博览会西班牙馆（图片来源：Archivo José Antonio Corrales）

德里皇家收藏博物馆（Royal Collections Museum）（图2）是对西班牙建筑遗产进行开发的另一个案例。这个项目的挑战在于完成皇宫（Royal Palace）和阿姆德拉圣母教堂（Almudena Cathedral）的西立面，建造公众和展览空间，以容纳在迪萨巴蒂尼花园（Jardines Desabadini）设计的建筑中无法陈列的大量的各式各样的艺术作品。合理的结构支撑起建筑，并与建筑的古典风格直接相关，坚实的混凝土盒子形建筑巧妙地成为这一历史区的围墙，并解决了所在场地的地面高差问题。秉持包容与尊重理念的设计塑造了一个与周边历史环境和平对话、毫不突兀的新建筑，为当代建筑上了很好的一课。这也是曼尼西亚和图尼翁（Mansilla-Tuñón）在其职业生涯初期为拉斐尔·莫内欧（Rafael Moneo）工作时学到的。在处理建筑历史和文脉的关系方面，拉菲尔·莫内欧是真正的大师，他的早期主要作品之一位于梅里达的罗马艺术国家博物馆（National Museum of Roman Art，1986年）是利用现代资源建造古罗马式结构的完美表达。他的作品清晰地体现了他对西班牙文化的广泛了解和深刻理解，以及毫不生硬地将建筑融入到城市结构中的能力。

历经这样的碰撞，以及重新审视历史并将之待续的过程，西班牙积累了丰富的建筑经验，因为理解暗含其中并阐释着早已存在的情况的结构，历史的元素没有被破坏，所以过去建筑的结构逻辑仍然存在于现在建筑的灵魂中是必然的结果。

结构的自由

正如我们所见，考虑文脉进行设计并不妨碍创造力的产生。既着眼于传统又不放弃创新，西班牙建筑逐渐获得了更大程度的自由。得益于建筑技术和工程设计的重要发展，自由已经通过各种方式绽放，从塞戈维亚古罗马高架引水桥（Segovia Aqueduct）、卡洛斯五世宫殿（Palace of Carlos V）到埃尔·埃斯科里亚尔修道院（Monastry of El Escorial）再到高迪的拱形屋顶的米拉之家（Casa Mila），西班牙的建筑领域在各个时期都有重要的杰作问世。

除了在砖石结构时代获得的技术积累，在20世纪，随着替代的建筑技术的发展进步，几位重要人物的研究积极性也推动了西班牙建筑的积极发展。除了在佛朗哥（Francisco Franco）和希特勒（Adolf Hitler）进入西班牙和德国之后所做的之外，毫无疑问，由密斯·凡·德罗（Ludwig Mies van der Rohe）设计的巴塞罗那世界博览会德国馆（Barcelona Pavilion）给建筑领域带来了巨大影响（虽然密斯并非西班牙建筑师，但是他在西班牙留下了他在建筑史中具有重要地位的最好的作品之一）。与此同时，随着新的应用方法和美学标准的发展，工程师爱德华·多罗哈与米雷特（Eduardo Torroja y Miret）使人们重新认识了混凝土，他创建的建筑科学研究院（Institute for Construction Science）一直是结构研究领域的重要参照。他的研究成果、广为人知的原型及建成的作品一次又一次消弥了那些将建筑和工程分开的愚蠢的教条。无论其位于马德里的双曲面屋顶结构的萨苏埃拉体育场（Zarzuela Hippodrome，1941年）还是应用80 mm混凝土壳体的拱形空间的回力球场（Frontón Recoletos，1935年），显然都与其研究成果息息相关，这大大地鼓舞了其他一些蜚声国际的建筑师们，如菲利克斯·坎德拉（Felix Candela）。另一个创新者，当时正在学习成为一名建筑师的米格·费萨科（Miguel Fisac）也致力于在其职业生涯中进一步推动混凝土结构的发展，并将土木工程领域的后张拉技术应用到建筑中。他设计的“骨头”状的优化空心预制混凝土梁完美地体现了结构承担不只一种作用并回应建筑复杂需求的能力。这些结构不仅高效满足了承力要求，而且营造了内部空间的光环境，同时解决了其他重要的功能问题，比如位于马德里的水文研究中心（Center for Hydrographic Studies，1963年）的雨水排水问题。他独创的这一结构是平衡了力学和美学的创新，是轻巧和力量巧妙的结合。而轻巧和预制也在科拉莱斯（Jose Antonio Corrales）和莫莱松（Ramon Vazquez Molezún）设计的布鲁塞尔世界博览会西班牙馆（Brussels Pavilion）中有很好地体现（图3）。他们在1956年设计了一个由钢结构和木制水泥纤维板组成的高、宽各6 m的轻巧的六边形伞状基本元素构成的预制模块体系，合理而又简洁的设计和真实的构造能够实现多种组合，形成如同生长着树木的森林般的内部空间。这一独一无二的作品促进了对于预制的逻辑和意韵的探索。

基于20世纪混凝土和钢结构发展所取得的坚实的技术支撑，西班牙的建筑师在应用成熟技术和探索新技术的同时，仍然时刻关注着其他相关学科的发展。众多作品表明土木工程学科仍然是建筑创新的重要来源，比如位于马德里的“日落地方”之屋（Hemeroscopium House）（2008年）（图4）使用主要用于桥梁建设的预应力钢筋混凝土梁围合透明的居住空间。当然也可借鉴其他学科建筑创新，比如2012年威尼斯双年展西班牙团队塞尔加斯·加诺建筑事务所（Selgascano）设计的装置“空气之间”（Al Aire），就是通过轻巧的可移动结构探索植物与建筑的可能的关联。安德雷斯·哈格（Andrés Jaque）在他的Escaravox House（2013年）中将农业灌溉机械应用到公共空间，利用视听设施实现另一个目的。城市生态系统（Ecosistema Urbano）设计的位于马德里的生态大道（Ecobulevard）上的“空气树”（Air Trees，2007年）是人工营造的适于居住的建筑，应用被动空气调节系统满足绿色建筑产业标准，具有对外部空间的生物气候适应性（bioclimatic adaptation）。恩克里·鲁伊斯（Enric Ruiz Geli）设计的位于巴塞罗那的TIC媒体大楼（Media-TIC，2010年）的网状金属结构之外覆以ETFE模材，实现了最大限度节能的策略并可在夜间透出亮光。而所有上述作品的最大

图4 恩森伯工作室设计的马德里的“日落地方”之屋（图片来源：Débora Mesa）

图5 RCR 事务所设计的 Les Cols 餐厅的室外回廊（图片来源：Pep Sau）

的成就在于，自由思想的实现并不需要昂贵的造价，而且通过使用被证明是明智而实用的。

建筑构想和实现的可能性不断拓展。工业及其附属学科提供了巨大的机会，只要超越单纯地表现、发现新的设计和建造工具的潜力，机会就会被利用，这对平衡系统和形成人们居住空间的内部结构产生直接作用。创新可以通过多种方式实现，比如：探索新程序，开发新材料和新技术或将其他学科的技术运用到建筑领域等。正如多罗哈、费萨科（Torroja, Fisac）和其他一些年轻和不那么年轻的西班牙建筑师们所努力做的，去最终影响每个人和所有人的空间。

结构和空间

建筑中真正重要的是空间及其吸引人们和满足人们对功能的需求的潜力，特别是面临严重的金融危机的今天，如果精准地只利用所需资源建造出最智能的结构，就会更好。

从古时理性、正交、围合的空间到对动态、灵活、开放的空间的需求，建筑的发展经历了一个重要的过程，以适应一个社会方式时常改变的发展中的社会。结构必须要回应所处时代的新需求，甚至欲望。

正如我们所见，如今科学为实现空间提供了很多工具，一个世纪前维特鲁威（Marcus Vitruvius Pollio）提出的“坚固”（firmitas）原则不再是必须，当一些建筑不断探索围合空间体量（即跨度）的可能性时，另一些建筑则相反，致力于寻找能够消除重力对空间限制（即高度）的结构。

当代雕塑家埃杜阿多·齐利达（Eduardo Chillida）构想的提恩达雅山项目（Tindaya Mountain Project，1993年）是一个神奇的空间，遗憾的是它并未实施。齐丽达想利用富韦尔特图拉岛（Fuerteventura）上山体的巨大结构，在其内部挖凿形成一个重要的空间，一个可能会把我们的体验带回本质的洞穴空间，在其中，光线、温度、物质和声音都被夸张处理。此外，恩森伯工作室（Ensamble Studio）设计的“松露”住宅（Truffle，2010年）、SMAO事务所（Sancho-Madridejos）设计的瓦略阿赛隆教堂（Valleacerón Chapel，2001年）、费尔南多·梅里斯（Fernando Menis）的众多混凝土作品，如位于阿德赫（Adeje）的宗教博物馆（Sacred Museum，2006年），也都应用了限制空间并与文脉建立精确联系的结构，利用光与影营造了片刻的高强度。

利用与上述相反的结构和空间设计方法，RCR事务所（RCR Arquitectes）的工作是完美的三位一体，他们通过塑造氛围来探索非物质世界，一个人与环境高度互动、边界被非物质因素重新定义、空间的结构被刻意模糊并以特别的方式达成透明的世界。他们在里波尔（Ripoll）的覆顶广场（Covered Plaza）和Les Cols餐厅的室外回廊（Outdoor Pavilion in Les Cols' Restaurant）（图5）无疑是本世纪顶尖杰作之一，完美地体现了通过基本结构将自然和建筑紧密结合在一起的理念。

当然，在定义空间的两个极端的激进宣言之间，还有很多其他的偏好、许多真实的结构方法和许多所形成的不同空间。很多基于结构生成的建筑，其结构、表皮和空间被有机地联系起来，互为依托，甚至装饰也成为整体不可分割的一部分，不能脱离彼此而存在，无需附加物，也无需掩饰。正如布鲁塞尔的西班牙馆或科尔多瓦大清真寺所带给我们的启示，结构能够达成构建新的空间和感知体验的意图，给出有说服力的答案，超越、唤起在空间、形式和结构方面的创新，真正推动建筑领域的进步。

结构及附加物

应该看到，附加物已是当代文化的一部分。关注形式表象而不关心骨架的建筑通常包含不同的层级、子结构、表皮和重叠体系，除了增加预算，更产生误导和混淆。

当代文化太轻易满足于雷同和复制。全球化带来了多样但共有的国际式建筑，建设也往往忽视不同的地理、社会、政治环境，根本不考虑当地的特有条件。很多原作不具备明显的适应性，甚至本就不值得复制的情况下，仍然被复制着。对流行的外部形象的跟风，导致建筑不断地被复制出第二版和第三版，而不管在这种奇怪的混合中建筑的结构该是怎样，会产生什么样的空间。一切正在失控。

尽管西班牙有深厚的传统、丰富的文化、卓越的技术支持，我们也犯了同样的错误。对建筑符号不成熟的渴望反映了我们忽视建筑强大的物质属性和本土逻辑导致其逐渐脱离支撑它的大地，失却真实身份。而回报我们的，则是不断的错误。

弗兰克·盖里（Frank Gehry）设计的古根海姆博物馆（Guggenheim Museum，2007年）是西班牙一个时代的象征，它的突然衰败只是因为它没有任何意义了。毕尔巴鄂（Bilbao）没有错，这座极为成功的标志性建筑为城市带来了活力，促进了当地旅游业和经济的蓬勃发展，表达了建筑的立场。然而，问题在于这种独特的现象引发了所谓的“古根海姆效应”，几乎西班牙的每个城市都不惜任何代价地想拥有一座古根海姆博物馆，结果有些戏剧性，有时还要付出难以理解的高昂花费，它使人们忘记了西班牙建筑创新的最大所在——我们自己的历史和建筑遗产。

也许在无节制的建设把我们带至一个关键节点后，我们将会回归，关心建筑的本质——结构，让建筑褪去所有附加之物。■

（感谢秦勤、寻明对本文西班牙语翻译工作的帮助）

建筑展览：当代建筑文化的推进器

李翔宁[1] 江嘉玮[1] 曹晓弘[2] 任少峰[3]
1 同济大学建筑与城市规划学院
2 第一太平戴维斯物业顾问有限公司重庆分公司
3 同济大学建筑设计研究院（集团）有限公司
国家自然科学基金项目(51078266)

一、国际现当代建筑展览的历史发展综述

在今天的信息化时代，人们置身于各种媒介的包围中，各种信息的传播以及信息间无限广阔的影响和联系在瞬间就可以发生。而在几十年前，展览对于人们获知信息，或者说对一种新兴事物的传播有着不可替代的作用。现代先锋建筑运动一百余年的历史中，各种各样的展览是先锋派建筑师活动的主要舞台，现代建筑和现代建筑的开创者们在早年也同样活跃于各种展览的舞台上。

"魏森霍夫建筑展"（The Weissenhofsiedlung）是世界现代建筑史中不能不提的一次展览，建筑界认为这个展览是奠定现代主义建筑的里程碑，它处于第一次世界大战结束后的特殊时间，此时欧洲各国在现代建筑上已取得了重大突破，形成了现代建筑思想。"德意志联盟"（German Association of Craftsmen）专注于提高德国工业产品设计制造质量，积极介入社会住宅问题的探索中，于1924年组织了一个名为"形式"的实用艺术展览，以去除装饰来展示"形式"。正是这一展览直接触发了以魏森霍夫住宅展览为中心，名为"住居"的下一次展览。1927年，"德意志联盟"在斯图加特附近名叫魏森霍夫的丘陵地举办了这次著名的现代建筑大展，展览由密斯·凡·德·罗（Mies van der Rohe）组织，宗旨是发扬现代设计与现代建筑的精神。

展览的16位参加者几乎囊括了欧洲最具影响力的开拓现代建筑的所有重要人物，诸如有彼得·贝伦斯（Peter Behrens）、勒·柯布西埃（Le Corbusier）、约瑟夫·弗兰克（Josef Frank）、瓦尔特·格罗庇乌斯（Walter Gropius）等，代表了当时欧洲最新、最前卫的设计思想。经过这次展览，德国的现代主义建筑进入发展阶段，体系已基本完成，形式也趋于成熟，在德国被称为新建筑。这些建筑成为日后全世界集合住宅建筑的标准模式，并在第二次世界大战以后真正成为垄断世界建筑面貌的主流建筑和设计风格——"国际主义风格"。

在1925年巴黎的国际装饰艺术及现代工业博览会上，弗·基斯勒（Frederick Kiesler）展出装置作品"空间中的城市"（Raumstadt），一个源于他的"平面和支撑体系"的展览空间。基斯勒希望通过这类装置使得展览和城市模型之间的转变变得连续。柯布西耶展出其作品"新精神馆"，探索将城市规划转移为建筑学，建筑学又转移为城市规划的概念。在"新精神馆"之前的"多米诺住宅"中，柯布便开始其类型学的研究。

在1956年伦敦的"这就是明天"（This is Tomorrow）展览中，艺术家理查德·汉密尔顿（Richard Hamilton）、约翰·麦克哈里（John McHale）和约翰·沃切（John Voelcker）展出一个内容为纯粹波普的循环的媒体图象的三维拼贴。亨德森·波罗兹（Eduardo Paolozzi）和史密斯夫妇（Alison and Peter Smithson）共同完成了一件综合装置作品，开启了群体方案的起源。同期，史密斯夫妇还参加了在杜布罗夫尼克举行的第10届CIAM会议，议题是"居住问题"。展览和会议的主题内容及举办时间一致的巧合不是偶然的。

1969年在纽约现代艺术博物馆（MoMA）举办的一个建筑展被作为"新现代的开始"。这次展览介绍了5位当时并不很有名气的美国建筑师及其部分作品。5位建筑师分别是彼得·艾森曼（Peter Eisenman）、迈克尔·格雷夫斯（Michael Graves）、查里德·迈耶（Richard Meier）、查尔斯·格瓦斯梅（Charles Gwathmey）和约翰·海杜克（John Hejduk）。展览为清一色的独立式住宅设计，住宅形式有一些明显的共同特征：简洁的几何形体看似都发源于20世纪20年代柯布西耶早期的建筑风格，也像是直接吸取了当时荷兰风格派代表人物里特弗尔德（Gerrit Rietveld）和意大利建筑师特拉尼（Giuseppe Terragni）的设计手法。此次展览引起了建筑界和评论界的关注，建筑理论家柯林·罗（Colin Rowe）和弗兰姆普顿（Frampton）都发表了评论文章。随后5位建筑师的作品与这些评论一起合成专集，于1972年出版，书名就叫《五位建筑师》。由于这5人都在纽约，因此他们又被称为"纽约五"（The New York Five）。

1972年5月26日在美国纽约现代艺术博物馆举办的"意大利：新本土景观"（Italy: The New Domestic Landscape）展览上，阿基佐姆小组（Archizoom Association）提交的是一个"空房间"作品。阿基佐姆认为建筑必须被当作一个中性体系，应该被无差异地使用。超级工作室（Super Studio）提交的"微型事件"是一个装置作品。阿基佐姆小组和超级工作室认为自己的建筑是概念性和行动的。

有些当年看起来前卫甚至小众的展览，却起到了先锋的作用，甚至传播并引领了新的建筑流派。很多如雷贯耳的建筑大师便出自这些当年参展的年轻建筑师中。1988年6~8月，纽约现代艺术博物馆的"解构主义建筑"（Deconstructivist Architecture）7人作品展，由菲利普·约翰逊（Philip Johnson）和马克·威格利（Mark Wigley）组织，参展的建筑

师是弗兰克·盖里（Frank Gehry）、伯纳德·屈米（Bernard Tschumi）、扎哈·哈迪德（Zaha Hadid）、丹尼尔·李伯斯金（Daniel Libeskind）、雷姆·库哈斯（Rem·Koolhaas）和蓝天组（Coop Himmelblau）。

在参加这次展览之前，有的建筑师已经在“解构建筑”的实践方面颇有心得。如1982年拉维莱特公园的建筑设计竞赛中埃森曼和屈米的作品，以及1989年初由艾森曼设计的位于俄亥俄州哥伦布市的卫克斯那艺术中心，均是解构主义运动的历史上的重要事件。同年7月在伦敦的泰特美术馆举办了一个名为“建筑与艺术中的解构主义”的国际研讨会，之后英国AD杂志1988年3/4期为此专门出版了一个由主要参加者策划组稿的专集《建筑中的解构主义》。两次展览，标志着解构主义的兴起。

由于这两次展览，解构主义建筑逐渐被大众所接受，成为现代建筑的重要风格流派。参展建筑师在此后一直活跃在世界建筑舞台上，并奉献了相当数量的精彩的解构建筑。

展览的功能性与它作为一个事件所具备的意义紧密地结合在一起，它与先锋派建筑师的尖锐探索密切相连，从团体的形成到若干重要运动的形成，以建筑本身为主要内容的展览便也就成为了20世纪一种独特的现象。那些著名的建筑大师最早便是在这些展览中崭露头角，而那些著名的建筑设计风格或流派也是基于这些展览而奠定了基础。很多展览与现代建筑史的关系密不可分，可以说是它们影响了现代建筑史，并且成为其重要的部分。

二、国际建筑展览的社会效应和学术贡献

1．为建筑文化的发展指引方向

虽然建筑史学家曼弗雷多·塔夫里（Manfredo Tafuri）指出，建筑批评不应承担“导向式批评”的任务，然而不可否认的是，在建筑展览的历史上，许多重要的宣言式展览的确成为建筑潮流的风向标，甚至深刻地影响了建筑发展的走向。博物馆主动挖掘出某一理论发展趋势，明确定义它，收集相关作品和建筑师，最终将这些设计作品和建筑师按照拟定的主题顺序展出。博物馆以展览的形式，分析并展现当前的建筑设计发展趋势，提出并论证一个先锋的理论观点，从而引领建筑界内的理论发展趋势。

以MoMA的展览为例，在建筑理论界起到了引航作用的，有两个—1932年的“现代主义建筑：国际式风格展览”（Modern Architecture: International Exhibition）和1988年的“解构主义建筑展”（Deconstructivist Architecture）。这两个展览不但在建筑理论界具有里程碑式的意义，并且对于博物馆建筑部的发展起到了至关重要的推动作用。绝非偶然，这两次展览都是由建筑部的灵魂人物—菲利普·约翰逊亲自策划组织的。1932年的“现代主义建筑展”将欧洲的建筑引入了美国，宣告了美国现代主义的开端，为博物馆建筑部的建立献上一个完美的开场白；1988年的“解构主义建筑展”则将20世纪80年代初期涌现的新兴建筑风格带入了理论界的主流，为陷于后现代批判困境中的博物馆建筑部提供了一个转机。这两种风格都在展览后得到了业内和官方的认可。

2．推动对具体学术命题的研究和讨论

有较高学术价值的建筑展览通常关注技术发展或者文化变迁在建筑设计实践中所体现的变化。展览将某个学术的命题展现在人们面前，引起对该学术命题的讨论和争辩，并通过相关的出版物、论坛来记述相关的讨论，从而推动建筑学术研究的发展和指引实践的方向。

最著名的例子莫过于2000年威尼斯双年展主题“少点美学，多点道德”（Less Aesthetics, More Ethics）。策展人是意大利建筑师马西米利亚诺·福克萨斯（Massimiliano Fuksas），他在1998年上任之后，带着强烈的想要有所创新的冲动，在布鲁诺·赛维（Bruno Zevi）、彼得·库克（Peter Cook）等人的指导下，提出“少些美学，多些道德”的主题，并放弃历届双年展的通常设定，将展览重点放在了研究上。展览不再基于“作为房屋的建筑”这一设定之上，而是对当代城市，尤其是21世纪的巨型都市展开了全景扫描。如标题所指出的，福克萨斯认为有必要为建筑学寻找新的出路，设计一个项目，不仅简单的是美学问题，更应研究新的道德诉求。而自从20世纪90年代以来，城市更新的速度、尺度，尤其在拉丁美洲、东南亚与非洲地区，与污染一同引发了新的社会不满与社会不公。正是基于此，福克萨斯决定“以双年展为实验场来分析都市行为与转换的新维度”。

这一类特定建筑文化主题作品展，往往具有较强的针对性，侧重不同的地域特点或时间历史背景，反映出人们生活模式的变化，技术的发展以及人类思想的革新。例如MoMA举办的一系列著名展览：1934年由约翰逊主持的“机械美学”（Machine Art）反映了当时机械化技术发展引发的设计领域的革新；1944年“建造在美国”（Built in U.S.A）反映了战争期间美国建筑设计思想的变化；1975年“巴黎美院建筑设计作品展”（The Architecture of The Ecole Des Beaux-Arts）呼应了1966年博物馆出版的《建筑的复杂性与矛盾性》一书中提出的批判性看待历史的观念，推动了后现代主义的发展；1995年“轻质建筑展”（Light Construction）展示了建筑界内对于轻型表皮、结构的新关注，以及建筑设计发展的新趋势——建筑体块的模糊化，结构的失重化，表皮的透明化和模糊化；1999年“消除私密性的住宅设计展”（The Un-Private House）展示了当时最新住宅设计的代表，反映了人们生活方式改变而引发的住宅设计变革；2004年“高层建筑设计作品展”（Tall Buildings）反映了随着新技术发展而引发的高层建筑设计发展。

1975年“巴黎美院建筑设计作品展”表面上看来是一次常规的历史性主题展览回顾，其实是对于后现代主义发展一次有力的推进，悄无声息间将逐渐被人们淡忘的美国的传统教育体制和作品风格又一次拉到了时代的前沿。

与此同时，展览还可以引起大众的关注，向大众推广和宣传建筑文化，比如MoMA“实用的日常用品设计系列展”（Useful Household Object）、“巧妙的设计作品系列展”（Good Design）和“青年建筑师作品展”（The Young Architecture Program）。“实用的日常用品设计系列展”在1938~1947年共举办了6次，呈现了由于新兴技术和社会进步带来的日常用品的设计发展，也通过在博物馆商店出售展品从而引导了大众消费，无形中提高了大众的美学修养。

3．组织竞赛展或青年建筑师展，推动建筑界新生代和新思想

博物馆和文化机构组织各类竞赛，吸引青年建筑师参与，展出参赛和获奖作品并择优给予资助建造。这其中既有由博物馆发起、组织的，也有由其他机构发起、组织的，博物馆为获奖作品的展示提供平台。比如“青年建筑师作品展”是由MoMA建筑部联合当代艺术部（PS1）于2000年启动的系列展览，通过举办竞赛的方式为青年建筑师提供将先锋思想付诸实践的契机，2000年至今已举办了10次。历史上还有几次著名的特殊主题竞赛的展览，包括MoMA建筑部主办的，1933年约翰逊主持的一次海报设计比赛、2010年由建筑策展人巴里·

伯格多尔（Barry Bergdoll）主持的“纽约滨水区改造概念设计竞赛作品展”（Rising Currents: Projects for New York's Waterfront），以及2001年MoMA组织的另一个重要展览“现代艺术博物馆扩建项目竞赛作品展”等，也都引起了广泛关注，使得一些青年建筑师和事务所脱颖而出。

4. 著名建筑师作品个展和回顾展，确立影响力风向标，创建话语平台

这类展览侧重展示某个建筑师或事务所的设计作品和思想变迁，笔者在本文中将这些展览简称为个展。通过个展，策展人往往系统地总结和撰写某个建筑师或者事务所的成长发展历程，由此展览的配套宣传册也就成为极具价值的建筑师个人或者事务所的作品集。个展不仅仅使建筑师及其作品声名大噪，也使博物馆在建筑媒体领域获得了一定的发言权和影响力。

这些个展的主要目的是全面展现建筑师或者事务所的设计作品及思想，挖掘每个建筑设计的时代背景和项目背景。其中较为重要的展览包括：勒·柯布西耶（Le Corbusier）的个人作品展8次，弗兰克·劳埃德·赖特（Frank Llody Wright）9次，密斯9次，另外密斯的助手莉莉·瑞克（Lilly Reich）也于1996年举办了“莉莉·瑞克建筑设计作品展”（Lilly Reich: Designer and Architect），路易斯·康（Louis I.Kahn）6次，阿尔瓦·阿尔托（Alvar Aalto）3次，艾瑞克·门德尔松（Eric Mendelsohn）3次，安东民奥·高迪（Antonio Gaudi）2次，詹姆士·斯特林（James Stirling）2次，艾米利·阿巴斯（Emilio Ambasz）2次，圣地亚哥·卡拉特拉瓦（Santiago Calatrava）2次，斯卡菲狄欧事务所（Elizabeth Diller & Ricardo Scofidio）2次，大都会（OMA）事务所2次。还有其他十多位重要建筑师举办过一次个展。

从上述统计，很容易就可以从展览数量上判断出最重要的建筑师名单：举办过9次个人作品展的密斯和赖特，举办过8次个人作品展的柯布和举办过6次个人作品展的路易斯·康。无可否认，这4位确实是美国近代建筑师中举足轻重的人物。从每个建筑师的一系列个人建筑设计作品展侧重点的变化中，也不难看出策展的新趋势：更多呈现建筑师手绘作品来客观反映设计师的构思；更注重结合建筑师的个人经历来全面呈现作品构思形成的背景。更值得一提的是，现代艺术博物馆（MoMA）曾经于1976年举办了“巴拉干战后设计作品展”（The Architecture of Luis Barragan），而这次展览使路易斯·巴拉干（Luis Barragan)从一个名不见经传的小设计师一下跳到了美国建筑理论界的聚光灯下。这次展览于1976年6月举办，并同时出版发行了由克艾米里·阿巴斯（Emilio Ambasz）编写的巴拉干建筑作品集，编者用丰富的实例和简洁有力的语言将这位初出茅庐的建筑师介绍给美国观众。这本作品集最终在全球范围的销售量达到了5 000多份，由此巴拉干也迈入了世界著名建筑师的行列。

如果说MoMA的建筑展览呈现了当代建筑师的影响力风向标，那么毋庸置言，中国建筑师还未得到MoMA的青睐，而在强调多元、容纳异质的威尼斯双年展舞台上，中国建筑师终于可以一展身手。

三、威尼斯建筑双年展与中国当代建筑

中国当代建筑进入世界建筑话语体系仅仅不足二十年的时间，其间伴随着中国大规模建设时代所带来的活跃建筑市场与一批具有国际视野的中国建筑师的涌现。而在各种对其加以推动的媒介之中，建筑展览是十分重要的方式之一，这其中自然无法忽略威尼斯建筑双年展的贡献。

2000年第七届威尼斯建筑双年展中，张永和被邀请参加了题为“少些美学，多些道德”的主题展展览。这是中国内地建筑师首次参加建筑双年展，而这也是张永和同一时期参加的众多国际建筑展览中的一个。他的作品被分为两个部分：第一部分是被放置于军火库展区入口的“竹墙装置”；另一部分位于整个展览流线的中间位置，作为展览主题研究的一部分，展示了张永和的竹化城市、泉州中国小当代美术馆与“桥上村庄”3个作品。可以看出，这组设计都是针对中国当下快速城市化所引发的社会与生态危机所做出的对策。

2002年第八届威尼斯建筑双年展为中国建筑提供了更多的展示机会。策展人迪耶·萨迪奇（Deyan Sudjic）在展览目录中称，“正如日本在20世纪80年代早期的经济泡沫使得东京与大阪标志了新建筑的爆发式出现，如今在中国，上海与北京正扮演着同样的角色”，而展览也有意识地寻找中国当代新建筑为这一现象定位坐标。其中，在当时刚刚落成的“长城脚下的公社”被寄予了很高的关注。潘石屹夫妇在北京市郊投资的这组豪华别墅邀请了12位亚洲新锐建筑师（其中仅有两名中国人）参与，而张欣更因此获得了当年双年展“建筑艺术推动奖”。此外，马达斯班的浙江大学宁波校区图书馆同样参加了主题展的展出，而非常建筑的四合廊宅项目则参加了矶崎新（Arata Isozaki）策展的“创造汉字文化区的建筑语言”特别展。

2006年的第十届威尼斯建筑双年展，中国馆正式成为国家馆的一员。此前，中国馆已在2003年的艺术展中成立，但由于当年“非典”的影响而未能成行。而在那年的艺术展以及2005年的艺术展中，张永和与王澍分别展示了自己的装置作品。这一届展览中中国馆设置于军火库东北端的处女花园内，唯一的展品为王澍的场域装置作品“瓦园”，而这一作品也不同于之前展览中“再现”建筑的方式，而是为展览单独设计。此外，这届展览还包括上海艺术家米丘以“建构宣言”参加主题展，以及马岩松的MAD事务所主动发起的“MAD IN CHINA—— 一个关于未来的实践”双年展外围展。而MAD通过这次展览以及其后的频繁曝光迅速引起了西方建筑媒体的关注。

此后的2008年第十一届威尼斯建筑双年展中，MAD事务所在上次外围展的努力见到了成效：他们被阿隆·别斯基（Aaron Betsky）邀请参加了主题展中的特别单元“非永恒城市展”，与其余11组建筑事务所对罗马郊区进行了实验性的探索。MAD所设计的“超新星—— 一个移动的中国城”设想了一种激进的巨构建筑取代“多余与过时的当代中国城镇”。而这一届双年展的中国馆也首次采取主题性展览的形式，“普通建筑”的主题可看作对主题展的一种反叛。展览内容分为两个部分：“日常生长”展示了艺术家王迪的《红色建筑》系列摄影，而“应对”部分由张永和组织了5位国内的建筑师及学者（李兴钢、刘家琨、葛明、刘克成、童明）完成了一组装置作品。

2010年的第十二届威尼斯建筑双年展中，王澍被邀请参加主题展的展览。他所设计的“衰变的穹顶”用约140根木棍搭接而成的穹窿形轻质结构，“采用了西方传统建筑形式的同时，又采取了中国传统的建造方式”。这一作品也为王澍赢得了双年展特别荣誉奖。而这一届中国馆主题为“来此与中国约会”，回应了妹岛和世的主题“人们相遇于建筑”（People Meet in Architecture）。在处女花园，朱锫用内置LED的塑胶管组成了他的装置作品“意园”，而景观建筑师朱育帆设计了题为《流水印》的雕塑。在中国馆的室内空间“油库”中则展示了樊跃与王潮歌的《风墙》、徐累的《照会》与一组题为“约会的建筑”的文献展览。

2002年的双年展中，萨迪奇已经敏锐地观察到中国即将为世界建筑界关注的焦点。十年时间，威尼斯建筑双年展不但展出了大量建成与即将建成于中国的建筑作品，同时也逐渐成为中国本土当代建筑面向世界的一个重要窗口。个体建筑师通过主题展与其他形式的个展迅速获得西方建筑媒体的关注，而中国馆的建立更成为了扩展中国当代建筑在海外影响的制度性工具。同时不可否认的是，西方媒体对于中国当代建筑的消费限定于中国快速城市化所带来的新奇刺激与东西方建筑文化的差异性之上，MAD与王澍可以作为这两种类型的代表。而双年展对于明星建筑师的青睐也模糊了人们对于中国当代建筑更为全面的认识。

四、关于当代中国建筑展览的思考

中国二十年来的超常规发展让世界瞩目。近年来西方对于中国格外关注，以中国当代建筑为主题的展览在威尼斯双年展、巴黎蓬皮杜文化中心、荷兰建筑协会（NAi）等最重要的国际学术和展览机构登台亮相。中国城市的快速发展和大量建造的设计实践，使得中国当代建筑获得了前所未有的关注和发展机遇：中国青年建筑师的实践和西方大师们的作品同台展出，中国出现了国际建筑界有影响力的建筑师，西方出版界也陆续出版了一系列中国当代建筑的作品专集。然而与机遇相对的，是中国当代建筑在展览、批评和文献保存三个方面的挑战，这几个方面也将成为实践和学术研究的三大“瓶颈”。

一是缺乏有国际眼光的建筑策展。策展和策展人是来自艺术展览领域的用语。策展人是指在艺术展览活动中担任构思、组织、管理的专业人员，通常是指在博物馆、美术馆等非盈利性艺术机构专职负责藏品研究、保管和陈列，或策划组织艺术展览的专业人员。

二是缺乏有针对性和学术性的建筑批评。这里批评不是指狭义的评论，而是指对建筑文化发展的切近观察、调查和研究。

三是缺乏收藏整理当代建筑文献资料的机构和机制。博物馆和美术馆是记录、见证人类文化史的机构，建筑文化是它们收藏和展示的重要部分。这里所说的建筑文献，包括两部分的内容：一是重要的建筑书籍、出版物；二是重要的建筑师手稿、模型、图纸、草图、照片、通信等。

而针对以上的现状，当代的研究和发展应着眼以下的方面。

一是建筑策展人和批评家的角色定位，包括：建筑策展人的职业特征、角色、功能及素质要求；策展人如何保证其学术性、独立性和操作性；策展人在文化、制度方面的作用，批评家在策展中的地位与作用的问题，这些都是确保展览学术性和针对性的重要问题；以及中国建筑策展人的教育和培养制度的问题。

二是建筑策展的操作模式。策展是一门非常综合的学问，其一系列的操作过程，从选题、策划、资金筹措、宣传、建筑师的选择、展览的布展到展示设计的方方面面都要兼顾，尤其当代建筑策展对数字化、多媒体技术的运用，以及建筑展览与一般艺术展览对空间布局的特殊要求等。

三是中国当代建筑批评的价值标准。中国建筑的质量如何与经济的发展和建造的数量等量齐观，如何在整体上呈现中国当代建筑的全貌而非几个零零落落的建筑个案？中国建筑如何靠整体质量获得尊重而不仅仅靠超大的规模和超快的速度满足西方的猎奇心态？应该探索和中国快速发展的道路相适应的建筑评判标准，对低技、快速、经济、灵活等中国建筑特有的特征进行归纳总结，赋予这些因素应有的价值，而不是仅仅作为限制中国建筑发展的制约因素。这也是中国当代建筑的策展和批评所面对的关键挑战。

四是建筑文献的评估、整理、收藏、保存的方法与技术途径，涉及不同类型和载体的建筑文献，包括对电子和数字化保存的技术手段，以及对保存的资料进行网络和其他形式的资源共享以便于更充分地应用于学术研究。应充分利用策展契机和建筑批评建立公正、有效的评估机制，并在保存和利用建筑文献的前题下，以建筑为统筹，建立方便、快捷的分类收藏与检索途径。

五是建筑展览和文献收藏机构设立的管理制度与组织机制，包括建立成熟完善的建筑展览体制，相关的管理制度和操作规范，尤其是展览策划组织机制。批评家作为独立策展人制度的产生和发展的过程作为一种新的模式和策展制度对于展览学术性和针对性的贡献、对建筑展览制度的内容和规范均需要系统的研究和总结，亟待建立完善的独立策展人制度、展览和文献收藏机构的建制、权属和管理制度，以及资源共享和向公众开放的制度和管理方式。

五、结语

今天，当我们试图想象未来建筑展览的发展趋势，不难发现建筑展览的功能出人意料地多样化了。第一，建筑展览开始涉及更多的领域，诸如艺术、文学、音乐，提供了一个多专业之间交流的平台；第二，展览可以提示公众去关注先锋作品和前沿理论，那些被主流学术界忽视的作品；第三，展览更倾向于提供一个开放性的讨论平台，而不是盲目地限定某一理论；第四，展示媒介的发展带动了展览形式的革命，甚至是引发了展览理念的革新。

当代中国建筑文化的发展长路漫漫。展览作为当代建筑文化巨大的推进器，应当承担更重要的使命。针对中国现有的建筑理论、批评和文献资料的保存几方面各自为战的现状，提出协调互动的整合机制，既促进理论和批评有更强的针对性，又可以改变建筑展览多为商业宣传的现状，提高建筑展览的学术性。同时，通过培养有国际眼光的建筑策展人和批评家，使我们有能力策划和组织具有国际高水准的建筑展览，带动建筑理论的出版、中国当代建筑批评以及文献保存和整理，整体推动当代建筑文化向前迈进。■

在展览中发现建筑

唐克扬
唐克扬工作室

第一个给我留下深刻印象的建筑展览发生在大约十年之前。那是一批1972~1987年雷姆·库哈斯（Ram Koolhans）和他的合作伙伴埃利亚·曾吉利斯（Elia Zenghelis）、彼得·艾森曼（Peter Eisenman）、伯纳德·屈米（Bermard Tschumi）、丹尼尔·李伯斯金（Daniel Libeskind）以及汤姆·梅恩（Thom Mayne）等人创作的建筑画，伴随着业已去世的约翰·海杜克（John Hejduk）创作的具有浓郁宗教色彩的建筑模型。如同展览前言中所说的那样，“70年代早期，恹恹无生气的世界经济和保守入骨髓的职业圈断了创造性建筑的念想，把一批最有创造力的建筑师推向了学术领域。他们在此见识了澎湃的智识风气，以图绘手段为主研究建筑、哲学、电影和当代文化之间的联系。即将喷涌而出的‘纸上建筑’无与伦比地美丽，绚烂，富于深度，为这样的建筑舞台已经搭好”。

与纽约现代艺术馆（MoMA）合作的AXA Gallery推出的这个展览，对刚刚接触建筑实践不久的我堪称别开生面，正是它打破了我对建筑设计的刻板印象。我认识库哈斯是从他的《癫狂的纽约》（后来我受约翻译了这本书）开始，而李伯斯金、埃森曼都是纽约的库珀联盟（一所我非常喜爱的设计学院）的毕业生，也是著名建筑教育家，同为展览“艺术家”海杜克的同事和学生。在此之前，我只是将这些多少有些抽象的作品泛泛地看作建筑（衍生）“文化”的一部分，通过这个展览，我忽然醒悟到“这也是建筑设计”！同时，我更惊讶地发现自己比前不久在设计学院的一个小作业确实与李伯斯金的Micro Megas有着某种相似之处，难怪当时有旁观者说，这作业一定是受到了李的影响。

现在想起来，我的作品与Micro Megas依然是不同的，这种不同，体现于“物尽其用”的实用理性和不着一物的思辨构造之间的差异。我的作品中的线性“沟壑”是从现实基地产生出的一种特殊地图学（mapping），过程依然服务于目的，而李伯斯金琳琅满目的满纸“小件”却完全是从空里来到空里去的，是真正的“纸上建筑”。不管怎么说，正是这次充满发现的展览，彻底转变了我对建筑学的理解一不错，建筑学是一个基于实践（practice）的学科，但是建筑学思考本身可能是抽象的，最为重要的是，它所需要的创造性机制有可能挣脱了寻常的（实用）意义框架，而转涉其他领域和视角。从这个方面来说，老是惦记着“康范儿”“密斯范儿”“扎哈范儿”还是不管什么范儿的某些中国建筑师，纵使看上去貌似先锋也还是太多烟火气了，好像一个转而去唱民谣的大学物理生和爱因斯坦的区别。那些把文化标签和建筑类型简单拼贴的“实用建筑”就更不用说了。

我做的第一个“建筑展览”鲜为建筑师知晓，因为其中的“建筑”大约只占1/4的篇幅。这个题为“活的中国园林”的展览总算沾了一点立意的光，由于园林是种既抽象又具体、既为实体又是情境的特殊“建筑”，我得以将空间的图像（展览中以“化境”的名义呈现）、空间的物化（展览中以“尤物”的名义呈现）、空间的事件（展览中以“戏剧”的名义）和一般建筑师所关心的空间的承载物（展览中以“现实”的名义）拼贴在一起。不难看出，它大抵是一盅“开水白菜”那样的高汤，虽然实则有鸡有鱼，吃的时候却不见得要有肉骨头在里面。纵然声明如此，某位来看展览的建筑师还是感到困惑，他忍不住向我发问说：“这个‘园林展’里面为什么没有园林呢？”

对于艺术而言，以身临其境的方式，展览向人们呈现了艺术作品在传播途径中被忽视的物质性。但是建筑展览却正好相反，建筑设计倚重的物质性和现场感没有被增强反而被削弱了。至少是从现代主义者开始，建筑的意匠中开始表现出思考的力量而不仅仅是物质性：“钢铁并不比木头、混凝土、砖或石材更虚假。我们必须记住一切取决于我们如何使用一种材质，而不是取决于材质自身。”——说这句话的密斯还表示过，把两块砖放在一起的人之所以伟大不是因为砖本身，而是那个人知道如何把它们放在一起。由于展览场地的限制，即使是再大胆的“装置”也不太可能总是显摆帝国大厦或是“螺旋形防波堤”的“强物质性”，相反，人们在建筑展览中看到的应该是推动建筑学发展的“强思想”，或是对于建筑观念的新鲜呈现，不是建筑项目的糖水照和宣传单。

当然，“秀”一词——也就是展览的另类说法——本身就足够说明问题了。确实，无论是中文还是西文的“展览”都凸显了建筑展览的公共性，以及当代文化对于“看”的关心。可是，宏大的空间毕竟不仅仅是用来“看”稀奇的，建筑文化在美术馆中的再现涉及到社会生活和技术领域的结构和系统，与此同时，人们通常所理解的大尺度的“建筑”，本身又是无法真正复制于展览情境中的，它们不是“正品”，有时却比“真迹”更加富有魅力。这是一个与寻常艺术“秀”迥异的出发点①。

从巴洛克的传统开始，建筑学就已经显示了对于“看”的关心，但是一旦特别指定建筑为展示的场所，展示的物体受到格外关照，那便意味着建筑是语境或客体（语言学中的comment），而不是主题或主体（语言学中的topic）——话说回来，既然任何展示都涉及展出的语境，那么强调对于建筑的展示又似乎是多余的。西方博物馆的历史已经不短，独立的建筑展览却不过是最近的事情，大多数建筑只是在貌似喧宾夺主实则悄无声息地展示着自身，像在英帝国鼎盛时期建成的自然博物馆（由Alfred Waterhouse设计），采用植物主题的罗曼风建筑室内在烘托了展品的同时，也成了一个不易被注意到的华丽空间舞台。

建筑展览这样新事物的出现也带来了建筑学的转机——建筑不再是容器、舞台或剧场，它成了内容、演员甚至剧情的一部分。威尼斯双年展虽然有一百多年的历史，但威尼斯建筑展脱胎于艺术展却只是非常晚近的事情，迟至1980年，威尼斯双年展的建筑部才得以成立，但它一旦出现便与一种新的建筑文化如影随形。人们所熟悉的建筑师阿尔多·罗西（Aldo Rossi）能够受到世界的瞩目，与他积极参与发起这个建筑展不无关系。他和大洋彼岸的菲利普·约翰逊，一位同样从威尼斯运河旁走上普利兹克奖领奖台的策展人，都是并不需要建成实际项目就可以步入设计世界的“思想营造家”或是“展览建筑师”②。

建筑和展览的联姻与其说是姗姗来迟，不如说是瓜熟蒂落。因为在西方社会中，媒体早已侵入建筑，而建筑理论也从“真理”与“原则”慢慢嬗变为社会与专业间沟通的一样工具。建筑作品像绘画和雕塑那样在美术馆中得以展示，而不再像原来那样成为展览的情境，标志着建筑从难以名状的“大件”成了可以赏玩的“东西”，有了如同艺术品一样流通和售卖的可能，与此同时，也意味着那使得“一切坚固的东西都烟消云散”的力量开始侵入文化壁垒中最后一个坚实的角落。如此被展示/把玩的“建筑”是一种自我消解的宣言，同时意味着放松和危险：由于用审视的眼光打量自身，建筑师开始具有某种批判的品质，而因为与现实相暌隔，他们又可能在原来熟悉的实践领地中流离失所。

作为一个有幸担任过威尼斯建筑双年展中国馆策展人的实践者，我在2010年面对的不仅是以上所述的西方舞台，还有中国情境中显而易见的新一重问题。从我开始感兴趣建筑展览的十年之前，到我前往威尼斯的那一刻，中国建筑师对于“展示”还是意见不一的。“圣人之德如万仞宫墙”，儒家文化认为知识是种内化的产品，它们和显而易见的“形象”是彼此冲突的，虽然很多建筑师看到了展览对于发出自己声音的重要意义，但他们对于能否在狭小的油库空间③内完整呈现自己的雄心还是有所怀疑的——这种怀疑依然反映着中国建筑学中“思想模型”的匮乏，换而言之，离开了建成物自身，很多建筑师就不太能够表达自己的建筑思考。

威尼斯双年展的欧洲城市情境对再现中国的建筑实践也构成了巨大挑战——西方建筑学的核心是“个体”。“个体”的意匠，是彼此独立的思考，然后再以清晰的原则和有条不紊的协作构成庞大有序的系统。在2010年，各大设计院已经纷纷设立个人牵头的“工作室”，私人事务所和“体制”的合作也已经慢慢成为常态，可是，集体和个体的界限依然不是那么容易跨越的，富有中国特色的“大”的类型不易用“作者”的方式去表达，而脱离了“大”的上下文后，中国的明星建筑师却也难以表现出原境之中的魅力——如何以“个别”的眼光审视一个汗漫的集体？

我不敢说清晰地回答了以上的问题，只是在摸着石头过河的过程中积累了一些经验。如果说有所得也有所失，就是我深深地体会到文化的巨大惯性并不总是那么容易抗拒的。长久以来，作为“工学”中身份略有些尴尬的一个分类，“建筑”学科的首要属性是技术和经济的，“美观”只是最后赋予的附加品质，如此，在近现代营造中偶然一现的文化建筑绝少反观自身的目标，从而也无法成为标定整个学科系统文化属性的指针。[1]恰恰是建筑领域外的人看到了这种可能性中蕴含的巨大潜力：远在2002年，潘石屹和张欣邀请亚洲新锐建筑师设计的“长城脚下的公社”参加威尼斯建筑双年展，张欣本人还获得了当年的最佳建筑赞助人奖。虽然那次展览非常成功地促进了本身的文化营销，而且赢取了现实的经济收益，但大量中国建筑师自发参加建筑展览收获巨大媒体影响还要等到差不多十年之后。而且绝大多数建筑展览展出的是各种形式的“模型”，也就是实际建筑项目的缩微和再现，而非独立地以建筑创作为契机的观念作品④。

建筑师对“项目”而非“作品”的执着凸显了两个问题：建筑展览和建筑实践的关系是什么？建筑展览中的营造类活动（也即通常所说的“装置”）和真实的建筑物的关系是什么？最后，可能还应该加上这样的问题：建筑展览和艺术展览的关系又是什么？

“实用性”是中国建筑教育的首要指标和方法论基石，因此建筑展览经常屈从于建筑师宣传自己业务的需要，成为实际建成项目的“橱窗”，甚至某种“大模型”。可是，近年来世界重要建筑展所认可的成功作品却不是这样的，它们既不一定是建筑项目的介绍，又不一定是著名建筑师的游戏之作，甚至不是出自建筑师之手的作品，例如2008年威尼斯建筑双年展的最佳国家馆就颁给了全由两位艺术家担纲的波兰馆，而2011年深圳·香港城市/建筑双城双年展的最佳作品之一仅仅是在空间中以平涂方式“玩弄”色彩。在建筑展览的领地里，建筑不再完全是实用领域，至少在西方社会，作为一类重要公共空间的建筑对于社会的影响已经毋庸置疑，这使得“建筑”透过“艺术”的大舞台成为某种不断生长的东西，而不仅仅是现实的映像；退后到建筑设计本身，在建筑展览中呈现的“建筑”更像是个动词，它把实践点化为“过程”，这种对于传统认知的颠覆，不仅是向外部的文化潮流示好，在建筑设计内部也孕育着方法论的革命，“数字建筑”意味着设计的起点和终点都不那么清楚了，“呈现”和“结果”一样重要，因此“设计”在任一阶段的投影都可以转化为展览中有趣的声色。

然而建筑展览又不能完全成为一种思维的“图解”（diagram），不能仅仅是悬而未决的动态图像，或是未加区分的混沌初开。对于非建筑专业的普通观众而言，那些拗口的建筑图解是非常费人思量的，即使对于建筑师观众来说，如果他们并不熟悉项目的实际背景，可能也会让那繁复的线条和色彩在有限的几分钟里弄昏了头。仅仅从形式上而言，建筑展览和艺术展览，乃至其他大众展会（例如汽车展）的要求没什么不同，就是必须打动观众，迅速地吸引他们的注意力。对先前的通常建筑展出，人们常常有“项目说明”的呆板感受，即使是制作很漂亮的模型，有时也不能真正传达建筑设计的理念，很显然模型和效果图都不太能够反映实际空间的感受，对于习惯了各种声色的挑剔展览观众恐怕更是如此一因为通过“平面”（图纸）去再现建筑已经是隔了一层，通过“说理”（文字）去感受建筑就是又隔了一层。

建筑专业的特点通常对于展出有着特殊的要求，“身临其境”往往对于表达“空间”有着不言自明的意义——在极端的情形下，远至

“长城脚下的公社”，近至上海世博会，也许都可以称之为露天的建筑艺术博物馆，因为它们既是展品，又是展馆。引用盖伊·德堡德（Guy Debord）的名言：“那些影响了我们观看街道的方式的东西，远比影响我们观看绘画方式的东西重要。”这些立体原境的建筑宣言对于有幸现场体验它们的观众影响至深。然而，大多数建筑展览无法如此奢侈，更多的时候，它们不谈建筑，而是借助于某种中间媒体，跨越大小两种尺度。这种表现方式的转移听起来或许是种无可奈何的损失，然而，这未必不能是建筑展览的优势，它甚至反映了建筑行业的本质特点。和普通人想的不太一样，建筑创作其实本来只是对于现实的一种“间接”的干预，而建筑程序（architectural program）不完全操控在建筑师的手心里。建筑图和建筑模型，两种设计手段都有着悠久的历史，它们和实际建成物的差异都是建筑实践的“中间性”的某种反映。引入这种中间媒介便有了某种多元阐释的可能，也势必考虑到艺术媒介本身的特点，例如广角镜头对于表现大场面情景的优势——这也是艺术家加入建筑创作，或者是建筑师玩一把艺术的可能性所在。

跨界建筑师如雕塑家唐纳德·贾德（Donald Judd），在德克萨斯州建成的Chinati Foundation系列建筑本身就是某种大写的艺术品，然而它们实实在在地浸透了富于启发性的建筑观念，具有某种建筑功用，是展品和展馆合一的“建筑展览”⑤。在上面提到的我策划的那个欧洲群展“活的中国园林”则力图成为“没有建筑的建筑展览”，作品选择的对象也是艺术家和建筑师杂陈⑥。

建筑展览的社会影响，是原本飘在空中的建筑观念最后得以“落地”的现实土壤，这是建筑展览对于建筑学的建设性意义。回过头看去，经典的建筑展览实实在在地利用了自己的发言权，为某种建筑思潮正名，唤起社会大众对于这些曾经是离经叛道的新思想的重新审视，从而真切地改变世界。上文提到的菲利普·约翰逊正是集策展人、批评家和建筑师等多种角色于一身的展览达人，纽约现代美术馆（MoMA）开馆没有几年，他和建筑史家亨利·希区柯克合作的“国际式”展就创造了一个对于现代建筑影响深远的新名词。差不多50年后的1988年，同样在纽约现代美术馆，他和另一位理论新秀马克·维格利（Mark Wigley）联手策划的“解构主义”展又把整个20世纪的建筑故事颠过来重写了一遍。

具有如此多面性的展览无疑产生了两种同样不容忽略的动态：一种是变化中的历史阐释，既记录又更新着我们对“时代建筑”的印象，如同一个博物馆要定期修改它的专史陈列一样；另一种，也就是通常不会提到台面上说的“展览效应”，香槟美女，口水小食，展示的过程也成为和各种社会领域交换沟通的纷繁现象：当代艺术，时装，广告……建筑师个人声名的扩大如同明星冉冉上升（别忘了威尼斯建筑展的姊妹项目是威尼斯电影节），大众也从中得到了感官和兴味的满足，“秀”满足了设计者和被设计者同样具有的展现自身的欲望，展览如同戏剧，在这里的“建筑”运营的同样是真正的人生。■

注释

①参见：ALLEN S. Practice: Architecture Techinique + Representation. London: Routledge, 2009。艾伦在本书的引言中引用戴夫·希克（Dave Hickey）的话言简意赅地说明建筑是一种实践活动的理由，那就是“科学的建构寻求的是普遍适用的法则，而图像和建筑只需在它们所在的情境中成立就可以了”。一般认为，西方艺术的根源是再现性（representational），也就是说，一幅艺术品或多或少有其原型，而一幢建筑并不需要“再现”什么。在展览的语境中，这种情况正好颠倒过来了，通常，用以展出的是艺术品本身，也只能是艺术品本身，复制的艺术品将会失去它的“灵晕”（aura），而建筑展或多或少都是设计、营造活动的间接反映。

②2010年威尼斯建筑双年展的总策展人妹岛和世也恰恰是那一年的普利兹克奖得主，同年的金狮奖终身成就奖颁给了同时是建筑师和批评家的雷姆·库哈斯。妹岛声称“参展者将包括艺术家和工程师，而不仅仅是建筑师，因为建筑是整个社会的产品。如同社会的情形一样，展览的一部分将由艺术家和建筑师，或建筑师和参观者通力完成”。参见双年展网站：http://www.labiennale.org/en/architecture/exhibition/iae/。

③威尼斯双年展中国馆场地，同时也是每逢奇数年举办的威尼斯双年展艺术展的中国馆场地，设于一个废弃的军火工厂的油库内。

④官方式样的建筑展览以“城市规划博物馆”为代表，它重在“展示”而不是“展览”，体现了“展览什么”的问题依然没有得到解决。

⑤张永和在《坠入空间——寻找不可画的建筑》（《作文本》，生活·读书·新知三联书店，2005）中提到了艺术家詹姆斯·特瑞尔（James Turrell），他在本文的结束写道，“建筑师所要超越的不是绘画而是绘画定义的建筑”。借助光和构图所引起的视幻觉，特瑞尔的作品看起来更像是消灭传统意义上的图绘“空间”，他对传统建构方式中“看”的习惯的逆转极大地影响了一批西方建筑师，使得自己的作品成为艺术家构造的空间装置。与特瑞尔作品意象相近的还有意大利艺术家Lauretta Vinciarelli，然而他们的作品都是在西方艺术传统规范的视觉基础上进行的消解，和中国艺术中所“坠入”的空间在社会情境上有所区别。

⑥无论参展者是富有经验的大项目主管者，还是见微知著的小艺术家，展览对他们的要求是一样的，就是在一个真实的西方古典式园林之中，以不直接谈论园林的方式唤起观众对于“中国园林”涉及议题的感知。参见：唐克扬．活的中国园林[J]．风景园林．2009（6）：26-51。

参考文献

[1] 梁思成．拙匠随笔[M]．天津：百花文艺出版社，2005．

防控突发性传染病的基层医院建筑“联动网络”体系建构

张姗姗　刘男

哈尔滨工业大学建筑学院

国家自然科学基金资助项目（51078104）

进入到21世纪以来，中国经历了“非典”“禽流感”等突发性传染病，与其抗争的过程促使中国公共卫生体系的建设力度大大加强。近年来受医疗服务需求导向的驱使，疾控中心和大型综合医院等医疗设施的建设力度加大，而以社区卫生服务机构为主体的基层医院防控体系建设尚有很多不足，且不能充分发挥应起的作用，其中规划布局模式的不合理是关键问题之一。

一、新需求下的基层医院功能更新

根据中国医疗卫生体系改革的发展方向，均衡配置社会医疗资源，实现“小病在社区、大病进医院、康复回社区”的患者分流，是近年来政府解决百姓看病难、看病贵问题的一个重要举措，社区基层医院的功能也发生相应变化。基于“城市-社区”二级医疗服务功能的架构，未来的基层医院将以社区卫生服务机构为主体，同时涵盖降级后的原有一、二级综合医院以及部分专科医院，以面域的形式多方位覆盖城市区域。

随着服务范围的扩大，社区基层医院必然要承担更大的职能。在面向突发性传染病时，基层医院是抵御突发性传染病的第一道防线。区别于疾控中心、传染病医院、大型综合医院的“神经中枢”，基层医院形成的“神经末梢”式的多触点布局形式是防控突发性传染病的重要医疗机构。[1]体现在功能设置上，既要有全范围、缜密的预防、查筛部门，在疫情初发时及时发现传染源，又应提供灵活的隔离空间，以便在疫情广泛时适当控制病情，同时，还应具备一定的功能转换和对接能力，在防治疫情全过程中保持与其他医疗机构良好的协同运转。

在上述新需求下，如何构建基层医院新的规划布局模式，使其适应当今社会新需求、更大限度地发挥其应用的作用，是亟待解决和值得探索的课题。

二、新功能下的基层医院“联动网络”模式

针对上述新功能，基层医院的布局需构成一种兼顾静态联系与动态变化的网络模式，使之能全面均质地覆盖到突发性传染病的全范围，能够灵活机动地在突发性传染病的全过程中发挥作用。

众所周知，突发性传染病是“不发则已，一发惊人”，携汹汹之来势，殃芸芸之众生，若不能第一时间被发现并控制，便如洪水猛兽般快速扩散。要达到有效预防、及时控制的要求，迫切需要医疗建筑形成完整的网络布局。而在医疗建筑网中，基层医院作为第一道盾牌，其组成的防线能否均衡覆盖城乡范围，在无盲区的同时又能做到合理配置是十分重要的；在突发性传染病的全发展周期，网中之络如何针对爆发点而变化，在及时迅速调配医疗资源的同时又不顾此失彼，也是关键的问题。综合来看，前者可谓基层医院的“网之联”，后者为基层医院的“络之动”。“网之联”是“络之动”的根本，“络之动”是“网之联”的外延，两者相辅相成，互为补充，统一在基层医院上，即为“联动网络”布局模式。

这一规划布局模式，强调均衡性和层级性，使其具备动态变化快、转化能力强、适应能力灵活等功能特点，同时，作为一种网络体系，也将更为整体、平衡。在社会资源的配置上，该规划布局模式以现有医疗设施为基础，最大限度地发挥基层医院建筑对突发性传染疾病的预防、控制功能，同时还适当考虑到“平灾结合”，在非疫情期可以转化为普通基层医疗机构，实现社区就医、患者分流的医改目标，充分发挥医院基础设施的效用。

三、基层医院建筑“联动网络”的多层级建构

“联动网络”是基于突发性传染病防控的医院建筑网络体系，具有明确的网络结构和层级关系。在城市中的不同域面上，解决突发性传染病全过程不同阶段所出现的关键问题，体现为不同的模式（表1）。

1. 动势联结

动势联结是“联动网络”在全城市范围内的布局结构。若将基层医院看作一个个城市中的医疗点，每个医疗点都以线性的方式与城市中的突发性传染病防控枢纽（指大型综合医院或传染病医院等）相联系。我们把这样的网络称之为“联结”。

就基层医院的防控传染病功能而言，中国城市基层医院在现有建设的基础上，其规划布局应形成如下模式。一是以综合医院为中心的城市区域的周边区域，基层医院密度大于其他区域的医院密度，基层医院成为综合医院的辅助与补充。同时，由于城市中心区域人口密度大，基层医院的功能设置更偏重于突发性传染病的预防，控制功能则依托于

综合医院。从大的网络体系来看，体现为"预防的中心极化"。二是位于城市边缘区的基层医院，因其以新建为主，则传染病控制的基础设施数量、质量均高于区域中心的基层医院，这使得在疫情初期，一旦发现疑似病例能够立即在就近的基层医院予以短期的隔离观察，发挥防控作用。从大的网络体系来看，体现为"控制的边缘离散"。这种中心集聚与边缘离散的扩张趋势，即为"动势"。将基层医院按照联动网络进行规划布局，可促进医院建筑区域网络的合理建构与逐步完善，将使基层医院功能愈趋全面，中心极化作用将慢慢减弱，而边缘离散作用逐步增强，网络体系也渐趋均衡。

以哈尔滨市医疗建筑的现有布局为例，如果以综合实力最强的哈尔滨医科大学第一医院为医疗建筑中心，由于基层医院具有固定的辐射半径，故所有的基层医院均呈现出均质性的分布（图1）。而如果以大直街、学府路为轴进行网络布局建构，按照"预防的中心极化"和"控制的边缘离散"原则，城市主路沿线及其周边的基层医院则应具备图2所示的动势。

在一个完善的突发性传染病防控网络体系中，每一所基层医院都应该是预防与控制的综合体。预防主要指控制传染源、切断传播途径、保护易感者，其医疗功能设置为宣传教育、疫苗接种、初期诊断等科室空间；控制则主要指对疑似人员隔离、感染人员封闭治疗等，功能设置为以隔离病房为主的医疗空间。依据"动势联结"的模式，位于城市不同位置的基层医院在功能设置上应有所侧重，离中心联结点越近，更应注重无疫情时期的传染病预防，如德国图林根州耶拿大学的大学城社区医院有独立的隔离空间及出入口，便于日常有效的防控；[2]反之，则应适当增加内部空间隔离病房的比例，使得在疫情初发期能够更好地就近隔离观察、及时治疗，最大限度地控制传染病的扩散，如德国的波恩大学城医院。[2]

动势联结的网络层级，有利于解决新旧城区基层医院网络衔接不够畅通的问题。这样的层级模式可使城市边缘区的基层医院发挥更大的作用，也有助于弥补中国目前在流动人口传染病防控中存在的盲区。

2. 动态联合

动态联合是"联动网络"在城市局部区域内的布局结构，这里的区域指疫情的爆发区域。在这一层级中，区域内的数个基层医院围绕着区域中心医院，联络结合在一起，共同抵御传染病的扩散趋势，是为"联合"。而"动态"则指在面对汹涌而来的突发性传染病时，这一基层医院联合体发展变化的情况，可呈现出依随疫情爆发点位置、规模大小、严重程度的不同而有机变化的态势。

根据近年来突发性传染病的扩散特点，疫情范围较大时，单纯依靠在医院隔离患者的模式已不足以控制疫情，一定范围内的区域隔离与控制，形成"孤岛效应"，更为有效。随着疫情的发展变化，"孤岛"内的个别规模较大、配置较完善的基层医院可以迅速转变为区域内的控制中心，因其具备较强的传染病控制和一定的救治能力，可以成为孤岛区域内的二级枢纽，向上担负起单方面与城市疾控中心和大型综合医院的信息、医护人员、医疗设备的沟通和衔接任务，向下则负责组织网络内其他基层医院进行有效的隔离与救治。这样形成的"1个中心+1个枢纽+N个隔离点"的"联动网络"，一方面可以根据传染病的爆发区域，迅速调整联合范围，在不同区域内部组织起更具防御能力的控制网络；另一方面，也可以根据不同时期、不同类型传染病的特点，在二级枢纽的选择上产生动态变化。"枢纽"对"中心"的单方面联系，使得效率提高，疫情信息能够最快速地传递给上层医院，也可对患病人员进行迅速的转移，减少对其他人口的传染几率。

理想状态下的医疗建筑网络体系如图3所示，从中选取特定区域，随着突发性传染病爆发点的不同，隔离的孤岛范围也在变化，从而医院A和医院B发生了从基层医疗机构到二级联系枢纽的动态转变（图4）。

为了在这一层级下更好地实现动态变化，在进行新的基层医院用地规划时，需尽量靠近城市次干道和城市支路，避免位于城市支路以下级别乃至小区级城市道路上，并考虑位于社区边缘，形成较独立的区域以便于隔离，如上海杨浦区的欧阳路社区医院就选择了城市支路四平路421弄的位置，并尽量靠近城市道路四平路。[3]这样的规划有利于形成

表1 "联动网络"模式不同层级示意

联动网络模式	城市域面	过程阶段	网络模式简图
动势联结	全城市范围	疫情初现阶段	
动态联合	城市局部区域	疫情广泛阶段	
动平衡联营	基层医院建筑内部	疫情全过程	

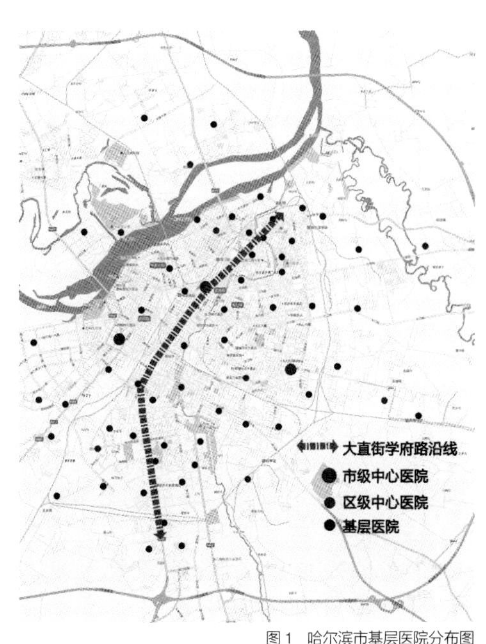

图1 哈尔滨市基层医院分布图

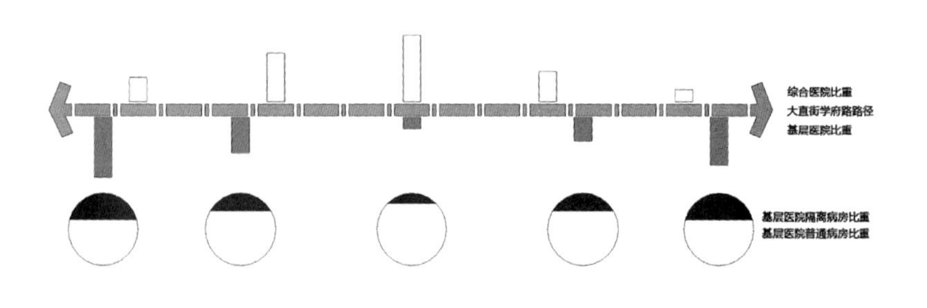

图2 以大直街、学府路为轴的基层医院动势

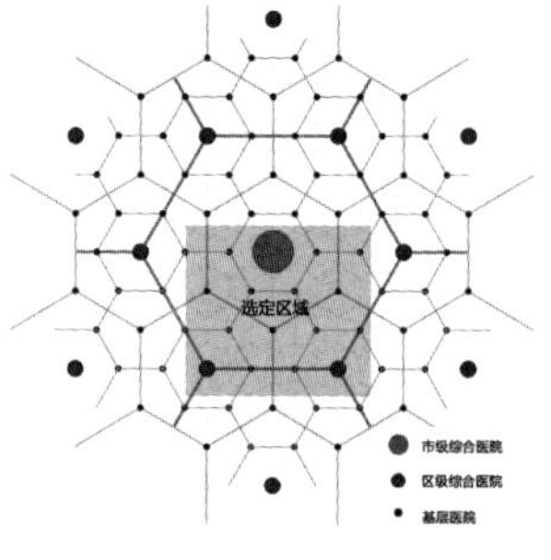

图3 理想状态下的医疗建筑网络体系模型

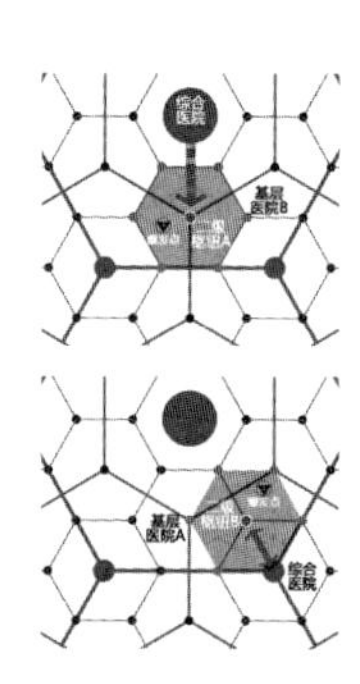

图4 作为二级枢纽的基层医院动态变化

一个由“点”到“线”到“面”的控制状态，从而实现对区域的最佳防控，有助于弥补目前城市新区基层医院防控能力的不足，均衡旧有城区的基层医院网络布局。

3．动平衡联营

动平衡联营是基层医院“联动网络”的最末端，指构成网络的各个基层医院内部的空间构成模式，即用于普通社区医院的功能空间和用于防控突发性传染病的功能空间在互为区别的同时也互相依存，如同不同机构之间形成的“联营”，使之能够通过彼此之间的转换与扶持，适应从无疫情到疫情初现直至疫情广泛及疫情结束的全过程，在可持续性的变化中寻求平衡。如前所述基层医院动态联合层级中，个别基层医院将转化成为区域救治中心，具有比较强的救治能力，这就要求在设计之初考虑未来救治能力的实现。这类医院的隔离病房平时可以作为普通医疗病房使用，疫情突发时期迅速转化成为高效能的隔离病房应对疫情。

为了实现这一层级的建构，基层医院的设计应该注重功能分区的合理性及分区间的互相转化，强调救治分区、隔离分区和内部交通组织，以实现内部功能的转换。首先，可以转化为隔离救治病房的部分，应集中设置，并设置单独的出入口及能够封闭的隔离门，在疫情爆发时，感染人群与普通就医人群避免交通流线的交叉。其次，可以转化为隔离救治病房的部分，宜集中在地面层设置；多层医院，隔离病房适宜集中布置在建筑的一端并有独立的垂直交通通道。再次，隔离病房应根据综合医院隔离病房标准进行设计，并设计独立的空调系统和新风送风系统。

如德国Haseluenne镇的社区医院①（总建筑面积2 099 m^2），在设计时便充分考虑了这一因素，将医院分为诊室区和隔离病房区两大部分，各自具备独立的垂直交通和疏散出口，通过隔离门互为区分；隔离门并不固定，通过位置的变化，两个功能区之间的面积比例可以适当调整，适应不同时期功能转换的需要。

四、结语

动势联结、动态联合和动平衡联营是一个网络模式的三个不同层级，相互配合，共同搭建了基层医院防控突发性传染病的“联动网络”。这种网络模式的核心是在联合的基础之上具备一定的可变性，以及由此产生的适应性与可持续性。在这样的网络体系下，基层医院虽由于规模及设施的限制，无法成为防控主力，但可发挥网络的整体力量，针对突发性传染病构成一道可刚可柔的弹性盾牌。中国人口众多，医疗资源尚不能满足民生需求，医院建筑规划与设计将基层医疗资源的配置介于动态变化之中，能够避免资源浪费，节约国家对医疗设施建设的投入，也是一种契合中国当下新的医疗卫生体系改革的“适时之举”。■

注释

①详见：http://www.krankenhaus-haseluenne.de/131.html。

参考文献

[1] 车莲鸿．上海市医院规模和布局建设现状分析与评价研究[D]．上海：复旦大学，2012．

[2] NICKL-WELLER C, NICKL H. The New Hospital[M]. Singapore: Page One Publishing Private, 2007.

[3] 李广林．社区医院研究及欧阳路社区医院设计[D]．南京：南京大学，2012．

城际（区域）轨道交通与大都市区新兴城镇协调发展案例研究

王睦 秦科 高媛婧
CCDI悉地国际

一、城际（区域）轨道交通触发“一日生活圈”生活方式

1．“一日生活圈”

“一日生活圈”是以大中型城市中心区为中心，以使用快速公共交通工具往返于工作与居住地点的通勤职工的最大通勤距离为半径所组成的不规则圆形地域。其范围与城市直接吸引范围大致相符，在半径约200 km的环形内，城市规模愈大，通勤半径愈长，通勤范围愈大。

“一日生活圈”与人们办公、居住、教育、购物、旅游、商务、休闲娱乐、医疗、文化活动等日常生活密切相关，处于这个良性居住范围内的居民活动目的多元化、时间灵活可控、重复频率高、出行便捷、交通可达性高、可选择交通方式多样，是一种便捷灵活的新型都市生活方式。

设计合理的区域性城际列车使得“一日生活圈”生活方式成为可能，快速公共交通的发展将进一步加速大城市产业向小城镇转移，引导大城市人口向小城镇疏散，引发公交化轨道交通服务变革、扩大基于轨道交通的新城开发范围，给城市群区域一体化发展带来机遇。

2．城际（区域）轨道交通相关概念界定

城际（区域）轨道交通（以下简称城际轨道交通）是经济发达、人口稠密地区城市间便捷、快速、大运量且衔接合理的公交化客运轨道交通系统，[1]客流结构以城际间中短途客流为主，主要承担城际轨道交通沿线各个城市和主要中心城镇之间的客流，兼顾城市组团、次中心城镇之间的客流，而逐渐呈现以“一日生活圈”内相对固定的通勤、通学、商务、公务、休闲、旅游客流为主的趋势，出行距离一般不超过400 km，一般出行单程不超过2 h。与高铁、普通铁路相比，城际轨道交通地理跨度不大，与当地经济圈发展相适应，并凸显网络化、公交化特征，而跨行政区的线路设置也有别于城市轨道交通。

城际轨道交通具有三大基本特点：①快速、公交化；②深入城市中心；③与城市轨道交通能够有机、有效地衔接，尽可能做到乘客的零换乘。[2]宏观上，城际轨道交通可以促进城市间经济交流、优化城市间功能分工、加速大城市经济动力向周边城市辐射，最终实现城市经济圈（带）的一体化发展，具体体现在铁路新区土地功能布局的明确、城市间的各种目的出行频率的增加、异地居住-工作的生活方式的出现。

3．发达国家城际轨道交通案例

城际轨道交通在国外使用较为广泛，包括一切供乘客通勤往返的短途、市郊客运列车，其运营及设备配置具有系统化、专业化的特点，多采取地铁式自动售票或办理月票等优惠凭证等先进售票方式，车辆采用小编组的形式、公交化的班次，使大量通勤客流在较短的时间内到达目的地。

新干线是日本的高速铁路客运专线系统，被称为全球最安全的高速铁路之一，也是世界上行驶过程最平稳的列车。作为几大主要城市间商务旅客的主要交通工具，新干线网络遍布全日本，目前已投入运营的线路共11条，路网里程总计约2 400 km。[3]

1964年东京奥运会前夕，日本建成了世界上第一条高速铁路，即连接东京和大阪、途经17个站的东海道新干线。该线全长515.4 km，最高运营速度270 km/h，全程行驶时间最短2.42 h。日均运送旅客3.8万人次，年运输量达1.4亿人次。[4]东海道新干线途经经济发达区，大城市人口密集，人员流动与经济活动密切相关，都市的居住压力促使居民向小城市疏散，通勤、通学人员及商务旅行旅客是新干线的主要营销对象，运营方非常重视客运时刻表的安排：上下班高峰时段班列间隔平均4.5 min，且准点率非常高，平均每班次延误不超过0.7 min①。

梅登黑德是位于伦敦西郊的小镇，约有8万居民，通过大西部铁路线的连接，与伦敦帕丁顿车站之间39 km的距离，每天有多达113列车次（单向），单程行驶时间22～56 min，有很多居民搭乘列车到伦敦及周边城市工作。[5]

4．中国城际轨道交通发展现状

2005年3月16日，中国国务院审议并原则通过《环渤海京津冀地区、长江三角洲地区、珠江三角洲地区城际轨道交通网规划（2005～2020年）》，标志着中国城际轨道交通的建设全面启动。此后，中国国家发改委先后批准了《珠江三角洲地区城际轨道交通网规划（2009年修订）》《中原城市群城际轨道交通网规划（2009～2020年）》《武汉城市圈城际轨道交通网规划（2009～2020年）》《长株潭城市群城际轨道交通网规划（2009～2020年）》《环渤海地区山东半岛城市群城际轨道交通网规划（2011～2020年）》，为我国城市群城际轨道交通的发展绘制了蓝图②。

中国的六大城际客运系统分布于以下地区：

环渤海地区，包括北京—天津、天津—秦皇岛、北京—秦皇岛、天津—保定等路线。

环鄱阳湖经济圈地区，包括南昌—九江、九江—景德镇、南昌—鹰潭等路线。

长株潭地区，包括长沙—株洲、长沙—湘潭等路线。

长江三角洲地区，包括南京—上海、杭州—上海、南京—杭州、杭州—宁波等路线。

珠江三角洲地区，包括广州—深圳、广州—珠海、广州—佛山、深圳—茂名等路线。

闽南三角洲地区，包括福州—厦门、龙岩—厦门等路线。

其中，环渤海京津冀地区、长江三角洲地区、珠江三角洲地区三大经济区已率先兴建城际轨道交通，部分线路如京津、沪宁、京石、成渝等已经投入运营。

二、沪宁城际铁路沿线实例调研

为得到具代表性的分析结论及解决方案，本课题以沪宁城际铁路作为研究对象，对这条中国最繁忙、设计最完善、使用率最高的线路进行细致全面的调研分析。

沪宁城际铁路建设于上海与江苏省南京市之间，是联系区域内部交通的高速铁路，2008年7月开始兴建，2010年7月1日正式通车。正线全长约300 km，其中江苏境内268 km，上海境内32 km，最高时速达350 km/h，总投资394亿元人民币，是中国铁路建设速度最快、标准最高、运营速度最快、配套设施最全、一次性建成里程最长的城际铁路[③]。

作为一条城际铁路客运专线，沪宁城际铁路主要服务于沿线各城市以及城市组团内部旅客的中短途流动。共设31个车站，首批开工21个站点，自西向东依次为：南京站、仙西站、宝华站、镇江站、丹徒站、丹阳站、常州站、戚墅堰站、惠山站、无锡站、无锡新区站、苏州新区站、苏州站、苏州工业园区站、阳澄湖站、昆山南站、花桥站、安亭北站、南翔北站、上海西站、上海站。从图1可以看出，到发车次较多的车站主要有上海站、昆山南站、苏州站、无锡站、常州站、镇江站和南京站等7个车站，而中小型站停靠车次较少。

沪宁城际铁路开发之前，长江三角洲地区既有沪宁铁路输送能力已近饱和，高速公路、国道上许多路段交通量超出设计通过能力，京沪高铁无法在时间和能力上满足沪宁城际旅客的出行需求，特别是在高峰时段。沪宁城际铁路的预期目标是解决运力问题，同时完成区域更新与铁路新区产业、人口建设，促进以上海为中心"2小时交通圈"的形成，促进区域融合。宏观上，沪宁城际铁路将引导长三角地区合理布局、协调发展，加快长三角地区经济一体化进程，促进长三角经济持续快速、健康地发展。 运营近3年，沪宁城际铁路是否实现预期目标，"2小时交通圈"是否形成？

1．调查研究数据分析

研究组对沪宁城际铁路沿线站点现状展开历时2个月的调研，搜集包括对铁路工程可行性研究报告、区域规划、总体规划及修编、综合交通规划、车站区域城市设计、综合枢纽规划与设计等方面的铁路线路研究报告及地方规划资料，并展开深入研究分析。

调研时间从2012年9月到11月，以问卷、访谈等方式，针对旅客自身及家庭基本情况、出行情况、站点消费情况和铁路对生活的影响情况进行调查，调研地包括上海站、上海虹桥站、苏州园区站、苏州站、无锡站、 常州站、丹阳站、镇江站、南京站共10个站点，共收取1 986份有效调研样本（表1）。

表1 调研问卷分布表

站点	星期一	星期四	星期五	星期六	星期天	总计
时段	7:00~12:00	7:00~11:00 17:00~20:00	17:00~20:00	9:00~12:00 17:00~20:00	9:00~12:00 17:00~20:00	
常州	—	54	—	106	43	203
丹阳	67	—	—	—	56	123
昆山南	190	—	—	—	49	239
南京	—	54	—	159		213
上海虹桥站	—	69	76	62	—	207
上海站		65	103	123		291
苏州	48	—	—	—	80	128
苏州园区	66	—	—	—	111	177
无锡		86	—	103	—	189
镇江	116		—	—	100	216
总计	487	328	179	553	439	1986

（1）站点周边土地开发情况：缺乏高密度及集约性

实地考察发现，新建的城际铁路车站周边开发缓慢。部分车站的道路基础设施尚未完工，有些车站周边区域甚至处于"零"开发状态。1 km半径范围内，铁路用地、广场绿地占据非常高的比例（40%~50%），规划缺乏高密度、集约化的城际铁路公交化需求。城际铁路对于区域产业布局、人口分布的推动作用尚不明显。

（2）车站与客源的空间关系：站房与城镇中心距离过大

通过对站点与客源的位置测算，沪宁城际铁路全线车站与旅客的平均距离为8.9 km，其中中小城镇平均距离为6.4 km（图2）。以花桥站为例，由花桥镇出发的旅客每次出行均需采用机动化出行方式，到达区域需要进行多种交通方式转换，且城市轨道交通线路建成前，交通可达性较低。

（3）客流出行目的分布情况：通勤功能尚未显现

调研对沪宁城际铁路全线中小城镇车站工作日的客流情况统计数据显示（图3），以商务出差与旅游为目的的客流是目前的主要客流，占3/4左右，而每日通勤人员所占比重偏低，不超过5%。客流出行目的分布未达到预期目标，通勤功能尚未显现。

（4）站内候车时间调查：尚未实现公交化条件

综合分析上海及周边10个站点的候车情况（图4），到达车站后乘客平均需等候39.1 min，其中上海站有35%的乘客等候超过2 h，而每个站点等候时间少于10 min的乘客比例微乎其微。到达车站前的接驳交通时间不确定，进站安检检票等流程的设置繁琐，车站票务管理缺乏灵活度，导致乘客们怕误车只好选择提早0.5～1 h到站等候。而随着客运量的逐年增长，客运压力逐步增加，安检流程的设置繁琐导致步行流线冗长，车站空间与城市空间分割的设计，更是不利于实现客流的快进快出。

（5）到达、离开车站的交通方式：方式单一、慢行交通缺失

沪宁城际铁路沿线站点的公交流线设置比较合理并与地铁线路无缝接驳，车站的公交可达性较高，公交系统成为出入车站的主要交通方式。但是，由图5和图6可以看出，出租车交通占比仍然很高，出租车和私家车会对出入车站的道路交通有较大影响，且显著增加出行成本。旅客自行驾驶私家车并停车换乘的比例低，是因为站房周边缺乏停车设施，这也导致他人双程接送的比例增高，增加出行成本的同时更不利于缓解交通拥堵现状、减少汽车尾气污染。由于站房周边土地开发缓慢、出行距离较长，所以慢行交通比例过低，未能营造出舒适、安全、便捷、清洁的城市环境。

（6）站房区域用地：配套枢纽效率低、土地利用率不足

目前国内铁路用地红线通常在站房两侧各10 m、站前12 m，最常见的是一个乏味的站前广场。旅客在进站之前会经过一个巨大的景观广场，这成为城市空间与车站之间的隔离"沙漠"。铁路系统与地方的行政权力界限划分也阻碍了交通枢纽的立体发展，使交通设施对周边城市地块发展未能起到积极的带动作用。而大多数欧洲车站与城市之间通过综

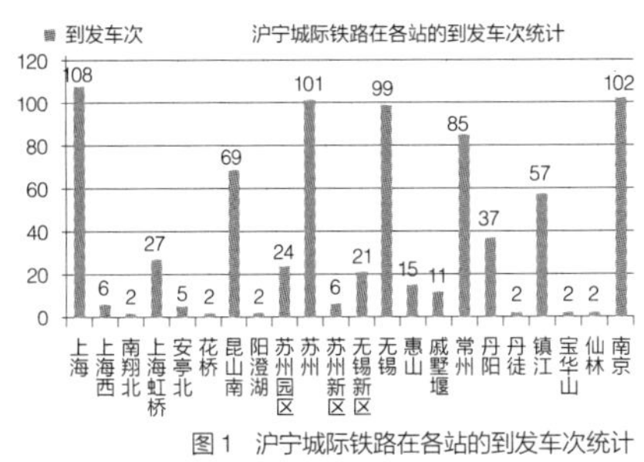

图1 沪宁城际铁路在各站的到发车次统计

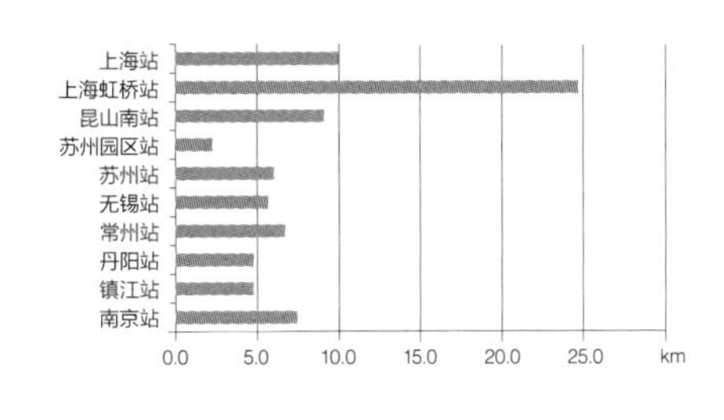

图2 沪宁城际铁路全线各站客流与车站之间平均交通距离

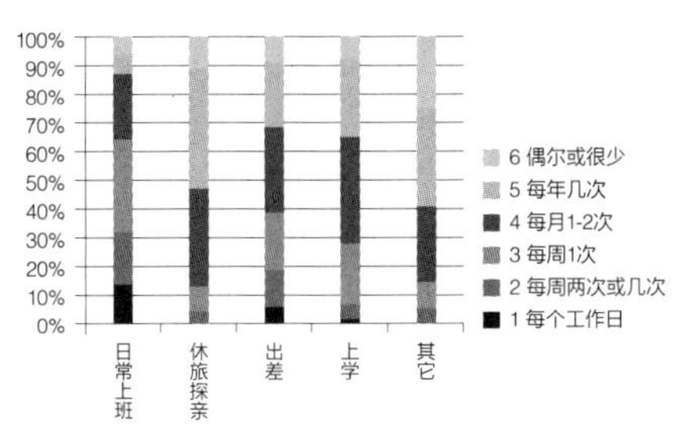

图3 沪宁城际铁路全线出行频率的分布示意图

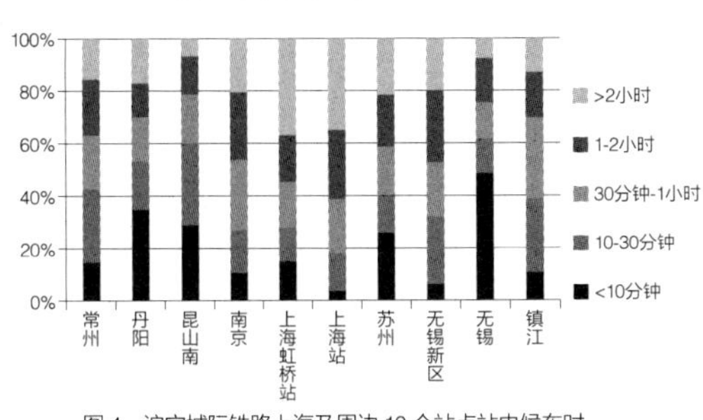

图4 沪宁城际铁路上海及周边10个站点站内候车时间分布示意图

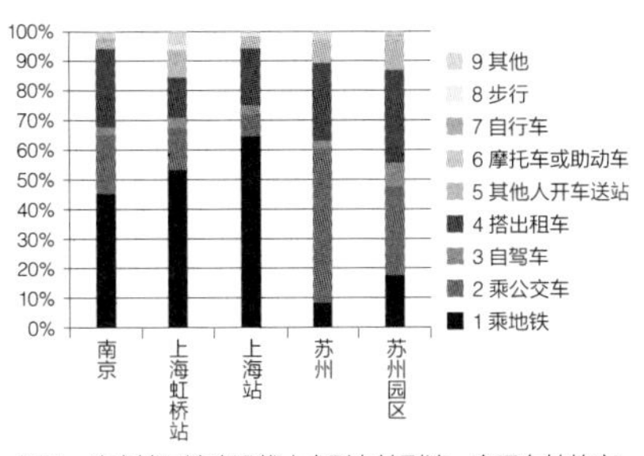

图5 沪宁城际铁路沿线大中型车站到达、离开车站的交通方式分布示意图

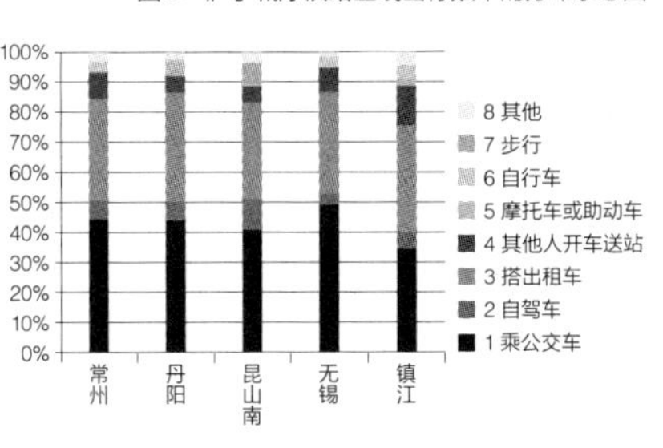

图6 沪宁城际铁路沿线中小城镇车站到达、离开车站的交通方式分布示意图

合立体的无缝衔接后，形成集交通、商业、休闲为一体的综合交通枢纽。

（7）运营计划的编制：不适应旅客出行目的的需求

传统的运营计划方案，是基于设计日或月的需求总量与供给平衡，忽略了旅客出行目的对行程时间段的特殊要求，忽略了工作日与周末不同的旅客出行需求。比如花桥站每天只有2班列车停靠，南北向各1班，车站每天仅开放1小时，大部分时间处于关闭状态，车站距离花桥镇中心6 km，而车站关闭时段，接驳巴士90 min一班；安亭北站每天4班列车停靠，大部分时间车站处于关闭状态；南翔北站每天2班列车停靠，大部分时间车站处于关闭状态。较小的城镇规模决定了开行车次少、车站开放时间短，未能引导客流选择城际列车作为通勤交通方式。为了适应乘客出行目的的需求，我们需要改善现有的车次排班方式，与交通需求在时间上的分布挂钩，灵活排定班次，适当提前引导客流。班次时间分布的设置应与站点所在城市及周边的开发特征相适应：通勤需求大的优先考虑高峰时段的班次，旅游及其他需求大的则相对可以安排在平峰时段，同时工作日与周末、节假日应采用不同排班计划。

（8）票价水平与票制：票价水平不符合日常出行需要

沪宁城际铁路全线票价的调查结果分析可见：现有票制为单一票制、按里程计算票价，列车最低等级座位每公里单价约为0.47元。如果通勤为目的的列车出行距离为50 km（昆山南—上海），单程票价为25元，每月的工作日往返出行交通费用总额大于1 000元，占上海市月平均收入的25%。铁道部对于沪宁城际铁路的高标准客运系统的定位，导致目前的票价水平偏高，而且对经常使用的用户并没有优惠或奖励政策，周末、节假日也没有灵活的票价政策，未采用公交层次的价格系统，不符合日常出行的需求。

（9）站内设施现状：空间使用效率低、商业设施不足且配置不佳

在日发送旅客人数荷载量相近的情况下，昆山南站的车站规模是日本新川崎站的8～9倍，站内局部空间使用效率低（表2），大面积的候车区域未被充分利用，资源浪费的同时给乘客步行带来不便。内部空间使用效率不均衡是目前中国站房普遍存在的问题。

同时，站内商业设施不足且配置不佳的问题也很明显。站内商业设

表2 国内外站房空间使用效率对比

站点	每日发送旅客人数/人	车站规模/m^2	占地面积/m^2
新川崎站	25 227	约2 500	2 000
昆山南站	设计值：25 000	20 000	100 000

施多位于“等候空间”而不是“通过空间”，商业活动类型较少，主要集中在餐饮服务和日用品零售上，文化休闲服务稀缺。集中设置的商业设施与候车空间剥离，可达性不高，车站空间价值的利用率低。而柏林中央车站的商业设施业态丰富、覆盖面广，基本包括了日常生活的各个方面。

三、分析结论及多维度的评价体系

1. 基于调研的小结

其一，对区域产业布局、人口分布的推动作用尚不明显，表现在：新建车站周边区域用地建设情况缓慢；车站周边配套交通设施、车站内部空间处理尚未完全完工；车站开放时间短。

其二，对商务出行的影响显著，但对居民的生活方式变化仍然有限，表现在：以商务为目的的出行比重高；票价水平较高、接驳交通的时耗较大、高峰时段的班次稀疏，影响了城际铁路对日常居民出行的服务水平。

其三，新建枢纽的选址与城市空间的隔离、交通枢纽设计形式，均偏离了日常交通需求，表现在尺度过大的绿地广场和车站设施、使用效率低的车站空间、接驳交通及交通枢纽的低效等方面。

基于上述分析，课题组提出如下建议：站点选址应更贴近城市区域（或未来城市发展区域）或建立相应的衔接交通；运营方案（车次、票价、检票系统等）应与功能目标相协调；注重站点规模的小型化、高效、集约型交通枢纽的建设；强调周边区域的紧凑开发，以实现车站区域的高密度使用；协调铁路建设同周边用地开发时序。

2. 国内外对比研究：通勤效率系数

本文引入评价城际（区域）轨道交通综合效率的系数Ω，Ω=城际列车在轨时间/总用时，即列车上时间占总行程时间比重。以在东京办公通

勤人员为例，上班高峰时段从热海家中出发，乘坐东海道新干线到东京换乘地铁上班，全程116 km，用时63 min，其中新干线里程104.6 km，用时28 min。即Ω=28/63 = 0.44。由于城际铁路承担两站之间主要的行驶里程，其高速性又决定了其在轨时间并不长，所以Ω越大，表示城际列车行车时间以外的出行及等候时间越少，一日通勤交通效率越高。

对于沪宁城际铁路的调查数据显示，乘客到达车站平均需要40.6 min，其中小城镇需要33.6 min，列车以外出行时间前后总计约72 min。按照平均每位旅客乘坐时间为35 min、站内候车时间30 min计算，Ω=35/（35+30+72）= 0.25，即列车行驶时间衍生出额外多达3倍的出行（含等候）时间，一日通勤效率较低。

通勤效率的对比说明，在城市通勤交通系统中，列车提速并不意味着出行提速。

3．评价体系关键问题研究

铁道部和地方规划部门的规划文件显现出二者在城际铁路的发展目标上并不完全一致：铁道部把沪宁城际铁路定位为社会经济可持续发展的交通运输发展方式，成为高标准的短距离快速客运专线，并在很大程度上增加沪宁路段的运能；而地方规划部门期望沪宁城际铁路可以增强城市间经济活动，促进产业转移重组、人口引入及疏解，达到区域同城化，从而形成“一日生活圈”。

为解决上述问题，课题组对铁路可行性研究报告和城市总体规划编制进行分析，试图提出综合解决方案，以促进城际铁路良性发展。铁路可行性研究报告的框架，包含铁路开发之前对各种发展因素的调查、研究、分析，其中部分内容涉及到地方规划：通过城市规模、地方经济发展状况及历史数据确定铁路设计运量；以满足沿线的客运需求为主导完成运输组织；结合总体规划和综合交通规划确定站址；结合主要车站所在地区城市总体规划、交通规划、区域规划情况说明、站区规划设计原则及地方政府对站前广场的意见进行站区规划。而对于铁路及沿线规划，地方规划部门会在征地拆迁、保持总体规划不被铁路建设影响、站房形象和规模等方面对铁路可行性研究报告提出要求。

在铁路可行性研究阶段，应对经过城市的总体规划进行相应的修编，修编后的总体规划也会对铁路工程可行性研究予以反馈。在统一的综合目标发展前提下，站位选择、站区功能布局、综合接驳交通效率、交通转换可选择性、枢纽尺度等区域性问题渗入铁路可行性研究的各阶段，使铁路设计系统可以更加准确地确定票务管理体系、票价水平、列车运营计划、投融资计划、站区土地综合开发等关键点。而其中投资主体多元化成为综合各方面因素的有效方法，使区域融合、一体化发展、站区综合开发、“一日生活圈”的快速形成成为可能。

4．基于评价体系对城际铁路开发建设的建议

通过铁路线路工程可行性研究报告成果对地方总体规划修编：在铁路可行性研究阶段，对经过城市的总体规划进行相应的修编，修编后的总体规划作为铁路工程可行性研究批复的附件。

在总体规划和控规之间引入综合研究环节：为实现综合效益，地方与铁路部门针对多要素进行协调，加强系统性的前期研究，并通过多维度的综合研究和评估，提供未来决策依据。

城际铁路推行一体化建设开发模式：铁路工程规划、运营与城市规划密切衔接，采用投融资、建设、管理、运营、开发一体化模式，统一基础设施建设与用地开发的时序。

5．展望

城际（区域）铁路功能的良好实现，是促进中国城镇化进程，推动区域的总体经济平衡发展、产业重新分布、人口转移等发展目标的重要工具，只有将铁路规划、运营与地方规划实施密切衔接，才能真正实现城际铁路的职能。■

注：本文调研数据均来自CCDI悉地国际轨道交通事业部2012年组织的沪宁城际铁路站点出行者问卷调查。

注释

①引自东海旅客铁道官方网站http://jr-central.co.jp。

②引自维基百科词条http://zh.wikipedia.org/wiki/城际轨道交通。

③引自上海铁路局，上铁资讯网http://www.shrail.com/2010%BB%A6%C4%FE%B8%DF%CC%FA.html。

参考文献

[1] 李荣欣．城际铁路交通站点周边土地开发策略研究[J]．城市与区域规划研究，2011（3）：176-188．

[2] 李应红．城际轨道交通的功能定位[J]．铁道勘察，2007（5）：10-12．

[3] 林上，冯雷．日本高速铁路建设及其社会经济影响[J]．城市与区域规划研究，2011（3）：132-156．

[4] 国土交通省総合政策局情報政策課交通統計室．鉄道輸送統計年報（平成24年度分）[R/OL]．[2013-12-20]．http://www.mlit.go.jp/k-toukei/10/annual/index.pdf

[5] 呼志刚．英国铁路的旅客运输服务及其思考[J]．中国铁路，2006（12）：36-39．

当代老年护理模式
——期待中国未来十年

阿莱克斯 · 丹特[1] 乔伊斯 · 波哈玛斯[1] 丹尼斯 · 寇浦[2]

1 Smith GroupJJR

2 Dennis Cope 建筑事务所

中国的老年护理市场正处于变动中，具有很多的可能性。迫在眉睫的巨大人口数量及其未满足的需要令建筑师、开发商、运营商等群体对这个市场产生浓厚兴趣，并尝试创造成功可行的运行模式。政府鼓励开发是因为其必须解决这些需要护理的巨大人口的养老需要。尽管表面上看市场发展潜力巨大，但是目前尚未出现能够成功创造利润的产品。目前无人知晓什么能在中国奏效，也无人能够预见老年护理市场的未来走向。

老年护理是一个极度复杂且具有挑战的领域。在美国，政府出台了很多法规进行规范，而且雇佣和培训专业员工并不容易。尽管很多开发商和运营商一直试图进入中国市场，但是对于适合老年人的环境的专门要求仍缺乏了解。美、日两国老年护理的发展均有较长的历史，都是从公共的、机构的模式发展为私人的、提供服务设施的模式。本文将研究两国老年护理市场的发展进程，为预测中国老年护理市场未来10年的发展前景提供启示。

背景

老年护理社区的核心在于为老年人提供服务和康乐设施，致力于为他们创造一种生活方式，让其能够独立而又有尊严地生活。在美国，老年护理分为不同种类和等级，有个体需要驱动型和生活方式驱动型两种模式，照护范围全面。从健康者和独立生活（IL），到需要生活护理（AL），再到需要专业护理（SN）的老年人，均能得到相应的关怀。可独立自主生活的老年群体社区几乎不需要提供服务设施，只要有康乐设施供其选择使用即可。对于独立生活老年群体通常会提供有限的服务设施，如餐饮和家政。对需要生活辅助照护的群体要提供更多的诸如洗澡和穿衣等“日常生活活动”的帮助，以及诸如药物管理和烹饪等“基本日常生活活动”帮助。对于上述人群的护理，重点是为其营造一个居家、温暖的居住环境。专业护理是针对那些需要短期或长期高级护理的群体。那些卧床的老人非常虚弱，很有可能需要复健的相关服务。

老年护理为老人及其成年子女提供了安全保障，老人得到安全、可靠的照护，让双方都能安心。老年护理的一个重大好处是其社会层面的意义。社区为住户提供有组织或无组织的社交活动机会。如果老人没有住在老年护理社区，他们很有可能独自待在家中，缺乏社交互动。因而老年护理的核心目标是关照老人生理与心理的健康，并减轻他们的三大负面心理——如Bill Thomas 博士所述——“孤独、无助、厌倦感”。[1]

为老年人而设计

老年护理社区的住户因其年龄、身体、感受和认知能力的不同而需求各异，由此也衍生出了一种专门化的设计手法，聚焦于适老环境的营造。按照通常为更年轻一些的人设计的典型住宅环境去设计老年护理社区是不够的。个体能力相对较弱的人群，比如老人更容易被环境所影响。由于年龄的关系，老人视力以及行动和认知的能力减退，尤其容易受到环境的影响。环境老年学创始人M. Powell Lawton 和 Lucille Nahemow提出，个体能力与环境之间的理想关系会随着个人的机能改变而调整。考虑到人们的生理、感官和认知健康，他们将能力定义为个体的最高机能承载量。[2]能力较弱的人群，因为要用许多时间去克服建筑环境产生的障碍，因而生活品质往往较低。因为适应的能力较差，他们很难克服环境中的改变。当个体的能力与环境要求的总量相匹配时，才能有最好和最高品质的生活。[3]因此，老年护理环境的设计尤为重要，会对个体独立且安全生活的能力产生消极或积极的深远影响，从而影响整体生活品质。

在任何地方设计老年护理环境时，有三种空间需要特别注意—居住单元、公共空间和员工空间。居住单元是最重要的空间之一，因为住户绝大部分时间不需要护理而独居其中。无障碍设计的运用会使浴室和厨房对老年人来说更安全和使用方便。社区公共空间（诸如主入口、起居室、活动室以及其他康乐空间等）的设计能够吸引住户走出居所参与社交及活动。员工空间的设计则对运营效率有着重大的影响。

和其他项目类型相比，此类项目需要高度重视细节。比如，表面材料必须精挑细选，使墙体和地板之间形成对比，避免老人移动时发生碰撞或跌倒。家具也是需要特别注意的方面，应方便老人就坐和站起。通常不被重视的照明质量和照度同样重要。此外，年老后与自然的直接接触逐渐减少，所以为老人提供参与户外活动的机会也非常重要。当然，每一种文化都会通过建筑来反映其独特的细节和风俗，而这些细节和风俗也是场所对文化做出的响应。比如饮食、日本的汤浴或中国的麻将、房屋的朝向或精神世界的宣泄。但是无论任何情况，在对人类基本需要和所有老年人愿望的理解和满足上是相似的。

美国老年护理的历史

美国的长期护理体系历经多年才发展成目前的模式。在19世纪末到20世纪初的大部分时间里，公众对长期护理并不了解。当时的长期护理系统更多是非正式的，即大部分护理由家庭成员、朋友或其他非正式护理人员提供。只有宗教群体和社区组织是有组织地为那些不能自理的人群提供护理的团体，而这一类护理通常发生在救济院或者所谓的"济贫院"。过去如果住在这类地方是极大的耻辱，而且公众将有健康问题而需要护理的人和贫穷以致而不能养活自己的人几乎混为一谈。美国经济大萧条时期，需要护理的人数成倍增长。1935年的《社会保障法》（Social Security Act）是护养院产业的非正式开端。法规为老人、盲人或失依儿童提供政府基金资助。20世纪60年代中期，联邦政府继续介入到长期护理行业中，建立了医疗保险和医疗补助制度，关注在护养院或康复中心提供的护理服务。医疗保险体制包含老年人的部分医疗服务，而医疗补助则不考虑受助者的年龄，所有无力支付的医疗服务均含括其中。医疗保险和医疗补助计划为需要护理者支付了护理费用，这加速了护养院的发展。

20世纪80年代末，护养院的护理水平非常低下：人们生活在非常单调的环境中，当时也几乎没有护理标准存在。护养院大多是多人共享房间，限制活动自由，而且还要共用卫生间和浴室。1987年的《护养院改革法》（The Nursing Home Reform Act）建立了被照护者的权利以及护理质量标准，还为每一个州建立了一项审查以及认证程序来执行这些标准。之后的"文化改变"运动进一步将护养院的关注点从运营效率转移到接受护理的老年个体。其三个主题分别是住户护理、员工配置和建筑环境。被照护者的需要是首要的，这一理念也塑造了整体模式，他们得以全天在居家的环境中掌控自己的日常生活。虽然《护养院改革法》颁布已近30年，但政府对其改进仍在不断进行。如今，新建的设施大部分都将设有独立浴室的单人房间，共享的公共场所，按照住户特别的需求来设计并保障被照护者的个人尊严。

专业护理（skilled nursing，SN）就是过去所谓的护养院，现作为美国管理最为严格的产业之一，无论联邦政府还是州政府都对之有着极其复杂的规定和批准程序。州政府决定资格等级，规定专业护理床位的数量，并且控制医疗补助的支付比例，会对护理有所影响。源于州政府对于该州长期护理项目的设计的控制力，全美各州护理质量和护理模式存在很大的差异。[4]联邦政府对专业护理进行审查和监管，以确保符合医疗保险要求的质量等级。被照护者的护理基金依据个人财政情况，由本人、医疗保险（或者医疗补助）提供。

生活护理（assisted living. AL）是出自1987年以前专业护理机构化特点的另一个创新。生活护理的发展满足了那些需要一些生活护理人群的需要，这类群体没有达到需要专业护理的程度，但是希望在护理和生活方式中有自主选择权。

尽管生活护理在20世纪90年代才被定义，但其实是从以前规模小且没有执照，不能为老人提供医疗护理的私人疗养院发展而来。随着越来越少的家庭在家照顾老人，这类的设施越来越受欢迎。与此同时，独立生活（independent living, IL）或老年住宅（senior housing）也发展到越来越大的规模来提供一些相关护理服务 。这两类住房结合发展就是如今所说的生活护理模式。现在，独立生活模式仍然为那些不需要任何护理的人保留，以保持其生活独立性。辅助生活型设施由州政府许可和监管，因为这种模式提供的服务不享用联邦政府的补贴。

当前趋势

老年护理产业，包括独立生活、生活护理、失智老人护理（memory care，MC）以及专业护理等模式仍然在美国蓬勃发展。所有的护理种类仍然首先受到体弱老人对服务的需要、法规以及经济补偿类型等三方面的驱动。以需求为基础的生活护理和失智老人护理是需求量最大的护理模式，因为这些模式的服务对象通常除了这种花费高昂又难以管理的家庭护理之外没有其他的选择。独立生活模式仍然很受欢迎，但是仅限于那些能承受的人，因为这是一种受便利设施而非基本服务驱动的生活方式。加入和已经处于独立生活和生活护理人群的平均年龄正逐步提升。平均年龄的上升造成了程度等级的上升，即人群身体更为孱弱，比以往需求更多的服务。诸如独立生活和生活护理这种更为居家的护理模式向更具依赖性的护理模式转变。

当前，美国的老年护理产业在所提供的服务和康乐设施种类以及建筑环境设计这两方面正发生很多变化和创新。20世纪90年代至20世纪初建于市郊和乡村的持续照护养老社区（CCRC）多数已中止了之前的开发速度。而且这些社区通常为度假式养老方式，习惯上模仿某种风格（例如地中海风格）进行设计，而且与周围的环境相隔离。如今的趋势较少追求大规模开发，而且进行中的开发也都趋向选址于城市环境，以便离康乐设施更近一些。此外，建筑愈发不再是一成不变的模式，而是更为现代，与环境更加融合。更多的社区安排了吸引外部人员参与的项目与活动，从而为住户提供了更多对外社交互动的机会。健康项目和中心是重要的发展趋势，既有益于健康又倡导与"被照护"相反的健康生活方式，因此也成为一种市场营销手段。同时，健康项目也能与基地中的医疗服务关联。原本始于医疗领域一场运动的循证设计，现在已越来越多地被应用到为那些有认知障碍的人群服务的老年护理专项设计中。

然而，未来美国老年护理产业的构成是不确定的，会根据市场的要求而不断发展，可预见的是，生活护理和失智老人护理会持续拥有大量的需求。如果仍没有能够治愈阿茨海默症以及其他形式的痴呆症的疗法，人口统计学预计对于失智老人护理的需求将会强劲走高。同样，因为高发的肥胖症、糖尿病等多种慢性疾病的增加，以及其他生活方式因素，生活护理将保持较高的需求量。专业护理的需求也将保持较高的水平，但其提供的服务类型以及所面向的人群或许会发生变化。作为长期护理的一种选择，专业护理也许会被更高程度的生活护理取代，但它不会完全消失，只是可能专项于短期护理和复健。独立生活护理模式未来受市场的驱动，将可能应用无障碍设计元素朝着更自主生活的方向发展。因为这类护理不依赖于某种需要，而仅与生活方式相关，且受到总体经济和房地产市场波动的影响。生活护理、失智老人护理和专业护理需要获得许可，因此产生相关费用和法规。在美国，保持许可认证对护理品质的保证监督和保持各种护理方式居家化之间的平衡是一个关键点。

美国模式的国际化应用

美国老年护理的上述历史为其他国家发展老年护理提供了极佳的基础。日本是20世纪90年代首批开始发展老年护理的国家之一。尽管日本曾经并且也将一直是全球老龄化速度最快的国家之一，但其政府在过去却很少关注老年护理。日本医疗系统重视重症监护，几乎很少或没有任何项目或基金用于为该国老年人发展可行的长期护理体系，这也导致需要长期专业护理的人群要在医院住很长时间并支付昂贵的医疗费用。专业护理设施曾是非常不人性化的设施，通常采取病房形式，一直以来都是以三人间为标准，配备得像病床一般，总是由位于楼房中央用玻璃包围的护士站为各个病床提供护理，而护士则总是穿着呆板的白色制服，头戴浆洗过的白色帽子。这一体系既不关注用户需求，而且随着老龄人口的增长也不具备经济可持续性。

1992年，日本老年护理的先锋开发商及运营商Half Century More（HCM）看到了私人支付市场作为国家体系替代选择在提供完整的连续护理方面的潜力。因为在日本没有相关的案例，所以HCM借鉴了美国的经验，与美国的建筑师、室内设计师及景观建筑师合作，引入当时美国高档环境中最佳范例，同时保留日本文化中所独有的一些元素，比如汤浴、建筑朝向以及对自然的敏感度等。市场相信美国模式可应用于日本，HCM管理团队了解如何应用美国模式。当时的社区行政部门愿意进行改变，并决心对环境开展去机构化的工作。被包含在专业护理设计中的还有居家的色彩和材料、非集中的护理站、双人间（最终变为单人间）、令人满意的和可无障碍设计的公共空间，以及为住户特别需要制定的可变空间。

HCM的产品被证明是非常成功的，并在整个日本复制开来，并且一直都是老年护理品质的标杆。这一产品显示出美国与其他文化之间的相似点多于不同点，即所有文化中人类的基本需求和老年人的愿望是相同的，包括尽可能独立生活的可能性、对于护理种类的选择权，以及对于个人环境的控制（即便控制力非常弱）。然而，美国和日本的市场仍然存在巨大的差异。在日本，对于祖业的恪守使得很难在合适的社区凑够合适的用地。而且对于新的护理模式，为了提供恰当的护理服务，日本既有的专业人员和护理人员需要进行再教育和培训。此外，生活护理似乎仍未被日本的老年人及其子女所理解和接受，而独自生活和专业护理两种模式则大受欢迎。日本并没有实施与美国一致的法规，所以更高等级的护理能够在独立生活的环境中被提供。

中国市场

在很多方面，中国的老年护理情况与美国20世纪中期政府介入并创立专业护理形式的长期照护的正式体系之前的状况非常相似。中国政府和美国政府都关注护理那些数目巨大的重症人群。留给开发商的就是希望对生活方式有选择的康健老年人、独立生活和生活护理的市场。当前中国老年护理市场由两个端头的模式——私人支付的康健老年人护理模式和政府支持的医疗护理模式——构成。康健老年人市场现在多为度假式风格的产品，而且是一种买卖模式。随着市场转向独立生活和生活护理模式，买卖模式将会成为挑战。美国和日本都接受楼宇租赁市场，但是中国的老人大多更愿意进行资产投资。如果老年护理像独立生活、生活护理、专业护理等产品通常那样，主要以租赁为基础或者部分购买，这可能很难让中国老人和他们的子女相信老年护理是一种不错的投资。

如果公众要在市场中购买产品，他们必须要信任这个产品—信任和教育是任何新型市场的基础。通过教育来建立信任仍然是留给中国最大的挑战之一。美国的老年护理市场缓慢发展了一个多世纪，而且仍然将以缓慢的步伐逐渐成熟。中国的开发商渴望得到能够快速投入到市场的产品来为那些目前没有得到护理的巨大群体服务，而消费者却对这类产品几乎一无所知。美国目前拥有而中国缺乏的是非营利性的基础以及作为老年护理最初提供者的慈善组织。因为这些机构组织曾以提供高质量护理为使命，所以他们进行了大量试验并创造新的理念以建立更居家且质量更高的老年护理。最重要的是，他们被老年人及其子女信任。他们是人们所熟知的拥有高质量护理声望的实体，公众信任他们。当生活护理在美国被开发和营销时，公众已经对专业护理和寄宿养老院有了基本的认识，但即便如此仍用了20多年去教育公众来区分生活护理模式。

中国市场面临的另外一个挑战是对"老年护理"这一术语的定义。在美国和日本，"老年护理"是一个涵盖性术语，包括了对老人的各种护理类型。在中国，"老年护理"通常仅仅指的是专业护理或"护理"。目前还没有术语能够指代全面的护理类型或者为那些更独立的人群所提供的服务护理模式（比如IL和AL）。如果要对公众进行相关产品及不同选择的教育，就必须在市场中创造并使用一种共通的语言。

未来中国可能发展出一种与美国体系的老年护理范畴中的独立生活、生活护理、专业护理模式并不完全吻合的模式。在美国，由于支付补偿和法规的原因，独立生活、生活护理、专业护理之间有清晰的界限。而中国的情况与之不同，未来可能会有一种混合IL和AL的护理模式——提供一定服务的可选择的居家环境。目前，中国政府正在鼓励专业护理和康复设施的发展，为人数最大的体弱人群提供服务，让该群体远离可能非人性化的环境。

最后，中国的最大挑战是由于市场的发展过于迅速，开发商仍不确定这一市场能否持续存在，以及这一市场由谁买单。因为中国市场不像美国市场有医疗保险作为保障，完全是个人支付市场。日本能够轻易地采用美国的独立生活和专业护理模式是因为日本市场关注高端私人支付市场。虽然依赖那些有能力支付的人也可能建立起市场的，但是他们是否会愿意为此而买单则是个大问题。目前，在中国的开发商正寄望于那些将来会消费此种老年护理的"新贵"一族，但即使是这些新贵一族也面临着用两个人的收入支撑两对父母的护理开销的挑战。然而，除此新贵一族以外，其他会对老年护理产品类型的需求和支付能力则是完全未知的。■

参考文献

[1] BERGMAN-EVANS B. Beyond the Basics, Effects of the Eden Alternative Model on Quality of Life Issues[J]. Journal of Gerontological Nursing, 2006(6): 27-34.

[2] CVITKOVICH Y, WISTER A. Bringing in the Life Course: A Modification to Lawton's Ecological Model of Aging[J]. Hallymn International Journal of Aging, 2002(1): 15-29.

[3] FEDER J, KOMISAR H L, NEIFELD M. Long-term Care in the United States: An Overview[J]. Health Affair, 2000 (3): 40-56.

[4] LAWTON M P, NAHEMOW L. Ecology and the Aging Process. In: EISDORFER C, LAWTON M P. The Psychology of Adult Development and Aging[M]. Washington DC: American Psychological Association, 1973.

城市设计与当代城市设计

金广君[1] 金敬思[2]

1 哈尔滨工业大学深圳研究生院

2 中国城市规划设计研究院深圳分院

一、关于城市设计

1. 城市设计的沿革

城市设计古已有之，在人类社会发展的历程中，只要有聚居现象，有城市的兴起，就涉及到城市设计问题，从世界各国历代城市众多优秀的城市设计遗产中对此会有深刻体会。

但明确提出城市设计并自觉运用城市设计方法来指导城市建设，是近代工业革命以后的事情，如卡米洛·西特（Camillo Sitte）1889年提出的“基于艺术原则的城市规划”，查尔斯·芒福德·罗宾逊（Charles Mulford Robinson）1901年提出的“城镇改造”，以及美国的城市美化运动（City Beautiful Movement）和现代市政艺术运动（Modern Civic Art）等，都提倡用城市设计原则提高城市公共空间的艺术质量，[1]不过由于当时社会与城市发展的局限，这些思想并没引起足够重视。

（1）提出

随着城市社会经济活动和城市建设的发展，许多有识之士再次提出城市设计问题，并积极倡导和探索运用城市设计方法与技术来指导城市建设和城市管理。在美国，率先倡导现代城市设计思想并把它纳入高等学校培养计划的是伊利尔·沙里宁（Eliel Saarinen）。1934年，他针对当时城市规划多限于二维平面，很少顾及三维空间的状况，在密歇根州匡溪艺术学院（Crambrook Academy of Art）创立了建筑与城市设计系，培养建筑与城市设计学科方向的研究生，力图通过城市设计教育把建筑艺术手段与城市规划设计联系起来，以提高城市空间的环境质量。虽然沙里宁的这一思想当时未能及时得到延续和发展，却为后来城市设计的发展奠定了基础。

沙里宁强调的是城市设计对城市空间的艺术处理，其概念虽局限在传统建筑学的学科框架内，但仍被学术界认为是首次提出现代城市设计概念的学者。

（2）发展

20世纪50～60年代是美国经济发展的鼎盛时期，大规模的城市更新给现代城市设计学科带来了发展契机，大量的城市更新工程实践所引发的诸多城市问题，促进了现代城市设计理论思潮的空前活跃，对当今城市设计学科的建立和发展产生深远影响。[2]

当时的城市设计理论与实践多关注对城市物质空间形态的设计，强调在保证交通体系、经济发展和生态保护的前提下，关注物质空间要素的布局和艺术特色。要素的布局包括功能组织、建筑体块、景观系统、步行系统、可达性、街道家具、绿化和停车场地，艺术特色则包括形象、比例、尺度、色彩、质感等。

（3）独立

城市设计在被提出后，学者就其是否作为一门独立的新兴学科进行了长期争论。直到20世纪70年代，才确立了将城市设计作为一个单独的研究领域的共识，城市设计内涵不断被充实，作为独立学科的特征显现，并全面发展起来。其研究的重点问题是：建筑体块控制与引导系统、大规模的建筑综合体、历史保护与更新、公共空间系统建设、公众参与设计、新城建设、可持续的生长形态等。

现代城市设计思想于20世纪80年代中期被引入中国。当时中国正值改革开放初期，为适应社会从计划经济向市场经济的转型，满足城市建设多渠道投入的需要，以美国现代城市设计思潮为主体的城市设计理论与方法悄然传入，并被国内同行普遍接受，借助中国城市化进程的加速发展，逐渐形成了具有本土化特征的城市设计学科。

中国城市设计学科的兴起和发展经历了学习与探索、研究与实践、普遍推广、制度形成、活动规范和自由探索与实践六个阶段的发展历程。[3]目前，虽然城市设计还不具有独立的法律地位，但是在全国范围内的城市建设中，城市设计研究和设计实践的积极作用已得到广泛认同。

2. 城市设计的内涵

城市设计自被提出至今，一直以城市物质空间为研究对象，立足从三维的角度去研究物质空间问题。它基于这样的假设：城市是可以被设计的，经过设计的城市生活和城市空间是紧密结合的，在城市问题错综复杂的今天，只有经过设计的城市才有“宜居性”（livability）。

但是，城市设计的内涵却随着人们对它认识的逐渐深入而不断丰富和外延。虽然众多学者按各自的理解对城市设计定义做出过各种各样的描述，纷繁杂沓，争论不休，但从学科角度对城市设计的认识却越来越趋向一致。通过对城市设计学科的梳理，我们发现城市设计内涵的变化大体上经历了“学科交叉”“多学科渗透”和“学科融贯”的过程。[4]

（1）学科交叉

1956年在美国哈佛大学召开的首次城市设计会议，提出了城市设计是一门新兴学科，当时比较一致的认识是：城市设计是城市规划和建筑学之间的“桥”，关心的是不同层次的城市公共空间范围，重点是空间形态、景观序列、家具设施和环境质量（图1）。

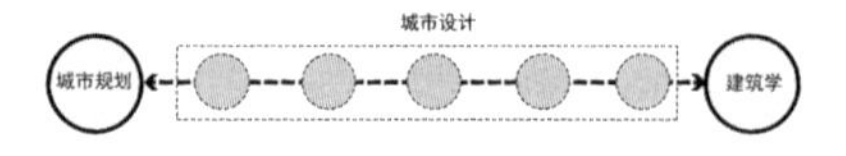

图 1　城市设计作为建筑学和城市规划之间的“桥”

然而城市规划和建筑学两个学科的学者们对城市设计的认识却不尽相同。在物质空间的操作层面，建筑师认为城市设计是“大尺度的建筑学”，强调用建筑手段解决城市问题的重要性；城市规划师则认为城市设计是“城市规划一部分内容的延伸”，从城市规划管理角度强调通过区划法的导控技术，控制和引导建筑师对具体建设项目的设计。

比如美国的三位城市设计学者就持有不同观点：凯文·林奇（Kevin Lynch）认为城市设计是建筑学的扩展；迈克尔·索思沃思（Michael Southworth）认为城市设计是城市规划的一部分；乔纳森·巴奈特（Jonathan Barnett）则认为城市规划师是从二维土地利用的角度去分配资源，建筑师往往陷入建筑物本身及其周边环境，难以驾驭城市问题，因此在两者之间需要有一位能从三维角度"设计城市而不设计建筑物"的城市设计师。

（2）多学科渗透

随着对城市设计学科认识的深入，越来越多的学者认为仅仅把城市设计定位在城市规划和建筑学两个学科之间的"桥"已远远不够。随着城市规模不断扩大，城市的土地利用、城市安全和环境问题凸显，城市中的自然与生态、人工环境与自然环境的矛盾愈加突出，城市设计过程中越来越多地涉及二维的地理学和三维景观建筑学问题，由此构成了上述四个学科相互渗透、相互交叉的学科格局（图2）。

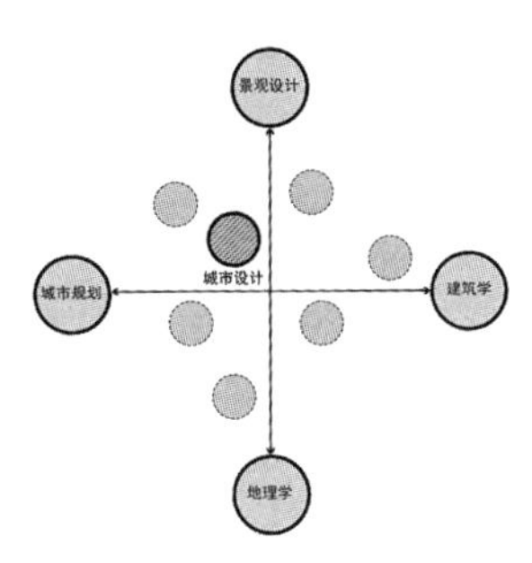

图2　城市设计多学科交叉的格局

同时，一些软科学如经济学、生态学、行为心理学和人文艺术学科对城市设计学科的渗透也逐渐显现，对城市环境的形成和城市生活质量的影响也不容忽视。可见，作为新兴学科的城市设计，已明显表现出跨学科、多学科交叉的特征。以多学科交叉为基础的城市设计，在控制和引导城市空间形成与改造过程中的作用更加有力和有效。

（3）学科融贯

为了适应城市经济发展、科技进步和人们生活多样性的需要，城市设计学科不断向多学科渗透，内涵更加丰富。虽然城市设计学科仍以三维空间为学科研究的核心，但积极向二维学科和软科学扩散和渗透，因此在艺术与技术之间、自然科学与社会科学之间形成了有机的融合，整合成为多学科交叉渗透的"融贯学科"（图3）。目前，这一概念得到了越来越普遍的认同。

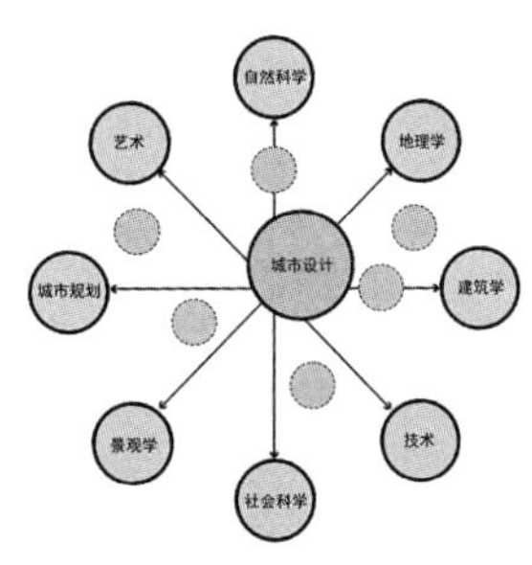

图3　城市设计多学科融贯的格局

由于以下三方面原因，当代城市设计思潮在当今城市建设中尤为重要：在生态方面，追求人工环境与自然环境和谐的愿景越来越突出；在经济方面，城市经济发展与城市空间形象的关系越来越密切；在社会与文化方面，公平安全的社会环境、有特色的地方文化对居民和游客的吸引作用越来越显现。

有学者认为，城市良好的空间布局、健全的文化福利设施、安全与卫生的环境、舒适的住宅区是影响企业吸引人才、持续发展的重要因素，是企业家理想的投资环境。对于城市来说，这些也是城市保持活力、持续发展的动力之所在。[5]

当时的城市设计已经不局限于对城市空间的设计，近年来开展的对"城市设计战略"的研究，立足在较大的空间范围内，从总体概念上理清城市设计的战略问题，建立城市设计从宏观到微观的逻辑关系，为城市长远经济社会发展搭建空间骨架，并延伸到了城市建设的全过程，更关注设计成果的过程性、开放性、宣传性，认为这是统领各层次城市设计项目的设计战略。

1980年，在哈佛大学召开的第二次城市设计会议，认为城市设计必须将设计问题与城市社会结合起来才能实现城市设计学科的真正价值。此后，高等院校开设的城市设计课基本上都基于这样的认识，城市设计学科研究与培养计划均涉及经济、政治、文化、社会等学科领域，与当地的城市问题紧密结合。

二、关于当代城市设计

1. 从思潮缘起到概念提出

当代城市设计思潮是城市设计理论探索和实践积累到一定阶段后，随着城市建设活动日益复杂而出现的。当代城市设计跳出了城市物质空间的框框，以多学科融贯为特征，渗透到城市空间从"无中生有"到"有中生形"的城市设计全过程。在这一背景下有学者提出"当代城市设计"的概念，以区别一般概念下的城市设计。

（1）缘起

20世纪80年代以前的城市设计理论比较多地关注城市设计的物质空间元素，如建筑体量及形式、土地使用、使用活动、交通与停车、保护与改造、标志与标牌、步行区等，关注对这些元素个体及组合后形态特征的描述，缺少对城市设计实施过程的讨论。城市设计项目从策划、设计方案到实施建设的每一个决策都操纵在"精英"的设计者和决策者手中，很少有公共参与的机会。

虽然城市设计成果也趋向同管理与实施过程的结合，逐渐从单一的图纸控制发展成为图则和导则控制，但在城市设计的研究对象、设计平台和设计团队等方面仍然局限在固有的框框里，城市设计的理论研究中，"城市设计思想和城市设计实施之间"仍存在着相当大的距离。

当代城市设计思潮出现于20世纪60年代，以三部代表性著作的出版为主要标志，分别是：凯文·林奇的《城市意象》（1960）、简·雅各布斯（Jane Jacobs）的《美国大城市的生与死》（1961）和库伦（Gordon Cullen）的《城镇景观》（1961）。这些论著讨论的主体仍是城市物质空间和城市景观，但从关注物质空间的结果转向关注空间的形成过程、社会效果，赋予了城市设计更多新的内涵。

当代城市设计思潮强调"形式服从资金"（form follows finance），对当时城市设计推崇的"形式服从功能"（form follows function）产生了巨大的冲击。正如美籍华裔城市设计师魏民阁·卢所说，"城市设计课题已超过了以往的专门领域"，城市设计成果也"必须是远远超过公式化的表格和分布图，超过设计原则和设计审查的东西”，城市设计师“对政治和社会经济的理解，也十分重要”。[6]

（2）提出

1997年，美国伊利诺伊大学瓦可·乔治（R. Varkki George）教授在《当代城市设计诠释》（A Procedural Explanation for Contemporary Urban Design）一文中，综述了前人对当代城市设计在理论与实践上的探索，以设计师和设计产品之间的关系为切入点，对当代城市设计做了全面阐释，认为由于城市经济、技术、社会环境的变化与越来越多不确定因素的产生，要求城市设计应脱离一次订单设计范畴，更多地转向设计目标、设计策略、设计导则与实施计划。

他提出当代城市设计的方法应该是二次订单设计方法，即城市设计师并非像建筑师那样直接设计出要建设的产品，而是设计影响城市形态的一系列“决策环境”，使得下一层次的设计者们在这一决策环境规则的指导下做专业化的具体设计，强调对全过程的参与和多学科的整合是当代城市设计的主旋律（图4）。

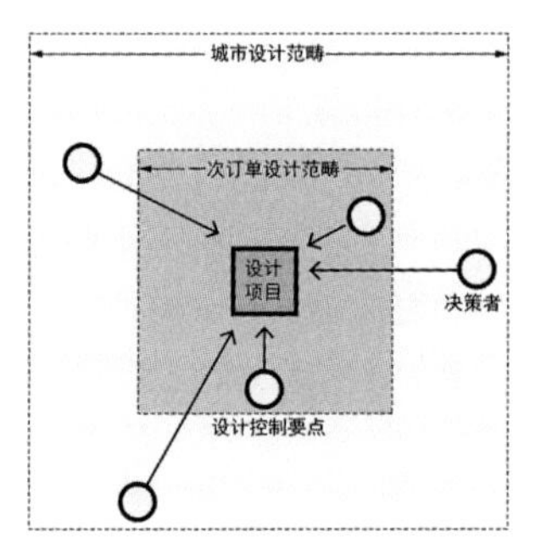

图 4　二次订单设计的“决策环境”

针对“二次订单设计”的城市设计观点，通过比较建筑师和城市设计师知识结构的异同，他还对城市设计教育和城市设计师素质培养提出了很好的建议。

可见，当代城市设计的主要研究对象已经跳出了城市物质空间的范围，其基本任务是以城市规划基本构想，以城市的社会、经济和环境现状的全面分析为基础，以城市生活为依据，从三维空间的角度对城市的空间资源做二次分配，对必需的空间条件和有地域特色的空间形态提出保护和发展构想，并依据科学的发展时序，提出一系列塑造和实施的规则与手段、政策与政策环境，以指导下一层次物质元素的设计创作。

显而易见，城市设计的最终目的是：在物质上为城市经济发展搭建空间平台，在技术上实现城市空间资源的有效配置，在美学上保证城市的空间景观质量，在功能上改进人们的城市生活质量。

2. 当代城市设计的特征

迄今为止，虽然还没有对当代城市设计比较系统的研究成果，但通过对国内外城市设计理论文献的研究整理，[5]特别是对近几年国内城市设计国际咨询方案的比较分析，发现当前城市设计工程实践的案例中，城市设计的“当代”特征已悄然形成，并逐渐趋于清晰，主要体现在如下三个方面。

（1）多元的设计集群

谁是城市的设计者？比较一致的观点是：城市的设计者包括了“有名分”和“无名分”的多元化的设计群体，包括城市及各行政部门的管理者、各专业设计人员、不同的利益集团，以及生活在城市中的市民。[7]这个群体有直接的设计实践者和间接的设计决策者、参与者（图5）。

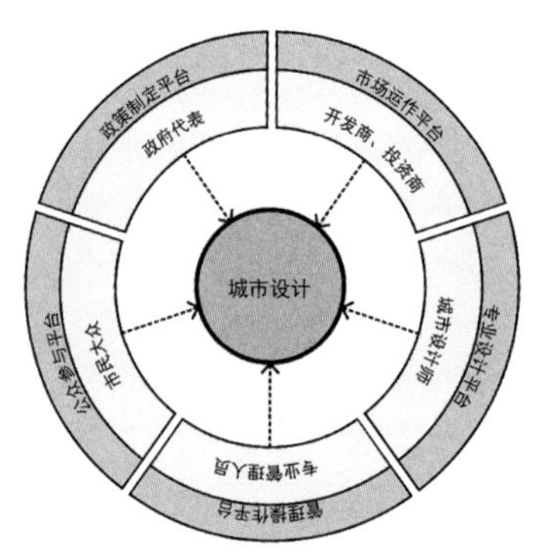

图 5　多元化的城市设计群体

当代城市设计的显著特征是在城市的设计过程中通过搭建开放的设计平台，创造各种机会吸引并规范间接的设计群体参与对城市的设计活动，通过讨论对话、合作研究、协商妥协，对城市发展方向和目标达成共识，形成合力，其目的是让最终建成的城市空间成为“市民的城市”。

基于这样的认识，建设贯穿于城市设计全过程的“开放的设计平台”业已成为当下城市设计的重要活动之一。通过平台建设，建立规范的工作秩序、促进有效的沟通交流，把“设计团队”整合成“设计集群”，有利于多元化的设计团队协同工作，把城市设计思想变成积极的行动合力，推动城市设计目标的实现。

“集群”（cluster）的概念作为整合资源的思考方法在各领域中被广泛应用，集群技术通过网络联系和规范行为，面向集群内部的个体建立起明确的关联关系和角色定位，大大提高了集群的可靠性、稳定性和工作效率。借鉴集群技术的成功经验建构“城市设计集群”，能将城市设计的实施操作框架、利益平衡机制、资源优化策略整合起来，对中国新型城镇空间建设和品质提升将发挥积极作用。

目前“设计集群”的概念和实践尚不够成熟和系统，但是难能可贵的是在城市设计实践中已有一些创造性的探索，应引起足够重视，诸如：在项目启动阶段，举办一系列“接地气”的市民参与活动，包括居民生活调查、问卷和意向图、社区工作坊等；在方案创作阶段，进行公众参与、意见反馈、各行政部门沟通、专家论证等；在实施管理阶段，开展愿景宣传、调整公示、专家评审等。

（2）动态的设计成果

随着人们对城市空间需求越来越多元化、变化节奏加快，静态的城市设计成果早已不能适应当代社会发展的需要。因此，如何以动态的设计成果适应城市发展建设的需求是城市设计研究的关键技术之一。

针对城市设计成果的内容和形式，广大城市设计实践者们一直在探索如何在对城市空间部分控制的原则下，用各种弹性引导技术取代僵化的设计蓝图。部分控制原则包括对城市历史文化、形象标志、形态特色和自然生态等的整体保护，如在空间上划定保护范围、影响范围以及主要视廊的控制要求。此外，对于城市开发地块则通过一系列的控制指标体系实现部分控制。

弹性引导技术则是通过设计导则和各种奖励策略来实现，包括容积率奖励、税收政策奖励等。当代城市设计强调"设计决策环境"，其重点是在城市设计实施过程中实现弹性引导技术与引导策略、奖励机制的结合，做到利用奖励机制动态引导建设项目的调整，通过评估程序保证城市有机体的循环平衡。

容积率奖励制度是地方政府管理城市建设的成熟技术之一。奖励制度规定，如果开发商按照城市设计的整体要求，在开发地块内提供公共设施、保护历史建筑或保护生态环境，政府将给予以下类型之一的容积率奖励（图6）。

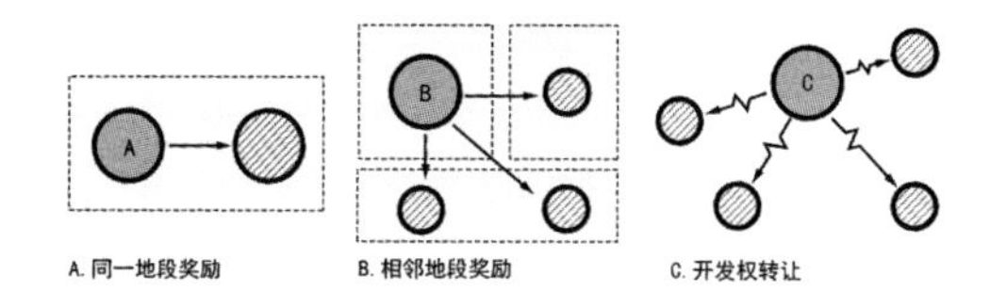

图6 容积率奖励制度示意

原地奖励，在原有建筑面积基础上额外奖励最多不能超过总面积25%的建筑面积；容积率转让，将没有被开发的建筑上空有潜力的空间转让出去，以获得额外收入；或是政府主导下的城市开发权转让计划，采用"容积银行"概念，将有开发潜力的空间分散转移到不同地段，既刺激保护也促进开发。[8]

可见，实施管理与设计活动的紧密结合是动态设计成果的显著特点。从这一点上来讲，动态的城市设计成果是对城市设计项目实施管理的主动设计。

（3）理性的行动计划

城市设计的过程从本质上讲是对城市空间资源再分配的过程。由于城市空间资源的公共属性，作为主导城市空间资源分配的行政主体，地方政府在对城市土地和空间资源进行分配和再分配的全过程中，应以维护公共利益为核心价值观，坚持科学的行动计划、引导策略、决策机制，才能塑造出公平的、宜居的城市。

20世纪80年代，美国的许多地方政府在运作城市设计项目实践中提出了"城市设计框架"（urban design framework）的概念。这是基于全过程城市设计方法而形成的工作思路，经过了大量的实践探索，目前已经成为比较成熟的行政管理工具，被认为是城市设计实施管理中最重要的进步之一。

城市设计框架的内涵从最初的空间框架，发展成为政府管理层面用来项目策划、方案选择、组织协调和实施管理的一种组织模式，将城市设计项目的运作从利用单一的设计工具转向了综合性管理工具的"组合拳"。其目的是在城市设计实施建设过程中，使城市在经济发展、环境质量和社区建设三者之间建立起可持续的、有机的行政协调机制（图7）。

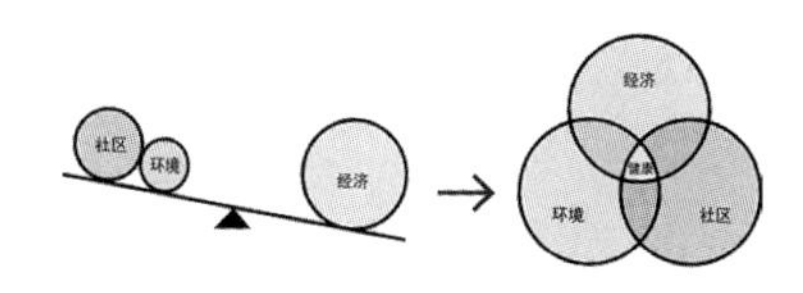

图7 城市设计框架推动经济、环境和社区三者的平衡

迄今为止，城市设计框架的内容包括以下三个层次：在空间上制定城市空间结构框架，确定城市空间的基本格局、特色区域和特色节点，形成城市设计重点控制范围；在实施上制定实施管理与引导的工具，制定"棒子"加"糖果"的控制和诱导策略；在管理上制定城市设计战略与行动计划，使城市设计操作过程更加系统、理性和透明。

三、结语

当代城市设计自20世纪末被明确提出至今，国内外城市设计领域对具有"当代特征"的城市设计实践探索十分活跃，取得了大量的成功经验，为今后对当代城市设计的理论研究积累了素材、提供了条件。应该注意的是，人们关注的是城市设计的"当代特征"而非"当代城市设计"一词本身。本文极力倡导的也正是具有"当代特征"的城市设计，而非"当代城市设计"。■

参考文献

[1] 斯皮罗·科斯托夫．城市的形成——历史进程中的城市模式和城市意义[M]．单皓，译．北京：中国建筑工业出版社，2005．

[2] 刘宛．城市设计概念发展评述[J]．城市规划，2000（12）：16-22．

[3] 洪亮平，邓凌云，李进．中国现代城市设计20年回望[J]．城市规划，2003（B6）：10-12．

[4] ARIDA A. Quantum City[M]. Oxford: Architectural Press, 2002.

[5] KRIKEN J L. City Building, Nine Planning Principles for the Twenty-first Century[M]. New York: Princeton Architecture Press, 2010.

[6] 卢．城市设计的视点[J]．国外城市规划，1994（3）：37-38．

[7] CARMONA M, TIESDELL S. Urban Design Reader[M]. Oxford: Architectural Press, 2007.

[8] 金广君，戴铜．我国城市设计实施中"开发权转让计划"初探[C]//中国城市规划学会．和谐城市规划——2007中国城市规划年会论文集．哈尔滨：黑龙江科学技术出版社，2007：749-755．

走向集群化的城市设计管理制度建设

王耀武　柳飏　郝健秋

哈尔滨工业大学深圳研究生院

纵观城市设计在中国的发展历程，20世纪80年代被引入之后，迅速随着市场经济的发展地位而不断壮大，目前已经成为各层次、各类型城市规划中的一个重要手段。城市设计不论是单独存在，还是与法定规划结合，抑或以其他的各种名义出现，不可否认的一个现象是，其理论、方法以及在中国的实践经过多年的演绎之后，没有日落西山，而是仍然如火如荼。

值得注意的是，当今的城市设计内涵在不断发生变化，与各种形式规划的界线也越来越模糊。因此，纠结于什么是城市设计，什么不是城市设计，已经不再重要。关键在于，城市设计的思维、城市设计的工作方法已经融入到各种规划实践之中，从广义角度来理解，各种城市建设相关的管理、设计、实施行为，也都可以是城市设计行为，城市设计仍然贯穿着城市建设的全过程。

基于以上判断，我们也应从更广阔的视角来看城市设计的管理制度。发达国家在城市设计提出和发展的过程中就十分重视城市设计管理运行机制的建立，而城市设计在中国经过近30年的发展，业内人士也逐渐意识到面临的常常不是设计问题而是管理问题。可以说，管理制度是城市设计全过程中的顶层设计，是城市设计所有环节中的行为依据。过于刚性的管理制度会抑制市场的活力，而过于弹性的管理制度会导致公共利益遭受损害。在当代城市发展的语境下，中国社会市场经济已经逐渐成熟，政府职能在发生转变，公众权益受到普遍关注，如何通过顶层的管理制度设计，将参与主体、运作过程、利益界定等多个重要事项进一步落实，规范城市建设中的各种利益主体的博弈行为，其意义已经远远超出探讨城市设计本身，因而十分必要及迫切。同时，管理过程也不再是规划建设行政部门的单一行为，而是充分利用专家外脑、注重多方参与的集群行为。

一、城市设计管理的集群化趋势

“集群化”体现优势互补、效率优先、注重创新的发展理念，作为一种整合资源的思考方法，通过网络联系和规范行为，对集群内部的个体建立明确的关联关系和角色定位，最终满足整体利益最大化，提高集群的可靠性、稳定性和工作效率。城市设计本身具有多学科交叉的特征，而当今的城市设计也越来越具有综合性与复杂性的特征，城市设计学科自身的内在需求、所处市场环境的外在需求，以及从重量到重质的政策导向的变化，都使得城市设计管理越来越具有“集群化”的发展趋势。

1. 城市设计的“命”——学科的自身逻辑要求集群化

城市设计从诞生起就不是一个单一学科，“跨学科”或“多学科交叉”是城市设计学科的本质，这也就注定了城市设计不能也无法“独自”工作，必须是多学科协同的行为。在城市空间设计上城市设计就直接涉及城乡规划学、建筑学、景观学等多个学科，而空间设计是实现社会、经济、文化等综合性目标的具体手段，城市建设必须与社会发展相协调，城市设计涉及社会科学的诸多学科领域而逐渐体现为多团队协商的特征。同时，城市设计又表现为一系列目标和决策的管理过程，需要保障多元利益主体的表达、交流和协调，提供政策服务并实现高效监督，是一个复杂的系统工程，需要在机构组织、人员配合、参与时段、协调平台、决策机制等方面统筹安排。因此，城市设计自身的跨学科本质、综合性发展目标的要求以及管理过程的系统性需求，“命”中注定城市设计管理具有“集群化”趋向。

2. 城市设计的“运”——学科的市场环境要求集群化

当代城市设计是在市场经济下应运而生的。在中国，市场经济不断为城市设计的发展提供营养，并深刻地影响其演化，使之逐渐形成与计划经济之下完全不同的逻辑结构与价值取向。

可以说，市场经济的发展变化决定着中国城市设计的发展运势。在计划经济体制下，城市规划是政府计划的落实，自上而下地落实所有城市建设安排并不需要城市设计介入。改革开放以后，市场经济逐步建立，城市建设也逐渐走向市场化、社会化，城市建设资金的投入渠道开始多样化，城市土地与建筑亦成为商品进入流通市场。在城市建设过程中，参与主体和利益关系更为多维，环境变化和政策导向更为灵活，为城市设计迅速发展提供了有利的条件。

在市场经济日益成熟的今天，城市环境质量的提高必须与经济、社会的可持续发展相协调，城市设计必然面临更多的发展机遇，城市设计过程也将逐渐从被动变为主动、由封闭变为开放，参与主体将会越来越多元化。以上变化也必然对城市设计管理提出更高的要求，制度设计上应充分体现自上而下与自下而上的结合、刚性与弹性的结合。因此，需要在当下的城市设计运势走强时，抓住机遇、迎接挑战，以集群化的思维，提高城市设计管理能力，以应对市场环境的变化。

3. 城市设计的“势”——面临的政策导向要求集群化

当前，国家政策导向越来越明晰，传统的粗放型、重量不重质的经济发展模式已经不可持续，城市建设更应注重质的整体提升。在2014年初颁布的《国家新型城镇化规划（2014～2020年）》中，阐明“城市规划和建设的方向由传统的规模数量扩张向质量内涵提升转变，在坚持以人为本、市场主导、集约高效、生态低碳、文化传承等原则下，更加保障公共服务，重视开发效能，注重环境维护，提升城市文化。”同时，国家对城市政府的绩效考核方式也在发生转变，“不唯GDP”的政绩观也将促使城市政府在城市建设中必须做到统筹协调、公平公正、精细管理，城市政府的行政方式也渐渐会从管制到服务、从集权到放权、从指令到协商，小政府、大社会的态势将会越来越明显。

在国家大政方针指导下，城市建设相关各学科都需要调整发展思路，相互配合、协调发展。城市设计作为落实政策导向的最有力手段，更应责无旁贷，发挥出多学科交叉的优势，而与之相适应的城市设计管理，更应顺势而行，推进制度建设，确立服务大众目标，落实操作路径，注重实施效果，综合统筹城市发展各相关要素。

二、城市设计管理制度存在的主要问题

1. 指令性较强，缺少与市场的衔接

在中国，城市设计虽然可以与不同层次的城市规划相对应，但主要与控制性详细规划相关联：或是先行做城市设计，为控制性详细规划的指标体系确认做方案论证；或是之后做城市设计，为控制性详细规划的指标体系落实做空间形态规划。由于体制机制和规划体系固有原因，制度建设仍体现政府“自上而下”的指令性控制，导致城市设计成为法定规划的补充和附庸，忽视对市场配置资源优势、市场建设能动性的客观认识和有效利用。城市设计在管控过程中，采取比较简单、生硬的控制方法，造成千城一面、分层隔离、秩序不佳、使用性不强、安全感丧失等诸多城市建设问题。同时，政府服务城市开发、保障公共利益的职能亦无充分施展，政府调控和市场调节相结合的利益分配机制未完全建立，不能灵活适应复杂多变的经济环境。

2. 团队较为单一，缺少与相关团体的协调

城市设计在对城市形体环境设计的表象下，体现的是作为一个跨专业、多维度、系统化、全过程的综合管控手段，多事项、多部门、多团队的协调和联系十分重要。在目前中国城市设计实践中，由于对城市设计作用和影响认识不够深入，城市设计管理默许单兵作战、设计为上的思想。在设计过程中，由于没能完全认识城市设计的目标、内涵，片面追求效率，往往由单一专业团队编制，尚未达到规划、建筑、景观、交通、市政等多团队参与，不能各显其长，甚至造成各专业间互不协调，最终使设计方案难以有效实施。同时，设计师常听命于委托方，亦或是追求自身的技术逻辑，缺乏与其他相关利益主体之间的沟通、交流与协作，导致矛盾尖锐，出现了诸如突出长官意志的政府形象工程、追求发展商利益最大化的商业开发等极端化状况，导致公共资源被侵占、公众利益被漠视、公众却诉求无门等乱象。城市设计管理中社会、经济、环境等多维的价值观难以较好体现。

3. 管理静态化，缺少动态循环机制

在市场经济体制下，城市设计成果并非终端型的一次实现，城市设计管理同样也不是静态的单向管控，而是一个不断循环完善的过程，一般由目标决策、方案设计、审查许可、实施管理和信息反馈5个阶段组成。在中国，受城市化快速推进的影响，城市设计管理较多关注城市设计的成果大大多于过程，导致城市设计部分环节的缺失，如城市设计的实施管理和信息反馈没有得到足够的重视。由于没有建立完善的评估体系，设计过程、实施过程以及建成后的使用效果都难以得到有效反馈，使得城市设计管理变成一个静态的单向过程，不能根据环境变化而及时调整、重新决策。此外，各环节之间的联系不畅也影响了循环机制的形成，譬如忽视5阶段之间的两两衔接，造成了指令性、不认可、难操作、片面化、少依据等问题。由于缺少循环机制的设计，使城市设计过程难以完整闭合，更使城市设计管理难以形成一个动态的过程控制。

三、集群化的城市设计管理制度建设策略

1. 构建多元的对话平台

“集群化”的城市设计管理制度应体现沟通协作，依托公平、高效的载体实现。依据城市设计管理的5阶段工作要求，城市设计的对话平台可依次分为目标决策平台、方案设计平台、审查许可平台、实施管理平台与信息反馈平台。[1]

（1）多诉求复合的目标决策平台

城市设计在目标决策阶段须依据城市发展的整体目标与基础条件，如国家的方针政策、市场发展活力、整体建设环境、公众开发意愿等，制定一定时间内的发展计划并拟定重点城市设计项目和相关研究。

目标决策平台的构建应以政府为主导，邀请城市设计专家协助拟定项目计划，落实政府发展目标。可通过制定总规划师制度、规划委员会制度，使城市设计专家成为政府的长期技术参谋，并通过前期调研、听证会、论证会、公开展示等形式听取开发商和公众意见，保障城市设计项目立项的科学性和准确性。通过目标决策平台建构，改变传统过程中“自上而下”指令性过强问题，体现政府、开发商、公众的多方参与。

（2）多团队沟通协作的方案设计平台

城市设计在方案设计阶段应将目标决策的抽象内容通过设计师的职业素养与专业技能，转换为具体的空间设计方案，并编制城市设计导则与指引。通过方案设计平台建构，达成多个专业团队的信息沟通、集思广益、协调统一。传统的方案设计平台的运作模式主要依靠经验丰富的规划设计部门实现。例如天津滨海新区于家堡金融区的城市设计创作分为地上空间、地下空间、市政管网、片区景观、交通系统、单体建筑等设计专项，分别由美国SOM公司、日本日建、美国易道、香港MVA等机构以及国际规划设计大师组成团队进行设计，并由天津华汇工程建筑设计公司作为设计总协调单位完成沟通工作，确保金融区的城市设计有序展开。而随着新的技术手段不断发展，基于大数据的城市设计管理系统将指日可待，通过数字城市BIM平台建设（包括数据库管理系统、

图形处理系统、工作流处理系统等），不同团队通过录入、提取、更新和修改信息实现更高效便捷的沟通协调，形成网络化的工作体系，为城市设计管理的信息获取、方案决策、综合管理提供更有效支撑。

（3）综合审查的项目许可平台

项目许可平台的建设主要是与项目相关政府职能部门集中审核以及与负责咨询、会审的技术支撑单位协同工作。平台的运作，首先是行政部门的整合和审批流程的集成，在规定的时限内，通过强化信息沟通，明确审核依据，实现综合审核，集中办理项目的立项、用地、工程、验收等相关许可文件，弱化前置关系、联合审查各项相关内容。如深圳前海深港合作区将多个城市建设相关部门合并为一个规划建设处，并设立便于申请项目集中审批的"E站通"平台，非常具有服务意识与实验意义。其次是行政部门与技术部门的整合。[2]一般性的技术审核可委托技术支撑单位（如审查委员会）进行，而重点项目以及主观性较强的技术内容，应由规划委员会予以审议后，交由职能部门形成富有针对性、可操作性的审核意见或许可文件。

（4）注重执行力的建设管理平台

城市设计的实施管理阶段以已通过审查的方案为依据，主要面向建设项目的建设和运营。通过平台建构，在较长的实施过程中，体现开发商、公众、政府的相互作用，共同保障设计项目的有序建设既充分发挥开发商在实践中的积极性，也充分体现公众的使用环境要求，强化政府的监督保障职能和政策引导作用，实现公共利益和开发利益的平衡。建设管理平台的运作主要依靠政府相关行政机构实现，包括执行机构、监督机构和上诉机构。依据已通过审查的方案、导则和指引，执行机构指导开发实施。在建设实施的过程中，应严格管控城市公共空间的建设，涉及公共空间的规划结构、建设规模、设施种类、混合比例以及整体开发等诸多方面，并通过专门监督机构对项目实施进行监督。此外，在实施过程中，公众对项目如有不同意见和诉求，可通过上诉机构的复议形式来有效表达，上诉机构酌情组织不同层次的会议，充分协调后决定是否需要动态调整。

2．保障全过程动态管理

"集群化"的城市设计管理制度应体现过程运作，构建关系网络体系。在明确目标决策、方案设计、审查许可和建设管理4个平台的参与主体、作用机制和管理特征之后，可通过总规划师统筹技术协调、建设动态评估反馈机制等手段实现城市设计全过程动态管理目标。

（1）总规划师统筹技术协调

为实现城市设计管理全过程的技术统一和协调，可以施行总规划师制度，负责统筹城市设计管理全过程的技术工作。目前，城市设计管理缺乏连续性的主要原因之一就是行政体系中缺少被赋予较大的权力来协调政府、设计者、开发商、公众的利益平衡的一以贯之的技术负责人。可以通过聘请具有较高的专业技术水平的总规划师，来协助城市高层决策者进行规划决策和规划实施管理，作为城市规划建设"战略决策"的参谋。总规划师既是城市设计管理过程中最高技术领导，可以为政府决策、审查、评估等工作提供专业建议和技术支撑，同时也是社会各界联系的"纽带"，监督开发商开发建设过程并提出指导，对违法违规情况及时做出处理，接受公众意见和投诉并做出回复，切实保障公共利益不受侵害。苏州工业园已经设立了总规划师制度，是国内城市设计管理创新的先行者。

（2）建立动态评估反馈机制

建立规划评估反馈机制是形成完整循环体系的关键环节，也是实现城市设计全过程动态管理的重要手段。以往的规划评估经常得不到足够重视，或者存在评价范围模糊、评价因子单一等诸多问题。通过评估机制的建立，明确城市设计各阶段的评估内容，可以改变以往的不足，客观诊断城市建设与经济、社会、环境整体协调发展的契合程度，客观评价各参与主体在城市设计全过程中的目标制定与落实情况，为下一轮城市设计调整做出指导。

动态评估反馈主要依靠政府委任的专业人士组织的评估部门来实现。评估涉及到城市建设的方方面面，包括过程中评估和过程后评估，其重点在于对公众的公共利益落实情况、整体布局和要素配置结构、与现有环境条件的适应性、利益相关主体的价值合理性。可依托用地、人口、经济和社会等基础信息平台和"一张图"管理系统进行评价，提出需要修正的内容，按年度衔接、部门联合的要求进行调整，并及时纳入"一张图"系统，保障设计成果的动态合理性。[2]如上海市浦东新区开展决策后评估工作，初步建立了"规划后评估"和"立法后评估"制度，由规划管理部门组织，由专业机构具体承担，确保评估意见的科学性和公正性，保障规划的合理调整和下一轮科学制定。

3．充分体现利益协调

市场经济环境下，各相关主体的利益平衡是城市设计管理的重要内容。集群化的城市设计管理制度应协调利益主体关系，明确相应的利益诉求，无论是直接参与的政府、开发商，还是间接参与或毫不相关的普通公众，都应通过政府的政策框架和管理制度予以保障。

（1）政府明确自身定位，实现职能转变

随着市场经济体制逐渐成为主导，城市政府的职能逐渐向监督、调控、服务等方向转变，政府将更多地放手权力于市场，以保障城市建设目标、市场开发利益以及公共利益。城市设计管理中，政府主要负责组织城市设计立项、设计、审查、监督实施、评估反馈，对城市设计的管理过程进行整体调控，逐渐增加自身服务功能，以体现公平公正、权力均衡。同时，政府应当赋予城市设计师更多的职能，发挥其专业技能，负责全过程的技术支撑和协调工作。应强调规划委员会、技术委员会、总规划师等机构和专家的作用，实现政府机构扁平化，避免权力过于集中。如在伦敦金丝雀码头开发过程中，政府将整个片区的开发建设授权给一家发展商，使开发主体统一，整个片区拥有完整的开发计划，采取封闭式运营模式，充分发挥了市场效力，高质量完成整个码头区的开发。[3]在日本横滨，各层面人士通过以市民委员会、专家委员会、行政委员会等形式参与到城市开发建设过程中，以体现公众、设计者、政府的各方意见，相互制约，实现利益平衡。[4]因此，实现城市设计管理制度创新和完善，政府重新定位并实现角色转换是先决条件。

（2）适应市场发展，建立刚弹结合机制

为实现城市设计在城市建设过程中的真正导控，以取得各方利益的平衡，城市政府需要建立“刚弹结合”的管理机制。2003年，英国Urban Design Group出版的《城市设计指导》一书中指出：城市设计文件应当包括硬性规定和弹性指导两类。[5]硬性规定主要是对城市设计主导目标的一贯坚持，需要严格遵守，多以政策、法规和控制指标的形式出现；弹性指导是对城市设计的意向要求和建议，不作为严格的限制和约束，提供多种发展的调整空间，多以导则的形式出现。城市政府应当明确该“刚”在哪里、“弹”在何处。简单地讲，凡是与城市公共服务系统相关的项目，应是政府重点管控对象，必须保持足够的刚性，并严格执行，以保障广大公众利益；而在此基础之上，开发地块内的管制，可以留有适当弹性，在政策、法规、指标方面根据需要制定相应的奖励措施和办法，其目标仍然是鼓励发展商为城市公共系统多做贡献，实现多赢。在纽约剧场区特别区的街区开发中，通过相关奖励办法的制定和运用，积极引导和鼓励对公众有利的开发行为，切实保护了私有经济背景下的公共利益，提高了城市建设的灵活性和有效性。因此，发达国家的容积率奖励、开发权转移、计划单元联合开发、空中开发权转让、税收减免政策等较为成熟的措施，在市场经济足够发达、具备实施条件的中国城市，可以先行先试。

（3）注重公共利益，健全公众参与制度

在中国，城市建设中的公众参与仍然处于较为初级的阶段，然而随着经济的发展，公民社会已初具规模，非营利组织渐渐兴起并体现出强大发展势头，网络的大面积普及使得信息的传播异常迅速，公民社会力量已经开始影响国家政策制定，参与社会公共事务治理的呼声也越来越高，城市建设中被告知式的公众参与已难以满足公众需求。因此，政府需要认识到公共利益的重要性，建立公众参与制度，将公众纳入到城市设计的管理过程中，在城市设计立项、设计、审查、实施、评估等过程中发表意见、监督反馈，保障其参与权、知情权、监督权、上诉权、检举权以及一定的决策权等权利，让公众有机会从使用者的角度发出自己的呼声，以提升城市设计的可操作性。香港在公众参与方面做了十分细致的规定，几乎涉及了整个规划管理过程，保障了公众的合法权益，同时公众参与也在规划建设中起到了很大作用。[6]而台北信义地区允许市民直接参与空间环境改造工作，即通过“社区总体营造”方式来进行，社区成为一个生命共同体，社区化、本土化发展诉求与意识高涨。[7]日本横滨的公众参与实现全过程化，城市设计的各个阶段都强调了公众参与的重要性，不同阶段采取了不同的参与形式，并对城市设计进行调整。[4]公众是城市环境的最终使用者，公共利益的保障既是城市设计管理的终极目标，也应是当前城市建设需要守住的底线。可以说，城市建设中公众参与的程度，也代表着城市设计管理的成熟程度。

结语

作为城市设计全过程中的顶层设计，城市设计管理制度的建设已经势在必行。城市设计的多学科本质是“命”中注定的，好的城市设计必须多学科协同；市场经济是应“运”而生的土壤，市场经济的成熟必然要求城市设计是一个更加多元、开放的过程；当前国家政策及政府行政职能的逐渐转变，强调内涵建设，为城市管理制度建设创造了良好“势”态。命、运、势三者共同作用，使城市设计管理必然向集群化方向发展。集群化作为一种理念和成熟方法，为城市设计管理的参与主体、运作过程、利益界定提供了完整的思路。通过多个平台构建，明确各阶段作用主体的多元化；通过实现全过程动态管理，体现技术把关、评估反馈协作的重要性；通过充分体现政府、开发商、公众利益协调，建立基于当前经济环境的价值观念。需要指出的是，城市设计管理的制度建设本身，也是一个不断完善的动态过程，需要多方的参与才能形成切实可行的方案。■

参考文献

[1] 金广君．论城市设计的基本构架[J]．华中建筑，1998（3）：55-57.

[2] 叶伟华，黄汝钦．前海深港合作区规划体系的探索与创新[C/OL]．城市时代，协同规划——2013中国城市规划年会论文集，2013 [2014-04-20]. http://www.cnki.net/KCMS/detail/detail.aspx?QueryID=0&CurRec=1&recid=&filename=ZHCG201311006036&dbname=CPFDLAST2013&dbcode=CPFD&pr=&urlid=&yx=&uid=WEEvREcwSlJHSldTTGJhYlN2UWk2Q0VwYVpZS1gvRjJoUEQzRU9YRGk2NUZHZWtJTkEwdXhTbzF5dFl5NzhVSA==&v=MzA4MzZFQ3ZuVTd2SUpsNFRQeVhJYWJHNEg5TE5ybzlGWXVzTUNoTkt1aGRobmo5OFRuanFxeGRFZU1PVUtyaWZadUp2.

[3] 崔宁．伦敦新金融区金丝雀码头项目对上海后世博开发机制的启示[J]．建筑施工，2012（2）：85-88.

[4] 徐若峰．城市设计运行保障体系的机构组织研究[D]．杭州：浙江大学，2005.

[5] 唐子来，付磊．发达国家和地区的城市设计控制[J]．城市规划汇刊，2002（6）：1-8.

[6] 宁越敏．香港城市规划管理体制特点研究[J]．上海城市规划，1999（2）：23-27.

[7] 辛晚教，廖淑容．台湾地区都市计划体制的发展变迁与展望[J]．城市发展研究，2000（6）：5-14.

城市五星级酒店功能区域设计导则研究

范佳山　张如翔　邹磊　郭东海
华东建筑设计研究院总院第一事业部

五星级酒店近年在中国进入了蓬勃发展期。据中国旅游饭店业协会统计，截至2014年3月，中国已开业814家五星级酒店①。本文通过对数家酒店管理公司关于功能区域建筑设计导则的梳理及其对应品牌酒店样本的分析，总结出具有普适性的功能区域建筑导则，以期指导同类项目的前期设计成果满足多数酒店管理公司的普遍要求，避免因其后期介入引发颠覆性重大设计修改。

功能区域（function spaces）指酒店设置的一系列空间以适应宾客多样的会议、会谈和社交聚会需求，[1]包含传统意义上的宴会区、会议区和相关辅助设施。功能区域在近年已经发展成为专为满足专业团体活动需求的部分，不但需要高档、规模较小的场所用于团体聚会、发布新产品、为高级经理安排再教育活动，还需能举办大型团体活动的各类设施，包括会议室、规模较小的多功能厅和宽敞的展览厅②。本文基于华东建筑设计研究总院业务建设成果《酒店公共区域建筑设计导则研究》一文撰写，所有数据均来自12家酒店管理公司导则和对14个本院参与设计的五星级酒店样本（非完全建成作品）进行的分析（对酒店管理公司导则的研究可以看出酒店管理公司对于设计标准的普遍要求，样本分析可以得出酒店管理公司根据每个项目的实际情况可以接受或核准的最低限度，故样本分析得出的数据可能部分不能满足品牌设计导则中提及的低限）。本文因篇幅所限，未列出所有分析表格，但最终结论均是通过表格数据的总结分析得出。

一、功能区域设计导则

1. 宴会区、会议区的流线组织

宴会区、会议区应尽量集中平层设置，并设有单独的室外入口，可直达宴会区、会议区或其专用的电梯厅。宴会区、会议区应与主要入口、酒店大堂、客房区和其他公共区域分离，以减少大量人流对住店客人的影响。去往宴会区、会议区的流线应避免与住店客人的使用流线交叉或冲突。宴会区、会议区应有专用的客用电梯或自动扶梯到达底层，基于住店客人的等候延迟和客房安保的考虑，应避免使用客房电梯到达宴会会议楼层，同时建议将其服务电梯与其他区域的服务电梯分设（图1）。

2. 宴会区、会议区的设置位置及空间要求

宴会厅由于有大空间需求，需要取消大厅内部的柱子，因此建议置于裙房顶层，以利结构布置，也可设置于地下室一层、二层非主楼范围内，相应地，与之相邻的会议区多位于主楼范围内。宴会厅区域通常需两层挑空，若需设置大量会议区，一半会议区与宴会厅平层贴邻设置，另一半会议区与之上下相叠，即贴邻宴会厅挑空区域。

宴会厅、会议室及其前厅均应提供无柱空间，且有自然采光，若实在无条件，宴会厅可以例外。有条件的宴会前厅建议与花园露台相连。宴会前厅与会议前厅建议独立设置，也可贴邻设置，可分可合，不建议需通过某一前厅才能到达另一前厅的空间和交通组织方式。当设置自动扶梯时，由于瞬时提升人流较大，宜先到达一具有缓冲功能的过厅，再通往各前厅，因此自动扶梯不宜直接设置在前厅内部（图2）。

二、宴会区设计导则

因应对外承接各类社会聚会、活动的需要，宴会厅三大功能定位为婚宴、会议及各类活动（含纪念活动、社交酒会、产品首发会、聚会等）。

1. 流线与空间组织

宴会厅应提供无柱空间，宴会前厅宜提供无柱空间。宴会厅应可划分成面积适用的数个小厅或合并成厅使用。宴会前厅应与宴会厅贴邻，宜在长边和短边侧均设置宴会前厅，以利划分后小厅的分别使用和作为一个大厅使用的情况；至少应在宴会厅一长边侧设置宴会前厅。前厅需考虑会议签到、茶歇、酒会、冷餐会等各种活动的面积要求，并应配置吧台及备餐区。

宴会厅分隔后的单元（小厅）应可以单独使用，确保客人和后勤流线可从厅外直达，客流进出和后勤送餐及污物回收流线不可经由其他单元。宴会厅内应考虑分隔墙体（划分小厅使用）的收纳。分隔后的单元应具备可独立控制的演示、声光控制和空调系统。

2. 宴会厅的面积要求

《中华人民共和国星级酒店评定标准》中，五星级酒店推荐设置可容纳200人的多功能厅或专用会议室及可容纳200人并配有专门厨房的大宴会厅；白金五星级更建议设置有净高不小于5 m、至少容纳500人的宴会厅③。

从实例分析得出，可容纳120人，对应面积180～200 m^{2}的宴会厅，是可举办传统中式宴会的最小配置，相当于万豪的两个"最小隔间"（80～100 m^2）；而450～480 m^2（300人）、750～800 m^2（500人）、1 000 m^2（650人）均是较为常用的宴会厅规模。宴会厅人均面

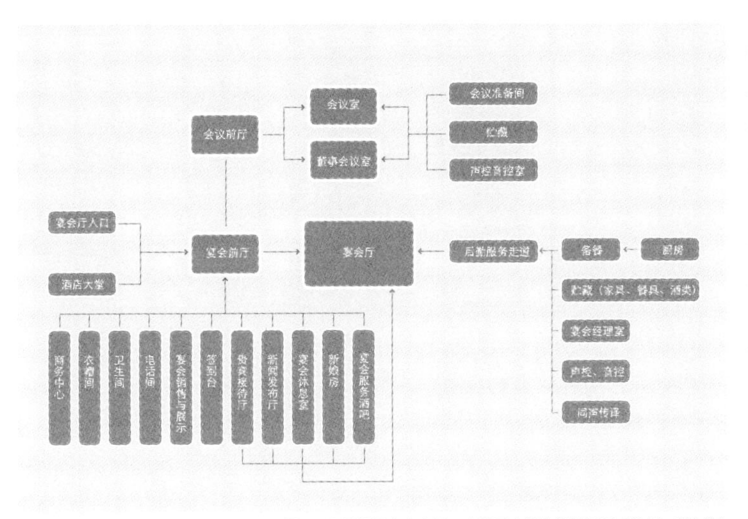

图1 五星级酒店宴会区、会议区功能流线关系图（绘制：郭东海）

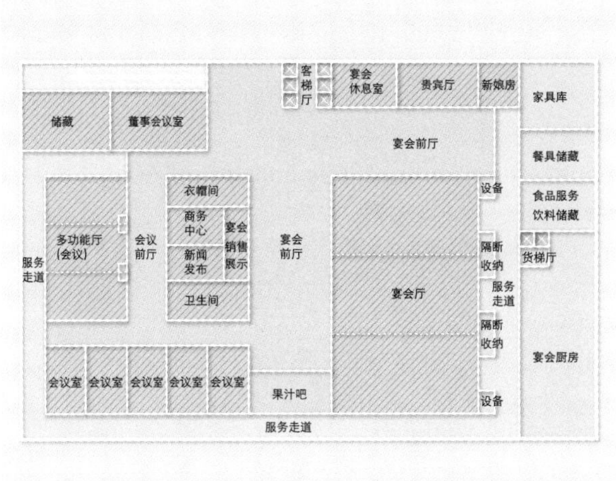

图2 五星级酒店宴会区、会议区空间格局组织简图（绘制：郭东海）

表1 五星级酒店宴会厅的面积要求（含对最小隔间要求）

酒店品牌	酒店品牌设计标准中的相关规定	酒店样本	样本情况/m²
悦榕	400～1 000 m²	北外滩悦榕	196.3
至尊精选	＞280 m²	至尊衡山	438
索菲特	可用空间按每人1.5 m²的比率来计算，按照宴会的布置，宴会厅的最小容量应为350人	华敏世纪	1 358
洲际华邑	—	绿地中心	777
万豪	≥465 m²（净高≥5.48 m） 465～930 m²（净高≥6.10 m） ≥930 m²（净高≥6.70 m）可分隔间，每隔间至少85～100 m²	郑州会展	969
		北京华贸	1 293.75
文华东方	—	瑞明文华	722.38
凯宾斯基	总面积=客房数×2.20 m²	无锡凯宾	931.2
皇家艾美	—	世茂艾美	968.7
四季	一般情况900～1 100 m²	上海四季	746
凯悦	—	外滩茂悦	942/459
		苏州晋合	776
世茂	大宴会厅＞740 m² 小宴会厅＞270 m²	世茂闽侯	890/298
皇冠假日	—	松江深坑	952

表2 五星级酒店宴会厅容纳人数及人均面积的要求

酒店品牌	酒店品牌设计标准中的相关规定	酒店样本	样本情况		
			面积/m²	人数	人均面积/m²
悦榕	—	北外滩悦榕	196.3	130	1.51
至尊精选	—	至尊衡山	438	320	1.37
索菲特	最少350座，1.5 m²/座	华敏世纪	1 358	1 000	1.36
洲际华邑	—	绿地中心	777	516	1.51
万豪	分隔后最小应容纳60人	郑州会展	969	700	1.38
		北京华贸	1 293.75	760	1.70
文华东方	每个宴会座席1.20 m²	瑞明文华	722.38	440	1.64
凯宾斯基	—	无锡凯宾	931.2	460	2.02
皇家艾美	—	世茂艾美	968.7	520	1.86
四季	—	上海四季	746	500	1.49
凯悦	—	外滩茂悦	942/459	638/396	1.48/1.16
		苏州晋合	776	480	1.62
世茂	—	世茂闽侯	890	300(未定)	2.97
皇冠假日	—	松江深坑	952	—	—

积标准宜为1.55 m²/座。实际使用中，宴会厅使用和座位排布可分为剧场式、鸡尾酒会式、宴会式、教室式、董事会议式等形式，容纳人数按上述顺序依次降低，即人均占用面积依次变大，每座面积为1.1～1.4 m²到1.9～2.3 m²不等（表1，表2）。

3. 宴会厅的平面长宽比及分隔方式的要求

宴会厅的平面长宽比约为1.4～2，长宽比为1.4的样本一般会被对分为两个小厅，或者五分；长宽比为1.6～2的样本会被三分，也可被分为一大一小两厅；长宽比超过2以上的样本一般会被二分、四分（尾部小厅可再三分），或者分成"一大（中）+两小（侧）"的形式（图3）。分隔后的最小隔间面积约100 m²，可容纳60人；200 m²（可容纳130人）；300～350 m²（容纳200人），均是宴会厅分隔小厅后的常用面积。1.4是分隔后小厅最常用的长宽比（表3，表4）。

隔墙收纳间应设置在柱子靠宴会厅空间一侧，大梁应置于柱子外侧贴后勤走道，收纳途径以不打断结构大梁为宜。由于宴会厅空调机房一般设置在宴会厅上部，即贴邻宴会厅的挑空区，通常会在宴会厅隔墙收纳间的侧边设置预留风管间（净宽600～800 mm），便于向宴会厅内送风。

4. 宴会前厅的面积比例、进深和净高要求

宴会前厅宜占宴会厅面积的48%，不应低于35%。宴会厅使用特点是短时间产生大量且集中的人流，故应为其提供便捷、快速的电梯或自动扶梯的到达或离开方式。宴会厅前区应留有足够的空间，各个宴会厅的前厅尽可能独立布置，设置衣帽间和信息服务台，并以明确清晰的标识系统促进使用的流畅性。[2]宴会厅（多功能厅）的前厅和休息厅，作为会前接待、签到、休息的场所，一般需留设进深不小于4.5 m或更大的集散宽度（表5，图4）。

宴会前厅的进深一般为8～13 m，如果由于平面形状变化导致尺寸缩减，最小处也不得小于4 m。前厅至少占用一个柱跨，若自动扶梯必须设置在前厅内，应避免设于此柱跨内。

从客梯或主要楼梯至宴会厅的入口门所经过的路径不得有瓶颈口，最窄处不得小于4～4.5 m，净高应大于3 m。

面积小于200 m²的宴会厅，其净高应为3.8～4 m；面积小于400 m²的宴会厅，净高应为4.5～5 m；面积为800～900 m²的宴会厅，净高应为6～7 m。宴会厅层高等于所需净高、结构高度、设备高度以及吊顶厚度的总和。宴会厅跨度较大，一般在20 m以内的，可以采用钢梁形

表3　五星级酒店宴会厅平面长宽比的要求

酒店品牌	酒店品牌设计标准中的相关规定		酒店样本	样本情况		
	长宽比	分隔方式		长×宽	长宽比	可分隔成的小厅个数
悦榕	—	三分	北外滩悦榕	16.2 m×11.5 m	1.41	2
至尊精选	1~1.5	—	至尊衡山	26.5 m×16.2 m	1.63	2
索菲特	—	可采用活动隔断分隔	华敏世纪	44.15 m×30.55 m	1.44	2或5（进一步细分）
洲际华邑	—		绿地中心	34.6 m×22.45 m	1.54	3
万豪	1.8~2.2	四分，且尾部小厅可再三分	郑州会展	46.1 m×21 m	2.19	3
			北京华贸	51.75 m×25.0 m	2.07	4（其中东侧一个可再三分）
文华东方	—	—	瑞明文华	40.35 m×17.4 m	2.32	3
凯宾斯基	—	—	无锡凯宾	37.8 m×25.7 m	1.47	3
皇家艾美	—	—	世茂艾美	57.1 m×8.5 m~18.0 m	三角形无法计算	4
四季	—		上海四季	38.1 m×19.88 m	1.92	2/3
凯悦	—	三分	外滩茂悦	18.5 m×27.75 m（扇形）	—	主宴会厅2个，次宴会厅不分隔
				36 m×25.7 m	1.40	2
			苏州晋合	29 m×27 m	1.07	主宴会厅2个，次宴会厅2个
世茂	1.8~2.2	—	世茂闽侯	33.6 m×25.2 m	1.33	2
				17.3 m×17.2 m	1.01	2
皇冠假日	—	—	松江深坑	39.4 m×23.4 m	1.68	2

表5　五星级酒店宴会前厅与宴会厅的面积比例要求

酒店品牌	酒店品牌设计标准相关规定（比例或最小面积）	酒店样本	样本情况		
			前厅面积/m²	宴会厅面积/m²	比例
悦榕	34%~50%，300~600 m²	北外滩悦榕	186.48	196.3	95%
至尊精选	—	至尊衡山	287	438	66%
索菲特	>25%	华敏世纪	481.5	1 358	35%
洲际华邑	—	绿地中心	271	777	35%
万豪	前厅至少为宴会厅净面积的40%（含临时设置餐饮区域）	郑州会展	383	969	40%
		北京华贸	706.79	1 293.75	55%
文华东方	宴会服务的35%	瑞明文华	293.53	722.38	41%
凯宾斯基	约占宴会厅的35%	无锡凯宾	511.6	931.2	55%
皇家艾美	—	世茂艾美	404.6	968.7	42%
四季	40%，独立于酒店其他活动区	上海四季	397	746	52%
凯悦	超过300 m²的功能应提供前厅；小于300 m²的可共享前厅	外滩茂悦	367/275	942/459	39%/60%
		苏州晋合	295	776	38%
世茂	宴会前厅面积通常是宴会厅净面积的1/3	世茂闽侯	375	890	42%
皇冠假日	—	松江深坑	709	952	74%

表4　五星级酒店宴会厅分隔后小厅面积、比例及特殊要求

酒店品牌	酒店品牌设计标准中的相关规定	酒店样本	样本情况		
			面积/m²	长×宽	平面长宽比
悦榕	每个小厅应该有独立的演示及声光系统，可分别设置可移动舞台；分隔后可独立送餐和污物回收	北外滩悦榕	92.28	11.5 m×8.025 m	1.43
至尊精选	如两个超过232 m²的大型空间都要举行活动，应使用双轨隔断（提供更好的隔音效果）	至尊衡山	252	16.2 m×15.6 m	1.04
			175	16.2 m×10.8 m	1.50
索菲特	≥180 m²	华敏世纪	340	21.9 m×15.1 m	1.45
			143	14.19 m×10.07 m	1.41
洲际华邑	分隔后的每个隔间均需设置自动投影屏幕	绿地中心	255	22.45 m×11.4 m	1.97
万豪	最小应容纳60人，面积为85~100 m²，长大于9.75 m，宽大于6.71 m，长宽比1.8~2.2的长方形典型分隔间至少容纳6张10人圆桌；每个隔间提供2个出入口，进出不穿越其他隔间	郑州会展	315	21 m×15 m	1.40
		北京华贸	350（边侧两个）	25.0 m×14.0 m	1.79
			302.56（中间两个）	25.0 m×12.1 m	2.07
			116.66（东侧3小厅）	14.0 m×8.33 m	1.68
文华东方	—	瑞明文华	194.01	17.4 m×11.15 m	1.56
			334.36	18.7 m×17.4 m	1.07
凯宾斯基	—	无锡凯宾	439.5	25.7 m×17.1 m	1.50
			235.6	22.0 m×10.2 m	2.16
皇家艾美	—	世茂艾美	138.0	14.65 m×10.2 m	1.44
			223.3	16.2 m×14.55 m	1.11
			292.2	23.1 m×11.9 m	1.94
			315.1	31.5 m×10.0 m	3.15
四季	宴会厅能划分为两个使用，分隔后尾部的小厅应可以分成三个更小的厅来使用；分隔后每个部分应能开设2 m宽的双扇大门和2 m宽的双扇服务门	上海四季	250	19.9 m×12.6 m	1.58
			380.1	19.9 m×19.1 m	1.04
凯悦	—	外滩茂悦	350	23 m（不规则）×15.2 m	1.5
			593	25.8 m×23 m（不规则）	1.1
		苏州晋合	388	27 m×14.3 m	1.89
世茂	—	世茂闽侯	445	25.2 m×17.7 m	1.42
			149	17.3 m×8.5 m	2.04
皇冠假日	—	松江深坑	317	23.4 m×13.5 m	1.73

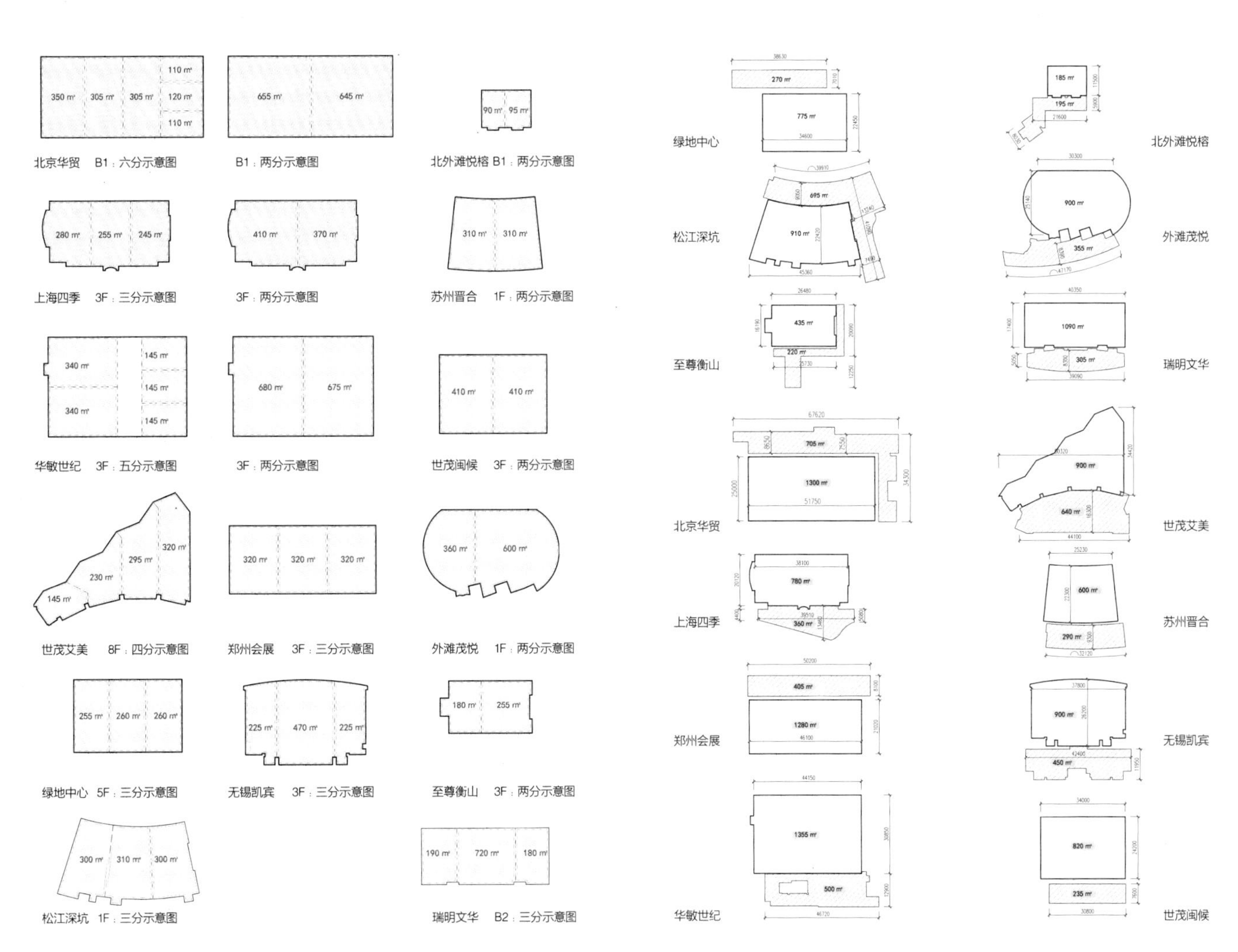

图3 五星级酒店宴会厅的分隔示意图（绘制：邹磊）

图4 五星级酒店宴会厅及其前厅的空间布局简图（绘制：邹磊）

式，钢梁的高跨比为1/20～1/15，各类管线走在梁下，喷淋等水管可穿梁腹；若跨度大于20 m，一般采用桁架形式，桁架的高跨比为1/15～1/10，由于桁架为空腹，水管和部分风管可走在桁架的内部，但由于斜杆的存在，各类水管、风管、桥架的标高和水平位置宽度均需精确计算复核，需机电、结构与建筑各专业密切配合。设备高度主要由风管高度决定，由于风管是占用高度最大的管线，其他水管、强弱电桥架都应尽量避免与其上下交叠。空调风管高度一般会控制在630 mm以内，加保温后约为800 mm；即便是面积很大的宴会厅，空调风管占用的高度也会控制在800 mm左右，加保温后约900 mm；空调风管再高的话，暖通专业会建议分成两个空调箱，从两侧分设两根空调总管送入宴会厅。由于宴会厅大空间的排烟需要，需设置排烟管道，一般高度在400～500 mm，考虑到排烟与空调管的上下交叠不可避免，风管占用的空间总高度将被控制在1 200 mm左右。吊顶厚度一般取150～200 mm，含内嵌灯具安装的高度（不含吊灯等）。从净高和上述数据可反算得到层高，因此，通常宴会厅应挑空两层设置。

5．宴会厅前后区配套及服务设施要求

宴会区宜设置接待、贵宾室（含专用卫生间）、信息台、地址簿方向指示、展示陈列室、商务中心、服务台和食物饮料提供处、宴会销售、秘书处、公共电话间、衣帽间、卫生间、新娘房（含专用卫生间）、团队登记处、贵重物品存放、保险箱、厨房、服务备餐间、花房、声控音控室、灯光控制室、会议视频设备间、家具贮藏间、宴会食品服务设备与银器储藏、饮料储藏间（含酒类冷库）、同声传译、演艺人员更衣室等功能空间。必须设置配套的衣帽间、卫生间、厨房、家具设备贮藏间、声控音控室等用房。

由于婚宴是宴会厅重要的销售目标，上海外滩茂悦大酒店和华尔道夫均设置了婚宴销售区，主要进行婚宴的策划、展示并提供与客户交流的区域。

宴会厅的厨餐面积比为32%～35%，不含地下室的粗加工部分；当中餐厨房可以支持宴会厅厨房时，可适当减少。例如，800座宴会厅的建筑面积在1 200～1 250 m^2，需要厨房面积380 m^2（厨餐面积比约为32%），当中餐厨房可以支持宴会厅厨房时，250 m^{2}即可③。宴会厅一般应设独立宴会厨房或卫星厨房，负责最后一道中餐热炒的工序，如果贴邻部分没有条件，至少应设置备餐间，配备加热炉灶，进行菜品加热、保温。

宴会厅配置贮藏的面积应为宴会厅面积的10%～20%。由于功能变化要求，宴会厅需用到大量道具和家具，甚至餐具、银器等，都需留有足够的贮藏空间，位置方便搬运，与宴会厅平层，且搬运距离较短。

在宴会厅的后部应设置服务走廊，串起一系列后勤功能，例如厨房、贮藏等。厨用手推保温车尺寸常规为1 219 mm×740 mm，所以，两车交汇所需最小净宽为1 500 mm。若服务通道的出菜与收餐共用通道时，为满足卫生防疫的要求，服务走道宽度不得小于2 400 mm④。有些服务通道上还会设置备餐台，并考虑在人员分餐时不影响通行，宽度宜做到3 300 mm。后勤部分的门高应大于2 200 mm，宜为2 400 mm；单扇门最小宽度为1 000 mm，双扇门最小宽度为1 600 mm。宴会厅的出入口由于存在隔声要求，通常设置双道门的门斗，门斗之间设置吸声材料，构成声闸。宴会厅内视线上应避免能直接看到后部的服务走道。

三、会议区设计导则

1．流线与空间组织

会议区应提供可灵活分合且大小不同的会议室，以提供多样的会议、研讨和社交空间。会议室宜设有前厅和休息厅，以利于会前和会间休息的宾客使用，提供茶歇空间。会议室应有自然采光。董事局会议室应设置在较为私密的位置。

2．会议室的面积、个数要求、容纳人数及比例配置原则

《中华人民共和国星级酒店评定标准》中规定五星级酒店至少设两个小会议室或者洽谈室，且每间至少能容纳10人③。会议室的设置有两种趋势，一是设置各类大小不同的会议室，以满足不同种类和人数的会议要求；二是均设置较大的会议厅，进行合理分隔后，得到不同大小的会议面积，保有较强的灵活性和机动性。一般酒店均会设置4～8个会议室（不含多功能厅，划分后的数量）。面积为60～120 m^{2}的会议室为宾客最需要和酒店最易租赁的会议室大小，一般可容纳25～50人（表6）。

《建筑设计资料集》中规定，会议厅的人均面积为1.5～1.9 m^2，高级会议厅人均面积为1.9～2.3 m^2/人。[2]根据样本分析，此标准应提升至2.5～3 m^2/人。董事局会议室应可容纳10～20人，最小面积为50 m^2，也可设计为110 m^{2}左右，容

表6　五星级酒店会议室个数、面积及容纳人数的要求

酒店品牌	酒店品牌设计标准相关规定	酒店样本	总个数	个数	面积/m^2	单间人数
悦榕	建议面积60 m^2，建议容纳20～30人	北外滩悦榕	3（可合并成1）+1	3	32.9	16
				1	32.7	12
至尊精选	最小面积46.5 m^2	至尊衡山	7	1	113.9	40
				1	116.2	40
				1	57.8	15
				1	101.5	25
				1	72.5	25
				1	78.8	25
				1	136.6	45
索菲特	不少于100人会议的场所，最少设置1个120 m^{2}的会议室和2个60 m^{2}的会议室	华敏世纪	2（可合并成1）+3	2	118.9	40
				1	127.8	45
				1	135.6	45
				1	141.5	50
洲际华邑	会议区≥850 m^2，或2.5 m^2/客房，两者取大值	绿地中心	2（可合并成1）+2（可合并成1）+2（可合并成1）+2	1	80.9	30
				1	71.8	20
				1	75	30
				1	78	30
				1	65	40
				1	63.6	20
				1	59	30
				1	67	30
万豪	最小面积60 m^2，最小面宽5.5 m	郑州会展	8	1	81.57	30
				1	169.4	60
				1	86.6	30
				1	84.3	30
				1	68.8	25
				2	91.5	30
				1	51.8	20
		北京华贸	5	3	90	20/56
				1	78.8	16
				1	60.4	18
文华东方	会议前厅区域约占功能区域的35%	瑞明文华	10	3	46.5	18
				2	67.9	44
				1	174.6	48
				1	199.8	58
				1	33.7	18
				1	34.5	18
				1	33.4	50
凯宾斯基	会议净面积=（董事厅+会议室+功能区）的总面积；会议区使用面积=会议净面积/1.50；会议室前厅约占会议室的35%	无锡凯宾	5	2	94	—
				2	89.8	—
				1	73	—
皇家艾美	—	世茂艾美	7	1	257.4	—
				1	56.4	—
				1	167.2	62
				2	123.4	16
				1	106.9	44
				1	85.8	22
四季	—	上海四季	6	4	60～72	—
				2	150	—
凯悦	—	外滩茂悦	5	2	37	—
				1	87	—
				1	76	—
				1	106	—
		苏州晋合	2（可合并成1）+3	1	134	—
				1	118	—
				1	44	—
				2	97	
世茂	最小面积30 m^2	世茂闽侯	10	5	118	26
				1	126	26
				2	76	18
				2	102	18
皇冠假日	—	松江深坑	10（其中2个可合并成1个）	1	41	—
				3	58	—
				1	86	—
				2	74	—
				2	114	—
				1	128	—

表7　五星级酒店会议室的人均面积要求

酒店品牌	酒店品牌设计标准中的相关规定	酒店样本	样本情况（m²/人）
悦榕	董事会议室2.25～3 m²/人；一般会议室2～3 m²/人	北外滩悦榕	2.06；2.73
至尊精选	标准70 m²的会议室，满足2.32 m²/人	至尊衡山	2.85；2.90；2.91；3.04；3.15；3.85；4.06
索菲特	董事会议室5～7 m²/人；一般会议室3.5～5 m²/人	华敏世纪	2.83；2.84；2.97；3.01
洲际华邑	—	绿地中心	1.63 ；1.97 ；2.23 ；2.50 ；2.60 ；2.70 ；3.18 ；3.59
万豪	董事会议室2.8～5.6 m²/人	郑州会展	2.72；2.82；2.89；2.81；2.75；3.05；2.59
		北京华贸	1.6；4.5；4.93；3.35
文华东方	董事会议室2.50 m²/座；50人会议室每座1.80 m²/座；20人会议室2.50 m²/座	瑞明文华	2.58；1.54；3.63；3.44；1.87；1.92；1.50
凯宾斯基	董事会议室每间平均面积70 m²，1.80 m²/每座	无锡凯宾	—
皇家艾美	—	世茂艾美	2.4；2.7；3.9；7.7
四季	—	上海四季	—
凯悦	—	外滩茂悦	—
		苏州晋合	—
世茂	—	世茂闽侯	4.22；4.54；4.84；5.66
皇冠假日	—	松江深坑	—

备注：
①悦榕导则规定，董事局会议室45 m²容纳15～20人，一般会议室60 m²容纳20～30人；计算得出会议室人均面积
②喜达屋至尊精选品牌导则规定，标准70 m²的会议室，人均面积满足2.32 m²
③万豪导则规定董事局会议室应大于56 m²，可容纳10～20人；计算得出会议室人均面积

表8　五星级酒店会议室的面宽要求

酒店品牌	酒店品牌设计标准中的相关规定（最小面宽）	酒店样本	样本情况/m
悦榕	—	北外滩悦榕	. 4.65；5.1
至尊精选	5.5 m	至尊衡山	6.5；6.7；7.3；7.9；8.8；8.9；10.8
索菲特	—	华敏世纪	7.65；8.65；8.8；10.7
洲际华邑	—	绿地中心	7.88；8.1；8.4；8.66
万豪	5.5 m	郑州会展	4.8；7.8；8；8.5；9
		北京华贸	5.7；8.6；8.9
文华东方	—	瑞明文华	4.8；5.3；6.0；6.4；7.8；12.2；14.5
凯宾斯基	—	无锡凯宾	7.75；7.9
皇家艾美	—	世茂艾美	异形，无法定义长宽比
四季	—	上海四季	7.8；8.7；9.7；11.6
凯悦	—	北外滩茂悦	5.6；5.7；5.9
		苏州晋合	5.6；8.8；9
世茂	5.5 m	世茂闽侯	8.4；8.7；9；9.6
皇冠假日	—	松江深坑	5.65；6；6.5；7.5；8.9

纳20人（表7）。

3．会议室及前厅的空间尺度要求

会议室的面宽大多集中在5.5 m和8 m，8 m为一个柱跨，5.5 m为一个柱跨减掉通行走廊的宽度。会议室平面的长宽比宜控制在1.5左右。当会议室有自然采光的时候，应考虑会议室用作教室式布局使用时的情况，故主入口与投影屏的布置，应利于阳光从与会者的左手边入射。会议室宜设置双扇门，宽1 800 ～2 400 mm，高度2 600 mm（表8）。

会议室最小净高应为2.8～3 m，宜做到3.6～4 m，建议层高为5.2～5.5 m。前厅高度要求同会议室；但当会议前厅与宴会前厅合用时，前厅净高会大于会议室内部净高。

4．会议区前后区配套及服务设施要求

会议区建议设置茶歇处、休息室（吧）、贵宾休息室、吸烟室、商务中心、衣帽间、卫生间、贮藏等功能空间；至少应配置休息室、衣帽间、卫生间、贮藏等配套用房。

结语

本文从酒店功能区域的功能流线关系和空间格局组织展开，从12家酒店管理公司相关导则描述和14个相应酒店样本情况中提炼出面积要求、比例尺度、适用空间、辅助配置等全面指导酒店建筑设计的普适性导则，以期在其指导下的前期设计成果能满足大多酒店管理公司的品牌设计标准，减少后期因为品牌差异性和特殊性而引起的设计反复。■

注释

①采集自中国旅游饭店业协会网http://www.hotel～sight.com/。

②翻译自华东建筑设计研究总院在和edition品牌合作设计时，由edition酒店品牌ISC提供的纸质文件。

③摘自《中华人民共和国星级酒店评定标准》。

④天厨顾问设计（亚洲）有限公司提供本条咨询意见。

参考文献

[1] 鲁茨，潘纳，亚当斯．酒店设计——规划与发展[M]．温泉，田紫薇，谭建华，译．沈阳：辽宁科学技术出版社，2002．

[2] 《建筑设计资料集》编委会．建筑设计资料集（4）[M]．北京：中国建筑工业出版社，1994．

深圳高层建筑空间造型实态调研

覃力[1] 刘原[2]

1 深圳大学建筑与城市规划学院教授

2 深圳大学建筑设计研究院

深圳是个非常年轻的城市，同时，也是一个典型的高密度城市，其经济发展速度和城市建设速度都令人惊叹。深圳的GDP总量长期位于中国的前列，人均GDP排名第一，据权威机构测算，到2015年，深圳的GDP将会继上海、北京之后超过香港。深圳的居住人口已经达到1 300多万，但城市面积却相对狭小，仅有1 953 km²，是上海的1/3，广州的1/6，北京的1/8，可以说是中国密度最高的一座城市。这样的经济发展速度和超高的城市建设密度，必然催生出大量的高层建筑，所以深圳的高层建筑一直以来都受到各界的关注（图1）。本文尝试从发展进程、空间、造型等几个方面，对深圳高层建筑的现状进行初步的分析和探讨。

一、发展进程

1980年以前，深圳还是个小渔村，城市建设十分落后，建筑物大都是平房，最高的只有5层。深圳市成立之后，经济与城市建设极速增长，高层建筑迅速发展起来。1982年竣工的第一座高层建筑电子大厦（图2）高20层，是当时深圳的第一高楼。继电子大厦之后仅仅3年，深圳国际贸易中心大厦落成，大厦高160 m，53层，是当时中国最高的建筑，同时，该建筑的施工采用独创的“滑模”技术，创造了3天一层楼的“深圳速度”，首次让深圳的高层建筑受到了全国上下的瞩目。深圳国际贸易中心大厦的落成，标志着深圳的高层建筑在较短的时间内便达到了较高的水平，并且开始了高度上的引领。

随后，一批高度超过100 m的高层建筑陆续建成，据统计，至1985年夏，深圳市批准兴建的高层建筑已达297幢。从1981年至1987年的短短 7年时间里，深圳市建成18层以上的高层建筑140幢，其中超高层建筑66幢，可见深圳高层建筑发展势头的迅猛。

这一时期，由于罗湖区拥有火车站及靠近香港的地理优势，因此建设速度特别快，受香港高层、高密度建设理念的影响，只用了几年时间便形成了当时深圳高层建筑最集中、最密集的“罗湖商业区”，那一时期深圳的大多数高层建筑都集中在这一区域，“罗湖高层建筑群”也成了那个时代的象征。

到了20世纪90年代，邓小平的“南方谈话”肯定了深圳在过去10年里取得的成就，并提出“加大改革力度”、“改革开放的胆子要大一些”的要求，进一步促进了深圳的经济发展。加之其时境外设计机构及国际知名建筑师也开始关注并参与到深圳高层建筑的设计建设之中，这一时期深圳高层建筑的建设可说是高潮迭起，曾一度代表着中国高层建筑设计、施工等方面的最高水平。

1992年建成的深圳发展中心大厦（图3），是中国第一栋大型高层钢结构工程，将钢结构引入超高层建筑，在当时的中国建筑界也产生了很大的影响，印有深圳发展中心大厦照片的年历在中国各地都能够见到。而最具影响力的要数1996年建成、高384 m的地王大厦（图4），是当时中国的第一高楼，直至2011年10月，一直保持着深圳最高楼宇的纪录。地王大厦的施工以两天半一层的建设速度，刷新了之前深圳国际贸易中心大厦创下的3天一层楼的“深圳速度”，其高宽比也创造了当时世界超高层建筑最“扁”、最“瘦”的纪录，由此成为20世纪90年代深圳高层建筑的代表，并将中国的高层建筑设计和建设推向了国际水平。

从整体上看，深圳高层建筑的建设在此期间有了进一步的发展。据不完全统计，到1996年6月，深圳市范围内竣工和在建的18层以上的高层建筑就已经达到了753幢。到20世纪90年代末，深圳建成的高度100 m以上的非住宅类超高层建筑24幢，高度150 m以上的摩天大楼17幢。

20世纪90年代后期，深圳的高层建筑又展现出与高科技、智能化相结合的发展趋势，如深圳发展银行大厦（图5）、特区报业大厦等。此后，深圳的高层建筑设计更加注重新技术、新理念的应用，在技术上也取得了一些突破，某些方面处于世界先进行列。例如2000年建成的赛格广场（高292.6 m）（图6），是由中国自行设计和总承包施工的高智能超高层建筑，同时，也是目前为止，世界上最高的钢管混凝土结构大楼。

21世纪以后，福田中心区的建设日趋成熟，在城市设计和法定图则的指引下，落成了大批很有特色的高层建筑，如深圳电视中心（高121.9 m）（图7）、深圳国际商会中心（高218 m）、中国联通大厦（高100 m）（图8）、安联大厦（高159.8 m）、新世纪中心（高195 m）、卓越时代广场二期（高218 m）、诺德中心（高198 m）、中国凤凰大厦（高109 m）、深圳卓越世纪中心（高280 m）（图9）、深圳证券交易所新总部大楼（高245.8 m）等。目前，福田CBD超高层建筑群已经基本形成，并与罗湖区一同成为深圳市高层建筑最为集中的区域，同时，也成为深圳迈向现代化国际大都市的外在表征。

2011年建成的深圳京基100（图10），以441.8 m的高度，打破了地王大厦保持了15年的高度纪录，成为深圳第一高楼。京基100建成当时在全球高楼排行榜中排名第九，再次使深圳在新一轮的高层建筑建设热潮中走在了前面，为深圳带来了全新的时尚气质与领先理念。正在施

图1 深圳全景（图片来源：http://www.gaoloumi.com）

图2 电子大厦
（图片来源：作者自摄）

图3 深圳发展中心大厦
（图片来源：作者自摄）

图4 地王大厦
（图片来源：http://image.baidu.com）

图5 深圳发展银行大厦
（图片来源：作者自摄）

图6 赛格广场
（图片来源：http://image.baidu.com）

图7 深圳电视中心
（图片来源：作者自摄）

工建造中的深圳平安国际金融中心的高度，更是达到了660 m，建成之后将超过上海中心，成为中国第一高楼。

进入21世纪以来，深圳的高层建筑在数量和质量上都呈现出质的飞跃。高层建筑在城市空间的分布上更加集中，在建筑与城市的关系上，也更加注重通过城市设计来加强高层建筑与城市空间之间的互动关系，从群体上调控建筑立面、高度、色彩、材质等要素。特别是2010年以后，随着卓越世纪中心、京基100、大中华国际金融中心、中洲中心、京基滨河时代广场等高层建筑城市综合体的建设，深圳的高层建筑越来越趋向于集群化设计建造的组群关系，向着建筑城市“一体化”的方向发展。而随着新时期城市规划的调整，深圳又在策划前海、后海以及红树林等大规模超高层建筑集中区域，红树林湾区将形成拥有众多三四百米高建筑的“超级城市”景象。

与此同时，“关外”的宝安、龙岗也在规划建设大量高层、超高层建筑，突破了原来只有“关内”才能见到超高层建筑的情况。已经建成的有宝安区的荣超滨海大厦、国际西岸商务大厦、翰林大厦，龙岗区的正中时代广场、珠江广场、银信中心（图11）等，在建中高度超过250 m的还有中粮大悦城、壹方中心、春天大厦和深圳佳兆业城市广场等，可见“关外”的高层建筑也在迅速发展。

据《摩天城市报告》数据显示[①]，到2014年，深圳已建成高度200 m以上的超高层建筑有39座，数量仅次于上海，位居中国第二，在未来的5年内，高度200 m以上的超高层建筑将达到102座，超过上海和香港。届时，高度300 m以上的摩天大楼会有30座，深圳现在的第一高楼京基100，在高度排行榜中也只能名列第四，排在前三名的是666 m高的蔡围屋晶都片区改造项目、660 m高的深圳平安国际金融中心和518 m高的佳兆业环球金融中心。由此可见，深圳在未来的几年内，还会加快高层建筑建设的步伐，向着高度更高的方向发展。

二、空间构成的尝试

高层建筑设计得如何，并不单纯取决于建筑高度，空间效果更为关键。尽管在技术方面，高层建筑的空间组织方式会受到很多限制，而且随建筑高度的增加，限制也会越来越苛刻。但是，经过30多年的发展，深圳的高层建筑在空间构成上仍做出了不少有益的尝试，有着一定的示范性作用。

在高层建筑的空间构成上，垂直交通体——核心筒起着非常重要的作用，核心筒的布置方式决定着整体的空间效果。最简便、经济的空间构成方式是中央核心筒式的布置形式，不过，受国际先进理念的影响，高层建筑的设计中也开始强调人性化和空间的多样性。

因此，20世纪90年代之后深圳的高层建筑中，各种不同的空间构成方式不断地涌现，从单核心筒发展到双核心筒、分散核心筒以及核与主体分离的形式，从中央核心筒发展到偏置核心筒。例如特区报业大厦、汉唐大厦等，即采用了双侧核心筒的空间构成方式；本元大厦、中国联通大厦、深圳发展中心大厦、汉京国际大厦等，采用了单侧外核心筒的空间构成方式；银信中心、方大大厦，则采用了分散核心筒的空间构成方式； 而在建中的由汤姆·梅恩（Thom Mayne）设计的350 m高的汉京中心，更选用了核心筒与主体分离的方式，可谓超高层建筑设计中的一大创举（表1）。

表1 高层建筑核心筒布置方式

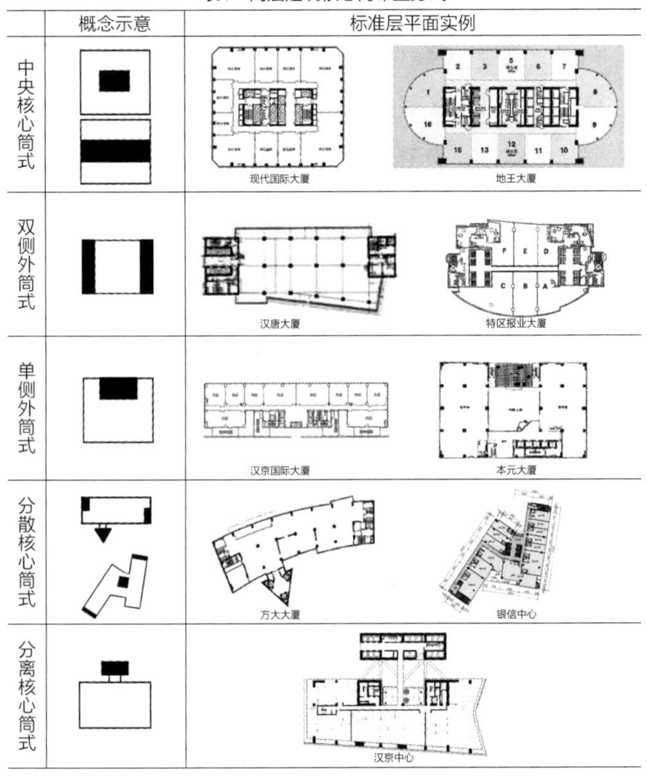

	概念示意	标准层平面实例
中央核心筒式		现代国际大厦；地王大厦
双侧外筒式		汉唐大厦；特区报业大厦
单侧外筒式		汉京国际大厦；本元大厦
分散核心筒式		方大大厦；银信中心
分离核心筒式		汉京中心

空间构成方式上的这些变化，不仅带来了建筑造型上的改变，还形成了许多新颖的空间效果。相对于中央核心筒的布置方式，双侧核心筒的空间构成方式可以在高层建筑的底部形成开敞通透的大空间。而核心筒分散到外侧，不仅改善了高层建筑内部公共空间封闭昏暗的弊端，使电梯厅和走廊能够直接对外采光通风，而且还可将电梯设计为景观电梯，使人流动线可视化，给人以完全不同的感受。

除了核心筒的布置方式之外，深圳的许多高层建筑还在追求使用空间内部的变化，在局部设置几层通高的活动空间。比较早的实例有1998年建成的特区报业大厦，该建筑在东南角上设计了一系列3层通高的活动空间，打破了按楼层平均分割、各层互不连通的做法，在局部形成空间上的变化。近些年，这种在高层建筑中植入异质空间的方法已经得到了广泛应用，深圳许多高层办公楼内部都有所谓的复式空间，一些公司还将几层通高的大堂搬到了空中，形成空中大堂，增加垂直方向上空间的变化，例如闽泰大厦中的华森公司的大堂、卓超大厦中的卓越集团的大堂，以及中国联通大厦上部高达12层的开放式中庭。刚刚建成的深圳证券交易所新总部大楼，更是将交易大厅等公共活动空间搬到了30多米高的空中（图12）。

有些高层综合楼的酒店也流行空中大堂的做法，为了争取更好的景观效果，将几层高的大堂和餐厅布置在塔楼的上部，可以居高临下地欣赏城市景观。例如华润中心的君悦酒店、京基100的瑞吉酒店，都是在顶层寻求空间变化的实例。瑞吉酒店的大堂设置于京基100的94层，是一个由玻璃覆盖的高达40 m的空中大厅，大厅的上部设计了一个鹅蛋形的餐厅，夜晚灯光开启之后，晶莹的大厅与城市夜景互为观赏对象（图13）。

在高层建筑中设置空中花园，是一种借助生态理念、富有地域特色的做法，还可以通过竖向空间的变化改善外观效果，在深圳的高层建筑中也运用得比较多，典型案例有安联大厦（图14）、本元大厦、汉京国际大厦、海岸城东座写字楼等。在建筑的不同方向、楼层设置空中花园，不仅可以种植绿化，将自然景观引入到高层建筑中，为人们提供空中的室外化空间，改善高层建筑内部的微气候，同时，又可增添休憩交流的空间，打破建筑外观的刻板形象，避免高层塔楼千篇一律的单调感。

安联大厦每隔4层，在建筑的南、北两侧各设置了6个空中花园，在东、西两侧各设置了8个空中花园，把阳光、新鲜空气和绿色植物引入了超高层大楼之中，形成建筑中的“绿肺”；本元大厦沿着建筑垂直方向，一共设置了28个空中花园；田厦国际中心则是在建筑的东、西两端设置了两个3层高的空中花园。

还有一些高层建筑的空中花园的设置是随着楼层的更替而产生变化的，形成一定的韵律，使空间既丰富又协调统一（表2）。汉京国际大厦中虽然空中花园都在建筑的同一方向，但按奇偶层交替变换位置之后，形成了一种灵活丰富的空间效果。空中花园的使用率很高，人们在无法接触到地面的空中，仍然可以体验到庭园的感受，工作中发生的一些间歇性行为（如打电话、接待客人、讨论问题等）也可以在空中花园进行。

表2 空中花园在高层建筑中的位置关系

项目名称	田厦国际中心	安联大厦	汉京国际大厦
标准层平面			

三、形式特征的演变

深圳的高层建筑都是在20世纪80年代以后建成的。80年代中国刚刚改革开放，受现代主义建筑思潮的影响，深圳这一时期建筑的主要特点与中国其他地区一样，多是在建筑形体上追求体积感和几何关系，以均质的外墙、铝合金窗以及玻璃幕墙作为表情符号。在经济条件有限、“形式追随功能”的时代，高层建筑的形式更多是服从功能的需要，对功能和结构进行真实表达。因此，“盒子形”的高层建筑在当时较为流行，如1982年落成的电子大厦、分别于1985年和1986年建成的深圳国际贸易中心大厦与深圳国际金融大厦、1989年建成的华联大厦等均采用“盒子形”建筑形式。

深圳国际金融大厦采用现代的建筑风格，四个角部设置了菱形柱子，巨大的体积和大面积的深蓝色玻璃幕墙形成鲜明的虚实对比，其出色的整体造型、合理的空间布局和明确的功能分区，在时隔28年后的今天，仍旧风采依然。在此期间，深圳的高层建筑设计主要跟随中国的大趋势，加之深圳高层建筑的设计师与建筑设计机构多来自于中国各地，

图 8　中国联通大厦（图片来源：张一莉的《勘察设计 25 年：建筑设计篇》一书）

图 9　卓越世纪中心（图片来源：http://image.baidu.com）

图 10　京基 100（图片来源：http://image.baidu.com）

图 11　银信中心（图片来源：作者自摄）

图 12　深圳证券交易所新总部大楼（图片来源：作者自摄）

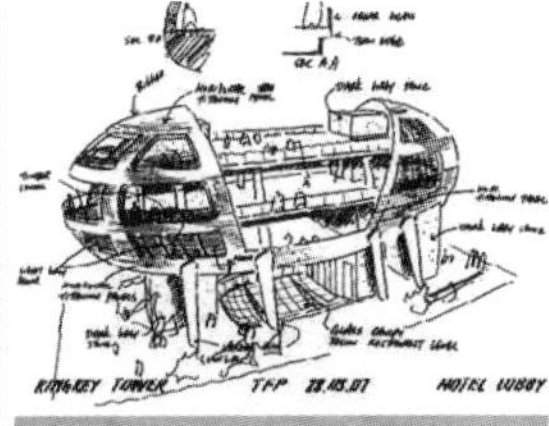

图 13　京基 100 上部中庭组合图（图片来源：TFP 事务所《深圳京基 100》一文）

图 14　安联大厦空中花园（图片来源：作者自摄）

图 15　汉京中心（图片来源：http://image.baidu.com）

因此，建筑形式带有天南地北的地域特点，呈现出多样化的高层建筑形式表达，并未形成深圳本土的特色。

20 世纪 90 年代深圳的高层建筑已开始从高层向超高层方向发展。随着经济实力的增强和技术水平的提高，人们渐渐厌倦了“国际式风格”的盒子形造型，建筑师们开始追求个性化的创作，“标志性”成为高层建筑设计的精神诉求。这段时间建成的高层建筑，表情比较丰富，个性张扬，造型感较强。如海王大厦尝试极具穿透力的架空处理方式，以及在立面上装饰雕像的做法；深圳发展银行大厦根据基地所处的位置，将建筑设计成由西向东逐步升高的阶梯状，巨大倾斜向上的构架带有“高技术”的审美趣味，寓意“发展向上”，是当时深圳最具特色的建筑之一；佳宁娜友谊广场、深业大厦和联合广场等，也都是这一时期高层建筑的典型代表。

这一时期的高层建筑设计常在屋顶上做文章，以凸显其标志性，例如世界金融中心就在塔楼的顶部设置了层层叠加的尖顶，招商银行大厦设计了倒锥体的屋顶，特区报业大厦的屋顶装饰更是高达 50 多米。但是深圳的高层建筑不论屋顶如何处理，却较少采用传统的坡屋顶形式，只有蛇口的海景广场等一两幢建筑应用了四坡屋顶。

与 20 世纪 80 年代高层建筑基本上由中国建筑师设计不同，从 90 年代开始，香港及国外建筑师也参与了一些重要的高层建筑设计。如深圳发展中心大厦由美国锡霖集团和香港迪奥设计顾问有限公司设计，地王大厦由美籍华人张国言设计，招商银行大厦由美籍华人李明仪设计。境外设计公司的引进，带来了一股新风，增加了国际间的交流，使高层建筑的设计水平有了很大的提高，也使得深圳的高层建筑设计更加趋向于国际化。

进入 21 世纪之后，由于深圳作为新城市的窗口作用和开放性，促进了国际间的交流合作，使得新理念和新技术不断地涌入，本土建筑师的素养也在实践锻炼中得到了提高，设计水平进步很快。在此期间，由于更加重视从城市的总体空间效果来把握高层建筑的设计，所以，高层建筑的体量趋于规整，形式趋于纯净，不再追求张扬的个性，仿佛又回到了方盒子时期。与之前不同的是，建筑立面不再强调虚实对比，色彩也比较素雅，呈现出一种注重整体性和肌理感的“表皮”特征。许多高层都将设计的侧重点放在了建筑的表层，并结合幕墙表面肌理和标准层空间的局部变化，来达到整体效果的出新，立面表达更加自由。

与北京、上海等地相比，深圳在高层建筑的设计创作中，缺少了历史文化上的积淀，更多地强调了时代特征。但也许正是这种缺失，没有给建筑师带来更多的束缚，反而提供了一个相对宽松的创作环境，使深圳的高层建筑设计摆脱了民族情结，更加务实，更加讲究效益，追求“现代性”。而经过30多年的积淀，深圳也正在形成自己的文化感染力。

这一时期，更多知名的境外设计公司和设计师参与了深圳高层建筑的设计，如SOM建筑设计事务所设计了新世界中心、招商局广场，

表3 深圳高度300 m以上的高层建筑汇总（包括建成、在建以及规划中）

序号	名称	高度/m	层数	所在区域	建成时间/年	主要用途	状态
1	蔡屋围晶都片区改造项目	666.00		罗湖区		写字楼	规划
2	平安国际金融中心	660.00	118	福田区	2014	写字楼、酒店、商业	在建
3	佳兆业环球金融中心	518.00	100	福田区		写字楼、商业	规划
4	京基100	441.80	100	罗湖区	2011	写字楼、酒店、商业	建成
5	大中华世界贸易中心	430.00	88	罗湖区		写字楼、商业	规划
6	华润总部大厦	400.00		南山区		写字楼	规划
7	科之谷A塔	397.00	79	福田区		写字楼、酒店	规划
8	地王大厦	383.95	69	罗湖区	1996	写字楼	建成
9	深圳中心	380.00		福田区		写字楼	在建
10	深业上城	378.00	62	福田区	2014	写字楼、酒店、商业、住宅	在建
11	赛格广场	355.80	72	福田区	2000	写字楼、酒店、商业	建成
12	汉京中心	350.00	65	高新区		写字楼	规划
13	皇岗村改造中轴双塔A塔	350.00		福田区		写字楼、酒店、商业	规划
14	皇岗村改造中轴双塔B塔	350.00		福田区		写字楼、酒店、商业	规划
15	深圳湾一号	338.00		南山区		写字楼	规划
16	中国储能大厦	333.00	70	南山区		写字楼、酒店、住宅、商业	在建
17	汉国城市商业中心	329.40	80	福田区	2014	写字楼、酒店、住宅、商业	在建
18	中粮深圳大悦城	328.00		宝安区		写字楼、酒店	规划
19	深圳宝能中心	327.00	69	罗湖区		写字楼、商业	规划
20	南油大厦改造A	325.00	65	南山区		写字楼、酒店、商业	规划
21	南油大厦改造B	325.00	65	南山区		写字楼、酒店、商业	规划
22	长富金茂大厦	311.60	68	福田区		写字楼、商业	在建
23	平安国际金融中心副楼	307.00	66	福田区		写字楼、酒店	规划
24	中洲中心	302.95	61	南山区	2014	写字楼、酒店、商业	建成
25	大冲万象城	300.00		南山区		写字楼、商业	规划
26	京基滨河时代	300.00	63	福田区		写字楼	在建
27	星河雅宝	300.00		宝安区		写字楼	在建
28	天佶湾国际广场A	300.00		南山区		写字楼、酒店、住宅、商业	规划
29	科之谷B塔	300.00	59	福田区		写字楼	在建
30	佳兆业城市广场	300.00	68	龙岗区		写字楼、酒店、商业	规划

RTKL国际有限公司设计了华润中心，Larry K Oltmans参与设计了卓越世纪中心，汉京中心由汤姆·梅恩设计（图15），TFP事务所设计了京基100，OMA设计了深圳证券交易所新总部大楼，哈利法塔的设计人艾德里安·史密斯（Adrian Smith）设计了中洲中心，正在建造的深圳未来第一高楼深圳平安国际金融中心由KPF建筑事务所设计。目前相对重要的超高层大楼几乎都由境外设计公司包揽，在高度300 m以上的超高层建筑（表3）设计招标中，本土设计单位一般只能与境外公司合作，这种状况说明了建筑市场已经全面开放，未来的竞争还会更加激烈。

当然，大量的高层、超高层建筑还是由深圳本地建筑师设计完成的，本地建筑师也创造了许多优秀的高层建筑，其中具有代表性的有中国凤凰大厦、卓越时代广场一期、中国联通大厦、大中华国际金融中心、腾讯大厦、银信中心、NEO企业大道等。这些建筑，通过简单的几何体、线性组合与精致的细部设计，表现出了一种简约、典雅的建筑风格。

纵观30年的发展变化，深圳的高层建筑设计受折中主义和古典主义的影响相对较小，在长期追求表现时代特征的同时，摆脱了早期现代主义的影响，较少出现炫技的设计手法，也没有不规则曲线和非线性旋转等时尚跟风现象，除了个别建筑因造型过于夸张、采用“土豪金”幕墙而备受诟病之外，大多数的高层建筑设计均趋于理性。深圳的高层建筑，已经从早期迎合改革开放的“试验场”、追求特立独行的阶段，发展至今，更加注重城市空间关系，强调理性和务实的设计表达，并在空间构成、生态理念、与环境融合等方面，做出了许多有益的尝试。■

注释

①详见http://www.motiancity.com/2012。

参考文献

[1] 深圳市人民政府．崛起的深圳[M]．深圳：海天出版社，2005．

[2] 深圳人民政府基本建设办公室，深圳市规划局，世界建筑导报社．深圳建筑[M]．深圳：世界建筑导报社，1988．

[3] 深圳基本建设办公室．深圳基本建设之路[J]．世界建筑导报，1988（5）：9．

[4] 深圳市建设局，深圳市城建档案馆．深圳高层建筑实录[M]．深圳：海天出版社，1997．

[5] 张一莉．深圳勘察设计25年：建筑设计篇[M]．北京：中国建筑工业出版社，2006．

[6] 深圳市规划与国土资源局．深圳市中心区城市设计与建筑设计1996-2002[M]．北京：中国建筑工业出版社，2002．

[7] 深圳城建档案馆．深圳名厦[M]．深圳：[出版者不详]，1995．

[8] 覃力．高层建筑空间构成模式研究[J]．建筑学报，2001（4）：17-20．

[9] 叶伟华．深圳新世纪摩天楼设计浅析[J]．时代建筑，2005（4）：66-68．

[10]覃力．高层建筑集群化发展趋势探析[J]．城市建筑，2009（10）：29-31．

[11]梅洪元，陈剑飞．新世纪高层建筑发展趋势及其对城市的影响[J]．城市建筑，2005（7）：9-11．

原文刊载于 2014年08期 页码 118 - 123

库哈斯的宣言
——第十四届威尼斯建筑双年展

何宛余

荷兰大都会事务所（OMA）

第十四届威尼斯建筑双年展展览时间为2014年6月7日至11月23日。6月4日至6月6日，在向公众开放前是为期3天的内部展。来自世界各地的媒体、建筑师、相关从业者齐聚威尼斯，只为一睹这届由雷姆·库哈斯（Rem Koolhaas）作为总策展人、注定被载入史册的建筑双年展（图1）。

库哈斯的宣言： 建筑而非建筑师

当库哈斯在1979年被邀请参加1980年的第一届威尼斯建筑双年展时，策展人保罗·波多盖希（Paolo Portoghesi）提出的"The Presence of the Past"（存在的过去）这一主题以及展览上各部分拥挤的山花让他大为头疼。看起来似乎在挽回传统建筑的价值，在库哈斯看来却仿佛如我们所知的建筑的尽头一般。他认为，当时西方隐晦地表示他们拥有普遍适用的建筑的"密匙"，并且有对唯一城市原型的版权，这让人尴尬，因为这与当时出现的其他大陆的观点和现实相左。如今已是34年后。当年比波多盖希强调的观念更为至关重要的是里根总统的当选与新自由主义的推行，彼时的建筑师从此在建筑中扮演重要角色。市场经济腐蚀了建筑的道德身份，离间了建筑师与公众，并将建筑师推向私有者的怀抱—建筑师不再为"你"服务，而扩散延展成为"他们"。过去的双年展也有探讨过公共与私有的"分化"，比如1996年霍莱恩（Hans Hollein）策展的"The Architect as Seismograph"（测震仪般的建筑师），2000年福克萨斯（Massimiliano Fuksas）策展的"Less Aesthetics, More Ethics"（更少美学，更多伦理），2012年奇普菲尔德（David Chipperfield）策展的"Common Ground"（共同点）。但库哈斯认为，他们都没有问及我们是如何走到这一步的。因此在这一届建筑双年展中，库哈斯向保罗·巴拉塔（Paolo Baratta）提出了不少建议和要求，包括在大的主题基础上展开3个主题。大主题为"Fundamentals"（原理/本源），另外3个主题分别是国家馆的统一主题"Absorbing Modernity 1914-2014"（吸收现代性：1914~2014年）、由库哈斯和OMA/AMO及众多合作机构一起策划的中央展馆的主题"Architecture Element"（建筑的元素），以及在军械库主题为"Monditalia"（图景宏大的意大利）的展览。除此之外，库哈斯要求比往届策展人多1倍的策展时间（从1年扩展为2年）用于深入地展开研究和策展。在这个过程中，来自各个不同领域的个人和团队加入到这个庞大的策展团队，除了OMA和AMO以外，更有来自哈佛大学和多所高校的学生、世界各地的媒体、电影制作人、艺术家、学者、硅谷的科技新贵、广告商、供应商等。据库哈斯自己说，这些建议和要求已经在以前几次被邀请策展时提出过，但仅仅在两年前巴拉塔应承后，他才答应策展这届建筑双年展。在初步审阅了整个双年展后，巴拉塔在第一次媒体见面会上表达了对当时的决定由衷欣慰，他相信这届建筑双年展不仅会对之后的建筑双年展产生深远影响，也将深刻改变整个威尼斯双年展系列（艺术展、电影展等（图2）。

吸收现代性： 1914~2014年

以往的双年展都是各国家的策展人独立地在各自展馆中做自己的展览，而且往往是关于该国的明星建筑师或者著名建筑的。但这次的双年展，库哈斯提出所有策展人都将被委以同一个独特的论题。库哈斯认为，如果是在1914年提"中国"建筑、"瑞士"建筑，"印度"建筑会比较有意义，但100年后，在战争、革命、多种政治制度、不同的发展状态、建筑运动、个体智慧、友谊联盟和技术进步等大环境下，建筑，那曾是具体而在地的，现今已变得似乎可以被相互转变且全球化。是国家特色被献祭给了现代性吗？为寻求答案，库哈斯将主题统一为"吸收现代性：1914~2014年"。他要求各个国家的策展人去鉴定并专注于本国在过去100年间国家现代化过程中的关键潮流和事件，"但不想要成为一个凯旋的现代性的叙事体合集。反之，吸收现代性应该是一个动词，就像拳击手在一场血腥的比赛中如何吸收、吞并、忍受和承担身体的打击"，库哈斯解释道。这种大胆而又创新的方式被大多数国家馆接受，最终有65个国家参与了这届建筑双年展（上一届有55个国家参与）。分布在Arsenale（军械库）、Giadini（绿堡花园）和威尼斯城中各处的国家馆第一次达成了内在的紧密联系，共同编制出一个对这一世纪的复合解读。在假定的现代国际风"同一性"表面下，各国家策展人将该国的品质和特质嵌套在他们的国家现代性中，不仅对该国一个世纪来现代化的重要时刻进行审视，更多地展现了多样客观存在的文化和政治环境如何将一个普遍通用的现代性转化为一个具体且独特的存在。发人深省的多元性亦在各个展馆隔而不离的展览中被呈现。在媒体见面会上针对"为何在这一届建筑双年展中未体现各个国家馆的国家性"的提问，库哈斯更直接回答"国家性已不值一提"。这也许就是他从各个国家呈现出的结果中总结出的答案。如果从长远的人类历史来看，国家的聚合和更迭是历史潮流无法阻挡，昔日辉煌的民族和国家，今日可能不复存在，而人类文明仍在更具体的现实中发展。因此，在现代快速发展变化中再用固定的预设的眼光去定义一个地域的文明显然不合时宜。在回应这一历史进程方面，韩国馆和巴林馆做出了令人赞许的呈现。

在6月7日的公众开幕式上，库哈斯宣布了本届威尼斯建筑双年展

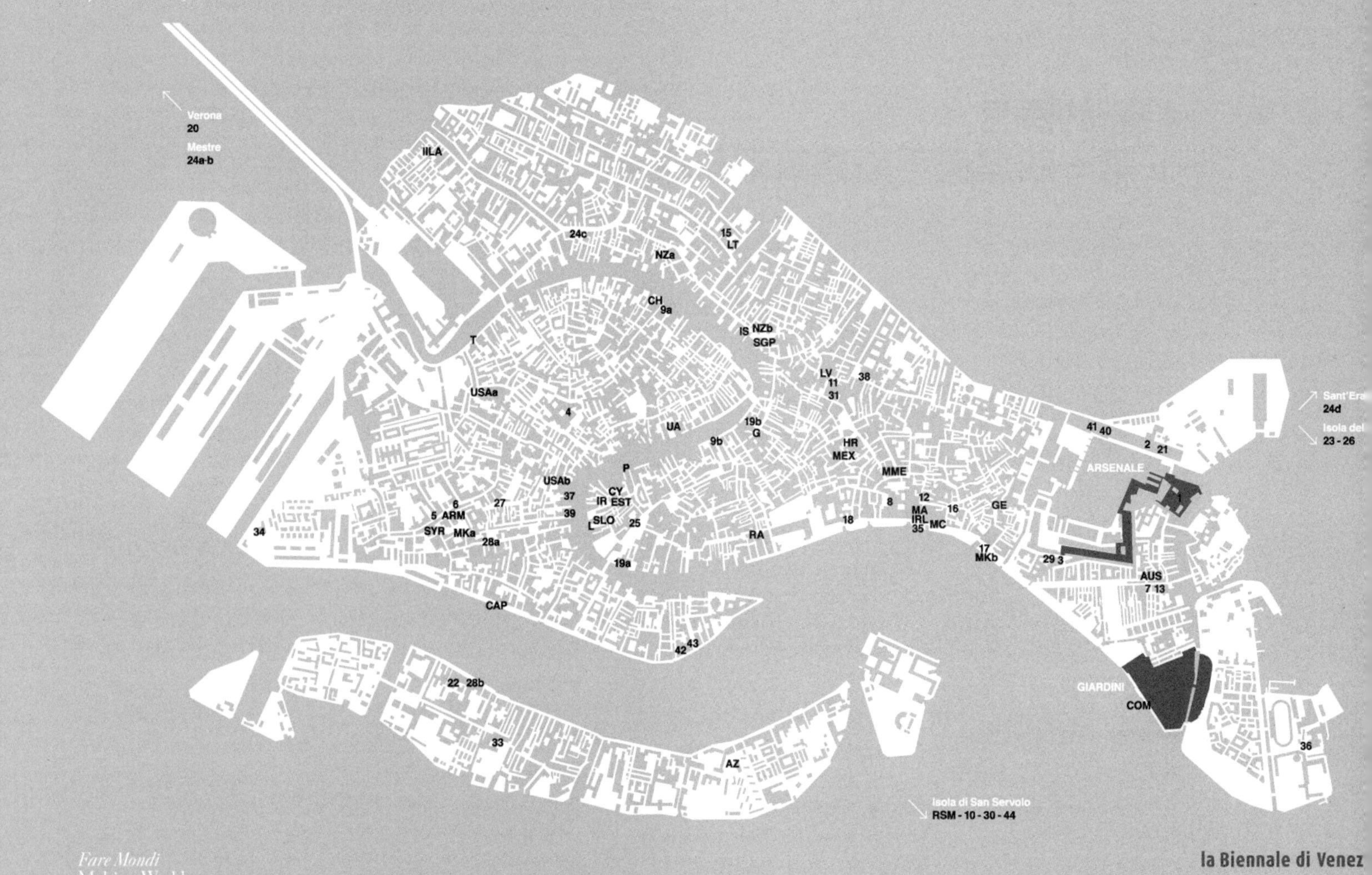

Fare Mondi
Making Worlds
制造世界
07.06–22.11.09

la Biennale di Venez

Partecipazioni nazionali in città
Participating Countries in town

RA Argentina
Spazio Eventi della Libreria Mondadori
San Marco 1345

ARM Armenia, Repubblica di
Palazzo Zenobio
Dorsoduro 2596

AUS Australia
Ludoteca
Santa Maria Ausiliatrice
Castello 450

AZ Azerbaijan, Repubblica di
CZ95
Centro Civico Zitelle
Giudecca 95
fino al until 30.09

CY Cipro, Repubblica di
Palazzo Malipiero
San Marco 3079

COM Comore, Unione delle
spazio acqueo antistante l'ingresso dei Giardini della Biennale

HR Croazia
Fondazione Querini Stampalia
Castello 5252
h. 10–20
chiuso lun. *closed on Mon.*

EST Estonia
Palazzo Malipiero
S. Marco 3079

MK Ex Repubblica Jugoslava di Macedonia
a Palazzo Zenobio
Dorsoduro 2596
b Riva Ca' di Dio, Arsenale

G Gabon, Repubblica del
Telecom Italia Future Centre San Marco 4826
h. 10–18
chiuso dom. e lun.
closed on Sun. and Mon.

GE Georgia
Spiazzi, Castello 3865
chiuso mar. *closed on Tue.*

L Lussemburgo, Granducato di
Ca' del Duca
San Marco 3052

IR Iran
Palazzo Malipiero
San Marco 3198

IRL Irlanda
Istituto Provinciale per l'Infanzia "Santa Maria della Pietà"
Castello 3701

IS Islanda
Palazzo Michiel Dal Brusà
Cannaregio 4391/A
h. 10–19
chiuso lun. *closed on Mon.*

LV Lettonia
Spazio Ferrari
Cannaregio 6096/A

LT Lituania
Scuola Grande della Misericordia
Cannaregio, 3599/A
h. 10–18
tutti i giorni *every day*

MA Marocco
Chiesa di Santa Maria della Pietà
Castello 3701

MEX Messico
Palazzo Rota-Ivancich
Castello 4421

MME Montenegro
UNESCO, Palazzo Zorzi
Castello 4930

NZ Nuova Zelanda
a Chiesa della Maddalena
Cannaregio
b Fondazione Claudio Buziol
Palazzo Magilli-Valmarana
Cannaregio 4392

P Portogallo
Fondaco dell'Arte
San Marco 3415
(traghetto S. Angelo)

MC Monaco, Principato di
Presidio Militare Caserma "Cornoldi"
Castello 4140
Riva degli Schiavoni

SYR Repubblica Araba Siriana
Palazzo Zenobio
Dorsoduro 2596

RSM San Marino, Repubblica di
Isola di San Servolo
palazzina n. 17

SGP Singapore
Palazzo Michiel Dal Brusà
Cannaregio 4391/A
h. 10–19
chiuso lun. *closed on Mon.*

SLO Slovenia, Repubblica di
Galleria A+A
San Marco 3073
giugno *June* h. 11–18
tutti i giorni *every day*
lug. – nov. *July – Nov.*
h. 11–18
chiuso lun. *closed on Mon.*

USA Stati Uniti d'America
a IUAV, Santa Croce 191
chiuso dom. *closed on Sun.*
b Ca' Foscari
Dorsoduro 3246
chiuso mar. *closed on Tue.*

CH Svizzera
Chiesa di San Stae

T Thailandia
Santa Croce 556

UA Ucraina
Palazzo Papadopoli
San Polo 1364

CAP Central Asia Pavilion
Palazzo Molin
F.ta delle Zattere

IILA Costa Rica
Università di Ca' Foscari
Facoltà di Economia
San Giobbe, Cannaregio

Eventi collaterali in città
Collateral Events in town

1 Omaggio a Pietro Cascella
Arsenale
Giardino delle Vergini
7.06–22.11 · h. 10–18
chiuso mar. *closed on Tue.*

2 ADACH Platform for Venice
Arsenale Novissimo
Spazio Thetis, Capannone 108
7.06–15.10 · h. 10–18
chiuso mar. *closed on Tue.*

3 Alessandro Verdi: navigare l'incertezza
Arsenale, Castello 2126/A
(Campo della Tana)
7.06–22.11 · h. 10–18
chiuso mar. *closed on Tue.*

4 ARCHEOVERTIGO di Cristiano e Patrizio Alviti
Archivio di Stato
San Polo 3002
(Campo dei Frari)
6.06–9.08
lun. – gio. *Mon. – Thu.*
h. 10.30–17.30
ven. *Fri.* h. 10.30–13.30
sab. *Sat.* h. 9.30–13.30
chiuso dom. *closed on Sun.*

5 ArtSway's New Forest Pavilion
Palazzo Zenobio
Dorsoduro 2596
(Fondamenta del Soccorso)
7–28.06 · h. 10–18
chiuso lun. *closed on Mon.*

6 AttaKim: ON-AIR
Palazzo Zenobio
Dorsoduro 2596
(Fondamenta del Soccorso)
4.06–22.11 · h. 10–18
chiuso lun. *closed on Mon.*

7 Biblioteca / Library
Gervasuti Foundation
Via Garibaldi, Castello 994
(Fondamenta Sant'Anna)
7.06–22.11 · h. 11–21
chiuso lun. e mar.
closed on Mon. and Tue.

8 BLUE ZONE
Galleria San Vidal
Campo San Zaccaria
4–30.06
h. 10.30–13 / 16–19.30
chiuso dom. *closed on Sun.*

9 Braco Dimitrijević
Post Storia Futura
Future Post History
a Ca' Pesaro, Santa Croce 2076
b Ca' Farsetti, San Marco 4136
5.06–22.11 · h. 10–17
chiuso lun. *closed on Mon.*
ingresso *admission* 5,50 €
ridotto *concessionary rate* 3 €

10 Casamata
Isola di San Servolo
cortile inglese
4.06–22.11 · h. 10–20

11 Create & Change: Internal = External, 1 = ∞
Palazzo Pisani Santa Marina
Cannaregio 6104
(Calle delle Erbe)
4.06–22.11 · h. 10–18
chiuso lun. *closed on Mon.*

12 DANGER! MUSEUM
Palazzo Bollani
Castello 3647
4.06–22.11 · h. 10–18

13 De-Forme / Distortion
Gervasuti Foundation
Via Garibaldi, Castello 994
(Fondamenta Sant'Anna)
7.06–22.11 · h. 11–21
chiuso lun. e mar.
closed on Mon. and Tue.

14 Détournement Venise 2009
varie sedi a Venezia e Laguna *Various venues (Venice and its Lagoon)*
7.06–22.11
www.detournement-venise.org

15 Divano Orientale – Occidentale
East – West Divan
Arte contemporanea dall'Afghanistan, Iran e Pakistan
Scuola Grande della Misericordia
Cannaregio 3599/A
(Fondamenta della Misericordia)
7.06–4.10 · h. 10–18

16 Divergence: Exhibits from Macao, China
Scoletta San Giovanni Battista e SS. Sacramento
Castello 3811/B
(Campo Bandiera e Moro)
7.06–22.11 · h. 10–18
chiuso lun. *closed on Mon.*

17 DROPSTUFF.org
Riva Ca' di Dio, Arsenale
3–7.06 · h. 10–22

18 Foreign Affairs: Artists from Taiwan
Palazzo delle Prigioni
Castello 4209
(Riva degli Schiavoni)
7.06–22.11 · h. 10–18
chiuso lun. *closed on Mon.*

19 Glass Stress
a Istituto Veneto di Scienze, Lettere ed Arti
Palazzo Cavalli Franchetti
San Marco 2842
(Campo Santo Stefano)
b Scuola Grande di S. Teodoro
San Marco 4810
6.06–22.11 · h. 10–18
ingresso *admission* 5 €

20 IL MITO Marc Quinn
Casa di Giulietta
Via Cappello 23
Verona e siti storici a Verona
Verona and its historical venues
22.05–27.09
mar. – dom. *Tue. – Sun.*
h. 8.30–19.30
lun. *Mon.* h. 13.30–19.30
ingresso *admission* 6 €
ridotto *concessionary rate*
4.50 € - 1 €

21 IS IT POSSIBLE? Nature and Economy Together
Arsenale Novissimo
Spazio Thetis
4.06–22.11 · h. 10-18
chiuso mar. *closed on Tue.*

22 John Cale: Wales at Venice
Ex birreria, Giudecca 800/G
7.06–22.11
h. 11–19 (7.06–27.09)
h. 12–18 (29.09–22.11)
chiuso lun. *closed on Mon.*

23 John Gerrard "Animated Scene"
Isola della Certosa
7.06–30.09 · h. 10–19
chiuso lun. *closed on Mon.*

24 KROSSING
a Galleria Contemporaneo
P.tta Mons. Olivotti 2, Mestre
6.06–25.07 e 18.09–24.10
h. 15.30–19.30
chiuso dom. e lun.
closed on Sun. and Mon.
b Forte Marghera
Via Forte Marghera, 30
Mestre
5.06–15.10 · h. 10–18
chiuso lun. *closed on Mon.*
c Sala San Leonardo
Cannaregio 1584
7.06–22.11 · h. 10–18
chiuso lun. *closed on Mon.*
d Isola di Sant'Erasmo
Torre Massimiliana
10.06–25.10 · h. 11–19
chiuso lun. e mar.
closed on Mon. and Tue.

25 L'anima della Pietra (1995-2009)
Istituto Veneto di Scienze, Lettere ed Arti
Palazzo Loredan
San Marco 2495
(Campo Santo Stefano)
3.06–31.07 e *and* 1.09–20.10
h. 10–17
chiuso sab. e dom.
closed on Sat. and Sun.

26 La Città Ideale
Isola della Certosa
6.06–25.10

27 La DANZA delle API
The DANCE of the BEES
Campo Santa Margherita
Dorsoduro
4.06–25.07 · h. 11.30–23.30
chiuso mar. *closed on Tue.*
Il Cielo vitale/quadri viventi
evento spettacolo
event-performance
4-5-6.06 · h. 22

28 Liu Zhong
Elogio della natura
Praise of Nature
a Palazzo Querini
Dorsoduro 2691
(Calle Lunga San Barnaba)
b Giudecca 795 Art Gallery
Fondamenta San Biagio, 795
3.06–15.09 · h. 10–18
chiuso lun. *closed on Mon.*

29 Making (Perfect) World: Harbour, Hong Kong, Alienated Cities, Dreams
Arsenale, Castello 2126
(Campo della Tana)
7.06–22.11 · h. 10-18
chiuso mar. *closed on Tue.*

30 Mercury House One_ Save the Poetry
Isola di San Servolo
Piazza Baden Powell
Save the Poetry
Video installazione
Video installation
5.06–22.11
Mercury House One
Installazione *Installation*
2.09–22.11 · h. 10.30–20
Night of Light
performance artistico-poetica
9.10 · h. 18

31 No Reflections
Palazzo Pisani Santa Marina
Cannaregio 6103
(Calle delle Erbe)
7.06–22.11 · h. 10–18
chiuso lun. *closed on Mon.*

32 "Padiglione Internet" by Miltos Manetas
www.padiglioneinternet.com
4.06–22.11

33 Palestine c/o Venice
Convento dei Santi Cosma e Damiano
Giudecca Palanca 619
(Campo San Cosmo)
7.06–30.09 · h. 10–18
chiuso lun. *closed on Mon.*

34 Porto d'arti / Port of arts
Chiesa di Santa Marta
Porto di Venezia
4.06–27.09 · h. 10-18

35 "Remote Viewing" by Susan MacWilliam
Istituto Provinciale per l'Infanzia Santa Maria della Pietà, Castello 3701
4.06–22.11 ·
mar. – sab *Tue. – Sat.* h. 10–18
dom. Sun. h. 13–18
chiuso lun. *closed Mon.*

36 SANT'ELENA
La Seduzione nel Segno
Seduction into the Sign
Sant'Elena
Campo della Chiesa 3
4.06–30.09 · h. 11-19

37 SubTiziano
Università Ca' Foscari
Dip. di Americanistica, Iberistica e Slavistica
Ca' Bernardo, Dorsoduro 3199
1.06–22.10
Inside of SubTiziano
mostra *exhibition*
3.06–7.08
e *and* 17.08–28.08
h. 10–18
chiuso sab. e dom.
closed on Sat. and Sun.

38 Tempio della Sublime Bellezza
Temple of Sublime Beauty
Sala San Tomaso, Castello
(Campo SS. Giovanni e Paolo)
7.06–23.08 · h. 10–19
chiuso mar. *closed on Tue.*

39 That Obscure Object of Art
Ca' Rezzonico
Dorsoduro 3136
(Fondamenta Rezzonico)
4.06–5.10 · h. 10–17
chiuso mar. *closed on Tue.*

40 The Fear Society.
Pabellón de la Urgencia
Un progetto dalla regione di Murcia
Arsenale Novissimo,
Tese di San Cristoforo, Tes
4.06–4.10 · h. 10–18
chiuso mar. *closed on Tue*

41 Unconditional Love
Arsenale Novissimo
Tese di San Cristoforo, Tes
4.06–5.11 · h. 10–18
chiuso mar. *closed on Tue*

42 Venezia, Catalunya.
"La Comunità Inconfessabile"
"The Unavowable Community"
Magazzino del Sale n. 3
Zattere, Dorsoduro
7.06–22.11 · h. 10–18
chiuso lun. *closed on Mon*

43 VENEZIA SALVA OMAGGIO A SIMONE WEIL
Magazzino del Sale n. 4
Zattere, Dorsoduro
7.06–20.09 · h. 15–18
chiuso lun. *closed on Mon*

44 Venice International University
A Gift to Marco Polo: Arte Contemporanea dalla Cina
Isola di San Servolo
3.06–2.07 · h. 10-18

图 1　第十四届威尼斯双年展展馆分布图（图片来源：
http://www.labiennale.org/doc_files/5venezia_eventi.jpg）

图2 媒体见面会（图片来源：作者自摄）

图2 韩国馆（图片来源：作者自摄）

的获奖国家馆，韩国馆的策展人曹敏硕以《朝鲜半岛乌瞰图》（Crow's Eyes View: The Korean Penisula）获得了金狮奖（图3）。韩国馆的主题其实非常有意思，比“鸟瞰图”少了一点的“乌瞰图”中饱含了策展人对以往韩国向世界展示朝鲜半岛分裂隔阂状况而闻名的不满和讥讽以及对当下韩朝现实的深切关注。这一次的韩国馆实际上可以被视为韩国馆加朝鲜馆，据称，曹敏硕曾力邀朝鲜建筑师一同参加本届双年展，最终未能如愿，但他表示仍希望有一天能看到韩朝共同参加一场建筑展会。展馆在一个平行的维度同时展示了过去100年间“三八线”南、北的同一民族如何在不同政治体制下吸收现代性并表达在建筑上的：韩国的建筑一路从战后的快速建造走到深受现代建筑影响的国际风格再到如今各种有趣且充满人情味的设计，而朝鲜一直以来保持着前苏联式的宏大构图，轴线、广场、纪念碑和尺度夸张的国家建筑，人被无限缩小甚至忽略不计。如此鲜明的对比让观众慨叹，朝鲜半岛南北在100年间竟可以变得如此不同，同时也引发观者思考现代性与政治、经济的深切关系。这不仅是个关于建筑的展览，也是一个关于过去、现在和未来社会的缩影展，金奖颁给韩国馆可谓实至名归。

巴林在2010年首次参与到威尼斯双年展中，就立即获得当年的金狮奖。今年的巴林馆是一个大书架围合成的圆形空间，书架上放满了厚厚的白色展册，围绕着中间的一张圆形大桌，桌上放着一些耳机，其中是关于展览内容的英文讲述。白色的展册内记录了1914年至2014年间阿拉伯世界的建筑历程，不仅仅是巴林自己的历史。也许是第一次，有这么完整地把阿拉伯世界与现代化紧密联系地呈现在一起，让世界看到阿拉伯国家如何在建筑中展现自身与世界的联系。而圆形的大书架和大圆桌或许更富有深意：当来自各个国家的观众将书架上的书带走，或者坐下来在圆桌边凝听关于阿拉伯世界的建筑吸取现代性的历史，阿拉伯世界将真正被其余的世界理解。这可能也是媒体们为巴林馆投下赞誉票的意义所在：我们的世界能抛弃宗教、民族、政治等的不同，相互理解并携手前进（图4）。

在中国馆开幕当天，中国文化部部长和库哈斯在中国馆外场简短会面，并对这次威尼斯建筑双年展及中国馆交换了意见。由姜珺策展的中国馆分两个部分。一部分是主要记录新中国成立以来重要的建筑时刻的图片展和文字展，在阵列满一墙的明信片尺寸的图片中，明显看出“高楼+草帽”的组合占据了大半数，也有近10年来成长起来的中国建筑师的作品。在另一侧桌上摆放着一些新一代中国建筑事务所的设计蓝图，真实、贴切地展现了当下中国建筑师如何开展实践。总体说来，这个部分是展示中国如何吸收现代性的历史和当下的回顾与展现。中国馆另一部分是以“山外山”为主题的空间展，其概念是从中国古代传统的营国逻辑发展出来的，用模数化的可回收材料构件作为基础元素，邀请了都市实践的孟岩、开放建筑的李虎、多相建筑的陆翔等新一代中国建筑师来表达和构建空间，可算是对大主题“Fundamentals”的中式回应。其中都市实践用模数化的构件重现了中国人传统及现代生活空间，比如榻、桌、椅、架等在白色软性布条包裹钢架搭建的空间中展现了中国建筑体系的同构关系（图5）。

其他许多国家的展馆都在大主题下各自精彩，比如获得特别奖的法国馆将最重要的空间奉献给了《我的舅舅》电影中的别墅模型以及电影中的草图，试图展示电影中乌托邦式的生活是如何与具体的现实物理空间产生互动联系的。德国馆将其重要的历史建筑——东德时期修建的联邦总理府1:1复刻到了威尼斯，在还原该历史空间的同时，也向公众展示了彼时彼形态与此时此形态的隐晦对话。简洁清爽的比利时馆用白色的线框勾勒出基本空间元素的模样，揭示了意识形态中的空间和现实中的空间的差异性和下意识性，比如，当我穿过那道用白色线框构成的“门”旁的“墙”的时候，竟然脑海中有了一种肉体穿墙而出的奇妙幻觉，而那其实就是我意识形态中“墙”，在叠加于非现实中的“墙”后带给我的差异感受。

建筑的元素

中央展馆位于绿堡花园中主轴线的尽端。每一届双年展这里都是策展人最重要的展馆。以往这里陈列着世界著名大师的作品，然而本届双年展，观众进入其中迎面而来的是一个巨大的天花剖面，上部是古代穹顶壁画式的精美天花，下部是平时所熟悉的现实的天花板吊顶以及平日“被隐藏”的风管、机电、结构等，看上去像是一场关于理想与现实、建筑与建筑师的辩论。这让观众意识到，这是一个关于建筑的展览，而不是一个关于建筑师的展览。亦如库哈斯阐述的，"这是关于建筑元素的超简短历史"，并被展示在每个独立建筑元素展厅中（图6）。

建筑元素展厅关注在任何时间、任何地方、被任何建筑师使用的关于房子的原理（fundamentals）：地面、门、墙、天花、卫生间、幕墙、阳台、窗户、走廊、壁炉、屋顶、楼梯、坡道、扶梯、电梯。中央展馆展示的这15种基本的建筑元素，共同构成了一本生动的建筑历史百科全书，纵观下来，建筑似乎是长久顽固的执着和不断变化的流动的一种奇怪组合。就像最近的科学研究显示我们所有人都携带有"内在的"尼安德特人（史前人类）基因，所有这些元素也同样，有着部分似乎已经遗失的远古存在。有些元素在三五千年内几乎没有任何改变，有一些可能才被创造或再创造于上一周（建筑外观的新元素鲜有，大部分创新都是再创造）。元素的每个部分都有着最原始的需求，而每个部分又不断在变化。而这部"建筑历史的百科全书"展示了建筑元素如何在历史变迁中"物竞天择"地进化。在其中能发现，每个建筑元素的发展和变化都是相对独立的，经由不同的环境、经济等的影响，使得建筑成为一个标准与独特、古体与现代体、机械的与自制的复合拼贴图。在"显微镜"下观察它的成分，建筑所有的限度中均呈现复杂的综合体性质。

以往的双年展将建筑看作一个整体，并尝试宏观地投射与建筑相关的"全景"，包括语境文本和政治环境等。而本届双年展库哈斯团队通过在细节和片段尺度系统的关注，呈现了建筑微观的导向，不仅揭示了一个单一、统一的建筑历史，同时也展示了多样的历史、起源、相似性和这些古老元素的差异性，以及它们如何在当下通过科技进步、规范要求和新的数码规则中迭代演变。

进入展厅后左侧是一面投影电影墙，前面的椅子上坐满观众，正在放映的"电影"其实是关于建筑蒙太奇。每个建筑元素在电影中被拆分呈现，从早期电影到当代电影、从西方电影到亚洲电影，从时间和空间纬度展示了不同背景下的电影如何表达建筑元素与电影内容以及场景的内在关联。比如从诸多电影中的剪接出来的"门"，在诸如《大都会》《第五元素》《007》等电影中如何以不同的方式被开启和使用的；再比如展现"阳台"场景的出自《绝代艳后》、《第二次世界大战》等电影的片段，来回顾故事如何发生其中……与其说这是关于建筑与电影关系的解读，倒不如说是关于建筑和人以及其中的各种可能性的关系呈现。

中央展馆的各展厅实际上就是以上提到的建筑元素各部分的拆解展览，每一个元素的展厅都几近展示了所有从过去到现在、西方与东方有代表性的构件。以屋顶展厅为例，其中有许多关于亚洲屋顶的分析，包括第一份详尽的关于《营造法式》的中西方合力解读。沿展墙展开的蓝色泡沫模型是中国古代的梁柱斗拱结构和屋顶结构（这是在2013年深圳·香港城市/建筑双城双年展中由OMA和当地学生一起制作完成的），另一侧展台上放置了其他多个国家的过去和现在的屋顶微缩模型以及一些由扎哈·哈迪德建筑师事务所（Zaha Hadid Architects）提供的白色的参数化设计屋顶的模型。

获得最多关注的是卫生间展厅，各式各样的马桶占据了主要空间，从最原始的木制马桶，到应用最新科技能检测人体健康指标的智能马桶，参照马桶设计的解析图（实际上是人类使用马桶时的动作姿势和比例尺寸）会发现马桶其实千百年来变化很小，因为它是基于人的基本生理需求的，所以坐便器的形制很难改变（虽然也有蹲式便槽）。而这种变与不变在其他很多元素中也清晰呈现。再比如走廊、楼梯、坡道等，都是根据人类（包括残疾人）的最基本的原理来设计的，而这些原则就是建筑的基本原理。

图4　巴林馆（图片来源：DW5 BERNARD KHOURY - Photo by Delfino Sisto Legnani）

图5　中国馆（图片来源：作者自摄）

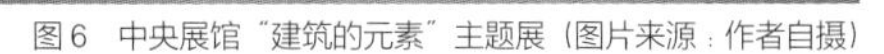

图6 中央展馆“建筑的元素”主题展（图片来源：作者自摄）

图7 军械库展馆“图景宏大的意大利”主题展入口（图片来源：作者自摄）

图8 “图景宏大的意大利”主题展巨大的坐标地图（图片来源：作者自摄）

图9 军械库展馆中的舞蹈和音乐展（图片来源：作者自摄）

图10 “图景宏大的意大利”主题展（图片来源：作者自摄）

宏大图景的意大利

从军械库（图7）入口进入展厅后映入眼帘的是一个由施华洛世奇水晶拼贴而成“Monditalia”的“城门”。内部展第一天，库哈斯在此接待进入展厅的媒体与建筑师，并简短介绍其在军械库展场的策展概念：“在某个时刻政治急剧变化的意大利可算是一个“fundamental”（基本）的国家，它是完全独特的，但同时又是一个全球性状态的象征代表一许多国家都在复杂混乱和实现自身潜力间寻找平衡。而对于建筑来讲，意大利本身就是一个有着重大意义的存在，从古罗马帝国绚烂的建筑文化遗产到近代如阿尔多罗西（Aldo Rossi）、超级工作室（Super Studio）和建筑视窗（Archizoom）这样富有远见和哲思的建筑师和建筑团体，意大利在彼时影响了世界。”但如今意大利的影响又何在呢？所以在军械库，库哈斯希望通过这样一个关于意大利的展览来重启意大利对自身的思考，以及世界对意大利的关注。

军械库的展览可以说是一个研究和概念“合集”。不同于以往独立的、无法有统一主题的每一“集”，库哈斯打算在这里同样打破传统，将所有分散的内容整合起来。虽然其中的每个项目关注各种独特和具体的状态，但由坐标轴串联起来的项目完整、统一地为同一主题而奉献，即主办国意大利的宏大图景，如进入“城门”之后的巨大坐标地图所展示的（图8），同时与双年展的其他系列融合在一起。它是意大利的一个扫描式缩影，由82个电影/视频、41个研究/设计项目以及众多关于舞蹈、音乐、剧场和电影的展览和表演与建筑展共同组成（图9）。总的说来，军械库的展览展示了意大利的方方面面，包括国家、地理、场所、数据、社会需求、历史、谬传变质、神话、宗教和情感的层面。

而那41个被展示的与建筑相关的研究和设计项目，多是意大利建筑师团体独立完成或者与其他国家建筑师合作的成果。其中有许多富有趣味和深刻内涵的项目，比如“条条大路通罗马，是的，但具体在哪里？”（all roads lead to Roma, yes, but where exactly?）就是一个非常有趣的研究项目，作者通过分析从古罗马时代开始，罗马建筑和城市原型对其余世界的影响，形象地图解了当代建筑是如何将古罗马的基因传承下来，在当下又有多少建筑“手法”是源于千年前的罗马。相似的主题还有关于超级工作室的“超级工作室，连续的纪念碑的秘密一生”（Super Studio: The secret life of the continuous monument）。另外也有一些关于当下意大利社会形态、工作和生产形态相关的研究和设计也在这里呈现（图10）。

展览以外的其他

内部展的时间其实远不能详尽观看众多展览。因为在3天中有许多的活动，而不仅是关于展览。比如媒体见面会、库哈斯与科布林关于数码时代的讨论、各个国家馆的开幕仪式和主题论坛等。像个奇观似的，世界各地的建筑师两年一次地聚集在一个小尺度的、古老的、没有汽车的城市里，一起讨论建筑的过去、现在与未来。

今年的展册也是库哈斯式的“大砖头”，包括1本主展册（国家馆、中央展馆和军械库展览介绍）和15本建筑元素的小册子。■

不一不异，与古为新
——当代语境下对传统文明的批判性认同与包容性建构

周榕
清华大学建筑学院

一、断"一"成"异"——文明灾变语境下"传统与现代"的斗争叙事

如果把不同地域的文明共同体视作差异"物种"的话，那么所谓"现代"则可以被看成是由于个别物种"加速演进"而造成人类文明生态整体失衡的巨大"灾变"。这场灾变造就了"现代生境"这个全世界各文明体都不得不置身其间的总体生态环境。

与经过物种自然演化而获得现代适应性的西方文明不同，中华文明（乃至整个东方文明）对于被强迫性骤然"拖进"现代生境因高度不适而产生强烈的"应激反应"，这种应激反应带有鲜明的极性特征——或彻底守旧、仇视现代，或否定自我、全盘西化。文明体在应激状态下的集体性极化思维，迫使原本连续而一致存在的同一文明群落，割裂为"传统"与"现代"两个非此即彼的对立阵营。从此，无论"传统"还是"现代"都获得了某种站队归类的"自觉性"，而两大阵营则通过不断显影、区划、提纯和强化敌我双方的差异特征，来清晰自我意识并明确敌对目标。一言以蔽之，文明灾变语境下，匆忙裂变出的"传统"和"现代"被人为制造成彼此的"异端"而相互斗争。

作为"灾变语境"下的"斗争叙事"，百多年来中国的"传统与现代"问题讨论包含了三组二元对立的核心议题。从文明生态的角度观察，它们分别是强调物种竞争的"中西"问题、关注环境适应的"新旧"问题、界分组织单位的"群己"问题。在中与西、旧与新、群与己之间的两难抉择，引发了中华文明共同体内部百年不绝的身份焦虑与认同危机，而这三组矛盾议题的交织，也铺陈了中华文明现当代历史发展的价值叙事主线——从甲午战争、义和团运动、整理国故、抵制日货、抗日战争到抗美援朝、反帝反修、文化寻根、国学热的"救亡叙事"，从百日维新、晚清新政、辛亥革命、新文化运动、新生活运动到大跃进、文化大革命、改革开放、自主创新、互联网思维的"创新叙事"，从背叛家族、自由恋爱、无政府主义、投奔革命、大义灭亲到伤痕文学、喇叭裤、披肩发、蹦迪、朦胧诗、摇滚乐、街舞、卡拉OK、网恋、纹身、流浪、自主创业的"个性叙事"，无一不是传统与现代"斗争叙事"的时代显相。

然而，传统与现代问题的复杂性还不仅来自于其枝脉内容的庞杂，更取决于其三个子叙事之间价值认同的相互冲突："救亡叙事"的"历史认同"和"集体认同"，与"创新叙事"的"未来认同"及"个性叙事"的"个体认同"之间存在着根本性的价值差异，而救亡、创新、个性三类叙事又均因被强烈的情感所支配而难以对彼此之间的价值差异进行理性的调和，故此造成传统与现代问题在不同时期、不同层面、不同领域表现出诸多矛盾混杂的现象。

作为"再造文明"叙事的重要组成部分，中国现当代建筑叙事也同步演绎着"传统与现代"问题在文明生态领域的三类主题线索。从20世纪二三十年代的"民族固有式"到五十年代的"民族形式"，可以被视作对"救亡叙事"的伴唱。这一叙事主题到了20世纪80年代，产生出"后现代"和"乡土风"两支变奏，一直到21世纪后还以"新中式"的消费风格而余响未绝；"创新叙事"则以20世纪80年代中期建筑界的"传统与创新"大讨论为导火线，引爆了中国建筑在八九十年代一轮混乱嘈杂的世纪末"形式解放"。进入新世纪后，随着境外建筑师的大举涌入，创新叙事更成为中国当代建筑的主题叙事，中国被惊呼成为西方建筑师的"实验场"。与此同时，中国本土建筑师在创新实验上也不甘人后，借助后发的学习优势，在创新尝试上逐渐与西方建筑界保持同步甚至时有超前；20世纪90年代后期登上历史舞台的"实验建筑"探索标志着中国当代建筑成规模"个性叙事"的开端，其后独立建筑师队伍如雨后春笋般日益壮大，成为对固守集体价值取向的"官式建筑"力量的重要民间补充与制衡。2012年独立建筑师王澍获得普利兹克奖，凸显"个性叙事"开始在中国当代建筑叙事中占据与"集体叙事"分庭抗礼的话语地位。

结合文明的"灾变语境"考察中国现当代建筑叙事，可以发现在建筑领域中的传统与现代问题讨论也同样折射出"斗争叙事"的极化特征——中西分立、新旧矛盾、群己对抗表现得同样阵垒分明。归根结底，传统与现代问题，本质上是文明（裂变）问题而非建筑（形式）问题，文明语境欠从容，建筑形式亦因之难以轻松。在传统与现代的对立阵营间不断斗争和站队的身份焦虑与认同困惑，造成了中国现代建筑长期未能形成稳定的范式收敛及有序的历史传承。

唯有剧逢灾变，文明才意识到了自身既往历史的珍贵；同样，也唯有在灾变降临之后，文明才会真正严肃地思考自己的未来。尽管灾变语境将文明体的纯"一"割裂为传统与现代的破碎之"异"，但灾变造成的巨大系统振荡也帮助文明体祛弱除弊、易筋洗髓。在灾变中幸存下来的中华文明，从"异"返"一"的旅程虽然艰苦漫长，但这文明演进过程中无可挣脱的生态洗礼，将会使浴火重生的中华现代新文明脱胎换骨、凤凰涅槃。而困扰中国建筑界几近一个世纪之久的传统与现代的关系问题，也将在中华现代新文明语境中展开全新的认知与思想格局。

二、化"异"为"一"——当代语境下中国建筑"传统认同"的批判性重建

认识到传统与现代问题实际上是文明灾变语境下应激型的斗争叙事，有助于我们在当下的讨论中破除刻舟求剑式的语境惯性和叙事路径依赖。必须看到，当代正在发生的文明语境嬗变与叙事主题演替，令历史上传统与现代的经典斗争关系出现了悄然变换甚至根本颠覆。

在文明系统内部经过长达百多年的不断振荡、重建、调整、适配之后，中华现代文明叙事已经从"灾变语境"过渡到"常态语境"之中。因此灾变语境下文明体内流行的应激型、焦虑型、对抗型极性思维，逐渐被常态语境下从容、多元、混融的中庸思维所代替。文明的常态语境和文明体内主导性的中庸思维，直接决定了既往彰显斗争性特征的文明叙事主题，被更富于协作性特征的当代叙事主题所取代。

首先，是"救亡叙事"被"消费叙事"所取代：随着中国内地在世纪之交步入"消费社会"，消费主义便以不可遏制之势席卷经济、社

会、文化的几乎全部领域，消费成为当代中国的统领性叙事主题。消费社会的特点，是可以把一切社会内容都转换为消费对象。因此在“救亡叙事”中被视为文化图腾而必须捍卫其主体性和纯粹性的传统，却在“消费叙事”中被看作是富于差异吸引力的消费资源。这种将传统和现代一视同仁的消费态度，成功地抹煞、混融了两者之间水火不容的极性差异。在资源匮乏年代看似无法调和的鱼与熊掌不可得兼的矛盾，到了过剩型的消费主义年代被不知不觉地轻易消解掉了。

其次，是“创新叙事”被“迭代叙事”所取代：在世界各文明体发展不均衡的现代生境中，后发的中华现代文明中的“创新叙事”更多是“输入型”而非“内生型”、是“跟从型”而非“主导型”的，因此“创新叙事”与“保守叙事”之间存在着很陡峭的“时间落差”，两者无论从思想内核、整体结构还是表现形式上都呈现出极端化的显著差异，前者相对于后者的竞争优势十分明显。然而，在全球化浪潮让世界趋于扁平，中、西现代文明发展渐趋同步的今天，“创新叙事”逐渐失去了其“输入性”的“时差”优势，从而开始被“迭代叙事”所取代。所谓“迭代”，是指异质元素通过相互杂交而创造出差异化的新品类或新形式。“迭代叙事”不像“创新叙事”那样强调与既有存在状态之间革命性的“极差”，而是表现为改善性的“微差”，这些“微改善”与“微创新”通过“高速迭代”在时间中获得复利性的积累，从而呈现出渐变而巨大的文明进步。通过迭代化累积的微差改变，“迭代叙事”暗中挪移了传统与现代的极性立场，令两者之间的关系变成你中有我、我中有你。

第三，是“个性叙事”被“网络叙事”所取代：互联网，特别是移动互联网的普及重新定义了中华文明中原本捆绑过于紧密的群己关系，令每一个体可以随时切换自身与集体的关系状态，换言之，网络让个体能够按照自己的意愿与他人互联沟通并自由地栖居在虚拟的集体中。“网络化生存”这种虚拟群落与实存个体难以分割的整体生态，使个体通过“个性叙事”来与“集体叙事”划清界线的意义大幅降低；与此同时，由于网络化生存的信息高速传播与低成本复制特性，网络成员通过与其他个体的形式区隔来彰显自身特质的“个性叙事”策略也越来越难以奏效。随着集体与个体之间紧张关系的消弭和“个性叙事”的失效，传统与现代在“网络叙事”中愈益成为个体自主化、非连续、可切换的临时选项，而非必须终身归属的永久阵营。

百多年来在中西、新旧、群己等“传统与现代选择集”中归属两难、充满身份焦虑的中国建筑，始终未能建立起一个具有共识性认同的集体建筑范式，也因此无法延续稳定的代际传承，故而总是重复上演一代新人对既往世代的建筑工作怀疑、攻讦、背叛、革命的连台戏码。而文明语境从“灾变”向“常态”的转换，以及当代文明叙事主题向创新、迭代、网络叙事的暗渡，消解了“传统与现代”之间的对抗极性，为当代中国建筑重建“传统认同”创造了一个前所未有的机遇。

拒绝认同传统，中国当代建筑无以建立共识性的整体范式，但重建“传统认同”，并不意味着简单地回归本土传统的建筑形式，而必须采用“批判性”态度重新审视传统建筑乃至传统文化的资源遗存。所谓“批判性”，是指通过“差异站点”的空间策略与“迭代交互”的时间策略来对传统资源进行观察、审问、质疑、辩难、深思、自省直到思想再生产的过程。从辩证法角度看，“批判”是一个在差异互动中生产新思想的过程，而非权力语境中对立双方一决高下、对错、输赢的斗争较量。百多年来文明的灾变语境，使得极性对抗的“传统与现代”问题域中积累了足够多的差异性元素，这本是特殊的时代机缘给予中国建筑的富集馈赠，但遗憾的是由于“斗争叙事”的历史生态制约，这些差异元素在此前的讨论中大多被当成传统与现代双方相互攻击的武器，而未能成为“批判性生产”的有效资源。

在文明生态中，差异双方从对抗转化为生产的唯一途径就是“杂交”，通过“混血”创造出新的文明物种。当下，“传统”与“现代”的杂交混血正在演变为中华文明叙事的时代趋势。在中国当代建筑语境下深化“传统与现代”问题的讨论，也需据此因应性地改变既往“纯血建筑学”的极化理论和思维惯性，转而重建一个更为宽容和多元的“混血建筑学”框架。为此，我们必须主动抛弃建筑学领域内世代沿袭的极性偏见，以及诸如“风格”“类型”“式样”“流派”等强调血统区隔的陈词滥调。唯有通过“混血迭代”这一批判性生产方式，中国当代建筑才能在生态演替的意义上达成对于“传统认同”的广泛共识，并缘此建立起一个具有稳定内核特征并富于文明匹配度的当代中国建筑范式。

三、不一不异——与古为新的包容性文明空间建构

再次崛起中的中华文明，迫切需要重新接续被历史灾变突然切断的认同血脉。而中国当代建筑的集体使命，正是为中华现代文明创造出一种具有高度认同性的空间形式。换言之，文明空间的建构是中国当代一切建造工作的根本指归。

狭义的文明空间建构聚焦于建筑师所熟悉的物质建构领域。近年来，“建构理论”在中国当代建筑思想与实践探索中流行一时，但大多数人忽略了美国建筑理论家肯尼思·弗兰普顿（Kenneth Frampton）研究“建构文化”（Tectonic Culture）的初衷，正是试图在建筑的最基本层面上重新融通现代与传统之间被人为切断的历史脉络。从这个角度看，物质建构理应是具有文化包容性的空间表达方式，而将建构视为具有纯粹性和自主性之极端特征的“原教旨”观念显然属于舍本逐末。

在包容性物质建构方面，中国建筑师王澍在中国美院象山校园、宁波博物馆和2010年上海世博会宁波滕头案例馆等一系列作品中，展示出精彩的混杂型建构范例。王澍创造的运用现代技术手段将传统材料重新铺陈为“瓦爿墙”的建构方式，结合其个人化的特定空间状态与形式构造，令他的作品获得了某种超越短暂当下存在而更为长久的时间性特质。

广义的文明空间建构表现为文化状态与社会关系的建构：日本建筑师坂茂使用硬纸管、竹子、泥砖和橡胶树等最为廉价、朴拙的材料，通过贯注匠人精神的构造组织，展现了日本文化中被称为“Wabi-sabi”的追求短暂、质朴、寂静、谦逊、自然、神秘的美学理想；台湾建筑师黄声远，完全采用随手可及的普通现代材料及粗疏的工艺作法，却成功地创造出具有传统中国儒家价值氛围、亲情浓郁、其乐融融的当代城市空间，达到了传统与现代浑然一体的社会建构新境界。

历经一个多世纪“现代”对于“传统”的斗争与革命、破坏与再造，中华文明终于在当下开始显露出重建一致性认同的征兆，这是文明生态发展无可违抗的规律。对于文明规律的认识，中国建筑前辈早有超前的自觉性。关肇邺先生早在近20年前，就曾发出“建筑慎言创新”的呼吁。[1]在关先生眼中，一味求“异”的“创新思维”并不适用于建筑这个文明空间的依托载体，建筑追求“品质”比追求“创新”更为重要。冯纪忠先生将其毕生的建筑创作理念总结为“与古为新”，将现代的创造看成是开放在传统枝干上的新花。这些前辈用自己的成功实践昭示后学——现代与传统“不一不异”、创造与继承“与古为新”，非此，包容性的中华现代文明空间无由抵达。■

参考文献

[1] 关肇邺. 建筑慎言“创新”[J]. 建筑师，1995（6）：43-47.

何谓本土

童明
同济大学建筑与城市规划学院

何谓本土？这个问题，长期以来在建筑学的讨论中，既非属于焦点，也非处在边缘，当代建筑既未能作出有力回答，可也从未成功予以摆脱。特别是这个问题，自20世纪初中国近现代建筑开始走上探索之路以来，就一直以不同的形式被重复着，甚至从某种意义上讲，它就是当下中国建筑的核心问题。

无论是20世纪30年代有关民族形式的纠葛，还是50年代有关社会主义风格的争论，80年代受后现代主义影响而普遍泛滥的符号拼贴，90年代以来兴起的历史保护运动或者在地域主义旗帜之下兴起的“中国制造”，都可以与本土议题搭上边界。然而迄今为止，都很难说这一问题已经得到了很好的回答，甚至也没有经历过严谨的讨论。正是这一未经深究的概念，却被习以为常地用来说事，似乎它已经不需要进一步界定，就已经具有了昭如白日的自明性。

如果借鉴一下近邻日本，其近现代的建筑发展也始终纠结于此类问题。从坂仓准三（Junzo Sakakura）、前川国男（Maekawa Kunio）在西方教育背景下对日本木构建筑的回望，到丹下健三（Kenzo Tange）、矶崎新（Arata Isozaki）等在现代主义发展背景之下的本土转型，到70年代桢文彦（Fumihiko Maki）、伊东丰雄（Toyo Ito）、安藤忠雄（Tadao Ando）等对于日本内涵的进一步发掘，几十年前日本现代建筑的发展映衬着当下中国的建筑困境。对于一个原本封闭的民族而言，在骤然开放之际所需面对的，一方面是不断延展、日益普遍的地域环境，另一方面则是渐行渐远、越发模糊的历史情境。如何在这样一种时空扩散的迷惘中明确自我，是一代又一代建筑师所要力图追寻的。

即便放眼作为本土话题对立面的西方建筑，在其发轫之际实质上也充斥着可以被视为本土概念的话题。与绝对理性、理想原型与技术话题相并行的，则是将建筑思考建立在对于遥远故土进行想象的基础之上，如伯拉孟特（Donato Bramante）、皮兰内西（Giovanni Battista Piranesi）对于古罗马建筑空间的追忆，维奥莱·勒·迪克（Viollet-le-Duc）、约翰·拉斯金（John Ruskin）对于哥特建筑的认同等。在20世纪的现代建筑中，诸如柯布西埃（Le Corbusier）后期对于乡土情调的运用、阿尔瓦·阿尔托（Avar Aalto）对于北欧风格的凸显，以及路易斯·康（Louis Isandore Kahn）在印度的实践，如果不是牵强附会的话，对于古典范例的回归或者对于地方特征的求索都可以被归纳到本土概念这一命题之中。

因此，本土问题可以被视为建筑学的一个大问题，它涉及到建筑在一个现实环境中的基本使命。建筑不仅是城市的可见图景，而且也是凝结了的社会历史。建筑作为一座城市、一个社会、一个民族的表象物，它是向其中居民提供明确身份的重要方式。若无建筑，我们就无法面对一个抽象社会形成一幅清晰的图景。于是，几乎没有一种建筑学的讨论能够回避这一问题，但迄今也没有人能够明确回答，什么是日本建筑，什么是英国建筑，什么是法国建筑，什么是西班牙建筑，当然，也包括什么是中国建筑。

这一问题之所以难以作答，就在于本土概念实质上就是一种虚伪命题。

本土概念可以是“做建筑”与“做中国建筑”之间的差异点，本土性是一种精神上的溯源，但不是一种可视样板的忠实复制。

“本土”是“我们”所共有的虚构家园。本土特征经由单个、独立的建筑物体所呈现，本土性则构成了某个特定地域与位于其中的具体建筑之间的相互关系，从而使得每一个建筑既是普遍的，又是独特的，它们共享着某种难以言说的基础。

在大多数情况下，针对难以言述的“本土”进行设问，就暗含着一种前提假设：展现某种空间上的原型，或者揭示某种时间上的起点。本土研究的重点就是将这一虚空的命题引向一种明确的对象。但是这项工作却经常不了了之，就在于此类研究往往难以经得住一种严肃的反问：那样一种本土会存在吗？

如果有，这样的一种本土应当以什么为单位？是以一个国家、一个地区还是一座城市？即便对于同一地点，仍然也会存有这样的问题：一千年前的某个城市与一千年后的城市是否还在共享着同一个本土？

当代的埃及人并非建造金字塔时期的埃及人，当代的希腊人也并非建造帕提农神庙时期的希腊人。同样，当代的西安人也并非修造大明宫时期的长安人，当代的开封人也并非清明上河图所描绘的汴京人。岁月流逝所导致的时空转换可以使得本土这一命题变得难有意义。或者，本土因素是否只可能寄望于那些与世隔绝、时光停滞的偏远乡村？

也许更加值得质疑的在于主观层面：与本土相对应的“我们”是谁？谁在恪守着什么样的本土？“我们”还会共享一片本土吗？作为当今游走于世界各处的匆匆过客，“我们”还会纠结于那样一种虚无的本土吗？

进而言之，这一问题有可能也会引发触及建筑学根基的肤浅观点。如果本土性是一种前提存在的具体因素，后世人们所能做的就是对它进行识别和再现，就如保护主义观点所认为的那样，建筑学的重点就应当是静止和凝固，建筑师的工作则是考古和发掘。最终，本土因素除了政治议题、民族情感、商业推介、旅游宣传之外，对于建筑创作就将难有作为。

本土因素并非在所有的时代都能够成为问题，它恰恰反映了一种非正常、不自信的心理状况，其前提则是一种空间意识的觉醒。笼统意义而言，现代化、全球化进程所导致的时空观念的转变，使得原先相互孤立隔离的各个“本土”悄然离开了原本之所在，并且摆脱了以往周期循环的世界，朝向一去不返的未来进行发展。旧有的共识与和谐的时空观念遭到瓦解，从而带来那种无可预料的心理不适与恐惧情绪。

全球化既是社会的一种进步，同时也是一种破坏，它不仅破坏着自然存在的传统文化，同时也在破坏着那些文化的创造性之源。于是所形成的单一世界从根底上消耗着构建以往世界的文化动力，从而展现出一种平庸文明，使全世界都在消费着同一种产品，相处于同一种环境，同时也集体性地停滞在同一种平庸的水准。

每当现实不再是一切如故的时候，经由失落与怀旧而来的归属感或者依附感就会油然升起，有关起源的神话和有关故土的符号就会泛滥而来，从而导致非现实和超真实的策略。

如何在平庸普遍的"现代"与原真特定的"非现代"之间取得协调，如何在统一、均质的空间理念与地域、风土的历史感受之间进行整合将会成为一个大问题。就如保罗·利科（Paul Ricoeur）所言："一方面，应该使自己重新扎根在自己的过去之中，应该重建民族的灵魂和提出民族的精神和文化要求，以对付殖民者的个性。但是，为了参与现代文明，同时又必须吸收科学、技术和政治理性，而这往往又要求对整个文化过去作纯粹和简单的抛弃，于是形成悖论：如何既要成为现代，又要回到源泉？如何复兴一种古老的沉睡的文明，又参与到全球的文明？"[1]

因此，本土概念在其根源就处在矛盾重重的焦虑之中，它意味着一方面需要在某种动荡不安的环境中明确自己的坐标，另一方面又需要把这种明确性寄托于某种既已存在的历史节点；或者，它意味着企图在一个难以定型的整体中确立自己的身份，同时也希望将居移不定的自我归属于某个尚处迷离状态的集体。

同时，本土概念的提出不仅潜在地承认某种先在的本质或者本源，而且也意味着对于一种稳定的审美标准的寻求。本土概念力图浓缩出某种清晰的、正确的策略逻辑，但也正是这种浓缩使得原本具体有形的建筑形式、风格、身份和意义变得模糊起来。于是，本土问题隐含着令人难以察觉的循环论证：本土性的成立取决于早已存在的标准，而此种标准的确立又需要当下的社会群体就此能够达成共识。

假如存在那样一片本土，它是我们当下行为应当立足的基础，那么上一代人的行为基础是否也应当以更上一代人的世界为基础？以此类推，最终我们将走入一片原本虚无的领域，在当下与起源之间则将不复存在任何有意义的价值。因此，本土问题在现实中更多体现的是一种情感上的纠结，而很难成为一种理性批判的结果。

如果说形而上学的抽象言论已经令人厌烦，但是有关本土话题的萦绕不去却并非如此简单。在现实中，本土因素会时刻让我们在某一瞬间感受到这一命题的真实存在。

本土性的建成环境无需特别准备，无论何时何地，一旦我们的心灵离开那种由普世性所构成的浮躁世界，只要用心专注，周围的环境，无论是一片地域、一座城市或者一幢建筑，甚至并不引人注目的一草一木，都有可能使我们体验到那种从具体的现实形象中渗透出来的地域文化、历史脉络和风土精神，它们会经由五官感受而铭刻于我们的精神之中。

建筑是社会生活的物化场景。传达着本土气息的建筑见证着世代相传的品味与情感，见证着公共事件与个人戏剧，以及新旧事物的周而复始，它们是我们难以割舍的、生长与发育的土壤。

真正的建筑感受就存在于打动人心的那一瞬间，它会从一种具体的直观形象中传达而来，令我们接收到那样一种难以言表的亲近感、熟识感，从而拉近我们和这一冰冷物体的距离，使我们进入到温暖的精神家园之中。

这样的一种牵连或者植入过程，其关键之处就在于那样的一种具体图景，就如阿尔多·罗西（Aldo Rossi）所提到的文艺复兴时期的意大利广场，它们作为人类建造的建筑场所，往往会被鲜明地表现为某一独定时刻的具体形象，这种具体形象拥有一种场所和记忆的普遍价值，从而构成了我们关于意大利广场十分重要和最为深邃的概念。[2]

一旦在某种场合所观察到的景象能够在情绪上唤醒我们在记忆深处所存储的某一深刻图景，那么就可以说，我们被本土性所感染了。这一过程涉及到我们所处的历史文化，涉及到我们所处的人造环境，涉及到我们从一种情境延续到另一种情境的参照物，进而也涉及到本土特征的重新再现，涉及到本土情境的再次创造。

尽管建筑的技术与语言会因时而变，但是无论在什么时代，建筑想要表现的核心内容仍然还是贯穿始终：那些与人们意识深处相通的唤醒因素。所谓的本土建筑，它能够将"过去"带入"现在"，从而使人们在"现在"仍然能够体验到"过去"；它能够将"归属"带给"漂移"，从而使人们在虚无空间中体验到场所精神。

本土问题之所以会被间隔性地提出，往往并不在于承载着本土特征的事物的逐渐消失，而是恰恰在于我们自身，因为我们常常对之视而不见。正是这样一种视而不见才会导致本土事物的进一步消失。本土因素并非自然凸显，它更加取决于我们是否能够集中关注。因此，本土问题更加是一种涉及主观层面的问题。

如果撇开先前讨论中所涉及的民族主义或政治领域的色彩，撇开西化、殖民等话题，如果更加聚焦于建筑学自身，那么本土问题就意味着：本土性的实质究竟会是什么？什么因素会使得我们在茫茫的"普遍"中辨识到那样一种"归属"？为什么这样的一种"归属"会使我们从建筑中获得难以描述的愉悦之情？为什么某些建筑会让来自不同背景的人们从中获得共感？那种打动人心、故土归附的愉悦感受究竟会是什么？

回答这些问题的最好方式应当是以作为“本土”对立面的国际主义作为参照。国际主义风格之所以会成为我们经常诟病的对象，本质上并不是那样一种白色、规整、一成不变的形式令人反胃，而倒是由此所带来的那样一种空白状态令我们感到不适。

这样一种状态可谓是一种茫然状态，是一种原本基础消失后所带来的不稳状态，是一种令我们的思想无法立足的失落状态。用康德（Immanuel kant）的话说，这就是一种不成熟的状态，“当一本书代替了我们的知性，当一位牧师代替了我们的良心，当一位医生替我们规定了膳食，我们就处在一种不成熟的状态之中。这种状态使我们在需要运用理性的领域里，却接受了他人权威的引导①。”

在这种状态中，我们所丧失的是那样一种明确的自我意识、一种能动的自我认知。我们的知觉和思维被某种绝对的空间地点、外貌风格或者物理特征所引导，无论建筑如何乔装打扮，我们对之都是无动于衷、无所触动、无所认同。

于是可以认为，非本土性源自主客体之间的失位，非本土性建筑所带来的与我们对于某个集体、某个时代所承担的记忆并无关联，我们的思维对之无所反应并且无所作为，它在我们的内心深处也无法建立起一种强大的共感效应。

因此，本土因素既非绝对存在，也非永恒存在，即使面对中国属性的事物，我们同样也存在着本土问题：那些我们知之甚少的秦宫汉阙、唐苑宋园仍然还是我们的归属吗？在大拆大建的风潮中，那些里弄胡同、片区街坊仍然还能引起我们的共鸣吗？我们对于身边本土事物的陌生感往往更甚于从未涉足的异域他乡，我们对于流行风潮、时尚大腕的跟风紧随往往更甚于淡定从容的自我耕耘。如果缺少了内心的慎之以待，那种由平静劳作而来的本土性又将何从谈起？

本土问题只可能在另外一种角度中才能得到很好的解读：本土性所导向的不是某种可触摸的具体形式，也不是某种明确的特定地点，也不是一种虚构而来的本质标准。本土概念不是去描述一幅虚在的图景，不是去制定一个共有的条规，也不是提炼一种共性的形式，以便从这一总结中获得一个普遍有用的、满足一切表象活动的语言观点。

本土问题的核心在于我们能够经由什么方式达到本土性。

这一过程本质上就取决于我们自身。本土性是一种精神状态，能够使我们的知性得以确定，使我们的感受得以关联。在这一种状态中，我们拥有了自己的意识情感，从而可以去感知、接收，去发现生活之中的鲜活有趣之处。

带有强烈本土色彩的建筑不是一种抽象说辞，它提供着真实的形象，吸收了事件和情感，所包含的每个新事件都是过去的记忆并且也是一个潜在的未来记忆。在这个意义上，“本土”可谓是罗西所说的“locus solus”，[2]一个独特的或者特别的场所，它的唯一性来自于刻录于上的事件符号。而建筑则正是在特定场所上所发生的事件符号，体现着基地、事件、符号之间的三方关系。

因此，本土可以被认为具体建筑印刻于其上的一个场域。建筑从“本土”中提取着意义，并反过来为“本土”的独特性提供了形式，它既来自于形式，但又必然不是某种具体稳定的形式。每当我们头脑中涉及某个“本土”时，所对应的必定是由某种建成环境所呈现出来的景象，但是这种景象并非清晰。每当提到北京，我们的脑海中就会浮现城楼、大院、胡同，每当提到苏州，我们的脑海中就会浮现园林、小河、曲桥……这些景象的共性一般在于，它们所呈现的往往并非明晰，而是模糊；所阐述的往往并非唯一，而是多重。

无可否认，本土性并非自然存在，它是经由人工创造而来。“当一群人生活在某一空间中时，他们就将其转变为形式，与此同时，他们也顺从并使自己适应那些抗拒转变的实在事物。他们把自己限定在自己建成的构架之中，而外部环境形象及其所保持的稳定关系成为一个表现自身的思想王国。”[3]

但是其中最具代表性的，则是由建筑师所呈现出来的建筑作品。可以这样认为，伯拉孟特、米开朗基罗呈现了文艺复兴时期的罗马，辛克尔（Karl Friedrich Schinkel）、克伦策（Leo von Klenze）呈现了折中主义时期的柏林，霍夫曼（Josef Hoffman）、瓦格纳（Otto Koloman Wagner）、路斯（Adolf Loos）则呈现了20世纪初的维也纳……城市的历史并非天然存在，它们是经由集体创作的结果，而这些隐匿的集体也成为了城市的历史。

因此，与我们本土感受相对应的，则是隐含在具体形式背后的那样一种人类集体，这是一个虚构的、但不是虚无的集体。当某一瞬间，这些具体形式会让我们领会感知到这一隐含的集体、他们的心灵呼吸以及他们的所想所思，此时，建筑才可能获得了真正的本土属性。

于是本土性的关键之处并不在于那些中性的地点、图像、物质、材料，本土所应对的也并非那样一种不可动摇的基本形式。如果细心体会，甚至并非由本土因素所生成的曼哈顿也可以成为全世界CBD所默认的坚固本土，散发出一种迷人的气质。但是与之相反，如果缺少了这种关联性，即便是最为纯真的乡土感情，我们对之也会无动于衷。

于是可以这样认为：

第一，可以被观赏的建筑必然是本土性的。这就有如梅洛·庞蒂（Maurice Merleau-Ponty）所言：“当某一特定的可见者，某一特定的可触者，反转自身而朝向它是其一部分的可见者整体，可触者整体，或者当它突然发现自己被它们包围，或者当在它与它们之间，由它们而开始，形成了一种自在的视见性，一种自在的可触者，……在这个时候，视觉、触觉就出现了。”[4]

如果没有视觉、触觉，那么也就无从谈论观赏。只有当观赏者与隐含于观赏对象之后的那一“整体”产生实质性的链接时，观赏者才可能真正被打动，由观赏因素所引发的情绪才有可能发生，观赏者才能真正地被归属于某个坚实的土壤之中。

因此，真正意义上的建筑是可以触摸的，所触摸到的则是那样一种群体所承载的集体记忆，“而且城市和记忆一样，与物体和场所相联。城市是集体记忆的场所，这种场所和市民之间的关系于是成为城市中建筑和环境的主导形象，而当某些建筑成为其记忆的一部分时，新的建筑体就会出现……”[2]

原文刊载于 2014年10期 页码 025 - 028

然而在现实中与之相矛盾的，正是那种对于绝对概念的追求却有可能导致一种去本土化的过程，正是那种对于绝对本源的追求却有可能导致那样一种情感上的缺无。国际主义风格所企图做的事情，狭隘的本土主义也在试图这样去做：一方面是技术挂帅、功能主义、面无表情，另一方面则是欧陆风情、仿古风潮、符号拼贴，它们在本质上并无两样，只是形式上有所不同。

第二，本土建筑经由建筑师的辛勤劳作才可能呈现出来。

要成为本土的，并不在于茫然接受某种经由虚假构造而来的给定原型，而是在于如何呈现那种可以促成本土性的因素。这一过程既不完全属于已然消逝的历史，也不完全处在未来之中，它恰恰就在于当下，在于对于“本土”这一永恒因素的重新捕捉之中。

本土化就意味着将不断涌现的新事物进行归属化的过程，这也相应意味着，本土化是一种持续的过程。一旦现实环境遭到改变，或者一旦进入到陌生环境之后，人们就会不断地在进行新的本土化行为，从而将个体重新植入到某一归属性的集体土壤之中，而本土建筑正是在对于这种重新确立进程的现实反映。

对于这一过程的注解，几乎可以完全套用波德莱尔（Charles Pierre Baudelaire）著名的有关“现代性”的解释，“现代性就是过渡、短暂、偶然，它是艺术的一半，另一半是永恒和不变……因为几乎我们全部的独创性都来自时间打在我们感情上的印记……”，因此“从过渡中抽取出永恒”就意味着“从流行的东西中提取出可能包含在历史中富有诗意的东西”，这就是艺术。[5]

因此，作为艺术层面的建筑本土性并不存在某种稳定的答案，它只可能通过具体的操作才能达到。本土概念可以提问，但却不能简单作答，它的答案只可能经由建筑师的辛勤工作来完成。如果说伊东丰雄、妹岛和世（Kazuyo Sejima）、隈研吾（Kengo Kuma）等人的作品呈现了当代的日本建筑，卒姆托（Peter Zumthor）、赫尔佐格（Jacques Herzog）与德梅隆（Pierre de Meuron）等人呈现了当代的瑞士建筑，而莫里欧（Rafael Moneo）、西扎（Alvaro Siza）等人则呈现了当代的西班牙建筑……那么若无建筑师的艰辛劳作，一个地域或者一个国家的景象将无以呈现。

本土问题之所以难以作答，可能就在于提问方式的顺序颠倒：恰恰是建筑把我们带入到本土情绪中，而不是抽象概念或者虚构原型可以使之所以然。针对本土问题的讨论意味着，并不是那样一种抽象概念可以将建筑带入到某种情境中，而恰恰是具体的建筑可以将我们带入到概念的本质那里。

因此，本土性意味着一种辩证观。本土既需要被理解为一个社会集体共同参与的过程，又要被理解为一项情绪感召之下由具体的个人所完成的行为。本土性之所以成立，就在于个人与集体之间的对应关系。本土既不是一种抽象的虚无集体，也不是某个武断随意的个人，只有当个人体验与集体记忆相重叠时，本土性的事物才能得以呈现。

本土性也意味着一种整体性。本土不仅意味着场所地点，也意味着一系列事件、一系列复杂的历史过程。某一特定的地域包含着社会转型的要素、政治制度的类型、知识系统的构建，也包含着技术方法的演进，这种整体性无法采用一二句话就能进行总结概括。

那种认为仅仅从构图、技术、材料等因素就可以解决建筑本土问题的想法之所以难以成立，是因为环境关系的特殊性正是通过建筑行为来实现的。任何建筑作品的独特性都是与其场所和历史一起产生的，而场所和历史本身又是以建筑构成体的存在为先决条件的。

本土性更意味着一种创造性。成为本土的过程，就在于个人与集体的一种应对过程，由于无论个人还是集体都无法事先约定，成为本土性的过程必然晦暗不明，它需要伴随环境的不同而随时处在不断的重构之中，从而导致我们无从直接回答“什么是本土”这一问题。

这一过程需要一种精神上的成熟状态，而不是一种不假思索的盲从。因此作为建筑师，他所承担的角色必然不是一个考证者或者复制者，而应当是一个创造者，建筑师在创造环境的同时也努力地创造自己，从而也使自己成为那样隐匿着的集体中的一员。正是那样一种对于虚构本土的向往与眷念，才可能使建筑师的工作闪动着亮光、回荡着诗意、跃动着生命、震颤着音乐。

因此，谈论本土问题并非毫无意义，我们应当从一种恰当角度来思忖这一问题对于建筑创作所带来的真正出路。它不应当是以寻求具有普遍价值为目的来展开，而是应当促使我们真正能够沉浸到历史、文化以及那些可以结构我们自身的因素之中，并把自身作为可为、可思以及可言的主体，从不可知的偶然性中，分离出某些可能性来。■

注释

①康德的这些观点由福柯在其《什么是启蒙》一文中进行了总结。

参考文献

[1] 利科．历史与真理[M]．姜志辉，译．上海：上海译文出版社，2004．

[2] 罗西．城市建筑学[M]．黄士钧，译．北京：中国建筑工业出版社，2006．

[3] 哈布瓦赫．论集体记忆[M]．毕然，郭金华，译．上海：上海人民出版社，2002．

[4] 庞蒂．可见的与不可见的[M]．罗国祥，译．北京：商务印书馆，2008．

[5] 波德莱尔．波德莱尔美学论文选[M]．郭宏安，译．北京：人民文学出版社，2008．

《城市建筑》2004～2014年总目录

2004年

2004年10月 创刊号

10-06 新希望、新起点、新目标——创刊人物访谈录 《城市建筑》编辑部
10-10 北京顺义奥运新城规划与城市设计 阿特金斯
10-15 "国际化"与"逆国际化"的混沌空间 张在元
10-18 给建筑一个环境——西安千年文化商业街设计 俞孔坚 刘向军 龙翔 林树郁
10-24 "建筑文明"与"建筑文化" 侯幼彬
10-28 建筑语义的表达及其要点 布正伟
10-34 "传统"与"现代"之间 徐千里
10-38 浪漫的逻辑——合肥市文化艺术中心概念性方案设计 项秉仁 董屹
10-43 环境解读与建筑生发 沈济黄 李宁
10-46 建筑的高科技发展趋势 刘力
10-51 青年先锋——MAD设计事务所 马岩松
10-66 青年中坚——赛朴莱茵 余讯
10-79 论城市触媒理论的内涵与作用
——深圳市宝安新中心区城市设计方案解析 金广君 刘代云 邱志勇
10-90 哈尔滨工业大学建筑学院研究生教学
10-93 一座建筑的城市——毕尔巴鄂 董璁

2004年11月

11-06 建筑的变化折射城市的变迁 顾孟潮
11-08 校园文化的探索之旅——与澳洲城市专家安德鲁合作札记 吴爱民
11-12 试析中国传统民居建筑的文化精神 唐孝祥
11-17 哈尔滨中央大街九至十一道街建筑改造——关于城市建筑再利用和激活城市空间的科学性探讨 莫天伟 赵巍岩 章建明 史晨鸣 刘祖健
11-22 北京工业大学体育馆——2008年奥运会羽毛球比赛馆优秀设计方案综述 张爱林
11-31 城市空间与体育建筑的契合——北京奥运会羽毛球馆建筑创作 孙一民 江泓
11-34 外滩项链上的一料珍珠——外滩十五号甲地块建筑方案设计 凌克戈
11-39 盐城卫生学校图书馆设计实录 朱竞翔 范鹏
11-44 房子、棚子与折子——黄声远与邱文杰（大涵）的建筑空间形式与复性思维 罗时玮
11-46 黄声远的会唱歌的房子——地下茎机器
11-55 邱文杰（大涵）的城市地景之心——多皮层身体
11-66 深圳市龙岗区城市岁貌特色研究框架初探 金广君 张昌娟 戴冬晖
11-71 关于现代建筑创作中技术理念的思考 孙澄 吕飞
11-74 创新性建筑源于勤奋思考和实践创作——记川口卫及其设计事务所 王小盾
11-77 探求不止 创意无限——2004UA创作奖概念设计国际竞赛评审简述 梅洪元
11-87 天津大学建筑学院专业设置与研究生教育
11-95 童话城堡——马勒别墅 张敏

2004年12月

12-06 并置、重叠→溶解系统 魏皓严 郑曦
12-12 西九龙填海区概念规划竞赛 廖宜康国际有限公司
12-18 与"原创"对话 李云辉 王丽洋
12-23 播种的历程——新疆国际大巴扎建筑群创作补记 王小东
12-29 有"石"之用——湖南大学法学院·建筑系馆群体设计 魏春雨 宋明星
12-34 建筑意——中国雕版印刷博物馆及扬州博物馆设计 杨雨林
12-40 "楚器"——湖北艺术馆竞赛方案 李兴钢
12-44 上海西康路办公楼 冯皓
12-46 KPF建筑设计事务所
12-58 大元联合建筑事务所
12-73 论城市设计创作的主体、过程和方法
——以大庆市商务核心区城市设计概念研究为例 金广君 林姚宇
12-79 极限——MVRDV的概念及研究 施蘅
12-88 书评——林樱《边缘》 武昕
12-90 求实与创新——南京大学建筑研究所教学探索 丁沃沃
12-94 岩石上的修道院 瞿丹

2005年

2005年1月 全球化语境中的地域建筑创作

01-06 保护中求发展，发展中求保护——谈南京老城的保护与更新 章本勤 沈俊超
01-09 奇怪的景象——城市、建筑与人 展二鹏
01-12 自由形体及其建筑伦理——阐述存在主义的造型观念 徐卫国
01-14 空间体验的实践——石家庄盆景艺术馆创作 蔡凌豪
01-20 街道笔记——大武汉家居广场北区工程建筑设计 朱晓光
01-23 塑造典型·创设形象·营构意境 ——研究中国建筑表意机制的理论基点 刘洋
01-26 同济大学中法中心 张斌 周蔚
01-32 理性并逻辑的建造——佛山市新闻中心建筑设计 邱慧康
01-37 城市母体与标志性建筑的对话——解放军艺术大厦建筑设计 九三组
01-41 济南市长清大学城中心区城市设计 刘刚 段金辉
01-45 长春市南部中心城区发展规划项目 倪春 李继军
01-52 非视觉的实用主义理念——访谈香港设计师张智强 范铁
01-67 寂静的音乐——Rick Joy及他的沙漠建筑 金雷
01-78 《营造法式》解说 赵冰
01-83 直接发生的空间故事——中央美术学院建筑学本科教学一瞥 崔鹏飞
01-88 新闻 会议 展览
01-91 书评——西方建筑界的中国贵族 武昕
01-93 青年建筑师
01-94 高迪和他的城市 项明 李瑶

2005年2月 城市建筑的保护与更新

02-04 信息建筑美学的哲学内涵与理论拓展 曾坚 蔡良娃
02-08 岭南民间工匠传统建筑设计法则研究初步 肖旻
02-11 保护和利用设计实验——常青访谈 张婧
02-15 产业建筑的保护、改造和再利用 周卫
02-17 历史建筑再利用之理论与实践 孙全文
02-22 旧产业建筑"阁楼"改造的分类讨论 陈柏旭
02-26 保护—— 一种生活态度 赵巍岩
02-31 即时盒子——大风景 谢晓蓉 荆哲璐 segolene DUBERNET
02-36 SASAKI事务所滨水城市设计作品 沙永杰 汤朔宁
02-44 孟中友好会议中心 柴裴义 叶依谦
02-50 传统 地域 时代——厦门大学嘉庚楼群设计 王绍森 黄仁
02-55 北京齐欣国际建筑设计咨询有限公司
02-62 LOMA建筑及景观设计事务所 黄安海
02-67 物流园区规划探索
——青岛市城阳区空港物流区西区规划实例 栾峰 栾斌 杨晓春
02-72 对土楼聚居环境现状的思考 马丽
02-77 清华大学建筑学院 秦佑国
02-83 书评——另一种建筑师：《菲利普·约翰逊自述》 武昕
02-86 建筑师必读 武昕
02-87 两都·双城 何捷

2005年3月 居住建筑

03-04 居住区外部空间设计层次论 田宝江
03-07 住宅建设与北京城市环境
——关于北京住宅小区发展的几点思考 陈海燕 贾倍思 韩涛
03-11 住区规划与环境设计 赵冠谦
03-13 建筑：走走停停——游历"梦溪笔谈" 魏浩波
03-19 安亭新镇 张敏
03-25 面对传统的被动与主动 苏云峰 陈俊
03-30 英国可持续发展住宅设计案例回顾 陈冰
03-35 2005年公寓住宅产品设计趋势 严涛
03-39 创造体现高尚生活价值的住区 加拿大BDCL建筑设计有限公司
03-43 武汉万科城市花园销售厅 胡伟国
03-47 三架格式 百子里壹建筑工作室
03-52 广州中海康城 罗麦庄马香港有限公司
03-54 蛇口半山海景·兰溪谷
03-56 中国建筑设计研究院无界工作室
03-67 北京市建筑设计研究院刘晓钟工作室
03-76 曼彻斯特城市更生——曼城水系的再利用 戴锦辉
03-81 建筑模仿 王飞
03-85 回顾和展望——关于建筑史研究生的培养 吴庆洲
03-91 书评——《建筑师谈建筑师》 武昕
03-93 拉维莱特公园里的现代生活 信璟

2005年4月 城市母体与建筑标志性的对话

04-04 进入新世纪的建筑创作与结构运用 布正伟
04-08 理性的城市设计新策略 戴晓玲
04-13 营造具有"全时活力"特征的中心商务区 叶彪
04-18 当代建筑活动与实践意识 徐千里
04-20 由三个问题浅析20世纪90年代日本建筑现象 许懋彦 邹晓霞
04-24 城市地域主义的建筑表达 马涛 李颖
04-29 大兴生物与医药产业基地标志性建筑群创作实践 吕丹
04-33 建筑：契入与永恒——纪念馆设计实践 钟乔 萧稳航
04-38 深圳KOYOO优品艺墅设计项目 汤桦

04-42 建筑的文化表象——一汽丰田驻京办公楼方案设计 李琳
04-46 建川博物馆聚落川军馆及期街坊 徐行川
04-48 "Quay Street"一期工程"ROSSETTI"大厦 曹家杰 温斌
04-51 RMJM
04-66 RTKL
04-77 曼彻斯特城市更生——曼城旧建筑的改造与再利用 戴锦辉
04-82 浅议开放性国际教育模式的新尝试 李春青 戎安
04-86 书评——《工作室悬谈》
04-92 悉尼揽胜 张敏

2005 年 5 月　城市经济、文化中心区发展

05-04 佛山市西南组团中心区规划与城市设计竞赛方案综述 刘英权
05-13 北京市永乐经济开发区概念性规划及城市设计方案综述 孙广平
05-22 深圳城市中心区的空间演进 蒋峻涛
05-26 武汉王家墩商务区规划十年回顾 程明华 黄峻 汪波宁
05-31 高新技术开发区——区域经济发展的起搏器 陶滔 张达元
05-35 多伦多城市中心发现之旅的启示 赵勇伟 朱继毅
05-56 佛山市新城区中央公园与滨河公司规划设计
澳比亚国际建筑平台（澳洲）设计顾问有限公司
05-59 自在——一种哲学，一种建筑 蒋涤非
05-62 天津职业大学北辰新校区图书馆 何震
05-39 矾崎新上海工作室
05-46 法国欧博筑与城市规划设计公司
05-64 曼彻斯特城市更生——曼城新老建筑的演变 戴锦辉
05-68 当代仿生建筑及其特质 李燕 张玉坤
05-73 中国国际建筑实践展 梅蕊蕊 张婧
05-89 新闻 展览 竞赛
05-92 书评：大师们如何工作——关于《头脑中的设计》 武昕
05-85 华中科技大学建筑与城市规划学院 李保峰
05-94 法式风情的拼图——法国城市 Nancy,Strasbourg 游记 李宓

2005 年 6 月　医疗建筑

06-04 新形势下医院建筑规划与设计理念的探索 张春阳 郑海砾
06-08 现代医院建筑的发展演变 黄锡璆
06-12 走出医疗建筑决策的误区 张南宁
06-16 医疗建筑改扩建工程策划研究 王珊 郑菲 许义富
06-19 护理单元空间模式研究 格伦 边颖
06-23 广州大学城医院建筑设计竞赛综述 张子龙
06-28 广州市妇女儿童医疗保健中心方案竞赛综述 陈清 谭伟 彭高峰
06-32 建筑与科技的互动——美国印弟安纳心脏专科医院设计研究 叶庆亚
06-40 郑州市第五人民医院病房楼设计 朱希
06-44 整合中的医疗建筑——长兴妇幼保健院建筑设计 陈泳 许天 倪弘
06-49 在限制下寻求实破——深圳市妇儿医院产科住院大楼建筑设计 张维昭
06-52 斯坦福健康中心 迪来欧公司
06-56 南岸医院 迪来欧公司
06-60 中元国际工程设计研究院建筑一所——中元医疗
06-72 翰时国际建筑设计咨询有限公司
06-84 理性与非理性共构的评估标准试探 张杰 庞骏
06-87 吉林建筑工程学院建筑学专业办学思路及教学体系 李佳艺
06-93 东方艺术中心 张敏

2005 年 7 月　高层建筑

07-04 城市规划建设与建筑设计营造的基本理念 张祖刚
07-09 新世纪高层建筑发展趋势及其对城市的影响 梅洪元 陈剑飞
07-12 高层办公楼的设计研究——以江苏电信综合楼设计为例 项秉仁
07-16 城市设计与建筑空间形态——北京世纪城市 刘力 陈怡姝
07-20 山地旧城环境中高层建筑创作——重庆急救医疗中心综合楼 戴志中
07-24 边缘营造的高层建筑设计探索——河南高速公路联网中心设计 戚广平 黄晔
07-29 至纯至简的建筑实践——国际财源中心设计综述 刘震宇 高志
07-34 孟加拉高塔 罗麦庄马香港有限公司
07-36 迪拜高塔 罗麦庄马香港有限公司
07-38 青岛 301 国际科技商务中心 加拿大 B+H 国际建筑师事务所
07-40 沈阳圣世豪林广场 加拿大 B+H 国际建筑师事务所
07-43 九龙柯士甸道西 1 号 巴马丹拿国际公司
07-45 上海企业天地 1，2 号 巴马丹拿国际公司
07-48 河南建业 Giant Mall 刘力 张旭
07-51 设计中的回归——无锡太湖饭宾馆创作谈 王兴田 邱伟
07-54 匠人营城——靖江市新城区规划设计 苑剑英 张昕
07-57 空间句法咨询公司 戴晓玲
07-71 SHoP 事务所创作访谈 周晓麓
07-89 书评——《谵妄的纽约》：逝去的曼哈顿主义（上） 雷亮
07-84 继承与探索——湖南大学建筑学科教育 魏春雨 宁明星
07-92 融化在自然中的城市——意大利山城阿西西之旅 王衍

2005 年 8 月　商业建筑

08-04 抓住基本特征的大型商业建筑快速设计
——北京昌平京粮广场创作体会 刘力 陈莹 金国虹
08-09 购物中心与英国城市中心商业区更新
——从斗牛场购物中心看伯明翰中心商业区更新 刘念雄
08-15 商业步行街人文历史景观保护设计研究 李雄飞
08-20 城市旧商业街区的改造与更新 赵仁冠
08-24 城市设计的理念与适应性——以浙江龙游太平路商业街区城市设计为例 田宝江
08-28 疯狂消费城市中的脉脉温情
——美国捷得国际建筑量事务所大型商业项目解读 杨宇振
08-32 居住小区步行商业街设计 顾馥保
08-36 从美国北海岸购物中心谈郊区购物中心的设计特点 费腾
08-55 美国捷得国际建筑师事务所 杨宇振
08-74 AGC
08-87 书评——《谵妄的纽约》：逝去的曼哈顿主义（下） 雷亮
08-83 浙江大学建筑系建筑学专业教育 徐雷
08-92 从平遥古城到王家大院 赵晅 何佳

2005 年 9 月　校园建筑

09-04 当代大学校园规划设计的理念与实践 何镜堂
09-11 校园规划与自组织现象 王伯伟
09-14 中国"大学城"现象的思考 高冀生
09-17 动态生长中的整体完善
——大学校园环境改造策略研究与实践 张姗姗 陈剑飞 周峰
09-21 整体设计下的校园环境营造
——沈阳药科大学新校区规划设计 包小枫 荣耀 张铁群
09-25 生长在自然中——深圳市红岭中学高中部规划设计 覃力
09-29 实践大学东闵纪念大楼建筑设计 姚仁喜
09-33 校园介入环境的不同方式
——浙江大学紫金港校区西区概念性规划设计研究 董丹申 李宁 杨易栋
09-37 一个有关教育的乌托邦——记深圳大学城北大园区设计 曹翔
09-41 制造表情——学校建筑的一种可能 马涛
09-45 整合与异化——河北能源职业技术学院图书馆设计 王冰冰 王奎仁
09-48 深圳大学科技楼设计 龚维敏
09-52 一个儿童乐园的诞生——记苏州工业园区新洲幼儿园设计 任治国
09-56 安哥拉 Agostinho Neto 大学规划设计 李卫
09-60 上海音乐学院改扩建规划设计 徐凤
09-64 法国 AS 建筑工作室
09-77 比利时 HLA——侯梁访谈 黄晔
09-92 寻找印加文明的足迹 钟昀泰

2005 年 10 月　办公建筑

10-06 开放的态度 永恒的魅力
——从天一阁的历史演变探讨历史空间保护的思路与方法 陈萍 董卫
10-11 经营城市历史街区——宁波北外滩更新模式的思考 张明欣 王亚梅
10-15 因地制宜 顺应自然——广州大学城华师大校区行政办公楼创作 朱明
10-19 建筑形象与城市印象——谈办公建筑的城市角色 刘文鼎
10-24 "绿色建筑"之表皮——试图将瑞士经验运用于南京地区的个案研究 李海清
10-28 建筑生态学新论 刘伯英 林霄
10-30 解读浙江省公安指挥中心 段晓崑
10-35 长沙市岳麓区新区治 林怀文
10-40 走向人工地景——南昌市工商局综合执法大楼设计探讨 刘锷东 周凡
10-43 广州富力中心 凯达环球有限公司
10-49 重庆市中国电信有限公司办公楼 北京翰时国际建筑设计咨询有限公司
10-53 加拿大宝佳国际建筑师有限公司
10-65 德国维思平建筑设计咨询有限公司
10-82 建筑的"光合"
——2004 年国际太阳能设计竞赛回顾 陈春辉 金虹 宋菲 周春艳
10-85 一线之间——南京大屠杀纪念馆扩建工程概念设计 陈曦
10-88 江南水乡新居住形态的探讨——"新江南水乡"国际设计竞赛回顾 兰莹
10-94 寻找印加文明的足迹（下） 钟昀泰

2005 年 11 月　北方建筑

11-06 在商业空间的构建中确立创造生活形态的自信 莫弘之 莫天伟
11-11 密集立体型城市与循环生长型城市
——以上海真如城市副中心启动区城市设计为例 韩冰
11-16 加拿大可持续发展建筑设计探索 道格拉斯·伯肯肖
11-23 试析近代兴梅侨乡建筑的文化精神 唐孝祥 赖瑛
11-26 沈阳近现代建筑的地域性特征 刘思铎 陈伯超
11-29 中俄哈尔滨城市设计暨建筑风格学术论坛
11-30 海参崴城市及建筑空间结构的发展变化 叶连娜·叶雷什耶娃 瓦列里·摩尔
11-37 城市形象的形成——城市设计的艺术审美基础 卢契科娃·薇拉·伊万诺夫娜
11-40 哈尔滨城市设计回顾与展望 郭恩章
11-43 哈尔滨近代建筑的艺术走向 刘松茯
11-48 芝加哥伟基河畔 111 号办公楼 美国罗汉建筑师事务所
11-53 俄罗斯远东国立技术大学建筑学院设计实践 瓦列里·摩尔
11-57 约翰·波特曼建筑设计事务所
11-72 巴马丹拿集团
11-86 "痕"——南京大屠杀纪念馆扩建工程概念设计 马刚
11-90 台湾成功大学建筑系教育 孙全文
11-95 冰城掠影——走访哈尔滨的历史保护建筑 张敏

2005 年 12 月　未建成作品

12-06　MAD 建成之前　马岩松
12-10　地域性表达的低技视角——沈阳马三家伯特利（基督教）堂方案　马涛
12-14　另外真实　许义兴
12-18　地域主义的探索　卢志刚
12-22　重构类型——郑州世界客属文化中心设计　祁涛
12-26　场地、场所和场景——青岛海军博物馆地区规划与建筑设计　冷嘉伟　王建国
12-30　契于环境的创造　鞠叶辛　邬毅
12-33　"折纸 + 丝带"——亚洲包装中心大厦概念设计　汤朝晖　杨晓川　沈惟　李青钐
12-37　以景观整合建筑——中国驻津巴布韦使馆新建馆舍创作探索　冯冰凌　李存东
12-41　广州白云山国际会议中心建筑设计竞赛方案评析　谭伟　陈清
12-47　交通方式变更对城市空间尺度的影响　金广君　邱红
12-52　建筑批评的创造性和增值性　徐千里
12-54　建筑表皮分层设计与可持续发展　孙超法
12-57　关于生态设计的一次尝试
——记上海市建筑科学研究院环境实验楼建筑设计　张宏儒　李颂锋　杨牧
12-62　清华大学美术学院教学楼设计　李卫
12-66　线和空间建筑事务所
12-79　B+H 建筑师事务所
12-92　乌有之乡——拉·图雷特修道院纪行　卡卡

2006 年

2006 年 1 月　居住建筑

01-50　对《普通高等增学校建筑规划面积指标》的几点思考　曲冰　梅洪元
01-53　萎缩与生长——德国德骚包豪斯金会"城市萎缩"课题研究及方案设计　侯青
01-57　高层住宅底部空间与城市空间关系的探讨　张姗姗　隋楠
01-06　产品？商品？作品？——建筑师设计中国城市住宅的困惑　刘文鼎
01-13　解读上海滩花园　陈涛
01-17　山居逸境——中海盐田项目的规划及建筑设计　覃力
01-21　自然建筑——西山美庐　白鸿蓉
01-25　武汉美好家园规划及建筑设计　邱慧康
01-28　朱雀门——五百年皇城文脉大宅　王蕾
01-32　营造整体形态的绿色城市社区
——以常州北港"林与城"居住区规划和建筑设计为例　丁治宇
01-42　两个"住"的实验　王飞
01-45　不仅仅是居住——记两次居住建筑设计实验　陈飞
01-48　当代住宅区景观环境设计的思考　殷伟韬
01-60　QL 建筑工作室
01-71　立方公司的理想
01-85　关注弱势群体的住房需求
——以西安为例的经济适用住房需求调查分析　寇志荣　王浩
01-88　宁波大学建筑系教学实践　姜文炜　赵金龙
01-94　三亚亚龙湾　张敏

2006 年 2 月　文化建筑·博览建筑

02-06　观演建筑设计中的思考与体验　鲍家声
02-12　寓历史　赋新意　求共生——上海志丹苑元代水闸博物馆方案创作札记　蔡振钰　曾莹
02-16　光的印刻——天印艺术会馆设计实录　张彤
02-21　源·缘·圆——中国闽台缘博物馆创作　黄乐颖　黄汉民
02-25　历史街区空间文化意义的重构
——台北人文"剥皮寮老街"人文生命力的发掘与实践　徐裕健
02-30　从读书行为到信息交流——南昌大学图文信息中心设计　吴家骅　蔡瑞定
02-34　真实的魅力——阅读布雷根兹美术馆　肖志抡　项秉仁
02-38　内敛与内涵——文化建筑的空间吸引力　董丹申　李宁
02-42　世界博览会与瞬间都市　刘弘
02-46　大连电子公司深圳总部　台湾交通大学建筑研究所刘育东研究室
02-52　山·海·沙·石——厦门国宾馆设计　凌克戈
02-70　拉梅拉事务所
02-81　试论近代广府侨乡建筑的审美文化特征　唐孝祥　朱岸林
02-84　光舞书影——中庭式，数字化图书馆的室内光环境研究　张娟　杨昌鸣
02-87　英国谢菲尔德大学建筑学院　康健
02-95　千年吴哥　李凌　庄简狄

2006 年 3 月　体育建筑

03-06　节约型社会与大型体育赛事　马国馨
03-12　技术与自然的合谐共生——当代体育场馆创作研究　陆诗亮　梅季魁
03-16　与环境，气候的积极对话
——2007 年全国大学生运动会艺术体操馆创作体会　何镜堂　郭卫宏　李晋
03-19　体育场馆的赛后利用研究
——以 2008 奥运会柔道、跆拳道馆设计为例　庄惟敏　粟铁　马佳
03-23　运动的水容器——上海体育中学游泳馆设计为例　胡兴安　魏敦山
03-26　绿海帆影——广州大学城中心区体育场设计　朱明
03-30　质朴的实用——广州大学城中山大学体育馆设计思索　吴吉明
03-34　一叶知秋　百年树人——华南师范大学二期体育场馆设计理念　刘安平
03-38　奥运临时场馆设计探索　初腾飞　包纯
03-42　大众体育建筑的多元发展　姚慧
03-45　柏林奥林匹克体育场　冯·格康，玛格及合作者建筑师事务所
03-52　GSA 与悉尼国际射击中心　GSA 集团
03-56　沈阳奥林匹克体育中心　法国 AS 建筑工作室
03-60　仙田满 + 环境设计研究所
03-61　面向世界之家的环境　仙田满
03-74　朴实有华　精彩同行——2005UA 创作奖概念设计国际竞赛综述
03-88　普林斯顿大学建筑学院　康健
03-95　伊斯坦布尔与埃迪尔内　火车

2006 年 4 月　海外建筑师在中国

04-06　主题事件与城市设计　金广君　刘堃
04-11　从契合到整合——两个校园规划方案的解读　陈占鹏　王伯伟
04-15　中国中心发达城市边缘区域的崛起　邓伟忠　吉井贵思
04-18　跳动的音符 流动的乐章——常州大剧院设计构思　魏敦山　乐音　马烨
04-22　与树有关——湖南大学工商管理大楼方案设计　魏春雨　宋明星　李煦　齐靖
04-26　现代中的传统与自然——KPF 近作解析　周晓麓
04-31　安藤忠雄的上海新作——上海国际设计中心　张昕
04-33　海外建筑师与中国建筑师文化转型　付本臣　梅洪元
04-36　时间与理性——全球视域下看海外建筑师在中国　段海燕
04-39　浅谈与海外建筑师合作设计——以金华市金东区交通局办公楼工程为例　王蓓华
04-43　中国城市从实现生存到追求实质的演变
——RTKL 上海办公室城市设计总监叶格先生访谈　张扬
04-49　融合　发展　创新——浅谈海外建筑师对中国建筑设计发展的作用　高志
04-51　数字综合战略与中国建筑实践　王衍　王飞
04-54　PR+A 国际联合设计集团
04-55　现代之路——PR+A 国际联合设计集团创始人 Provencher 先生访谈　迟杭
04-69　意大利阿克雅建筑师事务所　卢卡·莫利纳雷
04-82　海外建筑师现象引发的教学思考　杜江明
04-84　权力空间的象征——微州的宗族、宗祠与牌坊　王铧
04-93　印象——在英国小镇漫步　王冰冰

2006 年 5 月　办公建筑·商业建筑

05-06　关于 Shopping Mall 设计原则的探讨　黄立群　彭飞
05-11　从等级组织到沟通网络　Gunter Henn
05-17　太阳信托广场　约翰 波特曼建筑设计事务所
05-23　建在公园里的商业街——廊坊市文化艺术中心滨湖商业街设计随感　李存东　冯冰凌
05-27　凝固的时间 流动的城市——上海英皇明星城设计　邱慧康
05-31　浅议高层办公建筑的发展　Remo Riva
05-36　"缝合"城市——西安新城行政中心概念规划设计　赵元超
05-39　奥查德广场——融入城市肌理的英国购物中心　刘念雄
05-43　自然　人性　技术——班尼士 - 班尼士及其合伙人建筑师事务所作品分析　纪雁
05-51　台湾积体电路制造股份有限公司总部大楼　潘冀联合建筑师事务所
05-86　试析近代潮汕侨乡建筑审美文化特征　唐孝祥　吴妙娴
05-70　美 DeDej 建筑景观设计公司
05-90　日本九州大学本科建筑学教育　倪琪　王玉
05-95　文化盛都——佛罗伦萨　包耕莘

2006 年 06 月　医疗建筑

06-06　医院建筑的外形与内蕴　罗运湖
06-10　结构化的医疗功能体系——医院建筑功能适应性设计探讨　邱茂新
06-15　我为当前医院建筑设计的若干问题探讨　董黎
06-18　分隔　分离　分开——以实际分析传染病医院设计关键点　格伦　黄丽洁
06-21　医院更新的整体性思维——以苏州大学第一附属医院为例　陈泳　戴芳　倪泓
06-25　可持续发展的医院建筑设计——解读德国菲利普斯大学附属医院　郑海砾　张春阳
06-28　宁波医疗中心李惠利医院扩建住院楼建筑设计　钱宁亚　宋英芳　贾敬龙
06-32　创造健康宜人的医疗环境
——山东省肿瘤医院总体规划及门诊医技综合楼设计　杨曙光　宋英芳　鲍延安
06-36　嘉兴市第一医院迁建工程设计随想　李晨
06-39　宫城县立儿童医院与东海大学医院部附属八王子医院　井上智史
06-50　上海曙光医院　思纳史密斯
06-54　Avicenne 医院 Jacques Brel 大楼　法国 AS 建筑工作室
06-57　厦门圣玛利妇女儿童医院　翰时国际
06-60　迪亚欧建筑工程设计公司
06-73　许常吉建筑师事务所暨大陆发展事业部
06-87　建国后徽州地区农村传统民居"住"空间构造变化　倪琪　王玉
06-90　综合医院院前过渡空间的特性探究　杨生午　王珊　王进
06-95　堪培拉与布里斯班　老五

2006 年 7 月　绿色建筑

07-06　历史的转折点　李保峰　李钢
07-11　绿色建筑刍议　宋德宣　郭飞

07-15 让环境融入设计，用心灵感受自然
——克里斯多夫·英恩霍文及其合伙人事务所作品解读 吴云一 项秉仁
07-18 绿色建筑评估方法概述及实例介绍 丁勇 李百战 刘猛 姚润明
07-22 基于生物气候条件的城市设计生态策略研究
——以冬冷夏热地区城市设计为例 徐小东
07-26 以自己的方式表达绿色——评介瑞士阿尔卑斯山区的三所学校 李海清
07-30 可持续的建筑设计与城市规划 余迅
07-35 南极科考站建筑的生态设计 任飞
07-40 夏热冬冷地区城市住区绿化策略研究 张卫宁
07-43 论云南宗教建筑（群）的可持续性发展 徐坚 姜鹏 李志英
07-47 GEDI 科学城办公基础建筑设计—— 一个绿色梦的尝试 张炜 叶青
07-51 杭州钱江新城 B-03 地块建筑群体设计 周扬
07-55 三亚珠江温泉酒店设计 尹祖林 唐昕
07-58 倍利得电子科技（深圳）公司新石区规划设计体验 曾繁智
07-62 Art_Deco 风格的经典建筑语言——巴马丹拿国际公司访谈 张昕
07-65 美国 KXA 建筑师事务所
07-75 SAKO 建筑设计工社
07-85 桢文彦集群形态理论中的城市思考 赵卓
07-88 文明的螺旋——由文明成长轨迹看建筑文化的相互作用 于弈
07-94 卡萨罗玛古堡 许喆

2006 年 8 月　地域性建筑

08-06 地域—— 一种文化的空间与视阈 徐千里
08-10 新疆地域建筑的过去与现在 王小东
08-16 地域性融合文化对盛京城空间格局的影响 陈伯超
08-20 现代山地建筑接地诠释 戴志中
08-25 甘青川滇藏区传统地域建筑文化的多元性 柏景 杨昌鸣
08-28 对地域文化的认知——记广西民族博物馆方案创作 蒋伯宁 莫海量
08-32 台湾地域主义建筑发展历程 傅朝卿
08-35 历史中心区复兴中的地域性问题与对策 莫天伟 魏闽
08-38 建筑形态与建筑环境形态 李宁 丁向东 李林
08-41 我国当前技术理念与社会观念对于生态建筑地域化的制约 莫弘之 王海松
08-44 回归建筑本体 王兴田 杨蔚 藏佩山
08-47 新江流域文化中心 王文婷
08-53 赢得“海丝”满人间——泉州桥南古村保护再生规划 李凤禹
08-57 浙江财富金融中心 蔡淼 潘海迅 孙宇
08-60 行政办公建筑创作的地域探索——通辽市行政办公中心设计 鞠叶辛
08-63 胶南市“凭海临风”住宅小区规划设计 戚常庆
08-66 潘冀联合建筑师事务所
08-84 光与孔 史蒂芬·霍尔
08-90 历史环境中新旧建筑的多元共生——以青岛旧城为例 刘敏
08-95 拼凑的美丽——阿姆斯特丹 凌一

2006 年 9 月　校园建筑

09-06 海峡两岸大学校园规划建设比较研究 王建国 程佳佳
09-11 现代高校图书馆空间的区划与重组 陈剑飞 任伟
09-14 温故而知新——对广州大学城华南师范大学校区整合设计的感悟与反思 朱明
09-18 同一问题的四次解答——南京邮电大学仙林校区图书馆的设计探索与反思 刘宇波
09-22 信息化高校图书馆设计尝试 吴骥良 李一峰 钱臻
09-26 空间的赋形与交流的促成 李宁 王玉平
09-30 因地制宜　整合创新——江苏省六合高级中学改建规划设计 刘捷 施梁
09-33 美国大学校园设施对综合科技趋势之反映
John Nesholm　Mark Reddington　Tim Williams
09-36 高校建筑创作的几点思考 张祺 王媛
09-40 一种生长状态——解读英国伯明翰大学校园 王冰冰
09-44 法国学校建筑创作倾向探析 马英
09-48 哈尔滨工业大学（威海）教学楼 沈济黄 劳燕青
09-52 义乌工商学院图书实验楼 王忠祥 翁建祥
09-55 东莞理工学院松山湖校区综合教学楼与现代教育中心 都市实践
09-59 元智大学行政教学大楼 台湾大元
09-63 东京成德学园十条台校园与明治大学生田第二校舍 A 馆 石井靖人
09-71 合肥学院南校区图书馆 唐大为 何锐
09-74 帕金斯威尔
09-85 ”三缺一”情境下的空间演绎与营造——广州图书馆新馆设计竞赛评析 杨明 丁锋
09-91 新加坡学校建筑设计案例 新加坡 CPG 集团所属新工咨询有限公司
09-96 德国大学校园一览 王晓川 王小雨

2006 年 10 月　景观建筑·交通建筑

10-06 理想所及　精彩必在——写在《城市建筑》创刊两周年
10-10 当代中国景观设计寻根之路 俞昌斌
10-14 中国西部城市滨水设计对策的初步研究 于东飞 乔征
10-18 交通建筑与城市景观 刘文鼎
10-22 校园设计中自然景观的利用方法 冷嘉伟 方伟
10-25 袖珍公园——现代城市公园设计发展趋势 庞琳 王剑
10-27 古老与现代的另类对接
——浙江衢州江滨历史街区城市设计 美国 XWHO 设计公司·中国机构
10-30 解读可持续景园系统 李晋 毕冰实
10-33 环境与建筑相互增色的校园设计
——以浙江衢州一中校园规划与建筑设计为例 朱玲松 廖石刚
10-36 城市道路平面交叉口景观设计探索
——以九江市新桥头交叉口交通改善研究为例 罗文 周雪梅
10-40 商业建筑公共空间的开放化设计——以上海西郊百联为例 张婧 任力之
10-43 两者之间——同济科技园大楼方案设计札记 任力之 陈向蕾
10-46 福州南站方案创作 汪泠红 王宏 钟晟
10-50 潍坊市白浪河滨水区域景观规划设计 丁炯
10-53 台州市“白云阁”景观建筑设计 曹玺 王亚东
10-56 天津泰达滨海广场设计 陈铁明
10-59 柏林新中心火车站 冯·格康，玛格及合伙人建筑师事务所
10-62 自然与工业对话中的隐喻和象征——哈尔滨黛秀湖公园景观设计 余洋 李晋
10-64 塞纳景观设计事务所
10-73 BRUNERIE IRISSOU 建筑师事务所
10-86 中国建筑师正在影响世界——青年建筑师侯梁访谈
10-90 城市防灾疏散通道的规划原则及程序初探 傅小娇
10-95 普罗旺斯——古罗马荣光的见证 刘念雄

2006 年 11 月　建筑技术·寒地建筑

11-06 双层皮玻璃幕墙的气候适应性设计策略研究
——以夏热冬冷地区大型建筑工程为例 王振 李保峰
11-10 双层皮玻璃幕墙技术分析 Ifigenia Farrou 纪雁
11-16 双层皮玻璃幕墙解析 威勒·朗 王振 杨波
11-20 芬兰当代建筑的技术趋向与亲和力
——海林建筑设计事务所作品解读 方海 方滨
11-26 居住建筑外围护结构节能 65% 研究初探 熊文利
11-30 6 升住宅和 4 升住宅——德国节能生态住宅剖析 左琰
11-33 闯入者——社会主义新农村之贵州摆陇苗寨整治更新实践 魏浩波
11-39 城市与建筑之间的庭院——意大利城市的中介空间探究 翟海林
11-42 德国沃尔夫斯堡大众汽车大学移动生命校园 海恩建筑师事务所
11-48 Kalviai 湖滨别墅 Vytautas Baltus
11-51 哈尔滨工业大学建筑设计研究院
11-71 Curtins 工程咨询公司
11-83 城市：建筑与社会——2006 威尼斯建筑双年展述评 梅蕊蕊
11-87 寻找失落的辉煌——2005 年 UIA 国际建筑设计竞赛方案 王超 张帆 张智远
11-90 走进湿地——2005 年 UIA 国际建筑设计竞赛方案 高旭
11-95 普罗旺斯的罗马古城——奥朗日 刘念雄

2006 年 12 月　城市保护与更新

12-06 我国城市遗产保护民间力量的成长 阮仪三 丁枫
12-08 建筑遗产保护的若干问题探讨——保护文化遗产相关国际宪章的启示 张松
12-13 浅论历史环境保护更新与城市可持续发展 戴俭 王升 傅岳峰
12-15 建立可持续发展的历史文化名城保护更新机制 夏青
12-28 城市更新项目的评价方法探究 刘艳 赵民
12-21 黄浦江畔旧工业建筑的保护与再生 登琨艳
12-25 历史街区保护与整治过程中的环节缺失
——以济南芙蓉街—曲水亭街为例 杨昌鸣 辛同升
12-28 城市化进程中历史遗存片断的可持续保护与利用
——以连云港凤凰古城保护开发为例 段进 薛松
12-33 低成本传统民居改建探究——以同里镇鱼行街 168 号民居改建为例 周俭 黄勇
12-37 深圳市高密度城中村改造的实验性研究 王耀武 戴冬晖
12-42 历史城市中心区的演变过程及其空间整合研究
——以杭州市武林广场及周边地区概念性城市设计为例 孔孝云 董卫
12-46 旧码头　新街区——以澳大利亚三处传统码头区改造为例 冷天翔 龚恺
12-50 德国格拉城市更新——以萨克森广场住街区更新项目为例 葛岩
12-53 福建土楼景观保护与环境整治研究 缪洁 杨开
12-56 新与旧　拆与留——建筑的观念和老房子的改造 徐千里
12-60 90m² 的自由——绿色建筑研究中心室内设计手记 李保峰 张波
12-63 边缘建筑的学校图书馆设计 戚广平 黄晔
12-66 有机更新的拉萨城市中心公园
——布达拉宫周边环境整治规划及宗角禄康公园改造设计 李存东
12-69 广州大学城民俗博物村 张子龙 邱志勇
12-73 X2 创意空间 HMA 建筑设计
12-76 法国克莱蒙费朗市高等艺术专科学校 法国建筑工作室
12-79 冯·格康，玛格及合伙人建筑师事务所
12-93 普罗旺斯的罗马古城——阿尔勒 刘念雄

2007 年

2007 年 1 月　居住建筑

01-06 生态和谐——居住区规划设计理念创新 田宝江
01-09 北京郊区小城镇住宅建设研究初探 赵之枫 张建 郭玉梅
01-11 对 90m² 住宅的政策及市场研究 刘晓钟 丁倩
01-18 从安亭新镇谈居住建筑的移植 项秉仁 程翌

01-21 城市旧住宅区改造方法初探 龙灏 胡佳
01-24 商品住宅开发的规划策划研究 庄宁 于润东
01-26 住区的城市反哺——宁波市鄞州区人才公寓的城市性设计策略 董屹 平刚 崔哲
01-31 接近自然的两种方式 马岩松
01-35 北京高层商品住宅平面演变的三个阶段 冯冰凌 毕冰实
01-38 单身公寓户型设计研究 殷伟韬
01-40 健康之家 刘向军
01-44 关于高层住宅小区规划设计的思考与实践 何川 张雷 邓嘉萍
01-48 再造传统家园——大理文献小区（一期）规划设计 张黎黎
01-51 非少数之宅 张兵
01-54 合勤科技无锡研发园区职工宿舍楼 潘冀联合建筑师事务所
01-56 深圳半岛城邦与成都天府长城 10 号地块 法国欧博建筑与城市规划公司
01-62 韵动汇——苏州工业园区独墅苑 陈泳
01-64 天津时代奥城规划设计 庄严
01-67 上海市静安区 125 号地块规划设计 龚革非 孙蓉
01-70 工业聚落居住空间的崛起与再生 曾梓峰 许经纬
01-74 SOM
01-84 “节省”设计之初 黄明颖
01-90 普罗旺斯的罗马古城——尼姆 刘念雄
01-94 乡情——城市、建筑与人（上） 朱莹 吴艳

2007 年 2 月　城市设计

02-06 中国城镇与建筑发展的几个理念 张祖刚
02-10 当今历史环境困境的主体利益根源 李宏利 邢同和
02-13 城市建构中新城市主义理念的运用——上海曹路新市镇中心区城市设计 孟强 舒韬
02-17 城市设计中的价值判断——以上海南京西路城市设计为例 李继军
02-22 宜居宜业的生态新城——北京大兴新城核心区规划及城市设计 刘向军
02-26 对城市行政区划调整后地区的城市设计思考
——沈阳沈北新城规划设计 赵红红 阎瑾
02-31 尊重城市肌理　融入城市空间——紫金长安家园建筑综合体设计 彭飞 黄立群
02-34 城市水体空间环境中历史文化内涵的再现 ——湖州东部新城中心区城市设计 李潇
02-38 历史地段的城市设计——以天津英式风貌区为例 王小舟
02-42 工业园区公共服务中心城市设计
——衢州东港工业园公共服务核心区城市设计 侯宇红 张学文
02-46 城市设计中的交通组织——以淮安市淮海南、北路城市设计为例 叶如海 吴骥良
02-49 重庆市龙溪地区城市设计 王陈平 杨楠
02-53 城市设计与修建性详细规划的探讨 余柏椿
02-55 苏州商业街坊 张瑛
02-59 松烟文化区城市设计 姚仁喜
02-62 北京商务中心区设计 谭伟霖
02-64 天津空港物流加工区城市设计 钱方 赵菲菲 全新晴
02-67 长沙天心生态新城城市设计 杨涛
02-69 法国 AREP 设计公司
02-85 城市发展中技术与文化的角色认知 陈苏柳 徐苏宁
02-88 乡情——城市、建筑与人（下） 朱莹 吴艳
02-95 普罗旺斯的罗马教皇城——阿维尼翁 刘念雄

2007 年 3 月　校园建筑

03-06 可持续发展视角下校园规划时空观的新解读 沈国尧
03-10 大学校园规划中的空间文化建构 雒建利 吴怡音
03-14 高密度校园中的另类空间 王伯伟
03-17 百年同济校园建筑的保护与再利用 张松 杨箐丛
03-22 当代大学校园有机生长模式探索 王扬 窦建奇 陆超
03-24 大学之道　规划之道——校园规划认知随笔 徐苏宁
03-26 校园整体设计的整合方法
——简述云南昭通师范专科学院新校区设计导则 涂慧君 郑雅彬
03-30 大学校园的城市化设计策略
——以菏泽学院新校园（二期）规划设计为例 包小枫 荣耀 张铁群
03-34 传统校园中的新建筑——记清华大学医学院建筑设计 刘玉龙
03-38 集体的记忆——记清华大学西阶教室改造与重建设计 程晓喜 关肇邺
03-41 开放性　有机性　可意象性——浅谈中学校园规划设计的策略 李瑜
03-43 当仁不让——浙江大学城市学院图书馆设计 李宁 杨易栋
03-47 注重功效　回归本真——大连民族学院金石滩校区规划设计 张骏
03-51 中央美院新校园 栗德祥
03-55 深圳上沙中学 杨雨林
03-59 史家小学 武勇
03-64 天主教光仁国民小学 台湾大元
03-68 中正中学（义顺） 潘碧丽
03-71 东南大学校园内西式建筑研究 何锐 唐大为
03-74 锐意进取　创新求实——2006 UA 创作奖概念设计国际竞赛综述
03-88 流动与固守的对话——RMJM, SOM, gmp 访谈录（上） 朱莹
03-95 荷兰的色彩 钱源

2007 年 4 月　绿色建筑

04-06 可持续建筑设计探索 栗德祥
04-10 台湾大学“绿能屋”的节能考虑与水土环境保护 韩选棠
04-14 生态节能建筑设计理念及案例分析 刘飞
04-16 简单　适用　有效　经济——山东交通学院图书馆生态设计策略回顾 袁镔
04-19 生态人居的建设内涵与技术特点 薛孔宽
04-21 五律协同对建筑可持续发展的启示 郭卫宏
04-24 对我国现阶段以“绿色智能建筑”为综合发展方向的探讨 陆伟良 丁玉林 杨军志
04-27 朴素的生态观 汪孝安 项明
04-29 绿色公共建筑评价标准与技术设计策略 韩继红 汪维 安宇 杨建荣
04-32 绿色建筑并行设计过程研究 刘聪
04-35 浙江辛迪集团总部大楼绿色建筑技术研究 徐雷 曹震宇 康健
04-40 台湾十三行博物馆 孙德鸿
04-46 台湾浩瀚数位华亚厂 胡硕峰
04-50 长春税务学院净月校区 胡建新
04-54 雅克·布莱尔职业高等中学结构改建工程 法国 AS 建筑工作室
04-57 燕京大厦 潘海迅 孙宇
04-60 金鸡湖广场 希里尔建筑设计事务所
04-62 安徽省博物馆 凌克戈 杨朝华
04-65 瑞典温高建筑师事务所
04-82 环境制约下的建筑形态生成 俞天琦
04-84 流动与固守的对话——RMJM, SOM, gmp 访谈录（下） 朱莹
04-88 从建筑到境筑——如何构筑一个人性的城市 乔全生
04-94 伦敦印象 陈琦

2007 年 5 月　建筑与景观

05-06 走向绿色景观 田宝江
05-09 我国城市住区景观与环境建设问题探讨 孙凤岐
05-11 生态环境营造与景观设计 刘晖 董芦笛 刘洪莉
05-14 服务于公众的城市景观策略 魏浩波
05-20 风景中的建筑 杜顺宝
05-23 限额景观设计 张锟
05-26 城市景观中的缝与槽 张樟 邱建
05-29 再现曼陀罗——平顶山香山寺景区规划设计 万敏 郭其轶 李在明
05-33 情感与景观设计——以东莞市新中心区广场及周边环境景观设计为例 张鹏飞
05-36 走向现代艺术的西方园林景观设计 冯军
05-39 建筑设计的景观途径 刘向军
05-43 融入建筑——景观设计随笔 刘文鼎
05-46 古韵新做的景观策略——万科紫台景观设计 李存东 林曈
05-49 长春税务学院景观规划设计 陈珲
05-51 常州新区中心公园景观建筑设计 陈圣泓
05-54 兰乔圣菲居住区和金色池塘景观设计 新西林景观国际
05-60 西安天地源·曲江华府景观设计 XWHO 设计公司·中国机构
05-63 三亚银泰度假酒店景观设计 曹阳 王小爽 葛磊
05-67 无锡江南坊中式住宅社区景观设计 孙迪
05-70 大连海湾工业区滨海公园设计 穆穆
05-73 沈阳浑河北滩地湿地公园规划设计 闵婕
05-75 易道公司
05-89 以人文景观创造为主体的景观设计 吕勤智 于稚男
05-94 走进印度 鱼晓亮

2007 年 6 月　全球化与地域性

06-06 全球化背景下中国建筑师的机遇与挑战 项秉仁 韩冰
06-10 重建全球化语境下的地域性建筑文化 徐千里
06-13 当代中国建筑创作的地域性研究 卢峰 张晓峰
06-15 浅论当下中国地域主义建筑 施梁
06-17 批判的地域主义观念下的建筑设计实践
——加拿大曼尼托巴水电集团办公楼设计 褚冬竹 戴志中
06-21 对历史街区特色的传承与延续——梧州市骑楼城规划设计 蒋伯宁 林宇
06-24 源于本土　顺乎自然——武夷山九曲花街设计 袁玮
06-28 欧洲城市开放空间的地域性研究 王佐
06-31 城市入口空间形态的地域主义解读 陈剑宇
06-34 全球化视野下苏州城市特色的保护与发展 范凌云
06-36 现代法院建筑的传统回归——西安中级人民法院审判办公楼建筑创作 安军 高明
06-39 江南水乡建设新空间模式探讨
——江苏宜兴东新城及东风景区概念规划 李仁伟 袁牧
06-42 寂静的乡土——富阳市文化中心设计 汤桦
06-45 “拼贴”建筑——朗达建筑研究中心创作解析 许小曼 彭莉明
06-50 北京华贸中心 KPF 建筑设计事务所
06-54 意大利贝加莫市新市政图书馆 阿克雅建筑师事务所
06-58 郑州天一大厦 陈凌
06-61 内外双重性设计的一次尝试——北京某部委办公楼设计 黎家骥
06-64 台州市体育中心跳水游泳馆 王芳
06-68 李可染艺术馆 李舒
06-70 约翰·汤普逊及合伙人事务所 田英莹
06-86 探索全球化与地域性关系的城市研究课程简介 王衍
06-89 平方院片断——地域性与全球化 许义兴
06-93 首尔历史文化遗产保护 廖正昕
06-97 城市漫步——里昂索纳河西岸老城区 刘恒曦

2007 年 7 月　医疗建筑

07-06 医学中心规划趋势探讨 刘培森
07-09 医疗中的人本主义及其建筑折射 刘玉龙
07-12 从近年国际建协公共医疗组研讨会议题解读医院建筑新动向 李郁葱
07-15 探析大型医院的结构模型 谷建 曾奕辉 唐琼
07-17 医疗主街的人性化空间研究 林琳 刘志鸿 杜志杰
07-20 基于我国医疗运营体系的疾病预防控制中心模式初探 侯昌印 张姗姗

07-22 浅谈医院建筑的气氛营造 栩晓林
07-24 医院建筑改扩建的总体规划设计研究——以黑龙江省医院为例 格伦 满莎
07-27 妇儿医院设计理念的探索
——以广州市妇女儿童医疗保健中心设计为例 张庆宁 曾奕辉
07-30 现代医院建筑设计探索——以中山大学附属第三医院医技大楼为例 张春阳 李黎
07-32 高层综合医疗建筑的内部交通组织
——以中山大学附属第一医院手术科大楼设计为例 张南宁 李炎
07-35 此时 此地 此人 此事
——重庆某医院综合楼建筑创作中的地域性思考 戴志中 李冬 史晨 肖力
07-39 当代传染病医院设计理念探讨
——以成都市公共医疗卫生救治中心设计为例 姚振生 王怡愉 陈红玲
07-42 医疗实验室建筑模块化设计初探 杜晓鸥 周峰
07-44 台湾桃园长庚医院 刘培森建筑师事务所
07-48 东莞康华医院 谭伯兰 曾奕辉
07-52 武汉协和医院外科大楼 袁培煌 梅林
07-55 深圳市滨海医院 迪亚欧公司
07-57 四川大学华西第四医院住院综合楼 黄晓群
07-59 常熟市第二人民医院病房楼方案 钱宁亚 杜强 冀斌
07-61 昆山市第一人民医院开发区分院 侯佳彤 邰仁记
07-63 潍坊市公共卫生服务中心修建性详细规划设计竞赛综述 李晨
07-66 凤凰城图书馆西萨·查维兹分馆 金雷
07-72 吕元祥建筑师事务所
07-84 人为本 形次之——扬州老城保护的中德合作探索与实践 朱隆斌
07-87 香港石硖尾公屋区改造课程设计 杨文俊
07-90 中国当代建筑名人——何镜堂
07-92 中国当代建筑名人——程泰宁
07-96 西葡掠影 潘凯临

2007 年 8 月 建筑技术

08-06 关于当代建筑审美与建筑技术的思考 刘向军
08-09 建筑技术美—— 一条建筑师创新思维的线索 宋德萱 陈伟莹
08-11 建筑结构仿生的形体建构模式初探 王雪松 王莉英
08-13 公共建筑安全设计与技术探讨——以应对恐怖袭击为例 周铁军 苏星 林岭
08-16 历史保护建筑的生态节能更新——同济大学文远楼改造工程 曲翠松
08-18 建筑空间的文化更新与城市文脉的有机传承 杨磊 邱建
08-20 美国伊利诺伊州绍姆堡酒店及会议中心 约翰·波特曼建筑设计事务所
08-26 基于身体的建造——贵阳花溪摆陇苗寨民俗综合体设计方法拆解 魏浩波
08-30 新旧之间——中国商务部机关办公用房扩建工程 凌克戈 陈跃东
08-33 “小麻雀”也有理想——某居住小区会所设计 潘海迅 孙宇 赵伟
08-36 两点之间——重庆一中图书馆设计策略 杨宇振
08-39 狂草建筑 林楚卿 刘育东
08-41 英国温布利体育场 福斯特事务所
08-46 法国利摩日音乐厅 伯纳德·屈米建筑师事务所
08-50 特伦斯·唐纳里细胞与生物分子研究中心 纪雁
08-53 深圳市龙岗区教育综合大厦 都市实践
08-55 迪拜 Pentominium 高层住宅楼 凯达环球有限公司
08-58 基于特定技术流程的工业园区设计 李宁
08-60 设计的批判性介入——解读 OMA 的奥梅尔新城中心规划 张为平
08-63 可持续发展视角下的大都市区域发展规划模拟与分析 余庄 张辉
08-65 绿色建筑与热岛效应 吴蔚 吴农
08-67 北京郊区化发展及存在问题 赵琪 王蕾
08-69 台湾仲观联合建筑师事务所 + 仲观设计顾问有限公司
08-79 潮汕传统建筑的技术特征简析 唐孝祥 郑小露
08-81 现代竹材技术及其在建筑设计中的应用 李燕 王静
08-83 博物馆建筑设计手法探析 李春新
08-86 中国当代建筑名人——布正伟
08-88 中国当代建筑名人——曹亮功
08-90 海外求学 张婧 相南

2007 年 9 月 文化建筑·办公建筑

09-06 当代城市文化重构与文化建筑 卢峰 陈维予
09-09 日本当代博物馆光空间意匠 白帆 许懋彦
09-12 由里及表的视觉张扬——当代科技博物馆形象设计探讨 张婷婷 梅洪元
09-15 现代与历史的对话——西安大唐不夜城文化交流中心设计 项秉仁 程翌
09-18 矢量化的园林建筑空间——上海苔圣石工坊项目随想 袁烽 黄华
09-21 适时、适地、适度——金沙遗址博物馆设计实践 莫修权 张晋芳
09-24 叙事性纪念——以渡江战役纪念馆为例 江立敏 崔鹏
09-27 场所、隐喻、形式生成
——河南省农业科学院农业展览中心建筑设计 曹颖 杨金鹏
09-30 双面建筑——浅议丹阳市规划展示中心设计 董屹 赵思嘉
09-33 环境引发创意 覃力
09-36 以意写形与文化超越——当代文化建筑的景观化特征 李惠军
09-38 功能重组与形象重塑——以上海中宜大厦方案为例 李宏利 张昕
09-40 天津老城厢 11 号地商业区 都市实践
09-43 金陵图书馆新馆 张宏 曹伟 沙晓东 毛烨
09-45 万科蓝山会所 彭莉明 许小曼
09-48 东北育才双语学校 计鹏
09-51 枣庄市财政局办公楼 吕凤仪 张宏
09-53 江苏时代建筑设计有限公司工程技术服务中心 翟值 倪震宇 秦笛
09-56 二七剧场 张波 王力
09-59 广东画院新址工程 王扬 陆超
09-61 上海世博会中国馆竞赛方案
09-67 株式会社久米设计
09-81 浅谈建筑与城市空间文化特色的塑造 饶维纯
09-84 高层密集区步行空间整体更新——以上海新商业城改造研究为例 李传成
09-87 当代建筑创作的地域性回归——包头会展中心方案创作 张骏 李强
09-90 中国当代建筑名人——项秉仁
09-92 中国当代建筑名人——刘力
09-94 海外求学 欧阳芳芳

2007 年 10 月 高层建筑

10-06 新世纪高层建筑形式表现特征解析 梅洪元 李少琨
10-09 基于山地建筑学的高层建筑创作
——重庆南开中学学生宿舍及食堂项目实践 戴志中 戴蕾
10-12 寻求竖向维度空间形态的多样性
——南京大学鼓楼校区 MBA 大楼设计 刘捷 施梁
10-14 关于中小城市高层建筑的思考——锦州天宇大厦创作启示 林楠
10-16 上海高层住宅设计研究——以威廉公寓为例 刘建民
10-19 构建乌克兰新高度
——基辅市第聂伯洛夫斯克区商业、办公及娱乐中心设计 潘海迅 孙宇
10-22 喧嚣中的宁静——陕西电信网管中心项目创作 安军
10-24 深圳天利中央商务广场 项秉仁 董立军
10-27 三亚洛克酒店 杨瑛 肖艺 黄凡
10-29 上海四季酒店 邵亚君
10-32 广州发展中心大厦 德国 gmp 国际建筑设计有限公司
10-36 粤海天河城大厦 车季良
10-38 Metro 塔 袁伟利
10-40 中钢国际广场 马岩松
10-43 Amman Rotana 酒店 法国 AS 建筑工作室
10-45 港湾中心 法国普瑞思建筑规划设计咨询有限公司
10-49 大都会建筑事务所
10-66 福斯特及合伙人事务所
10-79 KPF 建筑师事务所 周晓麓
10-91 中国高层建筑现象解析 袁烽 吕东旭 徐蕴芳
10-96 秩序中的浪漫——德国南部城镇 王冰冰 王儆倬

2007 年 11 月 体育建筑

11-06 和谐社会体育应惠及全民 马国馨
11-09 体育场馆建设刍议 梅季魁
11-12 奥运会城市重构 廖含文 大卫·艾萨克
11-15 关于“鸟巢”的思考——兼谈可开闭屋盖体育设施在我国的发展 岳兵
11-18 赛训结合的双重功能及高校综合体育馆设计研究 庄惟敏
11-21 广州大学城体育场馆规划与建设回顾 李传义
11-25 高校体育馆设计思路探索 王艳文
11-28 大跨建筑混合结构创作解析——以三个设计实践为例 刘宏伟
11-31 宜兴市体育中心体育馆和游泳馆 刘志军 江兵
11-34 常熟市游泳馆 宗轩 钱锋
11-36 佐贺市健康运动中心 株式会社 久米设计
11-40 德国世界杯足球赛（FIFA）赛场
法兰克福商业银行竞技场 德国 gmp 国际建筑设计有限公司
科隆联合电力体育场 德国 gmp 国际建筑设计有限公司
汉诺威 AWD 竞技场 德国 Schulitz 及合伙人事务所
斯图加特特利布·戴姆勒体育场 德国 asp-Arat, Siegel + Partner 建筑设计事务所
11-52 深圳世界大学生运动会体育中心 德国 gmp 国际建筑设计有限公司
11-56 海上丝绸之路的新航标——泉州体育馆设计研究 钱锋 屈峰
11-59 运动的张力——安徽巢湖市体育中心设计 李宁 张凡
11-62 体育馆创作的复合化倾向——克拉玛依市体育馆方案解析 潘海迅 孙宇 刘勇
11-65 HOK 体育 + 会展 + 活动建筑设计公司
11-79 伦敦 2012 年奥运会场馆建设综述 廖含文
11-84 任重而道远——2012 伦敦奥运新场馆和奥运村的设计与建设 张雨帆
11-87 2012 伦敦奥运会现有场馆及改造场馆简介 牛牧
11-89 上海世博会中国馆竞赛方案 姜娓娓 莫修权
11-95 罗马 罗马 王冰冰 王儆倬

2007 年 12 月 青年中国

12-07 观念与视野 徐千里
12-10 响应城市的建构 崔彤
12-14 一次漫长而富挑战性的建筑设计之旅
——2008 奥运会北京射击中心创作体会 祁斌
12-20 青年建筑师差异化的自我教育 韩涛
12-22 几个未建成作品及启示 朱晓东
12-25 现代性构建与青年建筑师的定位 李麟学
12-27 思与为——青道房工作室 董苛 金育华 练秀红
12-30 悖论的莫比乌斯圈 韩林飞 高萌
12-32 杂乱的拼图——建筑在我们的时代 宠伟
12-34 理想与现实 凌克戈
12-36 张望与希望——沈阳当代建筑师素描 王强
12-39 关于一次政府公务区模式的批判
——广西人民政府大岭新区办公区规划设计 曹晓昕 周萱
12-42 青年建筑师 冯国安
12-63 一种中国的现代主义——王昀访谈 李宁

12-65 现代主义的"方盒子" 李宁
12-67 回归建筑创作本质——维思平访谈 吴钢 王冰冰 袁丹
12-69 柏林自由大学哲学系图书馆 福斯特及合伙人事务所
12-75 清华科技园科建大厦 陈若光
12-77 圣公会圣安德烈小学及圣玛利亚堂莫庆尧中学 巴马丹拿建筑及工程师有限公司
12-79 美国西维吉尼亚艺术博物馆 美国兰德尔·斯图特建筑事务所
12-81 加拿大阿尔伯塔省艺术博物馆 美国兰德尔·斯图特建筑事务所
12-83 由实验到实践——广州市国际残障人文化交流中心 汤朝晖 王竹 杨晓川
12-85 上海世博会中国馆竞赛方案 李斌
12-87 中国灯 蒋培铭
12-89 纸模型 张婧
12-96 斜坡上的城堡——忆爱丁 杨晨

2008年

2008年1月 居住建筑

01-07 打造生态住宅 倡导绿色生活 田宝江
01-09 中小套型住宅 王贺 曾雁 焦燕
01-11 北京远郊区县小城镇住区空间分布和发展策略研究 赵之枫 陈海朋
01-14 我国城市住宅维修改造的历史与现状 郭晋生 陈建明 董新华
01-16 正确引导我国节能住宅的技术方向 开彦
01-18 可持续的城市街区型住宅区
——哈尔滨哈西地区北22号地块规划设计 聂铭 刘东卫
01-21 城市居住的乡土实践——三个德阳住宅项目的营造 金育华 蔡福
01-24 从体育新城安置小区谈绿色建筑设计理念 叶青 朱炬祯
01-26 解读太阳能住宅
——简评托马斯·赫尔佐格教授的丹麦阿胡斯太阳能住宅竞赛方案 宋晔皓 张凌云
01-28 生态节能住宅设计理念及案例分析 刘飞
01-30 住宅工业化技术研究之路 楚先锋
01-32 蓝色公寓 伯纳德·屈米建筑师事务所
01-35 武汉万科润园 舒文
01-39 嘉兴市格林小镇 邓小龙
01-42 西安绿地世纪城 徐建
01-44 武汉世茂锦绣长江 刘浩
01-47 保利海上五月花 成立
01-50 大连大有恬园 陶力 曹群英 白陶
01-53 上海金地未来域 宋照清
01-56 都料建筑的三个别墅项目 李文军
01-61 设计与反思——沈阳万科新里程设计实践 曹洁 吴钢
01-65 方寸天地 无限空间——成都中环西岸观邸居住区设计解读 包小枫 胡茸
01-68 可支付宜居生态社区——谈北京朝阳区东坝乡单店住宅小区设计 刘晓钟 吴静 周皓
01-70 传统居住空间的当代演绎
——沈阳清韵百园方案设计 杨光 谢鹏 任治国 谢鹏 任治国 张黎黎
01-73 南京市铁匠营地块公寓商业综合体 胡晓明
01-76 从"动态构成"到"非线性流体式整体设计"
——解读扎哈·哈迪德两个竞赛方案设计语汇 徐炯 刘峰 赵和生
01-78 美国MG2建筑设计公司
01-90 类型与混合—— 一个项目中的类型学思考 周凌
01-96 行走埃及 梁超 宛素春

2008年2月 城市设计

02-07 浅议当代城市设计 杨震 徐苗
02-10 当代网络型城市中的建筑 唐斌 韩冬青
02-14 建筑设计与城市设计的融合——以太仓商圈概念设计为例 朱喜钢 王跃云
02-17 创意产业园区空间环境设计要素探讨 赵红红 刘天河 阎瑾
02-20 产业建筑遗产再利用适用性分析初探 张建忠 莫天伟
02-23 论城市设计与我国的城市历史保护 许光华 宋智勇
02-26 山地城镇规划中的城市设计方法——以湖北沿渡河镇为例 李夙 余柏椿
02-28 浅析历史文化遗产保护区域的规划发展路径
——以西安市大明宫区域规划设计为例 王晓川 钱方 吴文 宋卓
02-31 提升品质 彰显特色——长兴县护城河两岸城市设计思考 叶如海 吴骥良
02-33 探索广义的城市设计手法——以西宁海湖新区概念规划为例 屈伸 李慧轩
02-36 德累斯顿车站重建工程及马斯达开发项目 福斯特及合伙人事务所
02-42 居住商业综合体与城市区域的共同发展
——记重庆"金港·国际"项目设计及建设历程 谢鹏 任治国
02-46 旅程——谈长白山白溪小镇规划设计 李文海 姚强
02-49 以问题为导向的城市设计策略
——钦州三娘湾国际方案征集之优胜方案 李宏利 李媛 邢同和
02-51 温岭市中心区城市设计与厦门湖边水库片区城市设计 XWHO中国机构
02-56 扬州经济技术开发区中心片核心区重点地段城市设计 陈华臻 张溦
02-59 杭州西湖数源软件园 秦洛峰 魏薇
02-62 南京大观·天地MALL设计 袁玮
02-65 内在精神的外在体现——西固金山公园构思谈 黄明华 于洋 马琰
02-67 哈尔滨工业大学深圳研究生院城市与景观设计研究中心
02-80 新加坡CPG集团
02-92 城市产业地段改造的整体设计方法
——以镇江焦化厂地段改造规划为例 李娟 孔祥恒

2008年03月 教育建筑

03-07 现代校园的空间秩序与文化理念 王伯伟
03-09 大学校园文化与校园规划设计的文化意识 沈国尧
03-13 七年之痒——校园规划热潮过后的冷思考 徐苏宁
03-16 浅议欧美大学校园人文环境保护 周霞 赵万民
03-18 游走在外部空间——MRY的教育建筑集群设计方法浅析 涂慧君
03-21 乌德勒支大学"内围合式"校园公共空间 张为平
03-24 空间之美的诗意建构——重读中国美院象山校园 雒建利 吴怡音
03-27 日本近代大学校园再开发方法及类型简析 喻晓 许懋彦
03-31 原生态性山地校园规划设计探讨 马明华 郭卫宏
03-34 大学校园规划：磁体与容器并重 姜娓娓 刘玉龙
03-37 契合地缘文化的校园设计 李宁 王玉平
03-40 深圳大学城图书馆管理中心大楼 RMJM
03-44 同济大学嘉定校区图书馆 王文胜 周峻
03-48 大连经济技术开发区第十高级中学 纪晓海 崔岩
03-51 辅仁大学医学综合大楼 潘冀联合建筑师事务所
03-54 华兴中学教学大楼 台湾大元
03-57 集约型校园的探索——南京市北京东路小学教学楼设计 徐静
03-60 平和中的精致——沈阳装备制造工程学校的设计策略 马涛 李颖
03-63 城市雕塑——南京政治学院上海分院教学综合楼 马慧超
03-66 随境而建筑——南京林业大学教学五楼设计 吴俞昕 李青
03-68 涟漪——大连海事大学高等航海爱国主义教育基地方案设计 李文海
03-70 海南大学第四教学楼设计 韩孟臻
03-72 中国海洋大学崂山新校区总体规划设计 王静芬 匡磊
03-74 铮铮有声 孜孜以求——2007UA创作奖概念设计国际竞赛综述
03-75 2007UA创作奖概念设计国际竞赛评审委员会决议书
03-88 由"特殊行为"到"特殊设计"
——基于残疾儿童行为需求的教学空间设计探讨 杨晓川 詹建林 汤朝晖 王竹
03-95 朝圣朗香 王冰冰 王儆倬

2008年4月 绿色建筑

04-07 浅议绿色建筑发展 刘加平 谭良斌
04-09 英国绿色建筑发展研究 廖含文 康健
04-13 城市建筑的绿色设计
——对BRT建筑事务所两个设计案例的解读 宋德萱 夏翀
04-15 从建筑史学的角度论可持续建筑 巩新枝 张良 吴农 吴蔚
04-18 澳大利亚CH2绿色办公大楼的启示 韩继红 安宇
04-20 阳光住居——绿色社会福利住房之鉴 张慧
04-23 谢菲尔德大学社会科学信息合作楼 张雨帆
04-26 绿色建筑技术成本收益分析研究 林波荣
04-28 建筑物整合太阳能光电装置设计 九典联合建筑师事务所
04-31 双层立面系统在建筑节能设计中的应用 曲翠松
04-33 绿色地产在中国的发展——以万科绿色建筑实践为例 苏志刚
04-35 系统思维在生态建筑能量流动分析中的应用初探 蔡志昶
04-38 北京首都国际机场新航站楼 福斯特及合伙人事务所
04-43 新加坡高等法院 福斯特及合伙人事务所
04-47 纳尔逊 - 阿特金斯艺术博物馆新馆 史蒂文·霍尔建筑师事务所
04-51 森林里的图书馆——台北市立图书馆北投分馆 九典联合建筑师事务所
04-55 上海当代艺术馆 刘宇扬
04-58 中国城市可持续发展中的意大利风 亚历山德罗·科斯特
04-62 海悦山庄 凌克戈 李小鸥
04-65 大连市北方金融中心及周边环境改造设计 孙常鸣 赵涛
04-68 清华大学建筑设计研究院绿色建筑工程设计所
04-71 西安建筑科技大学绿色建筑与人居环境研究中心
04-73 华中科技大学建筑与城市规划学院绿色建筑研究中心
04-76 中瑞生态建筑研究中心
07-79 建设部绿色建筑工程技术研究中心
07-80 高密度人居环境生态与节能教育部重点实验室
07-81 台湾大学绿房子研究小组与中华绿建筑协会
07-82 筑能网
07-83 上海产业遗产改建创意产业园区开发模式探究 安延清 左琰
07-87 当代高技术生态建筑的形式表达 黄雷 刘丛红
07-89 说"墙"—— 一次关于界面的研究之旅 张为平
07-92 景观化的新山水 朱晔 冯国安

2008年5月 建筑与景观

05-07 建筑形态地景化的结构形态策略 蒋鑫 仲德崑
05-09 试论建筑的景观意识与景观的建筑意识 刘滇
05-12 主题介入在城市线形景观规划中的运用——以缙云县问渔路景观规划为例 田宝江
05-15 思想解放与景观设计学 庞伟
05-17 宣言与叙事——关于当代景观设计学的思考 孔祥伟
05-19 景观——生命的体验与延伸 李颐
05-21 现代景观设计检验的新标准 SED新西林景观国际研发部
05-24 居住区景观设计初探

——有感于美国加利福尼亚学派“加州花园”景观设计思想 李健
05-27 城市景观设计中的生态安全考量 刘扬 沈丹
05-29 文化传播视角下的城市建筑与景观——以新疆鄯善城区更新为例 李惠军
05-32 破门与跨界——建筑师与景观设计师共论景观设计 王琳 李有为
05-41 生存的艺术——俞孔坚访谈 李有为
05-44 上海浦西江南广场公园规划设计 俞孔坚 龙翔 凌世红 刘向军
05-47 广州铁路南站公园规划设计 魏敏
05-49 蚌埠龙子湖桥头公园庆典区规划设计 易道公司
05-52 成都绿地新里·维多利亚公寓景观设计 裘江
05-55 厦门国贸春天住宅区景观设计 XWHO 国际设计集团
05-57 苏州中新置地湖东 9 号会所 顾大庆
05-60 地王城市公园 都市实践
05-63 EDSA Orient
05-73 SED 新西林景观国际
05-81 北京观筑景观设计有限公司
05-88 金属魔盒 白德龙
05-92 北京大学景观设计学研究院十年探索的回顾与展望 郭婧 李迪华 奚雪松

2008 年 6 月　地域性建筑创作

06-07 当代建筑地域性研究的整体解读 卢峰 李骏
06-09 边缘创作与文化自觉 王冬
06-12 中国传统地方材料的当代建筑演绎 袁烽 林磊
06-17 山地建筑设计理论的研究现状及展望 戴志中 刘彦君
06-20 全球化背景下我国的建筑与建筑教育 林青
06-22 全球化语境中的中国城市与建筑发展策略 汤岳
06-25 传统：地域性建筑创作之源——以丽江束河茶马驿栈规划为例 翟辉 王丽红
06-28 中国地域性建筑创作契机的思考与批判 黄晔 戚广平
06-31 城市地域特色的延续——银川市文化城规划设计 闫力 李卫东 杨昌鸣
06-34 寒地建筑创作中的地域性思考 王宇 梅洪元
06-36 基于地域性建筑创作实践的思辨与展望 《城市建筑》编辑部
06-39 全球化语境中的西部建筑实践访谈录 殷弘
06-43 首尔国立大学博物馆 大都会建筑事务所
06-47 Patronaat 流行音乐馆 迪德伦·迪利克斯
06-50 悉尼海关大楼改造 PTW 建筑设计公司
06-53 在他乡——谈长白山白溪小镇客运站设计 李文海
06-56 空灵意更来 素墨写丹青——采薇阁设计概念与地域性思考 田园
06-59 山形水意生层云——东莞松山湖科学园二期规划与建筑设计 赵新宇
06-62 竹海四曲 魏浩波
06-64 尤柯·福斯建筑设计事务所
06-77 以意驾术——两项目建筑设计理念的生成释要 陈伯超
06-80 川西地区传统民居设计策略 董靓 付飞
06-82 哈尔滨城市边缘建筑文化特质解析 莫娜 刘大平
06-85 设计课程中的一次“批判地域主义”尝试 丁力扬
06-89 普利茨克建筑奖获奖建筑师——伦佐·皮亚诺（上） 陈苏柳 刘松茯
06-91 生活空间 BAU 建筑与城市设计事务所
06-94 沿河与山谷而生的城市——萨拉热窝 胡伟国 陈曦

2008 年 7 月　医疗建筑

07-07 医院建筑设计的绿色思考 罗运湖
07-11 对中国医疗建筑设计若干问题的思考 陈国亮
07-14 创造 21 世纪以人为本的医疗环境 王恺 吕晓婧
07-17 信息时代医院建筑医疗服务效率探究 黄丽洁
07-21 大型医疗建筑设计 刘培森
07-23 空间适时应变 功能完备高效
——医院急救中心的设计问题探讨 张姗姗 侯昌印 王非
07-26 从治疗到居住：针对老龄化社会的建筑设计 刘玉龙
07-28 21 世纪的临终关怀医院 斯蒂芬·魏德勃 本·瑞夫卓
07-31 英国医院建筑的循证设计初探 晁军 谢辉
07-33 比利时鲁汶大学医疗建筑教学研究及实践
——合理化设计、中国医院和 Meditex 体系 李郁葱
07-36 英国 MARU 医疗建筑研究所的教学、研究与实践 黄丽洁 露丝玛瑞·格兰维尔
07-39 美国德克萨斯 A&M 大学健康建筑项目研究 乔治·J·曼恩
07-41 功能与形式的完美结合 孟建民 侯军 王丽娟
——浅谈张家港市第一人民医院建筑创作体会
07-46 卫生部北京医院老北楼重建工程 谷建
07-49 北京朝阳医院门急诊及病房楼 黄晓群
07-53 南京军区南京总医院门诊楼 徐闰超
07-55 现代医院建筑功能设计的备忘——天津泰达医院设计回顾 荀巍 邱茂新
07-60 上海浦东华山医院 唐茜嵘 钟璐
07-64 永康市第一人民医院迁建工程 骆高俊
07-67 “平战结合”医院项目设计初探
——广东省第二人民医院应急备用病区的设计实践与思考 梁维智 王如荔
07-69 滨江医院——花园城市中的花园医院 翰凯国际建筑设计咨询有限公司
07-71 生命跳动的节奏——杭州市下沙医院建设工程设计 李晨 李科军
07-73 城市综合医院高层病房楼设计思考——江苏省第二中医院病房楼设计 徐静 曹伟
07-75 内蒙古国际蒙医医院 格伦 张伟
07-77 de Archipel 医疗综合体 荷兰卢福·凡·斯迪赫建筑设计事务所
07-81 基于未来的合作——规划建设体现高效医疗服务的先进 丹尼尔·詹姆斯·波拉切克
07-85 亨勒，维舍及合伙人自由建筑师联合公司
07-100 Six "All India Institutes of Medical Sciences" 国际竞赛
07-102 普利茨克建筑奖获奖建筑师——伦佐·皮亚诺（下） 陈苏柳 刘松茯
07-105 新·视·界 刘彬 梁仟

2008 年 8 月　办公建筑

08-07 我国近年新建办公建筑的特点与问题 项秉仁
08-09 活性体系——引导办公建筑生态转型的整体观 汪任平 蔡镇钰
08-12 办公建筑表皮形式的生态剖析 李钢 杜庆 侯叶
08-15 办公建筑的生态设计观 丁瑜 徐斌 冷嘉伟
08-18 从中关村（丰台）总部基地建设看总部办公发展趋势 檀鹏晶 杨益盛 刘吉臣
08-21 产业园与独栋式办公园区发展趋势 陈丹
08-24 深圳市建筑科学研究院建科大楼绿色设计理念浅析 孙延超 张炜
08-26 岭南生态地域建筑文化对创作的启示
——记广州萝岗区行政中心区规划设计 陶金 肖大威 黄翼
08-28 和而不同——办公建筑介入特定基地环境的分析 董丹申 李宁
08-31 办公建筑公共开放空间营造——以凤凰国际传媒中心概念设计为例 王佐
08-34 雪樱汽车研发中心 于雷
08-38 佛山新闻中心 邱慧康
08-41 为平凡创造个性——上海机场运行指挥中心办公楼设计 杨明
08-44 上海联合利华研发中心 郭颖莹 任力之
08-47 深圳规划国土局盐田分局办公楼 欧博设计
08-49 山东鲁邦广场综合写字楼 李文军
08-51 北京天辰大厦工程设计回顾 刘文鼎
08-53 上海复旦科技园大厦 苏昶
08-55 凤凰涅槃——苏州阳光新地项目设计 刘志军 徐延峰
08-57 北京凤凰国际传媒文化中心 李翼
08-60 反本土的本土化——广东星海演艺集团办公楼建筑设计 李少云
08-62 极少主义的表达——徐州市档案馆和行政服务中心综合楼设计 刘捷 虞刚
08-64 信阳城市新区行政审批服务中心的设计探索与体会 张灿辉 胡晔 仲德崑
08-66 寓繁于简 化零为整
——中国移动通信集团浙江有限公司杭州分公司综合楼创作回顾 滕美芳 叶常青
08-68 山东大学“号院”保护性改造设计 樊琦
08-70 平实、质朴的空间追求——深圳大学师范学院教学实验楼创作实践 覃力
08-73 安静的地标——记亚利桑那大学新诗歌中心设计 金雷
08-77 美国 HGA 建筑设计工程公司 丹尼尔·詹姆斯·波拉切克
08-92 自然形态在建筑设计中的转换与应用 李世芬 冯路
08-95 中国徽州地区农村传统民居“住”空间构造的变化
——关于黄山市黟县清代村落卢氏住宅构成的研究 倪琪 张毅 菊地成朋
08-97 普利茨克建筑奖获奖建筑师——弗兰克·盖里（上） 李鸽 刘松茯
08-99 老屋新韵 群裕设计咨询（上海）有限公司

2008 年 9 月　文化建筑

09-07 文化建筑：回到城市生活 卢峰 何雅婷
09-10 试析文化建筑的空间类型——来自内蒙古藏传佛教建筑群的启示 白丽燕 张鹏举
09-13 当代博览建筑中的叙事思维表达研究 张险峰 董超 赵茜
09-15 深圳市视觉展示类建筑研究 覃力 赵欣
09-18 关注本体性的文化建筑创造 傅筱
09-21 传统地域文化的现代演绎——广西崇左壮族博物馆设计 仲德崑 杨宝
09-24 乡土语境下的博物馆设计 龚恺 乌再荣
09-27 我国革命纪念建筑特征演进及发展趋势探析 韩高峰 许懋彦
09-31 酒·瓶之辨——关于博物馆建筑的思考 王丽红 翟辉
09-33 威森豪普特私人美术馆 李文军
09-36 韩国国际展览中心 Seung-Youn Lee
09-39 约克大学综合学院表演艺术大楼 加拿大蔡德勒建筑师事务所
09-42 巴拉瑞特美术馆 PTW 建筑师事务所
09-44 Figge 艺术博物馆 戴卫·奇普菲尔德建筑事务所
09-46 哈雷姆实验剧院 杜尔建筑工作室
09-49 徐州汉兵马俑博物馆 丛勐 张宏
09-51 松江新城方松社区文化中心 周峻
09-54 上海国际汽车会展中心 薄宏涛
09-57 Herning 艺术中心 Steven Holl 建筑师事务所
09-59 中国体育博览馆青岛馆 潘海迅 刘岩 孙宇
09-61 乳山市文博中心设计 张哲 弓蒙
09-65 Boehringer Ingelheim 员工餐厅 考夫曼、泰里格及伙伴建筑师事务所
09-68 德国巴特艾布尔温泉水疗中心 陈志嵩 熊子超
09-71 鲍姆施拉格 - 埃贝尔（B+E）建筑事务所
09-72 持续性是获得成功的重要因素——埃贝尔教授专访
09-86 足迹与启示——戏曲剧场建筑形式与空间特色的探析 梁鼎森 何杰 梁路
09-88 中国徽州地区农村传统村落街区空间构造的形成
——对古徽州地区呈坎村与卢村的调查 倪琪 张毅 菊地成朋
09-90 技术层级观念与建筑创作 黄锰 张伶伶 郑迪
09-93 普利茨克建筑奖获奖建筑师——弗兰克·盖里（中） 李鸽 刘松茯
09-95 古典走向未来的嬗变 鞠叶辛 梅洪元

2008 年 10 月　高层建筑

10-07 为人的高层、超高层建筑 戴复东
10-09 创造城市与建筑的自然人文地域特点——低耗高效、节能环保、可持续发展 张祖刚
10-12 超高层建筑与城市空间互动关系研究 梅洪元 梁静
10-14 高层建筑设计的全球趋势研究 安托尼·伍德 菲利浦·欧德菲尔德
10-17 城市设计视野中的高层建筑 卡瑟利娜·鲍尔斯 黛娜·哈拉萨
10-20 高层建筑外围护系统设计浅析 戴锦辉
10-23 数字设计的先锋理念——荷兰 ONL 建筑师事务所 Kas Oosterhuis 教授访谈 王达

10-26 地域性和现代性——江苏移动通信枢纽工程设计案例研究 项秉仁 韩冰
10-29 以建构艺术理解建筑 以建造逻辑设计建筑
——以重庆国际金融大厦为例 陈荣华 陈豫川 唐绍波
10-32 回归理性——记昆钢科技大厦方案设计 董春波 赵新宇
10-35 “双塔”的设计探索 ZPLUS 普瑞思建筑规划设计咨询有限公司
10-39 航标——青岛海洋中心建筑设计 梁应添 王涌彬 丛军
10-42 秦皇岛文化广场建筑设计 周峻
10-45 建筑中的控制及其显现——“玛雅上层”高层住宅设计 李海乐 任智劼
10-48 现代与历史的交融——河南发展大厦设计体验 杨昕
10-50 广州国际数据安全解决方案中心规划及建筑设计 杨晓川 李宝华 汤朝晖 唐雅男
10-52 荷兰奈梅亨商务及创新中心 52° Mecanoo 建筑事务所
10-55 阿布扎比 Sowwah 广场 美国 GP 建筑事务所
10-58 北京银泰中心 约翰·波特曼建筑设计事务所
10-61 拉·德方斯观光大厦 大都会建筑事务所
10-63 拉·德方斯中心区高层建筑实践 乔治·杜戈琥 王震
10-66 英国伦敦尖塔 KPF 建筑师事务所
10-69 凯达环球
10-84 RMJM 建筑设计集团 吕晶
10-99 建筑地域技术的主体目的 郑迪 张伶伶 李光皓
10-102 绿色建筑设计理念与节能技术应用 乔世军 何林
10-104 普利茨克建筑奖获奖建筑师——弗兰克·盖里（下） 李鸽 刘松茯
10-106 白色魅力 阿克雅建筑师事务所

2008 年 11 月 体育建筑

11-07 “喧闹”过后的冷静思考——对后奥运时代体育建筑发展的探讨
11-11 大型体育设施与城市关系评估初探 王西波
11-14 从社会文化角度看历届奥运场馆总体布局 任磊 陈晓恬
11-18 标志性体育建筑与功能性体育建筑
——回顾北京奥运中心区三大场馆的设计与建设 付毅智
11-22 中国当代体育场建筑设计研究 马泷
11-26 浅析体育场馆设计竞赛境外方案的创作理念 陆诗亮 饶洁
11-29 大跨建筑混合结构的分类 刘宏伟
11-32 当代体育建筑结构形态的张拉化创作趋向 董宇 刘德明
11-35 FIFA 世界杯足球场建筑设计浅析 姚亚雄
11-38 复合型体育建筑创作探析 赵晨 潘海迅 潘迪 刘勇
11-41 2010 年亚运会（广州）亚运村规划设计回顾 夏晟 叶伟康 申永刚
11-44 昆明星耀体育运动城体育场馆 黎佗芬 孙浩
11-47 贝壳卧滩 风帆临海——汕头游泳跳水馆设计研究 魏敦山 赵晨
11-50 洛阳新区体育中心 付修
11-54 光华内敛隐“技”于“真”——同济大学游泳馆创作随笔 钱锋 汤朔宁 刘宏伟
11-57 限制下的实践——河海大学风雨操场设计 傅筱
11-59 松江大学城资源共享区体育馆、游泳馆 杨凯 吴炜 徐晓明
11-62 新形式创造新功能——上海交通大学体育馆建筑设计 陈钢
11-65 上海海事大学临港新校区体育中心 王雪莲
11-68 多义性的整合——河北省武安体育中心设计 魏敦山 胡兴安 庄楚龙
11-71 南非 2010 年 FIFA 世界杯赛场 冯·格康，玛格及合伙人建筑师事务所
11-75 奥尔登堡 EWE 体育馆和斯图加特保时捷体育馆 阿尔特，斯格尔及合伙人
11-81 水塔里的禅修中心 罗莎·汤伯建筑师事务所与 P·Ketelaars
11-84 菲尔德施塔特“菲尔多拉多”休闲浴场 夫曼、泰里格及伙伴建筑师事务所
11-87 台湾交通大学第三招待所 姚仁喜
11-91 波尔公司新意大利总部 波捷特
11-95 HOK 体育对于现代体育场设计趋势的探索
11-107 中国徽州地区以水系为核心的传统村落空间构成原理
——黄山市徽州地区呈坎村的调查报告 倪琪 王玉 菊地成朋
11-111 普利茨克建筑奖获奖建筑师——理查德·罗杰斯（上） 程世卓 刘松茯
11-114 在平衡中寻求突破 凯达环球建筑设计咨询（北京）有限公司

2008 年 12 月 与中国同行

12-07 发展：城市需要远见，规划建设需要协同 展二鹏
12-12 地铁·北京——三个话题…… 单军 程晓曦
12-15 宏伟的蓝图 失控的时空——反思近年来天津的城市建设 杨昌鸣 张威 丁伟
12-19 “发展中”城市——浅析上海浦江两岸 CBD 建设 杨之懿 孙哲
12-24 从速度荣耀到教育嬗变——深圳市高等教育发展规划与空间设计解读 金广君 赵宏宇
12-28 极限都市“香港”——作为“亚洲式拥挤文化”的典型 张为平
12-33 当代重庆“一字诀” 魏皓严 郑曦
12-37 “整体缺失”——哈尔滨城市建设的文化表象 徐苏宁 吕飞 邱志勇
12-40 诗性建构的式微——大连城市空间布局解读 孔宇航 袁海贝贝
12-42 威尼斯的纸砖房 李兴钢
12-46 大话城市 曹晓昕
12-50 印象 2008——从院子看城市 祁斌
12-54 责任 坚守 转机 温子先
12-58 上海东，波士顿北——两个现场下关于“建筑自主性”的思考 袁烽
12-62 责任与坚持——我的 2008 关键词 周峻
12-66 我的 2008 凌克戈
12-70 2008，城市现象的中心 李凯生
12-73 2008·城市·未来 梁钦东
12-76 匠人之志 至臻至美 侯梁
12-80 激进的第三条路线——转型社会中未来中国建筑的探索 施国平
12-83 080512 / 080808 冯国安
12-86 几种基本状态 魏皓严
12-90 2008 飞天美学 周凌
12-94 看看远洋轮船、飞机和汽车 傅筱
12-98 时代的拐点 冯果川
12-102 2008 寻问设计 庞伟
12-105 2008 的英雄主义和草根生活 李文海
12-108 一样的行走，不一样的脚步 马涛
12-112 地震改变建筑学 安军
12-116 从校园里的旧厂房开始 张鹏举
12-120 由“四川快递”概念设计展谈起……
——访英国福斯特建筑事务所高级建筑师范铁 廖含文
12-123 在 MVRDV 做建筑——对于“研究式设计”体验回溯 张为平
12-128 传统风格的节能办公建筑 朱隆斌
12-130 建筑设计创新灵感思维的培养 邵郁 邹广天 刘杰
12-132 普利茨克建筑奖获奖建筑师——理查德·罗杰斯（中） 程世卓 刘松茯
12-134 青岛万科办公室室内设计 维思平建筑设计事务所

2009 年

2009 年 1 月 居住建筑

01-06 从寒冬走向暖——住宅业的回顾与反思
01-10 高层住宅发展趋势探讨 田宝江 蒋五一
01-13 高层住宅对城市空间形态影响的分析及规划设计对策 翟强 潘宜
01-16 高层住宅的“类地空间” 曲艳丽 杨朝华
01-19 垂直城市——高层住宅的过去、现在与未来 苏勇 虞大鹏
01-23 高层居住建筑的地域性设计原则 张险峰 黄中浩 张硕松
01-25 小区规划中的“混合”与“分离”
——以北京市居住小区为例 朱一荣 Ahn Kun-Hyuck
01-28 住宅塔式楼栋设计研究——以一梯六户塔楼为例 周燕珉 符玲
01-33 北京地区塔式高层住宅设计的回顾与展望 赵乐 郭晋生
01-37 上海高层住宅的发展及平面类型特点 李振宇 孙建军
01-40 1998 年～2008 年特大城市高层住宅发展的综合效益评价
——以武汉市为例 潘悦 潘宜
01-43 山地高层住宅造型设计的思索
——以威海文峰二街改造项目为例 李媛 李宏利 邢同和
01-46 宁波东部新城安置住宅 董屹
01-50 北海阳光香格里花园 邱慧康
01-53 鹤山十里方圆 深圳市筑博工程设计有限公司建筑三部
01-58 深圳城市山谷三期 钟兵
01-61 苏州大湖城邦 朱珺
01-64 从化温泉高尔夫花园 深圳市筑博工程设计有限公司建筑五部
01-68 丽水白云山居 尉巍
01-71 昆山世茂蝶湖湾 王赟
01-74 苏州水岸清华 上海三益建筑设计有限公司
01-76 韩国 Sugi-Maeul 公寓 李昇衍
01-79 荷兰 Olmenhof 老年疗养公寓 尤柯·福斯建筑设计事务所
01-83 德国 Rohrdorf 住宅 考夫曼、泰里格及伙伴建筑师事务所
01-87 荷兰古典庭院式住宅 杜尔建筑工作室
01-91 加拿大明托高级公寓 加拿大蔡德勒建筑师事务所
01-94 李象群雕塑艺术馆设计 陈晗 梅洪元
01-96 利安顾问有限公司
01-106 基于城市空间的整体思考——国外铁路客站地区更新设计浅析 朱琳 欧阳文
01-108 普利茨克建筑奖获奖建筑师——理查德·罗杰斯（下） 程世卓 刘松茯
01-110 留白——创盟国际建筑设计公司室内印象 丹尼

2009 年 2 月 城市设计

02-06 城市转型与城市再生
02-11 伦敦旧城更新浅议 戴锦辉
02-14 激活城市——城市建筑文化资本与城市历史街区复兴 彭颖 刘大平
02-17 天津城市工业用地重组中工业遗产保护与更新的思考 夏青 徐萌 许熙巍
02-20 工业废弃地——矿区复兴的潜在资源 常江 汤鉴君 冯姗姗
02-23 后工业时代旧工业建筑的转型再利用 梅洪元 费腾 王宇
02-26 基于原公有住房改造的城市片区更新方法研究
——以北京西城区三里河街区的住宅更新为例 傅岳峰 戴俭 惠晓曦
02-29 如将不尽 与古为新
——更新中的城市历史建筑及其保护 高蕾 唐黎洲 王冬
02-32 当代建筑形态在城市空间更新中的独特作用 栾滨 孙晖
02-36 当代城市文化背景下的城市功能再生——另一种生态建筑 田园
02-38 时间与空间矛盾之间的城市再生 翟辉 王丽红
02-40 百年西港 渤海之心——秦皇岛西港区概念性规划 宋卓
02-44 盐城市城南新区中心区城市设计 徐宁 王建国 张建波
02-48 城市更新的全局观——以江山市老铁路用地再利用为例 张学文 侯宇红
02-51 南京浦口火车站地区保护与重塑 方遥 吴骥良

02-54 广州东濠涌片区公共空间的衰落与复兴 黄昕 沈慷
02-57 福州三坊七巷城市复兴实践的文化激活策略 陈序
02-60 天津西北角回族社区的再生 张威 马凯 杨昌鸣
02-62 "内"与"外"的改造——对澳门历史文化街区的一次城市更新设计 龚恺
02-65 新长街 老味道
——武汉市武昌区解放路更新改造中的特色重塑 周燕 贺慧 余柏椿
02-67 从纺织工厂到"时尚工坊"——上海尚街 Loft 园区的适应性改造 李伟
02-71 2010 年上海世博会场馆"厚板车间"再利用改造实践 王珂 莫天伟
02-74 "协调开发"模式下的产业建筑改造研究
——以上海市宝山区纪蕴路仓库改造为例 尹宏德 李麟学
02-77 从水族馆到大学系馆——城市历史遗产保护的案例与启示 李桓 施梁
02-80 既有建筑改造设计中的"情感增值"
——以上海市建筑科学研究院金工车间档案馆改造工程为例 刘馨 郑迪 李硕
02-83 快速城市更新中的东北传媒大厦创作 朱士壮 杨晔 李英博
02-85 HMA 建筑设计事务所
02-86 创意的场所再生 思想的灵感激荡——HMA 建筑设计事务所主创设计师访谈录
02-97 城市设计中的文化复兴理念 陈可石
02-100 基于社区参与的传统街区复兴
——以扬州老城文化里改造社区行动规划（CAP）为例 郭烽 朱隆斌
02-103 普利茨克建筑奖获奖建筑师—扎哈·哈迪德（上） 李静薇 刘松茯
02-106 设计动态

2009 年 3 月 教育建筑

03-6 自省与感悟 探究与实践——教育建筑灾后重建的思考
03-13 创造适合新课程标准需要的安全空间——灾后重建学校建筑设计探讨 刘玉龙
03-15 日本灾后建筑应急危险度判定系统初探 汤朝晖 牟彦茗 杨晓川
03-18 从"过渡"到"永久"——教育建筑灾后重建"教室外"的思考 沈中伟 周鑫
03-20 校园作为防灾避难场所的功能适宜性研究 李异 杨洋
03-23 日本中小学校建筑抗震设计研究 李志民 周崑 李曙婷
03-26 可持续的希望——中小学建筑的灾后重建初探 刘小虎 张婧
03-29 校园规划的三个思考向度 刘木贤
03-34 全木结构绿色校园——都江堰市向峨小学设计实录 王文胜 周峻
03-37 松潘县镇江关中小学 刘宇波 刘升平
03-40 江油市明镜中学 任飞 程晓喜
03-42 绵竹市南轩中学 沈国尧 李大勇 倪慧
03-44 汶源县第四中学 王威 胡艳峰
03-47 黑水县色尔古寄宿小学 吴烈 段晓丹
03-49 德阳市旌阳区天元小学 张培丹 段晓丹
03-51 青川县马鹿小学 黄廷东 李宁
03-53 台湾新校园运动的发轫与影响 吕钦文
03-82 一体化校园设计——同济大学第一附属中学新校区 黄莺 牟彦茗 杨晓川
03-87 体验自由教学空间——探访丹麦哥本哈根 Ørestad Gymnasium（学校） 汤朝晖
03-92 寻找音乐与建筑的契合点——中央音乐学院教学综合楼设计 陈泓 王文胜
03-97 香港理工大学－香港专上学院西九龙校园和红磡湾校园 林云峰
03-105 亚利桑那州立大学跨学科科技馆 1 号楼（ISTB1） 帕金斯威尔建筑事务所
03-111 登赫尔德 Doggershoek 青少年管教所 卢福·凡·斯迪赫建筑设计事务所
03-115 大连市风景小学 杨兆华
03-118 为未来领袖而设计——RMJM 于教育界的 50 载耕耘 戈登·霍德
03-131 空间密码的发现与初解
——旅顺新市街（太阳沟）历史街区结构性遗存的发掘 张勇 王欣
03-134 基于可持续发展理念的现代科技园规划设计
——以营口沿海产业基地富士康科技园为例 邬毅 梅洪元
03-136 普利茨克建筑奖获奖建筑师——扎哈·哈迪德（下） 李静薇 刘松茯

2009 年 4 月 建筑与技术

04-06 建筑创作中的技术表现
04-10 当代建筑"后现代转向"的技术张力研究 朱莹 梅洪元 张向宁
04-13 我国当代建筑技术观的演变研究 张世彤 卢向东
04-16 建筑内涵下的技术支撑 袁海贝贝 孔宇航
04-18 大空间公共建筑创作中的技术美学表达 史立刚 董宇 袁一星
04-22 活技术——关注生活世界的技术范式 魏浩波
04-24 现代建筑中装饰和技术的关系解读 宋昆 兰巍
04-28 建筑细部对创作形态和建筑审美的影响 刘向军
04-31 香港科学园二期 利安顾问有限公司
04-34 惠程电气厂区建筑 覃力
04-38 半地下与半地面的流动——云林县劳工育乐中心 罗时玮
04-43 校园与社会的一次"亲密接触"
——北郊高级中学综合教学楼（晏沪楼） 周峻 胡颖祺
04-46 深圳气象塔 阚忠彦
04-48 文化的交流和融合——加拿大驻韩国大使馆加拿大蔡德勒建筑师事务所
04-51 清水混凝土——质朴而坦率的建筑表达 AI 国际建筑师事务所（加拿大）
04-54 北京糖果俱乐部改造设计 阿克雅建筑设计咨询（北京）有限公司
04-57 上海世茂新体验洲际酒店方案设计回顾 胡雅莉 蔡捷
04-60 韩国釜山乐天大厦 帕克设计国际集团
04-63 向集成电路学习——中视联国际数字产业园设计 胡罡
04-67 芝加哥联合车站 2020 李文军
04-70 日兴设计
04-84 潜精研思 掷地有声——2008UA 创作奖概念设计国际竞赛综述
04-98 叠加与融合——恩里克·米拉利斯建筑中的场地 曾飞 王静
04-101 设计模式的数字化转变——矶崎新近期作品分析 柏灵芝 俞传飞 严怀达
04-103 大空间公共建筑发展模式研究 李玲玲
04-105 普利茨克建筑奖获奖建筑师——扎哈·哈迪德（下） 李静薇 刘松茯

2009 年 5 月 商业建筑

05-03 城市·商业建筑
05-06 建筑设计与商业管理的融合——商业经营管理者解析购物中心规划与建筑设计
邢和平 赖建燕 李盈霖 郭向东 王鹏
05-10 消费社会大型商业建筑的文化彰显 李翔宇 梅洪元
05-14 商业空间环境创作中的文化拟像解析 赵晓龙 刘德明
05-17 城市综合体——商业对城市空间的整合叙事 曲艳丽 杨朝华
05-21 公共交通与郊区购物中心 刘念雄
05-24 基于人性化理念的商业建筑交通空间设计 费腾 毕冰实
05-27 基于城市整体的商业街区更新策略
——以重庆市解放碑中心商业区改造设计为例 卢峰 胡泓波
05-30 传统商业街等级网络的架构
——柏林库尔登大街 206-209 地块商业综合体开发 杨一秀
05-34 中庭空间的认知——关于上海市 24 个商业建筑中庭的调研 牛力
05-37 苏州石湖第一街商业综合体 于雷 沈春华
05-42 深圳海岸城广场 李志斌
05-46 成都博瑞优品道 宋照青
05-49 深圳华强广场 杨晋
05-53 深圳星河世纪广场 王一
05-57 加拿大温哥华好市多 Christine Mullen
05-60 韩国东南圈物流中心 Garden5 Life Zone 李衍
05-63 金茂三亚丽思卡尔顿酒店 刘涛 侯彤
05-70 北京金融街威斯汀酒店 黄明颖
05-73 安徽淮北口子国际金陵酒店 陶益兰
05-76 广州增城荔城湖 利安顾问有限公司
05-79 上海金地三林城住宅区售楼中心 ius Leuba 朱小村
05-82 考夫曼、泰里格及伙伴建筑师事务所
05-97 关于农民房设计的五点建议 杨之懿 王浩 孙哲
05-99 旧住宅区更新中探讨实现社会混居模式途径
——以北京市西城区三里河一区一号院为例 宋晓宇 张建 惠晓曦
05-101 关于大连港码头滨水地区未来发展的思考 孙晖 梁江
05-104 东北汉族传统民居在历史迁徙过程中的型制转变及其启示 李同予 薛滨夏 白雪
05-106 城市设计导则的再认识 戴冬晖 金广君
05-109 普利茨克建筑奖获奖建筑师——雷姆·库哈斯（上） 孙巍巍 刘松茯
05-111 上海 Sin 酒吧 柯凯建筑设计顾问（上海）有限公司
05-116 UA 建筑师——苗业

2009 年 6 月 地域性建筑创作

06-06 文化视域下的建筑地域性
06-10 从大文化视角思考城市建筑设计创作 张祖刚
06-14 文化产品与因地制宜 莫天伟 王罗佳 莫弘之
06-17 跨地域建筑创作——当代建筑师的实践思考 项秉仁 祁涛
06-21 回归建筑创作本原 张向宁 梅洪元
06-24 资本一统下的纷纷江湖——文化、地域建筑与空间生产 魏皓严 郑曦
06-28 地域性思考 整体性设计——非线性有机建筑笔记 孔宇航 王时原 刘九菊
06-31 游走在"中心"和"边缘"之间 王冬
06-34 上山下乡——乡土实践的爆发力 魏浩波
06-37 作为文化活动的空间地域性守护 李凯生
06-40 耕耘在地 放眼全球——当代青年建筑师在中国的地域建筑实践 刘宇扬
06-43 潜意识的地域性 张为平
06-46 建筑创作的地域性表达 张骏 梅洪元
06-48 他治·经营·业余 王欣
06-52 新西部主义建筑创作探索 安军
06-56 传统意象的现代解读——红召重建设计笔记 白丽燕 张鹏举 白雪
06-59 外来建筑形式的本土创新
——广州圣普拉多别墅区规划与建筑设计 李少云 梁其湘
06-62 气候引导下的地域性建筑创作
——以三亚城市职业学院规划建筑设计为例 李麟学 刘旸 赵振富
06-66 重庆江北城招商楼 汤桦
06-68 亚洲诗意生活态度的现实诠释——富春鸿茂八墅系列之"绕翠" 王兴田
06-71 对大连当代建筑地域化实践的质疑——邢良坤陶艺馆建筑创作 崔岩
06-74 山地建筑的实践探索——大连富士庄园设计 初秀丽
06-76 地域性建筑的实践探索——钟训正院士访谈录 袁玮
06-80 PTW 建筑设计公司
06-94 历史环境与文化生态的关系研究 张松
06-97 基于城市记忆系统的天津五大道地区城市记忆要素分析 周晓冬 任娟
06-100 普利茨克建筑奖获奖建筑师——雷姆·库哈斯（中） 孙巍巍 刘松茯
06-104 淮海中路 796 号 柯凯建筑设计顾问（上海）有限公司
06-108 UA 建筑师——李弘玉

2009 年 7 月 医疗建筑

07-06 理性的呼唤——时代转型中的务实思考
07-10 医院建筑的用后评估和性能评估
——品质、效率、反馈和参与 李郁葱 赫尔曼·纽克曼斯
07-13 用后评估：理论优良，实践困难？ 尼尔·卡登海德
07-16 建筑后评估及其操作模式探究 汪晓霞
07-20 事于效率 功于发展
——从效率研究探索现代化医疗环境可持续发展的若干思考 邱茂新

07-23 经济型医院的设计体验 黄晓群
07-26 发达国家当代医疗建筑发展及其对中国的启示 刘玉龙
07-29 医院建筑创作浅析 陈国亮 郑亚丰
07-31 克莱姆森大学医疗建筑研究生项目 大卫·艾利森
07-35 从 Central Middlesex 医院的 ACAD, BECaD 模式看英国的地区综合医院结构重组 黄丽洁
07-37 通过建筑设计重新思考医疗护理模式 大卫·钱伯斯
07-41 美国德克萨斯 A&M 大学"健康建筑"项目的亚洲实践 罗纳德·斯卡格斯 约瑟夫·斯普拉格 乔治·曼恩
07-46 医院建筑发展的新趋势 许常吉
07-52 构建绿色医疗体系——中国 21 世纪医院发展的未来 王恺
07-56 医院改扩建策略 曾奕辉
07-60 关于我国专科医院设计的思考 孙鸿新
07-64 当代医院建筑的"3E+2S"特征解析 唐茜嵘
07-69 限制条件下的逻辑演绎——江阴市人民医院新病房大楼设计 韩晓琳 黄育斌
07-72 呼伦贝尔市海拉尔区人民医院综合楼 格伦 付列武
07-74 重庆开县人民医院综合楼 易兵 范尧
07-77 谷斯瑞（Guthrie）外科中心——新一代手术室案例分析 王翔
07-81 美国 GBBN 建筑设计事务所
07-94 SmithGroup 医疗建筑设计实践与探索
07-114 城市研究者 + 建筑师——Eriko Watanabe 和 Igor Kebel 访谈 张为平
07-121 Puerta de Toledo 图书馆简形空间的策略分析——与万神庙的比较阅读 杨文俊
07-124 大连市监狱迁建工程设计研究 李铁军 郑罡
07-126 由中国传统殡葬观分析城市墓园的生态化设计 李冰 李桂文 陶恺
07-129 普利茨克建筑奖获奖建筑师——雷姆·库哈斯（下） 孙巍巍 刘松茯
07-131 北京梅塞德斯——奔驰汽车展厅 考夫曼、泰里格及伙伴建筑师事务所
07-134 UA 建筑师——张伟玲

2009 年 8 月 办公建筑

08-06 信息时代的新办公建筑
08-10 略谈北京办公建筑之形式演变 刘文鼎
08-16 办公建筑设计中的"剖面策略" 惠丝思 李保峰
08-20 办公建筑节能设计思考 宋德萱 程光
08-23 西安市大型办公建筑能耗与节能设计分析 刘大龙 刘涛 杨柳 刘加平
08-25 城市化背景下商务园的空间结构与形态特征解析 刘磊 孙晖
08-29 伦敦 Palestra 大厦 阿尔索普建筑师事务所
08-37 德国辛根 Hegau 大厦 墨菲杨建筑师事务所
08-40 德国 Mannheimer Versicherung Augustaanlage 公司总部 墨菲杨建筑师事务所
08-44 鹿特丹库尔辛格大厦 大都会建筑事务所
08-46 利雅得阿法沙利亚大厦二期 大都会建筑事务所
08-48 上海市南汇机关办公中心 冯·格康，玛格及合伙人建筑师事务所
08-52 上海临港国际物流技术中心 冯·格康，玛格及合伙人建筑师事务所
08-54 武汉光谷软件园 AAI 国际建筑师事务所
08-57 庭院办公——轨道明珠线二期配套工程 凌克戈 王利民
08-61 建筑与环境的共生——上海区域空中交通管制中心设计 王利民
08-65 洛阳高新技术开发区火炬大厦 朱亦民
08-68 深圳宝安区综合服务办公楼 叶青青 郭卫宏 马明华
08-72 北京世华国际中心 程大鹏 樊军
08-74 苍南电力调度通讯中心大楼 杨鸣
08-77 基于江南水乡环境的办公园区空间组织分析——以浙江广电集团东海影视创作园区设计为例 于慧芳 李宁
08-80 北京中信国安会议中心庭院式客房 维思平建筑设计
08-84 全球创新者——贺克国际建筑设计咨询有限公司
08-97 "泛城市"状态下的逆尺度实践从 XL 到 XS：对话"源计划"工作室 张为平
08-104 公共开放空间系统规划的平灾结合视点——以唐山为例 杨晓春 李云 周俐
08-107 地域性主导下的建筑与城市公共空间 孙彤宇
08-110 从超文本、蒙太奇到超序空间——非线性传媒与空间的多义性 龚思宁
08-112 从品质到品位——论景观的创作与塑造 金敬思
08-114 普利茨克建筑奖获奖建筑师——安藤忠雄（上） 张荣华 刘松茯 张作魁
08-116 活着的建筑——宏村徽派建筑印象记 初秀丽
08-118 UA 建筑师

2009 年 9 月 文化建筑

09-06 文化建筑与建筑文化
09-09 现象学的博览建筑语境 赵秋阳 梅洪元 王征
09-12 核心与外延——当代城市文化建筑多元化职能解析 王宇洁 仲利强
09-14 文化建筑的空间尺度与叙事性 艾侠
09-17 深圳观演建筑实态研究 覃力 王丽娟
09-21 内省空间的营造——以斯琴博物馆设计思考为例 张鹏举 托亚 刘燕青
09-24 关注场所营造的文化建筑创作——石家庄市美术馆设计 孔令涛 宋雪雅
09-27 解读文化建筑——有感于仙台媒质机构设计 孔宇航 王时原
09-30 当代公共图书馆建筑改扩建创作探索——瑞典斯德哥尔摩市公共图书馆改扩建设计竞赛获奖方案解析 孙澄 朱学昭 庄苏琦
09-32 场域演变——解读伊比利亚当代艺术中心 周岩
09-34 以观念表达文化——丹尼尔·李伯斯金建筑作品解读 白雪 张曼
09-37 西布朗维奇公共艺术中心 阿尔索普建筑师事务所
09-41 新雅典卫城博物馆 伯纳德·屈米建筑师事务所
09-45 格拉茨 MUMUTH 音乐厅 UNStudio 联合工作室
09-49 保时捷汽车博物馆 德鲁根·梅斯尔联合设计事务所
09-53 海中国美术馆 都市实践
09-58 荷兰 Ekris 宝马展厅 荷兰 ONL 建筑师事务所
09-62 重庆图书馆 珀金斯伊士曼建筑事务所
09-66 优山美地美术馆 北京翰时国际建筑设计咨询有限公司
09-69 台湾工业技术研究院运动休闲活动中心 廖伟立
09-73 鹿特丹联合利华 deBrug/deKade 办公综合体 JHK 建筑事务所
09-77 崔恺工作室
09-84 杭州中联程泰宁建筑设计研究院有限公司
09-92 何镜堂工作室
09-102 NBBJ 建筑设计事务所
09-116 建筑教育的其他可能性——荷兰贝尔拉格学院访谈 张为平
09-121 浅谈现代建筑环境的境界构成设计——以上海世博会中国馆为例 邓宗元
09-124 普利茨克建筑奖获奖建筑师——安藤忠雄（中） 张荣华 刘松茯 张作魁
09-126 UA 建筑师

2009 年 10 月 高层建筑

10-14 城市视野下的高层建筑
10-18 高层建筑与重庆城市建设 戴志中 戴蕾
10-20 摩天魅影与都市性营造——由上海、北京看超高层建筑的都市语境 史建
10-24 浅议城市高层建筑公共性 王世福 周可斌
10-27 作为文化和城市元素的高层建筑 王鲁民 吕诗佳
10-29 高层建筑群化发展趋势探析 覃力
10-32 美国高层建筑历史连续性图解 丁力扬 叶文婷
10-38 可持续发展的生态高层建筑设计——以英国诺丁汉大学建筑环境学院高层建筑设计教育为例 大卫·尼科尔森－科尔
10-42 天空城市——高层建筑设计学习实录 林师师 江华健
10-45 超高层建筑与城市竞逐的探讨——纽约、芝加哥、台北、高雄 傅朝卿
10-48 关于现代城市与建筑"微型"与"适当"的思索 阮庆岳
10-50 作为新型城市节点的垂直型都市综合体 杨洲
10-52 城市制高点 赵新宇
10-55 法国马赛达飞海运集团公司总部（船务）大楼 扎哈·哈迪德建筑师事务所
10-58 意大利米兰"都市人生"高层办及居住建筑项目 扎哈·哈迪德建筑师事务所
10-62 美国纽约时代大厦 伦佐·皮亚诺建筑工作室
10-67 土耳其伊斯坦布尔 Atasehir Varyap 项目 RMJM 建筑设计集团
10-70 南京湖南路 0405 地块规划及超高层建筑项目 凯达环球
10-74 上海中建大厦 KPF 建筑师事务所
10-78 中国澳门新濠天地 利安顾问有限公司
10-81 宁波万豪酒店 德国 gmp 国际建筑设计有限公司
10-85 北京万达广场 德国 gmp 国际建筑设计有限公司
10-88 竖向庭院的序列——四川华电办公大楼设计 刘艺
10-91 天空之城——一组奇观的生产 魏浩波
10-94 蓝天组
10-108 荷兰看中国——MVRDV 的中国建筑师访谈 张为平
10-113 生态村庄规划——徐州市邳州县铁富镇艾山西村生态村实例分析 郝乙 吴骥良
10-115 从"BTA"到"城市市场"——本杰明·汤普森设计理念解读 吴伟 王碧石
10-118 普利茨克建筑奖获奖建筑师——安藤忠雄（下） 张荣华 刘松茯 张作魁
10-120 UA 建筑师——张玉良
10-122 食源餐厅

2009 年 11 月 体育建筑

11-06 体育建筑设计的理性思考
11-09 体育场馆空间形态构成趋势研究 陆诗亮 余洋
11-14 多重语境下的体育建筑创作实践 艾侠
11-18 初探美国建造体系（体育设施）中的项目递交体系 沈箭
11-20 体育建筑的地缘张力研究 史立刚 董宇 袁一星
11-23 大型体育场馆空间弹性设计对策研究 罗鹏 李玲玲
11-26 现代体育建筑包厢设施设计探讨 冯晔 解越
11-29 体育建筑创作中的人性化表达 潘海迅 赵晨 于鹏 潘迪
11-31 伦敦奥运场馆建设最新进展 廖含文
11-36 荷兰 2028 奥运畅想 何宛余
11-46 半透明帷幕中的剧场——济南奥林匹克体育中心 李岩
11-52 潍坊市奥林匹克体育中心体育场 唐壬 赵晨 冯献华
11-56 呼和浩特市体育场 曹阳 李祥云
11-60 上海旗忠森林体育城网球中心副赛场 张旭 赵晨 汤志明
11-63 白城师范学院体育馆 刘德明 史立刚 刘畅
11-66 跃动的乐章——金华市体育中心创作思考 胡慧峰 方华
11-69 杭州奥林匹克体育中心 罗伯特·曼金
11-72 英国利物浦足球俱乐部主场 王翔
11-75 格平根 Hohenstaufenhalle 礼堂改扩建 约亨·斯格尔
11-79 仁川三山世界体育馆 罗伯特·曼金
11-82 佛山世纪莲体育中心体育场及游泳馆 冯·格康，玛格及合伙人建筑师事务所
11-89 美国达拉斯牛仔队橄榄球场 王翔
11-94 POPULOUS——体育建筑可持续设计的探索
11-112 参数化设计研究与实践 张为平
11-118 导光管在体育馆天然光环境设计中的应用 刘滢 刘德明 于戈
11-120 密斯建筑视觉化表象的背后 李艾芳 王雅雅
11-123 可拓建筑策划的策略创新 连菲 邹广天
11-125 普利茨克建筑奖获奖建筑师——让·努维尔（中） 丁格菲 刘松茯 徐刚
11-127 城市——图卢兹谷物市场的"再就业" 陶为
11-130 UA 建筑师——魏治平
11-132 空间——华远地产总部办公楼

2009 年 12 月　与中国同行

12-06　建筑教育与执业
12-09　上海世博会的超级空间生产　魏皓严
12-16　设计不彰，何来文明勃兴　庞伟
12-19　建筑的批判性　张男
12-24　一个观点　一种现实　一个工程　朱亦民
12-28　以团队战略迎接竞争与挑战　崔岩
12-32　东城印象——关于中国城市化的一些思考　施国平
12-36　从哈德逊河到府南河——思维回转中的建筑生存　王蔚
12-41　一个美好的城市环境从设计教育开始　冯国安
12-43　空间的重构与冲突——文化建筑巨构在城市中心　高德宏
12-47　建筑与光的札记　刘玉龙
12-51　小建筑师日志　李文海
12-56　2009 随笔　凌克戈
12-60　溪山行旅　周凌
12-65　走向公民建筑——沈阳原筑设计建筑创作工作室对话录　沈阳原筑建筑设计有限公司
12-70　建筑师工作的逆向思考　DC 国际 C+D 设计研究中心
12-74　事件性构筑
——源计划的建筑笔记　源计划（建筑）工作室 / O-office Architects
12-79　开放城市　设计共存
——第四届鹿特丹国际建筑双年展馆长凯斯·克里斯蒂安访谈　何宛余
12-81　城市生态规划与可拓思维模式　孙明　邹广天
12-84　“大事件地区”的城市设计手段与空间作用初探　邓峰　王苑
12-86　高校图书馆方案创作有感　卞素萍
12-88　当代高层建筑形态变异中的动态表现　俞志凯　李玲玲
12-90　普利茨克建筑奖获奖建筑师——让·努维尔（中）　丁格菲　刘松茯　徐刚
12-92　北京太阳星城售楼中心

2010 年

2010 年 1 月　居住建筑

01-09　德国新世纪城市节能住宅设计初探　王文骏
01-14　德国滨水集合住宅设计初探　李都奎
01-18　欧洲生态住宅的造型艺术　邓丰
01-22　欧洲社会住宅面积标准演变过程浅析　陈珊　黄一如
01-25　住宅的生态重构与文化适应　曲艳丽
01-28　垂直院落——现代住宅对传统居住建筑的延续与发展　罗兰
01-30　上海同济新村老年人居住调查的启示　周静敏　薛思雯
01-33　村镇居住区规划模式探析——以北京郊区为例　刘红蕾
01-35　“两代居”住宅设计研究——以上海地区为例　茅名前
01-38　日本横滨太阳城公寓　珀金斯伊士曼建筑事务所
01-43　斯罗文尼亚卢布尔雅那 Tetris 公寓　Ofis 建筑设计事务所
01-46　荷兰阿姆斯特丹 Berkendaal 公寓　杜尔建筑工作室
01-49　纽约上州 VilLANM 别墅　UNStudio 联合工作室
01-53　英国曼彻斯特 Chip 公寓　阿尔索普建筑师事务所
01-57　嘉兴江南·润园　龚革非　孙蓉
01-63　惠州东部阳光花园（一期）　孙淑娟　李志斌
01-68　杭州和家园　朱光武　黄毓
01-73　隐约中国风——常州长岛别墅　艾侠
01-78　南京国信象山·自然天城　何显毅
01-82　固安孔雀城三期　林载舞
01-85　90 花园别墅——上海达安圣芭芭花园“河谷 3 号”　傅国华
01-88　中国农业大学生命科学楼　刘峰
01-91　POWERHOUSE 公司
01-92　海外建筑的精致演绎——POWERHOUSE 公司访谈
王达　Charles Bessard　Nanne de Ru
01-103　跨文化设计——荷兰 NEXT 建筑事务所访谈　张为平
01-108　回归规划理论的核心——空间　包小枫　程序
01-110　上海市宛平南路 75 号更新设计　郑迪　潘京　范国刚
01-112　建筑的动态时空体验　吕健梅　刘德明　张玉良
01-114　城市规划展览馆发展研究　张雅静　梅洪元　陈剑飞
01-116　普利茨克建筑奖获奖建筑师——让·努维尔（下）　丁格菲　刘松茯　徐刚
01-118　伊昂迪珠宝体验中心

2010 年 2 月　城市设计

02-09　谈重大事件对城市规划和发展的影响　展二鹏
02-12　城市滨水区物质空间形态的分析与呈现　韩冬青　刘华
02-15　柏林 Media Spree 滨河区域的复兴　黄正骊　莫天伟
02-20　澳门半岛城市设计与更新　戴锦辉　邬剑琴
02-23　健康导向下的城市滨水区空间设计探讨　钱芳　金广君
02-27　城市滨水区再开发的集群策略　施梁　李序励　胡明　郜青
02-30　城市滨水港区复兴的设计策略探讨——以上海浦江两岸开发为例　张松
02-33　滨水空间从城市空间的背面走向正面——以上海苏州河为例　岑伟　王珂　莫天伟
02-36　走向可持续发展的城市
——福斯特及合伙人事务所城市设计实践　福斯特及合伙人事务所
02-44　北京长辛店低碳社区概念规划　奥雅纳工程顾问
02-47　纵深开发成就持久活力——“苏河智慧城”城市设计的滨水策略　杨明
02-50　仪征滨江新区开发的规划思考　方遥　吴骥良
02-53　设计，滨水而思——以中山岐江公园和顺德容桂东岸公园景观设计为例　庞伟
02-57　基于城市再生理念的历史街区保护与更新
——无锡“南长古运河片区”概念规划的探索　陈沧杰　王治福
02-60　佛山市三水区云东海中心区控制性详细规划及重点地段城市设计　赵红红　阎瑾
02-63　和谐之中的不和谐——德国施特拉尔松海洋博物馆　花静　纪雁
02-66　滨水风景线——天津环球金融中心　邵亚君
02-71　天津生态城开发区 8 号、17 号地块规划设计　凯达环球
02-75　SWA 集团：全球设计业先驱
02-89　探析新陈代谢运动及其对当代中国的启示　丁力扬　林中杰
02-93　我国绿色建筑发展策略研究　马维娜　梅洪元　俞天琦
02-95　我国现阶段城市设计中“公正”和“利益”的尴尬　张璐　徐苏宁
02-97　开发权转让的调控模式及途径选择　戴锏　金广君
02-100　既有产业建筑再利用的大空间小型化研究　金艳萍
02-102　普利茨克建筑奖获奖建筑师——理查德·迈耶（上）　陈辉　刘松茯
02-104　Feiliu 珠宝店
02-108　沉痛悼念冯纪忠先生

2010 年 3 月　教育建筑

03-11　校园与家园　王伯伟
03-13　双重动力机制下的大学空间
——我国当代大学校园规划的空间生产与空间形制　魏皓严　郑曦
03-20　从城市设计的角度浅析大学校园规划的几种立场　江浩
03-23　基于创新教育理念的大学校园发展趋势　郭卫宏　古美莹
03-26　取悦与施法——两类教学运行机制下的学校设计　魏浩波
03-30　基于地域环境文脉的大学校园可持续设计探索
——江南大学蠡湖校区规划设计随笔　刘宇波
03-33　已建大学校园周边地带与城市互动发展——以同济大学国康路的三个城市设计研究方案为例　涂慧君　徐歆彦　黎佳琦　黄晓斐
03-38　日本大阪四天王寺学院小学　高松伸建筑设计事务所
03-44　英国伦敦林梁学院教学楼　BDP 建筑事务所
03-51　美国加利福尼亚大学圣地亚哥分校 Price 中心东馆　亚达尼工作室
03-58　英国耶鲁大学艺术综合中心改扩建　格瓦德梅西格尔建筑师事务所
03-64　英国爱丁堡大学 Potterrow 新学院楼　约翰·米勒
03-70　英国阿伯丁大学 Suttie 医疗护理教学中心　约翰·米勒
03-75　美国康奈尔大学魏尔大楼（生命科学技术大楼）　理查德·迈耶及合伙人事务所
03-80　德国迪琴根斯图加特产业园餐厅及活动中心　巴考·雷宾格建筑师事务所
03-85　美国纽约市立学院　拉法埃尔·威尼奥利建筑师事务所
03-89　奥地利维也纳高等专业学院主楼　德鲁根·梅斯尔联合设计事务所
03-94　设计未来的校园——RMJM 关于新建筑和新市场的探索与思考　戈登·霍德
03-117　对住区室外活动场地量化指标的思考　董晶晶　金广君　戴锏
03-119　走向表层的建筑——不同时期建筑表皮的特性解析　俞天琦　梅洪元
03-122　西方现代建筑在哈尔滨的传入与表现特征　黄岩　刘松茯
03-125　普利茨克建筑奖获奖建筑师——理查德·迈耶（中）　陈辉　刘松茯
03-127　河岸有多宽？——波尔多改造后的加龙河左岸　陶为　曾喆
03-130　招商地产花园城 5 期销售中心　琚宾

2010 年 4 月　交通建筑

04-10　交通建筑创作的文化支点　沈中伟　刘于
04-13　中国大中型机场航站楼设计要点研究　马龙
04-18　轨道交通站域开发的协同效应研究　邱志勇　杨凌
04-21　当代高速铁路客站发展趋势浅析　高旋　陈剑飞　梅洪元
04-24　浅论中小型铁路客站建筑设计——高邑西站建筑创作　刘砚超　李佳琦
04-28　意大利佛罗伦萨 TAV 车站　福斯特及合伙人建筑事务所
04-32　新加坡博览地铁站　福斯特及合伙人建筑事务所
04-36　香港赤鱲角国际机场　福斯特及合伙人建筑事务所
04-38　德国汉堡机场 2 号航站楼　德国冯·格康，玛格及合伙人建筑师事务所
04-42　德国汉堡机场 1 号航站楼　德国冯·格康，玛格及合伙人建筑师事务所
04-46　德国斯图加特机场 3 号航站楼　德国冯·格康，玛格及合伙人建筑师事务所
04-50　天津西站　德国冯·格康，玛格及合伙人建筑师事务所
04-56　深圳宝安国际机场 T3 航站楼　奥雅纳工程咨询
04-60　北京南站　奥雅纳工程咨询
04-66　杭州东站设计　李春舫　袁培煌　戚广平
04-70　南通火车站　李传成　惠丝思
04-74　城市文化与建筑的融合——新乡站建筑设计　孙伟　刘亚刚　穆歆炀
04-78　大竹林车辆段综合基地中综合楼建筑设计　宋冰晶
04-81　CCDI 中建国际设计顾问有限公司——轨道交通事业部
04-96　灵感激扬　创意无界——2009UA 创作奖·概念设计国际竞赛综述
04-108　整体　类型　个性——特殊城市环境群体空间设计教学的环节设定　李国友　李玲玲
04-110　建筑地域技术的客体特征　郑迪　张伶伶　黄锰
04-113　近代哈尔滨城市转型模式探析　黄岩　刘松茯

04-117 普利茨克建筑奖获奖建筑师——理查德·迈耶（下） 陈辉 刘松茯
04-119 北京富邦国际酒店 据宾

2010 年 5 月 商业建筑

05-12 国内基于旧建筑改造的经济型酒店设计 卢峰 龙健
05-15 风景区酒店设计的地域文化解读与表达 胡纹 王事奇
05-18 生态型度假酒店的地域文化表达 李慧莉 张硕松 张险峰
05-21 界限模糊化——酒店卫浴空间设计趋势探析 盛开
05-23 徜徉在比喻和通感之间——酒店建筑创作的地域特征塑造 李国友 徐洪澎
05-26 酒店那些事——度假型酒店创作思维探讨 凌克戈
05-33 港深大型购物中心比较研究 覃力 汪诚
05-39 阿布扎比 YAS 酒店 渐近线建筑事务所
05-43 阿姆斯特丹 CitizenM 酒店 Concrete 事务所
05-47 拉斯维加斯文华东方酒店 KPF 建筑师事务所
05-51 深圳星河丽兹·卡尔顿酒店 温震阳
05-57 苏州中茵皇冠假日酒店 Jan·Benda
05-62 西雅图四季酒店及公寓 NBBJ 建筑设计事务所
05-67 深圳京基大梅沙喜来登酒店 田劲松
05-71 北京来福士广场 思邦建筑设计公司
05-75 上海东锦江大酒店二期 潘海迅
05-79 昆明梦想中心 杨旭 刘吴斌
05-82 中国国际建筑艺术实践展暨南京佛手湖建筑师酒店
05-96 珀金斯伊士曼建筑设计事务所
05-109 商业地产客流设计体系化研究 李蕾
05-112 当代俄罗斯建筑创作发展因素解析 谢略 梅洪元 俞天琦
05-115 北京有憬阁餐厅及会所 据宾

2010 年 6 月 数字化设计

06-6 新构筑——迈向数码建筑的新理论 刘育东 林楚卿
06-10 过程逻辑——"非线性建筑设计"的技术路线探索 徐卫国 黄蔚欣 靳铭宇
06-15 建筑中的数学神话 赵巍岩
06-18 从图解到影像——一当代数字媒介对建筑设计表现的影响及其应用 俞传飞 韩岗
06-21 数字现象 陈寿恒
06-25 建筑数字化设计实验教学案例解析 石永良
06-30 数字 建筑 教育——数字技术引发的思考 孔宇航 王时原 刘九菊
06-32 地形·形构 魏春雨 许昊皓
06-36 数字建构学的可能性 宋刚 钟冠球 肖明慧
06-40 参数化设计——一种设计方法论 王鹿鸣 王振飞
06-44 交互设计的实践性探索 刘海洋
06-47 参数化城市主义——一个理解城市的新的角度 徐丰
06-51 数字化设计的理念整合与形体生成 王牧
06-53 过程与体验——记 2009 湖南大学与台湾交通大学"数字建筑 Workshop" 胡骉
06-56 2010 年上海世博会西班牙国家馆 EMBT 建筑事务所
06-59 意大利 MAXXI 二十一世纪艺术博物馆 彭文苑
06-64 东京多摩美术大学图书馆 伊东丰雄
06-68 台湾台中市艺术剧院 伊东丰雄
06-71 欧洲南方天文台（ESO）总部扩建 意大利 IaN+ 建筑设计
06-74 新马里博尔美术馆 意大利 IaN+ 建筑设计
06-77 台北表演艺术中心数字创作 涌现组
06-81 东京树型结构仿生宅 平田晃久
06-84 洛杉矶威尔郡大道 5900 号餐厅与格子凉亭 格雷戈·林恩形式设计
06-87 数码建筑的东方案例
——水墨狂草与复兴楼中央数码空间 刘育东 李元荣 林楚卿
06-90 数字建筑设计概念与实践——以大连电子深圳总部入口改造设计为例 李元荣
06-93 绸墙——参数化建构的思考与实践 袁烽 潘凌飞
06-96 千叶院的数字建构——徐州彭城一号展示中心设计 德默营造建筑事务所
06-98 上海南京路世博未来商店 刘宇扬
06-100 迪拜 The Pad 高层公寓 罗发礼
06-103 浅析建筑的数字化表皮设计
——以天津滨海新区响螺湾商务区亿兆大厦建筑创作为例 闫力 杨昌鸣
06-105 中兴南昌软件园设计 王浪
06-108 数字化设计在中国的建筑创作与思考——清华大学建筑学院徐卫国教授、徐丰先生访谈
06-114 领袖未来的数字化设计——美国 Gensler 设计事务所访谈 《城市建筑》编辑部
06-120 从近代上海建筑展览会看中国建筑师社会身份认同的建构 宣磊
06-123 住宅天然光环境设计目标体系的建构 张滨 李桂文 赵建平
06-125 大跨体育建筑有效地域文本研究 连旭 刘德明
06-127 文化导向的滨水地区城市设计
——以郑州银河湾滨水区城市设计为例 朱喜钢 朱天可 沈强 李安
06-129 LPIS 酒吧旗舰店 据宾

2010 年 7 月 医疗建筑

07-11 介入城市生活的当代医疗建筑 刘玉龙 王彦
07-14 浅论美国老人护理建筑的设计理论与原则 吕志鹏 朱雪梅
07-18 大型医院住院楼综合效率评价与应用初探 龙灏 林世华
07-22 医疗建筑改扩建策划研究 黄琼
07-25 地区性综合医院改扩建设计探讨 李俊键
07-29 精神卫生中心建筑设计浅谈——都江堰精神卫生中心设计心得 付晓群
07-32 私人病房与 21 世纪的医院 斯蒂芬·魏德勃
07-35 走向可持续设计与绿色设计的医疗建筑
罗纳德·斯卡格斯 约瑟夫·斯普拉格 乔治·曼恩
07-39 瑞士医疗中心设计的新手段 卡琳·埃莫勃多夫
07-43 南京鼓楼医院仙林国际医院 曹伟
07-46 深圳市的第二滨海医院——宝安中心区新安医院 侯军 王丽娟 甘雪森
07-49 重庆医科大学附属第一医院外科大楼 龙灏 罗丽娟
07-52 创意、理想与现实的协奏曲——广州市妇女儿童医疗中心设计回顾 张庆宁 胡展鸿
07-57 复旦大学附属妇产科医院杨浦新院 茅永敏
07-62 解放军总医院东院区整体改扩建工程 辛春华
07-67 皇家亚历山大儿童医院，布莱顿，英国 英国 BDP 建筑事务所
07-72 北社区医院扩建，印第安纳波利斯，美国 美国 RTKL 建筑事务所
07-77 Cha 妇女儿童医院，城南，韩国 韩国 KMD 建筑设计事务所
07-82 C. F. Møller 建筑师事务所
07-84 论丹麦医疗服务课题 克拉维·海蒂尔
07-105 美国 HKS 建筑设计有限公司 王翔
07-123 关于提升城市品位、打造滨水宜居城市的思考与实践 张宪军
07-126 从"湿地书院"到"水乡学埠"
——杭州师范大学仓前校区中心区方案设计 莫洲瑾 杨易栋
07-128 三亚香水湾一号度假酒店 据宾

2010 年 8 月 办公建筑

08-12 权力 / 工厂 / 奇观——三种办公空间原型的生产范式 魏浩波
08-14 策划办公建筑——当今三种市场化办公建筑设计策略 庄惟敏 苏实
08-17 后工业社会中的建筑渴望——浅析当代总部办公建筑的设计理念 田晶
08-20 浅议办公建筑的改造与更新 廖含文
08-23 欧洲办公建筑的生态化趋势 Andreas Gruner 朱隆斌
08-26 市政办公建筑适应性设计方法研究 向科
08-28 浅议超高层办公建筑的功能与设施 郑方 冯琪
08-32 基于节能的高层办公建筑自然采光设计策略研究 周雪帆 陈宏 李保峰
08-35 高层办公楼电梯系统设计浅析 冯琪
08-38 上海城区高层办公建筑后退空间的公共性调查 刘宇林 陈泳
08-41 忆江南——上海电气集团桂箐路办公楼改造 凌克戈
08-44 上海太平人寿全国后援中心一期 马慧超
08-48 上海悦达 889 李健
08-52 上海东亚银行金融大厦 TFP 事务所
08-56 新加坡安顺路 20 号 HOK 建筑师事务所
08-60 芝加哥北威克街 155 号 美国 gp 建筑设计有限公司
08-64 中国钻石交易中心 美国 gp 建筑设计有限公司
08-68 和硕联合科技上海园区研发运筹楼 潘冀联合建筑师事务所
08-72 台北勤裕企业总部大楼 潘冀联合建筑师事务所
08-75 ATMOS 能源公司德国慕尼黑总部新办公楼 德国 KSP 建筑设计事务所
08-79 S.Oliver 德国罗滕多夫总部办公楼 德国 KSP 建筑设计事务所
08-84 伦敦帕丁顿中心 Two Kingdom Street 项目 KPF 建筑师事务所
08-88 日本爱知县 MARUMI 总部办公楼 株式会社高松伸建筑设计事务所
08-91 英国 BDP 曼彻斯特办公楼 BDP 建筑事务所
08-95 英国西伦敦奥迪中心 威尔金森·艾尔建筑事务所
08-98 联合利华伦敦总部改扩建设计 KPF 建筑师事务所
08-102 悉尼麦格理银行集团办公楼 克莱夫·威尔金森建筑师事务所
08-106 盛京城：王城规划模式的范例
——兼论汉文化对盛京城规划建设的影响 李声能 陈伯超
08-109 换乘模式对高铁客运站空间设计的影响初探 武宏伟 龚恺
08-112 基于天窗采光的建筑节能优化设计研究
——以严寒地区高校体育馆比赛厅为例 李静 李桂文
08-114 北京唐悦酒店 据宾

2010 年 9 月 文化建筑

09-12 技术视野下的我国当代多功能剧场发展研究 袁烽 贺康
09-16 浅议我国剧场建筑的标志性 卢向东
09-19 城市演艺场馆生态初探 王亦民
09-22 小型观演建筑设计的若干问题探讨 朱小雷
09-25 城市地标·城市客厅 程翌
09-30 建筑声学与多功能剧场的发展 燕翔
09-34 音乐厅的音质与建筑 王季卿
09-38 美国达拉斯 Winspear 歌剧院 福斯特建筑师及合伙人事务所
09-43 西班牙特内里费 Magma 艺术及会议中心 AMP 建筑师事务所
09-49 英国伊普斯威奇杰尔伍德舞蹈中心 约翰尔建筑师事务所
09-54 日本东京座·高圆寺剧场 伊东丰雄建筑设计事务所
09-58 丹麦哥本哈根皇家歌剧院 伦高及特兰伯格建筑师事务所
09-63 法国斯特拉斯堡天顶音乐厅 马西米利亚诺·福克萨斯
09-69 西班牙莱利达剧院及会议中心 梅卡诺建筑师事务所
09-75 特立尼达和多巴哥西班牙港国家现代表演艺术中心 李瑶 吴正 刘芳
09-80 重庆大剧院 德国冯·格康，玛格及合伙人建筑师事务所
09-85 常州大剧院 刘欣
09-88 阿尔索普建筑师事务所
09-103 开放式办公室及其声环境研究 康健 焦风雷 邢晓娟 张玫 金虹
09-106 柴油发电机房降噪的建筑设计策略 杨钢
09-108 建构非线性有机建筑模型 王时原 袁海贝贝 孔宇航
09-110 光之翼——无锡盛高置地西水东售楼处

2010 年 10 月 高层建筑

10-22 城市空间视角下的高层建筑形态设计思考 刘利雄 王世福
10-27 从正交四方到随意变换

——设计创新在高层建筑形式中的角色 菲利浦·欧德菲尔德 安东尼·伍德
10-32 “少即是多”理论的实践新解 山扬·李沧 安德烈斯·阿利亚斯·马德里 何塞·拉蒙·特拉莫耶雷斯
10-35 异化——从存在方式的变异到运转机制的变异 魏浩波
10-37 高层建筑参数化设计 陈寿恒
10-41 高层建筑形态变异与未来走势 刘丛红
10-43 逻辑与形式——高层建筑设计的新动向 吕诗佳 王鲁民
10-45 阿布扎比投资管理局总部大厦 KPF 建筑师事务所
10-51 韩国首尔三星瑞草大厦 KPF 建筑师事务所
10-57 巴塞罗那费拉 Porta Fira 双子塔 伊东丰雄
10-6 丹麦哥本哈根巨拱 丹麦 3XN 建筑事务所
10-65 米兰商品交易会公司总部大楼 意大利 IaN+ 建筑设计
10-69 韩国仁川青罗城市大厦 意大利 IaN+ 建筑设计
10-72 中国贵阳华西都市中心塔楼 涌现组
10-75 苏宁徐州广场 孟亮
10-79 建筑高度与建筑理念的攀升——南京奥美大厦创作方案 惠天锦
10-82 威尔金森·艾尔建筑事务所
10-83 向未来的可持续性技术策略——访谈多米尼克·贝特森董事
10-101 扎哈·哈迪德建筑师事务所 彭文苑
09-122 基于 ArcGIS 的复杂地形规划问题研究
——道路选线和分地块高程确定 王冲 丁沃沃
10-125 健康城市与未来的城市交通 徐璐 王耀武
10-127 文化景观保护的继承与发展
——北美印第安人雄鹰岩文化景观的启示 俞晓栄 陈纲伦
10-130 维也纳 CI17 公寓

2010 年 11 月 体育建筑

11-06 体育建筑一甲子 马国馨
11-11 中国体育建筑 60 年回顾——魏敦山院士访谈 胡兴安
11-13 中国体育建筑 60 年回顾——梅季魁教授访谈 罗鹏
11-16 塑造更美好的世界——奥雅纳（北京）公司萧锡才总经理访谈
11-21 体育建筑节能技术及应用 姜益强 林艳艳
11-23 国际体育赛事和体育建筑 廖含文
11-26 体育场馆的过去、现在与未来 何宛余 杨小荻
11-28 沈阳奥林匹克体育中心游泳馆及网球馆 于鹏
11-32 沈阳奥林匹克中心综合体育馆 杨凯
11-36 南非姆博贝拉体育场 麦克·贝尔
11-39 南非约翰内斯堡足球城体育场 Populous 事务所
11-44 南非伊丽莎白港纳尔逊·曼德拉湾体育场 冯·格康，玛格及合伙人建筑师事务所
11-50 南非开普敦体育场 冯·格康，玛格及合伙人建筑师事务所
11-56 南非德班摩西·马布海达体育场 冯·格康，玛格及合伙人建筑师事务所
11-63 巴西国家体育场 冯·格康，玛格及合伙人建筑师事务所
11-67 巴西玛瑙斯市亚马逊体育场 冯·格康，玛格及合伙人建筑师事务所
11-71 巴西贝罗奥里藏特市大米内罗体育场 冯·格康，玛格及合伙人建筑师事务所
11-75 韩国华城运动中心 Yoosang ahn
11-79 台湾高雄太阳能体育场 伊东丰雄联合建筑设计事务所
11-83 法国列万体育中心 法国 AS 建筑工作室
11-87 德国斯图加特梅赛德斯 - 奔驰体育场 ASP 建筑师事务所
11-91 土耳其电信体育场 ASP 建筑师事务所
11-95 薪火相传 行健不息——记哈尔滨工业大学体育建筑设计研究 孙巍巍 刘松茯
11-103 当代西方建筑语言中的材质表意化 吴伟 张琢
11-106 日本规划设计调整实践研究——以幕张滨城住区为例 李翔宁
11-109 四十扇窗看中国——“更新中国”与当代中国可持续建造的图景 据宾
11-114 天穹之下：城南逸家天穹会所

2010 年 12 月 与中国同行

12-06 创意，让生活更美好——写给上海世博会
12-11 当代建筑及其趋向——近十年中国建筑的一种描述 史建
12-15 当代中国建筑教育印象 孔宇航
12-18 中国建筑杂志的当代图景（2000 ~ 2010） 支文军 吴小康
12-23 2010 的反响与反想 曹晓昕
12-27 我的 2010——杂七杂八的事 卢向东
12-35 一年杂感 冯果川
12-42 平实中的真与善 张鹏举
12-49 2010，随行随思——关于“现状”的思考 庞伟
12-53 我们的 2010 年——两个收获、两个思考 崔岩
12-59 2011 年，让建筑流行起来 张应鹏
12-65 现代性重提与城市问题的边际 李凯生
12-70 左右互搏 2010 魏皓严
12-76 回顾 2010，展望创意中国 李文军
12-80 存在与消失 凌克戈
12-85 漂浮的失重——我与 2010 薄宏涛
12-93 世界的中国 李文海
12-99 普及建筑 冯国安
12-105 随想 金文倩
12-108 张氏帅府——沈阳近代建筑发展的缩影 陈伯超
12-111 遵循连续性 陈佳伟
12-113 基于回报预期分析的公众参与困境解读 张昊哲 金广君 宋彦
12-117 结构主义视角下城市的结构与形态研究 刘生军 徐苏宁
12-119 房子里的营造

2011 年

2011 年 1 月 居住建筑

01-06 低碳居住 低碳生活
01-10 中国养老居住对策及建设方向探讨 周燕珉 王富青 柴建伟
01-13 浅析老年公寓的投资和开发 刘美霞
01-16 老年住区的开发策划与规划设计 卢求
01-19 新型混合社区——适应老年人心理需求的居住模式 袁逸倩 李蕾
01-21 主动式混合社区养老模式初探 陈佳伟 墨琳
01-23 浅析服务式老年公寓与老年社区的设计要点和趋势 卢斌
01-27 中小套型住宅中的适老性设计探讨 张岳 王贺
01-30 为老年人构筑可持续居住环境——以日本高龄者住宅为例 于喆 林文洁
01-33 欧洲老年住宅浅析 陈昊 李振宇
01-37 美国老年住宅发展经验研究及借鉴 程望杰 潘宜
01-40 社会养老模式的新探索
——以浙江省龙游县溪口镇牛角湾地块概念规划为例 田宝江 李增 方促华
01-43 丹麦哥本哈根 8 字住宅 BIG 事务所
01-50 丹麦哥本哈根山形住宅 BIG 事务所
01-56 科威特耶尔穆克黑白住宅 AGi 建筑设计事务所
01-62 荷兰阿姆斯特丹 IJburg17 街区 杜尔建筑师事务所
01-67 南宁城市广场 丹顿·廓克·马修建筑设计事务所
01-71 北京冲击 迫庆一郎
01-77 惠州园洲明丰花园（一期） 许迪 张伟
01-81 广州保利香雪山 郑文韬
01-87 无锡绿地波士顿公馆 上海联创建筑设计有限公司
01-92 张家港置地甲江南 AAI 国际建筑师事务所
01-97 深圳溪山美地园 陈步红
01-102 中西方流浪儿童救助建筑发展比较 杨悦 邹广天
01-105 廊·趣——徐州汉文化景区汉画像石长廊设计 刘潮 祁斌
01-108 当代大空间建筑形体的拓扑化表达 邹磊 张玉良 王玮
01-111 生态城市设计思想及其当代转变 薛滨夏 李同予

2011 年 2 月 城市设计

02-06 话说中国的城市设计
02-10 城市设计与公众意志表达 孙彤宇 管俊霖 方晨露
02-12 我国城市设计的公众参与研究 冯婕
02-14 城市设计对于处理中国城市公共性空间的作用 黄健二
02-16 城市设计作为一种公共策略之台北经验 徐伯瑞
02-18 从博弈观点论北台湾历史街区保护中参与者的反身性 林正雄
02-22 传承与创新——澳门城市设计总策略概述 耿宏兵
02-25 陆家嘴的大都会之梦 李丹锋
02-28 低碳理念下的城市设计初探——以武汉解放大道西段城市设计为例 胡海艳 董卫
02-31 总体城市设计的实践意义——基于上海青浦新城案例的分析与思考 张松 镇雪锋
02-35 城市设计在国家级历史文化名镇保护规划中的应用研究
——以黑龙江横道河子镇为例 赵志庆 张昊哲
02-38 河南省社旗县产业集聚区中心区规划设计 郭思维 戴俭 荣玥芳 熊文
02-42 百年外滩，再塑经典——上海外滩滨水区城市设计暨修建性详细规划 奚文沁 徐玮
02-46 转型期可持续的城市更新途径
——深圳市人民南路及周边地区城市设计探析 方煜 刘倩
02-51 镇江西津渡东北侧地块城市设计 柴洋波 董卫 王鹤
02-54 功能结束之日，记忆开始之时——宁波老外滩整治规划 何依 邓巍 周浪浪
02-57 从历史码头到世博水门——上海东码头地区的更新与再利用 于一凡 赵兆
02-60 再现传统城市的文化价值——佛山市历史文化保护核心区旧城改造 陈可石 王瑞瑞
02-64 中小城市历史街区保护与更新探索——以江山市市心街历史街区为例 陈铁夫 弓箭
02-68 女娲补天——凤凰古城田家祠堂地块更新实践 吴琼 弓箭
02-72 古城镇改造的差异化趋势研究
——以六盘水荷城古镇及周边区域改造项目为例 刘向军
02-76 新形势下城市核心地区的空间塑造
——上海外滩金融集聚带的滨江空间规划 应臻
02-80 构建真实的城市梦境
——武汉新区四新生态新城“方岛”区域城市设计方案解读 杨明
02-84 济南解放阁舜井片区概念规划 温子先 傅明程
02-87 创造多层次、立体化城市公共空间系统
——韩国大田市火车站地区复兴计划国际竞赛 孙彤宇
02-91 上海 800 秀创意园 罗昂建筑设计咨询有限公司
02-96 青岛大剧院 冯·格康，玛格及合伙人建筑师事务所
02-104 历史建筑保护及其修复技术理念的演进 杨昌鸣 张帆
02-107 中国传统文化指引下的现代校园设计
——沈阳市北方软件学院规划方案 张东旭 陈雷 李燕
02-110 高速铁路客站功能空间设计探索 陈剑飞 高旋

2011 年 3 月　建筑教育

03-06　建筑师业务实践与毕业设计教学
03-12　面向世界的清华建筑教育　朱文一　刘健
03-15　从兼收并蓄到博采众长
——同济大学建筑与城市规划学院国际化办学历程与特色　吴长福　黄一如　李翔宁
03-19　开放　交叉　融合——东南大学建筑学院的办学历程及思考　王建国　龚恺
03-22　立足本土　务实创新
——天津大学建筑设计教学体系改革的探索与实践　张颀　许蓁　赵建波
03-24　西部地区建筑教育的国际合作教学模式探讨　赵万民　卢峰　蒋家龙
03-27　引智　聚力　特色办学——哈尔滨工业大学建筑教育新思维　梅洪元　孙澄
03-30　多元的建筑文化与多元的建筑教育
——西安建筑科技大学建筑学专业办学思考　刘克成　李岳岩
03-32　关于"建筑设计教学体系"构建的思考　孙一民　肖毅强　王国光
03-35　求实与创新——南京大学建筑教育多元模式的探索　丁沃沃
03-39　第四届"中国建筑学会建筑教育奖"获奖者记
03-40　建步立亩与精耕细作——吴庆洲教授的建筑教育之道　冯江
03-43　学研不辍　以启山林——侯幼彬教授印象　刘大平　刘洋
03-46　春风化雨细润无声——莫天伟教授之建筑教育观念　张建龙　岑伟
03-50　北京中欧国际工商学院　ACXT 建筑师事务所
03-56　北京大学法学院——凯原楼　柯凯建筑设计顾问（上海）有限公司
03-61　浙江慈城中学　董屹
03-67　上海周春芽艺术研究院　童明
03-71　香港珠海学院新校园　何宛余
03-77　美国明尼苏达州大学科学教育及学生服务中心　KPF 建筑师事务所
03-84　英国布里克斯顿伊芙琳格雷斯中学　扎哈·哈迪德设计师事务所
03-90　挪威克里斯蒂安桑唐恩理工专科学校　3xn 建筑师事务所
03-95　丹麦哥本哈根信息技术大学教学楼　Henning Larsen 建筑师事务所
03-100　瑞典于默奥大学建筑学院　Henning Larsen 建筑师事务所
03-105　荷兰乌特列支大学学生宿舍　Architectenbureau Marlies Rohmer 建筑师事务所
03-110　荷兰高宁根职工大楼扩建　Pvanb 建筑师事务所
03-115　荷兰代尔夫特 Why Factory 讲堂　MVRDV 建筑师事务所
03-119　城市消极空间的活力再造　刘晓惠　张越
03-122　国际化大都市背景下西安城市文化体系研究初探　张沛　程芳欣　田涛
03-125　城市住宅模式在四川灾区重建中的乡村演绎　阳旭　蔡苏徽　颜文龙

2011 年 4 月　酒店建筑

04-06　体验——酒店与生活
04-11　关于度假酒店集群化的思考　凌克戈
04-15　风景区度假酒店的地域性实践——记重庆市仙女山华邦酒店扩建设计　胡纹　谢蓓
04-19　营造人性化滨水空间——滨水度假酒店地域性设计表达　李慧莉　张硕松　张险峰
04-22　海滨度假酒店的特色表达　张春利　乔文黎
04-25　三亚滨海五星级度假酒店大堂区设计浅析　吴永臻
04-30　城市近郊乡村酒店设计探讨　卢峰　何雅婷
04-33　国外设计型酒店初探　龙健
04-36　智利塔尔卡赌场与酒店　RDM 建筑事务所
04-41　韩国忠北哈尼尔公司招待中心　Nicholas Locke
04-45　奥地利维也纳卡尔多旅馆　Söhne & Partner 建筑师事务所
04-49　酒店设计中的环境要素——上海世博洲际酒店　翁皓
04-55　一波三折与以一贯之——记常州恐龙谷温泉酒店设计　肖世荣
04-60　香港东隅酒店　香港思联建筑设计有限公司
04-67　城中笙冠——深圳君悦酒店　艾侠　李品一
04-72　海南香水湾君澜海景别墅酒店　AAI 国际建筑师事务所
04-79　广州新长隆国际度假酒店　广州集美组室内设计工程有限公司
04-85　扬州小盘谷会所酒店　黄靖
04-89　北京北湖九号高尔夫会所　北京集美组建筑设计有限公司
04-95　商者无域　建者无疆——2010 年度 UA 创作奖·概念设计国际竞赛综述

2011 年 5 月　建筑·材料

05-06　巴别塔上的那块砖——材料的角色及其未来　褚冬竹
05-10　从数字建造走向新材料时代　袁烽　葛俩峰　韩力
05-15　双重语义——当代建筑师语境下的材料表达　国萃
05-18　形态生成与建造体验——基础教学中的材料教学实践与思考　俞泳
05-21　以建造方式和材料为出发点的教学
——德国大学教授与中央美院工作坊教学交流　王小红
05-24　透明的大空间　郑方
05-26　砖与建筑　姜娓娓　祖大军
05-29　材料在住宅表皮中的运用趋势　邓丰
05-32　材料在宗教建筑设计中的性格表达　周琨　庞鲁新　鞠晓磊
05-35　基于材料和建造的思考——致正建筑工作室主持建筑师张斌访谈　张斌　张为平
05-38　材料系统的观念　多相工作室
05-44　触景生情——材料生产氛围　魏浩波
05-48　褶皱——建筑均质材料的一种表达形式　杨洲
05-51　材中见大——谈建筑的材料表情　史伦　祁斌
05-54　材料对于形式的意义——从三个设计实例看建筑材料表达　刘文鼎
05-57　外壳——建筑故事的叙述人　威尔金森艾尔国际建筑事务所
05-61　台湾兰阳博物馆　大元联合建筑师事务所
05-66　越南河内博物馆　冯·格康、玛格及合伙人建筑师事务所
05-70　丹麦哥本哈根 Horten 律师事务所总部办公楼　3XN 建筑师事务所
05-76　上海临港国际物流技术中心管理大楼　冯·格康、玛格及合伙人建筑师事务所
05-80　法国圣艾蒂安事务中心写字楼　Manuelle Gautrand 建筑师事务所
05-86　法国里昂橘色方块　Jakob+Macfarlane 建筑事务所
05-91　大庆公路客运枢纽站　唐家骏　王葱茏
05-95　又见"第五园"——上海万科蓝山三期设计实录　艾侠　王逍
05-100　杭州万科"公望"森林别墅　陆臻
05-103　日本大阪呼吸工厂　山口隆建筑研究所
05-107　希腊雅典保健药店　Klab 建筑师事务所
05-111　建筑新材料
05-123　复合生态理念引导下的城乡风貌控制规划
——以北京昌平区为例　袁青　徐苏宁　赵天宇
05-127　城市地下空间的场所性初探　吴亮　陆伟

2011 年 6 月　医疗建筑

06-06　医疗建筑与城市空间
06-10　综合效率观下的大型医院建筑评价与设计策略初探　龙灏　赵丹　罗丽娟
06-14　层级控制与系统分离——医疗建筑开放体系研究　黄琼
06-17　城市社区卫生服务中心的模块化建筑设计策略初探　田琦　龙灏
06-20　医院建筑模块设计实践　林威廷
06-22　医疗功能模块化和医疗流程体系化
——上海长海医院门急诊综合楼设计　邱茂新　黄新宇
06-27　肥胖症护理单元设计探讨　付晓群
06-30　医院住院部避难逃生行为与路径设计探讨　郑聪荣
06-34　老医院交通系统的修复和搭建
——以鄂尔多斯市中心医院加建医院街工程为例　格伦　谷静娴
06-37　医疗建筑改扩建中的自相似方法　李茗茜
06-40　建筑环境综合康复治疗——来自 CO 建筑师事务所的医疗建筑设计全方位思考
斯科特·凯尔西　托马斯·凯瑟姆
06-45　卵石工程——协同循证案例研究　安吉·约瑟夫　D·柯克·哈密尔顿
06-52　第三军医大学重庆大坪医院住院综合大楼　龙灏　吴煜明
06-56　无锡市人民医院二期　陈国亮　郑亚丰
06-61　上海华山医院传染科门、急诊病房楼改扩建工程　王馥
06-65　洛阳正骨医院郑州医院一期　王淼
06-68　西藏自治区藏医院　张曙辉
06-71　佛山市禅城区中心医院医疗大楼　杨曙光　张亦敏
06-75　阿拉伯哈伊马角哈利法专科医院　Perkins Eastman 建筑师事务所
06-80　美国 UMC 肿瘤中心门诊　CO 建筑师事务所
06-85　美国西帕洛玛医疗中心　CO 建筑师事务所
06-89　英国伯明翰新伊丽莎白医院　BDP 建筑事务所
06-94　荷兰高宁根新马提尼医院　SEED 建筑师事务所
06-99　美国费城儿童医院扩建项目　KPF 建筑师事务所
06-103　韩国首尔圣玛丽医院　Jong Jun Lee
06-110　韩国釜山海云台白医院　BAUM 建筑师事务所
06-115　浙江金华八咏大厦　迫庆一郎　藤井洋子
06-119　哈尔滨和长春商埠地的城市文化适应性研究　陈莉　徐苏宁
06-122　基于德勒兹"根茎"理论的生态城市形态审美研究　金广君　刘松茯　朱海玄
06-125　五十年的精彩，设计依然年轻
——2011 年米兰国际家具展侧记及城市设计服务体系之浅议　张宇　林葳

2011 年 7 月　图书馆建筑

07-06　高校图书馆的可持续发展
07-11　两种模式的演变——高校图书馆的发展趋势　张硕松　王晶　张险峰
07-14　信息时代高校图书馆阅览空间设计方法　刘瑛　李军环
07-17　高校图书馆阅览空间环境氛围营造　郭晔
07-21　信息化背景下高校图书馆的发展趋势　汤朝晖　黎正　杨晓川
07-24　高校图书馆建筑的人性化设计初探　袁逸倩　马增翠
07-26　高校图书馆空间新发展　韩昀松　邢凯　孙澄
07-30　图书馆规划的通用设计　吴可久
07-33　2011 AIA/ALA 图书馆建筑奖
07-42　人与书籍交互开放的知识殿堂——南京大学杜厦图书馆　廖杰
07-49　重塑校园公共空间——南京艺术学院图书馆扩建　崔愷　赵晓刚
07-54　建在文化公园中的图书馆——记浦东图书馆新馆　宋雷
07-61　传承与创新——云南师范大学呈贡校区图文信息中心　周峻　潘苏水
07-65　书的殿堂——上海奉贤图书馆新馆　潘娟
07-69　传承再生——北京市委党校图书馆改造　胡育梅
07-73　四川美术学院虎溪校区图书馆　汤桦
07-78　中国人民大学图书馆新馆　辛钰　纪岩
07-82　哈尔滨工业大学图书馆改造　高萌　艾英爽
07-85　法国昂赞多面体图书室　Dominique Coulon 建筑事务所
07-89　韩国青云大学图书馆及总部大楼　Hyunjoon Yoo
07-94　瑞典斯德哥尔摩港区会议中心　White 建筑事务所
07-99　广东海上丝绸之路博物馆　冼剑雄
07-103　内蒙古乌兰恰特大剧院及博物馆　钟永新
07-108　韩国天安百货公司　UNStudio 联合工作室
07-114　荷兰格罗宁根教育行政机构及税务机关办公楼　UNStudio 联合工作室
07-120　酒文化的地域性诠释
——四川古蔺郎酒陶坛库及酒文化体验中心创作　陈强　付娜
07-123　浅析城市体育中心的选址　张玉良　徐婧
07-125　当代地质遗迹博物馆建筑形态设计理念探析　王飞　王玮

2011 年 8 月　城市更新

08-06　城市空间情感与记忆

08-11 共时性和历时性——城市更新演化的语境 王伟强 李建
08-15 台湾都市更新中权利变换制度运作之解析 郭湘闽 王冬雪
08-18 深圳市旧工业地段更新规划编制对策 宋聚生 刘浩 孙艺
08-21 区位论在旧城改造中的应用 李和平 蒋文
08-25 铁路建筑的保护与地区再生
——以英国曼彻斯特两座历史火车站为例 董一平 侯斌超
08-29 城市交通枢纽地区空间更新的动力机制研究 郝杰 马航
08-32 发展轨道交通背景下的城市中心区的有机更新 栾滨 孙晖
08-36 杜塞尔多夫媒体港——德国老工业港口改造典范 刘涟涟 孙亦民
08-40 我国城市更新过程中的居住空间发展
——以改革开放以来南京老城的城市更新为例 刘坤 王建国 唐芃
08-43 消逝中的城市记忆与情感——谈当前重庆旧城改造与更新 高翔 徐千里
08-45 老城保护中可持续性的探索与实践
——以广西百色市解放街及三江口地区城市更新规划为例 周军 朱隆斌
08-48 文化生态视角的历史街区保护
——以重庆金刚碑历史街区为例 李和平 张邹
08-52 上钢十厂的优雅转身——上海红坊国际文化艺术社区更新实践 宗轩
08-56 上海 SGBC 社区 byn 建筑事务所
08-59 韩国水原公园城市 UNStudio 联合工作室
08-64 新建城市中心区可持续发展的思考
——济南高新区总部基地南区城市设计 余迅 殷正豪
08-69 小城营造——宁波慈城东北区城市研究 陈旭东 严再天 段闻生
08-72 卡尔马艺术博物馆 Tham & Videg å rd 建筑事务所
08-77 广东省博物馆 许李严建筑师事务有限公司
08-83 南京四方美术馆 斯蒂文·霍尔建筑师事务所
08-88 以建筑的方式——上海油雕院美术馆建筑设计感言 王彦
08-93 冰岛自然历史研究院 Ark í s arkitektar 建筑事务所
08-98 深圳国信证券大厦 MVRDV 建筑事务所
08-103 上海国际港务大楼 程天多
08-108 东北地区城市文化景观群落演替初探 赵杰 徐苏宁
08-111 哈尔滨近代建筑装饰之美“因”研究 刘松茯 何颖
08-115 建筑院系馆内部空间设计影响因素分析 陈剑飞 焦旸
08-117 当代美术馆发展理念探析 叶洋 王玮 金振科

2011 年 9 月 参数化设计

09-06 “参数化设计与建造”主题沙龙
09-21 用数控加工技术建造未来 袁烽 葛俩峰
09-25 参数化时代的数控加工与建造 黄蔚欣
09-28 新形式主义的十个关键词 宋刚 钟冠球
09-31 非线性逻辑下建筑几何学的超越
——以塞西尔·巴尔蒙德的非线性几何构形为例 王风涛
09-34 非线性建筑表皮的结构逻辑和材料构造 陈寅
09-39 掌控曲面表皮建造中的平面拟合 孙澄宇 吕俊超
09-42 KOMOREBI——2010 湖南大学 DAL + ZHA|CODE 工作营的建造实践 胡骉 杜宇
09-44 “机器材料性”：数字建构的材料探索
——记 2011 年华中科技大学国际会议暨国际学生工作营 穆威
09-47 参数化环境响应——XWG 建筑工作室的设计理念及实践 徐丰
09-51 机器对象——参数化设计在实际项目中的一些应用 穆威
09-56 建筑与景观结合的数字生成设计
——Plasma 事务所及 Groundlab 事务所的设计理念与设计实践 赵明
09-63 有关生态城市与建筑、数字化建筑的一些片段记录 庞铁 井敏飞 叶飞
09-70 映射现实的数字乌托邦
——上海创盟国际建筑设计有限公司作品解读 李翔宁
09-77 数字化形式的本土建构
——广州市竖梁社工作室建筑设计作品解读 徐好好
09-83 昆山低碳科技馆 张晓奕
09-86 日照山海天阳光海岸配套公建 王振飞 王鹿鸣
09-90 数字信息技术与建筑设计发展的新机遇——凤凰国际传媒中心设计实践与思考 邵韦平
09-94 武汉中心 徐维平 朱子晔
09-99 杭州来福士广场 UNStudio 联合工作室
09-105 基于传导变换的建筑立面形式构成 薛名辉 邹广天
09-107 我国城市快捷酒店发展历程及其影响因素探析 陈剑飞 吕盛楠
09-109 “知识城市”规划策略研究 徐苏宁 刘洁
09-112 城市更新下的场所文脉营造
——以广州人民南改造项目为例 杨绮文 李鸣正 杨晓川 汤朝晖
09-116 RIBA2011 斯特灵奖入围名单揭晓

2011 年 10 月 传统民居

10-14 传统民居与地域文化
10-19 略论传统民居的传承 雍振华
10-22 作为“方法”的乡土建筑营造研究 王冬
10-25 东北汉族传统民居形态中的生态性体现 周立军 李同予
10-28 山西后沟村保护模式对当代新农村建设的启示 白佩芳 杨豪中 周吉平
10-31 一个无人区边的移民聚落的案例研究 谭刚毅 刘勇
10-36 嘉绒藏族传统聚落的整体空间与形态特征 李军环
10-40 传统聚落公共交往景观场所的复合结构探析 魏楚楚 李晓峰
10-44 英国利物浦博物馆——建筑及博物馆设计的超越 3XN 事务所
10-49 英国格拉斯哥滨水博物馆 扎哈·哈迪德建筑师事务所
10-55 上海玻璃博物馆 罗昂建筑设计咨询有限公司
10-61 江阴徐霞客旅游博览园 水石国际
10-66 慈溪科技创业中心 董屹 崔哲 王安民
10-71 宁波春晓创业行政中心 董屹 徐兴斌 周妙怡
10-76 江阴远景能源一期总部办公楼 孙诗扬
10-81 步行导向的高密度社区——南京嘉业国际城 陈泳
10-86 上海虹桥综合交通枢纽公共服务中心 陈跃东
10-91 北京中海大厦 钟永新
10-95 苏州科技城生物医学产业园 AAI 国际建筑师事务所
10-100 北京 MAX 空港企业园 北京东方华太建筑设计工程有限责任公司
10-105 交通效率型城市街道的人性化策略研究
——基于机动交通与步行活动的共生视角 寇志荣 卢济威 陈泳
10-108 城市空间文化形态的循环更新研究 于英
10-111 以营造城市活力为导向的城市设计
——南京市南部新城核心开发区重点地段城市设计 查君
10-114 当代校园设计的有机性与地域性表达
——盘锦地方大学校园规划设计 郎亮 孔宇航 佟蕊

2011 年 11 月 体育建筑

11-06 “城市社区体育设施建设与实践”主题沙龙
11-19 中奥社区体育馆建设比较研究 汤朔宁 韩雨彤
11-23 城市社区体育设施发展的多维支点 张险峰 黄志刚
11-26 我国全民健身运动设施的发展与展望 姚亚雄
11-28 浅析通过设计手段构建“健体型”社区 廖含文
11-31 大学的也是社区的——同济大学游泳馆设计与运营谈 宗轩 贺云飞
11-35 “建”“用”结合的设计理念初构
——国内大型体育赛事场馆赛后利用思考 胡斌 高立
11-38 当代北京城市大众体育空间发展趋势浅析 汪浩
11-41 多目标决策在兼顾社区利用的竞技体育建筑策划中的应用 刘圆圆 刘德明
11-44 城市区县级体育中心发展前景初探 解越 冯晔
11-48 创新、努力与适应——上海东方体育中心游泳馆建筑材料运用侧记 杨凯
11-51 体育盛宴与城市未来
——Populous 设计公司 Ashley Munday 先生访谈 杨凌 艾许利·孟德
11-54 Vallehermoso 体育中心 亚历亨德罗·布兰科
11-59 GO-FIT 圣卡耶塔诺体育中心 亚历亨德罗·布兰科
11-64 巴拉卡尔多体育馆 卡洛斯·加曼迪亚
11-69 上海东方体育中心 冯·格康，玛格及合伙人建筑师事务所
11-76 健身第一俱乐部 KSP 尤尔根·恩格尔事务所
11-79 VTB 体育场及体育馆 大卫·曼尼卡
11-86 麦德林体育场馆 Mazzanti 建筑事务所
11-91 扬州市体育场 时匡
11-95 扬州市体育馆新馆 时匡
11-100 徐汇游泳馆 姚亚雄
11-104 盐城市全民健身中心 姚亚雄
11-109 高山流水 物我两忘
——记中国·蔡甸全民健身活动中心规划及建筑方案设计 丁妤 刘德明
11-113 我国小城镇建设中的城市规划决策问题探析
——以哈尔滨市道外区团结镇为例 李惟科 邹广天
11-115 徽州地区传统村落的社会构造对村落的空间构造的影响 王玉 倪琪
11-118 魔幻般的艺术壁纸
11-120 玫瑰花瓣壁纸
11-121 飞利浦发光纺织品
11-122 2011AIA 住宅奖

2011 年 12 月 建筑师的执业思考

12-06 “公共建筑的‘公共性’之思”主题沙龙
12-18 从走下神坛到脚踏实地——再议中国建筑 褚冬竹
12-20 慢些，慢慢来 凌克戈
12-22 后快速发展时代建筑师的转变 尹毓俊
12-25 作为商品的建筑设计语境下的建筑师 杨宇环
12-28 “直接”更接近设计的本源 薄宏涛
12-31 制度帮助建筑师实现职业价值
——来自台湾省建筑师公会的启示 汤朝晖 杨晓川
12-33 彷徨实录 李立
12-35 在路上——一种工作与生存的状态 魏浩波
12-37 OMA 四城之建筑师 何宛余
12-40 KTV 式的欢唱与失落——当下中国建筑师的执业状态的另一种解说 曹晓昕
12-42 景观是个玩意儿 庞伟
12-45 英国伦敦威斯敏斯特城市学院 Schmidt Hammer Lassen 建筑师事务所
12-50 丹麦哥本哈根水晶大厦 Schmidt Hammer Lassen 建筑师事务所
12-55 淮安多功能会展中心 冯·格康，玛格及合伙人建筑师事务所
12-60 长春科技文化综合中心 冯·格康，玛格及合伙人建筑师事务所
12-64 新西兰奥克兰奥尔巴尼高中 Jasmax 有限责任公司
12-70 新西兰奥克兰国际中心 Jasmax 有限责任公司
12-76 美国芝加哥伊斯特·鲁道夫街 300 号大厦 美国 gp 建筑设计有限公司
12-81 深圳 京基 100 TFP 事务所
12-85 深圳正中科技大厦 王照明 李品一
12-89 潜移默化——贵州赤水红军烈士陵园展陈馆 魏浩波
12-93 “容”与“器”
——浅探展陈设计的演进与博物馆建筑空间建构的时代特征 吴云一 项秉仁
12-96 生命周期视角下的建筑循环再生研究 师帅 李桂文
12-99 流动着的织物雕塑
12-100 有别于传统的 Barrisol 天花板
12-101 RIBA 2011 年度 Manser Medal 奖揭晓

2012 年

2012 年 1 月　居住建筑

01-06　“保障性住房工业化设计与建造”主题沙龙
01-20　依托住宅产业化推进公租房建设之思　刘美霞　王洁凝
01-23　保障性住房的设计探讨　季凯风　周遇奇
01-26　为青年人定制公租房
——从需求出发的青年公租房套型设计研究　周燕珉　林婧怡　齐际
01-29　关于保障性住房户型设计竞赛的回顾与展望　尹学斌　陈晶蕊
01-32　日本公共租赁住宅的建设历程与经验教训　吴东航
01-35　日本公营住宅建设模式浅析　王羽
01-39　以日本公团住宅为鉴探讨我国保障性住房建设　开彦
01-41　宁波鄞州区人才公寓设计笔记　董屹　崔哲　平刚
01-47　沈阳中海国际社区（1 号、3 号地）　范逸汀　丁守斌
01-51　青岛中海·银海一号　胡浩　马明德
01-55　沈阳中海龙湾　胡浩　孙王琦
01-58　沈阳保利心语花园居住区　黄兵　晏青
01-63　沈阳保利花园居住区（五期、六期）　晏青　吴涛
01-68　大连华润星海湾壹号居住区　孟小聪
01-73　大连华润·海中国居住社区　华润（大连）房地产有限公司
01-77　北京首开·国风上观居住区　张立全　关卓睿
01-81　佛山美的君兰国际高尔夫生活村　洲联集团·五合国际
01-86　佛山时代依云小镇居住区　广州瀚华建筑设计有限公司
01-91　无锡协信阿卡迪亚居住区　水石国际
01-95　哈尔滨民生尚都居住区（二期）　曹炜　王宇龙
01-99　陕西关中传统民居文脉语境下的建筑创作思考　徐健生
01-102　滨海湿地公园生态化规划探索
——以辽河三角洲湿地公园概念性规划为例　孙贺　刘德明　陈沈
01-105　MUTINA 陶瓷
01-106　Raffaello Galiotto 石艺作品
01-107　RIBA 2011 年度 Stephen Lawrance 奖揭晓

2012 年 2 月　教育建筑

02-06　“教育建筑创作的瓶颈与突破”主题沙龙
02-20　城市型大学的集约化发展模式观察　许懋彦　刘铭
02-24　永续之道——清华大学校园“红区”的有机更新　刘玉龙　王彦
02-28　与开放教育理念相适应的教育建筑空间设计初探　张险峰　车有路
02-30　以老校园的更新助力城市的进步　徐苏宁
02-33　基于校园环境的场所建构初探——以山西联盛教育园区规划设计为例　王彦
02-36　理水“纳百川”生态“参天地”
——景观生态学运用于大学校园规划设计的思考　涂慧君
02-40　素质教育理念主导下的国际学校教学空间设计原则　黎正　汤朝晖　杨晓川　李彬彬
02-43　以教育示范为导向的中小学绿色校园营造——以长沙梅溪湖中学为例　胡飚　曾礼
02-46　中学校园的整体性与集约性设计探讨　李彬彬　杨晓川　汤朝晖
02-49　美国康奈尔大学米尔斯坦大厅　OMA 建筑事务所
02-55　挪威灵感科学中心　AART 建筑师事务所
02-60　丹麦埃尔西诺文化院落　AART 建筑师事务所
02-66　英国剑桥大学塞恩思伯里实验室　Stanton Williams 建筑师事务所
02-72　英国伦敦艺术大学国王十字地区中央圣马丁艺术与设计学院新校园　Stanton Williams 建筑师事务所
02-78　英国皇家威尔士音乐戏剧学院　BFLS 建筑师事务所
02-83　西班牙哈蒂瓦哈韦托卡斯塔涅达幼儿园及小学　Fernandezsolermonrabal 建筑事务所
02-87　四川德阳孝泉镇民族小学灾后重建设计回顾　华黎
02-94　青岛经济技术开发区实验初级中学　明亮
02-98　相容相生，和而不同——常州市天合国际学校、外国语学校　李彬彬　杨晓川　汤朝晖
02-103　长郡中学河西新校区规划与建筑设计　胡飚
02-107　创新推动创新——浅谈高新科技园区研发办公建筑设计　刘文标　刘峰　赵和生
02-110　基于都市发展阶段论的城市居住隔离研究　陆伟　张万录　王雷
02-113　纸花园

2012 年 3 月　工业遗产保护

03-06　“中国工业建筑遗产保护之困境与出路”主题沙龙
03-19　工业建筑遗产保护与再生的“临时性使用”模式
——以瑞士温特图尔苏尔泽工业区为例　董一平　侯斌超
03-24　英国工业遗产保护区的保护复兴经验与借鉴
——以纽卡斯尔奥斯本河谷保护区为例　镇雪锋　张松
03-28　天津市塘沽南站价值与保护更新探析　闫觅　青木信夫　徐苏斌
03-31　工业遗产的核心价值与特殊利基　林崇熙
03-34　黄浦江滨水区产业遗存再利用的文化策略　李继军　于一凡
03-37　工业构筑物的保护与利用——以水泥厂筒仓改造为例　左琰　王伦
03-39　工业建筑遗产保护与更新研究——半岛 1919 的前世与今生　宗轩
03-45　莱锦创意产业园设计小结　夏天
03-50　青岛中联创意广场　王子岩
03-54　青岛中联 U 谷 2.5 产业园　王子岩
03-58　杭州新天地工厂　Peter Ruge 建筑师事务所
03-62　武昌起义门周边风貌恢复暨楚望台军械库遗址公园设计回顾　姜涛　方海翔
03-68　上海临空园区 6 号地块 1、2 号科技产业楼——兼谈星级绿色建筑设计体会　王彦杰
03-74　深圳绿景大厦　朱翌友　王冰　朱宁　朱小亚
03-78　北京工业大学建筑人文外语学科楼　史巍
03-83　法国巴黎折纸写字楼　Manuelle Gautrand 建筑事务所
03-89　丹麦毕马威哥本哈根新总部大楼　3XN 建筑师事务所
03-94　城市拟消解——南京市城南地区旧住区改造策略研究　戴琼　卢峰
03-97　动态更新　协同整合——医院建筑相关技术的应用策略研究　侯昌印　梅洪元
03-99　建筑设计创新的社会需求与供给　韩晨平　邹广天
03-101　休闲文化视角下的北戴河西经路建筑装饰改造设计研究　金凯　于丰　崔扬

2012 年 4 月　酒店建筑

04-06　“度假酒店的集群化设计与实践”主题沙龙
04-22　重新审视建筑的“本质”——关于度假酒店设计的“在地”思考　王兴田　许志钦
04-25　酒店设计笔记　凌克戈
04-27　度假型酒店设计的现象学思考——以悦榕庄度假型酒店为例　卢峰　戴琼
04-30　高档酒店的体验空间与设计实例　艾侠
04-33　浅析星级酒店中客房单元空间建构与建筑形式构成的互动关系　张险峰　赵鑫
04-36　传统聚落形态的当代酒店演绎——丽江玉缘宾馆与城市契合的尝试　陈佳伟
04-39　精品酒店设计解读　乔文黎　张春利
04-41　英国伦敦 Aloft 酒店国际会展中心店　Jestico + Whiles 建筑设计事务所
04-48　克罗地亚罗维尼尼龙尔酒店　3LHD 建筑事务所
04-54　丹麦哥本哈根贝拉天空酒店　3XN 建筑事务所
04-59　深圳正中高尔夫隐秀山居酒店及会所　王兴田　李新娟　陈超
04-66　深圳紫荆山庄　徐维平
04-71　三亚亚龙湾瑞吉酒店　盛开
04-78　三亚万丽度假酒店　刘琦　曹丹青
04-82　沈阳皇冠国际假日酒店　香港美腾设计工程有限公司
04-86　北京工业大学国际交流中心（建国饭店）　史巍
04-90　三亚国光豪生度假酒店室内设计　YAC（国际）杨邦胜酒店设计顾问公司
04-94　马来西亚吉隆坡升喜购物广场外立面重建　思邦建筑
04-98　苏州月亮湾星月坊　罗振宇　蔡晟
04-103　两个感悟——2011 年度 UA 创作奖·概念设计国际竞赛观察员笔记　艾侠
04-104　化负以泰　蓄芳而待——2011 年度 UA 创作奖·概念设计国际竞赛综述　杨凌
04-126　超高层住宅设计备忘——以三个实践项目为例　储琦　朱洁
04-129　当代美术馆形式创作的发展演变　叶洋　曹炜
04-131　城市综合体设计探索——以青岛华润中心项目为例　姜飞宏　高力峰

2012 年 5 月　医疗建筑

05-06　“我国综合医院建设问题与发展走向”主题沙龙
05-24　环境心理学在“医院建筑人性化”中的过去和未来　李郁葱　赫尔曼·纽科尔曼
05-28　基于客观评测的医院建筑公共空间利用研究
——以间隔式影像采集矩阵研究法为例　黄琼　张昕楠
05-31　日本医院建筑设计的新动向　周颖　孙耀南
05-35　医院改扩建总体规划设计的绿色理念　张春阳　张文宇
05-38　大型绿色医院建筑设计的新探索
——以重庆市全科医生临床培训基地暨涪陵李渡医院为例　龙灏　冯瑾
05-41　多元式病房设计研究——新型诊治模式下住院病房形式蜕变　苏元颖　朱小亚
05-45　基于循证设计理念的医院急诊医学科服务效率研究
——以北京朝阳医院为例　金鑫　张勇　格伦
05-48　如切如磋，如琢如磨——与医院业主在设计理念上的互动　郑亚丰
05-51　基于复杂性科学的医疗建筑设计
——徐州中心医院新城区分院设计思考　王彦　姚红梅
05-54　大型综合性医院建设医疗功能需求的规划与实施
——徐州市中心医院新城区医院设计体会　周荣慧　杜洪涛
05-56　综合医院管理下的体检中心建筑设计研究　龙灏　罗旋
05-59　模板式设计优化医疗设计　马修·里克特　希瑟·钟　凌志强
05-66　当今美国医疗建筑发展的十大趋势　史蒂芬·魏德勃
05-74　意大利维罗纳 Borgo Trento 医院　冯·格康，玛格及合伙人建筑师事务所
05-80　美国达拉斯贝勒肿瘤中心　帕金斯威尔建筑设计事务所
05-86　荷兰维瓦尔第疗养院　SEED 建筑师事务所
05-91　荷兰新双子医院　SEED 建筑师事务所
05-95　美国加州大学圣地亚哥分校苏尔皮兹奥家庭心血管中心以及桑顿医院改扩建工程　RTKL 国际有限公司
05-100　三门峡市中心医院新住院大楼　夏波　董京刚　朱小亚
05-104　宁夏回族自治区人民医院新区医院　沙允杰　黄晓群
05-108　功能引导设计——上海市松江区迁建妇幼保健院工程记评　秦彦波
05-112　哈尔滨医科大学附属第一医院外科病房楼
——从医院管理模式出发的功能设计　张伟玲　皮卫星
05-116　重庆市涪陵中心医院外科综合大楼　龙灏　王旭光
05-120　村落生态基础设施研究　毛　靓　李桂文　徐聪智
05-123　区域标志性建筑形象塑造的思考
——以中国金融信息大厦和上海长风跨国采购中心为例　王伟东

2012 年 6 月　建筑·材料

06-06　“材料的可持续性”主题沙龙
06-20　材料选择的态度　贺勇
06-23　平常间的触动——评析赫尔佐格和德梅隆早期作品中对传统材料的使用　陆林
06-26　理性与浪漫的交织——当代建筑设计中玻璃材料的操作浅析　宗轩　田玉龙

06-29 瑞士建筑师 Gion A. Caminada 关于新型井干式木建筑的探索和实践 王小红
06-32 数字化砖家 朵宁
06-36 天下何以大白 王大鹏
06-38 催化剂——论材料的另一种角色 罗韧
06-41 重庆复地南山会所 思邦建筑设计咨询（上海）有限公司
06-46 成都新津志博物馆 隈研吾建筑都市设计事务所
06-51 宏亚巧克力博物馆（巧克力共和国） 潘冀联合建筑师事务所
06-57 荷兰新维根市新市政厅及文化中心 3XN 建筑师事务所
06-63 波兰航空博物馆新馆 Pysall 建筑师事务所
06-67 挪威 Kilden 表演艺术中心 ALA 建筑师事务所
06-72 上海东来书店 山水秀建筑事务所
06-77 空间与时间的断与连
——同济大学建筑设计院新大楼公共空间设计 文小琴 曾群
06-79 空间与时间的并置 宗轩 曾群
06-86 西班牙原帕伦西亚监狱改建城市文化中心项目 Exit 建筑师事务所
06-93 奥地利约翰森开普勒大学科学园机械电子楼 Caramel 建筑事务所
06-99 红场——中国丹霞世界遗产地赤水佛光岩入口空间设计 魏浩波
06-106 科威特拖把住宅 AGi 建筑师事务所
06-112 当代西方建筑符号形态差异性的审美特征研究 张曼 刘松茯
06-114 城市快捷酒店空间环境的特色营造 毕冰实 吕盛楠
06-116 空间建构走向设计实践—— 一种创作方法的体验之旅 肖松 张元立

2012 年 7 月　文化建筑

07-06 “文化建筑与文化产业发展的关联”主题沙龙
07-17 集群文化建筑的设计与运作 李麟学 尹宏德
07-20 城市更新与扩张下的文化建筑 史巍
07-23 文化建筑综合体集约化设计策略研究 王扬 叶子藤
07-25 论中国现代剧场文化的二元价值建构 卢向东
07-29 融于城市之中的“透明”剧院 程翌
07-32 从文化认同到消费认同——文化建筑的商业图解 董屹
07-35 非商业不文化 凌克戈
07-37 英国泰坦尼克号贝尔法斯特游客中心 Todd 建筑事务所
07-43 荷兰 EYE 电影学院 DMAA 建筑事务所
07-49 魔法之山
——西班牙拉科鲁尼亚阿哥拉社会文化中心 rojo/fern á ndez-shaw 建筑事务所
07-54 英国南安普顿海洋城市博物馆 Wilkinson Eyre 事务所
07-60 2012 韩国丽水世博会主题馆 One Ocean soma 建筑事务所
07-67 公共信息图书馆 潘冀联合建筑师事务所
07-74 上海朱家角人文艺术馆 祝晓峰
07-81 葫芦岛海滨展示中心 META- 工作室
07-88 海门市文化展览馆 苏腾飞
07-92 盐城文化艺术中心 朱翌友 王冰
07-99 从一棵树开始的设计——石家庄市美术馆 花旭东 宋雪雅
07-103 绿色校园建筑实践——上海市委党校二期工程建筑设计 陈剑秋
07-105 走向绿色建筑——上海市委党校二期工程陈剑秋设计师访谈 宗轩 陈剑秋
07-113 当代体育建筑表皮设计的生态化初探
——以大连体育中心网球场为例 王非 梁斌
07-115 高校建筑馆专业教室空间环境设计研究 毕冰实 焦旸
07-117 基于重构的旧文化建筑发展策略初探
——以内蒙古旧博物馆的整合改造为例 韩瑛 张鹏举 任国栋

2012 年 8 月　城市更新

08-06 “城市历史街区更新与保护的问题与思考”主题沙龙
08-25 城市更新与生活态度 徐千里
08-30 澳大利亚遗产登录制度的特征及其借鉴意义 张松 胡天蕾
08-34 英国工业建筑遗产保护与城市再生的语境转换
——以阿尔伯特船坞地区为例 董一平 侯斌超
08-41 城市历史景观的启示——从“历史城区保护”到“城市发展框架下的城市遗产保护” 郑颖 杨昌鸣
08-45 我国城市更新中的类型学思考 徐苏宁
08-48 “边缘化”的历史城区保护与复兴模式探索
——以山东省无棣老城区保护与更新规划为例 夏青 郭嘉盛
08-52 城市中心区整体更新地段的边界形态 栾滨 孙晖
08-55 基于空间句法的深圳东门老街更新策略研究 郭湘闽 王金灿
08-59 大连城市中心烟台街历史街区的更新与保护 陆伟 刘涟涟 邓曦
08-63 巴黎老城区临街建筑外轮廓控制法规历史沿革的启示 汤朔晖 袁志 杨晓川
08-66 广州“城中村”历史街区更新探讨 李海燕 杨晓川 汤朔晖
08-70 哈尔滨工人新村更新策略研究 袁青 温晓颖
08-73 工业建筑遗存更新中激发社区活力之设计策略研究
——以上海三个工业厂区更新为例 宗轩 肖铧
08-77 从文化遗产属性思考城市文化遗产保护的时机与方式
——以上涌镇杏仁街更新保护为例 顾玄渊
08-80 怀旧的现代性——哈尔滨道外中华巴洛克历史街区更新思考 朱莹 张向宁
08-84 北京中轴线（天桥）风貌协调区保护与更新的实践与思考 戴俭 曾苏元 周璐璐
08-87 美国“绽放的西雅图中心”规划设计 零壹城市事务所
08-91 济南新城市区规划 佐佐木事务所
08-96 西班牙瓦伦西亚 Sociopolis 社区总体规划 Guallart 建筑师事务所
08-102 美国圣地亚哥东村艺术区规划设计 构诗建筑
08-106 法国波尔多 Euratlantique 地区发展项目 OMA 建筑事务所
08-110 优雅与欢乐的融合——挪威曼达尔镇文化中心（拱门） 3XN 建筑师事务所
08-115 西班牙圣塞巴斯蒂安巴斯克烹饪中心 VAUMM 建筑与城市规划事务所
08-121 西班牙巴塞罗那电讯市场委员会（CMT）总部大楼 Batlle | Roig 建筑师事务所
08-127 美国国家航空航天局可持续发展基地 William McDonough+Partners 事务所
8-134 伊朗城市更新实践中的反思与启示——德黑兰 Navab 街区和科曼莎 Modares 街区比较研究 Saeid Moradi 孙澄 Tahoora Moradi Zahra Moradi
8-137 城市文化基础设施廊道研究初探 吕飞 于婷婷

2012 年 9 月　数字未来

09-06 “数字未来”主题沙龙
09-33 机器过程 尼尔·里奇
09-40 机器人登陆月球建造建筑——轮廓工艺的潜力
比洛克·霍什内维斯 安德斯·卡尔松尼尔·里奇 马杜·唐格维鲁
09-49 定制工作流程建筑 比亚娜·伯格森
09-53 数控机器人的建造算法应用研究 袁烽 杨智
09-57 全球化与信息化——从数字建筑工作营看建筑学教育 肖明 慧宋刚
09-59 一数一世界——荷兰建筑师 Kas Oosterhuis 数字设计思想浅析 褚冬竹 魏书祥
09-62 再思参数化设计——其理论、研究、总结和实践 何宛余
09-68 基于数字技术的高层建筑形态自组织与自适应创作研究 韩昀松 姜宏国 孙澄
09-71 DAL 数字建筑实验室未来发展的四个关键词 胡骉 杜宇
09-74 从设计到建造——南京艺术学院参数化设计教学笔记与思考 徐炯 詹和平
09-77 上海 MoCA 生活演习展“数字花园”系列作品 袁烽 尼尔·里奇
09-83 北京前门大栅栏的城市化演进研究 徐丰
09-87 固态城市——侵蚀性扩张 丹尼尔·吉伦徐丰
09-89 西安浐灞国家湿地公园观鸟塔 叶飞
09-92 台湾基隆港新客运大楼 SDA 建筑设计事务所
09-97 日照山海天阳光海岸配套公共建筑群 王振飞 王鹿鸣
09-105 德国斯图加特弗劳恩霍夫研究所虚拟工程中心 UNStudio 联合工作室
09-114 中国传统门户空间形式探源 彭炜炜 董芦笛 吴白
09-117 基于场地既有工业遗存的居住区设计手法探析 朱光武
09-120 当代文化建筑在城市建设中的特点及价值 史巍

2012 年 10 月　建筑·传播

10-12 “中国建筑师及作品的影响力传播”主题沙龙
10-25 青年建筑师的再深造
——建筑文化学院（aac） 冯·格康，玛格及合伙人建筑师事务所
10-28 “酷茶”一余载 深圳市城市设计促进中心
10-32 开始在路上——MAD 旅行基金谈
10-42 公共知识的交流实验——万科公开讲坛（V-TALK） 万科集团新闻与传播中心
10-44 新立方：企业节事的三重演变 艾侠
10-46 奥地利林兹奥钢联集团公司销售与财务中心 Dietmar Feichtinger 建筑设计事务所
10-54 西班牙马里德 IDOM 办公楼 ACXT 建筑事务所
10-62 奥地利维也纳 B&F 殡仪公司总部 DMAA 建筑事务所
10-68 新加坡启汇城 Solaris 大楼 T.R. 哈姆扎杨经文建筑师事务所
10-74 意大利 Vidre Negre 办公楼 Damilano Studio 建筑事务所
10-80 荷兰 Eneco 鹿特丹总部大楼 马修·布图斯
10-86 无锡大剧院 PES 建筑设计事务所
10-96 上海临港新城港城大厦设计手记 王晖
10-102 深圳清华源兴科技大厦 蔡浩然
10-106 江阴中国裳岛产业园 水石国际
10-114 基地答案的“自我显现”——南通科技企业创业社区设计回顾 李勇韦
10-120 揭开地层的奥秘——安徽省古生物化石博物馆设计 姜都
10-122 与“古”为新——安徽省古生物博物馆设计师姜都访谈 宗轩 姜都
10-130 体验营销模式下历史性商业建筑改造设计研究 陈菲 林建群 付伟庆
10-132 建筑表皮的视觉文化略读 范一飞
10-135 生活的舞台——当代西方景观叙事作品解读 邱天怡 刘松茯 常兵

2012 年 11 月　体育建筑

11-06 “明天的大众的体育建筑”主题沙龙
11-18 对在当代中国城市建筑环境中发展大众体育设施的几点思考 廖含文
11-21 中小城市竞技型体育设施可持续利用设计研究 岳兵
11-25 大中型体育场馆赛后综合利用设计研究 汤朔宁 喻汝青
11-29 北京高校球类活动场地对外开放现状初探——以清华大学为例 汪浩
11-32 数字技术影响下体育建筑的参数化及协同设计 李慧莉 张硕松 张险峰
11-35 浅谈体育工艺设计的重要性 王道正
11-38 体育建筑空间观演化方向的关键技术探索 杨凯 赵晨
11-41 体育建筑可变看台及座席应用初探 王沐
11-44 伦敦奥运遗产 Populous 建筑事务所
11-50 乌克兰基辅奥林匹克体育场 冯·格康，玛格及合伙人事务所
11-56 波兰华沙国家体育场 冯·格康，玛格及合伙人事务所
11-62 伦敦奥运会射击馆 magma 建筑事务所
11-68 2012 伦敦奥运会篮球馆 威尔金森艾尔建筑师事务所
11-74 美国达斯卡拉基斯体育中心（德雷克塞尔大学活动中心） 佐佐木事务所
11-82 西班牙舍蒂瓦体育城 ACXT 建筑事务所
11-88 奥地利 Drautalperle 室内外游泳池 MHM 建筑师事务所
11-94 法国安东尼多功能体育综合体 archi5Tecnova 建筑事务所
11-98 新加坡滨海南花园 威尔金森艾尔建筑师事务所
11-106 云南师范大学呈贡校区一期主体育馆设计 王沐
11-112 洛阳新区体育中心体育场 付修
11-118 意在笔先——营口奥林匹克体育中心和滨海文化艺术中心 魏治平 高英志 周峰
11-126 菲律宾马尼拉新体育场
——世界最大室内体育场的设计挑战 Populous 建筑事务所

11-133 建筑设计教学中对建筑实践体系的关注 李麟学

2012 年 12 月 我的 2012

12-06 “超高层建筑的城市意义”主题沙龙
12-18 建筑无可替代? 晏青
12-20 2012:一个人的修炼,从吴到无 俞挺
12-24 闲谈 2012 凌克戈
12-26 西行漫记—— 一种跨界意味的工作状态 魏浩波
12-32 再思当代中国性 何宛余
12-34 关于“小”的实践 冯国安
12-37 140 字内的建筑 李丹锋
12-40 数字建筑 2012:从先锋实验走向商业应用 张朔炯
12-43 重联社会——农村公共活动中心的规划与建设 卢寅 覃琳
12-46 设计建筑城市 涂山
12-48 秦皇岛歌华营地体验中心 OPEN 建筑事务所
12-58 “无”的神通——过无极书院而思 俞挺
12-68 分子结构随想曲——惠生(南京)化工有限公司厂前区 1 号综合楼设计 周畯
12-74 历史与现实的无缝对接——武汉汉阳造文化创意园设计评析 肖宗轩
12-77 大文化背景下的小房子
——武汉汉阳造文化创意园设计师沈禾访谈 沈禾 宗轩
12-82 园中园——香港中文大学深圳分校概念竞赛方案 杨小荻
12-88 丹麦维堡市政厅 Henning Larsen 建筑师事务所
12-94 墨尔本丹德农政府服务办公楼 HASSELL 设计公司
12-100 韩国釜山电影中心 蓝天组
12-110 挪威莫尔德普拉森文化中心 3XN 建筑师事务所
12-118 巴西圣保罗无限大楼 KPF 建筑师事务所
12-126 公共租赁住房套型设计研究与探讨 褚波
12-129 从节能设计标准到节能建筑设计
——记 ISUenergy 2011 暑期学校被动式小住宅设计 羊烨

2013 年

2013 年 1 月 公共住宅

01-06 住宅建造与品质保障——2012 可持续居住与住宅产业化技术发展论坛
01-16 英国住房保障制度与政策评介 洪亮平 何艺方
01-20 日本公共住宅的绿色低碳实践
——以荻窪住区再生设计为例 秦姗 蒋洪彪 赵铮 王姗姗
01-26 提升与融合——三个意大利社会住宅的评析 罗益德 李振宇
01-30 基于可持续建设理念的公共租赁住房设计与建造技术研究——北京公共租赁住房示范工程“众美光合原著”项目建设回顾 刘东卫 闫英俊 贾丽 靳坤
01-34 以上海临港新城 WNW-C1 限价房项目 6A 地块规划及建筑设计为例谈中国保障性住房类型创新设计 卢斌 李振宇
01-38 绿色工业化社区实践——以深圳龙悦居三期为例 龙玉峰 丁宏
01-42 上海绿地新江桥城——保障性住房节能设计技术升级探索 顾玉婷 巴黎
01-45 “实惠”设计——北京市半步桥公租房设计之体会 樊则森 张玥
01-48 西班牙 Vitoria-Gasteiz 市 Salburua 街区 242 套社会住宅 ACXT-Idom 建筑事务所
01-56 西班牙毕尔巴鄂 BBK SARRIKO 中心 ACXT-Idom 建筑事务所
01-64 法国巴黎 VILLIOT-RÂPÉE 公寓 Hamonic + Masson 建筑事务所
01-74 让开放和交流成为自然——三亚中粮亚龙湾酒店员工宿舍设计回顾 钟乔
01-80 苏州清山慧谷别墅区 AAI 国际建筑师事务所
01-86 上海东渡青筑国际社区 艾侠 刘劲
01-94 新小镇,新希望——西柏坡华润希望小镇(一期)设计感悟 李兴钢 马津
01-102 创造与回归——万科武汉红郡 李剑波
01-108 上海证大朱家角九间堂西苑 加拿大 CPC 建筑设计顾问有限公司
01-116 生活在历史与未来之间的人文住宅——南京仁恒 G53 项目 上海日清建筑设计有限公司
01-132 超越功能表象的空间和形式构建能力训练——重议建筑设计教学的核心问题 凌晓红
01-122 2012 年度建筑文化学院(aac)研习班学习报告
——城市交流之“汉堡·上海,为今日城市人口需求的建筑” 陈禹

2013 年 2 月 教育建筑

02-06 职业教育院校校园建设探讨主题沙龙
02-17 被动式节能设计策略于高校建筑中的应用探讨 陈钢
02-21 学前教育建筑设计体会 张倩 杨晓川 汤朝晖
02-25 西安地区普通高校公共教学楼交通及辅助空间调查研究 肖丽娜 李子萍
02-29 原型与发展——厦门大学校园更新与建筑设计解析 张燕来 王绍森
02-34 奥地利林茨市 STELZHAMERSCHULE 学校改扩建 KIRSCH 建筑事务所
02-40 法国蒙彼利埃 Georges-Freche 酒店管理学校
Massimiliano and Doriana Fuksas 建筑事务所
02-46 西班牙巴塞罗那 Masquefa 橡木源幼儿园及小学 ONL 建筑事务所
02-52 澳大利亚布里斯班生态科学园 HASSELL
02-60 德国北莱茵 - 威斯特伐利亚州福克旺图书馆 Max Dudler 建筑事务所
02-68 美国俄亥俄州洛雷恩郡社区学院 iLOFT Sasaki 事务所
02-74 澳大利亚墨尔本吉卜林尤恩森图书馆 HASSELL
02-78 外交学院新校区空间形态解析 刘淼
02-86 川南幼儿师范高等专科学校校园规划与建筑设计 褚冬竹 童琳 张文青
02-90 校园空间的激活——肇庆学院艺术系教学楼设计 黄睿 汤朝晖 杨晓川
02-94 校园高层建筑中传统庭院空间的引申与延续
——西安交通大学材料科研与基础学科大楼方案设计 李子萍 杜波 李娓
02-98 华东交通大学土建学院教学楼方案设计及改扩建规划 孙青峰 张伟一
02-104 北方寒冷地区古代大空间建筑室内热环境测试研究 张颀 徐虹 黄琼 刘刚
02-109 基于节能目标的寒地村镇住宅外墙优化设计研究 王飞 毕冰实

2013 年 3 月 建筑遗产保护

03-06 “建筑遗产保护”主题沙龙
03-19 历史建筑保护的制度建构 刘晖 梁励韵
03-21 从文化遗产到创意城市——文化遗产保护体系的外延 徐苏斌
03-25 美国工业建筑遗产保护与再生的语境转换与模式研究
——以“高线”铁路为例 董一平 侯斌超
03-31 日常性城市遗产的保护与活力提升
——巴黎老商业街管理的启示 马荣军 周俭
03-35 上海工业遗产保护与再利用发展现状及面临问题 于一凡
03-38 文革建筑遗产的保存状况分析 庞智 张松
03-42 上海豫园保护修缮历程及评述 项伊晶 张松
03-46 上海 OCT 华侨城苏河湾城市改造项目展示厅 KOKAISTUDIOS 建筑设计公司
03-52 哈尔滨西站 杨华春 艾侠 漆国强
03-60 海口火车东站 朱小亚
03-66 郑西铁路客运专线西安北站 唐文胜
03-76 武广铁路客运专线衡阳东站站房 李春舫 柯宇
03-82 法兰克福国际机场登机指廊 A 扩建项目 冯·格康,玛格及合伙人建筑师事务所
03-94 伦敦国王十字火车站改造 JMP 建筑事务所
03-102 奥地利格拉茨交通枢纽总站 Zechner & Zechner 事务所
03-110 进化的遗产——东北地区工业遗产群落活化研究 朱莹 张向宁

2013 年 4 月 商业综合体

04-06 “城市综合体盈利与非盈利功能关系的思辨”主题沙龙
04-15 高密度人居环境下城市建筑综合体协同效应价值研究 王桢栋 佘寅
04-20 商业综合体购物中心设计关键要素探讨 王蕾 任慧强
04-24 浅谈性能化防火设计在万达商业综合体中的应用 谢阿琳 刘永智
04-28 城市建筑综合体的系统特征与设计策略
——基于同济大学建筑设计研究院(集团)有限公司的设计实践 李麟学 吴杰
04-31 基于商业综合体中复合需求的动线策略研究 伍涛 艾侠
04-34 奥地利因斯布鲁克 Leiner 家具店及 MPreis 超市 Zechner & Zechner 事务所
04-42 韩国首尔 D-CUBE CITY 捷得国际建筑师事务所
04-54 石家庄勒泰中心 Matt Heller
04-62 北京绿地缤纷城 顾琦娴 潘允哲
04-68 退台花园商业中心——苏州普惠商业广场建筑设计 于雷 于建
04-76 “汇聚”中的发展——南宁华润中心 张立 黄斌祥
04-86 宁波来福士广场 思邦建筑
04-94 上海宝华国际广场 加拿大 CPC 建筑设计顾问有限公司
04-102 西班牙洛格罗尼奥城市综合体——城市、建筑、景观、能源的协同共生 王桢栋
04-109 2012 年度 UA 创作奖·概念设计国际竞赛奖项揭晓
04-110 评审感言 赵元超
04-111 否泰相伏 否解共济——2012 年度 UA 创作奖·概念设计国际竞赛评审回顾 杨凌
04-137 基于城市空间文化的万达商业综合体建筑形式创作研究
——以哈尔滨万达商业综合体为例 李铁军
04-141 德勒兹平滑空间论视阈下的“界域”建筑创作思想阐释 刘杨 林建群

2013 年 5 月 医疗建筑

05-06 “可持续观念下的中国医院建筑设计与建设”主题沙龙
05-22 为病人安危进行设计
——解析医院建筑对医源性感染的影响 朱雪梅 罗杰·乌尔里奇 柏鑫
05-27 观察法在英国医疗建筑设计研究与教学中的应用 郝晓赛
05-31 集中与分散的调和
——兼论大型医院多模块化、模块化的设计方法 马丹红 周颖 朱雪梅
05-35 中国医院建筑的空间框架体系与运营效益分析 苏元颖
05-38 重庆市涪陵中心医院内科大楼 龙灏 杨倩
05-44 青岛市中心医院综合楼改扩建工程 王冰 周相涵
05-50 慈济综合医院台中分院 魏敏隆 陈芳兰
05-58 北京大学第三医院门急诊医技楼 马晓临
05-66 北京大学第一医院门诊楼 张鹏
05-72 小用地上的大医院
——北京协和医院门急诊楼及手术科室楼改扩建工程 王蕾 宫建伟
05-80 德国乌尔姆大学外科医院 KSP 尤尔根·恩格尔事务所
05-90 美国芝加哥拉什大学医学中心 帕金斯威尔建筑设计事务所
05-100 西班牙圣卢西亚大学医院 CASA Sólo 建筑事务所
05-112 居住小区规划设计课程命题的改革与实践 李健 蔡军 刘代云

2013 年 6 月 医疗建筑

06-06 美国医疗水平欠发达地区的社区门诊设计案例研究 斯蒂芬·魏德勃
06-16 新生儿重症监护室设计浅析——美国设计趋势及对中国的借鉴意义 宋祎琳 朱雪梅
06-20 疗愈环境在美国医院设计中的应用 唐茜嵘 成卓
06-24 建筑策划在大型绿色医院建筑设计中的应用

——以合川区人民医院方案设计为例 龙灏 王静
06-28 大型医院网络状水平交通模式探讨
——大厅与医院街组合的设计手法 胡双骄 周颖 吕志鹏
06-32 上海"5+3+1"医院——以人为本，新时期经济性基础医疗项目 陈国亮 唐茜嵘
06-34 第二军医大学附属长征医院浦东新院 竺晨捷
06-40 上海市第六人民医院临港新城医院 刘勇
06-46 复旦大学附属华山医院北院 钟璐
06-52 上海交通大学医学院附属瑞金医院北院新建工程 陈励先
06-60 上海新华医院管理集团崇明分院扩建工程 杨鸿庆 梁开来
06-66 奉贤中心医院迁建工程 周秋琴 吴家巍
06-72 复旦大学附属金山医院整体迁建工程 王馥
06-80 解放军总医院海南分院——地域性的绿色医院设计实践 李辉
06-90 香港大学深圳医院 孟建民 侯军 王丽娟 甘雪森 吴莲花
06-102 德国弗莱堡医疗诊所北区扩建工程
——弗莱堡大学诊所急救中心 KSP 尤尔根·恩格尔事务所
06-110 西班牙 Los Arcos del Mar Menor 大学医院 CASA Sólo 建筑事务所

2013 年 7 月 西班牙建筑

07-06 "西线工作室对话 Baum 工作室（西班牙）——关于建筑实践的地域性与当代性"主题沙龙
07-17 面向永恒的建筑 玛塔·巴雷拉·阿德米 哈维·卡罗·多明戈斯 米格·亨迪·费尔南德斯
07-26 西班牙建筑中的结构理念 安东·加西亚·阿布里 德伯拉·梅萨
07-33 新的方法 贝琳达·塔多
07-42 身份之场所 弗兰西斯科·戈梅斯·迪亚斯
07-47 发展中的物质性——与恩里格·索贝汉诺的对话
恩里格·索贝汉诺 玛塔·巴雷拉·阿德米 哈维·卡罗·多明戈斯 米格·亨迪·费尔南德斯
07-61 精准控制的盒子——西班牙当代建筑实践观察系列之几何空间的控制机制 魏浩波
07-67 在城市公共空间的关联中激活历史
——西班牙历史建筑遗产保护与利用的三个设计案例解读 欧阳之曦 韩冬青
07-70 建筑师约瑟夫·里纳斯的设计思想及作品评述 宋玮
07-74 毕尔巴鄂 IDOM 总部 ACXT 建筑师事务所
07-82 阿尔巴基特资方联盟总部大楼 Cor & Asociados 建筑事务所
07-90 坎夫兰克地下实验室总部 Basilio Tobías. 建筑师事务所
07-98 阿尔梅里亚北地中海健康中心 Ferrer 建筑师事务所
07-106 萨拉戈萨 UTEBO 老人之家 Basilio Tobías. 建筑师事务所
07-112 巴斯克大学矿业、土木及工业技术工程学院楼 ACXT 建筑师事务所
07-122 潘普洛纳纳瓦拉大学经济楼 Otxotorena 建筑师事务所
07-130 马略卡岛肯赛尔幼儿园 RIPOLLTIZON 建筑事务所
07-136 纳瓦拉 Berriozar 幼儿园 哈维·拉萨斯 伊尼戈·贝格里斯坦 伊尼阿奇·贝赫拉
07-142 技术进步与建筑界面形态的演变 刘峰 吴梓豪
07-145 基于缝合理念的高等院校新老校园整合规划策略研究
——以延边大学为例 吕飞 齐晓晨

2013 年 8 月 北欧建筑

08-06 "福利民主制度下的北欧公共设计"主题沙龙
08-16 瑞典的生态建筑和城市规划 派尔·米盖尔·塞勒斯德洛姆
08-26 从摇篮到摇篮——建筑的理念·建筑设计的复兴·新一代建筑师 杨·阿瑟
08-30 从现代主义到生态主义——以挪威科技大学为例观察当代挪威可持续性建筑研究 王宇
08-34 设计的机制——从芬兰维基总部设计合作谈起 刘海洋
08-37 哥本哈根可持续城市更新及其启示 陈泳 刘明昊
08-42 北欧现代木建筑的自然性表达 徐洪澎 李思 吴健梅
08-46 人情化建筑的现代演绎
——以维基住区为例谈芬兰现代木建筑体验 李国友 徐洪澎 吴健梅
08-49 从教堂建筑看芬兰建筑中的自然主义 周浩明
08-52 丹麦哥本哈根"蓝色星球"水族馆 3XN 建筑师事务所
08-60 丹麦哥本哈根联合国城 1 区 3XN 建筑师事务所
08-68 丹麦哈泽斯莱乌 Bestseller 北物流中心 C.F.M ller 建筑事务所
08-76 芬兰赫尔辛基帕西托尼酒店及会议中心 K2S 建筑师事务所
08-84 芬兰埃斯波 Mårtensbro 学校 Playa 建筑事务所
08-92 芬兰塞伊奈约基新市立图书馆新馆 JKMM 建筑事务所
08-102 挪威贝鲁姆国家石油公司区域与国际办公大楼 a-lab 建筑师事务所
08-114 瑞典于默奥艺术博物馆 Henning Larsen 建筑师事务所
08-122 英国阿伯丁大学新图书馆 HL 建筑师事务所
08-128 生成设计及其数控塑形研究
——以"音律柱"数据可视化生成设计为例 郭梓峰 李飚
08-131 论英国建筑技术美学谱系中传统与新统的博弈
——以 High-Tech 建筑技术美学为例 程世卓 刘松茯
08-135 松花江流域城市水域景观特色优化策略 孙洪涛 张伶伶 蔡新冬

2013 年 9 月 体育建筑

09-06 "体育建筑设计及建设之思"主题沙龙
09-15 浅谈城市发展背景下的大型体育建筑可持续利用 肖辉 刘洪燕
09-19 中小城市体育场馆适宜性设计研究 罗鹏 董赵伟
09-23 区县级综合体育馆建筑空间设计要点 王斌
09-27 综合体育馆场地区选型研究——由比赛场地推导场地区的建议尺寸 康晓力
09-32 体育建筑看台区栏杆设置研究 付毅智 赵坤
09-36 提高体育场抵抗人群事故发生能力的新视点 黄丽蒂 刘德明 赵文艳
09-39 基于持续运营视角的大型体育馆休息厅空间设计研究 宗轩 田玉龙
09-42 大连体育中心体育场技术节点设计 魏治平 初晓
09-50 葫芦岛市龙湾中心商务区核心区（龙眼岛）体育中心规划及建筑设计
岳兵 安毅 徐曼
09-60 重庆万州体育中心 李燕云 罗洋 赵梓藤
09-66 大连体育中心体育馆 魏治平 初晓 宋明奇
09-74 天津奥林匹克水上中心 孟可
09-80 鄂尔多斯市东胜体育中心体育场 李燕云 王斌 赵梓藤
09-85 大兴安岭文化体育中心 唐家骏 罗鹏 及强
09-90 云南师范大学体育训练馆 王沐
09-96 澳大利亚 Wanangkura 体育馆 ARM 建筑事务所
09-104 瑞典斯德哥尔摩友谊体育馆 C.F.M ller 建筑事务所
09-112 澳大利亚珀斯体育场 ARM 建筑事务所
109-20 斯坦利·库布里克电影空间印象 张燕来

2013 年 10 月 数字设计

10-14 蔓延交融 深度发展——"数字新建筑"主题沙龙
10-27 洛伦兹几何的算法生成与空间表达 袁烽 张良
10-30 基于游牧空间思想的建筑空间生成方法初探
——以茨城快速机场概念设计为例 吕帅 赵一舟 徐卫国 黄蔚欣
10-34 建筑设计中的复杂曲面建构与优化策略研究 杨阳 孙澄
10-38 建结 廖智威
10-41 空间螺旋形式及其在建筑参数化设计中的应用初探 沈源 常清华
10-46 基于脑纹珊瑚结构的景观系统研究
——以颐和园外团城湖片区景观规划为例 翟炳博 徐卫国 黄蔚欣
10-50 大连国际会议中心 纪晓海 杨性辉 葛少恩
10-60 美国路易斯安那州立博物馆和体育名人堂 Trahan 建筑师事务所
10-68 加拿大卡尔加里弯曲大厦（Encana 及 Cenovus 公司总部）
福斯特及合伙人建筑事务所
10-76 香港浅水湾影湾园 davidclovers 建筑事务所
10-84 设计与施工过程逻辑的一致性
——阿里巴巴淘宝城停车楼外表皮数控加工技术实践 明晔 张晓奕 林海
10-90 泰国南邦府中央广场 SDA 建筑事务所
10-96 厦门鼓浪屿三丘田码头 林秋达
10-100 西安浐灞国家湿地公园观鸟塔 叶飞
10-106 透明表皮——湖南大学建筑学院老系楼门厅数字遮阳顶棚设计 胡骉
10-110 浅析当代体育公园与城市环境的共生 刘畅 梅洪元 陈剑飞
10-113 新中国成立后乌鲁木齐现代建筑创作的民族地域特色之路 谢洋

2013 年 11 月 建筑·展览

11-06 "当代中国建筑展览的现实与未来"主题沙龙
11-16 建筑展览：当代建筑文化的推进器 李翔宁 江嘉玮 曹晓弘 任少峰
11-20 没有建筑或只有建筑的建筑展览 史建
11-22 在展览中发现建筑 唐克扬
11-25 建筑展览中建筑再现的媒介与技术 于振雷 李翔宁
11-29 关于展览的展览：中国当代建筑展览文献展 秦蕾 杨帆
11-31 城市中的展览介入与诗意化建构
——深圳·香港城市\建筑双城双年展（UABB）述评 张宇星
11-35 浅谈威尼斯国际建筑双年展中国馆的美学叙事与文化意义 李芸芸
11-38 印度海德拉巴阿瓦萨酒店 Nandu 建筑事务所
11-48 俄罗斯新西伯利亚市奥拉购物及娱乐中心 Yazgan 建筑事务所
11-54 西班牙圣卢西亚安全中心 gpy 建筑事务所
11-62 荷兰泰瑟尔岛 Kaap Skil 海事博物馆 Mecanoo 建筑事务所
11-68 江南续——上海朱家角证大西镇 E1 地块设计随感 董屹
11-78 城市记忆的片段——西安正阳广场论坛中心及商业综合体 赵晶鑫
11-84 不再"行政"的行政办公楼——深圳南方科技大学行政办公楼设计回顾 钟乔
11-90 营口经济技术开发区图书馆 凌克戈
11-96 杭州曦轩酒店（诗人酒店） 陈嘉汉
11-105 寒地城市街道界面设计的人本回归 代阳 梅洪元

2013 年 12 月 我的 2013

12-06 "观念与道路"主题沙龙
12-18 2013：建造的历险 蒋滢
12-21 招架之间的理想国 董屹
12-22 唯变所适，道不虚行 廖含文
12-25 以今之术 营古之宅 汤朝晖 罗晓琪
12-28 改变传统的实验——三次国际太阳能十项全能竞赛的思考 钱锋 余中奇
12-32 体育建筑设计之思 吕强
12-34 在广州：几位校友的 2013 年 宋刚
12-36 本命年的设计生活 王大鹏
12-38 2013：建筑与我 沈驰
12-40 设计教育杂感 涂山
12-42 台北法鼓山农禅寺 姚仁喜
12-52 江阴临港新城规划展示馆 顾爱天 荣朝晖
12-60 玛丽·罗斯博物馆 Wilkinson Eyre 事务所
12-70 上海华鑫中心 山水秀建筑事务所
12-78 乌镇剧院 姚仁喜
12-84 深圳 TYJ 办公楼改造设计 张之杨
12-92 深圳银信中心 覃力
12-98 哈尔滨市哈西客运综合交通枢纽东广场工程 曹炜 高萌 王宇龙
12-104 天津武清开发区创业总部基地企业总部区 董屹 崔哲 周妙怡
12-110 土耳其伊斯坦布尔 BUYAKA 综合体 Uras × Dilekci 建筑师事务所
12-118 加利西亚现代艺术中心解析 孔宇航 曾波
12-121 严寒地区体育馆建筑形态的低能耗适温设计策略研究 赵洋 梅洪元

2014年

2014年1月　荷兰建筑

01-06　“向荷兰学习”主题沙龙
01-21　被改变的荷兰建筑开发模式　王达
01-24　注重设计研究的荷兰建筑实践　史艳
01-27　自发城市　唐康硕
01-31　荷兰建筑实践——以KCAP，NL，OMA为例　崔勇
01-34　荷兰建筑师的态度与方法　杨洋
01-36　让建筑回归社会——荷兰女建筑师玛丽丝·罗默尔作品及访谈　褚冬竹
01-39　“基本”城市规划——以荷兰新一代规划事务所Basic City的实践为例　由宓
01-42　叙事建筑与建筑叙事——浅析S, M, L, XL的写作策略　张为平
01-46　莱顿生物科学园未来之家　UNStudio建筑事务所
01-54　De Rotterdam大厦　大都会建筑事务所
01-64　伯明翰图书馆与剧院更新　Mecanoo建筑事务所
01-76　阿姆斯特丹本科学院楼　Mecanoo建筑事务所
01-83　新维根艺术中心　van Dongen – Koschuch建筑规划事务所
01-90　伦敦JW3犹太社区中心　LDS事务所
01-100　墨尔本艺术中心哈默馆　ARM建筑事务所
01-110　马赛当代艺术中心　隈研吾建筑都市设计事务所
01-116　防控突发性传染病的基层医院建筑“联动网络”体系建构　张姗姗　刘男
01-119　体育建筑的地域性创作手法解析　张险峰　张煜　戴帼钰

2014年2月　城市交通枢纽

02-06　“城市交通枢纽的设计与建设”主题沙龙
02-16　试论中国大型高铁枢纽的发展趋势　王昊　殷广涛
02-19　综合交通枢纽的城市同构　魏崴
02-22　城际（区域）轨道交通与大都市区新兴城镇协调发展案例研究　王睦　秦科　高媛婧
02-26　试论城市交通枢纽的集散功能与集聚效益　盛晖　汤陵蓉
02-30　铁路交通枢纽设计的绿色生态策略——以太原南站站房工程实践为例　李春舫　王力
02-33　日本交通枢纽车站的特点与启示
——CFK（日本中央复建工程咨询株式会社）顾问加尾章访谈　加尾章　李传成
02-35　地铁站域多层面步行路径的密度和转换分析
——以沪、港城市中心区的四个案例为样本　庄宇　祝狄烽　胡晓忠
02-39　基于铁路客站商业开发视角的现场调查及设计探索　王广宇　李京
02-41　北京南站综合交通枢纽站域发展探析　张立威　严建伟
02-44　城市交通枢纽节能设计研究　李贺楠　韩丹
02-46　深圳北站　龚维敏　盛晖
02-54　昆明长水国际机场航站楼　李树栋
02-64　约旦安曼阿利娅皇后国际机场　福斯特及合伙人事务所
02-74　美国加利福尼亚州圣荷西米内塔圣荷西国际机场　文泽师建筑设计公司
02-84　格鲁吉亚库塔伊西国际机场　UNStudio建筑事务所
02-92　布达佩斯李斯特·费伦茨国际机场2号航站楼扩建
KÖZTI建筑设计有限公司 Tima工作室
02-100　澳大利亚南莫朗铁路扩建项目　考克斯建筑师事务所
02-106　美国芝加哥CTA摩根街车站　Ross Barney建筑师事务所
02-112　寒地城市街道积雪降解的生态应对策略　代阳　梅洪元　张玉良
02-115　基于理想类型的标志性景观节庆氛围的审美研究　王雪霏　刘松茯

2014年3月　养老建筑

03-06　“养老建筑面临的挑战与出路”主题沙龙
03-16　当代老年护理模式——期待中国未来十年
阿莱克斯·丹特　乔伊斯·波哈玛斯　丹尼斯·寇浦
03-24　澳大利亚老年护理模式以及老年友好型设计原则和要点概述
Conrad Gargett建筑事务所
03-29　德国城市老年居住建筑及其服务支持体系　卢琦
03-34　英国老龄社会政策发展及对机构养老服务转型的影响　卫大可
03-37　基于美国经验探讨符合中国国情的养老居住模式　潘莉　周瑞佳
03-41　发达国家住宅适老化改造政策与经验　司马蕾
03-44　基于美国经验谈混合养老社区中的老年人出行关怀　陈佳伟　翁彩虹　刘婷婷
03-48　面向老龄化的城市设计——“柔软城市”的再阐述　姚栋
03-52　莫朗吉养老院　VOUS ETES ICI建筑事务所
03-62　蒙泰穆尔洛康复中心及老年人公寓　Ipostudio建筑事务所
03-66　伊维萨Can Cantó社会住宅　Castell-Pons建筑事务所
03-76　萨波夫拉社会住宅　Ripolltizon建筑事务所
03-84　南泰尔Tera11公寓　X-TU建筑事务所
03-92　阿姆斯特丹De Kameleon住宅区　NL建筑事务所
03-100　巴塞罗那萨利亚楼　Sulkin Marchissio SCP建筑事务所
03-108　洛姆医疗培训学院楼　WONK建筑事务所
03-118　浅议科学哲学视角下的建筑思潮百年变革　郁枫
03-121　胶东海草房民居保护传承策略探析　陈纲　牟健

2014年4月　校园建筑

04-06　“文化共同体的空间营造”主题沙龙
04-14　交互与生成
——以欧美大学校园为鉴谈中国东北地区大学校园形态演变趋势　梅洪元　陈禹
04-18　运用建筑空间语境　诠释城市大学精神　涂慧君
04-21　海峡两岸高校博物馆建筑设计之比较研究　汤朝晖　陈何湧　杨晓川
04-25　高等职业技术学院实训中心建筑设计要点
——以东莞职业技术学院实训中心为例　梁海岫　刘成才　陈勇
04-28　“三重式”设计策略在南方校园建筑综合体的应用解析　蔡瑞定　戴叶子
04-31　探析图书馆中“光滑空间”的营造
——以英国谢菲尔德大学新旧两座图书馆为例　侯雨蒙
04-34　浅析大学校园隐性公共空间　程昊淼
04-36　贵州大学花溪校区公共教学实验楼　周峻
04-44　东软（广州）国际软件园软件研发楼　徐丽莎
04-52　南方科技大学实验楼　傅卓恒
04-60　上海国际汽车城东方瑞仕幼儿园建筑师张斌访谈　张斌　崔元元
04-76　汉堡–哈尔堡工业大学主教学楼扩建　冯·格康，玛格及合伙人建筑师事务所
04-82　圣心大学Linda E. McMahon学生中心　Sasaki事务所
04-92　维也纳经济大学法律系馆及行政管理楼　CRAB事务所
04-106　邦德大学Abedian建筑学院　CRAB事务所
04-120　中国建筑的叙事特征——“史传”与“诗骚”　李辉
04-123　传统解构——王澍的建筑创作手法研究　张扬　刘松茯
04-126　居住生活从客厅开始改变——住宅房型创新设计　陈钢

2014年5月　城市设计

05-06　“走向集群化的城市设计团队”主题沙龙
05-20　城市设计与当代城市设计　金广君　金敬思
05-24　面向实施管理的城市设计项目库研究　喻祥
05-27　走向集群化的城市设计管理制度建设　王耀武　柳飏　郝健秋
05-31　浅议规划师角色的转型——基于中关村科学城协作规划的过程思考　杜宝东
05-34　城市设计运作的集群化协作　戴冬晖　魏哲
05-37　“管理控制”体系下以空间问题为导向的全过程式城市设计探索　顾玄渊
05-40　集体理性指导下的城市设计创作机制与方法　刘代云　孙志学　钱芳
05-43　基于环境气候健康思考的城市设计教学与实践　林姚宇　王丹　吴昌广
05-46　新一级学科划分背景下城市设计教学探讨　董慰　董禹
05-50　基于发展网络理论的城市设计专业培养模式研究　刘堃　宋聚生
05-55　哈尔滨城市设计会战：互动设计与焦点辨析　张险峰　张云峰
05-60　“二次订单设计”的城市设计实践探索
——以北京顺义老城区城市设计导则研究为例　高宏宇　颜韬
05-64　城市设计方法的在乡村居住空间形态设计中的应用
——农村集中社区空间改良设计的一次探索　白皓文　吕晓蓓
05-68　面向多元使用主体的局部城市设计导则内容和形式探索
——以重庆水港配套功能区城市设计导则编制为例　宋聚生　曹宇斌
05-73　“一江两岸”滨水地区空间活化策略研究　陈璐青　林晨薇　程维军
05-78　城市设计与建筑设计在创作实践中的互动　朱宏宇
05-83　前海城市设计故事——深圳前海2、9开发单元城市设计与导控　刘浩　单樑　黄汝钦
05-89　大音希声　大象无形——2013年度UA创作奖·概念设计国际竞赛评审回顾　杨凌
05-112　基于“环境共生”理念的鹤西生态新城核心居住区规划设计　毕冰实　梅洪元
05-115　城市轨道交通配套换乘设施的一体化设计研究　李传成　甄建　周怡
05-118　寒地办公建筑天窗采光性能优化设计研究
——以哈尔滨工业大学建筑设计研究院科研楼为例　杜甜甜　曹炜

2014年6月　商业综合体

06-06　“商业综合体的多元价值”主题沙龙
06-14　城市综合体的多元价值导向思辨　艾侠　孙巍巍
06-17　城市建筑综合体非盈利型功能的组合模式研究　王桢栋　李晓旭　阚雯　王沁冰
06-21　城市综合体设计要点及未来发展趋势——Todd E.Pilgreen先生访谈
Todd E.Pilgreen　陈明龙　王涛
06-23　“零售娱乐目的地”设计研究　刘翔
06-26　奖励区划技术的演变与应用　戴铜　邱志勇
06-30　非中心城区商业综合体成功运营要素解析　刘智伟
06-33　城市综合体交通组织系统规划探析　向科　李玉华
06-36　马尔默恩波里亚城市综合体　王绪男
06-48　科布伦茨Forum Mittelrhein购物中心　Benthem Crouwel建筑事务所
06-58　沈阳万象城　RTKL国际有限公司
06-66　武汉汉街万达广场　UNStudio建筑事务所
06-76　上海绿地中心正大乐城　凯里森建筑事务所
06-84　上海浅水湾办公商业综合体　姜都
06-87　复杂环境下的真实建筑——上海浅水湾办公商业综合体建筑师访谈　姜都　宗轩
06-96　上海环贸广场　唐威
06-106　福州五四北泰禾广场　思邦建筑
06-114　在中国低收入社区推行活力规划的思考
——读“Active Living and Social Justice”一文有感　任帅　吴晓
06-117　基于老龄化城市多代居需求的实用型别墅平面设计探索　石厅
06-119　基于气候适应性的寒地建筑中庭空间形态设计策略研究　付本臣　曹炜　王征

2014年7月　酒店建筑

07-06　“品牌化趋势下的酒店设计”主题沙龙
07-12　趋同与求异——中国酒店设计趋势浅析　马琴
07-15　花间堂文化精品酒店的“精品”理念解读　张蓓　刘培
07-19　基于酒店运营角度的酒店建筑设计要点　丁振如

07-21 城市五星级酒店功能区域设计导则研究 范佳山 张如翔 邹磊 郭东海
07-27 热带滨海度假酒店客房设计要点 张昕然 胡映东
07-30 超高层酒店建筑设计研究
——基于两个项目的图解分析和一次设计实践的回顾与思考 戴琼 张燕龙
07-34 中国精品酒店的"精品"设计之道 任洋 卢峰
07-38 湖州喜来登温泉酒店 MAD 建筑事务所
07-46 北京中信金陵酒店 梁丰 周力坦 金爽
07-54 上海金茂崇明凯悦酒店 郑士寿
07-64 杭州九里云松度假酒店建筑师访谈 何峻 陈斌鑫 陈斐 吴倩
07-72 江阴邰山嘉荷酒店 凌克戈 刘轶佳
07-84 上海北外滩悦榕庄 范佳山
07-92 瑞士韦尔比亚 W 酒店 Concrete 设计事务所
07-102 澳大利亚皮尔蒙特半岛情人港酒店 Cox 建筑事务所
07-112 从理论模型到设计概念——城市形态的可持续发展理论解读 凌晓红
07-117 虚拟现实视阈下的景观创作模式创新研究 季景涛 林建群 王月涛
07-120 建筑工程中岩土勘察及地基处理浅议 刘士华 周国军

2014 年 8 月 高层建筑

08-06 "快速城市化进程中的高层建筑"主题沙龙
08-13 基于规划视角的超高层建筑思考 吴婷婷 王世福 邓昭华
08-16 深圳高层建筑空间造型实态调研 覃力 刘原
08-21 能量形式化与高层建筑的生态塑形 李麟学 钱钔 吴杰
08-24 浅析高层建筑顶部设计 荆子洋 聂华峰
08-27 现代高层建筑中的"拟地化"环境补偿及发展趋势 夏清泉 黎宁
08-31 浅析超高层建筑核心筒设计 孟丽姣
08-34 伦敦碎片大厦 伦佐·皮亚诺建筑工作室
08-44 香港理工大学赛马会创新楼 扎哈·哈迪德建筑师事务所
08-58 广州国际金融中心 威尔金森·艾尔事务所
08-66 深圳证券交易所总部大楼 大都会建筑事务所
08-74 杭州华联 UDG 时代广场 冯·格康，玛格及合伙人建筑师事务所
08-80 交通银行苏州分行总部办公楼 smdp 事务所
08-88 南浔银行大楼 苏昶 谭春晖 袁建平
08-96 深圳百度国际大厦 CCDI 悉地国际
08-102 镇江绿地中央广场 UA 国际
08-108 顺驭自然——黔中屯堡岩石民居的环境适应解读 黄丹 张爱萍
08-112 基于协同进化思想的当代丹麦集合住宅设计解析 刘芳菲 梅洪元 陈剑飞
08-115 旧韵新语——基于旧建筑改造的青年旅舍设计探析 陈剑飞 吕萌
08-118 库哈斯的宣言——第十四届威尼斯建筑双年展 何宛余

2014 年 9 月 医疗建筑

09-06 "起步中的中国绿色医院"主题沙龙
09-11 从"Best Buy"到"Nucleus"医院模式
——英国经济型医院建筑设计演进与启示 郝晓赛
09-16 健康规范：中国医院可持续发展下的重点 邓肯·格里芬
09-22 基于治疗阶段的康复设施设计理念 周颖 孙耀南
09-25 基于循证设计理念的护理单元设计研究 格伦 罗璇
09-28 基于循证设计理论的住院病房设计新趋势
——以美国普林斯顿大学医疗中心为例 龙灏 况毅
09-32 新建综合医院住院部分期发展的空间模式及设计策略研究 成卓
09-35 日间病房设计研究 苏元颖 周相涵 田毅
09-38 美国新生儿重症监护室设计思路变迁
——问卷调研及设计思考 宋祎琳 朱雪梅 玛黛尔 M. 谢普利
09-41 英国临终关怀中心建筑设计解析
——以三一临终关怀中心和圣里克斯多弗临终关怀中心为例 付列武
09-44 上海交通大学医学院附属仁济医院南院 李军 陈佳
09-50 上海市浦东新区周浦医院迁建工程 秦彦波
09-56 盘锦市中心医院 张伟玲 高英志 皮卫星
09-66 福建医科大学附属第二医院东海分院 周超 彭丹丹
09-74 宁夏回族自治区人民医院新区医院 祁莉莉
09-80 上海市儿童医院普陀新院 周涛
09-86 北京爱育华妇儿医院 林之刚
09-94 美国奥利夫布兰奇卫理公会医院 集思霈建筑设计咨询（上海）有限公司
09-100 斯波尔丁康复医院 帕金斯威尔建筑设计事务所
09-108 加利福尼亚大学戴维斯分校医学中心综合癌症中心 SmithGroupJJR 建筑事务所
09-116 拱悬挂结构在大跨体育建筑中的形态表现与应用解析 李玲玲 韩敬伟
09-119 空港—城市轴带式产业空间的形成机制与布局模式研究 吕小勇 赵天宇

2014 年 10 月 传统文化的现代建构

10-14 "现代建造的传统表达"主题沙龙
10-22 不一不异，与古为新
——当代语境下对传统文明的批判性认同与包容性建构 周榕
10-25 何谓本土 童明
10-29 礼·工——中、日传统建筑现代转型的比较 万谦
10-32 场地秩序＋形式原型＋通用建造——西线工作室的地缘型乡土技术方式 魏浩波
10-35 寻找过去和现在的相遇——关于城市记忆的两个版本 李向北
10-38 又一个直下街 28 号：一种临摹中设计的可能性 汪凝
10-41 抗震土坯墙技术 柏文峰 苏何先
10-44 成都水井坊遗址博物馆 家琨建筑设计事务所
10-52 宁波高新区文体馆 深圳汤桦建筑事务所有限公司
10-58 中共四大纪念馆暨上海四川北路公园改造 童明 黄潇颖
10-64 丹霞世界自然遗产赤水游客中心 魏浩波
10-70 郑州建业艾美酒店 如恩设计研究室
10-80 山东美术馆 李立
10-88 重庆海棠香国·香霏街 白云 董屹 崔哲
10-96 贝鲁特美国大学伊萨姆·法里斯公共政策和国际事务学院大楼
扎哈·哈迪德建筑师事务所
10-104 泛黄纸张上的草图
10-105 综合语法——近距离对话 Cruz & Ortiz 事务所
10-118 旅游型小城镇慢游系统构建策略 吕飞 宿瑞芳
10-121 基于利益分析视角谈中国城市空间资源配置的挑战与目标 李仂 林建群

2014 年 11 月 体育建筑

11-06 "回归体育建筑本原"主题沙龙
11-14 回归本原——中国体育建筑设计定位再思考 陈晓民 李冰
11-18 奥运会与城市人口迫迁 廖含文
11-22 奥运新建场馆规划设计全过程的思考 陈靖远
11-25 不同的赛事，不同的设计——北京奥林匹克公园网球中心赛后运营设计回顾 吕强
11-28 新精神与体育元素——勒·柯布西耶对体育的理解与建筑实践 杨洲 管悦
11-31 我国全民健身馆建设模式初探 周兆发 李玲玲
11-33 高校体育建筑群集中一体化设计研究 王沐
11-36 江南映象——昆山周市文体中心设计 张煜 杨征
11-44 香港自行车馆 巴马丹拿集团
11-50 天津市团泊国际网球中心（一期工程） 吕强
11-56 东莞篮球中心体育馆 冯·格康，玛格及合伙人事务所
11-62 巴西亚马逊竞技场 冯·格康，玛格及合伙人事务所
11-70 匈牙利潘乔球场 Doparum 建筑师事务所
11-78 巴西 Castelão 体育场 Vigliecca & Associados 建筑设计事务所
11-86 瑞典 Tele2 体育场 White 建筑师事务所
11-92 法国 Pajol 体育中心 Brisac Gonzalez 建筑师事务所
11-99 池塘中的亭屋
11-100 精致的火山建筑，诗一般的地方——与 RCR 建筑事务所合伙人卡米·皮格姆的对话
11-110 基于开放建筑理论的东北寒地村镇住宅设计策略 王墨晗 梅洪元
11-113 结合建筑空间设计的医院导向标识系统设计探讨 龙灏 丁熙
11-117 寒地村镇住宅低成本屋顶绿色节能技术策略研究 陈禹 王飞

2014 年 12 月 我的 2014

12-04 "超高层建筑的新发展"主题沙龙
12-13 所见·所思 裴钊
12-16 与古为邻而非临 陆激
12-20 生活在别处：建筑旅行的意义及其超越 李海清
12-23 芝加哥区域建筑考察及感想 朵宁
12-26 痛快地旅行 ing——我的 2014 张松
12-30 北方、北方……——斯堪的纳维亚随笔之先行者们 魏浩波
12-36 高台上的望远镜 张应鹏
12-38 旅行随感 覃力
12-40 其实，我们一直在路上 褚冬竹
12-42 异质空间——美国当代建筑面面观 陈禹，等
12-52 邦瀚斯拍卖行全球总部 LDS 事务所
12-60 塞维利亚耶稣升天圣主教堂 AGi 建筑师事务所
12-68 青龙山恐龙蛋遗址博物馆 李保峰 丁建民 曾忠忠
12-74 北京住总万科橙住区售楼展示中心 范黎
12-80 海角上的纸飞机——曾山雷达站设计 林秋达
12-84 文化的植入——成都洛带艺术粮仓 董屹
12-90 抽象与模拟：重庆工业博物馆国际设计概念性竞赛略感 褚冬竹 高澍
12-94 黑河市城市规划体验展示馆 毕冰实 廉锋
12-100 Emilio Tuñón：再一次的异域时间
12-101 充满诗情画意的新颖建筑——与 Emilio Tuñón 的对话
12-113 当代博物馆交通空间功能复合化研究 许俊杰 梅洪元
12-116 矿业棕地公园景观建构策略研究 冯萤雪 李桂文 杜甜甜
12-118 基于综合效率的高层公租房建筑设计研究 龙灏 程文楷 张玛璐
12-121 哈尔滨市能源消费与碳排放现状分析 杨光

图书在版编目（C I P）数据

《城市建筑》论文集 : 2004 ~ 2014 / 城市建筑编辑部编. -- 哈尔滨 : 黑龙江科学技术出版社, 2014.12
ISBN 978-7-5388-8138-7

Ⅰ. ①城… Ⅱ. ①城… Ⅲ. ①城市规划 - 建筑设计 - 文集 Ⅳ. ①TU984-53

中国版本图书馆 CIP 数据核字(2014)第 294567 号

《城市建筑》论文集：2004～2014
CHENGSHI JIANZHU LUNWEN JI：2004～2014

作　者　城市建筑编辑部
责任编辑　王　姝　王　研
封面设计　赵天杨
出　版　黑龙江科学技术出版社
地址：哈尔滨市南岗区建设街 41 号 邮编：150001
电话：（0451）53642106 传真：（0451）53642143
网址：www.lkcbs.cn　www.lkpub.cn
发　行　全国新华书店
印　刷　北京顺诚彩色印刷有限公司
开　本　787 mm×1092 mm　1/16
印　张　23.25
字　数　700 千字
版　次　2015 年 1 月第 1 版　2015 年 1 月第 1 次印刷
书　号　ISBN 978-7-5388-8138-7/TU・719
定　价　188.00 元